实用电工速查速算手册

方大千　方　欣　等编著

化学工业出版社
·北京·

本书较详细而全面地介绍了电工的计算公式和计算方法，几乎涵盖电工技术的各个专业。内容包括：电工基础知识和基本计算；输配电；变压器；电动机；高低压电器；电容器及无功补偿；继电保护；水泵、风机和起重机；电加热；电焊机；小型发电；照明；仪器仪表；电子技术基础；接地与防雷；电工的其他计算共16章。

本书内容丰富，公式准确、简明、实用，并配有大量的计算实例，采用最新标准、规定及技术数据。可供电气技术人员、中高级电工、技师、电气设计人员，以及电气运行和维修电工使用，也可供大中专院校师生参考。

图书在版编目（CIP）数据

实用电工速查速算手册/方大千，方欣等编著. —北京：化学工业出版社，2014.11
（大千电工系列）
ISBN 978-7-122-21527-7

Ⅰ.①实… Ⅱ.①方…②方… Ⅲ.①电工技术-技术手册 Ⅳ.①TM-62

中国版本图书馆CIP数据核字（2014）第175102号

责任编辑：高墨荣　　　　文字编辑：徐卿华
责任校对：宋　玮　　　　装帧设计：刘丽华

出版发行：化学工业出版社（北京市东城区青年湖南街13号　邮政编码100011）
印　　刷：北京永鑫印刷有限责任公司
装　　订：三河市胜利装订厂
850mm×1168mm　1/32　印张40¼　字数1099千字
2015年2月北京第1版第1次印刷

购书咨询：010-64518888（传真：010-64519686）　售后服务：010-64518899
网　　址：http://www.cip.com.cn
凡购买本书，如有缺损质量问题，本社销售中心负责调换。

定　价：178.00元

前言

随着我国电气、电子技术的快速发展，新技术、新产品、新工艺不断涌现，电气化程度日益提高，各行各业从事电气工作的人员也迅速增加。电气工作者在日常工作中会经常涉及到电气工程的设计与电气计算，能正确运用电工计算公式和掌握电工计算方法，对工程计算、指导安装、调试和技改、节能工作以及新产品开发有着非常重要的意义。为满足广大电气工作者学习的要求，我们组织编写了大千电工系列手册，以期在实际工作中对读者有所帮助。

本系列手册包括：《实用输配电速查速算手册》、《实用变压器速查速算手册》、《实用电动机速查速算手册》、《实用高低压电器速查速算手册》、《实用继电保护及二次回路速查速算手册》、《实用电子及晶闸管电路速查速算手册》、《实用水泵、风机和起重机速查速算手册》、《实用电工速查速算手册》，共八种。

本系列手册有如下特点。

特点一：便捷。本系列手册结合编著者工作实践和体会，将长期收集的国内外电工计算公式和计算方法，经整理、归纳分类、简化、校对，并将符号、单位和公式形式作了统一。书中的公式没有冗长的推导过程和繁多的参数，开门见山，拿来即可使用，旨在解决实际问题，因此能大大地提高工作效率，节省时间，适应当今时代快节奏的要求。

特点二：全面。本系列手册内容丰富，取材新颖，且密切结合生产实际，实用性较强。书中不仅列举了大量计算实例，方便读者掌握和应用电工计算公式和计算方法，同时还介绍了变频器、软启动器、LOGO!、电力电子模块、集成触发电路、风能及太阳能发电、新型保护器等新技术，适合当今电气工程设计及电气计算的需要。

《实用电工速查速算手册》是本系列手册中的一种。本书内容十分丰富，涉及面广，几乎涵盖电工技术的各个专业。其中包括：

电工学基本计算，线路电压损失、线损计算，导线截面计算，变压器运行、保护及容量选择，电动机运行、保护及容量选择，电动机软启动、变频调速等计算，高、低压电器的选用，无功补偿容量的计算，短路电流及电动力和发热计算，线路及电气设备继电保护的配置，继电器的选型，直流操作电源容量的计算，水泵、风机和起重机的基本参数和功率计算，电热炉、电弧炉和远红外加热计算，电焊机的选用及焊条、导线（电缆）的选择，小水电站、余热发电、柴油发电、风力发电和太阳能光伏发电的计算，照度计算，室内外照明设计，照明线路设计，电工仪表的选择及基本计算，仪表计量分析，仪表的扩程、更换表刻度及校验等计算，常用电子元件的选择，晶闸管智能控制模块，TTL 和 CMOS 集成门电路，接地与防雷的要求和计算，接地电阻计算，接地电阻降低剂的应用，滚球法计算避雷针和避雷线的保护范围，电涌保护器的选择，逻辑电路的设计，不间断电源（UPS）的选用，以及安全用电及其他电工计算。电气工作者在实际工作中所碰到的电工计算问题，一般都能从本书中找到答案。为了帮助读者应用和掌握计算公式和计算方法，书中列举了大量计算实例。

在本书的编写过程中，力求做到准确、简明、实用、先进和新颖。计算所涉及的标准和规定，采用最新颁布的国家标准和规定，所涉及的电气产品采用新系列产品，技术数据也力求最新。全书采用法定计量单位和国家绘图标准。

本书由方大千、方欣等编著。参加和协助编写工作的还有方成、方立、朱丽宁、方亚平、方亚敏、张正昌、张荣亮、朱征涛、许纪秋、那罗丽、方亚云、那宝奎、卢静、费珊珊、孙文燕、刘梅、张慧霖。全书由方大中、郑鹏审校。

在本丛书出版之际，编著者衷心感谢金华一中和浙江大学老师的务实教诲，衷心感谢同学挚友乐启昌、施成章、经贯中、高均在困难时期的关怀、鼓励和帮助。

限于编著者的经验和水平，书中难免有疏漏和不妥之处，希望专家和读者批评指正。

编著者

目录

第2章 输配电 /111

第3章 变压器 /160

第4章 电动机 /237

第7章　继电保护　/479

第10章 电焊机 /678

第11章 小型发电 /752

第12章　照明　/916

第13章 仪器仪表 /988

第15章 接地与防雷 /1155

第 1 章

电工基础知识和基本计算

1.1 常用物理量的单位符号

国际单位制（SI）是在米、千克、秒（MKS）制基础上发展起来的，它规定了7个基本单位和两个辅助单位，其他单位均由这些基本单位和辅助单位导出。现将常用的物理量的单位符号列于表1-1～表1-6。

■ **表 1-1　国际单位制的基本单位和辅助单位**

类别	量的名称	单位名称	单位符号
基本单位	长度	米	m
	质量	千克	kg
	时间	秒	s
	电流	安[培]	A
	热力学温度	开[尔文]	K
	物质的量	摩[尔]	mol
	发光强度	坎[德拉]	cd
辅助单位	平面角	弧度	rad
	立体角	球面度	sr

注：表中[　]内的字，是在不致混淆的情况下，可以省略的字。

■ **表 1-2　国际单位制中具有专门名称的导出单位**

量 的 名 称	单位名称	单位符号	其他表示式例
频率	赫[兹]	Hz	s^{-1}
力;重力	牛[顿]	N	$kg \cdot m/s^2$
压力,压强;应力	帕[斯卡]	Pa	N/m^2
能量;功;热	焦[耳]	J	$N \cdot m$
功率;辐射通量	瓦[特]	W	J/s
电荷量	库[仑]	C	$A \cdot s$
电位;电压;电动势	伏[特]	V	W/A
电容	法[拉]	F	C/V
电阻	欧[姆]	Ω	V/A
电导	西[门子]	S	A/V

续表

量的名称	单位名称	单位符号	其他表示式例
磁通量	韦[伯]	Wb	V·s
磁通量密度,磁感应强度	特[斯拉]	T	Wb/m^2
电感	亨[利]	H	Wb/A
摄氏温度	摄氏度	℃	
光通量	流[明]	lm	cd·sr
光照度	勒[克斯]	lx	lm/m^2
放射性活度	贝可[勒尔]	Bq	(s^{-1})
吸收剂量	戈[瑞]	Gy	J/kg
剂量当量	希[沃特]	Sv	J/kg

■ **表 1-3 国家选定的非国际单位制单位**

量的名称	单位名称	单位符号	换算关系和说明
时间	分	min	1min=60s
	[小]时	h	1h=60min=3600s
	天(日)	d	1d=24h=86400s
平面角	[角]秒	(″)	1″=(π/648000)rad (π为圆周率)
	[角]分	(′)	1′=60″=(π/10800)rad
	度	(°)	1°=60′=(π/180)rad
旋转速度	转每分	r/min	$1r/min=(1/60)s^{-1}$
长度	海里	n mile	1n mile=1852m (只用于航行)
速度	节	kn	1kn =1n mile/h =(1852/3600)m/s (只用于航行)
质量	吨	t	$1t=10^3kg$
	原子质量单位	u	$1u\approx1.6605655\times10^{-27}kg$
体积	升	L,(l)	$1L=1dm^3=10^{-3}m^3$
能	电子伏	eV	$1eV\approx1.6021892\times10^{-19}J$
级差	分贝	dB	
线密度	特[克斯]	tex	1tex=1g/km

■ **表 1-4 力学单位表**

量的名称	符号	定义公式	各制的单位和符号				MKfS 制	
			SI，MKS 制①		CGS 制②		单位和符号	
长度	l,b,h		米	m	厘米	cm	米	m
质量	m		千克(公斤)③	kg	克	g	(工程质量单位)④ 千克力·秒^2/米	kgf·s^2/m
时间	t		秒	s	秒	s	秒	s
平面角	$\alpha,\beta,\gamma,\cdots$		弧度	rad	弧度	rad	弧度	rad
立体角	Ω,ω		球面度	sr	球面度	sr	球面度	sr
面积	A,S	$A=bl$	米^2	m^2	厘米^2	cm^2	米^2	m^2
体积	V	$V=blh$	米^3	m^3	厘米^3	cm^3	米^3	m^3
速度	v	$v=\mathrm{d}s/\mathrm{d}t$	米/秒	m/s	厘米/秒	cm/s	米/秒	m/s
角速度	ω	$\omega=\mathrm{d}\theta/\mathrm{d}t$	弧度/秒	rad/s	弧度/秒	rad/s	弧度/秒	rad/s
加速度	a	$a=\mathrm{d}v/\mathrm{d}t$	米/秒^2	m/s^2	厘米/秒^2	cm/s^2	米/秒^2	m/s^2
角加速度	α	$\alpha=\mathrm{d}\omega/\mathrm{d}t$	弧度/秒^2	rad/s^2	弧度/秒^2	rad/s^2	弧度/秒^2	rad/s^2
频率	f	$f=1/t$	赫兹	Hz	赫兹	Hz	赫兹	Hz
密度	ρ	$\rho=m/V$	千克/米^3	kg/m^3	克/厘米^3	g/cm^3	千克力·秒^2/米^4	kgf·s^2/m^4
力	F	$F=ma$	牛顿=千克·米/秒^2	N=kg·m/s^2	克·厘米/秒^2=达因	g·cm/s^2=dyn	千克力	kgf
重力	G	$G=mg$			克·厘米/秒^2	g·cm/s^2	千克力	kgf③,⑤
重度	γ	$\gamma=G/V$	牛顿/米^3	N/m^3	克/(秒^2·厘米^2)	g/(s^2·cm^2)	千克力/米^3	kgf/m^3
冲量	I	$I=Ft$	牛顿·秒	N·s	克·厘米/秒	g·cm/s	千克力·秒	kgf·s
动量	p	$p=mv$	千克·米/秒	kg·m/s	克·厘米/秒	g·cm/s	千克力·秒	kgf·s
角动量(动量矩)	L	$L=mvr$	千克·米^2/秒	kg·m^2/s	克·厘米^2/秒	g·cm^2/s	千克力·米·秒	kgf·m·s

续表

量的名称	符号	定义公式	各制的单位和符号				MKfS 制	
			SI,MKS 制①		CGS 制②		单位和符号	
转动惯量	J,I	$J=mr^2$	千克·米^2	kg·m^2	克·厘米^2	g·cm^2	千克力·米/秒^{2}⑥	kgf·m/s^2
力矩 转矩	M (T,M_t)	$M=Fl$ $T=Fl$	牛顿·米 牛顿·米	N·m N·m	达因·厘米 达因·厘米	dyn·cm dyn·cm^2	千克力·米 千克力·米	kgf·m kgf·m
压力 (压强) 应力	p	$p=F/A$	帕斯卡 (牛顿/米^{2}N/m^2)	Pa	达因·厘米^2	dyn·cm^2	千克力·米^2	kgf/m^2
动力黏度	η	$\eta=\dfrac{Fn}{Av}$	帕·秒	Pa·s	达因·秒/厘米^2=泊	dyn·s/cm^2=P	千克力·秒/米^2	kgf·s/m^2
运动黏度	ν	$\nu=\eta g/\gamma$ $\nu=\eta/\rho$	米^2/秒	m^2/s	厘米^2/秒=斯托克斯	cm^2/s=St	米^2/秒	m^2/s
功,能	$W,(A)$	$W=Fl$	焦耳	J	达因·厘米=尔格	dyn·cm=erg	千克力·米	kgf·m
功率	$P,(N)$	$P=W/t$	瓦特	W	尔格/秒	erg/s	千克力·米/秒	kgf·m/s

① 在力学方面，SI 与 MKS 制是一致的。

② CGS 制即厘米·克·秒制。

③ 近代称量都用比较法和替代法，砝码亦按质量单位标定，得出的千克（kg）为质量数，物理量符号为 m（习惯常称重量）。只有在工程单位（MKfS）制中，才以千克力（kgf）为重量（力）的单位，物理量符号为 G。

④ 在 MKfS 制中，工程质量单位是从公式 $m=G/gn$ 导出的。1 工程质量单位=1kgf·s^2/m=9.80665kg（质量），它只用于换算，一般不作真实单位用。

⑤ 1 千克力（kgf）=9.80665 牛顿（N）。

流量有体积流量（单位常用 m^3/s）和质量流量（单位常用 kg/s）之分，表中未列出。

⑥ 工程单位制中，转动惯量（或称飞轮力矩）常用 GD^2 计算，G 为重力（kgf），D 为直径，它与 MKS 制中转动惯量 mr^2 的换算关系为 $GD^2=4g(mr^2)=4gJ$。

■ **表 1-5 电磁学单位表**

量的名称	符号	定义公式	SI,MKSA 制		习用单位		备注
			单位	符号	名称	符号	
电流 频率	I,i f	 $f=1/t$	安[培] 赫[兹]	A Hz			
力 功,能	F $W,(A)$	$F=ma$ $W=Fl$	牛[顿] 焦[耳]	N J			
功率 有功功率 (交流电) 无功功率 (交流电) 表观功率 (视在功率) (交流电)	$P,(N)$ P $P_q(Q)$ $P_a,(S)$	$P=W/t$ $P=UI\cos\varphi$ $P_q=UI\sin\varphi$ $P_s=UI$	瓦[特] 瓦[特] 乏 伏·安	W W var V·A			
电量,电荷 电通量	Q ϕ_e,ψ	$Q=It$ $\phi_e=Q$ $Q=\int_s D\mathrm{d}s$	库[仑] 库[仑]	C C			
电位移 (电通密度)	D	$D=Q/S$	库/米^2	C/m^2			
电动势, 电压 电场强度	$E,e,U,$ u,V,v E	E(或U)$=P/I$ $E=U/l$	伏[特] 伏/米	V V/m			电位和电位差用符号 φ,单位亦为伏(V)
电阻 电阻率	R,r ρ	$R=U/I$ $\rho=RS/l$	欧[姆] 欧·米	Ω Ω·m	 欧·毫米^2/米 欧·厘米	 Ω·mm^2/m Ω·cm	
电导 电导率	G γ	$G=1/R$ $\gamma=Gl/S$	西[门子] 西/米	S S/m	姆欧 姆欧/厘米	Ω^{-1} $\Omega^{-1}\cdot cm^{-1}$	

续表

量的名称	符号	定义公式	SI,MKSA 制		习用单位		备注
			单位	符号	名称	符号	
电容 介电常数 （电容率） 真空介电 常数 （真空电容率）	C ε ε_0	$C=Q/U$ $\varepsilon=\varepsilon_r\varepsilon_0$ $\varepsilon_0=1/(c_0^2\mu_0)$ $\varepsilon_0=8.854\times10^{-12}$ F/m	法[拉] 法/米 法/米	F F/m F/m			ε_r——相对介电常数 c_0——真空中电磁波传播速度 $=2.9779\times10^8$ m/s
磁通量 磁感[应] 强度 （磁通密度）	Φ_m B	$e=-d\Phi_m/dt$ $B=\Phi_m/S$	韦[伯] 韦[伯]/米² =特[斯拉]	Wb Wb/m^2 =T	麦[克斯韦] 麦/厘米² =高[斯]	Mx $Mx/cm^2=G$	$1Wb=10^8Mx$ $1T=10^4G$ $1G=10^{-4}Wb/m^2$ $1G=1Mx/cm^2$
自感 （电感） 互感	L M	$L=N\Phi_m/I$ $e=-Ldi/dt$ $(e_2=-Mdi/dt)$	亨[利] 亨[利]	H H			1H=1Wb/A
磁场强度 磁动势,磁通势 磁阻	H F_m,(F) R_m	$H=F_m/l=2I/l$ $F_m=NI$ $R_m=F_m/\Phi_m$	安/米 安或安·匝 1/亨	A/m A 或 A·t 1/H	安/厘米(奥斯特) 安或安匝(吉伯)	A/cm(Oe) A,A·t(Gb)	$1Oe=(10/4\pi)A/cm$ $1Gb=(10/4\pi)A$
磁导率	μ	$\mu=\mu_0\mu_r$	亨/米	H/m	μ_r—相对磁导率 $\mu\approx\mu_0$		
真空磁导率	μ_0	$\mu_0=4\pi\times10^{-7}=1.257\times10^{-6}$ H/m	亨/米	H/m	$\mu_0=4\pi\times10^{-7}=1.257\times10^{-6}$		

注：1. 在电磁学方面，SI 与 MKSA 制是一致的。

2. 习用单位是工程上沿用着旧的 CGSM 制中的几个磁的单位。这些单位与 MKSA 制（有理化）混合使用时，应按备注栏中的换算关系先行折算。

■ **表 1-6　热力学单位表**

量的名称	符号	定义公式	单位名称及符号		
			SI	MKS 制	CGS 制
热力学温度 温度	T t,θ		开[尔文] K 开[尔文] K 摄氏度 ℃	摄氏度 ℃	摄氏度 ℃
热量	Q		焦[耳] J	千卡 kcal	卡 cal
焓(热焓)	H		焦[耳] J	千卡/千克 kcal/kg	卡/克 cal/g
热容量	C	$C=\Delta Q/\Delta t$	焦[耳]/开[尔文] J/K	千卡/度 kcal/℃	尔格/度 erg/℃ 卡/度 cal/℃
熵	S		焦[耳]/开[尔文] J/K	千卡/度 kcal/℃	卡/度 cal/℃
比热容	c	$c=C/m$	焦[耳]/(公斤·开[尔文]) J/(kg·K)	千卡/(千克·度) kcal/(kg·℃)	尔格/(克·度) erg/(g·℃) 卡/(克·度) cal/(g·℃)
比熵	s			千卡/(千克·度) kcal/(kg·℃)	卡/(克·度) cal/(g·℃)
热流量	ϕ		瓦[特] W	千卡/秒 kcal/s	尔格/秒 erg/s 卡/秒 cal/s
传热系统	κ		瓦[特]/(米² ·开[尔文]) W/(m² ·K)	千卡/(米² ·秒·度) kcal/(m² ·s ·℃)	尔格/(厘米² ·秒·度) erg/(cm² ·s ·℃) 卡/(厘米² ·秒·度) cal/(cm² ·s ·℃)
热导率	λ		瓦[特]/(米·开[尔文]) W/(m ·K)	千卡/(米·秒·度) kcal/(m ·s ·℃)	尔格/(厘米·秒·度) erg/(cm ·s ·℃) 卡/(厘米·秒·度) cal/(cm ·s ·℃)
导温系数	α		米²/秒 m²/s	米²/秒 m²/s	厘米²/秒 cm²/s
温度梯度		t/l	开[尔文]/米 K/m	度/米 ℃/m	度/厘米 ℃/cm
线胀系数 体胀系数	α γ	$\alpha=\Delta l/(L_0\Delta t)$ $\gamma=\Delta V/(V_0\Delta t)$	开[尔文]⁻¹ K⁻¹	度⁻¹ ℃⁻¹	度⁻¹ ℃⁻¹

注：1kcal=4186.8J。

1.2 电气图用图形符号和电气设备文字符号

1.2.1 新旧电气图用图形符号对照

新旧电气图用图形符号对照见表1-7。

■ 表1-7 新旧电气图用图形符号对照

新符号(GB 4728)		旧符号(GB 312)	
图形符号	说明	图形符号	说明
或 3	三根导线的单线表示		三根导线的单线表示
	柔软导线		软电缆、软导线
	屏蔽导线	或	屏蔽的导线或电缆
			部分屏蔽的导线
	绞合导线(二股)	单线表示 双线表示	二股绞合导线
	同轴电缆		同轴电缆
	屏蔽同轴电缆		
	端子	或	端子
	可拆卸的端子		

续表

新符号(GB 4728)		旧符号(GB 312)	
图形符号	说　明	图形符号	说　明
形式1 形式2	导线的连接		导线的单分支
优选形 其他形	插头和插座	或	插接器一般符号
形式1 形式2	接通的连接片		连接片
	断开的连接片		换接片
	电缆终端头		电缆终端头
优选形 其他形	电阻器的一般符号		电阻的一般符号
	可变电阻器	或	变阻器
U	压敏电阻器	U	压敏电阻
θ	热敏电阻器 注：θ 可用 $t°$ 代替	$t°$	热敏电阻
	滑线式变阻器		可断开电路的变阻器

续表

新符号(GB 4728)		旧符号(GB 312)	
图形符号	说　明	图形符号	说　明
	有固定抽头的电阻器		有抽头的固定电阻
	带固定抽头的可变电阻器		带抽头的可变电阻
	分流器		分流器
	滑动触点电位器		电位器的一般符号
	预调电位器		微调电位器
优选形 其他形	电容器的一般符号		电容器的一般符号
优选形 其他形	穿心电容器		穿心式电容器
优选形 + 其他形 +	极性电容器	+ −	有极性的电解电容器
优选形 其他形	可变电容器	或	可变电容器

续表

新符号(GB 4728)		旧符号(GB 312)	
图形符号	说　明	图形符号	说　明
优选形 其他形	微调电容器	或	微调电容器
优选形 θ 其他形 θ	利用温度效应的二极管（热敏二极管） 注：θ可用$t°$代替	$t°$	利用温度效应的二极管
优选形 其他形	变容二极管		变容二极管
优选形 其他形	隧道二极管		隧道二极管
优选形 其他形	单向击穿二极管（稳压二极管）		雪崩二极管
			稳压二极管

续表

新符号(GB 4728)		旧符号(GB 312)	
图形符号	说明	图形符号	说明
优选形 其他形	双向击穿二极管(双向稳压二极管)		双向稳压二极管
	NPN 型半导体管		NPN 型半导体管
	集电极接管壳的 NPN 型半导体管		
优选形 其他形	三极晶体闸流管 注:没必要规定门极类型时,用于表示反向阻断三极晶闸管		普通晶体闸流管
优选形 其他形	反向阻断三极晶体闸流管(阴极侧受控)		普通晶体闸流管
优选形 其他形	可关断三极晶体闸流管(阴极侧受控)		可关断晶体闸流管
优选形 其他形	双向三极晶体闸流管		双向晶体闸流管

续表

新符号(GB 4728)		旧符号(GB 312)	
图形符号	说　明	图形符号	说　明
优选形 其他形	光控晶体闸流管		光控晶体闸流管
	光电池	E	光电池
	间热式阴极二极管		旁热式二极管
	充气光电管		离子光电管
	充气二极管		单阳极充气管
			双阳极充气管
G	短分路复励直流发电机	F	复励式直流发电机
G	注：示出换向绕组、补偿绕组、接线端子和电刷时	F	注：示出换向绕组和补偿绕组时

续表

新符号(GB 4728)		旧符号(GB 312)	
图形符号	说　明	图形符号	说　明
M	永磁直流电动机	D	永磁直流电动机
M 1～	单相交流串励电动机	～	单相交流串励换向器电动机
M 3～	三相交流串励电动机		三相串励换向器电动机 注：有移动电刷的调速装置时
GS 3～	三相永磁同步发电机	或	永磁三相同步发电机或电动机
MS 3～	三相永磁同步电动机		
MS 1～	单相永磁同步电动机		永磁单相同步电动机
M 1～	单相笼型异步电动机		单相鼠笼异步电动机
M 3～	三相笼型异步电动机		三相鼠笼异步电动机

续表

新符号(GB 4728)		旧符号(GB 312)	
图形符号	说　　明	图形符号	说　　明
M 3～	三相绕线转子异步电动机		三相滑环异步电动机
	电机扩大机		交磁放大机
	铁芯 注:当不致引起混淆时,允许不画出铁芯,但要注意全书统一		铁芯
	带间隙的铁芯		带空气隙的铁芯
形式1 φ 形式2 φ	三相移相器	单线表示 φ 多线表示 φ	三相移相器
形式1 形式2	电压互感器	单线表示 多线表示	电压互感器

续表

新符号(GB 4728)		旧符号(GB 312)	
图形符号	说　明	图形符号	说　明
形式1 形式2	具有两个铁芯和两个二次绕组的电流互感器	单线表示 多线表示	有分开铁芯的双次级绕组电流互感器
形式1 形式2	在一个铁芯上有两个二次绕组的电流互感器	单线表示 多线表示	有共同铁芯的双次级绕组电流互感器
	频敏变阻器		分裂电抗器
	分裂电抗器		
	整流器方框符号		整流器
	桥式全波整流器方框符号		桥式全波整流器
	原电池或蓄电池		原电池或蓄电池

续表

新符号(GB 4728)		旧符号(GB 312)	
图形符号	说　明	图形符号	说　明
形式1 形式2 48V	蓄电池组或原电池组	48V	蓄电池组或原电池组
	带抽头的原电池组或蓄电池组		带抽头的电池组
形式1 形式2	动合(常开)触点	或	开关的动合(常开)触点
		或	继电器动合(常开)触点
	动断(常闭)触点	或	开关的动断(常闭)触点
		或	继电器动断(常闭)触点
	先断后合的转换触点	或	开关的切换触点
		或	继电器切换触点

续表

新符号(GB 4728)		旧符号(GB 312)	
图形符号	说　明	图形符号	说　明
形式1 形式2	延时闭合的动合(常开)触点		继电器延时闭合的动合(常开)触点 接触器延时闭合的动合(常开)触点
形式1 形式2	延时断开的动合(常开)触点		继电器延时开启的动合(常开)触点
	延时闭合的动断(常闭)触点		继电器延时闭合的动断(常闭)触点
	动合(常开)按钮		带动合(常开)触点的按钮
	动断(常闭)按钮		带动断(常闭)触点的按钮
	带动断(常闭)和动合(常开)触点的按钮		带动断(常闭)和动合(常开)触点的按钮
	液位开关		液位继电器触点

续表

新符号(GB 4728)		旧符号(GB 312)	
图形符号	说　明	图形符号	说　明
	位置开关和限制开关(动合触点)	或	与工作机械联动的开关(动合触点)
	位置开关和限制开关(动断触点)	或	与工作机械联动的开关(动断触点)
θ	热敏开关(动合触点) 注:θ 可用动作温度代替	或 t°>	温度继电器动合(常开)触点
	荧光灯启动器		荧光灯触发器
	惯性开关		离心式继电器触点
		n>	转速式继电器触点
形式1 形式2	单极四位开关		单极四位转换开关

续表

新符号(GB 4728)		旧符号(GB 312)	
图形符号	说　明	图形符号	说　明
	三极开关(单线表示)	 或 	三极开关(单线表示)
	三极开关(多线表示)	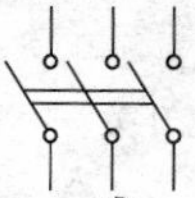 或 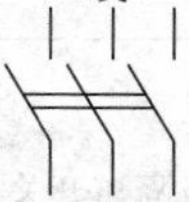	三极开关(多线表示)
	断路器		自动空气断路器
		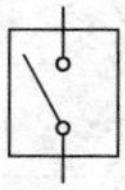 或 	高压断路器
	接触器(动合触点) 注:在控制电路中可不画半圆	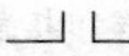	接触器动合(常开)触点
	接触器(动断触点) 注:在控制电路中可不画半圆	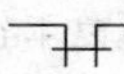	接触器动断(常闭)触点

续表

新符号(GB 4728)		旧符号(GB 312)	
图形符号	说　明	图形符号	说　明
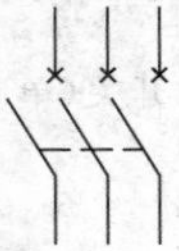	三极断路器	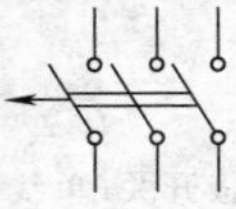	三极自动空气断路器
		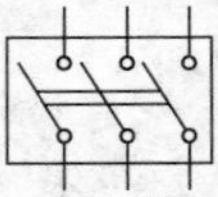	三极高压断路器
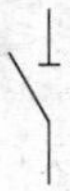	隔离开关	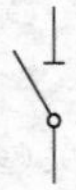	高压隔离开关
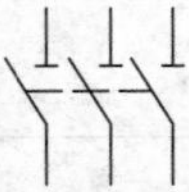	三极隔离开关	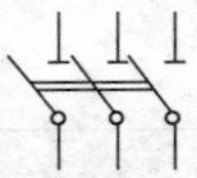	三极高压隔离开关
	负荷开关	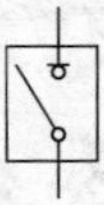	高压负荷开关
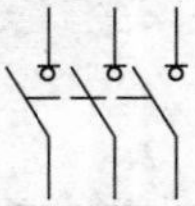	三极负荷开关	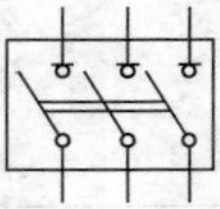	三极高压负荷开关
形式1 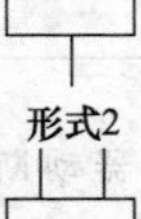 形式2 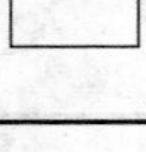	继电器和接触器操作器件(线圈)一般符号 注:多绕组操作器件可由适当数值的斜线或重复本符号来表示	 或 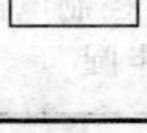	继电器、接触器和磁力启动器的线圈

续表

新符号(GB 4728)		旧符号(GB 312)	
图形符号	说　明	图形符号	说　明
形式1 形式2	双绕组操作器件组合表示法	或	双线圈组合表示法
形式1 形式2	双绕组操作器件分离表示法		双线圈分离表示法
	缓放继电器线圈		电磁继电器缓放线圈
	缓吸继电器线圈		电磁继电器缓吸线圈
~	交流继电器线圈	~	交流继电器线圈
	极化继电器线圈	I	极化继电器线圈
$I>$	过流继电器线圈	$I>$	过电流继电器线圈
$U<$	欠压继电器线圈	$U<$	低电压继电器线圈
	热继电器动断(常闭)触点		热继电器动断(常闭)触点

续表

新符号(GB 4728)		旧符号(GB 312)	
图形符号	说　明	图形符号	说　明
	熔断器一般符号		熔断器
	跌开式熔断器		跌开式熔断器
	熔断器式开关		刀开关-熔断器
	熔断器式隔离开关		隔离开关-熔断器
	火花间隙	→　←	火花间隙
	避雷器		避雷器一般符号
A	电流表	A	安培表
V	电压表	V	伏特表
W	功率表	W	瓦特表
Wh	电度表(瓦时计)	Wh	瓦时计

续表

新符号(GB 4728)		旧符号(GB 312)	
图形符号	说　　明	图形符号	说　　明
	检流计		检流计
	示波器		示波器
形式1 形式2	热电偶		热电偶
	钟的一般符号		电钟
	灯的一般符号		照明灯
			信号灯
	电喇叭		电喇叭
优选形 其他形	电铃		电铃一般符号

第1章 电工基础知识和基本计算

1.2.2 电气设备文字符号

(1) 电气设备常用基本文字符号（见表1-8）

■ **表1-8 电气设备常用基本文字符号**

设备装置和元器件种类	举例	基本文字符号	
		单字母	双字母
组件部件	分离元件放大器 激光器 调节器	A	
	本表其他地方未提及的组件、部件		
	电桥		AB
	晶体管放大器		AD
	集成电路放大器		AJ
	磁放大器		AM
	电子管放大器		AV
	印制电路板		AP
	抽屉柜		AT
	支架盘		AR
非电量到电量变换器，或电量到非电量变换器	热电传感器 热电池 光电池 测功计 晶体换能器 送话器 拾音器 扬声器 耳机 自整角机 旋转变压器 模拟和多级数字 变换器或传感器 (用作指示和测量)	B	
	压力变换器		BP
	位置变换器		BQ
	旋转变换器(测速发电机)		BR
	温度变换器		BT
	速度变换器		BV

续表

设备装置和元器件种类	举　　例	基本文字符号	
		单字母	双字母
电容器	电容器	C	
二进制元件 延迟器件 存储器件	数字集成电路和器件 延迟线 双稳态元件 单稳态元件 磁芯存储器 寄存器 磁带记录机 盘式记录机	D	
其他元器件	本表其他地方未规定的器件	E	
	发热器件		EH
	照明灯		EL
	空气调节器		EV
保护器件	过电压放电器件 避雷器	F	
	具有瞬时动作的限流保护器件		FA
	具有延时动作的限流保护器件		FR
	具有延时和瞬时动作的限流保护器件		FS
	熔断器		FU
	限压保护器件		FV
发生器 发电机 电源	旋转发电机 振荡器	G	
	发生器		GS
	同步发电机		GS
	异步发电机		GA
	蓄电池		GB
	旋转式或固定式变频机		GF
信号器件	声响指示器	H	HA
	光指示器		HL
	指示灯		HL
继电器 接触器	瞬时接触继电器	K	KA
	瞬时有或无继电器		KA
	交流继电器		KA
	闭锁接触继电器（机械闭锁或永磁铁式有或无继电器）		KL
	双稳态继电器		KL

续表

设备装置和元器件种类	举例	基本文字符号	
		单字母	双字母
继电器 接触器	接触器	K	KM
	极化继电器		KP
	簧片继电器		KR
	延时有或无继电器		KT
	逆流继电器		KR
电感器 电抗器	感应线圈 线路陷波器 电抗器(并联和串联)	L	
电动机	电动机	M	
	同步电动机		MS
	可作发电机或电动机用的电机		MG
	力矩电机		MT
模拟元件	运算放大器 混合模拟/数字器件	N	
测量设备 试验设备	指示器 记录器件 积算测量器件 信号发生器	P	
	电流表		PA
	(脉冲)计数器		PC
	电能表		PJ
	记录仪器		PS
	时钟、操作时间表		PT
	电压表		PV
电力电路的开关器件	断路器	Q	QF
	电动机保护开关		QM
	隔离开关		QS
电阻器	电阻器	R	
	变阻器		
	电位器		RP
	测量分路器		RS
	热敏电阻器		RT
	压敏电阻器		RV
控制、记忆、信号电路的开关器件选择器	拨号接触器 连接器	S	
	控制开关		SA

续表

设备装置和元器件种类	举例	基本文字符号	
		单字母	双字母
控制、记忆、信号电路的开关器件选择器	选择开关	S	SA
	按钮开关		SB
	机电式有或无传感器(单级数字传感器)		
	液体标高传感器		SL
	压力传感器		SP
	位置传感器(包括接近传感器)		SQ
	转速传感器		SR
	温度传感器		ST
变压器	电流互感器	T	TA
	控制电路电源用变压器		TC
	电力变压器		TM
	磁稳压器		TS
	电压互感器		TV
调制器 变换器	鉴频器 解调器 变频器 编码器 变流器 逆变器 整流器 电极译码器	U	
电子管 晶体管	气体放电管 二极管 晶体管 晶闸管	V	
	电子管		VE
	控制电路用电源的整流器		VC
传输通道 波导 天线	导线 电缆 母线 波导 波导定向耦合器 偶极天线 抛物天线	W	
端子 插头 插座	连接插头和插座 接线柱 电缆封端和接头 焊接端子板	X	

续表

设备装置和元器件种类	举 例	基本文字符号	
		单字母	双字母
端子 插头 插座	连接片	X	XB
	测试插孔		XJ
	插头		XP
	插座		XS
	端子板		XT
电气操作的机械器件	气阀	Y	
	电磁铁		YA
	电磁制动器		YB
	电磁离合器		YC
	电磁吸盘		YH
	电动阀		YM
	电磁阀		YV
终端设备 混合变压器 滤波器 均衡器 限幅器	电缆平衡网络 压缩扩展器 晶体滤波器 网络	Z	

（2）常用辅助文字符号（见表1-9）

■ **表1-9 常用辅助文字符号**

文字符号	名 称	文字符号	名 称
A	电流、模拟	CCW	逆时针
AC	交流	D	延时、差动、数字、降
A、AUT	自动	DC	直流
ACC	加速	DEC	减
ADD	附加	E	接地
ADJ	可调	EM	紧急
AUX	辅助	F	快速
ASY	异步	FB	反馈
B、BRK	制动	FW	正、向前
BK	黑	GN	绿
BL	蓝	H	高
BW	向后	IN	输入
C	控制	INC	增
CW	顺时针	IND	感应

续表

文字符号	名　称	文字符号	名　称
L	左、限制、低	RES	备用
LA	闭锁	RUN	运转
M	主、中、中间线	S	信号
M、MAN	手动	ST	启动
N	中性线	S、SET	置位、定位
OFF	断开	SAT	饱和
ON	闭合	STE	步进
OUT	输出	STP	停止
P	压力、保护	SYN	同步
PE	保护接地	T	温度、时间
PEN	保护接地与中性线共用	TE	无噪声(防干扰)接地
PU	不接地保护	V	真空、速度、电压
R	记录、右、反	WH	白
RD	红	YE	黄
R、RST	复位		

1.3 基本定义、定律和电工学基本计算

1.3.1 电、磁量的定义

国际制中常用电、磁量的符号、定义、单位及解释见表1-10。

■ **表1-10 常用电、磁量的符号、定义、单位及解释**

物理量	符号	定义方程	SI单位	解　释
电荷	Q	$Q=ne$ (n整数)	C	总是电子电荷e的整数倍 ($e=1.6021892\times10^{-19}$C)
电位	φ	$\varphi=\frac{W}{Q}$(W=功)	V	非旋转电场中的一种辅助量

续表

物理量	符号	定义方程	SI单位	解释
电动力,电位差	U	$U_{12}=\int_1^2 E\mathrm{d}s=\varphi_1-\varphi_2$	V	从起始点1到终点2所经的路途 s 电场强度线积分称电动力,也是点1的电位 φ_1 与点2的电位 φ_2 之差
电场强度	E	$E=\frac{F}{Q}=\frac{\mathrm{d}U}{\mathrm{d}x}$	V/m	一个带着电荷量 Q 的小的绝缘试验体,在强度为 E 的电场内受的力为 F。在一个均匀电场中,$E=U/a$(其中 a=两个电极间的距离)
介电常数 电介质常数	ε	$\varepsilon=\frac{D}{E}$	F/m	$1\mathrm{F/m}=1\ \frac{\mathrm{C}}{\mathrm{V\cdot m}}$
真空的电介质常数	ε_0	$\varepsilon_0=\frac{1}{\mu_0 c_0^2}$ $=8.85418782\times10^{-12}$	F/m	在自由空间,$D=\varepsilon_0 E$,为此,这一量以前亦称为自由空间的介电常数
相对介电常数	ε_r	$\varepsilon_r=\frac{\varepsilon}{\varepsilon_0}$	1	也称介电常数比或相对介电常数
电容	C	$C=\frac{Q}{U}$	F	在平行板电容器中,$C=\varepsilon A/a$,其中 A=一个电极的面积,a=电极间的距离
电场中的力	F_e	$F_{e1}=\frac{Q_1Q_2}{4\pi\varepsilon a^2}$ $F_{e2}=QE$	N	两个点电荷 Q_1 及 Q_2 间及单个点电荷 Q 在电场中的力;1N=1C·V/m
电场中的能量	W_e	$W_e=\frac{1}{2}DEV$ $=\frac{1}{2}\varepsilon E^2V$ $=\frac{1}{2}QU$ $=\frac{1}{2}Q^2/C$ $=\frac{1}{2}CU^2$	J	V=容积 1J=1W·s (1焦耳=1瓦·秒)
电流	I	对于直流电 $I=Q/t$ 对于瞬时值 $i=\mathrm{d}Q/\mathrm{d}t$	A	对于交流电,电流的峰值为 i,有效值为 I,1A=1C/s(1安=1库/秒)
电流密度	j	$j=I/q$	A/m²	q=导体的截面积
电导	G	$G=\frac{1}{R}=\frac{I}{U}$	S	在交流电中:G=有效电导数;1S=1/Ω;在并联电路中:$G=G_1+G_2+\cdots$

续表

物理量	符号	定义方程	SI单位	解释
电纳	B	$B=\frac{1}{\omega L}$ $B_C=\omega C$	S	对于电感 $B=\frac{1}{\omega L}$ 对于电容 $B_C=\omega C$
导纳	Y	$Y=\sqrt{G^2+B^2}$	S	$\tan\varphi=\frac{G}{B}$
电导率	x,γ	$x=Gl/q$	S/m	l=导体长度，q=导体的截面积，1S/m=1/(Ωm)
电阻	R	$R=\frac{1}{G}=\frac{U}{I}$	Ω	在交流电中，R=无电抗的纯电阻；1Ω=1/S；在串联电路中 $R=R_1+R_2+\cdots$
电抗	X	$X=\omega L$ $X_C=\frac{1}{\omega C}$	Ω	对于电感 $X=\omega L$ 对于电容 $X_C=\frac{1}{\omega C}$
阻抗	Z	$Z=\sqrt{R^2+X^2}$	Ω	$\tan\varphi=\frac{X}{R}$
比电阻 电阻率	ρ	$\rho=Rq/l$	Ω·m	l=导体的长度，q=导体的截面积，1Ω·m=1m/S
电压	U	$U=IR=I/G$	V	在交流电中还有：$U=IX$ 或 $U=IZ$
功率	P	$P=I^2R=UI$	W	在交流电中 P=有功功率 $=UI\cos\varphi$
无功功率	Q,P_q	$Q=I^2X=UI\sin\varphi$	var	1乏(var)=无功功率中的1瓦(W)
视在功率	S,P_s	$S=\sqrt{P^2+Q^2}$ $=UI$	V·A	1伏·安(V·A)=视在功率中的1瓦(W)
磁势	V	$V=\int_1^2 H\mathrm{d}s$	A	在均匀磁场中，磁势 V 是磁场强度 H 及长度 l 的乘积 $V=Hl$
磁场强度	H	$H=B/\mu$	A/m	
磁通	Φ	$\Phi=V\Lambda=V/R_m$ $\Phi=\int B\mathrm{d}A$	Wb	磁通密度与垂直于磁场方向的面积的乘积
磁通密度，磁感应强度	B	$B=\Phi/A$	T	在均匀磁场中，磁通密度是磁通量 Φ 被其截面积 A 除之商；$B=\Phi/A$；1T=1Wb/m²
磁链，(磁耦合)磁负荷	ψ	$\psi=\xi w\Phi$	Wb	ξ=绕组系数 w=匝数

续表

物理量	符号	定义方程	SI单位	解释
磁导	Λ	$\Lambda=\dfrac{\Phi}{V}$	H	在均匀磁场中：$\Lambda=\mu S/l$，1H=1Wb/A
磁阻	R_m	$R_m=\dfrac{V}{\Phi}$	H^{-1}	在均匀磁场中：$R_m=\dfrac{l}{\mu A}$，$1H^{-1}=1A/Wb$
磁导率	μ	$\mu=\dfrac{B}{H}$	H/m	用以表示磁的导磁率
磁空间常数	μ_0	$\mu_0=4\pi\times10^{-7}=1.256637\times10^{-6}$	H/m	在自由空间，$B=\mu_0 H$；故此量值在从前也称作自由空间磁导率
磁导率指数，相对磁导率	μ_r	$\mu_r=\mu/\mu_0$	1	$\mu_r<1$ 反磁性材料 $\mu_r>1$ 顺磁性材料 $\mu_r\gg1$ 铁磁性材料
磁的极化	J	$J=B-\mu_0 H$	T	环路中有磁性材料的磁通密度B，超过环路中没有磁性材料时的磁通密度$B_0=\mu_0 H$的部分
磁化强度	M	$M=\dfrac{J}{\mu_0}=(\mu_r-1)H$	A/m	
磁化率	χ_m	$\chi_m=\dfrac{M}{H}=\mu_r-1$	1	在线圈中有无铁芯的磁通密度之相对差
电感	L	$L=\dfrac{\psi}{i}=\xi w^2\Lambda$	H	ψ=磁链的瞬时值 i=电流的瞬时值
感应电压的瞬时值	u_i	$u_i=\dfrac{d\psi}{dt}=L\dfrac{di}{dt}$	V	电动势，以往曾用$e_i=-u_i$
磁场中的力	F_m	$F_{m1}=iBl$ $F_{m2}=\dfrac{\mu_0\times i_1 i_2}{2\pi a}l$	N	作用在磁场内一根长度为l的直导体上的力($B\perp i$)及作用在两根相距为a的平行导体上的力
磁场中的能量（磁能）	W_m	$W_m=\dfrac{1}{2}BHV=\dfrac{1}{2}\psi i=\dfrac{1}{2}\psi^2/L=\dfrac{1}{2}Li^2$	J	V=体积 1J=1W·s

1.3.2　左手定则和右手定则

（1）磁场对载流导体的作用力

载流导体在磁场中受到的力叫作电磁力，电磁力就是导体中运动的电子所受到的磁场力。如果在导体长度为 l 的范围内磁场是均匀的，并且磁感应强度 B 与 l 相互成 θ 角，则电磁力的大小为（见图 1-1）

$$F=BlI\sin\theta$$

式中　F——电磁力，N；

B——磁感应强度，T；

l——导体长度，m；

I——导体中通过的电流，A；

θ——B 与 l 的夹角。

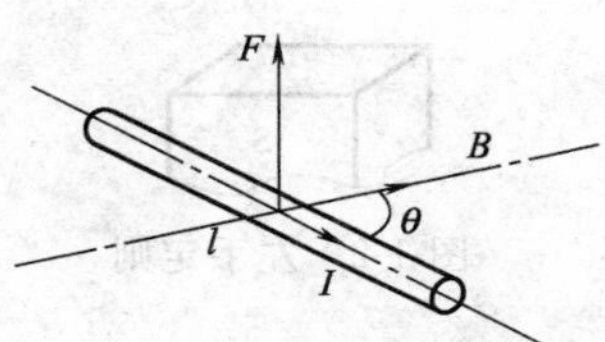

图 1-1　磁场对载流导体的作用力

若 B 与 l 垂直，则

$$F=BlI$$

（2）左手定则

左手定则是反映在均匀磁场中载流导体受电磁力的规律定则。

当磁力线、电流和作用力三者方向相互垂直时，平伸左手，拇指与其余四指垂直，手心对准磁场 N 极，四指指向电流方向，则拇指所指为导体受力方向，如图 1-2 所示。

（3）右手定则

右手定则是用以判定导体在磁场中运动产生感应电动势的规律定则。

平伸右手，拇指和其余四指垂直，手心对准磁场 N 极，拇指方向表示导体运动方向，其余四指所指为感应电势方向，用以表示磁场方向、导体运动方向和感应电势方向三者之间关系，如图 1-3 所示。

（4）右手螺旋定则

右手螺旋定则是表示单线圈和螺旋线圈通直流电后产生磁场方

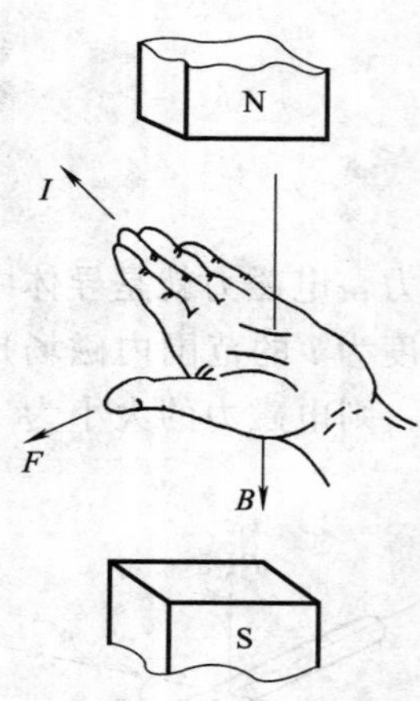

图 1-2　左手定则

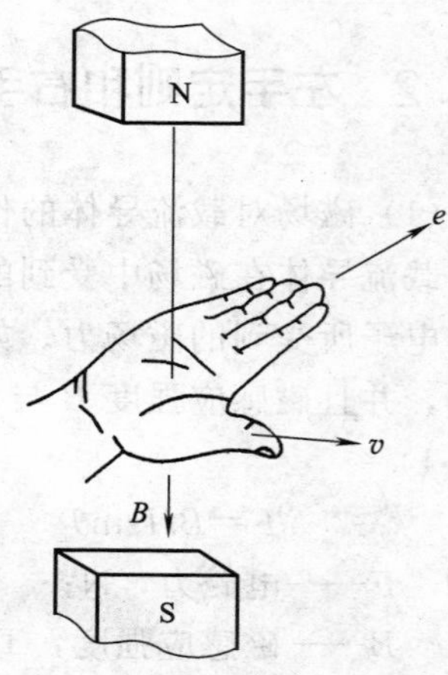

图 1-3　右手定则

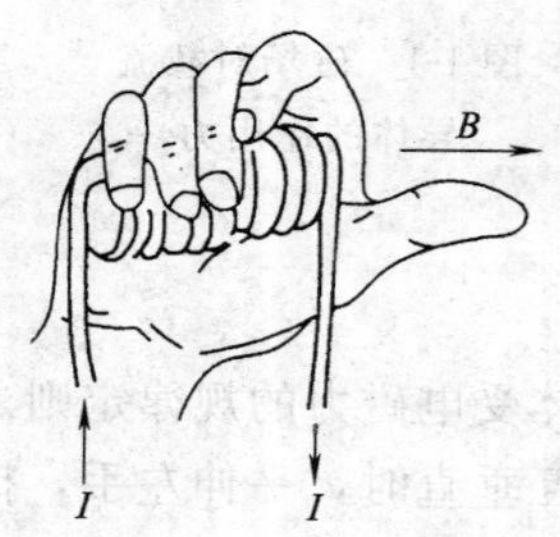

图 1-4　右手螺旋定则

向的定则。即伸出右手拇指，其余四指弯曲握住导线，使四指的方向符合线圈中电流的方向，则伸直拇指所指方向为磁力线方向，如图 1-4 所示。

1.3.3 欧姆定律

欧姆定律表示电压、电流和电阻（阻抗）之间的关系。

（1）直流电路的欧姆定律

当导体的温度不变时，通过电阻中的电流与加在电阻两端的电压成正比，而与电阻成反比。如图1-5所示，电压、电流、电阻之间关系为

$$U=IR$$

或

$$I=\frac{U}{R}$$

$$R=\frac{U}{I}$$

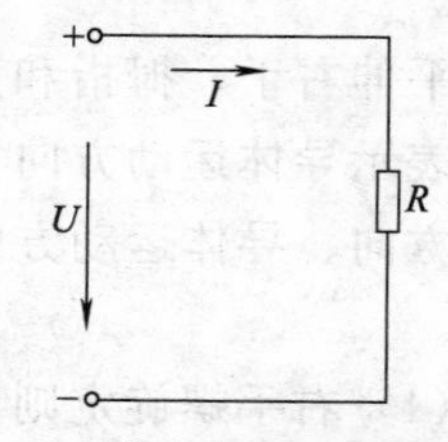

图 1-5　直流电路的欧姆定律

式中　U——支路两端电压，V；

I——支路电流，A；

R——电阻，Ω。

（2）交流电路的欧姆定律

当导体的温度不变时，通过阻抗中的正弦（稳态）电流 $\dot{I}$ 与加在阻抗两端的电压 $\dot{U}$ 成正比，即

$$\dot{U}=\dot{I}Z$$

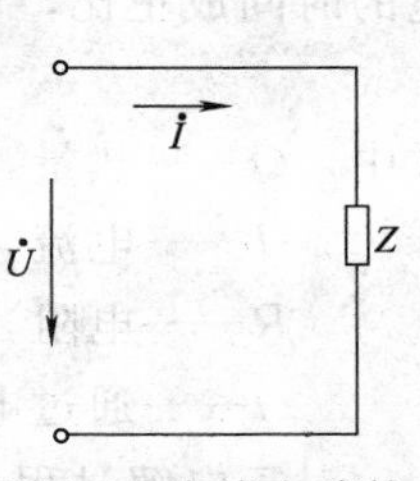

图 1-6　交流电路的欧姆定律

如图 1-6 所示，式中，$\dot{U}$ 与 $\dot{I}$ 分别是电压和电流的矢量值。Z 为阻抗，则

$$Z=R+\mathrm{j}\left(\omega L-\frac{1}{\omega C}\right)$$

式中　R——电阻，Ω；

L——电感，H；

C——电容，F；

ω——角频率，$\omega=2\pi f$。

（3）全电路的欧姆定律

通过闭合回路的电流与回路的电动势成正比，而与回路的全部电阻成反比，即

$$I=\frac{E}{\sum R}$$

式中　E——回路的电动势，V；

$\sum R$——回路中的总电阻（Ω），如图 1-7 所示，$\sum R=R_0+R_1+R$；

R_0——电源 E 的内阻，Ω；

R_1——回路中连接导线的电阻，Ω；

R——负载电阻，Ω。

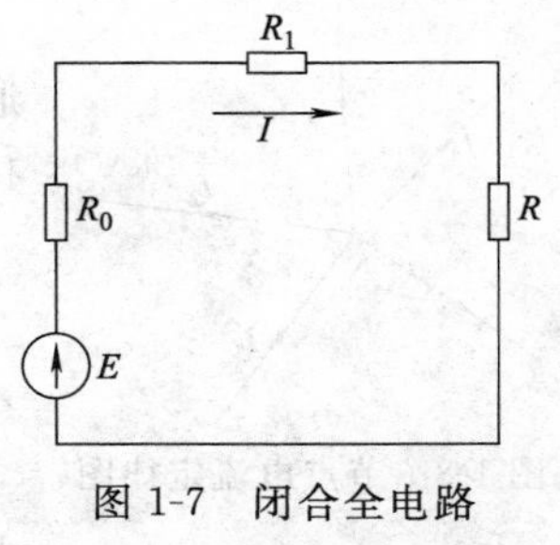

图 1-7　闭合全电路的欧姆定律

1.3.4 焦耳-楞次定律和基尔霍夫定律

(1) 焦耳-楞次定律

焦耳-楞次定律反映电流的热效应。

电流通过导体时所产生的热量与电流的平方、导体的电阻和通电的时间成正比，即

$$Q=I^2Rt$$

式中 Q——热量，J；

I——电流，A；

R——电阻，Ω；

t——通过电流的时间，s。

对于电解过程，则反应析出的热量 Q 与电解液电流 I、镀槽电压 U 和作用时间 t 之间有如下关系：

$$Q=IUt=I^2Rt$$

式中 Q——热量，J；

I——通过电解液及电极的电流，A；

U——镀槽电压，V；

R——电解液及电极的电阻，Ω；

t——电流通过的时间，s。

(2) 基尔霍夫第一定律

基尔霍夫第一定律又称节点电流定律。在电路中，任何时刻任一节点（两条以上支路的汇集点）上，所通过该节点电流的代数和恒等于零（见图 1-8）。

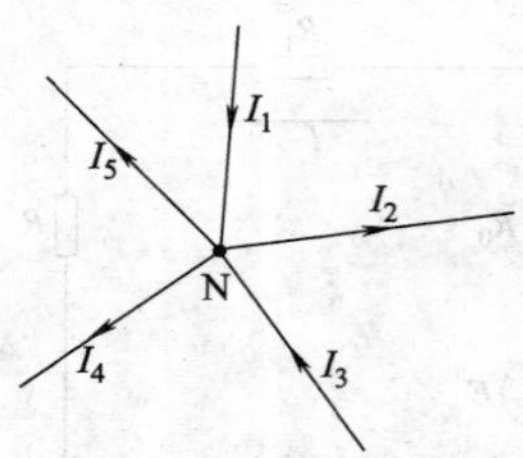

图 1-8 节点电流定律图

$$\sum I=0\text{(直流)}$$

$$\left.\begin{aligned}\sum I\cos\varphi=0\\ \sum I\sin\varphi=0\end{aligned}\right\}\text{(交流)}$$

电流的方向可预先假设，如果求得的电流是正值，表示电流的实际方向与标定

（假设）的方向相同；如果求得的电流是负值，表示电流的实际方向与标定（假设）的方向相反。

如图 1-10 电路，根据基尔霍夫第一定律可列出：

$$I_1+I_2=I_3$$

（3）基尔霍夫第二定律

基尔霍夫第二定律又称回路电压定律。从回路任一节点出发，沿回路循环一周，将出现电位上升之和等于电位下降之和，即电路中任一回路内各段电压的代数和为零（见图 1-9）。

$$\sum U=0$$

如果各支路是由电阻和电动势所构成，则回路中电动势的代数和等于各电阻上电压降的代数和，即

$$\sum E=\sum IR$$

如图 1-10 所示，先假设回路绕行方向和各支路电流的流动方向。如果电流方向与回路绕行方向相同，电流在电阻上产生的电压降取正号，如果方向相反，则取负号。电动势与回路绕行方向相同取正号，相反则取负号。沿 abda 闭合回路可列出：

$$E_1=I_1R_1+I_3R_3$$

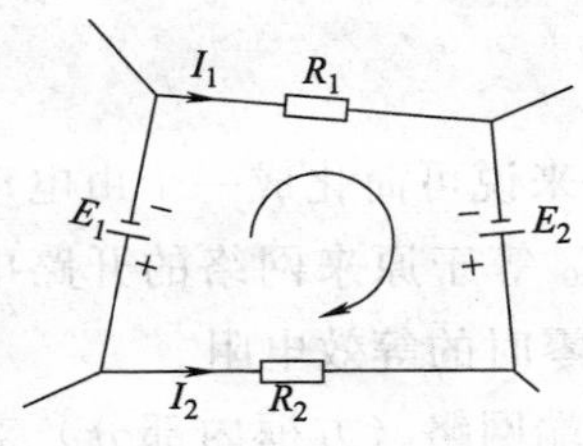

图 1-9　回路电压定律图

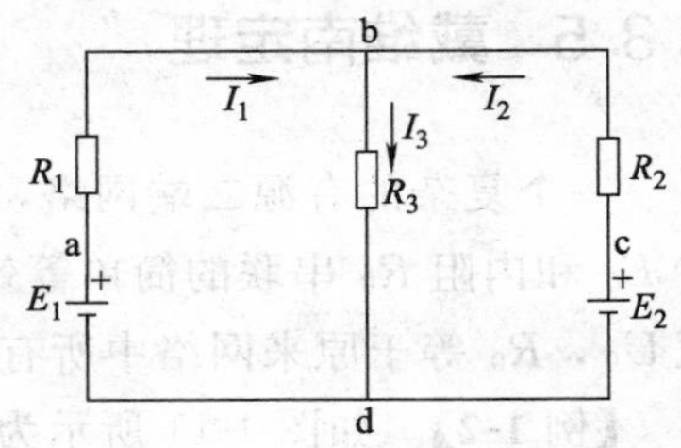

图 1-10　复杂的直流电路

沿 cbdc 闭合回路可列出：

$$E_2=I_2R_2+I_3R_3$$

【例 1-1】　如图 1-10 所示电路，已知电源 $E_1=24\text{V}$，$E_2=12\text{V}$，电阻 $R_1=20\Omega$，$R_2=15\Omega$，$R_3=30\Omega$，试求电流 I_1、I_2 和 I_3。

解　假设 I_1、I_2 和 I_3 电流方向如图所示。

根据

$$I_3 = I_1 + I_2$$
$$E_1 = I_1 R_1 + I_3 R_3$$
$$E_2 = I_2 R_2 + I_3 R_3$$

将具体参数代入上述公式得

$$24 = 20 I_1 + (I_1 + I_2) \times 30$$
$$12 = 15 I_2 + (I_1 + I_2) \times 30$$

经整理得

$$24 = 50 I_1 + 30 I_2$$
$$12 = 30 I_1 + 45 I_2$$

解得

$$I_1 = 0.5333\text{A}$$
$$I_2 = -0.0883\text{A}$$
$$I_3 = 0.5333 - 0.0883 = 0.445\text{A}$$

电流 I_2 为负值，表示其实际方向与所假设的方向相反。

1.3.5 戴维南定理

一个复杂的有源二端网络，对外电路来说可简化成一个由电动势 E_0 和内阻 R_0 串联的简单等效电路。E_0 等于原来网络的开路电压 U_0，R_0 等于原来网络中所有电动势为零时的等效电阻。

【例 1-2】 如图 1-11 所示为某有源二端网络（方框内部分）对

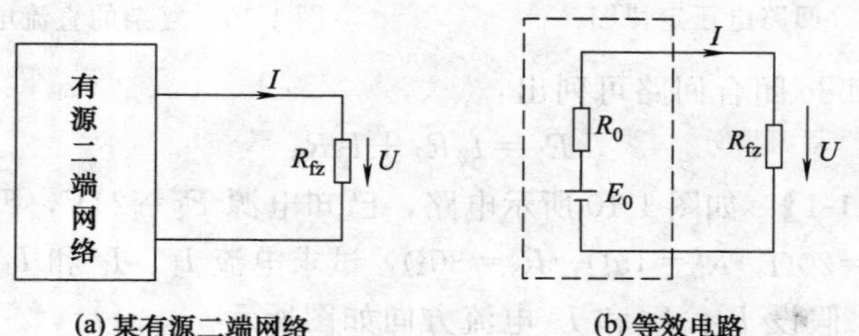

图 1-11 例 1-2 电路

负载 R_{fz} 供电的电路。经测量得知，当负载电流 I 为 20A 时，端电压 U 为 300V；负载端开路时，空载电压 U_0 为 310V。试求该有源二端网络的等效电路。

解 已知空载时 $U_0=310V$，故 $E_0=U_0=310V$。负载时 $U=E_0-IR_0=310-20R_0=300V$，故 $R_0=0.5\Omega$。

复杂的有源二端网络还可简化成一个由电流源 I_0 和内电导 G_0 并联的简单等效电路，如图 1-12 所示。其中（对于例 1-2）：

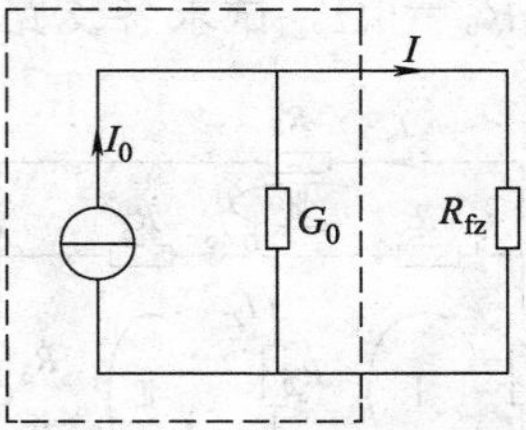

图 1-12 电流源电路

电流源电流为

$$I_0=\frac{E_0}{R_0}=\frac{310}{0.5}=620A$$

内电导为

$$G_0=\frac{1}{R_0}=\frac{1}{0.5}=2S$$

1.3.6 支路电流法和节点电位法

支路电流法和节点电位法都是常用的电路分析计算方法。这些方法不仅适用于直流和交流稳态电路，而且也适用于动态运算电路。

（1）支路电流法

支路电流法是以支路电流为待求量，运用基尔霍夫第一定律和第二定律，列出与待求支路电流数目相等的独立方程，从而求解的方法。计算步骤如下。

① 设定各支路电流及其方向，若电路有 m 条支路，就有 m 个未知电流，将各电流标于电路图上。

② 若电路有 n 个节点，则有 $n-1$ 个独立节点，以这些节点列出 $n-1$ 个基尔霍夫第一定律方程。

③ 对应 n 个未知数，还差 $n-(m-1)=n-m+1$ 个方程，可

再由电路选出 $n-m+1$ 个独立回路，对这些独立回路列出 $n-m+1$ 个基尔霍夫第二定律方程。

④ 求解上述 m 个联立方程，即可求出各支路的电流。

【例 1-3】 如图 1-13 所示电路，已知电源电压 $E_1=20\text{V}$，$E_2=10\text{V}$，$E_3=12\text{V}$；电阻 $R_1=R_2=5\Omega$，$R_3=10\Omega$，$R_4=R_5=8\Omega$，$R_6=6\Omega$，试求各支路电流 $I_1\sim I_6$。

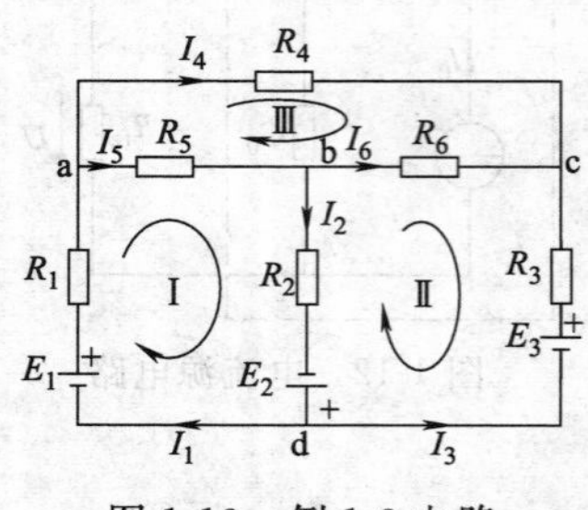

图 1-13　例 1-3 电路

解　此电路有 a、b、c、d 4 个节点和 6 条支路。设 6 条支路电流 I_1、I_2、I_3、I_4、I_5、I_6 的方向如图所示。

对 $m-1=4-1=3$ 个独立节点（如选 a、b、d）列出基尔霍夫第一定律方程为

a 点：$-I_1+I_4+I_5=0$

b 点：$I_2-I_5+I_6=0$

d 点：$I_1-I_2+I_3=0$

尚差 $m-n+1=6-4+1=3$ 个方程，设 3 个网孔为独立回路，均以顺时针方向循环，如图Ⅰ、Ⅱ、Ⅲ回路所标，则可列出基尔霍夫第二定律方程为

abda 回路：$I_5R_5+I_2R_2+I_1R_1=E_1+E_2$

bcdb 回路：$I_6R_6-I_3R_3-I_2R_2=-E_2-E_3$

acba 回路：$I_4R_4-I_6R_6-I_5R_5=0$

将具体参数代入上式，即

$$8I_5+5I_2+5I_1=20+10$$

$$6I_6-10I_3-5I_2=-10-12$$

$$8I_4-6I_6-8I_5=0$$

由以上六个方程式，可解出各支路电流为

$I_1=1.75746\text{A}$　　$I_2=2.24178\text{A}$

$I_3=0.48432\text{A}$　　$I_4=0.50699\text{A}$

$I_5=1.25047\text{A}$ $\qquad I_6=-0.99131\text{A}$

（2）节点电位法

节点电位法适用支路、网孔较多，而节点较少的电路计算。该方法是将 n 个节点中的任一节点选为参考节点，令其电位为零，而将其余 $n-1$ 个节点作为独立节点，用基尔霍夫第一定律列出 $n-1$ 个方程，从而求出节点电位。知道了节点电位后，再由基尔霍夫第二定律求出各支路电压，并由支路的欧姆定律求出各支路电流。计算步骤如下。

① 选定参考节点，并设定其余 $n-1$ 个独立节点电位，将其标在电路图上。

② 对各独立节点列出基尔霍夫第一定律方程，有 $n-1$ 个方程。

③ 求解联立的节点方程组，求出各节点电位。

④ 再利用基尔霍夫第二定律和欧姆定律，即可求出各支路电流。

【例 1-4】 如图 1-14 电路，已知 $E_1=24\text{V}$，$E_2=12\text{V}$，$R_1=R_2=5\Omega$，$R_3=R_4=R_5=10\Omega$，试求各支路电流。

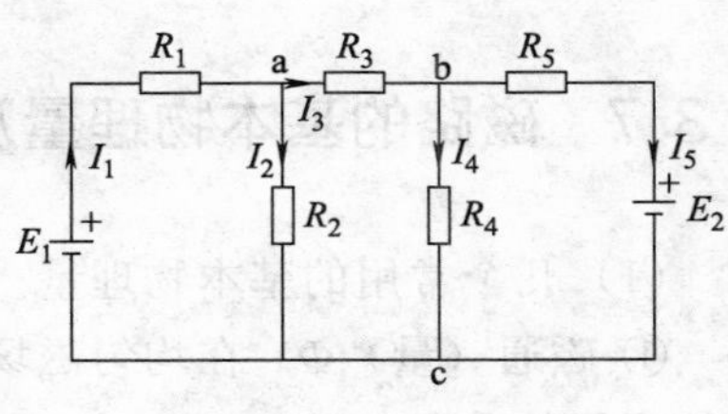

图 1-14 例 1-14 电路

解 ① 先选 c 点为参考节点，设 a、b 点的电位分别为 U_a、U_b，节点电位方程为

$$\begin{cases} U_a\left(\dfrac{1}{R_1}+\dfrac{1}{R_2}+\dfrac{1}{R_3}\right)-U_b\dfrac{1}{R_3}=\dfrac{E_1}{R_1} \\ -U_a\dfrac{1}{R_3}+U_b\left(\dfrac{1}{R_3}+\dfrac{1}{R_4}+\dfrac{1}{R_5}\right)=\dfrac{E_2}{R_5} \end{cases}$$

将已知参数代入上式并经整理得：

$$\begin{cases} 5U_a-U_b=48 \\ -U_a+3U_b=12 \end{cases}$$

可求得 $U_a=11.13V$，$U_b=7.71V$。

② 再利用基尔霍夫第二定律和欧姆定律求得各支路电流。

由 $U_a=E_1-I_1R_1$，得：

$$I_1=\frac{E_1-U_a}{R_1}=\frac{24-11.13}{5}=2.574A$$

由 $U_b=E_2+I_2R_2$，得：

$$I_2=\frac{U_b-E_2}{R_2}=\frac{7.71-12}{5}=-0.858A$$

$$I_3=\frac{U_a}{R_3}=\frac{11.13}{10}=1.113A$$

$$I_4=\frac{U_a-U_b}{R_4}=\frac{11.13-7.71}{10}=0.342A$$

$$I_5=\frac{U_b}{R_5}=\frac{7.71}{10}=0.771A$$

1.3.7 磁路的基本物理量及计算公式

(1) 几个常用的基本物理量

① 磁通（量）Φ　在均匀磁场中，为磁通密度与垂直于磁场方向的面积的乘积，即

$$\Phi=BS$$

式中　Φ——磁通（量），Wb；

S——横截面积，m^2；

B——磁通密度，T。

② 磁通密度 B　又称磁感应强度，是描述磁场各点的强弱和方向的物理量，其值取决于产生磁场的电流大小和导磁介质的特性：

$$B=\frac{F}{Il}$$

式中　B——磁通密度，T；

F——磁动势，A·t 或 A；

I——电流，A；

l——长度，m。

③ 磁场强度 H　表示磁场中各点磁力大小和方向的量，是与媒介质性质无关的辅助量，即

$$H=\frac{IN}{l}$$

式中　H——磁场强度，A/m；

N——通电线圈的匝数。

④ 磁导率 μ　表示媒介质性质（导磁性能）的物理量，即

$$\mu=\frac{B}{H}$$

式中　μ——磁导率，H/m。

⑤ 磁压 U_{m}　磁场中某两点 A 和 B 间的磁位差称为磁压，即

$$U_{\mathrm{m}}=\int_A^B H\mathrm{d}l$$

磁路往往分成若干 H 值不同的段，每一段内 H 值是相同的，这时上式可改写为

$$U_{\mathrm{m}}=\sum Hl$$

式中　U_{m}——磁压，A；

H——各段的磁场强度，A/m；

l——各段的长度，m。

⑥ 磁阻 R_{m} 与磁导 Λ　为使磁路问题的分析与电路相对应，把 R_{m} 称为磁阻：

$$R_{\mathrm{m}}=\frac{l}{\mu S}$$

式中　R_{m}——磁阻，H^{-1}；

μ——磁导率，H/m；

S——截面积，m^2；

l——长度，m。

磁阻的倒量称为该段磁路的磁导，即

$$\Lambda=\frac{\mu S}{l}$$

式中　Λ——磁导，H。

（2）磁路与电路的比较

磁路的若干典型结构、基本物理量与基本规律与电路有相似之处，见表 1-11。

■ 表 1-11　磁路与电路的比较

项目	电　　路	磁　　路
典型结构	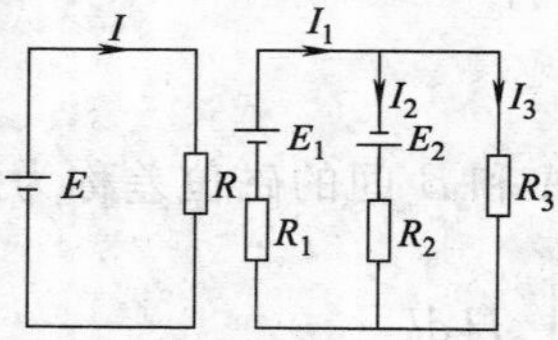	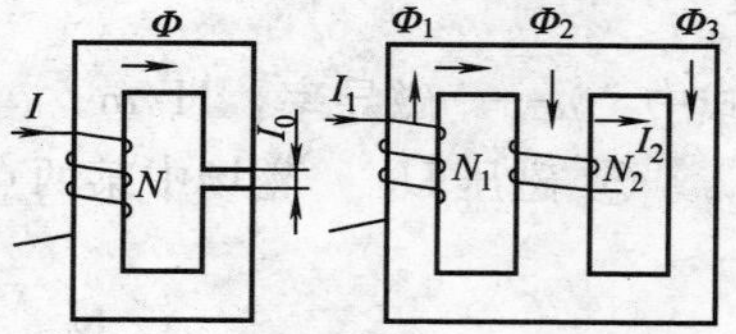
基本物理量	电动势 E	磁动势 $F=IN$
	电流 I	磁通 Φ
	电流密度 J	磁感应强度（磁通密度）B
	电压 U	磁压 U_m
	电导率 γ	磁导率 μ
	电阻 $R=\frac{l}{\gamma S}$	磁阻 $R_m=\frac{l}{\mu S}$
	电导 $G=\frac{1}{R}$	磁导 $\Lambda=\frac{1}{R_m}$
基本定律	欧姆定律 $U=IR$	欧姆定律 $F=\Phi R_m$
	基尔霍夫第一定律 $\sum I=0$	基尔霍夫第一定律 $\sum \Phi=0$
	基尔霍夫第二定律 $\sum E=\sum IR$	基尔霍夫第二定律 $\sum IN=\sum Hl$

但磁路与电路也有不同之处。例如，通常所用电路大多为线性，可用线性网络的分析方法来分析；而对磁路，则因铁芯磁阻与 B 或 H 值有关，为非线性，故不能按线性方法而是需采用图解分析法计算（借助于查磁化曲线）。

在运用磁路的基本定律进行磁路计算时，应当注意上述特点。

磁路的欧姆定律，表达磁路中的磁通与磁动势成正比，与磁阻成反比，即

$$\Phi = BS = \mu HS = \frac{IN}{\frac{l}{\mu S}} = \frac{IN}{R_m}$$

磁路的基尔霍夫第一定律，表达穿出磁路节点的磁通代数和恒等于零。必须注意，应包括穿出该节点的漏磁通。

磁路的基尔霍夫第二定律，表达出一特定的方向沿任一闭合磁回路，磁压代数和等于磁动势代数和。必须注意，磁路两点间的磁压与所取的路径有关。

（3）磁化曲线（B-H 曲线）

铁磁物质的磁导率 μ 不是常数，它不仅与磁场强度的大小有关，还与磁场的变化过程有关。为了表示铁磁物质的磁性能，一般采用磁化过程中的 B-H 曲线，如图 1-15（a）所示。铁磁物质进行交变磁化时（一般需经十几次交变后），会形成较为稳定的闭合曲线，这种闭合曲线，称为磁滞回线，如图 1-15（b）所示。磁滞回线的大小，与交变外磁场强度的最大值 H_m 有关，对应于不同的 H_m 值，会形成不同的磁滞回线，它们构成一组磁滞回线族，如图 1-15（b）所示。

铁磁物质的磁滞回线族中，一系列回线正顶点的连线［见图 1-15（b）中虚线］，称为该铁磁物质的基本磁化曲线。对于任一铁磁物质，都有一根唯一的基本磁化曲线。各种铁磁材料的基本磁化曲线如图 1-16 和图 1-17 所示。

（4）磁滞损耗和涡流损耗

① 磁滞损耗　在交变磁场中，铁磁物质在反复磁化中由磁滞

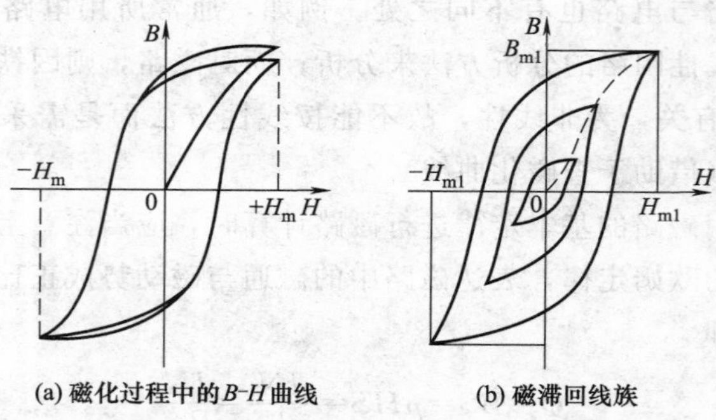

图 1-15　磁化过程的 B-H 曲线和磁滞回线族

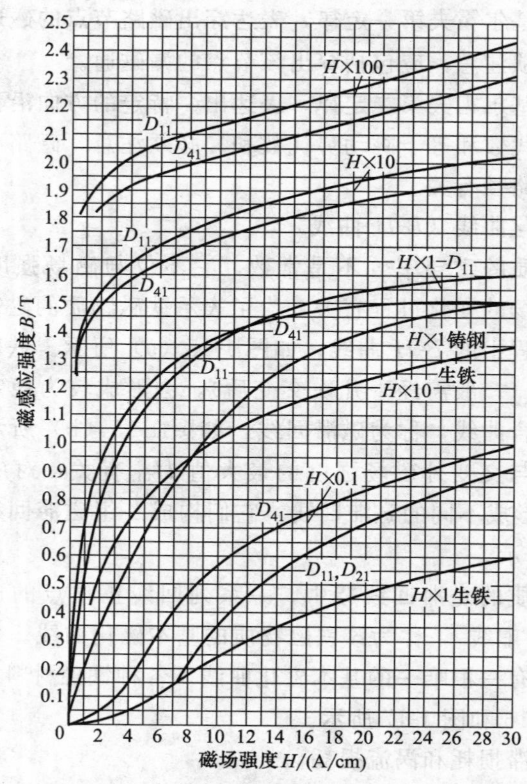

图 1-16　几种常用的铁磁材料的基本磁化曲线

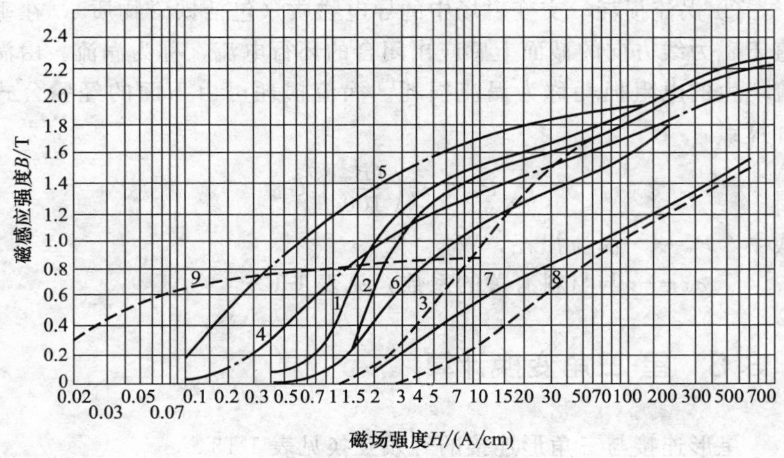

图 1-17 各种铁磁材料的基本磁化曲线

1—普通电磁纯铁，已退火；2—10 号优质碳素钢，已退火；3—20 号优质碳素钢，已退火；4—D4 硅钢板；5—D330 冷轧硅钢板；6—可锻铸铁；7—HT00 灰铸铁，已退火；8—HT00 灰铸铁，未退火；9—IJ79 铁镍合金

现象产生的能量损耗称为磁滞损耗。磁滞损耗可由下面的经验公式计算：

$$P_c = \sigma_c \frac{f}{100} B_m^2 G$$

式中 P_c——磁滞损耗，W；

f——交变磁场频率，Hz；

B_m——磁通密度最大值，T；

G——磁性材料质量，kg；

σ_c——与材料有关的系数，见表 1-12。

■ **表 1-12 磁滞损耗与涡流损耗的计算系数**

硅钢片类别 / 硅钢片厚度/mm / 系数	电机硅钢(D11、D21、D22、D31、D32)			变压器硅钢(D41、D42、D310、D320、D330、D340)	
	0.35	0.5	1	0.35	0.5
σ_c/(W/kg)	4.7	4.4	4.4	2.4	3.0
σ_w/(W/kg)	3.0	5.7	22.5	0.7	1.3

② 涡流损耗　交变磁场中的导电物质（包括铁磁物质），在垂直于磁力线方向的截面上感应出闭合的环行电流，称为涡流。由涡流产生的电阻损耗称为涡流损耗。涡流损耗可由下面的经验公式计算：

$$P_w = \sigma_w \left(\frac{fB_m}{100}\right)^2 G$$

式中　P_w——涡流损耗，W；

σ_w——与材料有关的系数，见表 1-12。

1.3.8 星-三角变换计算

星形连接与三角形连接的等效互换见表 1-13。

■ **表 1-13　星形连接与三角形连接的等效互换**

变换形式	Y→△	△→Y
变换图	$\dot{I}_1$, $\dot{I}_{12}$, Z_{31}, Z_1, Z_{12}, $\dot{I}_{31}$, Z_3, Z_2, Z_{23}, $\dot{I}_3$, $\dot{I}_{23}$, $\dot{I}_2$, 1, 2, 3	$\dot{I}_1$, $\dot{I}_{12}$, Z_{31}, Z_1, Z_{12}, $\dot{I}_{31}$, Z_3, Z_2, Z_{23}, $\dot{I}_3$, $\dot{I}_{23}$, $\dot{I}_2$, 1, 2, 3
变换公式	$Z_{12}=Z_1+Z_2+\frac{Z_1Z_2}{Z_3}$ $Z_{23}=Z_2+Z_3+\frac{Z_2Z_3}{Z_1}$ $Z_{31}=Z_3+Z_1+\frac{Z_3Z_1}{Z_2}$	$Z_1=\frac{Z_{12}Z_{31}}{Z_{12}+Z_{23}+Z_{31}}$ $Z_2=\frac{Z_{23}Z_{12}}{Z_{12}+Z_{23}+Z_{31}}$ $Z_3=\frac{Z_{31}Z_{23}}{Z_{12}+Z_{23}+Z_{31}}$
对称的情况	$Z_\triangle=3Z_Y$	$Z_Y=\frac{1}{3}Z_\triangle$
返回原电路	$\dot{I}_1=\dot{I}_{12}-\dot{I}_{31}$ $\dot{I}_2=\dot{I}_{23}-\dot{I}_{12}$ $\dot{I}_3=\dot{I}_{31}-\dot{I}_{23}$	$\dot{I}_{12}=\frac{\dot{I}_1Z_1-\dot{I}_2Z_2}{Z_{12}}$ $\dot{I}_{23}=\frac{\dot{I}_2Z_2-\dot{I}_3Z_3}{Z_{23}}$ $\dot{I}_{31}=\frac{\dot{I}_3Z_3-\dot{I}_1Z_1}{Z_{31}}$

1.3.9 交流电路计算

正弦交流电的大小和方向是每时每刻都在变化的，将交流电在某一瞬间的量值大小称为它的“瞬时值”。

正弦交流电的有效值定义如下：在相同阻值的两个电阻上分别接入直流电源和交流电源，如果在相同的时间内，它们产生的热量相等，即所做的功相等，就说明这两个电流是等效的，这时的直流电流 I 值就作为交流电的有效值。

一般电气设备（如自动开关、接触器、电动机、灯泡、家用电器等）所标的额定电压和额定电流值均指有效值；一般仪器、测量仪表所标的量程值及所测的电压、电流值也是指有效值。但电容器上所标的耐压值是指最大值而不是有效值。普通晶闸管上所标的电流为通态平均电流，所标的电压为断态重复峰值电压。

正弦交流电流如图 1-18 所示。

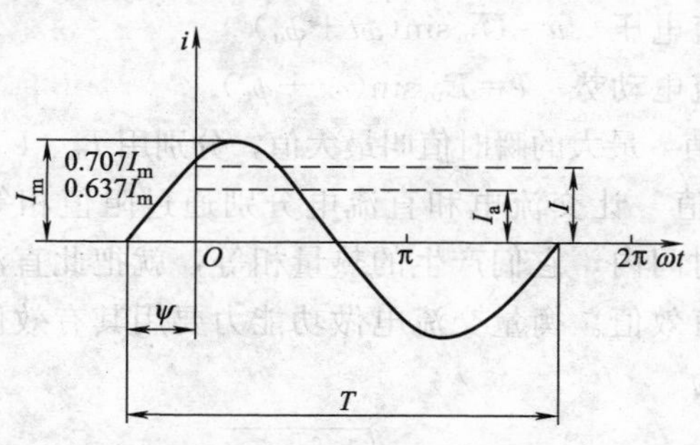

图 1-18 正弦交流电流

(1) 交流电的周期、频率和角频率

① 周期 交流电变化一次所需的时间叫周期，用 T 表示，单位为 s。

② 频率 交流电在 1s 内变化的次数叫频率，用 f 表示，单位为 Hz。

周期与频率互为倒数关系，即

$$f=1/T \text{ 或 } T=1/f$$

③ 角频率　交流电在 1s 内变化的电角度叫角频率，用 ω 表示，单位为 rad/s。

角频率与频率的关系：

$$\omega=2\pi f$$

【例 1-5】 我国工频采用 50Hz，求此交流电的周期和角频率为多少。

解　周期为

$$T=1/f=1/50=0.02\text{s}$$

角频率为

$$\omega=2\pi f=2\times3.14\times50=314\text{rad/s}$$

(2) 交流电的瞬时值、最大值、有效值和平均值

① 瞬时值　在任意一个时刻的交流电的数值叫瞬时值，电流、电压和电动势的瞬时值分别用 i、u 和 e 表示。

正弦交流电流　$i=I_{\mathrm{m}}\sin(\omega t+\psi_{\mathrm{i}})$

正弦交流电压　$u=U_{\mathrm{m}}\sin(\omega t+\psi_{\mathrm{u}})$

正弦交流电动势　$e=E_{\mathrm{m}}\sin(\omega t+\psi_{\mathrm{e}})$

② 最大值　最大的瞬时值叫最大值，分别用 I_{m}、U_{m} 和 E_{m} 表示。

③ 有效值　让交流电和直流电分别通过阻值相等的电阻，如果在相同的时间内，它们产生的热量相等，就把此直流电的数值叫作交流电的有效值。衡量交流电做功能力要用其有效值表示。有效值的表达式为

$$I=\sqrt{\frac{1}{T}\int_0^T i^2\,\mathrm{d}t}$$

若 i 为正弦电流，则由上式可求得：

$$I=\frac{I_{\mathrm{m}}}{\sqrt{2}}\approx0.707I_{\mathrm{m}}$$

同理，对正弦电压、电动势有：

$$U=\frac{U_{\mathrm{m}}}{\sqrt{2}}\approx0.707U_{\mathrm{m}}$$

$$E=\frac{E_m}{\sqrt{2}}\approx 0.707E_m$$

④ 平均值　正弦交流电正半周和负半周的波形是完全对称的，因此在一个周期的平均值恒等于零，通常讲的平均值是指交流电在半个周期的平均值。

正弦交流电的平均值与最大值的关系：

$$I_P=\frac{2}{\pi}I_m\approx 0.637I_m$$

$$U_P=\frac{2}{\pi}U_m\approx 0.637U_m$$

$$E_P=\frac{2}{\pi}E_m\approx 0.637E_m$$

正弦交流电的平均值与有效值的关系：

$$I_P=0.9I$$

$$U_P=0.9U$$

$$E_P=0.9E$$

通常讲的220V、380V电压（或电流）以及用普通电压表、电流表测量出来的电压和电流的数值，都是指有效值。

（3）相位、初相位和相位差

① 相位　正弦交流电瞬时值的表达式中的电角度 $\omega t+\psi$ 称为正弦交流电的相位。

② 初相位　当 $t=0$ 时的相位 ψ 称为初相位。

③ 相位差　两个同频率正弦量的相位之差称为相位差，用 φ 表示，当 $i_1=I_{1m}\sin(\omega t+\psi_1)$、$i_2=I_{2m}\sin(\omega t+\psi_2)$ 时，则有

$$\varphi=(\omega t+\psi_1)-(\omega t+\psi_2)=\psi_1-\psi_2$$

当 $\varphi=0$ 时，称 i_1 与 i_2 同相位；

当 $\varphi=\pm\pi$，称 i_1 与 i_2 反相位；

当 $\psi_1>\psi_2$，称 i_1 超前 i_2（或 i_2 滞后 i_1）；

当 $\psi_1<\psi_2$，称 i_1 滞后 i_2（或 i_2 超前 i_1）。

【例 1-6】　已知一正弦电压 $u=537.4\sin(314t-\pi/6)$V，求它的最大值、有效值、平均值、角频率、频率、周期和初相角。

解 最大值 $U_m = 537.4V$

有效值 $U = U_m/\sqrt{2} = 537.4/\sqrt{2} = 380V$

平均值 $U_P = \frac{2}{\pi}U_m = \frac{2}{\pi} \times 537.4 = 342.3V$

角频率 $\omega = 314rad/s$

频率 $f = \frac{\omega}{2\pi} = \frac{314}{2 \times 3.14} = 50Hz$

周期 $T = 1/f = 1/50 = 0.02s$

初相角 $\psi = \pi/6rad$，即 $180/6 = 30°$

(4) 正弦电路的功率与功率因数

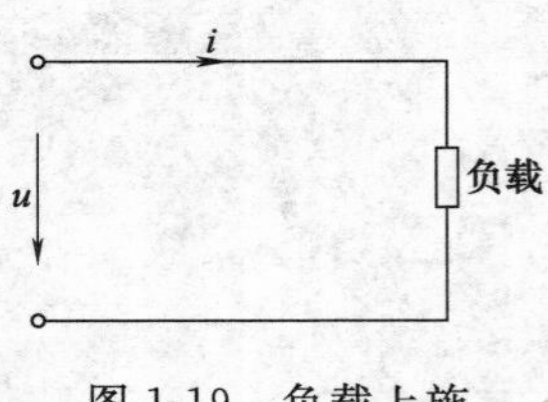

图 1-19 负载上施加正弦电压

如图 1-19 电路，负载两端加有正弦电压 $u = \sqrt{2}U\sin\omega t$。负载可能是电阻、感抗或容抗。如果是感抗，则电流将滞后电压一个角度，设为 $i = \sqrt{2}I\sin(\omega t - \varphi)$。

在电压和电流作用下，负载上有功率损耗，换句话说，电源有功率输送给负载。功率有有功功率 P、无功功率 Q 和视在功率 S 之分。

① 有功功率 P

有功功率又称平均功率，是瞬时功率（$p = ui$）在一周期内的平均值，即

$$P = \frac{1}{T}\int_0^T p\mathrm{d}t = UI\cos\varphi$$

式中 U，I——电压 u、电流 i 的有效值；

$\cos\varphi$——功率因数；

φ——电压 u 与电流 i 的相位差，称为功率因数角。

② 无功功率 Q

$$Q = UI\sin\varphi$$

当负载是感性（感抗）时，$\varphi > 0$，则 $Q > 0$；

当负载是容性（容抗）时，$\varphi < 0$，则 $Q < 0$；

当负载是电阻性时，$\varphi = 0$，则 $Q = 0$。

③ 视在功率

$$S=UI$$

P、Q、S 之间有如下关系：

$$P=S\cos\varphi$$

$$Q=S\sin\varphi$$

$$S=\sqrt{P^2+Q^2}$$

$$\varphi=\arctan\frac{Q}{P}$$

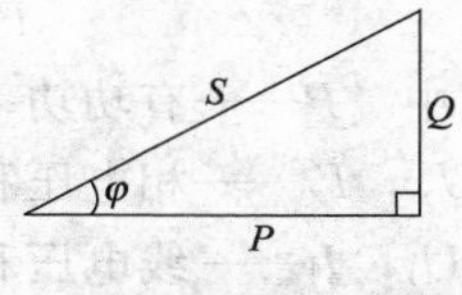

图 1-20　功率三角形

P、Q 与 S 之间构成直角三角形关系，如图 1-20 所示，称为功率三角形。

(5) 三相正弦交流电的表示法

三相正弦交流电压的波形图和矢量图，如图 1-21 所示。

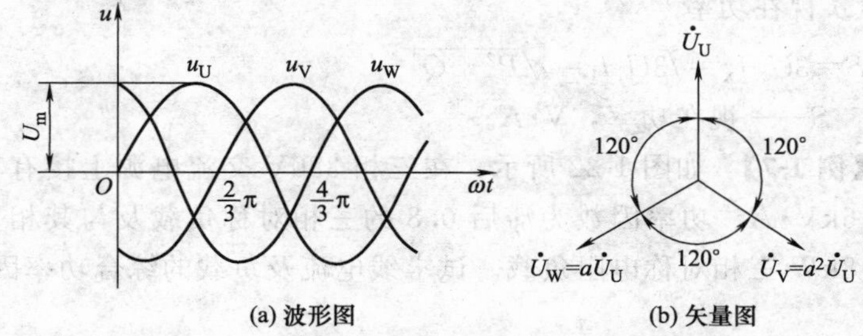

图 1-21　对称三相正弦电压的波形图和矢量图

如把 U 相电压定为参考量，则对称三相电压的瞬时值可写为

$$\begin{cases}u_{\mathrm{U}}=\sqrt{2}U\sin\omega t\\ u_{\mathrm{V}}=\sqrt{2}U\sin\left(\omega t-\dfrac{2}{3}\pi\right)\\ u_{\mathrm{W}}=\sqrt{2}U\sin\left(\omega t+\dfrac{2}{3}\pi\right)\end{cases}$$

若用矢量表示，则

$$\begin{cases}\dot{U}_{\mathrm{U}}=U\,\underline{/0^\circ}\\ \dot{U}_{\mathrm{V}}=U\,\underline{/-120^\circ}=a^2\dot{U}=a^2\dot{U}_{\mathrm{U}}\\ \dot{U}_{\mathrm{W}}=U\,\underline{/120^\circ}=a\,\dot{U}=a\,\dot{U}_{\mathrm{U}}\end{cases}$$

三相对称负载功率计算：

① 有功功率

$$P=3U_xI_x\cos\varphi=\sqrt{3}U_1I_1\cos\varphi$$

式中　P——有功功率，W；

U_x，I_x——相电压和相电流，V、A；

U_1，I_1——线电压和线电流，V、A；

$\cos\varphi$——负载功率因数。

② 无功功率

$$Q=3U_xI_x\sin\varphi=\sqrt{3}U_1I_1\sin\varphi$$

式中　Q——无功功率，var；

$\sin\varphi$——负载功率因数角的正弦值。

③ 视在功率

$$S=3U_xI_x=\sqrt{3}U_1I_1=\sqrt{P^2+Q^2}$$

式中　S——视在功率，V·A。

【例 1-7】 如图 1-22 所示，在三相 380V 交流电源上接有功率为 7.6kV·A、功率因数为滞后 0.8 的三相对称负载及与其相并联的 3.8kW 三相对称电阻负载。试求线电流及负载的综合功率因数。

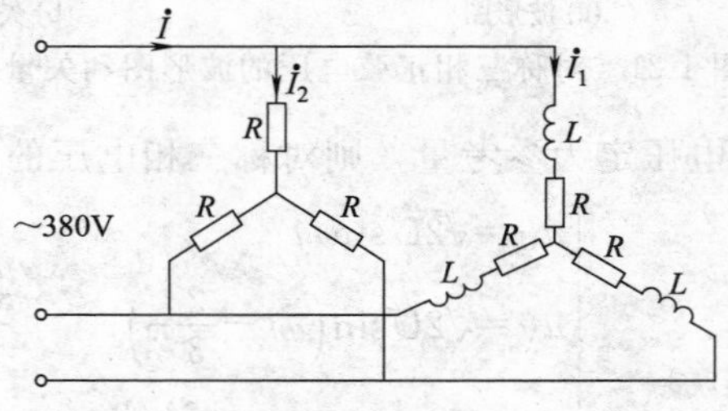

图 1-22　例 1-7 图

解　设 7.6kV·A 负载的电流为 I_1，按题意有

$$\sqrt{3}UI_1=\sqrt{3}\times380I_1=7.6\times10^3$$

$$I_1=\frac{7.6\times10^3}{\sqrt{3}\times380}=\frac{20}{\sqrt{3}}\text{A}$$

又设 3.8kW 负载的电流为 I_2，由于它是电阻负载，$\cos\varphi_2=1$，

故有

$$\sqrt{3}UI_2\cos\varphi_2=\sqrt{3}\times380I_2\times1=3.8\times10^3$$

$$I_2=\frac{3.8\times10^3}{\sqrt{3}\times380}=\frac{10}{\sqrt{3}}\text{A}$$

由于7.6kV·A负载的$\cos\varphi_1=0.8$，故电流有功分量

$$I_{1a}=I_1\cos\varphi_1=(20/\sqrt{3})\times0.8=16/\sqrt{3}\text{A}$$

电流无功分量

$$I_{1r}=I_1\sin\varphi_1=(20/\sqrt{3})\times\sqrt{1-0.8^2}=12/\sqrt{3}\text{A}$$

因此，线电流

$$I=\sqrt{(I_2+I_{1a})^2+I_{1r}^2}=\sqrt{(10/\sqrt{3}+16/\sqrt{3})^2+(12/\sqrt{3})^2}=16.53\text{A}$$

有功功率

$$P=7.6\times0.8+3.8=9.88\text{kW}$$

视在功率

$$S=\sqrt{3}UI=\sqrt{3}\times380\times16.53\times10^{-3}=10.88\text{kV·A}$$

综合功率因数

$$\cos\varphi=P/S=9.88/10.88=0.91$$

1.3.10 含电感、电容电路的瞬变现象

电感和电容是具有储能作用的元件，当合分闸带电感或电容的电路时，会出现瞬变现象。

瞬变过程（或称过渡过程）的发生是由于电感、电容的储能特性所引起的。电感中电流不能突变，电容两端的电压不能突变（电荷不能突变）。

（1）过渡过程的时间常数

RL 电路 $\tau=L/R$

RC 电路 $\tau=RC$

RLC 电路 $\tau=2L/R$

式中 τ——时间常数，s；

L——电感值，H；

C——电容值，F；

R——电阻值，Ω。

【例 1-8】 试分别求图 1-23（a）和图 1-23（b）电路的时间常数。已知 R 为 30kΩ，L 为 120mH，C 为 0.03μF。

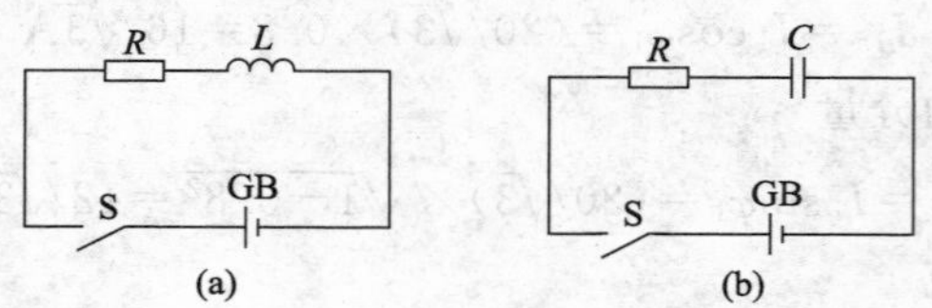

图 1-23 例 1-8 电路

解 RL 串联电路［图 1-23（a）］的时间常数为

$$\tau=\frac{L}{R}=\frac{120\times10^{-3}}{30\times10^{3}}=4\times10^{-6}\text{s}$$

RC 串联电路［图 1-23（b）］的时间常数为

$$\tau=RC=30\times10^{3}\times0.03\times10^{-6}=9\times10^{-4}\text{s}$$

（2）5 种最常见的电容、电感电路的瞬变现象

5 种常见的电容、电感电路的瞬变现象见表 1-14。

■ **表 1-14 电容、电感电路的瞬变现象**

电路图	方程式	解	图
S, R, i, E, C	$R\frac{dq}{dt}+\frac{q}{C}=E$ 或 $Ri+\frac{1}{C}\int i dt=E$	$q=CE(1-e^{-\frac{t}{RC}})$ $i=\frac{E}{R}e^{-\frac{t}{RC}}$ $u_R=Ee^{-\frac{t}{RC}}$ $u_C=E(1-e^{-\frac{t}{RC}})$	q, CE, E/R, q, i, 0, t
R, S, i, E, C	$R\frac{dq}{dt}+\frac{q}{C}=0$ 或 $RC\frac{du_C}{dt}+u_C=0$	$q=CEe^{-\frac{t}{RC}}$ $i=-\frac{E}{R}e^{-\frac{t}{RC}}$ $u_R=u_C=E_0e^{-\frac{t}{RC}}$ E_0：放电前电容两端电压	i q, 0, i, q, t, $-\frac{E}{R}$, CE

续表

电路图	方程式	解	图
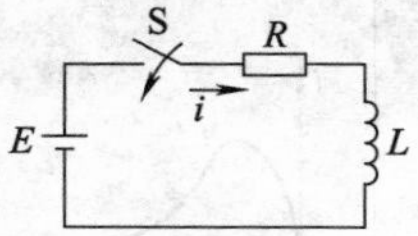 S、R、i、E、L	$L\frac{di}{dt}+Ri=E$	$i=\frac{E}{R}(1-e^{-\frac{R}{L}t})$ $u_R=E(1-e^{-\frac{R}{L}t})$ $u_L=Ee^{-\frac{R}{L}t}$	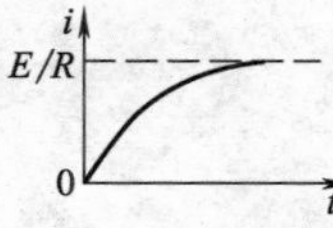 i、E/R、0、t
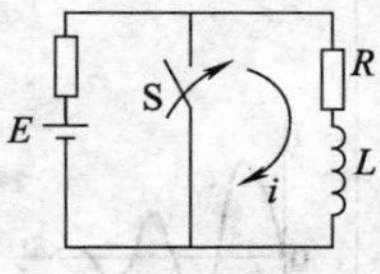 E、S、R、L、i	$L\frac{di}{dt}+Ri=0$	$i=\frac{E}{R}e^{-\frac{R}{L}t}$ $u_R=Ee^{-\frac{R}{L}t}$ $u_L=-Ee^{-\frac{R}{L}t}$	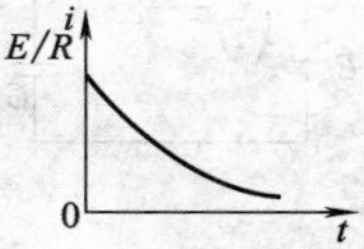 i、E/R、0、t
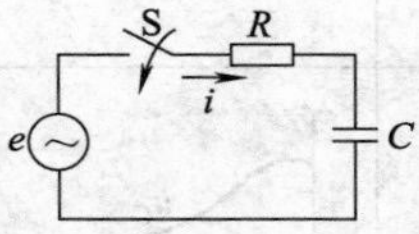 S、R、i、e、C	$R\frac{dq}{dt}+\frac{q}{C}=$ $E_m\sin(\omega t+\varphi)$ 或 $RC\frac{du_C}{dt}+u_C$ $=E_m\sin(\omega t+\varphi)$	$i=\frac{E_m}{\sqrt{R^2+\frac{1}{\omega^2C^2}}}\times$ $[\sin(\omega t+\varphi-\theta)-$ $\tan\theta\cos(\varphi+\theta)\times$ $e^{-\frac{t}{RC}}]$ $\theta=\arctan\frac{1}{\omega CR}$ φ 为外加电压的初相位角	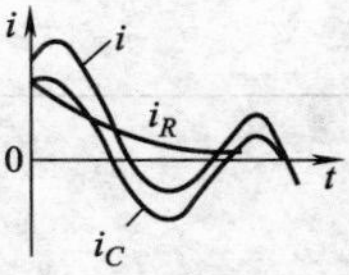 i、i_R、0、t、i_C
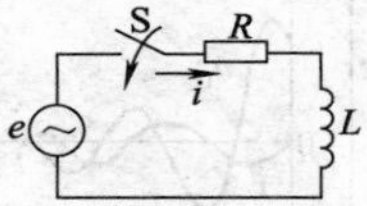 S、R、i、e、L	$L\frac{di}{dt}+Ri=$ $E_m\sin(\omega t+\varphi)$	$i=\frac{E_m}{\sqrt{R^2+\omega^2L^2}}$ $\times[\sin(\omega t+\varphi-\theta)$ $-\sin(\varphi-\theta)e^{-\frac{R}{L}t}]$ $u_R=Ri$ $u_L=u-u_R$ $\theta=\arctan\frac{\omega L}{R}$ φ 为外加电压的初相位角	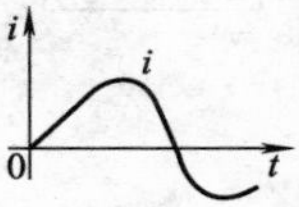 i、0、t

续表

电路图	方程式	解	图
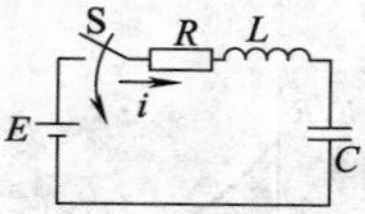 S R L i E C	$L\frac{\mathrm{d}i}{\mathrm{d}t}+Ri+\frac{1}{C}\int i\mathrm{d}t=E$	临界状态$\left(R=2\sqrt{\frac{L}{C}}\right)$ $i=\frac{E}{L}t\mathrm{e}^{-\alpha t}$ 非振荡状态 $\left(R>2\sqrt{\frac{L}{C}}\right)$ $i=\frac{E}{\gamma L}\mathrm{e}^{-\alpha t}\mathrm{sh}\gamma t$ 振荡状态$\left(R<2\sqrt{\frac{L}{C}}\right)$ $\mathrm{i}=-\frac{E}{\beta L}\mathrm{e}^{-\alpha t}\sin\beta t$ 振荡频率 $f=\frac{1}{2\pi}\times\sqrt{\frac{1}{LC}-\left(\frac{R}{2L}\right)^2}$ 式中 $\alpha=\frac{R}{2L}$ $\beta=\sqrt{\frac{1}{LC}-\left(\frac{R}{2L}\right)^2}$ $\gamma=\sqrt{\left(\frac{R}{2L}\right)^2-\frac{1}{LC}}$ $\mathrm{sh}\gamma t=\frac{\mathrm{e}^{\gamma t}-\mathrm{e}^{-\gamma t}}{2}$ （双曲正弦）	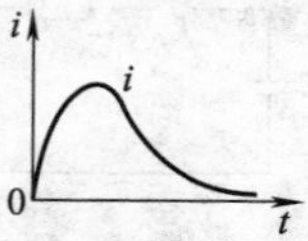 i i 0 t (a) $R>2\sqrt{\frac{L}{C}}$ 的情况 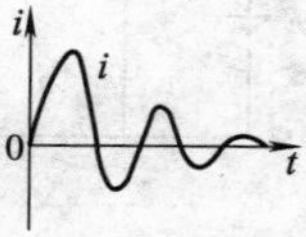 i i 0 t (b) $R<2\sqrt{\frac{L}{C}}$ 的情况
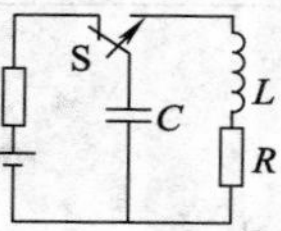 S r C L E R	$L\frac{\mathrm{d}i}{\mathrm{d}t}+Ri+\frac{1}{C}\int i\mathrm{d}t=0$	当 $R=2\sqrt{\frac{L}{C}}$时 $i=-\frac{E_0}{L}t\mathrm{e}^{-\alpha t}$（衰减） 当 $R>2\sqrt{\frac{L}{C}}$时 $i=-\frac{E_0}{L\gamma}\mathrm{e}^{-\alpha t}\mathrm{sh}\gamma t$（衰减） 当 $R<2\sqrt{\frac{L}{C}}$时 $i=-\frac{E_0}{L\beta}\mathrm{e}^{-\alpha t}\sin\beta t$ （衰减振荡） 式中 $\alpha=\frac{R}{2L}$ $\beta=\sqrt{\frac{1}{LC}-\left(\frac{R}{2L}\right)^2}$ $\gamma=\sqrt{\left(\frac{R}{2L}\right)^2-\frac{1}{LC}}$ E_0 为电容上的初始电压	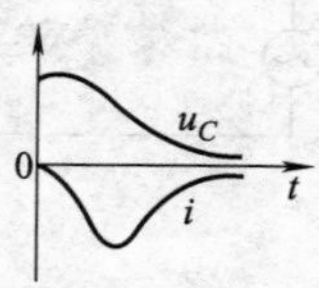 u_C 0 t i (a) $R=2\sqrt{\frac{L}{C}}$ 的情况 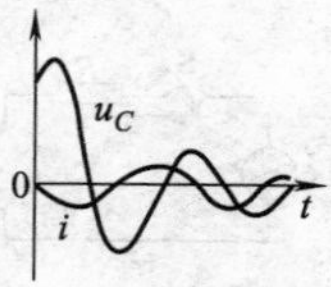 u_C 0 t i (b) $R<2\sqrt{\frac{L}{C}}$ 的情况

续表

电路图	方程式	解	图
S R L C e	$L\frac{di}{dt}+Ri+\frac{1}{C}\int i\mathrm{d}t=E_m\sin(\omega t+\varphi)$	当 $R=2\sqrt{\frac{L}{C}}$ 时 $i=I_m[\sin(\omega t+\varphi-\theta)-\sin(\varphi-\theta)e^{-\alpha t}]$ 当 $R>2\sqrt{\frac{L}{C}}$ 时 $i=I_m\left\{\sin(\omega t+\varphi-\theta)-e^{\alpha t}\left[\frac{\cos(\varphi-\theta)}{\omega LC\gamma}\mathrm{sh}\gamma t-\frac{\alpha}{\gamma}\times\sin(\varphi-\theta)\mathrm{sh}\gamma t+\sin(\varphi-\theta)\mathrm{ch}\gamma t\right]\right\}$ 当 $R<2\sqrt{\frac{L}{C}}$ 时 $i=I_m\left\{\sin(\omega t+\varphi-\theta)-e^{-\alpha t}\left[\frac{\cos(\varphi-\theta)}{\omega LC\beta}\sin\beta-\frac{\alpha}{\beta}\times\sin(\varphi-\theta)\sin\beta+\sin(\varphi-\theta)\cos\beta\right]\right\}$ 式中 $\alpha=\frac{R}{2L}$ $\beta=\sqrt{\frac{1}{LC}-\left(\frac{R}{2L}\right)^2}$ $\gamma=\sqrt{\left(\frac{R}{2L}\right)^2-\frac{1}{LC}}$ $I_m=\frac{E_m}{Z}=\frac{E_m}{\sqrt{R^2+\left(\omega L-\frac{1}{\omega C}\right)^2}}$ 为最大电流值，φ 为外加电压的初相位角， $\theta=\arctan\frac{R}{\omega L-\frac{1}{\omega C}}$ 为电路的功率因数角	i, 0, t, u_C (a) $\varphi-\theta=\frac{\pi}{2}$ 时 u_C, 0, t, i (b) $\varphi-\theta=0$ 时

1.3.11 电磁波在导体中透入深度的计算

所谓电磁波在导电媒质中的透入深度是这样规定的：波的振幅衰减到原值的 1/e＝1/2.718≈36.8%时所穿行的距离，用符号 δ 表示。不同频率的电磁波在导体中的透入深度可按下式计算：

$$\delta=503\sqrt{\frac{\rho}{\mu_r f}}$$

式中 δ——电磁波透入深度，mm；

ρ——导体的电阻率，$\Omega\cdot mm^2/m$；

f——频率，Hz；

μ_r——相对磁导率，$\mu_r\approx1$。

不同导电媒质在不同频率时的透入深度，见表 1-15。

只要被保护设备的金属材料外壳有足够的厚度，就能起到电磁屏蔽作用。

表 1-15 铜、铝、铁内不同频率时的透入深度 单位：mm

f/Hz		50	10^6
铜	$\gamma=0.58\times10^8\Omega^{-1}\cdot m^{-1}$ $\mu=\mu_0$	9.35	0.067
铝	$\gamma=0.1\times10^8\Omega^{-1}\cdot m^{-1}$ $\mu=\mu_0$	11.7	0.083
铁	$\gamma=0.1\times10^8\Omega^{-1}\cdot m^{-1}$ $\mu\approx1000\mu_0$	0.72	0.0051

注：γ 为电导率。

电磁波透入深度还可由图 1-24 直接查出。

【例 1-9】 5kHz 电磁波能穿透铝板多深？

解 铝的 $\rho=0.028\Omega\cdot mm^2/m$，$\mu_r=1$

透入深度为

$$\delta=503\sqrt{\frac{0.028}{1\times5000}}=1.19mm$$

也可从图中直接查得该深度。

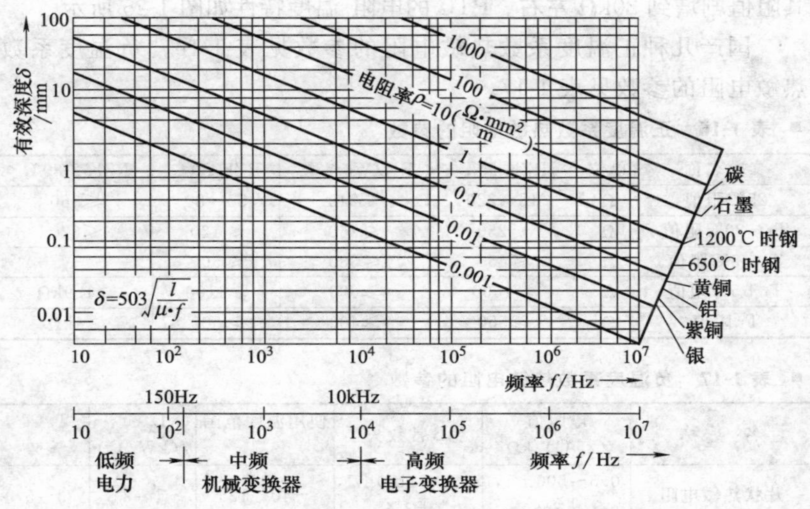

图 1-24　电磁波在导体中的透入深度

1.3.12　热敏电阻及阻值的计算

（1）热敏电阻的特性和种类

热敏电阻（即半导体热敏电阻）的阻值对温度很敏感，其电阻温度系数大约是金属的 10 倍。

热敏电阻有负温度系数的热敏电阻（简称 NTC）和正温度系数的热敏电阻（简称 PTC）。前者，其电阻值随温度的上升而大幅度下降；后者，其电阻值随温度的上升而大幅度上升。

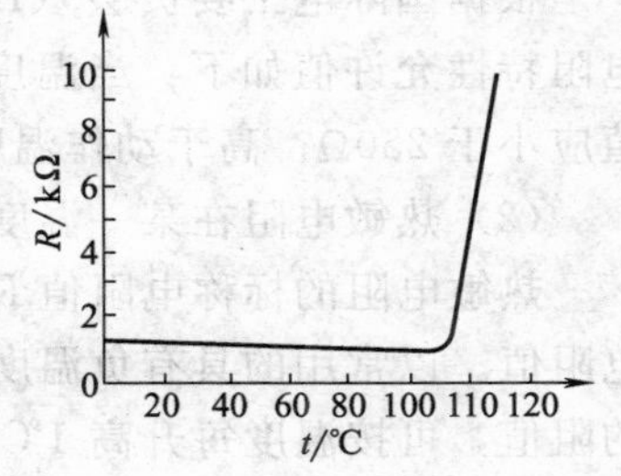

图 1-25　PTC 的电阻-温度特性

PTC 热敏电阻的重要性能是：当温度超过规定值（通称参考温度或动作温度）时，其电阻值急剧上升（达数十倍甚至上百倍）。PTC 的冷态电阻值不大，一般只有几十欧，当温度增加到动作温度（也叫居里点）时，其阻值剧增到 20kΩ 左右。PTC 的电阻-温度特性如图 1-25 所示。

国产几种正温度系数热敏电阻的参数见表 1-16，负温度系数热敏电阻的参数见表 1-17。

■ **表 1-16　正温度系数热敏电阻的参数**

参数名称	单位	RZK-95℃	RRZW0-78℃	RZK-80℃	RZK-2-80℃
25℃阻值	Ω	18～220	≤240	50～80	≤360
Tr－20℃阻值	Ω	≤250	≤260	≤120	≤620
Tr－5℃阻值	Ω	≤450	≤380	≤500	—
Tr＋5℃阻值	Ω	≥1000	≥600	≥1100	≥1.9kΩ
Tr 阻值	Ω	≥550	≥400	≥500	≥4kΩ

■ **表 1-17　负温度系数热敏电阻的参数**

名　　称	电阻值(25℃)/kΩ	B 常数①	使用温度范围/℃	D. C./(kW/℃)	T. C./s
片状热敏电阻	0.5～500±1，±3%	3450～4100±1，±3%	－40～125	1～2	3～5
玻封热敏电阻	2～1000±3，±5%	3450～4400±1，±3%	－50～300	1～2	5～15
超小型热敏电阻	1～300±3，±5%	3450～3950±1%	－30～100	0.1～0.4	0.1～0.2(水中)
超高精度热敏电阻	30～100	3950	－30～100	1～2	3～5
体温计、室温计专用热敏电阻	50～300±1，±3%	3400～4100±5，±1%	－40～125	1～2	3～5
盘型热敏电阻	2～100±3，±5%	3950～4400±2%	－30～120	5	15

① 在 25℃，50℃算出。

注：D.C. 为热耗散常数，T.C. 为热时间常数。

根据国际电工委员会（IEC）的要求，PTC 热敏电阻的温度-电阻特性允许值如下：当温度低于动作温度 20℃时，PTC 的电阻值应小于 250Ω；高于动作温度 15℃时，电阻值大于 4kΩ。

（2）热敏电阻在某一温度时阻值的估算

热敏电阻的标称电阻值 R_{25} 是指在基准温度为 25℃时所具有的电阻值。以常用的具有负温度系数的热敏电阻为例，其随温度变化的阻值，可按温度每升高 1℃，其阻值减少 4% 估算。即可按下式计算：

$$R_t = R_{25} \times 0.96^{(t-25)}$$

例如，某热敏电阻在 25℃时的阻值为 300Ω，则在 30℃时的阻值为

$$R_{30} = 300 \times 0.96^{(30-25)} = 244.6\Omega$$

(3) 热敏电阻的代用

当现有的热敏电阻的规格不符合电路实际要求时，可以通过串、并联普通电阻的方法代用。例如，电路需要一个如下的热敏电阻 R_{1T}：在 25℃时的阻值 $R_{1T25}=440\Omega$，在 50℃时的阻值 $R_{1T50}=240\Omega$。而手头仅有热敏电阻 R_{2T}，其特性是：在 25℃时 $R_{2T25}=600\Omega$，在 50℃时 $R_{2T50}=210\Omega$。为了使 R_{2T} 接入电路后达到 R_{1T} 所要求的温度特性，可接成如图 1-26 所示的电路，只要合理选择 R_1 和 R_2 的阻值即可。

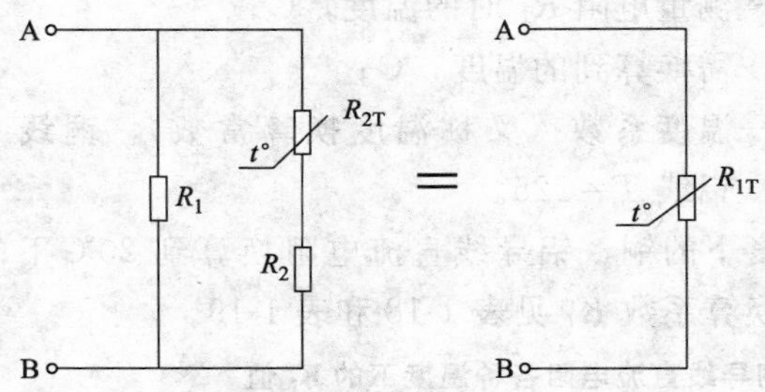

图 1-26 热敏电阻的代用

R_1 和 R_2 可按下列公式计算：

$$R_{1T50} = \frac{(R_{2T50} + R_2)R_1}{R_{2T50} + R_2 + R_1}$$

$$R_{1T25} = \frac{(R_{2T25} + R_2)R_1}{R_{2T25} + R_2 + R_1}$$

将具体数值代入上式，可得

$$\begin{cases} 240 = \dfrac{(210 + R_2)R_1}{210 + R_2 + R_1} \\ 440 = \dfrac{(600 + R_2)R_1}{600 + R_2 + R_1} \end{cases}$$

解此方程组，得 $R_1=1218\Omega$，$R_2=89\Omega$。

按电阻标准值选择 $R_1=1200\Omega$，$R_2=91\Omega$。

1.3.13 直流电阻的温度换算

测量变压器或电机绕组的直流电阻，应将其阻值换算到同一温度，以便对结果进行比较。

铜线和铝线的直流电阻换算公式如下：

$$R_2=R_1\frac{T+t_2}{T+t_1}$$

式中 R_1——温度为 t_1 时的电阻值，Ω；

R_2——温度为 t_2 时的电阻值，Ω；

t_1——测量电阻 R_1 时的温度，℃；

t_2——需换算到的温度，℃；

T——温度系数（又称温度换算常数），铜线 $T=234.5$，铝线 $T=225$。

不同温度下的铜、铝导线直流电阻换算到 20℃下的直流电阻时，其温度换算系数 K_t 见表 1-18 和表 1-19。

表 1-18 铜导线直流电阻各种温度下的 K_t 值

t/℃	K_t	t/℃	K_t	t/℃	K_t	t/℃	K_t
−9	1.128	4	1.067	17	1.012	30	0.962
−8	1.123	5	1.063	18	1.007	31	0.959
−7	1.118	6	1.058	19	1.004	32	0.955
−6	1.113	7	1.054	20	1.000	33	0.951
−5	1.109	8	1.049	21	0.996	34	0.947
−4	1.104	9	1.045	22	0.992	35	0.945
−3	1.099	10	1.041	23	0.988	36	0.941
−2	1.095	11	1.037	24	0.985	37	0.937
−1	1.090	12	1.032	25	0.981	38	0.934
0	1.085	13	1.028	26	0.977	39	0.931
1	1.081	14	1.024	27	0.973	40	0.927
2	1.076	15	1.020	28	0.969		
3	1.071	16	1.016	29	0.965		

■ **表 1-19　铝导线直流电阻各种温度下的 K_t 值**

t/℃	K_t	t/℃	K_t	t/℃	K_t	t/℃	K_t
−9	1.134	4	1.070	17	1.012	30	0.961
−8	1.129	5	1.065	18	1.008	31	0.957
−7	1.124	6	1.061	19	1.004	32	0.953
−6	1.119	7	1.056	20	1.000	33	0.950
−5	1.114	8	1.050	21	0.996	34	0.946
−4	1.109	9	1.047	22	0.992	35	0.942
−3	1.104	10	1.043	23	0.988	36	0.939
−2	1.099	11	1.038	24	0.983	37	0.935
−1	1.094	12	1.034	25	0.980	38	0.932
0	1.089	13	1.029	26	0.976	39	0.928
1	1.084	14	1.025	27	0.972	40	0.925
2	1.079	15	1.021	28	0.968		
3	1.075	16	1.017	29	0.965		

(1) 铜导线直流电阻的温度换算

任意温度 t 下测得的铜导线直流电阻 R_t，可按下式换算为20℃时的直流电阻：

$$R_{20}=R_t\frac{234.5+20}{234.5+t}=R_tK_t$$

(2) 铝导线直流电阻的温度换算

任意温度 t 下测得的铝导线直流电阻 R_t，可按下式换算为20℃时的直流电阻：

$$R_{20}=R_t\frac{225+20}{225+t}=R_tK_t$$

【例 1-10】 测得某铜绕组在 40℃时的直流电阻为 20Ω，试求换算到 20℃时的直流电阻。

解　换算到 20℃时的直流电阻为

$$R_{20}=20\times\frac{234.5+20}{234.5+40}=18.54\Omega$$

若用查表法，则铜导线 40℃时的 $K_t=0.927$（见表 1-18），换算到 20℃时的直流电阻为 $R_{20}=R_tK_t=20\times0.927=18.54\Omega$。

1.3.14 绝缘电阻的温度换算

电气设备的绝缘电阻值与电压的作用时间、电压高低、剩余电荷的大小、湿度及湿度等因素有关。

(1) 湿度对绝缘电阻的影响

空气湿度大时，绝缘物因毛细管作用吸收水分也较多，绝缘电阻降低。当相对湿度大于80%，绝缘性能会降低很多。

(2) 温度对绝缘电阻的影响

一般温度每上升10℃，绝缘电阻约下降30%～50%，其变化程度与绝缘种类有关。温度升高后，介质内部分子和离子的运动被加速，其电导率增加，绝缘电阻降低。另外，温度升高时，绝缘层中的水分会溶解更多的杂质，也会增加电导率，使绝缘电阻降低。

但如果温度降至－5℃以下，因绝缘体内水分结冰，即使绝缘体受潮也测不出来，所以绝缘电阻一般要在－5℃以上测量才准确。

为了能将测量结果进行比较，应将测试结果换算到同一温度。

对于A级绝缘的变压器、互感器等电气设备，可按下式换算：

$$R_2=\frac{R_1}{2^{\frac{t_2-t_1}{40}}}$$

对于B级绝缘的发电机、变压器等电气设备，可按下式换算：

$$R_2=\frac{R_1}{2^{\frac{t_2-t_1}{10}}}$$

式中　R_2——换算到温度为t_2时的绝缘电阻，MΩ；

R_1——温度为t_1时测得的绝缘电阻，MΩ；

1/40，1/10——A级和B级绝缘物的温度系数。

应该指出，以上换算是近似的，最好是在相近的温度下测试。

① A级绝缘材料绝缘电阻的换算　任意温度t下测得的A级绝缘材料的绝缘电阻，可按下式换算为75℃时的绝缘电阻。

$$R_{75}=\frac{R_t}{10^{\frac{75-t}{40}}}=\frac{R_t}{K_t}$$

式中　K_t——温度换算系数，见表1-20。

■ 表 1-20 A 级绝缘材料绝缘电阻各种温度时的 K_t 值

t/℃	K_t	t/℃	K_t	t/℃	K_t	t/℃	K_t	t/℃	K_t	t/℃	K_t
1	70.8	15	31.60	29	14.10	43	6.31	57	2.82	71	1.258
2	67.0	16	29.80	30	13.33	44	5.95	58	2.66	72	1.188
3	63.1	17	28.20	31	12.53	45	5.62	59	2.51	73	1.112
4	59.5	18	26.60	32	11.88	46	5.30	60	2.37	74	1.060
5	56.2	19	25.10	33	11.12	47	5.00	61	2.24	75	1.000
6	53	20	23.70	34	10.60	48	4.73	62	2.16	76	0.944
7	50	21	22.40	35	10.00	49	4.46	63	1.995	77	0.915
8	47.3	22	21.60	36	9.44	50	4.21	64	1.880	78	0.841
9	44.6	23	19.95	37	9.15	51	3.98	65	1.770	79	0.795
10	42.1	24	18.80	38	8.41	52	3.76	66	1.678	80	0.750
11	39.8	25	17.77	39	7.95	53	3.54	67	1.585		
12	37.6	26	16.78	40	7.50	54	3.345	68	1.495		
13	35.4	27	15.85	41	7.08	55	3.16	69	1.410		
14	33.45	28	14.95	42	6.70	56	2.98	70	1.330		

② B 级绝缘发电机绝缘电阻的换算　任意温度 t 下测值的 B 级绝缘发电机的绝缘电阻，可按下式换算为 75℃时的绝缘电阻。

$$R_{75}=\frac{R_t}{2^{\frac{75-t}{10}}}=\frac{R_t}{K_t}$$

式中　K_t——温度换算系数，见表 1-21。

■ 表 1-21 B 级绝缘发电机绝缘电阻各种温度时的 K_t 值

t/℃	K_t	t/℃	K_t	t/℃	K_t	t/℃	K_t	t/℃	K_t	t/℃	K_t
1	170	15	64	29	24	43	9.2	57	3.5	71	1.320
2	158	16	60	30	23	44	8.6	58	3.3	72	1.230
3	147	17	56	31	21	45	8.0	59	3.03	73	1.147
4	137	18	52	32	20	46	7.5	60	2.80	74	1.072
5	128	19	49	33	18	47	7.0	61	2.64	75	1.000
6	120	20	46	34	17	48	6.5	62	2.46	76	0.932
7	112	21	42	35	16	49	6.1	63	2.30	77	0.872
8	105	22	39	36	15	50	5.7	64	2.19	78	0.813
9	95	23	37	37	13.9	51	5.3	65	2.00	79	0.757
10	90	24	34	38	13.0	52	4.9	66	1.860	80	0.707
11	85	25	32	39	12.1	53	4.6	67	1.740		
12	79	26	30	40	11.3	54	4.3	68	1.624		
13	73	27	28	41	10.6	55	4.0	69	1.515		
14	69	28	26	42	9.9	56	3.7	70	1.414		

【例 1-11】 测得一台 Y 系列电动机的绝缘电阻为 65MΩ，测试时定子绕组温度为 15℃，试求换算到 75℃时的绝缘电阻。

解 换算到 75℃时的绝缘电阻为

$$R_{75}=\frac{R_t}{2^{\frac{75-t}{10}}}=\frac{65}{2^{\frac{75-15}{10}}}=\frac{65}{2^6}=1.01\text{M}\Omega$$

也可由表 1-21 查得，$t=15$℃时，$K_t=64$，故 $R_{75}=\frac{R_t}{K_t}=\frac{65}{64}=$ 1.01MΩ。

1.3.15 热传递和热膨胀计算

热传递和热膨胀计算公式见表 1-22。

■ 表 1-22 热传递和热膨胀计算公式

参 量	符号	公 式	SI 单位	说 明
热 量	Q		J	也叫热，热能 1 焦耳＝1 瓦·秒 ＝1 牛顿·米 (1J＝1W·s＝1N·m)
热能密度	q	$q=Q/V$	J/m³	此公式只在能量密度是常数时适用 V＝体积
热流率	Φ	$\Phi=Q/t$	W	此公式在平衡时适用 t＝时间
热流率密度	φ	$\varphi=\Phi/S$	W/m²	此公式适用于均匀热场 S＝热流截面积
热力学温度	T		K	开氏刻度和摄氏刻度大小相同，但开氏的起始点是绝对零度
摄氏温度	θ	$\theta=t-T_0$， 这里 $T_0=273.15$K t：开氏温度	℃	摄氏温度是两个热力学温度之差，摄氏温度(℃)不是国际单位(SI 单位)
温 差	$\Delta\theta$	$\Delta\theta=\theta_1-\theta_2$ $=T_1-T_2$ $=\Delta T$	K，℃	在开氏温度(K)中，温差必须尽可能详细表示出来，特别在混合单位时，只有在和摄氏温度不混淆时才用符号℃

续表

参量	符号	公式	SI单位	说明
热阻	R_W	$R_W=\frac{\Delta\theta}{\Phi}=\rho_W\delta/S$ $=\frac{\delta}{\lambda S}=1/\Lambda_W$	K/W	表达式 $\rho_W\delta/S$ 和 $\frac{\delta}{\lambda S}$ 只在均匀热场时适用；δ=阻挡层厚度
比热阻	ρ_W	$\rho_W=\frac{\Delta\theta}{\varphi\delta}=\frac{R_W S}{\delta}$ $=1/\lambda$	m·K/W	材料的一种特性
热导	Λ_W	$\Lambda_W=\frac{\Phi}{\Delta\theta}=\lambda S/\delta$ $=\frac{S}{\rho_W\delta}=1/R_W$	W/K	表达式 $\lambda S/\delta$ 和 $\frac{S}{\rho_W\delta}$ 只适用于均匀热场
热导率（导热系数）	λ	$\lambda=\varphi\delta/\Delta\theta$ $=\Lambda_W\delta/S$ $=1/\rho_W$	W/(K·m)	材料的一种特性
热阻系数（总传热系数的倒数）	$R_{\ddot{u}}$	$R_{\ddot{u}}=\frac{\Delta\theta}{\Phi}=\frac{1}{\alpha S}$	K/W	热传导发生在固体和液体的界面（气体、蒸气、液体），也可用 $\varphi=\Phi/S=\alpha\Delta\theta$
传热系数	α	$\alpha=\frac{\lambda Nu}{l}$	W/(K·m²)	Nu=Nusselt 数 l=特征长度
热传递阻率	R_d	$R_d=\frac{\Delta\theta}{\Phi}=\frac{1}{kS}$	K/W	一种液体（α_1）穿过一个壁（R_W，S）进入第二种液体（α_2）的热传递。也可用 $\varphi=\Phi/S=k\Delta\theta$
总传热系数	k	$k=\frac{1}{\alpha_1}+R_W S+\frac{1}{\alpha_2}$	W/(K·m²)	公式适用于平面壁和管道
热容	C_W	$C_W=\frac{Q}{\Delta\theta}=c\rho V$	J/K	V=体积，ρ=密度
比热容	c	$c=\frac{C_W}{\rho V}$	J/(kg·K)	材料的一种特性
线胀系数	α	$\alpha=\frac{\Delta l}{l\Delta\theta}$	K^{-1}	l=长度 Δl=长度变化
体胀系数	β	$\beta=\frac{\Delta V}{V\Delta\theta}\approx 3\alpha$	K^{-1}	在理想的气体里 $\beta=\frac{1}{273}K^{-1}$

1.4 电感和电容的计算

1.4.1 电感计算

(1) 介质的磁导率

$$\mu=\frac{B}{H};\mu=\mu_0\mu_r$$

式中 μ——介质的磁导率，H/m；

B——磁感应强度（T），1T=1Wb/m^2；

H——磁场强度，A/m；

μ_0——真空的磁导率，$\mu_0=0.4\pi\times10^{-6}$ H/m；

μ_r——介质的相对磁导率，是个纯数，见表1-23和表1-24。

■ **表1-23 几种物质的相对磁导率 μ_r**

种类	名称	μ_r	种类	名称	μ_r
抗磁质	铋	0.99983	顺磁质	铝	1.00002
	银	0.99998		白金	1.00026
	锌	0.999987	铁磁质(因不是常数,故以最大值表示)	钴	250
	铜	0.999991		镍	600
顺磁质	空气	1.0000004		纯铁	20000

■ **表1-24 几种常用铁磁材料的相对磁导率 μ_r**

铁磁材料	μ_r	铁磁材料	μ_r
铸铁	200～400	铝硅铁粉芯	2.5～7
铸钢	500～1200	镍锌铁氧体(1MHz以上)	10～1000
硅钢片	7000～10000	镍锌铁氧体(1MHz以下)	300～5000
坡莫合金	20000～200000		

(2) 典型磁感应强度的计算

典型磁感应强度的计算见表 1-25。

■ **表 1-25　典型磁感应强度的计算方法**

磁场类型	示意图	计算公式	备注
无限长圆截面直导线的磁场（截面上电流均匀分布）	a O P_1 P_2 r_1 r_2	导线长 $l \gg p$ 时 导线外为 $B=\frac{\mu_0 I}{2\pi r}$ 导线内为 $B=\frac{\mu_0 Ir}{2\pi a^2}$ 导线表面为 $B=\frac{\mu_0 I}{2\pi a}$	B—离导线轴心 r 处的磁感应强度，T μ_0—真空磁导率，H/m a—导线半径，m I—电流强度，A r—距导线轴心的距离，m
无限长直圆导管的磁场（截面上电流均匀分布）	b a O P r	$r \leqslant b$ 处 $B=0$ $b \leqslant r \leqslant a$ 处 $B=\frac{\mu_0 I(r^2-b^2)}{2\pi r(a^2-b^2)}$ $r \geqslant a$ 处 $B=\frac{\mu_0 I}{2\pi r}$	B—距轴心的距离为 r 处的磁感应强度，T b—圆导管内径，m a—圆导管外径，m I—电流强度，A r—距轴心的距离，m
有限长直导线的磁场	φ_2 P φ_1 r	$B=\frac{\mu_0 I}{4\pi r} \times(\cos\varphi_1-\cos\varphi_2)$	B—导线外任一点 P 处的磁感应强度，T r—P 点距导线的垂直距离，m I—导线上的电流，A φ_1,φ_2—P 点到导线两端点的连接与电流的夹角
圆形电流中心轴线上任一点的磁场	I O a P x x	$B=\frac{\mu_0 Ia^2}{2(a^2+x^2)^{3/2}}$(T)	a—圆形电流的半径，m x—P 点与圆心 O 的距离，m I—电流强度，A
环形线圈的磁场	O I	管内 $B=\frac{\mu_0 WI}{l}$(T) 管外 $B=0$	W—线圈总匝数 l—磁路平均长度（虚线所示），m I—电流强度，A

续表

磁场类型	示意图	计算公式	备注
W匝均匀密绕的空心长直螺线管的磁场		轴线上任一点P处 $B=\frac{\mu_0 WI}{2l}\times(\cos\theta_1-\cos\theta_2)$(T) 中心点O处 $B=\frac{\mu_0 WI}{\sqrt{4a^2+l^2}}$ $B=\frac{\mu_0 WI}{l}$($a\ll l$时) 两端点P_1、P_2处 $B=\frac{\mu_0 WI}{\sqrt{a^2+l^2}}$ $B=\frac{\mu_0 WI}{2l}$($a\ll l$时)	W—螺线管匝数 l—螺线管长度,m a—螺线管半径,m θ_1,θ_2—P点到螺线管两端点连线与轴线的夹角 I—电流强度,A

1.4.2 各种形状线圈的电感和互感的计算

1.4.2.1 各种电感器电感量的计算

(1) 规则形状单匝线圈（见图1-27）

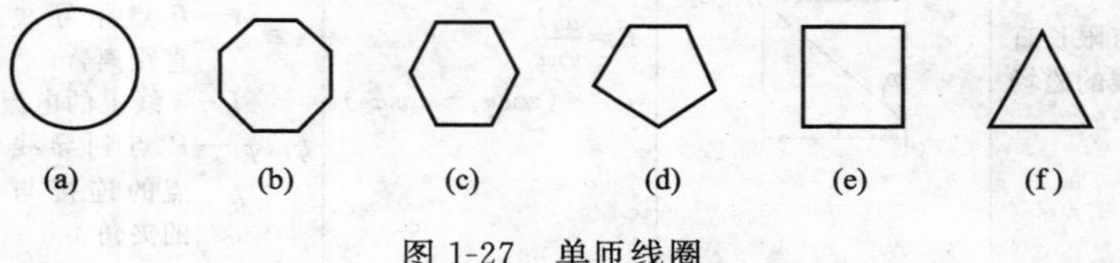

图1-27 单匝线圈

线圈电感可按下式计算：

$$L=2l\left(I_{\mathrm{n}}\frac{4l}{d}-F_1\right)\times10^{-3}$$

式中 L——线圈电感，μH；

l——从导线中心线圈周长，cm；

d——导线直径，cm；

F_1——单匝线圈形状系数，见表1-26。

■ **表 1-26　圆形和多边形单匝线圈的形状系数 F_1**

形状	圆形	正八边形	正六边形	正五边形	正方形	等边三角形
F_1	2.451	2.561	2.636	2.712	2.853	3.197
l	πD_p①	$8a$②	$6a$	$5a$	$4a$	$3a$

① D_p 为圆形单匝线圈的平均直径。

② a 为正多边形的一边长度。

根据以上公式，将计算结果列于表 1-27，以便直接查找使用。

■ **表 1-27　规则形状单匝线圈的电感量**　　单位：nH

形状	导线周长 l /cm	导线直径 d/cm			
		0.01	0.1	0.5	1
圆形	5	51	28	—	—
	7	77	45	—	—
	10	117	71	—	—
	20	261	169	105	—
	50	745	515	354	285
	70	1090	768	543	446
	100	1629	1169	847	708
	200	3536	2614	1971	1693
	500	9755	7452	5843	5150
	700	14128	10905	8651	7681
	1000	20896	16291	13072	11686
正八边形	5	50	27	—	—
	7	75	43	—	—
	10	115	69	—	—
	20	275	165	101	—
	50	734	504	343	274
	70	1075	753	527	430
	100	1607	1147	825	686
	200	3492	2570	1927	1649
	500	9645	7342	5733	5040
	700	13974	10751	8497	7527
	1000	20676	16071	12852	11466
正六边形	5	50	27	—	—
	7	74	42	—	—
	10	113	67	—	—
	20	254	162	98	—
	50	727	496	336	266
	70	1065	742	517	420
	100	1592	1132	808	671
	200	3462	2540	1897	1619
	500	9570	7267	5658	4965
	700	13869	10646	8392	7422
	1000	20526	15921	12702	11316

续表

形状	导线周长 l /cm	导线直径 d/cm			
		0.01	0.1	0.5	1
正五边形	5	49	26	—	—
	7	73	41	—	—
	10	112	66	—	—
	20	251	159	95	—
	50	719	489	328	259
	70	1054	732	506	409
	100	1577	1116	795	656
	200	3431	2510	1866	1589
	500	9494	7191	5582	4889
	700	13763	10539	8286	7316
	1000	20374	15769	12550	11164
正方形	5	47	24	—	—
	7	71	39	—	—
	10	109	63	—	—
	20	245	153	89	—
	50	705	475	314	245
	70	1034	712	486	389
	100	1549	1088	766	628
	200	3375	2454	1810	1533
	500	9353	7050	5441	4748
	700	13565	10342	8089	7118
	1000	20092	15487	12268	10882
等边三角形	5	44	21	—	—
	7	66	34	—	—
	10	102	56	—	—
	20	232	140	75	—
	50	671	440	279	210
	70	986	664	438	341
	100	1480	1019	698	559
	200	3237	2316	1672	1395
	500	9009	6706	5097	4404
	700	13084	9860	7607	6637
	1000	19404	14799	11580	10194

【例 1-12】 用直径为 1mm 的导线，制成电感量为 3μH 的正六边形单匝线圈，求导线周长为多少？

解 由表 1-27 可见，不能直接从中查得导线周长。这时可用内插法求得。

$$\frac{200\text{cm}}{2.54\mu\text{H}}=\frac{l}{3\mu\text{H}}$$

得周长为

$$l=\frac{3\times200}{2.54}=236\text{cm}$$

(2) 单层圆柱形线圈（图 1-28）

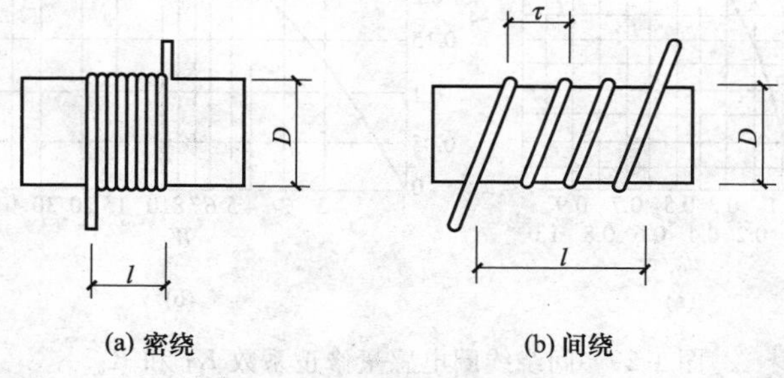

图 1-28 单层圆柱形线圈

① 密绕

$$L=F_2W^2D_p\times10^{-3}$$

或经验公式（电感量的准确度可达 1%左右）：

$$L=\frac{99W^2D_p^2}{4.5D_p+10l}\times10^{-3}$$

② 间绕（W>4 匝时）

$$L=F_2W^2D_p\times10^{-3}-2\pi WD_p(K_1-K_2)\times10^{-3}$$

式中 L——电感，μH；

W——线圈匝数；

D_p——线圈平均直径，一般可取骨架直径，cm；

F_2——单层线圈形状系数，与 D_p/l 有关，见表 1-28；

l——绕组长度（cm），密绕时，$l=\alpha d_0(W-1)$，间绕时，$l=\tau(W-1)$；

d_0——无绝缘层导线的直径，cm；

K_1——间绕修正系数，与 d_0/τ 有关，见图 1-29（a）；

α——线圈绕组的稀疏系数，见表 1-29；

τ——间绕匝距，cm；

K_2——间绕修正系数，与 W 有关，见图 1-29（b）。

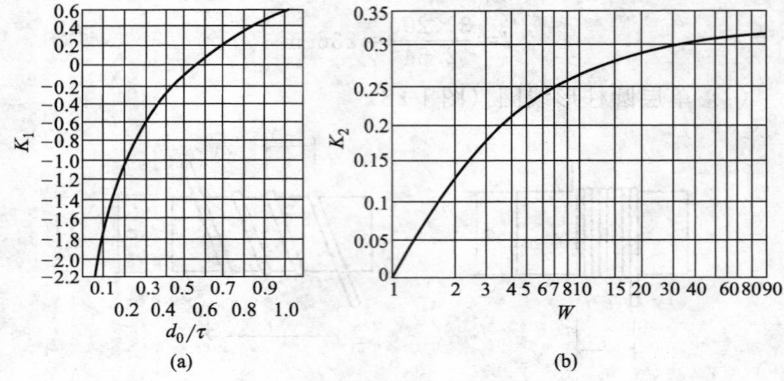

图 1-29　间绕线圈电感量修正系数 K_1 和 K_2

■ **表 1-28　单层线圈形状系数 F_2**

D_p/l	F_2	D_p/l	F_2	D_p/l	F_2
0.00	0.0000	0.38	3.212	1.15	7.46
0.02	0.1957	0.40	3.353	1.20	7.67
0.04	0.388	0.42	3.497	1.25	7.87
0.06	0.578	0.44	3.635	1.30	8.07
0.08	0.763	0.46	3.771	1.35	8.26
0.10	0.946	0.48	3.905	1.40	8.45
0.12	1.126	0.50	4.04	1.45	8.63
0.14	1.303	0.55	4.36	1.50	8.81
0.16	1.477	0.60	4.67	1.55	8.93
0.18	1.648	0.65	4.97	1.60	9.15
0.20	1.817	0.70	5.26	1.65	9.32
0.22	1.982	0.75	5.53	1.70	9.48
0.24	2.144	0.80	5.82	1.75	9.64
0.26	2.304	0.85	6.06	1.80	9.79
0.28	2.462	0.90	6.31	1.85	9.94
0.30	2.617	0.95	6.55	1.90	10.09
0.32	2.769	1.00	6.80	1.95	10.23
0.34	2.919	1.05	7.02	2.00	10.37
0.36	3.067	1.10	7.24	2.10	10.65

续表

D_p/l	F_2	D_p/l	F_2	D_p/l	F_2
2.20	10.91	4.60	15.28	11.0	20.66
2.30	11.17	4.70	15.41	12.0	21.20
2.40	11.41	4.80	15.54	13.0	21.71
2.50	11.64	4.90	15.66	14.0	22.18
2.60	11.87	5.00	15.78	15.0	22.61
2.70	12.09	5.20	16.02	16.0	23.01
2.80	12.30	5.40	16.25	17.0	23.39
2.90	12.51	5.60	16.48	18.0	23.74
3.00	12.71	5.80	16.69	19.0	24.08
3.10	12.90	6.00	16.90	20.0	24.40
3.20	13.09	6.20	17.10	22.0	24.99
3.30	13.28	6.40	17.30	24.0	25.54
3.40	13.45	6.60	17.49	26.0	26.04
3.50	13.63	6.80	17.67	28.0	26.50
3.60	13.79	7.00	17.85	30.0	26.9
3.70	13.96	7.20	18.02	35.0	27.9
3.80	14.12	7.40	18.19	40.0	28.7
3.90	14.28	7.60	18.36	45.0	29.5
4.00	14.44	7.80	18.52	50.0	30.2
4.10	14.58	8.00	18.68	60.0	31.3
4.20	14.72	8.50	19.05	70.0	32.3
4.30	14.87	9.00	19.41	80.0	33.1
4.40	15.00	9.50	19.75	90.0	33.5
4.50	15.14	10.0	20.07	100.0	34.5

■ **表 1-29 稀疏系数值表**

d_0/mm	0.05～0.14	0.15～0.25	0.27～0.49	0.51～0.93	0.96 以上
α	1.3	1.25	1.2	1.15	1.1

【例 1-13】 用 ϕ0.27mm 漆包线在直径 D 为 1.5cm 的骨架上单层密绕 100 匝，试计算线圈的电感量。

解 由表 1-29 查得：$\alpha=1.2$

线圈长度：$l=\alpha d_0(W-1)=1.2\times0.027\times(100-1)=3.21\text{cm}$

① 用简化公式计算：

比值 $D_p/l=1.5/3.21=0.467$，查表 1-28 得 $F_2=3.8$（内

插法）

$$L=F_2W^2D_p\times10^{-3}=3.8\times100^2\times1.5\times10^{-3}=57.0\mu H$$

② 用经验公式计算：

$$L=\frac{99W^2D_p^2\times10^{-3}}{4.5D_p+10l}=\frac{99\times100^2\times1.5^2\times10^{-3}}{4.5\times1.5+10\times3.21}$$

$$=\frac{2227500}{38.85}=57.3\mu H$$

如果电感量已给出，需求匝数时，可用以下方法计算。

① 先根据导线直径 d_0（mm），漆包线修正系数 α（见表 1-29）按下式计算出 1cm 内能绕的匝数 W_0：

$$W_0=10/\alpha d_0$$

② 根据 W_0 和线圈平均直径 D_p（cm），及已知的电感量 L（μH），按下式计算出系数 F'：

$$F'=\frac{L}{W_0^2D_p^3}\times10^3$$

③ 由 F'查图 1-30，得 l/D_p 值；然后按下式计算出线圈长度 l：

$$l=D_p(l/D_p)$$

④ 最后按下式求出需绕的匝数 W：$W=W_0l$

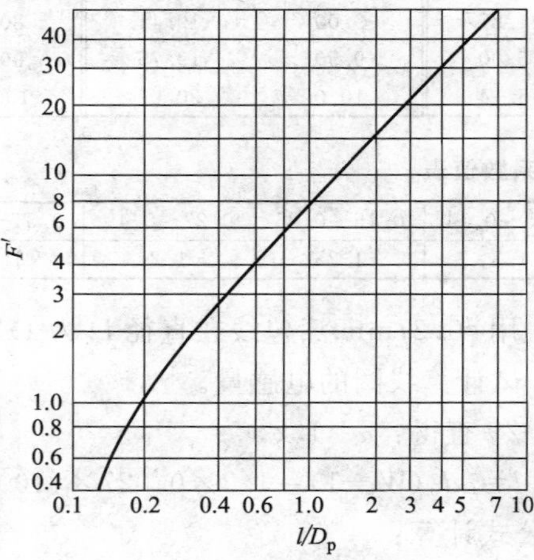

图 1-30 系数 F' 与 l/D_p 的关系曲线

【例 1-14】 要求电感 L 为 $120\mu H$，用 $\phi 0.35mm$ 的漆包线在直径为 30mm 的骨架上需绕多少匝？

解 ① $d_0=0.35mm$，由表 1-29 查得 $\alpha=1.2$，

故
$$W_0=\frac{10}{\alpha d_0}=\frac{10}{1.2\times0.35}=23.8\text{ 匝}$$

② 求系数 F'，即

$$F'=\frac{L\times10^3}{W_0^2D_p^3}=\frac{120\times10^3}{23.8^2\times3^3}=23.5$$

③ 求绕组长度 l，查图 1-30，当 $F'=23.5$ 时，$l/D_p=3$，因此：

$$l=D_p(l/D_p)=3\times3=9cm$$

④ 求匝数，即

$$W=W_0l=23.8\times9\approx214\text{匝}$$

（3）多层线圈（图 1-31）

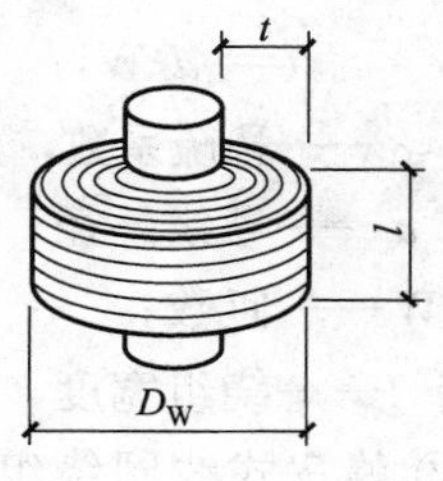

(a) 普通多层线圈

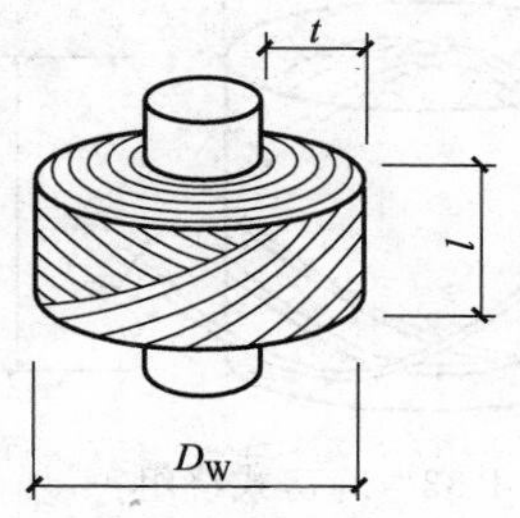

(b) 蜂房式线圈

图 1-31 多层线圈

$$L=F_3W^2D_W\times10^{-3}$$

式中 L——电感，μH；

F_3——多层线圈形状系数，由 $\frac{l}{D_W}$ 和 $\frac{t}{D_W}$ 确定，可查图 1-32；

D_W——多层线圈外径，cm；

W——线圈匝数。

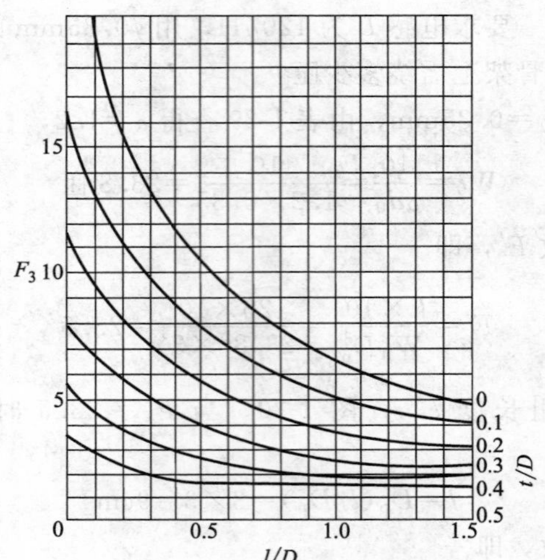

图 1-32　多层线圈形状系数曲线

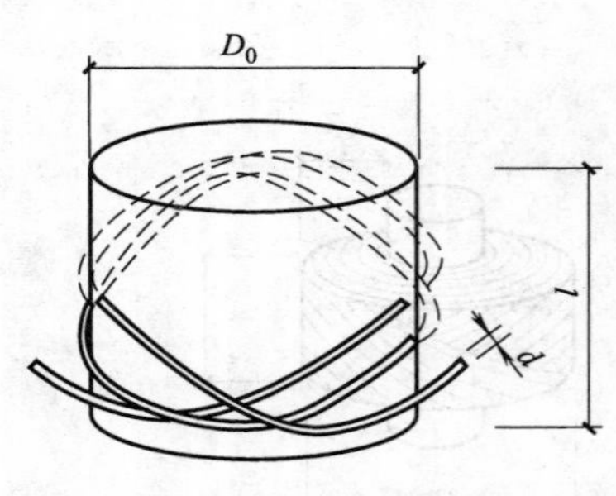

图 1-33　蜂房式绕组

① 普通多层线圈绕组厚度 t 的计算：

$$t=\alpha d^2W/l$$

式中　α——稀疏系数，见表 1-29；

d——导线外径，mm；

W——匝数；

l——绕组宽度，mm。

② 蜂房式线圈绕组厚度 t 的计算。先按图 1-33 求出以下各参数，然后求得 t。

线圈每周折点数 p 可由下式确定：

$$p\leqslant 1.3\frac{D_0}{l}$$

【例 1-15】　用 ϕ0.1mm 的单线漆包线（导线外径 d 为 0.19mm)，在直径 D_0 为 4.6mm 的骨架上绕 2 折点，宽度为 3mm，共绕 280 匝的蜂房线圈，求其电感量。

解　① 求绕组厚度 t，即

$$\varphi = \arctan \frac{pl}{\pi D_0} = \arctan \frac{2\times 3}{3.14\times 4.6} = 22.5°$$

$$\beta = \frac{2d}{D_0 \sin\varphi} = \frac{2\times 0.19}{4.6\times \sin 22.5°} = 0.216\text{rad}$$

$$W_x = W\left(1-\frac{\beta}{2\pi}\right) = 280\times\left(1-\frac{0.216}{2\times 3.14}\right) = 270\ \text{匝}$$

$$n_x = \frac{2\pi}{\beta} = \frac{2\times 3.14}{0.216} = 29\ \text{匝}$$

$$S = \frac{W_x}{n_x} = \frac{270}{29} = 9.3\ \text{层，取 10 层}$$

厚度　　　　$t = Sd = 10\times 0.19 = 1.9\text{mm}$

式中　φ——敷线角；

β——角节距（弧度）；

d——导线最大外径；

l——绕组宽度；

D_0——骨架直径。

② 求绕组外径 D，即

$$D = D_0 + 2t = 4.6 + 2\times 1.9 = 8.4\text{mm} = 0.84\text{cm}$$

③ 根据 $t/D = 1.9/8.4 = 0.226$ 和 $l/D = 3/8.4 = 0.357$，从图 1-32 查得形状系数 $F_3 = 6.3$。

④ 计算电感量，即

$$L = F_3 W^2 D\times 10^{-3} = 6.3\times 280^2\times 0.84\times 10^{-3} = 415\mu\text{H}$$

（4）绕组宽度较短的多层圆柱形线圈

绕组宽度较短的多层圆柱形线圈的电感，可按下列近似公式计算：

$$L = \frac{78.5 W^2 D_p^2}{3D_p + 9l + 10t}\times 10^{-3}$$

式中　L——电感，μH；

D_p——多层线圈的平均直径，$D_p = \frac{D_0 + D}{2}$，cm；

D_0——骨架直径，cm；

D——绕组外径，cm；

l，t——绕组宽度和厚度，cm。

当已知电感量时，要求线圈匝数，则可假设 l/D 和 t/D，查形状系数 F_3，再按下式计算出匝数 W：

$$W=\sqrt{\frac{L\times10^{-3}}{F_3D}}$$

再用逐次渐近法求得较准确的匝数 W'，即按下式进行修正：

$$W'=W\sqrt{\frac{L}{L'}}$$

式中　W——第一次计算所得匝数；

L——所需的电感量；

L'——第一次计算所得电感量。

（5）矩形线圈（图 1-34）

多层矩形线圈的电感可按以下经验公式计算：

$$L=\frac{0.0276(CW)^2}{1.908C+9l+10t}$$

式中　L——电感，μH；

C——绕组平均周长的一半，$C=X+Y$，cm；

l，t——绕组宽度和厚度，cm。

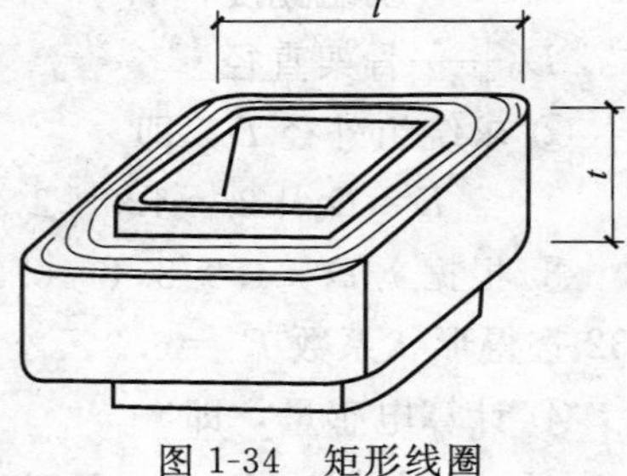

图 1-34　矩形线圈

【例 1-16】　有一两边长分别为 2.84 和 1.95cm，宽为 1.42cm 的矩形线圈，已知线圈由外径为 0.145mm 的导线绕成，共 8 层，每层为 42 匝，试求其电感量。

解　总匝数 $W=42\times8=336$ 匝

半周长　$C=2.84+1.95=4.79$cm

线圈厚度　$t=0.145\times8=1.16$mm$=0.116$cm

因此电感量为

$$L=\frac{0.0276\times(4.79\times336)^2}{1.908\times4.79+9\times1.42+10\times0.116}=\frac{71492.9}{23.08}$$

$$=3098\mu\text{H}\approx3.1\text{mH}$$

(6) 环形线圈（图 1-35）

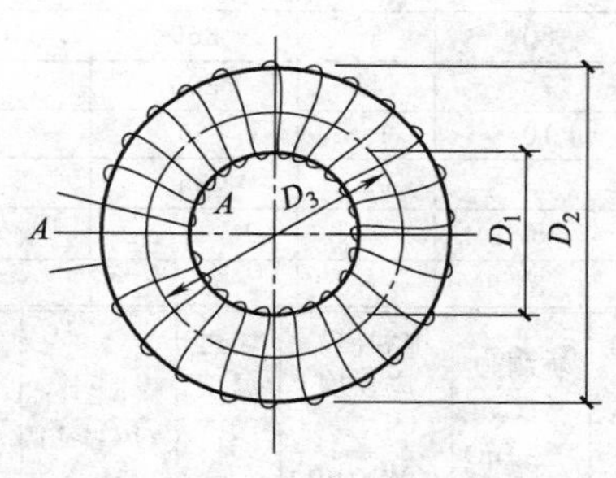

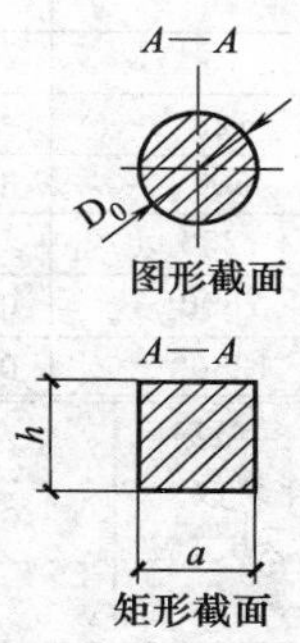

图 1-35　环形线圈结构

① 空心圆截面环形线圈

$$L=2\pi W^2(D_3-\sqrt{D_3^2-D_0^2})\times10^{-3}$$

② 磁心环形线圈

$$L=4\mu_i W^2\frac{S}{D_3}\times10^{-3}$$

式中　L——电感，μH；

D_3——磁环有效磁路直径，$D_3=\frac{D_2-D_1}{l_n D_2/D_1}$，cm；

S——磁环截面积，圆形截面 $S=\frac{\pi D_0^2}{4}$，矩形截面 $S=ah=\frac{D_2-D_1}{2}h$，cm²；

μ_i——磁环的起始磁导率（初始磁导率），见表 1-30，μH/m。

所谓起始磁导率，是指在较弱的磁场强度下求得的磁导率，在数值上等于磁化曲线在原点的斜率。

■ **表 1-30 铁氧体软磁材料常用的牌号和主要磁性能**

牌号	初始磁导率 μ_i /(×10⁻⁶H/m)	比损耗系数				磁导率比温度系数(20～55℃) $\alpha_{\mu i}/\mu_i$
		频率 f_1 /MHz	$\tan\delta_1/\mu_i$ /(×1/0.4π)	频率 f_2 /MHz	$\tan\delta_2/\mu_i$ /(×1/0.4π)	
R20	25	4	250	75	1000	0～30
R60	75	2	80	25	350	0～35
RK1	125	1.5	70	15	200	0～5
RK4	500	0.05	10	1.5	60	0～8
R1K	1250			0.5	35	0～3
R6K	7500	0.002	5			0～2
R10K	12500	0.002	3			±1

牌号	比磁滞损耗系数 η_H/(×0.16π^2×10⁶)	减落系数(−5～45℃) $D\cdot F\times1/0.4\pi$	矫顽力 H_c /(A/m)	饱和磁感应强度 B_s /(Wb/m²)	居里温度 T_c /℃	电阻率 ρ /μΩ·cm	密度 d /(g/cm³)
R20			1200	0.22	350	10^{12}	4.0
R60			320	0.32	300	10^{11}	4.2
RK1		20	240	0.30	250	10^{11}	4.3
RK4			80	0.32	180	10^{9}	4.5
R1K	0.05(10kHz)		16	0.31	150	10^{8}	4.8
R6K		2	8	0.34	100	10^{6}	4.8
R10K		0.5	4	0.34	85	10^{6}	4.9

(7) 平面螺旋线圈（图 1-36）

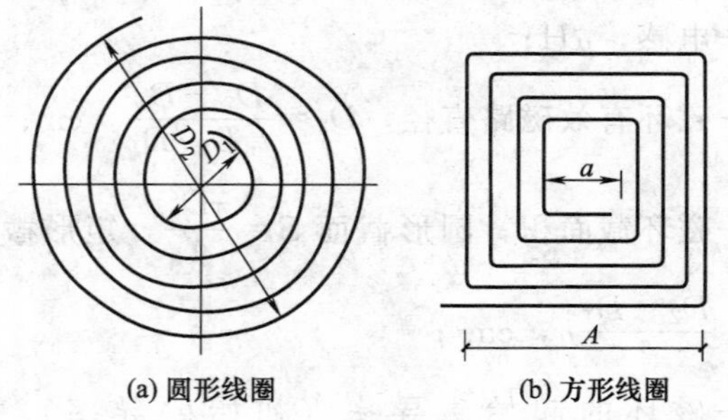

(a) 圆形线圈　(b) 方形线圈

图 1-36　平面螺旋线圈

圆形线圈　$L=F_4D_2W^2\times10^{-3}$

方形线圈　$L=0.78F_4AW^2\times10^{-3}$

式中　L——电感，μH；

F_4——平面螺旋线圈形状系数，与 D_1/D_2 或 a/A 比值有关，见表 1-31；

D_1，D_2——圆形线圈内圆和外圆近似直径，cm；

a，A——方形线圈内框和外框近似边长，cm。

单层平面圆形螺旋线圈也可用以下经验公式计算：

$$L=\frac{99W^3D_p^2}{4D_p+11t}\times10^{-3}$$

式中

$$D_p=\frac{D_1+D_2}{2}\text{cm},\ t=\frac{D_2-D_1}{2}\text{cm}$$

■ **表 1-31　平面螺旋线圈形状系数 F_4**

D_1/D_2 或 a/A	0.925	0.90	0.85	0.80	0.70	0.60
F_4	25.0	23.0	19.8	17.65	14.15	11.55
D_1/D_2 或 a/A	0.50	0.40	0.30	0.20	0.10	0.05
F_4	9.5	7.85	6.45	5.2	4.25	3.85

(8) 串联分段式线圈（图 1-37）

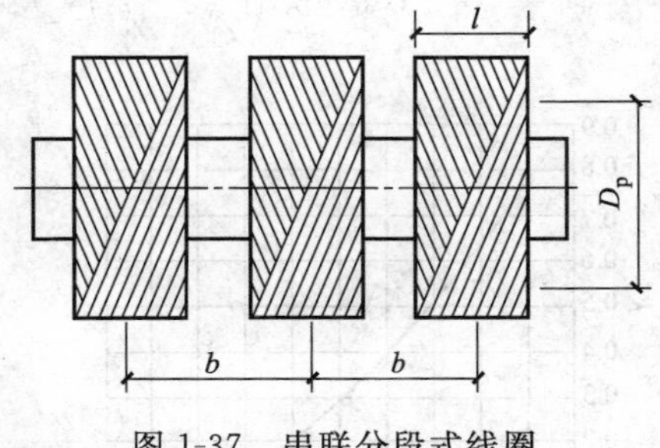

图 1-37　串联分段式线圈

当每段参数一样时

$$L=L_0[n+2K(n-1)]$$

式中　L_0——一段线圈的电感量，μH；

n——段数；

K——相邻两线圈间耦合系数（忽略相邻线圈以外的线间耦合），与 b/D_p 有关，见图 1-38；

b——两段间的中心距离；

D_p——线圈平均直径（与 b 同单位）。

【例 1-17】 有一串联三段式多层线圈，其电感量 L 为 40mH，每段绕组长度 $l=3$mm，两段间的中心距离 $b=4$mm，绕组平均直径 $D_p=20$mm。试求该线圈每段绕组的电感量。

解 因 $b/D_p=4/20=0.2$，由图 1-38 查得耦合系数 $K=0.63$，则每段绕组的电感量为

$$L_0=\frac{L}{n+2K(n-1)}=\frac{40}{3+2\times0.63(3-1)}=7.25\text{mH}$$

求得每段的电感后，即可用前面介绍的方法求得每段的匝数。

1.4.2.2 各种线圈互感的计算

(1) 两个同轴单层线圈（图 1-39）的互感量

$$M=\frac{\pi^2}{16}\times\frac{D_1^2D_2^2W_1W_2}{l_1l_2}(K_1k_1+K_3k_3+\cdots)\times10^{-3}\mu\text{H}$$

式中 M——互感，μH；

$$K_1=\frac{8}{D_1^2}\left(\frac{x^2}{\gamma_2}-\frac{x_1}{\gamma_1}\right),\ k_1=l_2$$

$$x_1=a-l_1/2,\ x_2=a+l_1/2$$

$$\gamma_1=\sqrt{x_1^2+(D_1/2)^2},\gamma_2=\sqrt{x_2^2+(D_1/2)^2}$$

$$K_3=\frac{1}{2}\left(\frac{x_1}{\gamma_1^5}-\frac{x_2}{\gamma_2^5}\right),\ k_3=\frac{1}{8}D_2^2l_2\left(3-\frac{4l_2^2}{D_2^2}\right)$$

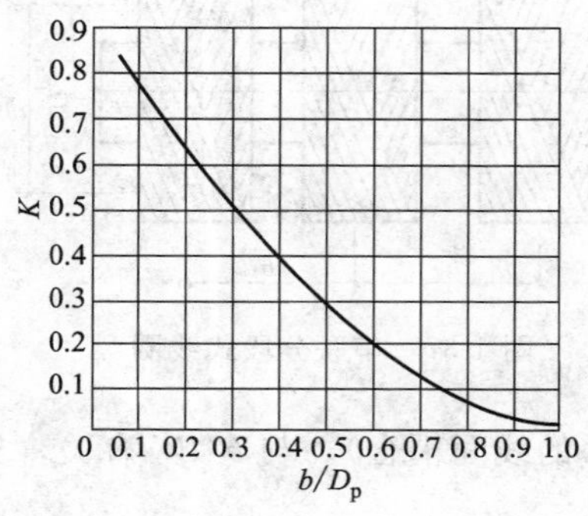

图 1-38 分段线圈耦合系数的 K 值

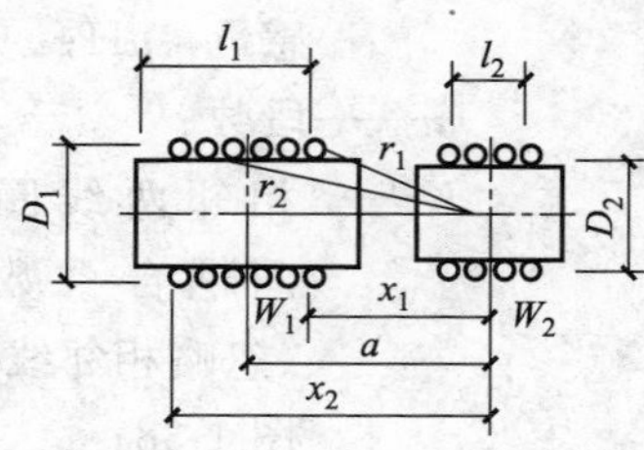

图 1-39 两个同轴单层线圈

当两个线圈重合时（图 1-40），即 $a=0$，则

$$M=\frac{\pi^2D_2^2W_1W_2}{\sqrt{D_1^2+l_1^2}}\left[1+\frac{D_1^2D_2^2}{(D_1^2+l_1^2)^2}\left(\frac{3}{8}-\frac{l_2^2}{2D_2^2}\right)\right]\times10^{-3}$$

(2) 两个平行放置、尺寸相同的线圈（图 1-41）的互感量

$$M \approx \frac{0.6 W_1 W_2 D_p^4}{a^3} \times 10^{-3}$$

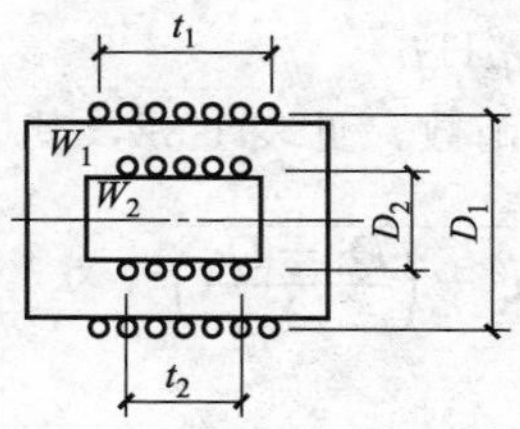

图 1-40　两个中心重合的线圈

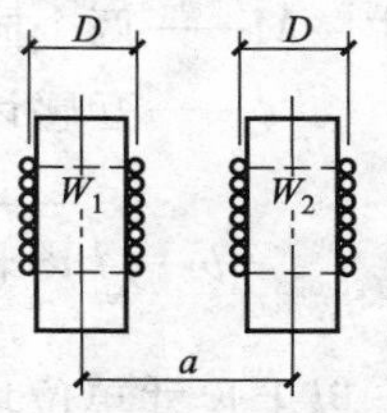

图 1-41　两个平行放置、尺寸相同的单层线圈

(3) 互感量或耦合系数的测量

① 串联法。其互感量 M 按下式计算：

$$M = \frac{L_1 + L_2 - L''}{2}$$

或

$$M = \frac{L' - L''}{4}$$

式中　L_1，L_2——两线圈的电感量；

L'——两线圈正串时总电感量；

L''——两线圈反串时总电感量。

耦合系数 k 按下式计算：

$$k = \frac{M}{\sqrt{L_1 L_2}}$$

② 短路法：

$$k = \sqrt{1 - \frac{L_1'}{L_1}} = \sqrt{\frac{L_1 - L_1'}{L_1}}$$

式中　L_1——当次级线圈开路时的初级线圈电感量；

L_2——当次级线圈短路时的初级线圈电感量。

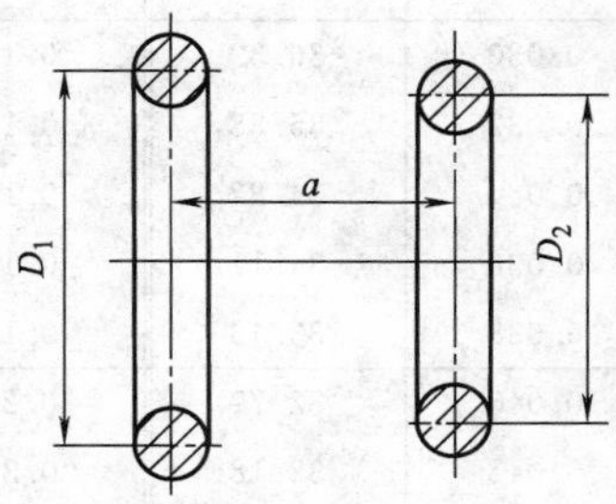

图 1-42　两个同轴平行线匝

(4) 两个同轴平行线匝的互感(图 1-42)

$$M=\frac{1}{2}\phi\sqrt{D_1D_2}\times10^{-3}$$

式中 M——两个同轴平行线匝的互感,μH;

ϕ——互感计算系数,是 b_2/b_1 的函数,见表 1-32,其中

$$b_1=\sqrt{a^2+\left(\frac{D_1+D_2}{2}\right)^2},\ b_2=\sqrt{a^2+\left(\frac{D_1-D_2}{2}\right)^2}$$

以上尺寸单位均为 cm。

■ 表 1-32 两单匝线圈互感计算系数

b_2/b_1	ϕ	b_2/b_1	ϕ	b_2/b_1	ϕ
0.010	50.16	0.050	30.01	0.25	10.79
0.012	47.87	0.060	27.75	0.26	10.36
0.014	45.94	0.070	25.84	0.27	9.958
0.016	44.26	0.080	24.20	0.28	9.750
0.018	42.78	0.090	22.76	0.29	9.199
0.020	41.46	0.10	21.48	0.30	8.894
0.022	40.27	0.11	20.32	0.32	8.175
0.024	39.18	0.12	19.28	0.34	7.559
0.026	38.18	0.13	18.32	0.36	6.989
0.028	37.25	0.14	17.43	0.38	6.460
0.030	36.39	0.15	16.61	0.40	5.970
0.032	35.58	0.16	15.86	0.42	5.514
0.034	34.82	0.17	15.15	0.44	5.087
0.036	34.11	0.18	14.49	0.46	4.690
0.038	33.43	0.19	13.87	0.48	4.318
0.040	32.79	0.20	13.28	0.50	3.969
0.042	32.18	0.21	12.73	0.52	3.643
0.044	31.60	0.22	12.21	0.54	3.337
0.046	31.05	0.23	11.71	0.56	3.050
0.048	30.52	0.24	11.24	0.58	2.780

续表

b_2/b_1	ϕ	b_2/b_1	ϕ	b_2/b_1	ϕ
0.60	2.527	0.80	0.7345	0.95	0.08167
0.62	2.290	0.82	0.6162	0.96	0.05756
0.64	2.068	0.84	0.5076	0.97	0.03716
0.66	1.859	0.86	0.4085	0.98	0.02004
0.68	1.664	0.88	0.3188	0.99	0.00703
0.70	1.481	0.90	0.2386		
0.72	1.310	0.91	0.2021		
0.74	1.150	0.92	0.1680		
0.76	1.001	0.93	0.1364		
0.78	0.863	0.94	0.1047		

1.4.3 单层圆柱形无槽骨架线圈的固有电容计算

线圈绕组匝与匝之间存在着潜布电容（也叫固有电容）。单层圆柱形无槽骨架线圈的固有电容，可按以下经验公式计算：

$$C_0=KD$$

式中 C_0——电容，pF；

D——线圈直径，cm；

K——与 D/l 有关的系数，见表 1-33；

l——绕组长度，cm。

■ **表 1-33 计算固有电容的系数 K**

D/l	0.05	0.1	0.2	0.67	1	2
K	2.36	1.32	0.81	0.47	0.46	0.48

骨架形式不同，C_0 也不同。与无槽骨架相比，带槽骨架的 C_0 约增加 20％～25％；凸筋形骨架约减少 10％～15％；无骨架线圈约减少 20％。经浸渍处理，固有电容将增加 20％～30％。

1.4.4 电容及最大场强的计算

（1）介质的介电常数

$$\varepsilon=\varepsilon_0\varepsilon_r$$

式中　ε——介质的介电常数，又称电容率，F/m；

ε_0——真空的介电常数，$\varepsilon_0=8.85\times10^{-12}$F/m；

ε_r——相对介电常数，是个纯数，见表1-34。

■ **表1-34　一些物质的相对介电常数**

物　质	ε_r	物　质	ε_r
水	80	砂	3～5
丙三醇	47	聚酯(涤纶)	3.1
甲醇	37	砂糖	3
乙二醇	35～40	玻璃	3.7
乙醇	20～25	硫磺	3.4
白云石	8	沥青	2.7
盐	6	苯	2.3
醋酸纤维素	3.7～7.5	松节油	3.2
瓷器	5～7	液氯	2
酚醛塑料	4.8	液态二氧化碳	1.59
米,谷类	3～5	纸	2
纤维素	3.9	液态空气	1.5
氧化钽	27	空气	约1.0
氧化铝	10	尼龙66(增强)	4～4.6
酚醛玻璃纤维塑料(FQBD-12)	8	改性聚苯乙烯(204)	3.12
高频酚醛塑料(塑14-6)	7	聚苯乙烯	2.5
聚碳酸酯	3	聚矾	3.1

（2）几种典型电容的计算

几种典型电容的计算见表1-35。

■ **表1-35　几种典型电容的计算公式**

序号	结构形式	电容量/F
1	平板电容 (略去其边缘效应的影响) S　极板　介质　d	$C=\frac{\varepsilon S}{d}$ 式中　ε—介质的介电常数,F/m S—电极有效面积,m^2 d—介质厚度,m

续表

序号	结构形式	电容量/F
2	卷绕型电容 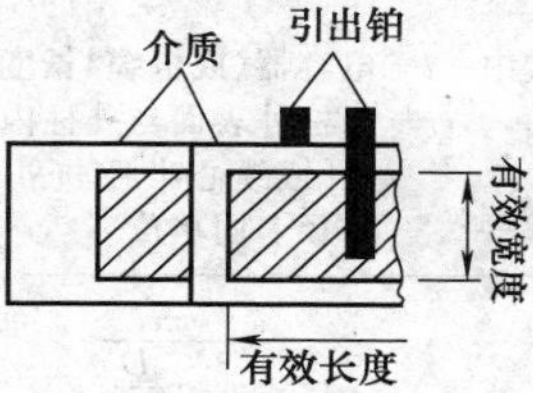 	$C=\frac{2\varepsilon S}{d}$ 式中　S—电极(铝箔)有效面积,m^2 d—元件极间介质厚度,m
3	圆管型电容 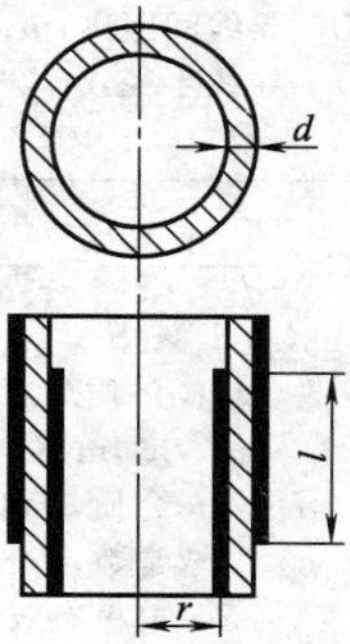 	$C=\frac{2\pi\varepsilon l}{\ln\left(1+\frac{d}{r}\right)}$ 式中　l—电极有效长度,m d—介质厚度 r—圆管内半径,与 d 同单位
4	孤立球 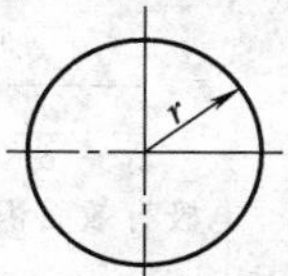 	$C=4\pi\varepsilon r$
5	球形电容 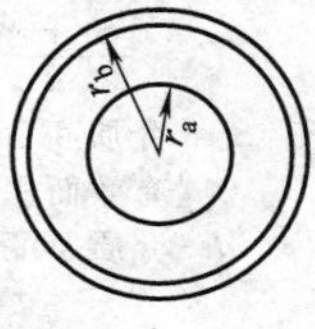 	$C=\frac{4\pi\varepsilon r_a r_b}{r_b-r_a}$ 若 $r_b\to\infty$,则半径为 r_a 的孤立导体球的电容为 $C=4\pi\varepsilon r_a$ 式中　r_a,r_b—内球外表面与外球内表面的半径,m

续表

序号	结构形式	电容量/F
6	圆柱形电容(或单芯电缆电容) 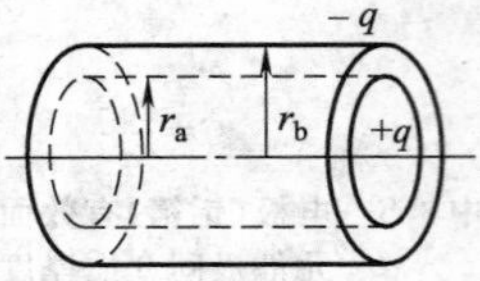	$C=\dfrac{2\pi\varepsilon l}{\ln\dfrac{r_b}{r_a}}$ 式中 l—电容器(或电缆)长度,m r_a,r_b—内柱外表面与外柱内表面的半径[或缆心半径与外甲(铅皮)半径],同单位
7	二平行导线段的电容 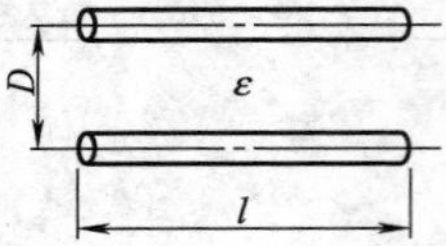	$C=\dfrac{\pi\varepsilon l}{\ln\dfrac{D}{r}}$ 式中 ε—导体周围的介电常数,F/m l—导线长度,m D—导线间距离,m r—导线半径,m 条件:$r\ll D$
8	平板电容器串联 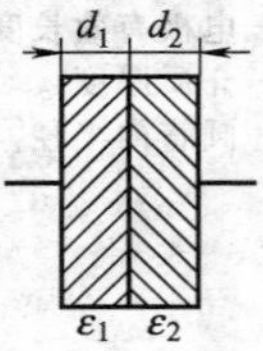	$C=\dfrac{1}{\dfrac{d_1}{\varepsilon_1 S}+\dfrac{d_2}{\varepsilon_2 S}}=\dfrac{\varepsilon_1\varepsilon_2 S}{\varepsilon_2 d_1+\varepsilon_1 d_2}$ 式中 d_1,d_2—介质1和介质2的厚度,m ε_1,ε_2—介质1和介质2的介电常数,F/m S—电极有效面积,m^2
9	多个平板电容串联 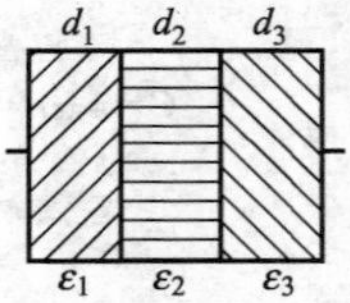	$C=\dfrac{S}{\dfrac{d_1}{\varepsilon_1}+\dfrac{d_2}{\varepsilon_2}+\dfrac{d_3}{\varepsilon_3}}$ 式中 S—电极有效面积,m^2
10	平板电容器并联 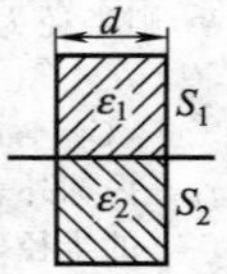	$C=\dfrac{\varepsilon_1 S_1+\varepsilon_2 S_2}{d}$ 式中 S_1,S_2—介质1和介质2的电极有效面积,m^2 d—介质厚度,m

续表

序号	结构形式	电容量/F
11	同轴圆柱电容器串联 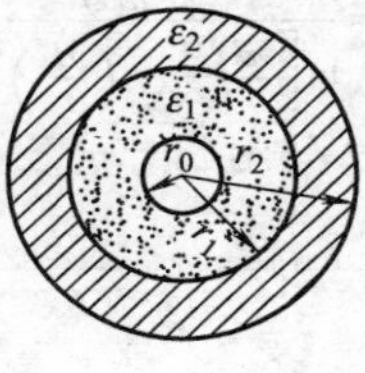	$C=\dfrac{2\pi\varepsilon_1\varepsilon_2 l}{\varepsilon_2\ln\dfrac{r_1}{r_0}+\varepsilon_1\ln\dfrac{r_2}{r_1}}$ 式中　l—电容器长度,m
12	同轴圆柱电容器并联 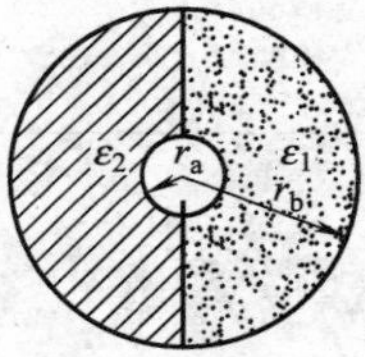	$C=\dfrac{\pi l(\varepsilon_1+\varepsilon_2)}{\ln\dfrac{r_b}{r_a}}$ 式中　l—电容器长度,m
13	球对板 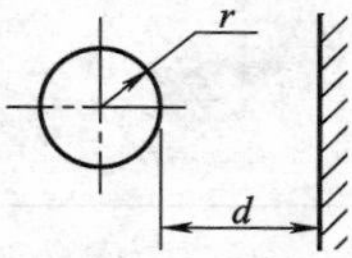	$C=\dfrac{4\pi\varepsilon d}{\left(\dfrac{2d}{r}-3\right)+\sqrt{\left(\dfrac{2d}{r}+1\right)^2+8}}$
14	球对球 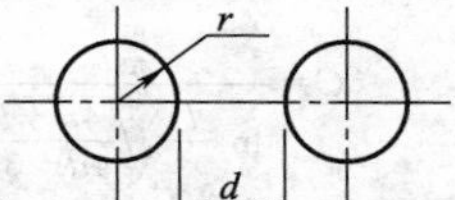	$C=\dfrac{4\pi\varepsilon d}{\left(\dfrac{2d}{r}-3\right)+\sqrt{\left(\dfrac{2d}{r}+1\right)^2+8}}$
15	平行圆柱 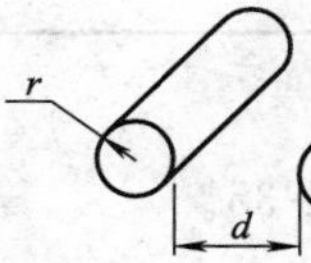	$C=\dfrac{\pi\varepsilon l}{\ln\left[\dfrac{d}{2r}-\sqrt{\left(\dfrac{d}{2r}\right)^2-1}\right]}-1$ 式中　l—圆柱长度,m

续表

序号	结构形式	电容量/F
16	圆柱与平面平行 	$C=\dfrac{2\pi\varepsilon l}{\ln\left[\dfrac{d}{r}-\sqrt{\left(\dfrac{d}{r}\right)^{2}-1}\right]^{-1}}$ 式中　l—圆柱长度,m
17	孤立圆环 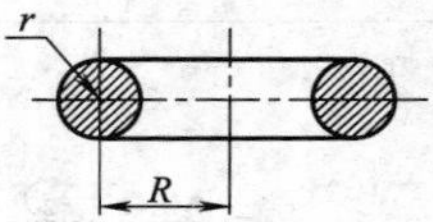	$C=\dfrac{4\pi^{2}\varepsilon R}{\ln\dfrac{8R}{r}}$
18	棒对板 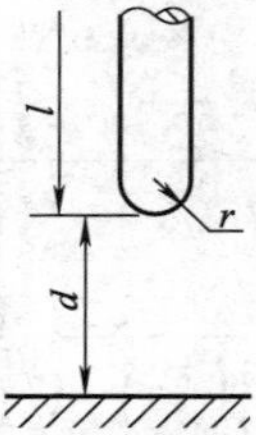	$C=\dfrac{2\pi\varepsilon l}{\ln\dfrac{l}{r}\sqrt{\dfrac{4d+l}{4d+3l}}}$
19	棒对棒 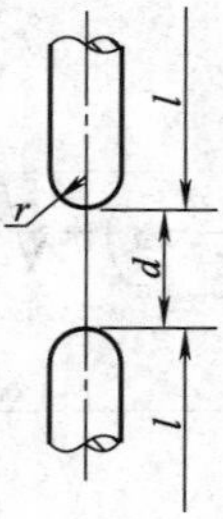	$C=\dfrac{\pi\varepsilon l}{\ln\dfrac{l}{r}\sqrt{\dfrac{4d+l}{4d+3l}}}$

(3) 几种典型电容量大电场强度的计算

几种典型电容最大电场强度的计算见表 1-35。

① 板对板（序号 1）

$$E_{max} = U/d$$

式中　E_{max}——最大电场强度，V/m；

U——两板所加电压，V；

d——两板间距离，m。

② 孤立球（序号 4）

$$E_{max} = U/r$$

③ 同心球（序号 5）

$$E_{max} = \frac{U r_b}{r_a (r_b - r_a)}$$

④ 同轴圆筒（序号 6）

$$E_{max} = \frac{U}{r_a \ln \frac{r_b}{r_a}}$$

⑤ 多个板对板（序号 9）

$$E_{max} = \frac{U}{\varepsilon_{min}\left(\frac{d_1}{\varepsilon_1} + \frac{d_2}{\varepsilon_2} + \frac{d_3}{\varepsilon_3}\right)}$$

式中　ε_{min}——指 ε_1、ε_2、ε_3 中最小值。

⑥ 球对板（序号 13）

$$E_{max} = \frac{9U(r+d)}{10dr}$$

⑦ 球对球（序号 14）

$$E_{max} = \frac{9U\left(r+\frac{d}{2}\right)}{10dr}$$

⑧ 平行圆柱（序号 15）

$$E_{max} = \frac{9U}{20r\ln \frac{r+d/2}{r}}$$

⑨ 圆柱与平面平行（序号 16）

$$E_{max} = \frac{9U}{10r\ln \frac{r+d}{r}}$$

⑩ 孤立圆环（序号 17）

$$E_{\max}=\frac{U\left(1+\frac{r}{2R}\ln\frac{8R}{r}\right)}{r\ln\frac{8R}{r}}$$

⑪ 棒对板（序号 18）

$$E_{\max}=\frac{U\cos\theta_1}{d\sin\theta_1\ln\left(\frac{1}{\tan\frac{\theta_1}{2}}\right)}$$

式中

$$\theta_1=\arctan\sqrt{\frac{2r}{d}}$$

⑫ 棒对棒（序号 19）

$$E_{\max}=\frac{U(\cos\theta_1+|\cos\theta_2|)}{d\sin\theta_1\ln\frac{\tan\frac{\theta_2}{2}}{\tan\frac{\theta_1}{2}}}$$

式中

$$\theta_1=\arctan\sqrt{\frac{2r}{d}},\theta_2=\pi-\theta_1$$

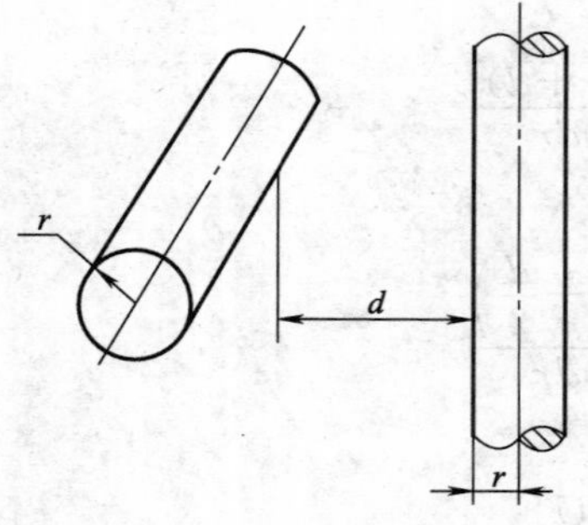

图 1-43　垂直圆柱

⑬ 垂直圆柱（见图 1-43）

$$E_{\max}=\frac{U}{2r\ln\frac{r+d/2}{r}}\times\frac{9}{10}$$

【例 1-18】 试计算 250kV 变压器套管端防晕罩（ϕ25cm，球心离墙 1.25m）的表面场强。

解　此例为求球与平面平行的场强。

$$U=250\times10^3\text{V（有效值）}$$

$$r=12.5\times10^{-2}\text{m}$$

$$d=125\times10^{-2}\text{m}$$

$$E_{\max}=\frac{9U(d+r)}{10dr}=\frac{9\times250\times(125+12.5)\times10^3\times10^{-2}}{10\times125\times12.5\times10^{-2}\times10^{-2}}$$

$=19.8\times10^5$ V/m(最大值)$<30\times10^5$ V/m(最大值)

1.4.5 电容式物位仪表电容量的计算

电容式物位仪表的电容量计算公式见表 1-36。

■ 表 1-36 电容式物位仪表的电容量计算公式

序号	测量简图	计算公式
1	1—不锈钢或紫铜电极；2—绝缘套管；3—被测液体	被测液位与电容变化的关系为 $$\Delta C=\frac{2\pi\varepsilon\Delta H}{\ln\frac{D}{d}}$$ ΔC—电容变化量，pF ε—套管材料的介电系数，pF/m ΔH—被测液位变化，m D、d 单位相同
2	1—被测液位；2—绝缘；3—内电极；4—外电极	电容变化为 $$\Delta C=\frac{2\pi(\varepsilon-\varepsilon_a)\Delta H}{\ln\frac{D}{d}}$$ ε,ε_a—被测介质和空气的介电系数，pF/m $\varepsilon-\varepsilon_a$ 愈大和 D/d 愈小，仪表灵敏度愈高
3	1—测量电极；2—被测容器(作另一电极)	电容变化为 $$\Delta C=\frac{2\pi(\varepsilon-\varepsilon_a)\Delta H}{\ln\frac{D}{d}}$$ 若测导电物料，则在电极外套绝缘套管

续表

序号	测量简图	计算公式
4	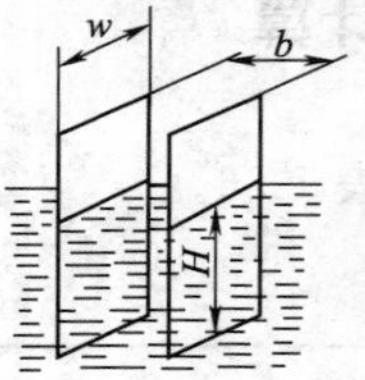	两平行平板电极，其电容随物位的变化为 $$C=8.85\frac{\varepsilon_r WH}{b}$$ C—电容量(pF) ε_r—被测介质相对介电系数 W—极板宽度，m b—两极板距离，m
5	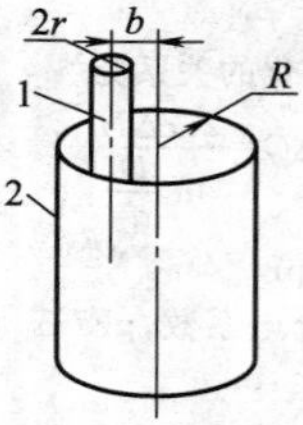 1—偏心安装的电极； 2—被测容器	为增加灵敏度（增大电容），采用偏心安装的电极 当 $R\gg r$ 时，其电容为 $$C=\frac{2\pi\varepsilon_r H}{\ln\frac{R^2-b^2}{Rr}}\times 8.85$$ ε_r—被测介质相对介电系数 b—偏心距离，m H—物位变化，m R,r—金属容器半径和电极半径，m
6	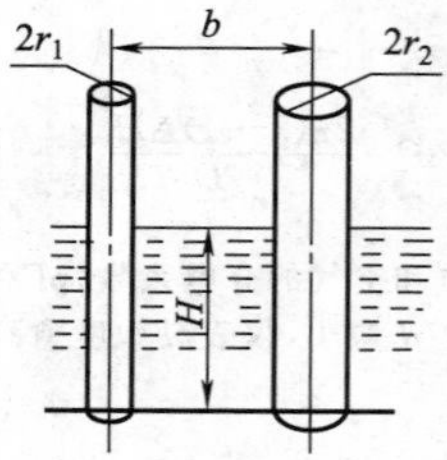	两平行圆筒形（或圆柱形）电极，当 $b\gg r_1$，且 $b\gg r_2$ 时，其电容为 $$C=\frac{2\pi\varepsilon_r H}{\ln\frac{b^2}{r_1 r_2}}\times 8.85$$ b—两电极间距离，m r_1,r_2—两电极半径，m
7	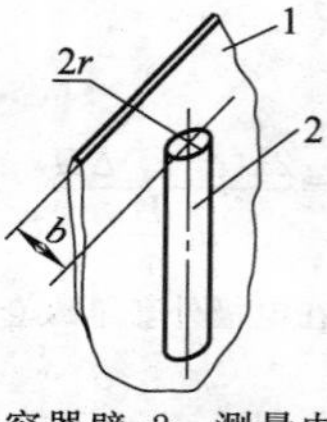 1—容器壁；2—测量电极	大容器壁平面作为一极，与圆柱形电极的电容为 $$C=\frac{2\pi\varepsilon_r H}{\ln\frac{b+\sqrt{b^2-r^2}}{r}}\times 8.85$$ b—圆柱电极中心与容器壁的距离，m r—圆柱电极半径，m

续表

序号	测量简图	计算公式
8	1—容器壁；2—绝缘材料；3—测量电极	电极水平安装，另一极为容器侧壁，当物料接近电极时，电容变化为 $C=\dfrac{2\pi\varepsilon_r L}{\ln\dfrac{L}{\sqrt{3}r}}\times 8.85$ L—电极长度，m r—电极半径，m

1.4.6 电缆的电感、电容的计算

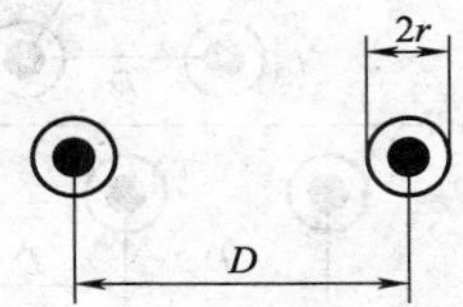

图 1-44 两根单芯电缆（用于单相交流系统）

（1）单芯电缆电感的计算

① 单相交流系统内有两根往返的实心圆导线组成环线回路，其电感量的计算（见图 1-44）

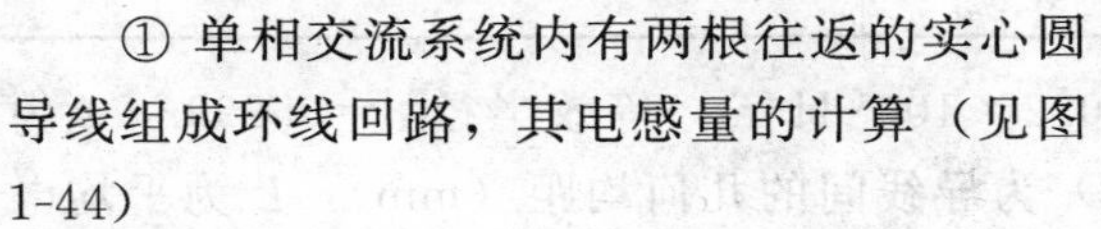

$$L=\frac{\mu_0}{2\pi}\ln\frac{D}{\rho}=\frac{\mu_0}{2\pi}\ln\left(\frac{1}{4}+\frac{D}{r}\right)$$

式中 L——电感量，H/m；

μ_0——绝对磁导率，$\mu_0=4\pi\times10^{-7}$ H/m；

D——导线的中心距，mm；

ρ——导线的等效半径，$\rho=0.799r$，cm；

r——导线的半径，mm。

② 三相交流系统内的三根实心圆导线的电感量的计算（见表 1-37）。

【例 1-19】 由圆导线组成的环线，已知半径 r 为 9mm，导线的中心距 D 为 40mm，试求电感量。

解 电感量为

$$L=\frac{\mu_0}{2\pi}\ln\frac{D}{\rho}=\frac{4\pi\times10^{-7}}{2\pi}\ln\frac{40}{0.799\times9}$$

$$=3.43\times10^{-7}\text{ H/m}=0.343\text{mH/km}$$

■ **表 1-37 单芯电缆（无屏蔽层或金属护套）（用于三相交流系统）的平均电感计算公式**

电缆布置情况	计算公式
L_1、L_2、L_3 三角形排列，间距 D_1、D_2、D_3	$L=\frac{\mu_0}{2\pi}\ln\frac{D_j}{\rho}$ $D_j=\sqrt[3]{D_1D_2D_3}$
L_1、L_2、L_3 等边三角形排列，间距 D	$L=\frac{\mu_0}{2\pi}\ln\frac{D}{\rho}$
三根电缆水平排列，间距 D、D	$L=\frac{\mu_0}{2\pi}\ln\frac{D_j}{\rho}$ $D_j=\sqrt[3]{2}D=1.26D$

表 1-37 中，$\mu_0=0.2\times10^{-6}$ H/m，等效半径 $\rho=0.799r$，r 为导线的半径（mm），D_j 为导线间的几何均距（mm），L 为平均电感量（H/m）。

（2）电缆电抗和电容的计算

① 电缆电抗的计算

a. 圆形导体、三芯电缆：

$$x_0=2\pi f\left(L_i+2\ln\frac{2D}{d}\right)\times10^{-4}$$

b. 扇形导体、三芯电缆：

$$x_0=2\pi f\left[L_i+2\ln\frac{2(d+2\delta)}{d}\right]\times10^{-4}$$

式中 x_0——电缆电抗，Ω/km；

L_i——内感系数，见表 1-38；

D——导体的中心距，mm；

d——导体线芯直径，对于扇形导体等于截面相同的圆形线芯的直径，mm；

δ——导体外的绝缘厚度，mm。

■ **表 1-38 电缆芯线导体的内感系数**

芯线根数	L_i（在工频范围内）
7	0.640
19	0.555
37	0.530
61	0.516
91 或单根	0.500

各种截面积（25～240mm²）的三芯电缆，其电抗值相差不大，上、下限仅差 12%，且在 95mm² 以上时相差极微。

电缆电抗的粗略估计如下：

1kV 电缆，x_0=0.06Ω/km；6～10kV 电缆，x_0=0.08Ω/km；35kV 电缆，x_0=0.12Ω/km。

② 部分电缆（德产）的电抗 x_0 和工作电容 C_b（可由图1-45～图 1-47 查得）

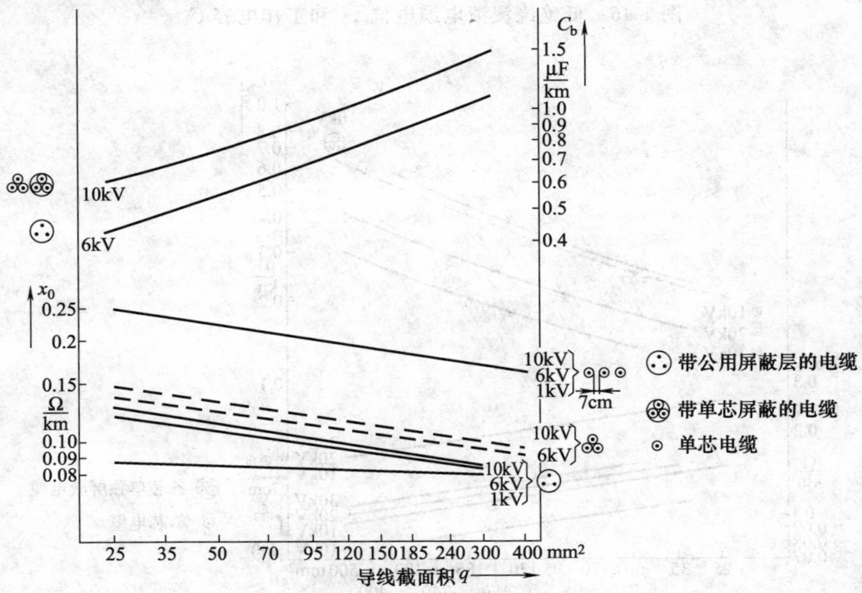

图 1-45 PROTODUR 电缆的电抗 x_0 和工作电容 C_b

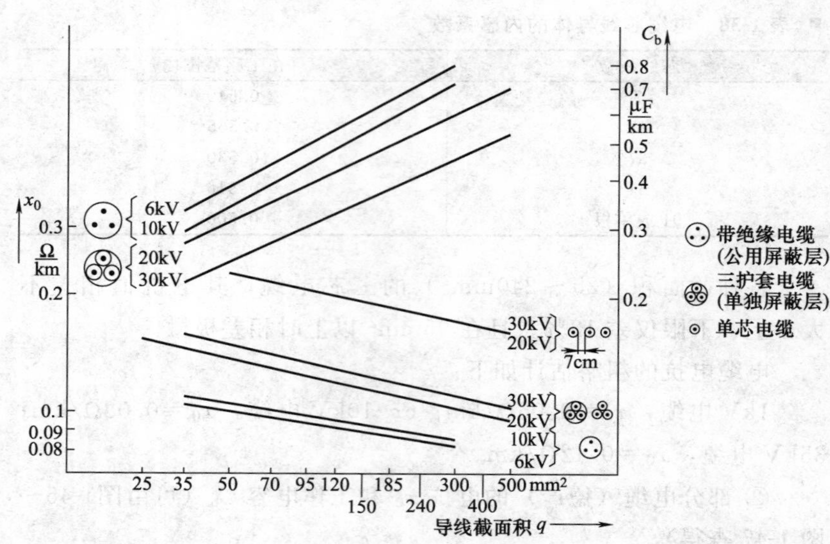

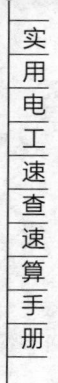

图 1-46　低绝缘浸渍电缆电抗 x_0 和工作电容 C_b

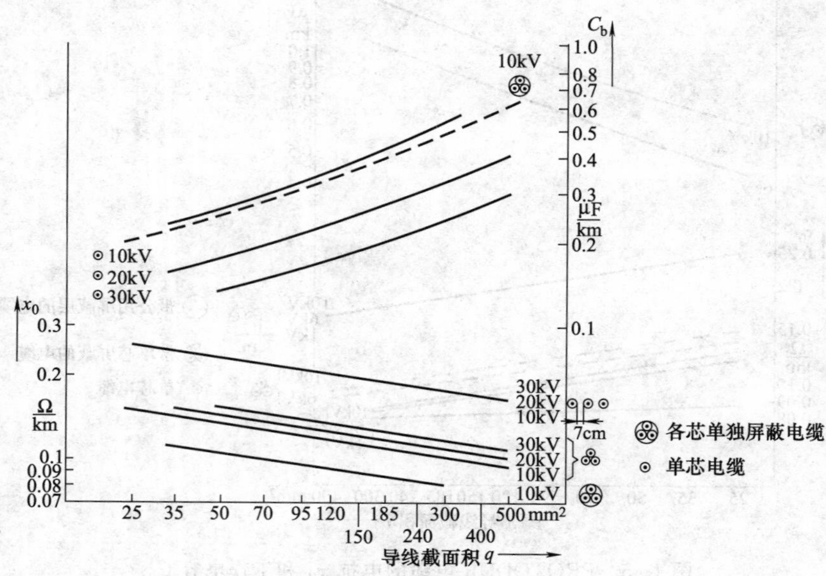

图 1-47　PROTOTHEN-X 电缆电抗 x_0 和工作电容 C_b

1.4.7 电感和电容的测算

(1) 电感的测算

电感除了可用电感电桥等专用仪器进行测量外，还可采用以下方法测算。

① 电压表和电流表法（即伏安法），如图 1-48 所示。

先在电感线圈中通以适当的交流电流 I（频率为 f），用高内阻电压表测出线圈两端的电压 U，则电感线圈的阻抗 Z 为

$$Z=U/I$$

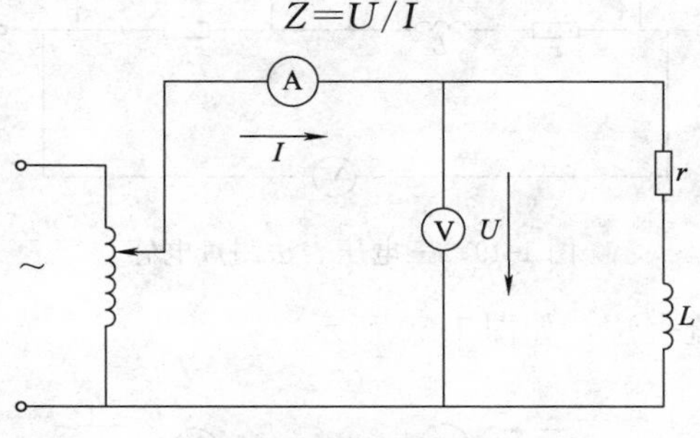

图 1-48 伏安法测量电感

再在直流下测得电感线圈的电阻 r，便可按下式求得电感线圈的电感 L 为

$$L=\frac{\sqrt{Z^2-r^2}}{2\pi f}$$

【例 1-20】 按图 1-48 接线，通以工频交流电，测得电流表和电压表的读数分别为 $I=3\text{A}$，$U=150\text{V}$，试求线圈的电感。设线圈的直流电阻 r 为 30Ω。

解 线圈的阻抗为

$$Z=U/I=150/3=50\Omega$$

线圈的电感为

$$L=\frac{\sqrt{Z^2-r^2}}{2\pi f}=\frac{\sqrt{50^2-30^2}}{2\pi\times 50}=0.1273\text{H}=127.3\text{mH}$$

② 三电压表法，如图 1-49 所示。

将电感线圈串联一只无感电阻 R，在回路中通以适当的交流电流（频率为 f），用电压表分别测出电源电压 U、被测线圈上的电压 U_1 和无感电阻 R 上的电压 U_2，则可按下式求得电感线圈的电感为

$$L=\frac{1}{2\pi f}\sqrt{\frac{4r^2U_1^2U_2^2}{(U^2-U_1^2-U_2^2)^2}-r^2}$$

式中　r——线圈的直流电阻，Ω。

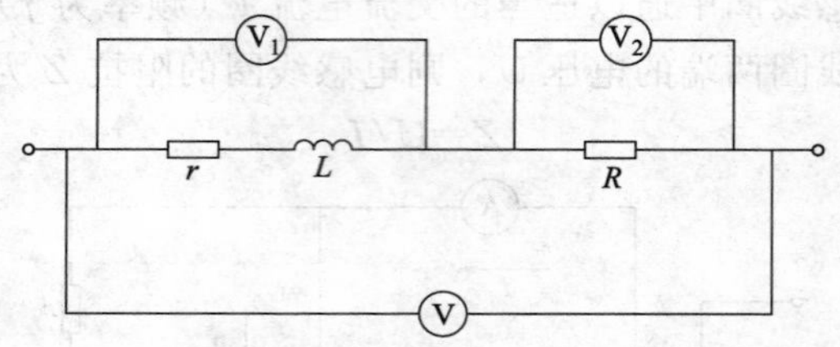

图 1-49　三电压表法测量电感

③ 三电流表法，如图 1-50 所示。

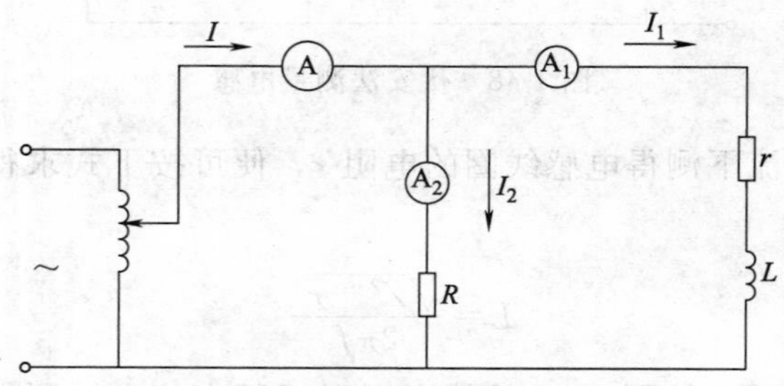

图 1-50　三电流表法测量电感

图中 R 为无感电阻。接通频率为 f 的交流电源，稳定后分别测出各支路的电流 I、I_1 和 I_2，则可按下式求得电感线圈的电感为

$$L=\frac{1}{2\pi f}\sqrt{\frac{4r^2I_1^2I_2^2}{(I^2-I_1^2-I_2^2)^2}-r^2}$$

三电压表法和三电流表法，测量误差较大。用上述方法所用的仪表一般采用 0.5 级表。

(2) 互感的测算

① 串联法　其互感 M 可按下式计算：

$$M=\frac{L_1+L_2-L''}{2} \quad \text{或} \quad M=\frac{L'-L''}{4}$$

式中 L_1，L_2——两电感线圈的电感；

L'——两电感线圈正串时总电感；

L''——两电感线圈反串时总电感。

两线圈的耦合系数 K 可按下式计算：

$$K=\frac{M}{\sqrt{L_1L_2}}$$

② 短路法

$$K=\sqrt{1-\frac{L_1'}{L_1}}=\sqrt{\frac{L_1-L_1'}{L_1}}$$

式中 L_1——当次级线圈开路时的初级线圈的电感；

L_1'——当次级线圈短路时的初级线圈的电感。

(3) 电容的测算

电容器的电容量的测量，除采用电容电桥等专用仪器外，还可以在低电压（220V）电源的条件下采用以下方法进行，一般能得到满意的结果。

① 两电压表法，如图1-51所示。

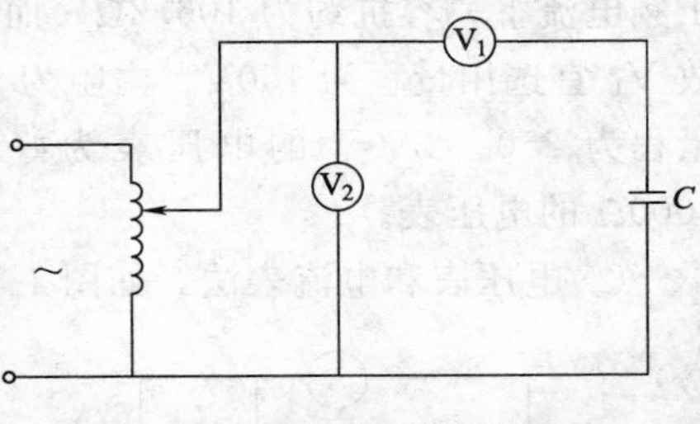

图 1-51　两电压表法测量电容

由图可见

$$I_1=\frac{U_1}{R_1}，I_1=\frac{U_2}{\sqrt{R_1^2+X_C^2}}$$

由上两式，并将 $X_C=\frac{1}{\omega C}$代入，得

$$C=\frac{10^6}{2\pi fR_1\sqrt{\left(\frac{U_2}{U_1}\right)^2-1}}$$

式中　C——被测电容的电容量，μF；

R_1——电压表 V_1 的内阻，Ω。

为测量准确，R_1 应较 X_C 小。例如，BW-6.3-10-1 型移相电容器的额定电容量为 0.92μF，$X_C=3460\Omega$，所以应使 R_1 小于 3460Ω。可采用量程 150V、$R_1=2500\Omega$ 的电压表。欲使 R_1 更小一些，可用附加电阻（5000Ω）与 V_1 并联，使其内阻 R_1 降到 1670Ω 左右，效果会更好。

电压表 V_1 的内阻也不能过低或过高。因为反映在电压表 V_2 上的总压降等于电压表内阻 R_1 压降与电容 C 上容抗压降的矢量和，R_1 过低，C 上压降过大，则 V_1 表读数近于零，无法计算出电容量。反之，如 R_1 过高，电阻压降为主要部分，容抗压降几乎为零，此时电压表 V_1 和 V_2 的读数近似相等，无法计算出电容量。

电压表 V_2 选用内阻愈高愈好。

对于测量常用的高低压电力电容器，其电容量一般为 3μF，在工频电流下，容抗约为 106.2Ω。而调压器最高输出电压为 250V，故 V_1 宜选用量程为 150V、内阻为 2500Ω 以下的电压表。V_2 选用量程为 250～350V 的电压表为好。一般选用量程 300V、内阻 5000Ω 的电压表。

② 电压表和电流表法，如图 1-52 所示。

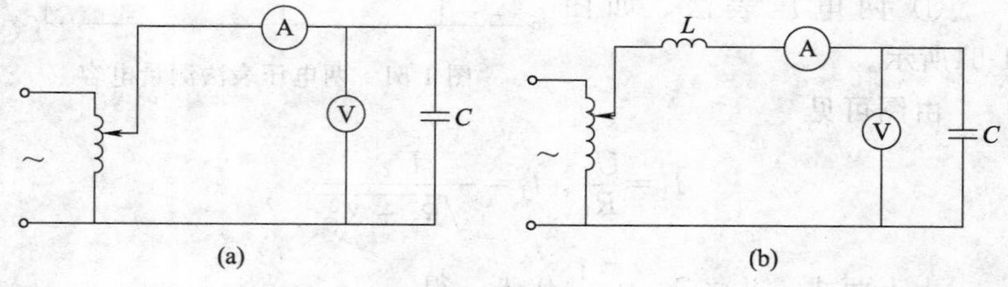

图 1-52　伏安法测量电容

接通频率为 f 的交流电源，稳定后分别读出电流表和电压表的读数，便可按下式求得电容器的电容量为

$$C=\frac{I\times10^{6}}{2\pi fU};\ I=\frac{U}{X_C}=2\pi fCU\times10^{-6}$$

1.4.8 印刷电路板导线的电阻、电感和电容的计算

（1）印刷电路板导线电阻

印刷电路板导线电阻可按下式计算：

$$R=\rho\frac{l}{bt}\times10^{-2}$$

式中 R——印刷电路板导线电阻，Ω；

ρ——导线电阻率，Ω•cm；

l——导线长度，cm；

b，t——导线宽度和厚度，mm。

（2）印刷电路板导线电感和互感

印刷电路板导线电感一般是不大的，因为走线很少是环形的。但在较高频率时，有必要计算电感和互感。

① 直导线的电感

$$L=0.002l\left(\ln\frac{2l}{b+t}+0.5+0.224\frac{b+t}{l}\right)$$

式中 L——直导线电感，μH；

l，b，t——分别为导线的长度、宽度和厚度，cm。

设 l 为 10cm、b 为 0.1cm、t 为 0.005cm，则 $L=0.1\mu H$。

② 印刷电路板导线间的互感　印刷电路板导线间的互感计算是很复杂的，长度相等的两平行印刷导线间的互感，可按以下公式近似计算。

公式一：

$$M=0.002\left[l\cdot\ln\left(\frac{\sqrt{l^2+D^2}+l}{D}\right)-\sqrt{l^2-D^2}+D\right]$$

式中 M——两导线间的互感，μH；

l——导线长度，cm；

D——两导线轴线间的距离，cm。

公式二：

$$M=\left[0.00921\lg\frac{s+b}{t+b}+0.006-0.004\left(k+\frac{s+b}{10l}\right)\right]\cdot l$$

式中 s——两平行导线间距，mm；

b，t——导线宽度和厚度，mm；

l——导线长度，cm；

k——系数，可按下式近似计算，即

$$k=0.0967\times[b/(b+t)]^{2.082}$$

（3）印刷电路板导线电容

① 层间导线间的电容。双面、多层印刷电路板两面的导线由介质分开，构成一个平板电容，电容的大小可按下式近似计算：

$$C=0.885\varepsilon_r A/d$$

式中：C——层间导线间的电容，μF；

ε_r——相对介电系数；

A——面与面之间重叠面积，cm^2；

d——介质厚度，mm。

② 同一面相邻导线间的电容。宽度相等的两平行印刷导线间的电容可按下式计算：

$$C=[0.122t/s+0.095(1+\varepsilon_r)+\lg(1+2b/s+2\sqrt{b/s}+b^2/200)]l$$

式中 C——同一面相邻导线间的电容，μF；

b，t——导线宽度和厚度，mm；

l——导线长度，cm；

ε_r，s 同前。

（4）高频线路特性阻抗

当印刷电路板上电路工作在较高频率时，其导线对传输信号呈现出一定的特性阻抗。该阻抗可由下式计算：

$$Z_0=\sqrt{L_0/C_0}$$

式中 Z_0——特性阻抗，Ω；

L_0——单位电感，μH/cm；

C_0——单位电容，μF/cm。

第 2 章

输配电

2.1 常用导线的技术数据及计算

2.1.1 常用导线、电缆、母线的电阻和电抗

（1）常用导电金属线的电阻率、电导率和电阻温度系数

常用导电金属线在 20℃时的电阻率、电导率和电阻温度系数，见表 2-1。

■ **表 2-1 导电金属线电阻率、电导率和电阻温度系数**

线材	ρ_{20}/(Ω·mm²/km)	γ_{20}/[km/(Ω·mm²)]	α_{20}/℃$^{-1}$
硬铝线	29.0	0.034	0.00403
软铝线	28.3	0.035	0.00410
铝合金线	32.8	0.031	0.00422
硬铜线	17.9	0.056	0.00385
软铜线	17.6	0.057	0.00393

（2）常用导线、电缆的电阻和电抗（见表 2-2～表 2-10）

■ **表 2-2 TJ 型裸铜导线的电阻和电抗**

导线型号	TJ-10	TJ-16	TJ-25	TJ-35	TJ-50	TJ-70	TJ-95	TJ-120	TJ-150	TJ-185	TJ-240
电阻/(Ω/km)	1.84	1.20	0.74	0.54	0.39	0.28	0.20	0.158	0.123	0.103	0.078
线间几何均距/m	电抗/(Ω/km)										
0.4	0.355	0.334	0.318	0.308	0.298	0.287	0.274	—	—	—	—
0.6	0.381	0.360	0.345	0.335	0.324	0.321	0.303	0.295	0.287	0.281	—
0.8	0.399	0.378	0.363	0.352	0.341	0.330	0.321	0.313	0.305	0.299	—
1.0	0.413	0.392	0.377	0.366	0.356	0.345	0.335	0.327	0.319	0.313	0.305
1.25	0.427	0.406	0.391	0.380	0.370	0.359	0.349	0.341	0.333	0.327	0.319
1.5	0.438	0.417	0.402	0.392	0.381	0.370	0.360	0.353	0.345	0.339	0.330
2.0	0.457	0.435	0.421	0.410	0.399	0.389	0.378	0.371	0.363	0.356	0.349
2.5	—	0.449	0.435	0.424	0.413	0.402	0.392	0.385	0.377	0.371	0.363
3.0	—	0.460	0.446	0.435	0.424	0.414	0.403	0.396	0.388	0.382	0.374
3.5	—	0.470	0.456	0.445	0.434	0.423	0.413	0.406	0.398	0.392	0.384

■ **表 2-3　LJ 型裸铝导线的电阻和电抗**

导线型号	LJ-16	LJ-25	LJ-35	LJ-50	LJ-70	LJ-95	LJ-120	LJ-150	LJ-185	LJ-240
电阻/(Ω/km)	1.98	1.28	0.92	0.64	0.46	0.34	0.27	0.21	0.17	0.132
线间几何均距/m	电抗/(Ω/km)									
0.6	0.358	0.344	0.334	0.323	0.312	0.303	0.295	0.287	0.281	0.273
0.8	0.377	0.362	0.352	0.341	0.330	0.321	0.313	0.305	0.299	0.291
1.0	0.390	0.376	0.366	0.355	0.344	0.335	0.327	0.319	0.313	0.305
1.25	0.404	0.390	0.380	0.369	0.358	0.349	0.341	0.333	0.327	0.319
1.5	0.416	0.402	0.392	0.380	0.369	0.360	0.353	0.345	0.339	0.330
2.0	0.434	0.420	0.410	0.398	0.387	0.378	0.371	0.363	0.356	0.348
2.5	0.448	0.434	0.424	0.412	0.401	0.392	0.385	0.377	0.371	0.362
3.0	0.459	0.445	0.435	0.424	0.413	0.403	0.396	0.388	0.382	0.374
3.5	—	—	0.445	0.433	0.423	0.413	0.406	0.398	0.392	0.383

■ **表 2-4　LGJ 型铜芯铝绞线的电阻和电抗**

导线型号	LGJ-16	LGJ-25	LGJ-35	LGJ-50	LGJ-70	LGJ-95	LGJ-120	LGJ-150	LGJ-185	LGJ-240	LGJ-300	LGJ-400
电阻/(Ω/km)	2.04	1.38	0.85	0.65	0.46	0.33	0.27	0.21	0.17	0.132	0.107	0.082
线间几何均距/m	电抗/(Ω/km)											
1.0	0.387	0.374	0.359	0.351	—	—	—	—	—	—	—	—
1.25	0.401	0.388	0.373	0.365	—	—	—	—	—	—	—	—
1.5	0.412	0.400	0.385	0.376	0.365	0.354	0.347	0.340	—	—	—	—
2.0	0.430	0.418	0.403	0.394	0.383	0.372	0.365	0.385	—	—	—	—
2.5	0.444	0.432	0.417	0.408	0.397	0.386	0.379	0.372	0.365	0.357	—	—
3.0	0.456	0.443	0.428	0.420	0.409	0.398	0.391	0.384	0.377	0.369	—	—
3.5	0.466	0.453	0.438	0.429	0.418	0.406	0.400	0.394	0.386	0.378	0.371	0.362

■ **表 2-5　户内明敷及穿管的铝、铜芯绝缘导线的电阻和电抗**

标称截面积/mm^2	铝/(Ω/km)			铜/(Ω/km)		
	电阻 R_0 (20℃)	电抗 x_0		电阻 R_0 (20℃)	电抗 x_0	
		明线间距150mm	穿管		明线间距150mm	穿管
1.5	—	—	—	12.27	—	0.109
2.5	12.40	0.337	0.102	7.36	0.337	0.102
4	7.75	0.318	0.095	4.60	0.318	0.095
6	5.17	0.309	0.09	3.07	0.309	0.09
10	3.10	0.286	0.073	1.84	0.286	0.073
16	1.94	0.271	0.068	1.15	0.271	0.068
25	1.24	0.257	0.066	0.75	0.257	0.066
35	0.88	0.246	0.064	0.53	0.246	0.064
50	0.62	0.235	0.063	0.37	0.235	0.063
70	0.44	0.224	0.061	0.26	0.224	0.081
95	0.33	0.215	0.06	0.19	0.215	0.06
120	0.26	0.208	0.06	0.15	0.208	0.06
150	0.20	0.201	0.059	0.12	0.201	0.059
185	0.17	0.194	0.059	0.10	0.194	0.059

■ **表 2-6　电缆芯线单位长度电阻（20℃时）**　　单位：Ω/km

线芯标称截面积/mm^2	铜芯电缆	铝芯电缆
16	1.15	1.94
25	0.74	1.24
35	0.53	0.89
50	0.37	0.62
70	0.26	0.44
95	0.19	0.33
120	0.15	0.26
150	0.12	0.21
180	0.10	0.17
240	0.08	0.13

(3) 母线的电阻和电抗

母线的电阻可按下式计算：

$$R_0=\frac{1}{\gamma S}\times 10^3$$

式中　R_0——母线每米的电阻，mΩ/m；

γ——母线的电导率（m/Ω·mm^2），铜母排 γ=54m/Ω·mm^2，铝母排 γ=32m/Ω·mm^2；

S——母线截面积，mm^2。

■ **表 2-7　380/220V 三相架空线路每米阻抗值**　　单位：mΩ/m

导线标称截面积/mm²	电阻 R_1、R_2、R_{0x}、R、R_{01}				导线排列式及中心距离/mm			
	t=70℃时裸导线		t=65℃时绝缘导线		U V N W（400 600 400）		U V W N（400 600 400）	
	铝	铜	铝	铜	正、负序电抗 X_1、X_2、X（D_j=824）	零序电抗 X_{0x}、X_{01}（D_0=621）	正、负序电抗 X_1、X_2、X（D_j=621）	零序电抗 X_{0x}、X_{01}（D_0=824）
10		2.23	3.66	2.19	0.40	0.38	0.38	0.40
16	2.35	1.39	2.29	1.37	0.38	0.37	0.37	0.38
25	1.50	0.89	1.48	0.88	0.37	0.35	0.35	0.37
35	1.07	0.64	1.06	0.63	0.36	0.34	0.34	0.36
50	0.75	0.45	0.75	0.44	0.35	0.33	0.33	0.35
70	0.54	0.32	1.53	0.32	0.34	0.32	0.32	0.34
95	0.40	0.24	0.39	0.23	0.32	0.31	0.31	0.32
120	0.32	0.19	0.31	0.19	0.32	0.30	0.30	0.32
150	0.25	0.15	0.25	0.15	0.31	0.29	0.29	0.31
185	0.20	0.12	0.20	0.12	0.30	0.28	0.28	0.30

注：R、X—相线的电阻和电抗；R_1、R_2—相线的正、负序电阻；X_1、X_2—相线的正、负序电抗；R_{0x}、R_{01}—相线、零线的零序电阻；X_{0x}、X_{01}—相线、零线的零序电抗。

■ 表 2-8　500V 聚氯乙烯绝缘和橡胶绝缘四芯电力电缆每米阻抗值　　单位：mΩ/m

线芯标称截面积/mm^2	t=65℃时线芯电阻 R_1、R_2、R_{0x}、R、R_{01}				铅皮电阻 R_{0e}	橡胶绝缘电缆			聚氯乙烯绝缘电缆		
	铝		铜			正、负序电抗 X_1、X_2、X	零序电抗		正、负序电抗 X_1、X_2、X	零序电抗	
	相线 R	零线 R_{01}	相线 R	零线 R_{01}			相线 X_{0x}	零线 X_{0e}		相线 X_{0x}	零线 X_{0e}
3×4+1×2.5	9.237	14.778	5.482	8.772	6.38	0.106	0.116	0.135	0.100	0.114	0.129
3×6+1×4	6.158	9.237	3.665	5.482	5.83	0.100	0.115	0.127	0.099	0.115	0.127
3×10+1×6	3.695	6.158	2.193	3.665	4.10	0.097	0.109	0.127	0.094	0.108	0.125
3×16+1×6	2.309	6.158	1.371	3.655	3.28	0.090	0.105	0.134	0.087	0.104	0.134
3×25+1×10	1.057	3.695	0.895	2.193	2.51	0.085	0.105	0.131	0.082	0.101	0.137
3×35+1×10	1.077	3.695	0.639	2.193	2.02	0.083	0.101	0.136	0.080	0.100	0.138
3× 50+1×16	0.754	2.309	0.447	1.371	1.75	0.082	0.095	0.131	0.079	0.101	0.135
3×70+1×25	0.538	1.507	0.319	0.895	1.29	0.079	0.091	0.123	0.078	0.079	0.127
3×95+1×35	0.397	1.077	0.235	0.639	1.06	0.080	0.094	0.126	0.079	0.097	0.125
3×120+1×35	0.314	1.077	0.188	0.639	0.98	0.078	0.092	0.130	0.076	0.095	0.130
3×150+1×50	0.251	0.754	0.151	0.447	0.89	0.077	0.092	0.126	0.076	0.093	0.120
3×185+1×50	0.203	0.754	0.123	0.447	0.81	0.077	0.091	0.131	0.076	0.094	0.128

注：1. 铅皮电抗忽略不计。

2. 铅皮电缆的 R_{01} 应是零线和铅皮两部分交流电阻的并联值。

■ **表 2-9　1000V 油浸绝缘四芯电力电缆每米阻抗值**　　单位：mΩ/m

线芯标称截面积/mm^2	t=80℃时线芯电阻 R_1、R_2、R_{0x}、R、R_{01}				铅皮电阻 R_{01}	正、负序电抗 X_1、X_2	线芯零序电抗	
	铝		铜					
	相线 R	零线 R_{0e}	相线 R	零线 R_{0e}			相线 X_{0x}	零线 X_{01}
3×4+1×2.5	9.71	15.53	5.76	9.22	6.40	0.098	0.11	0.12
3×6+1×4	6.47	9.71	3.84	5.76	5.54	0.093	0.11	0.12
3×10+1×6	3.88	6.47	2.30	3.84	4.98	0.088	0.11	0.12
3×16+1×6	2.43	6.47	1.44	3.84	4.00	0.082	0.10	0.13
3×25+1×10	1.58	3.88	0.94	2.30	3.14	0.073	0.10	0.13
3×35+1×10	1.13	3.88	0.67	2.30	2.19	0.073	0.09	0.13
3×50+1×16	0.79	2.43	0.47	1.44	2.41	0.070	0.09	0.13
3×70+1×25	0.57	1.58	0.34	0.94	1.95	0.069	0.08	0.11
3×95+1×35	0.42	1.13	0.25	0.67	1.72	0.069	0.08	0.11
3×120+1×35	0.33	1.13	0.20	0.67	1.47	0.070	0.08	0.12
3×150+1×50	0.26	0.79	0.16	0.47	1.26	0.068	0.09	0.11
3×185+1×50	0.21	0.79	0.13	0.47	1.06	0.068	0.09	0.12

注：1. 铅皮电抗忽略不计。

2. 铅皮电缆的 R_{0e} 应是零线和铅皮两部分交流电阻的并联值。

■ **表 2-10　1000V 以下三芯电力电缆每米阻抗值**　　单位：mΩ/m

线芯标称截面积/mm^2	聚氯乙烯绝缘				橡胶绝缘					油浸纸绝缘				
	t=65℃时线芯电阻 R_1、R_2、R_{0x}、R		正、负序电抗 X_1、X_2	相线零序电抗 X_{0x}	t=65℃时线芯电阻 R_1、R_2、R_{0x}、R		铅皮电阻 R_{0x}	正、负序电抗 X_1、X_2	相线零序电抗 X_{0x}	t=80℃时线芯电阻 R_1、R_2、R_{0x}、R		铅皮电阻 R_{01}	正、负序电抗 X_1、X_2	相线零序电抗 X_{0x}
	铝	铜			铝	铜				铝	铜			
3×25	14.778	8.772	0.100	0.134	14.778	8.772	7.52	0.107	0.135	15.53	9.218	8.14	0.098	0.130
3×4	9.237	5.482	0.093	0.125	9.237	5.482	6.93	0.099	0.125	9.706	5.761	7.57	0.091	0.121
3×6	6.158	3.655	0.093	0.121	6.158	3.655	6.38	0.094	0.118	6.470	3.841	6.71	0.087	0.114
3×10	3.695	2.193	0.087	0.112	3.695	2.193	6.28	0.092	0.116	3.882	2.304	5.97	0.081	0.105
3×16	2.309	1.371	0.082	0.106	2.309	1.371	3.66	0.086	0.111	2.427	1.440	5.2	0.077	0.103
3×25	1.507	0.895	0.075	0.106	1.507	0.895	2.79	0.079	0.107	1.584	0.940	4.8	0.067	0.089
3×35	1.077	0.639	0.072	0.091	1.077	0.639	2.25	0.075	0.102	1.131	0.671	3.89	0.065	0.085
3×50	0.754	0.447	0.072	0.090	0.754	0.447	1.93	0.075	0.102	0.792	0.470	3.42	0.063	0.082
3×70	0.538	0.319	0.069	0.086	0.538	0.319	1.45	0.072	0.099	0.566	0.336	2.76	0.062	0.079
3×95	0.397	0.235	0.069	0.085	0.397	0.235	1.18	0.072	0.097	0.471	0.247	2.2	0.061	0.078
3×120	0.314	0.188	0.069	0.084	0.314	0.188	1.09	0.071	0.095	0.330	0.198	1.94	0.062	0.077
3×150	0.251	0.151	0.070	0.084	0.251	0.151	0.99	0.071	0.095	0.264	0.158	1.66	0.062	0.077
3×185	0.203	0.123	0.070	0.083	0.203	0.123	0.90	0.071	0.094	0.214	0.130	1.4	0.062	0.076

注：1. 相线的零序电抗是按电缆紧贴接地导体计算的。

2. 铅皮电抗忽略不计。

■ **表 2-11　三相母线每米阻抗值**　　单位：mΩ/m

母线规格 $(a\times b)$/mm	t=70℃时电阻 R_1、R_2、R_{0x}、R_{01}		当相间中心距离为下列诸值(mm)时，相线正、负序电抗值 X_1、X_2、X				当零线与邻近相线中心距离 D_n 为下列诸值(mm)时，相线或零线的零序电抗值 X_{1x}、X_{0e}					
	铝	铜	160	200	250	350	200	250	350	1500	3500	6000
25×3	0.469	0.292	0.218	0.232	0.240	0.267	0.255	0.261	0.270	0.344	0.397	0.431
25×4	0.355	0.221	0.215	0.229	0.237	0.265	0.252	0.258	0.268	0.341	0.395	0.428
30×3	0.394	0.246	0.207	0.221	0.230	0.256	0.244	0.250	0.259	0.333	0.386	0.420
30×4	0.299	0.185	0.205	0.219	0.227	0.255	0.242	0.248	0.258	0.331	0.385	0.418
40×4	0.225	0.140	0.189	0.203	0.212	0.238	0.226	0.232	0.241	0.315	0.368	0.402
40×5	0.180	0.113	0.188	0.202	0.210	0.237	0.225	0.231	0.240	0.314	0.367	0.401
50×5	0.144	0.091	0.175	0.189	0.199	0.224	0.212	0.218	0.227	0.301	0.354	0.388
50×6	0.121	0.077	0.174	0.188	0.197	0.223	0.211	0.217	0.226	0.300	0.353	0.387
60×6	0.102	0.067	0.164	0.187	0.188	0.213	0.201	0.206	0.216	0.290	0.343	0.377
60×8	0.077	0.050	0.162	0.186	0.185	0.211	0.199	0.205	0.214	0.288	0.341	0.375
80×6	0.077	0.050	0.147	0.161	0.172	0.196	0.184	0.190	0.199	0.273	0.326	0.360
80×8	0.060	0.039	0.146	0.160	0.170	0.195	0.183	0.188	0.198	0.272	0.325	0.359
80×10	0.049	0.038	0.144	0.158	0.168	0.193	0.181	0.187	0.196	0.270	0.323	0.357
100×6	0.063	0.042	0.134	0.148	0.160	0.183	0.171	0.177	0.186	0.260	0.313	0.347
100×8	0.048	0.032	0.133	0.147	0.158	0.182	0.170	0.176	0.185	0.259	0.312	0.346
100×10	0.041	0.027	0.132	0.146	0.156	0.181	0.169	0.174	0.184	0.258	0.311	0.345
120×8	0.042	0.028	0.122	0.136	0.149	0.171	0.159	0.165	0.174	0.248	0.301	0.335
120×10	0.035	0.023	0.121	0.135	0.147	0.170	0.158	0.164	0.173	0.247	0.300	0.334

注：1. 零线的零序电抗是按零线的材料与相线相同计算的。

2. 本表所列数据对于母线平放或竖放均相同。

3. 表中 a、b 分别表示母线的高和宽。

■ **表 2-12 TJ、LJ型裸铜、裸铝绞线的安全载流量（70℃）** 单位：A

截面积/mm²	TJ型								LJ型								
	户内				户外				户内				户外				质量/(kg/km)
	25℃	30℃	35℃	40℃	25℃	30℃	35℃	40℃	25℃	30℃	35℃	40℃	25℃	30℃	35℃	40℃	
4	25	24	22	20	50	47	44	41	—	—	—	—	—	—	—	—	—
6	35	33	31	28	70	66	62	57	—	—	—	—	—	—	—	—	—
10	60	56	53	49	95	89	84	77	55	52	48	45	75	70	66	61	—
16	100	94	88	81	130	122	114	105	80	75	70	65	105	99	99	85	44
25	140	132	123	113	180	169	158	146	110	103	97	89	135	127	119	109	68
35	175	165	154	142	220	207	194	178	135	127	119	109	170	160	150	138	95
50	220	207	194	178	270	254	238	219	170	160	150	138	215	202	189	174	136
70	280	263	246	227	340	320	300	276	215	202	189	174	265	249	232	215	191
95	340	320	299	276	315	390	365	336	260	244	229	211	325	305	286	247	257
120	405	380	356	328	485	456	426	393	310	292	273	251	375	352	330	304	322
150	480	451	422	389	570	536	510	461	370	348	326	300	440	414	387	356	407
185	550	517	484	445	645	606	567	522	425	400	374	344	500	470	440	405	503
240	650	610	571	526	770	724	678	624	—	—	—	—	610	574	536	494	656

三相母线每米阻抗值见表 2-11。

2.1.2 常用导线的安全载流量

(1) 裸导线的安全载流量

铜绞线和铝绞线的安全载流量见表 2-12。

钢芯铝绞线的安全载流量见表 2-13。

■ **表 2-13 LGJ 型钢芯铝绞线的安全载流量**(70℃) 单位:A

截面积/mm² \ 空气温度/℃	30	35	40	45	50	55
16	106	97	88	79	69	56
25	135	124	113	102	88	72
35	163	150	136	123	106	87
50	213	195	177	160	138	113
70	264	242	220	198	172	140
95	322	295	268	242	209	171
120	365	335	305	275	238	194
150	428	393	358	322	279	228
185	490	450	410	369	320	261
240	589	540	491	443	383	313

(2) 绝缘导线安全载流量(见表 2-14~表 2-24)

■ **表 2-14 橡胶绝缘电线明敷时的安全载流量** 单位:A

截面积/mm²	BLX、BLXF(铝芯)				BX、BXF(铜芯)			
	25℃	30℃	35℃	40℃	25℃	30℃	35℃	40℃
1	—	—	—	—	21	19	18	16
1.5	—	—	—	—	27	25	23	21
2.5	27	25	23	21	35	32	30	27
4	35	32	30	27	45	42	38	35
6	45	42	38	35	58	54	50	45
10	65	60	56	51	85	79	73	67
16	85	79	73	67	110	102	95	87
25	110	102	95	87	145	135	125	114
35	138	129	119	109	180	168	155	142
50	175	163	151	138	230	215	198	181
70	220	206	190	174	285	266	246	225
95	265	247	229	209	345	322	298	272
120	310	289	268	245	400	374	346	316
150	360	336	311	284	470	439	406	371
185	420	392	363	332	540	504	467	427
240	510	476	441	403	660	617	570	522

注:目前 BLXF 型铝芯导线只生产 2.5~185mm² 规格的,BXF 型铜芯导线只生产≤95mm² 规格的。

■ **表 2-15 橡胶绝缘电线穿钢管敷设时的安全载流量** 单位：A

截面积/mm²		二根单芯						三根单芯						四根单芯					
		环境温度				管径/mm		环境温度				管径/mm		环境温度				管径/mm	
		25℃	30℃	35℃	40℃	G	DG	25℃	30℃	35℃	40℃	G	DG	25℃	30℃	35℃	40℃	G	DG
BLX BLXF (铝芯)	2.5	21	19	18	16	15	20	19	17	16	15	15	20	16	14	13	12	20	25
	4	28	26	24	22	20	25	25	23	21	19	20	25	23	21	19	18	20	25
	6	37	34	32	29	20	25	34	31	29	26	20	25	30	28	25	23	20	25
	10	52	48	44	41	25	32	46	43	39	36	25	32	40	37	34	31	25	32
	16	66	61	57	52	25	32	59	55	51	46	32	32	52	48	44	41	32	40
	25	86	80	74	68	32	40	76	71	65	60	32	40	68	63	58	53	40	(50)
	35	106	99	91	83	32	40	94	87	81	74	32	(50)	83	77	71	65	40	(50)
	50	133	124	115	105	40	(50)	118	110	102	93	50	(50)	105	98	90	83	50	—
	70	165	154	142	130	50	(50)	150	140	129	118	50	(50)	133	124	115	105	70	—
	95	200	187	173	158	70	—	180	168	155	142	70	—	160	149	138	126	70	—
	120	230	215	198	181	70	—	210	196	181	166	70	—	190	177	164	150	70	—
	150	260	243	224	205	70	—	240	224	207	189	70	—	220	205	190	174	80	—
	185	295	275	255	233	80	—	270	252	233	213	80	—	250	233	216	197	80	—
BX BXF (铜芯)	1.0	15	14	12	11	15	20	14	13	12	11	15	20	12	11	10	9	15	20
	1.5	20	18	17	15	15	20	18	16	15	14	15	20	17	15	14	13	20	25
	2.5	28	26	24	22	15	20	25	23	21	19	15	20	23	21	19	18	20	25
	4	37	34	32	29	20	25	33	30	28	26	20	25	30	28	25	23	20	25
	6	49	45	42	38	20	25	43	40	37	34	20	25	39	36	33	30	20	25
	10	68	63	58	53	25	32	60	56	51	47	25	32	53	49	45	41	25	32
	16	86	80	74	68	25	32	77	71	66	60	32	32	69	64	59	54	32	40
	25	113	105	97	89	32	40	100	93	86	79	32	40	90	84	77	71	40	(50)
	35	140	130	121	110	32	40	122	114	105	96	32	(50)	110	102	95	87	40	(50)
	50	175	163	151	138	40	(50)	154	143	133	121	50	(50)	137	128	118	108	50	—
	70	215	201	185	170	50	(50)	193	180	166	152	50	(50)	173	161	149	136	70	—
	95	260	243	224	205	70	—	235	219	203	185	70	—	210	196	181	166	70	—
	120	300	280	259	237	70	—	270	252	233	213	70	—	245	229	211	193	70	—
	150	340	317	294	268	70	—	310	289	268	245	70	—	280	261	242	221	80	—
	185	385	359	333	304	80	—	355	331	307	280	80	—	320	299	276	253	80	—

注：1. 目前 BXF 型铜芯导线只生产≤95mm² 规格的。
2. 表中代号：G 为焊接钢管（又称水煤气钢管），管径指内径；DG 为电线管，管径指外径。下同。
3. 括号中为穿管径 50mm 电线管时的相关数据。因为电线管管壁太薄，弯管时容易破裂，故一般不用。下同。

■ 表 2-16　橡胶绝缘电线穿硬塑料管敷设时的安全载流量　　单位：A

截面积/mm²		二根单芯					三根单芯					四根单芯				
		环境温度				管径/mm	环境温度				管径/mm	环境温度				管径/mm
		25℃	30℃	35℃	40℃		25℃	30℃	35℃	40℃		25℃	30℃	35℃	40℃	
BLX BLXF (铝芯)	2.5	19	17	16	15	15	17	15	14	13	15	15	14	12	11	20
	4	25	23	21	19	20	23	21	19	18	20	20	18	17	15	20
	6	33	30	28	26	20	29	27	25	22	20	26	24	22	20	25
	10	44	41	38	34	25	40	37	34	31	25	35	32	30	27	32
	16	58	54	50	45	32	52	48	44	41	32	46	43	39	36	32
	25	77	71	66	60	32	68	63	58	53	32	60	56	51	47	40
	35	95	88	82	75	40	84	78	72	66	40	74	69	64	58	40
	50	120	112	103	94	40	108	100	93	85	50	95	88	82	75	50
	70	153	143	132	121	50	135	126	116	106	50	120	112	103	94	50
	95	184	172	159	145	50	165	154	142	130	65	150	140	129	118	65
	120	210	196	181	166	65	190	177	164	150	65	170	158	147	134	80
	150	250	233	216	197	65	227	212	196	179	65	205	191	177	162	80
	185	282	263	243	223	80	255	238	220	201	80	232	216	200	183	100
BX BXF (铜芯)	1.0	13	12	11	10	15	12	11	10	9	15	11	10	9	8	15
	1.5	17	15	14	13	15	16	14	13	12	15	14	13	12	11	20
	2.5	25	23	21	19	15	22	20	19	17	15	20	18	17	15	20
	4	33	30	28	26	20	30	28	25	23	20	26	24	22	20	20
	6	43	40	37	34	20	38	35	32	30	20	34	31	29	26	25
	10	59	55	51	46	25	52	48	44	41	25	46	43	39	36	32
	16	76	71	65	60	32	68	63	58	53	32	60	56	51	47	32
	25	100	93	86	79	32	90	84	77	71	32	80	74	69	63	40
	35	125	116	108	98	40	110	102	95	87	40	98	91	84	77	40
	50	160	149	138	126	40	140	130	121	110	50	123	115	106	97	50
	70	195	182	168	154	50	175	163	151	138	50	155	144	134	122	50
	95	240	224	207	189	50	215	201	185	170	65	195	182	168	154	65
	120	278	259	240	219	65	250	233	216	197	65	227	212	196	179	80
	150	320	299	276	253	65	290	271	250	229	65	265	247	229	209	80
	185	360	336	311	284	80	330	308	285	261	80	300	280	259	237	100

注：1. 目前 BXF 型铜芯导线只生产≤95mm² 规格的。

2. 硬塑料管规格根据 HG2-63-65 确定并采用轻型管，管径指内径。

■ **表 2-17 聚氯乙烯绝缘电线明敷时的安全载流量** 单位：A

截面积/mm^2	BLV(铝芯)				BV、BVR(铜芯)			
	25℃	30℃	35℃	40℃	25℃	30℃	35℃	40℃
1.0	—	—	—	—	19	17	16	15
1.5	18	16	15	14	24	22	20	18
2.5	25	23	21	19	32	29	27	25
4	32	29	27	25	42	33	36	33
6	42	39	36	33	55	51	47	43
10	59	55	51	46	75	70	64	59
16	80	74	69	63	105	98	90	83
25	105	98	90	83	138	129	119	109
35	130	121	112	102	170	158	147	134
50	165	154	142	130	215	201	185	170
70	205	191	177	162	265	247	229	200
95	250	233	216	197	325	303	281	257
120	285	266	246	225	375	350	324	296
150	325	303	281	257	430	402	371	340
185	380	355	328	300	490	458	423	387

■ **表 2-18 聚氯乙烯绝缘电线穿钢管敷设的载流量** 单位：A

截面积/mm²		二根单芯						三根单芯						四根单芯					
		环境温度				管径/mm		环境温度				管径/mm		环境温度				管径/mm	
		25℃	30℃	35℃	40℃	G	DG	25℃	30℃	35℃	40℃	G	DG	25℃	30℃	35℃	40℃	G	DG
BLV（铝芯）	2.5	20	18	17	15	15	15	18	16	15	14	15	15	15	14	12	11	15	15
	4	27	25	23	21	15	15	24	22	20	18	15	15	22	20	19	17	15	20
	6	35	32	30	27	15	20	32	29	27	25	15	20	28	26	24	22	20	25
	10	49	45	42	38	20	25	44	41	38	34	20	25	38	35	32	30	25	25
	16	63	58	54	49	25	25	56	52	48	44	25	32	50	46	43	39	25	32
	25	80	74	69	63	25	32	70	65	60	55	32	32	65	60	50	46	32	40
	35	100	93	86	79	32	40	90	84	77	71	32	40	80	74	69	63	32	(50)
	50	125	116	108	98	32	50	110	102	95	87	40	(50)	100	93	89	79	50	(50)
	70	155	144	134	122	50	50	143	133	123	113	50	(50)	127	118	109	100	50	—
	95	190	177	164	150	50	(50)	170	158	147	134	50	—	152	142	131	120	70	—
	120	220	205	190	174	50	(50)	195	182	168	154	50	—	172	160	148	136	70	—
	150	250	233	216	197	70	(50)	225	210	194	177	70	—	200	187	173	158	70	—
	185	285	266	246	225	70	—	255	238	220	201	70	—	230	215	198	181	80	—
BV（铜芯）	1.0	14	13	12	11	15	15	13	12	11	10	15	15	11	10	9	8	15	15
	1.5	19	17	18	15	15	15	17	15	14	13	15	15	16	14	13	12	15	15
	2.5	26	24	22	20	15	15	24	22	20	18	15	15	22	20	19	17	15	15
	4	35	32	30	27	15	15	31	28	26	24	15	15	28	26	24	22	15	20
	6	47	43	40	37	15	20	41	38	35	32	15	20	37	34	32	29	20	25
	10	65	60	56	51	20	25	57	53	49	45	20	25	50	46	43	39	25	25
	16	82	76	70	64	25	25	73	68	63	57	25	32	65	60	56	51	25	32
	25	107	100	92	84	25	32	95	88	82	75	32	32	85	79	73	67	32	40
	35	133	124	115	105	32	40	115	107	99	90	32	40	105	98	90	83	32	(50)
	50	165	154	142	130	32	(50)	146	136	126	115	40	(50)	130	121	112	102	50	(50)
	70	205	191	177	162	50	(50)	183	171	158	144	50	(50)	165	154	142	130	50	—
	85	250	233	216	197	50	(50)	225	210	194	177	50	—	200	187	173	158	70	—
	120	290	270	250	229	50	(50)	260	243	224	205	50	—	230	215	198	181	70	—
	150	330	308	285	261	70	(50)	300	280	259	237	70	—	265	247	229	209	70	—
	185	380	355	328	300	70	—	340	317	294	268	70	—	300	280	259	237	80	—

■ **表 2-19　聚氯乙烯绝缘电线穿硬塑料管敷设时的安全载流量**　单位：A

截面积/mm²		二根单芯					三根单芯					四根单芯				
		环境温度				管径/mm	环境温度				管径/mm	环境温度				管径/mm
		25℃	30℃	35℃	40℃		25℃	30℃	35℃	40℃		25℃	30℃	35℃	40℃	
BLV(铝芯)	2.5	18	16	15	14	15	16	14	13	12	15	14	13	12	11	20
	4	24	22	20	18	20	22	20	19	17	20	19	17	16	15	20
	6	31	28	26	24	20	27	25	23	21	20	25	23	21	19	25
	10	42	39	36	33	25	38	35	32	30	25	33	30	28	26	32
	16	55	51	47	43	32	49	45	42	38	32	44	41	38	34	32
	25	73	68	63	57	32	65	60	56	51	40	57	53	49	45	40
	35	90	84	77	71	40	80	74	69	63	40	70	65	60	55	50
	50	114	106	98	90	50	102	95	88	80	50	90	84	77	71	63
	70	145	135	125	114	50	130	121	112	102	50	115	107	99	90	63
	95	175	163	151	138	63	158	147	136	124	63	140	130	121	110	75
	120	200	187	173	158	63	180	168	155	142	63	160	149	138	126	75
	150	230	215	198	181	75	207	193	179	163	75	185	172	160	146	75
	185	265	247	229	209	75	235	219	203	185	75	212	198	183	167	90
BV(铜芯)	1.0	12	11	10	9	15	11	10	9	8	15	10	9	8	7	15
	1.5	16	14	13	12	15	15	14	12	11	15	13	12	11	10	15
	2.5	24	22	20	18	15	21	19	18	16	15	19	17	16	15	20
	4	31	28	26	24	20	28	26	24	22	20	25	23	21	18	20
	6	41	38	35	32	20	36	33	31	28	20	32	29	27	25	25
	10	56	52	48	44	25	49	45	42	38	25	44	41	38	34	32
	16	72	67	62	56	32	65	60	56	51	32	57	53	49	45	32
	25	95	88	82	75	32	85	79	73	67	40	75	70	64	59	40
	35	120	112	103	94	40	105	98	90	83	40	93	86	80	73	50
	50	150	140	129	118	50	132	123	114	104	50	117	109	101	92	63
	70	185	172	160	146	50	167	156	144	130	50	148	138	128	117	63
	95	230	215	198	181	63	205	191	177	162	63	185	172	160	146	75
	120	270	252	233	213	63	240	224	207	189	63	215	201	185	172	75
	150	305	285	263	241	75	275	257	237	217	75	250	233	216	197	75
	185	355	331	307	280	75	310	289	268	245	75	280	261	242	221	90

注：硬塑料管规格根据 HG2-63-65 确定，并采用轻型管，管径指内径。

■ 表 2-20　塑料绝缘软线明敷时的安全载流量

单位：A

截面积/mm²		单芯				二芯				三芯			
		25℃	30℃	35℃	40℃	25℃	30℃	35℃	40℃	25℃	30℃	35℃	40℃
—	0.12	5	4.5	4	3.5	4	3.5	3	3	3	2.5	2.5	2
—	0.2	7	6.5	6	5.5	5.5	5	4.5	4	4	3.5	3	3
RV	0.3	9	8	7.5	7	7	6.5	6	5.5	5	4.5	4	3.5
RVV	0.4	11	10	9.5	8.5	8.5	7.5	7	6.5	6	5.5	5	4.5
RVB	0.5	12.5	11.5	10.5	9.5	9.5	8.5	8	7.5	7	6.5	6	5.5
RVS	0.75	16	14.5	13.5	12.5	12.5	11.5	10.5	9.5	9	8	7.5	7
RFB	1.0	19	17	16	15	15	14	12	11	11	10	9	8
RFS	1.5	24	22	21	18	19	17	16	15	14	13	12	11

■ 表 2-21　BVV 型和 BLVV 型塑料护套线规格、结构尺寸及参考载流量表

标称截面积/mm²	线芯结构		绝缘层厚度/mm	护套厚度/mm		最大外径/mm			BVV 型参考载流量/A			BLVV 型参考载流量/A		
	根数	直径/mm		单双芯	三芯	单芯	双芯	三芯	单芯	双芯	三芯	单芯	双芯	三芯
1.0	1	1.13	0.6	0.7	0.8	4.1	4.1×6.7	4.3×9.5	20	16	13	15	12	10
1.5	1	1.37	0.6	0.7	0.8	4.4	4.4×7.2	4.6×10.3	25	21	16	19	16	12
2.5	1	1.76	0.6	0.7	0.8	4.8	4.8×8.1	5.0×11.5	34	26	22	26	22	17
4	1	2.24	0.6	0.7	0.8	5.3	5.3×9.1	5.5×13.1	45	38	29	35	29	23
5	1	2.50	0.8	0.8	1.0	6.3	6.3×10.7	6.7×15.7	51	43	33	39	33	26
6	1	2.73	0.8	0.8	1.0	6.5	6.5×11.3	6.9×16.5	56	47	36	43	36	28
8	7	1.20	0.8	1.0	1.2	7.9	7.9×13.6	8.3×19.4	70	59	46	54	45	35
10	7	1.33	0.8	1.0	1.2	8.4	8.4×14.5	8.8×20.7	85	72	55	66	56	43

■ 表 2-22 地理线的安全载流量

标称截面积/mm^2	长期连续负荷允许载流量/A					
	埋地敷设				室内明敷	
	ρ_T/(℃·cm/W)		ρ_T/(℃·cm/W)			
	NLV	NLVV NLYV NLYV-1	NLV	NLVV NLYV	NLV	NLVV NLYV
2.5	35	35	32	32	25	25
4	45	45	43	43	32	31
6	65	60	60	55	40	40
10	90	85	80	65	55	55
16	120	110	105	100	80	80
25	150	140	130	125	105	105
35	185	170	160	150	130	135
50	230	210	195	175	165	165

注：1. ρ_T 为土壤热阻系数，一般情况下，长江以北取 $\rho_T=120$；长江以南取 $\rho_T=80$ 为宜。

2. 土壤温度：25℃。

3. 导电线芯最高允许工作温度：65℃。

■ 表 2-23 温度校正系数

实际环境温度/℃	5	10	15	20	25	30	35	40	45
校正系数 K	1.22	1.17	1.12	1.06	1.0	0.935	0.865	0.791	0.707

■ 表 2-24 耐热型聚氯乙烯绝缘铜芯导线长期连续负荷允许载流量

单位：A

截面积/mm^2	明敷				二根穿管				管径/mm		三根穿管
	50℃	55℃	60℃	65℃	50℃	55℃	60℃	65℃	G	DG	50℃
1.5	25	23	22	21	19	18	17	16	15	15	17
2.5	34	32	36	28	27	25	24	23	15	15	25
4	47	44	42	40	39	37	35	33	15	15	34
6	60	57	54	51	51	48	46	43	15	20	44
10	89	84	80	75	70	72	68	64	20	25	67
16	123	117	111	104	95	90	85	81	25	25	85
25	165	157	149	140	127	121	114	108	25	32	113
35	205	191	185	174	160	152	144	136	32	40	138
50	264	251	238	225	202	192	182	172	32	(50)	179
70	310	295	280	264	240	228	217	204	50	(50)	213
95	380	362	343	324	292	278	264	240	50	—	262
120	448	427	405	382	347	331	314	296	50	—	311
150	519	494	469	442	399	380	360	340	70	—	362

续表

截面积/mm²	三根穿管			管径/mm		四根穿管				管径/mm	
	55℃	60℃	65℃	G	DG	50℃	55℃	60℃	65℃	G	DG
1.5	16	15	14	15	15	16	15	14	13	15	15
2.5	23	22	21	15	15	23	21	20	19	15	15
4	32	30	28	15	15	31	29	28	26	15	20
6	41	39	37	15	20	40	38	36	34	20	25
10	63	60	57	20	25	59	56	53	50	25	25
16	81	76	72	25	25	75	71	67	33	25	32
25	107	102	96	32	32	101	96	91	86	32	40
35	131	124	117	32	40	126	120	113	107	32	(50)
50	170	161	152	40	(50)	159	151	143	135	50	(50)
70	203	192	181	50	(50)	193	184	174	164	50	—
95	249	236	223	50	—	233	222	210	198	70	—
120	296	281	285	50	—	275	261	248	234	70	—
150	345	327	308	70	—	320	305	289	272	70	

注：1. 本导线的聚氯乙烯绝缘中添加了耐热增塑剂，线芯允许工作温度可达105℃，适用于高温场所，但要求导线接头用焊接或绞接后表面焊锡处理，导线实际允许工作温度还取决于导线与导线、导线与电器接头的允许工作温度，当接头允许温度为95℃时，表中数据应乘以0.92，接头允许温度为85℃时，表中数据应乘以0.84。

2. BLV-105型铝芯耐热线的载流量可按表中数据乘以0.78。

3. 本表中载流量数据系经计算得出，仅供使用参考。

(3) 电缆的安全载流量（见表2-25～表2-32）

■ **表2-25　直接敷设在地下的低压绝缘电缆（铜、铝）安全载流量**

单位：A

标称截面积/mm²	双芯电缆		三芯电缆		四芯电缆	
	铜	铝	铜	铝	铜	铝
1.5	13	9	13	9		
2.5	22	16	22	16	22	16
4	35	26	35	26	35	26
6	52	39	52	39	52	39
10	88	66	83	62	74	56
16	123	92	105	79	101	75
25	162	122	140	105	132	99
35	198	148	167	125	154	115
50	237	178	206	155	189	141
70	286	214	250	188	233	174
95	334	250	299	224	272	204
120	382	287	343	257	308	231
150	440	330	382	287	347	260
185			431	323	396	297
240					448	336

注：表中安全载流量，线芯最高工作温度为80℃，地温为30℃，在实际地温不是30℃的地方，电缆的安全载流量应乘以表2-26中的校正系数。

■ 表 2-26 校正系数

地温/℃	10	15	20	25	30	35	40
校正系数	1.18	1.14	1.11	1.05	1.00	0.95	0.89

*n*条电缆平行敷设（电缆外皮间距为200mm）时，电缆的安全载流量应乘以下表中的并列系数。

电缆条数	1	2	3	4	5	6	7	8
并列系数	1.00	0.92	0.87	0.84	0.82	0.81	0.80	0.79

■ 表 2-27 1kV VV、VLV 型聚氯乙烯绝缘、聚乙烯护套电缆安全载流量

单位：A

导线截面积/mm^2	单芯		二芯		三芯		四芯	
	铜芯	铝芯	铜芯	铝芯	铜芯	铝芯	铜芯	铝芯
1	18		15		12			
1.5	23		19		16			
2.5	32	24	26	20	22	16		
4	41	31	35	26	29	22	29	22
6	54	41	44	34	38	29	38	29
10	72	55	60	46	52	40	51	40
16	97	74	79	61	69	53	68	53
25	122	102	107	83	93	72	92	71
35	162	124	124	95	113	87	115	89
50	204	157	155	120	140	108	144	111
70	253	195	196	151	175	135	178	136
95	272	214	238	182	214	165	218	168
120	356	276	273	211	247	191	252	195
150	410	316	315	242	293	225	297	228
185	465	358			332	257	341	263
240	552	425			396	306		
300	636	490						
400	757	589						
500	886	680						
620	1025	787						
800	1338	934						

注：导线最高允许温度为65℃，空气中敷设，环境温度为25℃。

■ **表 2-28　1kV VV29、VLV29、VV30、VLV30、VV50、VLV50、VV59、VLV59 型铠装聚乙烯电缆安全载流量**　　单位：A

导线截面积/mm²	单芯		二芯		三芯		四芯	
	铜芯	铝芯	铜芯	铝芯	铜芯	铝芯	铜芯	铝芯
4			36	27	31	23	30	23
6			45	35	39	30	39	30
10	76	58	60	46	52	40	52	40
16	100	77	81	62	71	54	70	54
25	135	104	106	81	96	73	94	73
35	164	126	128	99	114	88	119	92
50	205	158	160	128	144	111	149	115
70	253	195	197	152	179	138	184	141
95	311	239	240	185	217	167	226	174
120	356	276	278	215	252	194	260	201
150	410	316	319	246	292	225	301	231
185	466	359			333	257	345	266
240	551	424			392	305		
300	632	486						
400	764	587						
500	882	677						
625	1032	789						
800	1208	931						

注：1. 导线最高允许温度为65℃，空气中敷设，环境温度为25℃。

2. 单芯铠装电缆不用于交流，表列为直流电流值。

■ **表 2-29　1～3kV 铝芯电缆的允许持续载流量**　　单位：A

绝缘类型		黏性油浸纸、不滴流纸		聚氯乙烯			交联聚乙烯	
钢铠护套		有		有		无	有	
缆芯最高工作温度		80℃		70℃			90℃	
敷设方式		空气中	直埋	空气中	直埋	直埋	空气中	直埋
三芯或四芯电缆缆芯额定截面积/mm²	4	26	29	21	31	70	—	—
	6	35	38	27	38	37	—	—
	10	44	50	38	53	50	—	—
	16	59	66	52	70	68	—	—
	25	79	88	69	90	87	91	91
	35	98	105	82	110	105	114	113
	50	116	126	104	134	129	146	134
	70	151	154	129	157	152	178	165
	95	182	186	156	189	180	214	195

续表

绝缘类型		黏性油浸纸、不滴流纸		聚氯乙烯			交联聚乙烯	
钢铠护套		有		有		无	有	
缆芯最高工作温度		80℃		70℃			90℃	
敷设方式		空气中	直埋	空气中	直埋	直埋	空气中	直埋
三芯或四芯电缆缆芯额定截面积/mm²	120	214	211	181	212	207	246	221
	150	250	240	211	242	237	278	247
	185	285	275	246	273	264	319	278
	240	338	320	294	319	310	378	321
	300	383	356	328	347	341	419	365
环境温度/℃		40	25	40	25		40	25
土壤热阻系数/(℃·m/W)		—	2.0	—	2.0		—	2.0

注：1. 铜芯电缆的允许持续载流量为表中铝芯电缆载流量的 1.29 倍。

2. 如实际环境温度不同于表中所示环境温度时，载流量应乘以表 2-32 的校正系数。

■ 表 2-30 6kV 铝芯电缆的允许持续载流量　　单位：A

绝缘类型		黏性油浸纸		不滴流纸		聚氯乙烯		聚氯乙烯		交联聚乙烯			
钢铠护套		有		有		无		有		无		有	
缆芯最高工作温度		65℃		80℃		70℃		70℃		90℃			
敷设方式		空气中	直埋	空气中	直埋	空气中	直埋	空气中	直埋	空气中	直埋	空气中	直埋
三芯或四芯电缆缆芯额定截面积/mm²	10	—	—	—	—	40	51		50	—	—	—	—
	16	46	58	58	63	54	67	—	65	—	—	—	—
	25	62	79	79	84	71	86		83		87		87
	35	76	94	92	101	85	105	—	100	114	105	—	102
	50	92	114	116	119	108	126	—	126	141	123	—	118
	70	118	140	147	148	129	149	—	149	173	148	—	148
	95	143	167	183	180	160	181	—	177	209	178	—	178
	120	169	193	213	209	185	209	—	205	246	200	—	200
	150	194	215	245	232	212	232	—	228	277	232	—	222
	185	223	249	280	264	246	264	—	255	323	262	—	252
	240	265	288	334	308	393	309	—	300	378	300	—	295
	300	295	323	374	344	323	346	—	332	432	343	—	333
	400	—	—	—	—	—	—	—	—	505	380	—	370
	500	—	—	—	—	—	—	—	—	584	432	—	422
环境温度/℃		40	25	40	25	40	25	—	25	40	25	—	25
土壤热阻系数/(℃·m/W)		—	1.2	—	1.5	—	1.2	—	1.2	—	2	—	2

■ **表 2-31　10kV 铝芯电缆的允许持续载流量**　　单位：A

绝缘类型		黏性油浸纸		不滴流纸		交联聚乙烯			
钢铠护套		有		有		无		有	
缆芯最高工作温度		60℃		65℃		90℃			
敷设方式		空气中	直埋	空气中	直埋	空气中	直埋	空气中	直埋
三芯或四芯电缆缆芯额定截面积/mm²	16	42	55	47	59	—	—	—	—
	25	56	75	63	79	100	90	100	90
	35	68	90	77	95	123	110	123	105
	50	81	107	92	111	146	125	141	120
	70	106	133	118	138	178	152	173	152
	95	126	160	143	169	219	182	214	182
	120	146	182	168	196	251	205	246	205
	150	171	206	189	220	283	223	278	219
	185	195	233	218	246	324	252	320	247
	240	232	272	261	290	378	292	373	292
	300	260	308	295	325	433	332	428	328
	400	—	—	—	—	506	378	501	374
	500	—	—	—	—	579	428	574	424
环境温度/℃		40	25	40	25	40	25	40	25
土壤热阻系数/(℃·m/W)		—	1.2	—	1.2	—	2.0	—	2.0

■ **表 2-32　35kV 及以下电缆在不同环境温度时的载流量校正系数**

敷设方式		空气中				直埋			
环境温度/℃		30	35	40	45	20	25	30	35
缆芯最高工作温度/℃	60	1.22	1.11	1.0	0.86	1.07	1.0	0.93	0.86
	65	1.18	1.09	1.0	0.89	1.06	1.0	0.94	0.87
	70	1.15	1.08	1.0	0.91	1.05	1.0	0.94	0.88
	80	1.11	1.06	1.0	0.95	1.04	1.0	0.95	0.90
	90	1.09	1.05	1.0	0.94	1.04	1.0	0.96	0.92

2.1.3 铜、铝导线的等值换算

（1）截面积相同的铜、铝导线的载流量关系

导线载流量主要与导线的材质、截面积有关，另外还与敷设方式、环境条件、绝缘材料等因素有关。截面积相同的铜、铝导线，

由于电阻率不同和其他因素关系，它们的载流量是不同的。截面积相同的铜、铝导线的载流量近似关系为

$$I_{Cu}=1.3I_{Al};\ I_{Al}=0.77I_{Cu}$$

式中　I_{Cu}——铜导线的允许载流量，A；

I_{Al}——铝导线的允许载流量，A。

(2) 载流量相同的铜、铝导线的截面积关系

由于铜、铝导线的电阻率不同和其他因素的关系，在同样负荷电流和允许发热温度条件下，它们的截面积也是不同的。在同样负荷电流和允许发热温度下，铜、铝导体截面积的近似关系为

$$S_{Cu}=0.6S_{Al};\ S_{Al}=1.66S_{Cu}$$

式中　S_{Cu}——铜导线截面积，mm^2；

S_{Al}——铝导线截面积，mm^2。

铜、铝导线截面积的关系式还可用导线直径表示：

$$d_{Cu}=0.79d_{Al};\ d_{Al}=1.27d_{Cu}$$

式中　d_{Cu}——铜导线直径；

d_{Al}——铝导线直径。

2.1.4　导线在短路状态下的允许电流计算

输电线路发生接地及短路故障时，导线会因瞬时电流剧增而引起温度升高。不致使导线抗拉强度降低的极限温度，硬铜线为200℃，铝线为180℃，铝镍镁合金线为150℃。与这个极限温度相对应的电流称为瞬时电流容量。

由于短路时间很短（一般小于2～3s），可假设导线不向外发散热量，并设导线的初始温度为40℃，则可由下列各式计算出导线的瞬时容量。

① 硬铜线：

温升为160℃时，$I=152.1S\sqrt{t}$

② 硬铝线：

温升为140℃时，$I=93.26S\sqrt{t}$

③ 铝镍镁合金线：

温升为 110℃时，$I=79.2S\sqrt{t}$

式中　I——允许通过导线的短路电流，A；

S——导线截面积，mm^2；

t——通电时间，s。

2.1.5 电缆屏蔽层的短路负载能力

在短路持续时间 $t=0.5s$ 时塑料电缆铜屏蔽层的负载能力可由图 2-1 查得。如截面积为 $16mm^2$ 的铜屏蔽层在 $t=0.5s$ 时的发热负载能力为 4.5kA。此值在常用的网络条件下相当于允许的 4.4kA 初始短路电流。

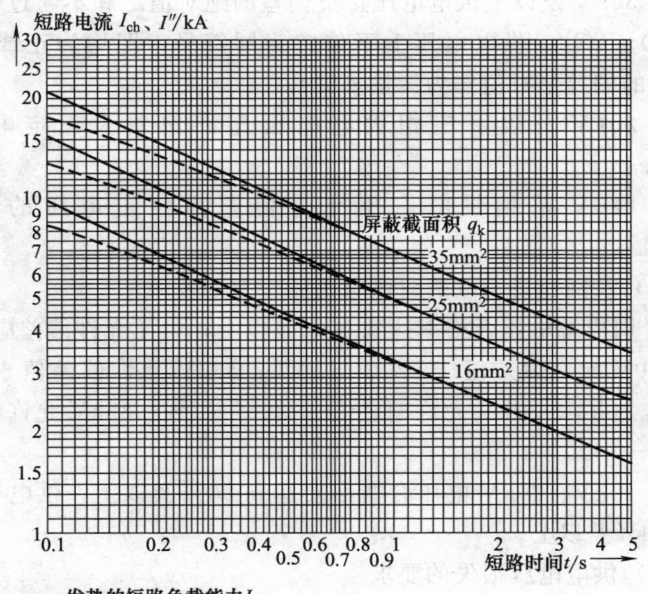

图 2-1　塑料电缆铜屏蔽层的短路负载能力

2.2 电压损失和线损计算

2.2.1 供电电压允许偏差的规定

(1) 供电电压允许偏差

我国国家标准 GB 12325—2008《电能质量·供电电压允许偏差》规定如下。

① 35kV 及以上供电电压正负偏差的绝对值之和不超过额定电压的 10%（注：供电电压上下偏差为同符号，即均为正或负时，按较大的偏差绝对值作为衡量依据）。

② 20kV 及以下三相供电电压允许偏差为额定电压的 ±7%。

③ 220V 单相供电电压允许偏差为额定电压的 +7% 与 −10%。

(2) 农网建设与改造对供电电压偏差的要求

① 用户端电压合格率达到 90%及以上，电压允许偏差应达到：220V 允许偏差值 +7%～−10%；380V 允许偏差值 +7%～−7%；10kV、20kV 允许偏差值 +7%～−7%；35kV 允许偏差值 +10%～−10%。

② 10kV、20kV 电压合格率要达到 90%及以上，供电可靠率达到 99%及以上。

(3) 供电电压损失的要求

① 各级电压城网的电压损失值的范围，一般情况可参考表 2-33所列数值。

② 各种情况下网络电压损失允许值，见表 2-34。

■ **表 2-33　各级电压城网的电压损失分配**

城网电压	电压损失分配值/%	
	变压器	线路
110kV、63kV	2～5	4.5～7.5
35kV	2～4.5	2.5～5
20kV及以下	2～4	8～10
其中:10kV、20kV线路	—	2～6
配电变压器	2～4	—
低压线路(包括接户线)	—	4～6

■ **表 2-34　各种情况下网络电压损失允许值**

序号	名称	允许电压损失 ΔU/%	附注
1	内部低压配电线路	1～2.5	总计不得大于60%
2	外部低压配电网络	3.5～5	—
3	工厂内部供给有照明负荷的低压网络	3～5	—
4	正常情况下的高压配电网络	3～6	—
5	同序号3,但在事故情况下	6～12	—
6	正常情况下地方性高压供电网络	5～8	第4、6两项之和不得大于10%
7	同序号6,但在事故情况下	10～12	
8	正常情况下地方性网络	10(有调压器时为15)	
9	同序号8,但在事故情况下	15(有调压器时为20)	

(4) 各种情况下设备端电压允许偏差

见表2-35。

■ **表 2-35　各种情况下设备端电压允许偏差**

名称	允许电压偏差/%
(1)电动机	±5
①连续运转(正常计算值)	
②连续运转(个别特别远的电动机)	
a. 正常条件下	−8～−10
b. 事故条件下	−8～−12
③短时运转(例如启动相邻大型电动机时)	−20～−30①
④启动时	
a. 频繁启动	−10
b. 不频繁启动	−15②

续表

名称	允许电压偏差/%
(2)白炽灯 ①室内主要场所及厂区投光灯照明 ②住宅照明、事故照明及厂区照明 ③36V以下低压移动照明 ④短时电压波动(次数不多)	 －2.5～＋5 －6 －10 不限
(3)荧光灯 ①室内主要场所 ②短时电压波动	 －2.5～＋5 －10
(4)电阻炉	±5
(5)感应电炉(用变频机组供电时)	同电动机
(6)电弧炉 ①三相电弧炉 ②单机电弧炉	±5 ±2.5
(7)吊车电动机(启动时校验)	－15
(8)电焊设备(在正常尖峰焊接电流时持续工作)	－8～－10
(9)静电电容器 ①长期运行 ②短时运行	 ＋5 ＋10
(10)正常情况下，在发电厂母线和变电所二次母线(3～10kV)上，由该母线对较远用户供电，用户负荷变动很大	电压调压 0～＋5③
(11)同(10)，但在事故情况下	电压调整达到＋2.5～＋7.5
(12)正常情况下，当调压设备切除时，在发电厂母线或变电所二次母线(3～10kV)上由该母线对较近的用户供电	小于＋7
(13)同(12)，但在事故情况下	－2.5
(14)同(12)，但在计划检修时	达到网络额定电压

① 对于少数带有冲击负荷的传动装置，其电动机是根据转矩要求选择的，所以其电压降低值应根据计算来确定。

② 电压降低应满足启动转矩要求。

③ 在最大负荷时应将电压升高；在最小负荷时应将电压降低。

(5) 不同负荷对供电质量的要求

① 正常运行情况下，用电设备端子处电压偏差允许值（以额定电压的百分数表示）宜符合下列要求。

a. 电动机为±5%。

b. 照明：在一般工作场所为±5%；对于远离变电所的小面积一般工作场所，难以满足上述要求时，可为+5%、-10%；应急照明、道路照明和警卫照明等为+5%、-10%。

c. 其他用电设备当无特殊规定时为+5%。

② 计算机供电电源的电能质量应满足表 2-36 所列的数值。

■ **表 2-36 计算机性能允许的电能参数变动范围**

项目＼指标＼级别	A 级	B 级	C 级
电压波动/%	-5～+5	-10～+7	-10～+10
频率变化/Hz	-0.05～+0.05	-0.5～+0.5	-1～+1
波形失真率/%	≤5	≤10	≤20

③ 计算电压偏差时，应计入采取下列措施后的调压效果。

a. 自动或手动调整并联补偿电容器、并联电抗器的接入容量。

b. 自动或手动调整同步电动机的励磁电流。

c. 改变供配电系统运行方式。

④ 医用 X 线诊断机的允许电压波动范围为额定电压的-10%～+10%。

2.2.2 线路电压损失计算

(1) 负荷在末端的线路电压损失计算

图 2-2 为负荷在末端的三相供电线路。

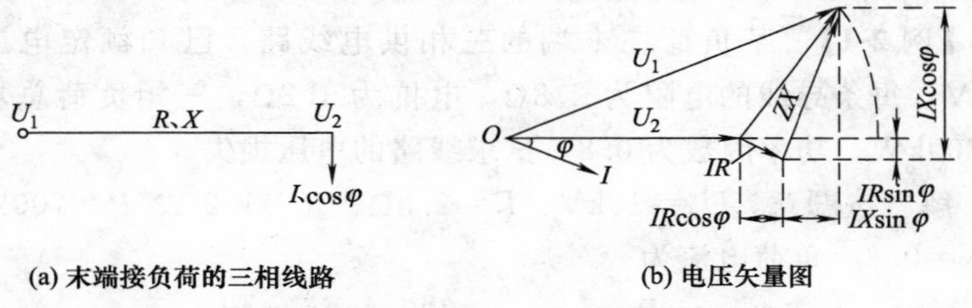

图 2-2 负荷在末端的线路及矢量图

图中，U_1 为变电所出口电压，U_2 为负荷端子处的受电电压（均对中性点电压而言，单位：kV）。

在工程计算中，允许略去（$IX\cos\varphi - IR\sin\varphi$）部分（由此引起的误差不超过实际电压降的5%），因此线路每相电压损失可按以下简化公式计算：

$$\Delta U_x = I(R\cos\varphi + X\sin\varphi) = \frac{PR+QX}{\sqrt{3}U_2} \approx \frac{PR+QX}{\sqrt{3}U_e}$$

若用线电压表示，则

$$\Delta U_1 = \sqrt{3}I(R\cos\varphi + X\sin\varphi) = \frac{PR+QX}{U_2} \approx \frac{PR+QX}{U_e}$$

式中　ΔU_x，ΔU_1——相电压和线电压的电压损失；

R，X——每条导线的电阻和电抗，Ω；

U_e——线路额定线电压，kV；

$\cos\varphi$——负荷的功率因数；

I——负荷电流（线电流），A

$$I = \frac{P}{\sqrt{3}U_e\cos\varphi};$$

P，Q——三相负荷总有功功率和总无功功率，kW、kvar。

电压损失百分数按下式计算：

$$\Delta U\% = \frac{P}{10U_e^2\cos\varphi}(R\cos\varphi + X\sin\varphi)$$

说明：若按该式算得的 $\Delta U\%$ 为2，则表明电压损失占额定电压2%，即电压损失率为2%。

【例 2-1】 某负荷在末端的三相供电线路，已知额定电压为10kV，每条导线的电阻为2.8Ω，电抗为1.2Ω，三相负荷总功率为700kW，功率因数为0.8，试求线路的电压损失。

解　按题意，U_e=10kV、R=2.8Ω、X=1.2Ω、P=700kW、$\cos\varphi$=0.8，负荷电流为

$$I = \frac{P}{\sqrt{3}U_e\cos\varphi} = \frac{700}{\sqrt{3}\times 10\times 0.8} = 50.5\text{A}$$

线电压损失为

$$\Delta U_1 = \sqrt{3} I (R\cos\varphi + X\sin\varphi)$$

$$= \sqrt{3} \times 50.5 \times (2.8 \times 0.8 + 1.2 \times 0.6) = 259\text{V}$$

电压损失百分数为

$$\Delta U\% = \frac{\Delta U_1}{U_e} \times 100 = \frac{0.259}{10} \times 100 = 2.59$$

即电压损失占额定电压的2.59％。

若用下式计算，得

$$\Delta U\% = \frac{P}{10U_e^2\cos\varphi}(R\cos\varphi + X\sin\varphi)$$

$$= \frac{700}{10 \times 10^2 \times 0.8} \times (2.8 \times 0.8 + 1.2 \times 0.6) = 2.59$$

即结果与上式计算的相同。

(2) 查表法求电压损失

在工程计算中，常常应用系数法和负荷矩查表计算。

电压损失百分数可按下列公式计算：

$$\Delta U\% = K_i \sum_1^n M_e = K_i \sum_1^n IL$$

或

$$\Delta U\% = K_p \sum_1^n M_q = K_p \sum_1^n PL$$

式中 K_i，K_p——与负荷功率因数对应的每安·千米电流负荷矩和每千瓦·千米功率负荷矩的电压损失百分数，如K_i，可查表 2-37；

M_e，M_q——电流负荷矩（A·km）和功率负荷矩（kW·km），$M_e = IL$，$M_q = PL$；

I——线路负荷电流，A；

P——负荷有功功率，kW；

L——线路长度，km。

当负荷的功率因数与表 2-37 中所列的功率因数不相符时，K_i值可用表中相邻数值按插入法求得。

■ **表 2-37　三相 380V 线路每安・千米的电压损失百分数 K_i**

导线截面积/mm²	铜芯绝缘导线(明设/穿管)							铝芯绝缘导线(明设/穿管)						
	cosφ							cosφ						
	0.4	0.5	0.6	0.7	0.8	0.9	1.0	0.4	0.5	0.6	0.7	0.8	0.9	1.0
1	3.85 3.76	4.84 4.70	5.73 5.64	6.64 6.58	7.56 7.52	8.51 8.46	9.40							
1.5	2.58 2.51	3.23 3.14	3.83 3.76	4.45 4.39	5.06 5.01	5.66 5.63	6.27	4.33 4.21	5.41 5.21	6.44 6.32	7.46 7.38	8.51 8.43	9.50 9.48	10.54
2.5	1.59 1.53	1.98 1.92	2.36 2.30	2.72 2.68	3.10 3.06	3.47 3.44	3.76	2.67 2.58	3.30 3.20	3.92 3.84	4.54 4.47	5.17 5.10	5.80 5.76	6.34
4	1.05 0.99	1.28 1.23	1.51 1.46	1.71 1.70	1.97 1.93	2.17 2.14	2.35	1.71 1.62	2.11 2.02	2.49 2.41	2.87 2.80	3.25 3.18	3.62 3.57	3.96
6	0.76 0.68	0.86 0.82	1.03 0.98	1.17 1.13	1.33 1.29	1.44 1.41	1.57	1.18 1.09	1.42 1.36	1.70 1.62	1.95 1.88	2.20 2.13	2.43 2.38	2.64
10	0.467 0.412	0.57 0.52	0.658 0.596	0.739 0.699	0.814 0.779	0.896 0.871	0.94	0.75 0.66	0.91 0.82	1.06 0.96	1.195 1.130	1.35 1.29	1.54 1.50	1.58
16	0.33 0.27	0.37 0.32	0.42 0.38	0.49 0.45	0.53 0.50	0.58 0.53	0.59	0.51 0.42	0.60 0.52	0.96 0.63	0.78 0.72	0.86 0.81	0.94 0.90	0.99
25	0.241 0.189	0.269 0.221	0.295 0.252	0.346 0.305	0.355 0.323	0.372 0.355	0.37b	0.36 0.28	0.42 0.34	0.47 0.40	0.53 0.47	0.58 0.53	0.61 0.58	0.63
35	0.19 0.14	0.212 0.165	0.232 0.189	0.252 0.215	0.265 0.234	0.280 0.255	0.268	0.28 0.21	0.32 0.25	0.36 0.30	0.40 0.34	0.43 0.38	0.45 0.42	0.45
50	0.175 0.123	0.190 0.143	0.199 0.161	0.211 0.181	0.227 0.196	0.232 0.211	0.125	0.243 0.171	0.274 0.206	0.303 0.245	0.330 0.274	0.354 0.306	0.370 0.337	0.362
70	0.15 0.08	0.16 0.09	0.16 0.10	0.17 0.11	0.17 0.13	0.16 0.13	0.14	0.184 0.116	0.202 0.138	0.217 0.158	0.231 0.178	0.243 0.198	0.245 0.215	0.226
95	0.12 0.06	0.13 0.07	0.14 0.08	0.14 0.09	0.14 0.10	0.13 0.10	0.10	0.156 0.092	0.169 0.107	0.179 0.125	0.187 0.137	0.193 0.150	0.191 0.161	0.167

注：1. 导线的工作温度为 50℃。

2. 电压为单相 220V 时，表中数据乘以 2；二相三线时，应乘以 1.5。

3. 表中数值未计及气体放电灯奇次谐波电流在零线中引起的电压损失（对结果影响不大）。

为了省略计算，将线路的负荷矩与电压损失率制成对照表，知道了负荷矩，便可查得电压损失率，见表 2-38～表 2-42。

■ 表 2-38 10kV 三相平衡负荷架空线路的电压损失率

导线型号	截面积/mm²	环境温度35℃时的允许负荷/MV·A	电压损失率/[%/(MW·km)] D_j=1.25m、t=55℃		
			cosφ		
			0.8	0.85	0.9
LJ	16	1.59	2.416	2.363	2.308
	25	2.06	1.646	1.595	1.541
	35	2.60	1.263	1.213	1.160
	50	3.27	0.956	0.907	0.857
	70	4.04	0.755	0.708	0.659
	95	4.95	0.624	0.578	0.531
	120	5.72	0.545	0.501	0.454
	150	6.70	0.480	0.437	0.391
	185	7.62	0.433	0.390	0.345
	240	9.28	0.385	0.343	0.299

注：D_j—三相导线间的几何均距。

■ 表 2-39 380V 三相平衡负荷架空线路的电压损失率

截面积/mm²		环境温度35℃时的允许负荷/kV·A	电压损失率/[%/(kW·km)] D_j=0.8m、t=60℃						电压损失率/[%/(A·km)] D_j=0.8m、t=60℃					
			cosφ						cosφ					
			0.5	0.6	0.7	0.8	0.9	1.0	0.5	0.6	0.7	0.8	0.9	1.0
铝	16	61	1.938	1.834	1.751	1.680	1.610	1.482	0.638	0.724	0.807	0.884	0.954	0.975
	25	78	1.395	1.294	1.215	1.146	1.079	0.956	0.459	0.511	0.560	0.604	0.639	0.629
	35	99	1.114	1.016	0.938	0.871	0.806	0.686	0.367	0.401	0.432	0.459	0.477	0.452
	50	124	0.890	0.765	0.720	0.656	0.592	0.476	0.293	0.314	0.332	0.345	0.351	0.314
	70	153	0.742	0.650	0.577	0.515	0.453	0.341	0.247	0.257	0.266	0.271	0.268	0.224
	95	188	0.641	0.552	0.482	0.422	0.362	0.255	0.211	0.218	0.222	0.222	0.215	0.168
	120	217	0.581	0.494	0.426	0.367	0.309	0.204	0.191	0.195	0.196	0.193	0.183	0.134
	150	255	0.529	0.445	0.378	0.321	0.264	0.161	0.174	0.176	0.174	0.169	0.157	0.106
	185	290	0.491	0.409	0.343	0.287	0.232	0.131	0.162	0.161	0.158	0.151	0.137	0.086
	240	371	0.453	0.372	0.309	0.254	0.200	0.102	0.149	0.147	0.142	0.134	0.119	0.067

■ 表 2-40　10kV 油浸纸绝缘电力电缆的电压损失率

芯数×截面积/mm²		埋地 25℃时允许负荷/MV·A	明敷 35℃时允许负荷/MV·A	电压损失率/[%/(MW·km)] t=55℃			电压损失率/[%/(A·km)] t=55℃		
				cosφ			cosφ		
				0.8	0.85	0.9	0.8	0.85	0.9
铝	3×16	1.126	0.866	2.292	2.277	2.262	0.032	0.033	0.035
	3×25	1.559	1.160	1.488	1.475	1.461	0.021	0.022	0.023
	3×35	1.819	1.386	1.079	1.067	1.055	0.015	0.016	0.016
	3×50	2.252	1.749	0.772	0.761	0.749	0.011	0.011	0.012
	3×70	2.598	2.113	0.567	0.556	0.545	0.008	0.008	0.008
	3×95	3.204	2.633	0.432	0.422	0.411	0.006	0.006	0.006
	3×120	3.724	2.996	0.353	0.342	0.332	0.005	0.005	0.005
	3×150	4.244	3.429	0.296	0.286	0.275	0.004	0.004	0.004
	3×180	4.763	3.949	0.251	0.241	0.231	0.004	0.004	0.004
	3×240	5.629	4.677	0.207	0.197	0.187	0.003	0.003	0.003
铜	3×16	1.472	1.091	1.394	1.379	1.364	0.019	0.020	0.021
	3×25	1.992	1.455	0.913	0.900	0.886	0.013	0.013	0.014
	3×35	2.338	1.819	0.669	0.657	0.645	0.009	0.010	0.010
	3×50	2.944	2.252	0.485	0.474	0.462	0.007	0.007	0.007
	3×70	3.551	2.771	0.362	0.351	0.340	0.005	0.005	0.005
	3×95	4.244	3.360	0.281	0.271	0.260	0.004	0.004	0.004
	3×120	4.763	3.862	0.233	0.222	0.212	0.003	0.003	0.003
	3×150	5.456	4.451	0.200	0.190	0.179	0.003	0.003	0.003
	3×180	6.409	5.179	0.172	0.162	0.152	0.002	0.003	0.002
	3×240	7.275	6.131	0.146	0.136	0.126	0.002	0.002	0.002

注：允许负荷项以 ZLQ_2（ZQ_2）型为计算依据，其他型号略有出入。

■ 表 2-41　1kV 油浸纸绝缘电力电缆用于 380V 系统的电压损失率

截面积/mm²		电压损失率/[%/(A·km)] t=75°					
		cosφ					
		0.5	0.6	0.7	0.8	0.9	1.0
铝	2.5	3.486	4.173	4.859	5.543	6.225	6.895
	4	2.191	2.619	3.046	3.469	3.897	4.310
	6	1.472	1.757	2.041	2.324	2.605	2.875

续表

截面积/mm^2		电压损失率/[%/(A·km)] $t=75°$ cosφ					
		0.5	0.6	0.7	0.8	0.9	1.0
铝	10	0.894	1.064	1.233	1.401	1.568	1.724
	16	0.569	0.675	0.779	0.883	0.985	1.078
	25	0.371	0.438	0.505	0.570	0.634	0.690
	35	0.272	0.319	0.366	0.412	0.456	0.493
	50	0.197	0.230	0.262	0.293	0.323	0.345
	70	0.148	0.170	0.192	0.214	0.234	0.246
	95	0.115	0.131	0.147	0.162	0.175	0.181
	120	0.096	0.109	0.121	0.132	0.142	0.144
	150	0.083	0.092	0.102	0.110	0.115	0.116
	185	0.072	0.080	0.087	0.093	0.098	0.095
	240	0.062	0.067	0.072	0.076	0.079	0.074
铜	2.5	2.085	2.491	2.897	3.301	3.703	4.093
	4	1.315	1.571	1.820	2.071	2.320	2.558
	6	0.888	1.056	1.223	1.389	1.554	1.707
	10	0.544	0.644	0.743	0.841	0.937	1.023
	16	0.350	0.412	0.473	0.533	0.591	0.639
	25	0.231	0.270	0.308	0.346	0.382	0.409
	35	0.172	0.199	0.230	0.252	0.276	0.293
	50	0.127	0.146	0.164	0.164	0.197	0.205
	70	0.098	0.110	0.123	0.134	0.144	0.146
	95	0.078	0.087	0.096	0.103	0.109	0.108
	120	0.067	0.074	0.080	0.085	0.089	0.085
	150	0.059	0.064	0.069	0.072	0.075	0.069
	185	0.053	0.057	0.060	0.062	0.063	0.057
	240	0.047	0.049	0.051	0.052	0.052	0.044

注：对于1kV聚氯乙烯绝缘电力电缆和橡胶绝缘电力电缆（$t=60℃$）的电压损失率比此表中相对应截面导线的电压损失率少4%～5%。

■ **表 2-42　三相 380V 导线的电压损失率**

截面积/mm^2		电压损失率/[%/(A·km)]											
		导线明敷(相间距离 150mm)						导线穿管					
		cosφ						cosφ					
		0.5	0.6	0.7	0.8	0.9	1.0	0.5	0.6	0.7	0.8	0.9	1.0
铝	2.5	3.284	3.903	4.518	5.129	5.731	6.290	3.195	3.820	4.444	5.067	5.686	6.290
	4	2.082	2.461	2.838	3.210	3.574	3.897	1.995	2.381	2.766	3.150	3.531	3.897
	6	1.434	1.686	1.934	2.178	2.415	2.612	1.350	1.608	1.865	2.120	2.373	2.612
	10	0.906	1.054	1.199	1.340	1.474	1.570	0.828	0.982	1.134	1.286	1.435	1.570
	16	0.606	0.696	0.783	0.866	0.943	0.984	0.532	0.627	0.722	0.815	0.906	0.984
	25	0.419	0.472	0.523	0.571	0.612	0.619	0.348	0.407	0.465	0.522	0.576	0.619
	35	0.327	0.363	0.397	0.428	0.452	0.444	0.259	0.301	0.342	0.381	0.418	0.444
	50	0.252	0.275	0.296	0.313	0.325	0.306	0.189	0.217	0.244	0.270	0.293	0.306
	70	0.207	0.222	0.235	0.245	0.249	0.223	0.146	0.166	0.185	0.203	0.218	0.223
	95	0.173	0.183	0.190	0.194	0.194	0.164	0.117	0.131	0.144	0.156	0.165	0.164
	120	0.154	0.160	0.164	0.166	0.162	0.131	0.098	0.109	0.119	0.128	0.135	0.131
	150	0.138	0.142	0.144	0.144	0.138	0.106	0.085	0.093	0.101	0.107	0.111	0.106
	185	0.125	0.128	0.128	0.126	0.119	0.086	0.075	0.081	0.090	0.091	0.093	0.086
	240	0.112	0.112	0.111	0.107	0.099	0.066						
铜	1.5	3.450	4.100	4.746	5.388	6.021	6.609	3.359	4.016	4.671	5.325	5.976	6.609
	2.5	2.122	2.508	2.891	3.269	3.639	3.965	2.033	2.426	2.817	3.207	3.594	3.965
	4	1.360	1.595	1.827	2.055	2.275	2.453	1.274	1.515	1.756	1.995	2.231	2.453
	6	0.951	1.105	1.257	1.405	1.545	1.645	0.866	1.028	1.188	1.346	1.502	1.645
	10	0.605	0.692	0.777	0.858	0.932	0.968	0.527	0.620	0.713	0.804	0.892	0.968
	16	0.411	0.461	0.509	0.553	0.591	0.592	0.336	0.392	0.448	0.502	0.553	0.592
	25	0.300	0.330	0.358	0.381	0.399	0.382	0.230	0.265	0.300	0.333	0.363	0.382
	35	0.242	0.262	0.279	0.292	0.300	0.274	0.176	0.199	0.223	0.245	0.266	0.274
	50	0.193	0.205	0.214	0.220	0.220	0.189	0.130	0.146	0.162	0.176	0.188	0.189
	70	0.165	0.171	0.175	0.177	0.172	0.138	0.104	0.115	0.125	0.135	0.142	0.138
	95	0.143	0.146	0.147	0.146	0.139	0.103	0.087	0.090	0.101	0.107	0.110	0.102
	120	0.129	0.130	0.129	0.126	0.117	0.081	0.073	0.079	0.084	0.088	0.090	0.081
	150	0.118	0.118	0.116	0.111	0.102	0.065	0.065	0.068	0.072	0.075	0.075	0.065
	185	0.109	0.108	0.105	0.099	0.089	0.053	0.059	0.062	0.064	0.065	0.064	0.053
	240	0.099	0.097	0.093	0.087	0.076	0.041						

(3) 具有分支负荷线路电压损失计算

分支负荷线路电压损失，可以视为多个负荷在末端线路之和。图 2-3 是具有分支负荷的线路。

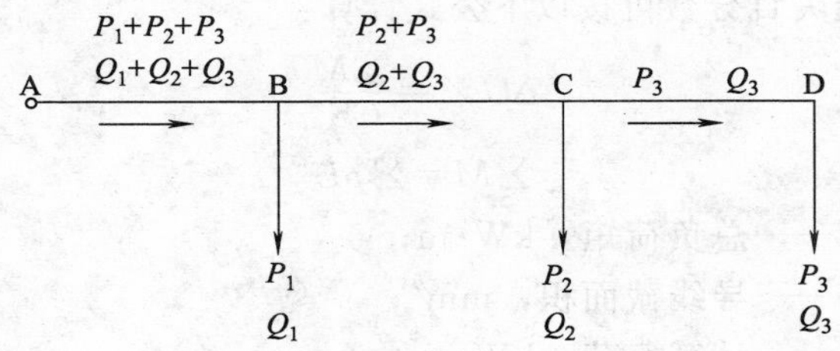

图 2-3　沿线有几个负荷的线路

线路电压损失可按下式计算：

$$\Delta U=\sum_{1}^{n}\frac{PR+QX}{U_e}=\sum_{1}^{n}\frac{(PR_0+Qx_0)L}{U_e}$$

式中　ΔU——线路电压损失，V；

P，Q——分别为通过每段线路的有功功率（kW）和无功功率（kvar）；

R_0，x_0——每段线路每千米电阻和电抗，Ω；

L——每段线路长度，km；

U_e——线路额定电压，V。

① 如果沿线路 R_0、x_0 不变时，则电压损失为

$$\Delta U=\sqrt{3}\left[R_0\sum_{1}^{n}(I\cos\varphi L)+x_0\sum_{1}^{n}(I\sin\varphi L)\right]$$

如果负荷的功率因数相同，则

$$\Delta U=\sqrt{3}\,(R_0\cos\varphi+x_0\sin\varphi)\sum_{1}^{n}IL$$

② 如果 $\cos\varphi=1$，则

$$\Delta U=\sqrt{3}\sum_{1}^{n}(IR_0L)$$

(4) 电阻性负荷低压配电线路电压损失的计算

对于380/220V低压配电线路，若整条线路的导线截面积、材料、敷设方式都相同，且 $\cos\varphi\approx1$ 时（如照明、电热等负荷），则可采用简易的计算方法求得电压损失。

电压损失百分数可按以下公式计算：

$$\Delta U\%=\frac{\sum M}{CS}$$

$$\sum M=\sum pL$$

式中 $\sum M$——总负荷矩，kW·m；

S——导线截面积，mm^2；

p——计算负荷，kW；

L——用电负荷至供电母线之间的距离，m；

C——系数，根据电压和导线材料而定，可查表2-43。

■ **表2-43 电压损失计算系数 C**

线路额定电压/V	供电系统	C 值计算式	C 值	
			铜	铝
380/220	三相四线	$10\gamma U_{e1}^2$	70	41.6
380/220	两相三线	$\frac{10\gamma U_{e1}^2}{2.25}$	31.1	18.5
380	单相交流或直流两线系统	$5\gamma U_{ex}^2$	35	20.8
220			11.7	6.96
110			2.94	1.74
36			0.32	0.19
24			0.14	0.083
12			0.035	0.021

注：1. U_{e1} 为额定线电压，U_{ex} 为额定相电压，单位为kV。

2. 线芯工作温度为50℃。

3. γ 为电导率，铜线 $\gamma=48.5m/(\Omega\cdot mm^2)$；铝线 $\gamma=28.8m/(\Omega\cdot mm^2)$。

2.2.3 线路损耗计算

配电线路损耗有功电量与输入有功电量之比，叫作配电线路损失率，简称线损率。一般大中型企业配电线路的线损率应在1%～3%之间。农网高压线损率应在10%以下，低压线损率应在12%以下。

(1) 负荷在末端的线路损耗计算

① 计算公式一：

$$\Delta P=mI_{j}^{2}R\times10^{-3},\Delta Q=mI_{j}^{2}X\times10^{-3}$$

式中 ΔP——有功功率损耗，kW；

ΔQ——无功功率损耗，kvar；

m——线路相数；

I_j——线路中电流的均方根值（A），求法同集中负荷计算，若以一天 24h 内计算，则可用下式计算：

$$I=\sqrt{\frac{I_1^2+I_2^2+\cdots+I_{24}^2}{24}}$$

R，X——线路每相的电阻和电抗，Ω。

② 计算公式二（三相交流电路）：

$$\Delta P=\frac{P^2+Q^2}{U_e^2}R\times10^{-3}=\frac{P^2}{U_e^2\cos^2\varphi}R\times10^{-3}$$

$$\Delta Q=\frac{P^2+Q^2}{U_e^2}X\times10^{-3}=\frac{P^2}{U_e^2\cos^2\varphi}X\times10^{-3}$$

式中 P——线路输送有功功率，kW；

Q——线路输送无功功率，kvar；

U_e——线路额定电压，kV；

$\cos\varphi$——负荷功率因数；

其他符号同前。

(2) 具有分支线路线损的近似计算

具有分支线路线损的计算比较复杂，配电线路线损采用近似计算时，可以近似地认为各支路负荷的功率因数相等。这样一来，各支路电流就能简单地用代数相加来进行计算。

【例 2-2】 已知如图 2-4 所示的三相 380V 配电线路，各段线路的电阻、电抗、各支路负荷及负荷功率因数如下：

$$P_1=18\text{kW},\ P_2=32\text{kW}$$

$$\cos\varphi_1=0.9,\ \cos\varphi_2=0.8$$

$$R_1=0.2\Omega,\ R_2=0.4\Omega$$

$$X_1=0.1\Omega,\ X_2=0.3\Omega$$

试求整条线路的有功功率损耗和无功功率损耗。

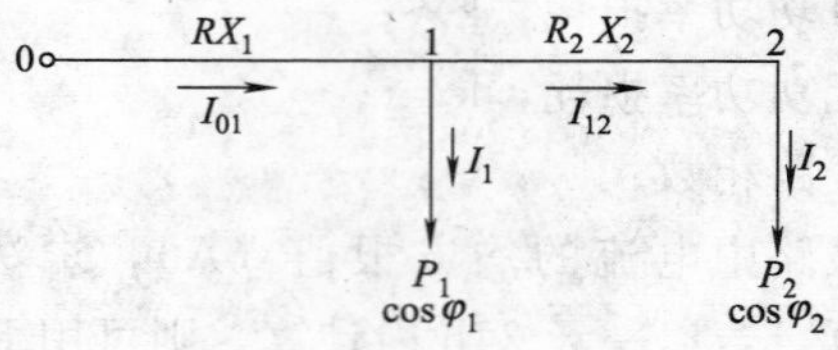

图 2-4　多支线路

解　① 先求出各支路的负荷电流：

$$I_1=P_1/(\sqrt{3}U\cos\varphi_1)$$
$$=18/(\sqrt{3}\times0.38\times0.9)=30.4\text{A}$$
$$I_2=P_2/(\sqrt{3}U\cos\varphi_2)$$
$$=32/(\sqrt{3}\times0.38\times0.8)=60.8\text{A}$$

② 再计算各段线路中的电流值：

$$I_{12}=I_2=60.8\text{A}$$
$$I_{01}=I_1+I_2=30.4+60.8=91.2\text{A}$$

线路 12 的功率损耗为

$$\Delta P_{12}=3I_{12}^2R_2\times10^{-3}$$
$$=3\times60.8^2\times0.4\times10^{-3}$$
$$=4.4\text{kW}$$
$$\Delta Q_{12}=3I_{12}^2X_2\times10^{-3}$$
$$=3\times60.8^2\times0.3\times10^{-3}$$
$$=3.3\text{kvar}$$

线路 01 的功率损耗为

$$\Delta P_{01}=3\times91.2^2\times0.2\times10^{-3}=5\text{kW}$$
$$\Delta Q_{01}=3\times91.2^2\times0.1\times10^{-3}=2.5\text{kvar}$$

因此整条线路（02）的功率损耗为

$$\Delta P_{02}=\Delta P_{01}+\Delta P_{12}=5+4.4=9.4\text{kW}$$

$$\Delta Q_{02}=\Delta Q_{01}+\Delta Q_{12}=2.5+3.3=5.8\text{kvar}$$

(3) 电力电缆损耗计算

电力电缆损耗计算一般需考虑集肤效应和邻近效应的影响。

① 电缆有功损耗。

$$\Delta P=3I^2R(1+K_{jf}+K_{lj})\times 10^{-3}$$

式中 ΔP——电缆有功损耗，kW；

I——电缆电流，A；

R——每条电缆芯线的电阻，Ω；

K_{jf}——集肤效应系数，架空线 $K_{jf}=0$，见表 2-44；

K_{lj}——邻近效应系数，架空线 $K_{lj}=0$，见表 2-44。

■ **表 2-44 集肤效应和邻近效应系数的数值**

电缆截面积/mm²	240	185	150	120	95
$1+K_{jf}+K_{lj}$	1.028	1.019	1.013	1.009	1.006

② 电缆在不同工作温度下的损耗。

如塑料电缆，其最高允许温度为 65℃，其允许载流量是以环境温度 25℃计算的。

2.3 导线的选择及计算

2.3.1 按安全载流量选择导线截面

(1) 按安全载流量（即按长期允许负荷电流）选择导线截面

$$kI_e\geqslant I_{js}$$

式中 I_e——导线安全载流量（见表 2-12～表 2-32），A；

k——当环境温度、穿管敷设等因素，与标准情况不同时的修正系数，见表 2-23 和表 2-26；

I_{js}——线路计算电流（A），其中

三相电路 $I_{js}=\frac{P_{js}}{\sqrt{3}U_e\cos\varphi}=\frac{S_{js}}{\sqrt{3}U}$

单相电路 $I_{js}=\frac{P_{js}}{U_e\cos\varphi}=\frac{S_{js}}{U_e}$；

P_{js}——用有功功率表示的计算负荷，kW；

S_{js}——用视在功率表示的计算负荷，kV·A。

【例 2-3】 某地埋线供 380V、11kW 三相电动机用电，$\cos\varphi=0.8$。已知当地最高实际环境温度为 30℃。试按安全电流选择地埋线截面。

解 计算电流为

$$I_{js}=\frac{P_e}{\sqrt{3}U_e\cos\varphi}=\frac{11\times10^3}{\sqrt{3}\times380\times0.8}=20.9\text{A}$$

由表 2-23 查得温度校正系数 $k=0.935$，故 $I_e\geqslant I_{js}/k=20.9/0.935=22.4\text{A}$

查表 2-22，可选截面积为 2.5mm^2 的地埋线。

（2）按安全载流量选择电缆截面

$$I'_e\geqslant I_{zmax}\quad I'_e=K_1K_2K_3I_e$$

式中 I'_e——考虑电缆敷设周围介质的温度、多根并列敷设及土壤热阻率影响后的电缆的允许负载电流，A；

I_e——电缆的允许负载电流（可由电工手册查得），A；

K_1，K_2，K_3——分别为电缆敷设周围介质温度校正系数、多根并列敷设时的校正系数和土壤热阻率不同于 80℃·cm/W时的校正系数，以上三个系数值均可在电工手册中查得；

I_{zmax}——电缆中长期通过的最大负载电流（应考虑电缆可能长期过负荷），A。

【例 2-4】 有一条低压铝芯电缆线路敷设在空气中，周围环境温度为 40℃，其中通过的最大负载电流为 60A，试选择电缆的截面。

解 一般低压电缆线路按电缆的长期允许电流选择截面。

已知 $I_{zmax}=60A$，由产品样本查得铝芯电缆敷设在空气中，周围空气温度为25℃时截面积为 $25mm^2$ 的允许电流 I_e 为80A。

因为电缆敷设在空气中，周围空气温度为40℃，线芯规定温度为80℃时，由电工手册查得 $K_1=0.85$，故电缆的长期允许电流 $I'_e=80\times0.85=68A$。

$$I'_e>I_{zmax}$$

因此，可选用ZLQ20-1.0-3×25的低压电缆。

2.3.2 按允许电压损失选择导线截面

为了保证电压质量，供电线路导线的电阻和电抗所产生的电压损失必须小于规程规定的允许值。

供电线路电压损失允许值见本章2.2.1项。

线路电压损失计算方法见本章2.2.2项。

【例2-5】 某三相三线式配电线路，送电端电压为11kV，长8km，供给功率为5000kW、功率因数为滞后0.85的负荷，要使电压降规定在600V以内，试选择最小的导线截面。设导线的电阻率为 $0.0175\Omega\cdot mm^2/m$，并忽略线路电抗。

解 受电端电压为

$$U_2=U_1-\Delta U=11000-600=10400V$$

线电流为

$$I=\frac{P\times10^3}{\sqrt{3}U_2\cos\varphi}=\frac{5000\times10^3}{\sqrt{3}\times10400\times0.85}=326.6A$$

设导线截面积为 S（mm^2），则线路电阻为

$$R=\rho L/S=0.0175\times8000/S=140/S(\Omega)$$

电压降公式为

$\Delta U=\sqrt{3}I(R\cos\varphi+X\sin\varphi)=\sqrt{3}IR\cos\varphi$（因为不计电抗），故有

$$600=\sqrt{3}\times326.6\times\frac{140}{S}\times0.85=\frac{67314.9}{S}$$

$$S=112.2\mathrm{mm}^2$$

因此，可采用最小标称截面积为 $120\mathrm{mm}^2$ 的铜导线。

对于架空线路，可用以下查表法选择导线截面积。

假设负荷的功率因数为 0.8，供电线路允许的电压损失为 10%，则 10kV 高压架空线路导线截面积的选择见表 2-45，低压架空线路导线截面积的选择见表 2-46。以上两表中均采用 LGJ 型钢芯铝绞线或 LJ 型铝绞线。

■ **表 2-45　10kV 架空线路导线截面积的选择**（$\cos\varphi=0.8$，$\Delta U=10\%$）

导线截面积/mm² 传输距离/km 传输容量/kW	4	5	8	10	12	14	16	18	20	40	50
20	在此范围内，导线可按机械强度进行选择，但不得小于最小允许导线截面积									16	16
25										16	16
30										16	16
35										16	16
40										16	16
45										16	16
50								16	16	16	16
60							16	16	16	16	16
70						16	16	16	16	16	16
80					16	16	16	16	16	16	16
90				16	16	16	16	16	16	16	25
100				16	16	16	16	L6	16	16	25
150	16	16	16	16	16	16	16	16	16	25	25
200	16	16	16	16	16	16	16	16	16	35	50
300	16	16	16	16	16	16	16	25	25	70	95

■ **表 2-46　380V 架空线路导线截面积的选择**（$\cos\varphi=0.8$，$\Delta U=10\%$）

导线截面积/mm² 传输距离/km 传输容量/W	0.2	0.4	0.6	0.8	1.0	1.5	2.0	2.5	3.0	4.0	5.0
2	10	10	10	16	16	16	16	16	16	25	35
3	10	10	16	16	16	16	16	25	25	35	50

续表

导线截面积/mm² 传输距离/km 传输容量/W	0.2	0.4	0.6	0.8	1.0	1.5	2.0	2.5	3.0	4.0	5.0
4	10	16	16	16	16	16	25	35	35	50	70
5	16	16	16	16	16	25	35	35	50	70	
6	16	16	16	16	16	25	35	50	70		
8	16	16	16	16	25	35	50	70			
10	16	16	16	25	35	50	70				
15	16	16	25	35	50	70					
20	16	25	35	50	70						
25	16	25	50	70							
30	16	35	70	95							
40	25	50	95								
45	25	70									
50	35	70									
60	50	95									
70	50										
80	70										
90	70										
100	70										

2.3.3 按机械强度校验导线截面

（1）架空线路导线机械强度要求

① 1～10kV 线路不得采用单股线，其最小截面积见表 2-47。

② 10kV 以上高压线路，一般不小于 35mm²。

③ 配电线路与各种工程设施交叉接近时，当采用铝绞线及铝合金线时，要求最小截面积为 35mm²，当采用其他导线时，要求最小截面积为 16mm²。

■ 表 2-47　架空导线最小截面积　　单位：mm^2

导线种类	通过居民区时	通过非居民区时
铝绞线和铝合金线	35	25
钢铝线	25	16
铜线	16	16

（2）配电线路导线的允许最小截面

在无地区电网规划的条件下，配电线路的导线截面积不宜小于表 2-48 所列数值。

■ 表 2-48　配电线路的导线最小截面积

最小截面积/mm^2　线路类型 导线种类	高压线路(10kV)			低压线路(0.38kV)		
	主干线	分干线	分支线	主干线	分干线	分支线
铝绞线及铝合金绞线	120	70	35	70	50	35
钢芯铝绞线	120	70	35	70	50	35
铜绞线	—	—	16	50	35	16

（3）照明线路导线机械强度要求

室内照明线路导线根据机械强度允许的最小截面积见第 12 章表 12-67。

2.3.4　按短路热稳定性校验导线截面所选导线截面积应满足下列要求：

$$S_{\min} \geqslant I_{\infty} \frac{\sqrt{t_j}}{C}$$

式中　$S_{\min}$——短路热稳定要求的最小允许截面积，mm^2；

I_{∞}——稳态短路电流，A；

t_j——短路电流假想时间（s），可查图 2-5 曲线，高压厂用母线可取 0.3s；

C——热稳定系数，见表 2-49 和表 2-50，钢母线可取 60～70。

采用低压熔断器保护的电缆或导线，可不校验热稳定。

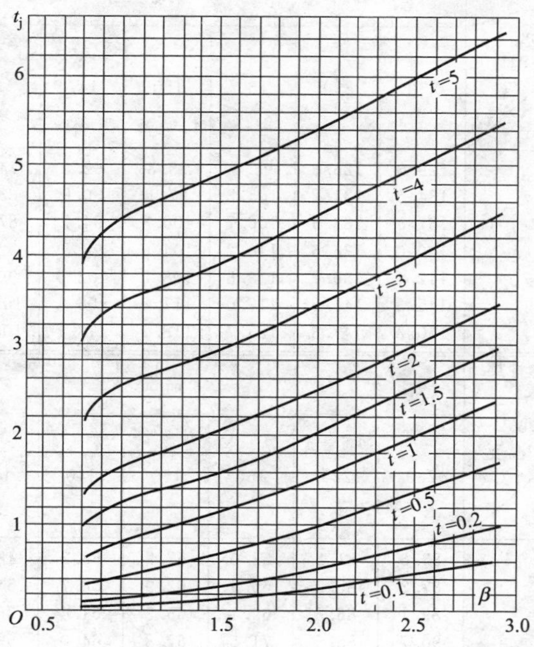

图 2-5　短路电流周期分量作用的假想时间曲线

■ **表 2-49　热稳定系数 *C*（一）**

导体种类	铜芯			铝芯		
电缆类型	电缆线路有中间接头	20kV、35kV 油浸纸绝缘	10kV 及以下油浸纸绝缘	电缆线路有中间接头	20kV、35kV 油浸纸绝缘	10kV 及以下油浸纸绝缘橡胶绝缘
额定电压/kV	短路允许最高温度/℃					
	120	175	250	120	175	200
3～10	93.4	—	159	60.4	—	90
20～35	101.5	130	—	—	—	—

■ **表 2-50 热稳定系数 C（二）**

长期允许温度/℃ \ 短路允许温度/℃（导体种类：铜芯）	230	220	160	150	140	130	120
90	129.0	125.3	95.8	89.3	62.3	74.5	64.5
80	134.6	131.2	103.2	97.1	90.6	83.4	75.2
75	137.5	133.6	106.7	100.8	94.7	87.7	80.1
70	140.0	136.5	110.2	104.6	98.8	92.0	84.5
65	142.4	139.2	113.8	108.2	102.5	96.5	89.1
60	145.3	141.8	117.0	111.8	106.1	100.1	93.4
50	150.3	147.3	123.7	118.7	113.7	108.0	101.5

长期允许温度/℃ \ 短路允许温度/℃（导体种类：铝芯）	230	220	160	150	140	130	120
90	83.6	81.2	62.0	57.9	53.2	48.2	41.7
80	87.2	85.0	66.9	62.9	58.7	54.0	48.7
75	89.1	86.6	69.1	65.3	61.4	56.8	51.9
70	90.7	88.5	71.5	67.8	64.0	59.6	54.7
65	92.3	90.3	73.7	70.1	66.5	62.3	57.7
60	94.2	91.9	75.8	72.5	68.8	65.0	60.4
50	97.3	95.5	80.1	77.0	73.6	70.0	65.7

要求出短路电流的假想作用时间 t_j 值，必须首先知道短路电流持续时间 t。

$$t=t_b+t_{fd}$$

式中 t——短路电流持续时间，s；

t_b——继电保护的动作时间，s；

t_{fd}——断路器的分断时间，低速开关 $t_{fd}=0.2$s；高速开关 $t_{fd}=0.1$s。

假想时间 t_j 根据图 2-5 的曲线决定，其步骤如下。

① 确定次暂态电流 I'' 与稳态电流 I_∞ 的比

$$\beta'' = I''/I_\infty$$

② 根据实际的时间 t 决定需要的一条曲线。

③ 在横轴上找到 β''，作垂线与②决定的曲线相交，这点的纵坐标即为所求的 t_j。

利用图 2-5 曲线，如 $t<5s$，应按下式决定：

$$t_j = t_{j\cdot 5} + (t-5)$$

式中 $t_{j\cdot 5}$——$t=5s$ 时，在图上查得的值。

当 $0.1s<t<1s$ 时，需考虑短路电流的非周期分量的热效应，这时，假想时间按下式决定：

$$t_j = t_{j\cdot t} + 0.05\beta''^2$$

按允许电压损失选择，计算方法同电力线路。

【例 2-6】 今有按正常工作条件选得的截面积为 $150mm^2$ 的 10kV 油浸纸绝缘橡胶绝缘电缆一根，其中可能通过的最大短路电流：$I''=16kA$，$I_\infty=8kA$，且已知 $t_b=0.7s$，$t_{fd}=0.2s$，试校验短路时的热稳定度。

解 $t=t_b+t_{fd}=0.7+0.2=0.9s$

$$\beta''=I''/I_\infty=16/8=2$$

因为图 2-5 上无 $t=0.9s$ 的曲线，可用补间法求得 $t_{j\cdot t}=1.4s$。由于 $t<1s$，故需考虑短路电流非周期分量的热效应。

$$t_j = t_{j\cdot t} + 0.05\beta''^2 = 1.4 + 0.05\times 2^2 = 1.6s$$

所需最小截面积为

$$S_{min} = \frac{I_\infty}{C}\sqrt{t_j} = \frac{8\times 10^3}{90}\sqrt{1.6} = 112.4mm^2$$

$<150mm^2$

因此，该电缆在短路情况下是热稳定的。

第3章

变压器

3.1 变压器基本关系式及计算

3.1.1 变比、容量和等值阻抗

(1) 变比

当变压器一次侧接到频率为 f 和电压为 U_1 的正弦电源时，U_1、U_2 与 f 的关系为

$$U_1 = E_1 = 4.44 f W_1 \Phi_{Zm}$$

$$U_2 = E_2 = 4.44 f W_2 \Phi_{Zm}$$

因为 $$I_1 W_1 = I_2 W_2$$

故变比 $$k = k_{12} = \frac{U_1}{U_2} = \frac{E_1}{E_2} = \frac{W_1}{W_2} = \frac{I_2}{I_1}$$

式中 E_1，E_2——变压器一次和二次的感应电势；

f——电源频率；

W_1，W_2——变压器一次和二次绕组的匝数；

Φ_{Zm}——变压器铁芯磁通最大值；

I_1，I_2——变压器一次和二次电流。

(2) 容量

单相变压器的容量为

$$S_e = U_1 I_1 = U_2 I_2$$

三相变压器的容量为

$$S_e = \sqrt{3} U_1 I_1 = \sqrt{3} U_2 I_2$$

(3) 变压器阻抗

① 变压器等效电阻

$$R_{12}=\frac{P_d}{3I_{1e}^2}\times 10^3=\frac{P_d U_{1e}^2}{S_e^2}\times 10^3$$

$$R_{21}=\frac{P_d}{3I_{2e}^2}\times 10^3=\frac{P_d U_{2e}^2}{S_e^2}\times 10^3$$

式中　R_{12}，R_{21}——变压器每相等效电阻折算到一次侧值和二次侧值（见表 3-1 和表 3-2），Ω；

P_d——变压器额定电流时的铜耗，可由产品目录查得，kW；

I_{1e}，I_{2e}——变压器一次和二次额定电流，A；

U_{1e}，U_{2e}——变压器一次和二次额定线电压，kV；

S_e——变压器额定容量，kV·A。

■ **表 3-1　S7 系列变压器的等效电阻和等效阻抗**

容量/kV·A	变压比/(kV/kV)	连接组	R_{12}/Ω	R_{21}/Ω	Z_{12}/Ω	Z_{21}/Ω
50	10/0.4	Yyn0	35	0.056	80	0.128
100			14.5	0.0232	40	0.064
160			8.125	0.013	25	0.04
200			6.175	0.00988	20	0.032
250			4.672	0.00748	16	0.0256
315			3.497	0.00559	12.69	0.0203
400			2.6	0.00416	10	0.016
500			1.968	0.00315	8	0.0128
630			1.461	0.00234	7.94	0.0127
800			1.125	0.0018	6.25	0.01
1000			1.0	0.0016	5	0.008
1250			0.736	0.00118	4	0.0064
1600			0.547	0.00088	3.13	0.005

② 变压器等效阻抗

$$Z=U_d\%\frac{10S_e}{3I_e^2}=U_d\%\frac{10U_e}{\sqrt{3}I_e}=U_d\%\frac{10U_e^2}{S_e}$$

式中　Z——变压器每相等效阻抗（Ω），可以折算到一次侧（Z_{12}），也可以折算到二次侧（Z_{21}），见表 3-1 和表 3-2；

I_e，U_e——与 Z_{12}（或 Z_{21}）对应，折算到一次侧（或二次侧）的电流和电压，A、kV；

$U_d\%$——变压器阻抗电压百分数，可由产品目录查得。

■ **表 3-2 S9 系列变压器的等效电阻和等效阻抗**

容量/kV·A	变压器/(kV/kV)	连接组	R_{12}/Ω	R_{21}/Ω	Z_{12}/Ω	Z_{21}/Ω
30	10/0.4	Yyn0	66.667	0.10667	113.33	0.2133
50			34.8	0.05568	80	0.16
63			26.2	0.04192	63.49	0.1016
80			19.531	0.03125	50	0.08
100			12.5	0.02	40	0.064
125			11.52	0.01843	32	0.0512
160			8.594	0.01375	25	0.04
200			6.5	0.0104	20	0.032
250			4.88	0.00781	16	0.0256
315			3.679	0.00589	12.69	0.0203
400			2.688	0.0043	10	0.016
500			2.04	0.00326	8	0.0078
630			1.562	0.0025	7.14	0.0114
800			1.172	0.00188	5.63	0.009
1000			1.03	0.00165	4.5	0.0072
1250			0.768	0.00123	3.6	0.0058
1600			0.566	0.00091	2.81	0.0045

③ 变压器等效电抗

$$X=\sqrt{Z^2-R^2}$$

折算到一次侧和二次侧分别为

$$X_{12}=\sqrt{Z_{12}^2-R_{12}^2}$$

$$X_{21}=\sqrt{Z_{21}^2-R_{21}^2}$$

(4) 变压器分接

分接系指变压器的分接开关的调压范围和级数，一般变压器一次绕组有许多抽头，称为分接头，靠分接开关进行调整电压。目前有无励磁分接开关和有载分接开关两种。

如 SF-20000/35 型电力变压器，一次额定电压为 (35±2×2.5%)kV，这表示绕组每相有 5 个抽头，如图 3-1 所示。

【例 3-1】 有一台 10/0.4kV、Yyn0 接线、额定容量为 100kV·A

的三相变压器，则一次线电流为

$$I_{1e}=\frac{S_e}{\sqrt{3}U_{1e}}=\frac{100}{\sqrt{3}\times 10}\approx 5.8\text{A}$$

Y 形接线的相电流与线电流是相等的，所以一次相电流 $I_{1\varphi}=I_{1e}\approx 5.8\text{A}$。一次线电压 $U_{1e}=10\text{kV}$，一次相电压为

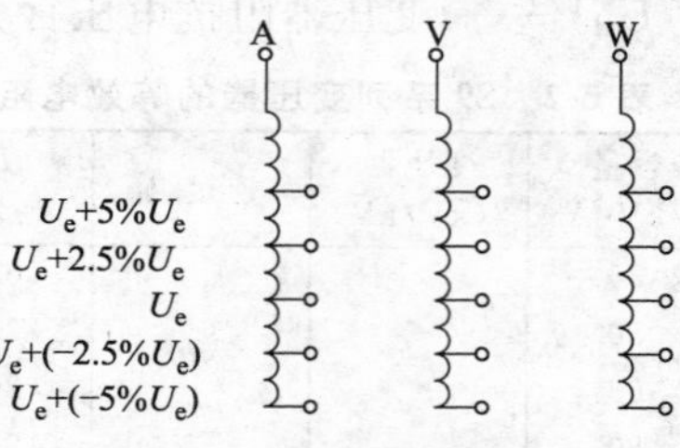

图 3-1　变压器的分接头

$$U_{1\varphi}=\frac{U_{1e}}{\sqrt{3}}=\frac{10}{\sqrt{3}}\approx 5.8\text{kV}$$

二次线电流为　$I_{2e}=\frac{S_e}{\sqrt{3}U_{2e}}=\frac{100}{\sqrt{3}\times 0.4}\approx 144.3\text{A}$

二次相电流为　$I_{2\varphi}=I_{2e}\approx 144.3\text{A}$

二次线电压为　$U_{2e}=400\text{V}$

二次相电压为　$U_{2\varphi}=\frac{U_{2e}}{\sqrt{3}}=\frac{400}{\sqrt{3}}\approx 231\text{V}$

3.1.2　变压器负荷率、效率及损耗计算

（1）变压器负荷率计算

变压器负荷率可按下式计算：

$$\beta=\frac{S}{S_e}=\frac{I_2}{I_{2e}}=\frac{P_2}{S_e\cos\varphi_2}$$

式中　S——变压器视在功率，kV·A；

S_e——变压器额定容量，kV·A；

P_2——变压器负载功率，kW；

I_2——变压器负载电流，A；

I_{2e}——变压器二次额定电流，A；

$\cos\varphi_2$——负载功率因数。

当测量 I_2 有困难时，也可近似用 I_1/I_{1e} 求取变压器的负荷率。

其中，I_1 和 I_{1e}分别为变压器一次电流和一次额定电流。

由于变压器在实际运行中负荷是不断变化的，所以不能根据变压器某一瞬时的负荷来计算负荷率，而应取一段时期内（一个周期）的平均负荷率。

【例 3-2】 一台 S9-1000/10 型变压器，测得二次电流为 1000A，试求变压器的负荷率。

解 该变压器的二次额定电流为

$$I_{2e}=\frac{S}{\sqrt{3}U_{2e}}=\frac{1000}{\sqrt{3}\times 0.4}=1443.4\text{A}$$

I_{2e}也可以从产品样本中查得。

该变压器在负荷电流测试时的负荷率为

$$\beta=\frac{I_2}{I_{2e}}=\frac{1000}{1443.4}=0.69=69\%$$

（2）变压器效率计算

变压器效率为变压器输出功率与输入功率之比，即

$$\eta=\frac{P_2}{P_1}\times 100\%=\frac{P_2}{P_2+P_0+\beta^2 P_d}\times 100\%$$

$$=\frac{\beta S_e\cos\varphi_2}{\beta S_e\cos\varphi_2+P_0+\beta^2 P_d}\times 100\%$$

$$=\frac{\sqrt{3}U_2 I_2\cos\varphi_2}{\sqrt{3}U_2 I_2\cos\varphi_2+P_0+\beta^2 P_d}\times 100\%$$

式中 P_1——变压器输入功率，kW；

P_2——变压器输出功率，kW；

U_2——变压器二次电压，kV；

I_2——变压器二次电流，A；

$\cos\varphi_2$——负荷功率因数；

P_0——变压器空载损耗，即铁耗，kW；

P_d——变压器短路损耗，即铜耗，kW；

β——变压器负荷率。

【例 3-3】 一台 S9-1250/10 型变压器，实测二次电压为 380V、二次电流为 1520A，负荷功率因数为 0.9，试求变压器效率。

解 由产品样本查得

变压器空载损耗 $P_0=1950\text{W}$

变压器短路损耗 $P_d=12000\text{W}$

变压器二次额定电流 $I_{2e}=1804.2\text{A}$

变压器负荷率为

$$\beta=I_2/I_{2e}=1520/1804.2=0.84$$

变压器效率为

$$\eta=\frac{\sqrt{3}U_2I_2\cos\varphi_2}{\sqrt{3}U_2I_2\cos\varphi_2+P_0+\beta^2P_d}\times100\%$$

$$=\frac{\sqrt{3}\times380\times1520\times0.9}{\sqrt{3}\times380\times1520\times0.9+1950+0.84^2\times12000}\times100\%$$

$$=\frac{924056.6}{934473.8}\times100\%=98.9\%$$

(3) 变压器损耗计算

① 变压器在任何负荷率下的有功损耗

$$\Delta P_b=P_0+\beta^2P_d$$

② 变压器在任何负荷率下的无功损耗

$$\Delta Q_b=Q_0+\beta^2Q_d$$

③ 变压器综合损耗

$$\sum\Delta P_b=\Delta P_b+K\Delta Q_b=P_0+\beta^2P_b+K(Q_0+\beta^2Q_d)$$

其中：

$$Q_0=\sqrt{3}U_{1e}I_0\sin\varphi_0=\sqrt{S_0^2-P_0^2}\approx S_0=\sqrt{3}U_{1e}I_0$$

$$=\sqrt{3}U_{1e}I_0\frac{S_e}{\sqrt{3}U_{1e}I_e}=I_0\%S_e\times10^{-2}$$

$$Q_d=\sqrt{S_d^2-P_d^2}\approx S_d=\sqrt{3}U_dI_{1e}=U_d\%S_e\times10^{-2}$$

式中 P_0——变压器空载有功损耗，kW；

P_d——变压器负载有功损耗（即短路损耗），kW；

Q_0——变压器空载无功损耗（即励磁无功损耗），kvar；

Q_d——变压器短路无功损耗（即漏磁无功损耗），kvar；

$I_0\%$——空载电流百分数，可由产品目录查得，$I_0\%=\frac{I_0}{I_{1e}}\times 100$，中小型变压器一般为2%～8%，大型变压器则往往小于1%；

$U_d\%$——短路电压（即阻抗电压）百分数，可由产品目录查得；

S_0——变压器空载视在功率，kV·A；

S_d——变压器负载视在功率，kV·A；

K——无功经济当量，是指变压器连接处的无功经济当量（表3-3给出了无功经济当量概略值，供参考，kW/kvar）。

■ **表 3-3　无功经济当量 *K* 值**

变压器安装地点的特征	K/(kW/kvar)	
	最大负荷时	最小负荷时
直接由发电厂母线供电的变压器	0.02	0.02
由发电厂供电(发电机电压)的线路变压器	0.07	0.04
由区域线路供电的35～110kV的降压变压器	0.1	0.06
由区域线路供电的6/0.4～10kV的降压变压器	0.15	0.1

3.1.3　变压器绝缘电阻、tanδ 和温升要求

（1）变压器绝缘电阻的要求

由于绝缘电阻受到变压器的选用材料、产品结构、工艺方法以及测量时温度、湿度等因素的影响，难以确定出统一的变压器绝缘电阻允许值。当无出厂试验报告时，可参照表3-4。

■ **表 3-4　油浸电力变压器绕组绝缘电阻的最低允许值**　　单位：MΩ

绕组电压等级/kV		温度/℃								
		5	10	20	30	40	50	60	70	80
10kV及以下	一次对地 一次对二次	675	450	300	200	130	90	60	40	25
	二次对地	45	30	20	13	9	6	4	3	2

续表

绕组电压等级/kV	温度/℃								
	5	10	20	30	40	50	60	70	80
20～35	900	600	400	270	180	120	80	50	35
63～330	1800	1200	800	540	360	240	160	100	70
500	4500	3000	2000	1350	900	600	400	270	180

注：对投入运行前的绕组绝缘电阻应不低于制造厂的70%或不低于本表的允许值。因温度每差10℃，绝缘电阻变化50%，故当测量温度与产品出厂试验时温度不符合时，可按表换算到同一温度的数值进行比较。

油浸式电力变压器绝缘电阻的温度换算系数见表3-5。

■ 表3-5　油浸式电力变压器绝缘电阻的温度换算系数

温度差/℃	5	10	15	20	25	30	35	40	45	50	55	60
换算系数	1.2	1.5	1.8	2.3	2.8	3.4	4.1	5.1	6.2	7.5	9.2	11.2

铁芯、铁轭螺杆和夹件的绝缘电阻标准见表3-6。

(2) 介质损失角的正切值 $\tan\delta$ 要求

油浸电力变压器绕组的 $\tan\delta$ 最高允许值见表3-7。

■ 表3-6　铁芯、铁轭螺杆和夹件（轭铁梁）的绝缘电阻标准

变压器电压等级/kV	20℃时绝缘电阻最低限值/MΩ
0.4	90
3～10	200
20～35	300

注：绝缘电阻值不应低于初始值的50%，如无原始值时用本表数值。

■ 表3-7　油浸式电力变压器绕组介质 $\tan\delta$%最高允许值

高压绕组电压等级/kV	温度/℃							
	5	10	20	30	40	50	60	70
35及以下	1.3	1.5	2.0	2.6	3.5	4.5	6.0	8.0
35～220	1.0	1.2	1.5	2.0	2.6	3.5	4.5	6.0
330～500	0.7	0.8	1.0	1.3	1.7	2.2	2.9	3.8

注：1. 同一台变压器的中压和低压绕组的 $\tan\delta$ 标准与高压绕组相同。

2. 当测量温度与产品出厂试验温度不同时，可按表3-8换算到同一温度的数值来比较。

■ 表3-8　油浸式电力变压器绕组的 $\tan\delta$ 的温度换算系数

温度差/℃	5	10	15	20	25	30	35	40	45	50	55	60
换算系数	1.15	1.3	1.5	1.7	1.9	2.2	2.5	3.0	3.5	4.0	4.6	5.3

对于 35kV 等级且容量在 8000kV·A 及以上的变压器，才需要测量 $\tan\delta$ 值。

一般是测量绕组连同套管在一起的 $\tan\delta$，有时为了检查套管的绝缘状态，可单独测量套管介质的 $\tan\delta$ 值。

(3) 吸收比要求

① 通常规定：在绝缘温度 10～30℃时，$R_{60''}/R_{15''}\geqslant 1.3$ 为绝缘良好；绝缘很好的变压器，其吸收比可达到 2；若吸收比低于 1.3，则认为有受潮现象，应进行干燥或其他技术处理。

② 对于 220kV 及以上大容量变压器的吸收比较难达到 1.3，现行的变压器国标中尚无统一标准。为此可采用“极化指数”的测量方法，即 $R_{10\min}/R_{1\min}$。

(4) 变压器温升要求

变压器绝缘的使用寿命与长期运行温度有关，温度高，绝缘老化快，使用寿命短；反之，使用寿命就长。变压器寿命与运行温度的关系可用下面的经验公式表示：

$$\tau=20\times 2^{\frac{98}{6}}\times 2^{-\frac{t}{6}}$$

式中 τ——变压器寿命，年；

t——绝缘运行温度（℃），不得超过 140℃。

由上式可见，长期运行在 98℃时，使用寿命为 20 年，正好与设计经济使用寿命相同；运行在 104℃时为 10 年；92℃时为 40 年。为了保证变压器的使用年限不低于 20 年，必须对绕组的工作温度加以限制。我国规定，油浸式变压器在额定条件下长期运行时，绕组的温升应不超过 65℃。这是因为变压器绕组一般都是 A 级绝缘，其允许温度为 105℃。当环境温度为 40℃时，绕组的最高允许温升为 105－40＝65℃。由于变压器油比绕组低 10℃，故变压器油的允许温度为 55℃。然而根据经验可知，当油温平均温度升高 10℃，油的劣化速度就增加 1.5～2 倍，因此应适当限制油温，一般要求上层油面温升不超过 45℃，即上层油温限制在 85℃以下要比规定在 95℃对变压器的运行有利得多。

综上所述，考虑变压器绝缘的寿命和油劣化的因素，油浸式变压器运行中上层油温允许温升为55℃，但最高油温不得超过95℃。为了避免变压器油老化过快，上层油温不宜经常超过85℃。

油浸式变压器的温升限值，见表3-9。

■ **表3-9 油浸式变压器的温升限值**

变压器部位	温升限值/℃	测量方法
自然油循环线圈或强迫油循环线圈	65	电阻法
铁芯及与变压器油接触(非导电部分)的结构件表面	80	温度计法
油顶层	55	温度计法

3.2 常用变压器的技术数据

3.2.1 S7、S9、SZ9和SH-M系列变压器的技术数据

（1）10kV S7系列三相油浸式电力变压器的主要技术数据（见表3-10）

■ **表3-10 10kV S7系列电力变压器主要技术数据**

型号 S7-	额定容量 /kV·A	额定电压/kV		阻抗电压 /%	空载电流 /%	连接组	损耗/W		
		高压	低压				空载	短路	总损耗
50/10	50	6.0±5%，6.3±5%，10±5%	0.4	4.0	2.2	Yyn0	175	875	1050
100/10	100				2.1		295	1450	1745
160/10	160				1.8		462	2080	2542
200/10	200				1.5		505	2470	2975
250/10	250				1.5		600	2920	3520
315/10	315				1.5		720	3470	4170
400/10	400				1.5		865	4160	5025
500/10	500				1.45		1030	4920	5950
630/10	630			5.0	0.82		1250	5800	7050
800/10	800				0.80		1500	7200	8700
1000/10	1000				0.75		1750	10000	11750
1250/10	1250				0.70		2050	11500	13550
1600/10	1600				0.65		2500	14000	16500

(2) 10kV S9 系列三相油浸式电力变压器的主要技术数据

S9 系列变压器是一种非晶合金铁芯的低损耗变压器，绕组采用铜导线和 DQ147-30 冷轧取向硅钢片，调压范围±5%，温升标准：线圈 65℃，油顶层 55℃。

10kV S9 系列电力变压器的主要技术数据见表 3-11。

■ **表 3-11 10kV S9 系列电力变压器主要技术数据**

额定容量/kV·A	连接组	额定电压/kV		损耗/W		阻抗电压/%	空载电流/%	质量/kg
		高压	低压	空载	负载			
30	Yyn0	6.0±5%，6.3±5%，10±5%	0.4	130	600	4	2.1	340
50				170	870		2.0	460
63				200	1040		1.9	510
80				240	1250		1.8	600
100				290	1500		1.6	650
125				340	1800		1.5	790
160				400	2200		1.4	930
200				480	2600		1.3	1050
250				560	3050		1.2	1250
315				670	3650		1.1	1430
400				800	4300		1.0	1650
500				960	5100		1.0	1900
630				1200	6200	4.5	0.9	2830
800				1400	7500		0.8	3220
1000				1700	10300		0.7	3950
1250				1950	12000		0.6	4650
1600				2400	14500		0.6	5210

(3) 10kV SZ9 系列有载调压三相油浸式电力变压器的主要技术数据（见表 3-12）

(4) 10kV SH-M 系列非晶合金铁芯电力变压器的主要技术数据（见表 3-13）

■ **表 3-12　10kV SZ9 系列有载调压三相油浸式电力变压器的主要技术数据**

型号	额定容量/kV·A	电压组合/kV		连接组标号	阻抗电压高-低/%	空载电流/%	空载损耗/kW	负载损耗/kW
		高压	低压					
SZ9-250/10	250	6 6.3 10 10.5 11 调压 ±5%	0.4	Yyn0	4	1.5	0.61	3.09
SZ9-315/10	315					1.4	0.73	3.60
SZ9-400/10	400					1.3	0.87	4.40
SZ9-500/10	500					1.2	1.04	5.25
SZ9-630/10	630				4.5	1.1	1.27	6.30
SZ9-800/10	800					1.0	1.51	7.56
SZ9-1000/10	1000					0.9	1.78	10.50
SZ9-1250/10	1250					0.8	2.08	12.00
SZ9-1600/10	1600					0.7	2.54	14.70
SZ9-5000/10	5000	10±4×2.5%	3.15 6.3	Yd11	5.5	0.7	6.15	31.40
SZ9-6300/10	6300					0.7	7.21	35.10

■ **表 3-13　10kV SH-M 系列非晶合金铁芯三相电力变压器主要技术数据**

额定容量/kV·A	连接组标号	高压电压/kV	高压分接范围/%	低压电压/kV	损耗/W		阻抗电压/%	空载电流/%
					空载	负载		
30	Dyn11	10	±2×2.5 或 $\begin{matrix}+3\\-1\end{matrix}$×2.5	2.4	33	600	4	1.7
50					43	870		1.3
80					50	1250		1.2
100					60	1500		1.1
160					80	2200		0.9
200					100	2600		0.9
250					120	3050		0.8
315					140	3650		0.8
400					170	4300		0.7
500					200	5100		0.6
630					240	6200	4.5	0.6
800					300	7600		0.5
1000					340	10300		0.5
1250					400	12000		0.5
1600					500	14500		0.5
2000					600	18000		0.5
2500					700	21500		0.5

3.2.2　D11、S11 和 DH15 系列变压器的技术数据

（1）10kV D11 系列单相油浸式变压器的主要技术数据（见表 3-14）

■ **表 3-14　10kV D11 系列单相油浸式变压器的主要技术数据**

额定容量/kV·A	电压组合			连接组标号	空载损耗/W	负载损耗/W	空载电流/%	阻抗电压/%
	高压/kV	高压分接范围/%	低压/kV					
5	6 6.3 10 10.5 11	±5 ±2×2.5	2×(0.22～0.24) 或 0.22～0.24	H0 H6	35	145	4.0	3.5
10					55	260	3.5	
16					65	365	3.2	
20					80	430	3.0	
30					100	625	2.8	
40					125	775	2.5	
50					150	950	2.3	
63					180	1135	2.1	
80					200	1400	2.0	
100					240	1650	1.9	
125					285	1950	1.8	
160					365	2365	1.7	

（2）10kV S11-M 系列三相油浸式变压器的主要技术数据（见表 3-15）

■ **表 3-15　10kV S11-M 系列三相油浸式变压器主要技术数据**

额定容量/kV·A	额定电压/kV			连接组标号	损耗/W		空载电流/%	阻抗电压/%	质量/kg
	高压	高压分接范围/%	低压		空载	负载			
30	6 6.3 10 10.5 11	±5 或 ±2×2.5	0.4	Yyn0 或 Dyn11	100	600	2.1	4.0	295
50					130	870	2.0		340
80					180	1250	1.8		510
100					200	1500	1.6		550
125					240	1800	1.5		660
160					290	2200	1.4		760
200					330	2600	1.3		900
250					400	3050	1.2		1090
315					480	3650	1.1		1235
400					570	4300	1.0		1510
500					680	5150	1.0		1740
630					810	6200	0.9	4.5	2180
800					980	7500	0.8		2250
1000					1150	10300	0.7		2910

（3）20kV S11系列三相油浸式变压器的主要技术数据（见表3-16）

■ **表 3-16 20kV S11 系列三相油浸式变压器的主要技术数据**

额定容量/kV·A	额定电压/kV			连接组标号	损耗/W		空载电流/%	阻抗电压/%
	高压	高压分接范围/%	低压		空载	负载		
30	20(10)	±5 或 ±2×2.5	0.4	Yyn11	90	660	2.1	5.5
50					130	960	2.0	
63					150	1145	1.9	
80					180	1370	1.8	
100					200	1650	1.6	
125					240	1980	1.5	
160					290	2420	1.4	
200					330	2860	1.3	
250					400	3350	1.2	
315					480	4010	1.1	
400					570	4730	1.0	
500					680	5660	1.0	
630					810	6820	0.9	6.1
800					980	8250	0.8	
1000					1150	11330	0.7	
1250					1350	13200	0.7	
1600					1630	15950	0.6	
2000					1950	19140	0.6	
2500					2340	22200	0.5	

（4）10kV和20kV DH15系列单相非晶合金油浸式变压器的主要技术数据（见表3-17和表3-18）

■ **表 3-17 10kV DH15 系列单相非晶合金油浸式变压器的主要技术数据**

额定容量/kV·A	额定电压/kV			连接组标号	损耗/W		空载电流/%	阻抗电压/%
	高压	高压分接范围/%	低压		空载	负载		
5	6 6.3 10 10.5 11	±5 或 ±2×2.5	2×(0.22～0.24)或 0.22～0.24	H0 H6	15	145	2.4	3.5
10					18	260	2.2	
16					22	365	2.0	
20					25	430	1.8	
30					30	625	1.6	
40					35	775	1.4	
50					40	950	1.2	
63					50	1135	1.0	
80					60	1400	0.9	
100					70	1650	0.8	
125					85	1950	0.7	
160					100	2365	0.7	

■ 表 3-18 20kV DH15 系列单相非晶合金油浸式变压器的主要技术数据

额定容量/kV·A	额定电压/kV			连接组标号	损耗/W		空载电流/%	阻抗电压/%
	高压	高压分接范围/%	低压		空载	负载		
5	20	±5 或 ±2×2.5	2×(0.22～0.24) 或 0.22～0.24	H0 H6	13	110	2.2	3.5
10					16	250	2.0	
16					20	325	1.9	
20					22	385	1.8	
30					28	515	1.7	
40					32	660	1.6	
50					35	690	1.5	
63					45	830	1.4	
80					55	975	1.4	
100					65	1150	1.3	
125					80	1365	1.2	
160					90	1575	1	

3.2.3 干式变压器性能及技术数据

(1) 干式变压器的种类

一般电力变压器内部都充以绝缘油，用以绝缘和散热，而干式变压器是不充油的。因此干式变压器体积小，具有难燃、安全、耐潮性能强、绝缘性能稳定、损耗低、噪声小、运行可靠、维护检修简便等优点，广泛用于高层建筑、机场、车站、码头、地铁、医院、学校、隧道等场所。

干式变压器的容量在 4000kV·A 以下时，采用自然冷却方式。

国产干式变压器有 SCL1 系列、SC 系列、SG3 系列和 SGZ 系列等。

SCL1 系列为环氧树脂浇注干式变压器，空气自冷（AN），铜绕组，B 级绝缘，高低压绕组各自用环氧树脂浇注。各绕组连线也是用环氧树脂浇注成的。因此带电部分不外露。本系列变压器有防振和不防振两种，调压方式为无载调压，调压范围为额定电压±2×2.5%或±2×5%。

SC系列为环氧树脂浇注干式变压器。冷却方式有空气自冷（AN）和强迫风冷（AF）两种。在强迫风冷条件下，变压器额定容量可增加50%。一次绕组用铜导线，二次绕组用铜箔绕制，F级绝缘。铁芯采用高导磁冷轧取向硅钢片。铁芯、夹件及其他金属件均用环氧防锈漆喷涂，防潮不生锈。调压方式为无载调压，调压范围为额定电压的±5%或±2×2.5%。

SG3系列干式变压器为户内型，空气自冷，铜绕组。本系列变压器分封闭式（有箱）和非封闭式（无箱）两种。箱体有铁板和铝合金两种。变压器的引线可做成上引出、侧引出，也可将电缆引入箱内，直接接到变压器器身上。调压方式为无载调压，调压范围为额定电压±5%或±2×2.5%。

SCZ系列干式变压器为户内型，空气自冷，铜绕组，H级绝缘。变压器分无外壳和有外壳两种。可在带负载情况下自动或手动调整电压，调压范围为±(6/4)×2.5%。

（2）干式变压器的温升限值（见表3-19）

表3-19 温升限值

部位	绝缘系统温度/℃	最高温升/℃
绕组(用电阻法测量的温升)	105(A) 120(E) 130(B) 155(F) 180(H) 220(C)	60 75 80 100 125 150
铁芯、金属部件和其他相邻的材料		在任何情况下，不会出现使铁芯本身、其他部件与其他相邻的材料受到损害的温度

（3）干式变压器的过负荷能力

① 在30min内，过负荷能力比油浸式变压器的强。

② 在0.5～8h内，过负荷能力比油浸式变压器的弱。

③ 长期运行与油浸式变压器没什么差别，见表3-20。

■ **表 3-20　干式变压器过负荷能力**

过电流/%	允许运行时间/min
20	60
30	45
40	32
50	18
60	5

（4）常用干式变压器的技术数据

DG3、DG4 系列单相干式电力变压器技术数据见表 3-21。

SC 系列三相干式电力变压器技术数据见表 3-22 和表 3-23。

以上干式变压器均为空气自冷式、铜线绕组、户内型产品。

■ **表 3-21　DG3、DG4 系列单相干式电力变压器技术数据**

型号	额定容量/kV·A	额定电压/kV		连接组	阻抗电压/%	空载电流/%	损耗/W		质量/kg
		高压	低压				空载	负载	
DG3-10/1	10						80	310	108
DG3-20/1	20					8.0	150	540	135
DG3-30/1	30						190	720	186
DG3-40/1	40						230	920	198
DG3-50/1	50					5.0	260	1030	220
DG3-63/1	63		0.22 0.127 0.11				320	1290	263
DG3-80/1	80				4		370	1600	319
DG3-100/1	100					4.0	450	1830	385
DG3-125/1	125						560	2200	468
DG3-160/1	160						690	2430	583
DG3-200/1	200	0.38 0.22		Ⅰ Ⅰ0			830	2750	773
DG3-250/1	250					3.0	970	3280	938
DG3-315/1	315						1110	4020	1146
DG4-10/1	10		4.8 16				80	305	108
DG4-20/1	20		6,12 24			8.0	145	535	135
DG4-30/1	30		7,14 28		3.5		180	770	186
DG4-40/1	40		8,16 32			5.0	220	915	198

续表

型号	额定容量/kV·A	额定电压/kV		连接组	阻抗电压/%	空载电流/%	损耗/W		质量/kg
		高压	低于				空载	负载	
DG4-50/1	50	0.38 0.22	9,18 36	Ⅰ Ⅰ0	3.5	5.0	250	1030	220
DG4-63/1	63		10,20 40			4.5	300	1290	263
DG4-80/1	80		11,22 44			4.0	355	1600	319
DG4-100/1	100		12,24 48				430	1830	385
DG4-125/1	125		14,28 56				540	2240	468
DG4-160/1	160		16,32 64				670	2430	583
DG4-200/1	200		20,40 80			3.0	810	2750	773
DG4-250/1	250		21,42 84				940	3280	938
DG4-315/1	315		24,48 96				1080	4030	1146

■ **表 3-22　10kV SC（B）系列三相干式变压器主要技术数据**

额定容量/kV·A	电压组合			连接组标号	空载损耗/W	负载损耗/W			空载电流/%	阻抗电压/%
	高压/kV	高压分接范围/%	低压/kV			75℃	120℃	140℃		
30	6 6.3 6.6 10 10.5 或11	±5 或 ±2×2.5	0.4	Dyn11 或 Yyn0	190	620	710	760	2.8	4
50					270	870	1000	1070	2.4	
80					370	1200	1380	1480	2.2	
100					400	1370	1570	1680	2.0	
125					470	1600	1840	1960	1.9	
160					540	1940	2120	2270	1.9	
200					620	2200	2520	2700	1.7	
250					720	2400	2750	2950	1.7	
315					880	3020	3470	3720	1.6	
400					970	3480	3980	4270	1.6	
500					970	3480	3980	4270	1.6	
630					1160	4260	4880	5220	1.6	
800					1340	5120	5870	6290	1.4	6
1000					1770	7090	8120	8750	1.2	
1250					2080	8460	9690	10300	1.2	
1600					2450	10240	11730	12500	1.2	
2000					3320	12600	14450	15500	1.0	
2500					4000	15000	17170	18400	1.0	

■ 表 3-23 20kV SC（B）系列三相干式变压器主要技术数据（企标）

额定容量/kV·A	空载损耗/W	负载损耗/W		空载电流/%	阻抗电压120℃/%	声级 L_{PA}/dB	质量/kg
		75℃	120℃				
100	450	1540	1760	1.5	6	45	560
125	530	1800	2060	1.3	6	45	620
160	610	2080	2380	1.0	6	46	510
200	700	2450	2820	0.9	6	46	900
250	810	2800	3200	0.8	6	46	1050
315	960	3550	4060	0.7	6	49	1500
400	1140	4210	4820	0.6	6	49	1500
500	1330	5030	5760	0.6	6	51	1520
630	1510	5940	6800	0.5	6	51	2100
800	1730	7180	8220	0.5	6	52	2510
1000	2040	8500	9730	0.5	6	52	3500
1250	2360	10200	11480	0.5	6	52	4350
1600	2760	12040	13790	0.5	6	55	5400
2000	3200	14220	16280	0.5	6	57	6250
2500	3820	16830	19270	0.4	6	59	7100
3150	4300	20620	23610	0.4	7	59	8500
4000	5250	24890	28500	0.4	7	63	10000

3.3 变压器运行计算及保护

3.3.1 变压器过负荷能力

由于变压器在实际运行中，负荷不可能恒定不变，很多时间低于变压器的额定电流。此外，变压器运行时的环境温度不可能一直处在规定的环境温度。因此变压器一般运行时实际上没有充分发挥其负荷能力。从维持变压器规定的使用寿命（20年）来考虑，变压器在必要时完全可以过负荷运行。

(1) 变压器正常过负荷能力

根据我国变压器目前的设计结构，推荐正常过负荷的最大值，自然循环油冷、风冷变压器为额定负荷的 30%，这样使用比较安全。

为了便于应用，变压器正常过负荷能力，可按表 3-24 确定。

由表 3-24 可见，若 $\alpha=0.60$，最大负荷昼夜持续 4h，则可以过负荷 20%。

■ **表 3-24 油浸式自然循环冷却双绕组变压器的允许过负荷百分数**

日负荷曲线填充系数 α	最大负荷在下列持续小时下，变压器过负荷的百分数					
	2	4	6	8	10	12
0.50	28	24	20	16	12	7
0.60	23	20	17	14	10	6
0.70	17.5	15	12.5	10	7.5	5
0.75	14	12	10	8	6	4
0.80	11.5	10	8.5	7	5.5	3
0.85	8	7	6	4.5	3	2
0.90	4	4	2	—	—	—

表中日负荷曲线填充系数，可由下式计算：

$$\alpha=\frac{I_{pj}}{I_{max}}=\frac{\sum Ih}{24I_{max}}$$

式中 I_{pj}——负荷电流的平均值，A；

I_{max}——最大负荷电流，A；

$\sum Ih$——实际运行负荷曲线的安培小时数或负荷曲线所包围的面积，A·h。

变压器正常过载运行时，除要求不增加正常寿命损失外，还要注意绕组最热点温度不许超过容许值（140℃），以及考虑套管、引线、焊点和分接开关等部件的过载承受能力以及与变压器连接回路中各种设备允许的过负荷承受能力。

综合考虑上述各因素之后，再查看表 3-25 中 DL/T 572—1995 规定的过载运行时的负荷电流和温度限值。

■ **表 3-25 变压器负荷电流和温度限值**

负荷类型		配电变压器	中型电力变压器	大型电力变压器
正常周期性负荷	负荷电流(标幺值)	1.5	1.5	1.3
	热点温度与绝缘材料接触的金属部件的温度/℃	140	140	120
长期急救周期性负荷	负荷电流(标幺值)	1.8	1.5	1.3
	热点温度与绝缘材料接触的金属部件的温度/℃	150	140	130
短期急救负荷	负荷电流(标幺值)	2.0	1.8	1.5
	热点温度与绝缘材料接触的金属部件的温度/℃		160	160

(2) 变压器事故过负荷能力

当电网系统发生事故时，为保证供电不间断，所以事故过载与正常过载要求不同，以牺牲变压器的寿命为代价，绝缘老化率容许比正常要高，但绕组最热点温度仍不许超过140℃。

变压器在事故情况下允许短时间较大幅度地过负荷运行，但运行时过负荷时间不得超过规定时间。详见表3-26～表3-29。

■ **表 3-26 油浸式变压器事故过负荷能力**

过负荷的百分数/%	允许过负荷时间/min	
	室外	室内
30	120	60
45	80	40
60	45	23
75	20	10
100	10	5

■ **表 3-27 油浸风冷变压器全部风扇事故切除时的过负荷能力**

空气温度/℃	额定负荷下允许的最长时间/h	空气温度/℃	额定负荷下允许的最长时间/h
－15	60	＋10	10
－10	40	＋20	6
0	16	＋30	4

■ **表 3-28 事故切除冷却系统时变压器的过负荷能力**

变压器额定容量/kV·A	额定负荷下允许的最长时间/min
125 及以下	20
125 以上	10

■ **表 3-29 油浸自然循环冷却变压器事故过负荷允许时间** (h：min)

过负荷的百分数/%	环境温度/℃				
	0	10	20	30	40
10	24:00	24:00	24:00	19:00	7:00
20	24:00	24:00	13:00	5:50	2:45
30	23:00	10:00	5:00	3:00	1:30
40	8:30	5:10	3:10	1:45	0:55
50	4:45	3:10	2:00	1:10	0:35
60	3:00	2:05	1:20	0:45	0:18
70	2:00	1:25	0:55	0:25	0:09
80	1:30	1:00	0:30	1:13	0:06
90	1:00	0:35	1:18	0:09	0:05
100	0:40	0:22	0:11	0:06	—

(3) 变压器允许短路电流值

国家标准规定：变压器应能承受表 3-30 短路电流及短路时间的作用而无机械损伤和热损伤。

■ **表 3-30 变压器允许的短路电流值**

短路电流为额定电流的倍数	作用时间/s
20 以上	2
15～20	3
15 以下	4

3.3.2 封闭式变压器室通风窗有效面积查算表

为了保证变压器安全运行，使温升不超过允许限值，户内安装的变压器必须有良好的通风条件。变压器室的通风形式一般有三种，如图 3-2 所示。

封闭式变压器室通风窗有效面积可按表 3-31～表 3-33 选择。

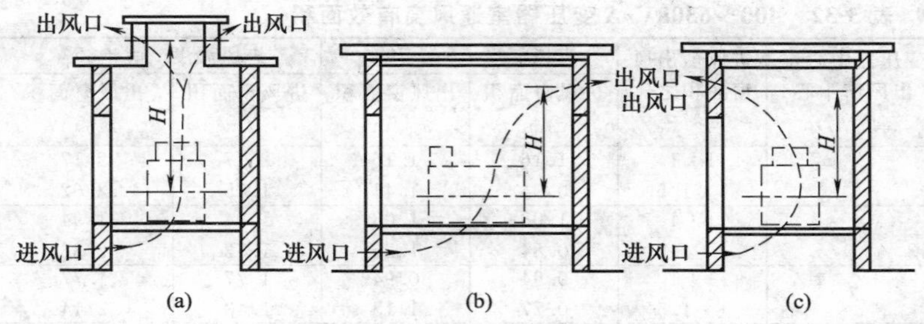

图 3-2　变压器室通风形式

表中数值均为有效通风面积，实际面积可按下式计算：

$$F=F_S/k$$

式中　F——实际通风面积，m^2；

F_S——有效通风面积，m^2；

k——计算系数，对金属百叶窗和 10mm×10mm 的铁丝网可取 0.8。

■ **表 3-31　100～320kV·A 变压器室通风窗有效面积**

变压器中心至出风窗中心高度 h/m	进风窗出风窗面积之比 $F_j:F_c$	进风温度 $t_j=+30℃$		进风温度 $t_j=+35℃$	
		进风窗面积 F_j/m^2	出风窗面积 F_c/m^2	进风窗面积 F_j/m^2	出风窗面积 F_c/m^2
2	1∶1	0.78	0.78	1.47	1.47
	1∶1.5	0.64	0.97	1.20	1.80
2.5	1∶1	0.70	0.70	1.32	1.32
	1∶1.5	0.57	0.85	1.16	1.62
3	1∶1	0.65	0.65	1.20	1.20
	1∶1.5	0.53	0.80	0.98	1.47
3.5	1∶1	0.60	0.60	1.11	1.11
	1∶1.5	0.48	0.73	0.91	1.36
4	1∶1	0.56	0.56	1.05	1.05
	1∶1.5	0.46	0.68	0.86	1.28
4.5	1∶1	0.52	0.52	0.99	0.99
	1∶1.5	0.43	0.64	0.81	1.20
5	1∶1	0.50	0.50	0.93	0.93
	1∶1.5	0.41	0.63	0.76	1.14

■ **表 3-32　400～630kV·A 变压器室通风窗有效面积**

变压器中心至出风窗中心高度 h/m	进风窗出风窗面积之比 F_j∶F_c	进风温度 $t_j=+30℃$		进风温度 $t_j=+35℃$	
		进风窗面积 F_j/m^2	出风窗面积 F_c/m^2	进风窗面积 F_j/m^2	出风窗面积 F_c/m^2
2	1∶1	1.16	1.16	2.17	2.17
	1∶1.5	0.94	1.41	1.75	2.62
2.5	1∶1	1.03	1.03	1.94	1.94
	1∶1.5	0.84	1.26	1.53	2.36
3	1∶1	0.94	0.94	1.77	1.77
	1∶1.5	0.77	1.15	1.43	2.14
3.5	1∶1	0.87	0.87	1.64	1.64
	1.15	0.71	1.06	1.33	1.99
4	1∶1	0.82	0.82	1.55	1.55
	1∶1.5	0.67	1.00	1.25	1.88
4.5	1∶1	0.77	0.77	1.45	1.45
	1∶1.5	0.63	0.94	1.18	1.76
5	1∶1	0.73	0.73	1.38	1.38
	1∶1.5	0.60	0.90	1.11	1.67

■ **表 3-33　800～1000kV·A 变压器室通风窗有效面积**

变压器中心至出风窗中心高度 h/m	进风窗出风窗面积之比 F_j∶F_c	进风温度 $t_j=+30℃$		进风温度 $t_j=+35℃$	
		进风窗面积 F_j/m^2	出风窗面积 F_c/m^2	进风窗面积 F_j/m^2	出风窗面积 F_c/m^2
2.5	1∶1	1.70	1.70	3.24	3.24
	1∶1.5	1.39	2.08	2.65	3.95
3	1∶1	1.56	1.56	2.95	2.95
	1∶1.5	1.28	1.93	2.40	3.60
3.5	1∶1	1.45	1.45	2.73	2.73
	1∶1.5	1.18	1.76	2.22	3.35
4	1∶1	1.35	1.35	2.57	2.57
	1∶1.5	1.11	1.66	2.10	3.15
4.5	1∶1	1.28	1.28	2.42	2.42
	1∶1.5	1.04	1.56	1.97	2.95
5	1∶1	1.20	1.20	2.30	2.30
	1∶1.5	0.99	1.48	1.87	2.80

3.3.3　变压器高、低压熔丝的选择

小型变压器通常在高压侧采用高压熔断器，在低压侧采用低压熔断器保护。根据运行经验、高、低压熔断器可按以下原则选择。

① 容量在100kV·A以下的配电变压器，其高压侧熔丝按2～3倍额定电流选择；容量在100kV·A以上的配电变压器，其高压侧熔丝按1.5～2倍额定电流选择。考虑到熔丝机械强度，一般高压熔丝不小于10A。

② 对于分支线上或重合保险的熔丝选择，要保证各熔丝相互之间的选择性。两级保护之间，熔丝的额定电流最少应相差一级。

装在变压器高压侧的熔断器，应与供电线路的继电保护装置相互配合。熔丝的熔断时间应小于电源侧的继电保护的动作时间。

③ 变压器低压侧熔丝可按变压器的额定电流或过负荷能力来选择，一般按过负荷20%选择。

④ 高、低压熔丝选择，应保证低压侧短路时，低压侧熔丝先熔断，高压侧熔丝不应熔断。

配电变压器高、低压侧熔丝选择，见表3-34，供参考。

■ 表3-34 变压器高、低压熔丝选择

变压器容量/kV·A	熔丝额定电流选择值/A							
	低压侧电压/V				高压侧电压/kV			
	120	220	380	500	3	6	10	35
5	25	15	10	—	3	2	—	—
10	50	25	15	—	5	3	3	—
20	100	50	30	25	10	5	3	—
30	150	80	45	30	15	7.5	5	—
50	250	125	75	50	20	10	7.5	3
63	300	150	100	80	20	10	7.5	3
80	400	200	125	100	30	15	10	5
100	500	250	150	125	40	20	10	5
125	2×300	300	200	150	50	30	15	7.5
160	2×400	400	250	175	75	40	15	7.5
200	2×500	500	300	250	75	40	20	10
250	3×400	2×350	350	300	75	40	25	10
315	3×500	3×300	450	350	100	50	30	15
400	4×400	3×400	2×300	500	100	50	40	15
500	—	—	—	—	150	75	50	20
630	—	—	—	—	150	75	50	20
800	—	—	—	—	200	100	75	30
1000	—	—	—	—	300	150	100	30
1250	—	—	—	—	300	150	100	30
1600	—	—	—	—	400	200	150	40

3.3.4 变压器并联运行

变压器并联运行，能提高供电的可靠性，合理分配负荷，降低变压器损耗。

(1) 变压器并联运行条件

① 变比 k 相同。即额定电压比相同。若变比不同，投入并联运行后变压器之间便有环流产生，环流的大小与变比的差成正比。环流会增加变压器的损耗。另外，即使变比相同而高、低压电压不同也不行，否则也会产生环流，并使负荷分配不平衡。各变压器变比 k 的允许差别不大于±0.5%。

② 连接组别相同。如果将不同连接组别的变压器并联，接在电网上，其相应的低压绕组端子上将存在着相位差，这相位差的值至少相差 30°或是 30°的倍数，从而使环流成倍地大于额定电流，因此不同连接组别的变压器是绝对不允许并联运行的。

③ 阻抗电压百分数 $U_d\%$要接近相等。否则并联变压器负荷电流就不按容量成比例分配。一般规定阻抗电压值在±10%误差范围内，阻抗角相差 10°～20°是允许的。

④ 三相相序相同。如果并联运行的各变压器的连接组别、变比和阻抗电压值均相同，但由于接入电网时的相序有错，则变压器绕组间将产生极大的循环电流，会烧毁绕组。为此并联前必须仔细核对相位，即测量各变压器相应端子的电压，测得两端子电压为零时，两端子为同相。

⑤ 变压器容量比不可太大。为使并联运行的变压器负荷分配合理，一般规定并联运行的变压器的容量之比不应该超过 3∶1。

(2) 型号和参数相同的变压器投入台数的确定

设有几台型号和技术参数相同的变压器并联运行，如果实际负荷 S 增加时，当满足下式时，再增加一台同型号变压器较经济，即

$$S>S_e\sqrt{n(n+1)\frac{P_0+KQ_0}{P_d+KQ_d}}$$

当实际负荷 P 小于并联运行的总负荷时，符合下式可考虑减少一台变压器运行较经济，即

$$S<S_e\sqrt{n(n+1)\frac{P_0+KQ_0}{P_d+KQ_d}}$$

式中　S——n 台变压器实际运行的负荷，kV·A；

S_e——一台变压器的额定容量，kV·A

P_0——空载有功损耗（即铁损），kW；

P_d——负载有功损耗，kW；

Q_0——空载无功损耗，kvar；

Q_d——负载无功损耗，kvar；

K——无功经济当量（见表 3-3），kW/kvar；

n——变压器并联运行时的台数。

（3）型号和技术参数不同的变压器投入台数的确定

① 采取曲线确定法　首先计算出每台变压器的损耗与负荷的关系曲线，然后画出各曲线，如图 3-3 所示，图中是两台变压器的单独关系曲线和两台并联运行的关系曲线。

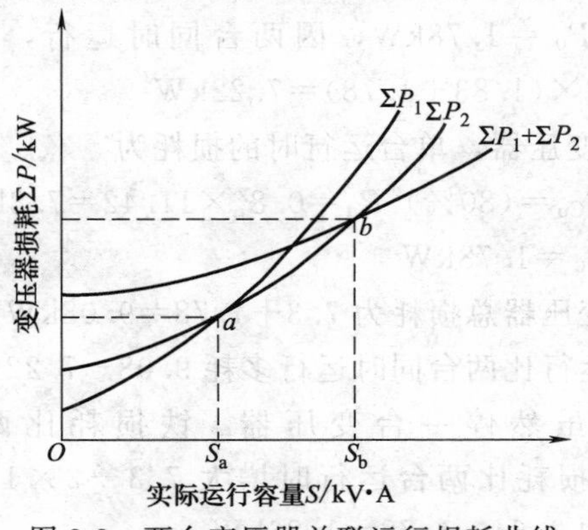

图 3-3　两台变压器并联运行损耗曲线

第一台：$\sum P_1=(P_{01}+KQ_{01})+(P_{d1}+KQ_{d1})\left(\frac{S_a}{S_{e1}}\right)^2$

第二台：$\sum P_2=(P_{02}+KQ_{02})+(P_{d2}+KQ_{d2})\left(\frac{S_b}{S_{e2}}\right)^2$

两台并联时：

$$\sum P_1+\sum P_2=[P_{01}+P_{02}+K(Q_{01}+Q_{02})]+[P_{d1}+P_{d2}+K(Q_{d1}+Q_{d2})]\left(\frac{S_a+S_b}{S_{e1}+S_{e2}}\right)^2$$

当实际负荷 $S\leqslant S_a$ 时，只用第一台运行，当 $S\leqslant S_b$ 时，只用第二台运行，当实际负荷 $S>S_b$ 时，需用两台变压器并联运行，这时变压器的损耗曲线在 $\sum P_1+\sum P_2$ 上。

② 采取计算法　如有两台变压器，根据负荷情况，试确定单台运行有利还是两台运行有利。下面举例说明。

【例 3-4】 有两台 1000kV·A 三相变压器，额定电压为 6kV/0.4kV，每台承担负荷平均为 40%，已知变压器铁损耗 $P_0=1.78$kW，负载损耗 $P_d=11.42$kW，试确定单台运行有利，还是两台同时运行有利。

解　两台同时运行时的损耗为

① 铜损耗　$P_{Cu}=\beta^2P_d=(40\%)^2\times11.42=1.83$kW

铁损耗　$P_0=1.78$kW，因两台同时运行，所以总损耗为 $2(P_{Cu}+P_0)=2\times(1.83+1.78)=7.22$kW

② 停一台变压器，单台运行时的损耗为

铜损耗　$P_{Cu}=(80\%)^2P_d=0.8^2\times11.42=7.3$kW

铁损耗　$P_0=1.78$kW

所以单台变压器总损耗为 7.3+1.78=9.08kW

可见单台运行比两台同时运行多耗 9.08−7.22=1.86kW

这是因为虽然停一台变压器，铁损耗比两台运行时少 1.78kW，但铜损耗比两台运行时增大 7.3−2×1.83=3.64kW，因此总损耗增加 3.64−1.78=1.86kW。

(4) 多台变压器并联运行的最佳台数的确定

① 两台容量相同的变压器的临界负荷电流的计算

设两台变压器的容量、总损耗及损耗比均相同，单独一台变压器运行时的损耗为

$$\sum P_1 = P_0 + \left(\frac{P_2}{P_e}\right)^2 P_d = P_0 + \left(\frac{I_2}{I_{2e}}\right)^2 P_d = P_0 + \beta^2 P_d$$

两台运行时的损耗

$$\sum P_2 = 2\left[P_0 + \left(\frac{\beta}{2}\right)^2 P_d\right] = 2\left\{P_0 + \left[\frac{1}{2}\left(\frac{I_2}{I_{2e}}\right)\right]^2 P_d\right\}$$

当$\sum P_1 = \sum P_2$时的负荷电流，称为临界负荷电流。由上两式得出

$$临界负荷电流\ I_j = I_{2e}\sqrt{\frac{2P_0}{P_d}} = \sqrt{2} I_{2e}\beta_j$$

当实际运行电流I大于临界电流时，投入两台变压器运行于节电有利；当实际运行电流I小于临界电流时，投入单台变压器运行于节电有利。

【例 3-5】 有两台 1000kV·A 变压器，额定电压为 3.3kV/0.4kV，二次额定电流 $I_{2e}=160.5$A，$P_0=4.9$kW，$P_d=15$kW，负荷电流为 90A，现在是两台变压器同时运行，问如果改为单台变压器运行，是否节电？

解 临界电流为

$$I_j = I_{2e}\sqrt{\frac{2P_0}{P_d}} = 160.5\times\sqrt{\frac{2\times 4.9}{15}} = 129.7\text{A}$$

因实际负荷电流 90A 小于临界电流 I_j，所以采用单台运行于节电有利。

② 两台容量不同的变压器的临界负荷电流 I_j'和 I_j''计算

小容量变压器单台运行时的总损耗$\sum P_1$为

$$\sum P_1 = P_{01} + \left(\frac{I_1}{I_{e1}}\right)^2 P_{d1}$$

大容量变压器单台运行时的总损耗$\sum P_2$为

$$\sum P_2 = P_{02} + \left(\frac{I_2}{I_{e2}}\right)^2 P_{d2}$$

式中 P_{01}，P_{02}——小容量和大容量变压器的空载损耗，kW；

I_{e1}，I_{e2}——小容量和大容量变压器的额定电流，A；

I_1，I_2——小容量和大容量变压器的实际负荷电流，A；

P_{d1}，P_{d2}——小容量和大容量的负载损耗，kW。

当大容量和小容量变压器单独运行，其总损耗相等时，即 $\sum P_1=\sum P_2$ 时，可得出临界负载电流 I_j'，即

$$P_{01}+\left(\frac{I_1}{I_{e1}}\right)^2 P_{d1}=P_{02}+\left(\frac{I_2}{I_{e2}}\right)^2 P_{d2}$$

用 I_j'代 I_1 和 I_2，得出

$$I_j'=I_{e1}I_{e2}\sqrt{\frac{P_{02}-P_{01}}{I_{e2}^2 P_{d1}-I_{e1}^2 P_{d2}}}$$

当负荷小时，采用单台运行比较经济，当负荷大到一定程度，采用两台并联运行有利。下边计算当采用单台运行时，采用大容量有利还是小容量有利。

设单台大容量运行时，总损耗等于两台变压器并联运行时的总损耗，即 $\sum P_2=\sum P_1$，可求出临界负荷电流 I_j''。

$$I_j''=\sqrt{\frac{P_{01}}{\frac{P_{d2}}{I_{e2}^2}-\frac{P_{d1}+P_{d2}}{(I_{e1}+I_{e2})^2}}}$$

设实际负荷电流为 I 时，则有下列三种经济运行情况。

当 $I\leqslant I_j'$时，投入一台小容量变压器运行比较有利。

当 $I_j'<I\leqslant I_j''$时，投入一台较大容量变压器运行比较有利。

当 $I>I_j''$时，投入两台变压器运行比较有利。

3.3.5 变压器是否需要更新的计算

变压器是否需要更新，决定于变压器的回收年限，一般的原则是：当回收年限小于 5 年时，变压器应予以更新；当回收年限大于 10 年时，不应当考虑更新；当回收年限为 5～10 年时，应酌情考虑，并以大修时更新为宜。

① 旧变压器使用年限已到期，即没有剩值，其回收年限可按下式计算：

$$T_b=\frac{C_n-C_J-C_c}{G}$$

式中 T_b——回收年限，年；

C_n——新变压器的购价，元；

C_J——旧变压器残存价值，可取原购价的 10%；

C_c——减少补偿电容器的投资，元；

G——年节约电费，元/年。

② 上述情况，如旧变压器需大修时，其回收年限按下式计算：

$$T_b = \frac{C_n - C_{JD} - C_J - C_c}{G}$$

式中 C_{JD}——旧变压器大修费，元。

③ 旧变压器不到使用期限，即还有剩值，其回收年限可按下式计算：

$$T_b = \frac{C_n - C_{bJ} - C_{JD} - C_J - C_c}{G}$$

式中 C_{bJ}——旧变压器的剩值（元），

$$C_{bJ} = C_b - C_b C_n\% T_a \times 10^{-2}$$

C_b——旧变压器的投资，元；

$C_n\%$——折旧率；

T_a——运行年限，年。

【例 3-6】 有一台 SJ_1-3200kVA 变压器，现已运行 18 年，折旧率为 5%（变压器设计经济使用寿命为 20 年），现部分绕组已损坏，需更换，并进行大修，大修费为该变压器投资费的 50%，该变压器正常负载率为 80%，年运行小时数为 8400h。试问：变压器是更新合理，还是大修合理？

解 现将新旧变压器的参数等列于表 3-35 中。

表 3-35 新旧变压器参数比较

变压器	P_0 /kW	P_d /kW	I_0%	Q_0 /kvar	U_d%	Q_d /kvar	购价 /元
旧 SJ_1-3200	10	32.4	2.5	80	5.5	176	37000
新 SL_7-3150	4.4	27	1.1	34.65	5.5	173.25	283500

在计算时，旧变压器参数仍取出厂值。

变压器更新后有功功率和无功功率节约为

$$\begin{aligned}\Delta\Delta P &= P_{0B} - P_{0A} + \beta^2(P_{dB} - P_{dA}) \\ &= 10 - 4.4 + 0.8^2 \times (32.4 - 27) \\ &= 9.06\text{kW}\end{aligned}$$

$$\begin{aligned}\Delta\Delta Q &= Q_{0B} - Q_{0A} + \beta^2(Q_{dB} - Q_{dA}) \\ &= 80 - 34.65 + 0.8^2 \times (176 - 173.25) \\ &= 47.11\text{kvar}\end{aligned}$$

年有功电量和无功电量的节约为

$$\Delta\Delta A_P = 9.06 \times 8400 = 76104\text{kW}\cdot\text{h}$$

$$\Delta\Delta A_Q = 47.11 \times 8400 = 395724\text{kvar}$$

设每千乏电容器的投资为 $C_{cd} = 80$ 元/kvar，则变压器更新后减少电容器的总投资为

$$C_c = \Delta\Delta Q C_{cd} = 47.11 \times 80 = 3769\text{元}$$

变压器的剩值为

$$\begin{aligned}C_{bJ} &= C_b - C_b C_n \% T_a \times 10^{-2} \\ &= 37000 - 37000 \times 5 \times 18 \times 10^{-2} \\ &= 3700\ \text{元}\end{aligned}$$

设电价为 $\delta = 0.5$ 元/kW·h，无功电价等效当量为 $K_G = 0.2$，则年节约电费为

$$\begin{aligned}G &= (\Delta\Delta A_P + K_G \Delta\Delta A_Q)\delta \\ &= (76104 + 0.2 \times 395724) \times 0.5 \\ &= 77625\text{元/年}\end{aligned}$$

旧变压器大修费为

$$C_{JD} = 0.5 \times 37000 = 16500\text{元}$$

回收年限为

$$\begin{aligned}T_b &= \frac{C_n - C_{bJ} - C_{JD} - C_J - C_c}{G} \\ &= \frac{283500 - 3700 - 16500 - 0.1 \times 3700 - 3769}{77625} \\ &= 3.3\ \text{年} < 5\ \text{年}\end{aligned}$$

因此，更新变压器合理。

3.3.6 变压器断相报警装置

630kV·A 及以下的变压器由于容量较小，高压侧一般采用负荷开关加跌落式熔断器配合，用于变压器的分合闸和作为短路保护。如果高压熔断器和低压总开关保护动作值配合不当，在发生各类短路故障时，变压器低压总开关动作可能不如熔断器快，导致高压侧跌落式熔断器熔丝先断，而低压总开关未跳闸。这将会造成变压器缺相运行，时间稍长极易烧毁电动机或扩大事故。而跌落式熔断器熔丝熔断时，值班电工又不易及时发现。为此可在值班室内自装一个高压断相声光报警装置，其电路如图 3-4 所示。

工作原理：当高压熔丝良好时，三相低压平衡，三相电容器在 A 点形成中性点，电压基本为零，信号灯 H 不亮、电铃 HA 不响。当高压一相或两相熔丝熔断时，A 点对地产生电压，使灯亮铃响，发出报警信号，通知值班电工及时处理。

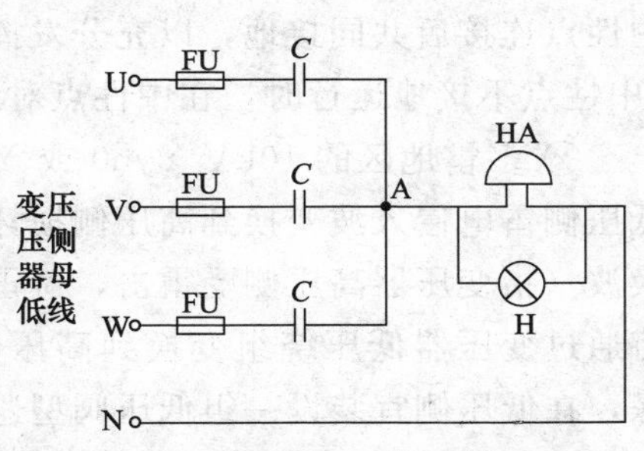

图 3-4　简易的断相报警装置

元件选择：电容 C 选用 CJ41-1.2μF、450V 电风扇电容；信号灯 H 选用 220V、15W 白炽灯；电铃 HA 选用 T-1 型交流 220/110V、ϕ75mm 小铃；熔断器 FU 选用低压瓷插式保险器。

3.3.7 变压器防雷措施和接地要求

据不完全统计，年平均雷暴日数在 35～45 的地区，10kV 级配电变压器被雷击损坏率大约占配变总数的 4%～10%。损坏的主要原因是变压器装设的避雷器和接地引下线接线不妥而造成的。如：①变压器高压侧避雷器利用支架作接地引下线；②变压器中性点、高低压侧避雷器分别接地；③避雷器未做预防性试验；④低压侧未装设避雷器；⑤接地引下线截面过小及引线过长等。

(1) 杆上变压器防雷保护

① 容量在 100kV·A 以上的变压器，高压侧一般采用三个阀型避雷器作保护；50～100kV·A 的变压器，一般采用两个阀型避雷器和一个保护间隙（又称火花或角形间隙），也有采用三个阀型避雷器作保护；50kV·A 以下的变压器，一般采用角形间隙，或两个阀型避雷器和一个角形间隙作保护。

高压侧装设避雷器，能有效防止高压侧线路落雷时雷电波袭入而损坏变压器。工程中常在配变 10kV 高压侧装设 FS-10 型阀型避雷器。

高压侧装设避雷器后，避雷器接地线应与变压器外壳及低压侧中性点连接后共同接地，以充分发挥避雷器限压作用和防止逆闪络（中性点不接地运行时，在中性点对地加装击穿保护间隙）。

② 多雷地区的 10kV Yyn0 或 Yy 连接的配电变压器，为防止低压侧雷电侵入波变换到高压侧损坏变压器的绝缘，以及防止反变换波（指变压器高压侧受雷击，避雷器放电，其接地装置上的电压将通过变压器低压绕组变换到高压侧的冲击波）损坏变压器的绝缘，在低压侧宜装设一组低压阀型避雷器（如 FS-0.25 型、FS-0.5 型）或压敏电阻（如 MY-400 型、MY-440 型），通流量 10～20kA 或击穿保险器。防雷接线如图 3-5 所示。

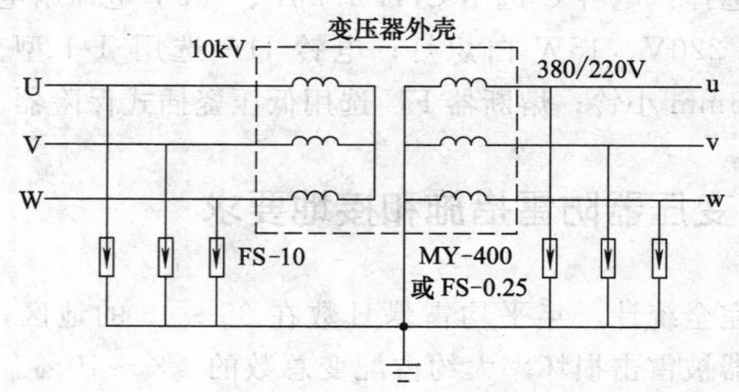

图 3-5 高、低压侧避雷器的接线

③ 35/0.4kV 直配变压器，高压侧和低压侧均应装设阀型避雷器。

④ 也可采用阀型避雷器和火花间隙双重保护。以避雷器为主，火花间隙为后备保护。

⑤ 实际施工中，常在配变高压套管的引线与避雷器引线之间绕 8～10 匝直径为 8～10cm 的空心线圈。这个空心线圈相当于一个电感。在雷电流从高压侧袭入瞬间，由于空心线圈中电流不能突变，空心线圈相当于开路，于是雷电波发生全反射，使得避雷器上出现两倍于入侵波的电压而启动放电，将雷电流泄入大地，从而可降低入侵波的陡度，保护变压器。

⑥ 在多雷和土壤电阻率高的地区，宜采用防雷变压器（如 YZn11 系列等）。

（2）杆上变压器防雷装置安装要求

① 高、低压侧避雷器的接地引下线（即与变压器铁壳间的连接线）均应越短越好。因为即使 0.6m 长的接地线，其电感 L 约为 1mH，在不大的雷电波陡度 $\mathrm{d}i/\mathrm{d}t=10\mathrm{kA}/\mu\mathrm{s}$ 时，接地线上的压降也达 $L\mathrm{d}i/\mathrm{d}t\approx 10\mathrm{kV}$。该电压和避雷器残压叠加作用在配变绝缘上，也将大大加剧破坏性。

② 避雷器应安装在高压跌落式熔断器的下端。这样不仅能减小接地引线的长度，也给避雷器安装及预防试验带来方便；另外当避雷器质量不良，放电不能熄弧时，工频续流使高压跌落式熔断器熔断，熔管自动跌落，可避免因此造成的对高压线路供电的影响。

③ 避雷器瓷件应良好无损，瓷套与固定抱箍之间应加垫层。

④ 避雷器安装应牢固，相间距离不小于 350mm。

⑤ 接地引下线应短而直、连接紧密，采用绝缘线时，其截面积应不小于：

上引线，铜绝缘线不小于 $16\mathrm{mm}^2$；

下引线，铜绝缘线不小于 $25\mathrm{mm}^2$。

⑥ 与电气部分连接，不应使避雷器产生外加应力。

⑦ 接地引下线应可靠接地，接地电阻应满足规程要求，即：

a. 对于 100kV·A 以上的变压器，接地电阻 $R_{\mathrm{jd}}\leqslant 4\Omega$，重复接

地每台不少于三处，每处 $R_{jd} \leqslant 10\Omega$；

b. 对于 100kV·A 及以下的变压器，$R_{jd} \leqslant 100\Omega$，重复接地每台不少于三处，每处 $R_{jd} \leqslant 30\Omega$。

（3）火花（角形）间隙的制作

由两个直径为 10～20mm 的镀锌圆钢弯成羊角形电极，固定在瓷瓶上，如图 3-6（a）和（b）所示。图 3-6（a）用于钢筋混凝土杆铁横担线路，用两个绝缘子分别支持间隙的两个电极；图 3-6（b）用于木杆木横担线路，其中一个电极固定在绝缘子上，而一个电极经绝缘子与第一个电极隔开，并使这一对空气间隙之间保持适当的距离。

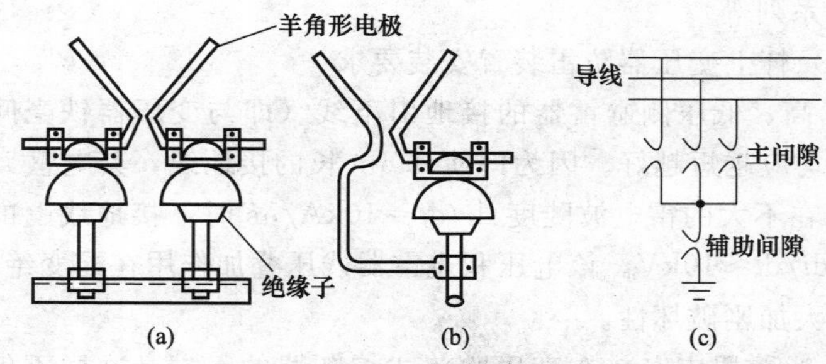

图 3-6　角形间隙的构造及三角形间隙和辅助间隙接线图

为了防止外物（鸟、昆虫等）使间隙短路而引起放电接地，可在其接地引下线中串一个辅助间隙［见图 3-6（c）］。

保护间隙的最小值见表 3-36。

表 3-36　保护间隙的最小值　　单位：mm

使用电压/kV	3		6		10		35	
间隙名称	主	辅	主	辅	主	辅	主	辅
间隙距离	8	5	15	10	25	10	210	20

（4）6～35kV 电缆进线的变电所防雷保护

① 三芯电缆进线时，进线段的防雷保护可采用图 3-7（a）所示的保护接线。在架空线路与电缆进线的连接处必须装设阀型避雷

器 FB_1，其接地线应与电缆外皮连接后共同接地。在变电所的 6～35kV 的每组母线上，都必须安装一组阀型避雷器 FB_2；电缆末端的金属外皮应直接接地。

② 单芯电缆进线时，电缆末端的金属外皮应经保护间隙 JX 接地，如图 3-7（b）所示。

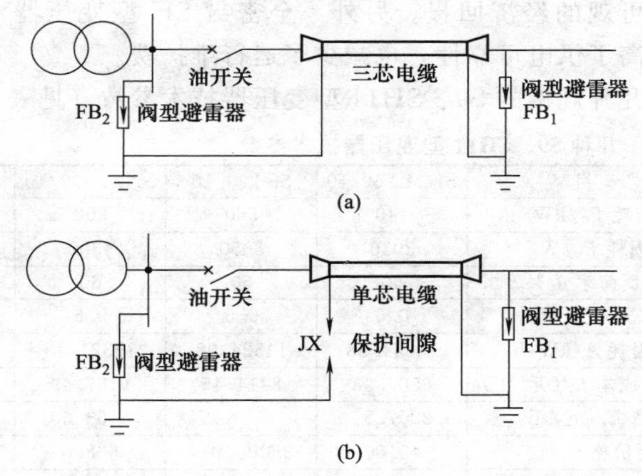

图 3-7　6～35kV 电缆进线的变电所进线段保护接线

3.4 变压器容量选择及计算

3.4.1 采用低损耗变压器节电的计算

S7、SL7 系列变压器为淘汰产品。

S9、新 S9 和 SH 非晶合金系列变压器是目前国产最新节能变压器。S9 系列变压器与 GB/T 6451—1995 的规定值相比，总损耗下降了 15%～25%，而国产 SH 系列变压器的空载损耗仅为 S9 型同容量变压器的20%，约为淘汰产品S7型同容量变压器的18%。SH系列变压器的负载损耗与S9系列相同，约为S7系列的75%。SH与S7、S9相比，虽一次性投资稍大（价格约为S9的1.3倍），但在4～6年内即可收回投资差额部分，在11～12年内即可全部收回变压器成本费。按现行18年折旧年限计算，在以后的6～7年内即可获得可观的经济回报。另外，全密封SH型变压器可免除维修，既提高了供电可靠性，也减少了运行维护费。

（1）几种规格的S9、SH11型变压器技术参数（见表3-37）。

■ **表3-37　几种S9、SH11型变压器技术参数**

项　　目	SH11-250/10	S9-250/10	SH11-400/10	S9-400/10
空载损耗 P_0/kW	140	560	200	800
负载损耗 P_d/W	3050	3050	4300	4300
年平均负荷率 β/%	60	60	60	60
电费/(元/kW·h)	0.6	0.6	0.6	0.6
年电能损耗 A/kW·h	10844.88	14524.08	15321.48	20568.48
年电能损耗成本 L/(元/年)	6506.93	8714.45	9187.49	12341.09
年节电费 E/(元/年)	2207.52		3153.60	
变压器价格 C/元	45100	38000(沪)	63800	53100(沪)
回收年限$(C_{SH11}-C_{S9})/E$	3.22年		3.39年	

注：以上为吴江市变压器厂产品。

（2）三种系列50kV·A和100kV·A变压器运行费用及价格比较（见表3-38）。

■ **表3-38　三种系列变压器运行费用及价格比较分析**

项　　目	S7	S9	SH	S7	S9	SH
电压等级/kV	10/0.4	10/0.4	10/0.4	10/0.4	10/0.4	10/0.4
变压器容量/kV·A	50	50	50	100	100	100
空载损耗/W	190	160	33	320	260	60
负载损耗/W	1150	870	870	2000	1500	1500
年空损电能/kW·h	1664.4	1401.6	289.08	2803.2	2277.6	525.6
年负损电能/kW·h	2070	1566	1566	3600	2700	2700
年电能损耗/kW·h	3734.4	2967.6	1855.08	6403.2	4977.6	3225.6
年电能损耗费/元	2614.08	2077.32	1298.56	4482.24	3484.32	2257.92
损耗比值(以S7为基数)	100%	79.47%	49.68%	100%	77.74%	50.03%
空载电流百分数 I_0/%	2.5	2.4	1.3	2.1	1.6	1.0
变压器价格/元	8770	10850	15500	13100	16150	25100

续表

项　　目	S7	S9	SH	S7	S9	SH
回收投资差额年数（以 S7 为基数）		4	5		3	5.4
收回变压器投资年限（以 S7 为基数）		20	12		16	11
经济回报/元		0	10524.16		3991.68	20018.88

注：1. 农村照明电价按 0.7 元/kW·h 计算。

2. 变压器年负荷利用小时数按 2600h 计算，最大负荷年损耗小时数按 1000h 计算。

（3）新 S9 与 S9 系列变压器技术指标比较

新 S9 系列低损耗变压器是在 S9 型变压器的基础上改进而来的。在改进过程中，通过采用新组件、新工艺并完善部分结构，来提高产品的电气强度、机械强度及散热能力，以提高变压器的节能效益。

新 S9 系列变压器的空载损耗、空载电流和噪声都较低，产品质量可靠、价格便宜。新 S9 系列与老 S9 系列变压器技术指标对比见表 3-39。

■ **表 3-39　新 S9 系列与老 S9 系列 30～1600kV·A 配电变压器技术指标对比表**

型号	性能参数				新 S9						
容量/kV·A	空载损耗/W	负载损耗/W	空载电流/%	阻抗电压/%	硅钢片质量/kg	铜导线质量/kg	油质量/kg	油箱及附件质量/kg	器身质量/kg	总质量/kg	主要材料成本/元
30	130	600	2.1	4	80.5	42.4	70	75	140	280	2893.5
50	70	870	2.0	4	111.7	64.2	80	90	205	375	4060.1
63	200	1040	1.9	4	127.9	76.4	90	100	235	430	4704.7
80	250	1250	1.8	4	161.3	82.1	100	110	280	490	5389.9
100	290	1500	1.6	4	180.3	100.7	110	125	325	560	6289.9
125	340	1800	1.5	4	220	106.5	125	150	375	650	7130
160	400	2200	1.4	4	270	118.8	140	170	450	760	8284
200	480	2600	1.3	4	317	138.7	165	195	525	875	9692
250	560	3050	1.2	4	378.8	162.6	190	225	625	1040	11427.4
315	670	3650	1.1	4	457	191.6	220	260	745	1225	13569
400	800	4300	1.0	4	550.3	234.6	275	285	905	1465	16421.9
500	960	5150	1.0	4	639	272.8	305	360	1050	1715	19096
630	1200	6200	0.9	4.5	748.5	364.3	395	435	1280	2110	23939.5
800	1400	7500	0.8	4.5	909.1	403.3	455	550	1510	2575	27842.3
1000	1700	10300	0.7	4.5	1021	436.3	525	665	1675	2860	30982
1250	1950	12000	0.6	4.5	1200.1	500.2	585	795	1955	3330	35917.3
1600	2400	14500	0.6	4.5	1479.2	600.6	670	915	2390	3970	43342.6

续表

型号	老 S9							新 S9 比老 S9 指标下降百分数		
容量	硅钢片质量/kg	铜导线质量/kg	油质量/kg	油箱及附件质量/kg	器身质量/kg	总质量/kg	主要材料成本/元	器身质量/%	总质量/%	主要材料成本/%
30	91.5	52.6	90	85	165	340	3472.5	15.15	17.65	16.67
50	139	85.2	100	95	260	455	5148	21.15	17.58	21.13
63	157	90.2	115	110	280	505	5652	16.07	14.85	16.76
80	193	102.2	130	120	340	590	6585	17.65	16.95	18.15
100	215	114	140	130	380	650	7305	14.47	13.85	13.90
125	245	135	175	175	440	790	8635	14.77	17.72	17.43
160	298.8	159	195	205	530	930	10244.4	15.09	18.27	19.14
200	351	173.7	215	225	605	1045	11524	13.22	16.27	15.90
250	426	207.6	255	260	730	1245	13821	14.38	16.47	17.32
315	502.5	242	280	295	855	1430	16077.5	12.87	14.34	15.60
400	591	287	320	315	1010	1645	18838	10.40	10.94	12.83
500	684	320.6	360	375	1155	1890	21435	9.09	9.26	10.91
630	999	496	605	500	1720	2825	32392	25.58	25.31	26.09
800	1136	572.8	680	570	1965	3215	37062	23.16	19.91	24.88
1000	1313	582	870	895	2180	3845	41564	23.17	27.50	25.46
1250	1554	720.3	980	1055	2615	4650	49875	25.24	28.39	27.99
1600	1793	835.2	1115	1130	2960	5205	56628	19.26	23.73	23.46

注：1. 老 S9 系列与新 S9 系列变压器连接组均为 Yyn0。
2. 老 S9 系列与新 S9 系列变压器高压分接：－5%～＋5%。

3.4.2 农用变压器容量的选择计算

（1）农用变压器型号的选择

农材用电有其特点，变压器轻负载运行的时间较多。因此应该选择空载损耗小的变压器。农用变压器应选择 S9 型、新 S9 型、SH 型非晶合金铁芯型低损耗变压器，以及调容量变压器。国产 SH 型变压器更具有空载损耗小的明显优势，其空载损耗仅为同容量 S9 型变压器空载损耗的 1/5。而与 S9 型变压器在投资上的差额可在 7 年内在变压器电能损耗的经济价值中得到补偿。

（2）农用变压器容量的选择原则

变压器容量为

$$S_e=\frac{1.1\times1.4}{0.8\times0.65}P_H=3P_H$$

【例 3-7】 某农村现有照明负荷 33kW、动力负荷 10kW，由一台 S7-50/10 变压器供电，明年准备新上一个小型服装加工厂，用电负荷约为 30kW，以后不准备上项目。试选择变压器。

解 先计算所需变压器容量。因该材电力发展目标明确，总负荷为

$\sum P_H=33+10+30=73kW$

令 $K_s=0.7$、$\cos\varphi=0.8$、$\eta=0.8$，则变压器容量为

$$P_e=1.1\sum P_H=1.1\times73=80.3kW$$

因此初步选择变压器容量为 100kV·A。

由于原有一台 50kV·A 变压器，可供选择的方案有以下两个。

方案一：原有 S7-50/10 变压器不动，再增加一台 S9-50/10 变压器并联运行。此方案当两变压器有一台故障或检修时，不会造成全村停电，供电可靠性较好。

方案二：把原有 S7-50/10 变压器换掉，而用一台 S9 或 SH 型 100kV·A 变压器代之。

方案比较：若方案二采用 SH-100/10 变压器。从表 3-38 中可见，方案一比方案二少投资 25100－10850＝14250 元，但方案一比方案二要多增加一套高、低压配电装置及附属设施，增加费用约 7000 元，这样两方案一次性投资相差为 14250－7000＝7250 元。但方案二的运行费用低，一台 S7-50/10 和一台 S9-50/10 变压器年损耗费总共为 2614.08＋2077.32＝4691.4 元，而一台 SH-100/10 型变压器年损耗费为 2257.92 元，两者差额为 2433.48 元，回收差额年限为 7250/2433.48＝2.98 年。也就是说，方案二比方案一虽一次性投资大，但不足 3 年就可回收投资差额部分。以后十几年即可得到可观的经济回报。

以上计算还尚未计及所换掉的 S7-50/10 变压器的剩余价值。

3.5 变压器大、小修标准和试验

3.5.1 变压器小修、大修的内容和周期

（1）变压器小修内容

① 检查导电排螺钉有无松动，铜铝接头是否良好，接头有无过热现象。若接头接触不良、接触面腐蚀或过热变黑，应用0号砂布打磨，修正平整，涂上导电膏，然后拧紧螺钉。拧螺钉时扭力应适当，若拧过了头，会使整个接线柱松动打转。

② 检查套管有无裂痕和放电痕迹，并清扫灰尘，污垢。

③ 检查箱体接合处有无漏油痕迹。查出漏油处，可根据具体情况，更换密封垫或进行补焊。

④ 检查储油柜的油位是否正常，油位计是否正常。若变压器缺油，应补充到位。放掉集污盒内的污油。

⑤ 检查干燥剂是否吸潮而失效。若已失效，应予以更换或作再生处理。

⑥ 检查冷却系统是否完好，并进行清扫。

⑦ 检查气体继电器是否漏油，阀门开闭是否灵活，接头之间绝缘是否良好。

⑧ 清扫油箱、散热片，必要时应铲锈涂漆。

⑨ 检查接地线是否完整、连接是否牢固，应没有锈蚀现象。

⑩ 测量高压对地、高压对低压以及低压对地之间的绝缘电阻，以检查变压器的绝缘情况。

⑪ 测量每一分接头绕组的直流电阻，以检查接触情况和回路的完整性。

(2) 变压器小修周期

变压器小修不必吊芯即可进行，发电厂用变压器规定半年进行一次，其他变压器每年至少一次。

(3) 变压器大修内容

① 充分做好检修前的准备工作。

② 打开变压器箱盖，吊芯检查。

③ 检修芯体中铁芯、绕组、分接开关及引线。

④ 检修箱盖、油枕、防爆管、冷却油管、放油加油活门和套管等。

⑤ 检修冷却装置和滤油装置。

⑥ 清扫油箱、外壳，必要时进行油漆。

⑦ 检修控制测量仪表、信号和保护装置。

⑧ 滤油或换油。

⑨ 必要时作干燥处理。

⑩ 装配变压器。

⑪ 进行规定的测量和试验。

(4) 变压器大修周期

变压器大修周期有如下规定。

① 主变压器及主要的厂用变压器，在投入运行后 5 年内和以后每 5～10 年大修一次；一般厂用变压器，7～10 年进行一次。

② 发电变压器和变电所的其他变压器，以及线路上的变压器，每 10 年大修一次。

③ 密封式变压器，只有在试验中发现有问题，认为有必要时才进行大修。

④ 有载调压的、强迫油循环导向水冷的变压器，建议在投入后第 1 年内和以后每 5 年大修一次。

⑤ 超出规定的过负荷运行或发生故障的变压器，以及运行中有特殊疑问的变压器，可根据检查测试结果进行计划外的大修。

3.5.2 变压器小修和大修的修理标准

变压器小修和大修范围及修理标准见表 3-41。

■ **表 3-41 变压器小修和大修范围及修理标准**

修理种类	修理范围	修理标准	
小修	清除油枕中的油垢，灌注变压器油；清洁绝缘套管；拧紧所有螺栓；拆开和清扫油位指示器；清扫和修理冷却装置；消除检查中所发现的缺陷	如果补充注入的油超过 5%，应检验混合后的油有无沉淀物并试验其稳定性。对于容量为 630kV·A、电压 10kV 以下的变压器，不试验其中的油，只根据报废指标更换油	
大修	将油箱中的油放出后，取油样化验；拆下电器和油枕，将引出端子与绕组断开；清扫油枕的油箱，并用干净油洗涤；吊芯检查，必要时卸下铁芯的轭铁螺栓和松动轭铁，取下绕组，将其更换或修理绕组绝缘；绕组浸漆与干燥；将铁芯重新涂漆绝缘；将绕组装在铁芯的轴棒上，将引出端子焊在绕组上并将其绝缘；安装绕组的连接轭铁、绝缘板和楔子；将铁芯装入油箱内，安装顶盖和绕组的引出端子；修理冷却和净油装置；注入变压器油；将变压器外部刷以油漆	10/0.4kV 的变压器，其变压器油的最小击穿电压为 20kV 变压器油中应无机械杂质，氧化后其酸价（mg KOH 数）每克油不得超过 0.35 变压器油的水浸液反应应为中性，对于容量在 630kV·A 以下的变压器，其变压器油的水溶酸价含量不得超过 0.03mg KOH。在闭杯内确定的变压器油闪点温度，与其最初值相比不得相差 5℃以上	
小修、大修	检查、试验分接开关，并绘下原图 测量修理前后下列元件的绝缘电阻：绕组（并确定 R_{60}/R_{15} 吸收比） 轭铁梁、压制的环形垫和可能与之接触的夹紧螺栓	应与以前所绘下的原图或厂家提供的原图无差异 修理期内，R_{60}/R_{15} 吸收比的降低值不得超过 30% 用 1000～2500V 的兆欧表测量（只在大修时进行）	
大修	对绕组绝缘用工频电压进行 1min 的耐压试验（同时试验绝缘套管）	额定电压/kV	试验电压/kV
		3	18
		6	25
		10	35
大修	检查轭铁梁、压制的环形垫和铁芯的接地装置是否完整	对抽出部分进行检查	
大修	变压器定相	更换绕组大修，以及改变一次接线均应将变压器定相	
小修、大修	接上额定冲击电压 3～5 次	变压器不得出现各种异常现象	
小修、大修	用 1000～2500V 兆欧表测量油浸纸绝缘进线套管的绝缘电阻	电阻值不得低于 1000MΩ	

3.5.3 修理后的试验和标准

(1) 变压器额定性能数据允许偏差

变压器修理后的试验目的在于检查修理质量。一台变压器应查对的性能数据有：额定容量 S_e (kV•A)、空载时的一次侧电压 U_{1e} (V)、绕组连接方式、空载损耗 P_0 (W)、短路损耗 P_d (W)、短路电压百分数 $U_d\%$ (阻抗电压)、变压比 k 等。这些数据在国家标准中均有规定，且给予一定的试验裕度。如果超出规定限值，则说明产品质量尚不符合标准要求。

变压器额定性能数据允许偏差见表 3-42。

■ 表 3-42 变压器额定性能数据允许偏差

项目	允许偏差/%	适用范围
空载损耗 P_0	+15	所有变压器
短路损耗 P_d	+10	
总损耗 $\sum P$	+10	
空载电流 I_0	+22	
短路电压 U_d	±10	
变压比 k	±0.5	变压比不小于 3 的变压器
三相直流电阻不平衡度	线 2 相 4	1600kV•A 及以下变压器
	相(无中点不引出时为线)2	其他所有变压器

测试仪表的精度要求：测量电压、电流和电阻均应使用准确度不低于 0.5 级的仪表和仪用互感器；测量功率应使用不低于 1.0 级的低功率因数功率表。

(2) 变压器试验项目和标准

① 变压器试验项目。变压器试验项目见表 3-43。

■ 表 3-43 变压器试验项目

序号	试验项目	试验类别						备注
		出厂试验		交接试验		更换绕组的大修	不更换绕组的大修	
		例行	型式	安装前	安装后			
1	测量绕组绝缘电阻及 R_{60}/R_{15}	√	√	√	√	干燥前后必须	打开前及投入运用前必须	包括额定电压下合闸
2	套管介质损失角试验	—	√	√①	√①	√	√	

续表

序号	试验项目	试验类别						备注
		出厂试验		交接试验		更换绕组的大修	不更换绕组的大修	
		例行	型式	安装前	安装后			
3	高压试验主绝缘	√	√	—	√		√	
4	测定电容比 C_2/C_{50}	—	—	√	干燥前后必须	干燥前后必须	检修前后必须	
5	测定电容比 $C_{热}/C_{冷}$	—	—	—	—	建议在下列情况下采用：即当 C_2/C_{50} 及 tanδ 试值偏高或无法进行 C_2/C_{50} 时		
6	测量介质损失角 tanδ	—	—	可用以代4,5项	√	干燥前后必须	√	
7	测量绕组直流电阻	√	√	√①	√①	√	√	
8	变压比试验	√	√	无设备履历卡则需要	√	√	—	包括额定电压下合闸
9	校定绕组连接组	√	√	无设备履历卡则需要	√①	√	—	
10	空载试验	√	√	—	√①	√②	—	
11	短路试验	√	√					
12	穿芯螺栓耐压试验	—	—	√	—	√	√	
13	定相试验	—	—	—	√	√	如果一次或二次接线改接则必须	
14	油的分析试验	√	√	√	√	√	√	
15	油箱严密性试验	—	√	√①	√①	√②	√②	
16	温升试验	—	√	—	—	—	—	

① 容量为630kV·A及以下变压器无需进行。

② 容量为630kV·A及以下变压器仅需测量空载电流。

注：表中的√表示必须，—表示可免。

②变压器试验项目、周期和标准。变压器在供电部门及用户的试验项目、周期和标准，见表3-44。

■ **表3-44 变压器在供电部门、用户的试验项目、周期和标准**

序号	项目	周期	标准	说明
1	测量绕组的绝缘电阻和吸收比	①交接时 ②大修时 ③1～3年一次	①交接标准绝缘电阻见表3-4；吸收比在10～30℃时，35kV级及以下者应不低于1.2 ②大修和运行标准自行规定，参考值见上条	①额定电压为1000V以上的绕组用2500V兆欧表，其量程一般不低于10000MΩ，1000V以下者用1000V兆欧表 ②测量时，非被测绕组接地
2	测量绕组连同套管一起的介质损耗因数 $\tan\delta$	①交接时 ②大修时 ③必要时	①交接标准见表3-7 ②大修及运行中的 $\tan\delta$ 值不大于表3-7数值 ③ $\tan\delta$ 值与历年的数值比较不应有显著变化	①容量为3150kW及以上的变压器应进行 ②非被测绕组应接地（采用M型试验器时应屏蔽）
3	绕组连同套管一起的交流耐压试验	①交接时 ②大修后 ③更换绕组后	①全部更换绕组绝缘后，一般应按表3-45中出厂标准进行；局部更换绕组后，按表3-45中大修标准进行 ②非标准系列产品，标准不明的且未全部更换绕组的变压器，交流耐压试验电压标准应按过去的试验电压，但不得低于表3-45 ③出厂试验电压与表中的标准不同时，应为出厂试验电压的85%，但除干式变压器外，均不得低于表3-45值	①大修后绕组额定电压为110kV以下且容量为800kW及以下的变压器应进行，其他根据条件自行规定 ②充油套管应在内部充满油后进行耐压试验

续表

序号	项　　目	周　　期	标　　准	说　　明
4	油箱或套管中绝缘油试验	详见 DL/T 596—1996《电力设备预防性试验规程》		
5	测量轭铁梁和穿芯螺栓（可接触到的）的绝缘电阻	①交接时 ②大修时	见表 3-6	①用 1000V 或 2500V 兆欧表 ②轭铁梁及穿芯螺栓一端与铁芯连接者，测量时应将连接片断开（不能断开者可不进行）
6	测量铁芯（带有引外接地）对地的绝缘电阻	①交接时 ②大修时 ③1～3 年一次	见表 3-6	①用 1000V 兆欧表 ②运行中有异常时可测量接地回路的电流
7	测量绕组连同套管一起的直流电阻	①交接时 ②大修时 ③变换无励磁调压分接头位置后 ④出口短路后 ⑤1～3 年一次	①按表 3-42 ②测得的相间差与以前（出厂或交接时）相应部位测得的相间差比较，其变化也不应大于 2%	①大修和交接时，应在各侧绕组的所有分接头位置上测量 ②对无励磁调压，1～3 年一次的测量和运行中变换分接头位置后，只在使用分接头位置上测量 ③对有载调压和无励磁调容，在交接和大修时，一般在所有分接头上测量（平时变换分接头不测量） ④所规定的标准是指对引线的影响校正后的数值
8	检查绕组所有分接头的电压比	①交接时 ② 大修后 ③更换绕组后 ④内部接线变动后	①大修后各相相应分接头的电压比与铭牌值相比，不应有显著差别，且应符合规律 ②见表 3-42	①更换绕组后，应按表 3-42 标准 ②更换绕组后及内部接线变动后，应在每一分接头下进行电压比测量，并应校对单相变压器的极性和三相变压器的连接组标号 ③对于其他分接头的电压比，在超过允许偏差时，应在变压器阻抗电压值（%）的 1/10 以内，但不得超过±1%

续表

序号	项　目	周　期	标　准	说　明
9	校定三相变压器的连接组别和单相变压器的极性	①交接时 ②更换绕组后 ③内部接线变动后	必须与变压器的标志(铭牌和顶盖上的字牌)相符	
10	测量容量为3150kV·A下的空载电流和空载损耗及以上变压器的额定电压	①更换绕组后 ②必要时	与出厂试验值相比无明显变化	①三相试验无条件时,可用单相全电压试验 ②试验电源波形畸变率应不超过5% ③交接时应提交该项出厂记录
11	测定变压器额定电压下的阻抗电压和负载损耗(≥3150kV·A)	更换绕组后	应符合出厂试验值,无明显变化	①无条件时可在不小于1/4额定电流下进行测量 ②交接时应提交该项出厂记录
12	检查有载分接开关的动作情况	①交接时 ②大修时 ③必要时	应符合制造厂的技术条件	
13	检查相位	①交接时 ②更换绕组后 ③更换接线后	必须与电网的相位一致	
14	额定电压下的冲击合闸试验	①交接时 ②更换绕组后	交接时为5次,更换绕组后为3次,应无异常现象,励磁涌流不应引起保护装置的误动作	①在使用分接头上进行 ②一般在变压器高压侧加电压试验
15	总装后对散热器和油箱做密封油压试验	①交接时 ②大修后	对管状和平面油箱和密封式变压器,采用0.6m的油柱压力;对波状油箱和有散热器的油箱,采用0.3m的油柱压力。试验持续时间为15min无渗漏	①对冷却装置和热虹吸油再生装置在交接和大、小修时也应试验,试验标准相同 ②在交接和大、小修时检查接缝衬垫和法兰连接情况,应不漏油

续表

序号	项　　目	周　　期	标　　准	说　　明
16	油中溶解气体色谱分析	35kV 以下的变压器根据具体条件自行规定	①设备内部氢和烃类气体超过表3-46任一项时应引起注意 ②烃类气体的总产气率在 0.25mL/h（开放式）和 0.5mL/h（密封式）或相对产气速率大于10%/月时，可判断为设备内部存在异常（总烃含量低的设备不宜采用相对产气速率进行判断）	①溶解气体含量达到引起注意值时，可结合产气速率来判断有无内部故障；必要时，应缩短周期进行追踪分析 ②新设备及大修后的设备投运前应做一次检测；投运后，在短期内应多次检测，以判断该设备是否正常
17	油中微量水测量	必要时	参考值如下：220kV 及以下为30ppm 以下	测量时应注意温度的影响

注：1. 1600kW 以下变压器试验项目、周期和标准：大修后按表中序号 1、3、4、6、7、8、9、13 等项进行，定期试验按表中序号 1、3、4 等项进行，周期自行规定。

2. 油浸式变压器的绝缘试验，应在充满合格油静止一定时间，待气泡消除后方可进行。一般大容量变压器静止 20h 以上；3～10kV 的变压器需静止 5h 以上。

3. 绝缘试验时，以充压器的上层油温作为变压器绝缘的温度。

4. 单位 ppm 为百万分之一（10^{-6}），下同。

■ 表 3-45　外施高压试验电压标准（交流 1min）

额定电压级次/kV	0.4	3	6	10	15	20	35
最高工作电压/kV	0.46	3.5	6.9	11.5	17.5	23.0	40.5
出厂试验电压/kV	5	18	25	35	45	55	85
交接、修理（未全部更换绕组）和预防性试验电压/kV	4	15	21	30	38	47	72
交接、修理（未全部更换绕组）和预防性试验电压，对 1965 年前产品/kV	2	13	19	26	34	41	64

■ 表 3-46　绝缘油油质变坏的判断标准

气体种类	含量/ppm	
	正常值	有故障可能的注意值（≥）
总烃（甲烷、乙烷、乙烯和乙炔气体总和）	100	150
乙炔	5	5
氢气	100	150

3.5.4 变压器常用绝缘材料

（1）变压器常用的绝缘材料的特点和用途

变压器常用的绝缘材料的特点和用途见表 3-47。

■ **表 3-47 变压器常用绝缘材料的特点和用途**

品名	颜色	常用规格		特点	用途	备注
		厚度/mm	耐压强度/V			
电话纸	白色	0.04 0.05	400	坚实、不易破裂	线径小于0.4mm的漆包线的层间绝缘垫纸	代用品：相应厚度的打字纸，描图纸或胶版纸
电缆纸	土黄色	0.08 0.12	300～400 800	柔顺、耐拉力强	线径大于0.5mm的漆包线的层间绝缘垫纸，低压绕组间的绝缘（2～3层）	代用品：牛皮纸
青壳纸	青褐色	0.25	1500	坚实、耐磨	线包外层绝缘（2～3层）	
电容器纸	白色 黄色	0.03	475	薄、密度高	线径小于0.4mm的漆包线层间绝缘	
聚酯薄膜	透明	0.04 0.05 0.10	3000 4000 9000	耐温140℃	层间绝缘	
玻璃漆布	黄色	0.15 0.17	2000～3000	耐温好	绕组间绝缘	
聚四氟乙烯薄膜	透明	0.03	6000	耐温280℃，耐酸碱	层间绝缘	
压制板	土黄色	1.0 1.5		坚实、易弯曲	线包骨架	又称弹性纸
黄蜡布	糖浆色	0.14 0.17	2500	光滑、耐压高	高压绕组间绝缘	凡立水浸渍的棉制品
黄蜡绸	糖浆色	0.08	4000	细薄、少针孔	高压绕组的层间绝缘，高压绕组间绝缘（2～3层）	凡立水浸渍的丝织品

续表

品名	颜色	常用规格		特点	用途	备注
		厚度/mm	耐压强度/V			
高频漆				粘料	粘合绝缘纸、压制板、黄蜡布、黄蜡绸等	无水酒精和酚醛树脂溶合泡制代用品：洋干漆
青喷漆	透明			粘料	粘合绝缘纸、压制板、黄蜡布、黄蜡绸等	又名罩光漆，蜡克

（2）电缆纸

其击穿强度可达60kV/mm，油纸绝缘耐热温度为95℃。电缆纸有高压电缆纸和低压电缆纸两大类，电缆纸的性能见表3-48。

（3）电容器纸

电容器纸有多种型号，击穿强度很高。高压电容器常选用10～100μm厚的电容器纸，低压电容器常选用7～17μm厚的电容器纸。应用时，通常是多层卷包，以承受较高电压。电容器纸的性能见表3-49。

■ **表3-48　电缆纸的性能**

性能		低压电缆纸			高压电缆纸			
		DLZ-08	DLZ-12	DLZ-17	GDL-045	GDL-075	GDL-125	GDL-175
厚度/mm		0.08	0.12	0.17	0.045	0.075	0.125	0.175
紧度/(g/cm³)		0.7～0.82	0.7～0.86	0.7～0.85	0.85	0.85	0.85	0.85
透气度/(mL/min)		19～25	18～25	20～25	0.7～25	1～25	8～20	12～20
横向撕裂度/N		0.6	1.2	2.1	0.2～0.3	0.6～0.7	1.5～1.9	2.4～2.9
抗张力/N	纵向	≥88	156～176	216～274	52～63	88～98	137～152	172～216
	横向	≥44	68～75	≥107	22～28	41～49	64～74	83～98
伸长率/%	纵向	≥4.5	2～2.2	2～2.1	2.3～3	2.3～3	2.3～3	2.3～3
	横向	≥2.0	6～7.2	6～7	7～8	7～10	7～9	7～9
耐折度(次数)	常态	≥1000	2000～3000	2000～3000	1300～1800	1500～2300	2500	3000
	热态	—	—	—	1040～1700	1200～1600	2000	2400

续表

性能		低压电缆纸			高压电缆纸			
		DLZ-08	DLZ-12	DLZ-17	GDL-045	GDL-075	GDL-125	GDL-175
介质损耗角正切/×10⁻³	干纸	—	—	—	1～2.3	1.3～2.3	1.4～2.3	1.5～2.3
	油纸	—	—	—	3	3	3	3
水抽出物电导率/$\times10^{-5}\Omega^{-1}\cdot cm^{-1}$		—	—	—	0.9～2.5	0.9～2.5	0.9～2.5	0.9～2.5
水分/%		6～9	6～9	6～9	6～9	6～9	6～9	6～9
水抽出物 pH 值		7～9.5	7～9.5	7～9.5	6.5～8	6.5～8	6.5～8	6.5～8

(4) 电话纸、卷缠纸

电话纸主要用作漆包线层间绝缘垫纸；卷缠纸用作变压器油纸绝缘。电话纸和卷缠纸的性能见表 3-50。

■ 表 3-49 各种电容器纸的性能

型号	厚度/μm	紧度/(g/cm³)	透气度/(mL/min)	纵向断列长度/km	水抽出物电导率/$\times10^{-5}\Omega^{-1}\cdot cm^{-1}$	导电质点/(个/m²)	交流击穿电压/V	介质损耗角正切(60℃)/$\times10^{-3}$
A-Ⅱ型	4	1.2	0.4～15	8～10	0.6～4	1000～2000	220～280	1.4～2
	6		0.4～8	8.5～10	0.7～4	300～1000	270～330	1.5～2
	8		0.3～3	8～9.2	0.8～4	20～500	310～470	1.6～2
	10		0.3～3	7.5～9.7	0.6～4	20～250	350～550	1.7～2
	12		0.3～3	7～9.2	0.6～4	20～150	380～550	1.6～2
B-Ⅰ型	10	1.0	0.5～7	7～9.6	0.8～4	30～300	300～450	1.5～1.7
	12		0.1～5	7～9.3	0.9～4	10～150	325～470	≤1.7
	15		0.3～5	7～8.7	0.7～4	≤80	350～500	≤1.7
B-Ⅱ型	8	1.2	0.9～3	8～9.4	0.9～4	40～800	310～430	1.6～2
	10		0.5～3	7.5～10	1～4	50～400	350～450	≤2
	12		0.7～3	7～9.5	0.7～4	30～200	380～670	≤2
	15		0.2～2	7～8.5	1.1～4	10～100	430～600	1.8～2
BD-Ⅰ型	10	1.0	≤7	≥7	≤2	≤300	≥300	≤1.4
	12		0.7～5	7～8.7	0.7～2	10～150	325～540	1.2～1.4
	15		≤5	≥7	≤2	≤80	≥430	≤1.4
BD-Ⅱ型	8	1.2	≤3	≥8	≤2	≤800	≥310	≤2
	10		0.6～3	7.5～8.4	0.6～2	30～400	350～500	≤2
	12		≤2	≥7	≤2	≤200	≥380	≤2
	15		≤2	≥7	≤2	≤100	≥430	≤2
BD-0 型	15	0.8	1～5	7～8	1～2	2～50	380～490	≤1.1

■ **表 3-50　电话纸和卷缠纸的性能**

性　能		电　话　纸		卷缠纸
		DH-50	DH-75	
抗拉力/N	纵向	3.27～4.05②	4.58～4.90②	68.6～93
	横向	1.44～1.58②	1.96②	29～37
伸长率/%	纵向	2.0～2.5	2.0～2.8	—
	横向	4.0～6.9	4～8.4	—
耐折度(双折次数)		427～1355	776～1150	687～1222
水分①/%		5～8	5～8	6.2～7.5
灰分①/%		0.26～1.0	0.3～1.0	0.43～0.7

① 指质量分数。
② 单位为 kN/m。

(5) 合成纤维纸

合成纤维纸有多种种类，机械强度高，电气性能好，耐热性能好。合成纤维纸的性能见表 3-51。

■ **表 3-51　合成纤维的性能**

名称	厚度/mm	质量/(g/m²)	抗张力/N		伸长率/%	收缩率/%	体积电阻率/Ω·cm	介质强度/(kV/mm)
			纵向	横向				
聚酯纤维纸	0.08～0.09	28～32	12～18	12～18	15～40	1～3.5	—	—
聚芳酰胺纤维纸	0.08～0.09	70～80	≥39	≥20	≥5	≤2	10^{15}	14
聚芳砜酰胺纤维纸	0.15	158	94	73	—	≤2	10^{13}	22
恶二唑纤维纸	0.16	169	105	75	—	1	10^{15}	20

(6) 绝缘纸板

绝缘纸板可用于空气和不高于 90℃ 的变压器油中的绝缘材料和保护材料。绝缘纸板有两种型号：①50/50 型纸板（木纤维和棉纤维各占一半），有良好的耐弯曲性、耐热性，适用于电机、电器的绝缘和保护材料，以及耐振绝缘零件等；②100/100 型纸板（不掺棉纤维），其中的薄型纸板（厚度小于 500μm）通常称为青壳纸。绝缘纸板的性能见表 3-52。

表 3-52 绝缘纸板的性能

指标名称	单位	50/50	100/100
紧度 厚度 0.1～0.4mm	g/cm³	—	1.15～1.2
厚度 0.1～0.5mm		1.20～1.25	—
厚度 0.5mm 以上		—	1.00～1.15
抗张强度 厚度 0.1～0.5mm 纵向	MPa	120～160	90～140
横向		35～40	35～40
厚度 0.8mm 及以上 纵向		—	70～80
横向		—	38～50
收缩率 厚度 2.0～3.0mm 经干燥后 纵向	%	—	1～10
横向		—	1～2.5
灰分	%	0.5～1.5	0.5～1.1
水分	%	6～10	6～10
击穿强度① 厚度 0.1～0.4mm	MV/m	＞13	11～15
厚度 0.5mm		＞12	42～50
厚度 0.8mm		—	39～50
厚度 1.0mm		—	36～50
厚度 1.5mm		—	32～45
厚度 2.0mm		—	29～35
厚度 2.5mm		—	24～30
厚度 3.0mm		—	22～27
厚度 0.1～0.4mm，纵向折弯一次后		9～14	8～14

① 厚度为 0.1～0.4mm 纸板干燥后测量；厚度 0.5～3.0mm 纸板经真空干燥，浸变压器油后测量。

（7）绝缘漆

变压器常用的绝缘漆有浸渍漆、覆盖漆和硅钢片漆等。

① 浸渍漆　主要用来浸渍处理电机、变压器绕组、电器线圈、填充绝缘结构的间隙和微孔，以提高绝缘结构的电气、力学性能、导热性和耐潮性。

■ **表 3-53 有溶剂浸渍漆的性能**

名称	三聚氰胺醇酸浸渍漆	氨基醇酸快干漆	环氧少溶剂浸渍漆	环氧亚胺少溶剂浸渍漆	改性聚酯浸渍漆	聚酯改性有机硅浸渍漆	改性聚酰亚胺浸渍漆	聚酰亚胺浸渍漆
型号	1032	1038	1039	1049、1040	155、155-1	1054	D006	190
黏度,4 号杯/s	40±8	40±8	20～30	30～60	20～50	20～60	14～40	120～240
固体含量①/%	50±2	50±2	≥70	65～70	≥45	50～55	40±3	8～12
漆膜干燥时间/(h/℃)	≤2/105	≤0.5/105	≤2/140	≤2/140	≤3/130	≤1/200	—	—
厚层固化能力	10℃/20min 升温,90℃/1h+110℃/1h+120℃/16h	10℃/20min、升温、120℃/6～8h	140℃/5h	130～140℃/5～4h	120℃/4h+160℃/16h	—	110℃/3h+130℃/4h	—
介电强度/(MV/m)								
常态	≥70	≥70	≥70	≥70	≥65	≥90	≥70	≥100
高温	≥30	≥30	≥30	≥30	≥35	≥30 (200℃)	≥40	≥60 (200℃)
浸水	≥60	≥60	≥60	≥60	≥50	≥70	≥60	≥90
体积电阻率/Ω·m								
常态	$\geqslant 1\times10^{12}$	$\geqslant 1\times10^{12}$	$\geqslant 1\times10^{12}$	$\geqslant 1\times10^{12}$	$\geqslant 1\times10^{12}$	$\geqslant 1\times10^{13}$	$\geqslant 1\times10^{10}$	$\geqslant 1\times10^{13}$
高温	$\geqslant 1\times10^{7}$	$\geqslant 1\times10^{7}$	$\geqslant 1\times10^{8}$	$\geqslant 1\times10^{8}$	$\geqslant 1\times10^{8}$	$\geqslant 1\times10^{9}$ (200℃)	—	$\geqslant 1\times10^{10}$ (200℃)
浸水	$\geqslant 1\times10^{8}$	$\geqslant 1\times10^{8}$	$\geqslant 1\times10^{11}$	$\geqslant 1\times10^{11}$	$\geqslant 1\times10^{10}$	$\geqslant 1\times10^{10}$	$\geqslant 1\times10^{8}$	—
耐热等级	B	B	B	F	F	H	H	C

① 指质量分数。

■ 表 3-54　无溶剂浸渍漆的性能

名　　称	环氧硼胺无溶剂漆 9101、9105F	环氧酸酐无溶剂漆 113、1132、J1132-D_3	改性不饱和聚酯无溶剂漆 114-4	环氧聚酯亚胺无溶剂漆 CZ1140	聚酯无溶剂漆 P565H	聚酯亚胺无溶剂漆 9112	聚酯酰亚胺无溶剂漆 CJ1145	二苯醚型无溶剂漆 11511
黏度，4号杯/s	40～60	≤120	20～50	20～60	400～700 (MPa·s)	30	90～130	≤8
凝胶时间/min	≤60 (140～170℃)	4～12 (130℃)	≤10 (160℃)	≤30 (150℃)	≤30 (110℃)	37^{+3}_{-2} (80℃)	—	≤35 (155℃)
介电强度/(MV/m)								
常态	20～25	20～22	≥20	≥20	>80	≥50	≥50	>20
浸水	≥20	18～20		≥18	>60	≥30	≥30	>18
高温		16～18 (130℃)			>40 (180℃)	≥30 (155℃)	≥30 (155℃)	>10 (180℃)
耐热等级	B、F	B	F	F	H	F	F	H
用　　途	9101 和 9105F 分别用于 B、F 级中型整浸	中、小型电机滴浸	B、F 级牵引电机、交流高压电机的沉浸	F 级中、小型低压电机沉浸	F、H 级低压电机、电器沉浸	B、F 级小电机、微电机滴浸	F 级通用、大型电机、防爆电机、变压器沉浸	F、H 级低压电机、电器沉浸

浸渍漆可分为有溶剂漆和无溶剂漆两类。有溶剂浸渍漆浸渍性好，价廉，但浸渍和烘干时间长，易造成环境污染；无溶剂浸渍漆，浸渍中绝缘内层无气隙，内层干燥性好，浸渍和烘干时间短，对环境污染小，但价格较贵。

有溶剂浸渍漆的性能见表3-53；无溶剂浸渍漆的性能见表3-54。

② 覆盖漆　主要用于涂覆电机、变压器、电器绝缘部件表面，起着改善外观和保护作用。含有颜料和填料的漆称瓷漆；不含颜料和填料的漆称清漆。覆盖漆的性能见表3-55。

■ **表3-55　覆盖漆的品种和性能**

名　　称	醇酸晾干漆 1231	环氧酯晾干漆 9120	聚氨酯气干漆 J-813	醇酸晾干瓷漆 1321
黏度,4号杯/s	≥80	≥40	20～60	≥90
固体含量[①]/%	50±3	≥45	50±2	—
漆膜干燥时间/(h/℃)	≤20/20	≤24/20	—	≤3/20
热弹性/(h/℃)	≥6/150	≥6/150	—	≥1/150
主要用途	电器表面或绝缘部件	电器表面或绝缘部件	电机电器线圈,电子元件包封	电机、电器线圈、部件
名称	环氧酯瓷漆 164	聚酯晾干瓷漆 166、183、184	有机硅醇酸瓷漆 185	聚酯改性有机硅瓷漆 169
黏度,4号杯/s	≥60	≥40	≥30	≥80
固体含量[①]/%	≥55	—	≥60	≥70
漆膜干燥时间/(h/℃)	≤2/80	≤24/20	≤2/150	≤1/180
热弹性/(h/℃)	≥1/150	≥1/180	≥1/180	≥30/200
主要用途	湿热带电机、电器	F级电机定子和电器线圈	干式户外电抗器	电机线圈、电器部件

① 指质量分数。

■ 表 3-56 硅钢片漆的性能

名称	油性硅钢片漆 1611	氨基醇酸硅钢片漆 132	环氧酯酚醛硅钢片漆 133	环氧酚醛硅钢片漆 9162	二甲苯醇酸硅钢片漆 9163	聚胺酰亚胺硅钢片漆 D061	二苯醚环氧酚醛硅钢片漆 164-1	水溶性酚醛半无机硅钢片漆
黏度，4 号杯/s	≥70（20℃）	—	60～100（20℃）	50～80（25℃）	30～70（20℃）	≥70（25℃）	30～120（20℃）	30～40（20℃）
固体含量[①]/%	60±3	49～55	44±3	≥35	≥50	21±3	55±5	≥50
漆膜干燥时间/min	≤12（210℃）	≤5（160℃）	≤40（180℃）	≤40（180℃）	≤12（210℃）	≤10（200～210℃）	≤40（180℃）	1.5～2（315℃）
耐油性/h	≥24（105℃）	≥24（105℃）	≥24（155℃）	≥24（155℃）	≥24（105℃）	—	≥24（105℃）	—
体积电阻率/Ω·m								
常态	≥1×10^{11}	≥1×10^{11}	≥1×10^{12}	≥1×10^{12}	≥1×10^{13}	≥1×10^{11}	≥1×10^{12}	≥1×10^{14}
高温	—	—	≥1×10^{9}（155℃）	≥1×10^{9}（155℃）	—	≥1×10^{9}（180℃）	—	—
介电强度/（MV/m）	—	—	≥50	≥50	≥70	≥50	≥50	—
耐热等级	B	B	F	F	F	H	F	F

① 指质量分数。

③ 硅钢片漆　用于涂覆硅钢片，可降低铁芯涡流损耗，增加防锈和抗腐蚀能力。硅钢片漆的性能见表3-56。

3.5.5 硅钢片

当前硅钢片主要分为热轧、冷轧两种，冷轧硅钢片又分为晶格取向和无取向两种。

我国硅钢片的型号意义如下：

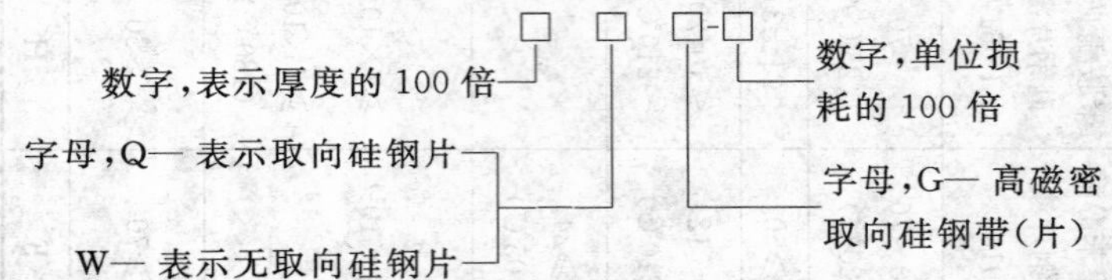

例如，30QG113型表示冷轧取向高磁密硅钢片，最大单位损耗P为1.13W/kg，磁密B最小为1.88T，硅钢片厚度为0.30mm。

(1) 常用硅钢片单位损耗及磁化容量（见表3-57）

■ 表3-57　国产常用硅钢片的单位损耗和磁化容量

磁通密度/T	DR320～DR280				DR255～DR225			
	铁损/(W/kg)		磁化容量		铁损/(W/kg)		磁化容量	
	DR320-35	DR280-35	安匝/cm	V·A/kg	DR255-35	DR225-35	安匝/cm	V·A/kg
1.00	1.35	1.2	1.61	4.71	1.05	0.9	1.61	4.71
1.01	1.38	1.23	1.65	4.87	1.07	0.91	1.65	4.87
1.02	1.41	1.25	1.69	5.03	1.09	0.93	1.69	5.03
1.03	1.44	1.27	1.72	5.19	1.11	0.95	1.72	5.19
1.04	1.47	1.30	1.76	5.35	1.13	0.96	1.76	5.35
1.05	1.5	1.32	1.80	5.51	1.15	0.98	1.80	5.51
1.06	1.53	1.35	1.84	5.71	1.17	1.00	1.84	5.71
1.07	1.55	1.38	1.89	5.91	1.2	1.03	1.89	5.91
1.08	1.58	1.40	1.94	6.11	1.22	1.06	1.94	6.11
1.09	1.61	1.43	1.99	6.31	1.25	1.09	1.99	6.31
1.10	1.64	1.45	2.03	6.51	1.28	1.1	2.03	6.51
1.11	1.68	1.48	2.09	6.78	1.31	1.13	2.09	6.78
1.12	1.71	1.50	2.15	7.06	1.33	1.15	2.15	7.06
1.13	1.74	1.53	2.23	7.37	1.35	1.18	2.23	7.37
1.14	1.77	1.55	2.31	7.71	1.37	1.2	2.31	7.71
1.15	1.8	1.58	2.40	8.05	1.40	1.22	2.40	8.05

续表

磁通密度/T	DR320～DR280				DR255～DR225			
	铁损/(W/kg)		磁化容量		铁损/(W/kg)		磁化容量	
	DR320-35	DR280-35	安匝/cm	V·A/kg	DR255-35	DR225-35	安匝/cm	V·A/kg
1.16	1.84	1.61	2.49	8.41	1.43	1.25	2.49	8.41
1.17	1.88	1.64	2.57	8.77	1.45	1.27	2.57	8.77
1.18	1.92	1.67	2.66	9.16	1.48	1.30	2.66	9.16
1.19	1.96	1.71	2.75	9.58	1.51	1.32	2.75	9.58
1.20	2.0	1.75	2.85	10	1.54	1.35	2.85	10.00
1.21	2.04	1.78	2.96	10.46	1.57	1.37	2.96	10.46
1.22	2.08	1.81	3.07	10.92	1.60	1.39	3.07	10.92
1.23	2.12	1.84	3.17	11.39	1.62	1.41	3.17	11.39
1.24	2.15	1.87	3.28	11.87	1.65	1.43	3.28	11.87
1.25	2.18	1.9	3.38	12.35	1.68	1.45	3.38	12.35
1.26	2.21	1.94	3.51	12.9	1.70	1.48	3.51	12.91
1.27	2.25	1.98	3.63	13.5	1.73	1.51	3.63	13.47
1.28	2.28	2.02	3.77	14.1	1.75	1.54	3.77	14.1
1.29	2.32	2.05	3.93	14.8	1.78	1.57	3.93	14.8
1.30	2.36	2.08	4.09	15.5	1.80	1.60	4.09	15.5
1.31	2.40	2.11	4.26	16.3	1.84	1.63	4.26	16.3
1.32	2.45	2.13	4.44	17.1	1.88	1.65	4.44	17.1
1.33	2.49	2.16	4.68	18.0	1.92	1.68	4.63	18.0
1.34	2.54	2.19	4.85	19.0	1.95	1.70	4.85	19.0
1.35	2.58	2.22	5.07	20.0	1.98	1.72	5.07	20.0
1.36	2.62	2.25	5.33	21.2	2.02	1.75	5.23	21.2
1.37	2.66	2.28	5.60	22.4	2.05	1.78	5.60	22.4
1.38	2.70	2.32	5.85	23.6	2.08	1.82	5.85	23.6
1.39	2.74	2.36	6.12	24.8	2.12	1.86	6.12	24.8
1.40	2.78	2.40	6.36	26.0	2.15	1.90	6.36	26.0
1.41	2.82	2.44	6.65	27.4	2.19	1.92	6.65	27.4
1.42	2.86	2.48	6.95	28.8	2.22	1.95	6.95	28.8
1.43	2.90	2.52	7.25	30.3	2.25	1.98	7.25	30.3
1.44	2.94	2.56	7.60	31.9	2.28	2.00	7.60	31.9
1.45	2.98	2.60	7.92	33.5	2.32	2.02	7.90	33.5
1.46	3.02	2.64	8.28	35.3	2.35	2.06	8.25	35.3
1.47	3.07	2.68	8.65	37.1	2.38	2.10	8.65	37.1
1.48	3.12	2.72	9.03	39.0	2.42	2.14	9.03	39.0
1.49	3.17	2.76	9.46	41.2	2.46	2.18	9.46	41.2
1.50	3.20	2.80	9.96	43.6	2.50	2.2	9.96	43.6

续表

磁通密度/T	35Q280		35Q250		
	铁损/(W/kg)	磁化容量/(V·A/kg)	铁损/(W/kg)	磁化容量	
				安匝/cm	V·A/kg
1.00	0.9	2.5	0.8	0.72	2.090
1.01	0.92	2.6	0.85	0.744	2.187
1.02	0.94	2.7	0.83	0.768	2.284
1.03	0.957	2.8	0.845	0.792	2.381
1.04	0.975	2.9	0.86	0.816	2.478
1.05	0.995	3.0	0.875	0.84	2.575
1.06	1.01	3.14	0.89	0.864	2.672
1.07	1.028	3.28	0.905	0.888	2.769
1.08	1.045	3.42	0.92	0.912	2.866
1.09	1.065	3.56	0.935	0.936	2.963
1.10	1.085	3.70	0.95	0.96	3.06
1.11	1.102	3.80	0.937	0.994	3.21
1.12	1.12	3.90	0.984	1.028	3.36
1.13	1.14	4.02	1.00	1.062	3.50
1.14	1.16	4.16	1.02	1.096	3.65
1.15	1.18	4.30	1.04	1.13	3.80
1.16	1.20	4.50	1.05	1.164	3.95
1.17	1.22	4.70	1.07	1.198	4.10
1.18	1.24	4.88	1.09	1.232	4.24
1.19	1.26	5.04	1.10	1.266	4.39
1.20	1.28	5.20	1.12	1.300	4.54
1.21	1.30	5.48	1.14	1.354	4.78
1.22	1.33	5.76	1.16	1.408	5.02
1.23	1.35	6.06	1.18	1.462	5.26
1.24	1.38	6.38	1.20	1.516	5.50
1.25	1.40	6.70	1.22	1.57	5.75
1.26	1.43	7.02	1.23	1.624	5.99
1.27	1.45	7.34	1.25	1.688	6.23
1.28	1.48	7.70	1.27	1.732	6.47
1.29	1.50	8.10	1.29	1.786	6.71
1.30	1.52	8.50	1.31	1.840	6.95
1.31	1.55	8.82	1.33	1.904	7.27
1.32	1.59	9.14	1.35	1.968	7.58
1.33	1.61	9.50	1.37	2.032	7.90
1.34	1.64	9.90	1.39	2.096	8.21

续表

磁通密度/T	35Q280		35Q250		
	铁损/(W/kg)	磁化容量/(V·A/kg)	铁损/(W/kg)	磁化容量	
				安匝/cm	V·A/kg
1.35	1.66	10.30	1.42	2.160	8.53
1.36	1.69	10.74	1.44	2.224	8.84
1.37	1.71	11.18	1.46	2.228	9.16
1.38	1.74	11.62	1.48	2.352	9.47
1.39	1.77	12.06	1.50	2.416	9.79
1.40	1.79	12.55	1.52	2.480	10.10
1.41	1.81	12.98	1.54	2.589	10.60
1.42	1.84	13.46	1.57	2.698	11.20
1.43	1.86	13.96	1.59	2.807	11.70
1.44	1.89	14.48	1.61	2.916	12.30
1.45	1.91	15.00	1.64	3.025	12.80
1.46	1.94	15.56	1.66	3.134	13.30
1.47	1.97	16.12	1.681	3.243	13.88
1.48	2.00	16.62	1.704	3.352	14.42
1.49	2.03	17.06	1.727	3.461	14.96
1.50	2.05	17.50	1.75	3.570	15.50

(2) 国产取向钢电磁性能和工艺特性（见表 3-58）

■ 表 3-58　国产取向钢电磁性能和工艺特性

牌号	公称厚度/mm	密度/(kg/dm³)	50Hz		最小弯曲次数	最小叠装系数/%
			最大铁损/(W/kg)	最小磁通密度/T		
			$P_{1.7}$	B_{800}		
27QG100	0.27	7.65	1.00	1.85	1	95
27QG110			1.10	1.85		
27Q120			1.20	1.78		
27Q130			1.30	1.78		
27Q140			1.40	1.75		
30QG110	0.30	7.65	1.10	1.85	1	95.5
30QG120			1.20	1.85		
30QG130			1.30	1.85		
30Q130			1.30	1.78		
30Q140			1.40	1.78		
30Q150			1.50	1.75		

续表

牌号	公称厚度/mm	密度/(kg/dm³)	50Hz 最大铁损/(W/kg)	50Hz 最小磁通密度/T	最小弯曲次数	最小叠装系数/%
			$P_{1.7}$	B_{800}		
35QG125	0.35	7.65	1.25	1.85	1	96
35QG135			1.35	1.85		
35Q135			1.35	1.78		
35Q145			1.45	1.78		
35Q155			1.55	1.78		
35Q165			1.65	1.76		

注：1. 按 GB/T 3655 测试时，试样应消除应力退火，退火工艺为在（800±20)℃的炉中保持 2h，然后空冷到室温。

2. 按 GB/T 13789 测试时，试样可不进行消除应力退火。

(3) 国产无取向钢电磁性能和工艺特性（见表 3-59）

■ 表 3-59 国产无取向钢电磁性能和工艺特性

牌号	公称厚度/mm	密度/(kg/cm³)	50Hz 最大铁损/(W/kg)	50Hz 最小磁通密度/T	最小弯曲次数	最小叠装系数/%
			$P_{1.5}$	B_{5000}		
35W230	0.35	7.60	2.30	1.60	2	95
35W250		7.60	2.50	1.60	2	
35W270		7.65	2.70	1.60	2	
35W300		7.65	3.00	1.60	3	
35W330		7.65	3.30	1.60	3	
35W360		7.65	3.60	1.61	5	
35W400		7.65	4.00	1.62	5	
35W440		7.70	4.40	1.64	5	
5W230	0.50	7.60	2.30	1.60	2	97
50W250		7.60	2.50	1.60	2	
50W270		7.60	2.70	1.60	2	
50W290		7.60	2.90	1.60	2	
50W310		7.65	3.10	1.60	3	
50W330		7.65	3.30	1.60	3	
50W350		7.65	3.50	1.60	3	
50W400		7.65	4.00	1.61	5	
50W470		7.70	4.70	1.62	10	

续表

牌号	公称厚度/mm	密度/(kg/cm³)	50Hz		最小弯曲次数	最小叠装系数/%
			最大铁损/(W/kg)	最小磁通密度/T		
			$P_{1.5}$	B_{5000}		
50W540	0.50	7.70	5.40	1.65	10	97
50W600		7.75	6.00	1.65	10	
50W700		7.80	7.00	1.68	10	
50W800		7.80	8.00	1.68	10	
50W1000		7.85	10.00	1.69	10	
50W1300		7.85	13.00	1.69	10	
65W600	0.65	7.75	6.00	1.64	10	97
65W700		7.75	7.00	1.65	10	
65W800		7.80	8.00	1.68	10	
65W1000		7.80	10.00	1.68	10	
65W1300		7.85	13.00	1.69	10	
65W1600		7.85	16.00	1.69	10	

3.6 接触式调压器

接触式调压器是调节电压的通用设备，它能在带负载情况下无级而平滑地调节输出电压，由于输出电压波形畸变极小，所以特别适用于对波形要求高的试验、研究等场合。

3.6.1 工作原理及工作条件

(1) 工作原理

接触式调压器主要由硅钢片环状铁芯组成，其上绕一单层绕组，借助于可移动的电刷在线圈磨光表面上的接触位置的改变，使负载电压能在一定的范围内，获得无级而平滑的调节。

（2）工作条件

① 海拔高度不超过 1000m；

② 周围介质温度不高于＋40℃；

③ 空气相对湿度不大于 85%；

④ 不含有化学腐蚀性气体及蒸气的环境中；

⑤ 无爆炸危险的气体中；

⑥ 不受雨水侵入的场合中；

⑦ 不能并联使用。

3.6.2 型号含义及技术数据

（1）接触式调压器的型号含义

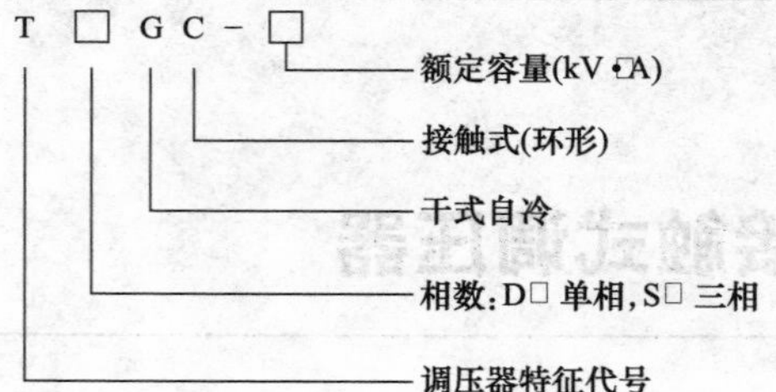

（2）电流密度和磁通密度的选择

单层绕组散热条件好，电流密度可取较大值。按电压比为 2 的位置计算时，5kV·A 环式接触调压器，可取 $4A/mm^2$，0.5 kV·A 的可取 $7A/mm^2$。

环式接触调压器铁芯散热条件较差，磁通密度不宜取高。冷轧硅钢片取 1.3～1.5T，热轧硅钢片取 1.1～1.3T。柱式接触调压器铁芯的磁通密度选取同电力变压器。

（3）TDGC2、TSGC2 系列接触式调压器技术数据（见表 3-60）。

■ 表 3-60 TDGC2、TSGC2 系列接触式调压器技术数据

型号	额定容量/kV·A	相数	额定输入电压/V	输出电压范围/V	额定输出电流/A	质量/kg
TDGC2-0.2	0.2	1	220	0～250	0.8	2.2
TDGC2-0.5	0.5				2	3.5
TDGC2-1	1				4	6.1
TDGC2-2	2				8	8.3
TDGC2-3	3				12	11
TDGC2-4	4				16	13.5
TDGC2-5	5				20	15.5
TDGC2-7	7				28	24
TDGC2-10	10				40	27
TDGC2-15	15				60	51
TDGC2-20	20				80	57
TDGC2-30	30				120	86
TSGC2-3	3	3	380	0～430	4	19
TSGC2-6	6				8	26
TSGC2-9	9				12	33
TSGC2-12	12				16	44
TSGC2-15	15				20	49
TSGC2-20	20				27	74
TSGC2-30	30				40	83

3.7 感应式调压器

感应式调压器能在常负载情况下无级而平滑地调节输出电压，主要用于工业设备或实验室调节负载电压用。

3.7.1 工作原理及工作条件

（1）工作原理

调压器的结构类似一般线绕式异步电动机，但由于它经常处于制动状态下工作，因此其作用原理实际上又与变压器作用原理相

似。调压器上装有蜗轮传动机构，借以使转子产生角位移；或使转子制动。当转子的相对角位置改变后，对于单相调压器来说，改变了定子绕组与转子绕组间的交链磁通，使次级绕组感应电势改变；对于三相调压器来说，改变定子绕组与转子绕组上的感应电势相位，并借自耦式线路连接而使输出电压同样获得平滑无级的变化。

三相调压器的一次绕组可以放置在定子中，也可放置在转子中，由设计决定。

(2) 工作条件

除第②条周围介质温度不高于+40℃、不低于−25℃外，其余各条同接触式调压器。

3.7.2 型号含义及连接法

(1) 感应式调压器的型号含义

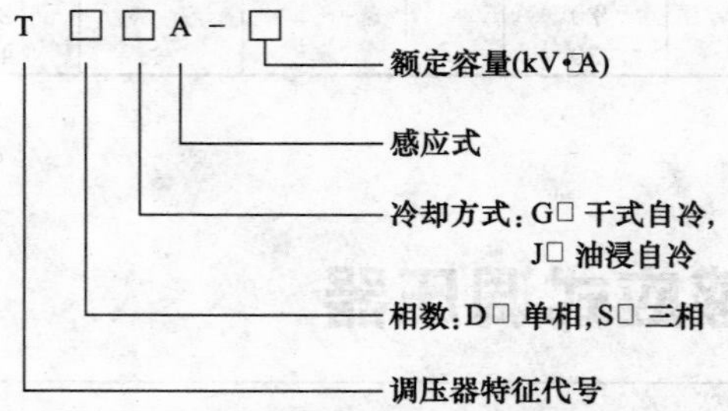

(2) 感应调压器的常用连接法和电磁容量换算

三相感应调压器和单相感应调压器的常用连接法如图 3-8 和图 3-9 所示。

感应调压器常用连接法的电磁容量换算，见表 3-61。

3.7.3 技术数据及使用维护

(1) 感应式调压器的技术数据

① 电流密度和磁通密度的选择，见表 3-62。

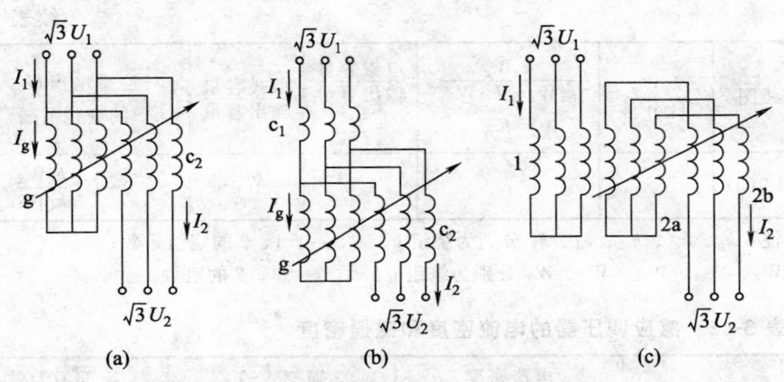

图 3-8　三相感应调压器常用接线图

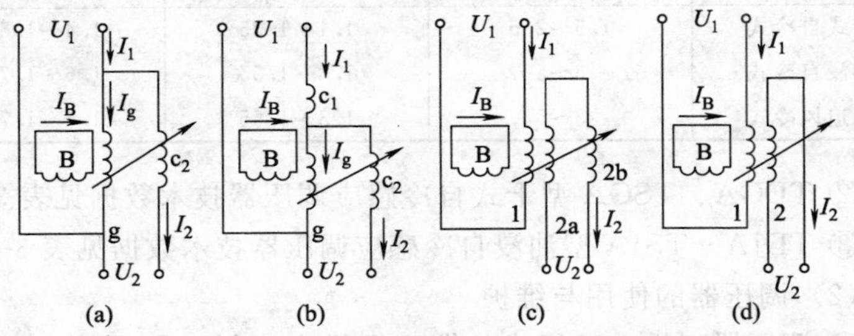

图 3-9　单相感应调压器常用接线图

■ **表 3-61　感应调压器常用连接法的电磁容量换算**

接线图	$\dfrac{k_g W_g}{k_{c2} W_{c2}}$	$\dfrac{k_g W_g}{k_g W_g + k_{c1} W_{c1}} = K_{fy}$	$\dfrac{电磁容量}{输出容量} = K_{xy}$	$\dfrac{型式容量}{输出容量}$	空载电压 U_{20} 的变化范围
图 3-8(a) 图 3-9(a)	1	1	0.5	0.5	$0 \sim 2U_1$
	2	1	0.33	0.33	$0.5U_1 \sim 1.5U_1$
	4	1	0.20	0.20	$0.75U_1 \sim 1.25U_1$
	8	1	0.11	0.11	$0.875U_1 \sim 1.125U_1$
图 3-8(b) 图 3-9(b)	1	0.75	0.5	0.625	$0 \sim 1.5U_1$
	1	0.625	0.5	0.685	$0 \sim 1.25U_1$
	1	0.5	0.5	0.75	$0 \sim U_1$
图 3-8(c) 图 3-9(c)	$k_{2b} W_{2b} = k_{2a} W_{2a} = k_2 W_2$		1.0	1.0	$0 \sim 2U_1 \dfrac{k_2 W_2}{k_1 W_1}$

续表

接线图	$\frac{k_g W_g}{k_{c2} W_{c2}}$	$\frac{k_g W_g}{k_g W_g + k_{c1} W_{c1}} = K_{fy}$	$\frac{电磁容量}{输出容量} = K_{xy}$	$\frac{型式容量}{输出容量}$	空载电压 U_{20} 的变化范围
图 3-9(d)			1.0	1.0	$0 \sim U_1 \frac{k_2 W_2}{k_1 W_1}$

注：k_g、k_{c1}、k_{c2}、k_1、k_2 分别为绕组 g、c_1、c_2、1、2 的绕组系数；W_g、W_{c1}、W_{c2}、W_1、W_2 分别为绕组 g、c_1、c_2、1、2 的匝数。

■ **表 3-62 感应调压器的电流密度和磁通密度**

冷却方式	电流密度（铜导线）/(A/mm²)	轭部磁通密度(热轧硅钢片)/T	齿部最大磁通密度(热轧硅钢片)/T
干式自冷式	1.5～2.5	1.1～1.35	1.4～1.55
油浸自冷式	3～5	1.3～1.55	1.6～1.75
强迫风冷式	3～5	1.3～1.55	1.6～1.75

② TDGA、TSGA 型干式自冷感应调压器技术数据见表 3-63。

③ TDJA、TSJA 型油浸自冷感应调压器技术数据见表 3-64。

（2）调压器的使用与维护

① 调压器刚投入运行或长期不用投入运行时必须检查绝缘性能。可用 500V 兆欧表在温度不低于 10℃时测量绕组对地、绕组间（双圈式）的绝缘电阻，其值不得小于产品出厂测定值的 70%（换算到调压器出厂温度）。绝缘电阻换算系数 K 见表 3-65。

表中，t_1 为测定时温度，t_2 为出厂试验数据对应之温度，当温差为负值时取上项换算系数之倒数。

如果绝缘电阻小于要求值，则需进行烘燥处理。烘燥处理可用带电烘燥法或吊出芯体送入烘房烘燥。

② 投用前，检查线路电压，应符合调压器铭牌上所规定的数值。

③ 调压器的机座必须可靠接地（接零），以确保安全。

④ 检查调压器的传动系统。传动装置应灵活，转动转子在 180°内或 90°内“正”、“反”方向应保持轻重均匀。

■ 表 3-63 TDGA、TSGA 型干式自冷感应调压器技术数据

型号	额定输出容量/kV·A	相数	频率/Hz	输入电压/V	负载电压（cosφ=0.8）/V	负载电流/A	空载电流/A	总损耗（75℃）/W	质量/kg	备注
TDGA-10/0.5	10	1	50	220	0～400	25	7.6	560	300	
TDGA-10/0.5	10	1	50	380	0～650	15.4	4.7	560	300	
TDGA-12.5/0.5	12.5	1	50	220	0～400	31.3	9.4	660	300	
TDGA-12.5/0.5	12.5	1	50	380	0～650	19.2	5.7	660	300	
TDGA-16/0.5	16	1	50	380	201～500	32	4.5	560	300	
TSGA-3.5/0.5	3.5	3	50	193～253	220	9.2	1.8	180	45	
TSGA-3.5/0.5	3.5	3	50	330～430	380	12	2.2	300	60	
TSGA-10/0.5	10	3	50	380	0～650	8.9	2.7	630	270	
TSGA-12.5/0.5	12.5	3	50	380	0～650	11.1	1.6	740	270	
TSGA-16/0.5	16	3	50	380	0～420	22	4.6	900	300	
TSGA-16/0.5	16	3	50	380	200～500	18.5	2.7	630	270	
TSGA-16/0.5	16	3	50	380	0～650	14.2	4.1	900	300	
TSGA-25/0.5	25	3	50	380	200～500	28.9	3.9	900	300	
TSGAP-16/0.5	16	3	400～500	110	0～90	103	12	750	270	中频
TSGAP-20/0.5	20	3	400～500	220	0～130	89	7.4	900	300	中频
TSGAP-25/0.5	25	3	400～500	220	0～400	36	7	600	270	中频

■ **表 3-64　TDJA、TSJA 型油浸自冷感应调压器技术数据**

型号	额定输出容量/kV·A	相数	频率/Hz	输入电压/V	负载电压($\cos\varphi=0.8$)/V	负载电流/A	空载电流/A	总损耗(75℃)/W	质量/kg
TDJA-16	16	1	50	220	0～400	40	11.5	1000	380
TDJA-16	16	1	50	380	0～650	25	6.7	1000	380
TDJA-30	30	1	50	220	0～400	75	20.6	1730	450
TDJA-30	30	1	50	380	0～500	60	10.5	1730	420
TDJA-30	30	1	50	380	0～650	45	12.4	1730	450
TDJA-50	50	1	50	220	0～250	200	36.8	2800	750
TDJA-50	50	1	50	380	0～500	100	19.7	2600	650
TDJA-100	100	1	50	220	0～400	250	59	4200	1100
TDJA-100	100	1	50	380	0～150	666	65.3	7100	1600
TDJA-100	100	1	50	380	0～500	200	37.6	4200	1100
TSJA -20	20	3	50	380	0 ～ 380	31	5.8	1600	405
TSJA-20	20	3	50	380	0～500	23	5.2	1400	405
TSJA -30	30	3	50	380	0～380	46	8.7	2250	450
TSJA-30	30	3	50	380	0～500	35	7.1	1900	405
TSJA-50	50	3	50	380	0～380	76	14	3200	720
TSJA-50	50	3	50	380	0～500	58	11.8	2900	720
TSJA-100	100	3	50	380	0～500	115	21.2	4500	810

■ **表 3-65　绝缘电阻换算系数 *K* 值**

温差(t_2-t_1)/℃	5	10	15	20	25	30	35
换算系数 K	1.2	1.5	1.8	2.3	2.8	3.4	4.7

⑤ 进行空载运行，检查传动电动机运转方向应与调压器“升压”、“降压”的指示标志一致。输出电压最高、最低极限值时，行程开关应保证切断电动机电源，而停止运转。

⑥ 调压器的四周应留适当空间，以利通风散热，并便于随时检查。

⑦ 调压器在带负载调节时，应使它的输出电压从最低值逐渐升高到需要值，尽量减少由最高值逐渐下降到需要值，以避免产生瞬时过电流。

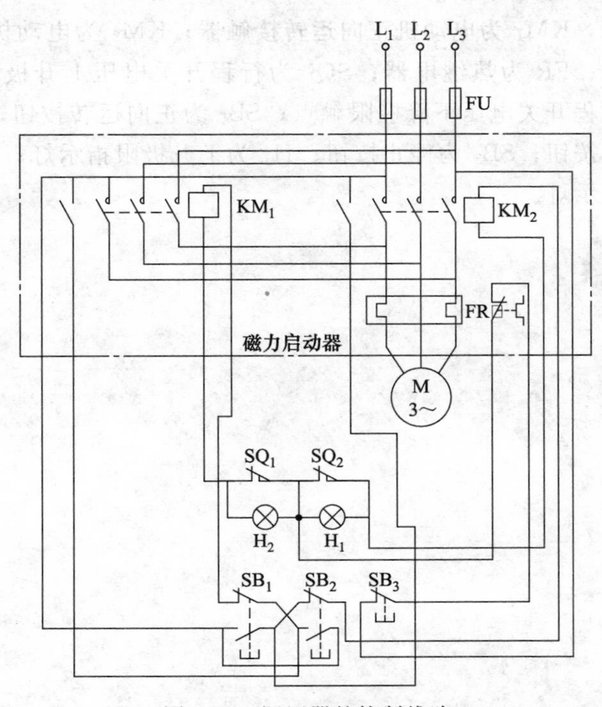

图 3-10　调压器的控制线路

⑧ 使用时应经常注意负载电流不超过额定值，如超过时间较长，易使调压器烧毁或寿命减短。

⑨ 当调压器使用时因过载或短路而使保险螺栓切断后，应立即查明原因，并换上同样尺寸和同样材料的螺栓，然后再行使用。

⑩ 对调压器补充加注的冷却油必须与该调压器油箱上标注的冷却油牌号相同并经过处理。对冷却油还需作定期的过滤和干燥处理。

⑪ 必须经常检查调压器传动装置的发热情况并定期补充蜗杆的润滑油。

⑫ 调压器除传动机构与控制机构外，其他部分的使用与维护保养均与一般电力变压器相仿。

调压器的控制线路如图 3-10 所示。

图中，KM_1 为电动机正向运转接触器；KM_2 为电动机反向运转接触器；FR 为热继电器；SQ_1 为行程开关电压上升极限触点；SQ_2 为行程开关电压下降极限触点；SB_1 为正向运转按钮；SB_2 为反向运转按钮；SB_3 为停止按钮；H_1 为上升极限指示灯；H_2 为下降极限指示灯。

第4章

电动机

4.1 异步电动机的型号及结构特点

4.1.1 异步电动机的型号

(1) 三相异步电动机产品代号中汉语拼音字母的含义（见表4-1）

■ 表 4-1 产品代号中汉语拼音字母含义

字母	含　义	字母	含　义
A	(增)安	M	木(工)
B	(隔)爆、泵	O	封(闭式)
C	齿(轮)、(电)磁、噪(声)	P	旁(磁)
D	电(动机)、多(速)	Q	高(启动转矩)、潜(水)
E	制(动)	R	绕(线)
F	(防)腐、阀(门)	S	双(笼)
G	辊(道)	T	调(速)、(电)梯
H	船(用)、高(转差率)	X	高(效率)
J	减(速)、(力)矩	Y	异(步电动机)
L	立(式)	Z	(起)重、(冶金)、振(动)
LJ	力矩	W	户(外)

(2) Y 系列三相异步电动机的型号

Y 系列三相异步电动机的型号含义如下：

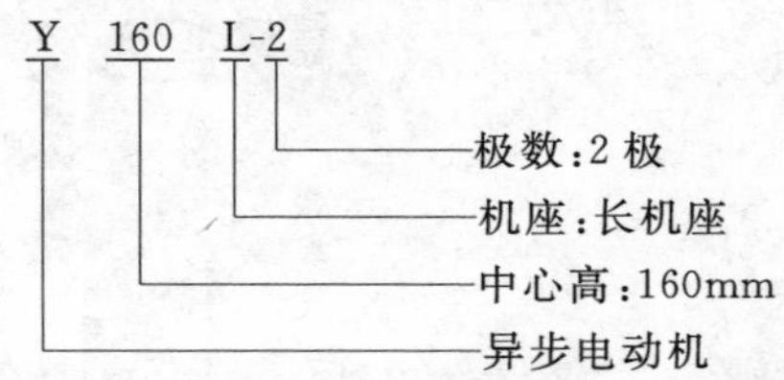

Y 系列三相异步电动机派生系列的型号含义如下：

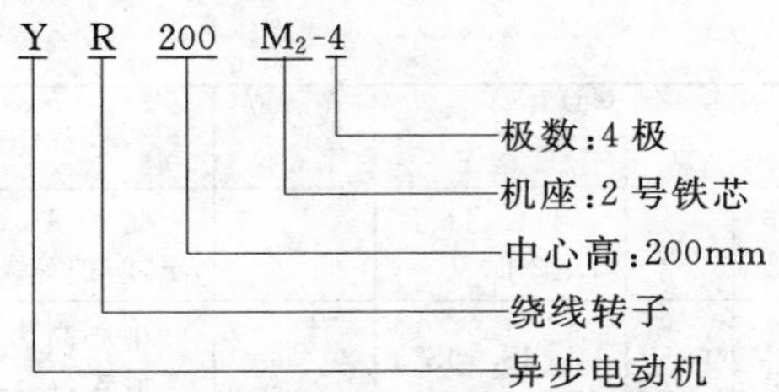

Y 系列三相异步电动机专用系列的型号含义如下：

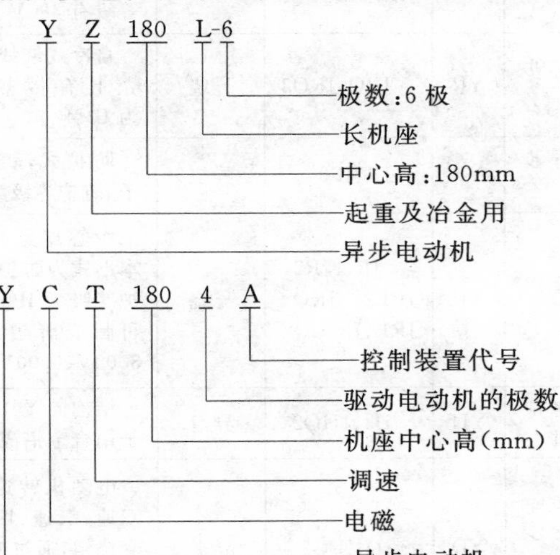

控制装置代号：

A——手操作普通型，B——手操作精密型。

(3) 新老电动机型号对照

欲更换掉老系列电动机，可查表 4-2 得到所对应的新系列电动机型号。

■ **表 4-2　新老异步电动机型号对照表**

产品名称	产品代号		代号汉字意义	产品结构形式及特征
	新	老		
小型三相异步电动机	Y	JO、JO2、JO3、JO4、JO-L、JO2-L	异	封闭式，铸铁外壳，壳上有散热肋，外风扇吹冷，铸铝转子，防护等级为 IP44

续表

产品名称	产品代号		代号汉字意义	产品结构形式及特征
	新	老		
小型三相异步电动机	Y	J、J2、J3、J-L、J2-L	异	防护式，铸铁外壳，铸铝转子，防护等级为IP23
三相异步电动机	Y	JS、JS2、JSL2、JSL、JK、JK2、JSQ	异	中心高为H355mm以上，基本形式为防护式，卧式，机座带底脚，电动机为径向通风，电压等级有380V、3000V和6000V
小型三相异步电动机	YR	JRO、JRO2	异绕	自冷式绕线转子，铸铁外壳，壳上有散热肋，防护等级为IP44
小型三相异步电动机	YR	JR、JP2	异绕	防护式，铸铁外壳，绕线转子，防护等级为IP23
三相异步电动机	YR	JR、JR2、JRL2、JRQ、JRL、JRAI	异绕	中心高为H355mm以上，基本形式为防护式，绕线转子，防护等级为IP23，根据用户要求可制成管道通风式，电压为3000V、6000V
高转差率(滑差)异步电动机	YH	JH、JHO2	异滑	结构同Y(IP44)型电动机，转子用合金铝浇铸
变极多速异步电动机	YD	JD、JDO2	异多	电动机转速可逐级调节，有双速、三速、四速3种，定子一套绕组，通过改变连接方法，达到变速，电动机引出线为9～12根，结构同Y(IP44)
高效率三相异步电动机	YX	—	异效	在Y(IP44)上派生，采用较好的材料，增加有效材料的用量，改进设计，功率等级与安装尺寸同Y系列(IP44)
制动三相异步电动机(旁磁式)	YEP	JZD	异(制)旁	转子非轴伸端装有分磁块及制动装置，与电动机组成一体，功率等级与安装尺寸同Y(IP44)
制动三相异步电动机(附加制动器)	YEJ	—	异(制)加	由电动机和电磁铁制动器组合成产品，可与Y系列(基本型)及派生系列组合成适合于各种要求的制动电动机，通用性高，但轴向长度长

续表

产品名称	产品代号		代号汉字意义	产品结构形式及特征
	新	老		
电磁调速三相异步电动机	YCT	JZT	异磁调	由封闭式电动机和电磁转差离合器组成
齿轮减速三相异步电动机	YCJ	JTC	异(齿)减	由封闭式电动机和减速器组成
三相异步电动机(低振动、低噪声)	YZC	JJO、JJO2	异振噪	结构同Y(IP44)电动机
立式深井泵用三相异步电动机	YLB	JLB2、DM、JTB	异立泵	H132mm在Y(IP44)上派生,其余机座号均在Y(IP23)上派生,机座不带底脚,安装形式为V6(立式),下端盖上有凸缘(配泵体),无轴伸
增安型三相异步电动机	YA	JAO2	异安	功率等级与安装尺寸对应关系,在大功率部分比Y(IP44)有所降低,定子温升限值比Y(IP44)低10K(电阻法不超过70K)。也规定了转子堵转温升限值,定子绕组配有保护装置
隔爆型三相异步电动机	YB	BJO2、BJO3、JB、1JB、JBS、JC	异爆	功率等级和安装尺寸对应关系同Y(IP44),仅结构特征和外形尺寸略有差异,接线盒为IP54,位于顶部
户外和户外防腐型电动机	Y-W Y-F Y-WF	JO2-W JO2-F JO2-WF	异(外) 异(腐) 异(外腐)	在Y(IP44)上采用加强结构密封和材料工艺防腐措施派生的
木工用三相异步电动机	YM	JM、JM2、JM3	异木	封闭自扇冷式,笼型转子,均为2极电动机
电梯用三相异步电动机	YTD	JTD	异梯电	YTD为2速,YTD2为3速
电动阀门用三相异步电动机	YDF YDF-WF	—	异电阀 异电阀(户外防腐型)	结构同Y(IP44),转子采用高铝合金,没出线盒,有三根引出线从电动机前端盖引出

续表

产品名称	产品代号		代号汉字意义	产品结构形式及特征
	新	老		
双值电容单相异步电动机	YL		异(双)	在Y(IP44)上派生的一种单相电动机
船用三相异步电动机	Y-H	JO2-H	异(船)	在Y(IP44)上派生，工艺上对电动机表面做过特殊处理，定子线圈进行三次浸漆，能适应盐、油雾和霉菌环境要求
辊道用三相异步电动机	YG	JG2	异辊	JG2外表面有环形散热肋，尚未更新
力矩三相异步电动机	YLJ	JLJ	异力矩	尚在更新中
三相异步电动机(高启动转矩)	YQ	JQ、JQO2、JQO	异启	尚未更新
隔爆异步电动机(小机座)	YB2	JBS(TAT)	异爆小	尚在更新中
起重及冶金用绕线转子三相异步电动机	YZ2 YZR2	JZ2、JZR2	异重绕	起重冶金用异步电动机

4.1.2 Y系列异步电动机的结构特点

Y系列三相异步电动机的结构特点和安装方式见表4-3。

■ **表4-3 Y系列三相异步电动机安装结构的特点及安装方式**

代号	示意图	结构特点	安装方式	制造范围	
				IP23	IP44
B_3		两个端盖式轴承，有地脚、有轴伸	借助于地脚安装在基础构件上	H160～315	H80～315
B_{35}		两个端盖式轴承，有地脚，传动端端盖上有凸缘，凸缘上有通孔、有轴伸	借助于地脚安装在基础构件上，并附用凸缘安装	—	H80～315

续表

代号	示意图	结构特点	安装方式	制造范围	
				IP23	IP44
B_5		两个端盖式轴承，无地脚，传动端端盖上有凸缘、有轴伸	借助于凸缘安装在基础构件上	—	H80～225
B_6		同 B_3	借助于地脚安装在墙上，从传动端看地脚在左边	—	H80～160
B_7		同 B_3	借助于地脚安装在墙上，从传动端看地脚在右边	—	H80～160
B_8		同 B_3	借助于地脚安装在天花板上	—	H80～160
V_1		两个端盖式轴承，无地脚，传动端端盖上带凸缘，凸缘上有通孔，传动端轴伸向下	借助于凸缘在底部基础构件上安装	—	H80～315
V_{15}		两个端盖式轴承，有地脚，传动端端盖上有凸缘，凸缘上有通孔，传动端轴伸向下	借助于地脚安装在墙上，并附用凸缘在底部基础构件上安装，传动端轴伸向下	—	H80～160
V_3		两个端盖式轴承，无地脚，传动端端盖上带凸缘，凸缘上有通孔，传动端轴伸向上	借助于凸缘在顶部基础构件上安装	—	H80～160
V_{36}		两个端盖式轴承，有地脚，传动端端盖上有凸缘，凸缘上有通孔，传动端轴伸向上	借助于地脚安装在墙上或基础构件上，并附用凸缘在顶部基础构件上安装，轴伸向上	—	H80～160

续表

代号	示意图	结构特点	安装方式	制造范围	
				IP23	IP44
V_5		两个端盖式轴承，有地脚，传动端轴伸向下	借助于地脚安装在墙上，传动端轴伸向下	—	H80～160
V_6		两个端盖式轴承，有地脚，传动端轴伸向上	借助于地脚安装在墙上，传动端轴伸向上	—	H80～160

4.2 电动机基本公式及计算

4.2.1 异步电动机基本公式

(1) 转差率

$$s=\frac{n_1-n}{n_1};n_1=\frac{60f}{p}$$

式中 s——转差率；

n_1——同步转速，r/min；

n——转子转速，r/min；

f——电源频率，Hz；

p——电动机极对数。

异步电动机转速与磁极的关系，见表 4-4。

■ **表 4-4 异步电动机转速与磁极的关系**

极对数 p	1	2	3	4
同步转速 n_1/(r/min)	3000	1500	1000	750
转子转速 n/(r/min)	2900 左右	1450 左右	960 左右	730 左右

当 $1>s>0$ 时，为电动机运行状态；

当 $s<0$ 时，为发电机运行状态；

当 $s>1$ 时，为制动状态。

(2) 额定转差率

$$s_e=\frac{n_1-n_e}{n_1}$$

式中 n_e——电动机额定转速，r/min。

(3) 临界转差率

$$s_{lj}=s_e(\lambda+\sqrt{\lambda^2-1})\approx 2s_e\lambda$$

式中 λ——电动机过载系数，异步电动机的过载系数一般在1.8～2.5之间，Y系列电动机为1.7～2.2，$\lambda=M_m/M_e$；

M_m——电动机最大转矩，N·m；

M_e——电动机额定转矩，N·m。

(4) 电动势方程

① 定子绕组产生的感应电动势

$$E_1=k_eU_1=4.44k_{dp1}f_1W_1\Phi$$

$$\Phi=B_{pj}S$$

式中 E_1——定子绕组产生的感应电动势，V；

k_e——降压系数，又称电动势系数，小型电动机可取0.86，中型电动机可取0.90，大型电动机可取0.91；

U_1——外加电源电压，V；

k_{dp1}——定子的绕组系数；

f_1——电源频率，Hz；

W_1——定子绕组每相串联线圈匝数；

Φ——每极磁通，Wb；

B_{pj}——气隙中平均磁通密度（T），它与气隙中最大磁通密度 B_δ 的关系为 $B_{pj}=\frac{2}{\pi}B_\delta=0.637B_\delta$；

S——每极下的气隙面积，m^2。

最大磁通密度（气隙）B_δ 可由表4-5中选取，电机容量较大的取较大值；容量较小的取较小值。Y系列电动机为0.57～0.86T；1kW以下电动机为0.40～0.60T。

定子轭部磁通密度 B_c 可由表4-6选取，一般为1.2～1.5T（如2极为1.2～1.7T；4、6、8极为1.0～1.5T），改极时不应超过1.7T。

齿部磁通密度 B_t 可由表4-7选取，一般为1.4～1.75T，改极时不应超过1.85T。

表4-5　三相异步电动机的气隙磁通密度 B_δ　　单位：T

型式	极数			
	2	4	6	8
开启式	0.60～0.75	0.70～0.80	0.70～0.80	0.70～0.80
封闭式	0.50～0.65	0.60～0.70	0.60～0.75	0.64～0.74
Y系列	Y(IP44)			Y(IP23)
	H80～112	H132～160	H180以上	
	0.60～0.73	0.59～0.75	0.75～0.80	0.73～0.86

表4-6　轭部磁通密度 B_c 范围　　单位：T

型式 \ $2p$	2	4	6	8
防护式	1.4～1.55	1.35～1.5	1.3～1.5	1.1～1.45
封闭式	1.25～1.4	1.35～1.45	1.3～1.4	1.1～1.35

表4-7　齿部磁通密度 B_t 范围　　单位：T

型式 \ $2p$	2	4	6	8
防护式	1.55～1.7	1.47～1.67	1.5～1.65	
封闭式	1.4～1.55	1.45～1.6	1.45～1.55	

绕组系数 k_{dp1} 由分布系数 k_{d1} 和短距系数 k_{p1} 的乘积求得，即

$$k_{dp1}=k_{d1}k_{p1}$$

k_{d1} 数值见表4-8；k_{p1} 数值见表4-9。

表4-8　分布系数 k_{d1}

每极分相槽数 q	1	2	3	4	5	6	7以上
分布系数 k_{d1}	1.0	0.966	0.960	0.958	0.957	0.956	0.956

② 转子产生的感应电动势

$$E_2 = sE_{20} = 4.44 k_{dp2} f_2 W_2 \Phi$$

式中 E_2——转子每相绕组中产生的感应电动势，V；

s——转差率；

E_{20}——电动机刚接通电源时，转子由于惯性而尚未转动的瞬间（转子转速 $n=0$，转差率 $s=1$，则 $f_2 = f_1 s = f_1$，相当于静止变压器状态），此时的转子电动势值，V；

k_{dp2}——转子的绕组系数，由绕组结构决定；

f_2——转子电动势的频率（Hz），$f_2 = f_1 s$；

W_2——转子绕组一相的匝数；

Φ——同前。

(5) 异步电动机转子的频率、阻抗、电流和功率因数

① 转子频率　定子绕组接通三相电源后，产生旋转磁场，同步转速为 n_1，转子转速为 n，所以旋转磁场以转速差 $\Delta n = n_1 - n = n_2$ 切割转子绕组，在转子中感应的电动势 E_2 的频率为 f_2，即

$$f_2 = \frac{pn_2}{60} = \frac{p}{60}(n_1 - n) = \frac{p}{60}(n_1 - n) \times \frac{n_1}{n_1}$$

$$= \frac{pn_1}{60}\left(\frac{n_1 - n}{n_1}\right) = sf_1$$

■ **表 4-9　短距系数 k_{p1}**

节距 y	每极槽数												
	24	18	16	15	14	13	12	11	10	9	8	7	6
1—25	1.000												
1—24	0.998												
1—23	0.991												
1—22	0.981												
1—21	0.966												
1—20	0.947												
1—19	0.924	1.000											
1—18	0.897	0.996											
1—17	0.866	0.985	1.000										
1—16	0.832	0.966	0.955	1.000									

续表

节距 y	每极槽数												
	24	18	16	15	14	13	12	11	10	9	8	7	6
1—15	0.793	0.940	0.981	0.995	1.000								
1—14	0.752	0.906	0.956	0.978	0.994	1.000							
1—13	0.707	0.866	0.924	0.951	0.975	0.993	1.000						
1—12		0.819	0.882	0.914	0.944	0.971	0.991	1.000					
1—11		0.766	0.831	0.866	0.901	0.935	0.966	0.990	1.000				
1—10		0.707	0.773	0.809	0.847	0.884	0.924	0.960	0.988	1.000			
1—9			0.707	0.743	0.782	0.833	0.866	0.910	0.951	0.985	1.000		
1—8				0.669	0.707	0.749	0.793	0.841	0.891	0.940	0.981	1.000	
1—7						0.663	0.707	0.756	0.809	0.866	0.924	0.975	1.000
1—6								0.655	0.707	0.766	0.832	0.901	0.966
1—5										0.643	0.707	0.782	0.866
1—4												0.624	0.707

② 阻抗 $$Z_2=\sqrt{R_2^2+(sX_{20})^2}$$

③ 电流 $$I_2=\frac{E_2}{Z_2}=\frac{sE_{20}}{\sqrt{R_2^2+(sX_{20})^2}}$$

④ 功率因数 $$\cos\varphi=\frac{R_2}{Z_2}=\frac{R_2}{\sqrt{R_2^2+(sX_{20})^2}}$$

式中 Z_2，R_2——转子绕组的阻抗和电阻，Ω；

X_{20}——转差率 $s=1$ 时的转子电抗，Ω。

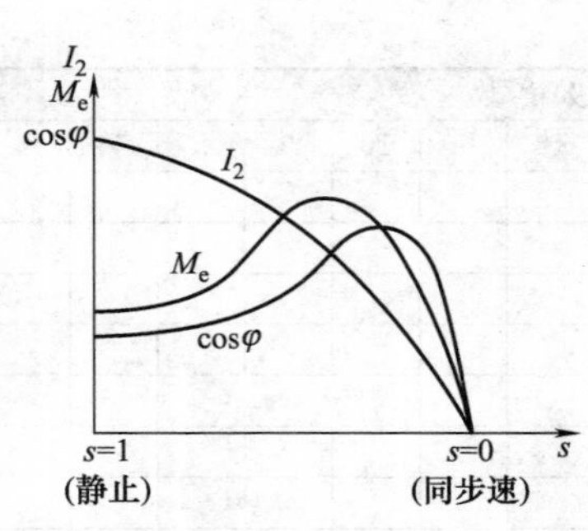

图 4-1 I_2、M_e、$\cos\varphi$ 与 s 的关系曲线

当转差率 $s=1$ 时，转子电流频率最高，$f_2=f_1$，这时转子的电抗最大。由于 R_2 和 X_{20} 基本不变，所以转子绕组中的电流 I_2、额定转矩 M_e，以及转子回路的功率因数都随着转差率的不同而变化。变化曲线如图 4-1 所示。

（6）功率平衡方程

图 4-2 为异步电动机功率流向图。

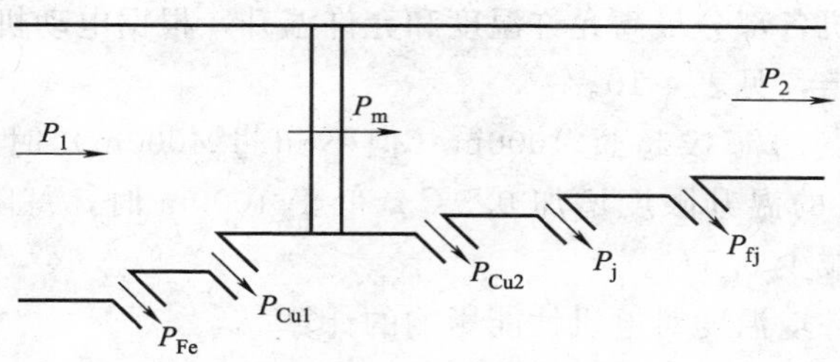

图 4-2　异步电动机功率流向图

$$P_2=P_1-\sum\Delta P$$

$$P_2=\sqrt{3}U_1I_1\eta\cos\varphi\times10^{-3}$$

$$P_1=\sqrt{3}U_1I_1\cos\varphi\times10^{-3}$$

$$\eta=\frac{P_2}{P_1}=1-\frac{\sum\Delta P}{P_1}=1-\frac{\sum\Delta P}{P_2+\sum\Delta P}$$

$$\sum\Delta P=P_{Fe}+P_{Cu1}+P_{Cu2}+P_j+P_{fj}$$

式中　P_1，P_2——电动机的输入功率和输出功率，kW；

U——电源电压，V；

I——电动机负载电流（定子电流），A；

η——电动机效率；

$\cos\varphi$——电动机功率因数；

$\sum\Delta P$——电动机总损耗，kW；

P_{Fe}——铁耗，kW；

P_{Cu1}——定子铜耗，kW；

P_{Cu2}——转子铜耗，对异步电动机而言应称为铝条中的损耗，这里统称铜耗，kW；

P_j——机械损耗，kW；

P_{fj}——附加损耗，包括风摩损耗（即通风功耗）P_f 和杂散损耗 P_s 等，kW。

4.2.2　绕组温升及计算

（1）异步电动机的最高允许温度和温升

电动机各部分最高允许温度和允许温升，根据电动机绝缘等级和类型而定，见表 4-10。

当地点的海拔超过 1000m（但不超过 4000m）时，每超过 100m 电机的温升限度增加 0.5℃；低于 1000m 时，每降低 100m 温升限度减少 0.5℃。

（2）环境温度对电机性能影响的计算

根据国标规定，电机的周围环境温度不超过 40℃。如果超过 40℃，则规定的极限允许温度应减去此超过值；如果超过值在 10℃以上，则温升限度的降低值由制造厂给出。如果周围环境温度低于 40℃，则对 A 级和 E 级绝缘，温升限度保持不变；对于耐热性更高的绝缘材料，温升限度可以提高，其提高的数值等于周围环境温度与 40℃之差；对于一般电机超过值不得大于 10℃，制造厂在产品使用说明书中规定出与上述极限温升相适应的允许负载。

电动机的输出功率可根据下列公式进行换算。

① 当$+5\%\geqslant\frac{I_1-I_e}{I_e}\geqslant-5\%$时，只需考虑定子电流 I_1 变化的影响，即

$$I_1=\sqrt{\frac{\tau_1}{\tau_e}}I_e$$

② 当$+20\%\geqslant\frac{I_1-I_e}{I_e}\geqslant+5\%$，及$-5\%\geqslant\frac{I_1-I_e}{I_e}\geqslant-20\%$时，应考虑 I_1 和定子绕组电阻 R_1 的共同变化的影响，按下式求得 I_1。

$$\tau_e=\tau_1\left(\frac{I_e}{I_1}\right)^2\left[1+\frac{\tau_1(I_e/I_1)^2-\tau_1}{T+\tau_1+t_0}\right]$$

式中 I_1——根据温升换算的电流，A；

I_e——电动机额定电流，A；

τ_1——对应于 I_1 的温升，℃；

τ_e——对应于 I_e 的温升，℃；

T——常数，铜导线为 234.5，铝导线为 225；

t_0——测试结束时的冷却介质温度，℃。

■ **表 4-10　三相异步电动机的最高允许温度**（周围环境温度为＋40℃）

电动机的部分		A级绝缘				E级绝缘				B级绝缘				F级绝缘				H级绝缘			
		最高允许温度/℃		最大允许温升/℃		最高允许温度/℃		最大允许温升/℃		最高允许温度/℃		最大允许温升/℃		最高允许温度/℃		最大允许温升/℃		最高允许温度/℃		最大允许温升/℃	
定子绕组		温度计法	电阻法	温度计法	电阻法	温度计法	电阻法	温度计法	电阻法	温度计法	电阻法	温度计法	电阻法	温度计法	电阻法	温度计法	电阻法	温度计法	电阻法	温度计法	电阻法
		95	100	55	60	105	115	65	75	110	120	70	80	125	140	85	100	145	165	105	125
转子绕组	绕线型	95	100	55	60	105	115	65	75	110	120	70	80	125	140	85	100	145	165	105	125
	笼型	—	—	—	—	—	—	—	—	—	—	—	—	—	—	—	—	—	—	—	—
定子铁芯		100	—	60	—	115	—	75	—	120	—	80	—	140	—	100	—	165	—	125	—
滑环		100	—	60	—	110	—	70	—	120	—	80	—	130	—	90	—	140	—	100	—
滑动轴承		80	—	40	—	80	—	40	—	80	—	40	—	80	—	40	—	80	—	40	—
滚动轴承		95	—	55	—	95	—	55	—	95	—	55	—	95	—	55	—	95	—	55	—

根据电流和功率成正比的关系，由上述公式可得到换算后的电动机输出功率。

4.2.3 电动机空载电流和功率因数的计算

(1) 电动机空载电流的计算

一般电动机在正常接法时，空载电流与额定电流之比有一定的关系。

2～100kW 电动机为 20%～50%；2 极电动机为 20%～30%，4 极电动机为 30%～45%，6 极电动机为 35%～50%，8 极电动机为 35%～60%。电动机容量越小、极数越多（转速越低），则空载电流与额定电流的比值越大。

若是三角形接法的电动机接成星形时，则空载电流将减少为原来的 50%～58%。

电动机的正常空载电流，见表 4-11。

Y 系列和 JO2 系列异步电动机的空载电流，见表 4-12。

电动机空载电流偏大或偏小，会增加电动机的运行损耗，同时会使输出功率减小，性能变坏。

■ **表 4-11 异步电动机空载电流与额定电流比值**（%）

极数 \ 功率/kW	0.125 以下	0.5 以下	2 以下	10 以下	50 以下	100 以下
2	70～95	45～70	40～55	30～45	23～35	18～30
4	80～96	65～85	45～60	35～55	25～40	20～30
6	85～98	70～90	50～65	35～65	30～45	22～33
8	90～98	75～90	50～70	37～70	35～50	25～35

■ **表 4-12 Y**（IP44）**系列和 JO2 系列电动机空载电流 I_0** 单位：A

额定功率/kW	Y(IP44)系列				额定功率/kW	JO2 系列			
	2 极	4 极	6 极	8 极		2 极	4 极	6 极	8 极
0.55	—	1.02	—	—	0.6	—	0.9	—	—
0.75	0.82	1.3	1.6	—	0.8	0.8	1.1	1.5	—

续表

额定功率/kW	Y(IP44)系列				额定功率/kW	JO2系列			
	2极	4极	6极	8极		2极	4极	6极	8极
1.1	1.06	1.49	1.93	—	1.1	1.0	1.5	1.9	—
1.5	1.5	1.8	2.71	—	1.5	1.2	1.6	2.2	—
2.2	1.9	2.5	3.4	3.71	2.2	1.7	2.4	3.2	4.2
3	2.6	3.5	3.8	4.45	3	2.3	2.7	3.3	4.4
4	2.9	4.4	4.9	6.2	4	2.7	3.5	4.0	4.6
5.5	3.4	4.7	5.3	7.5	5.5	3.5	4.3	4.9	5.8
7.5	4.0	5.96	8.65	9.1	7.5	4.6	4.5	6.1	8.8
11	6.4	8.4	12.4	13	10	6.1	5.9	10.1	10.5
15	7.3	10.4	13.8	16.2	13	6.5	8.6	11.6	12.5
18.5	8.2	13.4	14.9	17.9	17	7.1	12.2	9.8	15.2
22	12	15.0	17.1	19.9	22	7.8	12.1	12.8	21
30	16.9	19.5	18.7	26	30	9.2	11.7	14.8	22.5
37	18.6	19	19.4	28.6	40	14	15.1	24	27.2
45	18.7	22	23.2	32.1	55	16.8	19	27.2	34.1
55	28.5	28.6	25.5	—	75	22.2	24.8	39.5	—
75	37.4	39.4	—	—	100	31	31.9	—	—
90	43.1	43.8	—	—					

(2) 异步电动机功率因数的计算

① 公式一。电动机在任意负载下的功率因数可按下式计算：

$$\cos\varphi=\frac{P_2}{\sqrt{3}U_e I_1 \eta}\times 10^3=\frac{\beta P_e}{\sqrt{3}U_e I_1 \eta}\times 10^3$$

$$I_1=\beta\sqrt{(I_e^2-I_0^2)+I_0^2}$$

式中　I_1——电动机实际输出功率 P_2 对应的定子电流，A。

电动机的效率和功率因数随负载变化的大致关系见表 4-13。

表 4-13　异步电动机的效率和功率因数及负载的关系

负载	空载	25%	50%	75%	100%
功率因数	0.20	0.50	0.77	0.85	0.89
效率	0	0.78	0.85	0.88	0.875

② 公式二。先测出电动机的输入功率、线电压和线电流，然后按下式计算：

$$\cos\varphi = \frac{P_1 \times 10^3}{\sqrt{3}U_1 I_1}$$

式中　P_1——电动机输入功率，kW；

U_1——线电压，V；

I_1——线电流，A。

③ 公式三。用两个功率表测量出功率，然后按下式计算：

$$\cos\varphi = \frac{1}{\sqrt{1+3\frac{W_1-W_2}{W_1+W_2}}}$$

式中　W_1——两只功率表中较大的读数；

W_2——另一个功率表的读数（应注意正负号），单位同 W_1。

4.2.4 电动机负载率和效率计算

（1）电动机负载率计算

负载率 β 是指电动机实际输出的有功功率 P_2 与其额定功率 P_e 的比值，通常用百分数表示，即 $\beta = \frac{P_2}{P_e} \times 100\%$，希望电动机运行在 $\beta = 75\% \sim 100\%$ 范围内，以求较高的运行效率和功率因数。

当电动机实际线电流大于 $0.7I_e$ 时，可按实测出的定子线电流 I_1，用下式计算出 β 值，即

$$\beta = \sqrt{\frac{I_1^2 - I_0^2}{I_e^2 - I_0^2}}$$

式中　I_e——额定线电流，A；

I_1——实测出定子线电流，A；

I_0——空载线电流，A。

（2）电动机效率计算

电动机在任意负载下的效率按下式计算：

$$\eta = \frac{P_2}{P_1} = \frac{P_2}{P_2 + \sum \Delta P}$$

$$=\frac{\beta P_e}{\beta P_e+\left[\left(\frac{1}{\eta_e}-1\right)P_e-P_0\right]\beta^2+P_0}$$

式中　P_1，P_2——电动机输入和输出功率，kW；

$\sum\Delta P$——电动机所有损耗，kW；

P_e，P_0——电动机额定功率和空载损耗，kW；

η_e——电动机额定效率。

【例 4-1】　一台 Y280S-2 型 75kW、2 极电动机，额定电压 U_e 为 380V，额定电流 I_e 为 140.1A，额定效率 η_e 为 91.4%，实测运行线电流 I_1 为 98A，空载电流 I_0 为 37.4A，空载损耗 P_0 为 3.38kW，线电压 U_1 为 380V，试求此时电动机的负载率和效率。

解　负载率为

$$\beta=\sqrt{\frac{I_1^2-I_0^2}{I_e^2-I_0^2}}=\sqrt{\frac{98^2-37.4^2}{140.1^2-37.4^2}}=0.67$$

效率为

$$\eta=\frac{\beta P_e}{\beta P_e+\left[\left(\frac{1}{\eta_e}-1\right)P_e-P_0\right]\beta^2+P_0}$$

$$=\frac{0.67\times75}{0.67\times75+\left[\left(\frac{1}{0.914}-1\right)\times75-3.38\right]\times0.67^2+3.38}$$

$$=0.91=91\%$$

4.2.5　Y 系列三相异步电动机的技术数据

Y 系列三相异步电动机与原 JO2 系列电动机相比，体积平均缩小 15%，质量平均减轻 12%。Y 系列电动机采用 B 级绝缘，实际运行中定子绕组的温升较小，有 10℃以上的温升裕度。

Y 系列三相异步电动机的技术数据见表 4-14。

■ 表 4-14 Y 系列电动机技术数据

型号	额定功率/kW	满载时				堵转电流/额定电流	堵转转矩/额定转矩	最大转矩/额定转矩	外形尺寸（长×宽×高）/mm
		电流/A	转速/(r/min)	效率/%	功率因数				
Y801-2	0.75	1.9	2825	73	0.84	7.0	2.2	2.2	285×235×170
Y802-2	1.1	2.6	2825	76	0.86	7.0	2.2	2.2	285×235×170
Y90S-2	1.5	3.4	2840	79	0.85	7.0	2.2	2.2	310×245×190
Y90L-2	2.2	4.7	2840	82	0.86	7.0	2.2	2.2	335×245×190
Y100L-2	3.0	6.4	2880	82	0.87	7.0	2.2	2.2	380×285×245
Y112M-2	4.0	8.2	2890	85.5	0.87	7.0	2.2	2.2	400×305×265
Y132S1-2	5.5	11.1	2900	85.2	0.88	7.0	2.0	2.2	475×345×315
Y132S2-2	7.5	15	2900	86.2	0.86	7.0	2.0	2.2	475×345×315
Y160M1-2	11	21.8	2930	87.2	0.88	7.0	2.0	2.2	600×420×385
Y160M2-2	15	29.4	2930	88.2	0.88	7.0	2.0	2.2	600×420×385
Y160L-2	18.5	35.5	2930	89	0.89	7.0	2.0	2.2	645×420×385
Y180M-2	22	42.2	2940	89	0.89	7.0	2.0	2.2	670×465×430
Y200L1-2	30	56.9	2950	90	0.89	7.0	2.0	2.2	775×510×475
Y200L2-2	37	69.8	2950	90.5	0.89	7.0	2.0	2.2	775×510×475
Y225M-2	45	84	2970	91.5	0.89	7.0	2.0	2.2	815×570×530
Y250M-2	55	102.7	2970	91.4	0.89	7.0	2.0	2.2	930×635×575
Y160L-6	11	24.6	970	87	0.78	6.5	2.0	2.0	645×420×385
Y180L-6	15	31.6	970	89.5	0.81	6.5	1.8	2.0	710×465×430
Y200L1-6	18.5	37.7	970	89.8	0.83	6.5	1.8	2.0	775×510×475
Y200L2-6	22	44.6	970	90.2	0.83	6.5	1.8	2.0	775×510×475

续表

型号	额定功率/kW	满载时				堵转电流/额定电流	堵转转矩/额定转矩	最大转矩/额定转矩	外形尺寸（长×宽×高）/mm
		电流/A	转速/(r/min)	效率/%	功率因数				
Y225M-6	30	59.5	980	90.2	0.85	6.5	1.7	2.0	815×570×530
Y250M-6	37	72	980	90.8	0.86	6.5	1.8	2.0	930×635×575
Y280S-6	45	85.4	980	92	0.87	6.5	1.8	2.0	1000×690×640
Y280M-6	55	104.9	980	91.6	0.87	6.5	1.8	2.0	1050×690×640
Y315S-6	75	142	980	92.5	0.87	6.5	1.6	2.0	1190×780×760
Y315M1-6	90	167	980	93	0.88	6.5	1.6	2.0	1240×780×760
Y315M2-6	110	204	980	93	0.88	6.5	1.6	2.0	1240×780×760
Y315M3-6	132	244	980	93.5	0.88	6.5	1.6	2.0	1240×780×760
Y132S-8	2.2	5.8	710	81	0.71	5.5	2.0	2.0	475×345×315
Y132M-8	3	7.7	710	82	0.72	5.5	2.0	3.0	515×345×315
Y160M1-8	4	9.9	720	84	0.73	6.0	2.0	2.0	600×420×385
Y160M2-8	5.5	13.3	720	85	0.74	6.0	2.0	2.0	600×420×385
Y160L-8	7.5	17.7	720	86	0.75	5.5	2.0	2.0	645×420×385
Y180L-8	11	25.1	730	86.5	0.77	6.0	1.7	2.0	710×465×430
Y280L-8	15	34.1	730	88	0.76	6.0	1.8	2.0	775×510×475
Y225S-8	18.5	41.3	730	89.5	0.76	6.0	1.7	2.0	820×570×530
Y225M-8	22	47.6	730	90	0.78	6.0	1.8	2.0	815×570×530
Y250M-8	30	63	730	90.5	0.80	8.0	1.8	2.0	930×635×575
Y280S-8	37	78.7	740	91	0.79	6.0	1.8	2.0	1000×690×640

续表

型号	额定功率/kW	满载时				堵转电流/额定电流	堵转转矩/额定转矩	最大转矩/额定转矩	外形尺寸（长×宽×高）/mm
		电流/A	转速/(r/min)	效率/%	功率因数				
Y280M-8	45	93.2	740	91.7	0.80	6.0	1.8	2.0	1050×690×640
Y315S-8	55	109	740	92.5	0.83	6.5	1.6	2.0	1190×780×760
Y315M1-8	75	148	740	92.5	0.83	6.5	1.6	2.0	1240×780×760
Y315M2-8	90	175	740	93	0.84	6.5	1.6	2.0	1240×780×760
Y315M3-8	110	214	740	93	0.84	6.5	1.6	2.0	1240×780×760
Y315S-10	45	98	585	91.5	0.76	6.5	1.4	2.0	1190×780×760
Y315M2-10	55	120	585	92	0.76	6.5	1.4	2.0	1240×780×760
Y315M3-10	75	160	585	92.5	0.77	6.5	1.4	2.0	1240×780×760
Y280S-2	75	140.1	2970	91.4	0.89	7.0	2.0	2.2	1000×690×640
Y280M-2	90	167	2970	92	0.89	7.0	2.0	2.2	1050×690×640
Y315S-2	110	204	2970	91	0.90	7.0	1.8	2.2	1190×780×760
Y315M1-2	132	245	2970	91	0.90	7.0	1.8	2.2	1240×780×760
Y315M2-2	160	295	2970	91.5	0.90	7.0	1.8	2.2	1240×780×760
Y801-4	0.55	1.6	1390	70.5	0.76	6.5	2.2	2.2	285×235×170
Y802-4	0.75	2.1	1390	72.5	0.76	6.5	2.2	2.2	285×235×170
Y90S-4	1.1	2.7	1400	79	0.78	6.5	2.2	2.2	310×245×190
Y90L-4	1.5	3.7	1400	79	0.79	6.5	2.2	2.2	335×245×190
Y100L1-4	2.2	5	1420	81	0.82	7.0	2.2	2.2	380×285×245
Y100L2-4	3.0	6.8	1420	82.5	0.81	7.0	2.2	2.2	380×285×245
Y112M-4	4.0	8.8	1440	84.5	0.82	7.0	2.2	2.2	400×305×265
Y132S-4	5.5	11.6	1440	85.5	0.84	7.0	2.2	2.2	475×345×315

续表

型号	额定功率/kW	满载时				堵转电流/额定电流	堵转转矩/额定转矩	最大转矩/额定转矩	外形尺寸（长×宽×高）/mm
		电流/A	转速/(r/min)	效率/%	功率因数				
Y132M-4	7.5	15.4	1440	87	0.85	7.0	2.2	2.2	515×345×315
Y160M-4	11.0	22.6	1460	88	0.84	7.0	2.2	2.2	600×420×385
Y160L-4	15.0	30.3	1460	88.5	0.85	7.0	2.2	2.2	645×420×385
Y180M-4	18.5	35.9	1470	91	0.86	7.0	2.0	2.2	670×465×430
Y180L-4	22	42.5	1470	91.5	0.86	7.0	2.0	2.2	710×465×430
Y200L-4	30	56.8	1470	92.2	0.87	7.0	2.0	2.2	775×510×475
Y225S-4	37	70.4	1480	91.8	0.87	7.0	1.9	2.2	820×570×530
Y225M-4	45	84.2	1480	92.3	0.88	7.0	1.9	2.2	815×570×530
Y250M-4	55	102.5	1480	92.6	0.88	7.0	2.0	2.2	930×635×575
Y280S-4	75	139.7	1480	92.7	0.88	7.0	1.9	2.2	1000×690×640
Y280M-4	90	164.3	1480	93.5	0.89	7.0	1.9	2.2	1050×690×640
Y315S-4	110	202	1480	93	0.89	7.0	1.8	2.2	1190×780×760
Y315M1-4	132	242	1480	93	0.89	7.0	1.8	2.2	1240×780×760
Y315M2-4	160	294	1480	93	0.89	7.0	1.8	2.2	1240×780×760
Y90S-6	0.75	2.3	910	72.5	0.70	6.0	2.0	2.0	310×245×190
Y90L-6	1.1	3.2	910	73.5	0.72	6.0	2.0	2.0	335×245×190
Y100L-6	1.5	4	940	77.5	0.74	6.0	2.0	2.0	380×285×245
Y112M-6	2.2	5.6	940	80.5	0.74	6.0	2.0	2.0	400×305×265
Y132S-6	3.0	7.2	960	83	0.76	6.5	2.0	2.0	475×345×315
Y132M1-6	4.0	9.4	960	84	0.77	6.5	2.0	2.0	515×345×315
Y132M2-6	5.5	12.6	960	85.3	0.78	6.5	2.0	2.0	515×345×315
Y160M-6	7.5	17	970	86	0.78	6.5	2.0	2.0	600×420×385

4.2.6 YR 系列三相异步电动机的技术数据

YR 系列小型绕线型三相异步电动机定子绕组为△接法，采用 B 级绝缘。

YR 系列绕线型三相异步电动机技术数据见表 4-15 和表 4-16。

■ **表 4-15 YR 系列（IP44）三相异步电动机技术数据**

型号	额定功率/kW	满载时				最大转矩/额定转矩	转子		质量/kg
		转速/(r/min)	电流/A	效率/%	功率因数		电压/V	电流/A	
YR132S1-4	2.2	1440	5.3	82.0	0.77	3.0	190	7.9	60
YR132S2-4	3	1440	7.0	83.0	0.78	3.0	215	9.4	70
YR132M1-4	4	1440	9.3	84.5	0.77	3.0	230	11.5	80
YR132M2-4	5.5	1440	12.6	86.0	0.77	3.0	272	13.0	95
YR160M-4	7.5	1460	15.7	87.5	0.83	3.0	250	19.5	130
YR160L-4	11	1460	22.5	89.5	0.83	3.0	276	25.0	155
YR180L-4	15	1465	30.0	89.5	0.85	3.0	278	34.0	205
YR200L1-4	18.5	1465	36.7	89.0	0.86	3.0	247	47.5	265
YR200L2-4	22	1465	43.2	90.0	0.86	3.0	293	47.0	290
YR225M2-4	30	1475	57.6	91.0	0.87	3.0	360	51.5	380
YR250M1-4	37	1480	71.4	91.5	0.86	3.0	289	79.0	440
YR250M2-4	45	1480	85.9	91.5	0.87	3.0	340	81.0	490
YR280S-4	55	1480	103.8	91.5	0.88	3.0	485	70.0	670
YR280M-4	75	1480	140	92.5	0.88	3.0	354	128.0	800
YR132S1-6	1.5	955	4.17	78.0	0.70	2.8	180	5.9	60
YR132S2-6	2.2	955	5.96	80.0	0.70	2.8	200	7.5	70
YR132M1-6	3	955	8.20	80.5	0.69	2.8	206	9.5	80
YR132M2-6	4	955	10.7	82.0	0.69	2.8	230	11.0	95
YR160M-6	5.5	970	13.4	84.5	0.74	2.8	244	14.5	135
YR160L-6	7.5	970	17.9	86.0	0.74	2.8	266	18.0	155
YR180L-6	11	975	23.6	87.5	0.81	2.8	310	22.5	205
YR200L1-6	15	975	31.8	88.5	0.81	2.8	198	48.0	280
YR225M1-6	18.5	980	38.3	88.5	0.83	2.8	187	62.5	335
YR225M2-6	22	980	45.0	89.5	0.83	2.8	224	61.0	365
YR250M1-6	30	980	60.3	90.0	0.84	2.8	282	66.0	450
YR250M2-6	37	980	73.9	90.5	0.84	2.8	331	69.0	490

续表

型号	额定功率/kW	满载时				最大转矩/额定转矩	转子		质量/kg
		转速/(r/min)	电流/A	效率/%	功率因数		电压/V	电流/A	
YR280S-6	45	985	87.9	91.5	0.85	2.8	362	76.0	680
YR280M-6	55	985	106.9	92.0	0.85	2.8	423	80.0	730
YR160M-8	4	715	10.7	82.5	0.69	2.4	216	12.0	135
YR160L-8	5.5	715	14.1	83.0	0.71	2.4	230	15.5	155
YR180L-8	7.5	725	18.4	85.0	0.73	2.4	255	19.0	190
YR200L1-8	11	725	26.6	86.0	0.73	2.4	152	46.0	280
YR225M1-8	15	735	34.5	88.0	0.75	2.4	169	56.0	265
YR225M2-8	18.5	735	42.1	89.0	0.75	2.4	211	54.0	390
YR250M1-8	22	735	48.1	89.0	0.78	2.4	210	65.5	450
YR250M2-8	30	735	66.1	89.5	0.77	2.4	270	69.0	500
YR280S-8	37	735	78.2	91.0	0.79	2.4	281	81.5	680
YR280M-8	45	735	92.9	92.0	0.80	2.4	359	76.0	800

■ **表 4-16 YR 系列（IP23）三相异步电动机技术数据**

型号	额定功率/kW	满载时				最大转矩/额定转矩	转子	
		转速/(r/min)	电流/A	效率/%	功率因数		电压/V	电流/A
YR315S-4	160	1470	302	92.5	0.87	1.8	415	241
YR315M1-4	185	1470	348	92.8	0.87	1.8	521	219
YR315M2-4	200	1470	374	93.3	0.87	1.8	521	237
YR315M3-4	220	1470	412	93.3	0.87	1.8	596	226
YR315M4-4	250	1470	467	93.5	0.87	1.8	596	258
YR355M2-4	280	1480	510	93.8	0.89	1.8	383	443
YR355M3-4	315	1480	572	94.0	0.89	1.8	395	487
YR355L1-4	355	1480	643	94.3	0.89	1.8	461	468
YR315S-6	110	980	210	92.5	0.86	1.8	359	190
YR315M1-6	132	980	251	92.8	0.86	1.8	411	199
YR315M2-6	160	980	303	93.3	0.86	1.8	479	205
YR355M1-6	185	980	350	93.3	0.86	1.8	224	512
YR355M2-6	200	980	378	93.5	0.86	1.8	243	512
YR355M3-6	220	980	411	93.5	0.87	1.8	265	515
YR355M4-6	250	980	465	93.8	0.87	1.8	292	530
YR355L1-6	280	980	521	93.8	0.87	1.8	321	541

续表

型号	额定功率/kW	满载时				最大转矩/额定转矩	转子	
		转速/(r/min)	电流/A	效率/%	功率因数		电压/V	电流/A
YR315S-8	90	730	188	92.0	0.79	1.8	160	201
YR315M1-8	110	730	229	92.5	0.79	1.8	192	203
YR315M2-8	132	730	274	92.8	0.79	1.8	213	220
YR355M2-8	160	730	322	93.3	0.81	1.8	325	299
YR355M3-8	185	740	372	93.3	0.81	1.8	365	307
YR355M4-8	200	730	402	93.3	0.81	1.8	383	317
YR355L1-8	220	740	441	93.5	0.81	1.8	418	320
YR355L2-8	250	740	508	93.5	0.80	1.8	486	309
YR315S-10	55	580	125	90.0	0.74	1.8	242	141
YR315M1-10	75	580	169	91.0	0.74	1.8	316	145
YR315M-10	90	580	199	91.5	0.75	1.8	343	161
YR355M-10	110	590	233	92.0	0.78	1.8	235	285
YR355M-10	132	590	275	92.3	0.79	1.8	259	311
YR355L-10	160	590	333	92.3	0.79	1.8	288	340
YR355L-10	185	590	384	92.5	0.79	1.8	324	349
YR355M-12	90	490	203	91.0	0.74	1.8	207	266
YR355M-12	110	490	244	91.3	0.75	1.8	230	293
YR355M-12	132	490	292	91.5	0.75	1.8	259	313

4.2.7 KLF11、KLF12系列同步电动机励磁装置的技术数据

KLF11系列为恒定励磁，拖动非冲击负载的同步电动机励磁用，适用于拖动矿山球磨机、冶炼厂鼓风机，化肥厂联合压缩机、透平压缩机，冷藏库氨压缩机、炼油厂气压缩机，水泥厂球磨机等。KLF12系列可按负荷调节，可动力制动，拖动冲击负载的同步电动机励磁用，如轧钢机的同步电动机励磁等。

KLF11、KLF12系列同步电动机励磁装置的技术数据见表4-17。

■ **表 4-17 KLF11、KLF12 系列同步电动机用励磁装置技术数据**

型号	交流输入			直流输出		运行电压与强励倍数		外形尺寸/mm			整流变压器位置
	相数	电压/V	电流/A	额定励磁电压/V	励磁电流/A	运行电压/V	强励倍数	宽 W	深 D	高 H	
KLF11-130/50	3	380		0～50	130	50 60	1.4 1.2	1060	880	2000	在柜内
KLF11-130/75				0～75		75 90	1.4 1.2				
KLF11-200/50			32	0～50	200	50 60	1.4 1.2				
KLF11-200/75			50	0～75		75 90	1.4 1.2				
KLF11-200/90			59	0～90		90 110	1.4 1.2				
KLF11-200/110			70	0～110		110 130	1.4 1.2				
KLF11-200/140			94	0～140		140 165	1.4 1.2	850	750	2250	
KLF11-200/170			101	0～170		170 200	1.4 1.2				
KLF11-300/50			49	0～50	300	50 60	1.4 1.2	1260	880	2000	
KLF11-300/75			75	0～75		75 90	1.4 1.2				
KLF11-300/90			88	0～90		90 110	1.4 1.2				
KLF11-300/110			105	0～110		110 130	1.4 1.2				
KLF11-300/140			126	0～140		140 165	1.4 1.2				
KLF11-300/170			152	0～170		170 200	1.4 1.2				
KLF11-450/50			71	0～50	450	50 60	1.4 1.2				
KLF11-450/75			115	0～75		75 90	1.4 1.2				
KLF11-450/90			134	0～90		90 110	1.4 1.2				
KLF11-450/110			160	0～110		110 130	1.4 1.2	1060	880	2000	柜外附装

续表

型号	交流输入			直流输出		运行电压与强励倍数		外形尺寸/mm			整流变压器位置
	相数	电压/V	电流/A	额定励磁电压/V	励磁电流/A	运行电压/V	强励倍数	宽 *W*	深 *D*	高 *H*	
KLF11-450/140	3	380	184	0～140	450	140 165	1.4 1.2	1060	880	2000	柜外附装
KLF11-450/170			226	0～170		170 200	1.4 1.2				
KLF11-600/50			97	0～50	600	50 60	1.4 1.2				
KLF11-600/75			150	0～75		75 90	1.4 1.2				
KLF11-600/90			177	0～90				750	750	2250	
KLF11-600/110			213	0～110		110 130	1.4 1.2	1060	880	2000	
KLF11-600/140			260	0～140		140 165	1.4 1.2				
KLF11-600/170			302	0～170		170 200	1.4 1.2				
KLF12-200/50			32	0～50	200	40 50	1.8 1.5	1060	880	2000	在柜内
KLF12-200/75			50	0～75		60 75	1.8 1.5				
KLF12-200/90			59	0～90		75 90	1.8 1.5				
KLF12-200/110			71	0～110		90 110	1.8 1.5				
KLF12-300/50			49	0～50	300	40 50	1.8 1.5	1260	880	2000	
KLF12-300/75			75	0～75		60 75	1.8 1.5				
KLF12-300/90			88	0～90		75 90	1.8 1.5				
KLF12-300/110			105	0～110		90 110	1.8 1.5				
KLF12-300/140			126	0～140		110 140	1.8 1.5				
KLF12-300/170			152	0～170		140 170	1.8 1.5				

续表

型号	交流输入			直流输出		运行电压与强励倍数		外形尺寸/mm			整流变压器位置
	相数	电压/V	电流/A	额定励磁电压/V	励磁电流/A	运行电压/V	强励倍数	宽 *W*	深 *D*	高 *H*	
KLF12-450/50			71	0～50		40	1.8				
						50	1.5				
KLF12-450/75			115	0～75		60	1.8	1260	880	2000	在柜内
						75	1.5				
KLF12-450/90			134	0～90		75	1.8				
						90	1.5				
KLF12-450/110			160	0～110	450	90	1.8				
						110	1.5				
KLF12-450/140			184	0～140		110	1.8				
						140	1.5				
KLF12-450/170			226	0～170		140	1.8				
						170	1.5				
KLF12-450/250	3	380	335	0～250							
KLF12-600/50			97	0～50		40	1.8	1060	880	2000	柜外附装
						50	1.5				
KLF12-600/75			150	0～75		60	1.8				
						75	1.5				
KLF12-600/110			213	0～110	600	90	1.8				
						110	1.5				
KLF12-600/140			260	0～140		110	1.8				
						140	1.5				
KLF12-600/170			302	0～170		140	1.8				
						170	1.5				
KLF12-130/50				0～50		40	1.8				
						50	1.5				
KLF12-130/75				0～75	130	60	1.8	900	650	2000	在柜内
						75	1.5				

注：1. KLF11 系列强励倍数是网络电压为额定电压值的 80%时的倍数。

2. KLF12 系列强励倍数是网络电压为额定电压值的 85%时的倍数。

4.3 电动机维修常用材料的选用

4.3.1 电磁线和铝、铜线的规格

主要圆电磁线规格尺寸见表 4-18。

常用圆铝、铜线的规格见表 4-19。

4.3.2 电机常用绝缘材料的选用

(1) 电机常用电磁线及绝缘材料

交流电机常用电磁线及绝缘材料见表 4-20。

直流电机常用电磁线及绝缘材料见表 4-21。

■ **表 4-18 主要圆电磁线规格尺寸和最大外径**

导体直径(铜铝)① /mm		漆包线最大外径② /mm		玻璃丝包线最大外径 /mm		丝包线最大外径/mm				
标称	公差	薄漆层	厚漆层	单玻璃丝包线	双玻璃丝包线	双线包线	单丝包油性漆包线	双丝包油性漆包线	单丝包聚酯漆包线	双丝包聚酯漆包线
0.015	±0.002	0.025	—	—	—	—	—	—	—	—
0.020	±0.002	0.035	—	—	—	—	—	—	—	—
0.025	±0.002	0.040	—	—	—	—	—	—	—	—
0.030	±0.003	0.045	—	—	—	—	—	—	—	—
0.040	±0.003	0.055	—	—	—	—	—	—	—	—
0.050	±0.003	0.065	—	—	—	0.16	0.14	0.18	0.14	0.18
0.060	±0.003	0.080	0.09	—	—	0.17	0.15	0.19	0.16	0.20
0.070	±0.003	0.090	0.10	—	—	0.18	0.16	0.20	0.17	0.21
0.080	±0.003	0.100	0.11	—	—	0.19	0.17	0.21	0.18	0.22

续表

导体直径（铜铝）[①] /mm		漆包线最大外径[②] /mm		玻璃丝包线最大外径 /mm		丝包线最大外径/mm				
标称	公差	薄漆层	厚漆层	单玻璃丝包线	双玻璃丝包线	双线包线	单丝包油性漆包线	双丝包油性漆包线	单丝包聚酯漆包线	双丝包聚酯漆包线
0.090	±0.003	0.110	0.12	—	—	0.20	0.18	0.22	0.19	0.23
0.100	±0.005	0.125	0.13	—	—	0.21	0.19	0.23	0.20	0.24
0.110	±0.005	0.135	0.14	—	—	0.22	0.20	0.24	0.21	0.25
0.120	±0.005	0.145	0.15	—	—	0.23	0.21	0.25	0.22	0.26
0.130	±0.005	0.155	0.16	—	—	0.24	0.22	0.26	0.23	0.27
0.410	±0.005	0.165	0.17	—	—	0.25	0.23	0.27	0.24	0.28
0.150	±0.005	0.180	0.19	—	—	0.26	0.24	0.28	0.25	0.29
0.160	±0.005	0.190	0.20	—	—	0.28	0.26	0.30	0.28	0.32
0.170	±0.005	0.200	0.21	—	—	0.29	0.27	0.31	0.29	0.33
0.180	±0.005	0.210	0.22	—	—	0.30	0.28	0.32	0.30	0.34
0.190	±0.005	0.220	0.23	—	—	0.31	0.29	0.33	0.31	0.35
0.200	±0.005	0.230	0.24	—	—	0.32	0.30	0.35	0.32	0.36
0.210	±0.005	0.240	0.25	—	—	0.33	0.32	0.36	0.33	0.37
0.230	±0.005	0.265	0.28	—	—	0.36	0.35	0.39	0.36	0.41
0.250	±0.005	0.290	0.30	—	0.49	0.38	0.37	0.42	0.38	0.43
(0.270)	±0.010	0.310	0.32	—	—	—	—	—	—	—
0.280	±0.010	0.320	0.33	—	—	0.41	0.40	0.45	0.41	0.46
(0.290)	±0.010	0.330	0.34	—	—	—	—	—	—	—
0.310	±0.010	0.350	0.36	—	—	0.44	0.43	0.48	0.44	0.49
0.330	±0.010	0.37	0.39	—	—	0.47	0.46	0.51	0.48	0.53
0.350	±0.010	0.39	0.41	—	—	0.49	0.48	0.53	0.51	0.55
0.380	±0.010	0.42	0.44	—	—	0.52	0.51	0.56	0.53	0.58
0.400	±0.010	0.44	0.46	—	—	0.54	0.53	0.58	0.55	0.60
0.420	±0.010	0.46	0.48	—	—	0.56	0.55	0.60	0.57	0.62
0.450	±0.010	0.49	0.51	—	—	0.59	0.58	0.63	0.60	0.65
0.470	±0.010	0.51	0.53	—	—	0.61	0.60	0.65	0.62	0.67
0.500	±0.010	0.54	0.56	—	—	0.64	0.63	0.68	0.65	0.70
0.530	±0.010	0.58	0.60	0.73	0.79	0.67	0.67	0.72	0.69	0.74
0.560	±0.010	0.61	0.63	0.76	0.82	0.70	0.70	0.75	0.72	0.77
0.600	±0.010	0.65	0.67	0.80	0.86	0.74	0.74	0.79	0.76	0.81
0.630	±0.010	0.68	0.70	0.83	0.89	0.77	0.77	0.83	0.79	0.84
0.670	±0.010	0.72	0.75	0.88	0.93	0.82	0.82	0.87	0.85	0.90

续表

导体直径(铜铝)[①]/mm		漆包线最大外径[②]/mm		玻璃丝包线最大外径/mm		丝包线最大外径/mm				
标称	公差	薄漆层	厚漆层	单玻璃丝包线	双玻璃丝包线	双线包线	单丝包油性漆包线	双丝包油性漆包线	单丝包聚酯漆包线	双丝包聚酯漆包线
(0.690)	±0.010	0.74	0.77	—	—	—	—	—	—	—
0.710	±0.015	0.76	0.79	0.93	0.98	0.86	0.86	0.91	0.89	0.94
0.750	±0.015	0.81	0.84	0.97	1.02	0.91	0.91	0.97	0.94	1.00
(0.770)	±0.015	0.83	0.86	—	—	—	—	—	—	—
0.800	±0.015	0.86	0.89	1.02	1.07	0.86	0.96	1.02	0.99	1.05
(0.830)	±0.015	0.89	0.92	—	—	—	—	—	—	—
0.850	±0.015	0.91	0.94	1.07	1.12	1.01	1.01	1.07	1.04	1.10
0.900	±0.015	0.96	0.99	1.12	1.17	1.06	1.06	1.12	1.09	1.15
(0.930)	±0.015	0.99	1.02	—	—	—	—	—	—	—
0.950	±0.015	1.01	1.04	1.17	1.22	1.11	1.11	1.17	1.14	1.20
1.000	±0.015	1.07	1.11	1.25	1.29	1.17	1.18	1.24	1.22	1.28
1.060	±0.020	1.14	1.17	1.31	1.35	1.23	1.25	1.31	1.28	1.34
1.120	±0.020	1.20	1.23	1.37	1.41	1.29	1.31	1.37	1.34	1.40
1.180	±0.020	1.26	1.29	1.43	1.47	1.35	1.37	1.43	1.40	1.46
1.250	±0.020	1.33	1.36	1.50	1.54	1.42	1.44	1.50	1.47	1.53
1.300	±0.020	1.38	1.41	1.55	1.59	1.47	1.49	1.55	1.52	1.58
(1.350)	±0.020	1.43	1.46	—	—	—	—	—	—	—
1.400	±0.020	1.48	1.51	1.65	1.69	1.57	1.59	1.65	1.62	1.68
(1.450)	±0.020	1.53	1.56	—	—	—	—	—	—	—
1.500	±0.020	1.58	1.61	1.75	1.81	1.67	1.69	1.75	1.72	1.78
(1.560)	±0.020	1.64	1.67	—	—	—	—	—	—	—
1.600	±0.020	1.69	1.72	1.87	1.91	1.78	1.80	1.87	1.83	1.90
1.700	±0.025	1.79	1.82	1.97	2.01	1.88	1.90	1.97	1.93	2.00
1.800	±0.025	1.89	1.92	2.07	2.11	1.98	2.00	2.07	2.03	2.10
1.900	±0.025	1.99	2.02	2.17	2.21	2.08	2.10	2.17	2.13	2.20
2.000	±0.025	2.09	2.12	2.27	2.31	2.18	2.20	2.27	2.23	2.30
2.12	±0.030	2.21	2.24	2.39	2.48	2.30	2.32	2.39	2.35	2.42
2.24	±0.030	2.33	2.36	2.51	2.60	2.42	2.44	2.51	2.47	2.54
2.36	±0.030	2.45	2.48	2.63	2.72	2.54	2.56	2.63	2.59	2.66
2.50	±0.030	2.59	2.62	2.77	2.86	2.68	2.70	2.77	2.73	2.80
2.65	±0.030	—	—	—	3.01	—	—	—	—	—
2.80	±0.030	—	—	—	3.16	—	—	—	—	—

续表

导体直径(铜铝)[①]/mm		漆包线最大外径[②]/mm		玻璃丝包线最大外径/mm		丝包线最大外径/mm				
标称	公差	薄漆层	厚漆层	单玻璃丝包线	双玻璃丝包线	双线包线	单丝包油性漆包线	双丝包油性漆包线	单丝包聚酯漆包线	双丝包聚酯漆包线
3.00	±0.030	—	—	—	3.37	—	—	—	—	—
3.15	±0.030	—	—	—	3.52	—	—	—	—	—
3.35	±0.030	—	—	—	3.72	—	—	—	—	—
3.55	±0.040	—	—	—	3.92	—	—	—	—	—
3.75	±0.010	—	—	—	4.12	—	—	—	—	—
4.00	±0.040	—	—	—	4.37	—	—	—	—	—
4.25	±0.040	—	—	—	4.63	—	—	—	—	—
4.50	±0.050	—	—	—	4.88	—	—	—	—	—
4.75	±0.050	—	—	—	5.13	—	—	—	—	—
5.00	±0.050	—	—	—	5.38	—	—	—	—	—
5.30	±0.050	—	—	—	5.68	—	—	—	—	—
5.60	±0.050	—	—	—	5.98	—	—	—	—	—
6.00	±0.060	—	—	—	6.38	—	—	—	—	—

① 所有括号内的规格，系漆包线的保留规格，不推荐使用。

② 油性漆包线的最大外径，基本上相当于薄漆层漆包线的最大外径。

■ 表 4-19　常用圆铝、铜线的规格

直径/mm	截面积/mm²	铝			铜		
		每1km的净重/kg	20℃时每1km的直流电阻/Ω	75℃时每1km的直流电阻/Ω	每1km的净重/kg	20℃时每1km的直流电阻/Ω	75℃时每1km的直流电阻/Ω
0.05	0.00196	—	—	—	0.0175	8970	11060
0.06	0.00283	—	—	—	0.0252	6210	7660
0.07	0.00385	—	—	—	0.0342	4570	5640
0.08	0.00503	—	—	—	0.0447	3500	4320
0.09	0.00636	—	—	—	0.0565	2760	3410
0.10	0.00785	—	—	—	0.0698	2240	2770
0.11	0.00950	—	—	—	0.0845	1854	2290
0.12	0.01131	—	—	—	0.1005	1556	1918
0.13	0.0133	—	—	—	0.1179	1322	1630
0.14	0.0154	—	—	—	0.1368	1142	1410

续表

直径/mm	截面积/mm²	铝			铜		
		每1km的净重/kg	20℃时每1km的直流电阻/Ω	75℃时每1km的直流电阻/Ω	每1km的净重/kg	20℃时每1km的直流电阻/Ω	75℃时每1km的直流电阻/Ω
0.15	0.01767	—	—	—	0.157	995	1227
0.16	0.0201	—	—	—	0.179	875	1080
0.17	0.0227	—	—	—	0.202	775	956
0.18	0.0255	—	—	—	0.226	690	852
0.19	0.0284	—	—	—	0.262	620	765
0.20	0.0314	0.085	901	1100	0.279	560	692
0.21	0.0346	0.097	820	1000	0.308	506	628
0.23	0.0415	0.112	682	835	0.369	424	524
0.25	0.0491	0.133	577	705	0.436	359	443
0.27	0.0573	0.155	494	604	0.509	307	379
0.29	0.0661	0.178	428	524	0.587	266	329
0.31	0.0755	0.204	375	458	0.671	233	285
0.33	0.0855	0.231	331	405	0.760	206	254
0.35	0.0962	0.260	294	360	0.856	183	226
0.38	0.1134	0.306	250	305	1.008	156.0	191.3
0.41	0.1320	0.357	214	262	1.170	133.0	164
0.44	0.1521	0.411	186	227	1.352	116.0	142.5
0.47	0.1735	0.469	163	199.5	1.54	101.0	125.0
0.49	0.1886	0.509	150	183.5	1.68	93.3	115.0
0.51	0.204	0.550	138.6	169.5	1.88	86.0	106.2
0.53	0.221	0.600	128	156.5	1.98	79.4	98.2
0.55	0.238	0.643	119	145.5	2.12	73.7	91.2
0.57	0.255	0.689	111	135.5	2.27	68.8	85.2
0.59	0.273	0.734	103.6	127.0	2.42	64.2	79.5
0.62	0.302	0.813	93.8	114.7	2.68	58.0	72.0
0.64	0.322	0.868	88.0	107.5	2.86	54.5	67.4
0.67	0.353	0.950	80.2	98.0	3.13	49.6	61.5
0.69	0.374	1.01	75.7	92.5	3.32	47.0	58.0
0.72	0.407	1.10	69.5	85.0	3.62	43.0	53.3
0.74	0.430	1.16	65.8	80.5	3.82	40.6	50.5
0.77	0.466	1.26	60.7	74.4	4.14	37.6	46.5
0.80	0.503	1.36	56.3	68.9	4.47	34.9	43.1
0.83	0.541	1.46	52.4	64.0	4.81	32.4	40.1

续表

直径/mm	截面积/mm^2	铝			铜		
		每1km的净重/kg	20℃时每1km的直流电阻/Ω	75℃时每1km的直流电阻/Ω	每1km的净重/kg	20℃时每1km的直流电阻/Ω	75℃时每1km的直流电阻/Ω
0.86	0.581	1.57	48.7	59.6	5.16	30.2	37.3
0.90	0.636	1.72	44.5	54.5	5.66	27.5	34.1
0.93	0.679	1.83	41.7	51.7	6.04	25.8	31.9
0.96	0.724	1.95	38.1	47.8	6.43	24.3	30.0
1.00	0.785	2.12	36.1	44.1	6.98	22.3	27.6
1.04	0.849	2.28	33.3	40.9	7.55	20.7	25.6
1.08	0.916	2.47	30.9	37.8	8.14	19.20	23.7
1.12	0.985	2.65	28.8	35.1	8.75	17.80	22.0
1.16	1.057	2.85	26.8	32.8	9.40	16.60	20.6
1.20	1.131	3.05	25.0	30.6	10.05	15.50	19.17
1.25	1.227	3.31	23.1	28.2	10.91	14.30	17.68
1.30	1.327	3.58	21.5	26.1	11.80	13.20	16.35
1.35	1.431	3.86	19.8	24.2	12.73	12.30	14.10
1.40	1.539	4.15	18.4	22.5	13.69	11.40	13.90
1.45	1.651	4.45	17.15	20.9	14.70	10.60	13.13
1.50	1.767	4.77	16.0	19.6	15.70	9.33	12.28
1.56	1.911	5.15	14.8	18.1	17.00	9.18	11.35
1.62	2.06	5.56	13.73	16.8	18.32	8.53	10.5
1.68	2.22	5.98	12.75	15.6	19.7	7.90	9.78
1.74	2.38	6.40	11.95	14.54	21.1	7.37	9.12
1.81	2.57	6.95	11.0	13.45	22.9	6.84	8.45
1.88	2.78	7.49	10.2	12.45	24.7	6.31	7.80
1.95	2.99	8.06	9.46	11.60	26.5	5.88	7.26
2.02	3.20	8.65	8.85	10.80	28.5	5.50	6.78
2.10	3.40	9.34	8.18	10.00	30.8	5.11	6.27
2.26	4.01	10.83	7.05	8.63	35.7	4.39	5.41
2.44	4.68	12.64	6.05	7.40	41.6	3.76	4.63
2.63	5.43	14.65	5.22	6.37	48.3	3.24	4.00
2.83	6.29	16.98	4.50	5.50	55.9	2.80	3.45
3.05	7.31	19.75	3.88	4.74	65.0	2.41	2.97
3.28	8.45	22.8	3.35	4.10	75.1	2.08	2.57
3.53	9.79	26.4	2.89	3.54	87.0	1.80	2.22
3.80	11.34	30.6	2.49	3.05	100.8	1.55	1.915
4.10	13.20	35.6	2.14	2.62	117.3	1.332	1.642
4.50	15.90	43.0	1.78	2.18	141.4	1.108	1.362
4.80	18.10	48.9	1.56	1.91	160.9	0.973	1.198
5.20	21.20	57.4	1.33	1.627	188.8	0.827	1.020

■ 表 4-20 交流电机常用电磁线及绝缘材料

名称	E级	B级	F级	H级
电磁线	QQ-2，QQB，QQL-2，QQLB缩醛漆包线	QZ-2，QZB，QZL-2，QZLB聚酯漆包线 SBEC，SBECB，SBELCB双玻璃丝包线 QZSBECB双玻璃丝包聚酯漆包线	QZ(G)，QZ(G)B改性聚酯漆包线 QZYS-BECB双玻璃丝包聚酯亚胺漆包线	QZY，QZYB聚酰亚胺漆包线 SBEG，SBEGB硅有机漆双玻璃丝包线 SBEMB/180聚酰亚胺薄膜绕包线
槽绝缘材料	6520聚酯薄膜绝缘纸复合箔 6530聚酯薄膜玻璃漆布复合箔	6530聚酯薄膜玻璃漆布复合箔 DMD，DMDM聚酯薄膜聚酯纤维纸复合箔	NMN聚酯薄膜芳香族聚酯胺纤维纸复合箔 SMS聚酰薄膜芳香族聚砜酰胺纤维纸复合箔 DMO聚酯薄膜■二唑纤维纸复合箔	NHN聚酰亚胺薄膜芳香族聚酰胺纤维纸复合箔 SMS聚酰亚胺薄膜芳香族聚砜酰胺纤维纸复合箔 DMO聚酯薄膜■二唑纤维纸复合箔
绕包绝缘材料	2412油性玻璃漆布	2430沥青醇酸玻璃漆布 2432醇酸玻璃漆布 2433环氧玻璃漆布 5438-1环氧玻璃粉云母带 9541-1钛改性环氧玻璃粉云母带	聚萘酯薄膜，其他材料同H级	2450有机硅玻璃漆布 2560聚酰亚胺玻璃漆布 5450-1聚酰亚胺薄膜 有机硅玻璃粉云母带
绑扎带(转子用)	2830聚酯绑扎带	2830聚酯绑扎带	2840环氧绑扎带	2850聚胺酰酰亚胺绑扎带

续表

名称	E级	B级	F级	H级
槽楔、垫条、接线板等绝缘件	3020～3023酚醛层压纸板 4010，4013竹(经过处理，如油煮)酚醛塑料	3230酚醛层压玻璃布板 3231苯胺酚醛层压玻璃布板 4330酚醛玻璃纤维压塑料	3250有机硅环氧层压玻璃布板 3251有机硅层压玻璃布板 3240环氧酚醛层压玻璃布板	9330聚二苯醚层压玻璃布板 9335聚胺酰亚胺层压玻璃布板
漆管、套管	2714油性玻璃漆管	2730醇酸玻璃漆管	同H级	2750有机硅玻璃漆管 2751硅橡胶玻璃丝管
引接线	JBQ(500V、1140V)橡胶绝缘丁腈护套引接线	JBYH(500V、1140V、6000V)氧磺化聚乙烯橡胶绝缘引接线 JBHF6kV橡胶绝缘氯丁护套引接线	JFEH(6000V及以下)乙丙橡胶绝缘引接线	JHS(500V)硅橡胶绝缘引接线 (500V)聚四氟乙烯引接线
浸渍漆	1032三聚氰胺醇酸漆	1032三聚氰胺醇酸漆 5152-2环氧聚酯酚醛无溶剂漆	155聚酯浸渍漆 319-2不饱和聚酯无溶剂漆	1053有机硅浸渍漆 931低温干燥有机硅漆

■ **表4-21　直流电机常用电磁线及绝缘材料**

名称	B级	F级	H级
电磁线	QZ-1,QZ-2聚酯漆包圆铜线 QZL-1,QZL-2聚酯漆包圆铝线 QZB聚酯漆包扁铜线 QZLB聚酯漆包扁铝线 SBECB双玻璃丝包扁铜线 SBELCB双玻璃丝包扁铝线 QZS-BCB单玻璃包聚酯漆包扁铜线	QZY-1,QZY-2聚酯亚胺漆包圆铜线 QZYB聚酯亚胺漆包扁铜线	QZY-1,QZY-2聚酰亚胺漆包圆铜线 QXY-1,QXY-2聚酰胺酰亚胺漆包圆铜线 QYB,QXYB聚酰胺酰亚胺漆包扁铜线 SBEG硅有机浸渍双玻璃丝包圆铜线 SBEGB硅有机浸渍双玻璃丝包扁铜线 QYSBGB单玻璃丝包聚酰亚胺漆包扁铜线

续表

名称	B级	F级	H级
对地绝缘 匝间绝缘 槽绝缘	5438-1 环氧玻璃粉云母带 6630 聚酯薄膜聚酯纤维纸复合箔(简称 DMD) 5131 醇酸玻璃柔软云母板 2432 醇酸玻璃漆布 6530 聚酯薄膜玻璃漆布复合箔	6640 聚酯薄膜耐高温合成纤维复合箔(简称 NMN) 2440 聚酯玻璃漆布	6650 聚酰亚胺薄膜耐高温合成纤维纸复合箔(简称 NHN) 5450 有机硅玻璃云母带 5450-1 有机硅玻璃粉云母带 5151 有机硅玻璃柔软云母板 NHN 耐高温合成纤维纸 6050 聚酰亚胺薄膜
层间 绝缘	5131DMD 醇酸玻璃柔软云母板 6530 聚酯薄膜玻璃漆布复合箔	NMN 耐高温合成纤维纸	5151-1NHN 耐高温合成纤维纸 5151-1 有机硅玻璃柔软云母板
槽楔、垫条出线板	3240 环氧酚醛层压玻璃布板	3240 环氧酚醛层压玻璃布板	3251 有机硅层压玻璃布板 9330、上 3255 聚二苯醚层压玻璃布板 9335 聚酰亚胺层压玻璃布板
浸渍漆	5152-2 环氧聚酯酚醛无溶剂漆 1032 三聚氰胺醇酸漆	319-2 不饱和聚酯无溶剂漆 155 聚酯浸渍漆	1053 有机硅浸渍漆 931 低温干燥有机硅漆
引接线	JBQ 橡胶绝缘丁腈护套引接线	JHXG 硅橡胶绝缘引接线	JHXG 硅橡胶绝缘引接线
刷架装置绝缘	酚醛定长玻璃纤维压塑料,聚酯料团	聚胺酰亚胺定长玻璃纤维压塑料	聚胺酰亚胺定长玻璃纤维压塑料
换向器片间绝缘	5535-2 虫胶换向器云母板 5536-1 环氧换向器粉云母板	5560-2 磷酸铵换向器金云母板	5560-2 磷酸铵换向器金云母板

续表

名称	B级	F级	H级
换向器V形绝缘环	5231虫胶塑型云母板 聚酯薄膜环氧玻璃坯布	云251聚二苯醚衍生物塑型云母板	5250硅有机塑型云母板
换向器用压塑料	酚醛定长玻璃纤维压塑料	聚胺酰亚胺定长玻璃纤维压塑料	聚胺酰亚胺定长玻璃纤维压塑料
绑扎带	2830聚酯绑扎带	2840环氧绑扎带	2850聚胺-酰亚胺绑扎带

(2) 异步电动机定子绕组槽绝缘规范

Y系列定子绕组槽绝缘规范见表4-22。

■ **表4-22 Y系列定子绕组槽绝缘规范** 单位：mm

外壳防护等级	中心高	槽绝缘形式及总厚度				槽绝缘均匀伸出铁芯二端长度
		DMDM	DMD＋M	DMD	DMD＋DMD	
IP44	80～112	0.25	0.25 (0.20＋0.05)	0.25		6～7
	132～160	0.30	0.30 (0.25＋0.05)			7～10
	180～280	0.35	0.35 (0.30±0.05)			12～15
	315	0.50			0.50 (0.20＋0.30)	20
IP23	160～225	0.35	0.35 (0.30＋0.05)			11～12
	250～280		0.40 (0.35＋0.05)		0.40 (0.20＋0.20)	12～15

注：0.25mm DMD其中间层薄膜厚度为0.07mm；D为聚酯纤维无纺布；M为6020聚酯薄膜。

4.3.3 电刷的选用

(1) 电刷的类别、型号、特征和主要应用范围（见表4-23）

■ **表 4-23 电刷的类别、型号、特征和主要应用范围**

类别	型号	基本特征	主要应用范围
石墨电刷	S-3	硬度较低，润滑性较好	换向正常、负荷均匀，电压为 80～120V 的直流电机
	S-6	多孔、软质石墨电刷，硬度低	汽轮发电机的集电环，80～230V 的直流电机
电化石墨电刷	D104	硬度低，润滑性好，换向性能好	一般用于 0.4～200kW 直流电机，充电用直流发电机，轧钢用直流发电机，汽轮发电机，绕线转子异步电动机集电环，电焊直流发电机等
	D172	润滑性好，摩擦因数低，换向性能好	大型汽轮发电机的集电环，励磁机，水轮发电机的集电环，换向正常的直流电机
	D202	硬度和机械强度较高，润滑性好，耐冲击振动	电力机车用牵引电动机，电压为 120～400V 的直流发电机
	D213	硬度和机械强度较 D214 高	汽车、拖拉机的发电机，具有机械振动的牵引电动机
	D214 D215	硬度和机械强度较高，润滑、换向性能好	汽轮发电机的励磁机，换向困难、电压在 220V 以上的带有冲击性负荷的直流电机，如牵引电动机，轧钢电动机
	D252	硬度中等，换向性能好	换向困难、电压为 120～440V 的直流电机，如牵引电动机，汽轮发电机的励磁机
	D308 D309	质地硬，电阻系数较高，换向性能好	换向困难的直流牵引电动机，角速度较高的小型直流电机，以及电机扩大机
	D374	多孔，电阻系数高，换向性能好	换向困难的高速直流电机，牵引电动机，汽轮发电机的励磁机，轧钢电动机
	D479		换向困难的直流电机
金属石墨电刷	J101 J102 J164	高含铜量，电阻系数小，允许电流密度大	低电压、大电流直流发电机，如电解、电镀、充电用直流发电机，绕线转子异步电动机的集电环
	J104		低电压、大电流直流发电机，汽车、拖拉机用发电机

续表

类别	型号	基本特征	主要应用范围
金属石墨电刷	J201	中含铜量，电阻系数较高，电刷含铜量大，允许电流密度较大	电压在60V以下的低电压、大电流直流发电机，如汽车发电机，直流电焊机，绕线转子异步电动机的集电环
	J204	中含铜量，电阻系数较高，电刷含铜量大，允许电流密度较大	电压在40V以下的低电压、大电流直流发电机，汽车辅助电动机，绕线转子异步电动机的集电环
	J205		电压在60V以下的直流发电机，汽车、拖拉机用直流启动电动机，绕线转子异步电动机的集电环
	J206		电压为25～80V的小型直流电机
	J203 J220	低含铜量，与高、中含铜量电刷相比，电阻系数较大，允许电流密度较小	电压在80V以下的大电流充电发电机，小型牵引电动机，绕线转子异步电动机的集电环

(2) 各种直流电机用电刷的推荐表（见表4-24）

■ **表4-24 各种直流电机用电刷的推荐表**

项目	电机用途及系列		推荐采用的电刷牌号
普通及冶金用直流电动机	一般Z、Z2、Z3系列直流电动机	电压低于230V的 电压高于230V的	D172、D104 D215、D172
	工矿冶金用ZF、ZF2、ZJF、ZD、2ZD、ZD2、ZJD、2ZJD等系列直流电动机	电压低于230V的 电压高于230V的	D215、D214 D374
	用于多尘场合封闭式ZO2系列直流电动机		D172
	广调速ZT2系列直流电动机		D172
	低电压大电流ZFD系列直流电动机		J201、J206
	高速ZKD型直流电动机		D374
	直流发电机组	①JZH系列 ②JZHC系列 ③JZHC2系列	J164 D104、S3 J201、J206
船用直流电动机	①ZTH、ZBH、ZMH系列 ②Z2C、ZD2C系列拖动电动机 ③ZZY-H系列直流起重电动机 ④ZZT-H系列轴流通风直流电动机 ⑤ZHC2-H系列允电直流发电机组：电压24～36V 电压48～72V 电压60～90V		D104、D215 D172 D215 D104、D215 J201、J206 D104 D215

续表

项目	电机用途及系列	推荐采用的电刷牌号
电力或热电机车电机	①蓄电式或架线式机车用ZQ、ZXQ、ZQR、ZQS-1、ZQZ-2	J203、J204
	等系列直流牵引电动机：电压低于60V的	D215
	电压在60～250V的	D374、D374B
	电压在250V以上	D374
	②ZQDR系列热电动机车主牵引电动机	D215、D214
	③ZQFR系列热电动机车主发电机	D215
	④ZQF-5-2型电力机车辅助发电机	D374、D252
	⑤ZQD系列架线和热电动机车牵引辅助电动机	D215、D104
	⑥ZQF-12/ZQLR-10热电机车辅助电机组	D252
	⑦架线式机车电机组ZQD-6/TQF-5-1型：电动机	D202
	发电机	D252
	⑧地铁辅助电机组：ZQD7/TQF-7、ZQD6/TQF-6：电动机 发电机	J204
直流电焊机	①AX1-165、AB165型	J201、D104
	②AX3-300、AX3-300-1、AG-300型	J204
	③AX、AX4、AX5、AX7、AX8、AX9、AB、AR、AXD、AM、MXQ7、AXD1等型	D104
专用直流电机	①ZZY、ZZJO(ZZJ、ZZ)、ZZK系列冶金起重用直流电动机	D215
	②ZC系列直流测功机	D215
	③ZK-32型用于自动调节系统作为执行元件的直流电动机	D104
	④Z2-D2-MD型高精度外圆磨床用直流电动机	D104
	⑤ZTCD-75型镗床及其他机床用直流电动机	D172
	⑥ZZD系列开关合闸用直流电动机	D104
	⑦ZWC型机床、纺织工业自动控制系统用直流电动机	D172
	⑧ZX-600型电源车直流发电机	D201
	⑨ZQF-48、ZQF-45、ZQ-43、ZQ-51、ZZKL-32、ZZL-22等型轮胎吊车直流电动机	D172
	⑩ZTD、ZTF型升降机用直流电机组	D172
	⑪ZBF、ZBD、ZSF、ZSD型刨床用直流电机组：	
	电压低于230V	D172
	电压高于230V	D374
	⑫WK-4型四立方米电铲用电机组：	
	a. ZFW42.3/25、ZFC49.3/24、ZFCH49.3/24、ZFW49.3/24型提升直流发电机	D374、D252

续表

项目	电机用途及系列	推荐采用的电刷牌号
专用直流电机	b. ZFW36.8/22、ZFC42.3/20、ZFCH42.3/20、ZFW42.3/20 型回转直流发电机	D374、D252
	c. ZF36.8/11、ZFC42.3/10.5、ZFCH42.3/10.5、ZFW42.3/10.5 型推压行走直流发电机	D252、D215
	d. ZDW-82、ZDC-82、ZDCH-82 型提升直流电动机	D374、D252
	e. ZZKCL-52、ZZKCH-52、ZDW-52(L_3)型回转直流电动机	D252、D215
	f. ZZKC-52、ZZKCH-52、ZDW-52(L_3)型推压行走直流电动机	D252、D215
	g. ZZW-22 型拉门直流电动机	D252、D215
	⑬WP-4 长臂电铲用直流电机组：	
	a. Z24.5/11.4 型直流发电机	D104
	b. ZLW24.5/8-4 型励磁机	J201
	c. ZFC74/23 型提升直流发电机	D374
	d. ZFC56/22 型回转行走直流发电机	D374
	e. ZFC49.3/21 型推压直流发电机	D374、D252
	f. ZZYC32.7/34 型行走直流电动机	D374、D252
	g. ZZYC36.8/40 型推压直流电动机	D374、D252
	h. ZDC74/54 型提升自流电动机	D374、D252
	i. ZZYLC36.8/40 型回转直流电动机	D374、D252
	⑭交流换向器调速电动机	D479

4.3.4 电机用润滑油和润滑脂的选用

① 常用的机械润滑油有七个牌号，其质量指标见表 4-25。

② 常用的润滑脂的品种、代号及适用场合见表 4-26。

■ **表 4-25 机械润滑油质量指标**

质量指标	10#	20#	30#	40#	50#	70#	90#
黏度 50℃/cSt	7～13	17～23	27～33	37～43	47～53	67～73	87～93
残炭不大于/%	—	—	0.3	0.3	0.3	0.5	0.6
酸值不大于/(mgKOH/g)	0.14	0.16	0.2	0.35	0.35	0.35	0.35
灰分,不大于/%	0.007	0.007	0.007	0.007	0.007	0.007	0.007
机械杂质,不大于/%	0.005	0.005	0.007	0.007	0.007	0.007	0.007

续表

质量指标	10#	20#	30#	40#	50#	70#	90#
水分/%	无	无	无	无	无	痕迹	痕迹
闪点(开口)不低于/℃	165	170	180	190	200	210	220
凝点不高于/℃	−15	−10	−15	−10	−20	0	5

注：1cSt＝$10^{-6}m^2/s$，下同。

■ **表 4-26 润滑脂的品种、代号及适用场合**

名称		代号	颜色	滴点(不低于)/℃	适用场合
钠基润滑脂	1号	ZN-1	深黄色到暗褐色均匀油膏	130	在较高工作温度、清洁无水分的条件下，用于开启式电动机
	2号	ZN-2		150	
钙钠基润滑脂	1号	ZGN-1	黄色到深棕色的均匀软膏	120	在较高工作温度、允许有水蒸气的条件下，用于开启式、封闭式电动机
	2号	ZGN-2		135	
钙基润滑脂	1号	ZG-1	淡黄色到暗褐色，在玻璃上涂抹1～2mm厚的润滑脂层，在透光检查时均匀无块状物	75	用于一般工作温度、与水接触的封闭式电动机
	2号	ZG-2		80	
	3号	ZG-3		85	
	4号	ZG-4		90	
石墨钙基润滑脂		ZG-5	黑色均一的非纤维状油膏	80	—
钡基润滑脂3号		ZB-3	黄褐色到暗褐色软膏	150	—
复合钙基润滑脂	1号	ZFG-1	淡黄到暗褐色光滑透明油膏	180	用于高温有严重水分场合的封闭式电动机
	2号	ZFG-2		200	
	3号	ZFG-3		220	
	4号	ZFG-4		240	
铝基润滑脂	2号	ZU-2	淡黄色到暗褐色光滑透明油膏	75	用于高温工作条件及严重水分的场合，特别适用于湿热带型电动机

4.3.5 短路探测器的设计

短路探测器是修理电动机常用的测试工具之一。它是一个有励磁绕组的开口铁芯，铁芯由 0.3～0.5mm 的硅钢片叠成，也可以用废旧荧光灯镇流器的铁芯或小型变压器铁芯改制。其绕制参数并不严格。计算步骤如下。

（1）铁芯截面的选择

若探测器使用于 1～55kW 电动机时，其铁芯截面积可取 6～12.5cm^2；使用于 55～550kW 电动机时，可取 13～40cm^2。以上是粗略的估算。

按探测器容量选择铁芯截面用如下公式计算：

$$S=1.25\sqrt{P}$$

$$B=S/a$$

式中 S——探测器铁芯截面积，cm^2；

P——探测器容量（V·A），测试 1.1～30kW 电动机，取 $P=20\sim50$V·A，测试 30kW 以上电动机，取 $P=50\sim500$V·A；

a——铁芯宽度，mm；

B——铁芯叠厚，mm。

（2）励磁绕组匝数计算

$$W=\frac{KU}{S}$$

式中 K——系数，约 32～40。根据铁芯窗口容积大小而定，尽量取大值；

U——探测器电源电压，V。

（3）励磁绕组导线直径选择

$$d=0.9\sqrt{I}=0.9\sqrt{P/U}$$

由此可查得标准线规，得漆包线外径 d（mm）。

（4）铁芯窗口面积校验

$$Q=ch$$

式中 Q——铁芯窗口面积，mm^2；

c——铁芯窗口宽度，mm；

h——铁芯窗口高度，mm，由绕组厚度 h' 决定，

$$h'=\frac{dW}{0.9c/d}+C_i$$

C_i——绝缘纸厚度，可取 5～8mm；

0.9——考虑导线间空隙的系数。

【例 4-2】 欲用图 4-3 所示的铁芯制作一只容量为 25V·A 的短路探测器，采用 220V 电源，已知 $a=12$mm，$c=14$mm，$h=24$mm，试计算绕组参数。

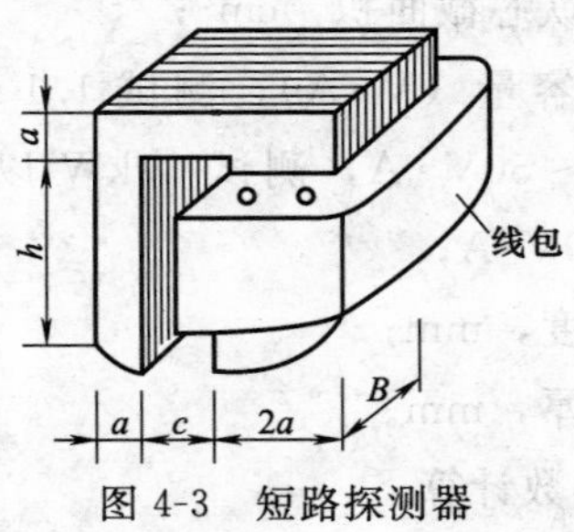

图 4-3 短路探测器

解 ① 铁芯截面积的选择：

$$S=1.25\sqrt{P}=1.25\sqrt{25}=6.25\text{cm}^2$$

铁芯叠厚为

$$B=S/a=6.25/1.2=5.2\text{cm}$$

② 励磁绕组匝数计算：

$$W=\frac{KU}{S}=\frac{35\times220}{6.25}=1232\text{匝}$$

③ 绕组导线直径选择：

$$d=0.9\sqrt{P/U}=0.9\sqrt{25/220}=0.30\text{mm}$$

选取标准线规 ϕ0.31mm 的 QZ 型漆包线，其绝缘导线外径 $d=0.36$mm。

④ 窗口面积校验：

绕组厚度为

$$h'=\frac{dW}{0.9c/d}+C_i=\frac{0.36\times1232}{0.9\times14/0.36}+7=19.7\text{mm}$$

小于窗高 24mm，所以绕组可以套进窗口。

4.4 电动机运行及保护计算

4.4.1 异步电动机的工作条件

异步电动机一般工作条件的规定和要求如下。

① 为了保证电动机的额定出力，电动机出线端电压不得高于额定电压的 10%，不得低于额定电压的 5%。

② 电动机出线端电压低于额定电压的 5%时，为了保证额定出力，定子电流允许比额定电流增大 5%。

③ 电动机在额定出力运行时，相间电压的不平衡率不得超过 5%。

④ 当环境温度不同时，电动机电流的允许增减见表 4-27 和表 4-28。

■ **表 4-27　环境温度超过 35℃时电动机额定电流应降百分率**

周围环境温度/℃	额定电流降低/%
40	5
45	10
50	15

■ **表 4-28　环境温度低于 35℃时电动机额定电流应增百分率**

周围环境温度/℃	额定电流增加/%
30	5
30 以下	8

电动机的额定电流一般是在环境温度为 35℃的情况下定出的。如果环境温度高于 35℃时，电动机的散热性能就会显著下降，这时应相应地降低电动机的额定电流使用。

a. 周围环境温度 t 低于 35℃时，电动机的额定电流允许增加 $(35-t)\%$，但最多不应超过 8%～10%；

b. 周围环境温度超过 35℃时，则要降低出力，大约每超过 1℃电动机额定电流降低 1%。

⑤ 正常使用负载率低于 40%的电动机应予以调整或更换。空载率大于 50%的中小型电动机应加限制空载装置（所谓电动机的空载率，是指电动机空载运行的时间 t_0 与电动机带负载运行的时间 t 之比，即 $\beta_0=t_0/t\times100\%$）。

⑥ 新加轴承润滑脂的容量不宜超过轴承内容积的 70%。

⑦ 电动机的绝缘电阻（75℃时）不得小于 0.5MΩ（低压电机）和 1MΩ/kV（高压电机）。

4.4.2 “大马拉小车”节电计算

电动机的负载往往会随着实际需求而变化，因此，许多场合存在着“大马拉小车”的情况。电动机轻载或空载运行时，功率因数很低，运行效率降低，电能浪费较大。

“大马拉小车”节电计算，举例说明如下。

【例 4-3】　有一台 JO_2-72-4，30kW 电动机，实际负载为 10kW，测出电动机的实际效率只有 75%，功率因数为 0.5。如果更换成 Y160M-4，11kW 电动机，额定效率为 88%，功率因数为

0.84，问更换后年节电量为多少？

解 原电动机的输入功率为

$$P_1=P_2/\eta=10/0.75=13.35\text{kW}$$

无功损耗为

$$Q_1=P_1\tan\varphi=13.35\frac{\sqrt{1-0.5^2}}{0.5}=23.2\text{kvar}$$

更换后电动机的输入功率为

$$P_1'=10/0.88=11.36\text{kW}$$

无功损耗为

$$Q_1'=P_1'\tan\varphi'=11.36\frac{\sqrt{1-0.84^2}}{0.84}=7.34\text{kvar}$$

更换电机后节约有功功率为

$$\Delta P=P_1-P_1'=13.35-11.36=1.99\text{kW}$$

节约无功功率为

$$\Delta Q=Q_1-Q_1'=23.2-7.34=15.86\text{kvar}$$

如果每年连续运行 6000h，则电动机每年节约有功电量 11940kW·h，节约无功电量 95160kvar。

【例 4-4】 一台 Y315M1-6 型 90kW 异步电动机，已知额定电压 U_e 为 380V，额定电流 I_e 为 167A，额定效率 η_e 为 93%，空载损耗 P_0 为 3.6kW，负载率 β 为 35%，拟更换成一台 Y280M-6 型 55kW 电动机，已知该电动机的 U_e'为 380V，I_e'为 104.9A，η_e'为 91.6%，P_0'为 2.53kW，设年运行小时数为 4000h。问更换后年节电量为多少？

解 原电动机总损耗为

$$\begin{aligned}\sum\Delta P&=P_0+\beta^2\left[\left(\frac{1}{\eta_e}-1\right)P_e-P_0\right]\\&=3.6+0.35^2\left[\left(\frac{1}{0.93}-1\right)\times90-3.6\right]\\&=3.99\text{kW}\end{aligned}$$

更换后电动机的负载率为

$$\beta'=\frac{P_e}{P'_e}\beta=\frac{90}{55}\times 0.35=0.57$$

更换后电动机的总损耗为

$$\begin{aligned}\sum\Delta P'&=P'_0+\beta'^2\left[\left(\frac{1}{\eta'_e}-1\right)P'_e-P'_0\right]\\&=2.53+0.57^2\left[\left(\frac{1}{0.916}-1\right)\times 55-2.53\right]\\&=3.53\text{kW}\end{aligned}$$

年节电量为

$$\begin{aligned}A&=(\sum\Delta P-\sum\Delta P')\tau=(3.99-3.35)\times 4000\\&=2560\text{kW}\cdot\text{h}\end{aligned}$$

4.4.3 星-三角变换的节电计算

当电动机负载率低于45％时可考虑△-Y变换的节电措施。

(1) △接法改为Y接法后，电动机各种损耗的变化

改成Y接法后，电动机相电压为原有的$1/\sqrt{3}$，此时铁耗比原来减少2/3。由于电动机转速基本不变，故机械损耗基本不变。附加损耗与电流平方成正比，改成Y接法后，由于定子电流较小，所以定子附加损耗也有下降，功率因数得到改善，达到节电的效果。如负载率由原来的30％～50％，提高到80％左右，功率因数由原来的0.5～0.7提高到0.8以上。

但在电动机转矩不变的条件下，改接后转子电流增加到$\sqrt{3}$倍，所以转子铜耗也增加到3倍，转子附加损耗会增加。电动机转差率增大到3倍左右。

(2) 介绍两种计算方法

1) 方法一

① 改接的条件

a. $\beta=\beta_{lj}$时，改接意义不大，因为浪费电能负载区比节能负载区大，有功损耗可能增加。$\beta>\beta_{lj}$时，改接没有意义。只有$\beta<\beta_{lj}$

时，改接才有意义。β 为电动机实际负载率；β_{lj} 为临界负载率，即Y接法与△接法的总损耗相等时的负载率。

b. 应满足启动条件：电动机由△接法改为Y接法后，在启动时应满足

$$k_m < \frac{\mu}{3}$$

式中　k_m——电动机轴上总的反抗转矩与额定转矩之比；

　　μ——电动机启动转矩与额定转矩之比。

一般笼型电动机，启动转矩约为额定转矩的0.9～2倍之间，因此上式可表示为

$$k_m < 0.3 \sim 0.6$$

c. 应满足稳定性条件：为了保证电动机改成Y接线后，负载保持稳定，其最高负载与额定容量之比，即电动机的极限负载率 β_n 应满足

$$\beta_n \leqslant \frac{\mu_k}{3k}$$

式中　μ_k——最大转矩与额定转矩之比；

　　k——安全系数，根据经验可取1.5。

对于某些要求启动力矩大而运动力矩小的电动机，为了不降低启动力矩，可以采用△接法启动后再转入Y接法运行的方式。

② 临界负载率计算

a. 公式一

$$\beta_{lj} = \sqrt{\frac{\beta_{lj1}}{2\left[\left(\frac{1}{\eta_1}-1\right)P_e - P_0 + \beta_{lj2}\right]}}$$

$$\beta_{lj1} = 0.67(P_0 - P_j + K\sqrt{3}U_e I_0 \times 10^{-3})$$

$$\beta_{lj2} = \left(\frac{P_0}{\eta_e}\tan\varphi_e - \sqrt{3}U_e I_0 \times 10^{-3}\right)K$$

b. 公式二（简化计算）

$$\beta_{lj} = \sqrt{\frac{0.67P_{Fe\triangle} + 0.75P_{0Cu\triangle}}{2\left[\left(\frac{1}{\eta_e}-1\right)P_e - P_{0\triangle}\right]}}$$

式中 $P_{Fe\triangle}$——△接法时的铁耗，kV；

$P_{0Cu\triangle}$——△接法时的空载铜耗，kW；

$P_{0\triangle}$——△接法时的空载损耗，kW。

如用公式一计算，改接后节约的有功功率（kW）为

$$\Delta P=2\beta^2\left[\left(\frac{1}{\eta_e}-1\right)P_e-P_0+\left(\frac{P_e}{\eta_e}\tan\varphi_e-\sqrt{3}U_eI_0\times10^{-3}\right)K\right]-0.67\left(P_0-P_j+K\sqrt{3}U_eI_0\times10^{-3}\right)$$

当 $\Delta P<0$ 时，表示节电；$\Delta P>0$ 时，表示多用电。

由于电动机极数不同，故临界负载率也不相同。为了便于计算，现将部分电动机的临界负载率列于表 4-29，供参考。

改接后节约的有功功率只能等于或少于额定负载时的总损耗，其计算公式如下：

$$\sum\Delta P=P_e\left(\frac{1-\eta_e}{\eta_e}\right)$$

如 Y160M-6，7.5kW 电动机（$\eta_e=86\%$），总损耗为

$$\sum\Delta P=7.5\left(\frac{1-0.86}{0.86}\right)=1.22\text{kW}$$

■ **表 4-29 部分电动机的临界负载率**

极数	2	4	6	8
临界负载率 β_{li}/%	31	33	36	49

该电动机由△接法改为 Y 接法后，所节约的有功功率不会超过 1.22kW。

【例 4-5】 有一台 Y132S-4，5.5kW 电动机，△接法时，已知 U_e 为 380V，I_0 为 4.7A，P_j 为 60W，P_0 为 250W，η_e 为 0.855，$\cos\varphi_e=0.84$，假设无功经济当量 $K=0.01$。试求：

① 电动的临界负载率 β_{lj}；

② 负载率 $\beta=0.2$ 时，改为 Y 接法的节电量。

解 ① 临界负载率为

$$\beta_{lj}=\sqrt{\frac{0.67\times\beta_{lj1}}{2[\beta_{lj2}-0.25+\beta_{lj3}]}}$$

$$\beta_{lj}=\sqrt{\frac{\beta_{lj1}}{2\left[\left(\frac{1}{0.855}-1\right)\times 5.5-0.25+\beta_{lj2}\right]}}=0.327$$

式中 $\beta_{lj1}=0.67\times(0.25-0.06+0.01\times\sqrt{3}\times 380\times 4.7\times 10^{-3})$

$=0.148$

$$\beta_{lj2}=\left(\frac{5.5}{0.855}\times 0.646-\sqrt{3}\times 380\times 4.7\times 10^{-3}\right)\times 0.01$$

$=0.011$

② 当 $\beta=0.2$ 时，因 $\beta<\beta_{lj}$，故改接后可以节电，节电功率为

$$\Delta P=2\times 0.2^2\left[\left(\frac{1}{0.855}-1\right)\times 5.5-0.25+\left(\frac{5.5}{0.855}\times 0.646-\sqrt{3}\times 380\times 4.7\times 10^{-3}\right)\times 0.01\right]-0.67(0.25-0.06+0.01\times\sqrt{3}\times 380\times 4.7\times 10^{-3})$$

$=-0.0925\text{kW}=-92.5\text{W}$

负值表示节电。

2）方法二　为了简便地计算出电动机改接后的经济效果（功率因数、效率等），将改接后的综合经验数据列于表 4-30 和表 4-31。

■ **表 4-30　改接前后电动机效率比值与负载率的关系**

负载率 β	$\eta_Y/\eta_\triangle$	负载率 β	$\eta_Y/\eta_\triangle$	负载率 β	$\eta_Y/\eta_\triangle$
0.10	1.27	0.25	1.06	0.40	1.01
0.15	1.14	0.30	1.04	0.45	1.005
0.20	1.10	0.35	1.02	0.50	1.00

■ **表 4-31　改接前后功率因数比值 $k=\frac{\cos\varphi_Y}{\cos\varphi_\triangle}$ 和负载率 β 及额定功率因数 $\cos\varphi_e$ 的关系**

k \ β / $\cos\varphi_e$	0.10	0.15	0.20	0.25	0.30	0.35	0.40	0.45	0.50
0.78	1.94	1.87	1.80	1.72	1.64	1.56	1.49	1.42	1.35
0.79	1.90	1.83	1.76	1.68	1.60	1.53	1.46	1.39	1.32
0.80	1.86	1.80	1.73	1.65	1.58	1.50	1.43	1.37	1.30
0.81	1.82	1.76	1.70	1.62	1.55	1.47	1.40	1.34	1.28

续表

k \ β cosφe	0.10	0.15	0.20	0.25	0.30	0.35	0.40	0.45	0.50
0.82	1.73	1.72	1.67	1.59	1.52	1.44	1.37	1.31	1.26
0.83	1.75	1.69	1.64	1.56	1.49	1.41	1.35	1.29	1.24
0.84	1.72	1.66	1.61	1.53	1.46	1.38	1.32	1.26	1.22
0.85	1.69	1.63	1.58	1.50	1.44	1.36	1.30	1.24	1.20
0.86	1.66	1.60	1.55	1.47	1.41	1.34	1.27	1.22	1.18
0.87	1.63	1.57	1.52	1.44	1.38	1.31	1.24	1.20	1.16
0.88	1.60	1.54	1.49	1.41	1.35	1.28	1.22	1.18	1.14
0.89	1.59	1.51	1.46	1.38	1.32	1.25	1.19	1.16	1.12
0.90	1.57	1.48	1.43	1.35	1.29	1.22	1.17	1.14	1.10
0.91	1.54	1.44	1.40	1.32	1.26	1.19	1.14	1.11	1.08
0.92	1.50	1.40	1.36	1.28	1.23	1.16	1.11	1.08	1.06

(3) 星-三角变换控制线路

1) 线路之一　图 4-4 为用于 22kW 及以下卷扬机类设备的 Y-△转换节电线路。该线路与一般线路比较，只增加了一只 10A 交流接触器。

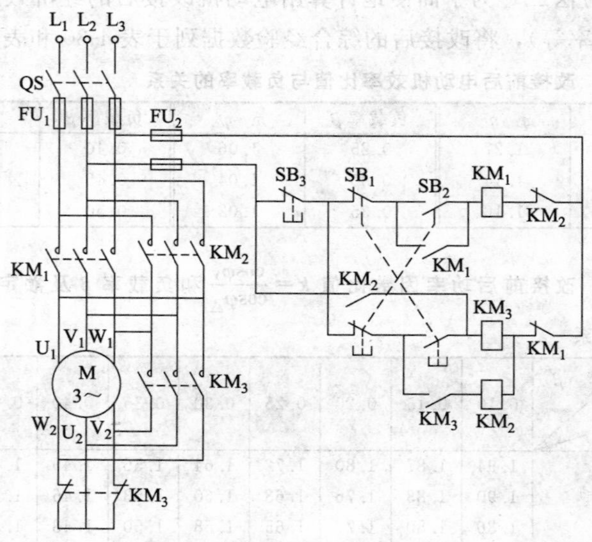

图 4-4　卷扬机节电控制线路

工作原理：上升时，按下上升按钮 SB_1，接触器 KM_3 和 KM_2 分别得电吸合，电动机接成三角形接线，正常起重。下降时，为轻负载，按下下降按钮 SB_2，则电动机接成星形运行，达到节电目的。下降行程内可以节电 40%～60%。

图中，KM_3 和 KM_2 联锁的目的是为了尽可能地降低附加接触器 KM_3 的容量。当按下上升按钮 SB_1 时，KM_3 先得电吸合，在电动机未通电的情况下先将电动机转换成三角形接线，然后 KM_2 得电吸合，正常工作；而按下下降按钮 SB_2 时，KM_2 先失电释放，然后 KM_3 才失电释放，电动机恢复为星形接线。这样就避免了 KM_2 承受冲击电流和分断电流，因而即使控制 22kW 的电动机，KM_3 也可安全使用 10A 的交流接触器。

2）线路之二　图 4-5 线路用于 40kW 风机上的△-Y 自动转换。它利用反映电动机负载的电流继电器 KA 及两只时间继电器进行自动转换。元件选择和整定如下。

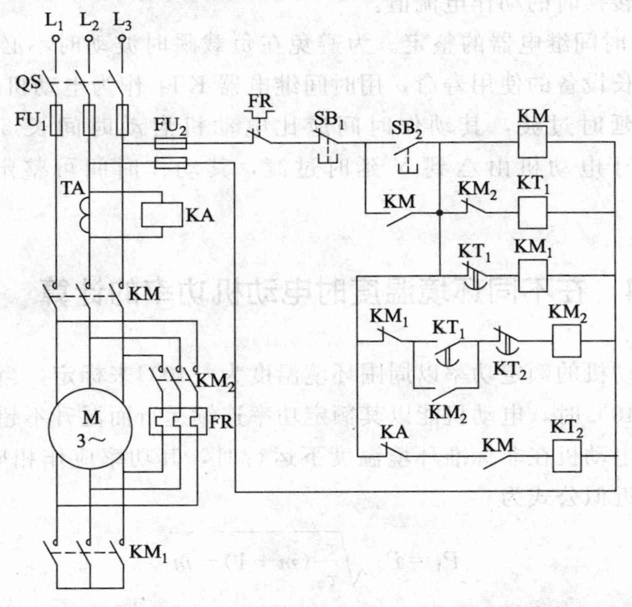

图 4-5　用于 40kW 风机上的△-Y 自动转换线路

① 电流互感器的选择。电流互感器 TA 选用 LM 型穿心式，由于 40kW 电动机的额定电流约为 80A，所以 TA 的变比应选为 100/5。

② 电流继电器的选择与整定。电流继电器 KA 选用 DL-23C 型，最大电流 10A 的为宜。其返回系数（返回电流/启动电流）在 0.85～0.90 之间，返回电流（释放电流）值即为电动机负载变小时，由△到 Y 切换的动作电流值。电动机由△到 Y 切换的电流取额定电流的 50%左右，则继电器返回电流 I_f 可按下式计算：

$$I_f=\frac{I_e}{n}$$

式中 I_e——电动机额定电流，A；

n——电流互感器变比。

电流继电器的启动电流值（返回电流/返回系数）即为电动机 Y 到△转换时的动作电流值。

③ 时间继电器的整定。为避免在负载瞬时波动时不必要的切换，延长设备的使用寿命，用时间继电器 KT_1 作为电动机由 Y 到△切换延时过渡，其动作时间应比电动机启动时间长 5～10s。KT_2 用于电动机由△到 Y 延时过渡，其动作时间可整定在 50s 左右。

4.4.4 在不同环境温度时电动机功率的计算

电动机的额定功率以周围环境温度为+40℃来标定，当环境温度为+40℃时，电动机能以其额定功率连续运行而温升不超出允许范围；电动机在非标准环境温度下运行时，其功率应作相应修正，修正的近似公式为

$$P_t=P_e\sqrt{\frac{\tau_t}{\tau_e}(m+1)-m}$$

式中 P_t——当周围环境温度为 t℃时，电动机的功率，kW；

P_e——电动机额定功率，kW；

τ_t——当周围环境温度为 t℃时，电动机的允许温升，℃；

τ_e——当周围环境温度为＋40℃时，电动机的允许温升，视电动机绝缘等级而异，见表 4-10，℃；

m——电动机空载损耗 P_0 与铜耗 P_{Cu} 之比，$m=P_0/P_{Cu}$，见表 4-32。

■ **表 4-32 电动机的 m 值**

电动机型式	m 值	
复励电动机	低速	0.5
	高速	1.0
并励电动机	低速	1.0
	高速	2.0
普通工业用感应电动机	0.5～1.0	
吊车用感应电动机	0.5～1.5	
冶金用小型绕线型异步电动机	0.45～0.6	
大型绕线型异步电动机	0.9～1.0	

上式有以下三种情况。

① 当 $\tau_t>\dfrac{m\tau_e}{m+1}$时，根号内的数值为正，表示在这种温升下，电动机能发挥出 P_t 的功率。

② 当 $\tau_t=\dfrac{m\tau_e}{m+1}$时，$P_t$ 等于零，表示在这种温升下，电动机由于它的空载损耗 P_0 已经使其发热达到极限程度，因而不能再带负载运行了。

③ 当 $\tau_t<\dfrac{m\tau_e}{m+1}$时，根号内的数值为负，$P_t$ 变成一个虚数，表示在这种温升下，电动机即使空载运行也是不可能的。

【例 4-6】 试确定功率为 30kW、Y200L-4 型电动机在周围空气温度为＋30℃时，所能发挥的功率。电动机绕组绝缘为 B 级。

解 当周围空气温度为＋30℃时，其允许温升为

$$\tau_1=\tau_e+40-t=80+40-30=90(℃)$$

设 $m=0.7$（精确值应计算），则

$$P_t = P_e\sqrt{\frac{\tau_t}{\tau_e}(m+1)-m}$$

$$=30\sqrt{\frac{90}{80}(0.7+1)-0.7}=33\text{kW}$$

4.4.5 采用寿命期费用分析法选定电动机

求负载已知时电动机的最佳功率，就是寻找整个寿命期综合费用最小的电动机。可选择几种方案进行比较。

电动机的综合费用包括投资费用和运行费用两部分。

(1) 投资费

$$C_t = C_j + C_a$$

式中 C_t——投资费，元；

C_j——电动机价格，元；

C_a——电动机安装费及其他费用（元），可根据电动机的安装要求和工作现场等条件估算出，通常取 $C_a=0.2C_j$。

(2) 年运行费

当不考虑折旧、维修费时，可由下式计算：

$$C_y = (P_2 + \sum\Delta P)T\delta$$

$$=\left\{P_2 + P_0 + \beta^2\left[\left(\frac{1}{\eta_e}-1\right)P_e - P_0\right]\right\}T\delta$$

式中 C_y——电动机在负载功率 P_2 时的年耗电费，元/年；

P_2——电动机年平均负载功率，kW；

$\sum\Delta P$——电动机总损耗，kW；

T——电动机年运行小时数；

δ——电价，元/(kW·h)；

P_0——电动机空载损耗（kW）；

β——电动机负载率；

P_e——电动机额定功率，kW；

η_e——电动机额定效率。

(3) 电动机综合费用

考虑投资和电费的利率，综合费用可按下式计算（若以 t 年为期）：

$$\sum C=C_t(1+i)^t+C_y\frac{(1+i)^t-1}{i}$$

根据上述公式，逐台比较预选电动机的综合费用 $\sum C$ 值的大小，就可以选出 $\sum C$ 值最小的电动机，即经济性最佳的电动机。

【例 4-7】 某水泵要求 4 极异步电动机传动，实际要求电动机的输出功率为 27kW，年运行时间为 4000h。试以 10 年为期，求 Y（IP44）系列和高效率电动机的最佳功率，并进行经济效益比较。设电价 δ 为 0.5 元/kW·h，利率 i 为 0.03。

解 对于 Y 系列 4 极电动机，可供选择的规格有 30kW、37kW、45kW、55kW 和 75kW；对于高效率电动机，有 30kW、55kW 和 75kW。

先由产品目录查出对应各规格电动机的空载损耗 P_0 和额定效率 η_e，并按 $\beta=27/P_e$ 求出相应的负载率，再查出各规格的价格 C_j，然后按以下方法计算：

如 Y200L-4，$P_e=30$kW，$P_0=0.9$kW，$\eta_e=0.922$，$\beta=27/30=0.9$，电动机价格 $C_j=2400$ 元。

由下式求得投资费用为

$$C_t=C_j+C_a=C_j+0.2C_j=1.2\times2400=2880\text{元}$$

电动机在负载 P_2 下，年耗电费（运行费用）为

$$\begin{aligned}C_y&=(P_2+\sum\Delta P)T\delta\\&=\left\{P_2+P_0+\beta^2\left[\left(\frac{1}{\eta_e}-1\right)P_e-P_0\right]\right\}T\delta\\&=\left\{27+0.9+0.9^2\left[\left(\frac{1}{0.922}-1\right)\times30-0.9\right]\right\}\times4000\times0.5\\&=58453\text{元}\end{aligned}$$

以 10 年为期的综合费用为

$$\sum C=C_t(1+i)^t+C_y\frac{(1+i)^t-1}{i}$$

$$=2880\times(1+0.03)^{10}+58453\frac{(1+0.03)^{10}-1}{0.03}$$

$$=3871+670052=673923\text{元}$$

同理，可求出其他规格及高效率电动机的综合费用，见表4-33。

从表4-33可知，Y系列电动机最佳功率为30kW；高效率电动机的最佳功率为55kW，比Y系列30kW电动机节约13264元。

■ 表4-33　各规格电动机综合费用比较

电动机型号	P_e/kW	P_0/kW	η_e	β	C_t/元	C_y/元	ΣC/元
Y200L-4	30	0.9	0.922	0.9	2880	58453	673923
Y200S-4	37	1.1	0.918	0.73	3550	58550	67593
Y225M-4	45	1.25	0.923	0.6	4320	58303	674132
Y250M-4	55	1.56	0.926	0.49	5280	58481	677469
Y280S-4	75	2.41	0.927	0.36	7200	59726	694315
H200L-4	30	0.37	0.938	0.9	3310	57353	661885
H250M-4	55	0.732	0.9354	0.49	5950	56936	660659
H280S-4	75	1.206	0.9483	0.39	7340	57289	666568

注：各电动机价格仅为参考价。

4.4.6　电动机保护装置的选择与整定

4.4.6.1　各类电动机保护装置的特点（见表4-34）

热继电器保护的优缺点：热继电器作为电动机过载保护具有结构简单、价廉、使用方便等优点，但热继电器的动作直接与电动机的定子电流有关，而电动机发热有一部分与定子电流无关，热继电器不能反映通风损坏、转子过热、电压上升或不对称引起铁耗增加等造成的故障，而且热继电器还受周围环境温度的影响，有可能使它发生误动作。

然而，目前中小容量的电动机仍然广泛使用热继电器作过载保护。今后在一定时期内，热继电器仍然是一种普遍应用的保护方式之一。另外，电子型电动机保护器具有优良的保护性能，发展很快。

■ **表 4-34　各类保护装置性能比较**

名　　称		故　　障											保护级别	
		过载	直接断相	受潮	过压欠压	堵转	短路	机械故障	绝缘老化	供变低压侧断相	供变高压侧断相	内部断相	Ⅰ级	Ⅱ级
故障率/%		25	30	6	3	18	5	6	2	1	1	3		
内测法	温度保护器	○	√	○	○	√	○	○	○	√	×	√	×	×
	温度传感保护器	○	○	○	○	○	○	○	○	○	○	○	○	○
外测法	熔断器	×	×	×	×	×	○	×	×	×	×	×	×	×
	普通热继电器	○	√	×	√	√	×	×	×	×	×	×	×	×
	D 型热继电器	○	○	×	√	√	×	×	×	×	×	√	×	×
	断相保护器	√	○	×	×	×	×	×	×	×	×	√	○	×
	多功能保护器	○	○	√	√	○	○	√	○	√	√	○	○	×

注：○起保护作用，√不可靠，×不起保护作用。

4.4.6.2　异步电动机保护电器的选用及整定

熔断器、断路器、热继电器及过电流继电器（主要用于高压电动机）是三相异步电动机的主要保护电器元件。它们的选用及整定见表 4-35。

■ **表 4-35　主要保护方式的电器元件选用及整定**

元件类型	功能说明	选用及整定
熔断器	作长期工作制电动机的启动及短路保护，一般不作过载保护	①直接启动的笼型电动机熔体额定电流 I_{er} 按启动电流 I_q 和启动时间 t_q 选取： $I_{er}=KI_q$ 式中系数 K 按启动时间选择： $K=0.25\sim0.35$（在 $t_q<3s$ 时） $K=0.4\sim0.8$（在 $t_q=3\sim6s$ 时） ②降压启动的笼型电动机熔体额定电流 I_{er} 按电动机额定电流 I_{ed} 选取： $I_{er}=1.05I_{ed}$

续表

元件类型	功能说明	选用及整定
断路器	作电动机的过载及短路保护,并可不频繁地接通及分断电路	①断路器的额定电流 I_{ez} 按电动机额定电流 I_{ed} 或线路计算电流 I_j 选取: $I_{ez} \geqslant I_j$ ②延时动作的过电流脱扣器的额定电流 I_{Te} 按电动机额定电流 I_{ed} 选取: $I_{Te}=(1.1 \sim 1.2)I_{ed}$ ③瞬时动作的过电流整定值 I_{zd},应按大于电动机的启动电流 I_q 选取: $I_{zd}=(1.7 \sim 2.0)I_q$ 动作时间必须大于电动机启动或最大过载时间 对于可调式过电流脱扣器其瞬动整定值的调节范围为 3～6 倍或 8～12 倍脱扣器额定电流 I_{Te},不可调式为 5～10 倍
热继电器	作长期或间断长期工作制交流异步电动机的过载保护和启动过程的过热保护,不宜作重复短时工作制的笼型和绕线型异步电动机的过载保护	按电动机额定电流 I_{ed} 选择热元件整定电流 I_{zd},即 $I_{zd}=(0.95 \sim 1.05)I_{ed}$ 在长期过载 20%时应可靠动作,此外,热继电器的动作时间必须大于电动机启动或长期过载时间
过电流继电器	用于频繁操作的电动机启动及短路保护	①继电器额定电流 I_{ej} 应大于电动机额定电流 I_{ed},即 $I_{ej}>I_{ed}$ ②动作电流整定值 I_{jd} 对交流保护电器,按电动机启动电流 I_q: $I_{jd}=(1.1 \sim 1.3)I_q$ 对直流继电器,按电动机最大工作电流 I_{dmax}: $I_{jd}=(1.1 \sim 1.5)I_{dmax}$

4.4.6.3 电动机保护器的选择

(1) 常用的电动机保护器

可替代热继电器并具有多种保护功能的电子型电动机保护器产品很多。常用的保护器有以下几种。

1）GDBT6-BX 系列电动机全保护装置　它属于温度检测型。主要技术参数如下。

① 输入电压：交流 220V 或 380V。

② 保护功能及特点：适用于发电机、电动机、变压器、电焊机的各种断相、过负荷、堵转、欠压、过压、扫膛、轴承磨损、通风受阻、环境温度过高等故障保护。

③ 电压在 170～450V 波动时能正常工作。

2）DBJ 系列、JL 系列、GBB、GDH 系列、JRD22 系列、YDB 型电动机保护器　它们属于电流检测型，或电流检测＋温度检测型。主要技术参数如下。

① 输入电压：分为两种，一种为交流 220V、380V 或 660V，另一种为无源（自供电）。

② 保护功能及特点：断相启动、运行断相、过负荷、堵转、相序、不平衡、欠压、过压等故障保护及故障显示、报警、自锁等。

3）DZJ-A 型电动机智能监控器　主要技术参数如下。

① 输入电压：交流 220V 或 380V。

② 保护功能及特点：断相、过负荷、堵转、短路、欠压、过压、漏电等故障保护及电流、电压显示、时间控制、软件自诊断、来电自恢复、自启动顺序、故障记忆、自锁、远传报警、计算机联网、监控监测等。

4）M611 系列电动机保护器　主要技术参数如下。

① 输入电压：交流 660V 及以下或直流 440V 及以下。

② 保护功能及特点：断相、过负荷、堵转、短路、欠压等故障保护，也可用于对负荷开关熔断器的监视。特别适宜于有振动、冲击的场所使用。

（2）DZJ 型电动机智能监控器。

DZJ 型电动机智能监控器集电流互感器、电流表、电压表、热继电器和时间继电器的功能于一体。主要用于对运行中的电动机进行自动检测、保护、监控，也可实现与微机联网。

DZJ 型监控器共有 A、B、D 三种型号，其功能见表 4-36。

其中，A 型可实现对电动机的监测、监控、保护和就地显示；B 型由主体单元及显示单元组成，适用于主体置于板后而显示置于面板上，功能与 A 型相同；D 型具有 RS485 通信接口，可实现与计算机的远程通信，通信距离可达 1200m。具体规格见表 4-37。

■ **表 4-36　DZJ 型监控器功能**

型　号	DZJ-A	DZJ-B	DZJ-D
过电流	●	●	●
堵转	●	●	●
三相不平衡	●	●	●
断相	●	●	●
过电压	●	●	●
欠电压	●	●	●
启动超时	●	●	●
短路	○	√	√
电流型漏电	○	√	√
通信	—	—	●
就地显示	●	—	●
分体显示	—	●	—
就地设置	●	●	●
正反转启动	—	—	○

注：“●”表示基本功能；“○”表示可选功能；“√”表示只能单选其中一种，且该功能由用户提出要求，厂家特制。

■ **表 4-37　DZJ 型监控器的规格**

规格/A	电流调整范围/A	适配电动机功率/kW
10	1～10	1～5
50	5～50	5～25
100	10～100	25～50
200	20～200	50～75
400	40～400	75～200

DZJ 型监控器的主要性能指标如下。

① 量程：三相交流电流 1～500A，交流电压 175～450V。

② 准确度：1.5 级。

③ 启动时间整定范围：1～99s。

④ 堵转保护：工作电流达到 $(4\sim8)I_e$ 时，动作时间≤0.3s（I_e 为电动机额定电流）。

⑤ 短路保护：工作电流 $>8I_e$ 时，动作时间≤0.2s。

⑥ 断相保护：任何一相断开时，动作时间≤2.0s。

⑦ 不平衡保护：任两相间电流差为 $(0.6\sim0.7)I_e$ 时，动作时间≤2.0s。

⑧ 过电压保护：电压超过过电压设定值，动作时间≤15s。

⑨ 欠电压保护：电压低于欠电压设定值，动作时间≤15s。

⑩ 漏电保护：当电动机漏电 50mA 时，动作时间≤0.2s。

⑪ 过电流延时反时限保护：过电流与电动机额定电流的比值≥1.2～3.0，设定位置在 5～1 时，动作时间为 300～3s。

(3) M611 系列电动机保护器

① 型号含义

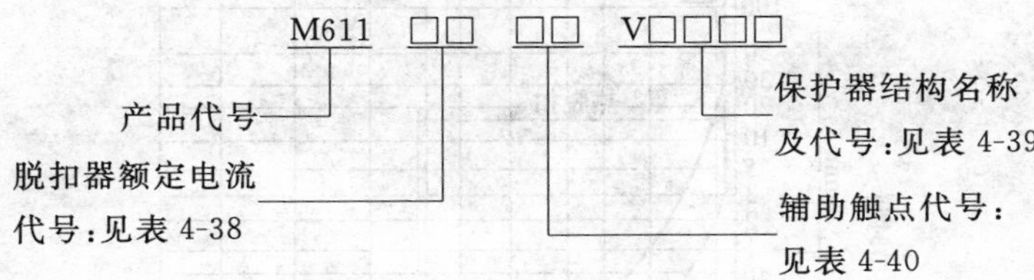

M611 系列电动机保护器主要由操动机构、脱扣器、触点及灭弧系统、绝缘基座和外罩等组成。脱扣器由用于过负载保护的热双金属片式反时限延时脱扣器和用于短路保护的电磁式瞬时脱扣器组成。

■ **表 4-38　脱扣器额定电流代号**

脱扣器额定电流/A	0.16	0.25	0.40	1.0	1.6	2.5	4.0	6.3	10	16
整定电流调节范围/A	0.1～0.16	0.16～0.4	0.25～0.63	0.4～1.0	0.63～1.6	1.0～2.5	1.6～2.5	2.5～4.0	4.0～6.3	9.5～16
代号	05	09	13	17	21	25	29	33	37	46

■ **表 4-39　保护器结构名称及代号**

代号	保护器结构名称	代号	保护器结构名称		
V0000	基型保护器	V0185	用于熔断器监视的基型保护器		
V1000	无上罩的基型保护器	V0126	带欠电压脱扣器	50Hz	220V
				50Hz	380V
V1141	带塑料面板式安装座 FJ(IP55)	V0127		50Hz	440V
V1142	带封闭式塑料安装盒 GJ(IP65)	V0126	带分励脱扣器	50Hz	220V
				50Hz	380V
V2000	耐冲击振动特殊设计的基型保护器	V0127		50Hz	440V

■ **表 4-40　M611 系列电动机保护器辅助触点技术数据**

辅助触点代号	辅助触点对数		额定工作电压/V	约定发热电流/A	在 AC-11 时额定工作电流/A			在 DC-11 时额定工作电流/A			
	常开	常闭			220V	380V	500V	60V	110V	220V	440V
00	0	0	500	6	3.5	2.5	1.0	3	2	0.6	0.1
04	1	1									
05	2	0									

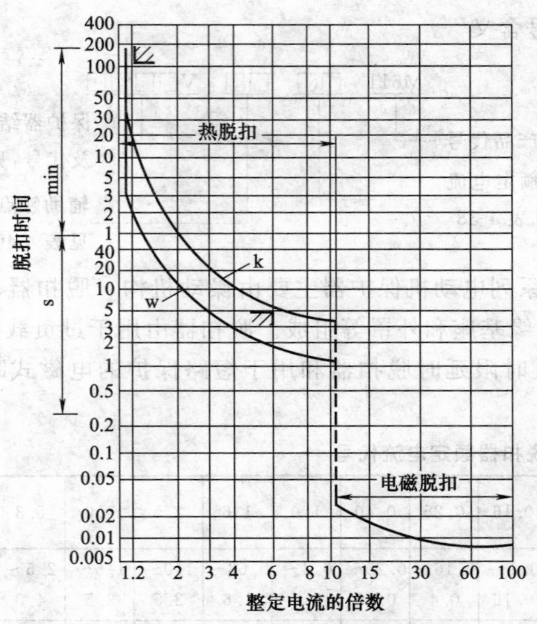

图 4-6　M611 系列电动机保护器脱扣器动作特性

■ 表 4-41　M611 系列电动机保护器主要技术数据

型　　号		M61105	M61109	M61113	M61117	M61121	M61125	M61129	M61133	M61137	M61146
主回路极数		3									
额定绝缘电压/V		660									
额定工作电压/V		AC660、DC440									
在 AC-3 时额定工作电流/A		16									
在 AC-3 时控制电动机功率/kW	220V	4.5									
	380V	7.5									
	500V	9									
	660V	3									
额定短路接通和分断能力		o—t—co—t—co　380V　$\cos\varphi=0.95$　1.5kA									
在 3 极串联情况下最大分断直流电流能力/A	DC60V	对 DC-1 分断电流 10,DC-2～5 分断电流 7.5									
	DC110V	对 DC-1 分断电流 10,DC-2～3 分断电流 7.5,DC-4～5 分断电流 3.5									
	DC220V	对 DC-1 分断电流 10,DC-2～3 分断电流 7.5,DC-4～5 分断电流 1.5									
	DC440V	对 DC-1 分断电流 6,DC-2～3 分断电流 1.9,DC-4～5 分断电流 0.35									
在 AC-3、380V 时电寿命/万次		15									

续表

型号				M61105	M61109	M61113	M61117	M61121	M61125	M61129	M61133	M61137	M61146
机械寿命/万次				50									
短路保护熔断器额定电流的选用/A	脱扣器额定电流/A			0.16	0.25	0.63	1.0	1.6	2.5	4.0	6.3	10	16
	主回路	~220V	熔断器 g1 型	不需要			—	—	—	—	35	50	50
			aM 型				—	—	—	—	20	25	35
		~380V	g1 型				—	—	—	25	35	50	50
			aM 型				—	—	—	16	20	25	35
		~500V	g1 型				—	10	16	25	35	50	50
			aM 型				—	9	10	19	20	25	35
		~660V	g1 型	不需要		4	6	10	16	25	不允许		
			aM 型	不需要		4	4	6	10	16			
	辅助回路	~220V ~380V ~500V	g1 型	10									
			aM 型	6									
允许连接导线（根数×截面）/mm²				单芯硬线 2×4、软线 2×2.5									

② 技术数据　M611 系列电动机保护器主要技术数据见表 4-41。

③ 脱扣器动作特性　脱扣器动作特性如图 4-6 所示。由图 4-6 可看出，脱扣器的脱扣时间取决于整定电流倍数。动作特性曲线是环境温度＋20℃时的曲线簇的中间值。曲线 k 是从冷态开始的动作特性曲线。曲线 w 是从热态开始的动作特性曲线。触点整定电流倍数与时间关系见表 4-42。

■ 表 4-42　触点整定电流倍数与时间关系

整定电流倍数	冷态 1.05	热态 1.2	冷态 6	电磁脱扣 11～17
动作时间	不动作	＜2h	＞5s	瞬动

④ 温度修正系数　脱扣器的电流整定值与环境温度有关，不同的环境温度下，电动机额定工作电流应乘以不同的温度修正系数。温度修正系数见表 4-43。

■ 表 4-43　温度修正系数

环境温度/℃	－25	－20	－10	0	＋10	＋30	＋40	＋50
温度修正系数	0.81	0.82	0.85	0.89	0.94	1.05	1.12	1.19

4.5 电动机启动、调速装置的选择和计算

4.5.1 星-三角启动时启动电流和启动转矩等计算

星-三角启动器在启动时将电动机的定子绕组接成星形，正常运转时接成三角形，以减小启动电流。启动器有手动式和自动式两种。手动式由操作手柄人工操作；自动式为由时间继电器控制三只交流接触器的工作状态变换来实现电动机定子绕组的接线方式。通

常均有过载及失压保护。

星-三角启动器只能用于定子绕组为三角形接线的笼型异步电动机的启动。

电动机绕组接成Y形启动时的电流要比接成△形时的启动电流小2/3，从而有效地限制启动电流。但启动转矩却随之减少到1/3。

【例4-8】 有一台Y160L-4型、15kW电动机，其额定参数如下：P_e为15kW，转速n_e为1460r/min，电压220/380V，效率η_e为0.88，功率因数$\cos\varphi_e$为0.85，启动转矩与额定转矩之比M_q/M_e为2.2，启动电流与额定电流之比I_q/I_e为7.0，试求：

① 额定电流；

② 用星-三角启动时启动电流和启动转矩；

③ 当负载转矩为额定转矩的80%和40%时，电动机能否启动？

解 ① 额定电流为

$$I_e=\frac{P_e\times 10^3}{\sqrt{3}U_e\cos\varphi_e\eta_e}=\frac{15\times 10^3}{\sqrt{3}\times 380\times 0.85\times 0.88}$$
$$=30.2A$$

② 设Y接线和△接线时的启动电流和启动转矩分别为I_{qY}、$I_{q\triangle}$和M_{qY}、$M_{q\triangle}$，则

$$I_{q\triangle}=7I_e=7\times 30.2=211.4A$$
$$I_{qY}=1/3I_{q\triangle}=1/3\times 211.4=70.5A$$

电动机的额定转矩为

$$M_e=\frac{9555P_e}{n_e}=\frac{9555\times 15}{1460}=98.2N\cdot m$$

$$M_{q\triangle}=2.2M_e=2.2\times 98.2=216N\cdot m$$
$$M_{qY}=1/3M_{q\triangle}=1/3\times 216=72N\cdot m$$

③ 当负载转矩为额定转矩的80%时的负载转矩为

$$M_z=0.8M_e=0.8\times 98.2=78.6N\cdot m>M_{qY}$$

所以不能启动。

当负载转矩为额定转矩的 40%时的负载转矩为

$$M_z = 0.4M_e = 0.4 \times 98.2 = 39.3\text{N}\cdot\text{m} < M_{qY}$$

所以能启动。

4.5.2 异步电动机电阻降压启动的计算

笼型三相异步电动机电阻降压启动，适用于中等功率的电动机要求平稳启动的场合。启动时，电动机定子绕组串入降压电阻 R，启动完毕后，交流接触器主触点闭合，短接降压电阻，电动机接入全电压正常运行。

采用电阻降压启动的电动机，启动时加在定子绕组上的电压约为全电压的 0.5 倍，所以其启动转矩约为额定电压下启动转矩的 0.25 倍。另外，启动电阻上的能耗也较大，因此只适用于对启动转矩要求不高的场合。电阻降压启动法具有软启动的特点。

(1) 启动时一相绕组串入降压电阻 R 的方法

这种方法，被串入电阻 R 的一相电流可减小，但其他两相电流还是很大，故只适用于对启动电流要求不严而需要“软启动”的场合。

降压电阻 R 可按下式计算：

$$R = K\frac{\sqrt{3}U_e}{I_q}$$

$$I_q = K_q I_e$$

式中 R——降压电阻，Ω；

U_e——电动机额定电压，V；

I_q——未串降压电阻时电动机的启动电流，A；

I_e——电动机额定电流，A；

K_q——电动机启动电流为额定电流的倍数；

K——启动转矩系数，可由表 4-44 查得。

表 4-44 中，$k = M_q'/M_q$，M_q'为所需要的软启动转矩，M_q 为原启动转矩。

■ **表 4-44　启动转矩系数 K 值**

k	0.2	0.3	0.4	0.5	0.6	0.7	0.8	0.9	1.0
K	1.5	1.0	0.8	0.6	0.4	0.25	0.15	0.1	0

【例 4-9】 一台笼型三相异步电动机，额定功率 P_e 为 1.5kW，额定电压 U_e 为 380V，额定电流 I_e 为 3.4A，启动转矩 M_q 为 $2.2M_e$（M_e 为额定转矩），启动电流 I_q 为 $6I_e$。欲采用一相串入电阻降压启动，设需要软启动转矩 M'_q 为 $0.6M_e$，试求降压电阻。

解 启动电流为

$$I_q = 6I_e = 6\times3.4 = 20.4\text{A}$$

$$k = \frac{M'_q}{M_q} = \frac{0.6M_e}{2.2M_e} = 0.27$$

查表 4-44（插入法），得 $K=1.15$。

降压启动电阻为

$$R = K\frac{\sqrt{3}U_e}{I_q} = 1.15\times\frac{\sqrt{3}\times380}{20.4} = 37.1\Omega$$

实际可选用 ZB2 型 37Ω 片形电阻，额定电流为 3.1A，短时（15s）允许通过电流为 8.7A。

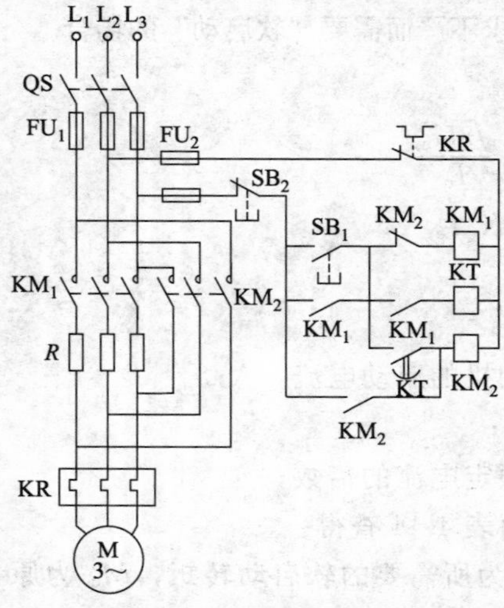

图 4-7　电阻降压启动线路

(2) 启动时三相绕组串入降压电阻 R 的方法

线路如图 4-7 所示。

工作原理：合上电源开关 QS，按下启动按钮 SB_1，启动接触器 KM_1 得电吸合并自锁，降压启动电阻 R 串入定子回路，电动机降压启动。在 KM_1 吸合的同时，其常开辅助触点闭合，时间继电器 KT 线圈通电，经过 5～10s 延时后，其延时闭合常开触点闭合，运行接触器 KM_2 得电吸合并自锁，

电动机经 KM_2 主触点接入全电压进入正常运行状态。同时 KM_2 的常闭辅助触点断开，KM_1 失电释放，电阻 R 从定子回路切除。KM_1 常开辅助触点断开，时间继电器 KT 失电复位。

降压电阻 R 可按下式计算：

$$R=\frac{220}{I_q}\sqrt{\left(\frac{I_q}{I'_q}\right)^2-1}$$

或

$$R=190\times\frac{I_q-I'_q}{I_q I'_q}$$

式中 R——降压电阻，Ω；

I_q——未串降压电阻时电动机的启动电流，A；

I'_q——串降压电阻后电动机的启动电流（即允许启动电流）(A)，一般取 $I'_q=(2\sim3)I_e$；

I_q——电动机的额定电流，A。

降压电阻的功率为

$$P=I'^2_q R$$

由于降压电阻只在启动时应用，而启动时间又很短，所以实际选用电阻的功率可以比计算值小 3～4 倍。

【例 4-10】 一台 Y200L1-6 型异步电动机，额定功率 P_e 为 18.5kW，额定电流 I_e 为 37.7A，启动电流 I_q 为 245.1A。欲采用三相串入电阻降压启动，试求降压电阻。

解 取 $I'_q=2I_e=2\times37.7=75.4\text{A}$，得降压电阻为

$$R=190\times\frac{I_q-I'_q}{I_q I'_q}=190\times\frac{245.1-75.4}{245.1\times75.4}$$

$$=1.74\Omega$$

每相降压电阻的功率可取

$$P=(0.25\sim0.33)I'^2_q R=(0.25\sim0.33)\times75.4^2\times1.74$$

$$=2.5\sim3.3\text{kW}$$

启动电阻可采用铸铁电阻，铸铁电阻的阻值小、功率大，允许通过较大电流。

启动电流较小时，也可采用 ZB2 型等片形电阻。

4.5.3 无触点启动器的选择

无触点启动器是利用晶闸管的导通角可变特性来控制电路的无触点、无火花启动设备。以 QWJ2 系列无触点启动器为例，它适用于交流 50Hz、额定电压至 380V、额定功率 132kW 及以下的三相异步电动机，作为直接或降压启动和节电运行之用。其启动特性平滑、无冲击、无火花、节电效果明显，保护功能齐全，具有过负载、过电流、短路、断相、欠压等多种保护功能，有显示装置。

(1) 无触点启动器原理方框图

QWJ2 系列无触点启动器原理方框图如图 4-8 所示。

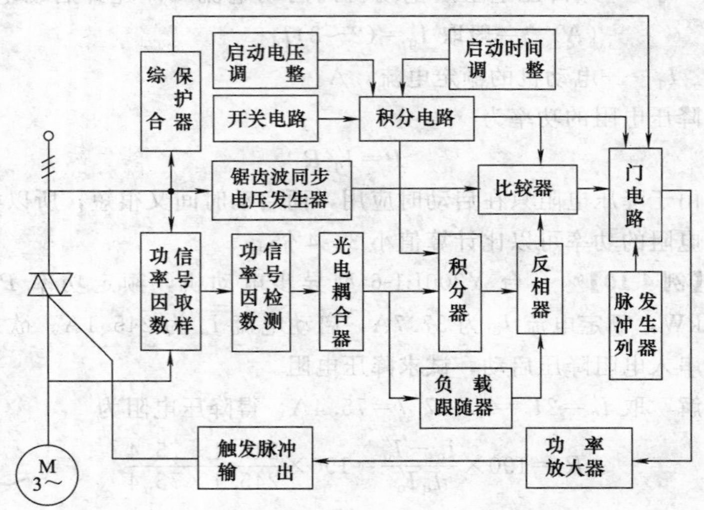

图 4-8 QWJ2 系列节电型无触点启动器原理方框图

工作原理：启动器由主回路和控制回路组成。主回路由传感器、晶闸管、电动机组成；控制回路由信号取样、比较器、光电耦合器、积分器、脉冲发生器、锯齿波发生器、触发脉冲输出电路、开关电路和保护电路等组成。

电动机启动时，合上启动开关，控制电路即输出一组由小逐渐变大的触发脉冲序列，触发晶闸管的导通角由小到大变化，控制电动机端电压也由小到大逐渐升至全压，达到平滑、限流启动电动机的目的。电动机启动结束后，即进入节电运行阶段。启动器通过检测电路，随时跟踪负载变化情况，把信号输入比较器，输出一组大小随负载变化的触发脉冲，控制电动机的端电压升降，调整电动机达最佳输出功率状态，从而达到节电运行目的。电动机在运行过程中，如遇过负载、断相、短路故障时，通过传感器，把信号输入控制电路，迅速关闭输出脉冲，即晶闸管截止，使电动机停止工作。

QWJ2 系列节电型无触点启动器采用防滴式外壳，挂墙式安装。一、二次回路采用插接件连接，便于零部件更换和维修。采用风冷式散热，有专设风道，使晶闸管散热良好，又使元件免受尘埃侵入。整机采用晶闸管模块及集成电路元件、体积小。

(2) 技术数据

QWJ2 系列无触点启动器的技术数据见表 4-45。

■ 表 4-45　QWJ2 系列节电型无触点启动器技术数据

型号	额定电压 U_e/V	约定发热电流 /A	额定电流 I_e/A		控制电动机额定功率 /kW	启动特性			保护动作特性	
			三线接法	六线接法		启动电压调整范围	启动时间 /s	最大启动电流	电动机启动电流	动作时间
QWJ2-10	380	10	2.75	1.3	1	0～100%U_e	1～120	≤$3I_e$	≥$1.2I_e$ ≥$8I_e$	≤10min ≤100ms
			3.65	1.8	1.5					
			5.03	2.6	2.2					
			6.82	3.5	3					
			8.77	4.6	4					
			—	6.5	5.5					
			—	9	7.5					
QWJ2-20		20	11.6	—	5.5					
			15.4	—	7.5					
			—	13	11					
			—	18	15					
QWJ2-40		40	22.6	—	11					
			30.3	—	15					
			34	22	18.5					
			—	26	22					
			—	33	30					
QWJ2-60		60	42.5	—	22					
			57	—	30					
			—	40	37					
			—	49	45					
			—	60	55					

续表

型号	额定电压 U_e/V	约定发热电流 /A	额定电流 I_e/A		控制电动机额定功率 /kW	启动特性			保护动作特性	
			三线接法	六线接法		启动电压调整范围	启动时间 /s	最大启动电流	电动机启动电流	动作时间
			70	—	37					
QWJ2-100		100	84.2	—	45					
			—	80	75					
			103	—	55					
			140	—	75	0～100%U_e	1～120	≤$3I_e$	≥$1.2I_e$	≤10min
QWJ2-150	380	150	—	94.7	90				≥$8I_e$	≤100ms
			—	110.8	110					
			164	—	90					
QWJ2-200		200	205	—	110					
			—	142	132					

注：表中六线接法仅对“△”接法电动机而言，其额定电流 I_e 值表示启动器控制电动机的相电流值。

（3）QWJ2 系列无触点启动器的保护特性

① 当电动机电流≥$1.2I_e$ 时，其动作时间 t≤10min；当电动机电流≥$8I_e$ 时，t≤100ms；

② 当主电路出现任一相断相时，启动器断相指示灯亮，电动机停止运行；

③ 当电网电压低于 75%U_e 时，启动器停止工作；

④ 当主电路出现短路故障时，机内熔断器迅速熔断，关闭电动机。

4.5.4 软启动器的选择

软启动器是一种集电动机软启动、软停车、轻载节能和多种保护功能于一体的新颖笼型异步电动机控制装置。

（1）软启动器的工作原理

在软启动器中三相交流电流与被控电动机之间串有三相反并联晶闸管及其电子控制电路，通过移相触发电路，启动时，使晶闸管的导通角从 0°开始，逐渐增大，电动机的端电压便从零电压开始逐渐上升，直至达到克服阻力矩，保证启动成功。

可见，软启动器实际上是个调压器，输出只改变电压，并没有改变频率。这一点与变频器不同。

(2) 软启动器的适用范围

根据软启动器的功能，它可适用于以下领域。

① 要求降低电动机启动电流的场合。

② 要求电动机启动时供电线路维持一定电压的场合。

③ 要求避免出现电动机启动时产生力矩冲击的场合。

④ 不允许电动机瞬间关机的场合。如高层建筑等水泵系统，若瞬间停车，会产生巨大的“水锤”效应，使管道，甚至水泵损坏。

⑤ 特别适用于各种泵类负载或风机类负载，需要软启动与软停车的场合。

⑥ 需要方便地调节启动特性的场合。

⑦ 对启动、制动、工作均有要求的场合。

(3) 软启动器的产品种类

① 国产软启动器。有 JKR 软启动器，JQ、JQZ 型交流电动机固态节能启动器等。JQ、JQZ 型分别启动轻负载和重负载，最大电动机功率可达 800kW。

② 瑞典 ABB 公司 PSA、PSD 和 PSDH 型软启动器。其中 PSDH型为启动重负载，常用电动机功率有 7.5～450kW，最大功率达 800kW。

③ 美国 GE 公司 ASTAT 系列软启动器。电动机功率可达 850kW，额定电压 500V，额定电流 1180A，最大启动电流 5900A。

④ 美国罗克韦尔公司 AB 品牌软启动器。有 STC、SMC-2、SMCPLUS 和 SMC Dialog PLUS 四个系列，额定电压 200～600V，额定电流 24～1000A。

⑤ 法国施耐德电气公司 Altistart 46 型软启动器。有标准负载和重负载应用两大类。额定电流 17～1200A，共 21 种额定值，电动机功率 2.2～800kW。

⑥ 德国西门子公司软启动器。3RW22 型，额定电流 7～1200A 共 19 种额定值。

⑦ 英国欧丽公司软启动器。MS2 型，电动机功率 7.5～800kW 共 22 种额定值。

此外，还有英国 CT 公司 SX 型和德国 AEG 公司 3DA、3DM 型等软启动器。

(4) ABB 公司软启动器及技术数据

该公司生产的软启动器有一般启动型的 PSA、PSD 型和重载启动型的 PSDH 型。

① 软启动器型号的选用。泵：选用 PSA 或 PSD 型。PSD 型软启动器有一特别的泵停止功能（级落电压），使在停止斜坡的开始的瞬间降低电动机电压，然后再继续线性地降至最终值，这提供了停止过程可能的最软的停止方法。

鼓风机：当启动较小风机时，可选择 PSA 型或 PSD 型；启动带重载的大型风机时，应选择 PSDH 型。

其内部过载继电器可保护电动机过频繁启动引起的过热。

空压机：选用 PSA 型或 PSD 型。选用 PSD 型可以提高功率因数和电动机效率，减少空载时的电能消耗。

输送带：一般可选用 PSA 或 PSD 型。如果输送带的启动时间较长，应选用 PSDH 型。

各软启动器可用于螺旋式输送机，滑轮提升机、液压泵、搅拌机、环形锯等。根据运行数据的计算，选择适当的软启动器，可用于破碎机、轧机、离心机及带形锯等。

② 软启动器的型号规格。三种类型的软启动器的型号规格见表 4-46。

(5) 软启动器的技术数据（见表 4-47）。

(6) GE 公司 ASTAT 系列软启动器的主要性能数据

① 启动电压：在（35%～95%）U_e 内可调，相应的启动转矩约为（10%～90%）M_q。其中，U_e 为电动机额定电压；M_q 为电动机直接启动转矩。

■ **表 4-46　软启动器的型号规格**

项　目	单位及信号器	PSA	PSD	PSDH
应用场合		一般启动	一般启动	重载启动
功率范围	200～230V　kW	4～18.5	22～250	7.5～200
	380～415V　kW	7.5～30	37～450	14～400
	500V　kW	11～37	45～560	18.5～500
	690V　kW	—	355～800	—
内部电子过载继电器		无	无[④]或有	有
功能(用于设定的电位器)：				
启动斜坡时间(START)	s	0.5～30	0.5～60	0.5～60
初始电压(U_{INI})	%	30(不可调)	10～60	10～60
停止斜坡时间(STOP)	s	0.5～60	0.5～240	0.5～240
级落电压(U_{SD})	%	无	100～30	100～30
启动电流限制(I_{LIM})		$(2\sim5)I_e$	$(2\sim5)I_e$	$(2\sim5)I_e$
可调额定电动机电流(I_e)	%	无	70～100[②]	70～100
用于选择的开关：				
节能功能(PF)		无	有	有
脉冲突跳启动(KICK)		无	有	有
大电流开断(SC)	无	有	有	
节能功能反应时间、正常速/慢速(TPF)	无	有	有	
信号继电器用于：	信号继电器　信号灯			
启动斜坡完成	K5　(T)[③]	有	有	有
运行	K4　(R)	无	有	有
故障	K6　(F1 和或 F2)	无	有	有
过载	K3.　(OVL)	无	有[①④]	有
电源电压	—　(On)	有	有	有
节能功能激活	—　(P)	无	有	有
认可	UL	有	有[④]	有

① 带内部电子过载继电器。

② 只适用于 U_e＝690V，50%～100%。

③ 不适用于 PSA。

④ 不适用于 690V。

■ **表 4-47　软启动器的技术数据**

项　目	PSA 一般启动	PSD 一般启动	PSDH 重载启动
额定绝缘电压 U_i/V	660	660[②]	660
额定运行电压 U_e/V	220～500	220～690	220～500

续表

项　目	PSA 一般启动	PSD 一般启动	PSDH 重载启动
电动机输出功率 P_e/kW			
220～230V	4～8.5	22～250	7.5～200
380～415V	7.5～30	37～450	14～400
500V	11～37	45～560	18.5～500
690V	—	355～800	—
运行时最大额定电流 I_e/A			
220～500V	18～60	75～840	30～720
690V	—	100～840	—
环境温度/℃			
运行时[①]	0～50	0～50	0～50
保存时	−40～+70	−40～+70	−40～+70
防护等级	Size18…30:IP20 Size45…60,IP00	Size75…840:IP00	Size30…720:IP00
谐波分量/%			
启动时	5	5	5
运行时	2	2	2
连续启动之间的最短时间间隔/ms	—	500	500
设定			
初始电压/%	30	10～60	10～60
启动时电压上升时间/s	0.5～30	0.5～60	0.5～60
停止时电压下降时间/s	0.5～60	0.5～240	0.5～240
启动电流极限	$(2\sim5)I_e$	$(2\sim5)I_e$	$(2\sim5)I_e$
电动机额定电流 I_e/%	—	70～100[③]	70～100
级落电压/%	—	100～30	100～30
信号继电器			
额定操作电压 U_e/V	250	250	250
额定热继电器电流 I_{th}/A	5	5	5
额定操作电流 I_e			
在 AC11(U_e=250V)/A	1.5	1.5	1.5

① 当温度高于40℃时，额定电流值随温度增加而减少0.8%/℃。

② 只适用于 U_e=690V，U_i=690V。

③ 只适用于 U_e=690V，50%～100%。

② 脉冲突跳启动方式：对于如皮带输送机、挤压机、搅拌机等静阻转矩较大的负载，必须施加一个短时的大启动转矩，以克服

大的静摩擦力。脉冲突跳启动方式，可以短时输出 95%U_e（相当于 90%M_q），0～400ms 可调。

③ 加速斜坡或快速控制：加速时间 1～999s 内可调。

还设有限流［(200%～500%)I_e 内可调，其中 I_e 为电动机额定电流］启动加速方式，也可使电动机线性加速到额定转速。

④ 减速斜坡：可有几种选择。

a. 直接切断电源，电动机自动停车。

b. 线性斜坡制动时间：1～999s 内可调。

c. 非线性软制动，在泵的控制中可以消除水击。

d. 直流电流制动：制动时间 0～99s 内选择。

⑤ 节能运行方式：当电动机负载较轻时，软启动器自动降低施加于电动机定子上的电压，减少了电动机电流励磁分量，从而提高了电动机的功率因数，达到节能的目的。

⑥ 保护与监控功能：ASTAT 系列软启动器以字符式显示器提供设备的监控和快速故障诊断信息。它的主要保护功能如下。

a. 限流：(2～5)I_e 内可调。

b. 按 It^2 负载曲线提供过载保护。

c. 缺相：3s 跳闸。

d. 晶闸管短路、散热器过热、转子堵转：200ms 内跳闸。

e. 当电动机内热敏电阻的电阻值大于规定值时，200ms 内跳闸。

f. 电源频率：＜48Hz 或＞62Hz 不启动。

g. 未接电动机：10s 关机。

h. CPU 故障：60ms 关机。

i. 启动时间过长（当加速斜坡时间 $t_a \leqslant 120s$、启动时间＞$2t_a$，或 $t_a > 120s$、启动时间＞240s）时报警；在低速停留时间过长(＞120s)时报警。

j. 可记录前 4 次故障。

ASTAT 软启动器还提供通信功能。设有 RS422 或 RS485 模块，采用异步通信方式，传输速率为 1200～9600b/s，传输距离可达 1km，通信网最多可接 16 台设备。

（7）软启动器的接线

不同的软启动器，其接线也有所不同，但接线都很简单。现以 GE 公司生产的 ASTAT 系列为例，其基本接线如图 4-9 所示。

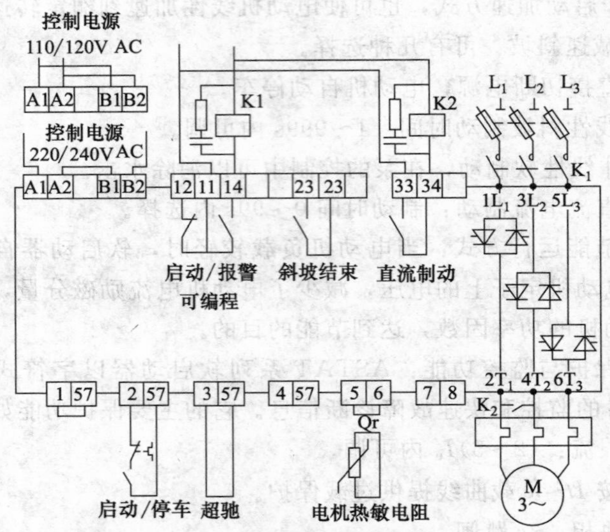

图 4-9　ASTAT 系列软启动器基本接线

4.5.5　同步电动机晶闸管励磁装置

（1）励磁装置工作原理

励磁装置线路如图 4-10 所示。

工作原理：合上主电路隔离开关 QS 和油断路器 QF_2，合上控制回路电源开关 QF_1，同步电动机 MS 开始全压异步启动，灭磁环节开始工作。灭磁环节由续流二极管 VD_1、晶闸管 V_1、二极管 VD_2、稳压管 VS_1、电位器 RP_1 和电阻 R_1 组成。

同步电动机启动时，转子产生感应电压，负半周时，感应的交流电流经过放电电阻 R_f 和 VD_1；正半周时，开始时感应交变电压

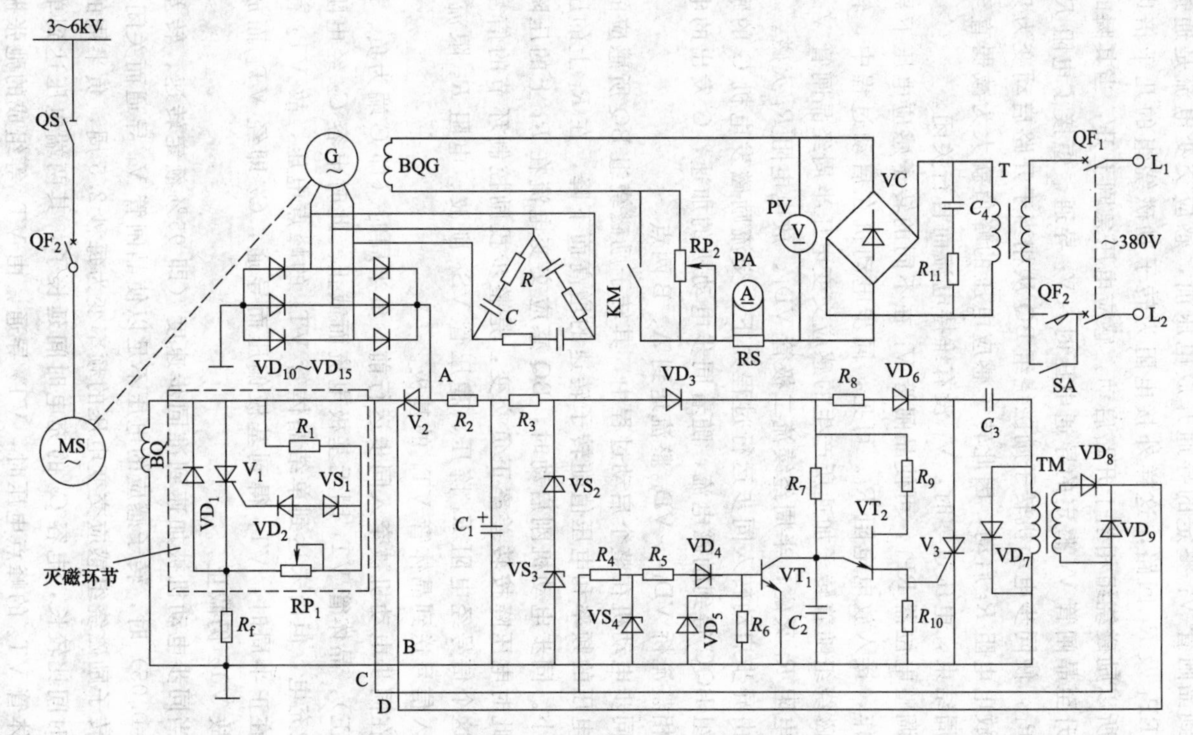

图 4-10 同步电动机晶闸管励磁装置线路

未达到晶闸管 V_1 整定的导通开放电压前，感应交变电流是通过 R_1、RP_1 及 R_f 回路，这样外接电阻为转子励磁绕组的几千倍以上，所以励磁绕组相当于开路启动，感应电压急剧上升，当其瞬时值上升至晶闸管 V_1 整定的导通电压时，V_1 导通，短接了电阻 R_1 和 RP_1，使同步电动机转子励磁绕组 BQ 从相当于开路启动变为只接入放电电阻 R_f 启动，因此转子感应电压的峰值就大为减弱直至此半周结束，电压过零时，V_1 没有维持电流而自行关闭。

调整电位器 RP_1，可使晶闸管 V_1 在不同的转子感应电压下导通工作，接入放电电阻 R_f。可见，同步电动机在启动过程中，转子励磁绕组随着转子加速所产生的感应交变电压半周经晶闸管 V_1、放电电阻 R_f 灭磁；半周经续流二极管 VD_1、放电电阻 R_f 灭磁。

由异步启动转入同步运行过程如下：交流励磁发电机 G 的励磁绕组 BQG 得到励磁电流，随着同步电动机的加速，G 发出的电经三相整流桥 VD_{10}～VD_{15} 整流送到 A、B 两点。

同步电动机在整个启动过程中，其转子励磁绕组 BQ 所感应的交变电压的频率和电压值随转子转速的增高而下降，在 R_f 上的压降减小。同步电动机刚启动时，BQ 感应交变电流在 R_f 上的压降大。此时电压降按转差率正负交变，是整步投励控制环节的信号源。这个信号经电阻 R_4 降压、稳压管 VS_4 削波、电阻 R_5 限流，把输入信号送到晶体管 VT_1 的基极。

在同步电动机被牵入同步运行前，负半周时（即 C 端为负、B 端为正），晶体管 VT_1 因无基极电流而截止。此时电容 C_2 经电阻 R_7 被充电，但尚未达到单结晶体管 VT_2 的峰点电压，故 VT_2 截止。在正半周时，VT_1 得到基极偏压而导通，C_2 即经 VT_1 而放电，故 VT_2 仍截止。

当同步电动机被加速到准同步速度（即 95％额定转速、转差率 $s=0.05$）时，转子感应的电压不足以使晶闸管 V_1 导通而关闭。由于转子励磁绕组感应交变电压的频率变为每秒 2.5 周，负半周的延续时间比较长，电容 C_2 的充电时间延长了，其两端电压达到单结晶体管 VT_2 的峰点电压时，VT_2 导通，由 VT_2 等组成的弛张振荡器发出脉冲信号，晶闸管 V_3 触发导通。由于电容 C_3 在 VT_2 未导通前已通过电阻 R_2、R_3、R_8、二极管 VD_3、VD_6、VD_7 被充电，当 V_3 导通时，C_3 便通过脉冲变压器 TM 迅速放电，TM 发出强脉冲，使晶闸管 V_2 触发导通。此时将励磁电流送入同步电动机的转子励磁绕组，同步电动机被牵入同步运行。

图 4-10 中，二极管 VD_3～VD_6、VD_8、VD_9 起保护隔离作用，以防止投励环节中各元件受暂态过电压而损坏；二极管 VD_7 构成 C_3 的充电回路，同时它又能防止脉冲变压器 TM 初级绕组出现过电压；电阻 R_6 用以保证晶体管 VT_1 可靠截止。

（2）励磁装置电气元件参数（见表 4-48）。

■ **表 4-48　励磁装置电气元件**

代　号	名　称	型号规格
V_1	晶闸管	KP200A/500V
V_2	晶闸管	KP100A/500V
V_3	晶闸管	KP5A/200V
VD_1	二极管	2CZ200A/400V
VD_2	二极管	2CP21
VD_3～VD_9	二极管	2CP12
VD_{10}～VD_{15}	二极管	2CZ200A/500V
VS_1、VS_4	稳压管	2CW102
VS_2、VS_3	稳压管	2CW111
R_f	板形电阻	ZB2、0.9Ω、19.9A
RP_1	电位器	WX3-11，200Ω 3W
RP_2	瓷盘电阻	BL_2
R_1	绕线电阻	RXYD-1.5kΩ 12W
R_2、R_3	电阻	RJ-500Ω 12W
R_4	绕线电阻	RXYD-20kΩ 12W
R_5	绕线电阻	RXYD-10kΩ 2W
R_6	电阻	RJ-10kΩ 1/4W
R_7	电阻	RJ-200kΩ 1/4W
R_8	电阻	RJ-1.5kΩ 1/4W
R_9	电阻	RJ-300Ω 1/4W
R_{10}	电阻	RJ-150Ω1/4W
R_{11}	电阻	RJ-30Ω 2W

续表

代　号	名　称	型号规格
R	管形电阻	RXYC-6.2Ω 25W
C	电容器	CZJJ-2,10μF 250V
C_1	电解电容	CD-3-10,50μF 300V
C_2	电容器	CZJX,1μF 160V
C_3	电容器	CZJD-1,4μF 160V
C_4	电容器	CZJJ-2,0.5μF 750V
VT_1	晶体管	3DG60
VT_2	单结晶体管	BT31D
TM	脉冲变压器	1：1,150匝
VC	硅整流器	2CZ30A/500V
PV	直流电压表	1C2-V,0～250V
PA	直流电流表	1C2-A,0～30A
QF_1	断路器	DZ10-100/332
T	变压器	5kV·A
SA	转换开关	HZ10-10/1,6A

注：V_1、V_2、VD_1、VD_{10}～VD_{15}、RP_2、VC、PV、PA及T应按电动机容量选择。

4.5.6 变频器的选择

4.5.6.1 变频器的特性及基本构成

变频器是利用电力半导体器件的通断作用将工频电源变换成另一频率电源的电能控制装置。通俗地说，它是一种能改变施加于交流电动机的电源频率值和电压值的调速装置。

变频器是现代最先进的一种异步电动机调速装置，能实现软启动、软停车、无级调整以及特殊要求的增减速特性等，具有显著的节电效果。它具有过载、过电压、欠电压、短路、接地等保护功能，具有各种预警、预报信息和状态信息及诊断功能，便于调试和监控，可用于恒转矩、平方转矩和恒功率等各种负载。

变频器由电力电子半导体器件（如整流模块、绝缘栅双极晶体管IGBT)、电子元器件（集成电路、开关电源、电阻、电容等）和微处理器（CPU）等组成，具体包括主电路、检测控制电路、操作显示电路和保护电路4部分，其基本构成如图4-11所示。

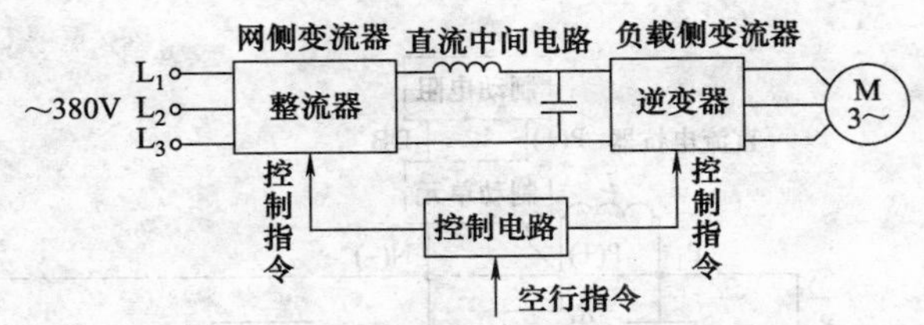

图 4-11　变频器的基本构成（交—直—交变频器）

变频器的内部结构及外部接线如图 4-12 所示。

（1）主电路

1）接收各种信号

① 在功能预置阶段，接收各功能的预置信号。

② 接收从键盘或外接输入端子输入的给定信号。

③ 接收从外接输入端子或通信接口输入的控制信号。

④ 接收从检测电路输入的检测信号。

⑤ 接收从保护电路输入的保护执行信号等。

2）进行基本运算　最主要的运算包括：

① 进行矢量控制运算或其他必要的运算；

② 实时地计算出 SPWM 波形各切换点的时刻。

3）输出计算结果

① 输出至逆变管模块的驱动电路，使逆变管按给定信号及预置要求输入 SPWM 电压波。

② 输出给显示器，显示当前的各种状态。

③ 输出给外接输出控制端子。

④ 向保护电路发出保护指令，以进行保护。

（2）检测控制电路

接收电压、电流以及模块温度等采样信号，并将其转换成主控制电路所能接收的信号。

（3）保护电路

接收主控制电路输入的保护指令，并实施保护；同时也直接从检测电路输入检测信号，以便对某些紧急情况实施保护。

（4）操作显示电路

用于显示各种操作、运行状态。

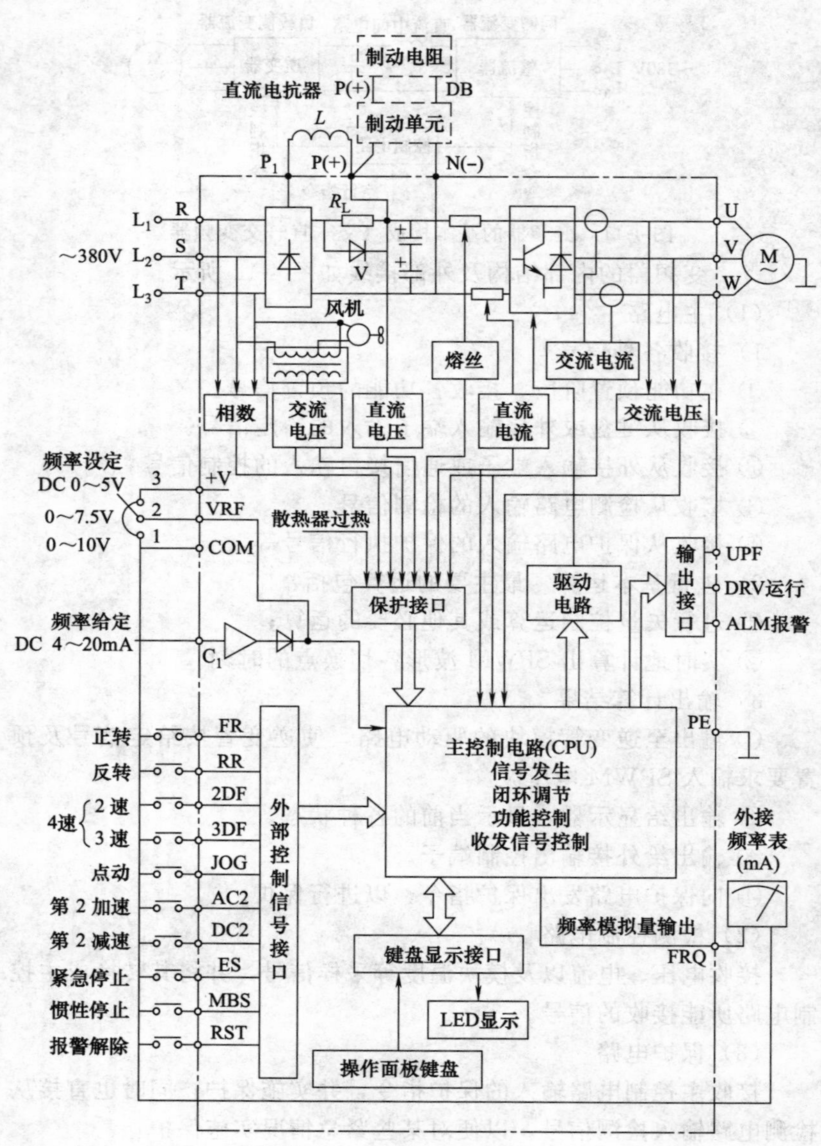

图 4-12　变频器的内部结构及外部接线

4.5.6.2 变频器的选用

(1) 变频器的种类

1) 按变换频率的方法分类　有交—直—交变频器；交—交变频器。

2) 按电压等级分类　有低压变频器和高压变频器。

低压变频器的电压等级为 380～460V 以下。单相为 220～240V，三相为 220V 或 380～460V；容量从 0.2～280～500kW，一般称为中小容量变频器。

高压变频器的电压等级为 3kV、6kV 和 10kV。有高压中、小容量变频器和高压大容量变频器。

3) 按变频器的控制方式分类

① 第一代以 $U/f=C$，正弦脉宽调制（SPWM）控制方式。

② 第二代以电压空间矢量（磁通轨迹法），又称 SVPWM 控制方式。

③ 第三代以矢量控制（磁场定向法），又称 VC 控制方式。

④ 第四代以直接转矩控制，又称 DTC 控制方式。

四种控制方式的基本参数见表 4-49。

表 4-49　四种控制方式比较

控制方式	$U/f=C$ 控制		电压空间矢量控制	矢量控制		直接转矩控制①
反馈装置	不带 PG	带 PG 或 PID 调节器	不要	不带 PG	带 PG 或编码器	不要
速比 i	<1∶40	1∶60	1∶100	1∶100	1∶1000	1∶100
启动转矩(在 3Hz)	150%	150%	150%	150%	零转速时为 150%	零转速时为>150%～200%
静态速度精度/%	±(0.2～0.3)	±(0.2～0.3)	±0.2	±0.2	±0.02	±0.2
适用场合	一般风机、泵类等	较高精度调速，控制	一般工业上的调速或控制	所有调速或控制	伺服拖动、高精传动、转矩控制	重载启动、起重负载转矩控制系统，恒转矩波动大负载

① 直接转矩控制，在带 PG 或编码器后 i 可拓宽 1∶1000，静态速度精度可达 ±0.01%。

（2）变频器的选用原则

目前市场上的变频器的种类很多，有我国成都佳灵电气制造公司产的，有德国西门子公司等产的，有英国 Bruzh CT 公司等产的，有美国 I. R 公司等产的，有瑞典 ABB 公司等产的，有日本富士、三肯、东芝、三菱、日立、安川、明电舍等公司产的，有中国台湾普传、阳岗、台安等公司产的，且同一公司又有许多不同型号，价格相差也很大。选用变频器时不要认为档次越高越好，而应按拖动负载的特性选择合适的变频器，满足使用要求就可，以便做到量才使用，经济实惠。

另外，变频器的容量选择与电动机容量能否充分发挥密切相关。变频器容量选择过小，则电动机潜力就不能充分发挥；相反，变频器容量选择过大，变频器的余量就显得没有意义，且增加了不必要的投资。

（3）根据负载的调速范围选择变频器

设备的调速范围是由生产工艺要求所决定的。选择变频器的关键是，在负载最低速度的情况下变频器能有足够的电流输出能力。需指出，是否能满足调速范围和最低速度运行条件下的转矩要求，不但取决于变频器的性能，也取决于传动电动机在最低频率下的机械特性。如果电动机制造厂能准确提供调速电动机的转矩-速度特性曲线和相关数据，就能据此选择一个合适的接近理想的变频器。

变频器对电动机的输出转矩会有影响。只有在额定频率（如50Hz）下，电动机才有可能达到额定输出转矩。在大于或小于额定频率的频率下调速时，电动机的额定输出转矩都不可能用足。例如，当频率调到 20Hz 时，电动机输出转矩的能力约为额定转矩的80%；当频率调到 10Hz 时，输出转矩约为额定转矩的 50%；当频率调到 6Hz 以下时，一般交流电动机的输出转矩能力极小（矢量控制系统除外），且有步进和脉动现象。

如果不论转速高低都需要有额定输出转矩，则应选用功率较大的电动机降容使用才行。

总之，只有变频器和电动机组合成一个变频调速系统且两者的技术参数均符合要求时才能满足低速及高速条件下的负载转矩要求。

(4) 根据负载的特点和性质选择变频器

使用变频器，有以调速为主要目的的，也有以节能为主要目的的，应视负载性质及用途等而定。负载类型主要有恒转矩、平方转矩和恒功率三大类，它们与节能的关系见表 4-50。

■ 表 4-50　负载类型与节能的关系

负载类型	恒转矩 $M=C$	平方转矩 $M\propto n^2$	恒功率 $P=C$
主要设备	输送带、起重机、挤压机、压缩机	各类风机、泵类	卷取机、轧机、机床主轴
功率与转速的关系	$P\propto n$	$P\propto n^3$	$P=C$
使用变频器的目的	以节能为主	以节能为主	以调速为主
使用变频器的节电效果	一般	显著	较小（指降压方式）

即使对于相同功率的电动机，负载性质不同，所需的变频器容量也不相同。其中，平方转矩负载所需的变频器容量较恒转矩负载的低。

以瑞典 ABB 公司的 SAMIGS 系列变频器为例，根据负载及电动机功率选择变频器，见表 4-51。恒功率负载可参照恒转矩负载选用。

■ 表 4-51　SAMIGS 系列变频器的选择

变频器型号	恒转矩				平方转矩			
	变频器			电动机	变频器			电动机
	额定输入电流 I_1/A	额定输出电流 I_{fe}/A	短时过载电流 /A	额定功率 P_e/kW	额定输入电流 I_1/A	额定输出电流 I_{fe}/A	短时过载电流 /A	额定功率 P_e/kW
ACS501-004-3	4.7	6.2	9.3	2.2	6.2	7.5	8.3	3
ACS501-005-3	6.2	7.5	11.3	3	8.1	10	11	4
ACS501-006-3	8.1	10	15	4	11	13.2	14.5	5.5
ACS501-009-3	11	13.2	19.8	5.5	15	18	19.8	7.5
ACS501-011-3	15	18	27	7.5	21	24	26	11
ACS501-016-3	21	24	36	11	28	31	34	15
ACS501-020-3	28	31	46.5	15	34	39	43	18.5

续表

变频器型号	恒转矩				平方转矩			
	变频器			电动机	变频器			电动机
	额定输入电流 I_1/A	额定输出电流 I_{fe}/A	短时过载电流/A	额定功率 P_e/kW	额定输入电流 I_1/A	额定输出电流 I_{fe}/A	短时过载电流/A	额定功率 P_e/kW
ACS501-025-3	34	39	58	18.5	41	47	52	22
ACS501-030-3	41	47	70.5	22	55	62	68	30
ACS501-041-3	55	62	93	30	67	76	84	37
ACS501-050-3	72	76	114	37	85	89	98	45
ACS501-060-3	85	89	134	45	101	112	123	55

根据不同生产机械选配变频器容量也可参考表4-52。

■ 表4-52　不同生产机械选配变频器容量参考表

生产机械	传动负载类型	M_z/M_e			S_f/S_e
		启动	加速	最大负载	
风机、泵类	离心式、轴流式	40%	70%	100%	100%
喂料机	皮带输送、空载启动	100%	100%	100%	100%
	皮带输送、有载启动	150%	100%	100%	150%
	螺杆输出	150%	100%	100%	150%
输送机	皮带输送、有载启动	150%	125%	100%	150%
	螺杆式	200%	100%	100%	200%
	振动式	150%	150%	100%	150%
搅拌机	干物料	150%～200%	125%	100%	150%
	液体	100%	100%	100%	100%
	稀黏液	150%～200%	100%	100%	150%
压缩机	叶片轴流式	40%	70%	100%	100%
	活塞式、有载启动	200%	150%	100%	200%
	离心式	40%	70%	100%	100%
张力机械	恒定	100%	100%	100%	100%
纺织机	纺纱	100%	100%	100%	100%

注：M_z、M_e—电动机负载转矩、额定转矩；S_f—变频器容量；S_e—电动机容量。

轻载启动或连续运行时，电动机采用变频器运行与采用工频电源运行相比，由于变频器输出电压、电流中会有高次谐波，电动机的功率因数、效率有所下降，电流约增加10%，因此变频器容量（电流）可按以下公式计算：

$$I_{fe} \geqslant 1.1 I_e$$

或
$$I_{fe} \geqslant 1.1 I_{max}$$

式中 I_{fe}——变频器的额定输出电流，A；

I_e——电动机额定电流，A；

I_{max}——电动机实际运行中的最大电流，A。

需指出，即使电动机负载非常轻，电动机电流在变频器额定电流以内，也不能选用比电动机容量小很多的变频器。这是因为电动机容量越大，其脉动电流值也越大，很有可能超过变频器的过电流耐量。

对于重载启动和频繁启动、制动运行的负载，变频器的容量可按下式计算：

$$I_{fe} \geqslant (1.2 \sim 1.3) I_e$$

对于风机、泵类负载，变频器的容量可按下式计算：

$$I_{fe} \geqslant 1.1 I_e$$

异步电动机在额定电压、额定频率下通常具有输出200%左右最大转矩的能力，但是变频器的最大输出转矩由其允许的最大输出电流决定，此最大电流通常为变频器额定电流的130%～150%（持续时间为1min)，所以电动机中流过的电流不会超过此值，最大转矩也被限制在130%～150%。

如果实际加减速时的转矩较小，则可以减小变频器的容量，但也应留有10%的余量。

变频器额定（输出）电流允许倍数及时间可由产品说明书查得。

频繁加减速时，可先根据负载加速、减速、恒速等运动曲线，求得负载等效电流 I_{jf}，然后按下式计算变频器的额定容量：

$$I_{fe} = k I_{jf}$$

式中 k——安全系数，运行频繁时取1.2，不频繁时取1.1。

直接启动时，变频器的容量可按下式计算：

$$I_{fe} \geqslant \frac{I_q}{k_f} = \frac{k_q I_e}{k_f}$$

式中 I_q——电动机直接启动电流，A；

k_q——电动机直接启动的电流倍数，为5～7；

k_f——变频器的允许过载倍数，可由变频器产品说明书查得，一般可取1.5。

(5) 根据电动机容量和极数选择变频器的容量。

① 根据GB 12668—90《交流电动机半导体变频调速装置总技术条件》，380V、160kW以下单台电动机与变频调速装置间容量的匹配见表4-53。

■ 表4-53 变频器与电动机的匹配

变频器容量/kV·A	电动机功率/kW	变频器容量/kV·A	电动机功率/kW
2	0.4 0.75	50	22 30
4	1.5 2.2	60	37
6	3.7	100	45 55
10	5.5	150	75 90
15	7.5		
25	11 15	200	110 132
35	18.5	230	160

注：表中匹配关系不是唯一的，用户可以根据实际情况自行选择。

② 根据电动机实际功率选择变频器的容量。对于电动机功率较大而其实际负载功率却较小的场合（并不打算更换电动机），所配用变频器的容量可按下式计算：

$$P_f = K_1(P - K_2 Q \Delta P)$$

式中 P_f——变频器容量，kW；

P——调速前实测电动机的功率，kW；

K_1——电动机和泵调速后效率变化系数，一般可取1.1～1.2；

K_2——换算系数，取0.278；

Q——泵的实测流量，m^3/h；

ΔP——泵出口与干线压力差，MPa。

③ 变频器的额定容量有的以额定输出电流（A）表示，有的

以额定有功功率（kW）表示，也有的以额定视在功率（kV·A）表示。当以额定视在功率表示时，应使算出的电动机所需视在功率小于变频器所能提供的视在功率。具体小多少可参照以上各条要求。使用变频器时，电动机的视在功率按下式计算：

$$S=\frac{P_2}{\eta \text{cso}\varphi}$$

式中　P_2——电动机额定功率，kW；

$\cos\varphi$——电动机功率因数，此值因高次谐波的影响比工频电压下低一些，可根据各种变频器的性能予以修正；

η——电动机效率，如上所述，也比工频电压下低一些。

4.5.6.3　变频器的技术数据

(1) 国产佳灵公司 JP6C 系列变频器的技术数据

如国产佳灵公司生产的全数字通用型电力变频器 JP6C-T 型和磨床用变频器 JP6C-Z 型的规格性能，见表 4-54 和表 4-55。

■ **表 4-54　JP6C-T 型全数字式电力变频器规格性能**

容量/kV·A	2	4	6	10	15	25	35	50	60	100	150	200	230
输出电流/A	3	6	9	15	23	38	53	76	91	152	228	304	350
适用电动机/kW	0.75	2.2	3.7	5.5	7.5	15	18.5	30	37	55	90	132	160
输入电源	三相 380V(+10%～−15%)、50/60Hz												
输出频率/Hz	0.5～60;0.5～50;1～120;3～240;最高 400												
输出电压/V	380												
控制方式	磁通控制正弦波 PWM												
频率精度	最高频率的±0.1%(25℃±10℃)												
过载能力	电流为额定值的 1.5 倍时为 1min(50kV·A 以下);电流为额定值的 1.3 倍时为 30s(50kV·A 以上)												
变换效率	额定负载时约为 95%												
保护功能	过流、过载、过压、失速、缺相												
显示	51 种显示功能												
外端子功能	转速、电压、力短、闭环、正反转、启动、停止、故障信号、转速预置												
设置场所	室内(无尘埃、无腐蚀性气体)												
环境温度	−10～+40℃												
相对湿度	90%以下(无凝露)												
振动	0.5g 以下												

■ **表 4-55　JP6C-Z 型变频器规格性能**

容量/kV·A	2	4	6	10	15	25	35	50	60	100	150	200	230
输出电流/A	3.3	6.6	10	16	25	41	58	76	91	152	228	304	350
适用电动机/kW	0.7	2.2	3.7	5.5	7.5	15	18.5	30	37	55	90	132	160
输入电源	三相 380V(＋10％～－15％)、50/60Hz												
输出频率/Hz	50～2000Hz，最高可达 4000												
输出电压/V	0～350(可达 380)												
控制方式	PWM												
频率精度	最高频率的±0.5％(25℃±10℃)												
过载能力	电流为额定值的 1.5 倍时为 1min(50kV·A 以下)；电流为额定值的 1.3 倍时为 30s(50kV·A 以上)												
变换效率	额定负载时约为 95％												
保护功能	过流、过载、过压、欠压、失速、缺相、对地短路												
显示	LED 数显												
外端子功能	电机过热、故障信号、输出、启动、停止												
设置场所	室内(无尘埃、无腐蚀性气体)												
周围温度	－10～＋40℃												
相对湿度	90％以下(无凝露)												
振动	0.5g 以下												

(2) 德国西门子公司 MICROMASTER4 型变频器的技术数据(见表 4-56)。

■ **表 4-56　MICROMASTER420/440 技术数据**

型　号	订　货　号	功率范围恒转矩(变转矩)/kW	输入电流/A	最大输出电流(没有降低额定值)/A
电源电压 220～240V，单相交流				
MM420-120	6SE6420-2UC11-2AA0	0.12	2	0.9
-250	-2UC12-5AA0	0.25	4	1.7
-370	-2UC13-7AA0	0.37	5.5	2.3
-550	-2UC15-5AA0	0.55	7.5	3
-750	-2UC17-5AA0	0.75	9.9	3.9
-1100	-2UC21-1BA0	1.1	14.4	5.5
-1500	-2UC21-5BA0	1.5	19.6	7.4
-2200	-2UC22-2BA0	2.2	26.4	10.4
-3000	-2UC23-0CA0	3	35.5	13.6

续表

型　　号	订　货　号	功率范围恒转矩（变转矩）/kW	输入电流/A	最大输出电流（没有降低额定值）/A
电源电压 220～240V，单相交流				
MM440-120	6SE6440-2UC11-2AA0	0.12(0.25)	1.4(—)	0.9(—)
-250	-2UC12-5AA0	0.25(0.37)	2.7(—)	1.7(—)
-370	-2UC13-7AA0	0.37(0.55)	3.7(—)	2.3(—)
-550	-2UC15-5AA0	0.55(0.75)	5(—)	3(—)
-750	-2UC17-5AA0	0.75(1.1)	6.6(—)	3.9(—)
-1100	-2UC21-1BA0	1.1(2.5)	9.6(—)	5.5(—)
-1500	-2UC21-5BA0	1.5(2.2)	13(—)	7.4(—)
-2200	-2UC22-2BA0	2.2(3)	17.6(—)	10.4(—)
-3000	-2UC23-0CA0	3(4)	23.7(—)	13.6(—)
电源电压 380～480V，三相交流				
MM420-370/3	6SE6420-2UD13-7AA0	0.37	1.6	1.2
-550/3	-2UD15-5AA0	0.55	2.1	1.6
-750/3	-2UD17-5AA0	0.75	2.8	2.1
-1100/3	-2UD21-1AA0	1.1	4.2	3
-1500/3	-2UD21-5AA0	1.5	5.8	4
-2200/3	-2UD22-2BA0	2.2	7.5	5.9
-3000/3	-2UD23-0BA0	3	10	7.7
-4000/3	-2UD24-0BA0	4	12.8	10.2
-5500/3	-2UD25-5CA0	5.5	17.3	13.2
-7500/3	-2UD27-5CA0	7.5	23.1	18.4
-11000/3	-2UD31-1CA0	11	33.8	26
MM440-120/3	6SE6440-2UD13-7AA0	0.37(0)	1.1(1.4)	1.2(1.6)
-250/3	-2UD15-5AA0	0.55(0)	1.4(1.9)	1.6(2.1)
-370/3	-2UD17-5AA0	0.75(1.1)	1.9(2.8)	2.1(3)
-550/3	-2UD21-1AA0	1.1(1.5)	2.8(3.9)	3(4)
-750/3	-2UD21-5AA0	1.5(2.2)	3.9(5)	4(5.9)
-1100/3	-2UD22-2BA0	2.2(3)	5(6.7)	5.9(7.7)
-1500/3	-2UD23-0BA0	3(4)	6.7(8.5)	7.7(10.2)
-2200/3	-2UD24-0BA0	4(5.5)	8.5(11.6)	10.2(13.2)
-3000/3	-2UD25-5CA0	5.5(7.5)	11.6(16)	13.2(18.4)

续表

型　号	订　货　号	功率范围恒转矩（变转矩）/kW	输入电流/A	最大输出电流（没有降低额定值）/A
电源电压 380～480V，三相交流				
-7500/3	-2UD27-5CA0	7.5(11)	15.4(22.5)	18.4(26)
-11000/3	-2UD31-1CA0	11(15)	22.5(30.5)	26(32)
-15000/3	-2UD31-5DA0	15(18.5)	30(37.2)	32(38)
-18500/3	-2UD31-8DA0	18.5(22)	36.6(43.2)	38(45)
-22000/3	-2UD32-2DA0	22(30)	43.1(59.3)	45(62)
-30000/3	-2UD33-0EA0	30(37)	58.7(71.1)	62(75)
-37000/3	-2UD33-7EA0	37(45)	71.2(86.6)	75(90)
-45000/3	-2UD34-5FA0	45(55)	85.6(103.6)	90(110)
-55000/3	-2UD35-5FA0	55(75)	103.6(138.5)	110(145)
-75000/3	-2UD37-5FA0	75(90)	138.5(168.5)	145(178)

（3）FVR-E11S 系列通用变频器的主要技术指标（见表 4-57 和表 4-58）

■ 表 4-57　FVR-E11S 系列通用变频器的主要技术指标（一）

项　目			三相 400V 系列						
型号 FVR-E11S-4JE			0.4	0.75	1.5	2.2	3.7	5.5	7.5
适配电动机功率/kW			0.4	0.75	1.5	2.2	3.7	5.5	7.5
输出额定	额定容量/kV·A		1.1	1.9	2.8	4.1	6.8	9.9	12
输出额定	额定电压/V		三相 380V、400V、415V/50Hz，380V、400V、440V、460V/60Hz						
输出额定	额定电流/A		1.5	2.5	3.7	5.5	9.0	13	18
输出额定	过载电流		150％额定电流，1min；20％额定电流，0.5s						
输出额定	额定频率/Hz		50/60						
输入额定	相数、电压、频率		3 相，380～480V，50/60Hz						
输入额定	电压、频率允许波动范围		电压：＋10％～－15％，电压不平衡率＜2％ 频率：＋5％～－5％						
输入额定	瞬时低电压耐量		输入电压在 300V 以上时，变频器能连续运行，由额定电压降低至 300V 以下时，变频器能继续运行 15ms，可选择平稳恢复模式（自动再启动功能）						
输入额定	额定电流/A	有 DCR	0.82	1.5	2.9	4.2	7.1	10.0	13.5
输入额定	额定电流/A	无 DCR	1.8	3.5	6.2	9.2	14.9	21.5	27.9
输入额定	需要电源容量/kV·A		0.6	1.1	2.1	3.0	5.0	7.0	9.4

续表

项目		三相400V系列		
控制	启动转矩	200%（选择动态转矩矢量控制时）		
制动	制动转矩（标准）	70%	40%	20%
	制动转矩（使用选件）	150%		
	直流制动	制动开始频率为0～60Hz，制动时间为0～30s，制动值为0～100%额定电流		
防护等级（IEC60529）		IP20		
冷却方式		自然冷却	风扇冷却	

■ **表4-58　FVR-E11S系列通用变频器的主要技术指标（二）**

项目			单相220V系列								
型号FVR-E11S-2JE			0.1	0.2	0.4	0.75	1.5	2.2	3.7	5.5	7.5
适配电动机功率/kW			0.1	0.2	0.4	0.75	1.5	2.2	3.7	5.5	7.5
输出额定	额定容量/kV·A		0.30	0.57	1.1	1.9	3.0	4.1	6.4	9.5	12
	额定电压/V		单相220V/50Hz，200V、220V、230V/60Hz								
	额定电流/A		0.8	1.5	3.0	5.0	8.0	11	17	25	33
	过载电流		150%额定电流，1min；20%额定电流，0.5s								
	额定频率/Hz		50/60								
输入额定	相数、电压、频率		单相，200～230V，50/60Hz								
	电压、频率允许波动范围		电压：+10%～-15%，电压不平衡率＜2%。频率：+5%～-5%								
	瞬时低电压耐量		输入电压在165V以上时，变频器能连续运行；由额定电压降低至165V以下时，变频器能继续运行15ms，可选择平稳恢复模式（自动再启动功能）								
	额定电流/A	有DCR	0.59	0.94	1.6	3.1	5.7	8.3	14.0	19.7	26.9
		无DCR	1.1	1.8	3.4	6.4	11.1	16.1	25.5	40.8	52.6
	需要电源容量/kV·A		0.3	0.4	0.6	1.1	2.0	2.9	4.9	6.9	9.4
控制	启动转矩		200%（选择动态转矩矢量控制时）								
制动	制动转矩（标准）		100%		70%			40%		20%	
	制动转矩（使用选件）		150%								
	直流制动		制动开始频率为0～60Hz，制动时间为0～30s，制动值为0～100%额定电流								
防护等级（IEC 60529）			IP20								
冷却方式			自然冷却			风扇冷却					

4.5.6.4　变频器的基本接线

不同厂家的产品，其接线和端子功能也有所不同，可参照产品说明书。现以国产佳灵公司生产的JP6C-T9型和J9型为例，其基本接线如图4-13所示。

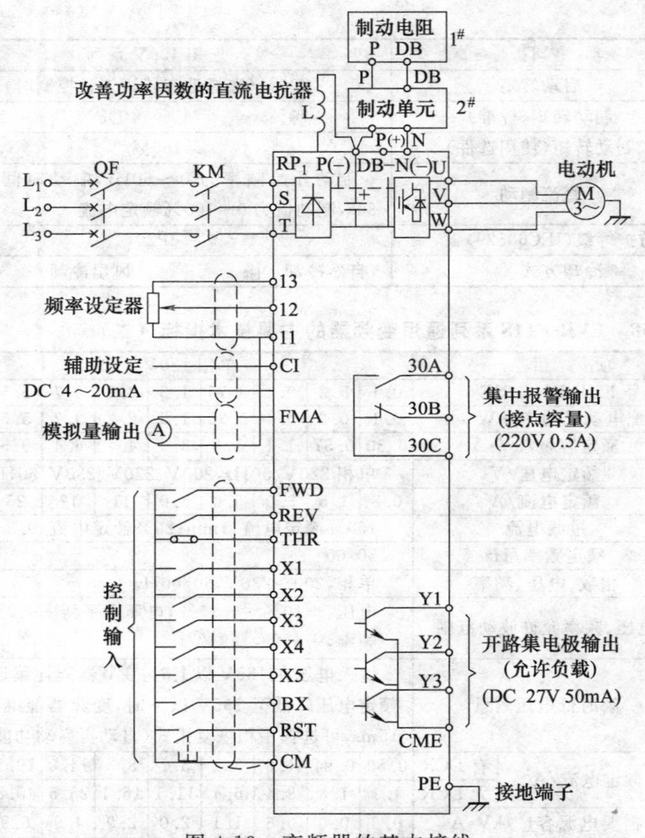

图 4-13 变频器的基本接线

主电路各端子的功能见表 4-59；控制电路各端子的功能见表 4-60。

■ **表 4-59 主电路端子、接地端子的功能**

端子符号	端子名称	说明
R、S、T	主电路电源端子	连接三相电源
U、V、W	变频器输出端子	连接三相电动机
P_1、P(＋)	直流电抗器连接用端子	改善功率因数的电抗器(选用件)
P(＋)、DB	外部制动电阻连接用端子	连接外部制动电阻(选用件)(T9：5.5～18.5kW；J9：7.5～22kW)
P(＋)、N(－)	制动单元连接端子	连接外部制动单元(T9：22～220kW；J9：30～280kW)
PE	变频器接地用端子	这是变频器机壳的接地端子

■ **表 4-60 控制电路端子的功能**

分类	端子符号	端子名称	功能说明	
频率设定	13	可调电阻器用电源	作为频率设定器(可调电阻:1～5kΩ)用电源	DC+10V,10mA(max)
	12	设定用电压输入	DC 0～+10V,以+10V 输出最高频率,输入电阻 22kΩ	
	CI	设定用电流输入	DC 4～20mA,以 20mA 输出最高频率,输入电阻 250Ω	
	11	频率设定公用端	是对于频率设定信号(12、13、CI)的公用端子	
控制输入	FWD	正转运转停止指令	FW-CM 之间接通,正转运转;断开后,减速停止	FWD-CM 与 REV-CM 同时接通时,减速后停止(有运转指令,而且频率设定为 0Hz)。但是在选择模式运转(功能/数据码:33/1～33/3)中,则成为暂停
	REV	反转运转停止指令	REV-CM 之间接通,反转运转,断开则减速停止	
	BX	自由运转指令	BX-CM 之间接通,立即切断变频器输出,电动机自由运转后停止,不输出报警信号	BX 信号不能自保持在运转指令(FWD 或 REV)接通的状态中,若断开 BX-CM,则从 0Hz 启动
	THR	外部报警输入	在运转中若 THR-CM 之间断开,变频器的输出切断(电动机自由运转),则输出报警这个信号在内部自保持,RST 输入就被复位,可用于制动电阻过热保护等	出厂时,RST-CM 之间用短路片连接,因而在使用时,要取出短路片,平常连接常闭的接点
	RST	复位	RST-CM 之间接通,解除变频器跳闸后的保持状态	没有消除故障原因时,不能解除跳闸状态

续表

<table>
<tr><th>分类</th><th>端子符号</th><th>端子名称</th><th colspan="2">功能说明</th></tr>
<tr><td rowspan="3">控制输入</td><td>X1、X2、X3</td><td>多段频率选择</td><td colspan="2">通过 X1-CM,X2-CM,X3-CM 之间的接通/断开的组合,多段频率设定 1～7 段(1～7 速,功能码:34～40)是有效的
<table>
<tr><th></th><th>键操作/外部设定</th><th>1 速</th><th>2 速</th><th>3 速</th><th>4 速</th><th>5 速</th><th>6 速</th><th>7 速</th></tr>
<tr><td>X1-CM</td><td>—</td><td>●</td><td>—</td><td>●</td><td>—</td><td>●</td><td>—</td><td>●</td></tr>
<tr><td>X2-CM</td><td>—</td><td>—</td><td>●</td><td>●</td><td>—</td><td>—</td><td>●</td><td>●</td></tr>
<tr><td>X3-CM</td><td>—</td><td>—</td><td>—</td><td>—</td><td>●</td><td>●</td><td>●</td><td>●</td></tr>
</table>注:1. ●接通;—断开
2. 所谓外部设定,指的是用模拟或数字(任选)的外部信号来设定</td></tr>
<tr><td>X4、X5</td><td>加速时间的选择</td><td colspan="2">通过 X4-CM,X5-CM 之间的接通/断开的组合,能选择最多 4 种加速时间(加速1～加速 4/减速 1～减速 4,功能码:05,06,49～54)
<table>
<tr><th></th><th>加速 1/减速 1</th><th>加速 2/减速 2</th><th>加速 3/减速 3</th><th>加速 4/减速 4</th></tr>
<tr><td>X4-CM</td><td>—</td><td>●</td><td>—</td><td>●</td></tr>
<tr><td>X5-CM</td><td>—</td><td>—</td><td>●</td><td>●</td></tr>
</table>注:●接通;—断开</td></tr>
<tr><td>CM</td><td>接点输入公用端</td><td colspan="2">接点输入信号的公用端子</td></tr>
<tr><td>仪表用</td><td>FMA、11</td><td>模拟量输出</td><td>从下述中选择(功能码 59)一个项目,用直流电流输出
•频率(0 至最高频率)
输出电流(0～200%电流)
•负载率(0～200%负载)
转矩(0～200%转矩)</td><td>最多能连接 2 个 DC 0～1mA(能根据功能码 58 调整)</td></tr>
</table>

4.6 电动机试验

4.6.1 交流电动机试验要求

交流电动机的试验项目，应包括下列内容。

① 测量绕组的绝缘电阻和吸收比。

② 测量绕组的直流电阻。

③ 定子绕组的直流耐压试验和泄漏电流测量。

④ 定子绕组的交流耐压试验。

⑤ 绕线型电动机转子绕组交流耐压试验。

⑥ 同步电动机转子绕组的交流耐压试验。

⑦ 测量可变电阻器、启动电阻器、灭磁电阻器的绝缘电阻。

⑧ 测量可变电阻器、启动电阻器、灭磁电阻器的直流电阻。

⑨ 测量电动机轴承的绝缘电阻。

⑩ 检查定子绕组极性及其连接的正确性。

⑪ 电动机空载转动检查和空载电流测量。

⑫ 其他试验。

注：对于电压为 1000V 以下，功率为 100kW 以下的电动机，可按上述①、⑦、⑩、⑪项进行试验。

具体试验要求如下。

（1）测量绕组的绝缘电阻和吸收比

测量绕组之间和绕组对外壳的绝缘电阻。对于额定电压在 1000V 以下的低压电动机，选用 500V 或 1000V 兆欧表；高压电动机，选用 1000～2500V 兆欧表。绝缘电阻应符合下列规定。

① 额定电压为 1000V 以下，常温下绝缘电阻值不应低于

0.5MΩ；额定电压为1000V及以上，在运行温度时的绝缘电阻值，定子绕组不应低于每千伏1MΩ，转子绕组不应低于每千伏0.5MΩ。绝缘电阻温度换算见第1章1.4.14项。

② 1000V及以上的电动机应测量吸收比。吸收比$R_{60''}/R_{15''}$不应低于1.2，中性点可拆开的应分相测量。

（2）测量绕组的直流电阻

用单臂电桥（绕组电阻大于2Ω时）或双臂电桥（绕组电阻小于2Ω时）测量每相绕组的直流电阻。要求电动机各相绕组直流电阻值相互差别不应超过其最小值的5%，即

$$\frac{R_{max}-R_{min}}{R_{pj}}<5\%$$

$$R_{pj}=\frac{R_U+R_V+R_W}{3}$$

式中 R_{max}——最大一相绕组的直流电阻；

R_{min}——最小一相绕组的直流电阻；

R_{pj}——三相绕组的平均直流电阻。

对于1000V以上或100kW以上的电动机，相互差别不应超过2%。中性点未引出的电动机可测量线间直流电阻，其相互差别不应超过1%。

（3）定子绕组直流耐压试验和泄漏电流测量

1000V以上及1000kW以上、中性点连线已引出至出线端子板的定子绕组应分相进行直流耐压试验。试验电压为定子绕组额定电压的3倍。在规定的试验电压下，各相泄漏电流的值不应大于最小值的100%；当最大泄漏电流在20μA以下时，各相间应无明显差别；泄漏电流不应随时间延长而增大。

试验电压应按每级0.5倍额定电压分阶段升高，每阶段停留1min，并记录泄漏电流。

（4）定子绕组的交流耐压试验

在绕组绝缘满足第（1）条①、②项的要求后，即可进行交流耐压试验。

试验应从不超过试验电压全值的一半开始，逐渐地升高到试验电压全值。这一过程所需时间应不少于10s。然后维持全电压值1min，再降至全电压值的一半时切断电源。

交流耐压试验电压应符合表4-61的规定。

■ **表4-61　电动机定子绕组交流耐压试验电压**

额定电压/kV	<1	3	6	10
试验电压/kV	1	5	10	16

(5) 绕线型电动机转子绕组的交流耐压试验

转子绕组的交流耐压试验电压，应符合表4-62的规定。

■ **表4-62　绕线型电动机转子绕组交流耐压试验电压**

转子工况	试验电压/V	转子工况	试验电压/V
不可逆的	$1.5U_k+750$	可逆的	$3.0U_k+750$

注：U_k为转子静止时，在定子绕组上施加额定电压，转子绕组开路时测得的电压。

(6) 同步电动机转子绕组的交流耐压试验

试验电压值为额定励磁电压的7.5倍，且不应低于1200V，但不应高于出厂试验电压值的75%。

(7) 测量可变电阻器、启动电阻器、灭磁电阻器的绝缘电阻

当与回路一起测量时，绝缘电阻值不应低于0.5MΩ。

(8) 测量可变电阻器、启动电阻器、灭磁电阻器的直流电阻

所测直流电阻值与产品出厂数值比较，其差值不应超过10%；调节过程中应接触良好，无开路现象，电阻值的变化应有规律性。

(9) 测量电动机轴承的绝缘电阻

当有油管路连接时，应在油管安装后，采用1000V兆欧表测量，绝缘电阻不应低于0.5MΩ。

(10) 检查定子绕组的极性及其连接的正确性

极性及连接应正确。中性点未引出者可不检查极性。

(11) 电动机空载电流检查和空载电流测量

空载运行时间可为2h，听声音，并记录电动机的空载电流和转速。在三相对称电压下，三相电流间差别不应超过±5%。如果

超过此值或空载电流过大，则可能是由绕组接线错误、短路、铁芯损伤、定子与转子间的空隙超过要求值、装配不良、轴承中润滑脂过多等引起。

异步电动机空载电流占额定电流的百分数参考值，见表4-11。

当电动机与其机械部分的连接不易拆开时，可连在一起进行空载转动检查试验。

(12) 匝间绝缘试验

在空载情况下，把电源电压提高到额定电压的130%，运行5min，检查匝间有无击穿及短路现象，以判断匝间绝缘情况。

此外，根据需要，还有短路试验、超速试验、温升试验及绕线型电动机开路电压试验等。

4.6.2 直流电动机试验要求

直流电动机的试验项目，应包括下列内容。

① 测量励磁绕组和电枢的绝缘电阻。

② 测量励磁绕组的直流电阻。

③ 测量电枢整流片间的直流电阻。

④ 励磁绕组和电枢的交流耐压试验。

⑤ 检查电动机绕组的极性及其连接的正确性。

⑥ 调整电动机电刷的中性位置。

⑦ 电枢绕组匝间耐压试验。

⑧ 空载试验。

⑨ 负载试验。

⑩ 超速试验。

⑪ 温升试验。

具体试验要求如下。

(1) 测量励磁绕组和电枢的绝缘电阻

对于500V以下的低压电动机，用500V兆欧表测量，各绕组间或绕组对外壳的绝缘电阻不应小于0.5MΩ；对于500V以上的高压电动机，用1000V兆欧表测量，不应小于1MΩ。

（2）测量励磁绕组的直流电阻

用电桥测量，所得直流电阻（已作温度修正）与制造厂数值或前次测得的数值比较，其差值不应大于2%。

（3）测量电枢整流片间的直流电阻

① 对于叠绕组，可用整流片间测量；对于波绕组，测量时两整流片间的距离等于换向器节距；对于蛙式绕组，要根据其接线的实际情况来测量其叠绕组和波绕组的片间直流电阻。

② 片间的直流电阻相互间的差值不应超过最小值的10%，由于均压线或绕组结构而产生的有规律的变化，可对各相应的片间进行比较判断。

（4）励磁绕组和电枢的交流耐压试验

励磁绕组对外壳和电枢绕组对轴的交流耐压试验电压，应为额定电压的1.5倍加750V，并不应小于1200V，持续时间为1min。

（5）检查电动机绕组的极性及其连接的正确性

极性及连接应正确。

（6）调整电动机电刷的中性位置

应满足良好的换向要求，火花很小。

（7）电枢绕组匝间耐压试验

在空载情况下把电源电压提高到额定电压的130%，运行5min不击穿，即可认为电枢绕组匝间绝缘合格。

（8）空载试验

电动机在额定电枢电压下空载运行1h，监听声音、记录电流和转速、测试温度等，以初步鉴定电动机的质量是否合格。

（9）负载试验

一般采用加负载电阻或回馈的方法进行负载试验，以检查电动机在额定负载及过载时的特性和换向性能。检修后的电动机一般不做负载试验。

（10）超速试验

电动机不带负载，通过减小励磁电流或增加电枢电压的方法使其超速运行，转速可达 120％额定转速，持续 2min，以检验电动机的机械强度。注意：试验时电枢电压不得超过 130％额定电压值。

(11) 温升试验

在环境温度 40℃和海拔 1000m 以下，电动机各部分的温升不应超过规定的允许温升限度。

第5章

高低压电器

5.1 高压电器的选用

5.1.1 高压断路器的选用

(1) 高压断路器的分类及主要特点

高压断路器是一种能在电力系统正常运行和故障情况下切、合各种性能电流的开关电器，其主要功能是切除电力系统中的短路故障。高压断路器具有可靠的灭弧装置。工厂、农村常用的高压断路器有少油断路器（又称油开关）、SF_6 断路器和真空断路器等。

常用高压断路器的分类及主要特点见表 5-1。

■ 表 5-1 高压断路器的分类及主要特点

类别	结构特点	技术性能特点	运行维护特点
多油式断路器	以油作为灭弧介质和绝缘介质 触头系统及灭弧室安置在接地的油箱中 结构简单,制造方便,易于加装单匝环形电流互感器及电容分压装置 耗钢、耗油量大,体积大;属自能式灭弧结构	额定电流不易做得太大 开断小电流时,燃弧时间较长,开断电路速度较慢 油量多,有发生火灾的可能性 目前国内只生产35kV电压级产品 可用于室内或室外,受大气条件的影响较小	运行维护简单,噪声低,需配备一套处理装置
少油式断路器	油量少,油主要作为灭弧介质 对地绝缘主要依靠固体介质 结构简单，制造方便 可配备电磁操动机构、液压操动机构或弹簧操动机构 积木式结构,可制成各种电压等级产品	开断电流大，对35kV以下可加并联回路以提高额定电流 35kV以上为积木式结构，全开断时间短 增加压油活塞装置加强机械油吹后,可开断空载长线	运行维护简单,噪声低,油量少,易劣化,需要一套油处理装置

续表

类　　别	结构特点	技术性能特点	运行维护特点
压缩空气断路器	结构较复杂，工艺和材料要求高 以压缩空气作为灭弧介质、操动介质以及弧隙绝缘介质 操动机构与断路器合为一体，体积和重量比较小	额定电流和开断能力都可以做得较大，适于开断大容量电路 动作快，开断时间短	噪声较大，维修周期长，无火灾危险，需要一套压缩空气装置作为气源 断路器的价格较高
SF_6 断路器	结构简单，组装工艺及密封要求严格，对材料要求高 体积小，重量轻 有室外敞开式及室内落地罐式之分，更多用于 GIS 封闭式组合电源	额定电流和开断电流都可以做得很大 开断性能好，可适于各种工况开断 SF_6 气体灭弧、绝缘性能好，所以断口电压可做得较高 断口开距小	噪声低，维护工作量小，检修间隔期长 目前价格较高 运行稳定，安全可靠，寿命长
真空断路器	体积小，重量轻 灭弧室工艺及材料要求高 以真空作为绝缘介质和灭弧介质触点不易氧化	可连续多次操作，开断性能好，灭弧迅速、动作时间短 开断电流及断口电压不能做得很高，目前只生产 35kV 以下等级 断路器中要求的真空度为 133.3×10^{-4}Pa（即 10^{-4}mmHg）以下	运行维护简单，灭弧室不需要检修，无火灾及爆炸危险，噪声低

（2）高压断路器的选择

高压断路器应按装置种类、构造形式、额定电压、额定电流、断路电流或断流容量等来选择，然后作短路时动稳定和热稳定校验。

① 按额定电压及频率选择。断路器应按电网的电压及频率选择，且

$$U_e \geqslant U_g$$

式中　U_e——断路器的额定电压，kV；

U_g——断路器的工作电压，即电网额定电压，kV。

② 按额定电流选择，且

$$I_e \geqslant I_g$$

式中　I_e——断路器的额定电流，A；

I_g——断路器的工作电流，指最大工作电流（有效值），A。

③ 按额定断路电流或断流容量选择。要求系统在断路器处的最大短路电流应小于断路器允许断流值，并应留有裕度。

$$I_{dn} \geqslant I''（或 I_{0.2}），S_{dn} \geqslant S''（或 S_{0.2}）$$

$$S'' = \sqrt{3} U_p I_z = \frac{S_j}{X_{※\Sigma}}$$

式中　I_{dn}，S_{dn}——断路器在额定电压下的断路电流和断流容量（可由产品目录查得），kA、MV·A；

I''（或 $I_{0.2}$）——安装地点发生三相短路时的次暂态短路电流（或 0.2s 短路电路），kA；

S''（或 $S_{0.2}$）——三相短路容量，MV·A；

U_p——电流 I_z 所在电压级的平均额定电压，kV；

I_z——三相短路电流周期分量有效值，kA；

S_j——基准容量，MV·A；

$X_{※\Sigma}$——电抗标幺值。

当断路器安装在低于额定电压的电路中时，其断流容量按下式计算：

$$S_{dn(U)} = S_{dn} \frac{U}{U_e}$$

④ 按短路电流的动稳定校验。按短路电流的动稳定校验，即对断路器极限通过电流能力的校验。所谓极限通过电流能力，是指由电流的力学作用所限制的电流值，有峰值和有效值（单位：kA）两项规定。前者是后者的 1.7 倍。此项规定由制造厂给出，称为动稳定（极限）。

如按峰值校验：

$$i_{gf} \geqslant i_{ch}$$

式中　i_{gf}——断路器极限通过电流峰值，kA；

i_{ch}——短路冲击电流，kA。

⑤ 按短路电流的热稳定校验。按短路电流的热稳定校验，是对断路器热稳定电流的校验。所谓热稳定电流，是指对短时间故障电流通过开关导体发热所作的限制。其值由制造厂提供，一般给出1s、5s和10s的电流值。许多开关的1s热稳定电流值与动稳定值相同。校验公式如下：

$$I_t \geqslant I_\infty \sqrt{\frac{t_j}{t}} \text{或} I_t^2 t \geqslant I_\infty^2 t_j$$

式中　I_t——断路器在ts内的热稳定电流，kA；

I_∞——断路器可能通过的最大稳态短路电流，kA；

t_j——短路电流作用的假想时间，s；

t——热稳定电流允许的作用时间，s。

【例5-1】 某企业高压供电系统如图5-1所示。已知系统额定容量为200MV·A，在d_1点三相短路时短路容量S''为150MV·A，继电器动作时间t_b为1.5s，断路器分闸时间t_{fd}为0.15s，其他计算用技术数据标于图上，试选择变电所高压侧断路器。

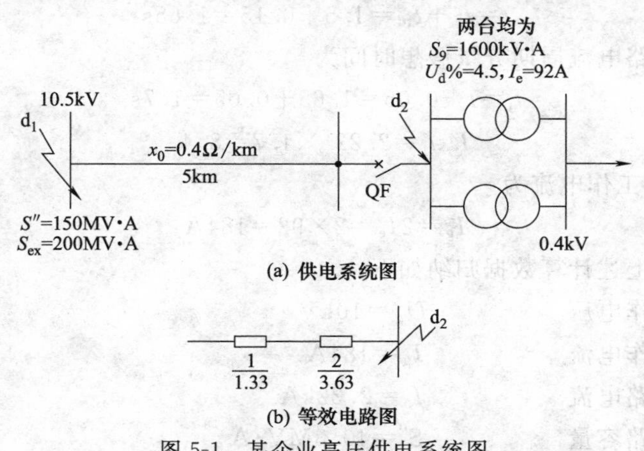

图5-1　某企业高压供电系统图

解　① 计算短路电流：设基准容量S_j＝200MV·A，则

系统阻抗（标幺值）　$X_{1※}=S_{ex}/S''=200/150=1.33$

线路阻抗（标幺值）　$X_{2※}=X\dfrac{S_j}{U_p^2}=0.4\times5\times\dfrac{200}{10.5^2}=3.63$

通过断路器的最大稳态电流（标幺值）为

$$I_{\infty ※}=\frac{1}{X_{※\Sigma}}=\frac{1}{1.33+3.63}=0.202$$

基准电流为

$$I_{j}=\frac{S_{j}}{\sqrt{3}U_{p}}=\frac{200}{\sqrt{3}\times 10.5}=11\text{kA}$$

故三相短路电流周期分量 I_z、超瞬变短路电流有效值 I'' 和稳态短路电流有效值 I_{∞} 为

$$I_z=I''=I_{\infty}=I_{\infty ※}I_j=0.202\times 11=2.22\text{kA}$$

短路冲击电流

$$i_{ch}=2.55I''=2.55\times 2.22=5.67\text{kA}$$

超瞬变短路容量（d_2 处短路）

$$S''=\frac{S_j}{X_{1※}+X_{2※}}=\frac{200}{1.33+3.63}=40.3\text{MV}\cdot\text{A}$$

② 计算假想时间 t_j 和 $I_{\infty}^2 t_j$：短路电流通过断路器的时间为

$$t=t_b+t_{fd}=1.5+0.15=1.65\text{s}$$

短路电流周期分量假想时间为

$$t_j=t+0.05=1.65+0.05=1.7\text{s}$$

$$I_{\infty}^2 t_j=2.22^2\times 1.7=8.4$$

③ 工作电流为

$$I_g=2I_e=2\times 92=184\text{A}$$

将上述计算数据归纳如下：

工作电压　　$U_g=10\text{kV}$

工作电流　　$I_g=184\text{A}$

短路电流　　$I_z=2.22\text{kA}$

短路容量　　$S''=40.3\text{MV}\cdot\text{A}$

短路冲击电流　　$i_{ch}=5.67\text{kA}$

热稳定校验　　$I_{\infty}^2 t_j=8.4$

因此，选定的断路器为 SN10-10/630-16 型，其具体参数见表 5-2。由表 5-2 所列参数可见，所选断路器满足要求。有条件时（因

价贵），可选用630A真空断路器。

（3）部分10kV高压断路器的技术数据

10kV高压油断路器的技术数据见表5-2和表5-3。

10kV高压真空断路器的技术数据见表5-4。

10kV六氟化硫断路器的技术数据见表5-5。

■ **表5-2 SN10-10系列高压少油断路器技术数据**

型号	SN10-10Ⅰ		SN10-10Ⅱ	SN10-10Ⅲ	
	SN10-10/630-16	SN10-10/1000-16	SN10-10/1000-31.5	SN10-10/1250-43.3	SN10-10/2000-43.3
额定电压/kV	10	10	10	10	10
额定电流/A	630	1000	1000	1250	2000
额定断流容量/MV·A	300	300	500	750	750
额定开断电流/kA	16	16	31.5	43.3	43.3
最大关合电流，峰值/kA	40	40	80	125	125
极限通过电流，峰值/kA	40	40	80	130	130
热稳定电流/2s	16	16	31.5	43.3	
/4s					43.3
合闸时间/s	≤0.2	≤0.2	≤0.2	≤0.2	≤0.2
固有分闸时间/s	≤0.06	≤0.06	≤0.06	≤0.06	≤0.06
机械寿命/次	2000	2000	2000	1050	1050
断路器净重(无油)/kg	100	100	120	135	170
三相油重/kg	6	6	8	9	13
配用操动机构型号	CD10Ⅰ CT7、CT8	CD10Ⅰ CT7、CT8	CD10Ⅱ CT7、CT8	CD10Ⅲ	CD10Ⅲ

■ **表5-3 DW10-10Ⅱ、DW15-10（Z）型柱上油断路器技术数据**

型号	额定电压/kV	最高工作电压/kV	额定电流/A	额定短路开断电流/kA	极限通过电流（峰值）/kA	脱扣器整定电流为额定电流倍数	质量/kg 断路器本体（无油）	质量/kg 油
DW10-10Ⅱ	10	11.5	50 100 200 400	3.15 (2.9)	8(7.4)	1.2,1.6,2.0 (0.8～2.0)	96	35
DW15-10(Z)	10	11.5	50 100 200 400	6.3[4]	16	0.8,10,1.6,2.0	120	50

注：1. 圆括号中的数值为铜川开关厂的参数。

2. 方括号中的数值为DW15-10Z的参数。

■ **表 5-4　ZN4-10 系列真空断路器技术数据**

型号	额定电压/kV	最高工作电压/kV	额定电流/A	额定短路开断电流/kA	动稳定电流(峰值)/kA	4s 热稳定电流(有效值)/kA	额定短路关合电流(峰值)/kA	固有分闸时间不大于/s	合闸时间不大于/s	机械寿命/次
ZN4-10/1000-16	10	11.5	1000	16	40	16	40	0.05	0.2	10000
ZN4-10/1250-20			1250	20	50	20	50			
ZN4-10C ZN4-10CG			600 1000	17.3	44	17.3	44			

型号	额定短路电流开断次数/次	额定电流开断次数/次	额定操作顺序	操动机构直流额定值				质量(带操动机构)/kg
				合闸电压/V	合闸电流/A	分闸电压/V	分闸电流/A	
ZN4-10/1000-16 ZN4-10/1600-20	30	10000	分—0.5s—合分—180s—合分	110	98	110	5	120
			分—0.3s—合分—180s—合分	220	50	220	2.5	

■ **表 5-5　户外高压六氟化硫断路器技术数据**

序号	名称		单位	标准值			
1	额定电压		kV	10(11)			
2	最高工作电压		kV	11.5(12)			
3	额定绝缘水平(当断路器所充 SF_6 气体为0.25MPa、20℃时)	雷电冲击耐压全波	kV	75			
		工频耐压 1min		42			
		淋雨耐压试验		34			
		反相冲击耐压		85			
4	零表压下的绝缘水平(当断路器所充 SF_6 气体为0.25MPa、20℃时)	最高相电压 5min	kV	11.5			
5	额定电流		A	400,630			
6	额定短路开断电流		kA	6.3	8	12.5	16
7	零表压下开断电流		kA	400,630			
8	额定短路开断电流下的开断次数		次	30			
9	额定操作顺序	Ⅰ型		分—180s—合分—180s—合分			
		Ⅱ型		分—0.5s—合分—180s—合分			
10	额定关合电流(峰值)		kA	16	20	31.5	40
11	额定动稳定电流(峰值)		kA	16	20	31.5	40
12	额定热稳定电流		kA	6.3	8	12.5	16
13	额定热稳定时间		s	4			
14	刚合速度		m/s	2.6±0.2			
15	刚分速度		m/s	2.6±0.2			
16	固有合闸时间		s	≤0.06			
17	固有分闸时间		s	≤0.04			
18	额定工作压力		MPa	0.35(20℃)			
19	最低工作压力		MPa	0.25(20℃)			
20	气漏气率			小于1%			
21	机械寿命		次	10000			
22	质量		kg	132			

(4) ZN4-10 系列真空断路器控制线路（见图 5-2）

5.1.2　高压隔离开关和负荷开关的选用

(1) 高压隔离开关的选择

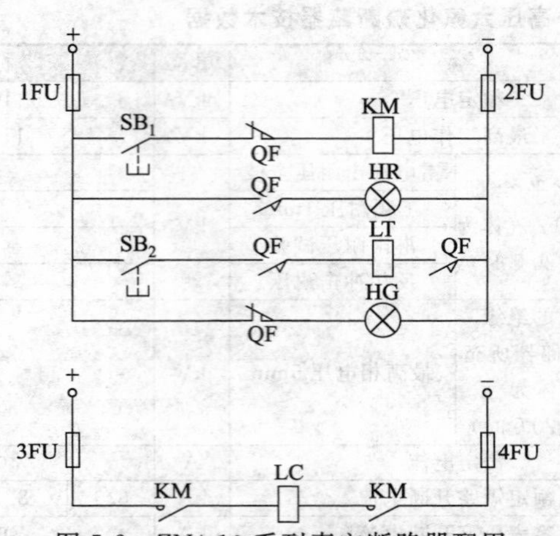

图 5-2 ZN4-10 系列真空断路器配用直流电磁操动机构控制线路

KM—合闸接触器；QF—辅助开关；LT—分闸线圈；LC—合闸线圈；SB_1—合闸按钮；SB_2—分闸按钮；HR—红色信号灯；HG—绿色信号灯；FU—熔断器

高压隔离开关应根据安装地点（户内或户外）、电源的额定电压和负荷的大小等来选择，并进行动稳定和热稳定校验。也就是说，除不考虑额定断路电流和断流容量外，其余与高压断路器的选择相同。

① 按额定电压选择，即

$$U_e \geqslant U_g$$

式中 U_e——隔离开关的额定电压，kV；

U_g——隔离开关的工作电压，即电网额定电压，kV。

② 按额定电流选择，即

$$I_e \geqslant I_g$$

式中 I_e——隔离开关的额定电流，A；

I_g——隔离开关的（最大）工作电流，A。

③ 按短路电流的动稳定校验，即

$$i_{gf} \geqslant i_{ch}$$

式中 i_{gf}——隔离开关极限通过电流峰值，kA；

i_{ch}——短路冲击电流，kA。

④ 按短路电流的热稳定校验

$$I_t^2 t \geqslant I_\infty^2 t_j$$

式中 I_t——隔离开关在 ts 内的热稳定电流，kA；

I_∞——隔离开关可能通过的最大稳态短路电流，kA；

t_j——短路电流作用的假想时间，s；

t——热稳定电流允许的作用时间，s。

【例 5-2】 试选择例 5-1 中的变电所 10kV 侧隔离开关。

解 例 5-1 中的计算数据如下：

工作电压 $U_g = 10\text{kV}$

工作电流 $I_g = 184\text{A}$

短路冲击电流 $i_{ch} = 5.67\text{kA}$

热稳定校验 $I_\infty^2 t_j = 2.22^2 \times 1.7 = 8.4$

式中，t_j 取高压断路器开路的假想时间 1.7s。因为断路器跳闸后，隔离开关也就不再通过短路电流了。

查高压隔离开关的技术数据，可选用 GN2-10/400 型隔离开关。其技术参数如下：

额定电压 $U_e = 10\text{kV}$

额定电流 $I_e = 400\text{A}$

动稳定电流（极限通过电流）峰值 $i_{gf} = 45\text{kA}$

热稳定校验 $I_t^2 t = 16.9^2 \times 3.5 = 1000$（若 1.7s 值将更大），因此，所选隔离开关满足要求。

(2) 常用高压隔离开关的技术数据

GN19 系列户内高压隔离开关的技术数据见表 5-6。

GW4-10 型户外高压隔离开关的技术数据见表 5-7。

■ **表 5-6 GN19 系列户内高压隔离开关技术数据**

型号	额定电压/kV	最高工作电压/kV	额定电流/A	动稳定电流(峰值)/kA	2s 热稳定电流/kA	质量/kg
GN19-10	10	11.5	400	31.5	12.5	31.9
			630	50	20	33.2
			1000	80	31.5	49.5
			1250	100	40	52.2

续表

型号	额定电压/kV	最高工作电压/kV	额定电流/A	动稳定电流(峰值)/kA	2s 热稳定电流/kA	质量/kg
GN19-10C_1 GN19-10C_2	10	11.5	400 630 1000 1250	31.5 50 80 100	12.5 20 31.5 40	39.8 41.8 57.4 73.7
GN19-10C_3	10	11.5	400 630 1000 1250	31.5 50 80 100	12.5 20 31.5 40	47.7 50.4 65.3 95.2
GN19-10XT GN19-10XQ	10	11.5	400 630 1000 1250	31.5 50 80 100	12.5 20 31.5 40	32.5 33.5 50.0 52.5
GN19-35	35	40.5	630 1250	50 80	20 31.5	116 130
GN19-35XT GN19-35XQ	35	40.5	630 1250	50 80	20 31.5	

注：热稳定电流持续时间，上海电瓷厂、天水长城开关厂、重庆高压开关厂为4s。

■ **表 5-7　GW4-10 型户外隔离开关技术数据**

型号	额定电压/kV	额定电流/A	2s 热稳定电流/kA	配用机构	外形尺寸/mm			质量/kg
					长	宽	高	
GW4-10	10	400	12.5	GS11 手力操动机构	520	160	360	20
		600	16					
		630	16					
		1250	25					
GW4-10W		400	12.5					
GW4-15	15	200	6.3	GS11-1 手力操动机构	700	230	650	100
		400	12.5					
GW4-20	20	200	6.3	GS8-6DF GS11 或 GS11-1 手力操动机构	845	430	595	140
		400	12.5					
		630	20					
GW4-20D		200	6.3					
		400	12.5					
		630	20					

(3) 高压负荷开关的选择

负荷开关是用来切断和闭合正常负荷电流，并能承载异常（如短路）电流的开关设备，但它不能切断短路电流，所以大多数情况下要和高压熔断器配合使用，后者用于切断短路电流。负荷开关一般用于 6～10kV 且不常操作的电路上。

负荷开关应按装置种类、构造形式（如户内、户外、是否带熔断器）、额定电压和额定电流来选择，然后作短路动稳定和热稳定校验。如果与熔断器配合使用，可不校验热稳定性。但选用熔断器时，要求其最大开断容量不小于短路电流计算中的超瞬变短路电流容量 S''。配手动操作机构的负荷开关，仅限于 10kV 及以下的系统，其关合电流峰值不大于 8kA。

(4) 高压负荷开关的技术数据

常用高压负荷开关的技术数据见表 5-8。

5.1.3 高压熔断器和避雷器的选用

(1) 高压熔断器的选用

高压熔断器是用来切断过负荷和短路电流，并能承载正常及规定范围内的冲击负荷电流的保护设备，较广泛地用于高压输电线路、变压器和电流互感器等设备过载及短路保护。

高压熔断器应按装置种类、构造形式（如户内、户外、固定型或自动跌落式、有限流作用或无限流作用）、额定电压、额定电流、额定断路电流或断流容量等条件来选择，并满足熔断器的特性-动作选择性。

① 按额定电压选择，且

$$U_e \geqslant U_g$$

式中 U_e——熔断器的额定电压，kV；

U_g——熔断器的工作电压，即线路额定电压，kV。

充满石英砂且有限流作用的熔断器，应按 $U_e=U$（U 为电网电压）来选择。如 10kV 的这种熔断器不可以用在 6kV 的电网，更不能用于高于其额定电压的电路内。

■ **表 5-8 常用高压负荷开关技术数据**

型号	额定电压/kV	额定电流/A	最大允许开断电流/A	极限通过电流值/kA		热稳定电流/kA	质量/kg	操动机构型号
				峰值	有效值			
FN2-6	6	400	2500	25		8.5(5s)	44	CS4
FN2-10	10		1200	25				CS4-T
FN3-10 FN3-10R	10	400	1450	25	14.5	8.5(5s)	50	CS3、CS4、CS2、CS4-T
FN4-10	10	600	3000			3(4s)	75	
FN5-10	10	125	400、630	31.5、50		12.5、20(2s)		
FN5-10(R、D)	10	100	630					CS6-1、CS□
FN□-10(压气式)	10	400、630	400、630	40、50		16、20(4s)		
FN□-10R	10	125	630					弹簧机构
FN16-10	10	200	630	50		20(3s)		CS6-1、CS□
FW2-10G	10	100、200、400	1500	14		7.9(4s)	124	绝缘钩棒及绳索
FW4-10G	10	200、400	800	15		5.8(4s)	114	绝缘钩棒及绳索
FW5-10	10	200	1500	10		4(4s)	75	绝缘钩棒及绳索
FW5-10(RD)	10	100	4000					CS6-1 或 CS□
FW7-10	10	20		4		1.6(4s)		
FW11-10(SF_6)	10	400	630	31.5		12.5(1s) 6.3(4s)		手动弹簧机构
FKRNA-12D/125	12	100	50000	50		20(2s)		
FW□-55/27.5 FW□-27.5 (铁路用)(真空)	55/27.5、27.5	1250	1250	31.5		12.5		

② 按额定电流选择，且

$$I_e \geqslant I_{er} \geqslant I_g$$

式中　I_e，I_{er}——熔断器和熔体的额定电流，A。

在投入空载变压器、静止电容器时，还要避免正常的冲击电流引起熔断器的误动作。

当电路中有电动机时，应考虑熔体应能承受启动电流，即

$$I_{er} \geqslant \frac{I_{max}}{\alpha}$$

式中　I_{max}——电路中出现启动电流时的最大负荷电流，A；

α——系数，对正常情况下启动的异步电动机的电路，α可取2.5，对频繁启动的异步电动机，α可取1.6～2.0。

③ 按额定断路电流或断流容量选择：

$$I_{dn} \geqslant I''（或 I_{0.2}），S_{dn} \geqslant S''（或 S_{0.2}）$$

式中　I_{dn}，S_{dn}——熔断器在额定电压下的断路电流和断流容量（可由产品目录查得），kA、MV·A；

I''或（$I_{0.2}$）——安装地点发生三相短路时的次暂态短路电流（或0.2s短路电流），kA；

S''（或$S_{0.2}$）——三相短路容量，MV·A。

当熔断器铭牌上注有最初半周期内短路全电流的最大有效值时（进口的熔断器有这种可能）

$$I_{dn} \geqslant I_{ch} 或 S_{dn} \geqslant S_{ch}$$

（2）保护变压器的熔断器选择

选择保护变压器熔断器的熔体应满足以下两个要求。

① 当变压器低压侧短路时，必须先使低压侧的保护先动作。根据实践，一般要求高压熔断器容体的熔断时间不能小于0.4s才行。常用的RN1型高压熔断器对应于熔断时间为0.4s时的过电流倍数约等于10（由熔断器特性曲线查得），因此熔体的额定电流为

$$I_{er} = \frac{1}{10} I''$$

式中　I''——变压器低压侧三相短路时折算到高压侧的超瞬变短路

电流，A。

② 在变压器满负荷运行时，熔体不应长期处于严重的过载状态。为此，应满足下式要求：

$$I_{er} \geqslant (1.4 \sim 2) I_{eb}$$

式中 I_{eb}——变压器一次侧的额定电流，A。

一般来说，根据第一个条件选出的熔体，都能满足第二个条件的要求。

最后，还要对所选熔断器做断路容量校验。

【例 5-3】 一台 S9 型额定容量为 1000kV·A、额定电压为 10kV 的变压器，已知高压侧系统三相短路容量 S'' 为 60MV·A，低压侧三相短路时折算到高压侧的超瞬变短路电流 I'' 为 1800A，试选择高压熔断器。

解 熔断器熔体的额定电流应满足

$$I_{er} = \frac{1}{10} I'' = \frac{1800}{10} = 180\text{A}$$

变压器额定电流为

$$I_{eb} = \frac{S_e}{\sqrt{3} U_e} = \frac{1000}{\sqrt{3} \times 10} = 57.7\text{A}$$

$$I_{er} \geqslant (1.4 \sim 2) I_{eb} = (1.4 \sim 2) \times 57.7 = 80.8 \sim 115.4\text{A}$$

因此，取 $I_{er} = 180\text{A}$ 能满足要求。

查表 5-10，选用 RN1-10-200 型熔断器，其技术数据如下：

额定电压 10kV；

额定电流 200A；

最大断流容量 200MV·A（大于高压侧系统三相短路容量 $S'' = 60\text{MV}\cdot\text{A}$）。

所以符合要求。

保护变压器的 RN1 型和 RW4 型高压熔断器的选择见表 5-9。

变压器低压熔体可按变压器二次额定电流或过负荷 20%选用。

(3) 保护电压互感器的熔断器选择

保护电压互感器的熔断器只需按工作电压和断流容量进行选

择，并应满足当通过熔体电流为 0.6～1.8A 范围时，其熔断时间不超过 1min。

（4）常用高压熔断器的技术数据

常用的户内高压熔断器和户外跌落式高压熔断器的技术数据见表 5-10。

■ **表 5-9　变压器配用的高压熔断器选择**

变压器容量/kV·A		100	125	160	200	250	315	400	500	630	800	1000
高压侧额定电流/A	6kV	9.6	12	15.4	19.2	24	30.2	38.4	48	60.5	76.8	96
	10kV	5.8	7.2	9.3	11.6	14.4	18.2	23	29	36.5	46.2	58
RN1 型熔断器/A	6kV	20/20		75/30		75/40	75/40	75/75		100/100	200/150	
	10kV	20/15			20/20	50/30		50/40	50/50	100/75		100/100
RN4 型熔断器/A	6kV	50/20		50/30	50/40		50/50	100/75		100/100	200/150	
	10kV	50/15		50/20		50/30	50/40		50/50	100/75		100/100

注：表中数据分子为熔断器额定电流，分母为熔体额定电流。

■ **表 5-10　常用高压熔断器的技术数据**

名称	型号	额定电压/kV	额定电流/A	最大断流容量，三相/MV·A	配用的熔体额定电流/A
户内高压熔断器	RN1-3	3	20 100 200 400	20	2、3、5、7、7.5、10、15、20 30、40、50、75、100 150、200 300、400
	RN1-6	6	20 75 200 300	200	2、3、5、7.5、10、15、20 30、40、50、75 100、150、200 300
	RN1-10	10	20 50 100 200	200	2、3、5、7、7.5、10、15、20 30、40、50 75、100 150、200
	RN1-35	35	7.5 40	200	2、3、5、7.5 10、20、30、40

续表

名称	型号	额定电压/kV	额定电流/A	最大断流容量,三相/MV·A	配用的熔体额定电流/A
户内高压熔断器	RN2-10	3 6 10	0.5	500 1000	0.5(TV用)
	RN2-35	35	10 20 40	1000	10 20 40
	RN3-3	3	50 75 200	200	2、3、5、7.5、10、15、20、30、40、50 75 100、150、200
	RN3-6	6	50 75 200	200	2、3、5、7.5、10、15、20、30、40、50 75 100、150、200
	RN3-10	10	50 75 150	200	2、3、5、7.5、10、15、20、30、40、50 75 100、150
	RN3-35	35	75	200	2、3、5、7.5、10、15、20、30、40、50、75
户外跌落式高压熔断器	RW3-10	10	100	75	7.5、10、15、20、30 40、50、75、100
	RW4-10	10	100	200	
	RW5-35	35	100	400	15、20、30、40、50 75、100

(5) 高、低压避雷器的选用

1) 避雷器的种类　避雷器的种类很多，常用的有管型避雷器、阀型避雷器、氧化锌避雷器、磁吹阀避雷器和压敏电阻等。

阀型避雷器有以下两类。

FS型为配电型避雷器，主要用于10kV及以下的变压器、柱上油断路器、隔离开关、电缆头和电容器等电气设备的保护。

FZ型为电站型避雷器，用于发电厂或变电站。3～60kV的用于中性点不接地系统，110kV和154kV的分为用于中性点接地、不接地系统两种类型，220kV的FZ型避雷器仅用于中性点接地系统。

氧化锌避雷器有交流无间隙和交流有间隙两类，各有多种类型。其中：

Y5W 型氧化锌避雷器用于输变电设备、变压器、电缆、开关、互感器等的防雷保护，以及限制真空断路器操作过电压用；

Y3W 型氧化锌避雷器用于保护相应额定电压的旋转电机等弱绝缘的电气设备；

Y5C 型串联间隙的氧化锌避雷器用于中性点不接地系统，保护相应额定电压的电气设备；

Y0.5W 型和 Y0.1W 型氧化锌避雷器为三相组合式，同时保护相间和相对地。

管型避雷器可承受较大的雷电流；它利用其产气材料在电弧高温下产生大量气体以吹熄电弧；它的绝缘强度恢复快，可迅速实现无续流开断等。适用于变压器、开关、电缆、套管、电容器等电气设备的防雷保护。

2）阀型避雷器的选用

① 按额定电压选择，且

$$U_e = U_g$$

式中 U_e——避雷器额定电压，kV；

U_g——避雷器工作电压，即系统额定电压，kV。

② 校验最大允许电压。核对避雷器安装地点可能出现的导线对地最大电压 U_{max} 是否不超过避雷器的最大工作电压 U_{ez}，即

$$U_{ez} \geqslant U_{max}$$

安装地点导线对地最大电压与系统中性点是否接地及系统参数有关。

a. 中性点不接地系统（单相接地时，非故障的两相电压升高）

$$U_{max} = 1.1U_1$$

式中 U_1——系统线电压。

即要求 $$U_{ez} \geqslant 1.1U_1$$

b. 中性点直接接地系统

$$U_{ez} \geqslant 0.8U_1$$

所以没有问题。

c. 中性点经消弧线圈或高阻抗接地系统：这种系统中，中性

点电压位移随补偿度或接地阻抗的大小而异，一般取 $U_{max}=U_1$，$U_{ez}\geqslant U_1$，所以也没有问题。

③ 校验工频放电电压。

a. 在中性点直接接地系统中

$$U_{fd}>\sqrt{3}U_1$$

式中　U_{fd}——避雷器工频放电电压。

b. 在中性点绝缘或中性点经阻抗接地的系统中

$$U_{fd}>2U_1$$

c.
$$U_{fd}>1.8U_{ez}$$

3）阀型避雷器的技术数据　FS 型阀型避雷器技术数据见表 5-11；低压阀型避雷器技术数据见表 5-12；FZ 型阀型避雷器技术数据见表 5-13；FCD 型磁吹阀型避雷器技术数据见表 5-14。

■ **表 5-11　FS 型阀型避雷器技术数据**

型号	额定电压（有效值）/kV	最大工作电压（有效值）/kV	灭弧电压（有效值）/kV	工频放电电压（有效值）/kV		冲击放电电压峰值（预放电时间为 1.5～20μs）不大于/kV	10/20μs 的冲击电流下残压峰值不大于/kV		泄漏电流	
				不小于	不大于		3kA	5kA	试验直流电压/kV	μA
FS-3	3	3.5	3.8	9	11	21	16	17	3(4)	
FS-6	6	6.9	7.6	16	19	35	28	30	6(7)	≤10
FS-10	10	11.5	12.7	26	31	50	47	50	10	

注：1. 括弧内数字为西安高压电瓷厂数据。

2. FS 系列 3～10kV 避雷器按设计改型顺序号有 FS1、FS2、FS3、FS4、FS5 型。

■ **表 5-12　低压阀型避雷器技术数据**

型号	额定电压（有效值）/kV	灭弧电压（有效值）/kV	工频放电电压（有效值）/kV		冲击放电电压峰值不大于（预放电时间 1.5～10μs）/kV	10/20μs 冲击电流 3kA 下残压（峰值）不大于/kV	整流电压/kV	泄漏电流/μA	质量/kg
			不小于	不大于					
FS-0.22	0.22	0.25	0.6	1.0	2.0	1.3	0.30	0～10	0.31
FS-0.38	0.38	0.50	1.1	1.6	2.7	2.6	0.60	0～10	1.3
FS-0.5 FS2-0.5	0.5	0.5	1.15	1.65	2.6	2.5	(0.5)	(≤5)	0.356

■ **表 5-13　FZ 型阀型避雷器技术数据**

型号	额定电压/kV	最大工作电压/kV	灭弧电压（有效值）/kV	工频放电电压（有效值）/kV		预放电时间 1.5～2μs 时冲击放电电压（峰值）不大于/kV	10/20μs 冲击电流下残压（峰值）不大于/kV		电导电流/μA	
				不小于	不大于		5kA	10kA	直流试验电压/kV	μA
FZ-3	3	3.5	3.8	9	11	20	14.5	16	4	400～600 450～650
FZ-6	6	6.9	7.6	16	19	30	27	30	6	400～600
FZ-10	10	11.5	12.7	26	31	45	45	50	10	417±10%
FZ-15	15	17.5	20.5	42	52	78	67	74	16	
FZ-20	20	23	25	49	60.5	85	80	88	20	
FZ-35	35	40.5	41	84	104	134	134	148		

■ **表 5-14　FCD 型磁吹阀型避雷器技术数据**

型号	额定电压（有效值）/kV	最大工作电压（有效值）/kV	灭弧电压（有效值）/kV	工频放电电压（有效值）/kV		预放电时间 1.5～2μs 时冲击放电电压（峰值）不大于/kV	10/20μs 冲击电流下残压（峰值）不大于/kV		电导电流/μA
				不小于	不大于		3kA	5kA	
FCD FCD3 -3	3	3.5	3.8	7.5	9.5	9.5	9.5	10	50～100 10
FCD FCD3 -6	6	6.9	7.6	15	18	19	19	20	50～100 10
FCD FCD3 -10	10	11.5	12.7	25	30	31	31	33	50～100 10
FCD FCD3 -13.2	13.2	15.2	16.7	33	39	40	40	43	50～100 10
FCD FCD3 -15	15	15	19	37	44	45	45		50～100 10

4）氧化锌避雷器的选用

① 氧化锌避雷器的持续运行电压 U_c 应大于系统在不同运行方式下可能出现的最高电压。

② 氧化锌避雷器的残压应与被保护设备的绝缘水平相配合。

③ 按标称放电电流选择。原水电部制定的氧化锌避雷器使用导则中规定：3～220kV 电压等级的系统，标称放电电流用 5kA；330kV 系统选用 10kA；500kV 系统变电所有两组及以上避雷器时，每组选用 10kA，如只有一组则选用 20kA。

具体选择见第 15 章 15.7.6 项。

5.2 低压电器的选用

5.2.1 低压断路器的选用

断路器又称自动空气开关，在电气线路中一般作总电源保护开关或分支线路、电动机等保护开关用。当负荷线路发生过载、短路及欠电压等故障时，它能自动切断电源，从而有效地保护线路及电气设备免受损坏或防止事故扩大。

常用的低压断路器，从结构类型分为框架式断路器（万能式）、塑料外壳式断路器（装置式）和模数化断路器等，从分断极数分为单极、二极、三极和四极。

5.2.1.1 低压断路器的类型及适用场合（见表 5-15）

5.2.1.2 低压断路器的选择

低压断路器的主要参数按以下要求确定。

① 额定电流的确定　断路器的额定电流可按下式确定：

$$I_e = KP_e$$

■ **表 5-15 低压断路器的类型及适用场合**

类型	产品系列	适用场合
万能式	DW5系列	有配电用和保护电动机用两种，分别作配电线路电源设备和电动机的过载、短路和欠电压保护。在正常条件下，也可分别用于电路的不频繁转换和电动机的不频繁启动
万能式	DW10系列	用于低压交直流配电线路中，作过载、短路及欠电压保护。在正常条件下，也可用于不频繁转换电路
万能式	DW15系列	用于交流电压至1140V、电流至1500A的电路作配电和电动机保护。有配电用断路器和保护电动机用断路器两种。分别用作配电线路电源设备和电动机的过载、短路及欠电压保护，在正常条件下，也可分别用于电路不频繁转换和电动机不频繁启动
万能式	新系列	用作主变压器和电路配电开关，额定电流可达5000A，具有选择性保护
塑料外壳式	DZ5系列 DZ(B)5型（单极）	主要用于开关板控制线路及照明线路的过载和短路保护
塑料外壳式	DZ5系列 DZ5-20型（3极）	用于电动机和其他电气设备的过载及短路保护，也可用于小功率电动机不频繁的启停操作和线路转换
塑料外壳式	DZ5系列 DZ5-50型（3极）	与DZ5-20相同，但容量比D25-20大一级，可用于交流500V及以下电路中
塑料外壳式	DZ10系列	在低压交直流线路中，用于不频繁接通和分断电路；该断路器具有过载和短路保护装置，用以保护电气设备、电动机和电缆不因过载或短路而损坏
塑料外壳式	DZ6、DZ12、DZ13型	主要用于照明线路，作线路过载和短路保护，以及用于不频繁分断和接通的线路
塑料外壳式	DZ15系列	作为配电、电动机、照明线路的过载和短路保护及晶闸管交流侧的短路保护，也可用于线路不频繁转换及电动机不频繁启动
塑料外壳式	S060系列	该系列为小型断路器，适用于交流50Hz、60Hz，电压415V及以下的线路，用于照明线路、电动机过载和短路保护
限流式	DWX15系列 框架式	具有快速断开和限制短路电流上升的特点，适用于可能发生特大短路的低压网络，供配电和保护电动机之用，在正常条件下，也可用于线路不频繁转换和电动机不频繁启动
限流式	DZX10系列 塑料外壳式	在集中配电、变压器并联运行或采用环形供电时，在要求高分断能力的分支线路中，作为线路和电源设备的过载、短路和欠电压保护；在正常条件下，也可用于线路的不频繁转换

续表

类型	产品系列	适用场合	
直流快速	DS7～DS9 系列	单向动作	用于大容量直流机组、硅整流供电装置和晶闸管整流装置等直流供电线路，作过载、短路和逆流保护
	DS10 系列	单双向均可动作	
	DS11、DS12 系列	双向动作	
剩余电流	DZ15L 型	适用于电源中性点接地的电路，作剩余电流保护，也可作线路和电动机的过载及短路保护，还可用于线路不频繁转换和电动机不频繁启动	
	DZ5-20L 型	与 DZ15L 相同，但容量比 DZ15L 小一级，额定电流仅 20A，且无四极触点	

式中　I_e——断路器额定电流，A；

K——估算系数，可取 8～10；

P_e——所保护的用电设备的额定功率，kW。

② 分断能力的确定　断路器的分断能力必须大于断路器出线端发生短路故障时的最大短路电流。若不能满足，将会引起断路器炸毁。当分断能力不够时，可采取以下措施。

a. 在断路器前面装设熔断器，作为后备保护。

b. 利用上一级断路器（一般上一级比下一级的容量大）的分断能力，将上一级断路器的短路脱扣电流动作值整定在下一级断路器分断能力的 80％以下。不过采取此办法后上、下级断路器的分断将无选择性，当下一级断路器负荷侧发生短路时（其值可能大于上一级断路器的整定电流），上一级断路器有可能先跳闸，而影响其他支路的供电。

③ 过电流脱扣器延时时间的确定　断路器长延时过电流脱扣器的延时时间，应大于回路中尖峰电流的持续时间。当断路器所保护的回路中存在电动机、风机、水泵等设备时，这些设备的启动电流比其额定电流大数倍。若断路器长延时过电流脱扣器的延时时间小于尖峰电流持续的时间，当线路中出现尖峰电流时，断路器便会跳闸而影响正常供电。因此，当负荷为电动机、风机、水泵等时，断路器的长延时过电流脱扣器的延时时间，在 6 倍负荷额定电流下应大于电动机等的实际启动时间。小容量电动机的实际启动时间约

在 10s 以内，大容量电动机为 30～60s。

④ 热脱扣整定电流的确定　当负荷为高压汞灯之类的照明设备时，若照明设备成组投入，启动电流很大，启动时间也较长，有可能引起断路器热脱扣器误动作。为此，断路器的热脱扣的整定电流应大于成组照明设备的启动电流。

⑤ 长延时电流整定值及瞬时整定值的确定

a. 长延时电流整定值不大于线路计算负荷电流。

b. 瞬时电流整定值等于 6 倍的线路计算负荷电流。

⑥ 额定电压的确定　断路器的额定电压应不小于线路额定电压。

【例 5-4】　某供电系统如图 5-3 所示，已知变压器容量 S_e 为 630kV·A，额定电流 I_e 为 910A，阻抗电压 U_d%为 4.5；线路负荷 I_x 为 320A，电动机额定功率 P_{ed} 为 45kW，额定电流 I_{ed} 为 85.4A，启动电流倍数 k 为 6.5；短路电流计算结果标于图上，试选择断路器 Q_1、Q_2 和 Q_3。

解　① 选择断路器 Q_3：按电动机保护用断路器选用。查产品目录，DW5-400A 能满足要求（没有更小的型号）。因电动机额定电流为 85.4A，所以脱扣器额定电流选用 100A。

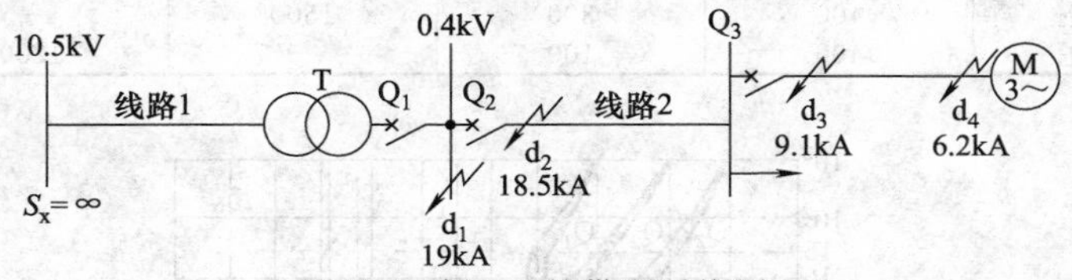

图 5-3　例 5-4 的供电系统图

长延时动作电流整定在 100A，瞬时动作电流整定在 12×85.4＝1025A，取 1200A，此值小于 I_{de}＝6.2kA。

6 倍长延时动作电流整定值的可返回时间取 3s。

② 选择断路器 Q_2：按配电用断路器选用。由于线路负荷电流为 I_{d2}＝320A，短路电流为 I_x＝18.5kA，而开关 Q_2 的延时通断能力应大于 11.2kA，查产品目录，可采用 DW5-400A 断路器，其额定电流为 400A，瞬时通断能力为 20kA，延时通断能力为 10kA。脱扣器额定电流为 300A。

短延时取 0.2s，动作电流整定值为 $1.2\times1200=1440$A，取 1500A。

3 倍长延时动作电流整定值时可返回时间取 8s（结合图 5-4 确定）。

瞬时动作电流可整定在 10kA。

③ 选择断路器 Q_1：由于变压器额定电流为 910A，故选用 DW5-1000A 断路器。查产品目录可知，其延时通断能力为 20kA，瞬时通断能力为 40kA，可满足 $I_{d1}=19$kA 的要求。

瞬时动作电流整定值取 18kA。

短延时取 0.4s，动作电流整定值≥$1.1(I_{ix}+1.35kI_{edm})=1.1\times(910+1.35\times6.5\times85.4)\approx1825$A，取 2000A。

3 倍长延时动作电流整定值时的可返回时间取 15s。

各级断路器的选定汇于表 5-16 中，它们的保护特性配合曲线见图 5-4。

表 5-16　各级断路器的参数

断路器符号	额定电流/A	长延时动作整定电流/A	短延时动作整定电流/A	瞬时动作整定电流/A
Q_1	1000	1000	2000	1800
Q_2	400	300	1500	—
Q_3	400	100	—	1200

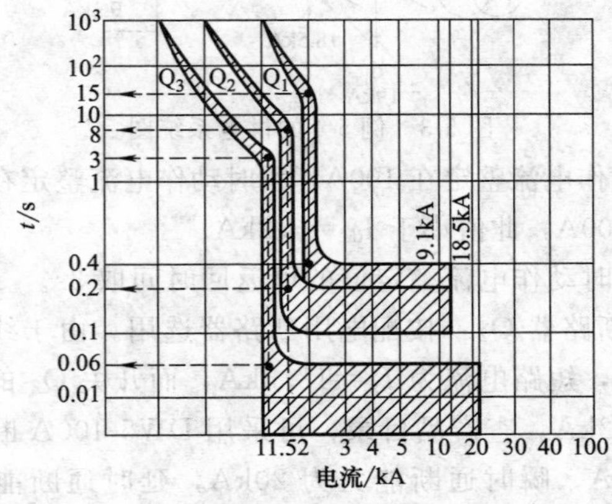

图 5-4　断路器保护特性配合曲线

5.2.1.3 低压断路器的技术数据

(1) DZ15 系列塑料外壳式断路器

① DZ15 系列断路器的技术数据，见表 5-17。

■ **表 5-17 DZ15 系列断路器技术数据**

型号	极数	额定工作电压/V	壳架等级额定电流 I_{em}/A	额定电流 I_e/A	额定短路通断能力/kA	机械寿命/次	电寿命/次
DN15-40	1、2、3、4	单极 220，2、3、4 极 380	40	6、10、16、20、25、32、40	3	10000	5000
DN15-63			63	10、16、20、25、32、40、50、63	5	6000	4000

② 过电流脱扣器保护特性：该系列断路器的长延时脱扣器采用油阻尼液压式脱扣器，具有反时限保护特性，20℃时过电流脱扣器保护特性见表 5-18。

(2) DW15、DW15C 系列万能式断路器。

① DW15、DW15C 系列断路器的技术数据（见表 5-19）

② 过电流脱扣器　过电流脱扣器有热电磁式、电子式、电磁式三种。过电流脱扣器的种类、动作电流整定值和长延时动作特性，见表 5-20 和表 5-21。

■ **表 5-18 过电流脱扣器保护特性**（20℃时）

配电用断路器		保护电动机用断路器	
I/I_e	动作时间	I/I_e	动作时间
1.05	1h 内不脱扣(冷态)	1.05	2h 内不脱扣(冷态)
1.30	1h 内脱扣(热态)	1.20	2h 内脱扣(热态)
10.0	$<$0.2s(冷态)	6.0	可返回时间$\geq$0.1s(冷态)
		12.0	$<$2.0s(冷态)

注：I 为试验电流。

③ 电动操作控制线路

a. DW15-200～630 型断路器电动合闸有电磁铁传动和电动机传动。电磁铁传动由 DK1 型或 DK2 型控制盒控制，如图 5-5 所示。电动机传动控制线路如图 5-6（a）所示。

b. DW15-1000～4000 型断路器电动合闸采用电动机传动，其控制线路如图 5-6（b）所示。

■ 表 5-19 DW15（C）系列断路器技术数据

型号		DW15(C)-200	DW15(C)-400	DW15(C)-630	DW15(C)-1000	DW15(C)-1600	DW15-2500	DW15-4000
额定工作电压/V		380、660、1140			380	380	380	380
壳架等级额定电流 I_{em}/A		200	400	630	1000	1600	2500	4000
额定电流 I_e/A	热-电磁式	100、160、200	315、400	315、400、630	630、800、1000	1600	1600、2000、2500	2500、3000、4000
	电子式	100、200	200、400	315、400、630	630、800、1000	1600	1600、2000、2500	2500、3000、4000
额定短路分断能力 I_c(P-2)/kA	380V	20	25	30	40	40		
	660V	10	15	20	—	—	—	—
	1140V		10	12	—	—	—	—
额定短路分断能力 I_c(P-1)/kA	380V	50①	50①	50①			60	80
额定短路短延时分断能力/kA	380V	5②	8②	12.6②	30③	30③	40③	60③
	660V	5②	8②	10②	—	—	—	—
最小额定短路接通能力(峰值)/kA		40	50	60	84	84	126	168
机械寿命/次		18000	9000	9000	4500	4500	4500	3500
电寿命/次		2000	1000	1000	500	500	500	500
保护电动机用断路器电寿命/次		4000	2000	2000	—	—	—	—
飞弧距离/mm	380、660V	250	250	250	350	350	350	400
	1140V		350	350	—	—	—	—
瞬时全分断时间/ms		30	30	30	40	40	40	40

① 试验程序为 co 时的数据。

② 延时 0.2s。

③ 延时 0.4s。

注：DW15-200～630 型断路器在 I_c（P-1）时的飞弧距离为 300mm。

■ **表 5-20　过电流脱扣器种类及动作电流整定值**

壳架等级额定电流 I_{em}/A	额定电流 I_e/A	用途	选择型过电流脱扣器			非选择型过电流脱扣器				
			电子式			电子式		热-电磁式		电磁式
			长延时	短延时	瞬时	长延时	瞬时	长延时	瞬时	瞬时
200～630	100～630	配电用	$(0.4\sim1)I_n$	$(3\sim10)I_n$	$(10\sim20)I_n$	$(0.4\sim1)I_n$	$(3\sim10)I_n$	$(0.64\sim1)I_n$	$10I_n$ 不可调试	—
		保护电动机用	—	—	—	$(0.4\sim1)I_n$	$(8\sim15)I_n$	$(0.64\sim1)I_n$	$12I_n$ 不可调试	—
1000～1600	630～1600	配电用	$(0.7\sim1)I_n$	$(3\sim10)I_n$	$(10\sim20)I_n$	—	—	$(0.7\sim1)I_n$	$(3\sim6)I_n$	$(1\sim3)I_n$
2500～4000	2000～4000		$(0.7\sim1)I_n$	$(3\sim6)I_n$	$(7\sim14)I_n$	—	—	$(0.7\sim1)I_n$	$(3\sim6)I_n$	$(1\sim3)I_n$

注：短延时及瞬时电流整定值的准确度：电子式为±10%，电磁式为±10%，热-电磁式为±20%。

■ **表 5-21　过电流脱扣器长延时动作特性**

周围空气温度/℃	配电用断路器			保护电动机用断路器			状　态
	$\frac{I}{I_e}$		脱扣时间	$\frac{I}{I_e}$		脱扣时间	
+20 (±5)	X	1.05	2h 内不脱扣	X	1.05	2h 内不脱扣	从冷态开始
	Y	1.25	1h 内脱扣	Y	1.20	1h 内脱扣	从热态开始
	2.0		<10min	1.5		<3min	从热态开始
				2.0		<2min	从热态开始
	3.0		可返回时间>8s	6.0		可返回时间 电子式>8s，热-电磁式>5s	从冷态开始

注：I 为试验电流，I_n 为脱扣器额定电流，X 为约定不脱扣电流，Y 为约定脱扣电流。

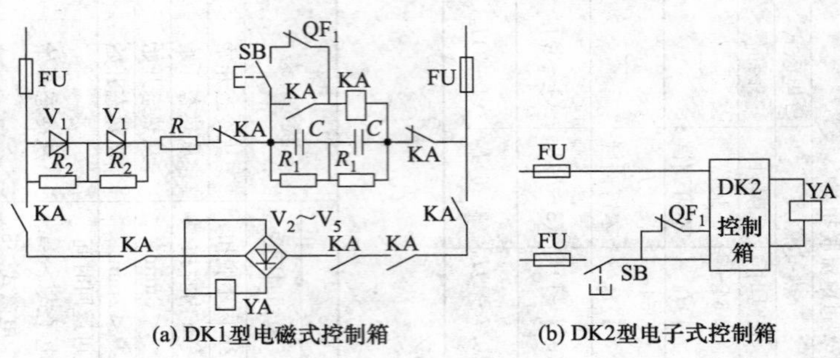

(a) DK1型电磁式控制箱　(b) DK2型电子式控制箱

图 5-5　DW15-200～630 型电磁铁操作线路

YA—合闸电磁铁；KA—中间继电器；C—电容器；R，R_1，R_2—电阻；

V_1～V_5—二极管；QF_1—断路器辅助开关；

FU—熔断器（用户自备）；SB—按钮（用户自备）

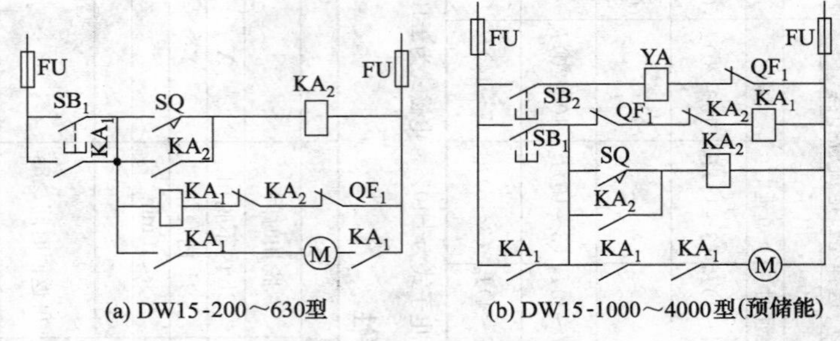

(a) DW15-200～630型　(b) DW15-1000～4000型(预储能)

图 5-6　电动机操作线路

M—串励电动机；KA_1，KA_2—中间继电器；SB_1，SB_2—按钮（用户自备）；

QF_1—断路器辅助触头；SQ—行程开关；

FU—熔断器（用户自备）；YA—释能电磁铁

（3）ME 系列断路器

① ME 系列断路器技术数据，见表 5-22。

② 过电流脱扣器：过电流脱扣器可实现过负载长延时保护、短路短延时及短路瞬时保护，其整定电流见表 5-23。

③ 电动操作控制线路：电动操作有电动机预储能带释能交流和直流操作合闸线路，如图 5-7 和图 5-8 所示。

■ 表 5-22 ME 系列断路器技术数据

型号	额定工作电流/A						分断能力(有效值)		接通能力 660V(峰值)/kA	1s 短时耐受电流/kA	机械寿命/次	电寿命/次	质量/kg
	固定式			抽屉式			交流$^{380}_{600}$V /(kA/cosφ)	直流 T=15ms 440V/kA					
	35℃	45℃	55℃	35℃	45℃	55℃							
ME630	630	630	630	630	630	630	50/0.25	30	105	30	20000	1000	27/58
ME800	800	800	800	800	800	800							28.5/59.5
ME1000	1000	1000	1000	1000	1000	1000				50			29/61
ME1250	1250	1250	1250	1250	1250	1250							31.5/63.5
ME1600	1600	1530	1460	1600	1530	1460							34.5/66.5
ME1605	1900	1810	1720	1900	1720	1620							38.7/71.7
ME2000	2000	2000	2000	2000	2000	2000	80/0.2	40	180	80	10000	500	61/116
ME2500	2500	2500	2400	2500	2400	2300							64/119
ME2505	2900	2900	2900	2900	2900	2770							73/132
ME3200	3200	3200	3200	3200	3200	3200							109/160
ME3205	3900	3900	3900	3900	3900	3750							122/179
ME4000	4000	4000	4000	4000	4000	4000	80/0.2	40	180	100	3000	150	154/216
ME4005	5000	5000	5000	5000	5000	4750							171/240

注：质量栏中分子为无过电流脱扣器质量，分母为抽屉式断路器质量。

■ **表 5-23　过电流脱扣器整定电流**

脱扣器类型	整定电流调节范围/A	3 极											4 极						
		ME 630	ME 800	ME 1000	ME 1250	ME 1600	ME 1605	ME 2000	ME 2500	ME 2505	ME 3200	ME 3205	ME 630	ME 800	ME 1000	ME 1250	ME 1600	ME 2000	ME 2500
过负载长延时脱扣器	200～300～400	√	√										√	√	√	√	√		
	350～500～630	√	√	√									√	√	√	√	√		
	500～650～800		√											√					
	500～750～1000			√	√	√		√	√						√	√	√		
	750～1000～1250				√											√			
	900～1200～1600					√													
	900～1400～1900						√										√		
	1000～1500～2000							√	√	√								√	√
	1500～2000～2500								√										√
	1900～2400～2900									√									
短路短延时脱扣器	3～4～5kA	√	√	√	√								√	√	√	√	√		
	5～6.5～8kA	√	√	√	√	√	√	√	√				√	√	√	√	√		
	8～10～12kA						√	√	√	√								√	√
	8～12～16kA										√								
	10～15～20kA											√							
短路瞬时脱扣器	1.5～2～3kA		√										√	√	√				
	2～3～4kA	√	√	√	√								√	√	√	√	√		
	4～6～8kA	√	√	√	√	√	√	√	√				√	√	√	√	√		
	6～9～12kA						√	√	√	√								√	√
	8～12～16kA									√	√	√							
	10～15～20kA											√							

注：“√”表示有此整定电流调节范围。

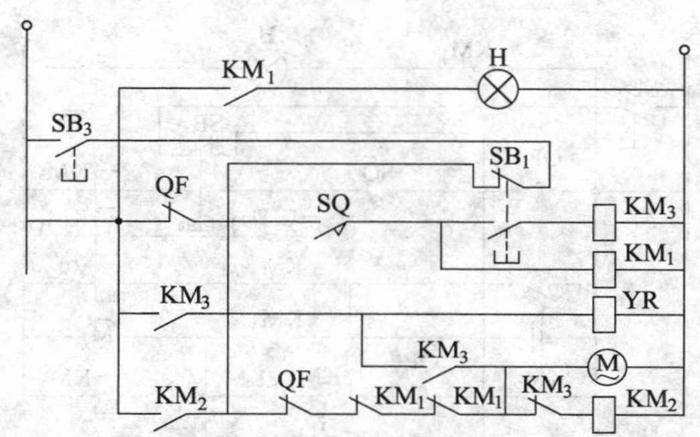

图 5-7　ME 系列断路器电动机预储能带释能交流操作合闸线路

图中，SB_1 为合闸按钮，SB_3 为储能按钮，YR 为释能电磁铁，KM_1 为防二次合闸接触器，KM_2 为储能接触器，KM_3 为合闸接触器，QF 为断路器辅助触点，SQ 为行程开关，H 为储能指示灯。图中未画出的分闸按钮 SB_2 与分励线圈串接。

工作原理：合闸时，先按下储能按钮 SB_3，接触器 KM_2 得电吸合并自锁，其常开触点闭合，电动机 M 启动运转，当运转至终点位置时，行程开关 SQ 闭合，接触器 KM_1 吸合，其常闭触点断开，KM_2 失电释放，电动机停转，储能结束。由于接触器 KM_2 常开触点闭合，储能指示灯 H 亮。再按下合闸按钮 SB_1，接触器 KM_3 得电吸合，其常开触点闭合，释能电磁铁 YR 吸合动作，断路器合闸。在 KM_3 吸合期间，其常闭触点断开，切断 KM_2 线圈回路，其常开触点闭合，电动机得电运转。断路器合闸后，其常闭辅助触点断开，接触器 KM_1 失电释放，同时切断 KM_2 线圈回路。

跳闸时，按下分闸按钮 SB_2，分励线圈（图中未画）得电吸合，断路器跳闸，电路回复到初始状态。

图中，SB_1 为合闸按钮，SB_3 为储能按钮，YR 为释能电磁铁，KM_1 为防二次合闸接触器，KM_2 为储能接触器，KM_3 为合闸接触器，QF 为断路器辅助触点，SQ 为行程开关，H 为储能指示灯，R 为限流电阻，C_1、C_2 为电容。

线路的工作原理与图 5-7 相同，只是控制回路电流为直流而已。

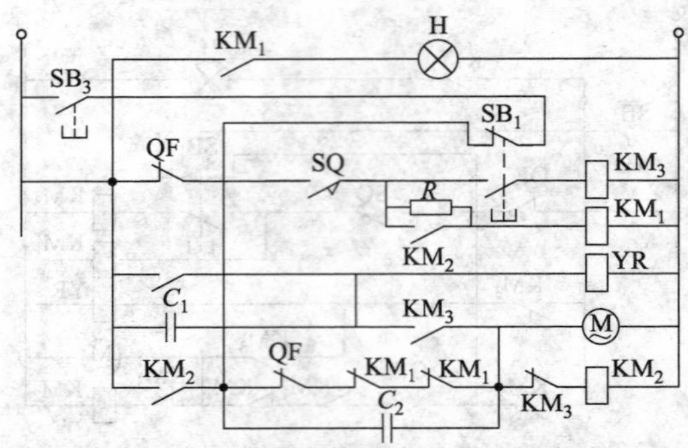

图 5-8　ME 系列断路器电动机预储能带释能直流操作合闸线路

（4）零线断线保护断路器

DZN20 系列零线过压保护断路器，适用于交流额定电压 380V，电流 400A，频率 50Hz 的电路中（包括配电柜、配电箱等），作为由于故障（如中线与火线错接、中线断线等）造成零线断线而引起其他相线过电压的保护之用，并可用来保护线路的过载及短路，亦可作为线路的不频繁转换操作之用。

DZN20、DZNL20 系列技术数据见表 5-24、表 5-25。

■ **表 5-24　DZN20 系列技术数据**

型号	额定电压/V	额定电流/A	额定极限分断电流/kA	中线动作电压/V
DZN20-160	380	50、63、100、125、160	12/0.3	40±2
DZN20-250	380	125、160、180、200、225、250	15/0.3	
DZN20-380	380	200、250、315、350、400	20/0.3	

■ **表 5-25　DZNL20 系列技术数据**

型号	额定电压/V	额定电流/A	额定短路开断电流/kA	额定剩余动作电流/mA	额定剩余不动作电流/mA	中线动作电压/V
DZNL20-160	380	50、63、100、125、160	12/0.3	50	25	40±2
DZNL20-250	380	125、160、180、200、225、250	15/0.3	100	50	
DZNL20-380	380	200、250、315、350、400	20/0.3	300	150	

5.2.2 刀开关和漏电保护器的选用

5.2.2.1 刀开关的选择

刀开关主要用作隔离电源，但不能切断故障电流，只能承受故障电流引起的电动力和热效应。

刀开关的种类很多，有开关板刀开关，如 HD（单投）、HS（双投）；有带熔断器的刀开关，其中分为开启式负荷开关（如 HK 系列），封闭式负荷开关（如 HH 系列），铁壳开关和刀熔开关（如 HR 系列）；有组合开关，如 HZ 系列。

(1) 刀开关的类型及使用场合（见表 5-26）

■ 表 5-26 刀开关和转换开关的类型及使用场合

<table>
<tr><th colspan="2">类型</th><th>系列型号</th><th>使 用 场 合</th></tr>
<tr><td colspan="2">开关板刀开关</td><td>HD(单投)
HS(双投)</td><td>中央手柄式:用作隔离开关
侧面操作手柄式:用于动力箱
中央正面杠杆操作机构式:用于正面操作、后面维修的开关柜中
侧方正面操作机构式:用于正面两侧操作、前面维修的开关柜中</td></tr>
<tr><td rowspan="3">带有熔断器的刀开关</td><td>开启式负荷开关</td><td>HK</td><td>用于低压线路中,作一般电灯、电阻和电热等回路的控制开关用,也可作为分支线路的配电开关用;三极开关适当降低容量,可用于不频繁地控制小容量异步电动机启动与停止</td></tr>
<tr><td>封闭式负荷开关</td><td>HH</td><td>有较大的分闸和合闸速度,常用于操作次数较多的小型异步电动机全压启动及线路末端的短路保护;带有中性接线柱的负荷开关可作为照明回路的控制开关</td></tr>
<tr><td>刀熔开关</td><td>HR</td><td>可供配电系统中作为短路保护及电缆、导线过载保护用,还可用于不频繁地接通和分断不大于其额定电流的电路,但不适用于控制电动机</td></tr>
<tr><td colspan="2">组合开关</td><td>HZ</td><td>HZ5 作电流 60A 以下的机床线路的电源开关,控制线路中的转换开关,以及电动机的启动、停止、变速、换向等
HZ10 作电流 100A 以下的换接电源开关,三相电压的测量,调节电热电路中电阻的串联开关,控制不频繁操作的小容量异步电动机的正反转</td></tr>
</table>

(2) 刀开关的选择

刀开关选择的一般原则如下。

① 开关的额定电压应大于或等于线路的额定电压，即

$$U_e \geqslant U_g$$

式中 U_e——开关的额定电压，V；

U_g——开关的工作电压，即线路额定电压，V。

② 开关的额定电流应大于或等于线路的额定电流，即

$$I_e \geqslant I_g$$

式中 I_e——开关的额定电流，A；

I_g——开关的工作电流，即所控制负载的电流总和，A。

当控制电动机时，应按下式选择：

$$I_e \geqslant 6I_{ed}$$

式中 I_{ed}——电动机额定电流，A。

③ 按电动稳定性和热稳定性校验。开关的电动稳定性电流和热稳定性电流，应大于或等于线路中可能出现的最大短路电流。刀开关的分断能力和电动稳定性电流值及热稳定性电流值分别见表 5-27 和表 5-28。

表 5-27 各系列刀开关分断能力

型号	有无灭弧室	在下列电源电压下断开电流值/A			
		交流 $\cos\varphi=0.7$		直流时间常数 $T=0.01$s	
		380V	500V	220V	440V
HD12、HD13、HD14 HS12、HS13	有	I_e	$0.5I_e$	I_e	$0.5I_e$
HD12、HD13、HD14 HS12、HS13	无	$0.3I_e$	—	$0.2I_e$	—
HD11 HS11	—	用于电路中无电流时开断电路			

注：I_e 为刀开关额定电流（A）。

表 5-28 各系列刀开关电动稳定性及热稳定性电流值

额定电流值/A	电动稳定性电流峰值/kA		1s 热稳定性电流值/kA
	中间手柄式	杠杆操作式	
100	15	20	6
200	20	30	10
400	30	40	20
600	40	50	25
1000	50	60	30
1500	—	80	40

（3）刀开关的技术数据

HD系列和HS系列刀开关主要技术数据见表5-29。

HZ10系列组合开关技术数据见表5-30。

■ **表5-29 HD系列和HS系列刀开关主要技术数据**

<table>
<tr><td colspan="3">额定电流/A</td><td>100</td><td>200</td><td>400</td><td>600</td><td>1000</td><td>1500</td></tr>
<tr><td rowspan="3">通断能力/A</td><td colspan="2">AC380V、$\cos\varphi=0.72\sim0.8$</td><td>100</td><td>200</td><td>400</td><td>600</td><td>1000</td><td>1500</td></tr>
<tr><td rowspan="2">DC
$T=0.01\sim0.011\text{s}$</td><td>220V</td><td>100</td><td>200</td><td>400</td><td>600</td><td>1000</td><td>1500</td></tr>
<tr><td>440V</td><td>50</td><td>100</td><td>200</td><td>300</td><td>500</td><td>750</td></tr>
<tr><td colspan="3">机械寿命/次</td><td>10000</td><td>10000</td><td>10000</td><td>5000</td><td>5000</td><td>5000</td></tr>
<tr><td colspan="3">电寿命/次</td><td>1000</td><td>1000</td><td>1000</td><td>500</td><td>500</td><td>500</td></tr>
<tr><td colspan="3">1s热稳定电流/kA</td><td>6</td><td>10</td><td>20</td><td>25</td><td>30</td><td>40</td></tr>
<tr><td colspan="2" rowspan="2">动稳定电流峰值/kA</td><td>杠杆操作式</td><td>20</td><td>30</td><td>40</td><td>50</td><td>60</td><td>80</td></tr>
<tr><td>手柄式</td><td>15</td><td>20</td><td>30</td><td>40</td><td>50</td><td>—</td></tr>
<tr><td colspan="3">操作力/N</td><td>35</td><td>35</td><td>35</td><td>35</td><td>45</td><td>45</td></tr>
</table>

■ **表5-30 HZ10系列组合开关技术数据**

<table>
<tr><td rowspan="3">型号</td><td rowspan="3">额定电压/V</td><td rowspan="3">额定电流/A</td><td rowspan="3">极数</td><td colspan="2" rowspan="2">极限操作电流/A</td><td colspan="2" rowspan="2">可控制电动机最大容量和额定电流</td><td colspan="4">额定电压及额定电流下的通断次数</td></tr>
<tr><td colspan="2">交流 $\cos\varphi$</td><td colspan="2">直流时间常数/s</td></tr>
<tr><td>接通</td><td>分断</td><td>容量/kW</td><td>额定电流/A</td><td>≥0.8</td><td>≥0.3</td><td>≤0.0025</td><td>≤0.01</td></tr>
<tr><td rowspan="2">HZ10-10</td><td rowspan="5">直流220，交流380</td><td>6</td><td>1</td><td rowspan="2">94</td><td rowspan="2">62</td><td rowspan="2">3</td><td rowspan="2">7</td><td rowspan="4">2000</td><td rowspan="4">1000</td><td rowspan="4">20000</td><td rowspan="4">10000</td></tr>
<tr><td>10</td><td rowspan="4">2,3</td></tr>
<tr><td>HZ10-25</td><td>25</td><td>155</td><td>108</td><td>5.5</td><td>12</td></tr>
<tr><td>HZ10-60</td><td>60</td><td colspan="4" rowspan="2"></td></tr>
<tr><td>HZ10-100</td><td>100</td><td>10000</td><td>5000</td><td>10000</td><td>5000</td></tr>
</table>

5.2.2.2 漏电保护器的选用

漏电开关（漏电保护器）主要用来防止人身触电和防止电气设备或线路因绝缘损坏发生接地故障（漏电）引起的火灾事故。当漏电电流达到或超过给定值时能自动断开电路。

漏电开关的产品很多，如DZL18-20、DZL31、DZL25、DZL29、DZL43、F1N、K、E4EB、C45NLE、C45NL、F360、VigiC45/C63/NC100、DZ10L等。但漏电开关的选用原则基本上是相同的。

(1) 住宅用漏电开关（漏电保护器）的选用

现以天津梅兰日兰有限公司生产的拼装式漏电保护器为例，介绍住宅用漏电保护器的一般选择原则。

1）按额定漏电动作电流 I_{dz} 选择　应根据不同保护目的，选择不同额定漏电动作电流。

① 人身直接或间接接触电击。应选用额定漏电动作电流 $I_{dz}=30mA$ 的 VigiC45/C63 漏电保护附件，拼装 C45N/C45AD 断路器。

② 接地故障火灾。应选用 $I_{dz}=300mA$ 的 VigiNC100 漏电保护附件，拼装 NC100H/NC100LS 断路器。

2）按额定电流 I_e 选择　可根据实际工作要求，选择不同额定电流的 C45N/C45AD/NC100 断路器与 Vigi 漏电附件拼装组成漏电断路器。组合后的漏电断路器的额定电流为 KI_e，K 为 Vigi 与断路器拼装后的修正系数，其值见表 5-31。

例如，$I_e=25A$ C45N/C45AD 拼装 VigiC45 组成漏电断路器后的额定电流为 $KI_e=0.9\times25=22.5A$。

表 5-31　拼装后的修正系数 *K* 值

断路器额定电流 I_e/A	拼装漏电保护附件	K	导线截面积/mm²
1	VigiC45	1	1
3			
6			
10			1.5
16			2.5
20		0.96	2.5
25		0.9	4
32		0.9	6
40		0.85	10
50	VigiC63	0.8	10
63		0.79	16

3）按额定电压 U_e 选择　应根据使用场所的电网电压选用，如 220V 电源，可选用 $U_e=240V$ 的产品；380V 电源，选用 415V 的产品。

在电网电压偏差较大的地方，要考虑采用电磁式产品。因为电磁式漏电保护装置的动作特性不受电网电压的影响。

适合住宅用的漏电保护器产品很多，有代表性的产品见表5-32。

（2）漏电保护器动作电流的选择

不同的供电系统、不同场合，由于环境条件、危险程度等不同，漏电保护器所选择的动作电流也应不同，具体选择如下。

■ **表 5-32 适合住宅用的漏电保护器产品主要技术指标**

型号	名称	原理	极数	额定电压/V	额定电流/A	额定漏电动作电流/mA	漏电动作时间/s	保护功能
VigiC45[①]	漏电保护器	电子式 电磁式	1 2 3 4	240/415	1～40	30 100 300	≤0.1	milti9 系列断路器附件
VigiC63	漏电保护器	电子式 电磁式	1 2 3 4	240/415	1～63	30 100 300	≤0.1	
DZL18-20[②]	漏电自动开关	电流动作型（集成电路）	2		20	10 15 30	≤0.1	漏电或兼有漏电与过载保护两种，选用时注意
YLC-1	移动式漏电保护插座	电流动作型	单相 2 极 3 极		10			漏电保护专用
CBQ-A	触电保安器	电磁式	2	220	16	30	≤0.1	
LDB-1	漏电自动开关	电流动作型	2		5 10	30（漏电不动作电流 15mA）	<0.1	
DZL16[③]	漏电开关	电磁式	2		6 10 16 25	15 30	≤0.1	漏电保护专用

第5章 高低压电器

续表

型号	名称	原理	极数	额定电压/V	额定电流/A	额定漏电动作电流/mA	漏电动作时间/s	保护功能
JC	漏电开关	电磁式	2	220	6 10 16 25	30	≤0.1	漏电保护专用
CDB-A CDB-B	触电保安器		2		5 10	20	≤0.1	

① 分断能力：C45N 型单极为 6.0kA，2 极、3 极、4 极为 4.5kA；C45AD 型为 6.0kA。

② 极限分断能力：有条件短路电流 1500A，尺寸：85mm×65mm×42mm；质量：0.2kg。

③ 耐短路能力：220V 3000A；尺寸：72mm×76mm×80mm；质量：0.4kg。

① 有保护接零或采用三相五线制（有专用保护接零线 PE）供电时，由于零线电阻很小，故额定漏电动作电流可选择较大，如 75～100mA 及以上。但为确保安全，家庭用漏电保护器应不大于 30mA。

② 有保护接地时，额定漏电动作电流可参见表 5-33 选择。由表可知，加装漏电保护器后，对接地电阻值的要求，可以显著放宽。

■ 表 5-33　额定漏电动作电流选择

额定漏电动作电流/mA	保护接地电阻/Ω	
	安全接触电压定为25V 的场所	安全接触电压定为50V 的场所
30	≤500	≤500
50		
75	≤330	
100	≤250	
200	≤125	≤250
500	≤50	≤100
1000	≤25	≤50

③ 无保护接零和保护接地时，额定漏电动作电流可选择 15～30mA 以内。

④ 装于分支线路上防止漏电火灾和爆炸事故的漏电断路器，额定漏电动作电流可选择 100mA 及以上。

⑤ 干线上装设的漏电保护器或漏电断路器，应大于分支线上漏电保护器或漏电断路器的漏电动作电流。

⑥ 为避免漏电保护器误动作，额定漏电动作电流应大于所保护的线路及用电设备正常漏电电流的 1 倍以上。

⑦ 一般家庭用总线路上的漏电保护器，其额定漏电动作电流应不大于 30mA，动作时间应不大于 0.1s。浴室宜单独设漏电保护器（专线），动作电流应不大于 5mA，动作时间不大于 0.1s。

⑧ 使用于潮湿和有腐蚀介质场所的漏电保护器应采用防溅型产品。其额定漏电动作电流应不大于 15mA，动作时间应不大于 0.1s。

5.2.2.3 漏电保护器的接线

漏电保护器的接线必须正确，否则会造成拒动或误动，从而失去保护作用。

不同供电系统，漏电保护器的接线也不相同。不同供电系统漏电保护器的接线方法见表 5-34。

表 5-34 漏电保护器的接线方法

极数 / 相数		二极	三极	四极
单相 220V		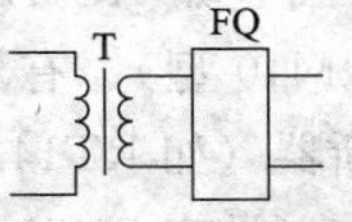 T FQ		
三相 380/220V 接零系统	TN-S 系统	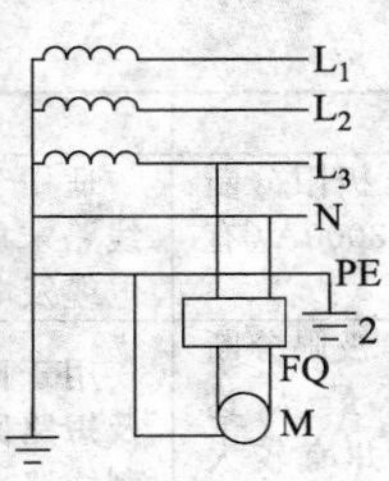 L_1 L_2 L_3 N PE 2 FQ M	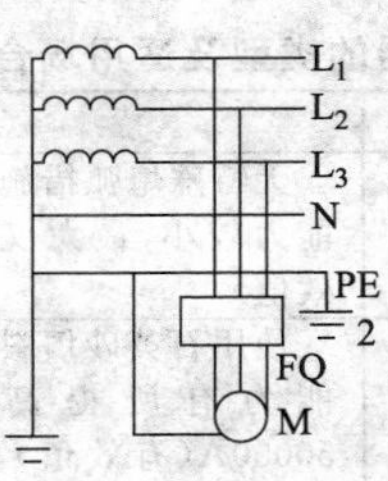 L_1 L_2 L_3 N PE 2 FQ M	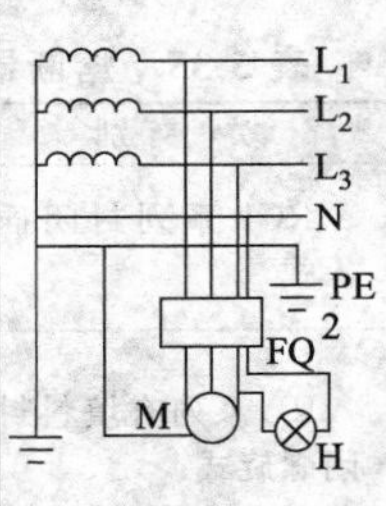 L_1 L_2 L_3 N PE 2 FQ M H

续表

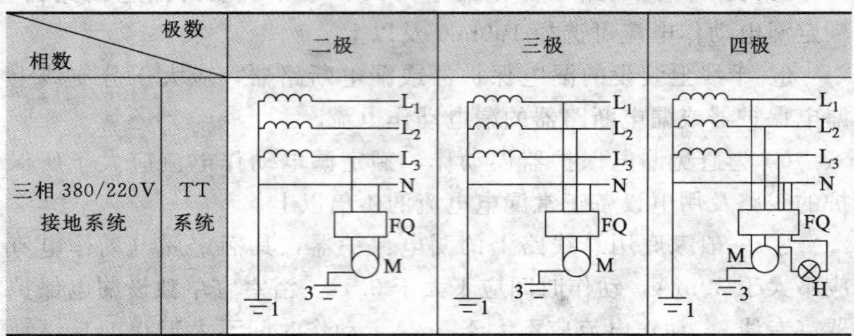

相数 \ 极数		二极	三极	四极
三相 380/220V 接地系统	TT 系统			

注：L_1、L_2、L_3 表示相线；N 表示工作零线；PE 表示保护零线；1 表示工作接地；2 表示重复接地；3 表示保护接地；M 表示电动机（或家用电器）；H 表示灯；FQ 表示漏电保护器；T 表示隔离变压器。

5.2.3 熔断器和热继电器的选用

5.2.3.1 熔断器的选用

熔断器在线路中起保护作用，当线路发生短路故障时，能自动迅速熔断，切断电源回路，从而保护线路和电气设备。熔断器尚可作过载保护，但作过载保护可靠性不高，熔断器的保护特性必须与被保护设备的过载特性有良好的配合。

熔断器的种类很多，有瓷插式（如 RC1A 型）、螺旋式（如 RL1、RL2 型）、封闭管式（如 RM10 型）、有填料管式（如 RT0 型）和有填料封闭管式筒形帽熔断器（如 RT14 型）等。

（1）熔断器的类型及适用场合（见表 5-35）

■ **表 5-35 熔断器的类型及适用场合**

类　别	特　点	适　用　场　合
RC1 系列封闭插入式	无特殊熄弧措施，极限分断能力较小，最大仅 3000A（有效值）	适用于额定电流至 200A 的线路末端或分支电路中作为电缆及电气设备的短路保护
RL 系列有填料封闭螺旋式	使用石英砂填料，极限分断能力有所提高，最大达 50000A（有效值），并有较大的热惯性	用于配电线路中作为过载及短路保护，也常用于机床控制线路，以保护电动机

续表

类别		特点	适用场合
RM系列无填料密闭管式		结构简单，为可拆换式，更换熔体方便，并具有一定的极限分断能力，最大可达20000A（有效值）	用于电力网络、配电设备中，作短路保护和防止连续过载之用
RT0系列有填料封闭管式		具有高分断能力，极限分断能力可达50000A（有效值）；安秒特性较稳定，有限流特性；有红色醒目熔断指示器，便于识别故障电路	用于要求较高、短路电流较大的电力网络或配电装置中，作为电缆、导线、电动机、变压器及其他电气设备的短路保护和电缆、导线的过载保护
RT10、RT11系列有填料封闭管式		极限分断能力大，可达50000A（有效值），有熔断显示器，便于识别故障电路	适用于额定电流100A及以下的电力网络和配电装置中，作为电缆、导线及电气设备的短路保护和电缆、导线的过载保护
快速熔断器	RLS系列螺旋式	动作速度快，分断能力大，极限分断能力可达50000A（有效值），可在带电压（不带负载）下，不用工具可安全更换熔体	用于额定电流至100A的电路中，作硅整流元件、晶闸管及其成套装置的短路保护或某些不允许过电流的过载保护
	RS0、RS3系列有填料封闭管式	分断速度快，分断能力大，具有较大的限流作用	RS0适用于交流额定电压750V及以下，额定电流480A及以下电路中，作硅整流元件及其成套装置的短路保护 RS3适用于交流额定电压1000V及以下，额定电流700A及以下电路中，作晶闸管及其成套装置的短路保护 RS0、RS3亦可在某些不允许过电流的电路中，作过载保护

（2）熔断器的选择

1）普通熔断器的选择

① 按额定电压选择

$$U_e \geqslant U_g$$

式中　U_e——熔断器的额定电压，V；

U_g——熔断器的工作电压，即线路额定电压，V。

② 按额定电流选择

$$I_e \geqslant I_{er}$$

式中　I_e——熔断器的额定电流，A；

I_{er}——熔体的额定电流，A。

③ 熔断器的类型应符合设备的要求和安装场所的特点。

④ 按熔断器的断流能力校验：

对有限流作用的熔断器，应满足

$$I_{zh} \geqslant I''$$

式中　I_{zh}——熔断器的极限分断电流，kA；

I''——熔断器安装点三相短路超瞬变短路电流有效值，kA。

对无限流作用的熔断器，应满足

$$I_{zh} \geqslant I_{ch}$$

式中　I_{ch}——三相短路冲击电流有效值，kA。

2）普通熔断器熔体的选择　熔断器熔体电流的选择应按正常工作电流、启动尖峰电流确定，并按短路电流校验其动作灵敏性。

① 按正常工作电流选择

$$I_{er} \geqslant I_g$$

式中　I_{er}——熔体的额定电流，A；

I_g——熔体的工作电流（线路计算电流），A。

② 按启动尖峰电流选择。见下面介绍的各类设备的熔断器选用。

③ 按短路电流校验动作灵敏性

$$\frac{I_{dmin}}{I_{er}} \geqslant K_r$$

式中　I_{dmin}——被保护线段最小短路电流（A），在中性点接地系统中为单相接地短路电流 $I_d^{(1)}$，在中性点不接地系统中为两相短路电流 $I_d^{(2)}$；

K_r——熔断器动作系数，一般为 4，在爆炸性气体环境 1 区、2 区和爆炸性粉尘环境 10 区，取 5。

3）各类设备的熔体选择

① 电阻性负载回路熔体的选择

$$I_{er}=I_{ef}$$

式中 I_{ef}——负载额定电流，A。

② 单台电动机回路熔体的选择

a. 笼型异步电动机所用熔断器的熔体额定电流，可选择为电动机额定电流的 1.5～2.5 倍。

b. 绕线型异步电动机所用熔断器的熔体额定电流，可选择为电动机额定电流的 1～1.25 倍。

c. 启动时间较长的笼型异步电动机所用熔断器的熔体额定电流，可选择为电动机额定电流的 3 倍。

d. 连续工作制直流电动机所用熔断器的熔体额定电流，可选择与电动机额定电流相等。

e. 反复短时工作制直流电动机所用熔断器的熔体额定电流，可选择为电动机额定功率的 1.25 倍。

f. 降压启动的笼型异步电动机所用熔断器的熔体额定电流，可选择电动机额定电流的 1.05 倍。

③ 变压器高低压侧熔丝选择见第 3 章表 3-34。

（3）常用低压熔断器的技术数据（见表 5-36～表 5-40）

■ **表 5-36 RT12、RT14、RT17 系列有填料封闭管式熔断器的技术数据**

型号	额定电压/V	额定电流/A		额定分断能力/kA	过电流选择比
		熔管	熔体		
RT12-20	415	20	2,4,6,10,20	80	2∶1
RT12-32		32	25,32		
RT12-63		63	40,50,63		
RT12-100		100	80,100		
RT14-20	380	20	2,4,6,10 16,20	100 ($\cos\varphi=0.1\sim0.2$)	2∶1
RT14-32		32	25,32		
RT14-63		63	40,50,63		
RT17	380	1000	800,1000	100 ($\cos\varphi=0.1\sim0.2$)	1.6∶1

■ 表 5-37　RC1A 系列瓷插式熔断器主要技术数据

熔断器额定电流/A	熔体额定电流/A	熔体材料	熔体直径或厚度/mm	极限分断能力/A	交流电路功率因数(cosφ)
5	1,2	软铅丝	0.52	250	0.8
	3,5		0.71		
10	2		0.52	500	
	4		0.82		
	6		1.08		
	10		1.25		
15	12,15		1.98		
30	20	铜丝	0.61	1500	0.7
	25		0.71		
	30		0.80		
60	40		0.92	3000	0.6
	50		1.07		
	60		1.20		
100	80		1.55		
	100		1.80		
200	120	变截面冲压铜片	0.2		
	150		0.4		
	200		0.6		

■ 表 5-38　RL1 系列螺旋式熔断器技术数据

型号	额定电压/V	熔断体额定电流/A	极限分断电流/kA	cosφ	外形尺寸(宽×高×深)/mm
RL1-15	380	2、4、5、6、10、15	25	0.35	38×62×63
RL1-60		20、25、30、35、40、50、60	35	0.25	55×77×78
RL1-100		60、80、100	50	0.25	82×113×118

5.2.3.2　热继电器的选用

热继电器主要用作过载保护，最常用于交流电动机的过载保护，应根据电动机的工作环境、启动情况及负载性质来选用。

(1) 长期工作或间断长期工作电动机保护用热继电器的选用

① 按电动机的额定电流选择

■ **表 5-39　RS 系列快速熔断器技术数据**

型　　号	额定电压/V	额定电流/A	熔体额定电流等级	极限分断能力/kA	电路参数
RS0-250/50		50	30,50		
RS0-250/100		100	50,80		
RS0-250/200	250	200	150	50	$\cos\varphi \leqslant 0.25$
RS0-250/350		350	350		
RS0-250/500		500	400,480		
RS0-500/50		50	30,50		
RS0-500/100		100	50,80		
RS0-500/200	500	200	150	40	
RS0-500/350		350	320		
RS0-500/500		500	400,480		
RS0-750/350	750	350	320	30	
RS3-500/50		50	10,15,20,25,30,40,50		$\cos\varphi \leqslant 0.25$
RS3-500/100	500	100	80,100	50	
RS3-500/200		200	150,200		
RS3-500/300		300	250,300		
RS3-750/200	750	200	150	30	
RS3-750/300		300	250		

■ **表 5-40 铅（≥98%）锑（0.3%～1.5%）合金熔丝规格**

直径/mm	截面积/mm²	额定电流/A	熔断电流/A	直径/mm	截面积/mm²	额定电流/A	熔断电流/A
0.08	0.005	0.25	0.5	0.90	0.60	5.0	10
0.15	0.018	0.50	1.0	1.02	0.80	6.0	12
0.20	0.031	0.75	1.5	1.25	1.25	7.5	15
0.22	0.038	0.80	1.6	1.51	1.79	10	20
0.25	0.049	0.90	1.8	1.67	2.16	11	22
0.28	0.062	1.00	2.0	1.75	2.41	12	24
0.29	0.066	1.05	2.1	1.98	3.08	15	30
0.32	0.080	0.10	2.2	2.40	4.45	20	40
0.35	0.096	1.25	2.5	2.78	6.07	25	50
0.40	0.126	1.50	3.0	2.95	6.84	27.5	55
0.46	0.166	1.85	3.7	3.14	7.74	30	60
0.52	0.212	2.00	4.0	3.81	11.40	40	80
0.54	0.229	2.25	4.5	4.12	13.33	45	90
0.60	0.283	2.50	5.0	4.44	15.48	50	100
0.71	0.400	3.00	6.0	4.91	18.93	60	120
0.81	0.500	3.75	7.5	5.24	21.57	70	140

$$I_{zd}=(0.95\sim1.05)I_{ed}$$

式中　I_{zd}——热继电器整定电流，A；

I_{ed}——电动机额定电流，A。

对于过载能力差的电动机，则可按下式选择：

$$I_{zd}=(0.6\sim0.8)I_{ed}$$

热继电器的整定电流范围应包容电动机的额定电流（最好在电动机的额定电流上下均有一定的裕度）。

② 按电动机的启动时间选择。一般热继电器在 $6I_e$ 下的可返回时间与动作时间有如下关系（I_e 为热元件的额定电流）：

$$t_f=(0.5\sim0.7)t_d$$

式中　t_f——热继电器在 $6I_e$ 下的可返回时间，s；

t_d——热继电器在 $6I_e$ 下的动作时间，s。

热继电器的过载动作特性，必须与被保护电动机的允许发热特性相匹配。

(2) 常用热继电器的技术数据（见表 5-41～表 5-43）

■ **表 5-41　JR16 系列热继电器技术数据**

型　号	额定电流/A	热元件等级	
		额定电流/A	整定电流调节范围/A
JR16-20/3 JR16-20/30	20	0.35 0.50 0.72 1.1 1.6 2.4 3.5 5 7.2 11 16 22	0.25～0.35 0.32～0.50 0.45～0.72 0.68～1.1 1.0～1.6 1.5～2.4 2.2～3.5 3.2～5 4.5～7.2 6.8～11 10～16 14～22
JR16-40/30	40	0.64 1 1.6 2.5 4 6.4 10 16 25 40	0.4～0.64 0.64～1 1～1.6 1.6～2.5 2.5～4 4～6.4 6.4～10 10～16 16～25 25～40

■ **表 5-42 3RB10 系列电子式热继电器主要技术数据**

用于 3RT1、3RW30、3RW31 的壳体	适用的功率/kW	额定电流/A	短路保护熔断器/A	脱扣级别 10		脱扣级别 20 有断相/相间不平衡保护
				直接安装	装在安装轨上	直接安装
S00	0.04～0.09	0.1～0.4	2	3RB10 16-1RB0	3RB10 16-1RB1	3RB10 16-2RB0
	0.12～0.55	0.4～1.6	6	3RB10 16-1NB0	3RB10 16-1NB01	3RB10 16-2NB0
	0.55～2.2	1.5～6	20	3RB10 16-1PB0	3RB10 16-1PB1	3RB10 16-2PB0
	1.1～5.5	3～12	35	3RB10 16-1SB0	3RB10 16-1SB1	3RB10 16-2SB0
S0	0.04～0.09	0.1～0.4	2	3RB10 16-1RB0	—	
	0.12～0.55	0.4～1.6	6	3RB10 26-1NB0	—	
	0.55～2.2	1.5～6	25	3RB10 26-1PB0	—	
	1.1～5.5	3～12	35	3RB10 26-1SB0	—	3RB10 26-2SB0
	3～11	6～25	63	3RB10 26-1QB0	3RB10 26-1QB1	3RB10 26-2QB0
S2	3～11	6～25	63	3RB10 36-1QB0	—	3RB10 36-2QB0
	7.5～22	13～50	100	3RB10 36-1UB0	3RB10 36-1UB1	3RB10 36-2UB0
S3	7.5～22	13～50	125	3RB10 46-1UB0	—	3RB10 46-2UB0
	11～45	25～100	200	3RB10 46-1RB0	3RB10 46-1EB1	3RB10 46-2EB0
S6	22～90	50～200	355	3RU10 56-1FW0	3RB10 56-1FW0	3RB10 56-2FW0
	22～90	50～200	355	3RB10 56-1FC0	3RB10 56-1FC0	3RB10 56-2FC0
S10、S12	22～10	55～250	500	3RB10 66-1CC0	3RB10 66-1CC0	3RB10 66-2CC0
	90～250	200～540	800	3RB10 66-1KC0	3RB10 66-1KC0	3RB10 66-2KC0
S14	160～450	300～630	800	3RB10 66-1LC0	3RB10 66-1LC0	3RB10 66-2LC0

■ 表 5-43 3RB12 系列电子式热继电器主要技术数据

用于 3RT1、3RW30、3RW31 的壳体	适用的功率/kW	整定电流/A	短路保护熔断器/A	额定控制供电电压
S00～S3	0.09～2.2	1.25～6.3	25	110～120V 50/60Hz 220～240V 50/60Hz DC24V
	3～11	6.3～25	125	110～120V 50/60Hz 220～240V 50/60Hz DC24V
	11～45	25～100	250	110～120V 50/60Hz 220～240V 50/60Hz DC24V
S6	55～110	50～205	500	110～120V 50/60Hz 220～240V 50/60Hz DC24V
S10,S12	110～250	125～500	630	110～120V 50/60Hz 220～240V 50/60Hz DC24V
S14(配 3TF68、3TF69)	132～450	200～820	630	110～120V 50/60Hz 220～240V 50/60Hz DC24V

5.2.4 接触器的选用

接触器广泛用于控制电动机及其他各种负荷。它可以远距离频繁地接通和分断用电设备的主回路。它与热继电器、熔断器等保护电器配合，能实现过载、断相及短路、失压等保护。

(1) 接触器的类型和使用场合（见表 5-44）

■ 表 5-44 接触器的类型和使用场合

类别	产品系列	使用场合
交流接触器	传统产品 CJ8 系列 CJ10 系列 CJ12 系列 CJ15 系列	CJ8、CJ10 系列适用于三相感应电动机的远距离启动、停止、换相、变速、星形-三角形启动等场合，并做频繁操作 CJ12 系列主要用于轧钢、纺织、起重机等电气设备方面，供远距离接通与分断电路之用，并适用于频繁启动及控制交流电动机 CJ15 系列主要用于工频无心感应炉控制设备，作为远距离接通和分断电力线路用

续表

类别	产品系列	使用场合
交流接触器	换代产品CJ20系列	主要供远距离接通与分断线路及频繁地启动和控制电动机，并适用于和热继电器或电子式保护装置组成电磁启动器
直流接触器	传统在用产品 CZ0系列 CZ3系列 CZ16系列 CZ17系列 换代产品CZ18系列	CZ0系列主要用于额定电压440V，额定电流至600A的直流电力线路，控制直流电动机的换向或反接制动，如用于冶金、机床等电气控制设备中 CZ3系列适用于直流220V及以下转换控制电路（如电器的电压线圈、伺服电动机等）、纯电阻负载电路（如照明、电阻、电炉等）、信号电路及励磁电路 CZ16系列主要供远距离接通与分断额定电压至600V、额定电流1000A、1500A的直流电力线路用 CZ17系列用于直流电压24～48V、额定电流150A的直流电路中，作蓄电池搬运车及铲车等直流电动机的启动、调速和换向之用
低压真空接触器	传统在用产品CKJ系列换代产品CKJ5系列	适用于交流50Hz、电压至1140V的电力线路中，供远距离频繁地接通和分断电路用，并适宜于与其他保护装置组成电磁启动器，用于频繁地启动和停止电动机

(2) 交流接触器的选用

交流接触器应按使用类别，工作电压、容量，工作制及操作频率、电寿命等进行选用。

① 交流接触器的使用类别有以下4种。

a. AC-1系列：无感或微感负载、电阻炉、钨丝灯。

b. AC-2系列：绕线型电动机的启动、反接制动与反向、密接通断。

c. AC-3系列：笼型电动机的启动、运转中分断。

d. AC-4系列：笼型电动机的启动、反接制动与反向、密接通断。

② 接触器线圈的工作电压应与控制电路的电压一致。

③ 按额定工作制进行选择。

交流接触器通常有以下四种工作制。

a. 长期工作制。接触器可在长期（几年之久）承载稳定电流工作。

b. 间断长期工作制。8h 工作制。

c. 短时工作制。有 10min、30min、60min 和 90min 工作后停歇。

d. 断续周期工作制。其操作频度和通电持续率按产品标准规定。

④ 按电动机负载轻重程度选择接触器。

交流接触器可分为轻任务（一般任务）和重任务两类。轻任务接触器如 CJ16、3TB（德）、DSL（德）系列等；重任务接触器如 CJ40、CJ20、B（德）系列等。B 系列和 K 型辅助接触器是一种新型接触器，具有辅助触点多，电寿命、机械寿命长，线圈功耗小，安装维护方便等特点。另外，CJ10X 系列消弧接触器内部有晶闸管控制电路，可用于工作条件差、频繁启动和反接制动的电路中；CJZ 系列接触器适用于振动、冲击较大的场所，吸引线圈为直流供电，自带整流装置。

⑤ 按负载类别、负载大小、操作频率等选择接触器的额定工作电流。

⑥ 按操作频度次数进行选择，交流接触器的操作频度次数为 300～1200 次/h。

⑦ 对于特殊环境条件下工作的接触器，应选用派生系列的型号。

⑧ 对于静止电器负载（电阻炉、电容器、变压器、照明装置等），选用接触器时，除考虑接通容量外，还要考虑工作中过电流问题。

(3) 常用交流接触器的技术数据（见表 5-45～表 5-47）

(4) 交流接触器远控防失控并联电阻或电容的计算。

当交流接触器用于远距离控制的导线长度超过一定限度时，由于控制线路上的电压降及控制线回路间分布电容的影响，有可能造成失控。

为此可在接触器线圈并联附加负荷。这样能使线圈电流减少并保持其压降低于吸持电压，使接触器能可靠释放。

■ **表 5-45　CJ20 系列交流接触器技术数据**

型号	额定频率/Hz	额定绝缘电压/V	额定工作电压/V	额定发热电流/A	断续周期工作制下的额定工作电流/A				380V AC-3 类工作制下的控制功率/kW	不间断工作制下的额定工作电流/A
					AC-1	AC-2	AC-3	AC-4		
CJ20-6.3	50	660	380	6.3	6.3	6.3	6.3	6.3	3	
CJ20-10			220	10	10	10	10	10	2.2	
			380			10	10	10	4	
			660			10	10	10	7.5	
CJ20-16			220	16	16	16	16	16	4.5	
			380			16	16	16	7.5	
			660			13.5	13.5	13.5	11	
CJ20-25			220	32	32	25	25	25	5.5	32
			380			25	25	25	11	
			660			16	16	16	13	
CJ20-40			220	55	55	55	55	55	11	55
			380			40	40	40	22	
			660			25	25	25	22	
CJ20-63			220	80	80	63	63	63	18	80
			380			63	63	63	30	
			660			40	40	40	35	
CJ20-100			220	125	125	100	100	100	28	
			380			100	100	100	50	
			660			63	63	63	50	
CJ20-160			220	200	200	160	160	63	48	200
			380			160	160	160	85	
			660			100	100	100	85	

续表

型号	额定频率/Hz	额定绝缘电压/V	额定工作电压/V	额定发热电流/A	断续周期工作制下的额定工作电流/A				380V AC-3类工作制下的控制功率/kW	不间断工作制下的额定工作电流/A
					AC-1	AC-2	AC-3	AC-4		
CJ20-160/11	50	1140	1140	200	200	80	80	80	85	200
CJ20-250		660	220	315	315	250	250	250	80	315
			380			250	250	250	132	
CJ20-250/06			660			200	200	200	190	
CJ20-400			220	400	400	400	400	400	115	400
			380			400	400	400	200	
CJ20-400/06			660			250	250	250		
CJ20-630			220	630	630	630	630	630	175	630
			380			630	630	630	300	
			660			400	400	400	350	
CJ20-630/11		1140	1140			400	400	400	400	

■ **表 5-46 B 系列交流接触器技术数据**

型号	额定绝缘电压/V	额定工作电压/V	额定发热电流/A	额定工作电流/A AC-3,AC-4	控制电动机功率/kW
B9	750	380	16	8.5	4
		660		3.5	3
B12		380	20	11.5	5.5
		660		4.9	4
B16		380	25	15.5	7.5
		660		6.7	5.5

续表

型号	额定绝缘电压/V	额定工作电压/V	额定发热电流/A	额定工作电流/A AC-3,AC-4	控制电动机功率/kW
B25	750	380	40	22	11
		660		13	11
B30		380	45	30	15
		660		17.5	15
B37		380	45	37	18.5
		660		21	18.5
B45		380	60	45	22
		660		25	22
B65		380	80	65	33
		660		44	40
B85		380	100	85	45
		660		53	50
B105		380	140	105	55
		660		82	75
B170		380	230	170	90
		660		118	110
B250		380	300	250	132
		660		170	160
B370		380	410	370	200
		660		268	250
B460		380	600	475	250
		660		337	315

■ 表 5-47　3TB 系列交流接触器技术数据

型号	额定工作电流/A		可控电动机功率/kW		AC-4 工作制可控电动机功率/kW		辅助触点额定工作电流/A			线圈功率/V·A	
	380V	660V	380V	660V	380V	660V	AC-11		DC-11	吸合	启动
							380V	660V	220V		
3TB40	9	7.2	4	5.5	1.4	2.4	6	2	0.45	10	68
3TB41	12	9.5	5.5	7.5	1.9	3.3			0.45	10	68
3TB42	16	13.5	7.5	11	3.5	6			0.45	10	69
3TB43	22	13.8	11	11	4	6.6			0.45	10	69
3TB44	32	18	15	15	7.5	11	4	2.5	0.9	10	71

注：辅助触点数量可为 1 常开或 1 常闭或 1 常开和 1 常闭或 2 常开和 2 常闭。

① 并联电阻负荷。电阻参数可按下列公式选择：

$$R=1000/C_L，C_L=\frac{1000I_C}{2\pi fU_e}$$

$$P=U_e^2/R$$

式中　R——并联电阻的电阻值，Ω；

P——电阻的功率，W；

C_L——控制线路电容，μF；

I_C——实际测量所得的控制线路的杂散电流，mA；

U_e——线圈额定电压，V。

一般并联电阻的损耗应小于 10W。

② 并联阻容负荷：此法是将电阻和电容串联，然后并联在接触器线圈上。并联阻容负荷损耗较小。电容和电阻的参数可按下列公式选择：

$$C=0.45C_L，R=100\Omega$$

$$P=R(2\pi fU_eC\times10^{-6})^2$$

式中　C——电容，μF；

P——电阻的功率（W），当 $U_e=220$V、$f=50$Hz、$R=100\Omega$ 时，$P\approx0.5C^2$。

③ 并联电容：一般可并联 2～4μF/600V 电容。具体电容量可由试验决定。

第 5 章　高低压电器

【例 5-5】 用 CJ20-40A 交流接触器进行远控控制，接触器的额定电压为 220V，吸持功率为 19W（由产品样本查得），实测控制线路的杂散电流为 10mA。为了防止失控，采用在接触器线圈上并联负荷的方法，试求以下三种负荷的参数。

① 并联电阻；

② 并联阻容；

③ 并联电容。

解 ① 并联电阻：控制线路电容为

$$C_L=\frac{1000I_C}{2\pi fU_e}=\frac{1000\times10}{314\times220}=0.145\mu F$$

并联电阻阻值为

$R=1000/C_L=1000/0.145=6897\Omega$，取标称阻值 6800Ω

电阻的功率为

$$P=U_e^2/R=220^2/6800=7.1W，取 10W$$

因此可选用 RX-6.8kΩ、10W 的电阻。

② 并联阻容：电容容量为

$C=0.45C_L=0.45\times0.145=0.06525\mu F$，取标称电容值 $0.068\mu F$，电容耐压取 600V。

因此可选用 CBB22-0.068μF、600V 的电容。

③ 并联电容：可选用 CBB22 型或 CJ41 型、2～4μF、600V 的电容。

(5) 直流接触器的选用

直流接触器也是按使用类别、工作电压、容量、工作制及操作频率、电寿命等选用条件进行选用。

直流接触器主要用途是控制电动机和电磁铁两大类。选用前要对使用场合和控制对象的工作参数有全面了解，然后才选用相应合适的接触器型号及规格等。

① 如果选用控制直流电动机的直流接触器时，接触器的额定电压、电流不得低于直流电动机的铭牌额定值。

② 如果选用控制直流电磁铁的直流接触器时，应按电磁铁的

额定电压、电流、通电持续率以及时间常数等技术参数，选用相应的直流接触器。

直流接触器的使用类别有以下 5 种。

① DC-1 系列：无感或微感负载、电阻炉、钨丝灯。

② DC-2 系列：启动和运转中断开并励直流电动机。

③ DC-3 系列：并励电动机的启动、反接制动与反向、点动。

④ DC-4 系列：启动和运转中断开串励直流电动机。

⑤ DC-5 系列：串励电动机的启动、反接制动与反向、点动。

直流接触器的选用原则见表 5-48。

■ 表 5-48 直流接触器的选用原则

回路类别	负载性质	选用产品类别	产品容量
主回路	DC-1,DC-3	具有二常开或二常闭主触点产品	按产品额定工作电流选用
	DC-5		按产品额定工作电流的30%～50%选用
能耗回路	DC-3,DC-5	具有一常闭主触点产品	按产品额定工作电流选用
启动回路	DC-3,DC-5	具有一常开主触点产品	按产品额定工作电流选用
动力制动回路	DC-2～DC-4	具有二常开主触点产品	按产品额定工作电流选用
高电感回路	电磁铁	具有二常开主触点产品	选用电流等级比回路电流大一级的产品

(6) 常用直流接触器的技术数据（见表 5-49～表 5-51）

5.2.5 中间继电器和时间继电器的选用

(1) 中间继电器的选用

中间继电器是将一个输入信号转换成一个或多个信号输出，所以它是起中间转换作用。输入的信号为线圈的通电或断电，而输出信号是使触点的断开或闭合。

中间继电器为完成上述任务，触点多，并且触点额定电流比线圈的大得多，所以起放大信号作用。

■ **表 5-49　CZ0 系列直流接触器技术参数**

型号	主触点				辅助触点				
	额定工作电压/V	额定工作电流/A	触点数目		额定电压		额定发热电流/A	组合情况	
			常开	常闭	交流	直流		常开	常闭
CZ0-40/20	440	40	2	—	380	110,220	5	2	2
CZ0-40/02			—	2					
CZ0-100/10		100	1	—					
CZ0-100/01			—	1				2	1
CZ0-100/20			2	—				2	2
CZ0-150/10		150	1	—					
CZ0-150/01			—	1				2	1
CZ0-150/20			2	—				2	2
CZ0-250/10		250	1	—			10	共有 5 对触点，其中 1 对为固定常开，另外 4 对，常闭、常开可任意组合	
CZ0-250/20			2	—					
CZ0-400/10		400	1	—					
CZ0-400/20			2	—					
CZ0-600/10		600	1	—					

型　　号	吸引线圈		动作时间/ms		通断能力		临界分断电流/A	操作频率/(次/h)
	额定电压/V	消耗功率/W	闭合	断开	电压/V	电流/A		
CZ0-40/20	24 48 110 220	22	100	30	$1.05U_n$	$4I_n$	$0.2I_n$	1200
CZ0-40/02		24	90	45		$2.5I_n$		600
CZ0-100/10		24	110	30		$4I_n$		1200
CZ0-100/01		24	70	50		$2.5I_n$		600
CZ0-100/20		30	130	35		$4I_n$		1200
CZ0-150/10		30	130	30		$4I_n$		1200
CZ0-150/01		25	60	90		$2.5I_n$		600
CZ0-150/20		40	135	50		$4I_n$		1200
CZ0-250/10		31	180	60		$4I_n$		600
CZ0-250/20		40	220	60		$4I_n$		
CZ0-400/10		28	200	50		$4I_n$		
CZ0-400/20		43	250	70		$4I_n$		
CZ0-600/10		50	200	90		$4I_n$		

■ **表 5-50　CZ17 系列直流接触器技术参数**

型　　号	额定电压/V	额定电流/A	操作频率/(次/h)	触点形式及数目		带灭弧罩
				常开	常闭	
CZ17-150W/10	直流 24,48	150	600	1	1	带
CZ17-150/11						不带
CZ17-150/10						不带

■ **表 5-51　CZ18 系列直流接触器技术参数**

额定绝缘电压 U_i/V		440				
额定工作电压 U_n/V		440				
额定发热电流 I_{th}/A		40	80	160	315	640
额定工作电流 I_n/A		40	80	160	315	640
主触点接通与分断能力(AC-3)		接通	$4I_n$,$1.1U_n$,25 次			
		分断	$4I_n$,$1.1U_n$,25 次			
额定操作频率/(次/h)		1200		600		
辅助触点	组合情况	常开	2			
		常闭	2			
	额定发热电流/A	6		10		
	电寿命/万次	50		30		
吸合电压		(85%～110%)U_n				
释放电压		(10%～75%)U_n				
取代老产品型号		CZ0				

① 中间继电器的选择　电磁式控制继电器的选用，需考虑额定工作电压、额定工作电流、线圈电压和电流、负载性质及使用环境等因素。

中间继电器的额定电压应不小于最高工作电压。额定工作电流应不小于最大工作电流。

需要指出，额定工作电流一般是指触点切换纯电阻性负载而言，若用于切换感性或容性负载时，一般只能为纯电阻性负载（即标称额定工作电流）的 20%～30%左右。

② 常用中间继电器的技术数据（见表 5-52～表 5-54）

■ **表 5-52　JZ7 和 JZ8 系列中间继电器的技术数据**

型号	线圈参数			触点参数				动作时间/s	操作频率/(次/h)
	额定电压/V		消耗功率	触点数		最大断开容量			
	交流	直流		常开	常闭	阻性负载	感性负载		
JZ7-22	12,24,36,48,110,127,220,380,420,440,500	—	12V·A	2	2	交流 380V,5A 直流 220V,1A	cosφ=0.4 L/R=5ms 交流 380V,5A 500V,3.5A 直流 220V,0.5A	—	1200
JZ7-41				4	1				
JZ7-42				4	2				
JZ7-44				4	4				
JZ7-53				5	3				
JZ7-62				6	2				
JZ7-80				8	0				
JZ8-62J/Z/□	110,127,220,380	12,24,48,110,220	交流 10V·A 直流 7.5W	6	2	—	—	0.05	2000
JZ8-44J/Z/□				4	4				
JZ8-26J/Z/□				2	6				

■ **表 5-53 JZ11 系列中间继电器的技术数据**

型号	电压种类	接点电压/V	接点额定电流/A	接点组合	额定操作频率/(次/h)	通电持续率/%	吸引线圈电压/V	吸引线圈消耗功率
JZ11-□□J/□ JZ11-□□JS/□ JZ11-□□JP/□	交流	500	5	6 常开 2 常闭，4 常开 4 常闭，2 常开 6 常闭（对于 JZ11-P 型，除有上述接点组合外，还有 8 常开的规格）	2000	60	110，127，220，380	10V·A
JZ11-□□Z/□ JZ11-□□ZS/□ JZ11-□□ZP/□	直流	440					12，24，48，110，220	7.5W

注：1. 继电器的吸引线圈应能在 85%～105%额定电压的范围内可靠工作。
2. 继电器的吸合和释放的固有时间不大于 0.05s。
3. JZ11-P 继电器仅适用于反复短时工作制（持续通电时间最大为 6min）。

■ **表 5-54 JZ11 系列中间继电器接点通断能力**

接点电压/V		最大接通电流/A	最大开断电流/A			通断条件		
			电感负荷 $\cos\varphi=0.35\pm0.05$	电感负荷 $T=0.05\sim0.06\text{s}$	电阻负荷	通断次数	每次间隔时间/s	每次通电时间/s
交流	380×105%	50	5	—	5	20	3	≤0.2
	500×105%	35	3.5	—	3.5	20		
直流	110×105%	7.5	—	1.0	2.5	20	3	≤0.2
	220×105%	4	—	0.5	1.0	20		
	440×105%	2	—	0.25	0.5	20		

（2）时间继电器的选用

时间继电器的特点是当它接收到信号后，经过一段时间延时，其触点才运作。因此通过时间继电器可实现按时间顺序进行控制。时间继电器按不同的延时原理，可分为电磁式、空气阻尼式、电动机式、钟摆式和晶体管式等。目前生产上用得最多的是电磁式、空气阻尼式和晶体管式时间继电器。

1）时间继电器的选用

① 在动作较频繁的场合，可选用电磁式时间继电器，如 JS3、JT3 型。

② 在延时精度要求不高的场合，可选用空气式延时继电器（得电延时），如 JS7、JS23、JS16 型。

③ 在延时精度要求较高的场合，可选用晶体管式（如 JSJ、JJS1 型）或电动式时间继电器（如 JS10、JSD1 型）。

④ 在动作频率较高的场合，可选用晶体管式时间继电器。

⑤ 延长时（以分或小时计），可选用电动式时间继电器。

⑥ 在多尘或有潮气的场合，可选用水银式时间继电器、封闭式时间继电器或防潮型时间继电器。

2）常用时间继电器的技术数据（见表 5-55～表 5-59）

■ **表 5-55　JS7、JS16 系列空气阻尼式时间继电器技术数据**

型号		延时范围/s	触点额定电流/A	触点额定电压/V	延时触点数量				不延时的触点数量		线圈电压/V
					通电延时		断电延时				
					动合	动断	动合	动断	动合	动断	
JS-1A	JS16-1	0.4～60	5	380	1	1	—	—	—	—	JS7 系列为交流 36、110、127、220、380 JS16 系列为交流 110、127、220、380
JS7-2A	JS16-2	0.4～180			1	1	—	—	1	1	
JZ7-3A	JS16-3				—	—	1	1	—	—	
JZ7-4A	JS16-4				—	—	1	1	1	1	

■ **表 5-56　JS17 系列电动式时间继电器技术数据**

型号	电源电压/V	延时整定范围	触点容量			触点数			操作频率/(次/h)
			电压/V	接通电流/A	分断电流/A	线圈通电后延时	线圈断电后延时	瞬时	
JS17-1	交流 110、127、220、380	0～8s	(380) 220 以下	3	0.3	3开 2闭	3开 2闭	1开 1闭	120
JS17-2		0～40s							
JS17-3		0～4min							
JS17-4		0～20min							
JS17-5		0～2h							
JS17-6		0～12h							
JS17-7		0～72h							

■ 表 5-57 JSJ 系列晶体管时间继电器技术数据

项　目	技术数据	项　目	技术数据
额定电压/V	AC(36)、110、127、220、380、50Hz,DC(24)	额定功耗/W	2(1)
动作形式	通电延时	机械寿命/万次	100
重复精度	±3	电寿命/万次	12
触点数量	延时 1 转换	环境温度/℃	−10～+40
触点容量	DC 24V 2A AC 380V 0.2A AC 220V 0.5A	质量/g	350(300)

注：括号内数字为无锡机床电器厂产品数据。

■ 表 5-58 JS20 系列晶体管式时间继电器技术数据

产品名称	额定工作电压/V		延时等级/s
	交流(50Hz)	直流	
通电延时继电器	36、110、127、220、380	24、48、110	1、5、10、30、60、120、180、240、300、600、900
瞬动延时继电器	36、110、127、220		1、5、10、30、60、120、180、240、300、600
断电延时继电器	36、110、127、220、380	—	1、5、10、30、60、120、180

■ 表 5-59 JS20 系列晶体管式时间继电器控制触点通断电流

触点控制电压/V		接通与分断电流/A		
		电阻负载	电感负载	
			$\cos\varphi=0.4$	$T=0.007$s
交流	220	5	2	—
	380	2	1	
直流	6	5	—	4.6
	12	4.6		4.3
	24	3		2.4
	220	1		—

5.2.6 牵引电磁铁的选用

牵引电磁铁主要是在机床及自动化系统中，用来远距离控制和操作各种机构，例如作机械制动装置或在液压和气压操作系统中用来控制阀门。

(1) MQ 系列牵引电磁铁使用条件

电磁铁在下列工作条件下能可靠地工作：

① 海拔高度不超过1000m；

② 没有水及乳化液浸入的环境中；

③ 在无爆炸危险的介质中，且介质中无足以腐蚀金属和破坏绝缘的气体及导电尘埃；

④ 施于电磁的反作用力的方向，必须与衔铁的中心线相重合；

⑤ 根据电磁铁所处气候环境的不同，各类型电磁铁所能适应的工作条件见表5-60。

■ **表5-60 各类型电磁铁适应的环境工作条件**

气候环境		普通型	湿热带型	海洋性湿热带型
空气温度	最高值/℃	+40	+40	+40
	最低值/℃	-30	-30	-30
空气相对湿度/%		≤85	≤95	≤95
霉菌		—	有	有
凝露		—	有	有
盐雾		—	—	有

（2）MQ系列牵引电磁铁的技术数据（见表5-61和表5-62）

■ **表5-61 MQ系列牵引电磁铁的技术数据**

类型	系列型号	使用方式	吸引线圈电压/V	额定吸力/N	额定行程/mm	通电持续率/%	操作次数/(次/h)	衔铁质量/kg
MQ1系列	MQ1-5101	拉动式	127 220 380 (各型号)	15	20	100	600	0.25
	MQ1-5102			30	20	10	400	0.25
	MQ1-5111			30	25	100	600	0.45
	MQ1-5112			50	25	10	400	0.45
	MQ1-5121			50	25	100	200	0.90
	MQ1-5122			80	25	10	400	0.90
	MQ1-5131			80	25	100	200	1.30
	MQ1-5132			150	25	10	400	1.30
	MQ1-5141			150	50	100	200	2.30
	MQ1-5151	推动式		250	30	100	200	4.00
	MQ1-6101			15	20	100	600	0.30
	MQ1-6102			30	20	10	400	0.30
	MQ1-6111			30	25	100	600	0.55
	MQ1-6112			50	25	10	400	0.55
	MQ1-6121			50	25	100	200	1.23
	MQ1-6122			80	25	10	400	1.23
	MQ1-6131			80	25	100	200	1.65
	MQ1-6132			150	25	10	400	1.65

续表

类型	系列型号	使用方式	吸引线圈电压/V	额定吸力/N	额定行程/mm	通电持续率/%	操作次数/(次/h)	衔铁质量/kg
MQ2系列	MQ2-0.7	拉动式	127 220 380	7	10		600	0.15
	MQ2-1.5	具有拉动式及推动式		15	20		600	0.2
	MQ2-3			30	25		600	0.25
	MQ2-5			50	25		400	0.35
	MQ2-8			80	25		400	0.35
	MQ2-15	拉动式		150	50		200	1.6
	MQ2-25			250	80		200	3

■ **表 5-62 MQ1 系列牵引电磁铁消耗的功率**

电磁铁型号	消耗功率/V·A	
	启动	吸持
MQ1-5101	450	50
MQ1-5111	1000	80
MQ1-5121	1700	95
MQ1-5131	2200	130
MQ1-5141	10000	480
MQ1-5151	10000	780
MQ1-6101	450	50
MQ1-6111	1000	80
MQ1-6121	1700	95
MQ1-6131	2200	130

5.2.7 固体继电器的选用

(1) 固体继电器概述

固体（态）继电器（简称 SSR）是一种无触点电子开关，没有任何可动触点或部件，但具有相当于电磁继电器的功能。当施加输入信号后，其主回路呈导通状态，无信号输入时呈阻断状态。它可以实现用微弱的控制信号对几十安甚至几百安电流的负载进行无触点的接通和断开。

固体继电器比电磁继电器具有许多特有的优点，例如抗振性能好、工作可靠、对外干扰小、抗干扰能力强、开关速度快、寿命长、能与逻辑电路兼容等，因此应用广泛，并逐步扩展到电磁继电器无法应用的领域（如计算机终端接口、程控装置、腐蚀潮湿环境及要求防爆的场合）。

但固体继电器也有不足之处，如具有导通压降、漏电流大、交直流通用性差、触点单一、耐温及过载能力差等。

固体继电器有许多类型，也有很多分类方法。固体继电器按其负载特性来分有交流固体继电器和直流固体继电器两类，而交流固体继电器又可分为过零型和非过零型；固体继电器按隔离方式分有光隔离固体继电器和变压器隔离固体继电器。另外，还可按封装结构和用途分类。

固体继电器通常由三部分组成：输入电路、驱动电路和输出电路。交流固体继电器结构方框图如图 5-9 所示；直流固体继电器结构方框图如图 5-10 所示。

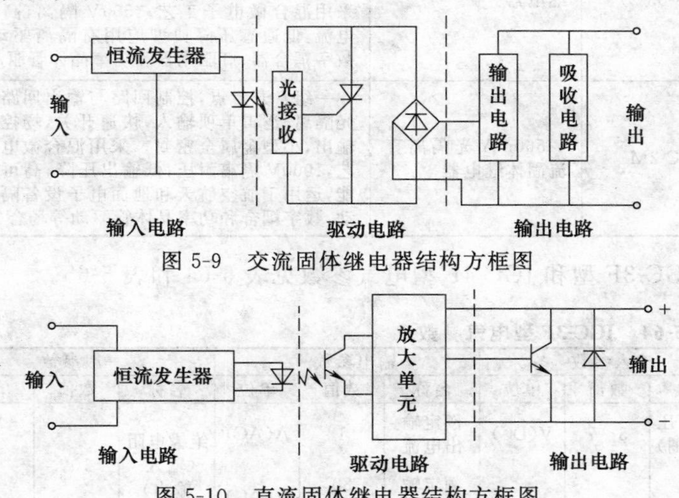

图 5-9　交流固体继电器结构方框图

图 5-10　直流固体继电器结构方框图

（2）JGC 型固体继电器的分类及用途

JGC 型固体继电器的分类及用途见表 5-63。

■ 表 5-63　JGC 型 SSR 分类

型　　号	名　　称	性能与用途
JGC-3F	1A 超小型无定型封装交流固体继电器	一组常开触点，控制回路与负载回路之间光隔离，逻辑兼容输入，高速开关响应，零电压开、零电流关，适用于可编程控制器，各种自动化控制装置及计算机接口等，并可用于煤矿、机械、井下电器照明设施及气油田的电气设备，是防火、防爆的理想器件

续表

型号	名称	性能与用途
JGC-3FA	1A 超小型无定型封装直流固体继电器	一组常开触点，直流输出，其余性能与用途同 JGC-3F 型
JGC-4F	2A 无定型封装交流固体继电器	一组常开触点，输入与输出间光隔离，输入可直接与 TIL 电路兼容，零电压开，零电流关，线路板焊接式安装，高抗干扰能力，高绝缘电阻。输出电流 2A，可用来控制各类电阻或感性负载
JGC-1M (J83-03-2)	300mA 直流固体继电器	两组常开触点，控制回路与负载回路之间光隔离，逻辑相容输入电流，高速开关响应，扁平金属全密封，双入双出。可在需要全固态电路的控制应用中取代电磁继电器。它采用混合微电子工艺。500V 隔离，高输出电流，低通态压降典型应用有隔离驱动器、数字耦合器、灯驱动器和功率晶体管驱动器
JGC-2M	560mA 光隔离直流固体继电器	一组常开触点，控制回路与输出回路之间光隔离，逻辑单项输入，快速开关，场控器体输出，小型金属全密封。采用混合微电子工艺，1000V 隔离耐压；低输出压降，高可靠性能，运用于航空航天和地面电子设备隔离驱动，数字耦合和功率晶体管驱动等场合

JGC-3F 型和 JGC-4F 型电气参数见表 5-64 和表 5-65。

■ 表 5-64 JGC-3F 型电气参数

输入参数			输出参数[①]			一般参数		
名称	数值	单位	名称	数值	单位	名称	数值	单位
输入电压（或范围）	3～7	V(DC)	额定输出电流	1	A(AC)	绝缘电阻（输入-输出）	10^8	Ω
			额定输出电压	80 30	V(AC)			
输入电流（或范围）	5（5V 时测试）	mA(DC)	浪涌电流	2	A(AC)	介质耐压（输入-输出）	100	V(50Hz)
			输出电压降（额定电流时）	1.5	V(AC)			
接通电压	3（最小值）	V(DC)	接通时间	0.1	ms	工作温度	－20～＋70	℃
关断电压	0.8（最大值）	V(DC)	关断时间	1	ms			
			输出漏电流	5	mA(DC)	储存温度	－20～＋80	℃
反向输入电压	＋7（最大值）	V(DC)	功率损耗	1.5（最小值）	W/A			

① 未注明者皆为最大值（下同）。

■ **表 5-65 JGC-4F 型电气参数**

输入参数			输出参数			一般参数		
名称	数值	单位	名称	数值	单位	名称	数值	单位
输入电压（或范围）	3～7 7～14	V(DC)	额定输出电流	2	A(AC)	绝缘电阻（输入-输出）	10^9	Ω
			额定输出电压范围	20～250 25～400	V(AC)			
输入电流（或范围）	15（典型值）	mA(DC)	浪涌电流	1000	A(AC)	介质耐压（输入-输出）	1500	V(50Hz)
			输出电压降（额定电流时）	1.5	V(AC)			
			接通时间	10	ms	工作温度	－20～＋75	℃
接通电压	3 4 （最小值）	V(DC)	关断时间	10	ms			
			断态漏电流	5	mA(DC)	储存温度	－20～＋100	℃
关断电压	1.8	V(DC)	功率损耗	1.7（典型值）	W/A	输出器件最高结温	110	℃
			工作频率	42～70	Hz			
反向输入电压	20	V(DC)	过零电压	±10	V(AC)	关断 dV/dt	100（典型值）	V/μs
			熔断 I^2t	10	$A^2\cdot s$			

（3）JGX 型小型交流固体继电器的种类

JGX 型交流固体继电器种类见表 5-66。

JGX-3F、JGX-4F 型 SSR 电气参数见表 5-67 和表 5-68。

（4）使用固体继电器的注意事项

① 固体继电器的种类繁多，使用时必须了解其主要技术参数，不可超过其限值范围。

② 当线路输入电压超过固体继电器的输入电压最大值时，需在外部串联限流电阻。限流电阻可按下式计算：

$$R=\frac{U_{CC}-U_{ie}}{I_{ie}}$$

$$P>RI_{ie}^2$$

式中 R——限流电阻，Ω；

P——限流电阻的功率，W；

U_{CC}——线路输入（控制）电压最大值，V；

U_{ie}，I_{ie}——固体继电器额定输入电压（V）和电流（A）。

■ **表 5-66 JGX 型交流固体继电器种类**

型　号	名　称	型　号	名　称
JGX-1/014 JGX-1/032	低输入单相交流 SSR 高输入单相交流 SSR	JGX-16F	4A 光隔离交流 SSR
JGX-1F (CG3C-01)	1A 光隔离交流 SSR	JGX-1533F	10A 光隔离交流 SSR
JGX-2F (CG3C-02)	2A 光隔离交流 SSR	JGX-1537F	25A 光隔离交流 SSR
JGX-3F (CG3C-03)	3A 光隔离交流 SSR	JGX-50F	50A 光隔离交流 SSR
JGX-4F (CG3C-04)	4A 光隔离交流 SSR	JGX-60F	60A 光隔离交流 SSR
JGX-5F (CG3C-05)	5A 光隔离交流 SSR	JGX-70F	70A 光隔离交流 SSR
JGX-7F (交流输出模块)	计算机交流输出 接口 SSR	JGX-3/014	低输入三相交流 SSR
JGX-10FA (CG3A-10～40)	10～40A 光隔 离交流 SSR	JGX-3/032	高输入三相交流 SSR
JGX-11FA (1800Z 专用)	15A 光隔离交流 SSR		

■ **表 5-67 JGX-3F 型 SSR 电气参数**

输入参数			输出参数			一般参数		
名称	数值	单位	名称	数值	单位	名称	数值	单位
输入电压(或范围)	3.2～14 4.0～32	V(DC)	额定输出电流	3	mA(AC)	绝缘电阻(输入-输出)	10^9	Ω
			额定输出电压	25 400	V(AC)	介质耐压(输入-输出)	1500 2500	V (50Hz)
输入电流(或范围)	16～30	mA(DC)	浪涌电流	30	A(AC)			
			输出电压降(额定电流时)	1.5	V(AC)	关断 dV/dt	100	V/μs
接通电压	3.2 4.0 (最小值)	V(DC)	接通时间	10	ms			
			关断时间	10	ms	工作温度	−20～ +75	℃
关断电压	1.5 1.0	V(DC)	输出漏电流	5	mA(AC)	储存温度	−20～ +100	℃
			功率损耗	1.5 (典型值)	W/A			
反向输入电压	14 32	V(DC)	工作频率	47～70	Hz	输出器件最高结温	110	℃
			过零电压	±10	V(AC)			

■ **表 5-68　JGX-4F 型 SSR 电气参数**

输入参数			输出参数			一般参数		
名称	数值	单位	名称	数值	单位	名称	数值	单位
输入电压（或范围）	3～14 3～32	V(DC)	额定输出电流	4	A(AC)	绝缘电阻（输入-输出）	10^9 （最小值）	Ω
			额定输出电压	20～250 25～400	V(AC)			
输入电流（或范围）	20 30	A(DC)	浪涌电流	40 (16ms)	A(AC)	介质耐压（输入-输出）	1500 2500	V (50Hz)
接通电压	3.2 4.0 （最小值）	V(DC)	输出电压降（额定电流时）	1.5	V(AC)	工作温度	－20～ ＋75	℃
			接通时间	10	ms			
			关断时间	10	ms	储存温度	－20～ ＋85	℃
关断电压	1.5 1.0	V(DC)	输出漏电流	5	mA(AC)			
			功率损耗	1.5 （典型值）	W/A	输出器件最高结温	110	℃
			工作频率	47～70	Hz			
反向输入电压	15 35	V(DC)	过零电压	±15	V(AC)	关断 dV/dt	100 （典型值）	V/μs
			熔断 I^2t	70	$A^2·s$			

③ 一般要求，控制信号的周期应为固体继电器接通、关断时间之和的 10 倍以上，以防止失控。

④ 固体继电器输入端可能引入的反极性电压，切不可超过其规定的反极性电压值，否则会造成固体继电器损坏。

⑤ 当线路输入电压超过固体继电器最大额定输出电压时，会造成误导通或损坏，当线路输入电压低于规定的最小输出电压时，固体继电器将不能正常接通。

⑥ 当工作环境温度上升或固体继电器不带散热器时，其最大输出电流将下降。

⑦ 一般直流固体继电器的过负载（浪涌）额定值远小于同功率的交流固体继电器。

不同负载所产生的浪涌电流如下。

① 感应电动机：5～7 倍电动机额定电流，持续时间为 5～10 周。

② 交流接触器：其额定电流的 3～4 倍。

③ 有饱和剩磁的变压器：有时可达其额定电流的 30 倍。

④ 白炽灯：其额定电流的 10 倍。

⑤ 卤钨灯：其额定电流的 25 倍。

⑥ 金属卤化物灯：开启过程中可能产生高达其额定值 100 倍的电流脉冲。

另外，电容性负载也会产生浪涌电流。

因此，选用固体继电器时，应根据负载情况，不同程度地降额使用。例如：对于 JGD 型多功能固体继电器，用于电阻性负载时，可按负载额定电流的 80％选用；用于冷阻性负载，如冷光卤钨灯、电容性负载时，可按负载额定电流的 30％～50％选用。

⑦ 有必要采取过电压、过电流保护。如输出电路加装快速熔断器保护。当负载为电阻性且余量较大时可不加。对于感性负载必须加 *RC* 吸收回路及压敏电阻保护。压敏电阻可采用 MYH 型（见表 5-69）。*RC* 元件及压敏电阻的选配见表 5-70。

■ 表 5-69 MYH3 系列通用压敏电阻参数

型号	标称压敏电压 /V	最大连续工作电压 /V		额定功率 /W	额定电流限制电压		浪涌耐量（二次，8×20μs）/A	电容量（f=1kHz）/pF
		交流	直流		V	A		
MYH3-05D18 MYH3-20D18	18 (15～21)	10	14	0.01 0.20	40 35	1 20	40 800	3300 50000
MYH3-05D56 MYH3-07D56 MYH3-10D56 MYH3-14D56 MYH3-20D56	56 (50～62)	33	45	0.01 0.02 0.05 0.10 0.20	125 110 110 110 110	1 2 5 10 20	40 100 200 400 800	1000 1700 4000 9000 16000
MYH3-05D100 MYH3-20D100	100 (90～110)	58	82	0.1 1.0	180 155	5 100	200 3500	200 4700
MYH3-05D430 MYH3-20D430	430 (387～473)	245	345	0.1 1.0	755 720	5 100	200 3500	45 1100
MYH3-14D1800 MYH3-21D1800	1800 (1620～1980)	1025	1450	0.6 1.0	2900	50 100	2000 3500	55 250

■ **表 5-70 *RC* 元件及压敏电阻的选用**

负载电流 \ 推荐量值 \ 保护电路	RC 吸收回路		压敏电阻（MYH 型）	串联小电阻
	$C/\mu F$	R/Ω	$U_1=2U_{5.6}$	
1A	0.022	240	ϕ12390V(470V)	①感性负载： 5 倍额定电流＝工作电压/（串联小电阻＋负载电阻） ②容性负载： 5 倍额定电流＝工作电压/串联小电阻
5A	0.1	68	ϕ12390V(470V)	
10A	0.22	22	ϕ16390V(470V)	
20A	0.22～0.47	22	ϕ16390V(470V)	

第6章

电容器及无功补偿

6.1 电容器及其使用与保护

电容器在电力系统中主要用作无功补偿，以提高线路及电气设备的功率因数，节约电能；也有用作提高线路电压水平等。

6.1.1 电容器的型号及技术数据

（1）电容器的型号含义

并联电容器的型号含义如下：

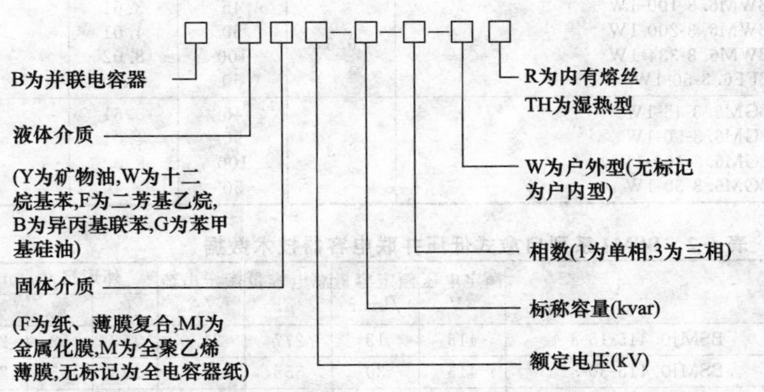

（2）常用并联电容器技术数据（见表 6-1 和表 6-2）

■ **表 6-1　并联电容器技术数据**

型　　号	额定电压/kV	标称容量/kV·A	标称电容/μF	相数
BW0.4-10-1TH	0.4	10	199	1
BW0.4-10-3TH		10	199	3
BW0.4-12-1		12	239	1
BW0.4-12-1TH		12	239	1
BW0.4-12-3		12	239	3

续表

型　　号	额定电压/kV	标称容器/kV·A	标称电容/μF	相数
BW0.4-12-3TH	0.4	12	239	3
BW0.4-13-1		13	259	1
BW0.4-13-3		13	259	3
BW0.4-14-1		14	200	1
BW0.4-14-3		14	280	3
BW0.4-14-3W		14	280	3
BW1.05-12-1	1.05	12	34.7	1
BW1.05-12-1TH	1.05	12	34.8	
BW1.05-17-1	1.05	17	49.2	
BW6.3-12-1TH	6.3	12	0.964	
BW6.3-16-1W	6.3	16	1.28	
BW10.5-16-1W	10.5	16	0.46	
BWF0.69-25-1	0.69	25	167	
BWF0.69-25-3	0.69	25	167	
BWF6.3-25-1W	6.3	25	2.0	
BWF6.3-50-1W	6.3	50	4.01	
BWF6.3-100-1W	6.3	100	8.0	
BWF6.3-120-1W	6.3	120	9.63	
BWM6.3-100-1W	6.3	45	3.61	1
BWM6.3-200-1W		50	4.01	
BWM6.3-334-1W		100	8.02	
BFF6.3-50-1W		50	4.0	
BGM6.3-45-1W	6.3	45	3.61	1
BGM6.3-50-1W		50	4.01	
BGM6.3-100-1W		100	8.02	
BGM6.3-50-1W		50	4.0	

■ **表 6-2　BSMJ 系列自愈式低压并联电容器技术数据**

型　　号	额定电压/V	额定容量/kvar	总电容量/μF	额定电流/A	外形尺寸/mm		
					长	宽	高
BSMJ0.415-15-3	415	15	277	21.0	153	53	210
BSMJ0.415-30-3	415	30	555	12.0	222	55	270
BSMJ0.415-60-3	415	60	1109	83.5	230	70	390
BSMJ0.23-10-1	230	10	602	43.5	222	55	270
BSMJ0.23-10-3	230	10	602	25.1	222	55	270
BSMJ0.23-15-1	230	15	903	6.5	230	70	340
BSMJ0.23-15-3	230	15	903	37.7	230	70	340
BSMJ0.23-20-1	230	20	1204	87	230	70	360
BSMJ0.23-20-3	230	20	1204	50.2	230	70	360
BSMJ0.25-15-1	250	15	764	60	222	55	320
BSMJ0.25-15-3	250	15	764	34.6	222	55	320
BSMJ0.25-15-3	250	15	764	60	222	55	320

续表

型　号	额定电压/V	额定容量/kvar	总电容量/μF	额定电流/A	外形尺寸/mm		
					长	宽	高
BSMJ0.4-10-3	400	10	199	14.4	153	53	210
BSMJ0.4-12-3	400	12	239	17.3	153	53	210
BSMJ0.4-14-3	400	14	279	20.2	153	53	210
BSMJ0.415-16-3	415	16	296	22.3	153	53	210
BSMJ0.415-20-3	415	20	370	27.8	222	55	210
BSMJ0.4-18-3	400	18	358	26	222	55	210
BSMJ0.4-20-3	400	20	398	28.9	222	55	210
BSMJ0.4-25-3	400	25	497	36.1	222	55	230
BSMJ0.4-30-3	400	30	597	43.3	222	55	270
BSMJ0.4-40-3	400	40	796	57.7	230	70	300
BSMJ0.4-50-3	400	50	995	72.2	230	70	360
BSMJ0.4-45-3	400	45	896	65.0	230	70	340
BSMJ0.45-10-3	450	10	157	12.8	153	53	210
BSMJ0.45-12-3	450	12	189	15.4	153	53	210
BSMJ0.45-16-3	450	16	252	20.5	222	55	210
BSMJ0.45-20-3	450	20	315	25.7	222	55	230
BSMJ0.45-25-3	450	25	393	32	222	55	270
BSMJ0.4-5-3	400	5	99	7.2	153	53	120
BSMJ0.45-30-3	450	30	472	38.5	222	55	320
BSMJ0.4-60-3	400	60	1194	86.6	230	70	390
BSMJ0.4-7.5-3	400	7.5	149	10.8	153	53	120
BSMJ0.525-15-3	525	15	173	16.5	153	53	210
BSMJ0.525-20-3	525	20	231	22	222	55	210
BSMJ0.525-25-3	525	25	289	27.5	222	55	230
BSMJ0.525-45-3	525	45	520	49.5	230	70	340
BSMJ0.525-60-3	525	60	693	66	230	70	390
BSMJ0.69-15-3	690	15	100	12.6	153	53	210
BSMJ0.69-20-3	690	20	134	16.7	222	55	210
BSMJ0.69-30-3	690	30	200	25.1	222	55	270
BSMJ0.69-60-3	690	60	401	50.2	230	70	390

(3) 串联电容器技术数据（见表 6-3）

■ 表 6-3　串联电容器技术数据

型　号	额定电压/kV	标称容量/kvar	标称电容/μF	相数	外形尺寸/mm			质量/kg
					长	宽	高	
CW0.6-20-1	0.6	20	176.928	1	373	136	925	50
CWF1-45-1	1	45	143.312	1	373	136	925	47

6.1.2 电容器的使用、安装与保护

6.1.2.1 电容器的使用条件

① 并联电容器使用的环境温度，见表6-4。

■ **表 6-4 并联电容器使用环境条件**

<table>
<tr><th rowspan="2">温度类别</th><th colspan="5">环境温度 t/℃</th></tr>
<tr><th>上限</th><th>下限</th><th>平均最高[①]</th><th>平均最高[②]</th><th>平均最高[③]</th></tr>
<tr><td>Ⅰ</td><td>+40</td><td>−40</td><td>+40</td><td>+30</td><td>+20</td></tr>
<tr><td>Ⅱ</td><td>+45</td><td>−40</td><td>+45</td><td>+35</td><td>+25</td></tr>
<tr><td>Ⅲ</td><td>+50</td><td>−40</td><td>+50</td><td>+40</td><td>+30</td></tr>
</table>

① 指1h平均最高温度。
② 指24h平均最高温度。
③ 指年平均最高温度。

② 使用地区海拔高度不超过1000m，超过可特殊订货。

③ 电容器允许在1.1倍额定电压下长期工作，但应避免最高电压与最高环境温度同时出现。

④ 电容器允许在1.3倍额定电流下长期工作。

⑤ 电容器的实测电容值偏差不超过标称值的±10%。

6.1.2.2 自愈式并联电容器的主要技术条件（见表6-5）

自愈式电容器的额定电压为0.23kV、0.4kV、0.525kV及0.69kV；单台容量一般在100kvar及以下。额定容量挡优先选用以下数值：1、1.6、2.0、2.5、3.2、5、6.3、8、10、16、20、25、32、50、63、80、100（kvar）。但10kvar以下产品的比特性差一些，价高些，故较少使用。

■ **表 6-5 自愈式并联电容器的主要技术条件**

<table>
<tr><td colspan="2">设置场所</td><td>户内、户外</td><td colspan="2">tanδ值</td><td>不大于0.0012</td></tr>
<tr><td rowspan="3">正常环境条件</td><td>温度</td><td>−25～+45℃</td><td colspan="2" rowspan="2">放电特性</td><td rowspan="2">施加电压断开1min后，残留电压降至50V以下</td></tr>
<tr><td>相对湿度</td><td>不大于85%</td></tr>
<tr><td>海拔高度</td><td>不超过2000m</td><td rowspan="5">过负荷</td><td rowspan="2">允许过负荷</td><td rowspan="2">不超过额定电压的1.1倍，24h内不超过8h(由于交流电压波动和调整造成的)</td></tr>
<tr><td rowspan="2">容量误差</td><td>总容量</td><td>标称容量的0～+15%</td></tr>
<tr><td>相间不平衡率</td><td>不大于107%</td><td>允许过电流</td><td>不超过实际电容电流的1.3倍</td></tr>
<tr><td rowspan="3">耐电压</td><td>端子间</td><td>交流2.15U_e,2s</td><td rowspan="2">投网时残留电压</td><td rowspan="2">不超过额定电压的10%</td></tr>
<tr><td rowspan="2">端子与外壳间</td><td rowspan="2">交流3000V,10s</td></tr>
<tr><td colspan="2">油漆颜色</td><td>浅灰色</td></tr>
</table>

6.1.2.3 并联电容器电流的计算

① 按标称容量和额定电压计算电流：

单相 $$I_e=\frac{Q_e}{U_e}$$

三相 $$I_e=\frac{Q_e}{\sqrt{3}U_e}$$

式中 I_e——电容器额定电流，A；

Q_e——电容器标称容量，kvar；

U_e——电容器额定电压，kV。

② 按电容器的实际电容值和实际运行电压计算电流（f 为工频 50Hz）：

单相 $$I_c=0.314CU$$

三相 $$I_c=\frac{0.314CU}{\sqrt{3}}$$

式中 I_c——电容器的实际电流值，A；

C——电容器的实际电容值，μF；

U——实际运行电压，kV。

一般来讲，按②计算，更接近于实际情况。

③ 由单台电容器组成的三相电容器组的电流计算：Y 形接线的电容器组，线电流与相电流相等，线电压等于$\sqrt{3}$倍的相电压。

$$I_c=I_{xg}=\frac{Q_c}{\sqrt{3}U}$$

△形接线的电容器组，线电流等于相电流的$\sqrt{3}$倍，线电压等于相电压。

$$I_c=\frac{Q_c}{\sqrt{3}U}$$

式中 Q_c——电容器组三相总容量，kvar；

U——线电压，kV。

6.1.2.4 运行电压升高对移相电容器影响的计算

① 运行电压升高对电容器容量的影响 运行电压升高，会使

补偿容量增加。当电容器实际运行电压不等于额定电压时，补偿容量应按下式修正：

$$Q'_e=Q_e\left(\frac{U}{U_e}\right)^2$$

式中　Q'_e——电容器在实际运行电压下的容量，kvar；

Q_e——电容器的额定容量，即铭牌上的标值，kvar；

U——电容器实际运行电压，V；

U_e——电容器的额定电压，即铭牌上的标值，V。

由上式可见，无功功率 Q 与 U 的平方成正比，当电容器的运行电压为额定电压的 90％时，Q 降低了 19％；而当运行电压为额定电压的 110％时，Q 增加了 21％。因此，如果 10kV 电容器用于 6kV 系统中，补偿容量将大为降低，不能充分发挥该电容器的作用，这是不经济的。

② 运行电压升高对电容器寿命的影响　运行电压升高，会使电容器的功率损耗和发热随电压值的平方而增加，容易损坏电容器及降低其寿命。电压升高 15％，寿命就要缩短到运行于额定电压时的 32.7％～37.6％左右。因此严格要求移相电容器运行电压在允许范围之内，是保证电容器安全运行的重要措施。

6.1.2.5　电网电压波形畸变对移相电容器影响的计算

随着大功率晶闸管整流装置的增多、电解工艺的发展及大容量电动机突然甩负荷等作用，都会使电网电压的波形发生畸变。对电容回路来讲，一般不存在偶次倍数的谐波。此外，中性点不接地星形连接电容器组的相电流和三角形连接电容器组的相电压中，都不包括 3 次及其整数倍的谐波，因此主要考虑 5、7、11、13 等次谐波的影响。

① n 次谐波电流计算　n 次谐波电流可按下式计算：

$$I_n=2\pi fnCU_n$$

式中　I_n——n 次谐波电流，A；

f——基波频率，为 50Hz；

U_n——n 次谐波电压，V；

C——电容器电容量，F。

可见，n 次谐波电流占基波电流的比例为 n 次谐波电压占基波电压的比例的 n 倍。因此，n 次谐波电流所造成的电流波形略变，远比电压波形的畸变严重。

② 电容器的损耗计算

a. n 次谐次产生的无功损耗和有功损耗分别为

$$Q_n = U_n I_n = 2\pi f_n C U_n^2 \times 10^{-3} = \frac{I_n^2}{2\pi f n C} \times 10^{-3}$$

$$P_{jxn} = Q_n \tan\delta_n = 2\pi f n C U_n^2 \tan\delta_n \times 10^{-3}$$

式中 Q_n——n 次谐波产生的无功损耗，kvar；

P_{jxn}——n 次谐波产生的有功损耗（介质损耗），kW；

$\tan\delta_n$——对 n 次谐波频率的介质损失角正切值。

由于电网中谐波的频率范围不宽，介质的 $\tan\delta$ 值相差不大，可看作 $\tan\delta_1 \approx \tan\delta_n$。

一般膜纸复合介质的 $\tan\delta \approx 5\times10^{-4}$，全膜介质的 $\tan\delta \approx 2\times10^{-4}$。

b. 电容器组的无功或有功损耗分别为基波电压和各次谐波电压产生的无功或有功损耗的总和。即

$$Q = \sum_1^n Q_n$$

$$P_{jx} = \sum_1^n P_{jxn}$$

③ 波形畸变引起的功率损耗计算　由于波形畸变引起的功率损耗可由下式计算：

$$P_{bq} = \sqrt{S^2 - P_{jx}^2 - Q^2}$$

$$= \sqrt{(UI \times 10^{-3})^2 - \left(\sum_1^n Q_n\right)^2 - \left(\sum_1^n P_{jxn}\right)^2}$$

$$S = UI \times 10^{-3}$$

$$U = \sqrt{U_1^2 + U_3^2 + \cdots + U_n^2}$$

$$I = \sqrt{I_1^2 + I_3^2 + \cdots + I_n^2}$$

式中 P_{bq}——波形畸变引起的功率损耗，kW；

S——从表计上读得电容器组的视在功率，kvar；

U——电压表读数（有效值），V；

I——电流表读数（有效值），A；

U_1——基波电压（有效值），V；

I_1——基波电流（有效值），A；

U_3，…，U_n——各次谐波电压（有效值），V；

I_3，…，I_n——各次谐波电流（有效值），A。

【例 6-1】 某网络电压波形包括基波和 5 次谐波，基波电压与额定电压值相等，5 次谐波电压值为额定电压的 26.45%。试分析接于该网络的补偿电容器的运行状况。设电容器产生的有功损耗 P_{jx}可忽略。

解 由于 $U_1=U_e$，$U_5=26.45\%U_e$，则

$$I_5=5U_5\omega_1C=1.3225I_e$$

电压有效值为

$$U=\sqrt{U_1^2+U_5^2}=\sqrt{1^2+0.2645^2}U_e=1.034U_e$$

$$I=\sqrt{I_1^2+I_5^2}=\sqrt{1^2+1.3225^2}I_e=1.656I_e$$

故电容器的无功功率为

$$Q=\sum_1^n Q_n=\frac{I_e^2}{\omega C}+\frac{(1.3225I_e)^2}{5\omega C}=1.35Q_{ce}$$

由于补偿电容器的有功损耗忽略不计，所以从无功功率表上读得的数为

$$S=1.034U_e\times1.656I_e=1.712Q_{ce}$$

因此，略去 P_{jx}后可算出由于 5 次谐波产生的畸变功率损耗为

$$\begin{aligned}P_{bq}&=\sqrt{S^2-P_{jx}^2-Q^2}\\&=\sqrt{(1.712Q_{ce})^2-(1.35Q_{ce})^2}\\&=1.05Q_{ce}\end{aligned}$$

计算结果表明，当 5 次谐波电压为额定电压的 26.45%、基波电压与额定电压相等时，电容器组过电压 3.4%，过电流 65.6%，电容器的无功出力过负荷 35%，而无功功率表的读数却为电容器组额定无功功率 Q_{ce}的 171.2%，5 次谐波产生的畸变功率高达电容器额定无功功率的 105%。

6.1.2.6 电容器的安装要求

① 户内式电容器应安装在不受阳光直射、不被雨雪淋湿、无腐蚀性气体、无盐碱、金属粉末及尘埃少、机械振动小，且通风良好的地方。

② 电容器可安装在铁架上，铁架应接地。当需将多个电容器排列放置时，应使电容器之间的间距不小于 30mm，并使每个电容器的接地端子统一朝向便于接线一方，铭牌面向通道一侧。

③ 电容器线路端子及接地端子处的接线应尽量使用软铜线，以免使接线端子受机械应力作用而损坏电容器、接线连接应紧密牢靠。

④ 必须充分考虑电容器及电容器室的通风散热，必要时可采取强迫风冷。

⑤ 凡不与地绝缘的每个电容器的外壳及电容器的构架均应接地；凡与地绝缘的电容器的外壳均应接到固定的电位上。

⑥ 电容器组的三相电容量的差值宜调到最小，其最大与最小的差值不应超过三相平均电容值的 5%；设计有要求时，应符合设计的规定。

⑦ 在下列情况下，电容器有可能处在过电压状态下运行。

a. 电容器的接入可能会引起网路电压的升高，因此电容器容易在比其接入前测得的更高电压下运行。

b. 网路的实际电压可能高于其标准电压。

c. 由于串入电抗器，可能会引起电容器上的电压升高。

因此，必须在充分考虑了上述因素的前提下，来判定网路的实际电压是否与电容器额定电压相符，确保电容器的实际工作电压不超过运行规定的允许值。

⑧ 电容器与异步电动机并接（如单独补偿），并且共有一个开关开断时，由于自激现象易产生过电压，这时，可按电容器电流小于电动机空载电流（建议小于 90%）的原则来选配电容器容量。

⑨ 在已经接入电容器的情况下，新的电容器投切时会产生很大的过渡过电流（涌流），考虑到电容器及其他设备的允许值，此

时应串接限流电抗器或采用带限流元件的接触器，将涌流峰值限制在数十倍电容器额定电流以下。

⑩ 在安装电容器前后，必须注意检查测量电压波形，如果存在谐波源（如大型整流器），则应考虑采取下列措施来降低由谐波引起的过电流。

a. 将部分或全部电容器移到其他网路中去。

b. 在电容器上串联适当的电抗器，以将回路的某一高次谐波降至干扰频率以下。

c. 在大型整流器近旁，增设滤波电容器。

⑪ 采用适当的过电流继电器来防止电容器的过电流，过电流继电器整定在当电流超过所规定的允许极限时使断路器跳闸。必须指出，外部熔断器通常不能提供合适的过电流保护。

6.1.2.7 电容器的保护

(1) 自行设计组装并联电容器作无功补偿装置时需考虑的保护(10kV 系统)

① 单台电容器需有熔丝保护。如电容器内已装有熔丝，可不再设计此保护，其熔丝熔断电流一般为电容器额定电流的1.5～2.0倍为宜。

部分高压电容器熔丝选择见表6-6。

表 6-6 部分高压电容器熔丝选择

型号	额定电压/kV	额定电流/A	相数	熔丝额定电流/A	熔丝直径/mm
BW6.3-12-1W	6.3	1.90	1	3	1根0.15
BW6.3-16-1W	6.3	2.53	1	4	2根0.1
BW10.5-12-1W	10.5	1.15	1	2	1根0.1
BW10.5-16-1W	10.5	1.52	1	3	1根0.15
BWF6.3-22-1W	6.3	3.48	1	7.5	2根0.2
BWF6.3-25-1W	6.3	3.96	1	7.5	2根0.2
BWF6.3-40-1W	6.3	6.33	1	10	2根0.2
BWF6.3-50-1W	6.3	7.93	1	15	3根0.25
BWF10.5-22-1W	10.5	2.11	1	4	2根0.1
BWF10.5-25-1W	10.5	2.37	1	4	2根0.1
BWF10.5-30-1W	10.5	2.87	1	5	2根0.15
BWF10.5-40-1W	10.5	3.79	1	7.5	2根0.2
BWF10.5-50-1W	10.5	4.75	1	7.5	2根0.2

② 电容器组宜采用平衡保护或瞬动的过电流保护。

③ 分、合电容器组的总开关宜采用真空断路器。

④ 当系统存在高次谐波时，应加装串联电抗器来抑制谐波。电抗器感抗值为容抗的3%～5%，或者加装压敏电阻及RC阻容过电压吸收装置，也兼作大气过电压保护。

(2) 集合式电容器补偿装置的保护

所谓集合式电容器，是指一台电容器由许多单元电容器组成。其主接线方式有星形、双星形、三角形及双三角形等。每一种主接线方式都有相应的保护方式。

1) 内部故障保护　集合式电容器常用的内部保护方式有：零序电压保护、电压差动保护、电桥差电流保护、中性点不平衡电流保护及中性点不平衡电压保护。

① 零序电压保护。当电容器组为三相星形接线时常采用这种保护方式。保护装置接在电压互感器的开口三角形绕组中，电压互感器兼作放电线圈用。采用这种保护的电器带延时装置，以躲过合闸引起的不平衡电压，延时时间一般为0.2～0.5s。

② 当电容器组为三相星形接线，而每相接成4个平衡臂的桥路时，常采用电桥式差电流保护；当每相由2组电容器串联组成时，则常用电压差动保护。

③ 中性线电流不平衡保护。当电容器组为双星形接线时采用这种保护方式。它具有灵敏度高以及外部短路、母线电压波动、高次谐波侵入时均不发生误动作等优点，动作延时约0.2s。

④ 横差电流保护。适用于双三角形接线的电容器组。其动作原理是，比较双三角形两个对应臂的相电流之差，其值达到限定值时保护器动作。由于该保护不受合闸电流影响，故可采用速断方式。

⑤ 零序电流保护。当电容器组容量较小且接成单三角形时采用这种保护方式。

2) 外部故障保护　集合式电容器外部故障保护有：过电压保护、失压保护、过电流速断保护等。

过电压保护按不超过 1.1U_e（U_e 为电容器额定电压）要求整定。

失压保护按母线电压的 60%整定。

过电流速断保护按短路进行整定，过电流按躲过最大负荷进行整定。

为限制雷电压和操作过电压，可采用氧化锌避雷器保护。

(3) 电网谐波电压的限制要求

只有对电网的谐波电压进行限制，才能减少谐波对电容器的危害。

① 当 10kV 电网谐波电压总畸变率为 4.04%、电容器两端电压 $U_C=1.1U_e$、电容量 $C=1.1C_e$ 时，计算表明，其电压峰值为 $1.21\sqrt{2}U_e$、无功容量输出为 1.36Q_e，已超过标准规定。因此，10kV 电容器运行时，其电网的谐波电压畸变率不宜大于 4%，以避免超出电容器的允许条件。

② 当 0.4kV 电网谐波电压总畸变率为 5.02%、电容器端电压 $U_C=1.1U_e$、$C=1.1C_e$ 时，计算表明，其过电流已为电容器在额定功率、额定正弦电压下电流的 1.31 倍，大于规定值。因此，在低压电容器运行时，其电网的谐波电压总畸变率不宜大于 5%，以保证其安全运行。

我国的《公用电网谐波标准》规定，10kV 为 4%，0.4kV 为 5%，故对于运行于公用电网中的电容器，安全基本上是有保障的。

③ 电容器高次谐波电流允许限度标准及计算公式。以高次谐波对电容器和电抗器的影响程度作为考虑的出发点，建立电容器和电抗器对各种高次谐波电流允许限度的计算公式，见表 6-7 和表 6-8。

若电抗器的允许限度低于电容器，且安装有串联电抗器时，则要用表 6-8 来进行讨论。由于基波电流正比于电网电压，因此在考虑到电压波动及设备工作时应有一定裕度的情况下，采用基波电流的 110%的计算公式来进行讨论比较适宜。

■ **表 6-7 电容器高次谐波电流允许限度标准及计算公式**

区别	电流	额定电压/kV	限度区别	流进单一高次谐波时的计算公式	流进多个高次谐波时的计算公式
持续允许限度	基波电流为100%时	3.3～6.6	电压	$1+\left(\frac{I_n}{I_1}\times\frac{1}{n}\right)\leqslant 1.256$	$1+\sum\limits_{n\geqslant 2}\left(\frac{I_n}{I_1}\times\frac{1}{n}\right)\leqslant 1.258$
			热	$\sqrt{1+\left(\frac{I_n}{I_1}\right)^2}\leqslant 1.35$	$\sqrt{1+\sum\limits_{n\geqslant 2}\left(\frac{I_n}{I_1}\right)^2}\leqslant 1.35$
		0.2～0.4	电压	$1+\left(\frac{I_n}{I_1}\times\frac{1}{n}\right)\leqslant 1.238$	$1+\sum\limits_{n\geqslant 2}\left(\frac{I_n}{I_1}\times\frac{1}{n}\right)\leqslant 1.238$
			热	$\sqrt{1+\left(\frac{I_n}{I}\right)^2}\leqslant 1.30$	$\sqrt{1+\sum\limits_{n\geqslant 2}\left(\frac{I_n}{I}\right)^2}\leqslant 1.30$
	基波电流为110%时	3.3～6.6	电压	$1.1+\left(\frac{I_n}{I_1}\times\frac{1}{n}\right)\leqslant 1.256$	$1.1+\sum\limits_{n\geqslant 2}\left(\frac{I_n}{I_1}\times\frac{1}{n}\right)\leqslant 1.256$
			热	$\sqrt{1.1^2+\left(\frac{I_n}{I_1}\right)^2}\leqslant 1.35$	$\sqrt{1.1^2+\sum\limits_{n\geqslant 2}\left(\frac{I_n}{I_1}\right)^2}\leqslant 1.35$
		0.2～0.4	电压	$1.1+\left(\frac{I_n}{I_1}\times\frac{1}{n}\right)\leqslant 1.238$	$1.1+\sum\limits_{n\geqslant 2}\left(\frac{I_n}{I_1}\times\frac{1}{n}\right)\leqslant 1.238$
			热	$\sqrt{1.1^2+\left(\frac{I_n}{I_1}\right)^2}\leqslant 1.30$	$\sqrt{1.1^2+\sum\limits_{n\geqslant 2}\left(\frac{I_n}{I_1}\right)^2}\leqslant 1.30$
短时允许限度	基波电流为100%时	3.3～6.6及0.2～0.4	电压 0.1s	$1+\frac{I_n}{I_1}\times\frac{1}{n}\leqslant 1.80$	$1+\sum\limits_{n\geqslant 2}\left(\frac{I_n}{I_1}\times\frac{1}{n}\right)\leqslant 1.80$
			电压 2s	$1+\frac{I_n}{I_1}\times\frac{1}{n}\leqslant 1.50$	$1+\sum\limits_{n\geqslant 2}\left(\frac{I_n}{I_1}\times\frac{1}{n}\right)\leqslant 1.50$
			电压 1min	$1+\frac{I_n}{I_1}\times\frac{1}{n}\leqslant 1.30$	$1+\sum\limits_{n\geqslant 2}\left(\frac{I_n}{I_1}\times\frac{1}{n}\right)\leqslant 1.30$
			电压、热 30min	同基波电流100%持续时的计算式	同基波电流100%持续时的计算式

■ 表 6-8 串联电抗器高次谐波电流允许限度标准及计算公式

区别	电流	限度	流进单一高次谐波时的计算公式	流进多个高次谐波时的计算公式	备注
持续允许限度	基波电流为100%时	热	$\sqrt{1+n^{\alpha}\left(\frac{I_n}{I_1}\right)^2}\leqslant 1.35$	$\sqrt{1+\sum_{n\geqslant 2}n^{\alpha}\left(\frac{I_n}{I_1}\right)^2}\leqslant 1.35$	
			$\sqrt{1+\left(\frac{I_n}{I_1}\right)^2}\leqslant 1.20$ 且 $\sqrt{\left(\frac{n}{5}\times\frac{I_n}{I_1}\right)^2}\leqslant 0.35$	$\sqrt{1+\sum_{n\geqslant 2}\left(\frac{I_n}{I_1}\right)^2}\leqslant 1.20$ 且 $\sqrt{\left(\sum\frac{n}{5}\times\frac{I_n}{I_1}\right)^2}\leqslant 0.35$	
	基波电流为110%时	热	$\sqrt{1.1^2+n^{\alpha}\left(\frac{I_n}{I_1}\right)^2}\leqslant 1.35$	$\sqrt{1.1^2+\sum_{n\geqslant 2}n^{\alpha}\left(\frac{I_n}{I_1}\right)^2}\leqslant 1.35$	
			$\sqrt{1.1^2+\left(\frac{I_n}{I_1}\right)^2}\leqslant 1.20$ 且 $\sqrt{\left(\frac{n}{5}\times\frac{I_n}{I_1}\right)^2}\leqslant 0.35$	$\sqrt{1.1^2+\sum_{n\geqslant 2}\left(\frac{I_n}{I_1}\right)^2}\leqslant 1.20$ 且 $\sqrt{\sum_{n\geqslant 2}\left(\frac{n}{5}\times\frac{I_n}{I_1}\right)^2}\leqslant 0.35$	
短时允许限度	基波电流为100%时	电压 2s 以下	$n\frac{I_n}{I_1}\leqslant 16.7$	$\sum_{n\geqslant 2}\left(n\frac{I_n}{I_1}\right)\leqslant 16.7$	把电容器投入时的过电压抑制在允许值以下
		1min	电压及热的限度的混合时间		
		热 30min	与持续允许限度公式相同		

注：1. 表 6-7、表 6-8 中：I_1—基波额定电流；I_n—流进高次谐波电流；n—流进的高次谐波次数；α—常数（<2.0）。
2. 电压是指耐压而言；热是热破坏限度的意思。

6.1.3 并联电容器的试验

（1）交接试验和预防性试验

并联电容器安装后的交接试验项目和标准见表 6-9；预防性试验项目、周期和标准见表 6-10。

（2）自愈式电容器的交接试验项目

① 测量绝缘电阻。可采用 1000V 兆欧表测量电极对外壳间的绝缘电阻，其值不应与出厂值有明显差别。

② 测量电容量。实测电容量与额定值之差对于 100kvar 及以下的单台电容器和电容器组应不超过 0～15%；对于 100kvar 以上的单台电容器和电容器组应不超过 0～10%。

③ 交流耐压试验（出线端子与外壳间）。出厂试验：3kV、10s 或 3.6kV、2s 任选一种；型式试验：3kV、1min；交接试验电压为 2.2kV，即出厂试验电压值的 75%。

■ 表 6-9 并联电容器组安装后的交接试验项目和标准

<table>
<tr><th>序号</th><th>试验项目</th><th colspan="6">标 准</th><th>备 注</th></tr>
<tr><td>1</td><td>双极对外壳绝缘电阻测量</td><td colspan="6">不作规定</td><td>参考值 ＞2000MΩ</td></tr>
<tr><td>2</td><td>介质损耗角正切值 tanδ(%)</td><td colspan="6">浸渍纸介质电容器：不大于 0.4
浸渍纸与薄膜复合介质电容器：不大于 0.12
全膜介质电容器：不大于 0.05</td><td></td></tr>
<tr><td>3</td><td>电容值测量</td><td colspan="6">不超过出厂实测电容值的±10%</td><td></td></tr>
<tr><td rowspan="3">4</td><td rowspan="3">双极对外壳交流耐压试验 (50Hz、1min)</td><td>额定电压 /kV</td><td>0.5 及以下</td><td>1.05</td><td>3.15</td><td>6.3</td><td>10.5</td><td rowspan="3">出厂试验电压与本标准不同时，交接试验电压为出厂试验电压的 85%</td></tr>
<tr><td>出厂试验电压/kV</td><td>2.5</td><td>5</td><td>18</td><td>25</td><td>35</td></tr>
<tr><td>交接试验电压/kV</td><td>2.1</td><td>4.2</td><td>15</td><td>21</td><td>30</td></tr>
<tr><td>5</td><td>冲击合闸试验</td><td colspan="6">在电网额定电压下，对电容器进行三次合闸试验。开关合闸时，保护不应动作，电容器组各相电流的差值不应超过 5%</td><td></td></tr>
</table>

■ **表 6-10　并联电容器预防性试验项目、周期和标准**

<table>
<tr><th>序号</th><th>试验项目</th><th>周期(年)</th><th colspan="6">标　准</th></tr>
<tr><td>1</td><td>双极对外壳绝缘电阻测量</td><td>1</td><td colspan="6">＞1000MΩ</td></tr>
<tr><td>2</td><td>介质损耗角正切值 tanδ(%)</td><td>半</td><td colspan="6">见表 6-9</td></tr>
<tr><td>3</td><td>电容值测量</td><td>1
(自愈式电容器建议每月一次)</td><td colspan="6">10.5kV 的电容器不超过出厂实测值的±5%,6.3kV 及以下的电容器不超过出厂实测值的±10%。
自愈式电容器三相不平衡率不超过107%</td></tr>
<tr><td rowspan="2">4</td><td rowspan="2">双极对外壳交流耐压试验(50Hz、1min)</td><td rowspan="2">2</td><td>额定电压/kV</td><td>0.5 及以下</td><td>1.05</td><td>3.15</td><td>6.3</td><td>10.5</td></tr>
<tr><td>试验电压/kV</td><td>2.1</td><td>4.2</td><td>15</td><td>21</td><td>30</td></tr>
<tr><td>5</td><td>起始游离电压测量</td><td>2</td><td colspan="6">起始游离电压不低于 1.1 倍电容器额定电压,高频放电电流不大于 1μA</td></tr>
</table>

(3) 电容器绝缘电阻测量

① 测量方法　低压电容器用 500V 或 1000V 兆欧表测量；高压电容器用 2500V 兆欧表测量。只测双极对外壳的绝缘电阻，而不测双极间的绝缘电阻。

由于电容器的两极间及两极对外壳均有电容存在，而电容有储能作用，因此测试时必须注意人身安全和防止兆欧表损坏。具体做法如下。

测试前，需将电容器用导线短接放电。摇测时，先将兆欧表摇至 120r/min，待指针平稳后再将兆欧表线接至电容器的两极上(兆欧表另一线接外壳)，再继续摇动兆欧表。开始时由于对电容器充电，兆欧表指针会下降，然后慢慢上升直至稳定，此时读数即为电容器两极对外壳的绝缘电阻。记取读数后，要先将兆欧表线撤除后再停止摇动，否则会因电容器放电而损坏表头。测试完毕后应随即将电容器进行放电，因为电容器能长时间储存电荷，人触及接线桩头，会遭电击。

② 绝缘电阻的换算　电容器的绝缘电阻随温度变化而差别很大，任意温度 t 下测得的电容器的绝缘电阻，可按下式换算到 20℃

时的绝缘电阻：

$$R_{20}=\frac{R_t}{10\left(\frac{60-3t}{100}\right)}=\frac{R_t}{K_t}$$

式中　R_{20}——换算到20℃时的绝缘电阻，Ω；

R_t——温度 t 下测得的绝缘电阻，Ω；

K_t——温度换算系数，见表 6-11。

■ **表 6-11　电容器绝缘电阻各种温度时的 K_t 值**

t/℃	K_t	t/℃	K_t	t/℃	K_t	t/℃	K_t
1	3.712	11	1.860	21	0.933	31	0.468
2	3.465	12	1.738	22	0.870	32	0.436
3	3.235	13	1.620	23	0.813	33	0.407
4	3.020	14	1.513	24	0.758	34	0.380
5	2.820	15	1.411	25	0.708	35	0.355
6	2.630	16	1.318	26	0.660	36	0.331
7	2.452	17	1.230	27	0.616	37	0.309
8	2.290	18	1.145	28	0.575	38	0.288
9	2.140	19	1.070	29	0.537	39	0.260
10	1.990	20	1.000	30	0.501	40	0.242

(4) 电容器电容量的测量

电容器的电容量可用电压、电流表测量，如图 6-1 所示。

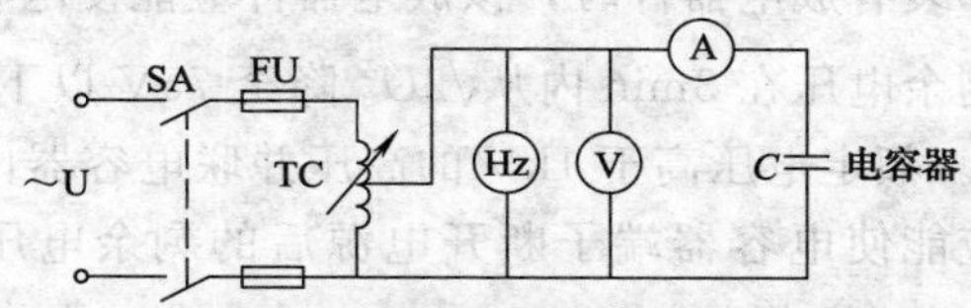

图 6-1　电压、电流表法测量电容器电容量接线图

调节调压器，使加于电容器两端的电压为电容器的额定电压，记下电流表、电压表和频率表（当电源频率有可能与 50Hz 有偏差时）的指示值，然后按下式计算：

$$C=\frac{I\times10^6}{2\pi fU},\ I=U/X_C=2\pi fU\times10^{-6}$$

式中　C——电容器电容量，μF；

U——外加电容器两端的电压，V；

I——通过电容器的电流，A；

f——外加电源频率，大电网 $f=50\text{Hz}$。

用上述方法可测量单相电容器和三相电容器的电容量。

所加电源电压为电容器的工作电压，电容器实测电容量与铭牌标称值之偏差，不应大于±10%。

测试时要注意监视电源频率，如果电源频率相差较多时，则需核算公式。

(5) 冲击合闸试验

在电网额定电压下，对电容器组进行 3 次冲击合闸试验，并测量电容器组各相电流。试验中熔断器不应熔断，各相电流的差值不应超过 5%。

(6) 内附放电电阻的测量

国产高压并联电容器容量较小的一般内部不附装放电电阻；国产集合式并联电容器和日本产的大容量箱式电容器的电容元件均不附装放电电阻。

国产低压并联电容器，一般内部都附装放电电阻。美国、英国、西欧和日本等国家和地区的并联电容器，内部均附装放电电阻。

① 对放电电阻的放电性能要求　额定电压 1kV 及以下低压并联电容器内部装有放电器件时，该放电器件应能使电容器的端子断开电源后的剩余电压在 3min 内从 $\sqrt{2}U_e$ 降至 75V 以下（U_e 为电容器额定电压）。额定电压高于 1kV 的高压并联电容器内部如装有放电器件时，应能使电容器端子断开电源后的剩余电压在 10min 内从 $\sqrt{2}U_e$ 降至 75V 以下。

② 放电电阻阻值的测量　为检查放电电阻的放电性能是否符合要求，并联电容器在投入运行 1 年内要测量放电电阻的阻值。测量方法采用自放电法。具体测算如下。

设 $t=0$ 时，电容 C 两端的电压已被充电至 U_1，并在此时断开电源，历经时间 t 后，C 两端的电压经内部的放电电阻 R 放电至 U_2，则放电电阻便可由下式计算：

$$R=\frac{U_1 t}{C(U_1-U_2)}\times 10^6$$

式中 R——放电电阻，Ω；

C——并联电容器电容，已测出，μF；

U_1——$t=0$ 时并联电容两端电压，V；

U_2——$t=\tau$ 时并联电容两端电压，V；

t——放电时间，s。

并联电阻 R 的数值与出厂值的偏差应在 10%范围内。

③ 注意事项

a. 测试用的开关，其绝缘电阻值要比 R 大 100 倍以上，否则会影响测量的准确度。

b. U_1 的数值可取为 $U_1 \leqslant U_e$（U_e 为电容器的额定电压）。

对自愈式电容器也可参照上述方法测算。

各种容量高压并联电容器的放电电阻值见表 6-12。

表 6-12 各种容量高压并联电容器的放电电阻值

额定电压/kV	额定容量/kvar	标称电容/μF	内部放电电阻/MΩ
11	100	2.63	≤19.87
	200	5.26	≤9.94
	300	8.78	≤5.95
$\frac{11}{\sqrt{3}}$	30	2.37	≤24.39
	50	3.95	≤14.63
	100	7.89	≤7.32
	200	15.79	≤3.66
	334	26.38	≤2.19
10.5	25	0.72	≤73.2
	30	0.87	≤60.6
	50	1.44	≤36.6
	100	2.89	≤18.2
6.3	25	2.01	≤28.89
	30	2.41	≤24.03
	50	4.10	≤14.44

注：本表按断开 5min 后剩余电压≤50V 计算。

6.1.4 切换电容器专用接触器的选择

切换电容器的专用接触器有 CJ19（CJ16）系列、CJ20C 系列、

B25C～B75C 系列、CJ41 系列、CJ32C 系列。

此外，还有通用型 EB、EH 系列，UA、UB 系列和串有限流电阻的 UB-R、UB-RD 系列等接触器。

上述专用接触器的主要技术数据见表 6-13 和表 6-14。

■ 表 6-13 常用切换电容器专用接触器主要技术数据

系列	型号	额定工作电流 I_e（AC-6b）/A	约定发热电流 I_{th}/A	控制电容器容量/kvar 220V	控制电容器容量/kvar 380V	机械寿命/万次	电寿命/万次	操作频率/(次/h)	抑制涌流能力
CJ16	CJ16-25	17	25		12	100	10	90	$\leqslant 20I_e$
	CJ16-32	23	32		16				
	CJ16-40	29	40		20				
	CJ16-63	43	63		30				
CJ19	CJ19-25	17.3	25	6	12	100	10	120	$\leqslant 20I_e$
	CJ19-32	26	32	9	18				
	CJ19-43	29	43	10	20				
	CJ19-63	43	63	15	30				
CJ20C	CJ20C-25	25	32		20	100	15	240	$\leqslant 20I_e$
	CJ20C-36	36	36		25				
	CJ20C-45	45	53		30		10		
	CJ20C-63	63	63		40				
B-C	B25C	22	40		15	100	10	120	$\leqslant 20I_e$
	B30C	30	45		20				
	B50C	50	85		30				
	B63C	60	85		40				
	B75C	75	85		50				
CJ41	CJ41-32	32	32	8	16	100	10	120	$\leqslant 20I_e$
	CJ41-40	40	40	10	20				
	CJ41-63	63	63	16	32				
CJ32C	CJ32C-25	25	32		12	100	10	120	$\leqslant 30I_e$
	CJ32C-32	32	45		20				
	CJ32C-45	45	55		30				
	CJ32C-63	63	80		40				

■ 表 6-14 ABB 公司三个系列切换电容器专用接触器技术数据

型　　号	控制电容器容量（380/400V、40℃）/kvar	可承受最大涌流峰值/A	不用附加电抗器时可承受的涌流倍数
EB12	10	700	约 30
EB16	12	1000	
EB25	18	1500	
EB30	20	1800	
EB40	26	2100	

续表

型　号	控制电容器容量(380/400V、40℃)/kvar	可承受最大涌流峰值/A	不用附加电抗器时可承受的涌流倍数
EB50	38	2300	约 30
EB63	43	2500	
EB75	48	2600	
EH90	60	4000	
EH100	75	4000	
EH145	90	4000	
EH175	105	5000	
EH210	125	5000	
EH300	160	8000	
EH370	200	10000	
EH550	260	10000	
EH700	350	12000	
EB800	390	12000	
UB25	12.5/16	1900	约 100
UB30	20/25	3000	
UB50	30/36	5000	
UB63	40/50	6000	
UB75	50/55	7500	
UB95	60/65	9300	
UB110	75/75	10500	
UB16-30-11R	10	3000	约 160
UB18-30-10R	16.7	4000	
UB26-30-10R	20	5000	
UB30-30-10R	25	6000	
UB50-30-10RD	38	9000	
UB63-30-10RD	47	11250	
UB75-30-10RD	55	13500	

6.1.5 电容器串联电抗器和限流器的选择

（1）并联电容器串联电抗器的目的

① 抑制涌流　在并联电容器投入电网的瞬间，在回路中会产生一个幅值很高的浪涌电流。串联电抗器能起到抑制涌流的作用。

② 防止谐波放大　电网中的大功率变流装置、电力机车、电弧炉等都是高次谐波源。它们不断地向电网及其他负荷输出高次谐波电流。当流经合成的电容器的基波电流与谐波电流（发生并联谐振时会被放大）超过电容器的最大允许电流时，电容器就有可能被损坏。串联电抗器能防止谐波放大。

(2) 选配串联电抗器的方法

1) 方法一

① 根据要选配串联电抗器的电容器组的实际容量 Q_c 和额定电压 U_{ce} 计算电容器的基波容抗 X_{C1} 和额定电压下的基波电流 I_{C1} 为

$$X_{C1}=U_{ce}^2/Q_c$$

$$I_{C1}=Q_c/U_{ce}$$

② 根据选配串联电抗器的目的，确定串联电抗器的工频电抗 X_{L1}。

a. 主要目的是在抑制涌流时，X_{L1} 可在 (0.001～0.003)X_{C1} 的范围内选取。

b. 主要目的是在防止 5 次及 5 次以上谐波放大时，X_{L1} 可在 (0.045～0.06)X_{C1} 的范围内选取。但要注意，串接 6%或 4.5%电抗器均会产生 3 次谐波电流放大，而串接 6%电抗器对 3 次谐波电流的放大程度更加严重，串接 4.5%电抗器则很接近于 5 次谐波谐振点的电抗值 4%。因此，当需要抑制 5 次及以上谐波，同时又要兼顾减小对 3 次谐波放大的情况下，X_{L1} 可选取 4.5%X_{C1}。

c. 主要目的是防止 3 次及 3 次以上谐波放大时，X_{L1} 可在 (0.12～0.13)X_{C1} 的范围内选取。

d. 主要目的是防止 2 次及 2 次以上谐波放大时，X_{L1} 应在 (0.26～0.27)X_{C1} 的范围内选取。

③ 核算串联电抗器的额定电流为

$$I_{Le}\geqslant I_{ce}$$

式中　I_{Le}——串联电抗器的额定电流；

I_{ce}——配套并联电容器组的额定电流。

④ 确定串联电抗器的绝缘水平。应根据电抗器在回路中的位

置，是否有绝缘台架，以及户内、户外、海拔高度等因素按国标来确定。

例如，要给额定电压为 $11/\sqrt{3}$kV、容量为 3000kvar 的一组单相并联电容器选配一台单相串联电抗器，其主要目的是防止 5 次及 5 次以上次数的谐波放大。

a. 电容器的基波容抗为

$$X_{C1}=\frac{(11/\sqrt{3})^2}{3000}\times 10^3=13.4\Omega$$

b. 额定电压下的基波电流为

$$I_{C1}=3000/(11/\sqrt{3})=472\text{A}$$

c. 串联电抗器的工频电抗为

$$X_{L1}=0.06X_{C1}=0.06\times 13.4=0.806\Omega$$

d. 串联电抗器的额定电流为

$$I_{Le}=I_{C1}=472\text{A}$$

因此可选用额定电抗为 0.806Ω、额定电流为 472A 以上的单相串联电抗器。

对于同一组电容器，若选配电抗器的目的仅仅是为了限制涌流，则仅需选用 $X_{L1}=0.002\times 13.4=0.0268\Omega$、$I_{Le}=472\text{A}$ 的空心电抗器就可以了。

2）方法二　按下式估算电抗器容量：

$$Q_L\geqslant\frac{Q_c}{n^2}$$

式中　Q_L——串联电抗器容量，kvar；

Q_c——电容器组容量，kvar；

n——高次谐波次数。

Q_L 也可按表 6-15 选取。

■ 表 6-15　串联电抗器容量选取

n/次	3	5	7	9
Q_L/Q_c/%	12～13	4.5～6	3	2

第6章 电容器及无功补偿

(3) 串联电抗器的选型

串联电抗器有油浸式铁芯电抗器和干式空心电抗器。一般铁芯式适用于不发生饱和现象的回路，即回路电流不发生很大变化，即使发生也并不持续很长时间的情况。在电流变化很大而需要电抗值不变的场合，应选用空心电抗器。

国产铁芯油浸式串联电抗器的性能指标见表6-16。

10kV 串联电抗器的技术数据见表6-17。

■ **表 6-16　铁芯油浸式串联电抗器性能指标**

项　　目	性能指标
最大长期允许使用电流	$1.35I_e$(额定电流有效值)
允许过电流冲击	$25I_e$(2s)
容量偏差	0～10%
线圈温升	$1.35I_e$ 不高于 55℃
油面温升	$1.35I_e$ 不高于 50℃

■ **表 6-17　10kV 串联电抗器技术数据**

额定电压/kV		10											
额定频率/Hz		50											
相数		3											
配电容器容量/kvar		500	750	1000	1500	2000	2500	3000	4000	5000	6000	7500	10000
K为6%	额定端电压/V	381											
	额定容量/kV·A	30	45	60	90	120	150	180	240	300	360	450	600
	额定电流/A	26.2	39.4	52.5	78.7	105	131	157	210	262	315	394	525
	相电抗值/Ω	14.5	9.67	7.25	4.84	3.63	2.91	2.43	1.81	1.41	1.25	0.967	0.725
K为12%	额定端电压/V	381											
	额定容量/kV·A	60	90	120	180	240	300	360	480	600	720	900	1200
	额定电流/A	24.1	36.1	48.1	72.2	96.2	120	144	192	240	288	361	481
	相电抗值/Ω	34.5	23	17.3	11.5	8.63	6.92	5.77	4.32	3.46	2.88	2.30	1.73

注：K—串联电抗率，$K=Q_L/Q_c=X_{L1}/X_{C1}$。

(4) 选配及使用串联电抗器应注意的问题

① 当同一台串联电抗器与不同容量、不同额定电压的电容器构成不同的电容器-串联电抗器组时，其串联电抗率通常也是不相

同的。串联电抗器铭牌上的额定电抗率，实际上是指该电抗器与指定的配套电容器组（一定容量、一定额定电压）一起构成电容器-串联电抗器组时，该电容器-串联电抗器组的串联电抗率，而不是该串联电抗器的串联电抗率。选用时一定要弄清楚。

例如，有一台与额定电压为 $11/\sqrt{3}$kV、容量为 3000kvar 的并联电容器组配套的串联电抗器，其铭牌上的额定串联电抗率为 6%，如果将这台串联电抗器与一组额定电压为 $11/\sqrt{3}$kV，容量为 1000kV·A 的电容器组串联，其串联电抗率将是多少？

这台串联电抗器的基波电抗为

$$X_{L1}=K(U_{ce}^2/Q_c)=\frac{0.06\times(11/\sqrt{3})^2}{3000}\times10^3=0.8\Omega$$

式中，K 为该串联电抗器与 $11/\sqrt{3}$kV、3000kvar 电容器构成的串联组的电抗率。而这台串联电抗器与 $11/\sqrt{3}$kV、1000kvar 的电容器构成的新的串联电抗率为

$$K'=\frac{0.8}{(11/\sqrt{3})^2\times1000}\times10^3=0.02,\text{即}2\%$$

② 接入串联电抗器后，会提高并联电容器的运行电压（但也相应地增加了无功输出）。

加装串联电抗率为 K 的串联电抗器后，电容器电压升高系数 δ 计算如下：

$$\delta=\frac{1}{1-K}$$

例如，加装 $K=6\%$串联电抗器后，电容器电压升高系数为

$$\delta=\frac{1}{1-0.06}\approx1.06$$

即运行电压比电源电压约升高 6%，工作电流也增大约 6%。

③ 日本运行经验认为，如未装电抗器和已装电抗器的并联电容器组的容量比为 1∶1 时，也要注意防止谐波谐振；但如装有电抗器的电容器组容量占 2/3 及以上时，则不会产生谐波谐振。

(5) 限流器及其选择

限流器为带阻尼电阻的阻尼式限流器，我国于 20 世纪 80 年代

以来开始使用。

1）采用限流器的优点

① 具有良好的限流效果。限流器与串接6%电抗器对比，采用限流器的涌流值虽然比较大，但暂态过程时间却大大缩短，其限流效果超过6%电抗器。对于长期运行投切频繁的并联电容器来说，采用限流器效果更好。

② 削弱电容器组放电电流对系统短路电流的助增影响。

③ 减小电容器运行的工作电流和电压。采用限流器，由于其电感量仅为约 200μH，电抗率只有 0.1%～0.5%，电容器上的工作电压升高很小，电容器的工作电流值几乎不受影响。因此改善了电容器组的运行条件。

④ 降低电容器组回路运行的电能损耗。限流器的电感量小，回路电阻小，体积远小于6%电抗器，能量损耗比6%电抗器小6～11倍。两者电阻比较见表6-18。

■ 表6-18 限流器与6%空心电抗器直流电阻比较

Q_c/kvar	R_{XL}/Ω	$R_{6\%}$/Ω
2400	0.007	0.077
4800	0.004	0.036
8400	0.0028	0.018

⑤ 减少土建投资和安装工作量，符合小型化发展方向。

2）限流器的选择

① 限流器与电容器组固定连接。其电抗器的允许长期工作电流按1.3倍的电容器组额定电流考虑。

② 阻尼电阻虽因火花间隙接入电路的时间是短暂的，但为稳妥起见，其额定电流还需按长期接入考虑（按分流比）。

③ 阻尼电阻最优值可按下式简化计算：

$$R=X_C\sqrt{K}$$

式中 R——阻尼电阻，Ω；

X_C——电容器每相工频容抗，Ω；

K——电抗率。

不同电容器容量配置阻尼电阻最优值 R_F 见表 6-19（表中 Q_{ce} 为电容器组额定容量）。

■ **表 6-19　阻尼电阻最优值**

Q_{ce}/Mvar	2	3	4	5	6	7	8	9	10
X_C/Ω	60.5	40.3	30.3	24.2	20.2	17.3	15.1	13.4	12.1
X_L/Ω	0.063	0.063	0.063	0.063	0.063	0.063	0.063	0.063	0.063
K/%	0.104	0.156	0.207	0.260	0.311	0.363	0.416	0.469	0.519
R_F/Ω	1.951	1.592	1.378	1.234	1.127	1.042	0.974	0.918	0.872

④ 并联电容器组配套限流器的参数，见表 6-20。表中的限流器为江苏吴江苏杭电气厂生产的 GZX 型限流器，其电抗器电感为 200μH，I_{xe} 为额定电流，R 为匹配阻尼电阻。

■ **表 6-20　并联电容器组配套限流器的参数**

<table>
<tr><td>Q_{ce}/Mvar</td><td>2</td><td>3</td><td>4</td><td>5</td><td>6</td><td>7</td><td>8</td><td>9</td><td>10</td></tr>
<tr><td>I_{ce}/A</td><td>105</td><td>157</td><td>210</td><td>262</td><td>315</td><td>367</td><td>420</td><td>472</td><td>525</td></tr>
<tr><td>K/%</td><td>0.10</td><td>0.16</td><td>0.21</td><td>0.26</td><td>0.31</td><td>0.36</td><td>0.42</td><td>0.47</td><td>0.52</td></tr>
<tr><td>I_{xe}/A</td><td colspan="3">250</td><td colspan="3">400</td><td colspan="3">600</td></tr>
<tr><td>R/Ω</td><td colspan="3">1.6</td><td colspan="3">1.3</td><td colspan="3">1.0</td></tr>
</table>

6.1.6　电容器放电电阻和放电电抗器的计算

为了保证安全操作及减少冲击电流，应设法在电容器与电源断开后，在电容器两端并联一个放电电阻，将电容器上的电荷快速放掉。根据电容器运行规定，电容器在经过 30s 放电后，其外接线端子间的剩余电压应降低到 65V 以下。通常，380V 及以下的低压电容器组，采用白炽灯或 AD15 系列信号灯作为放电回路；3.15～10.5kV 高压电容器组，常采用接成 V 形的单相电压互感器或三相电压互感器作为放电回路。

(1) 用 AD15 系列信号灯作为放电回路

AD15 系列信号灯可用于交流 690V 及以下电容器的放电回路。

AD15 系列信号灯原是专门为低压电容柜中的电容器放电及指示而设计的。过去电容柜采用两只 XD5 型信号灯串联使用，还是经常被烧毁，使电容器上的剩余电荷放不掉而影响运行和维修安全。现在使用一只 AD15 系列信号灯即可安全使用，且寿命长，可靠性高。每 180kvar 安装一组 AD15 系列信号灯。

(2) 用电感性负载作为放电回路

设放电回路的电阻为 R（Ω），电感为 L（H）。

① 当 $R \geqslant 2\sqrt{L/C}$时，放电电流为非周期性的单向电流，放电时间可按电路放电回路中的有关公式计算。

② 当 $R < 2\sqrt{L/C}$时，放电电流为周期性的振荡电流，放电时间按下式计算：

$$t = 4.6\frac{L}{R}\lg\frac{\sqrt{2}U}{u_C}$$

【例 6-2】 现有一采用三角形接法的电容器组，总容量为 96kvar，电网电压为 380V，试分别计算其放电电阻在三角形和星形接法时的电阻值。

解 当放电电阻采用三角形接法时，放电电阻为

$$R_{\triangle} \leqslant \frac{193 \times 10^4}{96} = 20000\Omega$$

电阻上消耗功率为

$$P_{\triangle} = U^2/R_{\triangle} = 380^2/20000 = 7.2\text{W}$$

当放电电阻采用星形接法时，放电电阻为

$$R_Y \leqslant \frac{64.8 \times 10^4}{96} = 6750\Omega$$

电阻上消耗功率为

$$P_Y = U_x^2/R_Y = 220^2/6750 = 7.2\text{W}$$

6.2 功率因数和无功补偿容量的计算

6.2.1 电力负荷的自然功率因数

用电负荷的自然功率因数，是指未进行无功补偿前的功率因数。一般用电负荷的功率因数都是滞后的，经过补偿后，功率因数可能是超前的，也可能仍是滞后的，但通常是不允许过补偿的。

电网的负荷是综合性的，包括有各种类型的用电设备。其自然功率因数的高低，主要与设备的特性和负载率有关。对于电动机和变压器，其自然功率因数可按表 6-21 和表 6-22 估算。

■ **表 6-21 感应电动机的功率因数**

负载情况	空载	25%	50%	75%	满载
$\cos\varphi$	0.2 以下	0.5～0.55	0.7～0.75	0.8～0.85	0.85～0.9

■ **表 6-22 配电变压器的功率因数**

负载情况	空载	25%	50%	75%	满载
$\cos\varphi$	0.15 以下	0.67	0.73	0.75	0.76

一般用电设备组或某些生产车间的自然功率因数可参照表 6-23 估算。

■ **表 6-23 用电设备组或车间的功率因数**

序号	用电设备类型	功率因数
1	焊接	0.35～0.50
2	修理	0.65
3	锻压	0.55～0.65
4	金工	0.55～0.65
5	热处理	0.65～0.70
6	铸钢、铸铁	0.65～0.70
7	机械制造	0.70～0.80
8	电镀	0.85
9	木工	0.60
10	纺织	0.65～0.75

续表

序号	用电设备类型	功率因数
11	造纸	0.70～0.75
12	起重及皮带运输	0.50～0.75
13	破碎、搅拌	0.75～0.80
14	泵站及风机	0.70～0.80
15	落锤车间	0.65
16	实验室	0.60～0.80
17	煤气站	0.65
18	空压站	0.75
19	氧气站	0.80
20	整流机组	0.82～0.94
21	感应电炉	0.10～0.35
22	电阻炉	0.95～0.98
23	电力排灌	0.60～0.80
24	农副产品加工	0.50～0.70
25	家用电器	0.50～0.80
26	家用电热设备	0.90～1.00
27	照明电器	0.30～0.70
28	白炽灯	1.00

电力用户大多为综合性质的用电（一般由动力、照明及生活用电等组成），实用上可采用月平均综合功率因数计算。必要时，应进行实测。

6.2.2 功率因数的测算

用户需要测算自然功率因数或实际功率因数时，可采用以下两种方法。

（1）方法一

当用户装置有无功电能表（或无功功率表）和有功电能表（或有功功率表）时，由电能表抄录一定时段的实用无功电量 A_Q 和有功电量 A_P，因用电时段相同，故

$$\frac{A_Q/t}{A_P/t}=\frac{Q}{P}=\frac{S\cdot\sin\varphi}{S\cdot\cos\varphi}=\tan\varphi$$

$$\cos\varphi=\frac{1}{\sqrt{1+\tan^2\varphi}}$$

式中 A_Q，A_P——在测试时间段 t 内，由无功电能表和有功电能表抄录的电量，kvar•h、kW•h；

Q，P——在测试时间段 t 内，由无功功率表和有功功率表抄录的功率，kvar、kW；

t——测试时间，h；

S——用电负荷的视在功率，kV•A。

可见，$\cos\varphi$ 和 $\tan\varphi$ 为函数关系，当已知 $\tan\varphi$ 值时，就可以直接求出 $\cos\varphi$ 值来。为此可将 $\tan\varphi$ 值（无功与有功的比值）与 $\cos\varphi$ 的关系列入表 6-24，供直接查算功率因数。

■ **表 6-24　功率因数速算表**

$\cos\varphi$/%	无功与有功的比值 $\tan\varphi$	$\cos\varphi$/%	无功与有功的比值 $\tan\varphi$
99	0.101～0.175	74	0.896～0.922
98	0.176～0.228	73	0.923～0.950
97	0.229～0.272	72	0.951～0.978
96	0.273～0.311	71	0.979～1.006
95	0.312～0.346	70	1.007～1.034
94	0.347～0.397	69	1.035～1.064
93	0.398～0.410	68	1.065～1.093
92	0.411～0.441	67	1.094～1.123
91	0.442～0.470	66	1.124～1.154
90	0.471～0.498	65	1.155～1.185
89	0.499～0.526	64	1.186～1.217
88	0.527～0.553	63	1.218～1.249
87	0.554～0.580	62	1.250～1.282
86	0.581～0.606	61	1.283～1.316
85	0.607～0.633	60	1.317～1.351
84	0.634～0.659	59	1.352～1.387
83	0.660～0.685	58	1.388～1.423
82	0.686～0.711	57	1.424～1.461
81	0.712～0.737	56	1.462～1.499
80	0.738～0.763	55	1.500～1.538
79	0.764～0.789	54	1.539～1.579
78	0.790～0.816	53	1.580～1.621
77	0.817～0.842	52	1.622～1.664
76	0.843～0.868	51	1.665～1.709
75	0.869～0.895	50	1.710～1.756

【例 6-3】 某企业 10kV 配电室电源进线装有有功和无功电能表。已知月用电量有功为 25000kW·h，无功为 8500kvar·h，求该企业该月的加权平均功率因数。

解 ① 计算法。

$$\tan\varphi=\frac{A_Q}{A_P}=\frac{8500}{15000}=0.57$$

故月加权平均功率因数为

$$\cos\varphi=\sqrt{\frac{1}{1+\tan^2\varphi}}=\sqrt{\frac{1}{1+0.57^2}}=0.87$$

② 查表法。因为 $A_Q/A_P=0.57$，查表得月加权平均功率因数为 0.87。

【例 6-4】 某企业配电室电源进线电压互感器变比为 10000/100，电流互感器变比为 100/5。现测得有功电能表铝盘转 35 转，走时 20s；无功电能表铝盘转 5 转，走时 15.5s。由电能表铭牌可知，有功、无功电能表常数为 2500r/kW·h 和 2500r/kvar·h。试求瞬间功率因数。

解 ① 计算法。有功功率为

$$P=\frac{3600\times35\times10^3}{2500\times20}\times10000/100\times100/5$$
$$=5040\text{kW}$$

无功功率为

$$Q=\frac{3600\times35\times10^3}{2500\times15.5}\times10000/100\times100/5$$
$$=929\text{kvar}$$

得瞬时功率因数为

$$\cos\varphi=\frac{5040}{\sqrt{5040^2+929^2}}=0.98$$

② 查表法。因为 $Q/P=0.184$，查表得瞬时功率因数为 0.98。

(2) 方法二

当用户配电室装有有功电能表（或有功功率表）、电流表和电压表时，直接查得某一时段（8h、16h、24h）的有功电能读数 W_P，根据 $A_P/t=P$，可求得平均有功功率 P（或直接查出 P 值），同时可查出平均电压值 U 和平均电流值 I，由下述公式直接算出功率因数值：

$$\cos\varphi=P/\sqrt{3}UI$$

6.2.3 用户功率因数的规定

用户功率因数的规定如下。

① 高压供电的工业用户和高压供电装有带负荷调整电压装置的电力用户，功率因数为 0.9 以上。

② 其他 100kV·A 及以上电力用户和大、中型电力排灌站，功率因数为 0.85 以上。

③ 趸售和农业用电，功率因数为 0.80。

凡用户实际月平均功率因数超过或低于标准值功率因数时，电费按功率因数调整电费表所定的增减百分比值计算收费，见表6-25。

表 6-25 按功率因数调整电费表

月无功电量/月有功电量	功率因数	电费调整/%		
		0.90	0.85	0.80
0.0000～0.1003	1.00	−0.75	−1.10	−1.30
0.1004～0.1751	0.99	−0.75	−1.10	−1.30
0.1752～0.2279	0.98	−0.75	−1.10	−1.30
0.2280～0.2717	0.97	−0.75	−1.10	−1.30
0.2718～0.3105	0.96	−0.75	−1.10	−1.30
0.3106～0.3461	0.95	−0.75	−1.10	−1.30
0.3462～0.3793	0.94	−0.60	−1.10	−1.30
0.3794～0.4107	0.93	−0.45	−0.95	−1.30
0.4108～0.4409	0.92	−0.30	−0.80	−1.30
0.4410～0.4700	0.91	−0.15	−0.65	−1.15
0.4701～0.4983	0.90	0	−0.50	−1.0

续表

月无功电量/月有功电量	功率因数	电费调整/%		
		0.90	0.85	0.80
0.4984～0.5260	0.89	+0.5	−0.4	−0.9
0.5261～0.5532	0.88	+1.0	−0.3	−0.8
0.5533～0.5800	0.87	+1.5	−0.2	−0.7
0.5801～0.6065	0.86	+2.0	−0.1	−0.6
0.6066～0.6328	0.85	+2.5	0	−0.5
0.6329～0.6589	0.84	+3.0	+0.5	−0.4
0.6590～0.6850	0.83	+3.5	+1.0	−0.3
0.6851～0.7109	0.82	+4.0	+1.5	−0.2
0.7110～0.7370	0.81	+4.5	+2.0	−0.1
0.7371～0.7630	0.80	+5.0	+2.5	0
0.7631～0.7891	0.79	+5.5	+3.0	+0.5
0.7892～0.8154	0.78	+6.0	+3.5	+1.0
0.8155～0.8418	0.77	+6.5	+4.0	+1.5
0.8419～0.8685	0.76	+7.0	+4.5	+2.0
0.8686～0.8953	0.75	+7.5	+5.0	+2.5
0.8954～0.9225	0.74	+8.0	+5.5	+3.0
0.9226～0.9499	0.73	+8.5	+6.0	+3.5
0.9500～0.9777	0.72	+9.0	+6.5	+4.0
0.9778～1.0059	0.71	+9.5	+7.0	+4.5
1.0060～1.0365	0.70	+10	+7.5	+5.0
1.0366～1.0635	0.69	+11	+8.0	+5.5
1.0636～1.0930	0.68	+12	+8.5	+6.0
1.0931～1.1230	0.67	+13	+9.0	+6.5
1.1231～1.1636	0.66	+14	+9.5	+7.0
1.1637～1.1847	0.65	+15	+10	+7.5
1.1848～1.2165	0.64	+17	+11	+8.0
1.2166～1.2490	0.63	+19	+12	+8.5
1.2491～1.2821	0.62	+21	+13	+9.0
1.2822～1.3160	0.61	+23	+14	+9.5
1.3161～1.3507	0.60	+25	+15	+10
1.3508～1.3863	0.59	+27	+17	+11
1.3864～1.4228	0.58	+29	+19	+12
1.4229～1.4603	0.57	+31	+21	+13
1.4604～1.4988	0.56	+33	+23	+14
1.4989～1.5384	0.55	+35	+25	+15
1.5385～1.5791	0.54	+37	+27	+17
1.5792～1.6211	0.53	+39	+29	+19
1.6212～1.6644	0.52	+41	+31	+21
1.6645～1.7091	0.51	+43	+33	+23
1.7092～1.7553	0.50	+45	+35	+25

续表

月无功电量/月有功电量	功率因数	电费调整/%		
		0.90	0.85	0.80
1.7554～1.8031	0.49	+47	+37	+27
1.8032～1.8526	0.48	+49	+39	+29
1.8527～1.9038	0.47	+51	+41	+31
1.9039～1.9571	0.46	+53	+43	+33
1.9572～2.0124	0.45	+55	+45	+35
2.0125～2.0699	0.44	+57	+47	+37
2.0700～2.1298	0.43	+59	+49	+39
2.1299～2.1923	0.42	+61	+51	+41
2.1924～2.2575	0.41	+63	+53	+43
2.2576～2.3257	0.40	+65	+55	+45
2.3258～2.3971	0.39	+67	+57	+47
2.3972～2.4720	0.38	+69	+59	+49
2.4721～2.5507	0.37	+71	+61	+51
2.5508～2.6334	0.36	+73	+63	+53
2.6335～2.7205	0.35	+75	+65	+55
2.7206～2.8125	0.34	+77	+67	+57
2.8126～2.9098	0.33	+79	+69	+59
2.9099～3.0129	0.32	+81	+71	+61
3.0130～3.1224	0.31	+83	+73	+63
3.1225～3.2389	0.30	+85	+75	+65

6.2.4 改善功率因数的最佳值确定

用户最后用电功率因数的最佳经济效益，与每千伏·安视在功率的设备费用和安装电容器进行无功补偿的设备费用有关。为寻求最适宜的功率因数值，一般可参照下式来确定：

$$\cos\varphi=\sqrt{1-\left(\frac{C_p}{C_c}\right)^2}$$

式中 C_p——变配电设备费用，元/kV·A；

C_c——电容器设备费用，元/kV·A。

据有关资料介绍，认为 $C_p/C_c>1.7$ 较经济。

改善功率因数的经济分析表明，改善到超过 0.95 很少是合算的。同时，安装第一个千乏的无功补偿设备的容量，其效果要比以后安装一个千乏的无功补偿设备容量的效果要大些。随着负荷功率因数的提高，继续安装无功补偿设备的效益会越来越小。如功率因数由 0.9 提高到 1 所需的补偿容量与由 0.72 提高到 0.9 时相同，但其经济性显著降低。而当功率因数由 0.95 提高到 1 时所需的补偿容量增加得更多，可能得不偿失。因此将功率因数提高到 1 不一定是合适的。

电容补偿的回收期一般不大于 3 年。

投资回收年限可按以下简式估算：

$$T=\frac{C}{\delta K\tau}$$

式中 T——投资回收年限，年；

C——并联电容器及附属设备的投资，元/kvar；

K——安装地点的无功当量，kW/kvar；

τ——年运行小时数，h；

δ——电价，元/kW·h。

6.2.5 无功补偿容量的确定

补偿容量的大小决定于电力负荷的大小、补偿前负荷的功率因数以及补偿后提高的功率因数值。补偿容量的确定，有以下几种方法。

(1) 计算法求补偿容量

$$Q_c=P\left(\frac{\sqrt{1-\cos^2\varphi_1}}{\cos\varphi_1}-\frac{\sqrt{1-\cos^2\varphi_2}}{\cos\varphi_2}\right)$$

式中 Q_c——补偿容量，kvar；

P——用电设备功率，kW；

$\cos\varphi_1$——补偿前的功率因数，采用最大负荷月平均功率因数；

$\cos\varphi_2$——补偿后的功率因数，即目标功率因数。

(2) 查诺模图求补偿容量

计算补偿容量的诺模图如图 6-2 所示。

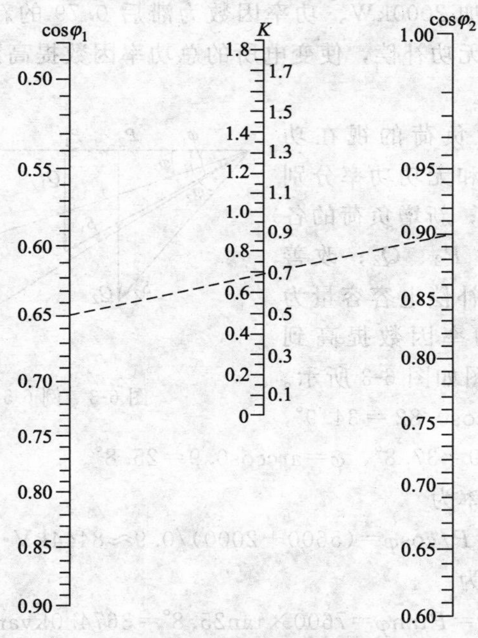

图 6-2　计算补偿容量的诺模图

图 6-2 使用方法如下。

根据补偿前后的功率因数 $\cos\varphi_1$ 和 $\cos\varphi_2$，从图 6-2 左右两坐标轴上取其相应的两点，然后将这两点连线，与系数 K 的坐标轴相交于第三点，此点即为系数 K 的数值。于是欲求的补偿容量可由下式算出：

$$Q_c = KP_{pj}\ (\text{kvar})$$

式中　P_{pj}——最大负荷月平均有功功率，kW。

例如，某企业有功负荷为 800kW，其功率因数为 0.65，欲将功率因数提高到 0.90 时，左右坐标轴上 0.65 和 0.90 两点连线与 K 轴交于 0.7 点，则所需安装的移相电容器容量为

$$Q_c = 0.7 \times 800 = 560\text{kvar}$$

此外，还可以用查表法求补偿容量。

【例 6-5】 某变电所负荷容量为 5600kW，功率因数为滞后 0.82。现要增加 2000kW、功率因数为滞后 0.79 的新负荷。拟对这些负荷进行无功补偿，使变电所的总功率因数提高到 0.9，试求补偿电容容量。

解 设原负荷的视在功率、有功功率和无功功率分别为 S、P_1、Q_1；新增负荷的各相应值为 S_2、P_2、Q_2；改善功率因数用的补偿电容容量为 Q_c，则使总功率因数提高到 0.9 时的矢量图如图 6-3 所示。

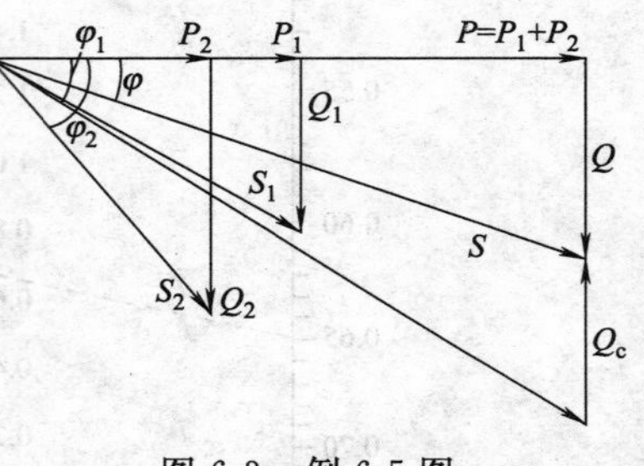

图 6-3 例 6-5 图

其中 $\varphi_1=\arccos 0.82=34.9°$，$\varphi_2=\arccos 0.79=37.8°$，$\varphi=\arccos 0.9=25.8°$。

总视在功率为

$$S=P/\cos\varphi=(5600+2000)/0.9\approx 8444\text{kV}\cdot\text{A}$$

无功功率为

$$Q=P\tan\varphi=7600\times\tan 25.8°=3674.0\text{kvar}$$

$$Q_1=P_1\tan\varphi_1=5600\times\tan 34.9°=3906.6\text{kvar}$$

$$Q_2=P_2\tan\varphi_2=2000\times\tan 37.8°=1551.4\text{kvar}$$

因此，补偿电容容量为

$$Q_c=Q_1+Q_2-Q=3906.6+1551.4-3674.0=1784\text{kvar}$$

6.2.6 补偿容量的配置及计算

(1) 不同补偿安装地点的补偿容量的配置

① 变电所内安装的电容器应使高峰负荷时功率因数达到 0.9～0.95，电容器容量应经计算，一般可按变电所中主变压器（一次变）容量的 25%～30%，或主变压器（二次变）容量的 20%～27%来配置高压侧补偿容量较合理。变电所建设初期，负荷较轻时

可按主变压器容量的 20%配置；后期负荷较重时，则按 30%配置。

② 配电变压器低压侧安装电容器时的补偿容量，一般可按配电变压器额定容量的 10%～15%来配置无功补偿容量。

③ 在 10kV 配电所中安装无功补偿装置时，宜安装在低压母线上。当电容器能分散安装在低压用户的用电设备上时，则不需在配电所中安装电容器。

④ 在供电距离远、功率因数低的 10kV 架空线路上也可适当安装补偿电容器，平时不投切。电容器容量一般取线路上配电变压器总容量的 7%～10%，但不应在低谷负荷时使功率因数超前或电压超过规定值。

⑤ 用于 10（6）kV 配电线路上分散补偿的无功补偿容量，可参照美国西屋电气公司的有关规定："在均匀分布负荷的配电线路上，安装电容器的最佳容量是该线路平均负荷的 2/3；安装最佳地点是自送电端起的线路长度的 2/3 处"。实践中一般每条线路安装 2～3 处，每组容量为 100～200kvar。

⑥ 农网无功补偿，坚持"全面规划、合理布局、分级补偿、就地平衡"及"集中补偿与分散补偿相结合，以分散补偿为主；高压补偿与低压补偿相结合，以低压补偿为主；调压与降损相结合，以降损为主"的原则。

⑦ 100kV·A 及以上的配电变压器宜采用自动跟踪补偿。

⑧ 用户安装的电容器可以集中安装，也可以分散安装。前者必须能按运行需要自动投切，后者电容器与设备同时投切。

（2）变电所高压或低压集中补偿的补偿容量计算

① 计算方法之一　高压或低压补偿方式的选择按下式确定：

$$\frac{2Q_{js}-Q_{cd}}{U_d^2}R\delta\tau\times10^{-3}\geqslant\frac{C_{cd}-C_{cg}}{T}$$

由上式可得用低压补偿方式的低压电容器经济容量为

$$Q_{dj}\leqslant2Q_{js}-\frac{(C_{cd}-C_{cg})U_d^2}{\tau R\delta T}\times10^{-3}$$

式中　Q_{js}——低压无功计算负荷，kvar；

Q_{cd}——低压补偿容量，kvar；

Q_{dj}——低压电容器经济容量，kvar；

U_d——低压线电压，kV；

R——包括变压器和至低压电容器线路的每相电阻（Ω），变压器等效电阻折算到二次侧值，见表 3-1 和表 3-2；

δ——电价（元/kW·h），可取 0.5 元/kW·h；

T——附加一次投资的还本年限数；

C_{cd}——低压移相电容器每千乏的初投资（元/kvar），电压 0.4～0.525kV 的 $C_{cd}=75$，电压 0.23kV 的 $C_{cd}=100$；

C_{cg}——高压移相电容器每千乏的初投资（元/kvar），电压 3.15～10.5kV 的 $C_{cg}=55$；

τ——电容器组年运行小时数，一班制工厂取 2300h，二班制工厂取 4600h，三班制工厂取 6900h。

② 计算方法之二　高压、低压混合补偿方法的选择按下式确定：

$$Q_{cd}=Q-\frac{M}{R_{21}(1+\lambda)}$$

$$Q_{cg}=Q_c-Q_{cd}$$

式中　Q_{cd}——低压补偿容量，kvar；

Q_{cg}——高压补偿容量，kvar；

Q_c——总补偿容量，kvar；

Q——高压线路上通过的无功功率，kvar；

R_{21}——变压器每相等效电阻折算到二次（0.4kV）侧值，见表 3-1 和表 3-2；

λ——系数，参照表 6-26。

$$M=500U_d^2\left[\frac{(C_{cd}-C_{cg})(1-\alpha T)}{\delta\tau}-(\Delta P_{cg}-\Delta P_{cd})T\right](\text{kvar}\cdot\Omega)$$

式中　τ——年工作小时数（可参照表 6-27），h；

α——补偿设备的折旧维修率，取 0.1；

ΔP_{cg}——低压电容器的有功损耗（kW/kvar），6.3kV 电容器取 0.003；0.4kV 电容器取 0.004。

■ **表 6-26 λ 值**

变电所内	附设车间变电所		厂内设有独立变电所
	导线或电缆	载流导体	
0	0.4	0.6	0.8

■ **表 6-27 年工作小时数 τ 值**

工作日时数 /h	在下列班制时年工作小时数 τ					
	一班制		二班制		三班制	
	动力	户内照明	动力	户内照明	动力	户内照明
8	2250		4500		6400	
7	2000		3950		5870	
一般生产	2000		4000		6000	

表中对连续制生产可按 $\tau=(365-m)ntk-t_a$ 计算。式中，m 为全年中非生产日数；n 为班次；t 为每班时数；k 为检修停工系数，取 0.96～0.98；t_a 为节假日小时数。

6.2.7 异步电动机无功补偿容量的计算

异步电动机是感性负荷，一般情况下，容量越小，负荷越轻，功率因数越低。另外，即使容量相同，极数越多，功率因数也越低。为了改善电动机的功率因数，可用并联电容器进行补偿。凡 100kW 以上的异步电动机必须要求补偿。

6.2.7.1 电动机空载电流和功率因数的计算

为了确定电动机无功补偿容量，需计算出电动机的空载电流和无功补偿前正常负载时的功率因数。电动机空载电流和补偿前功率因数的计算见第 4 章 4.2.3 项。

6.2.7.2 异步电动机补偿容量的计算

（1）方法一

已知电动机工作电流 I 及功率因数 $\cos\varphi$ 后，便可按下式求出所需补偿电容器的电流 I_c。

$$I_c=I(\sin\varphi_1-\tan\varphi_2\cos\varphi_1),Q_c=\sqrt{3}UI_c\times10^{-3}$$

式中 I_c——所需补偿电容器的电流，A；

Q_c——电容器的容量，kvar；

$\cos\varphi_1$——补偿前电动机的功率因数；

$\cos\varphi_2$——补偿后电动机的功率因数，$\cos\varphi_2$ 应尽可能达到 0.95，但不宜超过 0.95。

补偿电容器电容值可按下式计算：

$$C=\frac{Q_c}{2\pi fU_e^2}\times10^3$$

式中 C——并联电容器电容值，μF；

Q_c——并联电容器容量，kvar；

f——电源频率，工频为 50Hz；

U_e——电动机额定电压，V。

考虑到电网电压波动，电容器的耐压值可按下式计算：

$$U_c\geqslant1.15\sqrt{2}U_e$$

例如，异步电动机的额定电压为 380V，则电容器的耐压值应不小于 630V。

电动机采用无功补偿时应注意自励过励。当电容器与电动机直接连接作单台补偿且切断电源电动机尚未完全停止转动时，这种状态与空载异步发电机相似，此时电容器对电动机的放电电流为励磁电流。当无功补偿容量过大时，就可能使电动机的磁场得到加强而产生较高电压。当电动机空载且在过补偿状态下，该电压可达到电动机额定电压的 1.4～1.6 倍。为了防止电动机自励产生过电压，电容器的电流应比电动机的空载电流小约 10%～30%，用下列公式表示：

$$Q_c=(0.7\sim0.9)\sqrt{3}UI_0\times10^{-3}$$

补偿后，线路电流减少的百分数可按下式计算：

$$\Delta I\%=\left(1-\frac{\cos\varphi_1}{\cos\varphi_2}\right)\times100\%$$

【例 6-6】 一台 Y280S-6 型异步电动机，额定功率为 45kW，额定功率因数 $\cos\varphi_e$ 为 0.87，额定电流 I_e 为 84.4A，求就地补偿时需选配电容器的容量。

解 由表 4-12 查得该电动机的空载电流 $I_0=23.2A$。

所选配电容器的容量为

$$Q_c=0.9\sqrt{3}UI_0\times10^{-3}$$

$$=0.9\sqrt{3}\times380\times23.2\times10^{-3}=13.74\text{kvar}$$

可选用 13kvar 的电容。

(2) 方法二

单台电动机补偿容量可用查表法确定，见表 6-28～表 6-31，供参考。

■ **表 6-28 Y 系列 380V 三相异步电动机就地补偿容量** 单位：kvar

电动机容量/kW	2 极	4 极	6 极	8 极	10 极
11	4.0	5.0	6.0	7.0	
15	4.0	6.0	8.0	9.0	
18.5	5.0	8.0	9.0	12.0	
22	7.0	9.0	10.0	14.0	
30	10.0	10.0	10.0	16.0	
37	12.0	12.0	12.0	18.0	
45	12.0	14.0	14.0	24.0	35.0
55	14.0	16.0	20.0	30.0	45.0
75	20.0	20.0	24.0	35.0	60.0
90	24.0	24.0	30.0	40.0	
110	30.0	35.0	40.0	45.0	
130	35.0	40.0	45.0		
160	45.0	40.0			

■ **表 6-29 YX 系列 380V 三相异步电动机就地补偿容量** 单位：kvar

电动机容量/kW	2 极	4 极	6 极
1.5			1
2.2		1	1.5
3	0.8	1.25	2
4	1	1.5	2.5

续表

电动机容量/kW	2 极	4 极	6 极
5.5	1.25	2	3
7.5	1.8	2.5	4
11	3	4	6
15	3.5	5	7
18.5	4.5	6.5	7.5
22	5	7	8
30	6.5	8.5	10
37	8	10	12.5
45	9.5	12.5	14
55	13	14	16
75	18	20	
90	20	22	

■ **表 6-30　Y 系列 6kV 三相异步电动机就地补偿容量 Q_c 及其最小供电长度值 L**

电动机容量/kW	4 极		6 极		8 极		10 极		12 极	
	Q_c /kvar	L /m	Q_c /kvar	L /m	Q_c /kvar	L /m	Q_c /kvar	L /m	Q_c /kvar	L /m
220	90	28	110	25	120	20	140	20	150	18
250					140	23	160	20		
280									200	15
315			130	18			180	16		
355	130	17			190	15				
400									300	10
450			180	13	230	12				
500							270	16		
630					300	14				
710	230	24	270	22					360	18
1000							420	28		
1120					450	27				
1250	360	30								
1600			550	20						
2000	500	46								

■ **表 6-31　YR 系列 6kV 三相异步电动机就地补偿容量 Q_c 及其最小供电长度值 L**

电动机容量/kW	4 极		6 极		8 极		10 极		12 极	
	Q_c /kvar	L /m	Q_c /kvar	L /m	Q_c /kvar	L /m	Q_c /kvar	L /m	Q_c /kvar	L /m
220	90	10	100	10	120	10	130	10	170	10
250	90	10								

续表

电动机容量/kW	4 极		6 极		8 极		10 极		12 极	
	Q_c /kvar	L /m	Q_c /kvar	L /m	Q_c /kvar	L /m	Q_c /kvar	L /m	Q_c /kvar	L /m
280					140	10			200	10
315			140	10					220	10
355					170	15	200	15		
400			150	15						
450	150	15							300	15
500			180	18			290	16		
560					280	16				
630	200	16							350	22
860			270	20					390	16

6.2.7.3 无功就地补偿的节电计算

(1) 按补偿后线路电流减少计算

由于电流减少，线路损耗降低，节省的电功率为

$$\Delta P_L = \Delta P_{L1} - \Delta P_{L2} = 3(I_1^2 - I_2^2)R$$

式中 ΔP_{L1}——补偿前线路损耗，W；

ΔP_{L2}——补偿后线路损耗，W；

I_1——补偿前线路电流，A；

I_2——补偿后线路电流，A；

R——线路电阻，$R = rL$，Ω；

r——线路单位长度电阻（见表 6-32、表 6-33），Ω/km；

L——线路长度，m。

全年节约电能为

$$\Delta A = \Delta P_L h = 3(I_1^2 - I_2^2)Rh \times 10^{-3}$$

式中 ΔA——全年节约电能，kW·h；

h——全年电动机运行时间，h；

I_1，I_2——补偿前和补偿后的线电流，A。

■ **表 6-32 电缆芯线单位长度电阻**（t=20℃） 单位：Ω/km

芯线截面积/mm²	铜芯电缆	铝芯电缆
16	1.15	1.94
25	0.74	1.24

续表

芯线截面积/mm²	铜芯电缆	铝芯电缆
35	0.53	0.89
50	0.37	0.62
70	0.26	0.44
95	0.19	0.33
120	0.15	0.26
150	0.12	0.21
180	0.10	0.17
240	0.08	0.13

■ 表 6-33　户内明敷及穿管铝、铜芯绝缘导线的电阻（$t=20℃$）

单位：Ω/km

标称截面积/mm²	16	25	35	50	70	95	120	150	185
铜电阻	1.15	0.76	0.53	0.37	0.26	0.19	0.15	0.12	0.10
铝电阻	1.94	1.24	0.88	0.62	0.44	0.33	0.26	0.20	0.17

（2）按无功功率经济当量计算

无功经济当量是指每补偿 1kvar 无功功率在整个电力系统中节约的有功功率损耗，用 K_Q 表示，单位是 kW/kvar。

设补偿前线路总有功功率损耗 ΔP 为

$$\Delta P=\frac{P^2+Q^2}{U^2}R\times10^{-3}$$

补偿后的有功功率损耗 $\Delta P'$ 为

$$\Delta P'=\frac{P^2+(Q-Q_c)^2}{U^2}R\times10^{-3}$$

式中　ΔP，$\Delta P'$——补偿前和补偿后的有功功率损耗，kW；

P，Q——线路的有功功率和无功功率，kW、kvar；

U——线路电压，kV；

R——线路电阻，Ω；

Q_c——补偿电容量，kvar。

如果不考虑补偿装置本身所消耗的有功功率，则节约的有功功率为

$$\Delta\Delta P=\Delta P-\Delta P'=\frac{2QQ_c-Q_c^2}{U^2}R\times10^{-3}$$

将 $\Delta\Delta P$ 除以补偿装置的容量，即为无功功率的经济当量 K_Q。

$$K_Q=\frac{\Delta\Delta P}{Q_c}=\frac{2Q-Q_c}{U^2}R\times10^{-3}$$

无功功率经济当量 K_Q 值的大小，与负载到电源的“电气距离”、电能成本、负载运行状况等因素有关。表 6-34 给出无功功率的经济当量 K_Q 值。

■ **表 6-34 无功功率的经济当量 K_Q** 单位：kW/kvar

发电厂直配线供电时	0.03
二级变压供电时	0.06
三级变压供电时	0.09

计算节电时，先在表 6-34 内选出 K_Q 值，然后按下式求出节约有功功率：

$$\Delta P=K_QQ_c$$

节约电能 ΔA 为

$$\Delta A=\Delta P\tau$$

式中 ΔA——节约的电能，kW·h；

τ——无功补偿线路的运行时间，h。

6.2.7.4 异步电动机就地补偿的注意事项

① 正确选配补偿容量，避免过补偿。

② 正确接线。对于小型异步电动机，只需把补偿电容器（一般为三角形接法）并接于电动机上即可；对于大型异步电动机，由于补偿容量与无功功率较大，要考虑浪涌电流与谐波电流的抑制，在电路中加装 0.1%的限流电抗器和保护熔断器。

③ 对于需正、反转的电动机和需反接制动、能耗制动的电动机，不宜将电容器直接并接在电动机绕组两端。当电动机从运行改为停机时，不宜立即启动，要待电动机转速接近为零并延时约 1s 后，再投入启动。这是因为新投入的交流电压往往与电容对电动机的自励电压相位不同，出现瞬间异相重合，产生很大的冲击转矩，很可能损坏机械设备。

④ 对于采用自动自耦减压启动器或星-三角启动器，不必考虑

由于电源电压与电容器上电压相位差异造成过电压的问题。这是因为通过接触器切换，接触器的吸合时间都有数十毫秒，加上启动用交流接触器主触头断开到辅助触头闭合的时间，因此电动机在启动过程结束断电，并换接成全电压运行的时间间隔在 60ms 以上。在这段时间内，充电的电容器已通过电动机组放电完毕。

⑤ 补偿电容尽可能不用在电梯、吊车等启停频繁的设备电动机上。

⑥ 如果电容器安装在电动机与热继电器之间，这时热断电器应按补偿后电动机已减小的电流整定。

6.2.8 采用并联电容器改善异步电动机启动条件的计算

异步电动机直接启动时的启动电流可达额定电流的 6～7 倍，即使采用降压启动法，启动电流仍可达到额定电流的 2.5～5 倍，对供电网络造成较大的冲击。如果变压器容量较小，还会造成电动机启动困难，启动时间很长，电动机过热，甚至无法启动的情况，同时还给供电造成很大的电压降，影响其他用电设备的正常使用。为此可采用并联电容器对其进行补偿。这样可收到提高功率因数，提高系统电压，降低变压器和线损的效果，也大大改善了电动机的启动条件。

在异步电动机启动时，投入一定的并联电容器，作为专门用于启动之用。用启动并联电容器产生的容性电流来补偿异步电动机启动时的感性电流，以达到降低启动电流的目的。待电动机启动完毕转入正常运行时，再根据供电部门对用户的功率因数考核要求，对电容器进行必要的投、切，使功率因数达到所需要的要求。

【例 6-7】 某乡办企业供电系统电压为 380/200V，配有一台 SL7-100kV·A 的变压器，该企业的异步电动机需要频繁启动。试分别计算未采用和采用启动并联电容器时的允许直接启动的异步电动机最大功率。

解 ① 未采用启动并联电容器时

根据运行经验可知，当用电单位具有专用配电变压器时，若异步电动机需要频繁启动，允许直接启动的电动机最大功率约为配电变压器额定容量的 20%，因此该企业允许直接启动异步电动机最大功率为 20kW。此时供电系统提供的启动电流为

$$I_1=\frac{k_q P}{\sqrt{3}U}=\frac{7\times 20}{\sqrt{3}\times 0.4}=202\text{A}$$

式中 k_q——异步电动机最大启动电流与额定电流之比，取 $k_q=7$；

P——允许直接启动的异步电动机额定功率，kW；

U——异步电动机及供电网络的额定电压，kV。

② 采用启动并联电容器时

a. 启动并联电容器容量的确定：确定电容器容量的原则是，并联电容器补偿电流（电容电流）I_2 为配电变压器低压侧额定电流的 90%左右，如取 90%，则有

$$I_2=0.9\frac{S}{\sqrt{3}U}=0.9\times\frac{100}{\sqrt{3}\times 0.4}=130\text{A}$$

式中 S——变压器额定容量，kV·A。

补偿电容值为

$$C=\frac{I_2}{2\pi fU}=\frac{130}{2\pi\times 50\times 400}=0.001035\text{F}=1035\mu\text{F}$$

补偿电容容量为

$$Q=2\pi fCU^2=I_2U=130\times 0.4=52\text{kvar}$$

即应装设总容量为 52kvar 的启动并联电容器（分为若干组，一般可分为 3～5 组）。

b. 允许直接启动的异步电动机最大容量计算：在保持该供电网络提供的启动电流为 202A 不变的前提下，接入 52kvar 的启动并联电容器后，由供电网络和电容器提供给电动机的电流为

$$I_1+I_2=\frac{k_q P'}{\sqrt{3}U}$$

允许直接启动的异步电动机最大功率为

$$P'=\frac{\sqrt{3}U(I_1+I_2)}{k_q}$$

$$=\frac{\sqrt{3}\times 0.4\times(202+130)}{7}$$

$$=33\text{kW}$$

可见，采用启动并联电容器后，该供电网络所允许直接启动的异步电动机最大功率由原来的 20kW 提高到 33kW。

6.2.9　农用水泵类电动机补偿容量的计算

农用水泵类负荷具有特殊性，其电动机无功就地补偿的容量，可以突破上述公式的限制，而不会发生自励危险。

农用排灌用水泵，尤其是深井和潜水泵，当电动机在带有水泵机械负荷的情况下断开电源时，由于所带轴负荷的反向制动，电动机转速将急速下降。因此，即使补偿电容量较大，也不会发生自励过电压现象。

农用水泵的无功补偿容量可按下式计算：

$$Q_0<Q_c<Q_e$$

$$Q_0=\sqrt{3}U_e I_0\sin\varphi_0$$

$$Q_e=\sqrt{3}U_e I_e\sin\varphi_e$$

式中　Q_c——单机无功补偿容量，kvar；

Q_0——电动机空载无功负荷，kvar；

Q_e——电动机负载额定无功负荷，kvar；

$\sin\varphi_0$——电动机在空载状态下的功率因数角的正弦值；

$\sin\varphi_e$——电动机在负载状态下的功率因数角的正弦值。

对于 100kW 以下的排灌用电动机，也可按下式估算：

$$Q_c=(0.5\sim0.7)P_e$$

式中　P_e——电动机的额定功率，kW。

【例 6-8】 有一台三相异步电动机，$P_e=75\text{kW}$，$U_e=380\text{V}$，$I_e=139\text{A}$，$\cos\varphi_e=0.89$，$n=980\text{r/min}$，$\eta=0.92$。现测得正常工作时的电流 $I=72\text{A}$，$U=U_c=380\text{V}$，空载电流 I_0 为 42.3A，试求它的功率因数及所需的补偿电容器的容量。

解　电动机的负载率为

$$\beta=\sqrt{\frac{I^2-I_0^2}{I_e-I_0^2}}=\sqrt{\frac{72^2-42.3^2}{139^2-42.3^2}}=0.44$$

电动机工作时的功率因数为

$$\cos\varphi=\frac{\beta P_e}{\sqrt{3}U_e I\eta}\times10^3=\frac{0.44\times75\times10^3}{\sqrt{3}\times380\times72\times0.92}=0.76$$

设补偿后的功率因数为 $\cos\varphi'=0.95$，则电容器电流为

$$I_c=I(\sin\varphi-\tan\varphi'\cos\varphi)=72\times(0.66-0.329\times0.76)=29.5\text{A}$$

电容器的容量为

$$Q_c=\sqrt{3}\times380\times29.5\times10^{-3}=19.4\text{kvar}$$

接入 19.4kvar 容量的电容后，若电动机在额定出力下运行，由

$$\tan\varphi'_e=\frac{I_e\sin\varphi_e-I_c}{I_e\cos\varphi_e}=\frac{139\times0.456-29.7}{139\times0.89}=0.27$$

从而得 $\cos\varphi'_e=0.96$

6.2.10　荧光灯、高压钠灯和高压汞灯补偿容量的计算

（1）荧光灯电容器电容量的计算

先按下式求出补偿前的功率因数：

$$\cos\varphi_1=\frac{P_L+P_B}{UI_L}$$

式中　P_L——荧光灯灯管功率可查灯管样本，W；

P_B——镇流器损耗功率可查镇流器样本，W；

U——电源电压，V；

I_L——灯管工作电流可查灯管样本，A。

然后按下式求出所选配的电容器电容量（补偿到功率因数为 1）：

$$C=\frac{3183I_L\sqrt{1-\cos^2\varphi_1}}{U}$$

可选用耐压不低于 350V 的 CJ41 型纸介电容器。

【例 6-9】 已知一只40W荧光灯，灯管工作电流为0.43A、镇流器损耗为9W，试选配电容器的电容量。

解

$$\cos\varphi=\frac{40+9}{220\times0.43}=0.518$$

$$C=\frac{3183\times0.43\sqrt{1-0.518^2}}{220}=5.32\mu F$$

取标准电容器电容量4.7μF。

(2) 高压钠灯、高压汞灯电容器电容量的计算

先按下式求出补偿前的功率因数：

$$\cos\varphi_1=\frac{P_L+I_L^2Z\cos\varphi_B}{UI_L}$$

式中 P_L——灯泡功率（可查灯泡样本），W；

I_L——灯泡工作电流（可查灯泡样本），A；

Z——镇流器阻抗（可查镇流器样本），Ω；

$\cos\varphi_B$——镇流器的功率因数，可查镇流器样本；

U——电源电压，V。

然后按下式求出所选配的电容器电容量（补偿到功率因数为1）：

$$C=\frac{3183I_L\sqrt{1-\cos^2\varphi_1}}{U}$$

可选用CBB型金属化聚丙烯电容器。

如果补偿到功率因数为 $\cos\varphi_2$，则电容量按下式计算：

$$C=\frac{3183I_L}{U}(\tan\varphi_1-\tan\varphi_2)$$

通常功率因数补偿度应大于0.8，但不超过0.9。

高压钠灯、高压汞灯单灯补偿电容器电容量推荐值，见表6-35。

■ **表 6-35 单灯补偿电容器电容量推荐值**（电源 AC 220V）

光源种类	型号	灯泡功率/W	电容器电容量/μF	补偿前		补偿后	
				工作电流/A	$\cos\varphi_1$	工作电流/A	$\cos\varphi_2$
高压钠灯	NG150	150	15	1.8	0.44	1.07	0.85
	NG250	250	30	3	0.44	1.45	0.84
高压汞灯	GGY125	125	10	1.25	0.57	0.7	0.9
	GGY250	250	20	2.15	0.62	1.53	0.84

6.3 无功补偿装置

6.3.1 几种简单的自动无功投切线路

（1）线路之一

图 6-4 是低压电容器自动投切线路。它可以自动和手动控制。

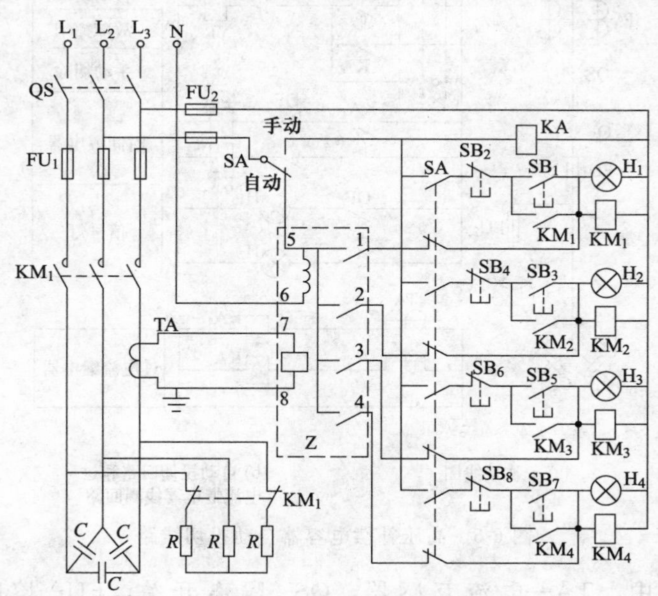

图 6-4　低压补偿电容器自动投切线路

TA—用户 U 相总电流互感器；Z—功率因数自动补偿器

工作原理：合上电源开关 QS，手动时，将转换开关 SA 打到“手动”位置，中间继电器 KA 得电吸合，其常开触点闭合，常闭触点断开与控制器出口继电器的连接电路，使控制器从控制电路中自动分离。此时可用手动方式对移相电容器进行人工投切。

自动时，将 KA 打到“自动”位置。中间继电器 KA 失电释放，其常闭触点闭合，接通控制器出口继电器的电路，同时 KA 的常开触点断开。此时通过控制器 Z 来实现移相电容器的自动投切。

(2) 线路之二

图 6-5 是高压电容自动投切线路。它可以自动和手动控制。

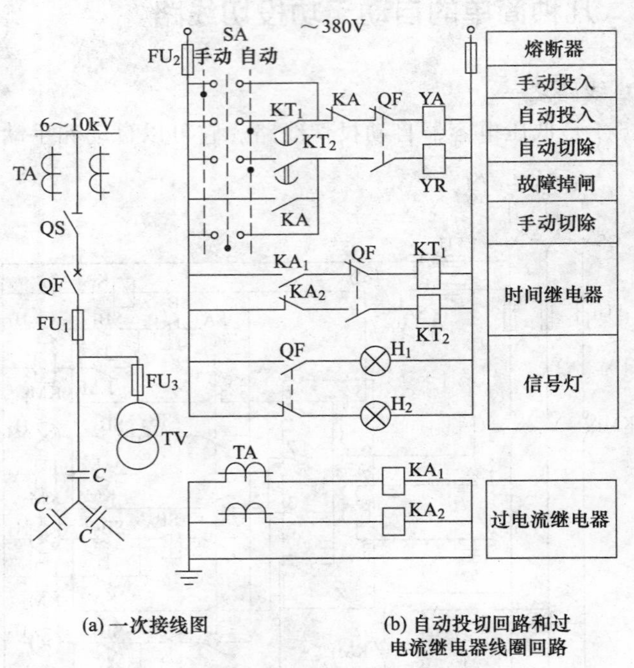

图 6-5　高压补偿电容器自动投切线路

图中，TA—电流互感器，QS—隔离开关，FU—熔断器，YA—断路器的辅助合闸线圈，*C*—电容器组，QF—断路器及辅助触点，TV—放电用的电压互感器，YR—断路器的跳闸线圈，KA_1、KA_2—电流继电器，KT_1、KT_2—时间继电器，KA—故障跳闸的中间继电器触点，SA—手动（投、切）和自动选择开关

（共有三个挡位），H_1、H_2—信号灯。

工作原理：将转换开关SA打到“自动”位置。由于电流继电器KA_2的启动电流整定值较KA_1的整定值为小，当负荷增大时，KA_2先动作，而后KA_1动作，接通时间继电器KT_1，其触点延时闭合，断路器辅助合闸线圈YA得电，断路器QF合闸，电容器组自动投入运行。投入后由于断路器常闭辅助触点QF断开，KT_1线圈失电并复归。当负荷电流下降时，KA_1先复归，继续降到电流继电器KA_2的整定值时，KA_2复归，其常闭触点闭合，时间继电器KT_2得电，其触点延时闭合后又接通了跳闸线圈YR回路，断路器跳闸，切除电容器组。事故中间继电器KA（图中未画出，仅画出触点）的作用是利用其常闭触点和合闸线圈YA相串联，可避免在电容器组内部发生故障时仍行自动投入。

（3）线路之三

线路如图6-6所示。它可以根据负荷大小自动投切电容器。

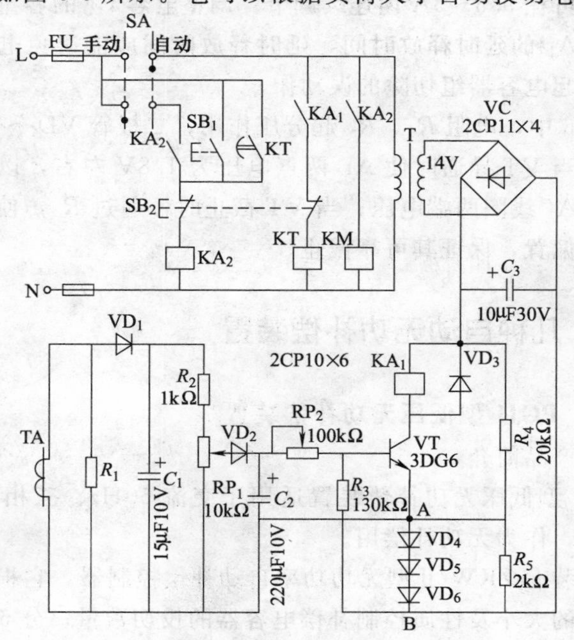

图6-6 简易型功率因数自动补偿装置

工作原理：接通电源，把转换开关 SA 打到“自动”位置。当负荷电流增大到设定值时，经电流互感器 TA 检测的电流信号在电阻 R_1 上变换成约 4V 的电压信号，该电压经二极管 VD_1 半波整流、电容 C_1 滤波后，在分压器 R_2、RP_1 上取出的电压又经电容 C_2 滤波（并兼延时作用）加到三极管 VT 基极回路，使 VT 导通，灵敏继电器 KA_1 得电吸合，其常开触点闭合，时间继电器 KT 线圈通电，经过约 3min 延时，其延时闭合常开触点闭合，中间继电器 KA_2 得电吸合，继而接触器 KM 得电吸合，将电容器组投入。当负荷电流小于设定值时，电容 C_2 通过三极管 VT 的 be 结放电，使 C_2 上的电压下降到与负荷电流相应的值，经过上述这段延时后，三极管 VT 截止，继电器 KA_1 释放，继而 KT、KA_2、KM 失电释放，将电容器组切除。

调节电位器 RP_1、RP_2，可以改变输入信号的大小，使设定动作电流值可在 0.5～5A 内连续调节。调整电容 C_2 的容量，可改变继电器 KA_1 的延时释放时间，延时释放时间应能避免电力系统瞬时断电引起电容器组切除的误动作。

图 6-6 中，电阻 R_4、R_5 起分压作用；二极管 VD_4～VD_6 起钳位作用，当 VT 导通时使 AB 两点电压为 1.8V 左右，以提高灵敏继电器 KA_1 线圈两端电压；当 VT 截止时，通过 R_3，使 VT 的基极为反向偏置，保证其可靠截止。

6.3.2 几种自动无功补偿装置

6.3.2.1 PGJ1 型低压无功补偿装置

（1）产品简介

PGJ1 型低压无功补偿装置适用于交流 50Hz、三相 0.4kV 电力系统中，作为无功补偿用。

屏内装有 ZKW-Ⅱ型无功功率自动补偿控制器，它根据电网中无功功率的大小及性质控制补偿电容器的投切数量；分 6 步或 8 步循环投切的方式进行工作；投切时间间隔 10～120s 可调。

（2）PGJ1 型屏的组合形式（见表 6-36）

■ **表 6-36　PGJ1 型屏的组合形式**

组合方案		屏宽/mm	单台屏内电容器数	总容量/kvar	每步投入电容器容量/kvar	步数
1	PGJ1-1	800	6	84	14	6
2	PGJ1-2	1000	8	112	14	8
3	PGJ1-1 PGJ1-3	800 800	6 6	168	28	6
4	PGJ1-2 PGJ1-4	1000 1000	8 8	224	28	8
5	PGJ1-1 PGJ1-3 PGJ1-3	800 800 800	6 6 6	252	42	6
6	PGJ1-2 PGJ1-4 PGJ1-4	1000 1000 1000	8 8 8	336	42	8
7	PGJ1-2 PGJ1-4 PGJ1-4 PGJ1-4	1000 1000 1000 1000	8 8 8 8	448	56	8

（3）PGJ1 型屏的一次线路方案（见图 6-7）

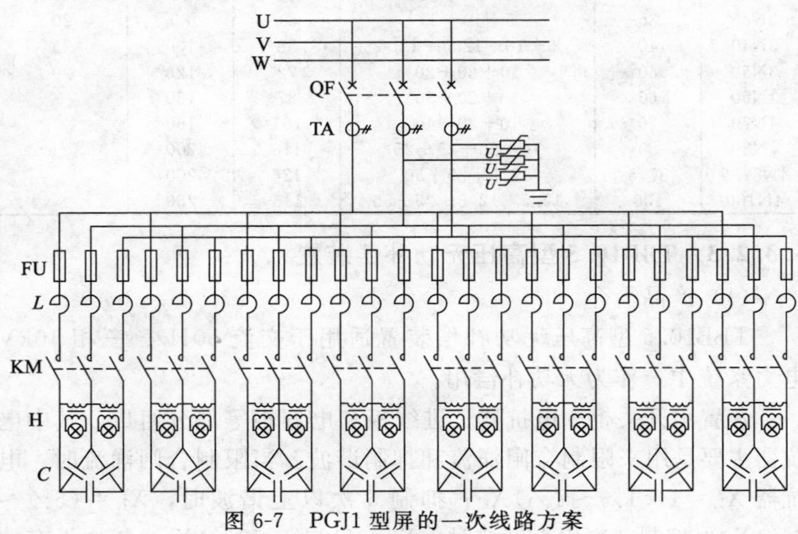

图 6-7　PGJ1 型屏的一次线路方案

6. 3. 2. 2　壁装式低压无功补偿装置

壁装式自动投切电容器柜能自动调节功率因数，可用于主电源端或集合式配电箱作功率因数补偿。柜内装置包括电容器、开关、熔断器和用以自动投切电容器组的自动功率因数调整器，其安装、扩展、维护都较方便。

壁装式自动投切电容器柜的技术数据见表 6-37。

额定电压：400V。

额定容量：15～100kvar。

总损耗：小于 1.3W/kvar。

安装场所：户内。

防护等级：IP30。

外形尺寸：600×1000×300（mm）。

■ **表 6-37　壁装式自动投切电容器柜技术数据**

型号	总容量/kvar	每步容量/kvar	额定电流/A	熔丝电流/A	扩展容量/kvar
2N15	15	5+10	22	50	2×25
3N20	20	5+5+10	29	50	20
3N25	25	5+10+10	36	63	20
3N30	30	5+10+15	43	63	25
3N35	35	5+10+20	51	80	20
3N40	40	5+10+12.5+12.5	58	100	25
3N50	50	10+20+20	72	125	20
4N60	60	10+20+30	87	160	
4N70	70	10+20+40	101	160	
4N80	80	10+20+25+25	116	200	
4N87.5	87.5	12.5+25+50	126	200	
4N100	100	12.5+12.5+25+50	145	250	

6.3.2.3 TBB10.5 型高压无功补偿装置

（1）产品简介

TBB10.5 型高压无功补偿装置适用于交流 50Hz、三相 10kV 电力系统中，作为无功补偿用。

装置由开关柜、电抗器、进线柜和电容柜等部分组成。其中电抗器主要是用来限制合闸涌流和抑制谐波。当限制合闸涌流时，电抗器 $X_L=(0.1\%\sim1\%)X_C$；抑制 5 次以上谐波时，$X_L=(5\%\sim6\%)X_C$；抑制 3 次以上谐波时，$X_L=(12\%\sim13\%)X_C$。柜内设有放电装置和过电压保护元件。它们主要由放电线圈或电压互感器、氧化锌避雷器等组成。当电容器组断开电源时，在 5s 内将电容器组上的剩余电压自额定电压峰值降至 50V 以下。氧化锌避雷器用于限制投切电容器组引起的操作过电压。其主要技术数据如下。

① 额定工作电压 U_e 为 10kV，并可在 $1.1U_e$ 状态下长期运行。

② 在均方根值不超过 $1.3U_e$ 时，该装置可在额定频率、额定正弦电压和无过渡状态所产生的电流下连续运行。

③ 装置对系统故障设有过电流、过电压、欠电压等保护。

④ 装置对电容器内部故障的保护，除单台设有熔断器保护外，根据主接线形式的不同，还设有不同的继电保护。

(2) TBB10.5 型补偿装置技术数据（见表 6-38）

(3) TBB10.5 型补偿装置用串联电抗器技术数据（见表 6-39）

(4) TBB10.5 型补偿装置的一次线路方案（见图 6-8）

■ 表 6-38　TBB10.5 型补偿装置技术数据

型号	额定电压/kV	总标称容量/kvar	单台标称容量/kvar	频率/Hz	接线方式	控制保护方案	质量/kg
TBB10.5-750/25	10.5	750	25	50	双 Y	(1)控制方案(可选) ① 手动投切 ② 按时间自动投切 ③ 按电压偏移启动投切 ④ 按功率因数自动投切 ⑤ 按以上①～④合理组合的自动投切 (2)保护方案 ① 过流、过压、欠压保护 ② 单台熔断器、中性电流平衡保护 ③ 放电线圈(附指示)、接地刀闸、避雷器等安全保护 ④ 适宜的互锁、联锁装置保护	1600
TBB10.5-1000/33.4		1000	33.4				1600
TBB10.5-1500/25		1500	25				2800
TBB10.5-1500/50		1500	50				1600
TBB10.5-2000/33.4		2000	33.4				2800
TBB10.5-2250/25		2250	25				4000
TBB10.5-3000/25		3000	25				5200
TBB10.5-3000/33.4		3000	33.4				4000
TBB10.5-3000/50		3000	50				
TBB10.5-3750/25		3750	25				2800
TBB10.5-4000/33.4		4000	33.4				6400
TBB10.5-4500/25		4500	25				5200
TBB10.5-4500/50		4500	50				7600
TBB10.5-5000/33.4		5000	33.4				4000
TBB10.5-5250/25		5250	25				6400
TBB10.5-6000/25		6000	25				8800
TBB10.5-6000/33.4		6000	33.4				10000
TBB10.5-6000/50		6000	50				7600 5200

■ **表 6-39 TBB10.5 型补偿装置用串联电抗器技术数据**

序号	型号	相数	额定容量/kV·A	线路电压/kV	端子电压/V	额定电流/A	外形尺寸/mm			底座中心距/mm	质量/kg
							长	宽	高		
1	CKS-120/10	3	120	10.5	364	110	1475	950	1525	550×550	1130
2	CKS-150/10	3	150	10	364	124	1470	970	1640	550×550	1430
3	CKS-180/10	3	180	10.5	364	165	1640	970	1640	550×550	1460
4	CKS-240/10	3	240	10.5	364	220	1690	985	1690	550×550	1710
5	CKS-300/10	3	300	10.5	364	275	1720	980	1850	660×660	2025
6	CKS-360/10	3	360	10.5	364	—	—	—	—	—	—
7	CKS-450/10	3	450	10.5	364	412	1920	1080	2130	820×820	2710

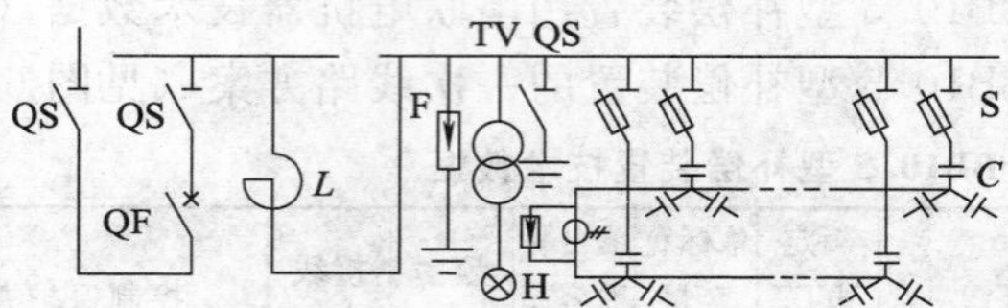

图 6-8 TBB10.5 型补偿装置的一次线路方案

第7章

继电保护

7.1 短路电流计算

7.1.1 各种短路电流值的概念

计算短路电流的目的是为了正确配置继电保护装置，并为正确整定继电保护装置的动作电流提供依据；同时也为了能正确选择高低压电气设备，因为许多高低压电气设备需要校验其动稳定、热稳定和断流量，这都要以短路电流值为依据。

(1) 短路电流的种类

当电力系统发生短路故障时，短路点至电源之间回路的阻抗突然减小，线路电流突然增大。但由于短路回路中存在着电感（如变压器、发电机、线路等），因此电流不能突变，故有一个暂态过程。短路电流随时间而变化，最后达到稳态值。

电力系统的容量可分为无限容量和有限容量两种。其中，无限容量的电力系统的短路电流变化情况如图 7-1 所示。如果电源部分的阻抗不超过短路电流电路总阻抗的 5%～10%，则该系统可以认为是无限容量系统。在这种系统中发生短路故障，电源母线电压维持不变，即短路电流周期分量在整个过程不衰减。

图 7-1 中 e 为发电机电动势，i_h 为正常负荷电流，i_d 为短路全电流，i_{ch} 为短路冲击电流，i_z 为短路电流周期分量，i_f 为短路电流非周期分量，I_{zm} 为短路电流周期分量最大值，I_∞ 为稳态短路电流有效值，i_{z0} 和 i_{f0} 为短路电流周期分量和非周期分量的起始值。

由图 7-1 可见，短路全电流 i_d 由对称的周期分量 i_z 和不对称的非周期分量 i_f 两部分合成，即 $i_d=i_z+i_f$。周期分量 i_z 先开始衰减，然后逐渐增加到稳态值 i_∞。非周期分量 i_f 按指数规律衰减，

其衰减时间常数 T_f 约为 0.05～0.2s。

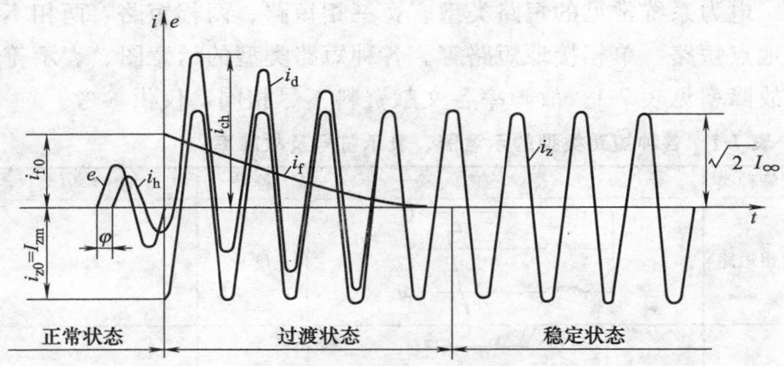

图 7-1　无限容量系统的短路电流

在主要是电抗的高压电路中，非周期分量衰减的时间常数 T_f 的平均值约为 0.05s。非周期分量一般经 $4T_f$，即 0.2s 后已基本衰减完毕。在电阻较大的电路（如低压电路）中，非周期分量衰减得更快。非周期分量衰减为零后，短路暂态过程结束，进入稳定状态。

① 短路冲击电流 i_{ch}：即短路全电流最大瞬时值，约发生在短路后半个周期（0.01s）。i_{ch} 可用来校验电气设备和母线的动稳定。

② 短路全电流最大有效值 I_{ch}：即第一周期短路全电流有效值，可用来校验电气设备和母线的动稳定。

③ 超瞬变短路电流有效值 I''：即第一周期短路电流周期分量有效值，也就是时间 $t=0$ 时短路电流周期分量有效值，也称次暂态短路电流周期分量有效值。用来作继电保护的整定计算和校验断路器的断流量。

④ 短路后 0.2s 的短路电流周期分量有效值 $I_{0.2}$：用来校验断路器的断流量。

⑤ 稳态短路电流有效值 I_∞：用来校验电气设备和载流部分的热稳定。

⑥ 超瞬变短路容量 S''（次暂态短路容量）：用来校验断路器的遮断容量。

⑦ 短路后 0.2s 的短路容量 $S_{0.2}$：用来校验断路器的遮断容量。

（2）短路的种类

电力系统常见的短路类型有：三相短路、两相短路、两相不同接地点短路、单相接地短路等。各种短路类型的示意图、表示符号及故障率见表 7-1。故障率各文献资料不尽相同，仅供参考。

■ **表 7-1　各种短路类型的示意图、表示符号及故障率**

故障种类	图　例	符号	故障率/%
三相短路	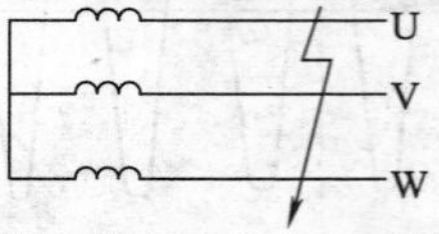 U V W	$D^{(3)}$	2.0
两相短路	 U V W	$D^{(2)}$	1.6
两相接地短路	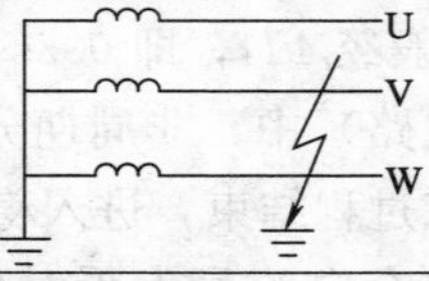 U V W	$D^{(1.1)}$	6.1
单相短路	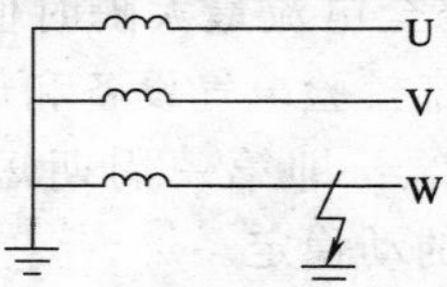 U V W	$D^{(1)}$	87.0
其他（包括断线）			3.3

7.1.2　短路冲击电流、全电流最大有效值和短路容量的计算

三相短路冲击电流为

$$i_{ch}=k_{ch}\sqrt{2}I''$$

短路全电流最大有效值为

$$I_{ch}=I''\sqrt{1+2(k_{ch}-1)^2}$$

三相短路容量为

$$S_d=\sqrt{3}U_p I''$$

式中 I''——超瞬变短路电流有效值，kA；

k_{ch}——短路电流冲击系数，$k_{ch}=(1+e^{-\frac{t}{T_f}})$；

T_f——非周期分量 i_f 的衰减时间常数，s。

k_{ch}值由电路中的电阻和电抗决定。因为 $T_f=\frac{X_\Sigma}{2\pi fR_\Sigma}=\frac{X_\Sigma}{314R_\Sigma}$，$X_\Sigma$ 为假定在短路电路没有电阻的条件下所求得的短路电路总电抗（Ω），R_Σ 为假定在短路电路没有电抗的条件下所求得的短路电路总电阻（Ω）。如电路只考虑电抗，$R_\Sigma=0$，$I_f=\infty$，则 $k_{ch}=2$；如电路只考虑电阻，$X_\Sigma=0$，$T_f=0$，则 $k_{ch}=1$，可见 $2\geqslant k_{ch}\geqslant 1$。

在主要为电抗（$R_\Sigma<X_\Sigma/3$）的高压电路中，T_f 约为 0.05s，可取 $k_{ch}=1.8$，故有

$$i_{ch}=1.8\sqrt{2}I''=2.55I'',I_{ch}=1.52I''$$

在主要为电阻（$R_\Sigma>X_\Sigma/3$）的电路中，发生短路时短路电流周期分量衰减较快，可取 $k_{ch}=1.3$，故有

$$i_{ch}=1.3\sqrt{2}I''=1.84I'',I_{ch}=1.09I''$$

当无限容量系统的网络中发生短路时，短路电流周期分量在整个短路过程中不发生衰减，因此，$I_z=I''=I_{0.2}=I_\infty$，如图 7-1 所示。

7.1.3 短路电流的计算方法

短路电流的计算方法有标幺制计算法和有名制计算法两种。采用何种方法应根据系统具体情况而定，一般简单的系统或低压系统常采用有名制计算法。

（1）标幺制计算法

标幺制，又称相对单位制。计算中的阻抗、电流、电压等物理量都采用标幺值（相对值）。标幺值没有单位。

1）基准量的选取　短路计算时，一般先选定基准容量（S_j）和基准电压（U_j）。

① 基准容量可采用任意值。为了计算方便，一般采用100MV·A为基准容量。

② 基准电压一般采用短路计算点的平均额定电压 U_p（kV），即 $U_j=U_p$。

U_p 值按我国的电压标准取，即 0.23kV、0.4kV、3.15kV、6.3kV、10.5kV、37.5kV 等。

③ 基准电流（kA）按下式计算：

$$I_j=S_j/\sqrt{3}U_j$$

④ 基准电抗（Ω）按下式计算：

$$X_j=U_j/\sqrt{3}I_j=U_j^2/S_j$$

2）标幺值的计算　当基准容量、基准电压、基准电流和基准电抗选定以后，则标幺值可按下列各式计算得：

$$U_{*j}=\frac{U}{U_j},S_{*j}=\frac{S}{S_j},I_{*j}=\frac{I}{I_j}=I\frac{\sqrt{3}U_j}{S_j}$$

$$X_{*j}=\frac{X}{X_j}=\frac{X}{U_j/\sqrt{3}I_j}=\frac{\sqrt{3}I_jX}{U_j}=X\frac{S_j}{U_j^2}$$

如果选取各元件自身的额定值（U_e、S_e、I_e）为基准值时，则各量的标幺值分别为

$$U_{*e}=\frac{U}{U_e},S_{*e}=\frac{S}{S_e},I_{*e}=\frac{I}{I_e}$$

$$X_{*e}=\frac{\sqrt{3}I_eX}{U_e}=\frac{S_e}{U_e^2}X$$

在计算电力系统短路电流时，若不特别说明，各元件的标幺值总是相对于该元件的额定电压而言。如发电机、变压器以及电抗器等铭牌上标明的标幺值电抗，都是以该元件的额定值作基准值的。

3）电力系统主要元件电抗标幺值的计算

① 电力系统的电抗标幺值

$$X_{*x}=X_x/X_j=\frac{U_p^2}{S_{dx}}\Big/\frac{U_p}{\sqrt{3}I_j}=\frac{S_j}{S_{dx}}$$

式中　X_x——电力系统的电抗值，可由电力部门提供，也可按公式 $X_x=U_p^2/S_{dx}$ 计算，Ω；

S_{dx}——电力系统变电所出口断路器的断流容量。

② 电力变压器的电抗标幺值

$$X_{*b}=X_b/X_j\approx\frac{U_d\%}{100}\times\left(\frac{U_p^2}{S_e}\Big/\frac{U_p^2}{S_j}\right)=\frac{U_d\%S_j}{100S_e}$$

式中　X_b——变压器的电抗值，Ω；

$U_d\%$——变压器阻抗电压百分数；

S_e——变压器额定容量。

③ 电力线路的电抗标幺值

$$X_*=X/X_j=xl\Big/\frac{U_p^2}{S_j}=xlS_j/U_p^2$$

式中　X——线路电抗，Ω；

x——线路单位长度电抗，Ω/km；

l——线路长度，km。

无限容量电力系统的三相短路电流的标幺值按下式计算：

$$I_{*d}^{(3)}=I_d^{(3)}/I_j=\frac{U_p}{\sqrt{3}X_\Sigma}\Big/\frac{S_j}{\sqrt{3}U_p}=\frac{U_p^2}{S_jX_\Sigma}=\frac{I_j}{X_{*\Sigma}}$$

式中　X_Σ——短路电路的总电抗，Ω；

$X_{*\Sigma}$——短路电路的总电抗标幺值。

三相短路容量可按下式计算：

$$S_d^{(3)}=\sqrt{3}U_pI_{*d}^{(3)}=\sqrt{3}U_pI_j/X_{*\Sigma}=S_j/X_{*\Sigma}$$

（2）有名制计算法

有名制法，又称欧姆法，其计算式中的参数采用有名单位。

1）短路电流和短路容量计算　无限容量电力系统的三相短路电流（kA）可按下式计算：

$$I_d^{(3)}=\frac{U_p}{\sqrt{3}Z_\Sigma}=\frac{U_p}{\sqrt{3}\sqrt{(R_\Sigma^2+X_\Sigma^2)}}$$

式中　　U_p——短路计算点的平均额定电压，kV；

R_Σ，X_Σ，Z_Σ——短路电路总电阻、电抗和阻抗值，Ω。

在高压系统中，X_Σ 远比 R_Σ 大，所以一般只考虑电抗，不计电阻。只有当短路电路的 $R_\Sigma > X_\Sigma/3$ 时，才需计入电阻。

当略去电阻时，三相短路电流的周期分量有效值可按下式计算：

$$I_d^{(3)} = \frac{U_p}{\sqrt{3}X_\Sigma}$$

三相短路容量为

$$S_d^{(3)} = \sqrt{3}U_p I_d^{(3)}$$

2）电力系统主要元件阻抗的计算

① 电力系统的电抗

$$X_x = \frac{U_p^2}{S_{dx}}$$

② 电力变压器的阻抗

电阻　　$R_b = \frac{P_d}{3I_e^2} \times 10^{-3} = \frac{P_d U_p^2}{S_p^2} \times 10^{-3}$

电抗　　$X_b = \sqrt{Z_b^2 - R_b^2}$，当允许忽略电阻时为

$$X_b \approx Z_b = \frac{U_d\%}{100} \times \frac{U_e^2}{S_e}$$

式中　P_d——变压器短路损耗，kW；

S_e——变压器额定容量，kV·A；

I_e——变压器额定电流，kA。

③ 电力线路的阻抗

电阻　　$R = r_0 l(U_p/U_e)$

电抗　　$X = x_0 l(U_p/U_e)$

式中　r_0——导线或电缆单位长度的电阻，Ω/km；

x_0——导线或电缆单位长度的电抗，Ω/km；

l——至短路点线路长度，km；

U_e——该线路的额定电压，kV。

线路电抗值可根据线路结构由导线阻抗表查得。如果不知道线路的结构数据，可估算如下：

6～10kV 架空线路　$x_0=0.38\Omega/\text{km}$

6～10kV 电缆线路　$x_0=0.08\Omega/\text{km}$

380/220V 架空线路　$x_0=0.32\Omega/\text{km}$

380/220V 电缆线路　$x_0=0.06\Omega/\text{km}$（三芯）

$x_0=0.066\Omega/\text{km}$（四芯）

对于电力系统中的母线、绕线式电流互感器的一次绕组、断路器的过流脱扣线圈及开关的触点等的阻抗，在一般计算中可以忽略不计。

【例 7-1】 某供电系统如图 7-2 所示。已知电力系统出口断路器的断路容量为 250MV·A，变压器 T 为 S9-800kVA，其阻抗电压百分数 $U_d\%=4.5$，短路损耗 $P_d=7.5\text{kW}$。试用标幺制法计算 d_1 和 d_2 点的三相短路电流和容量。

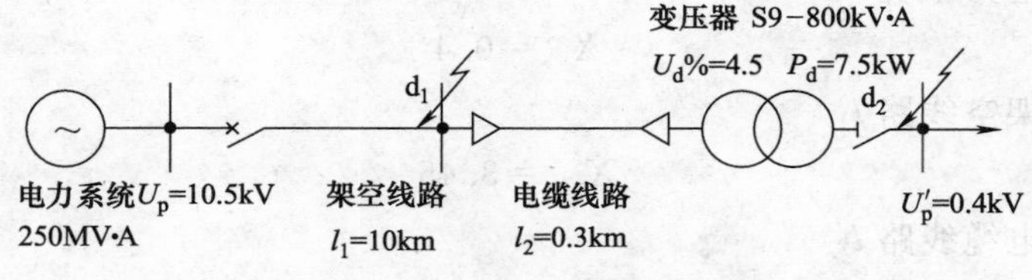

图 7-2　某供电系统图

解　设基准容量 $S_j=100\text{MV·A}$。

基准电压 $U_j=U_p=10.5\text{kV}$；在计算 0.4kV 侧的 d_2 点短路电流时，基准电流 I_j 公式中用 $U'_p=0.4\text{kV}$。

① 计算 d_1 点的短路电流和短路容量

a. 短路电路中各元件的电抗标幺值计算：

电力系统

$$X_{*x}=S_j/S_{dx}=100/250=0.4$$

架空线路 l_1

$$X_{*l_1}=x_0l_1S_j/U_p^2=0.38\times10\times100/10.5^2=3.45$$

d_1 点短路的电路总电抗标幺值

$$X_{*\Sigma}=X_{*x}+X_{*l_1}=0.4+3.45=3.85$$

绘出等效电路如图 7-3（a）所示。

b. d_1 点的三相短路电流 $I_{d1}^{(3)}$：

基准电流为

$$I_j=\frac{S_j}{\sqrt{3}U_p}=\frac{100}{\sqrt{3}\times10.5}=5.5\text{kA}$$

因此三相短路电流为

$$I_{d1}^{(3)}=\frac{I_j}{X_{*\Sigma}}=\frac{5.5}{3.85}=1.43\text{kA}$$

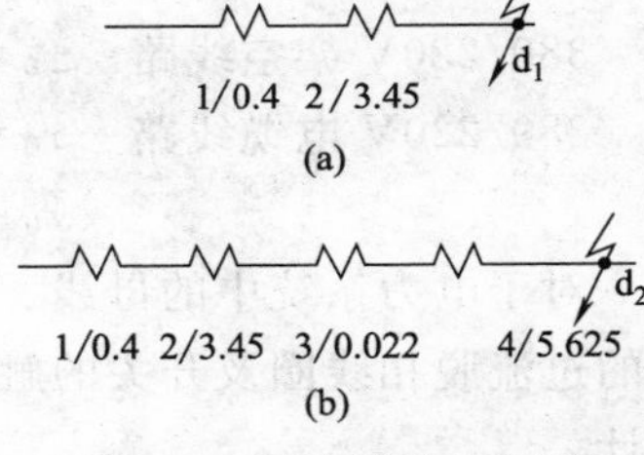

图 7-3　短路等效电路图

三相短路容量为

$$S_{d1}^{(3)}=\sqrt{3}U_p I_{d1}^{(3)}=\sqrt{3}\times10.5\times1.43=26\text{MV·A}$$

② 计算 d_2 点的短路电流和短路容量

a. 短路电路中各元件的电抗标幺值计算：

电力系统

$$X_{*x}=0.4$$

架空线路 l_1

$$X_{*l_1}=3.45$$

电缆线路 l_2

$$X_{*l_2}=x_0 l_2 S_j/U_p^2=0.08\times0.3\times100/10.5^2=0.022$$

变压器 T

$$X_{*b}=\frac{U_d\%S_j}{100S_e}=\frac{4.5\times100\times10^6}{100\times800\times10^3}=5.625$$

d_2 点短路电路总电抗标幺值

$$X_{*\Sigma}=X_{*x}+X_{*l_1}+X_{*l_2}+X_{*b}=0.4+3.45+0.022+5.625=9.497$$

绘出等效电路如图 7-3（b）所示。

b. d_2 点的三相短路电流 $I_{d2}^{(3)}$：

基准电流为（取 $U_j=U_p'=0.4\text{kV}$）

$$I_j=\frac{S_j}{\sqrt{3}U'_p}=\frac{100}{\sqrt{3}\times0.4}=144.3\text{kA}$$

因此三相短路电流为

$$I_{d2}^{(3)}=I_j/X_{*\Sigma}=144.3/9.497=15.2\text{kA}$$

三相短路容量为

$$S_{d2}^{(3)}=\sqrt{3}U'_p I_{d2}^{(3)}=\sqrt{3}\times0.4\times15.2=10.5\text{MV·A}$$

【例 7-2】 试用有名制计算例 7-1 所示供电系统中 d_1 和 d_2 点的三相短路电流和短路容量。

解 ① 计算 d_1 点的短路电流和短路容量（$U_p=10.5\text{kV}$）

a. 短路电路中各元件的电抗值计算：

电力系统

$$X_x=U_p^2/S_{dx}=10.5^2/250=0.441\Omega$$

架空线路 l_1

$$X_{l_1}=x_0 l=0.38\times10=3.8\Omega$$

d_1 点短路电路的总电抗

$$X_\Sigma=X_x+X_{l_1}=0.441+3.8=4.241\Omega$$

绘出等效电路如图 7-4（a）所示。

b. d_1 点的三相短路电流为

$$I_{d1}^{(3)}=\frac{U_p}{\sqrt{3}X_\Sigma}=\frac{10.5}{\sqrt{3}\times4.241}=1.43\text{kA}$$

三相短路容量为

$$S_{d1}^{(3)}=\sqrt{3}U_p I_{d1}^{(3)}=\sqrt{3}\times10.5\times1.43=26\text{MV·A}$$

② 计算 d_2 点的短路电流和短路容量（$U'_p=0.4\text{kV}$）

a. 短路电路中各元件的电抗值计算：

电力系统

$$X_x=U'^2_p/S_{dx}=0.4^2/250=0.00064\Omega=0.64\text{m}\Omega$$

架空线路 l_1

$$X_{l_1}=x_0 l_1\left(\frac{U'_p}{U_e}\right)^2$$

$$=0.38\times10\times\left(\frac{0.4}{10.5}\right)^2$$

$$=0.00551\Omega=5.51\text{m}\Omega$$

电缆线路 l_2

$$X_{l_2}=x_0 l_2\left(\frac{U'_{\rm p}}{U_{\rm e}}\right)^2$$

$$=0.08\times0.3\times\left(\frac{0.4^2}{10.5}\right)$$

$$=0.0000348\Omega=0.0348\text{m}\Omega$$

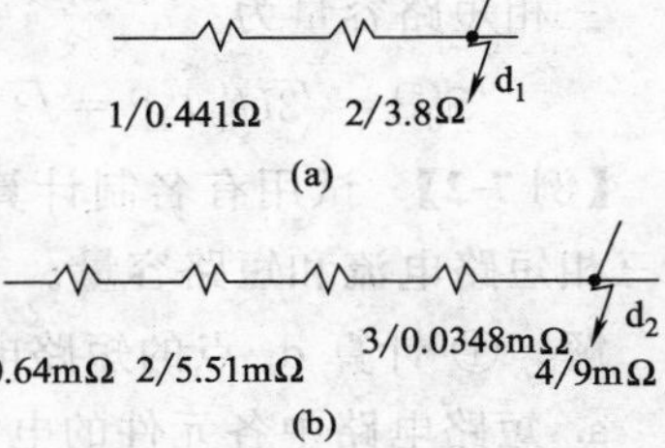

变压器 T

$$X_{\rm b}=\frac{U_{\rm d}\%}{100}\times\frac{U'^2_{\rm p}}{S_{\rm e}}$$

$$=\frac{4.5}{100}\times\frac{400^2}{800\times10^3}$$

$$=0.009\Omega=9\text{m}\Omega$$

1/0.441Ω 2/3.8Ω d_1

(a)

1/0.64mΩ 2/5.51mΩ 3/0.0348mΩ 4/9mΩ d_2

(b)

图 7-4 短路等效电路图

d_2 点短路的电路总电抗

$$X_\Sigma=X_{\rm x}+X_{l_1}+X_{l_2}+X_{\rm b}$$

$$=0.64+5.51+0.0348+9$$

$$=15.18\text{m}\Omega$$

绘出等效电路如图 7-4（b）所示。

b. d_2 点的三相短路电流为

$$I^{(3)}_{\rm d2}=\frac{U'_{\rm p}}{\sqrt{3}X_\Sigma}=\frac{400}{\sqrt{3}\times15.18}=15.2\text{kA}$$

三相短路容量为

$$S^{(3)}_{\rm d2}=\sqrt{3}\,U'_{\rm p}I^{(3)}_{\rm d2}=\sqrt{3}\times0.4\times15.2=10.5\text{MV}\cdot\text{A}$$

以上计算结果与例 7-1 所得的结果完全相同。

7.1.4 短路类型及其短路电流周期分量值的计算

三相交流电力系统中各短路类型及其短路电流的周期分量值，见表 7-2。

■ 表 7-2　三相交流电力系统中短路类型及其短路电流的周期分量值

短路类型	变压器端上的短路			在导线中产生的短路		
	示意图	短路电流	关系式	示意图	短路电流	关系式
三相	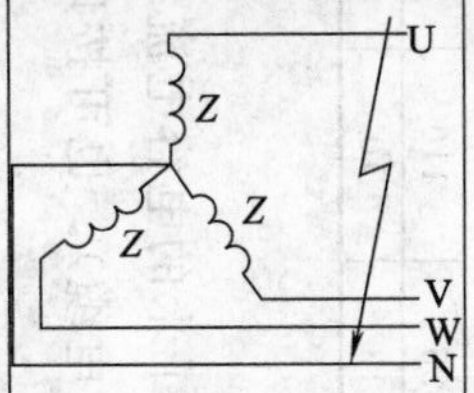 Z Z Z U V W N	$I_d^{(3)}=\frac{U}{\sqrt{3}Z}$	$\frac{I_d^{(3)}}{I_d^{(3)}}=1$	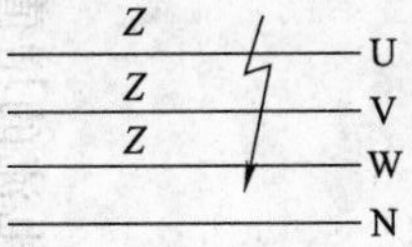 Z Z Z U V W N	$I_d^{(3)}=\frac{U}{\sqrt{3}Z}$	$\frac{I_d^{(3)}}{I_d^{(3)}}=1$
二相	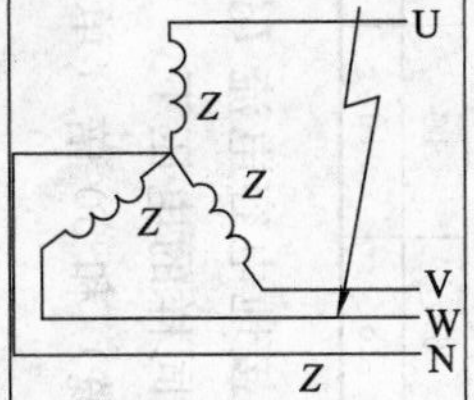 Z Z Z Z U V W N	$I_d^{(2)}=\frac{U}{2Z}$	$\frac{I_d^{(2)}}{I_d^{(3)}}=\frac{\sqrt{3}}{2}$	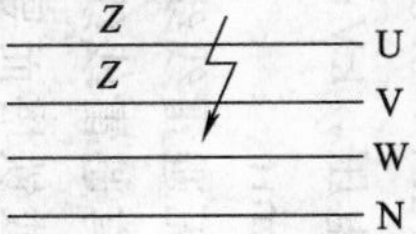 Z Z U V W N	$I_d^{(2)}=\frac{U}{2Z}$	$\frac{I_d^{(2)}}{I_d^{(3)}}=\frac{\sqrt{3}}{2}$
单相（接地故障）	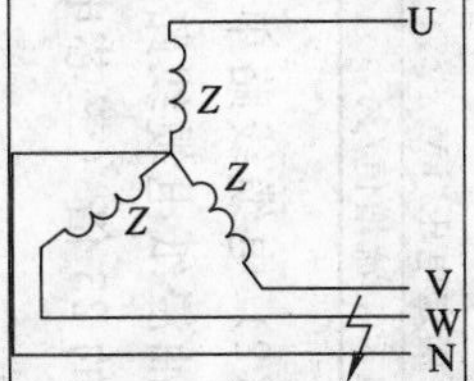 Z Z Z U V W N	$I_d^{(1)}=\frac{U}{\sqrt{3}Z}$	$\frac{I_d^{(1)}}{I_d^{(3)}}=1$	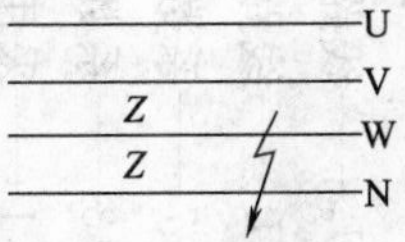 Z Z U V W N	$I_d^{(1)}=\frac{U}{\sqrt{3}(Z+Z_0)}$	$\frac{I_d^{(1)}}{I_d^{(3)}}\leqslant\frac{1}{2}$

注：U—线电压；$I_d^{(1)}$—单相短路电流；$I_d^{(2)}$—二相短路电流；$I_d^{(3)}$—三相短路电流；Z—相导线阻抗；Z_0—中性线阻抗。

7.1.5 中性点不接地系统接地电流的计算

发生金属性接地时，故障相对地电压降为零，而两健全相对地电压升高$\sqrt{3}$倍，但相间电压保持不变。

中性点不接地系统接地故障时的接地电流是线路对地电容引起的电容电流，与相电压、频率及相对地间的电容有关，一般数值不大。

单相接地电容电流的估算方法如下。

(1) 架空线路单相接地电容电流 I_C

$$I_C = 1.1(2.7 \sim 3.3)U_e L \times 10^{-3}$$

式中 U_e——线路额定线电压，kV；

L——线路长度，km；

2.7——系数，用于无避雷线线路；

3.3——系数，用于有避雷线线路；

1.1——采用水泥杆或铁塔而导致电容电流的增值系数。

对于6kV线路，约为0.0179A/km；对于10kV线路，约为0.0313A/km；对于35kV线路，约为0.1A/km。

需要指出：①双回线路的电容电流为单回线路的1.4倍（6～10kV线路）；②实测表明，夏季电容电流比冬季增值约10%；③由变电所中电力设备所引起的电容电流值可按表7-3进行估算。

表7-3 由变电所电力设备引起的电容电流增值估算

额定电压/kV	6	10	35	110	220
电容电流增值/%	18	16	13	10	8

(2) 电缆线路单相接地电容电流 I_C

油浸纸电缆线路在同样的电压下，每千米的电容电流约为架空线路的25倍（三芯电缆）和50倍（单芯电缆）。也可按以下公式估算：

6kV电缆线路 $I_C = \dfrac{95 + 3.1S}{2200 + 6S} U_e$

10kV 电缆线路 $I_C=\dfrac{95+1.2S}{2200+0.23S}U_e$

式中 I_C——电容电流，A/km；

S——电缆芯线的标称截面面积，mm^2。

对于交联聚乙烯电缆，每千米对地的电容电流约为油浸纸电缆的1.2倍。油浸纸电缆和交联聚乙烯电缆的电容电流，见表7-4～表7-6。

（3）架空线和电缆混合线路单相接地电容电流 I_C

混合线路单相接地电容电流可采用以下经验公式估算：

$$I_C=\frac{U_e(L_k+35L_C)}{350}$$

式中 I_C——电容电流，A；

U_e——线路额定线电压，kV；

L_k——同一电压 U_e 的具有电的联系的架空线路总长度，km；

L_C——同一电压 U_e 的具有电的联系的电缆线路总长度，km。

■ **表7-4 6～35kV油浸纸电缆接地电容电流计算值**

电容电流平均值/(A/km) 额定电压/kV 电缆芯线标称截面面积/mm^2	6	10	35
16	0.37	0.52	—
25	0.46	0.62	—
35	0.52	0.69	—
50	0.59	0.77	—
70	0.71	0,90	3.7
95	0.82	1.00	4.1
120	0.89	1.10	4.4
150	1.10	1.30	4.8
185	1.20	1.40	5.2
240	1.30	1.60	5.9
300	1.50	1.80	6.5

■ **表 7-5　6kV 交联聚乙烯电缆接地电容电流计算值**

导体标称截面面积/mm²	电容/(μF/km)	电容电流/(A/km)	导体标称截面面积/mm²	电容/(μF/km)	电容电流/(A/km)
16	0.17	0.58	95	0.28	0.96
25	0.19	0.65	120	0.30	1.03
35	0.21	0.72	150	0.33	1.13
50	0.23	0.79	185	0.36	1.23
70	0.26	0.89	240	0.40	1.37

注：此表适用于 6kV 小电流接地系统中铜芯交联聚乙烯绝缘电力电缆。

■ **表 7-6　10kV 交联聚乙烯电缆接地电容电流计算值**

导体标称截面面积/mm²	电容/(μF/km)	电容电流/(A/km)	导体标称截面面积/mm²	电容/(μF/km)	电容电流/(A/km)
50	0.2	1.19	185	0.32	1.91
70	0.22	1.31	240	0.35	2.09
95	0.25	1.49	300	0.39	2.33
120	0.27	1.61	400	0.43	2.57
150	0.29	1.73	500	0.47	2.81

注：1. 此表适用于 10kV 小电流接地系统中铜芯交联聚乙烯绝缘电力电缆。

2. 电缆的绝缘厚度为 4.5mm。

3. 接地电容电流 $I_C=2\pi f\times 3C_0U_e\times 10^{-6}$ (A/km)，其中 U_e 取 11kV 下的相电压。

7.2 短路电流的电动力及发热计算

当供电系统发生短路时，强大的短路电流通过电器和载流导体，产生很大的电动力和很高的温升，从而对电器和载流导体的安全运行造成很大的影响。为了保证电气设备的安全可靠地运行，在选用电器和载流导体时，必须对它们进行动稳定和热稳定校验。

7.2.1 短路电流的电动力计算和动稳定校验

（1）短路电流产生的电动力

① 两根平行导体中分别通以电流 i_1 和 i_2 的电动力　设两导体的轴线距离为 a，导体长度为 l（见图 7-5），则导体间的电磁作用力为

$$F=2\mathrm{K_x}i_1 i_2\frac{l}{a}\times10^{-7}$$

式中　F——作用力，N；

i_1，i_2——导体中的电流瞬时值，A；

l——平行导体长度，cm；

a——导体轴向距离，cm；

K_x——形状系数，其数值与导体截面形状及相互位置有关，可由图 7-6 曲线查得。

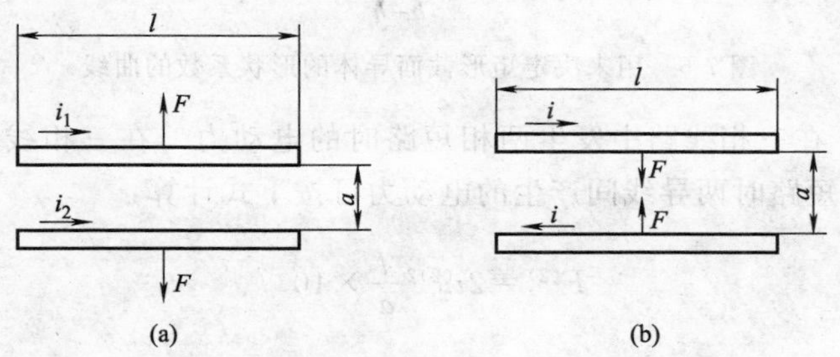

图 7-5　两平行导体间的电磁作用力

图 7-6 中，a 为母线间距离；b 为母线宽度；h 为母线高度。

当 $l\gg a$ 时，$K_x=1$。对于圆截面和巨型截面导体，当 a 足够大时，$K_x=1$。需指出，当电流同方向时两条导体相互排斥；当电流反方向时两条导体相互吸引。作用力实际上沿长度 l 均匀分布，图 7-5 中所画的 F 是作用于长度中点的合力。

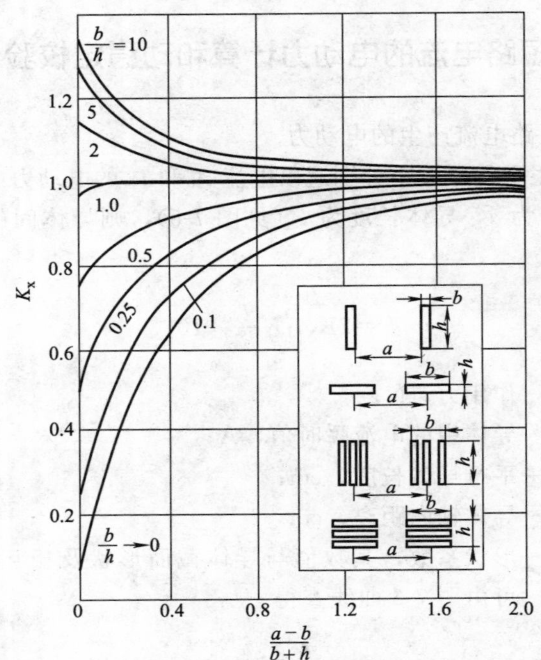

图 7-6　用来决定矩形截面导体的形状系数的曲线

② 在三相线路中发生两相短路时的电动力　在三相线路中发生两相短路时两导线间产生的电动力可按下式计算：

$$F^{(2)}=2i_{ch}^{(2)2}\frac{l}{a}\times 10^{-7}$$

式中　$i_{ch}^{(2)}$——两相短路电流的冲击电流，A；

l——导线档距长度，m；

a——导线间距，m。

③ 在三相线路中发生三相短路时的电动力

$$F^{(3)}=\sqrt{3}i_{ch}^{(3)2}\frac{l}{a}\times 10^{-7}$$

三相与两相短路的最大电动力之比为

$$\frac{F^{(3)}}{F^{(2)}}=\frac{\sqrt{3}}{2}\left[\frac{i_{ch}^{(3)}}{i_{ch}^{(2)}}\right]^2=\frac{\sqrt{3}}{2}\left[\frac{i_{ch}^{(3)}}{0.866 i_{ch}^{(3)}}\right]=1.15$$

可见，三相线路发生三相短路时中间相所受的电动力比两相短路时导体所受的电动力大，因此校验电器和载流导体的动稳定时，应采用三相短路冲击电流 $i_{ch}^{(3)}$。

(2) 短路动稳定的校验

电器和载流导体的动稳定校验，必须满足以下条件：

$$i_{max} \geqslant i_{ch}^{(3)}$$

或

$$F_{yx} \geqslant F^{(3)}$$

式中 i_{max}——电器和载流导体通过的极限电流峰值；

F_{yx}——电器和载流导体的允许载荷。

对于母线，可按下式校验：

$$\sigma_{yx} \geqslant \sigma$$

式中 σ_{yx}——母线允许应力 (Pa)，硬铜为 137MPa，硬铝为 69MPa，钢为 98MPa；

σ——短路时母线所承受的最大计算应力 (Pa)，$\sigma = M/W$；

M——短路电流(i_{ch})通过母线时所受的最大弯矩(N·m)。当母线的档数为 1～2 时，$M=F^{(3)}l/8$，当档数大于 2 时，$M=F^{(3)}l/10$，l 为母线的档距 (m)；

W——母线的截面系数（见表 7-7），m^3。

开关设备性能及动稳定计算见表 7-8。

7.2.2 短路电流的发热计算和热稳定校验

(1) 电器和载流导体热稳定度校验

电器和载流导体（如母线等）的热稳定度校验必须满足的条件是

$$\theta_{dmax} \geqslant \theta_d$$

式中　θ_{dmax}——电路和载流导体在短路时的极限（最高）允许温度，℃；

θ_d——电器和载流导体在短路时达到的最高温度，℃。

θ_d 值可由图 7-7 查算。横坐标表示导体加热因数 A，纵坐标表示导体的温度 θ。具体使用方法如下（见图 7-8）。

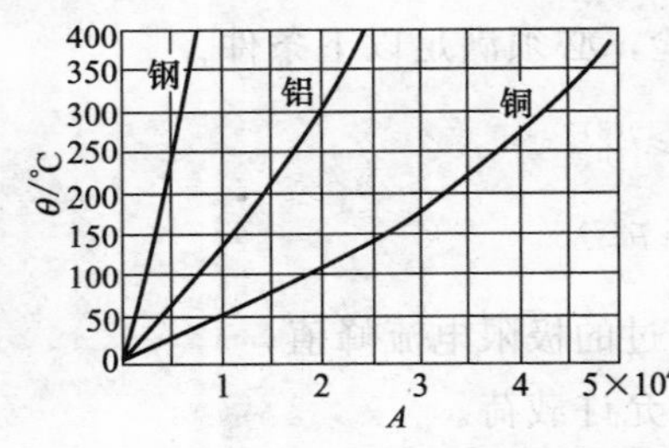

图 7-7　确定 θ_d 的曲线

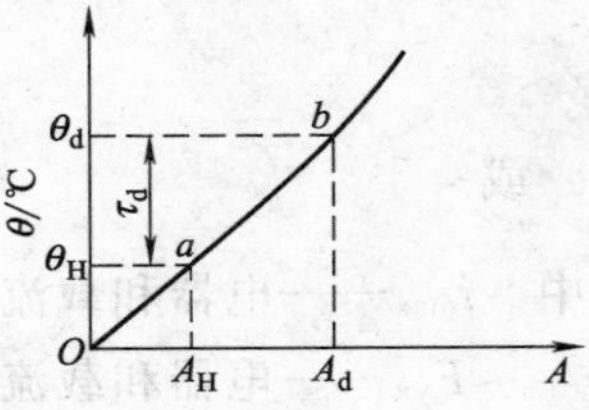

图 7-8　由 θ_H 查 θ_d 的步骤说明

■ **表 7-7　不同形状和布置的矩形母线的截面系数 W 值**

母线布置方式及其截面形状	截面系数 W
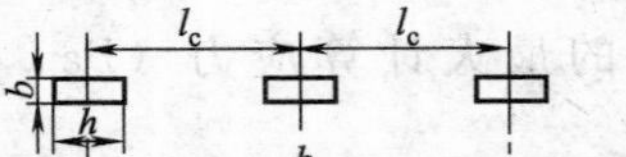	$0.167bh^2$
	$0.167hb^2$
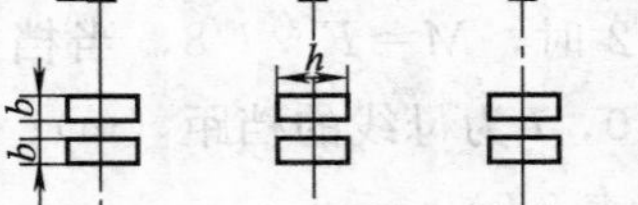	$0.333bh^2$
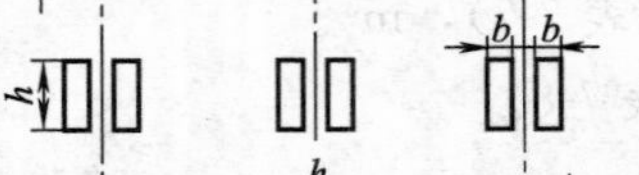	$1.44hb^2$
	$0.5bh^2$
	$3.3hb^2$

① 先从纵坐标轴上找出导体在正常负荷时的温度 θ_H。

② 由 θ_H 向右查得对应曲线上的 a 点。

③ 由 a 点向下查得横坐标轴上的 A_H。

④ 由下式计算为

$$A_d = A_H + (I_\infty / S)^2 t_j$$

式中 I_∞——三相短路稳态电流，A；

S——导体截面积，mm^2；

t_j——假想时间或热效时间，s。

所谓假想时间，就是在这段时间内，I_∞ 通过导体所产生的热量恰与实际短路电流 i_d 在短路时间 t_d 内所产生的热量相等。

⑤ 在横坐标轴上找出 A_d 值。

⑥ 由 A_d 向上查得对应曲线上的 b 点。

⑦ 由 b 点向左查得纵坐标轴上的 θ_d。

(2) 开关电器热稳定度校验

开关电器，一般采用下式校验热稳定度：

$$I_t^2 t \geqslant I_\infty^2 t_j$$

式中 I_t——由制造厂给出的电器的热稳定试验电流，kA；

t——电器的热稳定试验时间 (s)，通常是 1s、5s 或 10s；

t_j——假想时间 (s)，根据短路延续时间 t 求得，即 $t = t_b + t_{fd}$；

t_b——装置中故障元件的主要继电保护的动作时间，s；

t_{fd}——断路器的分断时间，s。

短路电流作用的计算时间，取离短路点最近的继电保护装置的主保护动作时间与断路器分断时间之和。如主保护装置有未被保护的死区，则需根据保护该区短路故障的后备保护装置的动作时间校验热稳定。

当保护装置为速动时，短路延续时间 t 可按以下范围估算。

对于快速及中速动作的断路器 t=0.11～0.16s。

对于低速动作的断路器 t=0.18～0.26s。

当缺乏该断路器分断时间数据时，可按以下平均值估算。

■ **表 7-8 开关设备性能及稳定度计算**

设备名称	型号	额定电压/kV	额定电流/A	额定断流容量/MV·A	额定断开电流/kA	动稳定校验		热稳定校验					
						冲击电流峰值 i_{ch}/kA	全电流有效值 I_{ch}/kA	稳态短路电流 I_d/kA 假想时间 t_j/s					
								0.1～1	1.25	1.5	1.75	2	2.5
户内少油断路器	SN8-10	10	600 600、1000	200 350		65	37.5	37.5	37.5	37.5	34.8	32.5	29.1
户内少油断路器	SN10-10	10	600 1000	350 500		52 74	30 43	30 43	30 43	30 43	30 43	28.3 43	25.3 36.7
户内多油断路器	DN3-10I	10	400	75(3kV) 150(6kV) 200(10kV)		37	21.5	21.5	21.5	21.5	21.5	20.5	18.3
户内空气断路器	CN2-10	10	600	150(6kV) 200(10kV)		37	22	22	22	22	22	20.5	18.3
负荷开关	FN2-10 FN3-10	10	400			25	14.5	14.5	14.5	14.5	14.3	13.4	12
户内隔离开关	GN_8^6-6T	6	200			25.5	14.7	14.7					14.1
			400			52	30	30	28	25.6	28.6	22.1	19.8
	GN_8^6-10T	10	600			52	30	30					28.3
			1000			75	43	43					42.4
	GN2-10	10	2000 3000			85 100	49 58	49 58					
户外隔离开关	$GW1\text{-}^{6}_{10}$	6 6 10	200 400 600			15 25 35	9 15 21	9 15 21					

对于快速及中速动作的断路器 $t=0.15\text{s}$。

对于低速动作的断路器 $t=0.20\text{s}$。

开关设备性能及稳定度计算表，见表 7-8。

用熔断器保护的电气设备，可以不校验热稳定度。

关于电气设备的动、热稳定校验实例，见第 5 章高低压电器的有关内容。

7.3 继电保护的灵敏度要求和电流互感器的接线

7.3.1 继电保护的灵敏度要求

（1）灵敏度的定义及计算

继电保护灵敏度用灵敏系数 K_m 表示，用于评定保护装置的灵敏性。对于过电流继电器，定义为

$$K_m = I_{d \cdot min} / I_{dz}$$

式中 $I_{d \cdot min}$——被保护区末端最小短路电流，A；

I_{dz}——保护装置一次侧动作电流，A。

对多相短路保护，$I_{d \cdot min}$取两相短路电流最小值 $I_{d \cdot min}^{(2)}$；对6～10kV 中性点不接地系统的单相短路保护，取单相接地电容电流最小值 $I_{c \cdot min}$；对 380/220V 中性点接地系统的单相短路保护，取单相接地电流最小值 $I_{d \cdot min}^{(1)}$。

灵敏系数也可以先按三相短路电流计算，再乘以相对灵敏系数 K_{mxd}。K_{mxd}值见表 7-9。

$$K_{mxd} = \frac{\text{某种故障时的灵敏系数}}{\text{三相短路故障时的灵敏系数}}$$

■ **表 7-9　各种故障的相对灵敏系数 K_{mxd}**

<table>
<tr><th colspan="2">故障类型</th><th>中性线上接入电流继电器的不完全星形接线</th><th>完全星形接线方式</th><th>不完全星形接线方式</th><th>两相电流差接线方式</th></tr>
<tr><td colspan="6">线路上保护装置安装处发生故障</td></tr>
<tr><td>三相短路</td><td>U-V-W</td><td>1</td><td>1</td><td>1</td><td>1</td></tr>
<tr><td rowspan="3">二相短路</td><td>U-V</td><td rowspan="3">$\frac{\sqrt{3}}{2}$</td><td rowspan="3">$\frac{\sqrt{3}}{2}$</td><td rowspan="3">$\frac{\sqrt{3}}{2}$</td><td rowspan="2">0.5</td></tr>
<tr><td>V-W</td></tr>
<tr><td>W-U</td><td>1</td></tr>
<tr><td colspan="6">在 Yyn0 接线变压器后发生故障</td></tr>
<tr><td>三相短路</td><td>U-V-W</td><td>1</td><td>1</td><td>1</td><td>1</td></tr>
<tr><td rowspan="3">二相短路</td><td>U-V</td><td rowspan="3">$\frac{\sqrt{3}}{2}$</td><td rowspan="3">$\frac{\sqrt{3}}{2}$</td><td rowspan="3">$\frac{\sqrt{3}}{2}$</td><td rowspan="2">0.5</td></tr>
<tr><td>V-W</td></tr>
<tr><td>W-U</td><td>1</td></tr>
<tr><td rowspan="3">单相短路</td><td>U</td><td rowspan="3">$\frac{2}{3}$</td><td rowspan="3">$\frac{2}{3}$</td><td rowspan="2">$\frac{2}{3}$</td><td rowspan="2">$\frac{1}{3}$</td></tr>
<tr><td>W</td></tr>
<tr><td>V</td><td>$\frac{1}{3}$</td><td>0</td></tr>
<tr><td colspan="6">在 Yd11 接线变压器后发生故障</td></tr>
<tr><td>三相短路</td><td>U-V-W</td><td>1</td><td>1</td><td>1</td><td>1</td></tr>
<tr><td rowspan="3">二相短路</td><td>U-V</td><td rowspan="3">1</td><td rowspan="3">1</td><td>0.5</td><td>0</td></tr>
<tr><td>V-W</td><td rowspan="2">1</td><td rowspan="2">$\frac{\sqrt{3}}{2}$</td></tr>
<tr><td>W-U</td></tr>
</table>

需要指出：灵敏度校验所选用的短路电流值，应从正常的最小运行方式和各种故障类型进行计算。对于非正常的很少发生的运行方式，可不考虑。

(2) 各类保护装置的灵敏系数要求

① 电流、电压保护装置的灵敏系数一般不低于 1.5，如满足此要求，将使保护复杂化时，灵敏系数可为 1.25。

② 距离保护启动元件的灵敏系数，一般不低于 1.5；作为线路末端主保护的第二段距离元件，一般不低于 1.25；线路末端短路电流应为阻抗元件精确工作电源的 1.5 倍以上。

③ 平行线路的横联差动方向保护和电流平衡保护，其电流和电压启动元件的灵敏系数，在故障线路两侧均未断开前，其中一侧按线路中点短路计算，一般不低于 2.0；一侧断开后，另一侧按对

端短路计算，一般不低于 1.5。

④ 中性点非直接接地电力网中的单相接地保护，采用零序电流保护时的灵敏系数。对于电缆线路，一般不低于 1.25，对于架空线路，一般不低于 1.5；采用零序功率保护时的灵敏系数一般不低于 2.0。

⑤ 变压器和电动机的差动保护以及送电线路的带辅助导线的纵联保护，其灵敏系数一般不低于 2.0。

⑥ 当保护装置安装处短路时，变压器和电动机的电流速断保护灵敏系数一般不低于 2.0。

⑦ 后备保护的灵敏系数一般不低于 1.2。如满足此要求，将使保护过分复杂或在技术上难以实现时，可仅按常见的运行方式和故障类型校验灵敏系数，或在相邻长线路、变压器后短路时允许缩短后备作用范围。

现将常用保护设备和线路的最小灵敏系数列于表 7-10 中。

■ **表 7-10 常用保护设备和线路的最小灵敏系数 K_m**

保护分类	保护类型	组成元件	最小灵敏系数(K_m)	备注
主保护	变压器、线路和电动机速断保护	电流元件	2.0	按保护安装处短路计算
	变压器、线路和电动机纵差动保护	差电流元件	2.0	
	带或不带方向的电流或电压保护	电流和电压元件	1.3～1.5	对于50km以下线路,不小于1.5
		零序或负序方向元件	2.0	
	中性点非直接接地系统中的单相接地保护	电流元件	1.5	架空线路
			1.25	电缆线路
后备保护	远后备保护	电流、电压及阻抗元件	1.2	按相邻电力设备和线路末端短路计算(短路电流应为阻抗元件精确工作电流2倍以上)
		零序或负序方向元件	1.5	

续表

保护分类	保护类型	组成元件	最小灵敏系数(K_m)	备注
后备保护	近后备保护	电流、电压及阻抗元件	1.3～1.5	按线路末端短路计算
		零序或负序方向元件	2.0	
辅助保护	电流速断保护		1.2	按正常运行方式下保护安装处短路计算

7.3.2 电流互感器与电流继电器的接线方式及计算

(1) 电流互感器与电流继电器的常用接线方式

各种接线方式（见图 7-9）的接线系数 K_{jx} 由下式计算

$$K_{jx}=I_j/I_2$$

式中 I_j——实际流入继电器的电流，A；

I_2——电流互感器的二次电流，A。

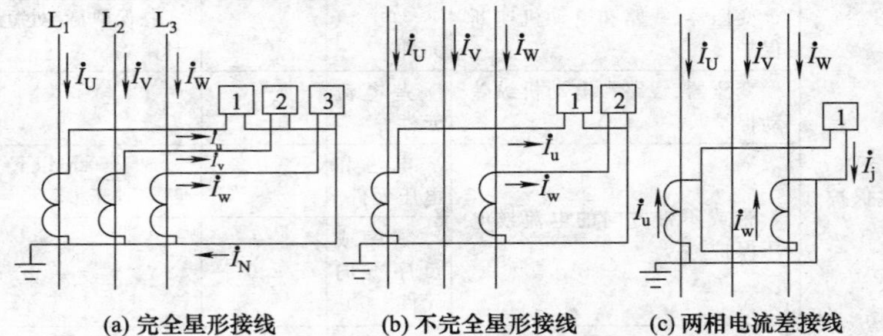

(a) 完全星形接线　(b) 不完全星形接线　(c) 两相电流差接线

图 7-9 电流互感器和电流继电器的接线方式

对于两种星形接线，在正常运行与相间短路时，$I_j=I_2$，故 $K_{jx}=1$；对于两相电流差接线，在正常运行与三相短路时，$I_j=\sqrt{3}I_2$，故 $K_{jx}^{(3)}=\sqrt{3}$；UW 两相短路时，$I_j=2I_2$，$K_{jx}^{(2)}=2$；UV 和 VW 两相短路时，$I_j=I_2$，$K_{jx}^{(2)}=1$。

(2) 不同接线方式下在各种故障时的电流分配和矢量图

利用表 7-11～表 7-14 也可计算接线系数 K_{jx}。表中 I_{j1}、I_{j2}、I_{j3} 分别为流入继电器 1、2、3 的电流。单相接地电流最小值为 $I_{d\cdot min}^{(1)}$。

当保护装置的灵敏度不能满足要求时，需采取补救措施，如过流保护加装低电压启动等。后备保护的灵敏度不能达到要求时，可适当降低要求，如缩短后备保护作用的范围等。另外还可以采用无选择性动作而用自动重合闸弥补等。

■ 表 7-11　互感器与继电器星形接线在各种故障时的电流分配和矢量图

故障种类	接线图	电流矢量图	
		一次回路	二次回路
三相短路	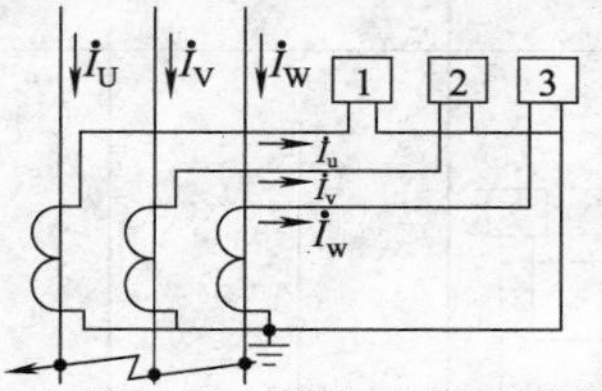 $\dot I_U$　$\dot I_V$　$\dot I_W$　1　2　3　$\dot I_u$　$\dot I_v$　$\dot I_w$	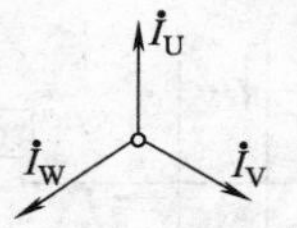 $\dot I_U$　$\dot I_W$　$\dot I_V$	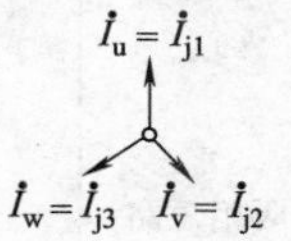 $\dot I_u=\dot I_{j1}$　$\dot I_w=\dot I_{j3}$　$\dot I_v=\dot I_{j2}$
两相短路（U、V 相）	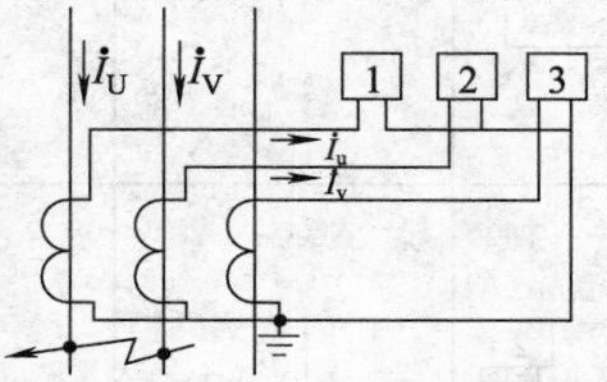 $\dot I_U$　$\dot I_V$　1　2　3　$\dot I_u$　$\dot I_v$	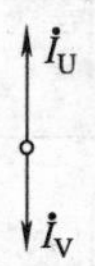 $\dot I_U$　$\dot I_V$	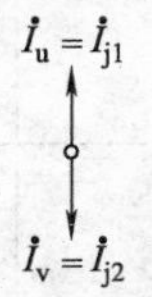 $\dot I_u=\dot I_{j1}$　$\dot I_v=\dot I_{j2}$
中性点接地的电网中单相接地	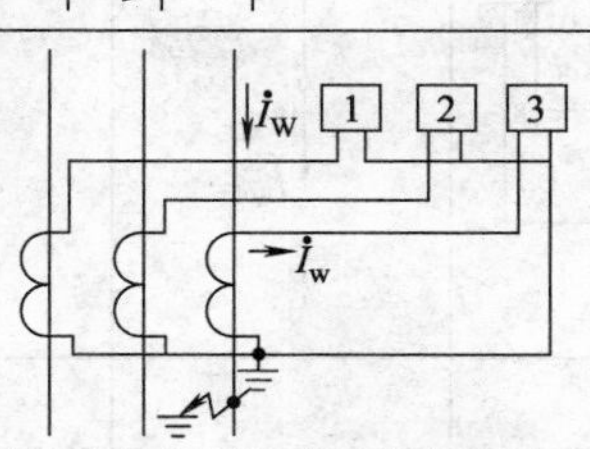 $\dot I_W$　1　2　3　$\dot I_w$	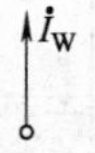 $\dot I_W$	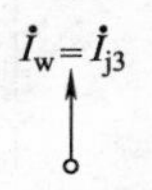 $\dot I_w=\dot I_{j3}$
单方供电的中性点不接地的电网中两点接地	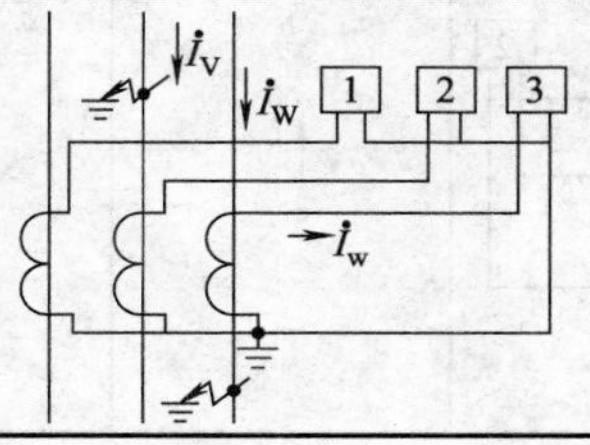 $\dot I_V$　$\dot I_W$　1　2　3　$\dot I_w$	 $\dot I_V$　$\dot I_W$	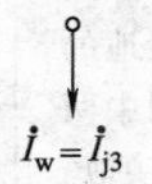 $\dot I_w=\dot I_{j3}$

■ **表 7-12　互感器与继电器不完全星形接线线路在各种故障时的电流分配和矢量图**

故障种类	接线图	电流矢量图 一次回路	电流矢量图 二次回路
三相短路	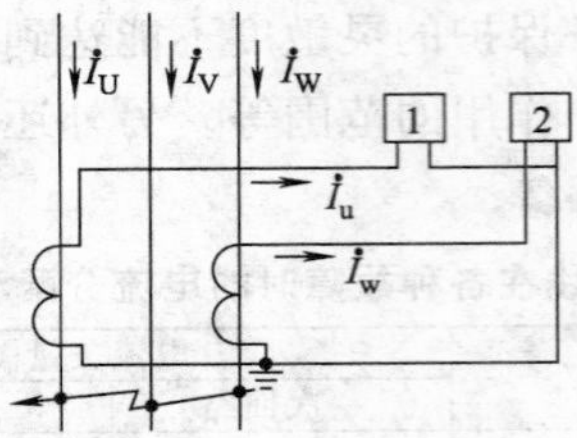 $\dot{I}_U$ $\dot{I}_V$ $\dot{I}_W$ 1 2 $\dot{I}_u$ $\dot{I}_w$	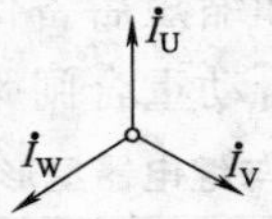 $\dot{I}_U$ $\dot{I}_W$ $\dot{I}_V$	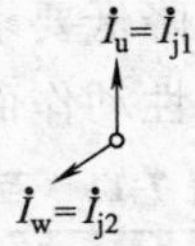 $\dot{I}_u=\dot{I}_{j1}$ $\dot{I}_w=\dot{I}_{j2}$
两相短路（U、V 相）	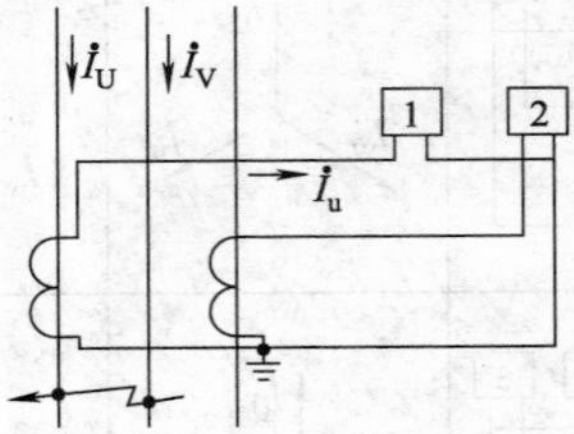 $\dot{I}_U$ $\dot{I}_V$ 1 2 $\dot{I}_u$	 $\dot{I}_U$ $\dot{I}_V$	 $\dot{I}_u=\dot{I}_{j1}$
两相短路（U、W 相）	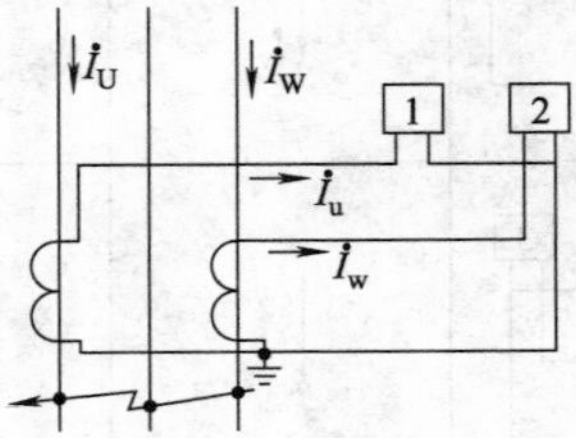 $\dot{I}_U$ $\dot{I}_W$ 1 2 $\dot{I}_u$ $\dot{I}_w$	 $\dot{I}_U$ $\dot{I}_W$	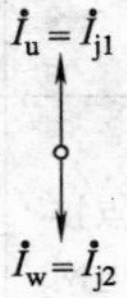 $\dot{I}_u=\dot{I}_{j1}$ $\dot{I}_w=\dot{I}_{j2}$
单方供电的中性点不接地的电网中两点接地	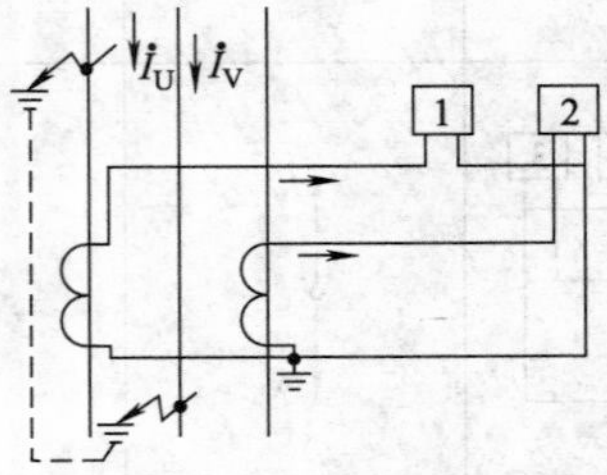 $\dot{I}_U$ $\dot{I}_V$ 1 2	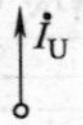 $\dot{I}_U$	

■ **表 7-13　互感器接成三角形而继电器接成星形在各种故障时的电流分配和矢量图**

故障种类	接线图	电流矢量图	
		一次回路	二次回路
三相短路	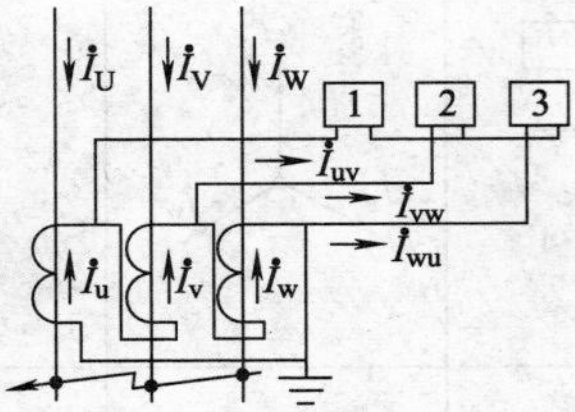 $\dot{I}_U$ $\dot{I}_V$ $\dot{I}_W$ 1 2 3 $\dot{I}_{uv}$ $\dot{I}_{vw}$ $\dot{I}_{wu}$ $\dot{I}_u$ $\dot{I}_v$ $\dot{I}_w$	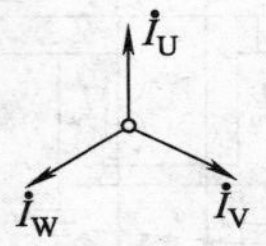 $\dot{I}_U$ $\dot{I}_W$ $\dot{I}_V$	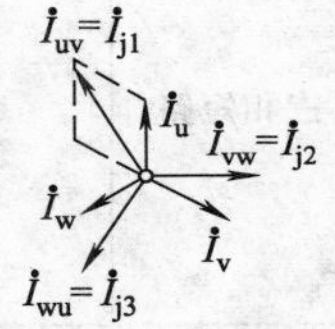 $\dot{I}_{uv}=\dot{I}_{j1}$ $\dot{I}_u$ $\dot{I}_{vw}=\dot{I}_{j2}$ $\dot{I}_w$ $\dot{I}_v$ $\dot{I}_{wu}=\dot{I}_{j3}$
两相短路	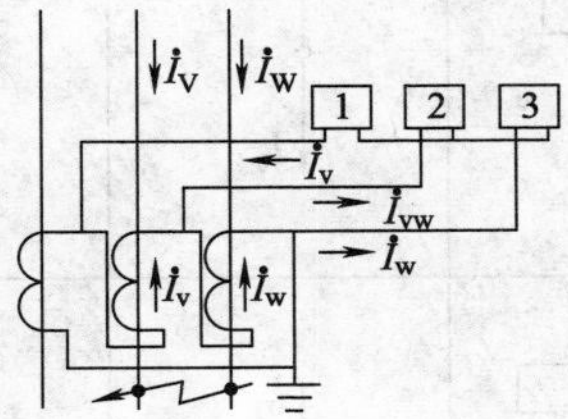 $\dot{I}_V$ $\dot{I}_W$ 1 2 3 $\dot{I}_v$ $\dot{I}_{vw}$ $\dot{I}_w$ $\dot{I}_v$ $\dot{I}_w$	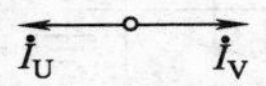 $\dot{I}_U$ $\dot{I}_V$	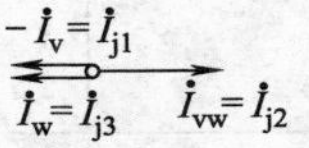 $-\dot{I}_v=\dot{I}_{j1}$ $\dot{I}_w=\dot{I}_{j3}$ $\dot{I}_{vw}=\dot{I}_{j2}$
中性点接地的电网中的单相接地	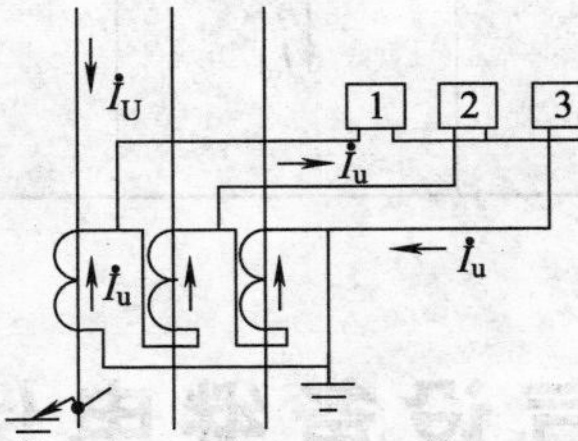 $\dot{I}_U$ 1 2 3 $\dot{I}_u$ $\dot{I}_u$ $\dot{I}_u$	 $\dot{I}_U$	 $\dot{I}_u=\dot{I}_{j1}$ $-\dot{I}_u=\dot{I}_{j3}$
单方供电的中性点不接地的电网中两点接地	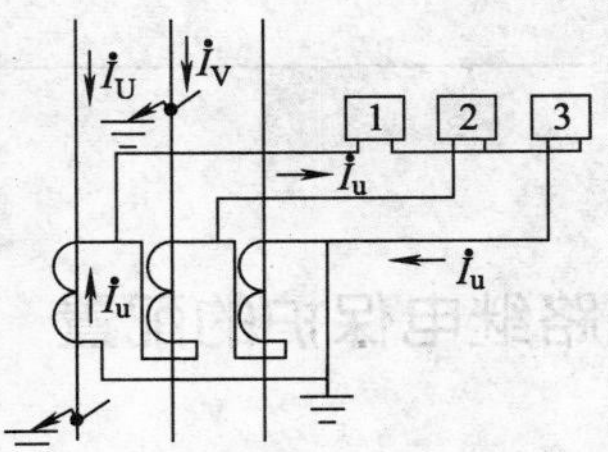 $\dot{I}_U$ $\dot{I}_V$ 1 2 3 $\dot{I}_u$ $\dot{I}_u$ $\dot{I}_u$	 $\dot{I}_U$ $\dot{I}_V$	 $\dot{I}_u=\dot{I}_{j1}$ $-\dot{I}_u=\dot{I}_{j3}$

■ 表 7-14　接于两个不同相的互感器和一个继电器在各种故障时的电流分配和矢量图

故障种类	接线图	电流矢量图	
		一次回路	二次回路
三相短路	$\dot{I}_U$ $\dot{I}_V$ $\dot{I}_W$ $\dot{I}_j$ $\dot{I}_u$ $\dot{I}_w$	$\dot{I}_U$ $\dot{I}_W$ $\dot{I}_V$	$\dot{I}_u$ $\dot{I}_j$ $\dot{I}_w$ $-\dot{I}_w$
两相短路（U、V 相）	$\dot{I}_U$ $\dot{I}_V$ $\dot{I}_u$ $\dot{I}_u$	$\dot{I}_U$ $\dot{I}_V$	$\dot{I}_u=\dot{I}_j$
两相短路（U、W 相）	$\dot{I}_U$ $\dot{I}_W$ $\dot{I}_u-\dot{I}_w=\dot{I}_j$ $\dot{I}_u$ $\dot{I}_w$	$\dot{I}_U$ $\dot{I}_W$	$\dot{I}_{uw}=\dot{I}_j$ $\dot{I}_u$ $\dot{I}_w$

7.4 线路及电气设备继电保护的配置

7.4.1　3~10kV 电力线路继电保护的配置

3～10kV 电力线路的继电保护一般可按表 7-15 配置。

■ **表 7-15　3～10kV 电力线路继电保护的配置**

3～10kV 线路	保护装置名称						
	备用电源自动重合闸（AAT）	过电流保护	无过电流保护	自动重合闸（APR）	过电流、电流速断	绝缘监视或单相接地保护	熔断器保护
进线	两路进线（独立电源）需要互为备用	进线设有断路器时	过电流保护时限整定有困难时				
出线				用于架空线路较长的出线回路	通常采用带时限过电流保护，有时也采用电流速断	单相接地发出信号	用于次要线路上
备注			进线断路器只起到负荷开关的作用	有前加速和后加速			

7.4.2 电力变压器和电炉变压器继电保护的配置

（1）电力变压器继电保护的配置

电力变压器的继电保护一般可按表 7-16 配置。

（2）电炉变压器继电保护怎样配置

电炉（电阻炉、电弧炉）变压器一般设有两级断路器保护。一级断路器 QF_1 设在总变电所内，是为防止变压器高压侧及馈电线路多相短路故障而设置的；另一级断路器 QF_2 设在电炉变压器室内，是为防止电炉故障和电炉操作而设置的。电炉变压器的继电保护配置见表 7-17。

■ **表 7-16　电力变压器继电保护的配置**

变压器容量/kV·A	保护装置名称							备注
	过电流保护	电流速断保护	纵联差动保护	气体保护	单相接地保护	过负荷保护	温度信号	
400～800	一次侧采用断路器时装设	一次侧采用断路器且过电流延时时间大于 0.5s 时装设	—	车间装设	低压侧为干线制 Yyn0 连接变压器装设	并列运行的变压器装设 作为其他备用电源的变压器根据过负荷的可能性装设	—	①一般采用 GL 型继电器作过流及电流速断保护；②容量大于或等于 6300kV·A 的单相变压器宜装设远距离测温装置；③容量大于或等于 8000kV·A 的变压器宜装设远距离测温装置
800				装设			装设	
1000～2000	装设	过电流保护延时时间大于 0.5s 时装设						
2000～6300			当电流速断保护不能满足灵敏度要求时装设					
6300～8000		单独运行的变压器或负荷不太重要的变压器装设	并列运行的变压器、重要变压器或当电流速断保护不能满足灵敏度要求时装设					

■ **表 7-17　电炉变压器的继电保护配置**

动作断路器	动作于出线断路器 QF_1	动作于保护变压器用断路器 QF_2		
保护装置	无时限过电流保护	带时限过负荷保护	气体保护	温度信号保护
保护方式	一般采用二相二继电器式，当满足不了灵敏度要求时可采用二相三继电器式	①对于电弧炉和精炼炉（负荷不平稳的矿热炉），宜采用反时限继电器；对于粗炼炉（负荷平稳的矿热炉），也可用定时限继电器 ②一般为三相三继电器式 ③动作于跳闸或发出信号	重瓦斯动作于跳闸，轻瓦斯发出信号，当变压器容量小于 400 kV·A时，允许不装	变压器温升过高和冷却系统故障的温度信号装置

7.4.3 3~10kV 分段母线继电保护的配置

3～10kV 分段母线的继电保护一般可按以下要求配置。

① 变配电所 3～10kV 母线分断断路器应装设无时限电流速断保护。保护应只在断路器合闸瞬间起作用，合闸完毕自动或手动解除保护。保护一般为两相式。

② 变配电所 3～10kV 母线联络断路器应装设下列保护。

a. 电流速断保护：作为母线耐压试验时的速动保护，或作为送出线电流速断保护的备用保护。

b. 带时限过电流保护：作为送出线过电流保护的后备保护。保护一般为两相式。

③ 出线不多的，对Ⅱ、Ⅲ级负荷供电的变配电所分段母线，可不设保护装置。

7.4.4 高压电动机继电保护的配置

3～10kV 高压电动机的配置见表 7-18。

对于电动机低电压保护的装设规定如下。

① 当电源电压短时降低或短时中断又恢复时，对需要断开的次要电动机和有备用自动投入机械的电动机，应装设低电压保护。

② 根据生产过程不允许或不需要自启动的电动机，应装设低电压保护。

③ 在电源电压长时间消失后需从电力网中自动断开的电动机，应装设低电压保护。

④ 保护装置应动作于跳闸。

对于同步电动机失步和失磁保护的装设规定如下。

① 对同步电动机失步，应装设失步保护。失步保护应带时限动作。对于重要电动机，动作于再同步控制回路；不能再同步或根据生产过程不需要再同步的电动机，应动作于跳闸。

② 对同步电动机失磁可引起母线电压严重降低者，宜装设专用失磁保护。失磁保护应带时限动作于跳闸。

■ **表 7-18　3～10kV 高压电动机的继电保护配置**

<table>
<tr><th rowspan="2">电动机容量/kW</th><th colspan="7">保护装置名称</th></tr>
<tr><th>电流速断保护</th><th>纵联差动保护</th><th>过负荷保护</th><th>单相接地保护</th><th>低电压保护①</th><th>失步保护②</th><th>防止非同步冲击的继电失步保护③</th></tr>
<tr><td>异步电动机，<2000</td><td>装设</td><td>当电流速断保护不能满足灵敏度要求时装设</td><td rowspan="4">生产过程中易发生过负荷时，或启动、自启动条件严重时应装设</td><td rowspan="4">单相接地电流>5A时装设，≥10A时一般动作于跳闸，5～10A时可动作于跳闸或信号</td><td rowspan="2">根据需要装设</td><td rowspan="2"></td><td rowspan="2"></td></tr>
<tr><td>异步电动机，≥2000</td><td></td><td>装设</td></tr>
<tr><td>同步电动机，<2000</td><td>装设</td><td>当电流速断保护不能满足灵敏度要求时装设</td><td rowspan="2"></td><td rowspan="2">装设</td><td rowspan="2">根据需要装设</td></tr>
<tr><td>同步电动机，≥2000</td><td></td><td>装设</td></tr>
</table>

① 当电动机有必要装设低电压保护装置时，可采用在线电压上的低电压继电器将电动机断开；必要时可采用两个继电器的低电压保护。

② 下列电动机可以利用反映定子回路的过负荷保护兼作失步保护：短路比在 0.8 及以上且负荷平稳的同步电动机；负荷变动大的同步电动机，但此时应增设失磁保护。

③ 大容量同步电动机当不允许非同步冲击时，宜装设防止电源短时中断再恢复时造成非同步冲击的保护。

7.4.5 并联补偿电容器继电保护的配置

3～10kV 并联补偿电容器的继电保护配置一般原则如下。

① 容量在 400kvar 及以下的电容器组，应采用带熔断器的负荷开关或断路器保护。

② 容量在 400kvar 以上的电容器组，应采用瞬时或短时限过电流保护，动作于断路器跳闸。一般采用两相式。

③ 对于电容器内部故障及其引出线上的短路，应采取下列保护之一。

a. 将电容器分成几组，在每组上安装熔断器保护，当电容器数不多时，也可在每台电容器上安装熔断器保护。

b. 将电容器分成两组，装设横差保护，当电容器组按星形连接时，横差保护装在连接两个中性点的连线上；当电容器组按三角形连接时，横差保护装在每相中并联分支上。保护由电流继电器构成，动作时断路器跳闸。

④ 所有电容器组均应装设全组共用的短路电流保护，如带有短时限的电流速断保护，作用于跳闸。电流速断保护可采用两相电流差的单相继电器。

⑤ 并列运行的电容器组接成三角形时，每组装设熔断器保护，并建议每组额定电流不超过 100A，电容器个数不超过5 个。

⑥ 为防止电容器在 100%额定电压以上运行，需装设过电压保护。当电容器组中故障电容器切除到一定数量，引起电容器端电压超过 110%额定值时，保护电路应将整组电容器断开。为此，可采用下列保护之一：单星形连接的电容器组的零序电压保护、电压差动保护或利用电桥原理的电流平衡保护等；双星形连接电容器组的中性点电压或电流不平衡保护。

⑦ 3～10kV 电网单相接地电流大于 20A，且短路电流保护对接地短路不灵敏时，电容器组以及 1kV 及以上的大容量单独电容器均应装设单相接地保护。但安装在绝缘支架上的电容器组，可不再装设单相接地保护。

⑧ 电容器装置应装设失电压保护，当母线失电压时，带时限作用于跳闸。

⑨ 电容器组上不允许安装自动重合闸装置。

⑩ 为了抑制涌流和防止谐波放大，电容器应与电抗器合理配置。

7.4.6 小型发电机继电保护的配置

通常称3000kW及以下的发电机为小型发电机。发电机的额定电压有400/230V、3.15kV和6.3kV。小型发电机的继电保护配置如下。

① 容量在200kW以下、电压为400V的发电机，可用熔断器或断路器作为保护装置。

② 电压为400V的发电机，其中性点是接地的，如定子中任一相接地就造成短路。为此，容量为200kW以上，应装设接地保护装置，如采用出口电压互感器的开口三角组成的零序保护。

③ 容量为200～500kW，电压为400V、3.15kV或6.3kV的发电机，应装设由GL-10型过电流继电器组成的过电流保护。

④ 容量在500kW以上的发电机，应装设纵差动保护装置，作为发电机的主保护，过电流保护作为后备保护；当普通的过电流保护不能满足灵敏性要求时，需加装带低电压启动的过电流保护装置。纵差动保护，尽量采用较为简单的电磁型继电器。

⑤ 电压为3.15kV、6.3kV的发电机，为保护其定子绕组的绝缘层，应装设过电压保护装置。当电压高到额定电压的1.5～1.7倍时，保护装置动作（经约0.5s延时），使励磁开关跳闸。

⑥ 电压为6.3kV的发电机，当发电机电压网络的单相接地电容电流大于5A时，需装设定子单相接地保护装置。

⑦ 容量在800kW以下的发电机，允许用发电机出口断路器的过载脱扣器代替继电保护装置。脱扣器的整定值采用发电机额定电流的1.35～1.7倍。

⑧ 采用带延时的过电压保护作为超速引起的过电压保护。

⑨ 可采用励磁开关跳闸或监视励磁电压消失的联跳发电机出

口断路器方式，以代替失磁保护。

⑩ 为防止转子两点接地，可装设简单的转子一点接地电流保护装置，并加装定期测量转子绝缘电阻的测量装置。当检测到转子一点接地时，应及时停机处理，防止转子两点接地。

7.5 常用保护继电器及选型

7.5.1 保护继电器的分类及型号命名

(1) 保护继电器的分类

① 按继电器组成元件分，有机电型（包括电磁型和感应型）、晶体管型和微机型等。电磁型和感应型继电器具有简单可靠、便于维修和使用的特点，目前在我国的小电力系统、小水电和工厂供电系统中仍普遍应用。

② 按继电器在保护装置中的功能分，有测量继电器（又称基本继电器）和辅助继电器两大类。测量继电器装设在继电保护的第一级，用来反映被保护元件的特性参数变化情况，当其特性参数达到整定的动作值时即行动作，例如电流继电器、电压继电器、功率继电器。辅助继电器装设在测量继电器之后，用来实现特定的逻辑功能，例如时间继电器、信号继电器、中间继电器等。

③ 按继电器所反映的物理量分，有电量和非电量两大类。属于电量式的有电流继电器、电压继电器、差动继电器、功率方向继电器以及周波继电器等；属于非电量式的有气体继电器、转速继电器以及温度继电器等。

(2) 保护继电器的型号命名

保护继电器（包括控制继电器）型号的命名由动作原理、主要功能、设计序号及主要规格代号组成。其型号说明如下：

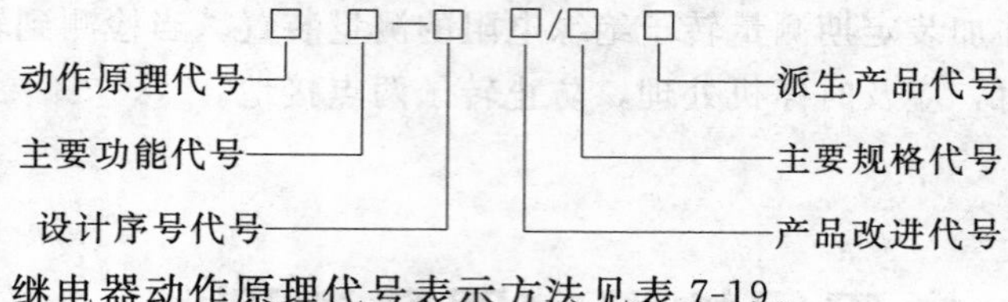

继电器动作原理代号表示方法见表7-19。

■ **表7-19 继电器动作原理代号**

序号	代号	代号含义	序号	代号	代号含义
1	B	半导体式	8	M	电机式
2	C	磁电式	9	N	功能组件
3	D	电磁式	10	S	数字式
4	F	附件	11	W	微机式
5	G	感应式	12	X	箱子
6	J	晶体管或集成电路式	13	Z	装置
7	L	整流式			

继电器主要功能代号表示方法见表7-20。

■ **表7-20 继电器主要功能代号**

序号	代号	代号含义	序号	代号	代号含义
1	BH	变压器保护	27	LD	漏电
2	BL	变压器	28	LF	零序电流方向
3	BS	闭锁	29	LG	零序功率方向
4	C	冲击，充电	30	LL	零序电流
5	CB	励磁机保护	31	LS	联锁
6	CD	差动	32	LY	零序电压
7	CH	重合闸	33	M	电码
8	CP	差频率	34	N	逆流
9	CX	冲击信号	35	NG	逆功率
10	D	接地，定时器	36	P	平衡
11	DC	低励磁	37	QP	欠频率
12	DJ	导线监视	38	S	时间
13	DX	断相	39	T	同步检查
14	FG	负序功率方向	40	X	信号
15	FL	负序电流增量	41	XB	相位比较

续表

序号	代号	代号含义	序号	代号	代号含义
16	FY	负序电压增量	42	XM	密封触点信号
17	FZ	匝间保护	43	Y	电压
18	GP	过频率	44	Z	中间,阻抗
19	GS	功率因数	45	ZB	具有保持中间
20	H	极化	46	ZJ	交流中间
21	HH	横差电流	47	ZK	快速中间
22	HY	复合电压	48	ZL	电流中间
23	J	计数	49	ZY	电压中间
24	JJ	绝缘监视	50	ZS	延时中间
25	L	电流	51	ZM	密封触点中间
26	LC	过流,重合闸			

设计序号和主要规格代号用阿拉伯数字表示。

产品改进后，但外形尺寸不变时，可在设计序号或主要规格后加改进代号 A、B、C 表示。阿城继电器厂的产品代号为 E，表示该产品的性能及外形尺寸均有改变，如代号 H 表示与原产品为互换产品，如 DL-30 型与 DL-30H 型产品可以互换使用。

继电器派生产品代号表示方法见表 7-21。

■ **表 7-21　继电器派生产品代号**

序号	代号	代号含义	序号	代号	代号含义
1	C	长期通电	5	T	凸出式
2	K	嵌入式	6	TH	湿热带
3	P	拼块式	7	X	带信号牌
4	Q	前接线	8	Z	带指针

7.5.2　电流继电器

（1）DL-10 系列电磁型电流继电器

电磁型电流继电器有 DL-10、DL-20C 和 DL-30 系列。后两种系列继电器的工作原理与 DL-10 系列继电器相同，只是对导磁体和触点系统作了某些改进，体积缩小了。

DL-10 系列电流继电器主要技术数据见表 7-22。

■ **表 7-22　DL-10 系列电流继电器技术数**

型号	最大整定值/A	整定范围/A	线圈串联			线圈并联			在第一整定电流时消耗的功率/V·A	触点规格		返回系数
			动作电流/A	热稳定电流/A		动作电流/A	热稳定电流/A			常开	常闭	
				长期	1s		长期	1s				
DL-11										1		
DL-12	0.01	0.0025～0.01	0.0025～0.005	0.02	0.6	0.005～0.01	0.04	1.2	0.08		1	
DL-13										1	1	
DL-11										1		
DL-12	0.04	0.01～0.04	0.01～0.02	0.05	1.5	0.02～0.04	0.1	3	0.08		1	0.8
DL-13										1	1	
DL-11										1		
DL-12	0.05	0.0125～0.05	0.0125～0.025	0.08	2.5	0.025～0.05	0.16	5	0.08		1	
DL-13										1	1	
DL-11										1		
DL-12	0.2	0.05～0.2	0.05～0.1	0.3	12	0.1～0.2	0.6	24	0.1		1	
DL-13										1	1	
DL-11										1		
DL-12	0.6	0.15～0.6	0.15～0.3	1	45	0.3～0.6	2	90	0.1		1	
DL-13										1	1	0.8
DL-11										1		
DL-12	2	0.5～2	0.5～1	4	100	1～2	8	200	0.1		1	
DL-13										1	1	
DL-11										1		
DL-12	6	1.5～6	1.5～3	10	300	3～6	20	600	0.1		1	
DL-13										1	1	

续表

型号	最大整定值/A	整定范围/A	线圈串联			线圈并联			在第一整定电流时消耗的功率/V·A	触点规格		返回系数
			动作电流/A	热稳定电流/A		动作电流/A	热稳定电流/A			常开	常闭	
				长期	1s		长期	1s				
DL-11										1		
DL-12	10	2.5～10	2.5～5	10	300	5～10	20	600	0.15		1	
DL-13										1	1	
DL-11										1		
DL-12	20	5～20	5～10	15	300	10～20	30	600	0.25		1	
DL-13										1	1	
DL-11										1		0.8
DL-12	50	12.5～50	12.5～25	20	450	25～50	40	900	1.0		1	
DL-13										1	1	
DL-11										1		
DL-12	100	25～100	25～50	20	450	50～100	40	900	2.5		1	
DL-13										1	1	
DL-11										1		
DL-12	200	50～200	50～100	20	450	100～200	40	900	10		1	0.7
DL-13										1	1	

说明：

① 触点数目，见表 7-23。

② 触点容量。当电压在 220V 以下且电流在 2A 以下时，在具有电感负荷的直流回路（时间常数 T 不大于 5ms）中，能断开 50W；当电压在 220V 以下及电流在 2A 以下时，交流回路中能断开 240V·A。

③ 动作时间。在 1.2 倍整定电流时，t=0.15s；在 2 倍整定电流时，t=0.02～0.03s。

④ 返回系数定义：返回系数$=\frac{\text{返回电流}}{\text{动作电流}}$。

■ **表 7-23 电流、电压继电器触点数量**

型　　号	触点数量	
	常开(动合)	常闭(动断)
DL-11	1	
DL-12		1
DL-13	1	1
DL-21C、DL-31，DY-21C、DY-26C、DY-31、DY-35，LY-32	1	
DL-22C、DY-22C、LY-31、LY-34		1
DL-23C、DL-32，DY-23C、DY-28C、DY-32、DY-30、DY-32/60C，LY-33、LT-35	1	1
DL-33，DY-33、DY-37	2	1①
DL-34，DY-34、DY-38、DY-34/60C	1	2
DL-24C，DY-24C、DY-29C，LY-37	2	
DL-25C，DY-25C，LY-36		2

① 苏州继电器厂的产品无此常闭触点。

(2) DL-20C 和 DL-30 系列电磁型电流继电器（见表 7-24）

■ **表 7-24 DL-20C 和 DL-30 系列电流继电器技术数据**

型号	最大整定电流/A	额定电流/A		长期允许电流/A		电流整定范围/A	动作电流/A		最小整定值时的功率消耗/V·A	返回系数
		线圈串联	线圈并联	线圈串联	线圈并联		线圈串联	线圈并联		
DL-21C、31 DL-22C、32 DL-23C、33 DL-24C、34 DL-25C	0.0049①					只有一点刻度	0.00245	0.0049	—	—
	0.0064①					只有一点刻度	0.0032	0.0064		
	0.01①	0.02	0.04	0.02	0.04	0.0025～0.01	0.0025～0.005	0.005～0.01	0.4	0.8
	0.05	0.08	0.16	0.08	0.16	0.0125～0.05	0.0125～0.025	0.025～0.05		
	0.2	0.3	0.6	0.3	0.6	0.05～0.2	0.05～0.1	0.1～0.2	0.55(0.5)	
	0.6	1	2	1	2	0.15～0.6	0.15～0.3	0.3～0.6		
	2	3	6	4	8	0.5～2	0.5～1	1～2		
	6	6[10]	12[20]	6[10]	12[20]	1.5～6	1.5～3	3～6	0.55	
	10	10	20	10	20	2.5～10	2.5～5	5～10	0.8	
	15①	10	20	15	30	3.75～15	3.75～7.5	7.5～15	0.8(0.85)	
	20	10	20	15	30	5～20	5～10	10～20	0.8(1)	

续表

型号	最大整定电流/A	额定电流/A		长期允许电流/A		电流整定范围/A	动作电流/A		最小整定值时的功率消耗/V·A	返回系数
		线圈串联	线圈并联	线圈串联	线圈并联		线圈串联	线圈并联		
DL-21C、31 DL-22C、32	50	15	30	20	40	12.5～50	12.5～25	25～50	6(2.8)	0.8
DL-23C、33 DL-24C、34	100	15	30	20	40	25～100	25～50	50～100	20(7.5)	
DL-25C	200	15	30	20	40	50～200	50～100	100～200	(32)	0.7

① 表示仅许昌继电器厂的 DL-30 系列电流继电器有此规格。

注：1. 圆括号内数字为 DL-20C 系列电流继电器的数据。

2. 方括号内数字为苏州继电器厂和成都继电器厂 DL-30 系列电流继电器的数据。

说明：

① 触点数目，见表 7-23。

② 触点容量。DL-20C 系列，直流（T=50ms）为 40W，交流为 200V·A；DL-30 系列同 DL-10 系列。

③ 动作时间。DL-20C 和 DL-30 系列均与 DL-10 系列相同。

（3）电磁型电流继电器的内部接线（见图 7-10）

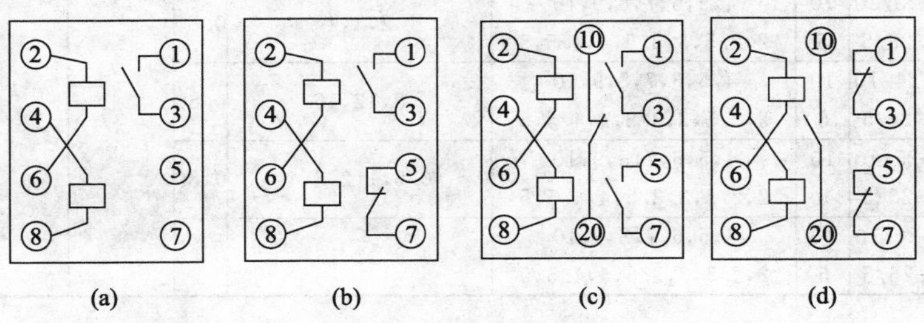

图 7-10　电磁型电流继电器内部接线（背后端子）

图 7-10（a）为 DL-11、31、31H 型，图 7-10（b）为 DL-13、32、32H 型，图 7-10（c）为 DL-33、33H 型，图 7-10（d）为 DL-34、34H 型。

（4）GL-10、GL-20 系列感应型过电流继电器

1）GL-10、GL-20 系列过电流继电器的主要技术数据（见表7-25）

■ **表 7-25 GL-10、GL-20 系列过电流继电器主要技术数据**

型号	额定电流/A	感应元件动作电流/A	10 倍动作电流时的动作时间/s	返回系数	最小整定值消耗功率/A	电磁元件动作电流倍数
GL-11/10	10	4,5,6,7,8,9,10	0.5,1,2,3,4	0.85	15	2～8
GL-11/5	5	2,2.5,3,3.5,4,4.5,5				
GL-12/10	10	4,5,6,7,8,9,10	2,4,8,12,16	0.85		
GL-12/5	5	2,2.5,3,3.5,4,4.5,5				
GL-13/10	10	4,5,6,7,8,9,10	2,3,4	0.80		
GL-13/5	5	2,2.5,3,3.5,4,4.5,5				
GL-14/10	10	4,5,6,7,8,9,10	8,12,16	0.80		
GL-14/5	5	2,2.5,3,3.5,4,4.5,5				
GL-15/10	10	4,5,6,7,8,9,10	0.5,1,2,3,4	0.80		
GL-15/5	5	2,2.5,3,3.5,4,4.5,5				
GL-16/10	10	4,5,6,7,8,9,10	6,8,10,12,16	0.80		
GL-16/5	5	2,2.5,3,3.5,4,4.5,5				
GL-21/10	10	4,5,6,7,8,9,10	0.5,1,2,3,4	0.85		
GL-21/5	5	2,2.5,3,3.5,4,4.5,5				
GL-22/10	10	4,5,6,7,8,9,10	2,4,8,12,16	0.85		
GL-22/5	5	2,2.5,3,3.5,4,4.5,5				
GL-23/10	10	4,5,6,7,8,9,10	2,3,4	0.80		
GL-23/5	5	2,2.5,3,3.5,4,4.5,5				
GL-24/10	10	4,5,6,7,8,9,10	8,12,16	0.80		
GL-24/5	5	2,2.5,3,3.5,4,4.5,5				
GL-25/10	10	4,5,6,7,8,9,10	0.5,1,2,3,4	0.80		
GL-25/5	5	2,2.5,3,3.5,4,4.5,5				
GL-26/10	10	4,5,6,7,8,9,10	8,12,16	0.80		
GL-26/5	5	2,2.5,3,3.5,4,4.5,5				

说明：

① 触点数目。GL-11、GL-12、GL-21、GL-22 型过电流继电器具有一副常开触点，但可改为常闭触点；GL-13、GL-14、GL-23、GL-24 型过电流继电器具有一副常开或常闭触点和一副延时闭合信号触点；GL-15、GL-25 型过电流继电器具有一副常开触点和一副常闭触点进行切换；GL-16、GL-26 型过电流继电器具有一副常开/常闭切换触点和一副延时闭合的信号触点。

② 触点容量。GL-11、GL-12、GL-13、GL-14、GL-21、GL-

22、GL-23、GL-24 型过电流继电器主触点能接通 5A，断开 2A（电压在 220V 以下），GL-15、GL-16、GL-25、GL-26 型过电流继电器主触点由变流器供电，且当电流为 3.5A 时，总电阻不大于 4.5Ω，可接通和断开电流至 150A。

2）动作特性曲线　感应型过电流继电器的动作特性曲线如图 7-11 所示。图中，I_J 为流过继电器的电流，I_{dzj} 为动作整定电流；曲线 abc 为感应元件的反时限特性，$bb'd$ 为电磁元件的瞬时（速断）特性。当线圈通过的电流为动作电流的 20%～30%时，圆盘开始转动。圆盘转动的速度与线圈中通过的电流成正比。当线圈中的电流达到动作电流值时，圆盘受作用力和反作用力的联合作用，使扇形轮与蜗杆啮合，扇形轮开始上升。经过一段时间后，扇形轮的杆臂碰到衔铁左边的突柄，突柄随即上升，至一定程度时，衔铁即吸向电磁铁，使触点接通。继电器的动作时间与通过线圈的电流成反比，所以叫反时限特性。当通过线圈的电流很大时，衔铁便直接被吸下，动作变成瞬时的。速断特性动作电流为整定动作电流的 2～15 倍。

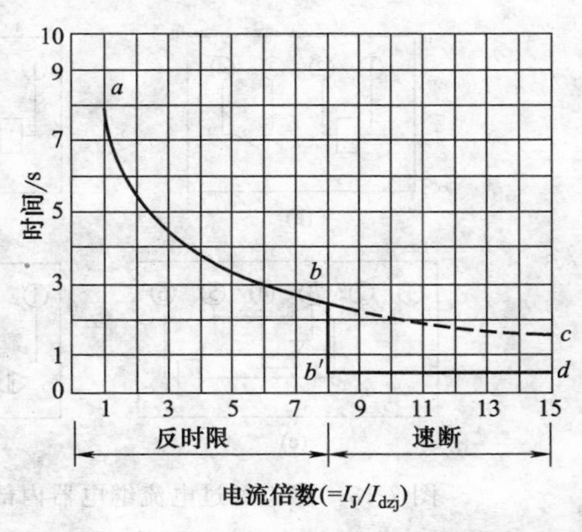

图 7-11　感应型过电流继电器动作特性曲线

GL-10 系列、GL-20 系列过电流继电器的动作特性曲线如图 7-12 所示。曲线族上的每条曲线都标有动作时限，如 0.5s、0.7s、1.0s 等，表示继电器通过 10 倍的整定动作电流所对应的动作时限。例如，某继电器通过螺杆及插销被调整至 10 倍整定动作电流下动作时限为 2.0s 的曲线上时，若其线圈通入 3 倍的整定动作电流，可从该曲线上查得此时继电器的动作时限 $t_{op}=3.5$s。

3）感应型过电流继电器的内部接线　如图 7-13 所示。

其中，图（a）为GL-11、GL-12、GL-21、GL-22型，图（b）为GL-13、GL-14、GL-23、GL-24型，图（c）为GL-15、GL-25型，图（d）为GL-16、GL-26型。

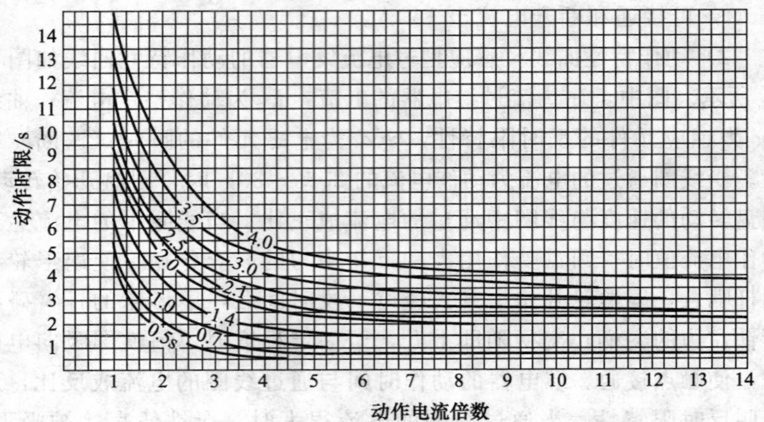

图 7-12　GL-10、GL-20 系列过电流继电器的动作特性曲线

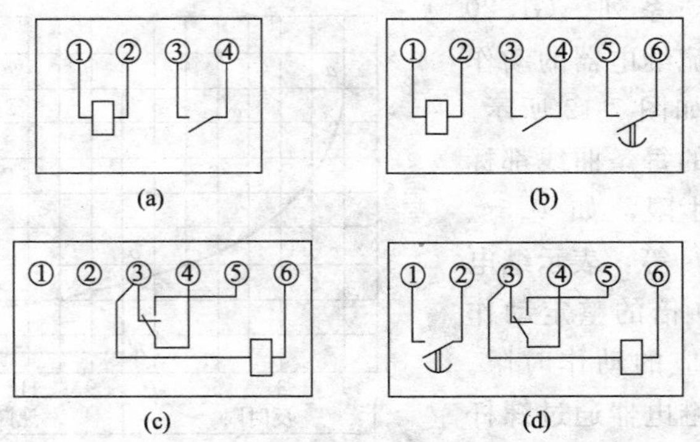

图 7-13　感应型过电流继电器内部接线（背后端子）

（5）LL-10A、LL-10AH 系列整流型过电流继电器

整流型过电流继电器由电压形成回路、整流滤波回路、比较回路和执行回路构成。LL-10A、LL-10AH 系列过电流继电器具有反时限特性。

1）LL-10A、LL-10AH 系列过电流继电器的主要技术数据（见表 7-26）。

■ **表 7-26 LL-10A、LL-10AH 系列过电流继电器主要技术数据**

型号	额定电流/A	整定值			返回系数（不小于）	功率消耗（不大于）/V·A
		动作电流/A	10 倍整定值下动作时间/s	瞬动电流倍数		
LL-11A/5、11AH/5	5	2、2.5、3、3.5、4、4.5、5	0.5～4	2～8	0.85	10
LL-11A/10、11AH/10	10	4、5、6、7、8、9、10				
LL-12A/5、12AH/5	5	2、2.5、3、3.5、4、4.5、5	2～16			
LL-12A/10、12AH/10	10	4、5、6、7、8、9、10				
LL-13A/5、13AH/5	5	2、2.5、3、3.5、4、4.5、5	2～4	2～8	0.85	10
LL-13A/10、13AH/10	10	4、5、6、7、8、9、10				
LL-14A/5、14AH/5	5	2、2.5、3、3.5、4、4.5、5	8～16			
LL-14A/10、14AH/10	10	4、5、6、7、8、9、10				

注：瞬动电流倍数$=\dfrac{瞬动电流}{动作电流整定值}$。

说明：

① 触点数目。LL-11A、LL-12A 型过电流继电器具有一副常开触点，但可改为常闭触点；LL-13A、LL-14A 型过电流继电器具有一副瞬动的常开主触点和一副延时动作的常开信号触点。主触点也可改为常闭触点。

② 触点容量。常开主触点能接通 5A 电流，断开 2A 电流（电压在 220V 以下），主触点由变流器供电，且当电流为 4A 时，总电阻不大于 4Ω，可接通和断开电流至 50A；常开信号触点在电压为 220V 的情况下，能接通和断开电流为 0.2A 的直流无感电路或电流为 0.5A 的交流电路。

2）延时特性曲线　LL-10A、LL-10AH 系列过电流继电器的延时特性曲线如图 7-14 所示。图中，曲线 1 为最大延时整定值时的特性曲线，曲线 2 为 LL-13A、LL-13AH、LL-14A、LL-14AH 型继电器最小延时整定值时的特性曲线，曲线 3 为 LL-11A、LL-11AH、LL-12A、LL-12AH 型继电器最小延时整定值时的特性曲线。

3）原理电路　如图 7-15 所示。

图中，TA 为电流互感器；XS 为插座；KP 为极化继电器，它与电流互感器共用一个铁芯。

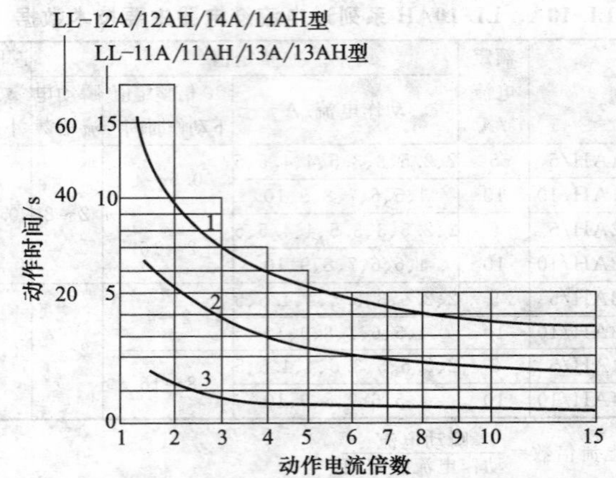

图 7-14　LL-10A、LL-10AH　系列过流继电器延时特性曲线

注：动作电流倍数$=\dfrac{\text{互感器 TA 一次侧电流}}{\text{动作电流整定值}}$。

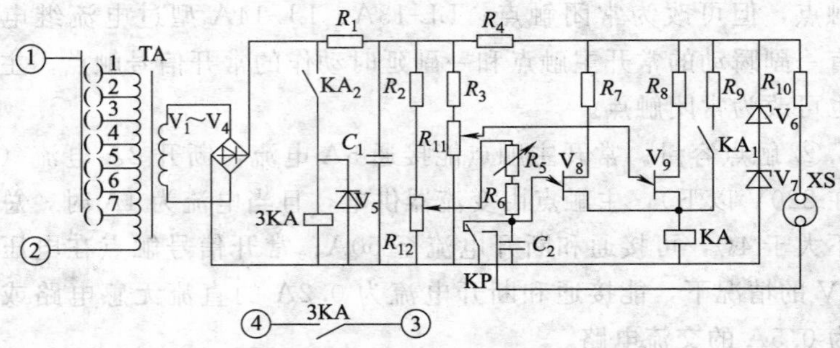

图 7-15　LL-11A、LL-12A 型继电器原理图

7.5.3　电压继电器

(1) DY-20C、DY-30 系列电磁型电压继电器

电压继电器是利用加于电压线圈的电压的大小实现动作，而电流继电器则是利用通过电流线圈的电流大小实现动作。前者线圈导

线细而匝数多，后者线圈导线粗而匝数少，但两者的结构基本相同。

1）DY-20C、DY-30 系列电压继电器的主要技术数据　见表 7-27 和表 7-28。

■ **表 7-27　DY-20C 系列电压继电器主要技术数据**

名称	型号	整定范围/V	线圈串联		线圈并联		最小整定电压消耗功率/V·A	返回系数
			动作电压/V	长期允许电压/V	动作电压/V	长期允许电压/V		
过电压	DY-21C	15～60	30～60	70	15～30	35	1	0.8
	DY-22C	50～200	50～200	220	50～100	110	1	0.8
	DY-23C	50～200	50～200	220	50～100	110	1	0.8
	DY-24C	100～400	200～400	440	100～200	220	1	0.8
	DY-25C	100～400	200～400	440	100～200	220	1	0.8
低电压	DY-26C	12～48	24～48	70	12～24	35	1	1.25
	DY-28C	40～160	80～160	220	40～80	110	1	1.25
	DY-29C	80～320	160～320	440	80～160	220	1	1.25

■ **表 7-28　DY-30 系列电压继电器主要技术数据**

名称	型号	整定范围/V	线圈串联			线圈并联			返回系数
			额定电压/V	动作电压/V	长期允许电压/V	额定电压/V	动作电压/V	长期允许电压/V	
过电压	DY-32/60C	15～60	200	30～60	220	100	15～30	110	0.8
	DY-31	15～60	60	30～60	70	30	15～30	35	
	DY-32	50～200	200	100～200	220	100	50～100	110	
		100～400	400	200～400	440	200	100～200	220	
低电压	DY-35	12～48	60	24～48	70	30	12～24	35	1.25
	DY-36	40～160	200	80～160	220	100	40～80	110	
		80～320	400	160～320	440	200	80～160	220	

说明：

① 触点数目，见表 7-23。

② 触点容量。与 DL-10 系列电流继电器相同。

③ 返回系数定义：返回系数$=\frac{返回电压}{动作电压}$。

2）电磁型电压继电器的内部接线　如图 7-16 所示。

图 7-16（a）为 DY-31、DY-35 型，图 7-16（b）为 DY-32、DY-36 型，图 7-16（c）为 DY-33、DY-37 型，图 7-16（d）为 DY-34、DY-38 型，图 7-16（e）为 DY-32/60C 型，图 7-16（f）为 DY-33/60C 型，图 7-16（g）为 DY-34/60C 型。

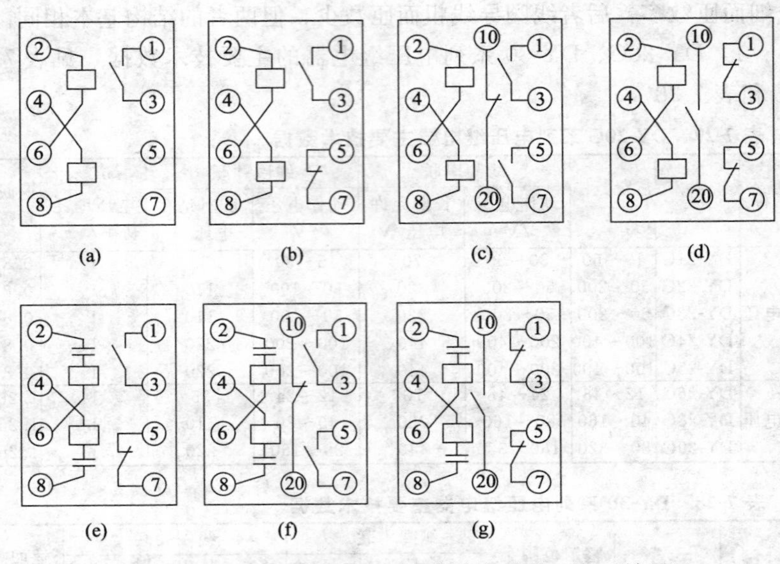

图 7-16　DY-30 系列电压继电器内部接线（背后端子）

（2）LY-30 系列整流型电压继电器

整流型电压继电器本身为电磁式，交流电压经电阻降压、整流后加在两个线圈上。两个线圈可以串联或并联，以增大继电器的整定范围。

继电器的动作值可以通过转动刻度盘上的指针改变游丝的作用力矩来改变。

LY-30 系列低电压继电器的主要技术数据见表 7-29。

■ **表 7-29　LY-30 系列低电压继电器主要技术数据**

型号	整定范围/V	线圈串联		线圈并联		最小整定电压消耗功率/V·A	返回系数
		额定电压/V	长期允许电压/V	额定电压/V	长期允许电压/V		
LY-31～LY-37	15～60	200	220	100	110	1	不大于1.25
	40～160	200	220	100	110	1	
	80～320	400	440	200	220	1	

说明：

① 触点数目。见表 7-23。

② 触点容量。与 DL-10 系列电流继电器相同。

LY-31 型电压继电器的内部接线与 DY-30 系列电磁型电压继电器的相同，如图 7-16 所示。

7.5.4 中间继电器

中间继电器用于各种保护线路中作为辅助继电器，以增加主保护继电器的触点数目和触点容量。

中间继电器的种类很多，从用途上分可分为控制用继电器和继电保护用中间继电器两大类。用于继电保护的中间继电器有 DZ 型、DZJ 型（交流操作）、DZB 型（带自保持线圈）、DZS 型（延时动作）、DZK 型（快速动作）和 BZS 型（晶体管式延时动作）等。

（1）DZ-10 系列中间继电器

继电器为瞬时动作电磁式继电器。

① DZ-10 系列中间继电器技术数据见表 7-30。

② 触点容量见表 7-31。

■ 表 7-30 DZ-10 系列继电器技术数据

<table>
<tr><th rowspan="2">型号</th><th colspan="2" rowspan="2">额定电压
U_e/V</th><th rowspan="2">动作电压
不大于</th><th rowspan="2">返回电压
不小于</th><th rowspan="2">动作时间
不大于/s</th><th rowspan="2">功率消耗
不大于/W</th><th colspan="2">触点数量</th></tr>
<tr><th>常开</th><th>常闭</th></tr>
<tr><td>DZ-15</td><td rowspan="3">直流</td><td rowspan="3">12
24
48
110
220</td><td rowspan="3">70%U_e</td><td rowspan="3">3%U_e</td><td rowspan="3">U_e 时为
0.045</td><td rowspan="3">U_e 时为 7</td><td>2</td><td>2</td></tr>
<tr><td>DZ-16</td><td>3</td><td>1</td></tr>
<tr><td>DZ-17</td><td>4</td><td>0</td></tr>
</table>

■ 表 7-31 DZ-10 系列继电器触点容量

<table>
<tr><th rowspan="2">负载</th><th colspan="2">电压/V</th><th rowspan="2">最大断开
电流/A</th><th rowspan="2">长期允许
电流/A</th></tr>
<tr><th>直流</th><th>交流</th></tr>
<tr><td rowspan="2">无感</td><td>110</td><td rowspan="4"></td><td>5</td><td rowspan="6">5</td></tr>
<tr><td>220</td><td>1</td></tr>
<tr><td rowspan="2">有感
$T=5\times10^{-3}$s</td><td>110</td><td>4</td></tr>
<tr><td>220</td><td>0.5</td></tr>
<tr><td rowspan="2">*</td><td rowspan="2"></td><td>110</td><td>10</td></tr>
<tr><td>220</td><td>5</td></tr>
</table>

注：*项仅供参考。

③ 内部接线，如图 7-17 所示。

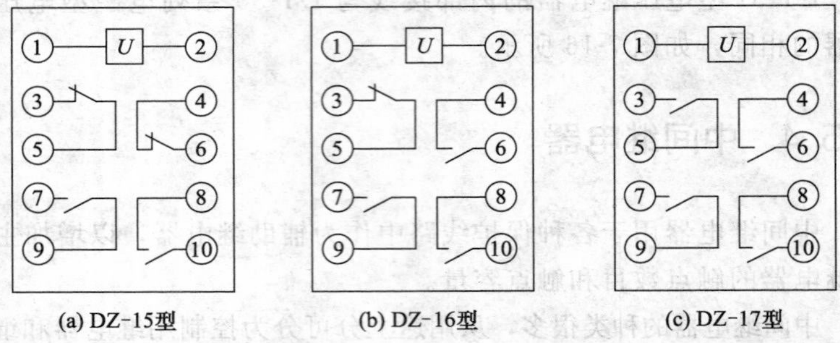

(a) DZ-15型　(b) DZ-16型　(c) DZ-17型

图 7-17　DZ-10 系列中间继电器内部接线

(2) DZ-30B 系列中间继电器

继电器为瞬时动作电磁式继电器。

① 技术数据，见表 7-32。

■ **表 7-32　DZ-30B 系列中间继电器技术数据**

型号	额定电压 U_e/V	电阻/Ω	动作电压不大于	返回电压不小于	动作时间不大于/s	功率消耗不大于/W	触点数量	
							常开	转换
DZ-31B	12	46	$70\%U_e$	$5\%U_e$	U_e 时为 0.05	U_e 时为 5	3	3
	24	195						
	48	660						
DZ-32B	110	3200					6	0
	220	12750						

② 触点容量。当电压不大于 220V、电流不大于 1A 时，在直流有感负载电路（时间常数 5×10^{-3} s）中为 50W；当电压小于 220V 时，在交流电路中为 500V·A。触点长期允许电流；不大于 5A。

③ 内部接线，如图 7-18 所示。

(3) DZ-50、DZ-60 系列中间继电器

继电器为瞬时动作电磁式继电器。

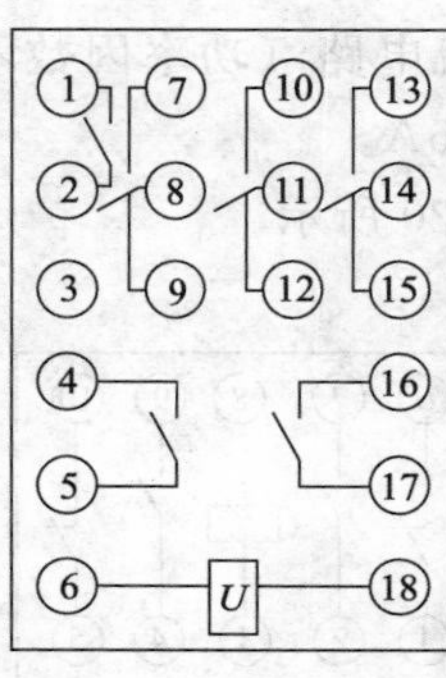

(a) DZ-31B型

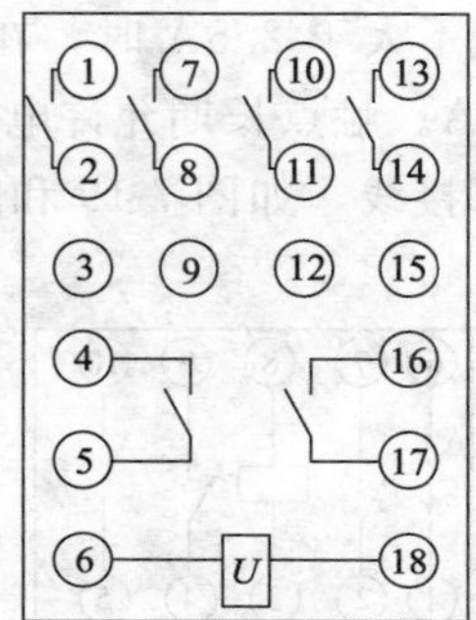

(b) DZ-32B型

图 7-18 DZ-30B 系列中间继电器内部接线

① DZ-50、DZ-60 系列中间继电器技术数据见表 7-33。

表 7-33 DZ-50、DZ-60 系列中间继电器技术数据

型号		额定电压 U_e/V	动作电压不大于	动作时间不大于/s	功率消耗不大于/V·A	触点数量		
						常开	常闭	转换
直流	DZ-51 DZ-61	6、12、24、36①、48、60、110、220、	75%U_e	U_e 时为 0.03	U_e 时为 5W	4		
							4	
						2	2	
								2
交流/	DZ-52 DZ-62	6①、12、24、36、48①、60、110、127、220、380	85%U_e		U_e 时为 6.5	4		
							4	
						2	2	
								2

① DZ-50 系列中间继电器无此数据。

② 线圈阻值，见表 7-34。

表 7-34 DZ-50、DZ-60 系列中间继电器线圈阻值

DZ-50 DZ-60	直流电压/V	6	12	24	36	48	60	110	220
	线圈电阻/Ω	20	85	320	700	1100	2250	6000	20000

③ 触点容量：当电压不大于 250V、电流不大于 1A 时，在直流有感负载电路（时间常数 5×10^{-3}s）中为 50W；当电压不大于

250V、电流不大于2.5A时，在交流电路（功率因数不小于0.8）中为500V·A。触点长期允许电流：5A。

④ 内部接线，如图7-19和图7-20所示。

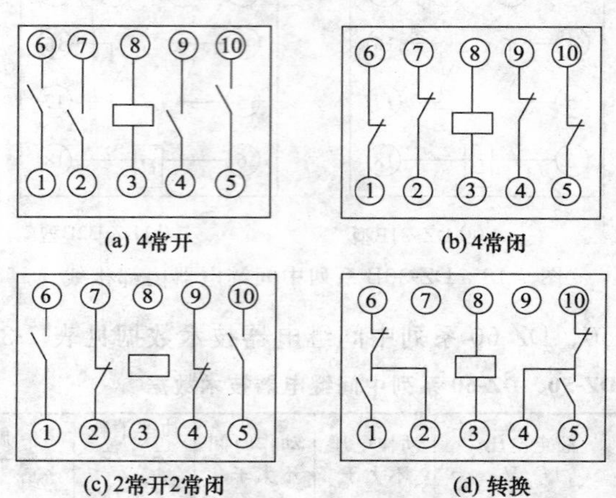

(a) 4常开　(b) 4常闭

(c) 2常开2常闭　(d) 转换

图7-19　DZ-50系列中间继电器内部连线

(4) DZ-100系列中间继电器

DZ-100系列中间继电器用于直流电压不超过110V的自动化线路中，以扩大被控制的电路。DZ-100系列中间继电器为电磁式快速动作中间继电器。

① DZ-100系列中间继电器的技术数据（见表7-35）

② 线圈阻值、匝数及功率消耗（见表7-36）

③ 内部接线　如图7-21所示。

■ **表7-35　DZ-100系列中间继电器技术数据**

型号	额定电压 U_e/V	动作电压	动作时间不大于/s	触点容量/A	触点数量		
					常开	常闭	转换
DZ-122	6、12、24、48、110	70%U_e	U_e时为0.01	直流100V时为0.3 直流30V时为1			2
DZ-144							4
DZ-106						6	
DZ-160					6		

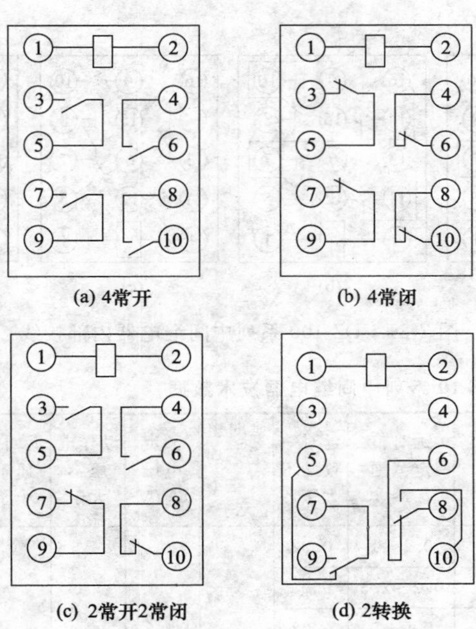

(a) 4常开　(b) 4常闭　(c) 2常开2常闭　(d) 2转换

图 7-20　DZ-60 系列中间继电器内部接线

■ **表 7-36　DZ-100 系列中间继电器线圈阻值、匝数及功率消耗**

U_e/V	线圈电阻/Ω	线圈匝数	消耗功率不大于/W
6	52±5.2	1750	0.8
12	185±18.5	3200	
24	700±70	5900	1
48	$2500\pm\frac{225}{150}$	11000	
110	15000±2250	24000	

（5）BZS-10 系列中间继电器

继电器为晶体管式型延时中间继电器。用于较高精度定时、频繁操作需要 0.1～10s 延时运行和延时返回的各种保护及控制回路中。

① 技术数据　见表 7-37。

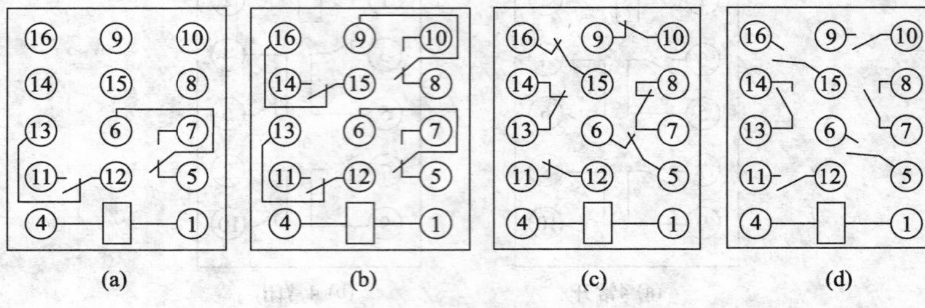

图 7-21 DZ-100 系列中间继电器内部接线

■ **表 7-37 BZS-10 系列中间继电器技术数据**

型号		延时整定范围/s	延时一致性不大于/s	延时整定平均误差不大于	额定电压 U_e/V	动作电压不大于	返回电压不小于	功率消耗不大于/V·A	触点数量
延时动作	BZS-11、11J	0.1～1	0.02	±2%	直流 24、48、110、220 交流 110、220	直流 70%U_e 交流 80%U_e	5%U_e	U_e 时直流为 10W 交流 10	8 常开；6 常开、2 常闭；4 常开、4 常闭；2 常开、6 常闭；8 常闭
	BZS-12、12J	0.2～2.5	0.05						
	BZS-13、13J	0.5～5	0.08						
	BZS-14、14J	1～10	0.1						
延时返回	BZS-15、15J	0.1～1	0.02						
	BZS-16、16J	0.2～2.5	0.05						
	BZS-17、17J	0.5～5	0.08						
	BZS-18、18J	1～10	0.1						

注：表中型号带字母“J”的表示交流规格。

② 触点容量 见表 7-38。

■ **表 7-38 BZS-10 系列中间继电器触点容量**

额定电压 U_e/V	直流/A		交流/A
	无感	有感 $T=(5\pm0.75)\times10^{-3}$s	$\cos\varphi=0.4\pm0.1$
24	5	5	5
48			
110		4	
220	1	0.5	

触点长期允许电流为 5A；触点最大允许电流为 15A。

③ 原理电路　BZS-11～14 型中间继电器的原理电路如图 7-22 所示。

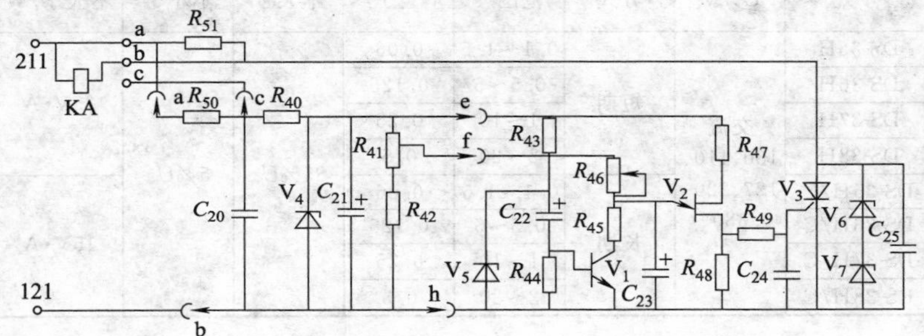

图 7-22　BZS-11～14 型中间继电器原理电路

7.5.5　时间继电器

（1）DS-30H 系列时间继电器

继电器为电磁式继电器。用于各种保护及自动控制线路中作延时元件，在继电保护装置中用以实现主保护与后备保护的选择性配合。

① 技术数据　见表 7-39。

② 触点数目　2 对瞬时转换触点，1 对滑动延时触点，1 对延时主触点。

表 7-39　DS-30H 系列时间继电器技术数据

型号	额定电压 U_e/V	工作方式	延时范围/s	时间变差不大于/s	动作电压不大于	返回电压不小于	功率消耗不大于/W
DS-31H	直流 24、48、110、220	短期	0.1～1.5	0.06	70%U_e	5%U_e	25
DS-32H			0.5～5	0.125			
DS-33H			1～10	0.25			
DS-34H			2～20	0.5			
DS-31H/C		长期	0.1～1.5	0.06	75%U_e		15
DS-32H/C			0.5～5	0.125			
DS-33H/C			1～10	0.25			
DS-34H/C			2～20	0.5			

续表

型号	额定电压 U_e/V	工作方式	延时范围/s	时间变差不大于/s	动作电压不大于	返回电压不小于	功率消耗不大于/W
DS-35H	交流 100、110、127、220、380	短期	0.1～1.5	0.06	$85\%U_e$	$5\%U_e$	25V·A
DS-36H			0.5～5	0.125			
DS-37H			1～10	0.25			
DS-38H			2～20	0.5			
DS-35H/C		长期	0.1～1.5	0.06			15V·A
DS-36H/C			0.5～5	0.125			
DS-37H/C			1～10	0.25			
DS-38H/C			2～20	0.5			

③ 触点容量　当电压不大于 250V、电流不大于 1A 时，在直流有感负载电路，[时间常数 $(5\pm0.75)\times10^{-3}$s] 中为 50W。

④ 内部接线　如图 7-23 所示。

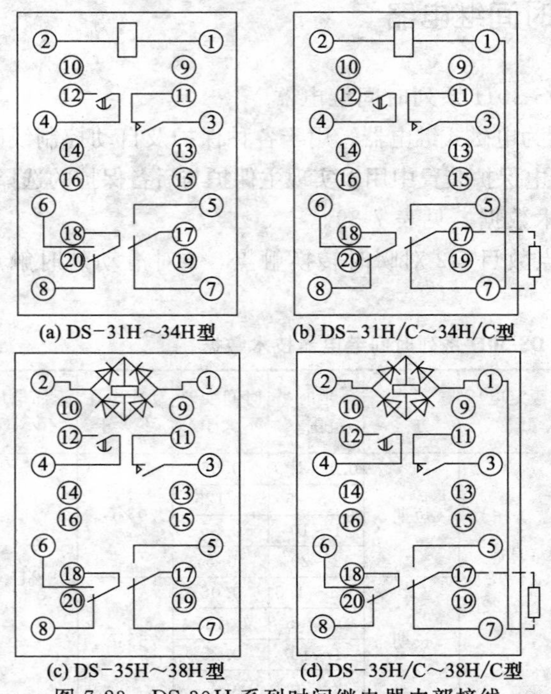

图 7-23　DS-30H 系列时间继电器内部接线

(2) BS-30 系列时间继电器

继电器为电子式，由集成电路、阻容和小型中间继电器等组成。用于各种自动控制电路中。

① 技术数据　见表 7-40。

② 触点容量　当电压不大于 220V、电流不大于 0.2A 时，在直流有感负载电路（时间常数 5×10^{-3}s）中为 40W，在交流电路中为 50V・A。

③ 原理电路　如图 7-24 所示。

■ **表 7-40　BS-30 系列时间继电器技术数据**

型号	额定电压 U_e/V	时间整定范围/min	动作时间变差不大于/s	动作电压不大于/V		功率消耗不大于/W
				48V	110V、220V	
BS-34	直流 48、110、220	1.5～5	5%整定值	90%U_e	80%U_e	U_e 时为 15
BS-31		3～10				
BS-32		5～20				
BS-33		6～30				

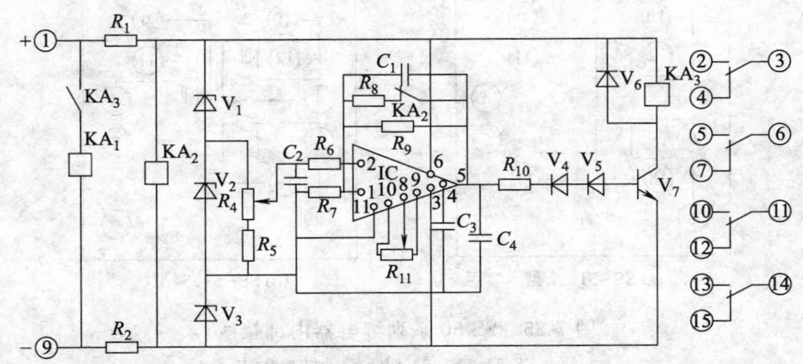

图 7-24　BS-30 系列时间继电器原理电路

(3) SS-50 系列时间继电器

继电器为数字式，延时精度高，功耗小。用于继电保护线路中，以实现保护的选择性配合。

继电器采用 CMOS 集成电路进行计数分频形成延时功能，有足够的刻度精度，带有延时终止指示，有两种不同的延时输出。

① 技术数据　见表 7-41。

■ **表 7-41　SS-50 系列时间继电器技术数据**

型号	直流额定电压/V	时间整定范围/s	动作时间变差不大于/s	时间整定误差不大于/s	返回时间小于/s	功率消耗小于/W	触点数量	
							瞬动转换	延时转换
SS-51	48、110、220	0.125～20	1%整定值+0.003	2.5%整定值+0.003	0.02	3.5	—	1
SS-52						5.5	1	1
SS-53						5.5	—	2
SS-54						7.5	1	2

② 触点容量　当电压不大于 250V、电流不大于 1A 时，在直流有感负载电路［时间常数小于 $(5\pm0.75)\times10^{-3}$s］中为 50W；当电压不大于 250V、电流不大于 3A 时，在交流电路（功率因数不大于 0.4 ± 0.1）中为 250V·A。触点长期允许电流：5A。

③ 内部接线　如图 7-25 所示。

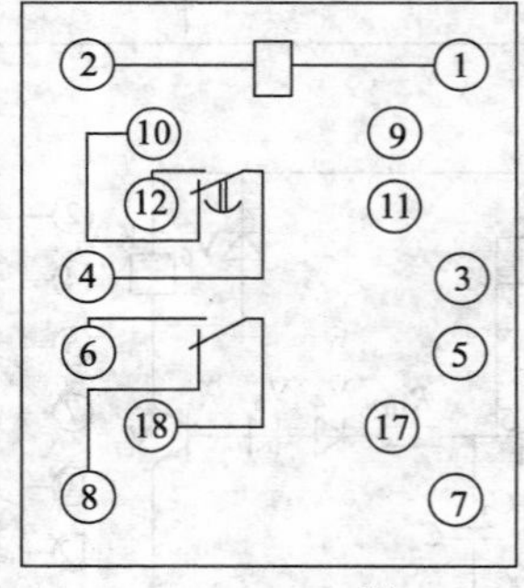

(a) SS－51、52型

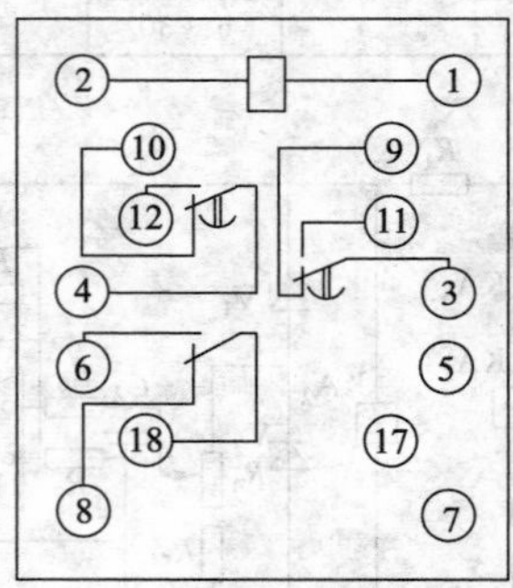

(b) SS－53、54型

图 7-25　SS-50 系列继电器内部接线

注：SS-51、SS-53 型无瞬动转换触点

（4）DS-20 系列时间继电器

DS-20 系列时间继电器为带有延时机构的吸入式电磁时间继电器，其主要技术数据见表 7-42。

说明：

① 触点断开容量：当电压不大于 220V、电流不大于 1A 时，

在直流有感负载电路（时间常数不大于 5×10⁻³s）中，主触点和瞬时转换触点均为 50W。

■ **表 7-42　DS-20 系列时间继电器主要技术数据**

型号	额定电压/V	时间整定范围/s	动作电压	返回电压	动作时间变差[2]/s	功率消耗	接点规范		
							延时常开	瞬时转换	滑动延时
DS-21、DS-21/C	直流 24	0.2～1.5	≤70% (75%)[1]	≥5%	0.07	≤10W	1	1	1
DS-22、DS-22/C	48	1.2～5			0.16				
DS-23、DS-23/C	110	2.5～10			0.26				
DS-24、DS-24/C	220	5～20			0.5				
DS-25	交流 110	0.2～1.5	≤85%		0.07	≤35V·A			
DS-26	127	1.2～5			0.16				
DS-27	220	2.5～10			0.26				
DS-28	380	5～20			0.5				

① 为 DS-21/C～24/C 的数值。

② 指在最大整定时间下的变差值。

② 触点长期允许电流：主触点和瞬时转换触点均为 5A。

DZ-20 系列时间继电器的内部接线如图 7-26 所示。

7.5.6　信号继电器

(1) DX-15 系列信号继电器

继电器为电磁式信号继电器，由电磁系统、动合触点和信号显示部分组成。用于继电保护线路中，作为直流回路动作指示信号。

DX-15/D、2D 型为电动复归；DX-15/S、2S 为手动复归。

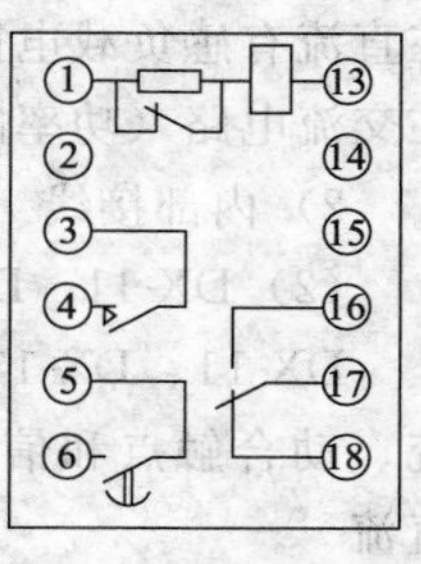

图 7-26　DZ-20 系列时间继电器内部接线

1) DX-15 系列信号继电器的技术数据（见表 7-43）。

■ **表 7-43　DX-15 系列信号继电器技术数据**

型号	额定值			复归电压/V	复归方式	触点数量
	电压 U_e/V	电流 I_e/A	电阻/Ω			
DX-15/D DX-15/2D	12、24、48、110、220	0.01 0.015 0.025 0.5 0.075 0.1	1800 750 250 70 30 17	12、24、48、110、220	电动	2 对断电返回动合触点 2 对或 4 对断电保持动合触点
DX-15/S DX-15/2S		0.15 0.25 0.5 0.75 1 2	7 2.6 0.66 0.3 0.14 0.039	—	手动	

说明：

① 动作值：电压型不大于 70%U_e；电流型不大于 90%I_e；复归线圈不大于 80%U_e。

② 返回值：不大于 2%额定值。复归线圈为断电返回。

③ 动作时间：110%额定值延时 0.05s，信号牌应立即显示。

④ 功率消耗：电压型不大于 3W，电流型不大于 0.2W。

⑤ 触点断开容量：当电压不大于 250V、电流不大于 2A 时，在直流有感负载电路［时间常数 $(5\pm0.75)\times10^{-3}$s］中为 50W，在交流电路（功率因数 0.4±0.1）中为 250V·A。

2）内部接线　如图 7-27 所示。

（2）DX-11、DX-11A 型信号继电器

DX-11、DX-11A 型信号继电器为电磁式继电器，由电磁系统、动合触点和信号牌组成，分为电压型和电流型两种，电源为直流。

1）DX-11、DX-11A 型信号继电器主要技术数据（见表7-44）

说明：

① 动作值：电压型不大于 70%U_e，电流型不大于 95%I_e。

② 功率消耗：电压型约为 2W，电流型约为 0.3W。

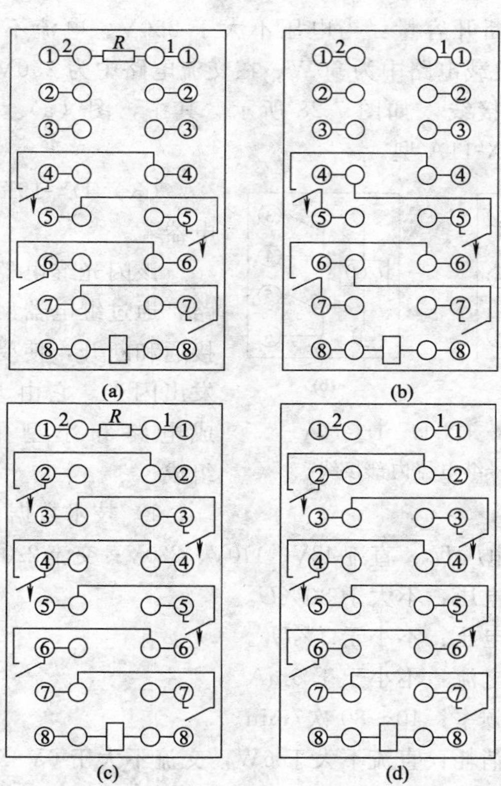

图 7-27 DX-15 系列信号继电器内部接线

■ **表 7-44 DX-11、DX-11A 型信号继电器主要技术数据**

额定电压 U_e/V	长期允许电压/V	电阻/Ω	额定电流 I_e/A	长期允许电流/A	电阻/Ω
			0.01	0.03	2200
12	13.2	84	0.015	0.045	1000
			0.025	0.075	320
24	26.4	360	0.05	0.15	70
			0.075	0.225	30
48	53	1440	0.1	0.3	18
			0.15	0.45	8
110	121	7500	0.25	0.75	3
			0.5	1.5	0.7
220	242	24400	0.75	2.25	0.35
			1	3	0.2

③ 触点断开容量：当电压不大于 250V、电流不大于 2A 时，在直流有感负载电路中为 50W，在交流电路中为 250V·A。

2）内部接线　如图 7-28 所示。其中，图（a）为 DX-11 型，图（b）为 DX-11A 型。

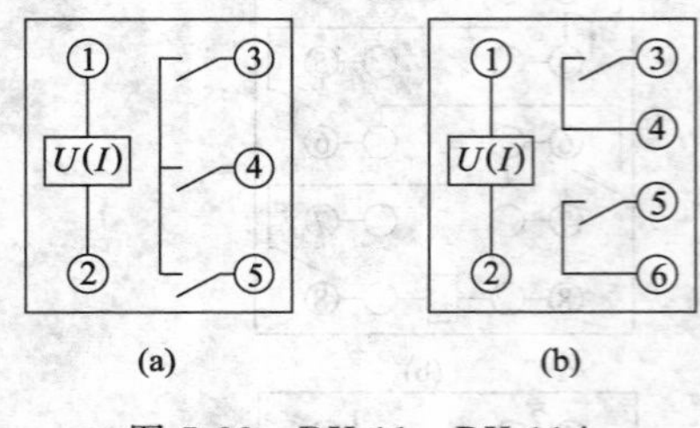

图 7-28　DX-11、DX-11A 型信号继电器内部接线

（3）DX-19E 型闪光继电器

该闪光继电器用于信号回路，通过继电器触点周期性地接通和断开，使受控灯光信号发出闪光。它由 RC 电路、集成电路和小型中间继电器组成。

1）技术数据

① 额定电压 U_e：直流 48V、110V、220V；交流 220V、50Hz。

② 动作电压：不大于 80%U_e。

③ 返回电压：不小于 3%U_e。

④ 动作电流：不小于 1.5mA。

⑤ 闪光频率：40～80 次/min。

⑥ 功率消耗：直流不大于 6W，交流不大于 6V·A。

2）触点容量　当电压不大于 250V、电流不大于 0.5A 时，在直流有感负载电路［时间常数 $(5\pm0.75)\times10^{-3}$s］中为 50W；当电压不大于 250V、电流不大于 1A 时，在交流电路（功率因数 0.4±0.1）中为 150V·A。

3）原理电路　如图 7-29 所示。

7.5.7　串接信号继电器和附加电阻的计算

串接信号继电器和附加电阻的选择原则如下。

① 在额定控制电源电压下，信号继电器动作的灵敏度应满足 $K_m\geqslant1.4$。

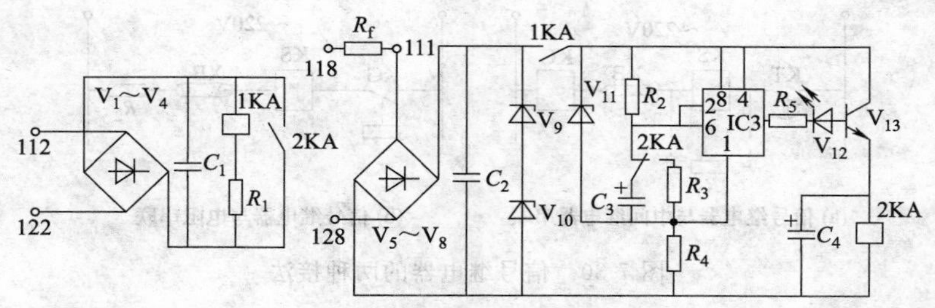

图 7-29　DX-19E 型闪光信号继电器原理电路

② 对于直流控制电源，由于直流中间继电器的动作电压不应小于 70％额定电压（否则动作不可靠），故要求在 80％U_e 下，因信号继电器的串联而引起的电压降不大于 10％U_e。对于交流控制电源，由于交流中间继电器的动作电压不应小于 85％额定电压，故要求在 90％U_e 下，因信号继电器的串联而引起的电压降不大于 5％U_e。

③ 要考虑几个信号继电器同时动作的可能，若所选的信号继电器不能同时满足上述两项要求，可采用在中间继电器上并联电阻的方法解决。

在有些情况下，也可以采用在信号继电器上并联电阻的方法解决。电流型信号继电器允许长期通过的电流一般不大于 3 倍额定电流。

【例 7-3】 图 7-30（a）为小水电站信号回路中的信号继电器与出口中间继电器串联回路。当过电压（或过电流）故障出现时，过电压（或过电流）继电器动作，其触点闭合，使时间继电器 KT 动作，经零点几秒延时后，其触点闭合，信号继电器 KS 掉牌，中间继电器 KC 吸合，其触点作用于出口断路器，使断路器跳闸，停止发电。

已知中间继电器 KC 为 JZ7-44/220 型，交流 220V、内阻为 500Ω。试选择信号继电器。

解　设信号继电器 KS 内阻为 R_1，KC 内阻为 R_2＝500Ω。

① 根据 KS 上电压降 ΔU 要求

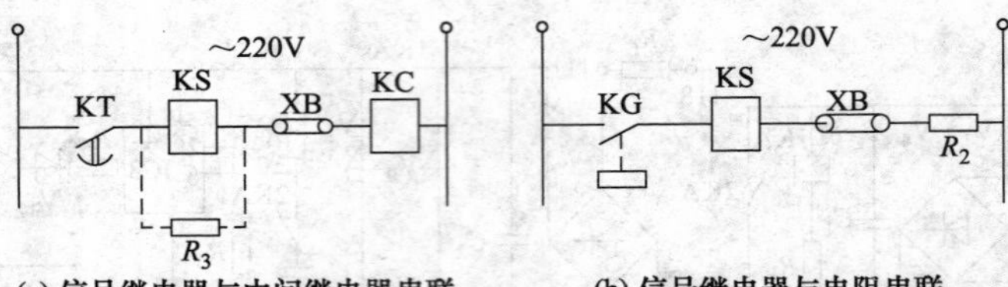

(a) 信号继电器与中间继电器串联　　(b) 信号继电器与电阻串联

图 7-30　信号继电器的两种接法

当 90%U_e 下，通过信号继电器的电流：

$$I=\frac{0.9U_e}{R_1+R_2}=\frac{0.9\times220}{R_1+500}=\frac{198}{R_1+500}$$

信号继电器上的电压降：

$$\Delta U=IR_1=\frac{198R_1}{R_1+500}$$

$$\frac{\Delta U}{U_e}=\frac{198R_1}{(R_1+500)\times220}<5\%$$

得　　$R_1<29.4\Omega$

暂选用 DX-11/0.1A、内阻为 18Ω 的信号继电器。

② 校验灵敏度要求

动作电流

$$I_{dz}=\frac{U_e}{R_1+R_2}=\frac{220}{18+500}=0.42\text{A}$$

$$K_m=\frac{I_{dz}}{I_e}=\frac{0.42}{0.1}=4.2>1.4$$

③ 校验最大热稳定电流

对于直流控制电源，校验公式为：

$$I_{max}=\frac{U_e}{\sum R}<3I_e$$

而本例是采用交流控制电源，一般可采用以下公式校验：

$$I_{max}=\frac{1.1U_e}{\sum R}<3I_e$$

对于此例

$$I_{max}=\frac{1.1\times 220}{18+500}=0.42\text{A}>3I_e=0.3\text{A}$$

不符合信号继电器长期通过此电流的要求。这时可在信号继电器上并联电阻［见图 7-30（a）中的 R_3］。设 $R_3=22\Omega$，这样，通过信号继电器的最大工作电流为

$$I_{max}=\frac{1.1U_e}{R_2+\frac{R_1R_3}{R_1+R_3}}\times\frac{R_3}{R_1+R_3}$$

$$=\frac{1.1\times 220}{500+\frac{18\times 22}{18+22}}\times\frac{22}{18+22}=0.26\text{A}<3I_e$$

符合要求。

再次校验灵敏度要求：

$$I_{dz}=\frac{0.26}{1.1}=0.236\text{A}$$

$$K_m=\frac{I_{dz}}{I_e}=\frac{0.236}{0.1}=2.36>1.4$$

【例 7-4】 图 7-30（b）为信号继电器与电阻串联电路。当限位开关（气体继电器）KG 闭合时，信号继电器 KS 动作掉牌。已知 KS 为 DX-11/0.1A、内阻为 18Ω 信号继电器，试选择串联电阻。

解 ① 当控制电源电压最大时，通过信号继电器的电流应小于 3 倍额定电流。即

$$\frac{1.1U_e}{R_1+R_2}<3I_e$$

$$\frac{1.1\times 220}{18+R_2}<0.3$$

$$R_2>790\Omega$$

② 当控制电源电压最小时，通过信号继电器的电流应大于 0.9 倍额定电流，即

$$\frac{0.9U_e}{R_1+R_2}>0.9I_e$$

$$\frac{0.9\times220}{18+R_2}\geqslant0.9\times0.1=0.09$$

$$R_2<2180\Omega$$

因此 R_2 的阻值在 790～2180Ω 范围内。现选用 1.8kΩ（阻值选大一些，功耗会小一些）。

电阻的功耗：

$$I_{max}=\frac{1.1\times220}{18+1800}=0.133\text{A}$$

$$P=I_{max}^2R_2=0.133^2\times1800=31\text{W}$$

可选用 RX20-1.8kΩ-51W 电阻。

7.5.8 冲击继电器

冲击继电器常用于变电所和发电厂的中央音响系统中，作为重复动作元件。

（1）JC-2 型冲击继电器

该继电器用于直流操作的继电保护及控制回路中，作为集中信号的元件。它采用电容充放电原理，由极化继电器执行。

1）技术数据

① 额定电压：直流 24V、48V、110V、220V。

② 冲击动作电流及冲击返回电流：$I_c=0.1$A，不受稳定电流限制。

③ 最大长期稳定电流：$\sum I_c=2$A。

④ 功率消耗：$\sum I_c=2$A 时为 4.5W。

2）触点容量 当电压不大于 250V、电流不大于 1A 时，在直流有感负载电路（时间常数 5×10^{-3}s）中为 10W。

3）内部接线及使用接线 如图 7-31 和图 7-32 所示。

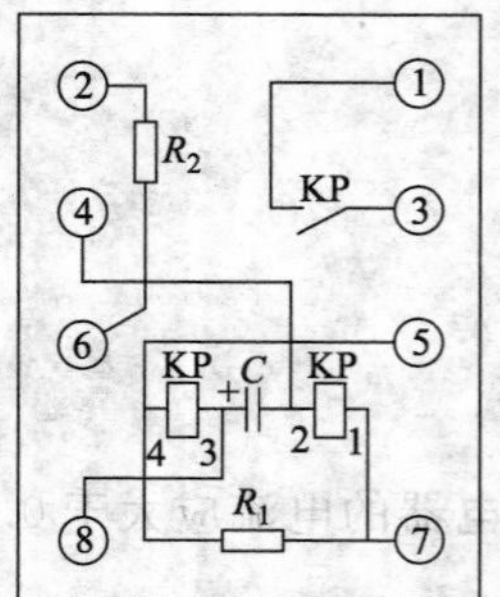

图 7-31 JC-2 型冲击继电器内部接线

图 7-32 中，1KS～4KS 为信号继电器

常开触点；1KA、2KA 为中间继电器的常开触点。

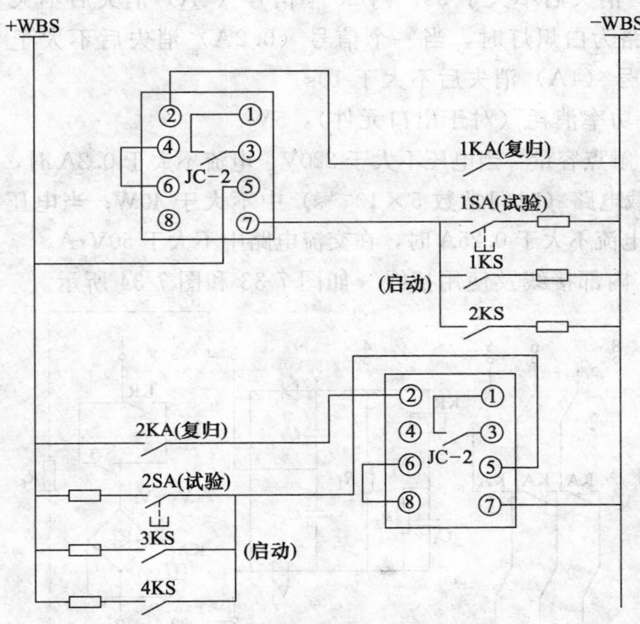

图 7-32　JC-2 型冲击继电器使用接线

（2）ZC-11A 型交流冲击信号继电器

该继电器用于交流操作的继电保护及控制回路中，作为集中信号的元件。它由倍压整流、滤波、微分电路、灵敏元件（KR 舌簧继电器）及出口元件（KA 中间继电器）组成。

1）技术数据

① 额定电压（对于出口元件）：交流 100V、220V。

② 冲击动作电流：附加电阻为 10Ω 时，不大于 0.2A。

③ 信号回路最大电流：附加电阻为 10Ω 时，不大于 4A。

④ 冲击动作电流变化值：附加电阻为 10Ω 时，不大于规定值的±20%。

⑤ 动作值（对于出口元件）：不大于 75%额定电压。

⑥ 返回值（对于出口元件）：不小于 5%额定电压。

⑦ 动作间隔时间：信号回路为线性电阻时，当一个信号（0.2A）消失后不大于8s；当20个信号（4A）消失后不大于30s。信号回路为白炽灯时，当一个信号（0.2A）消失后不大于2s；当20个信号（4A）消失后不大于10s。

⑧ 功率消耗（对于出口元件）：5W。

2）触点容量　当电压不大于220V、电流不大于0.2A时，在直流有感负载电路（时间常数 5×10^{-3} s）中不大于40W；当电压不大于220V、电流不大于0.25A时，在交流电路中不大于50V·A。

3）内部接线及使用接线　如图7-33和图7-34所示。

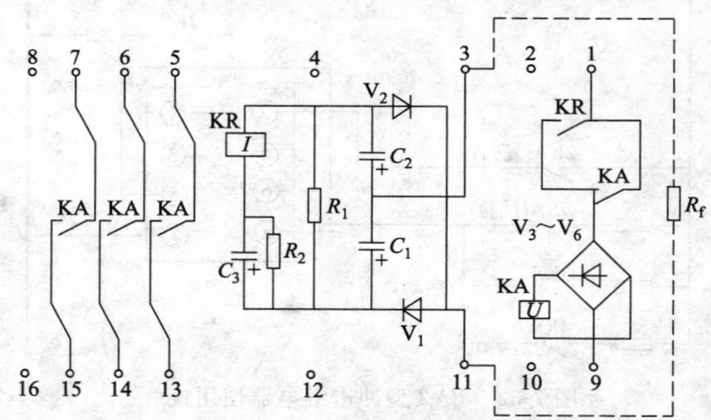

图7-33　ZC-11A型交流冲击继电器内部接线

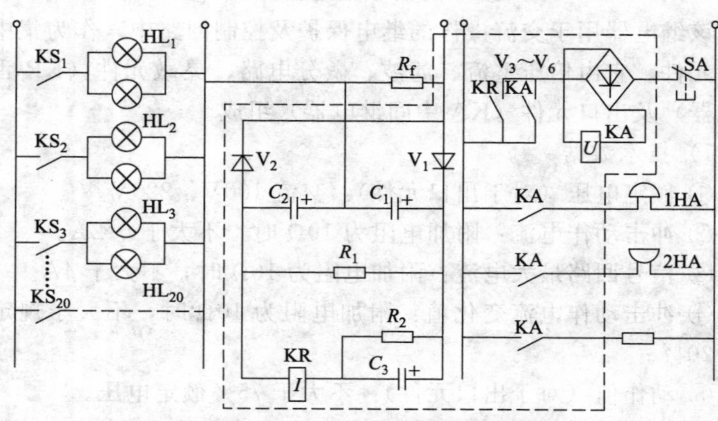

图7-34　ZC-11A型继电器使用接线

图 7-34 中，R_f 为外附加电阻；KR 为舌簧继电器；KA 为中间继电器；KS_1～KS_{20} 为信号继电器常开触点；HL_1～HL_{20} 为指示灯。

(3) BC-30 系列冲击继电器

BC-30 系列冲击继电器中，BC-31 型为预告信号冲击继电器，BC-32 型为事故信号冲击继电器。

1）BC-31 型和 BC-32 型冲击继电器电路图　BC-31 型冲击继电器电路如图 7-35 所示，BC-32 型冲击继电器电路如图 7-36 所示。由图可见，BC-31 型和 BC-32 型除极性相反外，其工作原理相同。

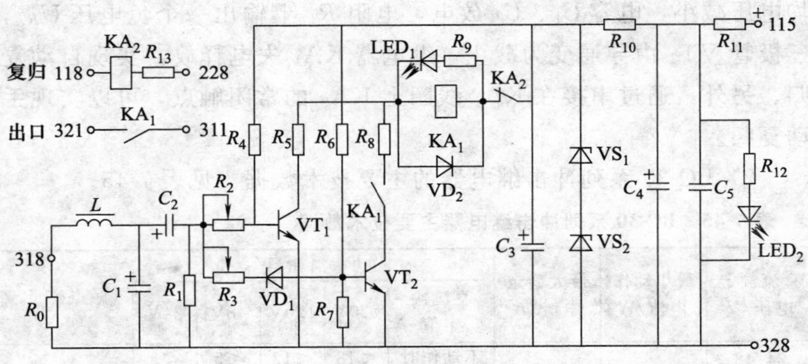

图 7-35　BC-31 型冲击继电器电路

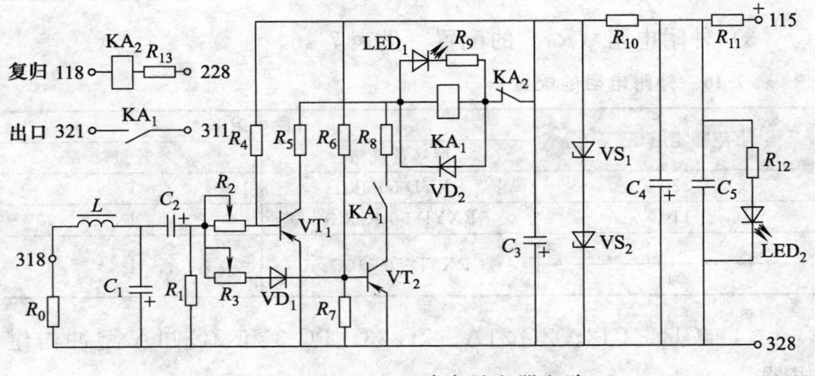

图 7-36　BC-32 型冲击继电器电路

工作原理（见图 7-35）：当有直流信号输入时，电阻 R_0 上的平均电压增大，电容 C_1、C_2 充电，电阻 R_1 上输出一个正电压 U_{R_1}，三极管 VT_1 得到基极偏压而由截止变为导通，继电器 KA_1 得电吸合，其常开触点闭合启动出口元件，发出音响信号。同时，KA_1 的另一副常开触点闭合，接通三极管 VT_2 的集电极，VT_2 导通，KA_1 由此而实现自保持。尽管 VT_1 恢复截止状态，但 KA_1 仍因 VT_2 导通而处于吸合状态。此时如果光字牌相继接通，继电器的状态将不会改变。

在启动状态下，如果光字牌断开，电流消失，电阻 R_0 上的平均电压减小，电容 C_1、C_2 放电，电阻 R_1 上输出一个负电压 U_{R_1}，三极管 VT_2 由导通变为截止，继电器 KA_1 失电释放，实现自动复归。另外，通过串接在 KA_1 线圈上 KA_2 的常闭触点，可以实现手动复归。

2）BC-30 系列冲击继电器的主要技术数据　见表 7-45。

■ **表 7-45　BC-30 系列冲击继电器主要技术数据**

直流额定电压/V	最小动作电流/A	最大稳定电流/A	功率消耗/W					触点容量
			直流额定值	220V	110V	48V	24V	
24、48 110 220	0.135	3	不动作时	<18	<12	<5	<3	直流 40W 交流 50V·A
			重复回路20回	<60	<50	<45	<30	

3）外附电阻（R_0）的配置　见表 7-46。

■ **表 7-46　外附电阻的配置**

直流额定电压/V	外附电阻	
	型号及规格	数量
220	RXYD-50-3kΩ	1
110	RXYD-50-1.2kΩ	1
48	RXYD-50-510Ω	1
24		

（4）CJ1、CJ2、ZC-21A、ZC-23、PC-3 和 ZC-11A 型冲击继电器

CJ1、CJ2、ZC-21A、ZC-23、PC-3 和 ZC-11A 型冲击继电器的主要技术数据见表 7-47。

■ **表 7-47　冲击信号继电器主要技术数据**

型号	额定电压/V		出口中间继电器		触点断开容量		动作电流/A		触点数量	外形尺寸/mm
	交流	直流	工作电压/V	返回电压/V	交流/V·A	直流/W	动作	最大		
CJ1		24 48 110 220	80%			220V 0.25A	>0.2	4	2	128×94 155
CJ2			80%			10	0.1	2	1	115×72×153
ZC-21A、ZC-23			70%	5%	50	40	>0.16	3.2	3	186×80×122
PC-3		48 110 220	70%	5%		20	>0.1	15	3	146×64×105
ZC-11A	110 220		70%	5%	50	40	>0.2	3	3	186×80×122

7.6 直流操作电源

7.6.1　铅酸蓄电池直流屏容量的计算

铅酸蓄电池组直流系统由许多固定式蓄电池串联而成。作为合闸、控制、保护及信号用的蓄电池组，电压一般采用 220V；仅作为控制、保护及信号用的蓄电池组，可根据负荷大小和断路器跳闸线圈的电压数值，采用 110V 或 48V。

固定式铅酸蓄电池有两种：一种为 G 型或 GG 型开启式，另一种为 GF、GFD 型防酸式、GGF、GGM 型防酸隔爆式、GM 型密闭式、FM、GMF、YGM 型全密封式等。选用时，应优先选用具有能量高、寿命长、防酸、隔爆等特点的铅酸蓄电池。

(1) 铅酸蓄电池直流屏容量的计算

蓄电池组为浮充电运行方式时，其容量按下述条件确定。

① 满足发电站或变电所事故全停电状态时的放电容量

$$Q_e \geqslant \frac{36 I_{sg}}{I_{dj}}$$

式中 Q_e——蓄电池直流屏额定容量，A·h；

I_{sg}——经常性负荷和事故负荷电流之和，A；

I_{dj}——单位容量蓄电池在放电假想时间 t_j 内所允许的放电电流（A），可由图 7-37 查得，$t_j=\frac{K_k Q_{sg}}{I_{sg}}$（h），$Q_{sg}$ 为事故负荷计算容量（A·h），K_k 为可靠系数，事故放电曲线为水平者，取 1.15，事故放电曲线为阶梯形者，取 1.1。

经常性负荷因各变电所或发电站情况不同，统计起来十分麻烦，也不准确，一般可按每个开关柜或控制屏 0.2～0.4A 估算。

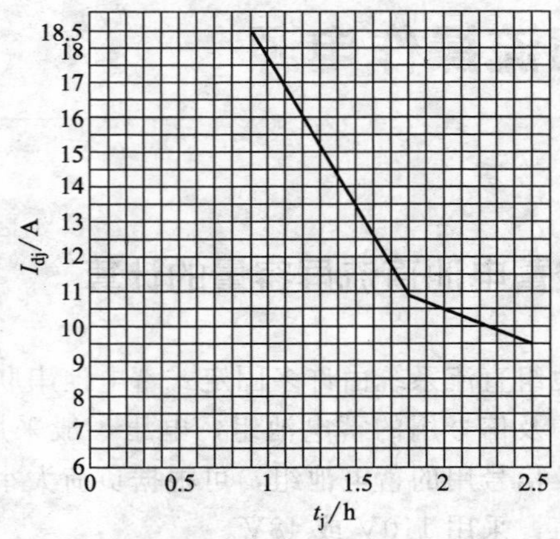

图 7-37 GG 型或 GGM 型蓄电池放电假想时间与放电电流曲线（T=15℃）

注：按本图选用 GGF 型蓄电池时，容量应增大 10%

② 满足最大允许冲击负荷

$$Q_e \geqslant 0.78(I_{sg}+I_{ch})$$

式中　I_{ch}——断路器最大合闸冲击电流，A。

取上述计算结果中的大者作为蓄电池的选择容量。

(2) 蓄电池数量的确定

1) 蓄电池数量的确定原则　蓄电池数量应保证直流母线电压 U_e 在事故放电终了和充电末期维持在比受电设备电压高 5% 的水平。对于 110V 直流系统，U_e 取 115V；对于 220V 直流系统，U_e 取 230V。

蓄电池总数由事故放电终了确定。

2) 蓄电池数量 n 的计算

① 发电站：

$$n=U_e/U_{fm}=230/1.75=130\text{个}$$

式中　U_{fm}——事故放电后每个电池终止电压，V。

② 变电所：

$$n=U_e/U_{fm}=230/1.95=118\text{个}$$

3) 基本电池数 n_0 的计算　基本电池数由充电终了确定，在充电终了每个电池的电压 U_{cm} 为 2.7V。

$$n_0=U_e/U_{cm}=230/2.7=88\text{个}$$

4) 应对事故而备用的电池数 n_d 的计算

① 发电站：

$$n_d=n-n_0=130-88=42\text{个}$$

② 变电所：

$$n_d=118-88=30\text{个}$$

5) 浮充电时连接在直流母线上的蓄电池数 n_v 的计算

$$n_v=U_e/U_v=230/2.15=107\text{个，实际为}106\sim108\text{个}$$

式中　U_v——每个蓄电池在浮充电状态下的电压，取 2.15V。

(3) 固定防酸隔爆式铅酸蓄电池的技术数据

1) GGF 系列防酸隔爆式铅酸蓄电池的技术数据　见表 7-48。

■ **表 7-48 GGF 型固定防酸隔爆式铅蓄电池技术数据**

序号	型号	额定电压/V	标称容量/kV·A·h	放电电流及容量				大电流放电(10s终电压1.7V)/A	最大外形尺寸/mm		
				10h 率终电压 1.8V		1h 率终电压 1.75V					
				电流/A	容量/A·h	电流/A	容量/A·h		长	宽	高
1	GGF-30		0.060	3	30	13.5	13.5	37.5	98	123	221
2	GGF-50		0.10	5	50	22.5	22.5	62.5	138	123	221
3	GGF-100		0.20	10	100	45	45	125	120	158	367
4	GGF-150		0.30	15	150	67.5	67.5	187.5	157	158	367
5	GGF-200		0.40	20	200	90	90	250	194	158	367
6	GGF-300		0.60	30	300	135	135	375	162	207	543
7	GGF-350		0.70	35	350	157.5	157.5	437.5	199	207	543
8	GGF-400		0.80	40	400	180	180	500	199	207	543
9	GGF-450		0.90	45	450	202.5	202.5	562.5	236	207	543
10	GGF-500		1.00	50	500	225	225	625	236	207	543
11	GGF-600	2	1.20	60	600	270	270	750	159	276	735
12	GGF-700		1.40	70	700	315	315	875	196	276	735
13	GGF-800		1.60	80	800	360	360	1000	196	276	735
14	GGF-900		1.80	90	900	405	405	1125	233	276	735
15	GGF-1000		2.00	100	1000	450	450	1250	233	276	735
16	GGF-1200		2.40	120	1200	540	540	1500	322	277	735
17	GGF-1400		2.80	140	1400	630	630	1750	322	277	735
18	GGF-1600		3.20	160	1600	720	720	2000	448	286	740
19	GGF-1800		3.60	180	1800	810	810	2250	448	286	740
20	GGF-2000		4.00	200	2000	900	900	2500	448	286	740

注：表中额定电压为每只电池的标称电压值。

2）GFD 系列固定防酸式蓄电池技术数据（见表 7-49）。

■ **表 7-49 GFD 系列固定型防酸式铅蓄电池技术数据**

蓄电池型号	额定电压/V	每片正板额定容量/A·h	10h 率额定容量		最大外形尺寸/mm			质量(无电解液)/kg	蓄电池间距/mm
			电流/A	容量/A·h	长	宽	总高		
GFD-200	2	25	20	200	147	208	444	16	32
GFD-250	2	50	25	250	147	208	444	18	32
GFD-300	2	50	30	300	147	208	444	20	32
GFD-350	2	50	35	350	168	208	555	24	32

续表

蓄电池型号	额定电压/V	每片正板额定容量/A·h	10h率额定容量		最大外形尺寸/mm			质量(无电解液)/kg	蓄电池间距/mm
			电流/A	容量/A·h	长	宽	总高		
GFD-420	2	50	42	420	168	208	555	27	32
GFD-490	2	50	49	490	168	208	555	30	32
GFD-600	2	50	60	600	147	208	730	36	32
GFD-800	2	100	80	800	212	193	730	48	32
GFD-1000	2	100	100	1000	212	277	730	59	32
GFD-1200	2	100	120	1200	212	277	730	71	32
GFD-1500	2	100	150	1500	214	399	850	103	31
GFD-1875	2	100	187.5	1875	214	399	850	125	31
GFD-2000	2	100	200	2000	214	399	850	135	31
GFD-2500	2	125	250	2500	214	578	850	164	31
GFD-3000	2	125	300	3000	214	578	850	191	31

7.6.2 镉镍蓄电池直流屏容量的计算

(1) 镉镍蓄电池直流屏容量的计算

镉镍蓄电池直流屏的容量按下述条件确定。

1) 满足变电所或发电站事故全停电状态时的放电容量

$$Q_e \geqslant \frac{K_k I_{sg}}{K_Q K_t} t_{sg}$$

式中 Q_e——镉镍蓄电池直流屏额定容量，A·h；

I_{sg}——经常性负荷与事故负荷电流之和，A；

t_{sg}——事故负荷持续时间，取1h；

K_k——可靠系数，取1.05～1.1；

K_Q——容量剩余系数，见表7-50，也可按下法选取：0.5h取0.8，1h取0.75（可查蓄电池容量换算关系曲线）；

K_t——环境温度修正系数，$K_t=1+0.008(t-20)$；

t——年平均温度，可取15℃。

■ 表 7-50 容量剩余系数 K_Q

蓄电池剩余容量	100%	75%	50%	25%
K_Q	1	0.9	0.8	0.7

2）满足最大允许冲击负荷

公式一：

$$I_{max} \geqslant I_{sg} + I_{ch}$$

或

$$I_{max} \geqslant (U_{fm} - U_{ux})/R_e$$

式中 I_{max}——最大可放电电流，A；

I_{ch}——冲击电流，A；

U_{fm}——事故放电后每个电池终止电压，V；

U_{ux}——允许放电最低终止电压，取 1V；

R_e——电池内阻（Ω），可查产品手册，也可按 $R_e = (0.02 \sim 0.04)/Q_e$ 估算。

要根据产品资料，应先求出放电倍率 K（$=I_{sg}/Q_e$）和放电容量 Q_{sg}（$=I_{sg}t_{sg}$），然后根据产品手册查蓄电池不同倍率放电曲线，从而查得 U_{fm}。

公式二（估算）：

$$Q_c \geqslant I_{ch}/K_f$$

式中 K_f——蓄电池放电倍率，可取 10～12，h^{-1}。

一般用于高压断路器操作合闸的镉镍蓄电池直流屏容量不小于 10～20A·h。

蓄电池数量 n 的计算方法同铅酸蓄电池。只是镉镍蓄电池在事故放电后，每个电池的终止电压约为 1.1～1.5V。

（2）镉镍蓄电池的技术数据

碱性镉镍蓄电池技术数据见表 7-51。

7.6.3 免维护铅酸蓄电池直流屏容量的计算

免维护铅酸蓄电池的放电倍率为 3～4 倍，而高倍率镉镍蓄电池的放电倍率为 8～10 倍，因此在同等输出电流的条件下，免维护

■ **表 7-51　碱性镉镍蓄电池技术数据**

型号	额定电压/V	额定容量/A·h	最大外形尺寸/mm			寿命(充放电不少于)/次	电解液用量/kg	带电解液最大质量/kg	极柱螺纹
			长	宽	高				
GN225	1.25	2.25	67	23	135	900	0.05	0.34	M5
GN10	1.25	10	84	38	126	900	0.12	0.66	
GN22	1.25	22	128	35	216	900	0.4	1.78	
2GN24	2.5	24	127	68	186	750	0.45	2.91	
GN45	1.25	45	128	55	216	900	1.56	2.78	
GN60	1.25	60	155	48	349	900	0.92	4.09	M10×1
GN100	1.25	100	155	73	349	900	1.43	6.63	M10×1

注：塑料壳电池宽度尺寸比表内数值略大 5mm。

铅酸蓄电池直流屏的容量约为镉镍蓄电流直流屏的 2.5～4 倍。免维护铅酸蓄电池与镉镍蓄电池的容量对比见表 7-52。

根据以上关系，可以估算免维护铅酸蓄电池直流屏的容量，即先用镉镍蓄电池的计算公式算出镉镍蓄电池直流屏的容量，然后对照表 7-52 选择出免维护铅酸蓄电池直流屏的容量。

例如，计算得到的镉镍蓄电池直流屏容量为 20A·h，则免维护铅酸蓄电池直流屏的容量应为 65A·h。

■ **表 7-52　镉镍蓄电池与免维护铅酸蓄电池的容量对比**　　单位：A·h

名称	容量对比			
镉镍蓄电池	5	10	20	40
免维护铅酸蓄电池	24	38	65	100

【例 7-5】 试计算某变电所直流操作电源需要免维护铅酸蓄电池的容量。某变电所直流负荷列于表 7-53。

■ **表 7-53　某变电所直流负荷统计表**

负荷名称	经常性负荷		事故负荷		冲击负荷电流/A
	功率/W	电流/A	功率/W	电流/A	
经常性直流负荷	240	1.091			
信号灯	150	0.682			
回路监视继电器	100	0.455			
事故照明			1200	5.455	

续表

负荷名称	经常性负荷		事故负荷		冲击负荷电流/A
	功率/W	电流/A	功率/W	电流/A	
光字牌			500	2.273	
断路器跳闸			100	5	147
合计	490	2.23	2800	12.73	147

注：直流系统电压为220V。

解 ① 统计出直流负荷的容量及电流。计算时应酌情考虑一定的发展裕量。

② 按最大事故放电容量选择蓄电池额定容量 C_e，即

$$C_e \geqslant I_{ac}t/(KK_QK_t)$$

式中 C_e——蓄电池额定容量，A·h；

I_{ac}——经常性和事故性直流负荷电流，A；

t——事故照明持续时间（h），一般取1h；

K——可靠系数，取0.8；

K_Q——容量折减系数，事故照明持续时间 $t=0.5$h 取0.8，$t=1$h 取0.75；

K_t——环境温度修正系数，一般取0.96。

本例中，$I_{ac}=2.23+12.73=14.96$A；根据规程要求，变电所全所事故停电时间按1h计算，所以 K_Q 取0.75。蓄电池容量为

$$C_e \geqslant \frac{14.96\times 1}{0.8\times 0.75\times 0.96}=26\text{A·h}$$

考虑到冲击电池的存在，取蓄电池额定容量为40A·h。

③ 校验事故放电后的冲击电流。所选蓄电池应满足下式要求：

$$I_{max} > I_{ac} + I_{ch}$$

式中 I_{ch}——冲击负荷电流（A），此例中 $I_{ch}=147$A。

$$200\text{A} > 14.96+147=162\text{A}$$

查蓄电池产品手册，容量为40A·h的蓄电池，最大电流 I_{max} 为200A。所以40A·h的容量能满足要求。

可选用GZDW2-100/220型免维护铅酸蓄电池。

第 8 章

水泵、风机和起重机

8.1 水泵的基本参数及计算

泵的种类繁多，有叶片式、容积式、喷射式等。叶片式又分离心式、轴流式和混流式。而离心泵又可分为单级泵、多级泵、低压泵、中压泵和高压泵等。另外还有潜水泵、井用泵等。工厂使用最广泛的是离心泵，在给排水及空调设备中几乎都使用离心泵；农村使用的水泵，根据使用场合不同，类型众多

8.1.1 水泵的基本参数和特性曲线

(1) 水泵的基本参数

① 流量 Q：指水泵在单位时间内所能抽送的水量，单位为 m^3/h。常用的单位和它们的换算关系是：L/s（升/秒）= 3.6 m^3/h=3.6t/h。

② 扬程 H：指水泵能够扬水的高度，单位为 m。扬水所需的扬程等于实际扬程与损失扬程之和。所谓损失扬程，指水经过管路时，由于受到阻力和摩擦而损失的扬程。所需扬程应等于或小于水泵铭牌上所给出的扬程。

③ 有效功率（或称为理论功率）N_{yx}：指水在单位时间内从水泵中所获得的总能量（单位为 kW），即

$$N_{yx}=\frac{\gamma QH}{1000}$$

式中 γ——介质重度，N/m^3；

H——水泵的扬程，m；

Q——水泵的流量（m^3/s），$1m^3/s=10^3L/s$。

④ 轴功率 N：指电动机传给水泵轴上的功率，单位为 kW。

⑤ 效率 η：指水泵的有效功率与轴功率之比，即

$$\eta=\frac{N_{yx}}{N}\times 100\%$$

⑥ 配用功率 P：指水泵根据轴功率，实际所配用电动机的额定功率。考虑安全，需一定的功率储备系数，所以配用电动机功率稍大于轴功率。

⑦ 转速 n：指水泵的叶轮每分钟转多少转，单位为 r/min。

⑧ 允许吸上真空高度（也叫允许吸水高度）H_s：它表示该水泵吸水能力的大小，也是确定水泵安装高度的依据。在安装水泵时，其实际吸水高度 $H_{吸}$ 与吸水管路损失扬程的和，应小于允许吸上的真空高度。如果吸水高度超过允许吸水高度，就要产生汽蚀，甚至吸不上水来。一个大气压＝10m 水柱，由于水头损失等原因，所以对有吸程的水泵，吸水高度必然低于 10m。一般在 2.5～8.5m 之间。

⑨ 比转速 n_s：也叫比速，指水泵的有效功率为 1hp，扬程为 1m 水柱时，所相当的水泵轴转数。它和水泵的转速不是一回事。比转速的单位为 r/min，可用下式计算：

$$n_s=\frac{3.65n\sqrt{Q}}{H^{3/4}}$$

式中　Q——单吸叶轮的流量，如为 Sh 型泵，则应取 $Q_{Sh}/2$ 代入，m^3/s；

　　　H——单吸叶轮的扬程，m。

对同一类型的水泵：扬程越高、流量越小，则比转速越低；水泵在相同的转速、流量下，则比转速高的适合在低扬程工作；水泵在相同的转速、扬程下，比转速高的流量大；水泵在相同的扬程、流量下，则比转速高的水泵转速也高。离心泵的比转速在 300 以下，混流泵的比转速在 300～500 之间；轴流泵的比转速在 500 以上。

（2）水泵的特性曲线

水泵做功能力的大小，可以用流量 Q 及扬程 H 的大小来反映。在一定的转速下，一台水泵的流量 Q 与扬程 H 之间有一个对

应的关系。这个关系用 Q-H 坐标图来表示，即为水泵的 Q-H 性能曲线。同样有流量 Q 与轴功率 N 的 Q-N 曲线；流量 Q 与效率 η 的 Q-η 曲线。8Sh-6 型水泵的特性曲线如图 8-1 所示。

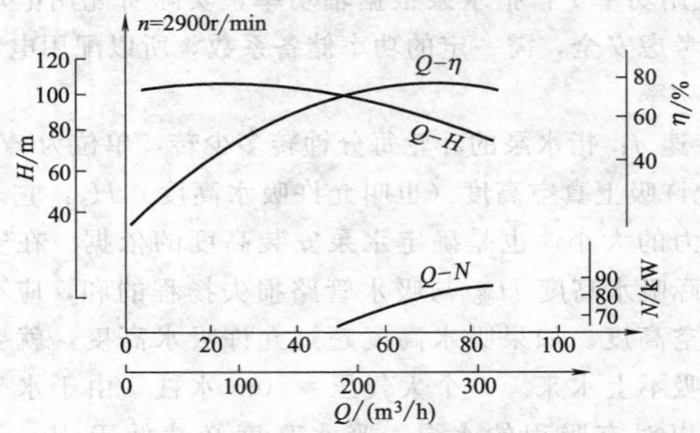

图 8-1　8Sh-6 型水泵的特性曲线

由图 8-1 可见，水泵在某一对应 Q-H 值运行时，水泵将有最高效率，这时的 Q、H、η 值即为该台水泵的额定参数。水泵的运行点是由其水泵特性曲线与管道特性曲线的交点来确定的。

水泵的能力是由流量及扬程决定的。流量由供水负荷决定。

在开式管路方式，如由接水池向高处水池扬水的场合，总扬程为泵的进口水位与出口水位的高度差（实际扬程）和管路、接头、阀门等处的水头损失之和。

在闭式管路方式，如空调设备的循环管路中，则没有实际扬程。这时泵的总扬程为管路、接头、阀门及管路中其他装置的阻力所造成的损失扬程之和。

8.1.2　流量和扬程损失计算

8.1.2.1　流量的测算

① 采用涡轮流量计测量

$$Q=f/K_q$$

式中　f——流量计的频率数；

K_q——流量计系数，由生产厂提供。

② 利用毕托管配U形测压管测流量　水管径大于200mm的水泵，可利用毕托管测定水流的动压力，然后求出流量。毕托管应安装在直管段中，管前有（4～7）D的直管段；毕托管后应有（2～3）D的直管段。按等环面积法布置测点，各测点离管道中心的距离r值，可按下式计算：

$$r_1=R\sqrt{1/2n_2},r_2=R\sqrt{3/2n_2},r_3=R\sqrt{5/2n_2},$$

$$r_4=R\sqrt{7/2n_2},r_5=R\sqrt{9/2n_2}$$

式中　r_1，r_2，…，r_5——各测点至管道中心的距离，mm；

R——被测管段半径，mm；

n_2——管道截面上圆环数量，一般取5，或按表8-1确定。

表8-1　等面积圆环数与测量直径数

管道直径 D/mm	300以下	400	600	800	900	1200	1400	1600
等面积圆环数 n	3	4	5	6	7	8	9	10
测量条数	1	1	2	2	2	2	2	2
测点总数	6	8	20	24	28	32	36	40

流量可按下式计算：

$$Q=KF\sqrt{2g}\sqrt{H_{cp}(\gamma_c-\gamma)/\gamma}$$

$$\gamma=\rho g$$

式中　Q——流量，m^3/s；

F——测点处水管截面积，m^2；

K——毕托管校正系数；

γ——被测液体的重度（N/m^3），水的重度为9810N/m^3，海水的重度为10006～10104N/m^3；

ρ——液体的密度，kg/m^3；

g——重力加速度，$g=9.81m/s^2$；

γ_c——U形管中测量液（如四氯化碳）的重度，N/m^3。

其中 $$H_{cp}=\left(\frac{\sqrt{H_1}+\sqrt{H_2}+\cdots+\sqrt{H_n}}{n}\right)^2$$

式中，H_1、H_2、…、H_n 为各测点处 U 形管中的压差示值，m。

③ 利用标准孔板或标准喷嘴或文氏管等节流装置测量 节流装置前应有 $(4\sim7)D$ 的直管段，节流装置后应有 $(2\sim3)D$ 的直管段。

流量可按下式计算：

$$Q=a_s F_0\sqrt{2g/\gamma}\sqrt{\Delta H}$$

式中 Q——流量，m^3/s；

a_s——流量系数；

F_0——节流装置收缩断面处的面积，m^2；

γ——水的重度，N/m^3；

ΔH——节流前后的压差，Pa。

④ 称重法测流量 适用于小流量水泵，即

$$Q=(Gg/v)t$$

式中 G——水的质量，kg；

g——重力加速度，$g=9.81m/s^2$；

t——注水时间，s。

8.1.2.2 扬程损失计算

离心泵抽水装置示意图如图 8-2 所示。

(1) 泵管路系统扬程损失计算

管路中扬程损失由两部分组成：沿程扬程损失和局部扬程损失，即

$$\Delta H_z=h_y+h_j\approx kH_{sh}$$

式中 ΔH_z——管路中总扬程损失，m；

h_y——沿程扬程损失，m；

h_j——局部扬程（水头）损失，m。

H_{sh}——实际扬程（可实测），m；

k——损失扬程系数，见表 8-2。

■ **表 8-2 损失扬程系数 k 值**

实际扬程/m	管路直径/mm			备注
	200 以下	250～300	350 以上	
	k/%			
10 10～30 30 以上	30～50 20～40 10～30	20～40 15～30 10～20	10～25 5～15 3～10	管路直径在 350mm 以上时不包括底阀损失

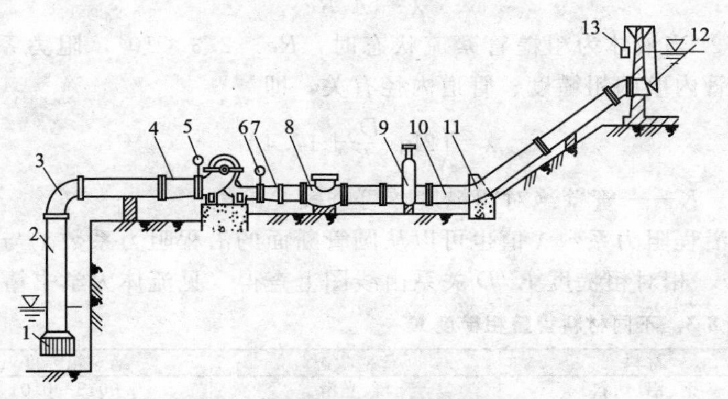

图 8-2 离心泵抽水装置示意图

1—滤网和底阀；2—进水管；3—90°弯头；4—偏心异径接头；5—真空表；6—压力表；7—渐扩接头；8—逆止阀；9—闸阀；10—出水管；11—45°弯头；12—拍门；13—平衡锤

1）沿程扬程损失

$$h_{\mathrm{y}}=\frac{\lambda L}{D}\times\frac{v^2}{2g}$$

式中 λ——沿程阻力系数，又称摩擦阻力系数；

L——液体流径的直管长度，m；

D——管路内径，m；

v——液体在管路中的平均流速，m/s。

其中沿程阻力系数 λ 与液体流态判别雷诺数 Re、管壁相对粗糙度 K/D 及过流断面的几何形状有关。

雷诺数 Re，定义如下：

$$Re=\frac{vD}{\gamma}$$

式中　v——运动黏度，m^2/s。

对于过流断面形状相同的圆管道：

① 当液体为层流状态时，雷诺数 $Re<2.3\times10^3$，阻力系数 λ 与 Re 有关，即

$$\lambda=64/Re$$

② 当液体为粗糙管紊流状态时，$Re>2.3\times10^3$，阻力系数 λ 与圆管内壁的粗糙度、管道内径有关，即

$$\lambda=\left(2\lg\frac{D}{2K}+17.4\right)^2$$

式中　K——管壁绝对粗糙度，可查表 8-3。

沿程阻力系数 λ 值也可以从圆管断面的沿程阻力系数 λ 与雷诺数 Re、相对粗糙度 K/D 关系由线图上查得（见流体力学书籍）。

■ **表 8-3　不同材料管壁粗糙度 *K***

材料	管壁状态	绝对粗糙度
钢、铝、塑料	新、光滑	0.0015～0.01
钢管	新管	0.01～0.1
	旧管、锈蚀	0.2～2
橡胶	新管	0.03
钢、铁	新管	0.25
	旧管、锈蚀	1～3

③ 当液体为光滑管紊流状态时，沿程损失系数可按下式计算：

$$Re<10^3\lambda=0.3164Re^{-0.25}$$

$$10^5<Re<3\times10^6\lambda=0.0032+0.221Re^{-0.237}$$

一般粗略估算时，取沿程阻力系数，即

$$\lambda=0.03\sim0.04$$

2）局部扬程损失　局部扬程损失，一般与管件的形状、雷诺数和相对粗糙度有关。只有当 $Re>10^5$ 时，局部阻力系数才与雷诺数无关。局部阻力系数按下式计算：

$$h_j=\xi\frac{v^2}{2g}$$

式中　ξ——局部阻力系数，由液体流径局部截面的几何形状、结构决定。

几种常用的局部阻力系数列于表 8-4，供参考。

■ **表 8-4　几种常用的局部阻力系数**

几何形状	局部阻力系数 ξ									
底阀	D	40	50	75	100	150	200	250	300	mm
	ξ	12	10	8.5	7	6	5.2	4.4	3.7	
无底阀	2～3									
90°圆管弯头	R/D		1		2	4		6	10	
	光滑		0.2		0.14	0.11		0.08	0.06	
	粗糙		0.52		0.28	0.23		0.18	0.15	
90°折管弯头	L/D	0.25	0.5	1	1.5	2	2.5	3	4	5
	光滑	0.9	0.67	0.35	0.28	0.3	0.34	0.36	0.38	0.4
	粗糙	0.95	0.71	0.4	0.37	0.39	0.41	0.44	0.45	0.45
闸阀	S/D	全开	7/8	6/8	5/8	4/8	3/8	2/8	1/8	
	ξ	0	0.07	0.26	0.81	2.06	5.52	7.9	7.8	

注：R—管道弯头曲率半径；L—折管中心一段直管长度；S—闸阀开度。

(2) 估算法求扬程损失

现将根据型号水泵的中等流量计算的水管路及其各种附件的扬程损失，列于表 8-5。

■ **表 8-5　管道和附件的损失扬程换算表**

水管口径		流量/(m^3/h)	流速/(m/s)	损失扬程/m								
				每米水管长	底阀 S_{ju}=5	逆止阀 S_{ju}=1.7	闸阀 S_{ju}=0.1	进水管口		弯头		出水扩散管 S_{ju}=0.25
mm	in							有喇叭口 S_{ju}=0.2	无喇叭口 S_{ju}=0.5	90° S_{ju}=0.2	45° S_{ju}=0.1	
50	2	20	2.5	0.378	2.0	0.68	0.04	0.08	0.02	0.08	0.04	0.1
75	3	45	2.8	0.227	2.03	0.69	0.04	0.08	0.02	0.08	0.04	0.1
100	4	85	2.8	0.157	2.0	0.68	0.04	0.08	0.02	0.08	0.04	0.1
125	5	100	2.27	0.075	1.3	0.44	0.026	0.052	0.013	0.052	0.026	0.065
150	6	150	2.36	0.064	1.4	0.47	0.028	0.056	0.014	0.056	0.028	0.07
200	8	280	2.45	0.048	1.5	0.51	0.03	0.06	0.015	0.06	0.03	0.075
250	10	486	2.75	0.044	1.9	0.65	0.038	0.076	0.196	0.078	0.038	0.096
300	12	792	3.11	0.044	2.5	0.85	0.05	0.1	0.25	0.1	0.05	0.125
350	14	1260	3.64	0.049		1.13	0.067	0.067	0.34	0.13	0.067	0.17
400	16	1440	3.18	0.031		0.85	0.05	0.05	0.25	0.1	0.05	0.125
500	20	2016	2.85	0.019		0.68	0.04	4.04	0.2	0.08	0.04	0.1

注：1. 表中 S_{ju} 表示局部损失系数。

2. 350mm 以上的泵，应用真空泵启动，一般不用底阀。

当水泵流量与表中所列数值基本相符时，只要将表中各项的损失扬程相加即可。

当水泵流量与表中所列数值相差较大时，可将表中有关各项的损失扬程相加后，再乘以$\left(\frac{水泵流量}{表中流量}\right)^2$。

【例 8-1】 已知一台水泵，水管直径为 200mm，水泵流量为 300t/h，管路长 20m，水泵附件中有底阀一个，逆止阀一个、45°弯管两个、闸门一个，试求该水泵系统的损失扬程。

解 根据已知条件与表 8-5 中第六栏数值较接近，先按此栏计算。

20m 水管损失扬程 20×0.048=0.96m；

一个底阀损失扬程 1.5m；

一个逆止阀损失扬程 0.51m；

两个 45°弯管损失扬程 2×0.03=0.06m；

一个闸门损失扬程 0.03m；

总损失扬程为 0.96+1.5+0.51+0.06+0.03=3.06m

再按下式校正：

$$3.06\times\left(\frac{300}{280}\right)^2=3.51\text{m}$$

即总损失扬程为 3.51m。

测出实际扬程加上计算出来的损失扬程，就是所选择水泵的总扬程。

8.1.3 水泵轴功率和效率计算

(1) 水泵轴功率

水泵轴功率是指在单位时间内电动机通过轴传给泵的能量。

公式一

$$N=\frac{N_{yx}}{\eta}=\frac{\gamma QH}{1000\eta}$$

式中 N——水泵轴功率，kW；

η——水泵效率，约为0.6～0.84，实际数值以制造厂提供的数据为准。

公式二

$$N=P_1\eta_d\eta_t$$

式中 P_1——电动机输入功率，kW；

η_d——电动机效率，一般中小型电动机 $\eta_d=75\%\sim85\%$，大型电动机 $\eta_d=85\%\sim94\%$，实际值以制造厂提供的数据为准；

η_t——传动装置效率，直接连接时，$\eta_t=1$，联轴器传动 $\eta_t=0.98$，三角带传动 $\eta_t=0.95\sim0.96$；平带传动 $\eta_t=0.92$，平带半交叉传动 $\eta_t=0.9$。

(2) 水泵效率

$$\eta=\frac{N_{yx}}{N}\times100\%=\frac{\gamma QH}{1000N}\times100\%=\frac{\gamma QH}{1000P_1\eta_d\eta_t}\times100\%$$

(3) 泵的实际运行效率

在泵的效率计算公式中，当 Q、H 和 N 轴取实际流量、实际扬程和实际轴功率时，则所计算得的效率就是泵的实际运行效率。

(4) 水泵用电体系效率

$$\eta_e=\frac{N_{yx}}{P_1}\times100\%=\frac{\gamma QH}{1000P_1}\times100\%$$

8.1.4 泵电动机功率计算和电动机选择

(1) 电动机输出功率

公式一

$$P_2=\frac{N}{\eta_t}=\frac{N_{yx}}{\eta\eta_t}=\frac{\gamma QH}{1000\eta\eta_t}$$

当直接连接时，$\eta_t=1$，则

$$P_2=N=\frac{\gamma QH}{1000\eta}$$

公式二

$$P_2=\sqrt{3}UI\cos\varphi$$

式中 U——加于电动机的电网电压（线电压），V；

I——负荷电流，A；

$\cos\varphi$——电动机负荷功率因数。

(2) 电动机输入功率

$$P_1=\frac{P_2}{\eta_d}=\frac{\gamma QH}{1000\eta\eta_d\eta_t}$$

当直接连接时，$\eta_t=1$，则

$$P_1=\frac{\gamma QH}{1000\eta\eta_d}$$

(3) 泵电动机设计功率

设计功率要考虑储备系数（余裕系数）K，因此泵电动机的设计功率为

$$P=KP_2=K\frac{N}{\eta_t}$$

式中 P——泵电动机设计功率，kW；

P_2——泵电动机输出功率，kW；

K——功率储备系数，见表 8-6。

表 8-6 功率储备系数

水泵功率/kW	<5	5～10	10～50	50～100	>100
K	2～1.3	1.3～1.15	1.15～1.10	1.15～1.05	1.05

当水泵的型号规格选定以后，所配电动机的功率，如有配套表，可直接从表中查得。如没有配套表可查，则可按以上介绍的计算公式计算。

(4) 电动机功率初略估算

$$P=(4\sim5)QH\times10^{-3}$$

式中 Q——水泵流量，m^3/h；

H——水泵扬程，m。

【例 8-2】 有一台 BA 型离心泵，铭牌标示：流量 Q 为 25L/s，

总扬程 H 为 20m，效率 η 为 78%，转速为 2900r/min，采用法兰传动（直连）。试选择配套的电动机。

解 ① 正规计算

直连传动，其传动效率 $\eta_t=1$；按表 8-6，直连功率储备系数 $K=1.2$。水的重度 $\gamma=9810N/m^3$，流量 $Q=25L/s=25\times10^{-3}m^3/s$。

水泵轴功率

$$N=\frac{\gamma QH}{1000\eta}=\frac{9810\times25\times10^{-3}\times20}{1000\times0.78}=6.29kW$$

配套电动机功率

$$P=K\frac{N}{\eta_t}=1.2\times\frac{6.29}{1}=7.5kW$$

可采用 Y160M1-2 型 7.5kW、2930r/min 异步电动机。

② 初略估算

$$流量\ Q=25\times10^{-3}m^3/s=90m^3/h$$

$$P=(4\sim5)QH\times10^{-3}=(4\sim5)\times90\times20\times10^{-3}$$
$$=7.2\sim9kW$$

8.2 水泵的选择

8.2.1 水泵选择的步骤

选择水泵的型号、规格时，应先求出所需流量 Q 和所需的扬程 H，然后再从产品样本中查出与此相应的水泵。所选择的水泵的流量和扬程均要大于或等于所需的流量和扬程。

（1）所需流量的计算

可按第一节二项介绍的方法计算，也可按下式估算：

$$Q=\frac{A}{t\beta}$$

式中　Q——流量，m^3/h；

A——最大用水量，m^3；

t——水泵每天抽水时间，h；

β——水路系统有效利用系数。

（2）已知所需扬程或计算出所需扬程

（3）水泵型号的选择

知道了所需流量和扬程后，就可从产品样本中查得合适的水泵。选择水泵及台数应根据经济、管理方便等原则综合考虑。

8.2.2　水泵扬程和安装高度计算

（1）流量计算

【例 8-3】　某灌区有旱田 1000 亩，每亩灌水 $40m^3$，轮灌期 15 天。要求水泵在灌田期每天工作 12h，送水损失 10％（一般送水损失在 5％～25％），问水泵站出水流量应多少？

解　田间需水总量：$W_1=1000\times40=40000m^3$

渠道损失水量　$W_2=40000\times10\%=4000m^3$

需水总量　$W=W_1+W_2=40000+4000=44000m^3$

轮灌期泵站总工作时间：$t=15\times12=180h$

故水泵的流量为

$$Q=\frac{W}{t}=\frac{44000}{180}\approx244m^3/h$$

（2）扬程计算

① 先根据最枯水位，确定实际扬程。

② 再用估算法求出损失扬程。

③ 实际扬程加上损失扬程即为总扬程。

水泵的损失扬程与很多因素有关，计算繁复，可按以下方法估算。

① 一般水泵总扬程在50m以内。当管路长度不超过实际扬程的2倍时，损失扬程约为实际扬程的25%。

② 根据型号水泵的中等流量计算的水管路及其各种附件的损失扬程，列于表8-5，可从此表中查算得损失扬程。

当水泵流量与表中所列数值基本相符时，只要将表中各项的损失扬程相加即可。

测出实际扬程加上计算出来的损失扬程，就是所选择水泵的总扬程。

(3) 安装高度计算

水泵的安装高度，是指水泵轴距离最低动水面的垂直高度（即不包括吸水扬程损失在内的实际吸水高度）。

水泵安装高度＝吸水扬程－吸水扬程损失

水泵的吸水扬程损失，一般对口径不大的水泵，吸水管又不太长时，可按以下估算：

有底阀时，吸水扬程损失约为2m；

无底阀时，吸水扬程损失接近1m。

8.3 风机的基本参数及计算

风机主要用于通风及空调。风机的种类很多，按结构分，有离心式风机、轴流式风机等；按用途分，有送风机（鼓风机）、引风机（通风机）等。

8.3.1 风机的基本参数和特性曲线

(1) 风机的基本参数

① 风量 Q：指气体在单位时间内通过风机的体积，单位为

m^3/s 或 m^3/h。当用质量流量 G 来表示时，单位为 kg/s 或 t/h。容积流量与质量流量间的关系：

$$G=\gamma Q/g$$

式中 G——质量流量，kg/s；

Q——容积流量，m^3/s；

g——重力加速度，$g=9.81m/s^2$；

γ——气体的重度（N/m^3），当大气压力为 101.3kPa（760mmHg）、温度为 20℃、相对湿度为 50%的标准空气状态时，空气的重度 $\gamma=11.77N/m^3$，非标准空气状态时的重度可按下式计算，即

$$\gamma_t=\gamma_0\frac{H_a\pm H_j}{101325}\times\frac{293}{273+t}$$

γ_t——温度 t℃时的气体重度，N/m^3；

H_a——测试时当地大气压力，Pa；

H_j——测试断面处的平均静压读数，负压时取负号，正压取正号，Pa；

γ_0——标准状态下的介质重度（N/m^3），对于烟气为

$$\gamma_0=\frac{1.977RO_2+1.429O_2+1.25N_2}{100}\times 9.81$$

RO_2——三原子气体体积分数；

O_2——氧气体积分数；

N_2——氮气体积分数。

近似计算时，烟气的重度可取 $\gamma_0=13.14N/m^3$。

② 全压 H：指单位体积的气体经过风机后其能量的增加值，单位为 Pa。

$$H=H_2-H_1$$

$$H_1=H_{j1}+H_{d1}\text{；}H_2=H_{j2}+H_{d2}$$

式中 H_2——风机出口处的总压，Pa；

H_1——风机进口处的总压，Pa；

H_{j1}，H_{j2}——风机进口处与出口处的静压，Pa；

H_{d1}，H_{d2}——风机进口处与出口处的动压，Pa。

③ 转速 n：指风机叶轮每分钟的转动次数，单位为 r/min。

④ 有效功率（即理论功率）N_{yx}：指气体在单位时间内从风机中所获得的总能量，单位为 kW。

$$N_{yx}=HQ\times 10^{-3}$$

式中 H——风机的全压，Pa；

Q——风机的流量，m^3/s。

⑤ 轴功率 N：指电动机传给风机轴上的功率，单位为 kW。

⑥ 风机效率 η：指风机的有效功率 N_{yx} 与轴功率 N 之比。

$$\eta=\frac{N_{yx}}{N}\times 100\%$$

（2）风机的特性曲线

风机做功能力的大小可以用流量 Q、全压 H 的大小来反映。在一定转速下，一台风机的流量 Q 与全压 H 之间有一个对应的关系，这个关系用 Q-H 坐标图来表示，即为风机的 Q-H 性能曲线。同样有流量 Q 与轴功率 N 的 Q-N 曲线；流量 Q 与效率 η 的 Q-η 曲线等。9—19No7.1 风机特性曲线如图 8-3 所示。

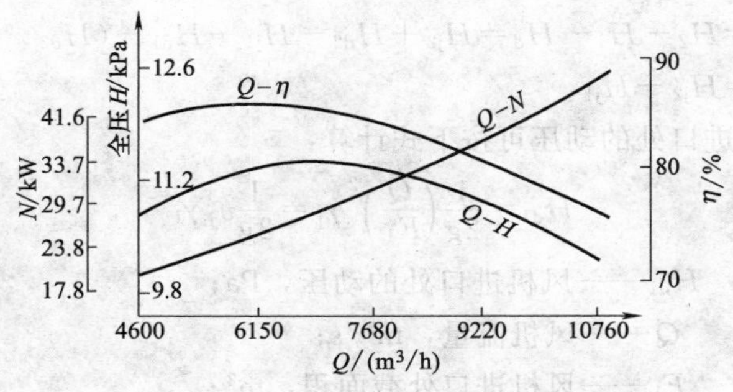

图 8-3 9—19No7.1 风机特性曲线

从特性曲线上可以看出，风机在某一对应的 Q-H 值运行时，风机将有最高效率，这时的 Q、H、η 值即为该台风机的额定参数。风机的流量是根据生产、工艺的需要来决定的，全压是根据管道阻力特性曲线来决定的。当风机运行点落在低效区域或节流运行时，风机运行就不经济。因此掌握和应用特性曲线，就能正确选择和经济合理地使用风机。

8.3.2 风量和风压的计算

(1) 风量计算

通常用毕托管测算风量。

$$Q=3600Fv$$

式中 Q——风量，m^3/h；

F——测点处有效截面积，m^2；

v——测点处平均风速，m/s。

(2) 风压计算

如前所述 $H=H_2-H_1$

风机的全压 H 和静压 H_j 的另一表达形式如下：

$$\begin{aligned}H&=(H_{j2}+H_{d2})-(H_{j1}+H_{d1})\\&=(H_{j2}-H_{j1})+(H_{d2}-H_{d1})\\&=\Delta H_j+\Delta H_d\end{aligned}$$

$$\begin{aligned}H_j&=H_2-H_1-H_d=H_{j2}+H_{d2}-H_{j1}-H_{d1}-(H_{d2}-H_{d1})\\&=H_{j2}-H_{j1}\end{aligned}$$

风机进口处的动压可按下式计算：

$$H_{d1}=\frac{1}{2g}\left(\frac{Q}{F_1}\right)^2\gamma_1=\frac{1}{2g}v_1^2\gamma_1$$

式中 H_{d1}——风机进口处的动压，Pa；

Q——风机流量，m^3/s；

F_1——风机进口处截面积，m^2；

γ_1——风机进口处气体重度，N/m^3；

v_1——风机进口处平均流速，m/s。

风机出口处的动压可按下式计算：

$$H_{d2}=\frac{1}{2g}\left(\frac{Q}{F_2}\right)^2\gamma_2=\frac{1}{2g}v_2^2\gamma_2$$

式中　H_{d2}——风机出口处的动压，Pa；

F_2——风机出口处截面积，m^2；

γ_2——风机出口处气体重度，N/m^3；

v_2——风机出口处平均流速，m/s。

8.3.3 风机参数的换算

（1）换算为标准状况下的计算

风机的特性曲线是按风机的用途在规定条件下作出的。如通风机的规定条件：大气压力 101.3kPa，气温 20℃，空气重度 11.77N/m³。引风机的规定条件：大气压力 101.3kPa，气温 200℃，空气重度 7.31N/m³。为了把被测风机的特性与风机特性曲线作比较，需要把所测的风量、全压和轴功率换算到标准状况下的数值。

① 风量换算

$$Q_0 = Q\frac{n_0}{n}$$

② 全压换算

$$H_0 = H\frac{273+t}{273+t_0}\times\frac{H_a \pm H_j}{101325}\left(\frac{n_0}{n}\right)^2 = H\frac{\gamma_0}{\gamma_t}\left(\frac{n_0}{n}\right)^2$$

③ 轴功率换算

$$N_0 = N\frac{\gamma_0}{\gamma_t}\left(\frac{n_0}{n}\right)^3$$

式中，Q、H、N、n、γ_t 为风机实测时的流量、全压、轴功率、转速和气体重度；Q_0、H_0、N_0、n_0、γ_0 为风机在标准状况下的流量、全压、轴功率、转速和气体重度。H_a 为当地的大气压力(Pa)。

（2）风机变工况的换算

当风机工况改变时（改变量如表 8-7 第一列所示），其参数换算见表 8-7。

表 8-7 中，D 为叶轮外径，其他符号同前。

■ 表 8-7　风机变工况换算表

变量	定量	风量	全压	轴功率
n	D,γ	$Q_2=Q_1\dfrac{n_2}{n_1}$	$H_2=H_1\left(\dfrac{n_2}{n_1}\right)^2$	$N_2=N_1\left(\dfrac{n_2}{n_1}\right)^3$
γ	D,n	$Q_2=Q_1$	$H_2=H_1\dfrac{\gamma_2}{\gamma_1}$	$N_2=N_1\dfrac{\gamma_2}{\gamma_1}$
D	γ,n	$Q_2=Q_1\left(\dfrac{D_2}{D_1}\right)^3$	$H_2=H_1\left(\dfrac{D_2}{D_1}\right)^2$	$N_2=N_1\left(\dfrac{D_2}{D_1}\right)^5$
n,γ	D	$Q_2=Q_1\dfrac{n_2}{n_1}$	$H_2=H_1\dfrac{\gamma_2}{\gamma_1}\left(\dfrac{n_2}{n_1}\right)^3$	$N_2=N_1\dfrac{\gamma^2}{\gamma_1}\left(\dfrac{n_2}{n_1}\right)^3$
n,D	γ	$Q_2=Q_1\dfrac{n_2}{n_1}\left(\dfrac{D_2}{D_1}\right)^3$	$H_2=H_1\left(\dfrac{n_2}{n_1}\right)^2\left(\dfrac{D_2}{D_1}\right)^2$	$N_2=N_1\left(\dfrac{n_2}{n_1}\right)^3\left(\dfrac{D_2}{D_1}\right)^5$
γ,D	n	$Q_2=Q_1\left(\dfrac{D_2}{D_1}\right)^3$	$H_2=H_1\dfrac{\gamma_2}{\gamma_1}\left(\dfrac{D_2}{D_1}\right)^2$	$N_2=N_1\dfrac{\gamma_2}{\gamma_1}\left(\dfrac{D_2}{D_1}\right)^5$

注：下角 1 指原来的数据，下角 2 指变量变化后的数据。

8.3.4　风机轴功率和电动机功率的计算

（1）风机轴功率计算

风机轴功率可按下式计算：

$$N=\frac{N_{yx}}{\eta}=\frac{QH}{\eta}\times10^{-3}$$

式中　N——风机轴功率，kW；

η——风机效率，约为 0.4～0.75，实际数值以制造厂提供的数据为准，无实际数据时，可参见表 8-8。

■ 表 8-8　风机的效率与功率储备系数

通风机的种类	η	K
螺旋桨式通风机	0.5～0.75	1.3
圆盘式通风机	0.3～0.5	1.5
多叶通风机	0.45～0.55	1.2～1.3
透平式通风机(≥400kW)	0.65～0.75	1.15～1.25
透平式通风机(＜400kW)	0.6～0.7	1.15～1.25
板式通风机	0.5～0.6	1.15～1.25
单级透平式通风机	0.6～0.75	1.1～1.2
多级透平式通风机	0.55～0.7	1.1～1.2

(2) 电动机功率计算

① 电动机输出功率

$$P_2=\frac{N}{\eta_t}=\frac{N_{yx}}{\eta\eta_t}=\frac{QH}{1000\eta\eta_t}$$

式中　η_t——传动装置效率，见表 8-9。

■ **表 8-9　传动装置效率估算值**

传动方式	η_t	传动方式	η_t
三角带	0.95～0.96	齿轮减速器	0.94～0.98
联轴器	0.98	直连	1

② 电动机输入功率

$$P_1=\frac{P_2}{\eta_d}=\frac{QH}{1000\eta\eta_d\eta_t}$$

另一表达形式为

$$P_1=\sqrt{3}UI\cos\varphi\times10^{-3}$$

式中　P_1，P_2——电动机输入功率和输出功率，kW；

U——电源线电压，V；

I——电动机负载电流，A；

$\cos\varphi$——电动机功率因数；

η_d——电动机效率，一般中小型电动机 $\eta_d=75\%\sim85\%$，大型电动机 $\eta_d=85\%\sim94\%$，实际值以制造厂提供的数据为准。

③ 风机电动机设计功率

在风机设计时，应估计到系统阻力增大，漏风增大等因素，故要考虑风量裕量、压头裕量，即风机功率储备系数 K。因此电动机设计功率应按下式计算：

$$P=KP_2$$

式中　K——储备系数，对于离心式风机，储备系数可查表 8-10。

■ **表 8-10　离心式风机功率储备系数**

电动机功率/kW	1.0 以下	1～2	2～5	大于 5
K	2	1.5	1.25	1.15～1.10

(3) 电动机功率粗略估算

$$P=\frac{QH}{2000}\times10^{-3}$$

式中　P——电动机功率，kW；

Q——风量，m^3/h；

H——全风压，Pa。

【例 8-4】 有一台锅炉用离心通风机，要求通风量 Q 为 $25000m^3/h$，全风压 H 为 3300Pa，试选择风机所配用电动机的功率。

解　根据粗略估算公式，电动机功率为

$$P=\frac{QH}{2000}\times10^{-3}=\frac{25000\times3300}{2000}\times10^{-3}=41.25\text{kW}$$

可选用 45kW 的三相异步电动机。

8.4 起重机计算

8.4.1 起重机电动机功率计算

下面介绍一种实用的起重机电动机功率的简化计算方法。

首先按简化公式初步确定电动机的功率；然后根据电动机工作状况（如负载持续率、启动次数、传动惯量等）进行功率校正，最后选定电动机的功率。

(1) 起重机电动机功率计算

① 起升机构电动机功率

$$P_1=\frac{Q_1v_1}{6120\eta_1}$$

式中　P_1——起升机构电动机功率，kW；

Q_1——起升负荷质量，包括吊具或取物装置自重，kg；

v_1——提升速度，m/min；

η_1——起重机构总效率，一般为0.60～0.85。

② 横向走行机构（小车）电动机功率

$$P_2 = f_2 \frac{Q_2 v_2}{6120 \eta_2}$$

式中 P_2——横行机构电动机功率，kW；

f_2——横行阻力系数，当用滚动轴承时，取10～12，当用滑动轴承时，取20～25；

Q_2——Q_1 加上起重小车自重，t；

v_2——横行速度，m/min；

η_2——机械效率，一般为0.70～0.80。

③ 走行机构（大车）电动机功率

$$P_3 = f_3 \frac{(Q_2 + Q_3) v_3}{6120 \eta_3}$$

式中 P_3——走行机构电动机功率，kW；

f_3——走行阻力系数，取法同 f_2；

Q_3——桥架质量，t；

v_3——走行速度，m/min；

η_3——机械效率，见表8-11，一般为0.65～0.70。

■ 表8-11 机构总效率的近似值

机构	传动形式	机械总效率 η	
		用滚动轴承	用滑动轴承
起升机构	圆柱正齿轮传动	0.80～0.85	0.70～0.80
	蜗轮蜗杆传动	0.65～0.70	0.65～0.70
走行机构	圆柱正齿轮传动	0.80～0.90	0.75～0.85
	蜗轮蜗杆传动	0.65～0.75	0.65～0.75
回转机构	齿轮传动	0.75～0.85	0.70～0.80
	蜗轮蜗杆传动	0.50～0.70	0.50～0.70

表8-11中的机构总效率，对起升机构，包括传动装置、卷筒和滑轮组等总的效率；对走行机构和回转机构，只考虑传动装置的效率，因为车轮和回转支撑装置中的摩擦阻力已在运动阻力中计

算。变幅机构的总效率包括传动装置的总效率 η（可参照表中走行机构的总效率值选取）和拉杆、齿条、滑轮组等变幅驱动件的效率 η_c（根据具体情况另行分别计算），而不包括臂架系统接点中的摩擦损失（它们已计算在变幅阻力中了）。

④ 考虑了加、减速的场合，加速所需出力和加速转矩可按以下公式计算：

$$P_a=\frac{(\sum GD^2)n^2}{7160t}\times10^{-3}$$

$$M_a=\frac{(\sum GD^2)n}{375t}$$

式中 P_a——加速所需出力，kW；

M_a——加速转矩，N·m；

n——电动机转速，r/min；

t——加速时间，s；

$\sum GD^2$——折算到电动机轴上的飞轮效应（$N\cdot m^2$），可按下式换算：

对旋转运行部分

$$GD^2=\sum\left[GD_g^2\left(\frac{n_g}{n}\right)^2\right]$$

对直线运动部分

$$GD^2=\sum\left[365\times9.81\frac{Gv^2}{n^2}\right]$$

式中 GD_g^2——齿轮或转筒的飞轮效应，$N\cdot m^2$；

n_g——齿轮或转筒的转速，r/min；

G——直线运行部分的总质量，kg。

(2) 提升机电动机初选功率计算

$$P=k\left(\frac{\mu Qv}{6120\eta}+P_0\right)$$

式中 P——电动机初选功率，kW；

k——与加减速时所需转矩有关的系数，取 1.3～1.5；

μ——与平衡重有关的系数，取 0.5～0.6；

Q——载重，kg；

v——提升速度，m/min；

η——提升机构总效率，齿轮式取 0.5～0.8，非齿轮式取 0.80～0.85；

P_0——空载运行输出，齿轮式取 2～4。

8.4.2 桥式起重机干线和滑接线的选择

起重机的干线一般采用铝芯绝缘导线或铜芯绝缘导线，滑接线采用角钢、扁钢、圆钢和扁铝线等。

干线或滑接线的截面根据负载电流来选择，并以尖峰电流校验电压损失。当电压损失超过允许值时，再按允许的电压损失重新选择截面。

(1) 按发热条件选择

$$I_{js} \leqslant I_{yx}$$

式中 I_{js}——干线或滑接线的计算电流，A；

I_{yx}——干线或滑接线长期允许的负载电流（即安全载流量），A。

扁铜、扁铝母线的允许载流量见表 8-12；用作滑接线型钢的技术数据见表 8-13。

■ **表 8-12 扁铜、扁铝母线允许载流量**

尺寸（宽×厚）/mm	LMY 铝母线载流量/A						TMY 铜母线载流量/A					
	交流			直流			交流			直流		
	25℃	30℃	35℃	25℃	30℃	35℃	25℃	30℃	35℃	25℃	30℃	35℃
15×3	165	155	145	165	155	145	210	198	185	210	198	185
20×3	215	202	189	215	202	189	275	258	242	275	258	242
25×3	265	249	233	265	249	233	340	320	299	340	320	299
30×4	365	343	321	370	348	326	475	447	418	475	447	418
40×4	480	451	422	480	451	422	625	587	550	625	587	550
40×5	540	507	475	545	512	479	700	658	616	705	662	620
50×5	665	625	585	670	630	590	860	808	757	870	817	765
50×6	740	695	651	745	700	656	955	897	840	960	902	845
60×6	870	817	765	880	827	774	1125	1060	990	1145	1075	1010

续表

尺寸（宽×厚）/mm	LMY 铝母线载流量/A						TMY 铜母线载流量/A					
	交流			直流			交流			直流		
	25℃	30℃	35℃	25℃	30℃	35℃	25℃	30℃	35℃	25℃	30℃	35℃
80×6	1150	1080	1010	1170	1100	1030	1480	1390	1350	1510	1420	1330
100×6	1425	1340	1255	1455	1370	1280	1810	1700	1590	1875	1760	1650
60×8	1025	965	902	1040	977	915	1320	1240	1160	1345	1265	1185
80×8	1320	1240	1160	1355	1274	1193	1690	1590	1490	1755	1650	1545
100×8	1625	1530	1430	1690	1590	1488	2080	1955	1830	2180	2050	1920
120×8	1900	1785	1670	2040	1920	1795	2400	2255	2110	2600	2440	2290
60×10	1155	1085	1015	1180	1110	1040	1475	1386	1300	1525	1433	1342
80×10	1480	1390	1305	1540	1450	1355	1900	1785	1670	1990	1870	1750
100×10	1820	1710	1600	1910	1800	1680	2310	2170	2030	2470	2320	2170
120×10	2070	1950	1820	2300	2160	2050	2625	2490	2330	2950	2770	2600

■ 表 8-13 用作滑接线的型钢技术数据

滑接线形式	主要尺寸/mm	截面积/mm²	1m 的质量/kg	+25℃时长期允许负载电流/A		电阻/(Ω/km)
				交流 50Hz	直流	
圆钢	ϕ6	28	0.222	30	43	5.1
	ϕ8	50	0.395	47	76	2.88
	ϕ10	78	0.617	57	103	1.85
扁钢	30×8	240	1.88	152	280	0.60
	50×8	400	3.14	247	450	0.36
角钢	25×25×4	186	1.46	147	222	0.78
	30×30×4	227	1.78	184	306	0.64
	40×40×4	308	2.42	247	410	0.47
	45×45×4	429	3.37	296	510	0.38
	50×50×5	480	3.77	328	566	0.30
	60×60×6	601	5.42	396	740	0.21
	65×65×8	987	7.75	450	922	0.147
	75×75×8	1150	9.03	518	1085	0.126
	75×75×10	1410	11.1	524	1180	0.103

续表

滑接线形式	主要尺寸/mm	截面积/mm^2	1m 的质量/kg	+25℃时长期允许负载电流/A		电阻/(Ω/km)
				交流 50Hz	直流	
铁路狭轨类型	7	885	6.93		—	0.226
	8	1076	8.42		—	0.186
	11	1431	11.2		—	0.146
	15	1880	14.72		—	0.106
	18	2307	18.06		—	0.087
	24	3270	24.04		—	0.061

注：表中所列长期允许负载电流系指周围空气温度为+25℃、最高发热温度达+70℃而言。

(2) 按电压损失校验

① 直流线路的电压损失

$$\Delta U=2I_{max}R_z l_{js};\Delta U\%=\frac{\Delta U}{U_e}\times 100\%$$

式中 ΔU——电压损失，V；

$\Delta U\%$——电压损失率，%；

I_{max}——最大电流，A；

R_z——单位长度直流有效电阻，Ω/km；

l_{js}——干线或滑接线计算长度（km），取 $l_{js}=0.8l_{zc}$；

l_{zc}——干线或滑接线最长回路的实际长度，km；

U_e——直流额定电压，V。

② 单相交流线路的电压损失

$$\Delta U=2I_{max}l_{js}(R_j\cos\varphi+X_j\sin\varphi)$$

式中 R_j——单位长度电抗，对钢导体为内电抗 X_n，Ω/km；

$\cos\varphi$——干线或滑接线的负载功率因数，对绕线型电动为0.65；对笼型为0.5。

③ 三相交流线路的电压损失

$$\Delta U=\sqrt{3}I_{max}l_{js}(R_j\cos\varphi+X_j\sin\varphi)$$

电压损失要求：自供电变压器的低压母线至起重机电动机端子的电压损失，在尖峰电流时，不宜超过额定电压的15%，由于起重机内部电压损失约占 2%～3%，电源线的电压损失约占 3%～5%，因此起重机主滑接线的电压损失不应大于 8%～10%。

(3) 按机械强度校验

干线强度计算：干线跨距不得大于以下计算值：

$$l_{\max}=\sqrt{\frac{Ka\sigma_{\mathrm{yx}}W}{172.6i_{\mathrm{ch}}^{2}}}$$

式中 $l_{\max}$——干线的最大跨距，cm；

K——系数，跨距数≤2 时，$K=8$，跨距数>2 时，$K=10$；

a——相间距离，cm；

σ_{yx}——允许应力（Pa），铝为 63.8MPa，铜为 127.5MPa，钢为 137.3MPa；

W——母线截面系数（cm^3），扁母线平放时，$W=bh^2/6$，扁母线竖放时，$W=hb^2/6$；

i_{ch}——三相短路冲击电流或直流短路电流，kA。

实际上，厂房的柱距一般为 6m，因此干线支架的间距也为 6m。如机械强度不够时，可在干线两支点间增设干线夹，干线夹数量不应超过两个。

8.4.3 保护设备及电源线的选择

单台起重机（$FZ\%=25$）断路器、配电保护及导线的选择，见表 8-14。

单台起重机（$FZ\%=40$）断路器、配电保护及导线的选择，见表 8-15。

两台桥式起重机组（$FZ\%=40$）断路器、配电保护及导线的选择，见表 8-16。

三台桥式起重机组（$FZ\%=25$）断路器、配电保护及导线的选择，见表 8-17。

龙门吊式起重机（$FZ\%=25$）断路器、配电保护及导线的选择，见表 8-18。

表 8-14　单台起重机（$FZ\%=25$）断路器、配电保护及导线选择

起重机类型	起重量/t	总功率/kW	电动机功率(kW)/电流(A)				计算电流/A	尖峰电流/A	DZ20 型断路器 DZ20Y/358		角钢滑接线		BLV 型铝芯 500V 绝缘导线/mm²	碳素钢电线套管 TC(DG)/mm	镀锌焊接钢管 SC(G)/mm
			主钩	副钩	大车	小车			额定电流/A	脱扣电流/A	规格尺寸/mm	每 10m ΔU/%			
电动葫芦	0.5	1.1	2.8/3	—	—	0.3/0.9	3	17	100	16	L30×30×4	0.19	3×2.5	16	15
	1	2.8	2.2/6.3	—	—	0.6/1.9	6.4	27	100	16	L30×30×4	0.30	3×2.5	16	15
	2	4.1	3.5/9.2	—	—	0.6/1.9	9.2	36	100	16	L30×30×4	0.40	3×2.5	16	15
	3	6	5/13	—	—	1/2.9	13	61	100	16	L30×30×4	0.67	3×2.5	16	15
	5	8.5	7.5/19.7	—	—	1/2.9	19.7	90	100	20	L40×40×4	0.87	3×4	16	15
梁式起重机	0.5	3.3	0.8/3	—	2.2/5	0.3/0.9	5	19	100	16	—30×4	0.34	3×2.5	16	15
											L40×40×4	0.20			
	1	5	2.2/6.4	—	2.2/5	0.6/1.9	6.4	29	100	16	—30×4	0.52	3×2.5	16	15
											L40×40×4	0.31			
	2	6.3	3.5/9.2	—	2.2/5	0.6/1.9	9.2	38	100	16	—30×4	0.69	3×2.5	16	15
											L40×40×4	0.48			
	3	8.9	5/13	—	2.2/5	0.6/1.9	13	62	100	16	—30×4	1.12	3×2.5	16	15
											L40×40×4	0.60			
	5	11.4	7.5/19.7	—	2.2/5	1.7/3.9	19.7	90	100	20	L40×40×4	0.87	3×4	19	15

续表

起重机类型	起重量/t	总功率/kW	电动机功率(kW)/电流(A)						DZ20型断路器DZ20Y/358		角钢滑接线		BLV型铝芯500V绝缘导线/mm²	碳素钢电线套管TC(DG)/mm	镀锌焊接钢管SC(G)/mm
			主钩	副钩	大车	小车	计算电流/A	尖峰电流/A	额定电流/A	脱扣电流/A	规格尺寸/mm	每10m ΔU/%			
单主梁桥式起重机	5	15.9	7.5/19.7	—	2×3.5/9.2	1.4/4	19.4	51	100	16	L40×40×4	0.50	3×4	19	15
	8	23.2	11/28	—	2×5/15	2.2/6.4	28	73	100	16	L40×40×4	0.70	3×6	19	15
	10	28.2	11/28	—	2×7.5/21	2.2/6.4	34	79	100	40	L40×40×4	0.75	3×10	25	25
	12.5	29.5	16/43	—	2×5/15	3.5/9.2	36	105	100	40	L40×40×4	0.96	3×10	25	25
	16/3	35.5	22/57	11/28	2×5/15	3.5/9.2	43	134	100	50	L50×50×5	0.97	3×16	32	25
	20/5	42	22/57	16/43	2×7.5/21	5/15	51	142	100	63	L50×50×5	1.00	3×25	38	32
	32/8	67	40/100	16/43	2×11/28	5/15	82	242	100	100	L75×75×8	1.08	3×50	51	51
	50/12.5	79.5	50/117	30/69.5	2×11/28	7.5/21	97	284	100	100	L75×75×8	1.21	3×50	51	51
双梁桥式起重机	5	23.2	11/28	11/28	2×5/15	2.2/7.2	27.8	67	100	32	L40×40×4	0.65	3×6	19	15
	10	29.5	16/43	11/28	2×5/15	3.5/10	35	104	100	40	L40×40×4	0.96	3×10	25	25
	15/3	35.5	22/57	11/28	2×5/15	3.5/10	43	134	100	50	L50×50×5	0.97	3×16	32	25
	20/5	35.5	22/57	16/43	2×5/15	3.5/10	43	134	100	50	L50×50×5	0.97	3×16	32	40
	30/5	65	45/110	16/43	2×7.5/21	5/15	78	254	100	80	L75×75×8	1.13	3×35	51	65
	50/10	89.5	60/133	30/72	2×11/28	7.5/21	107	320	200	125	L75×75×8	1.32	3×70	64	

■ **表 8-15 单台起重机（$FZ\%=40$）断路器、配电保护及导线选择**

起重机类型	起重量/t	总功率/kW	电动机功率(kW)/电流(A)						DZ20 型断路器 DZ20Y/358		角钢滑接线		BLV 型铝芯 500V 绝缘导线/mm²	碳素钢电线套管 TC(DG)/mm	镀锌焊接钢管 SC(G)/mm
			主钩	副钩	大车	小车	计算电流/A	尖峰电流/A	额定电流/A	脱扣电流/A	规格尺寸/mm	每 10m ΔU/%			
单主梁桥式起重机	5	22.8	13/29.5	—	2×4.2/10	1.4/5.3	35	79	100	40	∟40×40×4	0.77	3×10	25	25
	8	27.7	17.5/50	—	2×4/9.5	2.2/7	42	117	100	50	∟40×40×4	1.06	3×16	32	25
	10	44.8	25/73	—	2×8.8/25	2.2/7	68	178	100	80	∟50×50×5	1.16	3×35	51	40
	12	35.8	23.5/62	—	2×8.8/25	3.5/10	54	147	100	63	∟50×50×5	1.05	3×25	38	32
	16/3	56.1	40/106	11/27.5	2×6.3/19	3.5/10	85	244	100	100	∟75×75×8	1.18	3×50	51	51
	20/5	72.6	50/119	16/46	2×8.8/25	5/15	110	289	200	125	∟50×50×5+LMY-30×3	0.47	3×70	64	65
	32/8	87	65/170	—	2×11/27.5	5/15	132	387	200	160	∟50×50×5+LMY-30×3	0.61	3×95	76	80
	50/12.5	102	80/208	—	—	5/15	155	467	200	160	∟50×50×5+LMY-30×3	0.73	3×95	76	80
双梁桥式起重机	5	27.8	13/29	11/31	2×6.3/19	2.2/7	42	100	100	50	∟40×40×4	0.93	3×16	32	25
	10	39.6	23.5/62	11/31	2×6.3/19	3.5/10	59	152	100	63	∟50×50×5	1.06	3×25	38	32
	15/3	69.1	48/114	11/31	2×8.8/25	3.5/10	104	275	200	160	∟75×75×8	1.18	3×95	76	80
	20/5	69.1	48/114	16/43	2×8.8/25	3.5/10	104	275	200	160	∟75×75×8	1.18	3×95	76	80
	30/5	94	63/165	16/43	2×13/29	5/15	141	389	200	160	∟50×50×5+LMY-30×3	0.61	3×95	76	80
	50/10	105.5	63/165	30/72	2×17.5/50	7.5/21	158	406	200	160	∟50×50×5+LMY-30×3	0.64	3×95	76	80

■ 表 8-16 两台桥式起重机组($FZ\%=40$)断路器、配电保护及导线选择

起重机组合起重量/t	总额定功率/kW	计算电流/A	尖峰电流/A	DZ20 型断路器 DZ20Y/358		滑接线		BLV 型铝芯 500V 绝缘导线/mm^2	碳素钢电线套管 TC(DG)/mm	镀锌焊接钢管 SC(G)/mm
				额定电流/A	脱扣电流/A	角钢或角钢加铝母线规格/mm	每 10m ΔU/%			
5+5	55.6	64	127	100	80	L50×50×5	0.93	3×35	51	40
10+5	67.4	78	178	100	80	L50×50×5	1.19	3×35	51	40
10+10	79.2	91	192	100	100	L50×50×5	1.23	3×50	51	51
15/3+5	96.9	111	296	200	125	L50×50×5+LMY-30×3	0.47	3×70	64	65
15/3+10	108.7	125	310	200	125	L50×50×5+LMY-30×3	0.49	3×70	64	65
15/3+15/3	138.2	159	344	200	160	L50×50×5+LMY-30×3	0.54	3×95	76	80
20/5+5	96.9	111	296	200	125	L50×50×5+LMY-30×3	0.47	3×70	64	65
20/5+10	108.7	125	310	200	125	L50×50×5+LMY-30×3	0.49	3×70	64	65
20/5+15/3	138.2	159	344	200	160	L50×50×5+LMY-30×3	0.54	3×95	76	80

续表

起重机组合起重量/t	总额定功率/kW	计算电流/A	尖峰电流/A	DZ20型断路器DZ20Y/358		滑接线		BLV型铝芯500V绝缘导线/mm^2	碳素钢电线套管TC(DG)/mm	镀锌焊接钢管SC(G)/mm
				额定电流/A	脱扣电流/A	角钢或角钢加铝母线规格/mm	每10m ΔU/%			
20/5+20/5	138.2	159	344	200	160	L50×50×5+LMY-30×3	0.54	3×95	76	80
30/5+5	121.8	150	418	200	160	L50×50×5+LMY-30×3	0.66	3×95	76	80
50/5+10	133.6	154	421	200	160	L50×50×5+LMY-30×3	0.67	3×95	76	80
30/5+15/3	163.1	188	455	200	200	L50×50×5+LMY-30×3	0.72	3×150	—	80
30/5+20/5	163.1	188	455	200	200	L50×50×5+LMY-30×3	0.72	3×150	—	80
30/5+30/5	188	216	484	200	225	L50×50×5+LMY-30×3	0.76	3×150	—	80

■ **表 8-17　三台起重机组（$FZ\%=25$）断路器、配电保护及导线选择**

起重机组合起重量/t	总额定功率/kW	计算电流/A	尖峰电流/A	DZ20 型断路器 DZ20Y/358		滑接线		BLV 型铝芯 500V 绝缘导线/mm^2	碳素钢电线套管 TC（DG）/mm	镀锌焊接钢管 SC(G)/mm
				额定电流/A	脱扣电流/A	角钢或角钢加铝母线规格/mm	每 10m ΔU/%			
10+5+5	95	90	195	100	100	∟75×75×8	0.92	3×50	51	51
10+10+5	107	102	206	200	125	∟75×75×8	0.96	3×70	64	65
10+10+10	119	113	217	200	125	∟50×50×5+LMY-30×3	0.34	3×70	64	65
15/3+5+5	125	118	310	200	125	∟50×50×5+LMY-30×3	0.49	3×70	64	65
20/3+5+5	125	118	310	200	125	∟50×50×5+LMY-30×3	0.49	3×70	64	65
15/3+10+5	137	130	321	200	160	∟50×50×5+LMY-30×3	0.51	3×95	76	80
15/3+10+10	148	141	332	200	160	∟50×50×5+LMY-30×3	0.52	3×95	76	80
20/5+10+10	148	141	332	200	160	∟50×50×5+LMY-30×3	0.52	3×95	76	80
15/3+15/3+5	166	158	349	200	160	∟50×50×5+LMY-30×3	0.55	3×95	76	80

续表

起重机组合起重量/t	总额定功率/kW	计算电流/A	尖峰电流/A	DZ20型断路器 DZ20Y/358		滑接线		BLV型铝芯500V绝缘导线/mm^2	碳素钢电线套管TC(DG)/mm	镀锌焊接钢管SC(G)/mm
				额定电流/A	脱扣电流/A	角钢或角钢加铝母线规格/mm	每10m ΔU/%			
20/5+15/3+5	166	158	349	200	160	L50×50×5+LMY-30×3	0.55	3×95	76	80
15/3+15/3+10	178	169	360	200	180	L50×50×5+LMY-30×3	0.57	3×120	76	80
20/5+15/3+10	178	169	360	200	180	L50×50×5+LMY-30×3	0.57	3×120	76	80
20/5+20/5+10	178	169	360	200	180	L50×50×5+LMY-30×3	0.57	3×120	76	80
15/3+15/3+15/3	207	197	388	200	200	L50×50×5+LMY-30×3	0.61	3×150	—	80
20/5+15/3+15/3	207	197	388	200	200	150×50×5+LMY-30×3	0.61	3×150	—	80
20/5+20/5+15/3	207	197	388	200	200	L50×50×5+LMY-30×3	0.61	3×150	—	80
20/5+20/5+20/5	207	197	388	200	200	L50×50×5+LMY-30×3	0.61	3×150	—	80

■ **表 8-18　龙门吊式起重机（$FZ\%=25$）断路器、配电保护及导线的选择**

起重量/t	跨度/m	总额定功率/kW	分项电动机功率(kW)/电流(A)				计算电流/A	尖峰电流/A	DZ20 型断路器 DZ20Y/358		滑接线		BLV 型铝芯 500V 绝缘导线/mm²	碳素钢电线套管 TC(DG)/mm	镀锌焊接钢管 SC(G)/mm
			主钩	副钩	大车	小车			额定电流/A	脱扣电流/A	角钢规格/mm	每 10m ΔU/%			
5	18	23.2	11/28	—	2×5/15	2.2/7.2	27.8	73	100	32	L40×40×4	0.70	3×6	19	15
	22～30	28.2	11/28	—	2×7.5/21	2.2/7.2	33.8	79	100	40	L40×40×4	0.75	3×10	25	25
	35	35.2	11/28	—	2×11/28	2.2/7.2	42.2	87	100	50	L40×40×4	0.85	3×16	32	25
10	18～22	34.5	16/43	—	2×7.5/21	3.5/9.2	41.4	110	100	50	L40×40×4	1.00	3×16	32	25
	26～35	43	16/43	—	2×11/28	3.5/9.2	52	121	100	63	L40×40×4	1.08	3×25	38	32
15/3	18～22	31	11/28	—	2×7.5/21	5/15	37.2	82	100	40	L40×40×4	0.78	3×10	25	25
	26	38	11/28	—	2×11/28	5/15	45.6	90	100	50	L40×40×4	0.86	3×16	32	25
	30～35	49	22/57	—	2×11/28	5/15	59	150	100	63	L50×50×5	1.04	3×25	38	32
20/5	18～22	36	—	—	2×7.5/21	5/15	43.2	112	100	50	L40×40×4	1.01	3×16	32	25
	26	43	—	—	2×11/28	5/15	52	121	100	63	L40×40×4	1.08	3×25	38	32
	30～35	67	—	—	2×16/43	5/15	80	192	100	100	L75×75×8	0.90	3×50	51	51
	18	46.4	—	—	—	—	41.8	89	100	50	L40×40×4	0.86	3×16	32	25

续表

起重量/t	跨度/m	总额定功率/kW	分项电动机功率(kW)/电流(A)				计算电流/A	尖峰电流/A	DZ20型断路器DZ20Y/358		滑接线		BLV型铝芯500V绝缘导线/mm²	碳素钢电线套管TC(DG)/mm	镀锌焊接钢管SC(G)/mm
			主钩	副钩	大车	小车			额定电流/A	脱扣电流/A	角钢规格/mm	每10m ΔU/%			
5+5	22～30	56.4	—	—	—	—	51	104	100	63	L40×40×4	0.98	3×25	38	32
	35	70.4	—	—	—	—	63	118	100	80	L40×40×4	1.07	3×25	51	40
	18～22	69	—	—	—	—	62	142	100	63	L50×50×5	1.00	3×25	38	32
10+10	26～35	86	—	—	—	—	77	159	100	80	L50×50×5	1.08	3×35	51	40
	18～22	62	—	—	—	—	56	110	100	63	L40×40×4	1.00	3×25	38	32
	26	76	—	—	—	—	68	124	100	80	L50×50×5	1.09	3×35	51	40
15/3+15/3	30～35	98	—	—	—	—	88	195	100	100	L75×75×8	0.92	3×50	51	51
	18～22	72	—	—	—	—	65	145	100	80	L50×50×5	1.02	3×35	51	40
20/5+20/5	26	86	—	—	—	—	77	159	100	80	L50×50×5	1.08	3×35	51	40
	30～35	134	—	—	—	—	121	252	100	125	L75×75×8	1.10	3×70	64	65

8.5 农业和矿山机械电动机功率的计算

8.5.1 农业机械电动机功率的计算

(1) 旋耕机

$$P=KavB$$

式中 P——旋耕机电动机功率，kW；

B——耕幅，m；

v——机组前进速度，m/s；

a——耕深，cm；

K——旋耕比阻，$K=K_gK_1K_2K_3K_4$，见表 8-19。

■ **表 8-19 旋耕比阻 K**

切土节距/cm			6～9	12～15	18～21
K_g(黏土、麦茬耕深 15cm、土壤含水率 20%)			1.3～1.6	1.1～1.3	0.5～1
修正系数	耕深修正系数 K_1	12cm	0.8～1		
		18cm	1.0～1.2		
	土壤含水率修正系数 K_2	30%	0.95		
		40%	0.92		
	残茬植被修正系数 K_3	稻茬	1.0～1.2		
		绿肥	0.8～1.0		
	作业方式修正系数 K_4	旱耕后旋耕	0.66～0.71		
		灌水旋耕	0.66～0.73		
		水耕后旋耕	0.3～0.5		

(2) 稻麦收获机械

① 拨禾扶禾装置

$$P=(0.044\sim0.088)B$$

式中　P——拨禾轮消耗功率，kW；

B——割幅，m。

② 往复式切割器

$$P=L\left[(q+fmg)v+\frac{m}{2}r^2\omega^2\right]\times10^{-3}$$

式中　P——切割器需用功率，kW；

L——动刀的长度，m；

q——每米动刀切割禾株的阻力，$q=300\sim400$N/m；

f——动力的摩擦阻力系数，在调整和润滑条件良好的情况下，$f=0.2\sim0.4$；

m——每米长动刀的质量，$m=1.9\sim2.3$kg/m；

v——割刀平均切割速度，m/s；

r——曲柄半径，m；

ω——曲柄运转的角速度，rad/s。

③ 卧带式输送器

$$P=(0.22\sim0.48)B$$

式中　P——卧带式输送器所需功率，kW；

B——割台的割幅，m。

④ 联合收割机

$$P=\frac{f_g mgv}{\eta}\times10^{-3}$$

式中　P——轮式行走装置需用功率，kW；

m——联合收割机的总质量，kg；

v——联合收割机的作业速度，m/s；

f_g——驱动轮的滚动阻力系数，普通轮胎在较干的田地上，$f_g=0.08\sim0.13$，在湿软地上，$f_g=0.3$左右；

η——行走装置的传动效率，$\eta=0.85\sim0.9$。

(3) 玉米收获机械

① 摘穗剥皮机

$$P=(13\sim16)n$$

式中　P——摘穗剥皮机所需功率，kW；

n——一次收获的行数。

② 摘穗机

$$P=(7.5\sim9)n$$

式中　P——摘穗机所需功率，kW；

n——一次收获的行数。

③ 剥皮机

$$P=(0.7\sim0.8)Z$$

式中　P——剥皮机所需功率，kW；

Z——剥皮辊的对数。

④ 脱粒机

$$P=\frac{Wm}{tm_1}$$

式中　P——脱粒机所需功率，kW；

W——脱粒所需要的电能（kW·h）；

m_1——每千瓦·时可脱粒的质量，一般取 $m_1=600\sim1000$kg；

m——脱粒的总质量，kg；

t——脱粒的时间，h。

(4) 喷灌设备

① 喷雾机

$$P=1.67\frac{q_v H\rho}{\eta}\times10^{-4}$$

式中　P——喷雾机活塞泵的功率消耗，kW；

q_v——泵的流量，L/mm；

H——泵的总水头高，m；

ρ——液体密度，kg/L；

η——泵的效率，$\eta=0.7$。

② 射流式喷头

$$P=3.78q_v p\times10^{-4}$$

式中　P——射流式单喷头消耗的功率，kW；

q_v——工作流量，m^3/h；

p——喷头工作压力，Pa。

（5）畜牧机械

① 往复切割式割草机

$$P=7.35KSn\times10^{-6}+0.0125ha_1a_2B$$

式中　P——往复切割器式割草机所需功率，kW；

K——功率消耗系数，$K=0.2$；

S——切割器割刀的行程，mm；

n——曲柄转速，r/min；

h——割刀的进距，mm；

a_1——切割器类型系数，标准Ⅰ型 $a_1=1.35$，短行程Ⅱ型 $a_1=1$；

a_2——切割锐利程度系数，当动刀片为光刃，刃口厚度为0.13～0.14mm时，$a_2=1.4\sim1.5$，当为齿刃时，a_2 可增大50%；

B——切割器的割幅，m。

② 干草压捆机

$$P=\frac{Tn}{60}\times10^{-3}$$

式中　P——干草机所需功率，kW；

n——压缩器工作行程，一般取 $n=70\sim80$ 次/min；

T——压缩器每走一个工作行程时，压缩每份干草所需的功，每份干草喂入量2.5～3kg时，所需的功为54000～78000J。

③ 滚刀式铡草机

$$P=\frac{Wmg}{t}\times10^{-2}$$

式中　P——滚刀式铡草机所需功率，kW；

W——切1t草料消耗的电能，kW·h；

t——切草的时间，h；

m——铡草的总质量，kg；

此公式用于切断长度为12～13mm，若切断长度减半则能量消耗加倍，而用盘刀式铡草机时，功率增大15%～25%。

④ 绵羊剪毛机

$$P=1.05\frac{(F_1+F_2+F_3)m}{\eta}\times10^{-4}$$

式中　P——剪毛机所需功率，kW；

F_1——剪切羊毛的阻力，$F_1=8\sim12\text{N}$；

F_2——动、定刀片间的摩擦阻力，$F_2=30\sim35\text{N}$；

F_3——摆杆运动时的惯性力，N。

$$F_1+F_2+F_3=46\sim55\text{N};$$

r——曲柄半径，m；

n——曲柄转速，r/min；

η——传动效率，取$\eta=0.85$。

(6) 回转式钻机

① 破碎岩层和克服钻头摩擦力所需功率

$$P_1=1.84\pi D^2\times10^{-3}$$

式中　P_1——破碎岩层和克服钻头摩擦力所需功率，kW；

D——钻头直径，cm。

② 钻具回转和克服泥浆阻力所需功率

$$P_2=n^{\frac{3}{4}}(2.2+0.016d^2L\rho)\times10^{-3}$$

式中　P_2——钻具回转和克服泥浆阻力所需功率，kW；

n——转盘转速，r/min；

d——转杆外径，m；

L——钻具总长度，m；

ρ——泥浆密度，一般取$\rho=1.15\text{kg/cm}^3$。

③ 驱动泥浆泵所需功率

$$P_3=\frac{q_\text{V}p}{\eta_\text{C}}$$

式中　P_3——驱动泥浆泵所需功率，kW；

q_v——泥浆泵流量 L/s；

p——泥浆泵压力，Pa

η_c——传动效率，取 $\eta_c=0.8\sim0.85$

④ 泥浆搅拌和照明所需功率

$$P_4=(2.2\sim3.7)\text{kW}$$

式中　P_4——泥浆搅拌和照明等所需功率，kW。

回转式钻机的总功率为

$$P=P_1+P_2+P_3+P_4$$

(7) 冲击式钻机

$$P=\frac{mgsf}{60}\times10^{-3}$$

式中　P——冲击式钻机钻进时所需功率，kW；

m——钻具及钢绳总质量，kg；

s——钻具的冲程，m；

f——钻具的冲击频率，次/min。

(8) 拖拉机

① 发动机功率

$$P=\frac{2.78Fv}{\eta}\times10^{-8}$$

式中　P——农用拖拉机发动机功率，kW；

F——在基本耕作挡下，发出额定牵引力，N；

v——在牵引力 F 时的实际速度（见表 8-20），km/h；

η——牵引效率，见表 8-20。

表 8-20　确定发动机功率时所用的 v 和 η 值

形式	手扶式	轮式		四轮驱动（旱地）	履带式
		旱地	水田		
v/(km/h)	3～4	6～7	5～6	6～7	4～5
η	0.3～0.4	0.5～0.6	0.35～0.45	0.6～0.7	0.65～0.75

② 油泵驱动功率

$$P=1.67\times\frac{q_v p}{\eta}\times10^{-8}$$

式中　P——油泵驱动功率，kW；

p——油泵实际最大工作压力，Pa；

q_v——油泵在压力 p 下的实际流量，L/min；

η——油泵总效率，对齿轮泵 $\eta=0.8\sim0.9$。

8.5.2　矿山机械电动机功率的计算

（1）凿岩机

$$P=\frac{Wf}{60}\times10^{-4}$$

式中　P——风动凿岩机冲击功率，kW；

W——冲击功，J；

f——冲击频率，次/min。

（2）井下装载机

1）轨轮式装载机

① 行走功率

$$P_x=2.25mg\times10^{-4}$$

式中　P_x——行走功率，kW；

m——装载机自重，kg；

g——重力加速度，$g=9.8\text{m/s}^2$。

② 提升功率

$$P_t=46.7V$$

式中　P_t——提升功率，kW；

V——铲斗容积，m^3。

2）无储仓装载机　发电机飞轮功率为

$$P=P_1+P_2$$

式中　P——发电机飞轮功率，kW；

P_1——行走传动系统运输时消耗功率，kW；

$$P_1=\frac{Fv}{195\eta}$$

F——在水平良好路面时牵引力，N；

v——行驶速度，一般取 $v=2\sim4$km/h；

η——传动效率，机械传动 $\eta=0.85\sim0.88$，液压机械传动 $\eta=0.6\sim0.75$；

P_2——液压系统油泵消耗功率，kW；

$$P_2=1.67\frac{q_v\Delta p}{\eta_b}$$

q_v——油泵排量，L/min；

Δp——液压系统压差，旋转机构油泵空载时 $\Delta p=5\times10^5$Pa，变速泵满载时，$\Delta p=(8\sim12)\times10^5$Pa；

η_b——油泵效率，$\eta=0.75\sim0.85$。

3）双臂式装载机

① 工作机构功率

$$P_g=1.23\frac{Q\rho grK_e}{K_z\eta}\times10^{-3}$$

式中 P_g——工作机构功率，kW；

Q——生产率，m^3/min；

ρ——物料密度，kg/m^3；

r——曲柄圆盘半径，m；

K_e——耕爪负载变化系数，$K=1.23\sim1.6$；

K_z——制动系数，机器有制动装置时，$K_z=1$，机器无制动装置时，$K_z=0.8$；

η——减速器效率。

② 行走机构功率

$$P=\frac{pv}{\eta}\times10^{-3}$$

式中 P——行走机构功率，kW；

p——履带牵引力，N；

v——装载作业履带运行速度，一般取 $v=0.17\sim0.3$m/s；

η——履带行走机械传动效率。

(3) 潜孔钻机

① 回转功率

$$P=1.05\frac{T_{max}n_{max}}{\eta}\times 10^{-4}$$

式中 P——回转功率，kW；

T_{max}——回转机构的最大回转转矩，N·m；

n_{max}——回转机构的最大转速，r/min；

η——回转机构的传动效率。

② 提升功率

$$P=\frac{Fv}{60\eta}\times 10^{-3}$$

式中 P——提升功率，kW；

F——提升力，N；

v——提升速度，一般取 $v=8\sim20$m/min；

η——提升传动效率。

(4) 牙轮钻孔机

$$P=KnD^{2.5}p^{1.5}\times 10^{-5}$$

式中 P——回转功率，kW；

K——矿岩特征常数，$K=(4\sim14)\times 10^{-5}$；

n——钻头转速，r/min；

D——钻头直径，cm；

p——钻头直径单位长度上轴压，Pa。

(5) 矿用挖掘机

1) 机械传动正铲挖掘机

① 推动机构功率

$$P_t=\frac{F_t v_t}{\eta}\times 10^{-3}$$

式中 P_t——推动机构功率，kW；

F_t——推力，N；

v_t——推压速度，m/s；

η——推压机构效率。

② 提升机构功率

$$P_S=\frac{F_S v_S}{\eta}\times10^{-3}$$

式中 P_S——提升机构功率，kW；

F_S——提升力，N；

v_S——提升钢丝绳在卷筒上圆周速度，m/s；

η——提升机构效率。

2）步行式拉铲挖掘机

$$P=\frac{nmg(h+t\sin\alpha+\varphi\mu t)}{3.6\times10^9}$$

式中 P——步行机构功率，kW；

n——每小时步行次数，次/h；

m——机器质量，kg；

h——每行一步机器上升高度，m；

t——每步距离，m；

d——地面坡角，(°)；

φ——机重在土中的拖拉系数，$\varphi=0.15\sim0.2$；

μ——机尾在土中拖拉时的摩擦因数，$\mu=0.5\sim0.8$。

3）单斗液压挖掘机

$$P=\frac{pq_v}{60\eta K}\times10^{-6}$$

式中 P——液压功率，kW；

p——油泵工作压力，Pa；

q_v——油泵在额定压力下的流量，L/min；

K——变量系数，在变量系统中，若发动机功率有多余，尽量取小值，$K=1.1\sim1.2$；

η——油泵总效率。

（6）采煤设备

1）刨煤机

$$P=\frac{Fv}{\eta}\times10^{-3}$$

式中　P——刨煤机功率，kW；

F——牵引力，N；

v——牵引速度 $v=0.42\sim2\text{m/s}$；

η——传动效率，$\eta=0.8\sim0.85$。

2）采煤设备——弯曲刮板运输机

① 空载功率

$$P_\text{K}=\frac{1.1F_\text{K}v}{\eta}\times10^{-3}$$

式中　P_K——弯曲刮板运输机空载时功率，kW；

F_K——运输机空载运行阻力，N；

v——张紧链的速度，m/s；

η——传动效率，$\eta=0.8\sim0.85$。

② 满载功率

$$P_\text{m}=\frac{1.1(F_\text{q}+F_\text{z})v}{\eta}\times10^{-3}$$

式中　P_m——弯曲刮板运输机空载时功率，kW；

F_q——空段刮板链运行阻力，N；

F_z——重段刮板链运行阻力，N；

v——张紧链的速度，m/s。

③ 平均功率

$$P_\text{p}=0.6\sqrt{P_\text{m}^2+P_\text{m}P_\text{K}+P_\text{K}^2}$$

式中　P_p——平均功率，kW。

④ 额定功率

$$P_\text{e}\geqslant(1.15\sim1.2)P_\text{p}$$

式中　P_e——额定功率，kW。

（7）矿井提升机

$$P=\frac{K_1K_2mgv}{\eta}\times10^{-3}$$

式中　P——矿井提升机所需电动机功率，kW；

m——运载质量，kg；

v——额定提升速度，m/s；

K_1——负载系数，箕斗提升 $K=1.15$，罐笼提升 $K=1.2$；

K_2——动力系数，一般 $K_2=1.2$；

η——减速器效率。

(8) 破碎机

① 简单摆动颚式破碎机

$$P=\frac{\sigma_p^2 nL\lambda\mu(B^2-e^2)}{2.45E\eta\tan\alpha}$$

式中 P——简单摆动颚式破碎机所需功率，kW；

σ_p——矿石的压碎强度，Pa；

n——主轴转速，r/min；

L——给矿口长度，cm；

μ——充满系数；

λ——预筛分系数；

B——给矿口宽度，cm；

e——排矿口宽度，cm；

E——矿石的弹性模量，Pa；

α——啮角，(°)；

η——传动效率，$\eta=0.6\sim0.75$。

② 复摆颚式破碎机

$$P=\left(\frac{1}{80}\sim\frac{1}{60}\right)BL$$

式中 P——复摆颚式破碎机所需功率，kW；

B——给矿口宽度，cm；

L——给矿口长度，cm。

③ 旋回破碎机

$$P=16D^{2.5}rn$$

式中 P——旋回破碎机所需功率，kW；

D——动锥底部最大直径，m；

r——动锥在排矿处的偏心距，m；

n——破碎锥转速，r/min。

④ 圆锥破碎机

$$P=65D^{1.9}$$

式中 P——圆锥破碎机所需功率，kW；

D——破碎锥大端直径，m。

⑤ 锤式破碎机

$$P=(0.1\sim0.15)D^2LnK$$

式中 P——锤式破碎机所需功率，kW；

D——转子外直径，m；

L——转子长度，m；

n——转子转速，r/min；

K——过载系数，$K=1.15\sim1.35$。

⑥ 反击式破碎机

$$P=KQi^{1.2}$$

式中 P——反击式破碎机所需功率，kW；

Q——生产率，t/h；

i——破碎比；

K——系数，$K=0.026$。

⑦ 辊式破碎机

a. 光辊破碎机

$$P=0.8KLv$$

式中 P——光辊破碎机所需功率，kW；

L——辊子长度，m；

v——辊子圆周速度，m/s；

K——系数，$K\leqslant0.6\dfrac{D}{d}+0.15$；

D——给矿粒度；

d——排矿粒度。

b. 齿辊破碎机

$$P=KLDn$$

式中　P——齿辊破碎机所需功率，kW；

L——辊子长度，m；

D——辊子直径，m；

n——辊子转速，r/min；

K——系数，矿煤时 $K=0.95$。

(9) 破选机

① 一般计算公式

$$P=P_1+P_2$$

$$=M\omega\times10^{-3}+\frac{Rng(m+13m_0)}{2.86\eta}\times10^{-3}$$

式中　P——破选机所需功率，kW；

P_1——物料在筒体中完成破碎过程时，提升跌落所需功率，kW；

P_2——完成筛分过程时，按滚筒筛计算的功率，kW；

M——阻力矩，N·m；

ω——筒筛角速度，rad/s；

R——筒筛半径，m；

n——筒筛转速，r/min；

m_0——筒体内被筛物质量，kg；

m——回转筒体自重，kg；

η——传动效率，$\eta=0.7$；

g——重力加速度。

② 经验公式

$$P=\frac{D(75+\pi L)}{59}$$

式中　P——按经验公式计算功率，kW；

D——筒筛直径，m；

L——筒筛长度，m。

(10) 磨碎机

1）自磨机

$$P=\frac{D^{y}LP_{e}}{D_{e}^{y}L_{e}}$$

式中 P——自磨机功率，kW；

D——自磨机筒径，m；

D_e——已使用的自磨机筒径，m；

L——自磨机筒长，m；

L_e——已使用过的自磨机筒长，m；

P_e——已使用过的自磨机功率，kW；

y——指数，$y=2.5\sim2.6$。

2）磨碎机

① 近似计算

a. 公式一：

$$P=7.5cmgD\frac{n}{32}\times10^{-5}$$

b. 公式二：

$$P=1.42VDn\left(\frac{mg}{V}\right)^{0.8}\times10^{-4}$$

式中 P——磨碎机功率，kW；

m——磨碎机总装质量，kg；

D——筒体有效内径，m；

c——研磨介质系数，$c=6.8\sim13.3$；

V——磨碎机有效容积，m^3；

n——工作转速，r/min；

g——重力加速度。

② 经验公式

$$P=7.5cmg\sqrt{D}\times10^{-5}$$

（11）振动筛

$$P=\frac{P_1+P_2}{\eta}$$

$$=\frac{mAn^3(cA+fd)}{1.78\eta}\times10^{-5}$$

式中 P——振动筛电动机功率，kW；

m——振动筛的参振质量，kg；

A——振幅，单轴振动筛 $A=2.5\sim4$，双轴振动筛 $A=5\sim6$mm；

n——振动次数，次/min；

c——阻力系数，$c=0.2\sim0.3$；

f——滚动轴承摩擦系数，$f=0.005$；

d——轴颈的直径，m；

η——传动效率，$\eta=0.9\sim0.95$；

P_1——振动筛为克服运动阻力而消耗的功率，kW；

P_2——振动筛为克服轴承中的摩擦力而消耗的功率，kW。

(12) 重力选矿设备

① 刚性连接启动功率

$$P=\frac{K_1e^2n}{1.95\eta}\times10^{-6}$$

式中 P——重介质振动溜槽刚性连接时电动机启动功率，kW；

K_1——工作弹簧刚度；

e——曲轴连杆机构的偏心距，mm；

n——振动次数，次/min；

η——传动效率，$\eta=0.95$。

② 弹性连接启动功率

$$P=\frac{K_1K_2e^2f}{1.95(K_1+K_2)\eta}\times10^{-6}$$

式中 P——重介质振动溜槽弹性连接时电动机启动功率，kW；

K_1——工作弹簧刚度；

K_2——连杆弹簧刚度；

e——曲轴连杆机构的偏心距，mm；

f——槽体频率，次/min；

η——传动效率，$\eta=0.95$。

第 9 章

电加热

9.1 电热元件的选用及计算

9.1.1 电热元件的选用

(1) 常用电热材料及元件不同品种的工作温度、特性及电阻率修正系数（见表9-1～表9-3）

■ **表9-1 常用电热材料及元件的品种、工作温度和主要特点**

类别	品种		发热体工作温度/℃ 常用	发热体工作温度/℃ 最高	主要特点
材料	镍铬合金	Cr20Ni80	1000～1050	1150	①高温强度较好，适用于移动式设备上；②基本上无磁性
		Cr15Ni60	900～950	1050	
	铁铬铝合金	1Cr13A14	900～950	1100	①价较廉；②高温强度低，适用于各种固定式设备；③有磁性
		0Cr13A16Mo2	1050～1200	1300	
		$0Cr25Al_5$	1050～1200	1300	
		$0Cr27Al_7Mo2$	1200～1300	1400	
	高熔点纯金属	铂 Pt	1300～1400	1600	①电阻率较低，需配调压装置，以防开始加热时电流过大；②材料价高；③适用于实验室或特殊电炉
		钼 Mo		1800	
		钽 Ta		2200	
		钨 W		2400	
	石墨 C			3000	①电阻率较低，需配大电流低电压调压器；②适用于真空或保护气氛中使用
元件	硅碳棒 硅碳管 SiC		1250～1400	1500	①高温强度高；②硬而脆；③易老化，电阻随使用时间延长而增大（需配调压装置）
	硅钼棒 $MoSi_2$		1500～1600	1700	①无老化现象；②需配调压装置，以防开始加热时电流过大
	管状电加热元件		500℃以下（介质温度）		①可直接在液体中加热；②机械强度好

■ **表 9-2　常用电热材料的物理及机械性能**

性能		密度/(g/cm³)	线胀系数(20～1000℃)/10^{-6}℃$^{-1}$	比热容/[J/(g·℃)]	热导率/[kJ/(m·h·℃)]	熔点约值/℃	抗张强度/MPa	伸长率/%	反复弯曲次数	电阻率(20℃)/(Ω·mm²/m)
镍铬合金	Cr20Ni80	8.4	14	0.440	60.3	1400	637～785	≥20		1.09±0.05
	Cr15Ni60	8.2	13	0.461	45.2	1390	637～785	≥20		1.12±0.05
铁铬铝合金	1Cr13Al_4	7.4	15.4	0.490	52.8	1450	588～735	≥12	≥5	1.26±0.08
	0Cr13Al6Mo2	7.2	15.6	0.494	49.0	1500	686～834	≥12	≥5	1.40±0.10
	0Cr25Al5	7.1	16	0.494	46.1	1500	637～785	≥12	≥5	1.40±0.10
	0Cr27AlMo2	7.1	16	0.494	45.2	1520	686～785	≥10	≥5	1.50±0.01
铂		21.5	8.9	0.133	248.7	1773	157～177			0.106
钼		10.2	6.1	0.314	527.5	2622	745～1177			0.0563
钽		16.6	6.5	0.142	195.9	2996	294～441			0.124
钨		19.3	5.9	0.142	466.8	3400	1079			0.0549
硅碳棒		3.1～3.2	5(20～1500℃)	0.712	83.7		39～49(抗折)			1000左右(1400℃)
硅钼棒		5.3～5.5				2030	245～343(抗弯)			0.25

表 9-3 常用电热材料在不同温度下的电阻率修正系数 C_t

温度/℃		20	100	200	300	400	500	600	700	800	900	1000	1100
镍铬合金	Cr20Ni80	1.000	1.006	1.016	1.024	1.031	1.035	1.026	1.019	1.017	1.021	1.028	1.038
	Cr15Ni60	1.000	1.013	1.029	1.046	1.062	1.074	1.078	1.083	1.089	1.097	1.105	
铁铬铝合金	1Cr13Al4	1.000	1.004	1.013	1.027	1.041	1.062	1.090	1.114	1.126	1.135	1.142	
	0Cr13Al6Mo2	1.000	1.001	1.003	1.007	1.014	1.028	1.048	1.053	1.057	1.060	1.063	1.066
	0Cr25Al5	1.000	1.002	1.007	1.013	1.022	1.036	1.056	1.063	1.068	1.072	1.076	1.079
	0Cr27Al7Mo2	1.000	0.997	0.994	0.992	0.992	0.992	0.992	0.992	0.992	0.992	0.992	0.992
高熔点纯金属	铂 Pt	1.000	1.291	1.645	1.987	2.32	2.64	2.95	3.25	3.53	3.81	4.08	4.33
	钼 Mo	1.000	1.362	1.822	2.28	2.74	3.20	3.65	4.12	4.58	5.06	5.58	6.11
	钽 Ta	1.000	1.275	1.621	1.96	2.31	2.65	2.99	3.34	3.68	4.02	4.35	4.67
	钨 W	1.000	1.352	1.801	2.28	2.79	3.32	3.85	4.39	4.94	5.49	6.05	6.62
硅钼棒元件		1.00	1.40	2.00	2.60	3.32	4.08	4.96	5.84	6.80	7.76	8.80	9.76
温度/℃		1200	1300	1400	1500	1600	1700	1900	2100	2300	2500	2700	2900
铁铬铝合金	1Cr13Al4	1.000	1.004	1.013	1.027	1.041	1.062	1.090	1.114	1.126	1.135	1.142	
	0Cr13Al6Mo2	1.000	1.001	1.003	1.007	1.014	1.028	1.048	1.053	1.057	1.060	1.063	1.066
	0Cr25Al5	1.000	1.002	1.007	1.013	1.022	1.036	1.056	1.063	1.068	1.072	1.076	1.079
	0Cr27Al7Mo2	1.000	0.997	0.994	0.992	0.992	0.992	0.992	0.992	0.992	0.992	0.992	0.992
高熔点纯金属	铂 Pt	4.58	4.81	5.03	5.25								
	钼 Mo	6.64	7.18	7.71	8.24	8.79	9.34	10.43	11.51	12.61	13.73		
	钽 Ta	4.96	5.23	5.50	5.77	6.03	6.29	6.80	7.30	7.78	8.23	8.70	9.13
	钨 W	7.19	7.78	8.36	8.96	9.56	10.16	11.40	12.65	13.94	15.25	16.58	17.95
硅钼棒元件		10.80	11.84	12.84	13.92	14.92	16.00						

注：1. 硅碳棒元件 1400℃时电阻率为 1000Ω·mm²/m 左右，室温至 900℃时电阻率由大变小，900～1450℃则由小变大。

2. $C_t=\rho_t/\rho_{20}$（ρ_t 为温度 t℃时的电阻率；ρ_{20} 为 20℃时电阻率）。

(2) 管状电热元件

常用的管状电热元件有 SRQ 型、SRS 型、SRXY 型和 SRJ 型等。

① SRQ 型管状电热元件　该电热元件可安装在空气加热系统的吹风管道中，作吹送热空气用，也可作为各种烘箱、电炉的发热元件。最高工作温度为 300℃。其外形尺寸如图 9-1 所示，技术数据见表 9-4。

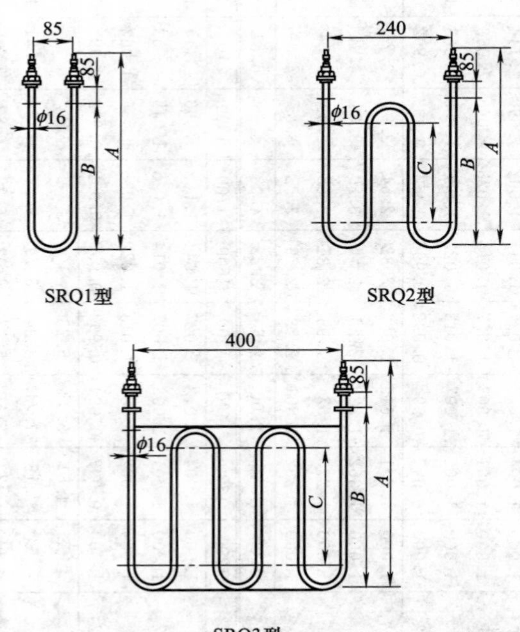

图 9-1　SRQ 型管状电热元件外形尺寸图（单位：mm）

■ **表 9-4　SRQ 型管状电热元件技术数据**

型号	电压/V	功率/kW	外形尺寸/mm		
			A	*B*	*C*
SRQ1-220/0.5	220	0.5	490	330	—
SRQ1-200/0.75	220	0.75	690	530	—
SRQ2-220/1.0	220	1.0	490	330	200

续表

型号	电压/V	功率/kW	外形尺寸/mm		
			A	B	C
SRQ2-220/1.5	220	1.5	690	530	400
SRQ3-380/2.0	380	2.0	590	430	300
SRQ3-380/2.5	380	2.5	690	530	400
SRQ3-380/3.0	380	3.0	790	630	500

② SRS 型管状电热元件　该电热元件适用于敞开式、封闭式的水槽中和循环系统内加热水用。SRS1 和 SRS2 型元件材料为 10 号钢管，SRS3 型为紫铜管。其外形尺寸如图 9-2 所示，技术数据见表 9-5～表 9-7。

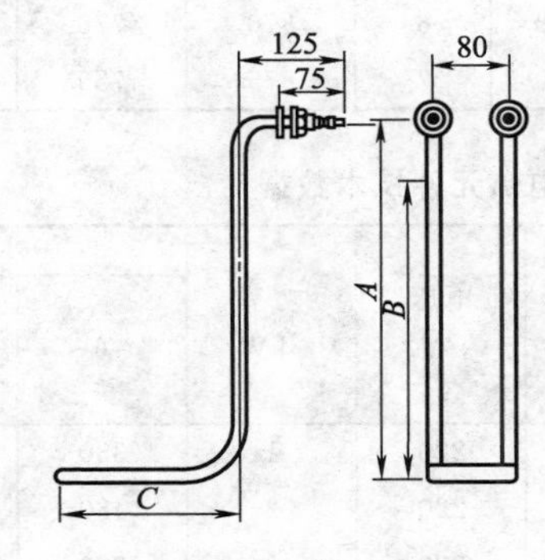

(a) SRS1型

(b) SRS2型

(c) SRS3型

图 9-2　SRS 型管状电热元件尺寸图（单位：mm）

③ SRXY、SRJ 型管状电热元件　这两种电热元件用于加热盐溶液和碱溶液。SRXY 型外壳为不锈钢，SRJ 型为 10 号钢。工作

温度为500～550℃。其外形尺寸如图9-3所示，技术数据见表9-8和表9-9。

■ **表9-5 SRS1型管状电热元件技术数据**

型号	电压/V	功率/kW	外形尺寸/mm			
			A	B（最低液面）	C	每根引出棒长
SRS1-380/1	380	1	440	360	340	230
SRS1-380/2	380	2	480	400	380	230
SRS1-380/3	380	3	580	500	480	230
SRS1-380/4	380	4	675	575	490	255
SRS1-380/5	380	5	775	675	540	255
SRS1-380/6	380	6	870	770	560	255
SRS1-380/7	380	7	875	755	660	275

■ **表9-6 SRS2型管状电热元件技术数据**

型号	电压/V	功率/kW	外形尺寸/mm		
			A	B（浸入水中尺寸）	C
SRS2-220/1	220	1	330	275	—
SRS2-220/2	220	2	480	425	—
SRS2-220/3	220	3	390	335	250
SRS2-220/4	220	4	515	460	375
SRS2-220/5	220	5	640	585	500

■ **表9-7 SRS3型管状电热元件技术数据**

型号	电压/V	功率/kW	外形尺寸/mm				
			A	B(浸入水中尺寸)	ϕD	圈数	引出棒长
SRS3-220/0.5	220	0.5	145	105	60	4	65
SRS3-220/1	220	1	175	130	60	5	65
SRS3-220/1.5	220	1.5	200	155	60	5	100
SRS3-220/2	220	2	250	205	60	5	125
SRS3-220/2.5	220	2.5	120	75	80	4	50

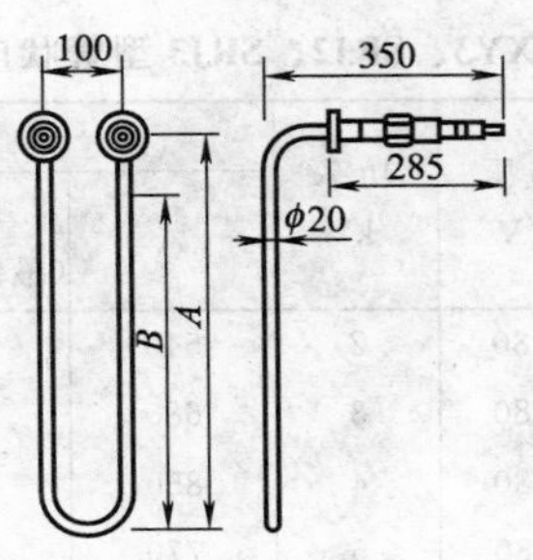

(a) SRXY1、SRJ1型

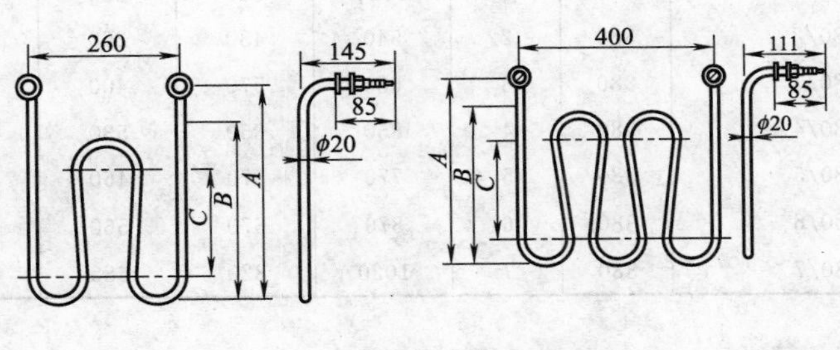

(b) SRXY3 型 SRJ3　　(c) SRXY2 型 SRJ2

图 9-3　SRXY、SRJ 型管状电热元件外形尺寸图（单位：mm）

■ **表 9-8　SRXY1、SRJ1 型管状电热元件技术数据**

型　号	电压/V	功率/kW	外形尺寸/mm			
			A	*B*（最低液面）	引出棒长度/mm	总长
SRXY1-380/2	380	2	800	550	635	2315
SRXY1-380/3	380	3	1080	830	635	2875
SRXY1-380/4	380	4	1380	1130	635	3475
SRXY1-380/5	380	5	1880	1450	735	4315
SRXY1-380/6	380	6	2100	1750	735	4915
SRXY1-380/7	380	7	2500	2150	735	5710
SRJ1-380/2	380	2	800	550	635	2315
SRJ1-380/3	380	3	1080	830	635	2875
SRJ1-380/4	380	4	1380	1130	635	3475
SRJ1-380/5	380	5	1880	1450	735	4315
SRJ1-380/6	380	6	2100	1750	735	4915
SRJ1-380/7	380	7	2500	2150	735	5710

■ **表 9-9　SRXY2、SRXY3、SRJ2、SRJ3 型管状电热元件技术数据**

型　　号	电压/V	功率/kW	外形尺寸/mm			
			A	B（最低液面）	C	总长
SRXY2-380/2	380	2	540	430	260	2315
SRXY2-380/3	380	3	680	570	400	2875
SRXY2-380/4	380	4	850	650	530	3475
SRXY3-380/5	380	5	770	570	460	4315
SRXY3-380/6	380	6	870	670	560	4915
SRXY3-380/7	380	7	1020	820	685	5710
SRJ2-380/2	380	2	540	430	260	2315
SRJ2-380/3	380	3	680	570	400	2875
SRJ2-380/4	380	4	850	650	530	3475
SRJ3-380/5	380	5	770	570	460	4315
SRJ3-380/6	380	6	870	670	560	4915
SRJ3-380/7	380	7	1020	820	685	5710

9.1.2　以辐射为主电热元件温度和允许表面负荷

电热元件温度，是指其长期工作的最高温度。表面负荷是电热元件表面积上所发出的功率数，单位为 W/cm^2。

以辐射热交换为主的电热元件温度和允许表面负荷，见表 9-10。通常加热温度 $t_q \leqslant 300$℃时，电热元件温度 $t_j \leqslant 500$℃；加热温度 $t_q = 400 \sim 500$℃时，电热元件温度 t_j 取 600℃；加热温度 $t_q =$ 700℃时，t_j 取 800℃。

电热元件表面负荷的选用还与电热设备的类型有关，见表 9-11。

【例 9-1】　一台电阻加热炉，电热元件为 Y 连接，电源电压为 380V，已知每相电热元件的电阻为 8Ω，试计算每相电流和总耗电功率。

解　每相电流为

$$I=\frac{U}{\sqrt{3}R}=\frac{380}{\sqrt{3}\times 8}=27.4\text{A}$$

总耗电功率为

$$P=\sqrt{3}UI=\sqrt{3}\times 380\times 27.4=18000\text{W}$$
$$=18\text{kW}$$

■ **表 9-10　辐射电热元件的温度和允许表面负荷**

加热元件材料		Cr20Ni80	1Cr13Al4	0Cr25Al5 0Cr13Al6Mo2	0Cr27Al7Mo2	碳化硅元件	二硅化钼元件
推荐最高工作温度/℃		1100	1000	1200	1350	1450	1700
允许表面负荷/(W/cm²)							
炉温/℃	600		1.8～2.2				
	700		1.6～2.0				
	800	1.4～2.0	1.0～1.6	1.8～2.2			
	900	1.2～1.6	0.8～1.0	1.4～2.0			
	1000	0.8～1.2		1.0～1.6	1.8～2.4		
	1100			0.8～1.0	1.2～1.8		
	1200				1.0～1.5	25	
	1300				0.8～1.0	20	14～22
	1400					13	11～18
	1500					5	9～15
	1600						6～11

■ **表 9-11　铁铬铝合金（0Cr25Al5）允许表面负荷**

电热设备类型	工业电阻炉		日用电炉		电烙铁		电熨斗	管状电加热元件
	炉温 1000～1200℃	炉温 950℃	开启式	半开启式	外热式	内热式		
材料形状	线材	线材	线材	线材	带材	带材	带材	线材
表面负荷选用范围/(W/cm²)	1.0～1.5	1.4～1.8	4～6	13～15	2～3	8～10	5～8	8～25

注：带材元件的表面负荷可高出表列线材元件 20%左右。

9.2 电热炉计算

9.2.1 以辐射为主的电热炉的计算

9.2.1.1 计算公式

(1) 计算条件

① 每组电热元件的总功率 P_j，单位为 kW。

② 每组中电热元件的个数（指在同一端电压下的并联分支数，每一个并联分支称作一个电热元件）n。

③ 每组电热元件的端电压 U，单位为 V。

④ 允许表面负荷 W_{yx}，单位为 W/cm^2。

⑤ 电热元件材料的种类和性能。

(2) 计算步骤

① 每个电热元件的功率 P_i

$$P_i = P_j / n$$

② 工作温度下，电热元件材料的电阻率 ρ_t

$$\rho_t = \rho_{20} C_t$$

式中 ρ_{20}——电热元件材料在 20℃时的电阻率，$\Omega \cdot mm^2/m$；

C_t——电阻率修正系数。

③ 电热元件的截面尺寸

线材直径

$$d_1 = 34.3 \sqrt[3]{\frac{\rho_t P_i^2}{U^2 W_{yx}}}$$

带材的宽度 b_1 和厚度 a_1

$$a_1=\sqrt[3]{\frac{10^5\rho_t P_i^2}{2m(m+1)U^2W_{yx}}}$$

$$b_1=ma_1$$

式中　d_1，a_1，b_1——计算得的截面尺寸，mm。

m 一般取 5～15。

按所求得的截面尺寸，便可从产品目录中选定标准规格的尺寸。

④ 选定材料的截面

线材　$$S=\frac{\pi}{4}d_2^2$$

带材　$$S=a_2b_2$$

式中　d_2、a_2、b_2——选定材料的截面尺寸，mm。

⑤ 每个电热元件在工作温度下的电阻值和每个电热元件的长度

$$R_t=U^2\times10^{-3}/P_i,l=SR_t/\rho_t$$

式中　R_t——每个电热元件的电阻，Ω；

l——每个电热元件的长度，m。

⑥ 实际表面负荷

$$W=\frac{\rho_i}{fl}\times10^3$$

式中　W——实际表面负荷，W/cm^2；

f——每米电热元件材料的表面积，cm^2/m。

⑦ 每组电热元件总长度 L

$$L=nl$$

如果不是采用 0Cr25Al5 和 ρ_t 不等于 $1.51\Omega\cdot mm^2/m$ 的线材，则可将从该图中查得的线径 d_1 和线长 L_1 值分别乘以如下系数，便可得到实际线径 d_1' 和线长 L_1'。

$$d_1'=d_1\sqrt[3]{\frac{\rho_t}{1.51}},L_1'=L_1\sqrt[3]{\frac{1.51}{\rho_t}}$$

可把上述各参数之间的关系绘制成计算曲线，这样就可利用图解法计算电热元件的尺寸。

镍铬和铁铬铝电热元件计算图如图 9-4 和图 9-5 所示。

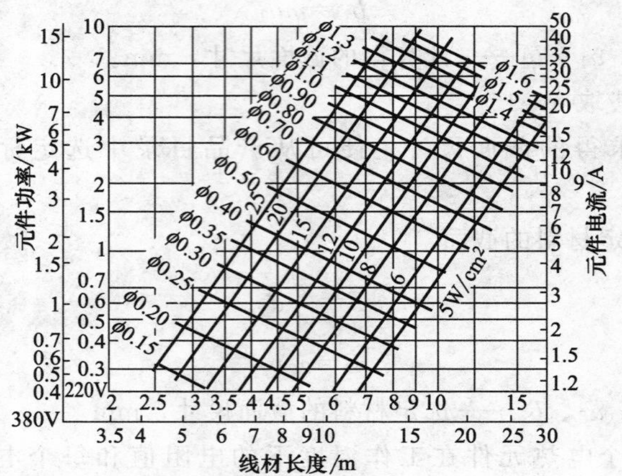

图 9-4 镍铬电热元件计算图（$\rho_t=1.15\Omega\cdot mm^2/m$）

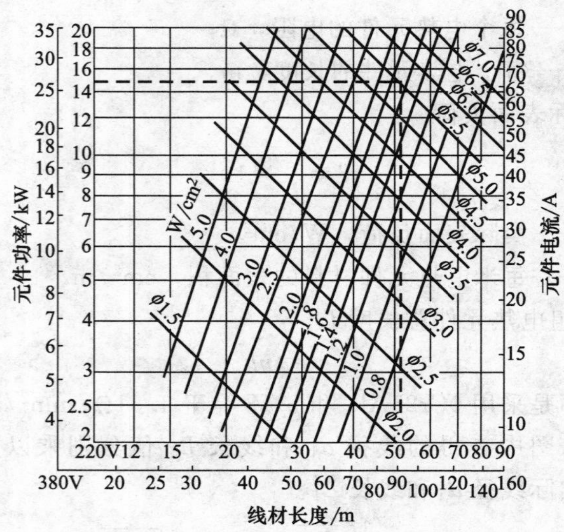

图 9-5 铁铬铝电热元件计算图（$\rho_t=1.51\Omega\cdot mm^2/m$）

【例 9-2】 欲设计一箱式电阻炉，电阻炉总功率 P_j 为 30kW，

元件组数 n 为 2，电热元件材料用 0Cr25Al5，炉温 950℃，元件端电压 U 为 220V，求电热元件的直径和长度。

解 (1) 计算法求解

① 每个电热元件的功率

$$P_i = P_j / n = 30/2 = 15\text{kW}$$

② 查表 9-11，取表面负荷 $W_{yx} = 1.7\text{W/cm}^2$。查表 9-2 和表 9-3，0Cr25Al5 在 1100℃时的电阻率为

$$\rho_t = \rho_{20} C_t = 1.4 \times 1.079 = 1.51\Omega \cdot \text{mm}^2/\text{m}$$

③ 元件截面尺寸：

$$直径\ d_1 = 34.3\sqrt[3]{\frac{\rho_t P_i^2}{U^2 W_{yx}}} = 34.3\sqrt[3]{\frac{1.51 \times 15^2}{220^2 \times 1.7}} = 5.5\text{mm}$$

$$长度\ L = \frac{\pi d_1^2}{4} \times \frac{U^2}{\rho_t P_i} \times 10^{-3} = \frac{\pi \times 5.5^2}{4} \times \frac{220^2}{1.51 \times 15} \times 10^{-3} = 50.7\text{m} \approx 51\text{m}$$

$$总长度\qquad nL = 2 \times 51 = 102\text{m}$$

(2) 图解法求解

① 在图 9-5 左下角找到 220V，沿纵坐标向上找到 15kW。

② 以 15kW 为起点，作一平行于横坐标的直线，与单位表面负荷为 1.7W/cm^2 的等值线相交于 O 点，求得线径约为 5.5mm；同时，平行线又与电流线交于 68A。

③ 在横轴上求得线长为 51m，所以电热元件线径为 5.5mm，总长度为 102m，电流为 68A。

9.2.1.2 铁铬铝电热合金丝的技术数据（见表 9-12）

■ **表 9-12 铁铬铝电热合金丝**（0Cr25Al5）

直径 /mm	每米电阻（20℃）/(Ω/m)	每米表面积 /(cm²/m)	断面积 /mm²	每千克长度 /(m/kg)	每米质量 /(g/m)	每欧表面积（20℃）/(cm²/Ω)
0.01	18460	0.3142	0.000079	1793000	0.000558	0.000017
0.02	4614	0.6283	0.000314	448200	0.002231	0.000136

续表

直径 /mm	每米电阻 (20℃) /(Ω/m)	每米表面积 /(cm²/m)	断面积 /mm²	每千克长度 /(m/kg)	每米质量 /(g/m)	每欧表面积 (20℃) /(cm²/Ω)
0.03	2051	0.9425	0.00707	199200	0.005019	0.000460
0.04	1154	1.257	0.001257	112000	0.008925	0.001089
0.05	738.7	1.571	0.001963	71730	0.01394	0.002127
0.06	512.9	1.885	0.002827	49830	0.02007	0.003675
0.07	376.8	2.199	0.003848	36600	0.02732	0.005836
0.08	288.4	2.513	0.005027	20802	0.03569	0.008714
0.09	227.9	2.827	0.006362	22140	0.04517	0.01240
0.10	184.6	2.142	0.007854	17900	0.05576	0.01702
0.11	152.6	3.456	0.009503	14820	0.06747	0.02265
0.12	128.2	3.770	0.01131	12450	0.08030	0.02941
0.13	109.3	4.084	0.01327	10610	0.09422	0.03737
0.14	94.22	4.098	0.01539	9149	0.1093	0.04668
0.15	82.06	4.712	0.01767	7970	0.1255	0.05742
0.16	72.10	5.027	0.02011	7002	0.1428	0.06972
0.17	63.88	5.341	0.02270	6203	0.1612	0.08361
0.18	56.97	5.655	0.02545	5534	0.1807	0.09926
0.19	51.15	5.969	0.02835	4968	0.2013	0.1167
0.20	46.14	6.283	0.03142	4482	0.2231	0.1362
0.22	38.15	6.912	0.03801	3705	0.2699	0.1812
0.25	29.54	7.854	0.04909	2869	0.3485	0.2659
0.28	23.55	8.796	0.06158	2287	0.4372	0.3735
0.30	20.51	9.425	0.07069	1992	0.5019	0.4595
0.35	15.07	11.00	0.09621	1464	0.6832	0.7299
0.40	11.54	12.57	0.1257	1120	0.8925	1.089
0.45	9.119	14.14	0.1590	885.7	1.129	1.551
0.50	7.387	15.71	0.1963	717.3	1.394	2.127
0.55	6.103	17.28	0.2376	592.8	1.687	2.831
0.60	5.129	18.85	0.2827	498.3	2.007	3.675
0.65	4.370	20.42	0.3318	424.4	2.356	4.673
0.70	3.768	21.99	0.3848	366.0	2.732	5.836
0.75	3.282	23.56	0.4418	318.8	3.137	7.179
0.80	2.884	25.13	0.5027	280.2	3.569	8.714
0.85	2.555	26.70	0.5675	248.2	4.029	10.47
0.90	2.279	28.27	0.6362	221.4	4.517	12.40
0.95	2.046	29.85	0.7088	198.7	5.032	14.59

续表

直径/mm	每米电阻(20℃)/(Ω/m)	每米表面积/(cm²/m)	断面积/mm²	每千克长度/(m/kg)	每米质量/(g/m)	每欧表面积(20℃)/(cm²/Ω)
1.00	1.846	31.42	0.7854	179.3	5.576	17.02
1.20	1.282	37.70	1.131	124.5	8.030	29.41
1.40	0.9422	43.98	1.539	91.49	10.93	46.68
1.50	0.8206	47.12	1.767	79.70	12.55	57.42
1.60	0.7210	50.27	2.011	70.02	14.28	69.72
1.80	0.5697	56.55	2.545	55.34	18.07	99.26
2.00	0.4614	62.83	3.142	44.82	22.31	136.2
2.20	0.3815	69.12	3.801	37.05	26.99	181.2
2.40	0.3205	75.40	4.524	31.13	32.12	235.3
2.50	0.2954	78.54	4.909	28.69	34.85	265.9
2.60	0.2730	81.68	5.309	26.53	37.69	299.1
2.80	0.2355	87.96	6.158	22.87	43.72	373.5
3.00	0.2051	94.15	7.069	19.92	50.19	459.5
3.20	0.1803	100.5	8.042	17.50	57.10	557.4
3.50	0.1507	110.0	9.621	14.64	68.31	729.9
3.80	0.1278	119.4	11.34	12.42	80.51	934.3
4.00	0.1154	125.7	12.57	11.20	89.25	1089
4.50	0.09119	141.4	15.90	8.857	112.9	1551
4.80	0.08011	150.8	18.10	7.781	128.5	1882
5.00	0.07387	157.1	19.63	7.173	139.4	2127
5.50	0.06103	172.8	23.76	5.928	168.7	2831
6.00	0.05129	188.5	28.27	4.983	200.7	3675
6.50	0.04370	204.2	33.18	4.673	235.6	4673
7.00	0.03768	219.9	38.48	3.661	273.2	5836
7.50	0.03282	235.6	44.18	3.188	313.7	7179
8.00	0.02884	251.3	50.27	2.802	356.9	8714
8.50	0.02555	267.0	56.75	2.482	402.9	10470
9.00	0.02279	282.7	63.62	2.214	451.7	12400
9.50	0.02046	298.5	70.88	1.987	503.2	14590
10.00	0.01846	314.2	78.54	1.793	557.6	17020
10.50	0.01675	329.9	86.59	1.627	614.8	19700
11.00	0.01526	345.6	95.03	1.482	674.7	22650
11.50	0.01396	361.3	103.9	1.356	737.7	25880
12.00	0.01282	377.0	113.1	1.245	803.0	29410

续表

直径 /mm	每米电阻 (20℃) /(Ω/m)	每米表面积 /(cm²/m)	断面积 /mm²	每千克长度 /(m/kg)	每米质量 /(g/m)	每欧表面积 (20℃) /(cm²/Ω)
12.50	0.01182	392.7	122.7	1.148	871.2	33220
13.00	0.01093	408.4	132.7	1.061	942.2	37370
13.50	0.01013	424.1	143.1	0.9843	1016	41860
14.00	0.009422	439.8	153.9	0.9149	1255	46680

9.2.1.3 铁铬铝电阻带的技术数据（见表 9-13）

■ **表 9-13 铁铬铝电阻带**（0Cr25Al5 型）

扁带规格 /mm	每米电阻 (20℃) /(Ω/m)	每米表面积 /(cm²/m)	断面积 /mm²	每千克长度 /(m/kg)	每米质量 /(g/m)	每欧表面积 (20℃) /(cm²/Ω)
1.0×10	0.1543	220.0	9.40	14.98	66.74	1426
12	0.1233	260.0	11.76	11.98	83.50	2110
14	0.1057	300.0	13.72	10.26	97.41	2838
15	0.09864	320.0	14.70	9.579	104.4	3244
16	0.09247	340.0	15.68	8.985	111.3	3677
18	0.08220	380.0	17.64	7.987	125.2	4623
20	0.07398	420.0	19.60	7.184	139.2	5677
25	0.05918	520.0	24.50	5.747	174.0	8787
30	0.04932	620.0	29.40	4.792	208.7	12570
1.2×10	0.1285	224.0	11.28	12.49	80.09	1743
12	0.1028	264.0	14.11	9.980	100.2	2568
14	0.08809	304.0	16.46	8.554	116.9	3451
15	0.08220	324.0	17.64	7.987	125.2	3942
16	0.07705	344.0	18.82	7.485	133.6	4465
18	0.06849	384.0	21.17	6.653	150.3	5607
20	0.06165	424.0	23.52	5.988	167.0	6877
25	0.04932	524.0	29.40	4.792	208.7	10620
30	0.04110	624.0	35.28	3.992	250.5	15180
1.4×10	0.1002	228.0	13.16	10.70	93.44	2068
12	0.08809	268.0	16.46	8.554	116.9	3042
14	0.07548	308.0	19.21	7.331	136.4	4081
15	0.07046	328.0	20.58	6.845	146.1	4655
16	0.06606	348.0	21.95	6.418	155.8	5268

续表

扁带规格/mm	每米电阻(20℃)/(Ω/m)	每米表面积/(cm²/m)	断面积/mm²	每千克长度/(m/kg)	每米质量/(g/m)	每欧表面积(20℃)/(cm²/Ω)
18	0.05870	388.0	24.70	5.701	175.4	6610
20	0.05284	428.0	27.44	5.133	194.8	8100
1.4×25	0.04227	528.0	34.30	4.107	243.5	12490
30	0.03523	628.0	41.16	3.422	292.2	17830
1.5×10	0.1028	230.0	14.10	9.990	100.1	2237
12	0.08220	270.0	17.64	7.987	125.2	3285
14	0.07046	310.0	20.58	6.845	146.1	4400
15	0.06576	330.0	22.05	6.386	156.6	5018
16	0.06165	350.0	23.52	5.988	167.0	5677
18	0.05480	390.0	26.46	5.322	187.9	7117
20	0.04932	430.0	29.40	4.792	208.7	8719
25	0.03946	530.0	36.75	3.833	260.9	13430
30	0.03288	630.0	44.10	3.194	313.1	19160
1.6×10	0.09641	232.0	15.04	9.363	106.8	2406
12	0.07705	272.0	18.82	7.485	133.6	3530
14	0.06606	312.0	21.95	6.418	155.8	4723
15	0.06165	332.0	23.52	5.988	167.0	5385
16	0.05779	352.0	25.09	5.615	178.1	6091
18	0.05138	392.0	28.22	4.990	200.4	7629
20	0.04624	432.0	31.36	4.490	222.7	9343
25	0.03699	532.0	39.20	3.593	278.3	14380
30	0.03082	632.0	47.04	2.994	334.0	20510
1.8×10	0.08570	236.0	16.92	7.987	120.1	2754
12	0.06849	276.0	21.17	6.653	150.3	4030
14	0.05870	316.0	24.70	5.701	175.4	5383
15	0.05480	336.0	26.46	5.322	187.9	6131
16	0.05138	356.0	28.22	4.990	200.4	6929
1.8×18	0.04567	396.0	31.75	4.437	225.4	8671
20	0.04110	436.0	35.28	3.992	250.5	10610
25	0.03364	536.0	44.10	3.194	313.1	15930
30	0.02740	636.0	52.92	2.062	375.7	23210
2.0×10	0.07713	240.0	19.80	7.491	133.5	3112
12	0.06165	280.0	23.52	5.988	167.0	4542
14	0.05284	320.0	27.44	5.133	194.8	6056
15	0.04932	340.0	29.40	4.792	208.7	6894

续表

扁带规格/mm	每米电阻(20℃)/(Ω/m)	每米表面积/(cm²/m)	断面积/mm²	每千克长度/(m/kg)	每米质量/(g/m)	每欧表面积(20℃)/(cm²/Ω)
16	0.04624	360.0	31.36	4.490	222.7	7785
18	0.04110	400.0	35.28	3.992	250.5	9732
20	0.03699	440.0	39.20	3.593	278.3	11900
22	0.03363	480.0	43.12	3.266	306.2	14270
25	0.02959	540.0	49.00	2.874	347.9	18250
30	0.02466	640.0	58.80	2.395	417.5	25950
40	0.01849	840.0	78.40	1.797	556.6	45430
2.2×20	0.03363	444.0	43.12	3.266	306.2	13200
22	0.03057	484.0	47.43	2.969	336.8	15830
25	0.02690	544.0	53.90	2.613	382.7	20220
30	0.02242	644.0	64.68	2.178	459.2	28720
40	0.01681	844.0	86.24	1.633	612.3	50210
2.5×20	0.02959	450.0	49.00	2.874	347.9	15210
22	0.02690	490.0	53.90	2.613	382.7	18220
25	0.02367	550.0	61.25	2.299	434.9	23240
30	0.01973	640.0	73.50	1.916	521.9	32940
40	0.01480	850.0	98.00	1.437	695.8	57430
3.0×22	0.02242	500.0	64.68	2.178	459.2	22300
25	0.01973	560.0	73.50	1.916	521.9	28380
30	0.01644	660.0	88.20	1.597	626.2	40140
40	0.01233	860.0	117.6	1.198	835.0	69750
3.5×22	0.01922	510.0	75.46	1.866	535.8	26530
25	0.01691	570.0	85.75	1.643	608.8	33710
30	0.01409	670.0	102.9	1.369	730.6	47550
40	0.01057	870.0	137.2	1.027	974.1	82310
4.0×25	0.01480	580.0	98.00	1.437	695.8	39190
30	0.01233	680.0	117.6	1.198	835.0	55150
40	0.09247	880.0	156.8	0.8985	1113	95170

9.2.2 硅碳电热炉的计算

9.2.2.1 计算公式

(1) 硅碳元件表面负荷的计算

$$W=C\left[\left(\frac{T_1}{1000}\right)^4-\left(\frac{T_2}{1000}\right)^4\right]\times 10^{12}$$

式中　W——电热元件表面负荷，W/cm^2；

T_1——电热元件的热力学温度（K），$T_1=273+t_1$；

T_2——炉内热力学温度（K），$T_2=273+t_2$；

C——硅碳元件的辐射系数，为 $5\times10^{-12}W/(cm^2\cdot℃)$；

t_1——元件温度（℃），一般 $t_1=t_2+\Delta t$；

Δt——温差，约 50～100℃；

t_2——所需炉温，℃。

表面负荷对硅碳元件温度和炉内温度的关系如图 9-6 所示。

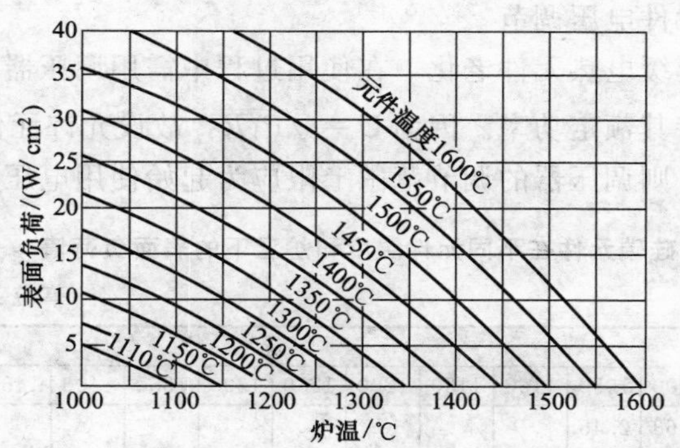

图 9-6　表面负荷对硅碳元件温度和炉内温度的关系

（2）硅碳元件支数的计算

① 硅碳元件发热部的总面积

$$S=P_T/W$$

式中　S——元件发热部总面积，cm^2；

P_T——电炉所需总功率，W。

② 根据电炉的实际尺寸，查硅碳元件产品样本，从中确定一种合适的元件，并从中选定一种直径 d（棒）或 D（管）。

③ 按下式求出元件支数 z

$$z=\frac{S}{\pi dl}(棒),\quad z=\frac{S}{\pi Dl}(管)$$

在三相电路中，需把 z 凑成 3 的倍数。

④ 求出每支功率 P_1

$$P_1 = P_T / z$$

（3）每支元件的允许负荷

表 9-10 中列出不同炉温下每支元件的允许负荷，是在元件温度规定为 1450℃ 条件下的值。由表 9-14 查得炉温在 1100℃、1200℃、1300℃ 和 1400℃ 时的表面负荷分别为 26.3W/cm²、20.5W/cm²、13.47W/cm² 和 4.91W/cm²。把它们分别乘以每支发热部表面积 πdl（棒）或 πDl（管），就可求得各种规格的元件在不同炉温下的每支允许负荷，使用中不得超过该值。

（4）元件电压调节

为了延缓电热元件老化，在使用过程中需用调压器随时调节电压，以保持其额定功率。因为 $U=\sqrt{P_1 R}$，故设允许元件电阻 R 增加至 4 倍，则调压器的调节范围上限应为起始使用电压的两倍。

■ **表 9-14　硅碳元件在不同元件温度和炉温下的表面负荷值**

单位：W/cm²

元件温度/℃	炉温/℃											
	1000	1050	1100	1150	1200	1250	1300	1350	1400	1450	1500	1550
1100	4.63	2.45										
1150	7.37	5.19	2.74									
1200	10.41	8.23	5.78	3.04								
1250	13.77	11.60	9.15	6.41	3.37							
1300	17.47	15.29	12.84	10.1	7.06	3.70						
1350	21.6	19.38	16.93	14.19	11.15	7.78	4.09					
1400	26.0	23.9	21.4	18.67	15.63	12.26	8.57	4.48				
1450	30.9	28.8	26.3	23.6	20.5	17.17	13.47	9.39	4.91			
1500	36.3	34.1	31.7	28.9	25.9	22.5	18.82	14.73	10.26	5.35		
1550	42.1	39.9	37.5	34.7	31.7	28.3	24.6	20.5	16.05	11.15	5.80	
1600	48.4	46.2	43.8	41.0	38.0	34.6	30.9	26.8	22.4	17.46	12.11	6.32

9.2.2.2　硅碳管的技术数据

硅碳管为碳化硅再结晶制品，工作温度达（1450±50)℃，由于工作物在管内受热，故受热均匀，热效率高。其外形尺寸如图 9-7 所示，技术数据见表 9-15。

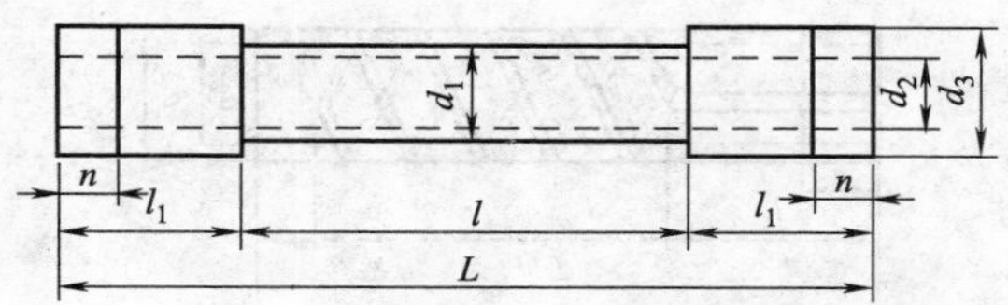

图 9-7 硅碳管外形尺寸图（单位：mm）

d_1—发热部外径；d_2—发热部内径；d_3—冷端部外径；

l—发热部长度；l_1—冷端部长度；n—喷铝长度；L—全长

■ **表 9-15 硅碳管技术数据** 单位：mm

规格	外径	内径	发热部长度	冷端部长度	喷铝长度	总长	备注
18/10×100/20	18	10	100	20	20	140	0.1～1Ω
25/15×80/25	25	15	80	25	25	130	0.1～1Ω
40/30×160/60	40	30	160	60	30	280	0.1～1Ω
40/30×200/100	40	30	200	100	50	400	0.1～1Ω
40/30×300/100	40	30	300	100	50	500	0.1～1Ω
50/40×200/100	50	40	200	100	50	400	0.1～1Ω
50/40×300/100	50	40	300	100	50	500	0.1～1Ω
60/50×200/100	60	50	200	100	50	400	0.1～1Ω
60/50×300/100	60	50	300	100	50	500	0.1～1Ω

9.2.2.3 硅碳螺纹管的技术数据

硅碳螺纹管为碳化硅（SiC）再结晶制品，工作温度达（1450±50）℃，由于工作物在管内受热，故受热均匀，热效率高，优于用镍铬线、钼线、炭粒等作热源的各种管形电炉。其外形尺寸如图 9-8 和图 9-9 所示，技术数据见表 9-16 和表 9-17。

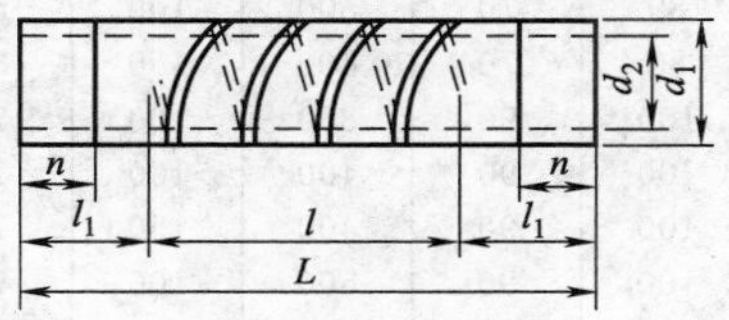

图 9-8 两端接线单螺纹式外形尺寸图

d_1—螺纹管外径；d_2—螺纹管内径；l—发热部长度（螺纹部）；

l_1—冷端部长度（无螺纹部）；n—喷铝长度；L—螺纹管总长

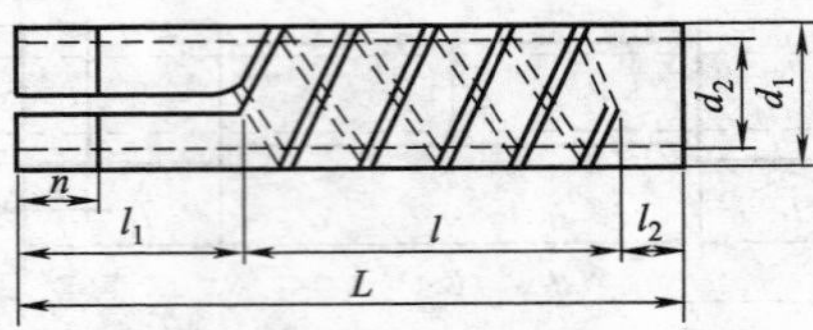

图 9-9 一端接线双螺纹式外形尺寸图

d_1—螺纹管外径；d_2—螺纹管内径；l_1—接线冷端长度；l_2—不接线冷端长度；l—发热部长度（螺纹部）；n—喷铝长度；L—螺纹管总长

■ **表 9-16 两端接线单螺纹式硅碳螺纹管技术数据**

规格	各部尺寸/mm						备注
	直径		发热部长	冷端部长	喷铝长	全长	
	外径	内径					
30/20×200/100	30	20	200	100	30	400	2～6Ω
30/20×300/100	30	20	300	100	30	500	2～6Ω
40/30×200/100	40	30	200	100	30	400	2～6Ω
40/30×300/100	40	30	300	100	30	500	2～6Ω
40/30×400/100	40	30	400	100	30	600	2～6Ω
50/40×200/100	50	40	200	100	30	400	2～6Ω
50/40×300/100	50	40	300	100	30	500	2～6Ω
50/40×400/100	50	40	400	100	30	600	2～6Ω
60/50×200/100	60	50	200	100	50	400	2～6Ω
60/50×200/200	60	50	200	200	50	600	2～6Ω
60/50×300/100	60	50	300	100	50	500	2～6Ω
60/50×400/100	60	50	400	100	50	600	2～6Ω
70/60×200/100	70	60	200	100	50	400	2～6Ω
70/60×300/100	70	60	300	100	50	500	2～6Ω
70/60×400/100	70	60	400	100	50	600	4～8Ω
80/70×200/100	80	70	200	100	50	400	2～6Ω
80/70×300/100	80	70	300	100	50	500	2～6Ω
80/70×400/100	80	70	400	100	50	600	4～8Ω
80/70×500/100	80	70	500	100	50	700	4～8Ω
80/70×400/150	80	70	400	150	50	700	4～8Ω
100/90×300/100	100	90	300	100	70	500	4～8Ω
100/90×400/100	100	90	400	100	70	600	4～8Ω
100/90×400/150	100	90	400	150	70	700	5～10Ω
100/90×500/100	100	90	500	100	70	700	5～10Ω
130/115×200/150	130	115	200	150	70	500	5～10Ω
130/115×300/100	130	115	300	100	70	500	5～10Ω
130/115×400/100	130	115	400	100	70	600	5～10Ω
130/115×500/100	130	115	500	100	70	700	5～10Ω

■ 表 9-17　一端接线双螺纹式硅碳螺纹管技术数据

规格	各部尺寸/mm						备注
	直径		发热部长	冷端部长	喷铝长	全长	
	外径	内径					
40/30×200/160,40	40	30	200	160,40	50	400	3～6Ω
40/30×300/160,40	40	30	300	160,40	50	500	3～6Ω
40/30×360/200,40	40	30	360	200,40	50	600	4～8Ω
50/40×200/160,40	50	40	200	160,40	50	400	3～6Ω
50/40×300/160,40	50	40	300	160,40	50	500	3～6Ω
50/40×400/160,40	50	40	400	160,40	50	500	1～8Ω
60/50×200/160,40	60	50	200	160,40	50	400	3～6Ω
60/50×300/160,40	60	50	300	160,40	50	500	4～8Ω
60/50×400/160,40	60	50	400	160,40	50	600	4～8Ω
60/50×500/160,40	60	50	500	160,40	50	700	4～8Ω
70/60×200/160,40	70	60	200	160,40	70	400	3～6Ω
70/60×300/220,80	70	60	300	220,80	70	600	4～10Ω
70/60×400/220,80	70	60	400	220,80	70	700	4～10Ω
70/60×500/220,80	70	60	500	220,80	70	800	4～10Ω
80/70×300/220,80	80	70	300	220,80	90	600	4～10Ω
80/70×400/220,80	80	70	400	220,80	90	700	4～10Ω
80/70×500/220,80	80	70	500	220,80	90	800	4～10Ω
100/90×300/220,80	100	90	300	220,80	90	600	4～10Ω
100/90×400/220,80	100	90	400	220,80	90	700	4～10Ω
130/115×150/100,50	130	115	150	100,50	50	300	4～10Ω

9.2.2.4　螺纹棒的技术数据

硅碳螺纹棒是发热部呈螺纹状的直棒，为碳化硅高温再结晶制品，工作温度达（1450±50)℃。它具有升温快、使用寿命长等优点。其外形尺寸如图 9-10 所示，技术数据见表 9-18。

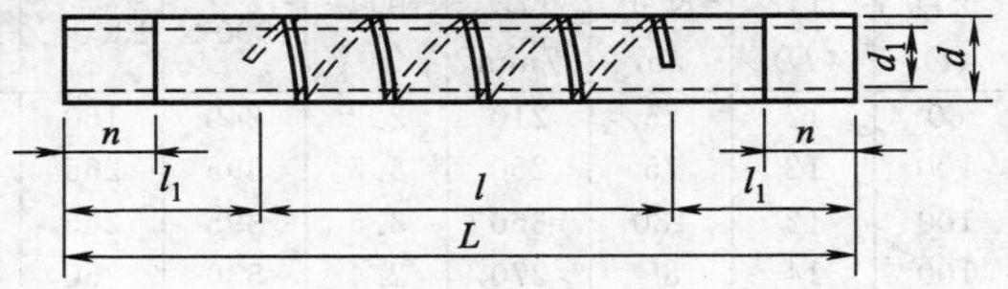

图 9-10　硅碳螺纹棒外形尺寸图（单位：mm）

d—螺纹棒外径，d_1—螺纹棒内径；l—发热部长度（螺纹部）

l_1—冷端部长度（无螺纹部）；n—喷铝长度；L—全长

■ **表 9-18　螺纹棒技术数据**　　单位：mm

规　　格	直径	发热部长	冷端部长	全长	备　　注	
14/150/150	14	150	150	450	1.0～2.5Ω	4～8Ω
14/180/150	14	180	150	480	1.0～2.5Ω	4～8Ω
14/400/140	14	400	140	600	1.0～3.0Ω	6～10Ω
20/200/300	20	200	300	800	1.0～2.0Ω	6～8Ω
20/200/350	20	200	350	1000	1.0～2.4Ω	6～8Ω
28/300/350	28	300	350	1000	1.0～2.4Ω	3～6Ω
28/400/400	28	400	400	1200	0.8～1.2Ω	4～8Ω
40/400/400	40	400	400	1200	0.8～1.2Ω	4～8Ω

9.2.2.5　硅碳棒的技术数据

硅碳棒是用作各种高温电炉及电气隧道窑的一种非金属发热元件，工作温度达 (1400±50)℃，可代替并优越于镍铬电阻丝。其外形尺寸如图 9-11 所示，技术数据见表 9-19。

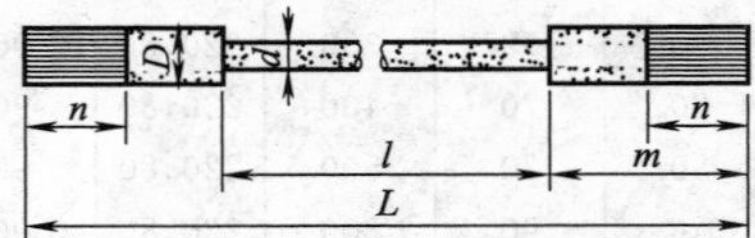

图 9-11　硅碳棒外形尺寸图

d—发热部直径；*D*—冷端部直径；*l*—发热部长度；

m—冷端部长度；*n*—喷铝长度；*L*—棒体总长度

■ **表 9-19　硅碳棒技术数据**

序号	发热部尺寸/mm		冷端部尺寸/mm		棒体总长度(*L*)/mm	1400℃时的电阻/Ω ±10%	相应的电炉温度下每支硅碳棒的功率/W			
	直径(*d*)	长度(*l*)	直径(*D*)	长度/m			1200℃	1300℃	1350℃	1400℃
1	6	60	12	75	210	2.2	240	160	115	70
2	6	100	12	75	250	3.5	395	265	190	114
3	6	100	12	130	360	3.5	395	265	190	114
4	8	100	14	85	270	2.4	530	350	250	150
5	8	100	14	130	360	2.4	530	350	250	150
6	8	150	14	60	270	3.6	790	525	380	228
7	8	150	14	85	320	3.6	790	525	380	228
8	8	150	14	150	450	3.6	790	525	380	228

续表

序号	发热部尺寸/mm		冷端部尺寸/mm		棒体总长度(L)/mm	1400℃时的电阻/Ω ±10%	相应的电炉温度下每支硅碳棒的功率/W			
	直径(d)	长度(l)	直径(D)	长度/m			1200℃	1300℃	1350℃	1400℃
9	8	180	14	60	300	4.4	950	635	460	270
10	8	180	14	85	450	4.4	950	635	460	270
11	8	180	14	150	480	4.4	950	635	460	270
12	8	200	14	85	370	5.0	1050	700	500	300
13	8	200	14	150	500	5.0	1050	700	500	300
14	8	250	14	100	450	6.2	1320	880	630	385
15	8	250	14	150	550	6.2	1320	880	630	385
16	12	100	18	200	500	1.1	790	530	375	225
17	12	150	18	200	550	1.7	1180	795	565	340
18	12	200	18	200	600	2.2	1580	1050	755	450
19	12	250	18	200	650	2.9	1970	1320	940	565
20	14	200	22	250	700	1.8	1850	1230	880	530
21	14	200	22	350	900	1.8	1850	1230	880	530
22	14	250	22	250	750	2.2	2310	1540	1100	665
23	14	250	22	350	950	2.2	2310	1540	1100	665
24	14	300	22	250	800	2.6	2770	1850	1320	785
25	14	300	22	350	1000	2.6	2770	1850	1320	785
26	14	400	22	250	900	3.5	3680	2450	1750	1060
27	14	400	22	350	1100	3.5	3680	2450	1750	1060
28	14	600	22	250	1100	6.0	5550	3700	2650	1580
29	14	600	22	350	1300	6.0	5550	3700	2650	1580
30	18	250	28	250	750	1.3	2960	1970	1410	840
31	18	250	28	350	950	1.3	2960	1970	1410	840
32	18	300	28	250	800	1.7	3570	2380	1700	1020
33	18	300	28	350	1000	1.7	3570	2380	1700	1020
34	18	400	28	250	900	2.3	4740	3160	2260	1360
35	18	400	28	350	1100	2.3	4740	3160	2260	1360
36	18	500	28	250	1000	2.7	5960	3840	2860	1700
37	18	500	28	350	1200	2.7	5960	3840	2860	1700
38	18	600	28	250	1100	3.4	7140	4760	3400	2040
39	18	600	28	350	1300	3.4	7140	4760	3400	2040
40	18	800	28	250	1300	4.6	9450	6300	4500	2700
41	18	800	28	350	1500	4.6	9450	6300	4500	2700
42	25	300	38	400	1100	1.1	4900	3360	2400	1410
43	25	400	38	350	1100	1.3	6600	4400	3140	1900
44	25	400	38	400	1200	1.3	6600	4400	3140	1900
45	30	1000	45	500	2000	2.6	20441	12936	9420	5275

注：生产厂除上列规格外，根据用户要求也可以做其他规格。

9.3 改善炉体保温结构的节能计算

9.3.1 电弧炉炉衬质量降低后热能损耗的计算

炉衬在使用过程中会磨损，若炉衬质量不好或使用不当，会使热能损失，寿命减短。而且更换炉衬时，会失去炉衬砌体所蓄积的大量热能。

(1) 电弧炉外表面的散热损失的计算

计算公式为

$$P_{1w}=\rho P_{rs}$$

式中 P_{1w}——电弧炉外表面散热损失，kW；

P_{rs}——热损功率，参见表 9-20；

ρ——系数，5t 电炉取 0.4；5t 以上电炉取 0.49。

(2) 改善绝热层降低热损的计算

当电弧炉具有良好的绝热层时所减少的热损可按下式估算：

对于 5t 以下的电弧炉　$\Delta P_{1w}=0.2P_{rs}$

对于 5t 以上的电弧炉　$\Delta P_{1n}=0.25P_{rs}$

■ **表 9-20　随电弧炉容积和炉衬状态而定的散热功率 P_{rs}**

电弧炉容积/t	散热功率/kW	
	新炉衬	磨损的炉衬
2	250	350
3	350	400
5	370	500
10	425	625

所谓具有良好的绝热层，对电弧炉来说，是指在炉衬中等磨损

的条件下，能保持外壳表面温度如下：炉墙不超过 170℃；炉底不超过 140℃；炉顶不超过 300℃。在这样的温度条件下，炉墙寿命将提高 0.5 倍，外壳表面的热损减少 1/3～1/2。

9.3.2 改善箱式电阻炉保温结构的节能计算

箱式电阻炉炉墙外表面每小时的散热损耗按下式计算：

$$Q_{ss}=\frac{(t_m-t_w)F}{\delta_1/\lambda_1+\delta_2/\lambda_2+\cdots+\delta_n/\lambda_n+1/\alpha}$$

式中 Q_{ss}——炉墙外表面每小时的散热损耗，kJ；

t_m——炉体内表面温度，℃；

t_w——外界环境温度，℃；

F——炉衬平均散热面积，m^2；

δ_1，δ_2，…，δ_n——各层炉衬厚度，m；

λ_1，λ_2，…，λ_n——各层炉衬热导率（见表 9-22～表 9-24），kJ/(m•h•℃)；

α——炉墙外表面向周围介质传热系数［kJ/(m²•h•℃)］，见表 9-21。经验值为 67～71。

■ **表 9-21 炉壁外表面对空气的传热系数 α** 单位：kJ/(m²•h•℃)

炉壁温度/℃	垂直壁	水平壁		炉壁温度/℃	垂直壁	水平壁	
		面向上	面向下			面向上	面向下
25	32.2	36.0	27.2	80	48.1	55.6	38.9
30	34.3	38.5	28.9	90	50.7	57.8	41.0
35	36.8	41.9	30.1	100	52.3	60.3	42.7
40	38.1	43.1	31.0	125	58.6	66.6	47.7
45	38.9	44.4	31.8	150	63.2	71.6	51.9
50	41.4	47.3	33.9	200	73.3	82.5	61.1
60	44.0	50.2	35.6	300	98.0	108.4	83.7
70	46.1	53.2	38.1	400	127.7	138.6	112.6

注：此表按环境温度 20℃求得。

【例 9-3】 有一箱式电阻炉，炉腔尺寸为宽 500mm、高 400mm、深 800mm，腔内温度 t_m 为 700℃，电热容量为 25kW。该炉壁的耐火绝热材料如图 9-12（a）所示。该结构对于炉腔内各面均相同。为了节能，在保持原炉腔尺寸的条件下，将耐火绝热材料改造为如图 9-12（b）所示结构。试分别求出，在稳定状态下改造前后炉外表面每小时散热损耗的功率及改造后节电多少？

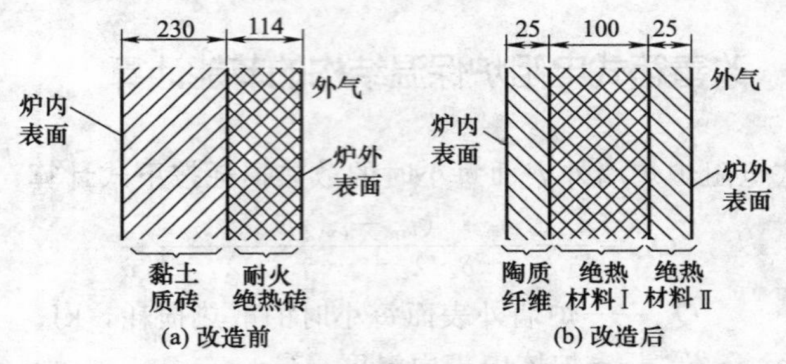

图 9-12　电阻炉耐火绝热材料结构

其中：①设环境温度 t_w 为 25℃，炉腔各侧表面温度 t_m 均为 700℃；②设炉外表面的传热系数 α 各向均相同，为 68kJ/(m²·h·℃)；③耐火绝热材料的热导率 λ 如表 9-23 所示；④设热流在炉外表各侧与无限大平面壁上的热流相同处理；⑤设各耐火绝热材料的分界面上没有热阻；⑥假定炉子没有开口部分。

解　采用简化公式计算。

改造前炉内散热面积为

$$F_m=[(0.5\times0.4)+(0.4\times0.8)+(0.8\times0.5)]\times2=1.84\text{m}^2$$

改造前炉外散热面积［参见图 9-12（a）］为

$$\begin{aligned}F_{rw}=&[(0.5+0.688)\times(0.4+0.688)+(0.4+0.688)\\&\times(0.8+0.688)+(0.8+0.688)\times(0.5+0.688)]\times2\\=&9.36\text{m}^2\end{aligned}$$

改造前炉衬平均散热面积为

$$F=\sqrt{F_mF_{rw}}=\sqrt{1.84\times9.36}=4.15\text{m}^2$$

改造前炉外表面每小时的散热损耗为

$$Q_{ss}=\frac{(t_m-t_w)F}{\delta_1/\lambda_1+\delta_2/\lambda_2+1/\alpha}$$

$$=\frac{(700-25)\times4.15}{0.23/1.099+0.114/0.158+1/68}=2959\text{kJ}$$

改造后炉内散热面积为

$$F'_{m}=F_{m}=1.84m^2$$

改造后炉外散热面积为［见图 9-12（b）］

$$F'_{rw}=[(0.5+0.3)\times(0.4+0.3)+(0.4+0.3)\times(0.8+0.3)+(0.8+0.3)\times(0.5+0.3)]\times2=4.42m^2$$

改造后炉衬平均散热面积为

$$F'=\sqrt{F'_{m}F'_{rw}}=\sqrt{1.84\times4.42}=2.85m^2$$

改造后炉外表面每小时的散热损耗为

$$Q'_{ss}=\frac{(t_m-t_w)F'}{\delta_1/\lambda_1+\delta_2/\lambda_2+\delta_3/\lambda_3+1/\alpha}=\frac{(700-25)\times2.85}{0.025/0.185+0.1/0.097+0.025/0.044+1/68}=1098kJ$$

可见，改造后炉外表面每小时的散热损耗较改造前减少 2959－1098＝1861kJ。

1kJ＝27.78×10^{-5}kW·h，故改造后每小时节电为

$$\Delta A=27.78\times10^{-5}\times1861=0.5kW\cdot h$$

9.3.3 炉体保温材料

常用耐火材料和保温材料的主要性能见表 9-22～表 9-24。

表 9-22 常用耐火材料的主要性能

材料		体积密度 γ/(g/cm³)	耐火度（不低于）/℃	常温耐压强度/MPa	最高使用温度/℃	热导率 λ /[kJ/(m·h·℃)]	比热容 c /[kJ/(kg·℃)]
轻质黏土砖	QN-1.3a	1.3	1710	4.41	1300	$1.47+1.26\times10^{-3}t_p$	$0.84+0.26\times10^{-3}t_p$
	QN-1.3b	1.3	1670	3.43	1300	$1.47+1.26\times10^{-3}t_p$	$0.84+0.26\times10^{-3}t_p$
	QN-1.0	1.0	1670	2.94	1250	$1.05+0.92\times10^{-3}t_p$	$0.84+0.26\times10^{-3}t_p$

续表

材料		体积密度 γ/(g/cm^3)	耐火度(不低于)/℃	常温耐压强度/MPa	最高使用温度/℃	热导率 λ /[kJ/(m·h·℃)]	比热容 c /[kJ/(kg·℃)]
轻质黏土砖	QN-0.8	0.8	1670	1.96	1250	$0.75+1.55\times10^{-3}t_p$	$0.84+0.26\times10^{-3}t_p$
	QN-0.4	0.4	1670	0.59	1150	$0.33+0.59\times10^{-3}t_p$	$0.84+0.26\times10^{-3}t_p$
普通黏土砖		1.8～2.2	1610～1730	12.26～14.71	1400	$2.51+2.30\times10^{-3}t_p$	$0.84+0.26\times10^{-3}t_p$
普通高铝砖		2.3～2.75	1750～1790	39.23	1500	$7.54+6.70\times10^{-3}t_p$	$0.84+0.234\times10^{-3}t_p$
泡沫高铝砖		<0.8	<1770	0.59～2.94	1150～1300	—	$0.84+0.234\times10^{-3}t_p$
刚玉制品		2.6～3.4	>1900	>49.03	1800	$7.54+6.70\times10^{-3}t_p$	$0.80+0.419\times10^{-3}t_p$
泡沫氧化铝砖		<0.8	>1900	0.59～2.94	1350	—	$0.80+0.419\times10^{-3}t_p$
石墨制品		1.6	>3000	19.61～29.42	2000	—	—
碳化硅制品		2.4	2000～2100	—	1500	1000℃时,38.52 1200℃时,33.49	$0.96+0.147\times10^{-3}t_p$

注：t_p——平均温度,℃。

■ 表 9-23 耐火绝热材料的热导率

耐火绝热材料名称	热导率/[kJ/(m·h·℃)]
黏土质砖	1.099
耐火绝热砖	0.158
陶质纤维	0.185
绝热材料Ⅰ	0.097
绝热材料Ⅱ	0.044

■ **表 9-24　常用保温绝热材料的物理物性**

序号	材料名称	容重 r /(kg/m³)	热导率 λ/[kJ/(m·h·℃)]	导温系数 $a\times10^3$ /(m²/h)	比热容 c /[kJ/(kg·℃)]	质量湿度 /%
1	泡沫混凝土	525	0.398	0.79	0.963	0
2	加气混凝土	545	0.544	0.97	1.172	4.8
3	粉煤灰混凝土	640	0.754	0.87	1.340	12.5
4	耐热混凝土	296	0.310	0.91	1.172	—
5	浮石藻混凝土	729	0.628	0.77	0.837	0
6	玻璃棉混凝土	232	0.276	1.39	0.879	0
7	聚苯乙烯混凝土	538	0.670	0.90	1.340	13.7
8	锯木屑混凝土	705	0.712	1.21	0.837	—
9	木屑硅制土砖	590	0.502	0.89	0.921	—
10	珍珠岩粉料	44	0.151	2.00	1.591	0
11	水泥珍珠岩制品	400	0.327	0.93	0.879	0
12	沥青珍珠岩制品	285	0.356	0.82	1.507	—
13	乳化沥青珍珠岩制品	304	0.301	0.68	1.465	—
14	水玻璃珍珠岩制品	310	0.356	1.08	1.047	1.9
15	蛭石粉料	278	0.327	0.88	1.340	—
16	沥青蛭石制品	450	0.586	0.63	2.093	26.7
17	水泥蛭石制品	347	0.544	1.34	1.172	7.9
18	白灰蛭石制品	408	0.879	1.29	1.675	—
19	水玻璃蛭石制品	430	0.461	1.32	0.795	—
20	乳化沥青蛭石制品	473	0.586	0.91	1.340	—
21	玻璃棉	100	2.093	2.78	0.754	—
22	树脂玻璃棉板	57	1.465	2.13	1.214	—
23	沥青玻璃棉	78	0.155	1.81	1.089	—
24	火山岩棉	80～110	0.147～0.180	—	—	—
25	硅酸铝纤维	140	0.193	1.41	0.963	—
26	矿渣棉	180	0.151	—	—	—
27	沥青矿棉板	300	0.335	1.48	0.754	—
28	酚醛矿棉板	200	0.251	1.67	0.754	—
29	碎石棉	103	0.176	—	—	—
30	石棉水泥板	300	0.335	1.33	0.837	—
31	硅藻土石棉板	810	0.502	0.39	1.633	—
32	石棉菱苦土	870	1.59	1.97	0.921	—
33	泡沫石膏	411	0.586	1.67	0.837	—
34	泡沫玻璃	140	0.188	1.51	0.879	—
35	聚苯乙烯硬塑料	50	0.113	1.07	2.093	—
36	脲醛泡沫塑料	20	0.167	5.71	1.465	—
37	聚氨酯泡沫塑料	34	0.147	2.15	2.010	—
38	聚异氰脲酸泡沫塑料	41	0.117	1.64	1.717	0
39	聚氯乙烯泡沫塑料	190	0.209	0.75	1.465	—
40	矿渣棉板	322	0.155	0.57	0.837	—
41	锯木屑	250	0.335	0.53	2.512	—

注：测定温度为常温。

9.4 电弧炉和感应加热炉计算

9.4.1 电弧炉电气设备和导线的选用

电弧炉电气设备和导线的选用见表 9-25。

■ **表 9-25 常用电弧炉的电气设备和导线选择**

名称	电压/kV	电弧炉型号			
		HX-0.5	HX-1.5	HX-3	HX-5
电弧炉变压器 变压器型号/额定容量/kV·A	6	HS-1000/6 650	HS-1800/6 1250	HS-3000/6 2200	HSSP-4200/6 3200
	10	HS-1000/10 650	HS-1800/10 1250	HS-3000/10 2200	HSSP-4200/10 3200
高压侧额定电流/A	6	80	120	212	318
	10	47	72	127	190
架空引入线截面积/mm^2	6	16	25	70	95
	10	16	16	35	50
电缆引入线截面积/mm^2	6	16	50	150	240
	10	16	35	70	150
高压熔断器	6	RN2-10			
	10	RN2-10			
避雷器规格	6	FY-10			
	10	FY-10			
电压互感器规格	6	JDJ-6 30V·A			
	10	JDJ-10 80V·A			
高压断路器型号	6	ZN3-10/600-150			
	10	ZN3-10/600-150			
高压侧电流互感器①变比	6	100/5	150/5	300/5	400/5
	10	50/5	100/5	200/5	300/5
高压母线规格	6	钢 3(25×4)	钢 3(40×4)	LMY-3 (30×4)	LMY-3 (30×4)
	10	钢 3(25×4)	钢 3(40×4)	LMY-3 (25×4)	LMY-3 (30×4)

续表

名称	电压/kV	电弧炉型号			
		HX-0.5	HX-1.5	HX-3	HX-5
低压侧额定电流/A		1978	2916	4720	6670
低压侧电流互感器$\frac{型号}{变比}$		$\frac{\text{LMY-0.5}}{2000/5}$	$\frac{\text{LMY-0.5}}{3000/5}$	$\frac{\text{LMY-0.5}}{5000/5}$	$\frac{\text{LMY-0.5}}{7500/5}$
组合母线型号		TMY 80×8	TMY 2(100×8)	TMY 3(100×8)	TMY 4(100×8)
软母线型号		TRJ 2×500	TRJ 3×500	TRJ 5×500	水冷电缆 4×300

① 型号为 LFZ1 或 LFJZ1。

9.4.2 感应炉的阻抗、电效率及功率因数等计算

（1）单匝系统阻抗

$$Z_d=\sqrt{R_d^2+X_d^2}$$

$$R_d=r+r'$$

$$r'=\frac{x_0^2 r}{r^2+(x+x_0+x_1+x_j)^2}$$

$$X_d=\frac{r^2+(x+x_1+x_j)^2+(x+x_1+x_j)x_0}{r^2+(x+x_0+x_1+x_j)}\times x_0$$

式中 Z_d——单匝系统阻抗，Ω；

R_d——单匝系统电阻，Ω；

r'——介入电阻，Ω；

X_d——单匝系统电抗，Ω；

r——炉料电阻，Ω；

x——炉料电抗，Ω；

x_1，x_j，x_0——单匝感应器的内电抗、间隙电抗和外电抗，Ω。

（2）电效率

$$\eta_d=\frac{r'}{R_d}\times 100\%$$

(3) 自然功率因数

$$\cos\varphi_i = R_d / Z_d$$

工业用感应炉，其感应器——炉料系统的功率因数都不高，如表 9-26 所示。因此感应炉一般需配装补偿电容器，以改善功率因数。

■ **表 9-26　感应炉的自然功率因数**

炉种	炉　　料					
	钢和铸铁	黄铜和铜镍合金	铜和其他铜合金	铝和铝合金	锌和锌合金	镁和镁合金
耐火材料坩埚无芯炉	0.05～0.25	0.15～0.2	0.12～0.18	0.12～0.2	—	—
铁坩埚无芯炉	—	—	—	0.3～0.35	0.4～0.5	0.3～0.4
有芯熔炼炉	0.7～0.8	0.6～0.85	0.4～0.5	0.2～0.4	0.8～0.9	—
感应透热设备	0.15～0.4	0.15～0.35	0.12～0.3	0.12～0.35	—	—

(4) 输入给感应器的有功功率

$$P_i = P / \eta_d$$

式中　P——通过感应器输入给炉料的有功功率，kW。

(5) 感应器-炉料系统的电抗

$$X_i = \left(\frac{W}{n_z}\right)^2 X_d$$

式中　n_z——线圈的并联组数；

W——感应器的总匝数。

(6) 输入单匝感应器的电流

$$I_d = \sqrt{\frac{P_i \times 10^3}{R_d}}$$

(7) 输入感应器的电流

$$I_i = \frac{I_d n_z}{W}$$

9.4.3 感应炉补偿容量的计算

感应炉是个感性负荷，功率因数很低，需要电容器进行无功补偿。补偿电容器由电容器串并联组成。工频电容器即用于电力工业的移相电容器。中频电容器常称电热电容器。我国产品的额定参数为：频率有 1000Hz、2500Hz、4000Hz、8000Hz；电压有 375V、500V、1000V、1500V、2000V，额定容量有 90～240kvar。高频电容器用高频高压瓷介电容器：高频工作电压有效值有 3.5kV、7.5kV、21kV，直流工作电压有 4.5kV、10kV、14.5kV，额定容量有 19kvar、25kvar。各种电容器的具体参数可查产品目录。

补偿电容器一般通水冷却，也有自然冷却的。通水冷却，如 RW0.5-125-2.5S 型中频电热电容器，其工作电压是 500V，标称容量为 125kvar，运行频率为 2500Hz。

补偿电容器的容量计算如下。

① 计算公式一

$$Q_c = QP + UI_a\sin\varphi$$

式中 Q_c——电容器容量，kvar；

Q——感应线圈的品质因数值，见表 9-27；

P——有功功率，kW；

I_a——逆变器输出电流有效值，A。

表 9-27 各种用途的感应线圈的品质因数 Q 值

用途	熔炼	透热	淬火	烧结
Q 值	10～20	5～10	3～5	3～7

② 计算公式二

把感应器-炉料系统的功率因数补偿到 1 所需的补偿电容器容量可按下式计算：

$$Q_c = I_i^2 X_i \times 10^{-3}$$

式中 Q_c——补偿电容器容量，kvar；

其他符号同前。

补偿电容器的只数：

$$n=K_b\frac{Q_c}{q_e}\left(\frac{U_e}{U}\right)^2$$

式中　q_e——一只电容器的额定容量，kvar；

U_e——电容器额定电压，V；

U——电容器实际运行电压，V；

K_b——余量系数，$K_b=1.05\sim1.2$，透热炉取较小值，熔炼炉取较大值。

【例 9-4】 功率为 100kW、频率为 1000Hz、容量为 150kg 的中频感应熔炼炉，已知中频电源电压为 700V，逆变器输出电流为 220A，功率因数角 $\varphi=36°$。试求补偿电容器容量。

解　$Q_c=QP+UI_a\sin\varphi$

$=11\times100+700\times220\times\sin36°\times10^{-3}$

$=1182.5\text{kvar}$

可选用 RW0.75-90-1S 型中频电容器，每台电容量为 25μF，每台实际无功功率为

$$\begin{aligned}Q_{c1}&=2\pi fCU^2\\&=2\pi\times10^3\times25\times10^{-6}\times700^2\\&=77\text{kvar}\end{aligned}$$

故共需补偿电容器的台数为

$$n=Q_c/Q_{c1}=1182.5/77\approx15\text{台}$$

9.4.4 工频感应加热器的计算

工频感应加热器实际上是利用涡流发热达到干燥、加热目的的一种加热器。在被加热的物料容器（钢质）外面加保温层，再在保温层外面绕线圈，通电即成。加热温度一般不超过 600℃。

工频感应加热器的精确计算很困难，下面介绍两种简易实用的计算方法。

该计算方法适合圆柱形钢（铁）质容器。

① 物料吸收的热量为

$$Q=G(c_2t_2-c_1t_1)$$

式中 Q——物料吸收的热量，kJ；

G——被加热物料的质量，kg；

c_1，c_2——物料起始和终止温度时的比热容，kJ/(kg·℃)；

t_1，t_2——物料起始和终止温度，℃。

若将热量转换成功率，则

$$P_G=\frac{Q}{3.6\eta_h t}$$

式中 P_G——物料需要的功率，kW；

η_h——转换效率，%；

t——加热时间，h。

② 加热器的功率。感应加热器的功率应不小于物料需要的功率，即

$$P \geqslant P_G$$

a. 被加热容器单位面积吸收能量（即功率密度）可按下式计算：

$$p=2\times10^{-6}H_0^2\sqrt{\rho\mu_r f}$$

式中 p——功率密度，kW/m²；

H_0——容器表面磁场强度（计算公式见后），A/m；

ρ——容器材料的电阻率，Ω·cm；

μ_r——容器材料的相对磁导率；

f——电源频率，Hz。

b. 加热器的功率

$$P=pF=2\times10^{-6}H_0^2\sqrt{\rho\mu_r f}\pi dH$$

式中 P——加热器功率，kW；

F——容器被加热面的面积，m²；

d——容器直径，m；

H——容器高度（或长度——平放时），m。

③ 线圈匝数计算。

a. 容器表面磁场强度

$$H_0=\frac{W}{L}I$$

b. 励磁电流（采用单相电源时）

$$I=\frac{P\times10^3}{U\cos\varphi}$$

式中 W——线圈匝数，匝；

L——加热器长度，取与容器高度（或长度——平放时）相等，m；

U——电源电压，V；

$\cos\varphi$——功率因数，一般取 0.6。

c. 线圈匝数：由以上三式，并考虑到加热设备的效率 η，及 $f=50\text{Hz}$，可得

$$W=U\cos\varphi\sqrt{\frac{22.4L\eta}{dP\times10^3\sqrt{\rho\mu_r}}}$$

④ 实用计算方法。由上述理论公式计算较困难，可以用下面的实用方法求之。求解步骤如下。

a. 按设计要求的电源电压、频率、功率密度、加热温度，由图 9-13 和图 9-14 查得容器的 $\sqrt{\rho\mu_r}$ 值、功率因数 $\cos\varphi$ 及设备效率 η。

b. 根据下式求出线圈匝数：

$$W=U\cos\varphi\sqrt{\frac{22.4L\eta}{dP\times10^3\sqrt{\rho\mu_r}}}$$

c. 再按下式求得励磁电流：

$$I\frac{P\times10^3}{U\cos\varphi}$$

d. 选择导线截面积：

$$q=I/j$$

式中 q——导线截面积，mm^2；

j——电流密度（A/mm^2），铜导线取 4.5，铝导线取 3。

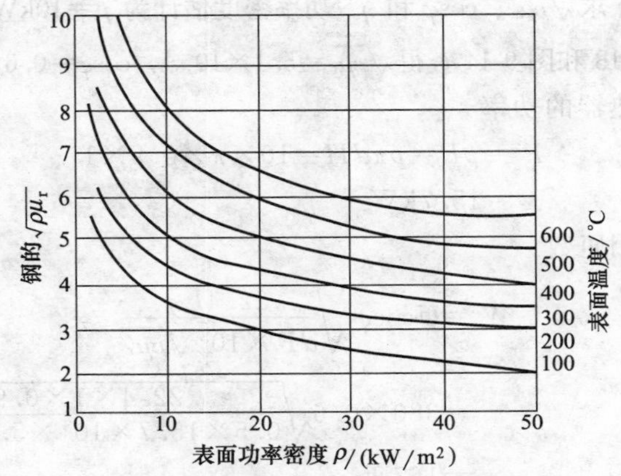

图 9-13　在不同温度下钢的 $\sqrt{\rho\mu_r}$ 值与功率密度的关系

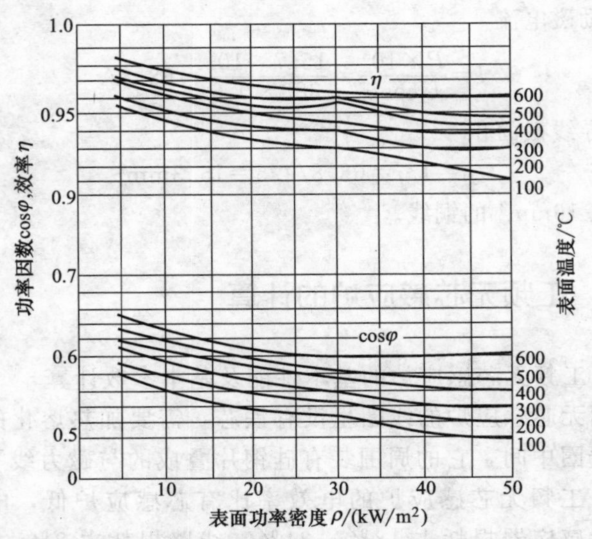

图 9-14　在不同温度下 $\cos\varphi$ 及 η 与功率密度的关系

【例 9-5】 某工艺容器用 5mm 的钢板制成圆筒状，筒长 1m，直径 0.5m，要求物料加热 300℃。欲采用单相 380V 电源作工频感应加热。试计算加热器的有关参数。

解 ① 求$\sqrt{\rho\mu_r}$、$\cos\varphi$和η。功率密度估计为$p=10\text{kW/m}^2$，按题意，由图 9-13 和图 9-14 查得$\sqrt{\rho\mu_r}=5.1\times10^{-3}$，$\cos\varphi=0.6$，$\eta=0.96$。

② 加热器的功率

$$P=pF=p\pi dH=10\times\pi\times0.5\times1$$
$$=15.7\text{kW}$$

③ 线圈匝数

$$W=U\cos\varphi\sqrt{\frac{22.4L\eta}{dP\times10^3\sqrt{\rho\mu_r}}}$$
$$=380\times0.6\sqrt{\frac{22.4\times1\times0.96}{0.5\times15.7\times10^3\times5.1\times10^{-3}}}$$
$$=167\text{匝}$$

（取$L=H=1\text{m}$）

④ 励磁电流

$$I=\frac{P\times10^3}{U\cos\varphi}=\frac{15.7\times10^3}{380\times0.6}=68.8\text{A}$$

⑤ 导线截面积

$$q=I/j=68.8/4.5=15.3\text{mm}^2$$

选取 16mm² 的铜线。

9.4.5 工频无芯感应炉的计算

（1）工频无芯感应炉的基本性能及基本参数计算

工频无芯感应炉的线圈里没有铁芯，需要加热熔化的金属材料位于线圈中间，它的周围装有硅钢片叠成的与磁力线平行的导磁装置。工频无芯感应炉的电效率比有芯感应炉低，电能损耗大，一般感应器损耗占 18%～31%，线路损耗占 8%～9%，热损耗占 6%～12%，用于炉料加热的功率约占 47%～67%（有芯炉可达 80%）。

① 工频无芯感应炉的基本性能。工频无芯感应炉的基本性能见表 9-28。

■ **表 9-28　工频无芯感应炉铸铁炉铸件升温基本性能**

容量/t	额定功率/kW	电源容量/kV·A	熔化 1450℃		升温 1250～1450℃		冷却水耗量/(m^3/h)
			熔化率/(t/h)	电耗/(kW·h/t)	升温能力/(t/h)	电耗/(kW·h/t)	
0.75	260	315	0.288	797	2.30	113	5.73
1.0	325	400	0.380	757	3.01	108	7.12
1.5	500	630	0.643	686	5.18	99.5	9.43
3.0	785	1000	1.10	630	8.63	91	14.13
	480	630	—	—	4.82	99.8	8.8
5.0	1300	1600	1.90	605	14.90	87.4	20.15
	520	630	—	—	5.06	102	9.35
7.0	1580	2000	2.29	610	18.14	87.1	24.8
	780	630	—	—	8.23	94.7	13.2
10.0	2060	2500	3.10	587	23.73	86.8	29.3
	800	1000	—	—	8.18	97.9	13.75
15.0	2680	4000	3.93	601	30.89	86.76	37.15
	1100	1600	—	—	11.58	95.55	19.8
20.0	3060	4000	4.84	558	37.97	80.59	42.72
	1970	2000	—	—	14.56	93.5	20
25.0	3820	5000	6.10	553	47.81	80	45
	1670	2000	—	—	17.45	95.8	24.75
30.0	4950	6300	8.03	544	62.65	79	62.36
	1650	2000	—	—	16.8	98.2	25.3

注：表内熔化率及电耗，是在炉内剩余 1/3 额定容量铁水时，连续送电、分批加料条件下的计算值。不包括加料、测温、取样化验及出铁等停电的辅助时间在内。

② 基本参数计算：

a. 熔化率　$$\rho=\frac{k\beta P_e\eta_d\eta_l-P_{rs}}{a_{h1}}$$

b. 熔化电耗　$$A=\frac{kP_e}{\rho}$$

c. 升温能力　$$\rho_s=\frac{P_e\eta_d\eta_l-P_{rs}}{a_{h2}}$$

d. 升温电耗　$$A_s=P_e/\rho_s$$

式中　ρ——熔化率，t/h；

A——熔化电耗，kW·h/t；

ρ_s——升温能力，t/h；

A_s——升温电耗，kW·h/t；

P_e——炉子的额定功率，kW；

P_{rs}——炉子的热损功率，kW；

a_{h1}——铸铁熔化至1450℃时理论电耗，为360kW·h/t；

a_{h2}——铸铁升温200℃时的理论电耗，为53.24kW·h/t；

η_d——感应器电效率；

η_l——线路电效率；

k——功率降低的修正系数，参见表9-29；

β——电效率降低的修正系数，参见表9-29。

③ 密封炉盖熔炼节电。由于感应炉内的电磁搅拌作用，金属液剧烈运动，如开盖熔炼，因热辐射而损耗很大，所以应加盖熔炼。加盖与开盖，辐射热损耗值，见表9-30。

表9-29 修正系数 *k*、*β*

剩余铁水量	$\frac{1}{3}$炉	$\frac{1}{2}$炉	$\frac{2}{3}$炉	满 炉
k	0.883	0.95	0.98	1.0
β	0.989	0.998	1.0	1.0

表9-30 1450℃时有炉盖与无炉盖时热辐射损耗比较

炉子容量/t		1.5	3	5	10	15	20	25	30
辐射热损耗/kW	开盖	92	150	211	334	409	530	626	707
	关盖	6	11	16	24	29	39	46	53

(2) 无芯感应炉线圈匝数计算

① 在炉子功率和供电电压不变的条件下，当需改变炉子线圈尺寸的计算

$$N_2=\sqrt{\frac{K_1(D_1^2-d_1^2)H_2}{K_2(D_2^2-d_2^2)H_1}}N_1$$

式中 N_2——新炉子的匝数；

N_1——原有炉子的匝数；

D_2——新炉子的线圈内径，m；

D_1——原有炉子的线圈内径，m；

d_2——新炉子的炉料外径，m；

d_1——原有炉子的炉料外径，m；

H_2——新炉子的线圈高度，m；

H_1——原有炉子的线圈高度，m；

K_2——新炉子系数，$K_2=1-\frac{0.43D_2}{d_2}$；

K_1——原有炉子系数，$K_1=1-\frac{0.43D_1}{d_1}$。

② 在供电电压和炉子尺寸不变的条件下，当需改变炉子功率的计算

$$N_2=\sqrt{\frac{P_1}{P_2}}N_1$$

式中 P_2——新炉子需要功率，kW；

P_1——原有炉子需要功率，kW。

【例 9-6】 如果原有无芯感应炉的功率为 200kW，线圈匝数为 15，现将炉子改成功率为 250kW，在保持电压和炉子几何尺寸不变的情况下，估算线圈匝数。

根据公式：

$$N_2=\sqrt{\frac{P_1}{P_2}}N_1=\sqrt{\frac{200}{250}}\times 15\approx 13$$

(3) 平衡电容和平衡电感计算

无芯工频电炉是单相负荷，为了使其接入电源后达到三相平衡，可将炉子感应器与平衡电容和平衡电抗组成三相平衡系统（见图 9-15)。

图中，X_{dx} 为无芯电炉感应器的等值电抗，C_b 为感应器的补偿电容，C_p 为平衡电容，L_p 为平衡电抗。如果将功率因数补偿到 1，则矢量图如图 9-15（b）所示。

接入平衡电容和平衡电抗的三相平衡条件是：

① 炉子的功率因数应补偿到 $\cos\varphi=1$；

② $I_{VW}=I_{WU}=I_{UV}/\sqrt{3}$ 和 $I_{VW}+I_{WU}=I_{UV}$；

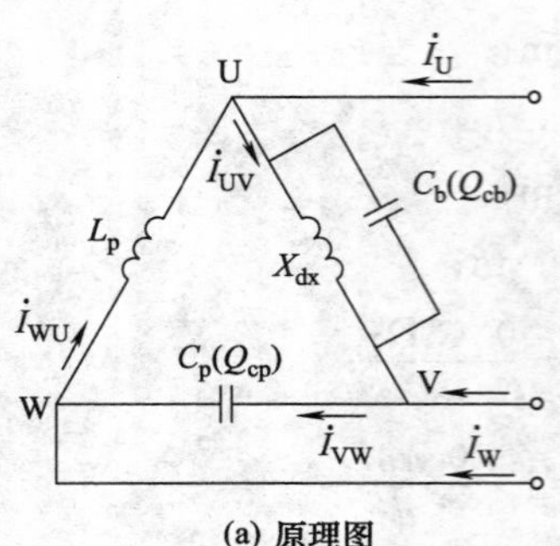

(a) 原理图

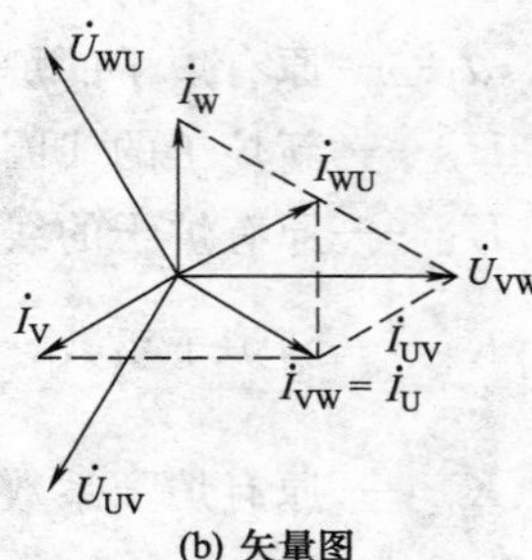

(b) 矢量图

图 9-15 感应器、电容、电抗组成的三相平衡系统及矢量图

③ 电源相序应该是逆序的，即负载三角形与电源的接线必须按图 9-15（a）的接法。

平衡电容和平衡电抗的无功功率计算：

$$Q_c=U_{VW}I_{VW}=U_{VW}I_{UV}/\sqrt{3}=P/\sqrt{3}$$

$$Q_L=U_{WU}I_{WU}=U_{WU}I_{UV}/\sqrt{3}=P/\sqrt{3}$$

$$P=(1.1\sim1.15)P_e$$

式中 Q_c，Q_L——平衡电容和平衡电抗的无功功率，kvar；

P——炉子的有功功率，kW；

P_e——炉子的额定功率，kW。

平衡电抗计算：

$$L_p=\frac{U^2}{2\pi fQ_L}$$

式中 L_p——平衡电抗，mH；

U——线电压，V。

另外，要注意电容器实际运行电压与其额定电压（铭牌电压）是否相同。如果不同，则需要折算。如铭牌电压为 400V 的电容器运行在 380V 时，其容量 Q_c 将为额定值的 $(380/400)^2=0.9$ 倍。因此所计算的 C_b 和 C_p 值都要除以 0.9。

设计电路时，平衡电容和平衡电抗应分级，一般分为五级左右，而补偿电容分级需更多，以便于调整。

【例 9-7】 有一 250kg 无芯工频电炉，已知有功功率 P 为 120kW，自然功率因数 $\cos\varphi$ 为 0.15，试求补偿电容容量 Q_{cb}、平衡电容容量 Q_{cp} 和平衡电抗 L_p。

解 ① 炉子补偿到 $\cos\varphi_2=1$ 时的补偿电容容量 Q_{cb}：

$\cos\varphi_1=0.15$，$\cos\varphi_2=1$，相应的 $\tan\varphi_1=6.6$，$\tan\varphi_2=0$

$$Q_{cb}=P(\tan\varphi_1-\tan\varphi_2)=120\times6.6=790\text{kvar}$$

② 平衡电容容量 Q_{cp}：

$$Q_{cp}=P/\sqrt{3}=120/\sqrt{3}=69\text{kvar}$$

③ 平衡电抗 L_p

$$Q_L=P/\sqrt{3}=69\text{kvar}$$

故
$$L_p=\frac{U^2}{2\pi fQ_L}=\frac{380^2}{314\times69}=6.66\text{mH}$$

9.5 远红外加热计算

9.5.1 红外区的划分

红外线的波长范围大致在 0.76～1000μm 频谱之内。相对应的频率大致在 4×10^{14}～3×10^{11} Hz 之间。

国际照明委员会规定：0.78～1.4μm 为近红外；1.4～3μm 为中红外；3～1000μm 为远红外，用于加热最适宜。

远红外加热是指利用波长 2.5～25μm 的辐射加热技术。当辐射源的波长与被加热物的吸收波长相一致时，被加热物就吸收大量的红外能，从而改变和加剧其分子的运动，达到发热升温加热的作用，这就是所谓匹配吸收原理。

常用材料的全辐射率 ε 见表 9-31。

■ **表 9-31 常用材料的全辐射率 ε**

材料名称	t/℃	ε
绝对黑体	—	1.0
石墨粉	—	0.95
石棉纸板	24	0.96
石棉纸	40～370	0.93～0.945
表面粗糙的红砖	20	0.93
表面粗糙及上釉的硅砖	100	0.83
表面粗糙上釉的硅砖	1100	0.85
上过釉的黏土耐火砖	～1100	0.87
耐火砖(新的)	～1000	0.83～0.87
耐火砖(用过的)	～1000	0.72～0.76
涂在不光滑铁板上的白釉漆	23	0.906
涂在铁板上有光泽的黑漆	25	0.875
无光泽的黑漆	40～95	0.96～0.98
白漆	40～95	0.80～0.96
各种不同颜色的油质涂料	100	0.92～0.96
磨光的硬橡胶板	23	0.945
加热到325℃以后的铝质涂料	150～315	0.35
灰色不光滑的软橡胶板(经过精制)	24	0.859
平整的玻璃	22	0.937
上过釉的瓷器	22	0.924
熔附铁上的珐琅	19	0.897
表面磨光的铝	225～575	0.039～0.057
表面不光滑的铝	26	0.055
在600℃时氧化后的铝	200～600	0.11～0.19
表面磨光的铁	425～1020	0.144～0.377
氧化后的铁	100	0.736
未经加工的铸铁	925～1115	0.87～0.95
表面磨光的钢铸件	770～1040	0.52～0.56
研磨后的钢板	940～1100	0.55～0.61
在600℃时氧化后的钢	200～600	0.80
经过刮面加工的生铁	830～990	0.60～0.70
在600℃时氧化后的生铁	200～600	0.64～0.78
氧化铁	500～1200	0.85～0.95
无光泽的黄铜板	50～350	0.22
600℃时氧化后的黄铜	200～600	0.59～0.61
600℃时氧化后的铜	200～600	0.57～0.87
氧化铜	800～1100	0.66～0.50

续表

材料名称	t/℃	ε
熔解铜	1075～1275	0.16～0.13
技术上用的经过磨光的纯镍	225～375	0.07～0.087
镍丝	185～1000	0.096～0.186
在600℃时氧化后的镍	220～600	0.37～0.48
氧化镍	650～1255	0.59～0.86
铬镍	125～1034	0.64～0.76
锡、光亮的镀锡铁皮	225	0.043～0.064
经过磨光的商品锌(99.1%)	225～325	0.045～0.053
在400℃时氧化后的锌	400	0.11
磨光的纯银	225～625	0.0198～0.0324
铬	100～1000	0.08～0.26
有光泽的镀锌铁皮	28	0.228
已经氧化的灰色镀锌铁皮	24	0.276
盐浴表面黑度	500～600	0.74
	800～900	0.87
	1200～1300	0.89

9.5.2 远红外辐射器和远红外涂料

几种远红外辐射器的性能见表9-32。

碳化硅远红外加热器的型号、规格见表9-33。

常用的远红外涂料的辐射波谱范围见表9-34。

■ **表9-32 几种远红外辐射器的性能**

特性	电加热					煤气加热	
	红外线	石英碘钨灯	镍铬合金丝石英辐射器	管状加热器	板状加热器	陶瓷穿孔板	反射型
工作温度/℃	1650～2200	1650～2200	760～980	400～600	200～590	760～920	760～1200
峰值能量波长/μm	1.5～1.15	1.5～1.15	2.8～2.6	4.3～3.3	6.0～3.2	2.8～2.5	2.8～2.2
最大功率密度/(W/cm²)	1	5～8	4～5	2～4	1～4		
平均寿命	5000h	5000h	几年(中波石英灯)	几年	几年	几年	几年

续表

特性		电加热					煤气加热	
		红外线	石英碘钨灯	镍铬合金丝石英辐射器	管状加热器	板状加热器	陶瓷穿孔板	反射型
工作温度时的颜色		白	白	樱桃红	淡红	暗色	深红	鲜红
抗冲击稳定性	机械冲击	差	中	中	优	不一	优	差
	热冲击	差	优	优	优	良	优	优
时间响应	加热	秒级	秒级	分级	分级	十分级	几分钟	几分钟
	冷却	秒级	秒级	分级	分级	十分级	几分钟	几分钟

■ **表 9-33 碳化硅远红外加热器的型号、规格**

名称	型号	规格/mm	功率/W	用途
板式	HT-1 HT-2 HT-3 HT-4 HT-5 HT-6 HT-7 HT-8	240×160×11 330×240×14 330×240×18 1000×50×18 400×25×18 800×50×18 280×135×12 720×180×14	800～1000 2000～2500 2000～2500 1000～1200 2500 1000 1200 2500	用于金属表面油漆的烘烤、印刷;皮革、食品的加热与脱水
加热器	JRQ-K61 JRQ-K62 JRQ-K63 JRQ-K64 JRQ-K65	250×170×40 280×135×40 330×240×40 736×196×50 1410×52×28	800～1000 1000～1200 2000～2500 2500 1200	用于各种油漆的烘烤;蔬菜、食品的脱水、加热;塑料加热
加热管	JRG-1 JRG-2 JRG-3 JRG-4 JRG-5 JRG-6 JRG-7 JRG-8 JRG-9 JRG-300	420×25×10 500×25×10 600×25×10 800×25×10 1000×25×10 1200×25×10 340×25×15 490×25×15 650×25×15 300×16×15	500 600 600 800 800～1000 1000 300W 组装	用于小型烘道、烘箱、橡胶压机;皮革、食品、油漆的烘干
加热圈	HC-01 HC-02 HC-03 HC-04 HC-05	ϕ80×50 ϕ90×50 ϕ95×50 ϕ100×50 ϕ80×70	600 600 800 800 800	用于各种挤塑机、注塑机、橡胶挤出机

续表

名称	型　号	规　格 /mm	功率 /W	用　途
加热圈	HC-06 HC-07 HC-08 HC-09 HC-10 HC-11	ϕ90×70 ϕ100×70 ϕ80×100 ϕ90×100 ϕ100×100 ϕ120×100	800 1000 1000 1000 1200 1500	用于各种挤塑机、注塑机、橡胶挤出机

■ **表 9-34　常用的远红外涂料的辐射波谱范围**

涂料系列名称	辐射波谱范围/μm
铝系远红外	5～40
氟化镁系远红外	2～25
氧化钴系远红外	1～10
氧化硅系远红外	3～50
钛-锆系远红外	5～50
铁系远红外	2～9
稀土复合氧化合系远红外	3～50
碳化硅(金刚砂)远红外	0.8～10
高硅分子筛远红外	2.6～3 5.5～6.5 8～12.5

9.5.3　辐射元件表面温度和受热物最佳加热温度及辐射距离的选择

(1) 辐射元件表面温度的选择

如前所述，辐射元件的全辐射量与表面的热力学温度的四次方成正比（$E=\sigma T^4$），所以元件表面温度越高，辐射能量越大，但元件表面温度越高，则单色辐射强度的峰值波长要向短波长方向位移。因此要想提高长波远红外区的辐射强度，不能只用增加温度的办法来实现。

远红外加热是一种辐射加热方式，发热元件不可避免地存在着对流加热的作用。为了发挥远红外辐射加热的优点，应以辐射加热为主，元件对流传热的计算如下：

$$Q_{对}=KF(t_1-t_2)^{1.25}$$

式中　$Q_{对}$——发热元件对流传热量，kJ/h；

F——发热元件表面积，m^2

K——自然对流位置系数，元件向下 $K=5.9$，元件向上 $K=11.7$，元件垂直 $K=9.2$，kJ/(m²·h·℃)；

t_1——发热元件表面温度，℃

t_2——被加热物的温度，℃。

发热元件辐射传热的计算如下：

$$Q_{辐}=C_h\varepsilon\left[\left(\frac{T_1}{100}\right)^4-\left(\frac{T_2}{100}\right)^4\right]F$$

式中　$Q_{辐}$——发热元件辐射传热量，kJ/h；

C_h——黑体辐射系数，$C_h=20.43$kJ/(m²·h·K⁴)；

ε——辐射率；取 0.9；

F——发热元件的表面积，m^2；

T_1——发热元件表面温度，K；

T_2——被加热物的温度，K。

由于绝大多数高分子材料、有机物在波长 3～16μm 之间都有强烈的吸收，所以对普朗克公式进行积分，便可求得在波长 3～16μm 区间的辐射能量：

$$E_{3\sim16}=\int_3^{16}\frac{C_1}{\lambda^5}\times\frac{1}{e^{C_2/(\lambda\cdot T)}-1}d\lambda$$

从而可得发热元件在某一温度下，高分子材料、有机物有效吸收辐射能量区间的辐射能量占同温度下总辐射能量的百分数：

$$\frac{E_{3\sim1}}{E_{辐}}\times100\%$$

因为总的传热能量 $E_{总}$ 等于全部辐射能量与对流传热能量 $E_{对}$ 之和。即

$$E_{总}=E_{辐}+E_{对}$$

所以，有效吸收辐射能量区间的辐射能 $E_{3\sim16}$ 与对流传热能量之比为

$$E_{3\sim16}/E_{对}$$

■ 表 9-35　不同元件表面温度下的计算结果

温度/℃	λ_m/μm	$E_{辐}$/(kJ/h)	$E_{3\sim16}$/(kJ/h)	$\frac{E_{3\sim16}}{E_{辐}}$/%	$E_{对流}$(元件向下)/(kJ/h)	$\frac{E_{3\sim16}}{E_{对下}}$	$E_{对流}$(元件垂直)/(kJ/h)	$\frac{E_{3\sim16}}{E_{对垂}}$	$E_{对流}$(元件向上)/(kJ/h)	$\frac{E_{3\sim16}}{E_{对上}}$	$\frac{E_{辐}}{E_{总}}$/%
200	6.1	7850	6490	82.7	3864	1.68	6071	1.07	7725	0.84	56
250	5.5	112405	10618	85.6	5250	2.02	8252	1.29	10505	1.01	60
300	5.1	18472	15960	86.4	6711	2.38	10547	1.51	13423	1.19	64
350	4.7	26348	22789	86.5	82248	2.76	12958	1.76	16496	1.38	67
400	4.3	36367	31238	85.9	8935	3.18	15458	2.02	19632	1.59	70
450	4.0	48889	41311	84.5	11476	3.60	18037	2.29	22952	1.80	73
500	3.7	64414	52821	82	13172	4.01	20695	2.55	26343	2.00	76
550	3.5	83003	65988	79.5	14905	4.43	23425	2.82	29810	2.21	78
600	3.5	105449	81190	77	16680	4.87	26214	3.10	33365	2.43	80
700	3.0	163461	116058	71	22356	5.70	31991	3.63	40712	2.85	84
800	2.7	242395	159496	65.8	24162	6.60	37966	4.20	48324	3.30	87
900	2.5	346772	209449	60.4	28093	7.46	44150	4.74	56187	3.73	89
1000	2.3	491545	264849	55	32138	8.24	50505	5.24	64276	4.12	91

辐射能量与总能量之比为

$$\frac{E_{辐}}{E_{辐}+E_{对}}$$

计算结果见表 9-35。

由表 9-35 可知，当发热元件温度在 200℃时，红外辐射加热和对流加热约各占一半，且辐射能量密度仅为 0.25W/cm²，能量太低，加热效率低，红外加热的优越性不突出。当温度为 400～600℃之间时，有效辐射能量占总辐射能量的 70%～80%，辐射能得到很好的利用，同时辐射能密度也较高，在 1～3W/cm² 之间，对于加热干燥是比较理想的。因此一般认为，对含水物质，以及 OH 基、NH 基物质，如粮食、木材、食品、纺织品、氨基漆、电泳漆，在 3μm 附近有较强的吸收，发热元件温度在 600～800℃为宜；对 4μm 以上有大量吸收峰的物质，如聚乙烯、聚丙烯、聚氯乙烯、沥青漆等，加热元件温度在 400～500℃为宜。

选择辐射元件的表面温度时，要考虑有最佳的匹配辐射能 E_{λ}、最佳的匹配辐射率 K_{λ} 和最佳的使用寿命 τ。例如尿素、三聚氰酰胺一类被加热物，其匹配吸收波长为 5～10μm、E_{λ}、K_{λ} 和 τ 的最佳值，见表 9-36。

由表可见，加热这类物质，辐射元件表面温度为 750～850K 时，E_{λ}、K_{λ} 和 τ 处于最佳值。水的吸收波长位于远红外短波区，加热时辐射元件表面温度以 800～900K 为宜。

■ **表 9-36　尿素、三聚氰酰胺类不同温度时的 E_{λ} 和 K_{λ} 值**

参数	温　度　/K							
	400	500	600	700	800	900	1000	1100
E_{λ} /(W/cm²)	0.032	0.089	0.184	0.300	0.464	0.632	0.737	0.913
K_{λ}/%	22	24	25	22	20	17	13	11
τ/h	延长←———		正常		————→缩短			

（2）被加热物最佳加热干燥温度的确定

被加热物最佳加热干燥温度一般由试验确定，它与辐射元件的数量、辐照距离、元件功率、布置、温度分布及加热速度等有关。

几种被加热物的最佳加热干燥温度和时间，见表 9-37，供参考。

表 9-37　几种被加热物的最佳加热干燥温度及时间

被加热物名称	醇酸磁漆	1032 绝缘清漆	1010 沥青漆	谷物	木板
最佳加热温度/℃	110～130	150～170	180～200	45～55	80～90
最短辐射时间	1.3min	1.5min	3min	0.5～1min	20～50h

（3）辐射元件照射距离的确定

在不影响辐射能量分布均匀及产品质量的情况下，且在工艺技术条件允许时，辐射元件与被加热物之间的距离越近，效率越高。但距离过近会产生热量分布不均匀。根据实践经验，辐射元件到被加热物的距离 h 与辐射元件相互之间的距离 l 的比值以 $h/l=0.6$ 较好。照射距离的参考值，一般在 150mm 以上，但最远不超过 400mm。但是平板状物体用传送方式在炉道中移动时，可将距离接近到 50mm，加快传送速度，可取得良好的效果。

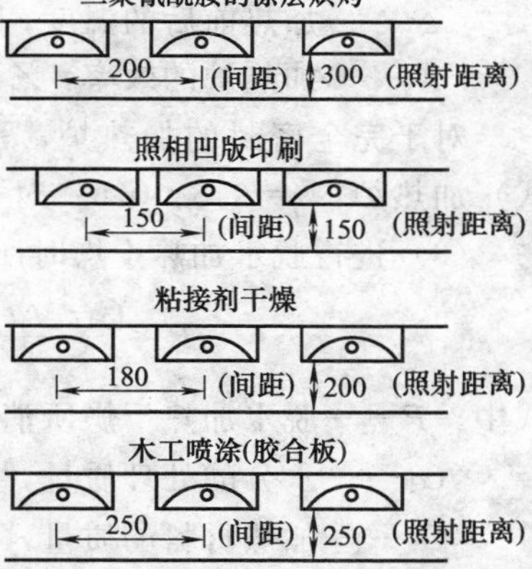

图 9-16　4 种干燥辐射距离

图 9-16 列举了 4 种干燥辐射距离。

9.5.4　远红外加热炉体容积和所需电功率的计算

（1）加热炉体容积计算

$$V=\frac{gT}{\gamma}$$

式中　V——炉体容积，m^3；

g——每小时被处理物料的质量，即产量，kg/h；

T——加热干燥时间，h；

γ——装料密度，kg/m^3。

(2) 单纯加热物体所耗用的电功率

$$P=\frac{Gc\Delta t}{3600\eta}$$

式中 P——加热工件所耗用的电功率，kW；

G——被加热工件的总重，kg；

c——被加热工件材料的比热容，kJ/(kg·℃)；

Δt——加热前后的温度，℃

η——加热炉的效率，%。

对于完全密封的加热炉，$\eta=0.6\sim0.85$；对于隧道式（通过式）加热炉，$\eta=0.5\sim0.6$；对于敞开式加热炉，$\eta=0.25\sim0.35$。

(3) 进行脱水加热干燥时所消耗的电功率

$$P=\frac{G_1c_1\Delta t+G_2c_2\Delta t+G_3q}{3600\eta}$$

式中 P——脱水加热干燥所消耗的电功率，kW；

G_1——水分的处理质量，kg；

G_2——加热材料的质量，kg；

G_3——蒸发水的质量，kg；

c_1——水的比热容，为 4.1868kJ/(kg·℃)；

c_2——加热材料的比热容，kJ/(kg·℃)；

Δt——加热前后的温差，℃；

q——水分挥发时的汽化热，为 2256.7kJ/kg；

η——加热炉的效率，%。

(4) 采用辐射功率密度法进行估算

$$P=RA$$

式中 P——加热炉电功率，kW；

R——辐射功率密度，kW/m^2；

A——单位时间加热面积，m^2/h。

辐射功率密度一般取 $3\sim8kW/m^2$。加热大面积薄工件时，R 可取小值；加热小面积厚壁或实体工件时，R 取大值。对于体形复杂的工件或铸件，R 可取 $10kW/m^2$。

(5) 热平衡计算法进行估算

$$P=\frac{QK_2}{3600K_1}$$

式中 P——加热炉电功率，kW；

Q——加热炉总发热量，kJ；

K_1——电压波动修正系数，见表 9-38；

K_2——功率储备系数，取 1.1～1.3。

■ **表 9-38 K_1 与电压 U 的关系**

U/V	240	230	220	210	200	190	180	170
K_1	1.19	1.093	1	0.911	0.826	0.746	0.67	0.6

(6) 采用 SHQ 辐射元件加热干燥时元件的电功率

$$P=\frac{\varepsilon_\lambda \sigma T^4 S}{1000\eta}$$

式中 P——元件的电功率，kW；

ε_λ——元件的光谱辐射率，SHQ 为 0.92；

σ——斯蒂芬·波尔兹曼常数，为 5.6697×10^{-12} W/(cm^2·K^4)；

S——元件辐射表面积，cm^2；

T——元件表面温度，K；

η——元件电能辐射能转换效率（%），对 SHQ 元件，0～550℃时约 $\eta=0.65$。

(7) 辐射传热面积的计算

按上述公式计算出炉子的功率 P 以后，便可按下式求出辐射传热面积：

$$F=\frac{Q}{C_f\left[\left(\frac{T_1}{100}\right)^4-\left(\frac{T_2}{100}\right)^4\right]}$$

式中 F——辐射传热面积，m^2；

Q——传热量，即所需热量（kJ/h），$Q=3600P$ [P 为炉子功率（kW）]；

T_1——辐射元件表面温度，K；

T_2——炉体内介质温度，取气氛温度，K；

C_f——辐射传热系数［kJ/(m²·h·K)］，可取近似值16.7。

(8) 远红外加热炉标准电功率的计算

红外加热炉的标准电功率可用图解法求得，具体求法参见图9-17。

例如，某红外加热炉，每小时能加热材料300kg（a）的铁板，比热容为0.50kJ/(kg·℃)（b），在将其从0℃加热到120℃（c），设加热炉热效率为50%（d），则标准电功率约为10kW（e）。

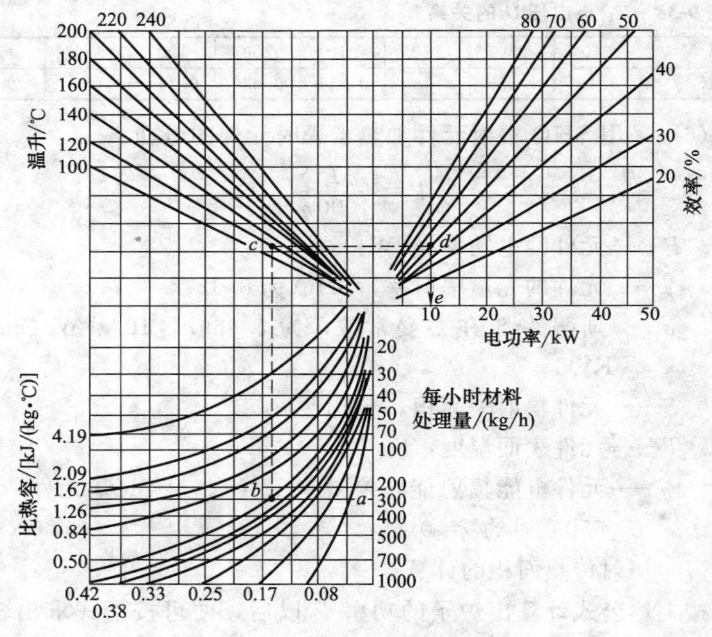

图9-17 红外加热炉的设计曲线

9.5.5 远红外加热炉热效率计算

通过热能计算调查电炉的热效率，是推进节能的重要手段之一。电炉的热效率是指热处理电炉将电能转变成热能过程中电能的利用程度，即有效热量与输入热量之比的百分数。对于不同物料、不同炉子结构等，热效率则不同，一般为 60%～80%。密封对流式加热炉约 65%～85%，敞开式（移动式）约 25%～35%。

$$\eta=\frac{Q_{yx}}{Q_{sr}}\times 100\%=\frac{Q_{sr}-\Delta Q}{Q_{sr}}\times 100\%$$

式中 Q_{yx}——有效热量；

Q_{sr}——输入热量；

ΔQ——损耗热量。

（1）电炉热效率的一般计算公式

$$\eta=\frac{GC\Delta t}{3600P}\times 100\%$$

（2）用于干燥材料（蒸发水分）时

$$\eta=\frac{239Q_i}{3600A}\times 100\%$$

式中 Q_i——每小时蒸发的水分，kg/h；

A——电炉总需用电量，kW·h。

（3）加热含水材料（干燥脱水）时

$$\eta=\frac{A_G+A_s+A_f}{A_z}\times 100\%$$

式中 A_G——用于物体处理的电能，$A_G=Q_G/3600$，kW·h；

A_s——用于水分处理的电能，$A_s=Q_s/3600$，kW·h；

A_f——用于水分蒸发的电能，$A_f=Q_f/3600$，kW·h；

A_z——电炉总需用电量，kW·h；

Q_G，Q_s，Q_f——用于物料处理、水分处理和水分蒸发的热量，kJ。

部分液体的比热容和汽化热见表 9-39。

■ **表 9-39 部分液体的性质**

名称	汽油	丙酮	苯	乙醇	乙醚	水	醋酸乙酯
比热容 /[kJ/(kg·℃)]	1.84	2.156	1.88	2.39	2.336	4.187	1.93
汽化热 /(kJ/kg)	334.9	473.1	376.8	812.2	282.2	2256.7	368.4

（4）求电加热设备效率的简单方法

$$\eta=\frac{A-(A_1+A_2)}{A}\times 100\%$$

式中 A——在一定的操作标准下使用时的用电量（包括装置的损失），这里是指第一次处理时所需用电量，kW·h；

A_1——材料没有放入电炉时的空载状态，将炉子加热到与 A 相同的条件的温度所需用电量，kW·h；

A_2——材料没有放入电炉时的空载状态，将与 A 相同的条件的炉温保持一定时间所需用电量，kW·h。

（5）提高加热炉热效率的措施

① 炉体保温。炉体保温越好，散热越小，越省电。保温好坏与保温材料关系很大。一般保温层厚度为 50～300mm。炉体上部保温要比下部保温加强一些。

② 加强反射效果。有试验数据如下：

距离元件 250mm 处的辐射强度为 1691.5kJ/(m^2·h)；在元件后面加玻璃镜的辐射强度为 1691.5kJ/(m^2·h)；在元件后面加粗铝板的辐射强度为 2708.9kJ/(m^2·h)，在元件后面加抛光铝板的辐射强度为 2817.7kJ/(m^2·h)。

可见，采用抛光铝板可增大辐射强度 60%以上。

9.5.6 远红外加热炉的设计

（1）烘箱和烘道内远红外辐射器的布局

远红外加热炉可制成箱体式，也可制成隧道式。烘箱适用于小批量生产，烘道炉适用于大批量的、连续的生产。

远红外加热炉的设计以及辐射器的布局是根据被加热物体的形状、大小、温度和距离等因素来确定的。

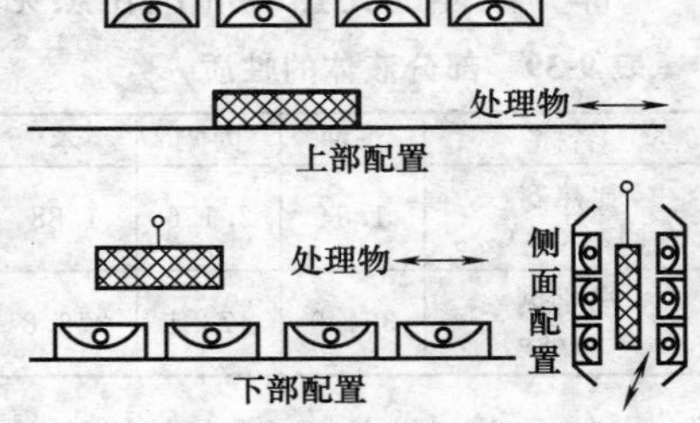

图 9-18　辐射器配置的三种形式

辐射器的配置方法如图 9-18

所示，有三种基本形式。可选用一种或选用两种混合配置。

烘道两端可适当地少装或不装辐射器，而充分利用烘道内的余热，既节省能源，又可使出烘道的工件温度降低。

如果工件形状复杂，会产生“阴影”，严重影响加热的均匀性，这时可采用反光和集光的方法来补救辐照的不均匀。有时烘道（烘箱）的内壁上贴高反射率的材料（如抛光铝皮），则可充分利用辐射的能量。

有时为充分发挥炉壁的反射作用，可有意识地将辐射器交叉错开，使炉内温度更趋均匀。

图 9-19 为可调节辐射距离的化学设备工业干燥炉。图 9-20 为远红外烘箱（植绒织物处理）的结构布置。

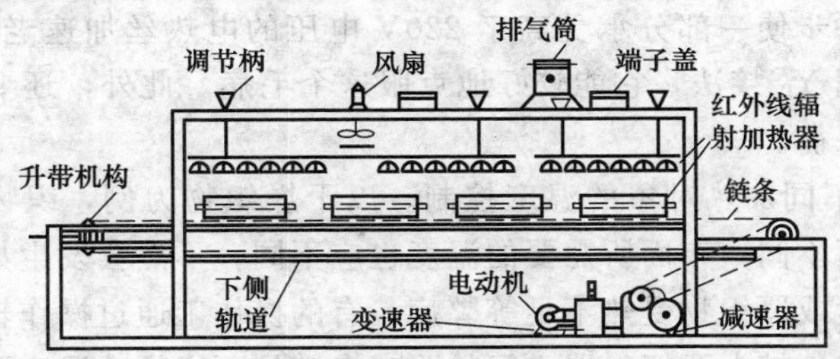

图 9-19　可调节辐射距离的工业干燥炉

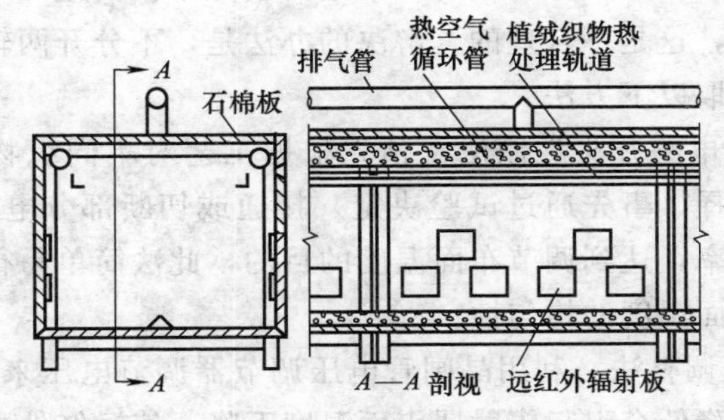

图 9-20　远红外烘箱的结构

（2）设计和使用远红外加热器的一些注意事项

除了上面论述的问题外，根据作者对远红外干燥设备技改经验认为，还应注意以下事项。

① 辐射器长度的确定。以干燥门幅为90cm的织物为例，辐射器过长会浪费能量，过小又会使织物干燥不均匀，可以采用长1m的辐射器。由于板式辐射器的温度分布是中段均匀，两边低于中段，倘若采用1.1m，对改善织物中部及边缘温度均匀性（即改善色差）将有好处。

② 电热丝及其连接法。要远用质量好的电热丝，因为它对远红外辐射器的热效率影响很大。若电热丝强度差，易烧断，不但影响生产，还造成更换电热丝的麻烦。

电热丝的连接法一般不宜采用Y接法，因为一旦有一相电热丝烧断，加于每相电热丝上的电压就不等，从而造成发热不均匀，且会进一步使一部分承受高于220V电压的电热丝加速老化烧断。建议采用Y_0接法，它能较好地克服这个毛病。此外，还要注意三相负荷平衡。

③ 不同加热对象的温度控制。以干燥织物为例，织物成分不同、厚薄不同，布面所需要的温度也应不同，不然会发生如薄织物受热过度或厚织物受热不足等弊病。有的操作工通过操作辐射器架移动装置，扩大两辐射器之间的距离来满足薄织物的温度要求。这样，有相当一部分热量从辐射器两边的空隙中白白跑掉，而电热容量没有减少，这是不合理的。解决的办法是，不分开两辐射器之间的距离，采取以下方法。

a. 利用电路开头控制法：预先根据工艺对不同织物的温度要求，通过选择（事先通过试验决定）接通或切断部分电热丝电源，以改变电功率，达到调节布面温度的目的，此法简单易行，但要考虑辐射器表面温度的均匀性。

b. 电压调整法：利用晶闸管电压调节器调节电压来控制温度。但由于电压降低会引起辐射器表面温度下降，使远红外主辐射的波长加大，要注意是否与织物吸收带相吻合，以及辐射效率等。

c. 此外，还有晶闸管调功器、微机控制智能型温度控制器等温度控制方法。

④ 供电要求。供给远红外的电源需稳定，否则会直接影响加热效率和被加热物的质量。为此，应尽量采用专用线供电，至少不在该线路上接入功率较大的电动机或其他负荷。

由于电热的容量较大，输电线引至开关柜又常有铜铝过渡，必须采用铜铝过渡接线板，并经常检查连接情况，避免热损失。

⑤ 降低维修成本。对于像SHQ乳白石英管和碳化硅板的辐射器，由于质地较脆，在安装、检修、更换电热丝时，都要避免有较大的振动及受扭力。有几条裂缝的硅板，若结构牢固，尚可使用，不必更换过勤。辐射器经长期工作涂层材料成分会改变，辐射率降低，有的产生剥落。除了更新硅板外，还可采用涂刷涂料的方法处理，但涂刷工作要求严格。

【例 9-8】 试设计一台供烘燥涂有聚氯乙烯（PVC）和增塑剂（DOP）铁板的远红外电热炉。已知每天 8h 处理 8000kg 铁板（1mm×1000mm×2000mm）涂饰固化。测得远红外辐射基本参数（样品小试）：当辐射强度为 0.25W/cm^2 时，工件经过 5min 加热，可由 20℃升至固化温度 130℃。当采用SHQ元件，炉壁反射良好，材料比热容为 0.502kJ/(kg·℃)，炉体热效率为 0.45，材料吸收率为 0.9，面积利用率为 0.9。

解 ① 远红外电热元件设计：用远红外分光光度计对PVC-DOP材料测定表明，其匹配吸收波长为 3～4μm、5.5～10μm。在辐射元件设计上，必须保证元件在波长 3～4μm、5.5～10μm 有最佳的匹配辐射能 E_λ、最佳的匹配辐射率 K_λ 和最佳的使用寿命 τ。通过计算（查阅普朗克函数表）可以求出 E_λ、K_λ 和 τ 的最佳值。或者说，求出最佳状态 E_λ 和 K_λ 时元件表面温度，结果列于表 9-40。

■ **表 9-40 PVC-DOP 在不同温度时 E_λ 和 K_λ 值**

参数	温 度 /K							
	400	500	600	700	800	900	1000	1100
E_λ/(W/cm^2)	0.056	0.165	0.377	0.687	1.092	1.674	2.438	3.321
K_λ/%	38.4	46.7	51.3	50.5	48	45	43	40
τ/h	延长←———		正常		————→缩短			

由表 9-40 可见，元件表面温度为 700～800K 时，E_λ、K_λ 和 τ 处于最佳值。

电热元件外形尺寸由设备设计参数确定。例如国产 PVC 造革设备，选用 ϕ18mm×2000mm 的 SHQ 乳白石英远红外元件；烤漆烘道选用 ϕ18mm×1100mmSHQ 元件。

对于加热 PVC 的 ϕ18mm×2000mm 的元件，功率可按下式计算：

$\varepsilon_\lambda=0.92$，$\sigma=5.6697\times10^{-12}\,\mathrm{W/(cm^2\cdot K^4)}$，$T=800\mathrm{K}$，$S=\pi dl=\pi\times1.8\times200=1130\mathrm{cm}^2$，设效率 $\eta=0.72$，则功率为

$$P=\varepsilon_\lambda\sigma T^4 S/\eta=3.35\mathrm{kW}\approx3\mathrm{kW}$$

对于烤漆元件，ϕ18mm×1100mm，同样可求得功率 $P=0.98\mathrm{kW}\approx1\mathrm{kW}$。

选取电阻丝直径，以保证其有最佳寿命。一般远红外加热元件，电阻丝的表面负荷为 3～4W/cm²。当选用直径 1.0mm 的铁铬铝电阻丝时，对于功率为 3kW 的元件，表面负荷为 11W/cm²，1.2mm 为 6.8W/cm²；1.4mm 为 4.0W/cm²；1.6mm 为 3.2W/cm²。故选择 1.4～1.6mm 粗的铁铬铝电阻丝为宜，这样可保证元件寿命在 15000h 以上。

② 烘箱烘道电器设计：挂料从 20℃升至 130℃，每小时所需的热量为

$$Q=Gc\Delta t=(8000/8)\times0.502\times(130-20)$$
$$=5508\mathrm{kJ}$$

烘道总效率为

$$\eta=\eta_1\eta_2\eta_3=0.45\times0.9\times0.9=0.36$$

故所需功率为

$$P=\frac{Q}{3600\eta}=\frac{5508}{3600\times0.36}=42.5\mathrm{kW}$$

对于连续式漆膜固化烘道，可根据小样试验测得的基本参数，求得一张铁板的功率，然后根据固化时间，计算出窑长、车速和总功率。另外，也可以先确定保温材料、炉衬厚度和窑炉结构，再

根据已知条件（固化和加热时间、悬链速度）确定烘道长度。例如固化时间为20min，悬链速度为3m/min，则20×3=60m，考虑预热区和冷却区，烘道总长应为70m。

总功率的设计的经验数据：3～12kW/m^3 空间。它与工件大小、加热温度高低、速度有关。

最后还需设计反射罩，通常用抛光铝板制作，反射罩可提高元件定向辐射能40%以上。需将元件布置好，使辐射均匀。并确定好工作与元件间距（在保证均匀性等条件下，越小越好）。

【例 9-9】 试设计一台远红外面包烘烤炉。已知每小时烘烤面粉量为450kg，相应的砂糖及配料为180kg/h，总水分含量为418.5kg/h，蒸发水分量为180kg/h。上述各原料调和后做成面包坯放在铁盘中，一共有250盘/h，相当于4.166盘/min。

解 ① 经小试验炉多次烘烤试验表明：炉膛温度150～160℃；烘烤时间为16min；照射距离：面火120～150mm，底火100～120mm；照射面平均电功率为1～1.2W/cm^2（总耗用功率÷炉膛被照射面截面积）。

② 炉体长度计算：选用链条式单层，炉膛上下横排远红外电热管。炉膛宽1.5m，高0.5m，每米炉长可容纳四盘面包，即 $n_i=4$ 盘/m。

根据试验得烘烤时间为 $t=16$min，即物料要在炉内运行16min，所以炉膛内最小要容纳面包盘数为：$n=4.166\times16=66.66$ 盘。因此炉膛最小长度为 $L=n/n_i=66.66/4=16$m，实际取18m。物料运送速度为 $v=L/t=18/16=1.125$m/min。

③ 热量计算：各种物料的比热容见表9-41。

■ 表 9-41 各种物料的比热容

物料	水	水蒸气	面粉	糖	钢铁
比热容 c/[kJ/(kg·℃)]	4.1868	2.0097	2.0934	1.6747	0.5024

水的汽化热 $q=2256.7$kJ/kg。

a. 各种物料升温吸热量 Q_1：设物料进炉温度40℃，升温终点100℃，则

面粉吸热

$$450\times2.0934\times(100-40)=56521.8\text{kJ/h}$$

糖及配料吸热

$$180\times1.6747\times(100-40)=18087\text{kJ/h}$$

水分吸热

$$418.5\times4.1868\times(100-40)=10513.05\text{kJ/h}$$

合计

$$Q_1=179739\text{kJ/h}$$

b. 水分蒸发吸热 Q_2：

$$Q_2=180\times2256.7=406203.3\text{kJ/h}$$

c. 水分蒸发后水蒸气继续升温至炉温 150℃时吸热 Q_3：

$$Q_3=180\times2.0097\times(150-100)$$
$$=18087\text{kJ/h}$$

d. 铁盘升温吸热 Q_4：铁盘数量为 250 个/h，质量为 2.5kg/个，铁盘升温至炉温 150℃。

$$Q_4=2.5\times250\times0.5024\times(150-40)$$
$$=34541.1\text{kJ/h}$$

e. 传送链条升温吸热 Q_5：链条质量为 2.68kg/m，共 4 条；链条速度为 1.12m/min，升温至炉温 150℃。

$$Q_5=(2.68\times4\times1.12\times60)\times0.5024\times(150-40)$$
$$=39812.3\text{kJ/h}$$

f. 总的计算吸热量

$$Q_{js}=Q_1+Q_2+Q_3+Q_4+Q_5$$
$$=678383\text{kJ/h}$$

g. 总的实际耗热量

$$Q=1.1Q_{js}=1.1\times678383$$
$$=746221\text{kJ/h}$$

④ 烘烤炉电热容量

$$P=\frac{Q}{3600\eta}=\frac{746221}{3600\times0.85}=243.9\text{kW}$$

⑤ 实际安装容量：选 $\phi 8.5\times1500$ 远红外电热管 200 支，每支 1.2kW，共计 248kW。

这个容量相当于照射面平均电功率为 0.9W/cm^2，与试验所得数据 $1\sim1.2\text{W/cm}^2$ 相近，满足要求。

此外，在元件后面加装抛光铝板以加强反射效果，提高辐射强度。

第 10 章

电焊机

10.1 弧焊机的型号、结构与技术数据

10.1.1 弧焊机的型号与结构

常用的电焊机有交流弧焊机、直流弧焊机和点焊机等，使用最广泛的是交流弧焊机。常用的交流弧焊机有 BX1、BX2 和 BX3 三个系列。交流弧焊机具有结构简单、寿命长、维护容易、费用低廉等优点。但交流弧焊机是单相负荷，容易造成三相电网负荷不平衡，且功率因数很低（仅 0.45～0.60），效率为 80%左右。

常用的直流弧焊机有 AX、AX1、AX3、AR 和 ZXG、ZX 型等。直流弧焊机具有起弧容易、电弧稳定、焊接质量可靠，以及对于三相电网来说负荷均匀，可提高功率因数等优点。但它的结构较复杂，维修工作量较大，价格较贵。

点焊机是利用大电流（数千至数万安）直接流过焊接母材，依靠结合部的接触电阻的发热而达到焊接的，因此也是一种耗电量、功率因数低的焊机。

CO_2 电弧焊机以 CO_2 气体作保护气体，采用焊丝自动送丝，具有敷化金属量大、生产效率高、焊后不需清渣、质量稳定等优点。其焊接成本只有手工电弧焊与埋弧焊成本的 40%～50%左右。

钨极氩弧焊机以氩气作保护气体，具有焊接时无焊渣、无飞溅、焊接速度快、焊接变形小等优点，适用于除熔点非常低的铝锡外的绝大多数的金属和合金，以及超薄板 0.1mm。

（1）BX1 系列交流弧焊机

BX1 系列交流弧焊机是三铁芯柱的单相磁分路动铁式变压器结构，线路如图 10-1 所示。电流调节有粗调和细调两种。粗调可

以更换输出接线板上的连接片（1、2 端子连接时为Ⅰ接法，2、3 端子连接时为Ⅱ接法）。细调是转动焊机中部手柄，以改变动铁芯的位置，即改变漏磁分路的大小，从而获得均匀的电流调节。

（2）BX2 系列交流弧焊机

BX2 系列交流弧焊机是同体组合电抗式结构，如图 10-2 所示。

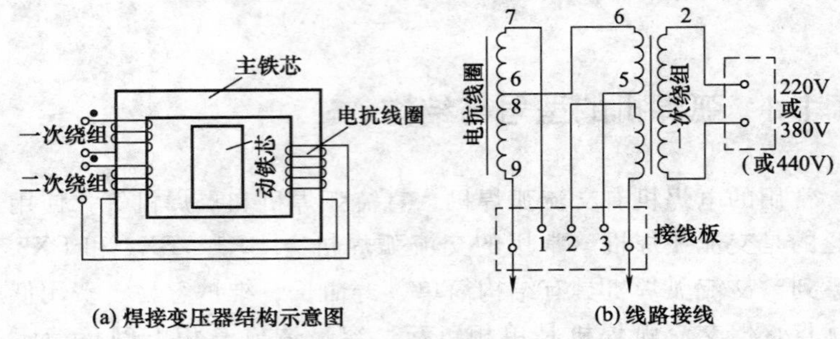

图 10-1　BX1 系列交流弧焊机

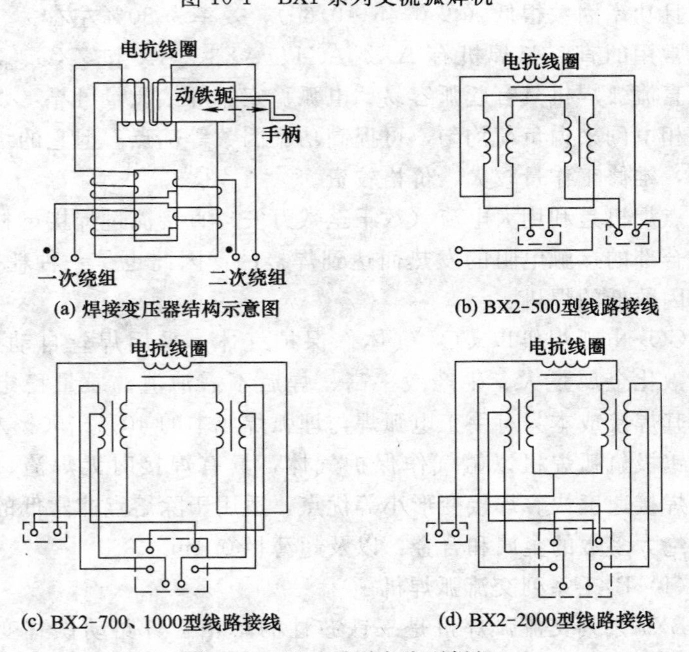

图 10-2　BX2 系列交流弧焊机

电流的调节靠移动电抗铁芯上轭的可动部分以改变气隙距离，从而改变漏抗大小，使电流随之改变。

BX2-500 型和 BX2-700、1000、2000 型遥控线路接线如图 10-3 和图 10-4 所示。

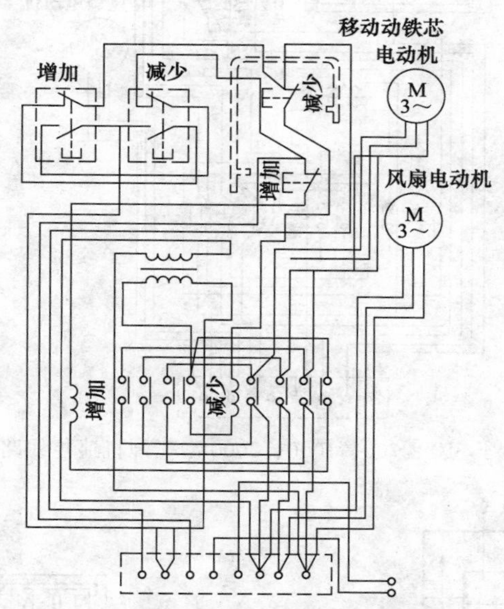

图 10-3　BX2-500 型弧焊机遥控线路接线

（3）BX3 系列交流弧焊机

BX3 系列（BK 系列）交流弧焊机是动圈式结构，如图 10-5 所示。电流的调节有粗调和细调两种。粗调可以通过转换开关和更换输出接线板上的连接片，将绕组接成串联或并联，一、二次绕组串联时为Ⅰ接法，并联时为Ⅱ接法。细调是转动手柄，使二次绕组沿铁芯柱作上下移动，以改变一次与二次绕组间的距离，改变它们之间的漏抗大小，从而改变焊接电流。

（4）旋转式直流弧焊机

旋转式直流弧焊机有 AX、AX1、AX3 和 AR 等系列。其结构基本相同，都是由一台三相异步电动机和一台直流弧焊发电机同轴构成的一整体变流机组。

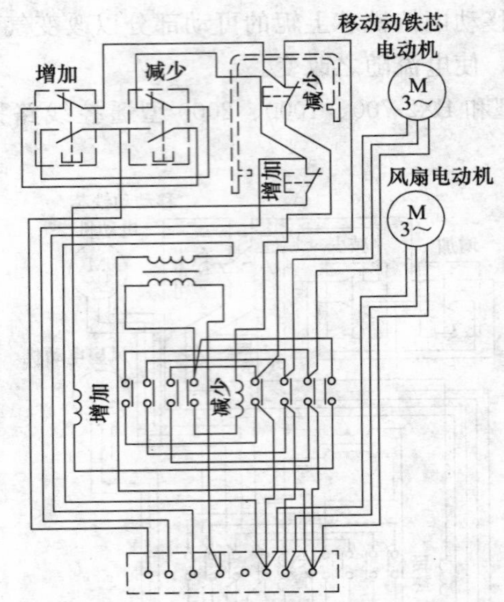

图 10-4　BX2-700、1000、2000 型弧焊机遥控线路接线

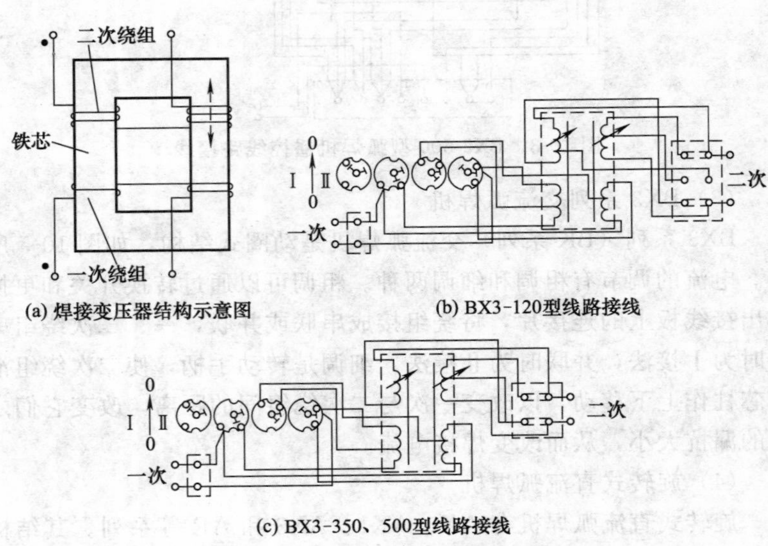

(a) 焊接变压器结构示意图

(b) BX3-120型线路接线

(c) BX3-350、500型线路接线

图 10-5　BX3 系列交流弧焊机

AX 系列直流弧焊机的电流调节有粗调和细调两种。粗调有三挡位置，固定在机盖的凹槽中，它是通过移动刷架来实现的。顺电机转向移动刷架，工作电流减小；反之，工作电流增大。细调是通过手轮改变并励绕组中的变阻器的阻值来实现的。

AX1 系列直流弧焊机的电流调节有粗调和细调两种。粗调是靠改变接线板上串励绕组的匝数来实现的。细调是通过手轮改变并励绕组中变阻器的阻值来实现的。

AX3 系列直流弧焊机的电流调节有粗调和细调两种。粗调有两挡。由有大、小记号的单掷开关来实现。细调是通过手轮移动电刷来实现的。极性的改变可扳动有“倒”、“顺”记号的双掷开关来实现。

AX-165 型直流弧焊机线路如图 10-6 所示；AX-320 型直流弧焊机线路如图 10-7 所示；AX1-500 型直流弧焊机线路如图 10-8 所示；AX3-300-2 型直流弧焊机线路如图 10-9 所示；AR-300 型直流弧焊机线路如图 10-10 所示。

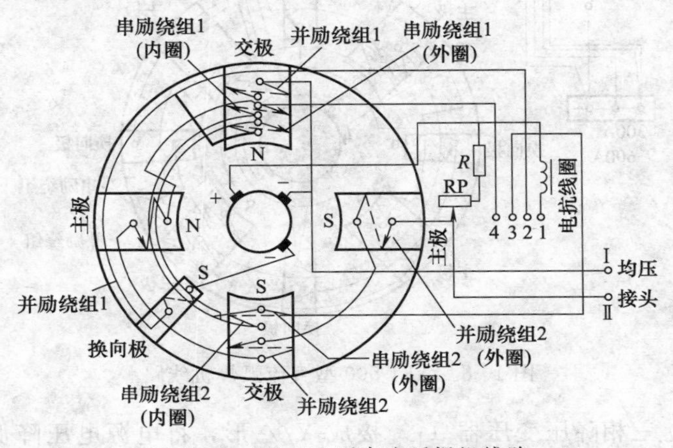

图 10-6　AX-165 型直流弧焊机线路

(5) 整流式直流弧焊机

整流式直流弧焊机采用硅整流获得直流，其线路如图 10-11 所示。它主要由以下几部分组成。

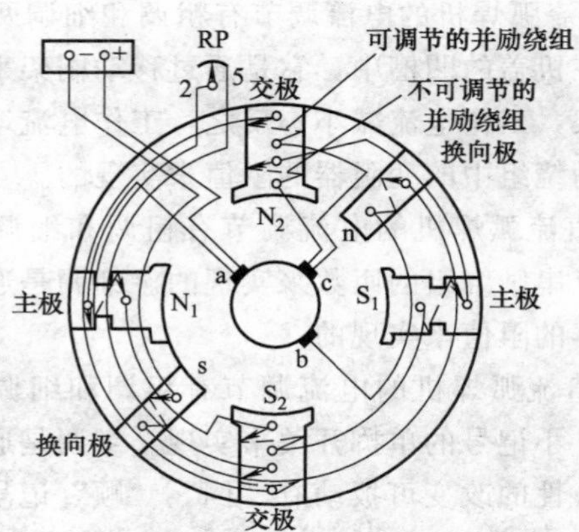

图 10-7　AX-320 型直流弧焊机线路

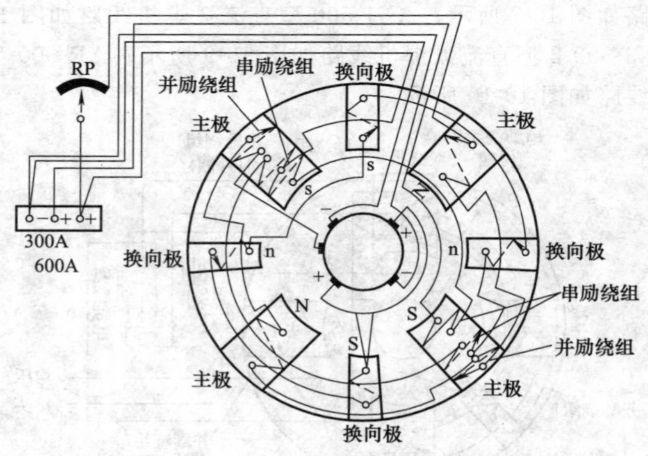

图 10-8　AX1-500 型直流弧焊机线路

① 三相降压变压器 T_1。接成 Y/△形，将电源电压降低到能够输出合适的引弧电压。

② 内反馈三相磁放大器。包括自饱和电抗器和硅整流器，是弧焊机的主要部件。它的作用是将交流电变成直流电，并获得陡降的外特性。其中自饱和电抗器由三个“日”字形铁芯组成，每个铁

芯的两侧柱上绕有交流绕组并反相串联起来，中间铁芯柱上绕有直流控制绕组。

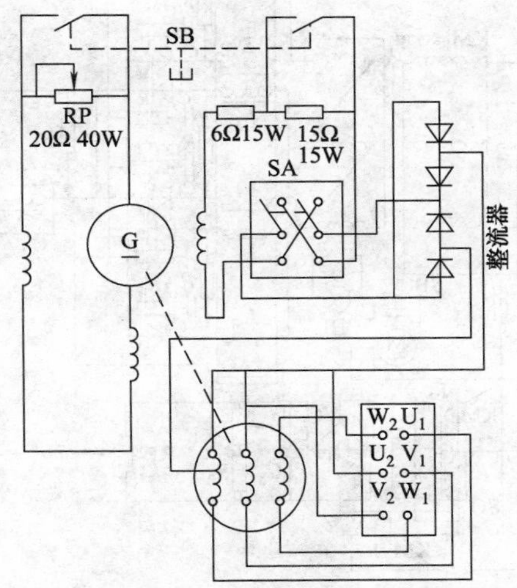

图 10-9 AX3-300-2 型直流弧焊机线路

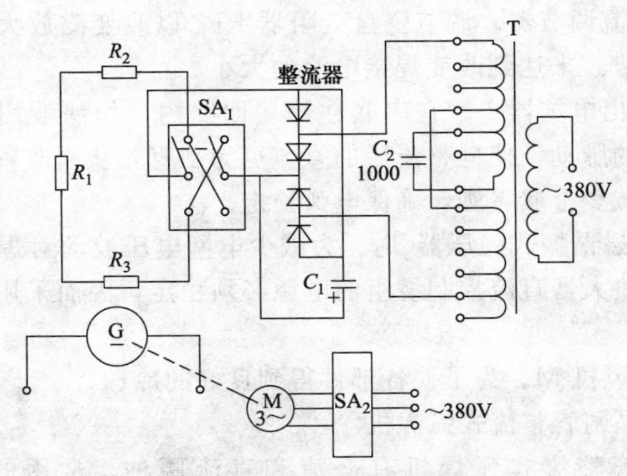

图 10-10 AR-300 型直流弧焊机线路

硅整流器是由六只大功率硅二极管分别和自饱和电抗器的六个交流绕组串联后组成三相桥式全波整流电路。为了保护整流二极管，采用阻容吸收回路，以吸收尖峰脉冲。

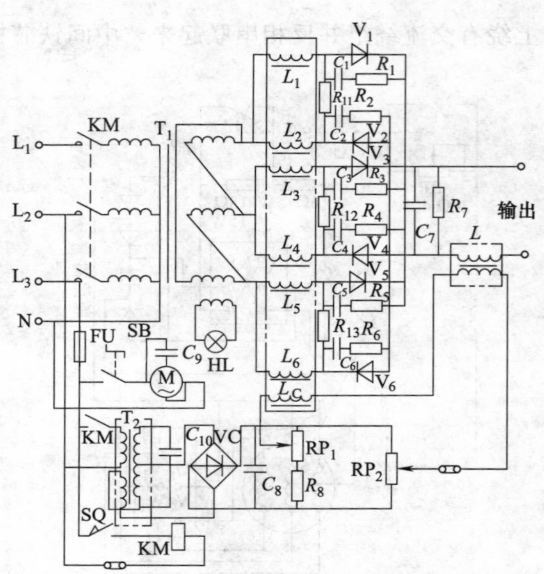

图 10-11　ZXG-200、ZXG-300 型直流弧焊机线路

③ 电流调节器。调节瓷盘变阻器 RP_2 以改变磁放大器控制绕组的磁动势，来达到改变焊接电流的大小。

④ 输出电抗器 L。它串联在焊接回路内，作滤波用，以减少输出电流的脉动，使硅整流后的直流更为平直，从而改善弧焊机的动特性，减少金属飞溅，确保电弧稳定。

⑤ 铁磁谐振式稳压器 T_2。为减少电网电压波动对焊接电流的影响，磁放大器直流控制绕组的电源必须稳定，因而采用铁磁谐振式稳压器。

⑥ 通风机 M。为了使各部件得到良好的冷却。

（6）晶闸管整流式弧焊机

晶闸管整流式弧焊机有交流和直流两种。常用的有 ZX5、ZDK、GS、NZC6、LHF 系列等。弧焊机的主电路一般由主变压器、晶闸管整流电路和滤波电抗器等组成；控制电路主要由晶闸管脉冲触发电路、信号控制电路和稳压电路等组成。典型线路如图 10-12～图 10-14 所示。

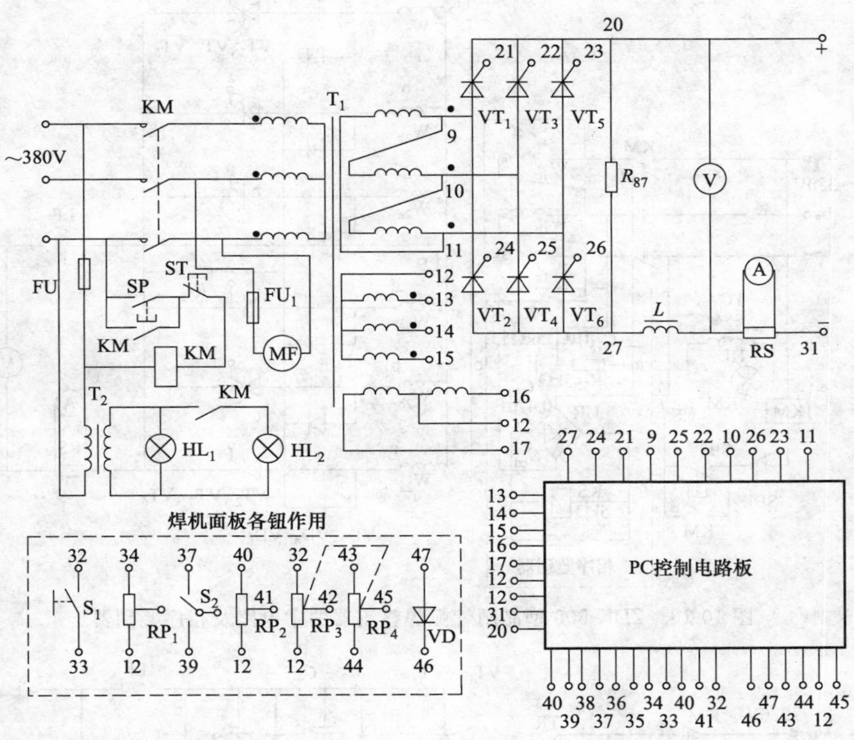

图 10-12　ZX5-400 型晶闸管整流弧焊机线路

焊接面板各钮作用：S_1—断-连弧；S_2—推力-吹弧；RP_1—飞溅控制；RP_2—推力-吹力强度；RP_3，RP_4—焊接电流调节；VD—过载保护

(7) CO_2 气体保护电弧焊机

CO_2 气体保护电弧焊机有 X、NBC 等系列。弧焊机的主电路一般由整流变压器、三相桥式整流器、可调电抗器等组成；控制回路由 CO_2 气体供气的程序控制电路、焊丝输送电动机的调速电路和反馈电路等组成。典型线路如图 10-15 和图 10-17 所示。半自动 CO_2 保护焊机供气的工作程序如图 10-16 所示。

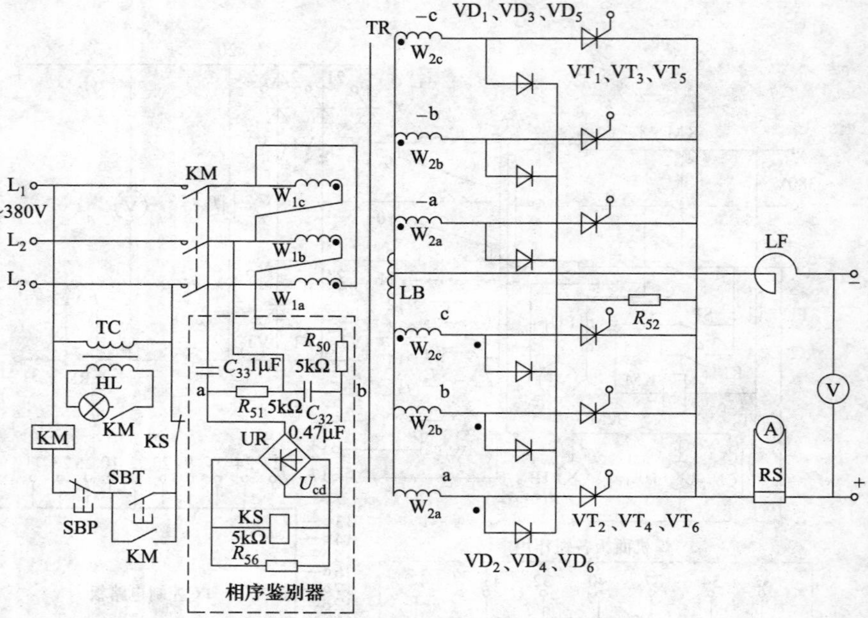

图 10-13　ZDK-500 型晶闸管弧焊整流器的主电路及相序鉴别器

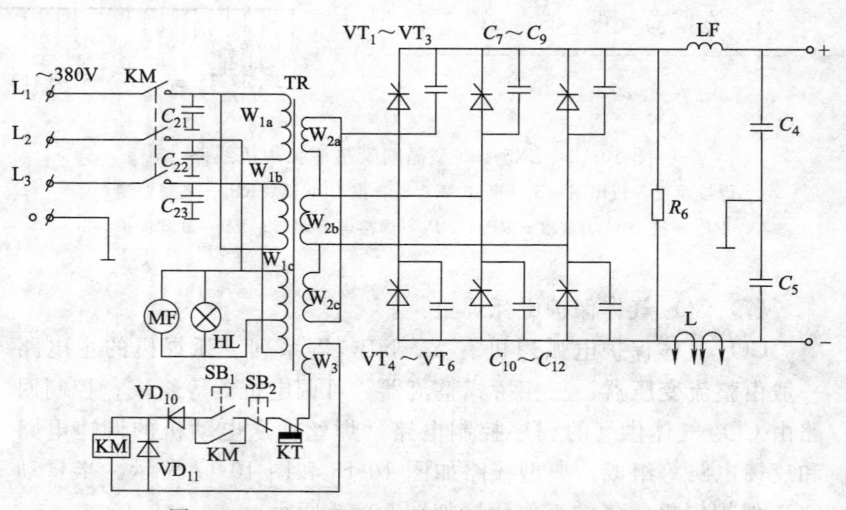

图 10-14　GS-300SS 型晶闸管弧焊整流器主电路

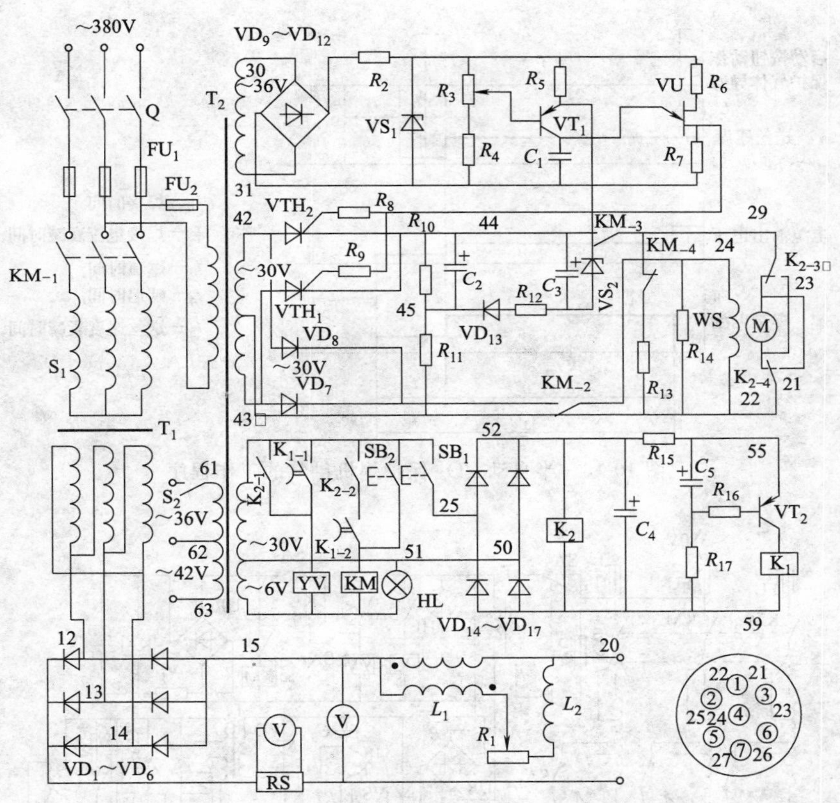

图 10-15 NBC-200 型 CO_2 气体保护半自动焊机线路

工作原理（图 10-15）：焊接时，按下送丝启动按钮 SB_1（一直按着），继电器 K_2 得电吸合，其常开触点闭合，电磁气阀 YV 吸合，送入 CO_2，同时，30V 交流电经整流器 $VD_{14}\sim VD_{17}$ 整流，其直流电压经 R_{17} 向电容 C_5 充电，随之三极管 VT_2 导通，继电器 K_1 得电吸合，其延时断开触点闭合，接触器 KM 得电吸合，其常闭辅助触点断开，常开辅助触点闭合，接通送焊丝电动机 M 的电枢回路。送丝速度由晶闸管 VTH_1、VTH_2 的导通角决定，而导通角又由触发电路（由三极管 VT_1、单结晶体管 VU 等组成的张弛振荡器）的触发脉冲决定。调节电位器 R_3 即可改变 VTH_1 和

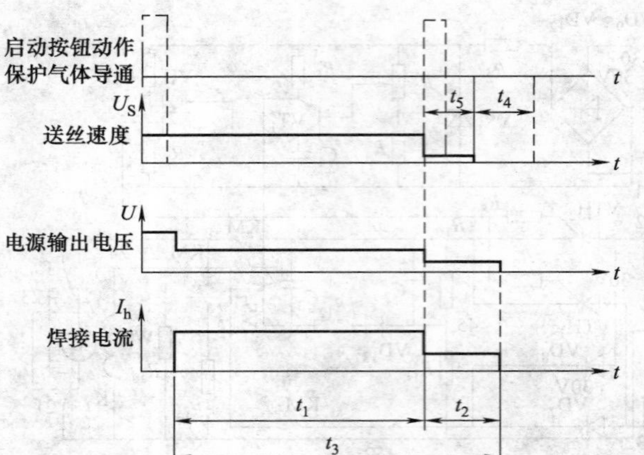

图 10-16　半自动 CO_2 保护焊机供气的工作程序

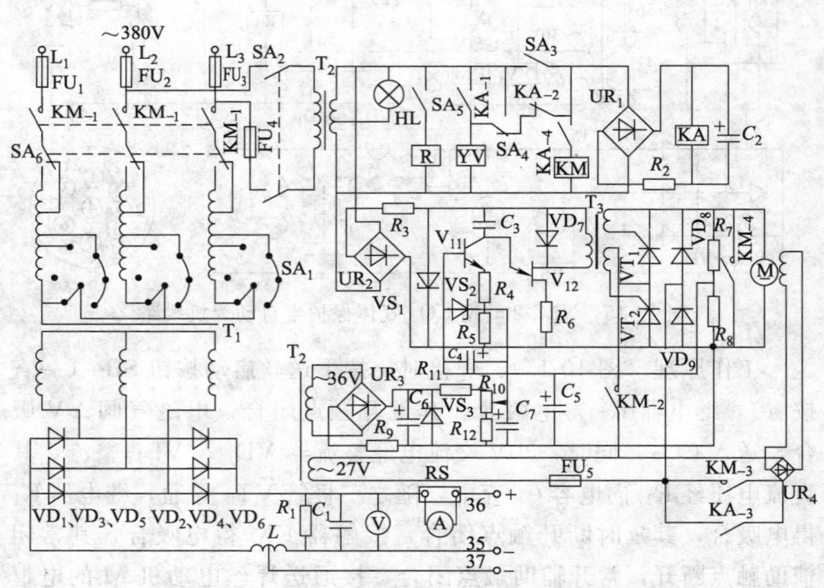

图 10-17　NBC-250 型 CO_2 半自动直流电焊机线路

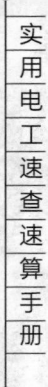

VTH_2 的导通角，从而改变送丝速度，以适应不同焊接工艺的要求。

为了保持送丝速度的稳定，电路设有电压负反馈电路（由稳压管 VS_2、二极管 VD_{13}、电阻 $R_{10}\sim R_{12}$和电容 C_2、C_3 组成）。当由于电源波动或送丝机械阻力变化时，经电压负反馈电路能使导通角减小或增大，从而保持电动机电枢电压的稳定。

焊接停止时，松开按钮 SB_1，继电器 K_1、K_2 失电释放，电磁气阀 YV 失电并关断 CO_2 气源。同时，接触器 KM 失电释放，其常开触点断开，切断电动机的电源，其常闭触点闭合，接通制动回路，电动机制动停转，焊接过程结束。

图中，SB_2 为退丝按钮，当焊丝伸出过多时，按下 SB_2，接触器 KM 得电吸合，接通电枢回路，而继电器 K_2 处于释放状态，电动机 M 反转。松开 SB_2，退丝即可停止。

（8）埋弧焊机

埋弧焊机有交流和直流两种，有自动式和半自动式。MZ-1000 型交流埋弧焊机线路如图 10-18 所示，MZ-1000 型直流埋弧焊机线路如图 10-19 所示。

MZ-1000 型交流埋弧焊机由焊接控制回路、送丝拖动电路和焊接小车拖动电路组成。

焊接控制回路中的埋弧电源由交流弧焊机（BX_2-1000 型）提供。按动电源箱上的按钮 SB_3 和 SB_5 或者是小车控制盒上的 SB_4 和 SB_6，通过继电器 KA_1 和 KA_2 即可使电动机 M_5 正转或反转，并带动电抗器铁芯的移动改变气隙，实现焊接电流的调节。M_4 为冷却风扇，SQ_1 和 SQ_2 为电抗器活动铁芯的限位开关。

送丝拖动由发电机 G_1 与电动机 M_1 系统实现。调节电位器 RP_2 可改变 W_1 的励磁电压，从而调节 M_1 的转速，改变了焊丝的送进速度，也就改变了电弧长度（电弧电压），以适应粗或细焊丝的焊接要求。

焊接小车拖动由发电机 G_2 与电动机 M_2 系统实现。调节电位器 RP_1 可改变 W_5 的励磁电压，从而改变焊接小车的行走速度。操作换向开关 SC_2，可改变小车的行走方向，使小车前进或后退。

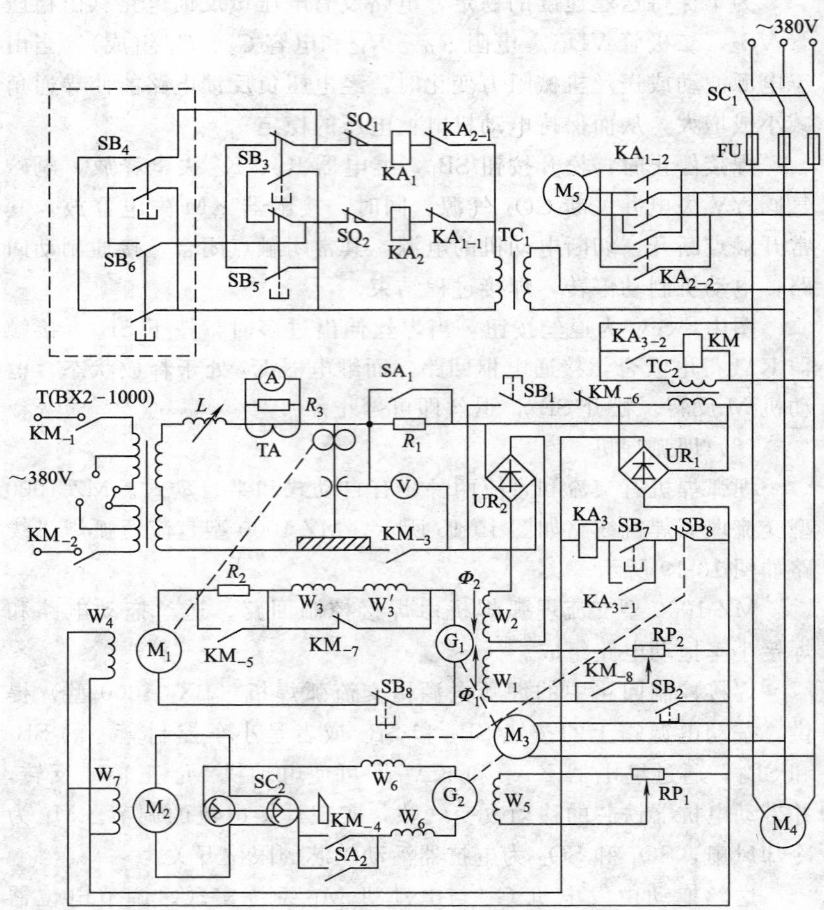

图 10-18　MZ-1000 型交流埋弧自动焊机线路

M_1,M_2—直流电动机；G_1,G_2—直流发电机；M_3～M_5—三相异步电动机；
KM—交流接触器；KA_1,KA_2—交流继电器；KA_3—直流继电器；
T—焊接变压器；TC_1,TC_2—控制变压器；UR_1,UR_2—单相整流桥；SB_1～SB_8—按钮开关；SQ_1,SQ_2—限位开关；
SC_1,SC_2—转换开关；SA_1,SA_2—钮子开关；
RP_1,RP_2—电位器；TA—电流互感器

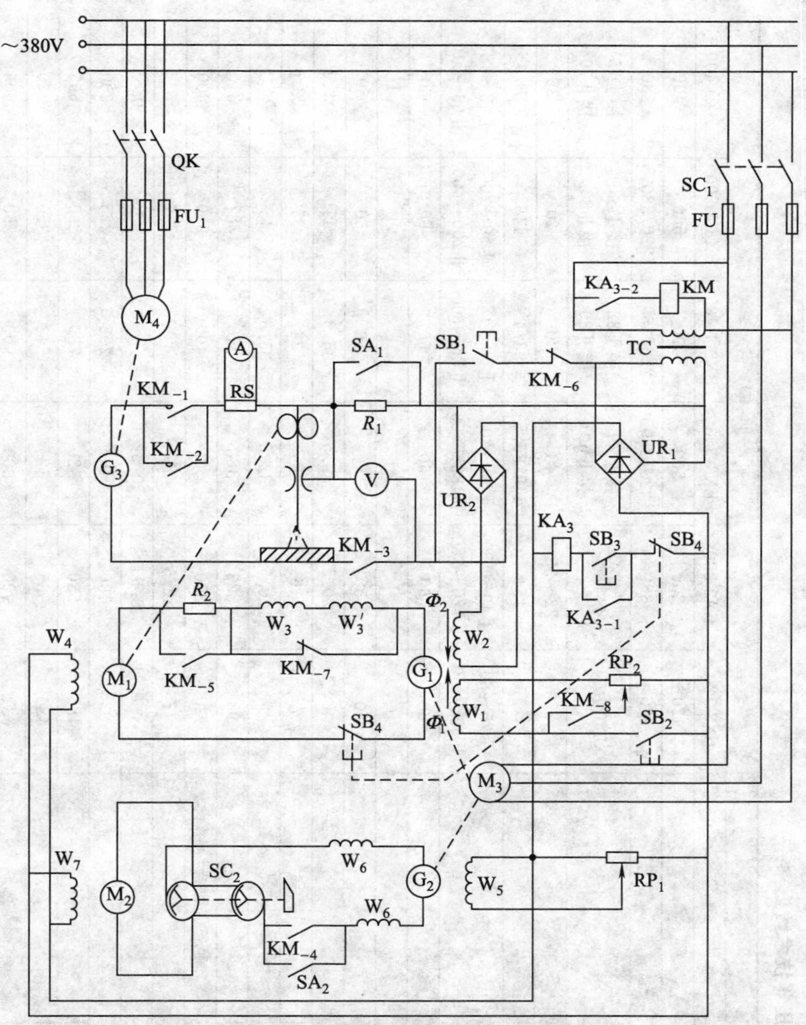

图 10-19　MZ-1000 型直流埋弧自动焊机线路

10.1.2　常用弧焊机的技术数据

（1）弧焊变压器的技术数据（见表 10-1～表 10-6）

■ **表 10-1　弧焊变压器技术数据（一）**

结构形式		动圈式					
型号		BX3-120	BX3-300	BX3-500	BX3-1-400	BX3-1-500	BX3-400
额定焊接电流/A		120	300	500	400	500	400
一次电压/V		380	380	220/380	220/380	220/380	380
二次空载电压/V		80/70	75/60	接Ⅰ70 接Ⅱ60	接Ⅰ88 接Ⅱ80	接Ⅰ88 接Ⅱ80	接Ⅰ75 接Ⅱ70
额定工作电压/V		25	22～35	40	20	20	35
额定一次电流/A		24.15	54	148/85.5	93.4	119	78
焊接电流调节范围/A		Ⅰ25～60 Ⅱ60～160	Ⅰ40～150 Ⅱ120～380	Ⅰ60～200 Ⅱ180～655	Ⅰ60～180 Ⅱ75～500	Ⅰ50～200 Ⅱ200～600	Ⅰ42～163 Ⅱ63～510
额定负载持续率/%		60	60	60	60	60	60
相数		1	1	1	1	1	1
频率/Hz		50	50	50	50	50	50
额定输入容量/kV·A		9	20.5	32.5	35.6	45	29.1
各负载持续率时容量/kV·A	100%	7	16	25	28	35	22.6
	额定负载持续率	9	20.5	32.5	35.6	45	29.1
各负载持续率时焊接电流/A	100%	93	323	388	310	387	310
	额定负载持续率	120	300	500	400	500	400
效率/%		77	82.5	87	70		87.5
功率因数			0.53	0.52			0.56
质量/kg		93	190	167	225	225	200
外形尺寸/mm	长	485	580	520	730	890	695
	宽	480	565	525	540	350	530
	高	631	900	800	900	550	905

■ 表 10-2 弧焊变压器技术数据（二）

结构形式		动圈式					
型号		BX3-120-1	BX3-160	BX3-200	BX3-250	BX3-300-1	BX3-300-2
额定焊接电流/A		120	160	200	250	300	300
一次电压/V		220/380	380	220/380	380	220/380	220/380
二次空载电压/V		接Ⅰ75 接Ⅱ70	接Ⅰ78 接Ⅱ70	70/70	接Ⅰ78 接Ⅱ70	75/60	接Ⅰ78 接Ⅱ70
额定工作电压/V		25	26.4	30	30	30	32
额定一次电流/A		41/23.5	31	67.5/39.5	48.5	54	105/61.9
焊接电流调节范围/A		Ⅰ20～65 Ⅱ60～160	Ⅰ23～80 Ⅱ79～252	35～100/ 95～250	Ⅰ36～121 Ⅱ12～376	40～400	Ⅰ40～125 Ⅱ120～400
额定负载持续率/%		60	60	40	60	60	60
相数		1	1	1	1	1	1
频率/Hz		50	50	50	50	50	50
额定输入容量/kV·A		9	11.8	15	18.4	20.5	23.4
各负载持续率时容量/kV·A	100%	7	9.15	9.4	14.25	15.9	18.5
	额定负载持续率	9	20.5	32.5	35.6	45	29.1
各负载持续率时焊接电流/A	100%	93	124	125	194	232	232
	额定负载持续率	120	160	200	250	300	300
效率/%		80	80	80	85	83	82.5
功率因数			0.44	0.43	0.48	0.53	0.53
质量/kg		100	100	100	150	190	183
外形尺寸/mm	长	485	580	445	630	580	730
	宽	470	430	410	480	600	540
	高	680	710	750	810	880	900

■ **表 10-3　弧焊变压器技术数据（三）**

结构形式		动铁式							
型号		BX3-330	BX3-500	BX3-120	BX3-135	BX3-160	BX3-200	BX1-250	BX1-330
额定焊接电流/A		120	160	200	250	300	300	250	330
一次电压/V		380	220/380	220	380	220/380	220/380	380	380
二次空载电压/V		60～70	60	50	Ⅰ75/Ⅱ60	80	80	78	Ⅰ70/Ⅱ60
额定工作电压/V		30	30	30	30	21.6～27.8	21.6～27.8	22.5～32	22～37
额定一次电流/A		41/23.5	142/82	29.8	40/23	35.4		54	96/57
焊接电流调节范围/A		Ⅰ50～180 Ⅱ160～450	150～700	60～120	Ⅰ25～85 Ⅱ50～150	40～192	40～200	62.5～300	Ⅰ50～185 Ⅱ175～430
额定负载持续率/%		65	65	20	65	60	40	60	60
相数		1	1	1	1	1	1	1	1
频率/Hz		50	50	50	50	50	50	50	50
额定输入容量/kV·A		21	132	6	8.7	13.5	16.9	20.5	21
各负载持续率时容量/kV·A	100%	17	26	2.7		10.4	10.7	15.9	17
	额定负载持续率	21	32	6	8.7	13.5	16.9	20.5	21
各负载持续率时焊接电流/A	100%	266	400	54	110	124	126	194	255
	额定负载持续率	330	500	120	135	160	200	250	330
效率/%			86		78	77		80	82.5
功率因数			0.52		0.58	0.45		0.46	0.51
质量/kg		185	290	32	98	93	93	116	178
外形尺寸/mm	长	866	840	360	680	587	587	600	870
	宽	552	430	245	480	325	325	360	525
	高	748	860	305	580	665	645	720	785

■ **表 10-4 弧焊变压器技术数据（四）**

结构形式		动铁式							
型号		BX1-330-1	BX1-300		BX1-400	BX1-500		BX1K-500	BX1-630
额定焊接电流/A		330	300	300	400	500	500	500	630
一次电压/V		220/380	380	220/380	380	220/380	220/380	380	380
二次空载电压/V		Ⅰ78/Ⅱ66	70	78	77	77		80	80
额定工作电压/V		30	22.34	22.5～32	24～36	24～36	20～44	40	20～44
额定一次电流/A		104/60			83	142/82	83	110	147.5
焊接电流调节范围/A		50～180/160～450	50～380	62.5～300	100～480	100～500		125～600	110～760
额定负载持续率/%		65	60	40	60	40	60	60	60
相数		1	1	1	1	1	1	1	1
频率/Hz		50	50	50	50	50	50	50	50
额定输入容量/kV·A		22.8	21	25	31.4	39.5	42	42	56
各负载持续率时容量/kV·A	100%	18.4	16.3	15.8	24.4	25	32.5	32.5	43.4
	额定负载持续率	22.8	21	25	31.4	39.5	42	42	56
各负载持续率时焊接电流/A	100%	265	232	190	310	316	387	388	488
	额定负载持续率	330	300	300	400	500	500	500	630
效率/%		80			84.5	86	80	87	
功率因数		0.50			0.55	0.52	0.65		
质量/kg		155	160	116	144	144	310	310	270
外形尺寸/mm	长	820	670	600	640	640	820	926	760
	宽	542	400	360	390	390	500	520	460
	高	675	660	700	764	754	790	880	890

■ **表 10-5　弧焊变压器技术数据（五）**

结构形式		动铁式						
型号		BX6-120-2	BXD6-120	BX-120	BX-200	BX5-120	BX6-120	BX6-120-1
额定焊接电流/A		120	120	120	200	120	120	120
一次电压/V		220/380	380	220	380	220	380	220/380
二次空载电压/V		52		50～55	48～70	35～60(六挡)	50	50
额定工作电压/V		22～26	25	22～26	22～28	25	25	22～26
额定一次电流/A		28.4/16.4	14.5/20.5	38	40	18	6	
焊接电流调节范围/A		50～160	Ⅰ 98～115 Ⅱ 110～130	50～160	60～200	50～160	45～160	45～160
额定负载持续率/%		20	60	20	20	30	20	20
相数		1	1	1	1	1	1	1
频率/Hz		50	50	50	50	50	50	50
额定输入容量/kV·A		6.24	8.4	8	15	6.6	6	6
各负载持续率时容量/kV·A	100%	2.8				3		2.7
	额定负载持续率	6.24	8.4	8	15	6.6		6
各负载持续率时焊接电流/A	100%	54				74	54	54
	额定负载持续率					120	120	120
效率/%						78.5		
功率因数						0.55	0.75	
质量/kg		22	35	24	49	28	20	25
外形尺寸/mm	长	345	320	390	270	290	445	400
	宽	246	225	285	351	220	240	252
	高	188	280	190	474	240	190	193

■ 表 10-6 弧焊变压器技术数据（六）

结构形式		同体式				分体式(饱和式)		
型号		BX2-500	BX2-700	BX2-1000	BX2-2000	BX9-300	BX10-100	BX10-500
额定焊接电流/A		500	700	1000	2000	300	100	500
一次电压/V		220/380	380	220/380	380	380	380	380
二次空载电压/V		80	75	69～78	72～84	80	80	81
额定工作电压/V		45	28～56	4	50	35	15	30
额定一次电流/A			147	340/196	450		21	
焊接电流调节范围/A		200～600	200～600	400～1200	800～2200	40～375	15～100	50～500
额定负载持续率/%		60	60	60	60	60	60	60
相数		1	1	1	1	1	1	1
频率/Hz		50	50	50	50	50	50	50
额定输入容量/kV·A		42	56	76	170	24	8	40.5
各负载持续率时容量/kV·A	100%	32.5	44	59	120	18.6	6	31
	额定负载持续率	42	56	76	170	24	8	40.5
各负载持续率时焊接电流/A	100%	388	542	775	1400	230	77.5	387
	额定负载持续率	500	700	1000	2000	300	100	500
效率/%		85	89	90	89	84		
功率因数		0.6	0.5	0.62	0.69	0.52		
质量/kg		445	340	560	890	150	183	650
外形尺寸/mm	长	950	840	741	1020	550	614	670
	宽	744	430	950	818	461	340	810
	高	1215	880	1220	1260	645	470	1100

（2）弧焊整流器的技术数据（见表10-7～表10-10）

■ **表10-7　弧焊整流器技术数据（一）**

结构形式			磁放大器式									
型　号			ZXG-30	ZXG-50	ZXG-100	ZXG-120	ZXG-120-1	ZXG-200	ZXG-200N	ZXG-300		ZXG-300N
输出	额定焊接电流/A		30	50	100	120	120	200	200	300		300
输出	焊接电流调节范围/A		2～30	5～50	5～100	7～120	5～140	10～200	15～200	15～300	50～376	30～300
输出	空载电压/V		80	120	80		40～70	70	70	70	70	70
输出	工作电压/V		12	22～40	20	25	20～26	25～30	16～25	25～30	30	16.5～30
输出	额定负载持续率/%		60	60	60	60	60	60	60	60	60	60
输出	各负载持续率时焊接电流/A	100%	23		77.5	93	93	155	155	230	232	230
输出	各负载持续率时焊接电流/A	额定负载持续率	30		100	120	120	200	200	300	300	300
输入	电源电压/V		380	380	380	380	380	380	380	380	380	380
输入	电源相数		3	3	3	3	3	3	3	3	3	3
输入	频率/Hz		50	50	50	50	50	50	50	50	50	50
输入	额定电流/A		2.08		7.58	12		23.6	26.3	32	39	32
输入	额定容量/kV·A		1.36	5.14	5	8.05	9	15.55	15.55	21	25.7	21
功率因数						0.6						
焊机效率/%			50			62.3	65					
质量/kg			34	65	65	380	180	170	170	220	262	220
外形尺寸(长×宽×高)/mm			520	575	575	750	530	560	575	600		600
			250	280	280	650	355	410	410	440		440
			390	450	450	1050	820	820	825	940		940

■ **表 10-8　弧焊整流器技术数据（二）**

结构形式			磁放大器式											
型号			ZXG-300R	ZXG-400	ZXG-500	ZXG-500R	ZXG-1000	ZXG-1000R	ZXG-1500	ZXG-1600	ZXG-2000	ZXG2-30		ZXG2-100
												维弧	焊接	
输出	额定焊接电流/A		300	400	500	500	1000	1000	1500	1600	2000	2	30	100
	焊接电流调节范围/A		30～300	40～480 (46～570)	25～500	40～500	250～1200	100～1000	200～2000	160～1600	200～2000	2	1～30	40～100
	空载电压/V		70	80 (65～83)	70	70～80	95	90/80	80	90/80	90/80	135	75	350
	工作电压/V		25～30	22～39	20～40	25～40		25～45	40	30～45	30～45	25		150
	额定负载持续率/%		60	60	60	60	60	80	60	100	60	60		60
	各负载持续率时焊接电流/A	100%	194	310	387	315		890	1500	1600	1550		23	100
		额定负载持续率	300	400	500	500	1000	1000	2000		2000	2	30	13
	额定输出功率/kW													
输入	电源电压/V		380	380	380	380	380	380	380	380	380	380		380
	电源相数		3	3	3	3	3	2	3	3	3	3		3
	频率/Hz		50	50	50	50	50	50	50	50	50	50		50
	额定电流/A		29.6	53(44)	58	53.8	150	152	248	243	304	4.28		38
	额定容量/kV·A		21	34.9(29)	38	38	98	100	163	160	200	2.82		
焊机效率/%				80										
质量/kg			240	330(250)	325	360		800	1250	1600	1200	44		750
外形尺寸(长×宽×高)/mm			690	690(565)	650	760	1005	910	1360	1360	1360	520		472
			440	490(540)	500	520	695	700	800	850	850	250		545
			900	952(890)	1020	1000	1290	1200	1450	1450	1450	390		

■ **表 10-9 弧焊整流器技术数据（三）**

结构形式			磁放大器式									
型号			ZXG2-150N	ZXG2-400-1	ZXG7-300	ZXG7-300-1	ZXG7-500	ZXG7-500-1	ZPG-1500	ZPG1-500-1	ZPG2-400	ZXG2-500
输出	额定焊接电流/A		150	400	300	300	500	500	1500	500	400	500
输出	焊接电流调节范围/A		10～150	100～500	20～300	20～300	50～500	50～500	200～2000	35～500		60～500
输出	空载电压/V		140	300/180	72	72	80	80	85	75		65
输出	工作电压/V		50～60	160/50	25～30	25～30	25～40	25～40	40	15～42	18～36	20～40
输出	额定负载持续率/%		60	60	60	60	60	80	60	60	60	60
输出	各负载持续率时焊接电流/A	100%	115		230	230	385	450	1500	400	310	385
输出	各负载持续率时焊接电流/A	额定负载持续率	150		300	300	500	500	2000	500	400	500
输出	额定输出功率/kW			64	9	9	20	20		21	13.6kV·A	20
输入	电源电压/V		380	380	380	380	380	380	380	380	380	380
输入	电源相数		3	3	3	3	3	3	3	3	3	3
输入	频率/Hz		50	50	50	50	50	50	50	50	50	50
输入	额定电流/A		32				63.5	63.5	248	56	45	51.7
输入	额定容量/kV·A		21	130	25	23	45	45	163	37	29.7	34
输入	功率因数				0.57	0.57	0.67	0.64			0.55	0.7
输入	焊机效率/%				68	68	70	70		88		84
输入	质量/kg		220	1350	210	200	320	320	1250	450	310	485
输入	外形尺寸（长×宽×高）/mm		600	1350	420	410	492	492	1360	1180	730	120
			440	745	6000	600	650	650	800	840	560	635
			940	1610	790	790	1130	1130	1450	656	1120	930

■ **表 10-10　弧焊整流器技术数据（四）**

结构形式			动圈式	交直流	两用式	抽头式	多站式				高压引弧式
型　号			ZXG6-300-1	ZXG3-300-1	ZXG9-150	ZPG8-250	ZXG-2000		ZPG6-1000		ZXG12-165
							焊机本身	附镇定变阻器	焊机本身	附镇定变阻器	
输出	额定焊接电流/A		300	300	150	250	2000	BPF-300	1000	PZ-3006×300	165
	焊接电流调节范围/A		40～360（50Hz）35～360（60Hz）	50～300	交流 8～180（25～180）直流 7～160（20～160）			25～330		15～300	20～200
	空载电压/V		70	80	82	18～36	74	64	70		80
	工作电压/V		22～34		27		68	32	60	30	25～30
	额定负载持续率/%		60	60	40	60	100		100	60	60
	各负载持续率时焊接电流/A	100%	232	230		196	2000		1000		130
		额定负载持续率	300	300		250				300	165
	额定输出功率/kW			9		6.5kV·A			60kV·A		
输入	电源电压/V		380	380	380	380	380		380		380
	电源相数		3	单	单	3	3		3		3
	频率/Hz		50 或 60	50	50	50	50		50		50
	额定电流/A		33	64	40	15	243		115		13.5
	额定容量/kV·A		21.7	18.6	14	10	150		72		9

续表

结构形式	动圈式	交直流	两用式	抽头式	多站式				高压引弧式
型号	ZXG6-300-1	ZXG3-300-1	ZXG9-150	ZPG8-250	ZXG-2000		ZPG6-1000		ZXG12-165
					焊机本身	附镇定变阻器	焊机本身	附镇定变阻器	
功率因数	0.62		0.4	0.81	0.97		0.89		0.85
焊机效率/%	70		60(75)	80	91		86		62
质量/kg	168		150	155	1200	29	400	35	75
外形尺寸（长×宽×高）/mm	680	1095	654	605	1180	594	650	530	660
	475	665	466	470	960	470	690	360	325
	865	1255	722	905	2160	505	1170	710	530

（3）直流晶闸管式弧焊机的技术数据（见表10-11、表10-12）

■ **表10-11　晶闸管式弧焊机技术数据（一）**

型号		ZDK-250	ZDK-500	ZX5-250	ZX5-400	NZC6-400
输出	额定焊接电流/A	250	500	250	400	400
	电流调节范围/A	30～300	50～600	50～250	80～400	60～450
	空载电压/V	77	—	55	63	65
	额定工作电压/V	18～32	40	30	36	40
	额定负载持续率/%	60	80	60	60	60
输入	电网电压/V	380	380	380	380	380
	相数	3	3	3	3	3
	频率/Hz	50	50	50	50	50/60
	额定容量/kV·A	14.5	36.4	14	21	23

续表

型号		ZDK-250	ZDK-500	ZX5-250	ZX5-400	NZC6-400
功率因数		—	—	0.7	0.75	0.76
效率/%		—	—	70	75	75
质量/kg		185	350	160	200	170
外形尺寸/mm	长	780	940	605	653	590
	宽	560	540	501	504	500
	高	920	1000	914	1010	900

■ **表 10-12　晶闸管式弧焊机技术数据（二）**

型号		EUROTIG25①	YD-500SV21	LAH500E②	G630-1①	THT800③
输出	额定焊接电流/A	350	500	500	630	800
	电流调节范围/A	5～350	60～500	50～500	15～630	800
	空载电压/V	100		50	100	85
	额定工作电压/V	32	16～45	—	44	50
	额定负载持续率/%	80	60	60	35	—
输入	电网电压/V	380	380	220/550	380/415/500	220/380
	相数	3	3	3	3	3
	频率/Hz	50/60	50/60	50/60	50/60	50/60
	额定容量/kV·A	20	31.9	26.9	—	39
功率因数		0.65	0.8	0.79	0.69	0.85
效率%		—	—	91	—	—
质量/kg		270	172	210	290	305

续表

型号		EUROUIG25[①]	YD-500SV21	LAH500E[②]	G630-1[①]	THT800[③]
外形尺寸/mm	长	—	500	—	1040	1150
	宽	—	650	—	520	620
	高	—	1020	—	700	870

① 生产厂为德国 Messer Griesheim。

② 生产厂为瑞典 FSAB。

③ 生产厂为意大利 INE。

(4) 气体保护电焊机的技术数据(见表 10-13～表 10-17)

■ **表 10-13　交、直流及交直流两用手工氩弧电焊机技术数据**

型号	NSA-300	NSA1-500-2	NSA4-300	NSA-300	NSA-400	NSA-500-1	NSA2-300-1
电源性质	直流	直流	直流	交流	交流	交流	交、直流两用
空载电压/V	80	70	72		80/90	88	80
工作电压/V	12～20	12～20	25～30	20	20	20	12～20
焊接电流调整范围/A	30～300	30～300	20～300	50～300	60～500	50～500	35～300
电极直径/mm	2～6	1～6	1～5		1～7	2～7	1～6
氩气最大流量/(L/min)	25	25	15	30	25	25	25
冷却水流量/(L/min)	1	1	>1	1	1	1	1

■ **表 10-14　TIG 自动电焊机技术数据**

型号	NZA-300-1	NZA2-500-2	NZA3-300	NZA4-300	NZA-500-1	NZA18-500	NZA21-120-1	NZA8-100
电源性质	交流	交流	交流	交流	交流	交流	交流	交流
空载电压/V		60～80	60～80	70	直 68/交 81	直 68/交 81		80

续表

型号	NZA-300-1	NZA2-500-2	NZA3-300	NZA4-300	NZA-500-1	NZA18-500	NZA21-120-1	NZA8-100
工作电压/V	380	380	380	380	380	380	380	380
焊接电流调节范围/A	35～300	20～300	20～300	40～300	50～500	50～500	4～120	10～100
电极直径/mm	1～6	2～6	2～6	2～6	2～7	熔 0.8～2.5 不熔 2～7	1～2	1～2
填充丝直径/mm	25	25	15	30	25	25	25	
焊接速度/(m/h)	10～60	10～108	6.6～120	10～110	5～80	5～80	1～6r/mm	
送丝速度/(m/h)	10～60	25～220	13.2～240	25～150	20～1000	20～1000		
其他可焊工件长度	悬壁式伸臂长度3500mm，可焊工件长度2000mm	用H-5型焊车机头上下调节2110mm	用H-6型焊车、气动夹具工作台1220×1000×1225(mm)	配用ZXG6-300-1型电源	悬壁式伸壁长度2600mm，从地面到焊接770～1670mm	小车式	台式有旋转构件	点焊时间范围2.5～25s

■ **表 10-15　专用 TIG 自动电焊机技术数据**

型号	NZA4-75	NZA7-1	NZA7-2	NZA26-100	NZA27-30	NZA29-200	NZA30-200
电源性质	交流	交流	交流	交流	交流	交流	交流
空载电压/V		80	70		80		70
工作电压/V	380	380	380	380	380	380	380
焊接电流调节范围/A	10～75	5～100	20～200	15～100	5～30	20～200	20～200
电极直径/mm	1～2	1;1.6;2	1;2;3	1～3	1		
填充丝直径/mm			0.5;0.8;1;1.2				

续表

型号	NZA4-75	NZA7-1	NZA7-2	NZA26-100	NZA27-30	NZA29-200	NZA30-200
焊接速度/(m/h)	3～5		10～40				
送丝速度/(m/h)			20～120				
氩气流量/(L/min)	4～12		2.6～26				

■ 表 10-16　自动半自动 TIG 焊机技术数据

型号	自动		半自动	
	NZA-1000	NZA19-500-1	NBA1-500	NBA7-400
电源电压/V	380	380	380	380
空载电压/V		80	65	
工作电压/V	25～45	25～40	65	15～42
焊接电流调节范围/A	1000	50～500	60～500	60～400
电极直径/mm	1～2	1;1.6;2	1;2;3	1～3
焊丝直径/mm	3～5	铝 2.5～4.5	铝 2～3	不锈钢 0.5～1.2 铝 1.6～2.0
焊接速度/(m/h)	2.1～78	6～60	10～40	
送丝速度/(m/h)	30～360	90～330	60～840	150～750
氩气流量/(L/min)				

■ 表 10-17　TIG 及 MIG 脉冲自动焊机技术数据

型号	NZA6-30	NZA4-250	NZA-300-1	NZA-250-1	NZA11-200	NZA20-200	NZA24-200	NU-200
控制电源电压/V	380	380	380	380	380	380	380	380
最大稳弧电流/A	3	25～250			200		200	200
脉冲电流范围/A	1.5	25～250	30～300	20～300	20～200		20～200	20～200

续表

型号	NZA6-30	NZA4-250	NZA-300-1	NZA-250-1	NZA11-200	NZA20-200	NZA24-200	NU-200
钨极直径/mm	1	1.5;2;3			1.2～1.6 (焊丝)		1.2～1.6 (焊丝)	1.2～1.6
焊件厚度/mm	0.1～0.5	管壁厚 4	管子直径 32～42 厚 3～5	管径 32～42 壁厚 1～5				
焊接速度/(m/h)	10～100			0.25～2 (r/min)	5～80	6～60(送丝) 60～840	5～80(送丝) 60～840	5～80(送丝) 200～1000
脉冲频率/Hz	0～10	0.5;1;2;3; 4;5			25;50;100	50;100	25;50;100	25;50;100

(5) 钨极氩弧焊机的技术数据（见表 10-18～表 10-20）

■ 表 10-18　自动钨极氩弧焊机主要技术数据

型号	NZA6-30	NZA2-300	NZA3-300	NZA-500
电源电压/V	380	380	380	380
额定焊接电流/A	30	300	300	500
电流调节范围/A	—	35～300	—	50～500
钨极直径/mm	—	2～6	2～6	1.5～4
焊丝直径/mm	0.5～1	1～2	0.8～2	1.5～3
送丝速度/(m/min)	—	0.4～3.6	0.11～2	0.17～9.3
焊接速度/(m/min)	0.17～1.7	0.2～1.8	0.22～4	0.17～1.7
冷却水流量/(L/min)	—	3～16	—	—
负载持续率/%	60	60	60	60
电流种类	脉冲	交、直流两用	交、直流两用	交、直流两用

■ **表 10-19　手工钨极氩弧焊机主要技术数据（一）**

型号	WSM-63	NSA-120-1	WSE-160	NSA-300	NSA1-300	WSM-300
电源电压/V	220	380	380	220/380	220	380
空载电压/V	—	80	—	—	—	80
工作电压/V	—	—	16	20	12～20	16～22
额定焊接电流/A	63	120	160	300	300	300
电流调节范围/A	3～63	10～120	5～160	50～300	30～300	5～300
钨极直径/mm	—	—	0.8～3	2～6	2～6	2～6
氩气流量/(L/min)	—	—	—	20	25	—
冷却水流量/(L/min)	—	—	—	1	1	—
负载持续率/%	—	60	—	60	60	60
电流种类	直流脉冲	交流	交、直流脉冲	交流	直流	交、直流脉冲

■ **表 10-20　手工钨极氩弧焊机主要技术数据（二）**

型号	NSA2-300-1	NSA4-300	WSM-315	WSM-400	NSA-500	NSA-500-1
电源电压/V	380	380	380	380	220/380	220/380
空载电压/V	—	72	80	—	—	—
工作电压/V	12～20	25～30	—	—	20	20
额定焊接电流/A	300	300	315	400	500	500
电流调节范围/A	50～300	20～300	5～315	峰值 25～400 基值 25～100	50～500	50～500
钨极直径/mm	1～6	1～5	—	—	2～10	1～7
氩气流量/(L/min)	25	25	—	—	20	25
冷却水流量/(L/min)	1	71	—	—	1	1
负载持续率/%	60	60	60	60	60	60
电流种类	交、直流	直流	交流、直流、脉冲	直流脉冲	交流	交流

（6）埋弧焊机的技术数据（见表 10-21～表 10-27）

■ **表 10-21　埋弧自动焊机主要技术数据**

新型号	MZA-1000	MZ-1000	MZ1-1000	MZ2-1500	MZ-1-1000	MZ6-2×500	MU-2×300	MU1-1000
旧型号	GM-1000	EA-1000	EK-1000	EK-1500		EH-2×500	EP-2×300	
送丝方式	弧压自动调节	弧压自动调节	等速送丝	等速送丝	弧压自动调节	等速送丝	等速送丝	弧压自动调节
电焊机结构特点	埋弧、明弧、两用小车式	小车式	小车式	悬挂小车式	小车式	小车式	堆焊专用	堆焊专用
焊接电流/A	200～1200	400～1200	200～1000	400～1500	200～1000	200～600	160～300	400～1000
焊丝直径/mm	3～5	3～6	1.6～5	3～6	3～6	1.6～2	1.6～2	焊带宽 30～80 厚 0.5～1
送丝速度/(m/h)	30～360 （弧压反馈控制）	30～120 （弧压 35V）	52～403	28.5～225	30～120	150～600	96～324	15～60
焊接速度/(m/h)	2.1～78	15～70	16～126	13.4～112	15～70	8～60	19.5～35	7.5～35
焊接电流种类	直流	直流或交流	直流或交流	直流或交流	直流	交流	直流	直流
送丝速度调整方法	用电位器无级调速(用改变晶闸管导通角来改变直流电机转速)	用电位器自动调整直流电机转速	调换齿轮	调换齿轮	用电位器无级调速(晶闸管系统)	用自耦变压器无级调整直流电机转速	调换齿轮	用电位器无级调整直流电机转速

■ 表 10-22 MB-400 型半自动埋弧焊机技术数据

电源电压/V	220	焊丝盘可容纳焊丝质量/kg	18
额定焊接电流/A	400	焊剂漏斗可容纳焊剂质量/kg	0.4
额定负载持续率/%	100	外形尺寸(长×宽×高)/mm	610×230×470
工作电压/V	25～40	SS-2 送丝机构质量/kg	12
焊丝直径/mm	1.6～2.0	焊把(连特殊软管电缆)质量/kg	6.5

■ 表 10-23 MBL-1000 型半自动螺柱焊机技术数据

电源电压/V	380(三相四线)
螺柱直径/mm	4～16(低碳钢) 4～12(其他材料)
螺柱长度/mm	20～65
焊件厚度	不小于螺柱直径 1/3
焊接电流调节范围/A	300～1000
控制箱外形尺寸(长×宽×高)/mm	450×440×240
焊枪尺寸(高×枪体直径)/mm	290×66
控制箱质量/kg	22
焊枪质量/kg	2.5

■ 表 10-24 MZ-2×1600 型双丝自动埋弧焊机技术数据

电源电压/V	三相 380
频率/Hz	50
额定焊接电流/A	前丝 直流 1600 后丝 交流 1000
焊丝直径范围/mm	3～5.5
送丝速度/(m/h)	30～180
焊接速度/(m/h)	13.5～82
送丝速度调节方法	等速均匀两用
外形尺寸(长×宽×高)/mm	1100×1000×800
质量/kg	240
配用电源型号	直流 ZXG-1600 交流 BX-1000

■ 表 10-25 MZ-1000 型自动埋弧焊机技术数据

控制箱电源电压/V	380
焊接电流/A	400～1200
焊接直径/mm	3～6
焊接速度/(m/h)	15～70

续表

送丝速度(弧压＝35V)/(m/min)	0.5～2.0
焊头位置可调节位移： 左右旋转角/(°) 向前倾斜角/(°) 侧面倾斜角/(°) 垂直位移/mm 横向位移/mm	 90 45 ±45 85 ±30
焊丝盘可容纳焊丝质量/kg	12
焊剂漏斗可容纳焊剂质量/kg	12
自动焊小车外形尺寸(长×宽×高)/mm	1010×344×662
控制箱外形尺寸(长×宽×高)/mm	980×585×705
自动焊小车质量 (不包括焊丝及焊剂)/kg	65
控制箱质量/kg	160

■ **表 10-26　MZ-1-1000 型自动埋弧焊机技术数据**

控制箱电源电压/V	380
焊接电流/A	220～1000
焊丝直径/mm	3～6
焊接速度/(m/h)	15～70
侧面倾斜角/(°)	±45
垂直位移/mm	85
横向位移/mm	±30
焊丝盘可容纳焊丝质量/kg	12
焊剂漏斗可容纳焊剂质量/kg	12
送丝速度(弧压＝35V)/(m/min)	3
焊头位置可调节位移： 左右旋转角/(°) 向前倾斜角/(°)	 90 45
自动焊小车外形尺寸(长×宽×高)/mm	1010×344×662
自动焊小车质量(不包括焊丝及焊剂)/kg	65

■ **表 10-27　MZ1-1000 型自动埋弧焊机技术数据**

控制箱电源电压/V	380
焊接电流/A	220～1000
焊丝直径/mm	1.6～5
送丝速度/(m/h)	52～403
焊接速度/(m/h)	16～126

续表

焊机头侧面倾斜角/(°)	45
焊丝盘可容纳焊丝质量/kg	8
焊剂漏斗可容纳焊剂质量/kg	6.5
自动焊小车外形尺寸(长×宽×高)/mm	716×346×540
自动焊小车质量(不包括焊丝及焊剂)/kg	45
控制箱外形尺寸(长×宽×高)/mm	750×500×540
控制箱质量/kg	65

10.2 弧焊机负载持续率、功率因数、效率及容量的计算

10.2.1 弧焊机负载持续率的概念及计算

电焊机的负载持续率（即暂载率）表示产生电弧时间与总时间（包括无电弧的空载状态）之比，即

$$负载持续率=\frac{电弧时间}{电弧时间+空载时间}$$

负载持续率有多大，是由实际情况决定的，不同焊机、不同的操作方法和工作条件，其值都不一样。但电焊机的额定持续率对具体一台焊机而言却是一定的。额定持续率是指在额定次级电流下，电弧时间与总时间之比。我国规定，手工电弧焊机的额定负载持续率为60%，自动或半自动弧焊机为100%或60%。

当负载持续率比电焊机额定负载持续率大时，允许使用的焊接电流应比额定电流小；负载持续率比额定负载持续率小时，允许使用的焊接电流可比额定电流大。电焊机铭牌上均标明不同负载持续率时允许使用的焊接电流值。不同负载持续率的电流值对照，见表10-28。

■ 表 10-28　不同负载持续率的电流值对照

负载持续率/%	100	80	60	40	20
电流/A	116 230 387 775	130 257 434 868	150 300 500 1000	183 363 611 1222	260 516 868 1735

如果额定电流为 500A 的电焊机，使用的工作电流为 610A 左右，其负载持续率应按 40%使用，即每 5min 内通焊接电流的时间总和不应超过 5×40%=2min。这样才不致使电焊机超载造成温升过高及浪费电能。允许负载持续率可由下式计算：

$$F_{zyx}=\left(\frac{I_{2e}}{I}\right)^2 F_{ze}$$

式中　F_{ze}——额定负载持续率；

I_{2e}——电焊机额定次级电流，A；

I——实际焊接电流，A。

但是，对于整流式直流弧焊机，由于整流器的热容量很小，如果通以超过额定电流的大电流，则会损坏整流器。所以对于整流式直流弧焊机，即使在低于上述的允许负载持续率下使用，也不得通过大于额定值的电流。

10.2.2　弧焊机功率因数及效率的计算

弧焊机的功率因数为焊机初级输入功率与初级视在功率之比，即

$$\cos\varphi=\frac{U_{21}I_2+P\times10^3}{U_{20}I_2}$$

弧焊机的效率为焊机次级输出功率与初级输入功率之比，即

$$\eta=\frac{U_{21}I_2}{U_{21}I_2+P\times10^3}\times100\%$$

式中　U_{21}——电焊机次级电弧电压，V；

I_2——电焊机次级电弧电流，A；

U_{20}——电焊机次级空载电压，V；

P——电焊机次级内部损耗，kW；

$U_{21}I_2$——电弧输入功率，V·A。

若在负载状态下忽略励磁电流，则功率因数与效率有如下关系：

$$\eta\cos\varphi=\frac{U_{21}}{U_{20}}$$

可见，电焊机本身的功率因数高时，效率反而低。效率低就意味着对于一定的输出功率，需要输入更多的电能。

【例 10-1】 某电弧机，已知次级空载电压 U_{20} 为 80V，次级电弧电流 I_2 为 300A，次级电弧电压 U_{21} 为 32V，电焊机内部损耗 P 为 3.5kW，试求电弧焊机的功率因数及效率。

解 初级视在输入功率为

$$S_1\approx U_{20}I_2\approx 80\times 300\times 10^{-3}=24\text{kV·A}$$

初级输出功率为

$$P_{1sc}=U_{21}I_2=32\times 300\times 10^{-3}=9.6\text{kW}$$

初级输入功率为

$$P_{1sr}=U_{21}I_2+P=32\times 300\times 10^{-3}+3.5=13.1\text{kW}$$

功率因数为

$$\cos\varphi=P_{1sr}/S_1=13.1/24=0.54$$

效率为

$$\eta=P_{1sc}/P_{1sr}=9.6/13.1=73\%$$

10.2.3 弧焊机电源容量的计算

交流弧焊机的容量一般用额定焊接电流（即次级额定电流）来称呼。弧焊机所需的电源容量可按下列公式计算。

① 单台弧焊机所需电源容量的计算

$$S=\sqrt{FZ}\beta S_a$$

$$S_a=U_{20}I_2\times 10^{-3}$$

式中　S——电焊机电源容量，kV·A；

S_a——电焊机容量，即电焊机初级视在输入功率，kV·A；

FZ——负载持续率；

β——负载率，即考虑电焊机并不总是在最大容量下使用的减少系数，即 $\beta=I_2/I_{2e}$；

其他符号同前。

② 多台同规格的弧焊机所需电源容量的计算

$$S=N\beta S_a \ (\text{kV·A})$$

$$N=\sqrt{nFZ}\sqrt{1+(n-1)FZ}$$

如果 nFZ 足够大，则　$N\approx nFZ$

式中　N——使用率；

n——电焊机台数；

其他符号同前。

③ 多台不同规格的弧焊机所需电源容量的计算

$$S=K_x\sum(S_a\sqrt{FZ})=K_xS_{jf} \ (\text{kV·A})$$

式中　K_x——需要系数，两台焊机取 0.65，三台及以上取 0.35；

S_{jf}——尖峰容量，kV·A。

④ 低使用率的弧焊机，采用附加联锁装置减小电源容量。

以点弧焊机为代表，由于焊接时间很短，剩余的时间完全处于空载状态。为了使供电设备有效利用，应认真安排好工艺流程，设计数台焊机不同时开动的联锁装置，以便使总的供电契约电力减少，供电损耗降低。由于线损与电流平方成正比，当 n 台弧焊机同时工作与分开工作时，其线损比为：$(nI_e)^2/nI_e^2=n$

⑤ 采用电容储能焊机，该焊机是利用一个能量比较集中的脉冲电流，通过被焊工件的接触点产生热量将金属熔接。由于焊机在不焊接时，电容被慢慢充电，作为电源容量可以非常小。同时，从电源来看，功率因数很高。与工频电阻焊机相比，契约供电设备容量约减少 7/8，用电量约减少 2/3。

【例 10-2】 有两台电弧焊机，已知次级空载电压 U_{20} 为 80V，额定次级（电弧）电流 I_{2e} 为 300A。平时弧焊机的实际次级电弧电流总在 250A 左右使用。试求供给这两台弧焊机使用的电源容量。设弧焊机的使用率 N 为 50%，负载持续率 FZ 为 0.4。

解 电弧焊机的容量（即额定初级视在输入功率）为

$$S_a = U_{20} I_{2e} = 80 \times 300 \times 10^{-3} = 24\text{kV·A}$$

由于负荷率为 $\beta = I_2 / I_{2e} = 250/300 \approx 0.833$

所以电源容量（初级输入功率）为

$$\begin{aligned} S &= \sqrt{nFZ}\sqrt{1+(n-1)FZ}\beta S_a \\ &= \sqrt{2\times 0.4}\sqrt{1+(2-1)\times 0.4\times 0.833\times 24} \\ &= 21.2\text{kV·A} \end{aligned}$$

因此，对于两台 300A 的弧焊机，电源变压器的容量为 21.2kV·A 就够了。

【例 10-3】 上例中，若功率因数为 0.52，现通过移相电容器补偿，将功率因数提高到 0.9，试求此时的电源变压器容量和移相电容器的补偿容量。

解 补偿后的电源变压器容量为

$$S' = \frac{\cos\varphi}{\cos\varphi'} S = \frac{0.52}{0.9} \times 21.2 = 12.2\text{kV·A}$$

每台交流弧焊机的补偿电容容量为

$$\begin{aligned} Q_c &= FZ\sqrt{1-\cos^2\varphi}\beta S_e \\ &= 0.4\sqrt{1-0.52^2}\times 0.833\times 24 \\ &= 6.4\text{kvar} \end{aligned}$$

总补偿容量为 $2Q_c = 2\times 6.4 = 12.8\text{kvar}$

10.3 改善电焊机的功率因数降低损耗的计算

由于交流弧焊机的功率因数很低，因此有必要安装移相电容器进行无功补偿。如果通过接入移相电容器后将功率因数由 0.45～0.60 提高到 0.60～0.70，则输入视在功率约减少 20%（见表10-29），初级侧配线损耗也降低到约 64%。交流弧焊机接入移相电容器后，按 10 年寿命期限计算可减少电能的费用，相当于焊机的价格。扣除电容器的费用，其节约的费用还是相当大的。它不仅节约电费，而且改善了供电网路的品质因数，节省了输配电线路的损耗。

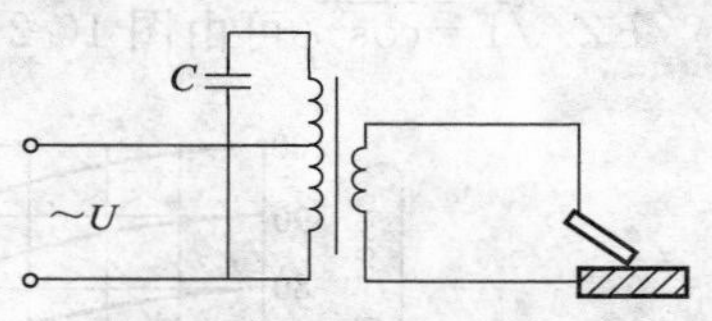

图 10-20 弧焊机加装移相电容器

一般在弧焊机的初级端并联电容器。为了减少电容器的电容量（$Q=\omega CU^2$，即 $C\propto 1/U^2$），可以在变压器初级加升压抽头，电容器接在抽头位置，如图 10-20 所示。

确定移相电容器补偿容量的方法有计算法和查表法两种。

■ **表 10-29 单台交流弧焊机接入移相电容器后降低输入功率之例**

额定焊接电流/A	有无电容器	额定输入功率		输入功率降低量	
		kW	kV·A	kV·A	%
180	有 无	7.3	10.3 13.7	3.4	24.8
250	有 无	10.5	15.1 18.8	3.7	19.7
300	有 无	13.4	19.5 24.5	5.0	20.4
500	有 无	23.5	35.0 44.0	9.0	20.5

10.3.1 计算法确定补偿容量

（1）公式一

$$Q_c=FZ\sqrt{1-\cos^2\varphi}\beta S_e$$

式中 Q_c——移相电容器容量，kvar；

S_e——电焊机的额定容量，等于次级额定电流与空载电压的乘积，即

$$S_e = U_{20} I_{2e} \times 10^{-3}\ (\text{kV}\cdot\text{A});$$

$\cos\varphi$——负载时的功率因数（指补偿前的值）。

$FZ\sqrt{1-\cos^2\varphi}$可由图 10-21 曲线查得。

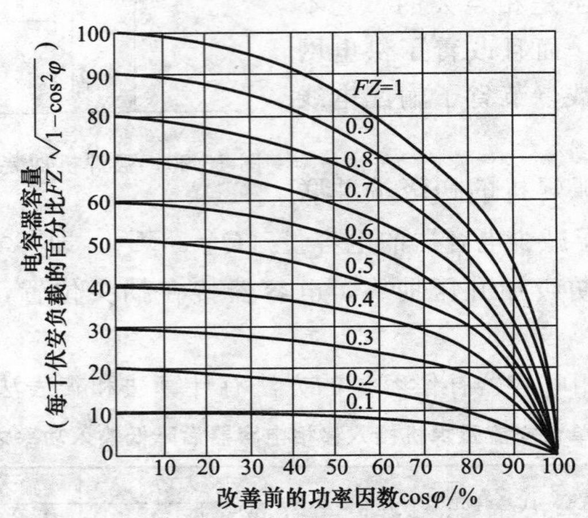

图 10-21　求 $FZ\sqrt{1-\cos^2\varphi}$的曲线

（2）公式二

$$Q_c = K_c S_e\ (\text{kvar})$$

$$K_c = \sqrt{1-\cos^2\varphi} - \frac{\cos\varphi_2}{\cos\varphi_1}\sqrt{1-\cos^2\varphi_2}$$

式中　K_c——系数，取决于补偿前功率因数 $\cos\varphi_1$ 及补偿后的功率因数 $\cos\varphi_2$。

10.3.2　查表法确定补偿容量

380V 交流弧焊机的移相电容器补偿容量参见表 10-30。

对于交流电阻焊机、直流弧焊机，可按表 10-30 的 1/2 的电容值选取。

■ **表 10-30 220/380V 交流弧焊机的电容器补偿容量**

额定输入容量/kV·A	220V/μF	380V/μF	安装容量/kvar
1 以上	33	13	0.5
2 以上	62	24	0.94
3 以上	83	32	1.26
5 以上	124	48	1.88
7.5 以上	166	64	2.51
10 以上	207	81	3.14
15 以上	248	97	3.77
20 以上	331	130	5.03
25 以上	414	160	6.28
30 以上	497	190	7.54
35 以上	580	230	8.80
40 以上	662	260	10.50
45～49	745	290	11.30

对于点焊机不能每台都安装补偿电容，因为点焊机与其他焊机相比，不通电的时间很长，这样在不通电时会引起过补偿，反而增加线损。在数台点焊机使用的场合下，以平均的焊接电流作为选择补偿电容比较合适。

电焊机采用单台电容补偿时，在空载时都有过补偿的问题，因此最好同时加装防电击节电装置，以增加节电效果。

10.3.3 加补偿电容后节电量计算

上面求得的补偿容量 Q_c 即为电网无功功率的减少量，由此引起线路损耗的减少量可按下式计算（忽略电容器自身的有功损耗）：

$$\Delta A_Q = KQ_c\tau$$

式中 ΔA_Q——无功功率减少的年节电量，kW·h；

K——无功经济当量，0.04～0.15kW/kvar，参见表 3-3；

τ——年运行时间，h。

一般单台弧焊机电容无功补偿所需投资不是太大，为简便起见，采用静态计算法，投资回收期 T 可按下式估算：

$$T=\frac{C_Q Q_c}{\delta\Delta A_Q}=\frac{C_Q}{\delta_K\tau}$$

式中　T——投资回收期限，年；

C_Q——电容器价格，元/kvar；

δ——综合电价，元/kW·h。

【例 10-4】 单台交流弧焊机的额定容量为 28kV·A，负载持续率为 60%，负载率为 80%，补偿前的功率因数为 0.5，年运行时间为 1200h，无功经济当量取 0.07kW/kvar，综合电价为 0.6 元/kW·h，电容器价格 75 元/kvar。试求补偿后功率因数达到 0.85 时的补偿电容器的容量，年节电量及投资回收期。

解 ① 弧焊机所需电源容量为

$$P_s=\sqrt{nFZ_e}\sqrt{1+(n-1)FZ_e}\beta P_e$$

$$=\sqrt{0.6}\times1\times0.8\times28=17.35\text{kV·A}$$

② 无功补偿容量为

$$Q_c=P_s\left(\sqrt{1-\cos^2\varphi_1}-\frac{\cos\varphi_1}{\cos\varphi_2}\sqrt{1-\cos^2\varphi_2}\right)$$

$$=17.35\times\left(\sqrt{1-0.5^2}-\frac{0.5}{0.85}\sqrt{1-0.85^2}\right)$$

$$=9.65\text{kvar 取 }10\text{kvar}$$

③ 年节电量为

$$\Delta A_Q=KQ_c\tau=0.07\times10\times1200=840\text{kW·h}$$

④ 投资回收期为

$$T=\frac{C_QQ_c}{\delta\Delta A_Q}=\frac{75\times10}{0.6\times840}=1.49\text{ 年}$$

10.4 电焊机加装空载自停装置的节电计算及评价

电焊机的平均使用率非常低，而次级没有发生电弧时也会有很大的励磁电流流过，为了降低不焊接时的无谓电耗，可采用空载自停装置。

10.4.1 电焊机加装空载自停装置的节电计算

(1) 采用空载自停装置的节电效果估算

在不考虑自停装置本身的成本及不计其损耗的情况下，采取空载自停装置的节电效果估算如下。

交流弧焊机空载损耗大致为：

空载有功损耗占电焊机额定输入容量的1%～2.5%；空载无功损耗占电焊机额定输入容量的8%～9%。

【例 10-5】 一台 BX3-500 型电焊机，当采用空载时切断初级侧电源措施后，以每天工作 6h，空载时间占焊接时间的 50%计算，年工作 200 天，试计算年节电效果。设接电焊机处的无功经济当量 K 为 0.15kW/kvar（平均值），电价 δ 为 0.5 元/kW·h。

解 由产品目录查得此焊机的额定输入容量为 33.2kV·A。

节约有功电能＝33.2×2%×50%×6×200＝398.4kW·h/年

节约无功电能＝33.2×8%×50%×6×200＝1593.6kvar·h/年

故这台电焊机年节约电费为

398.4×0.5＋0.15×0.5×1593.6＝318.7 元/年

(2) 加载空载自停装置的节电经济效果评价

无论从理论计算还是实际使用效果来看，应用空载自停装置的节电效果是有限的。因为实际上自停装置一般由交流接触器、控制电源等组成，它们也都要损耗一些电能。例如上例，经计算，其中接触器开关的电弧损耗约 200kW·h/年；接触器线圈吸合损耗约 70kW·h/年；控制电源损耗约 30kW·h/年。以上三项相加，年损耗约 300kW·h，因此电焊机加装空载自停装置后，年节约有功电能只有 398－300＝98kW·h。

另外，CJ20 接触器主触头寿命为 60 万次，这样每三年得换主触头。因此要使空载自停装置真正起到节电目的，其结构必须尽可能简单，动作可靠，成本低廉，否则在经济上是不合算的。

10.4.2 电焊机空载自停线路

(1) 继电器式交流弧焊机空载自停线路

① 线路之一。线路如图 10-22 所示。图中，T 为弧焊变压器。

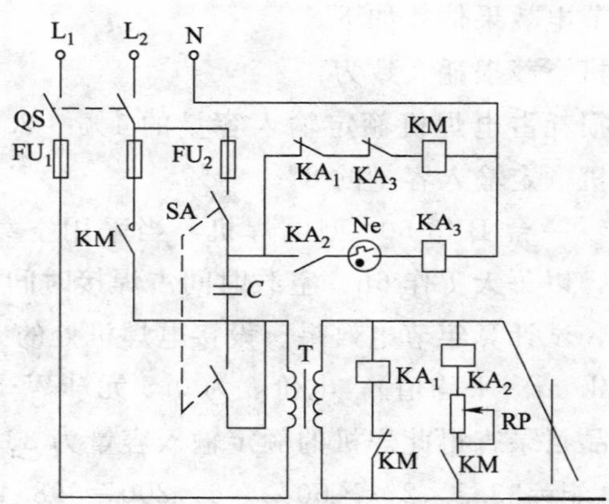

图 10-22 继电器式交流弧焊机空载自停线路之一

元件选择：交流接触器 KM 选用 CJ20-20A、380V；触点可并联使用；继电器 KA_1 选用交流 522 型，6V；继电器 KA_2 选用交流 522 型，36V；继电器 KA_3 选用交流 522 型，220V；电位器 RP 选用 WX-560Ω-3W；电容器 C 选用 CJ41-2μF、400V。

② 线路之二。线路如图 10-23 所示。

元件选择：交流接触器 KM 选用 CJ20-20A、380V，触点可并联使用；继电器 KA 选用交流 522 型改制，为使其工作可靠，改制后继电器的吸合与释放电压相差要小于 15V；控制变压器 TC 选用 50V·A、380/12V；时间继电器 KT 选用 JS7 型改制，为防止中间断弧，吸合电压应高于 45V。

③ 线路之三。线路如图 10-24 所示。

元件选择：继电器 KA 选用 DZ-644 型，36V；时间继电器 KT 选用 JS7 型，线圈改绕为 65V；控制变压器 TC 选用 50V·A、

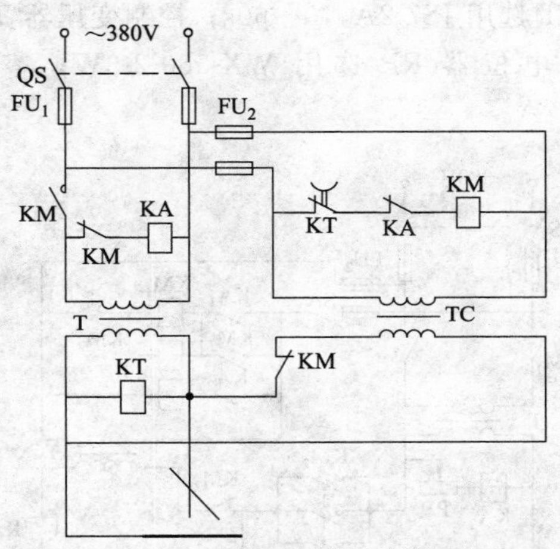

图 10-23　继电器式交流弧焊机空载自停线路之二

65/36V；电容器 C 选用 CJ41-2μF、1000V；交流接触器 KM 选用同前。

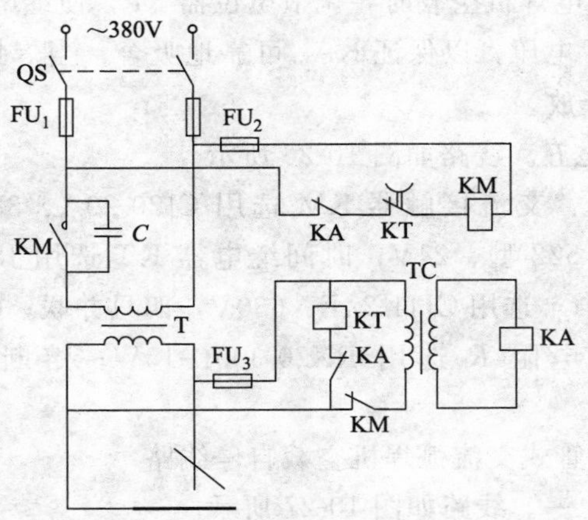

图 10-24　继电器式交流弧焊机空载自停线路之三

④ 线路之四。线路如图 10-25 所示。

元件选择：交流接触器 KM_1 选用 CJ20-40A、380V；KM_2 选用 CJ20-75A、380V；继电器 KA_1、KA_2 选用交流 522 型、36V；

时间继电器 KT 选用 JS7-2A，0～60s；控制变压器 TC 选用 50V·A、380/36V；电位器 RP 选用 WX-560-2-3W；熔断器 FU_1 用 60A，FU_2 用 2A。

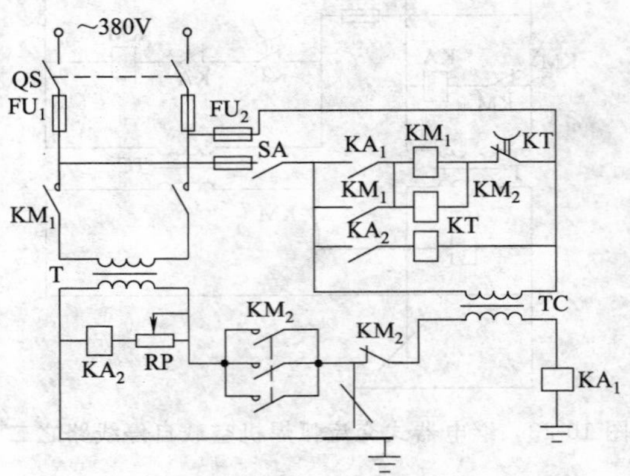

图 10-25　继电器式交流弧焊机空载自停线路之四

调试：当电焊机空载时，调节电位器 RP，使继电器 KA_2 线圈两端有约 36V 电压，以保证 KA_2 可靠地吸合；当焊接时，又能使 KA_2 可靠地释放。

⑤ 线路之五。线路如图 10-26 所示。

元件选择：交流接触器 KM 选用 CJ20-20A、380V；继电器 KA 选择交流 522 型、24V；时间继电器 KT 选用 JS7 型、0.4～180s；电容器 C_1 选用 CJ41-2μF、630V，四只并联；C_2 选用 CJ41-2μF、630V；电阻 R 选用 RX20-300Ω-15W；熔断器 FU 选用 RT14-20/2A。

（2）晶体管式交流弧焊机空载自停线路

① 线路之一。线路如图 10-27 所示。

元件选择：继电器 KA 选用 JQX-4F 型、12V；电容器 C_1 的选择应使电焊变压器次级电压降为 10V 左右，其耐压大于 1000V。

调整：调整电阻 R_2，可改变 KA 的延迟吸合时间，一般定为 30s 左右。

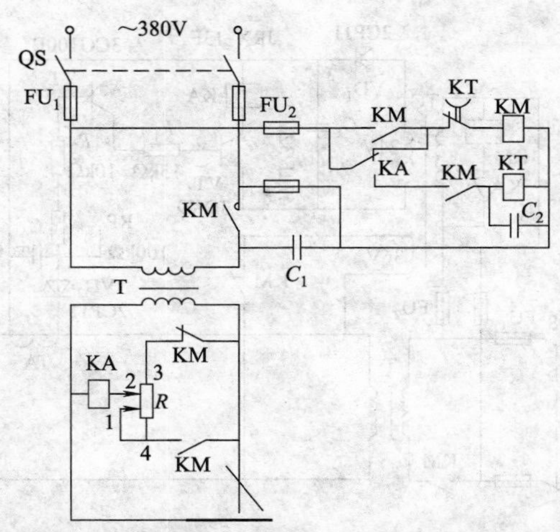

图 10-26　继电器式交流弧焊机空载自停线路之五

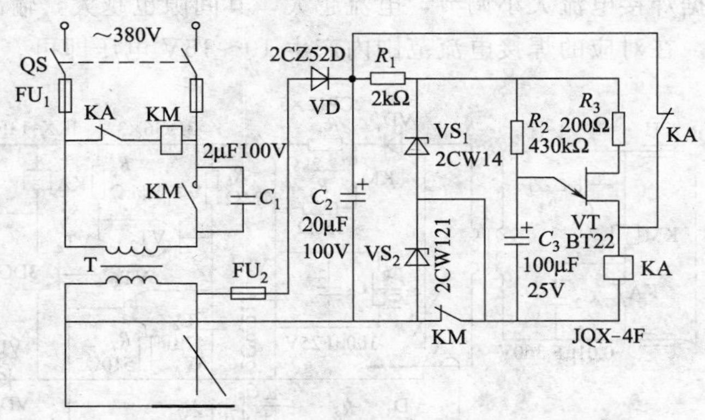

图 10-27　晶体管式交流弧焊机空载自停线路之一

② 线路之二。图 10-28 为 JN-Ⅱ型节能开关线路。

元件选择：电流互感器 TA 铁芯截面积为 25mm²，初级为 1 匝，次级为 1000 匝。

③ 线路之三。线路如图 10-29 所示。

元件选择：电流互感器 TA 可用 20A 废交流接触器铁芯制作。初级为 1 匝，次级用直径为 0.2mm 漆包线绕 100～300 匝。铁芯间

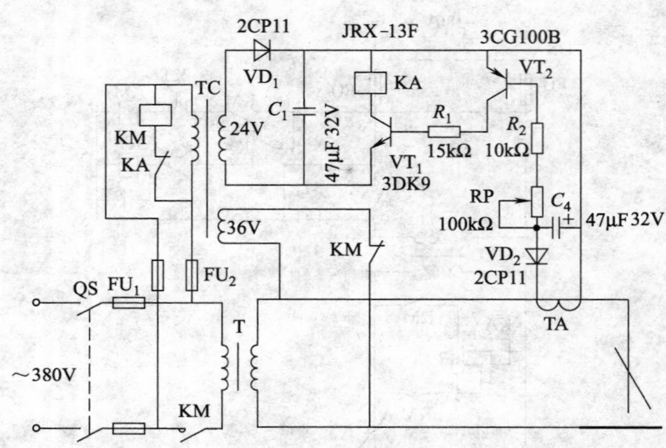

图 10-28　晶体管式交流弧焊机空载自停线路之二

隙可根据焊接电流大小调节，电流越大，其间隙也越大，输出电压也越高。在对应的焊接电流范围内产生 10～15V 电压即可。

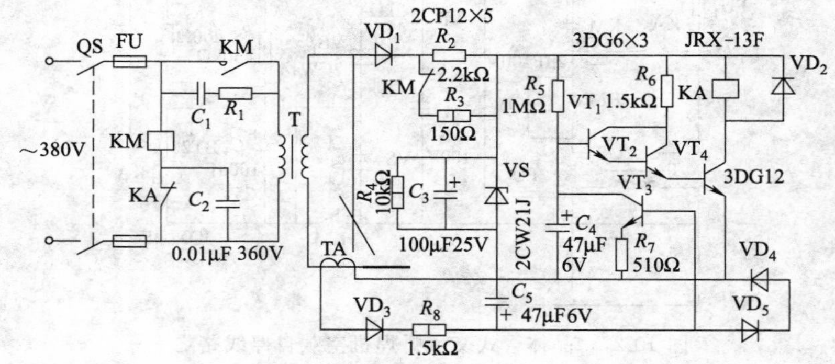

图 10-29　晶体管式交流弧焊机空载自停线路之三

(3) 直流弧焊机空载自停线路

直流弧焊机空载损耗远比交流弧焊机空载损耗大，因此更有必要考虑安装空载自停装置。

① 线路之一。线路如图 10-30 所示。

元件选择：接触器 KM_1 选用 CJ20-100A、380V，KM_2 选用 CJ20-40A、380V；时间继电器 KT 选用 JS7-1A 型，380V、0.4～60s；中间继电器 KA_1 选用 JZ7-44 型、直流 24V；直流电压继电器 KA_2 选用 JT3-11 型、72V；控制变压器 TC 选用 10V·A、380/36V；二极管 VD 选用 1N4007。

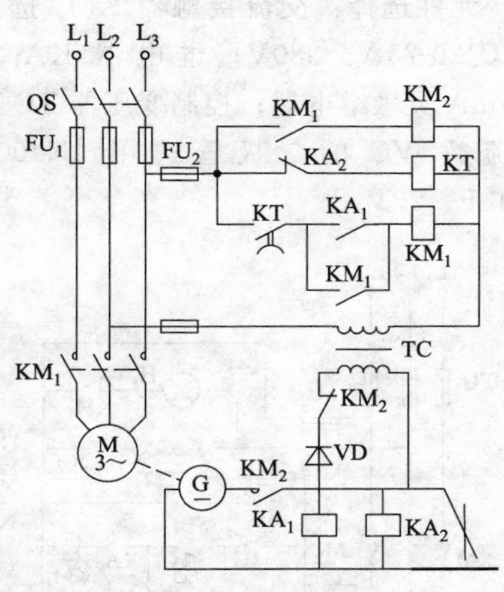

图 10-30 直流弧焊机空载自停线路之一

② 线路之二。线路如图 10-31 所示。该线路仅适用于较长停机时间（约数分钟）的场合，不适用于频繁启动。

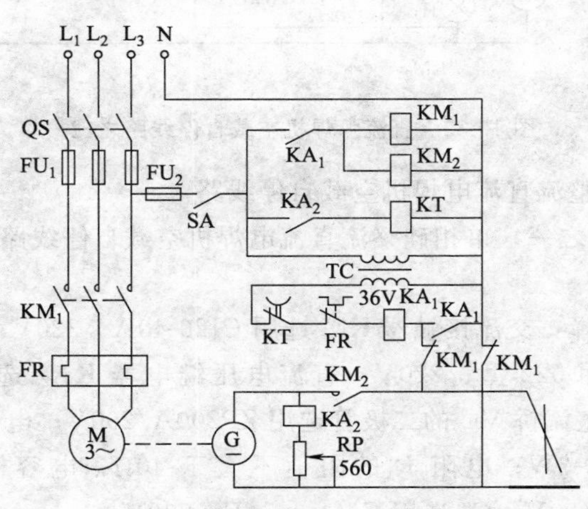

图 10-31 直流弧焊机空载自停线路之二

③ 线路之三。线路如图 10-32 所示。

第10章 电焊机

元件选择：交流接触器 KM_1 选用 CJ20-40A、36V；KM_2 选用 CJ20-75A、380V；继电器 KA_1、KA_2 选用 121 型、2kΩ、7.5mA 灵敏继电器；控制变压器 TC 选用 50V•A、380/36、6.3V；整流桥 VC 的二极管选用 1N4004；电容器 C 选用 CD11-200μF、25V。

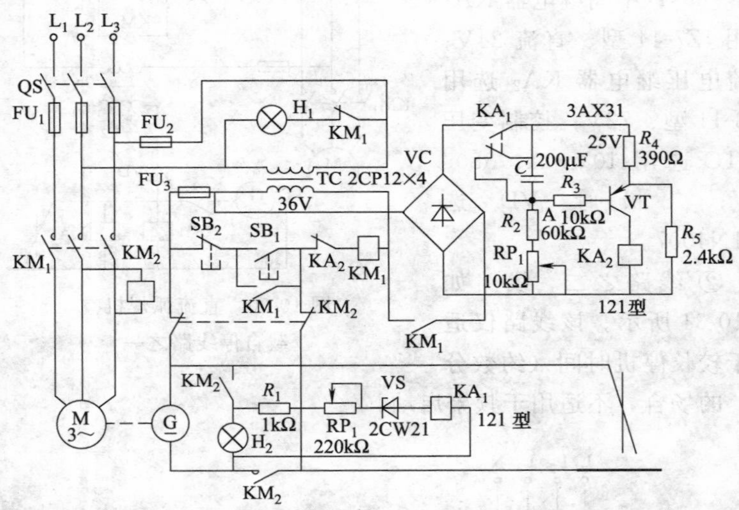

图 10-32　直流弧焊机空载自停线路之三

（4）硅整流直流电焊机空载自停线路

① 线路之一。单相硅整流直流电焊机空载自停线路如图 10-33 所示。

元件选择：交流接触器 KM 选用 CJ20-40A、220V；交流继电器 KA_1 选用 522 型、220V；直流电压继电器 KA_2 选用 DZ-644 型、36V；整流桥 VC 的二极管选用 ZP200A/200V；电位器 RP 选用 WX-470Ω-3W；电阻 R 的阻值不大于 40Ω；电容器 C_1 选用 CJ41-4μF、400V；C_2 选用 CJ41-0.5μF、200V。

② 线路之二。三相 CZ-320 型硅整流直流电焊机空载自停线路如图 10-34 所示。

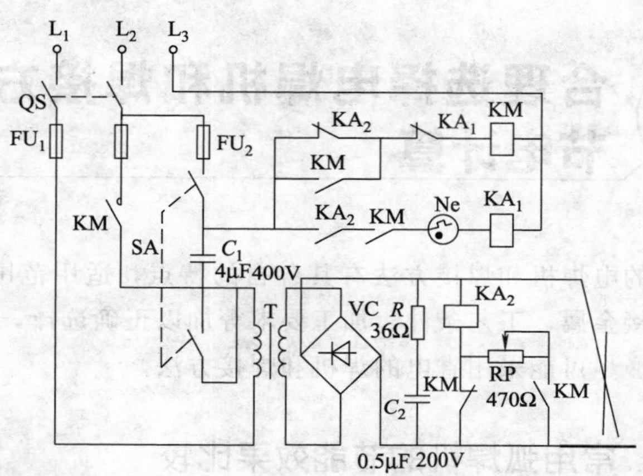

图 10-33　单相硅整流直流电焊机空载自停线路

元件选择：交流接触器 KM 选用 CJ20-40A、380V；中间继电器 KA_1 选用 JZ6 型、直流 24V；电压继电器 KA_2 选用 JT3-11 型、直流 72V；时间继电器 KT 选用 JS7-3A 型、380V、0.4～60s；控制变压器 TC 选用 10V·A、380/36V；二极管 VD 选用 2CA2A、200V。

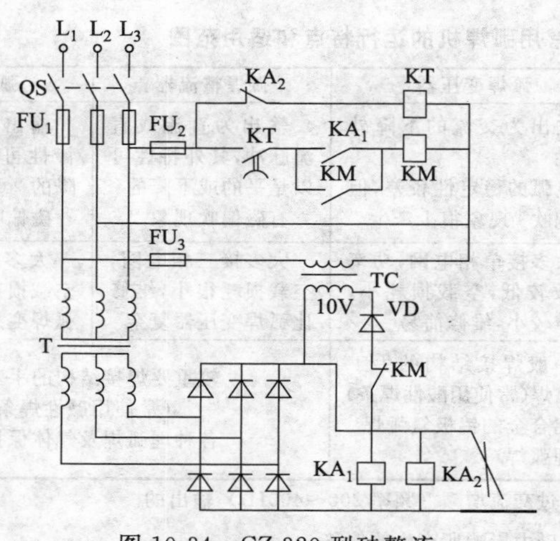

图 10-34　CZ-320 型硅整流直流电焊机空载自停线路

10.5 合理选择电焊机和焊接方法的节电计算

不同的电焊机和焊接方法有其各自的特点，适用范围也不同，应根据焊接金属、工艺条件、加工要求等加以正确选择，尽量避免二次加工。尽可能采用省电的焊机和焊接方法。

10.5.1 常用弧焊机的节能效果比较

常用弧焊机的运行特点和适用范围见表10-31；常用交流弧焊机型号及主要数据见表10-1～表10-6；直流弧焊机型号及主要数据见表10-7～表10-12；交流弧焊机与直流弧焊机耗能及费用对比见表10-32；各种整流式弧焊机与旋转式直流弧焊机节能效果对比见表10-33。

■ **表10-31 常用弧焊机的运行特点和适用范围**

电源类型	弧焊变压器	弧焊整流器	弧焊发电机
输出及电弧特点	输出为交流的下降外特性 电弧的稳定性较差，但磁偏吹[②]现象很少产生	输出为直流或直流脉冲，其外特性可以是平的或下降的 有磁偏吹现象	输出为直流[①]，其外特性可以是平的或下降的 磁偏吹现象较明显
运行特点	大多接单相电网，功率因数较低，空载损耗小，噪声较小，维修简易	大多接三相电网，空载损耗很小，维修比弧焊变压器复杂	大多接三相[③]电网，空载损耗较大，维修比弧焊变压器复杂
适用范围	一般焊接结构的手工电弧焊（常使用酸性焊条） 铝合金的钨极氩弧焊 埋弧焊	较重要焊接结构的手工电弧焊（常使用碱性焊条） 各种埋弧焊及气体保护弧焊	

① 也曾制造过交流增频（频率200～400Hz）输出的。

② 指电弧受磁力影响所产生的偏移。

③ 这里指电动发电机形式。

■ **表 10-32 交流弧焊机、硅整流式直流弧焊机及旋转式直流弧焊机耗能及费用对比**

焊机型号及名称	BX1-400型动铁式交流弧焊机	BX-400型动圈式交流弧焊机	ZX3-400型三相动圈式硅整流弧焊机	AX7-400型旋转式直流弧焊机
额定输入功率/kW	17	16.6	19.5	27.2
效率/%	84.5	87	74	53
功率因数(cosφ)	0.55	0.56	0.7	0.9
空载电压/V	76	70/75	72	60～90
空载损耗/W	242	256	320	2040
当焊接电流为 250A 时的输入功率/kW	8.9	8.6	10	14.2
所消耗的电量/[kW·h/(台·年)]	6524	6315	7200	11203
所需电费(1kW·h0.5元)/(元/年)	3262	3157.5	3600	5601.5
10 年折旧期内的所需电费/元	32620	31575	36000	56015
焊机价格 Y/(元/台)	1800	1850	3300	3200
焊机质量/(kg/台)	144	200	238	370
每台焊机在 10 年折旧期内的投资和利息总值 $Y(1+0.02)^{10}$/元	2194	2255	4023	3901
寿命期内总消耗费用/元	34814	33830	40023	59916

注：1. 上述计算按每天工作 8h，每年 300 工作日，焊机负载持续率 60%，设备利用率 50%，焊接电流 250A，焊机折旧寿命以 10 年计算。

2. 利息按 2%计算。

3. 焊机价格仅供参考。

■ **表 10-33 各种整流式弧焊机与旋转式直流弧焊机节能效果对比**

焊机型号及名称	ZX7-250型逆变式整流弧焊机	ZX5-250型晶闸管整流弧焊机	ZX3-250型三相动圈式硅整流弧焊机	ZX-250型三相磁放大器式硅整流弧焊机	AX-250型旋转式直流弧焊机
额定输入容量/kV·A	9.8	14	15	18.45	15.3
/kW	8.8	10	9	11.5	13.48
额定焊接电流/A	250	250	250	250	250
负载持续率/%	60	60	60	60	60
空载损耗/W	60	250	320	250	1900
效率/%	85	70	83	65	55.6

续表

焊机型号及名称	ZX7-250型逆变式整流弧焊机	ZX5-250型晶闸管整流弧焊机	ZX3-250型三相动圈式硅整流弧焊机	ZX-250型三相磁放大器式硅整流弧焊机	AX-250型旋转式直流弧焊机
功率因数($\cos\varphi$)	0.9	0.75	0.6	0.62	0.88
焊机质量/kg	32	150	180	225	250
消耗电能/[kW·h/(台·年)]	6000	7320	6634	8400	10618

由表10-32可知，交流弧焊机的寿命期内总费用，几乎是直流弧焊机的60%～70%，所消耗的电量只有旋转式直流弧焊机的60%左右，焊机质量仅1/2左右。

由表10-33可知，硅整流式弧焊机的节能效果，均比旋转式直流弧焊机高得多。尤其是逆变式弧焊机，其节能效果更为突出，仅为旋转式弧焊机的60%左右，而焊机质量仅为旋转式的1/8。

对于电阻焊机，其次级回路阻抗、电阻与电抗之比约为1∶2.3，因此因交流产生的损失比例很大。就相同的焊接电流来说，与工频电阻焊机相比，整流式电阻焊机，输入功率约可降低30%～50%，功率因数可达0.95左右。这种焊机对于软钢、不锈钢、铝合金、黄铜的铜合金等一类热传导性能好的金属，能得到满意的焊接效果。

10.5.2 电弧焊的几种焊接方法比较

电弧焊接的常用方法有手工弧焊、CO_2气体保护焊和埋弧焊等，对于技术要求较高的结构也采用电子束焊。各种焊接方法的平均熔敷率，见表10-34；各种焊接方法的焊接费用比较，见表10-35。

■ **表10-34 各种焊接方法的平均熔敷率**

焊接方法	实芯焊丝CO_2焊	药芯焊丝CO_2焊	药芯焊条电弧焊	涂药焊条手工弧焊	埋弧焊
平均熔敷率/%	90～95	80～88	70～75	60	99～100

■ **表 10-35　各种焊接方法的焊接费用比较（焊接 16mm 低碳钢板）**

焊接方法		实芯焊丝 CO_2 焊	铁钛矿型 涂药焊条手工弧焊	埋弧焊	备注
剖口形状		50°，6，16	50°，2，16	80°，7，16	
焊接条件	焊丝(焊条)直径 /mm	ϕ1.6	ϕ5.0	ϕ4.8	
	焊接电流 /A	400	250	800	
	焊接电压 /V	35	25	35	
	保护气体耗量 /(L/min)	20	—	焊剂 726(g/min)	
材料费计算(1)	必要金属量 /(g/m)	414	812	600	
	熔敷效率 /%	95	60	100	焊丝(焊条)使用量＝$\frac{必要熔敷量}{熔敷效率}\times 100$
	焊丝(焊条)耗量 /(g/m)	414/95×100＝436	812/60×100＝1353	600/100×100＝600	
	焊丝(焊条)单价 /(日元/kg)	330	180	260	
	焊丝(焊条)费用 /(日元/m)	$436\times10^{-3}\times330=144$	$1353\times10^{-3}\times180=244$	$600\times10^{-3}\times260=156$	
材料费计算(2)	熔敷速度 /(g/min)	100	40	140	焊接时间＝$\frac{必要金属量}{熔敷速度}$
	焊接时间 /(min/m)	414/100＝4.14	812/40＝20.3	600/140＝4.3	CO_2 气体 5101/kg
	气体单价 /(日元/L)	0.16(83 日元/kg)	—	焊剂单价 220 日元/kg	费用＝气体耗量×
	气体费用 /(日元/m)	20×4.14×0.16＝14	—	$726\times10^{-3}\times220=160$	焊接时间×单价

续表

焊接方法		实芯焊丝 CO_2 焊	铁钛矿型涂药焊条手工弧焊	埋弧焊	备注
人工费用计算	电弧发生率 /%	50	40	50	工作时间 $=\frac{焊接时间\times100}{电弧发生率}$ 人工费用＝工作时间×单价×$\frac{1}{60分}$
	工作时间 /(min/m)	4.14/50×100＝8.28	20.3/40×100＝50.8	4.3/50×100＝8.6	
	人工费单价 /(日元/m)	1500	1500	1500	
	人工费用 /(日元/m)	$8.28\times1500\times\frac{1}{60}=207$	$50.8\times1500\times\frac{1}{60}=1270$	$8.6\times1500\times\frac{1}{60}=215$	
其他费用计算	焊机价格 /日元	700000	100000	190000	电费＝(电流×电压×工作时间×电费单价)/(60×10^3) 折旧费＝(焊机价格×工作时间)/[5(年)×250(天)×8(小时)×60(分)] 保守费＝(焊机价格×0.1×工作时间)/[250(天)×8(小时)×60(分)]
	电费(18 日元/kW·h) /(日元/m)	$\frac{400\times35\times8.28}{600\times1000}\times18=35$	$\frac{250\times25\times50.8}{60\times1000}\times18=95$	$\frac{800\times35\times8.6}{60\times1000}\times18=72$	
	折旧费 /(日元/m)	$\frac{70000\times8.28}{5\times250\times8\times60}=9.66\approx10$	$\frac{100000\times50.8}{5\times250\times8\times60}=8.47\approx8.5$	$\frac{190000\times8.6}{5\times250\times8\times60}=2.7\approx3$	
	保守费[①] /(日元/m)	$\frac{700000\times0.1\times8.28}{250\times8\times60}=4.83\approx5$	$\frac{100000\times0.1\times50.8}{250\times8\times60}=4.23\approx4$	$\frac{190000\times0.1\times8.6}{250\times8\times60}=1.36\approx1.5$	
焊接费用/(日元/m)	焊丝(焊条)费用	144	244	156	
	保护气体费用	4	—	焊剂费 160	
	电费	35	95	72	
	折旧保守费	10＋5＝15	8.5＋4＝12.5	3＋1.5＝4.5	
	人工费	207	1270	215	
	合计	415	1621.5	607.5	

① 保守费按焊机价格的10％计算。

熔敷率越高，焊条利用率越高。对于中厚度钢板的焊接，CO_2焊比一般手工弧焊节电，焊接生产率也高。

由表 10-35 可知，CO_2 焊无论是电费、人工费或合计费用，均比其他两种焊接方法节省。

对于厚板焊接，通常采用埋弧焊、窄间隙气体保护焊和电渣焊等。这些焊接方法的熔敷速度与输入热量比较，见表 10-36；各种焊接方法的单位焊缝长度焊接所需电量与板厚的关系，如图 10-34 所示。

■ 表 10-36　几种大厚度焊接法的熔敷速度与输入热量比较

焊接方法		窄间隙 MIG 焊	埋弧焊	电渣焊
焊接条件	焊接电流/A	280	800	580
	焊接电压/V	29	35	47
	焊接速度/(mm/min)	230	300	15
	焊接直径/mm	ϕ1.2	ϕ4.8	ϕ3.2
	气体	Ar+20%CO_2	(焊剂)	(焊剂)
	气体流量/(L/min)	60	—	—
适用最大厚板/mm		300	300	300
剖口宽度/mm		9±1	U. V. X 型剖口角度 8.5°	35±3
熔敷制度/(g/min)		72	160	190
输入热量/(MJ/m)		2.1	5.6	109

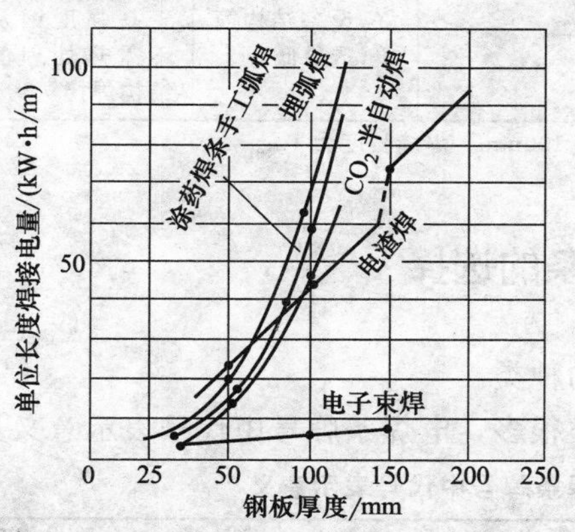

图 10-35　各种焊接方法的单位焊缝长度焊接所需电量与板厚的关系

由图 10-35 可知，无论是薄板还是厚板，电子束焊接总是最节电；对于薄板或中厚板，CO_2 焊接也较节电；对于厚板，电渣焊具有明显的节电优势。

对于厚板焊接，如果从节约剖口处母材和节电等综合性指标考虑，则窄间隙 MIG 焊较埋弧焊和电渣焊更优。窄间隙焊与一般埋弧焊耗能指标和焊接性能比较，见表 10-37。

■ 表 10-37 窄间隙焊接法与一般埋弧焊耗能指标和焊接性能比较

焊接方法		单丝窄间隙埋弧焊	双丝窄间隙MIG焊	单丝自动埋弧焊
剖口尺寸	剖口面积/cm^2	21	12	35.5
	剖口体积/(cm^3/m)	2100	1200	3550
	剖口处填充丝质量/(kg/m)	16.38	9.36	27.69
焊接条件	焊丝直径/mm	ϕ3.2	ϕ1.0×2	ϕ3.2
	焊接电流/A	400	200×2	400
	焊接电压/V	40	24	40
	焊接时间/(h/m)	1.8	1.1	3.06
所需电量/(kW·h/m)		28.8	21.1	48
焊接性能比较		无弧光,焊缝易修补,热影响区小,冲击韧性好,设备结构简单,造价低	有弧光,焊缝修补较难,热影响区特小,冲击韧性很好,适用于高强度钢及不需热处理的结构焊接	无弧光,焊缝热影响区大,晶粒粗大,容易产生裂纹等缺陷

注：焊件厚度为 100mm、焊缝长度为 1m。

10.5.3 焊条的选择

(1) 焊条的种类

焊条的种类很多，电焊条牌号中代号表示意义见表 10-38。

■ 表 10-38 电焊条牌号中代号表示意义

代号	电焊条大类名称	代号	电焊条大类名称
J	结构钢焊条	Z	铸铁焊条
R	钼和铬钼耐热钢焊条	Ni	镍及镍合金焊条
G	铬不锈钢焊条	T	铜及铜合金焊条
A	奥氏体不锈钢焊条	L	铝及铝合金焊条
W	低温钢焊条	TS	特殊用途焊条
D	堆焊焊条		

(2) 结构钢焊条

结构钢焊条供手工电弧焊接各种低碳钢、中碳钢、普通低合金钢和低合金高强度钢结构时作电极和填充金属之用。其常用牌号及主要用途见表10-39。

■ **表10-39 常用结构钢焊条牌号及主要用途**

焊条牌号	符合国标型号	焊条名称	药皮类型	适用电源
J350	—	微碳纯铁焊条	钛钙低氢钠型	直流
J421	E4313	碳钢焊条	氧化钛型	交、直流
J422	E4303	碳钢焊条	氧化钛钙型	交、直流
J422Fe13	E4323	碳钢铁粉焊条	铁粉钛钙型	交、直流
J423	E4301	碳钢焊条	钛铁矿型	交、直流
J426	E4316	碳钢焊条	低氢钾型	交、直流
J427	E4315	碳钢焊条	低氢钠型	直流
J502	E5003	碳钢焊条	氧化钛钙型	交、直流
J506	E5016	碳钢焊条	低氢钾型	交、直流
J506Fe	E5018	碳钢焊条	铁粉低氢钾型	交、直流
J506X	E5016	立向下焊专用焊条	低氢钾型	交、直流
J507	E5015	碳钢焊条	低氢钠型	直流
J507X	E5015	立向下焊专用焊条	低氢钠型	直流
J507CuP	E5015-G	耐大气腐蚀焊条	低氢钠型	直流
J557	E5515-G	低合金钢焊条	低氢钠型	直流
J606	E6016-D1	低合金高强度钢焊条	低氢钾型	交、直流
J607	E6015-D1	低合金高强度钢焊条	低氢钠型	直流
J707	E7015-D2	低合金高强度钢焊条	低氢钠型	直流
J807	E8015-G	低合金高强度钢焊条	低氢钠型	直流
J857	E8515-G	低合金高强度钢焊条	低氢钠型	直流
J107	E10015-G	低合金高强度钢焊条	低氢钠型	直流
J107Cr	E10015-G	低合金高强度钢焊条	低氢钠型	直流

焊条牌号	主要用途
J350	专用于焊接微碳纯铁氨合成塔内件
J421	焊接低碳钢薄板结构
J422	焊接较重要低碳钢和同强度等级低合金钢结构
J422Fe13	高效率焊接较重要低碳钢结构
J423	焊接较重要低碳钢结构
J426	焊接较重要低碳钢和同强度等级低合金钢结构
J427	与J426同
J502	焊接16Mn等低合金钢结构

续表

焊条牌号	主要用途				
J506	焊接中碳钢和某些重要低合金钢结构				
J506Fe	与J506同,但熔敷效率较高				
J506X	用于船体上层建筑结构的垂直向下角焊接缝的焊接				
J507	与J506同				
J507X	立向下焊船舶、车辆、电站、机械等结构的角接和搭接焊缝				
J507CuP	焊接铜磷系抗大气、耐海水腐蚀的低合金钢结构				
J557	焊接中碳钢和15MnTi、15MnV等低合金钢结构				
J606	焊接中碳钢和15MnVN等低合金高强度钢结构				
J607	与J606同				
J707	焊接15MnMoV、14MnMoVB、18MnMoNb等低合金高强度钢结构				
J807	焊接14MnMoNbB等低合金高强度钢结构				
J857	焊接相应强度等级低合金高强度钢结构				
J107	焊接相应强度等级低合金高强度钢结构				
J107Cr	焊接30CrMnSi、35CrMo等低合金高强度钢结构				
焊芯主要尺寸/mm	直径	1.6(仅有碳钢焊条)	2,2.5(或2.4,2.6)	3.2(或3),4,5(或4.8)	5.6,6(或5.8),6.4,8
	长度	200,250	250～350	350～450	450～700

(3) 不锈钢焊条

不锈钢焊条供手工电弧焊接不锈钢以及部分耐热钢、碳钢和合金钢结构件时作电极和填充金属之用。其常用牌号及主要用途见表10-40。

■ **表10-40 常用不锈钢焊条牌号及主要用途**

牌号	符合国标型号	焊条名称
C202	E410-16	铬13不锈钢焊条
G207	E410-15	铬13不锈钢焊条
G217	相当E410-15	铬13不锈钢焊条
G302	E430-16	铬17不锈钢焊条
G307	E430-15	铬17不锈钢焊条
A002	E308L-16	超低碳铬19镍10不锈钢焊条
A102	E308-16	铬19镍10不锈钢焊条
A107	E308-15	铬19镍10不锈钢焊条
A132	E347-16	铬19镍10铌不锈钢焊条
A137	E347-15	铬19镍10铌不锈钢焊条
A232	E318V-16	铬18镍12钼2钒不锈钢焊条

续表

牌号	符合国标型号	焊条名称
A237	E318V-15	铬18镍12钼2钒不锈钢焊条
A302	E309-16	铬23镍13不锈钢焊条
A307	E309-15	铬23镍13不锈钢焊条
A312	E309Mo-16	铬23镍13钼2不锈钢焊条
A402	E310-16	铬26镍21不锈钢焊条
A407	E310-15	铬26镍21不锈钢焊条
A412	E310Mo-16	铬26镍21钼2不锈钢焊条
A502	E16-25MoN-16	铬16镍25钼6氮不锈钢焊条
A507	E16-25MoN-15	铬16镍25钼6氮不锈钢焊条

牌号	熔敷金属主要化学成分/%				
	碳≤	铬	镍	钼	其他
G202	0.12	11.0~13.5	—	—	
G207	0.12	11.0~13.5	—	—	
G217	0.12	11.0~13.5	0.6~1.2	—	
G302	0.10	15.0~18.0	—	—	
G307	0.10	15.0~18.0	—	—	
A002	0.04	18.0~21.0	9.0~11.0	—	
A102	0.08	18.0~21.0	9.0~11.0	—	
A107	0.08	18.0~21.0	9.0~11.0	—	
A132	0.08	18.0~21.0	9.0~11.0	—	铌:8×碳~1.0
A137	0.08	18.0~21.0	9.0~11.0	—	铌:8×碳~1.0
A232	0.08	17.0~20.0	11.0~14.0	2.0~2.5	钒:0.30~0.7
A237	0.08	17.0~20.0	11.0~14.0	2.0~2.5	钒:0.30~0.7
A302	0.15	22.0~25.0	12.0~14.0	—	
A307	0.15	22.0~25.0	12.0~14.0	—	
A312	0.12	22.0~25.0	12.0~14.0	2.0~3.0	
A402	0.20	25.0~28.0	20.0~22.5		碳0.08~0.20
A407	0.20	25.0~28.0	20.0~22.5		碳0.08~0.20
A412	0.12	25.0~28.0	20.0~22.5	2.0~3.0	
A502	0.12	14.0~18.0	22.0~27.0	5.0~7.0	氮≥0.1
A507	0.12	14.0~18.0	22.0~27.0	5.0~7.0	氮≥0.1

牌号	σ_b≥	δ_5≥	主要用途
	MPa	%	
G202	450	20	焊接0铬13、1铬13不锈钢和耐磨耐蚀表面堆焊
G207	450	20	
G217	450	20	焊接0铬13、1铬13、2铬13不锈钢和耐磨耐蚀表面堆焊
G302	450	20	焊接铬17不锈钢结构
G307	450	20	

续表

牌号	$\sigma_b \geqslant$ MPa	$\delta_5 \geqslant$ %	主要用途
A002	520	35	焊接超低碳19镍11型不锈钢结构和0铬19镍11钛型不锈钢的化肥、石油、合成纤维设备
A102	550	35	焊接工作温度≤300℃的同类型不锈钢结构
A107	550	35	
A132	520	25	焊接重要的耐腐蚀的0铬18镍11钛型不锈钢结构
A137	520	25	
A232	540	25	焊接具有一般耐热和一定耐蚀性的铬19镍10和0铬18镍12钼2不锈钢结构
A237	540	25	
A302	550	25	焊接同类型不锈钢、异种钢及高铬钢、高锰钢等
A307	550	25	
A312	550	25	焊接耐硫酸介质腐蚀的同类型不锈钢容器，也可作不锈钢衬里、复合钢板、异种钢的焊接
A402	550	25	焊接同类型耐热不锈钢，或硬化性大的铬钢(如铬5钼、铬9钼、铬13、钼28等)和异种钢
A407	550	25	
A412	550	25	焊接在高温下工作的耐热不锈钢，或不锈钢衬里、异种钢，在焊接淬硬性高的碳钢、低合金钢时韧性极好
A502	610	30	焊接淬火状态下低、中合金钢、异种钢和相应的热强钢，如30铬锰硅钢
A507	610	30	

焊条主要尺寸/mm					
	焊芯直径	1.6,2	2.5	3.2(或3)	4,5,6(或5.8)
	焊芯长度	220～260	230～350	300～460	340～460

(4) 铜及铜合金丝

铜及铜合金丝用于氧-乙炔气焊、氩弧焊、碳弧焊及手工电弧焊铜及铜合金，其中黄铜焊丝也用于钎焊铜、白铜、碳钢、铸铁及硬质合金刀具等。施焊时应配用铜气焊熔剂。其常用牌号及用途见表10-41。

■ **表10-41 常用铜及铜合金丝牌号和用途**

牌号	符合国标型号	焊丝名称	焊丝主要化学成分 ≈/%	焊接接头抗拉强度 σ_b 母材	焊接接头抗拉强度 σ_b MPa	焊丝熔点 ℃
HS201	HSCu	特制紫铜焊丝	锡1.0，硅0.4，锰0.4，铜余量	纯铜	≥177	1050
HS202		低磷铜焊丝	磷0.3，铜余量	纯铜	147～177	1060

续表

牌号	符合国标型号	焊丝名称	焊丝主要化学成分≈/%	焊接接头抗拉强度 σ_b		焊丝熔点
				母材	MPa	℃
HS221	HSCuZn-3	锡黄铜焊丝	铜 60，锡 1，硅 0.3，锌余量	H62	≥333	890
HS222	HSCuZn-2	铁黄铜焊丝	铜 58，锡 0.9，硅 0.1，铁 0.8，锌余量	H62	≥333	860
HS224	HSCuZn-4	硅黄铜焊丝	铜 62，硅 0.5，锌余量	H62	≥333	905

牌号	性能及用途
HS201	焊接工艺性能优良，焊缝成型良好，力学性能较好，抗裂性能好，适用于氩弧焊、氧-乙炔气焊纯铜（紫铜）
HS202	流动性较一般纯铜好，适用于氧-乙炔气焊、碳弧焊纯铜
HS221	流动性和力学性能均好，适用于氧-乙炔气焊，碳弧焊黄铜、钎焊铜、铜镍合金、钢、灰铸铁，以及镶嵌硬质合金刀具
HS222	与 HS221 同
HS224	与 HS221 同
焊丝尺寸/mm	圈状——直径 1、2，每卷 10kg、20kg；直条——直径 3、4、5、6，长度 1000，每个包装 5kg、10kg、25kg、50kg

注：国标型号中：HS 表示焊丝，后面的元素符号表示焊丝的主要组成元素，最后的数字表示同类主要组成元素型号的顺序号。

(5) 铝及铝合金焊丝

铝及铝合金焊丝用于氩弧焊、氧-乙炔气焊及铝合金，施焊时应配用铝气焊熔剂。其常用牌号及用途见表 10-42。

表 10-42 常用铝及铝合金焊丝牌号及用途

牌号	符合国标型号	焊丝名称	焊丝主要化学成分/%	焊丝接头抗拉强度 σ_b		熔点/℃
				母材	MPa	
HS301	SAl-3	纯铝焊丝	铝≥99.5	纯铝	≥64	660
HS311	SAlSi-1	铝硅合金焊丝	硅 5，铝余量	LF21	≥118	580～610
HS321	SAlMn	铝锰合金焊丝	锰 1.3，铝余量	LF21	≥118	643～654
HS331	SAlMg-5	铝镁合金焊丝	镁 5，锰 0.4，硅 0.3，铝余量	LF5	≥196	638～660

牌号	性能及用途
HS301	可焊性和耐蚀性，以及塑性和韧性均良好，但强度较低，适用于焊接纯铝，以及对接头性能要求不高的铝合金

续表

牌号	性能及用途
HS311	通用性较大，焊缝的抗热裂能力优良，并能保证一定的力学性能，但在进行阳极化处理的场合，熔敷金属与母材颜色不同；适用焊接除铝镁合金以外的铝合金机件和铸件
HS321	焊缝的耐蚀性、可焊性和塑性均较好，并能保证一定的力学性能；适用于焊接铝锰合金及其他铝合金
HS331	合金中尚含有少量钛（0.05%～0.2%），耐蚀性、抗热裂性良好，强度高；适用于焊接铝锌镁合金和焊补铝镁合金铸件
焊丝尺寸/mm	圈状——直径1，2，每卷10kg，20kg；直条——直径3，4，5，6，每个包装5kg，10kg，25kg，50kg

（6）CO_2 气体保护焊丝

CO_2 气体保护焊丝为保护气体的电弧焊用焊丝。其常用牌号及用途见表10-43。

■ **表10-43 常用 CO_2 气体保护焊丝牌号及用途**

牌号/符合国标型号	焊丝化学成分/%						熔敷金属力学性能≥		
	碳	锰	硅	磷≤	硫≤	铜≤	σ_b	$\sigma_{r0.2}$	δ_5/%
							MPa		
MG50-4/ER50-4	0.07～0.15	1.00～1.50	0.65～0.85	0.025	0.035	0.50	500	420	22
MG50-6/ER50-6	0.06～0.15	1.40～1.85	0.80～1.15	0.025	0.035	0.50	500	420	22

牌号/型号	性能、用途、焊丝直径及供货形式
MG50-4/ER50-4	具有优良的焊接工艺性能，焊接时电弧稳定，飞溅较小，在小电流规范小，电弧仍很稳定，并可进行立向下焊，采用混合气体保护，熔敷金属强度略有提高；适用于碳钢的焊接，也可用于薄板、管子的高速焊接
MG50-6/ER50-6	具有优良的焊接工艺性能，焊丝熔化速度快，熔敷效率高，电弧稳定，焊接飞溅极小，焊缝成型美观，并且抗氧化锈蚀能力强，熔敷金属气孔敏感性小，全方位施焊工艺性好；适用于碳钢及500MPa级强度钢的车辆、建筑、造船、桥梁等结构的焊接，也可用于薄板、管子的高速焊接
焊丝直径/mm	0.8，1.0，1.2，1.6；焊丝以焊丝盘、焊丝卷或焊丝筒的形式供货

注：σ_b—抗拉强度；$\sigma_{r0.2}$—屈服强度；δ_5—伸长率。

（7）埋弧焊丝

埋弧焊丝为埋弧焊用焊丝。其常用牌号及用途见表10-44。

■ 表 10-44 常用埋弧焊丝牌号及用途

牌　号	焊丝化学成分/%							熔敷金属力学性能≥		
	C≤	Mn	Si≤	Cr≤	Ni≤	P≤	S≤	σ_b	σ_s	δ_5/%
								MPa		
H08A	0.10	0.30～0.55	0.03	0.20	0.30	0.030	0.030	410～550	330	22
H08MnA	0.10	0.80～1.10	0.07	0.20	0.30	0.030	0.030	410～550	300	22
H10Mn2	0.12	1.50～1.90	0.07	0.20	0.30	0.040	0.040	410～550	300	22
H10Mn2G	0.17	1.80～2.20	0.05	Cu≤0.50		0.025	0.025	480～647	398	22

牌　号	配用焊剂牌号、焊丝性能、用途及焊丝直径
H08A	配合焊剂 HJ430、HJ431、HJ433 等焊接低碳钢及某些低合金钢(如16Mn)结构，是埋弧焊中用量最大的焊剂
H08MnA	配合焊剂 HJ431 等焊接低碳钢及某些低合金钢(如 16Mn)锅炉、压力容器等
H10Mn2	镀铜焊丝，配合焊剂 HJ130、HJ330、HJ350、HJ360 等焊接碳钢和低合金钢(如 16Mn、14MnNb)结构
H10Mn2G	与 H10Mn2 相同
焊丝直径/mm	2.0,2.5,3.2,4.0,5.0

注：σ_b—抗拉强度，σ_s—屈服点，δ_5—伸长率。

(8) 焊条电弧焊和埋弧焊的焊接电流、电流密度比较，见表 10-45。

■ 表 10-45 焊条电弧焊和埋弧焊的焊接电流、电流密度比较

焊条(焊丝)直径/mm	焊条电弧焊		埋弧焊	
	焊接电流/A	电流密度/(A/mm²)	焊接电流/A	电流密度/(A/mm²)
2	50～65	16～25	200～400	63～125
3	80～130	11～18	350～600	50～85
4	125～200	10～16	500～800	40～63
5	190～250	10～18	700～1000	35～50

通常焊条电弧焊的焊接电流可根据经验公式 $I=(30\sim50)d$ 来估算。式中，I 为焊接电流，A；d 为焊条直径，mm。根据这个公式计算得的焊接电流范围，还要经过试焊才能最终满足焊接要求。

10.6 电焊机导线（电缆）的选择

10.6.1 电焊机初级电源线的选择

（1）电焊机初级工作电流的计算

先按前述方法求出弧焊机所需的电源容量，再按下列公式求得电焊机初级工作电流。

① 单相供电回路时

$$I_1=\frac{S}{U_{1e}}\times 10^3$$

② 三相供电回路的两相或三相上分别连接单相电焊机时：

a. 三相负荷平衡时

$$I_1=\frac{S}{\sqrt{3}U_{1e}}\times 10^3$$

b. 三相负荷不平衡时，则以最大一相电流作为 I_1。

式中 I_1——电焊机初级工作电流，A；

S——电焊机所需的电源容量，kV·A；

U_{1e}——电焊机初级额定电压，V。

③ 对于直流弧焊发电机式的直流弧焊机，其初级工作电流 I_1 等于交流电动机的工作电流。

（2）初级电缆的选择

a. 按发热条件：要求

$$I_1\leqslant I_{yx}$$

式中 I_1——电焊机初级工作电流，A；

I_{yx}——导线（电缆）允许电流，A。

b. 按电压损失校验：要求电压损失不超过10%，尽量控制在5%以内。

对单相回路

$$\Delta U\% = \frac{2I_1}{U_{1e}}(R\cos\varphi + X\sin\varphi)\times 100$$

对三相回路

$$\Delta U\% = \frac{\sqrt{3}I_1}{U_{1e}}(R\cos\varphi + X\sin\varphi)\times 100$$

式中 $\Delta U\%$——电焊机初级回路电压损失百分数；

R，X——分别为电缆的电阻和电抗，Ω；

$\cos\varphi$——功率因数，如无铭牌，一般可取0.5。

初级电缆一般采用500V单芯或多芯橡胶软线，如YHC型、BXR型。对于一般长度的单芯电缆，电流密度可取5～10A/mm²。如用三芯或敷设在管道内或长度较大时，可取3～6A/mm²。当然还要满足上面的计算条件。为了节电，电流密度应尽可能取得小一些。

10.6.2 电焊机次级电缆的选择

电焊机次级回路的电流都很大，电缆选择不当，易造成严重发热，浪费电能。

次级焊接导线可用YHH型电焊皮套电缆及YHHR型特软电缆。20m以下时，电流密度可取4～10A/mm²。一般，要求焊接回路导线压降应小于4V，即约小于电焊机次级电弧电压的10%。当然为了节电，应尽可能使该压降小些。

焊接导线的截面积与电流、长度的关系见表10-46。

表10-46 焊接导线截面积与电流、导线长度的关系

截面积/mm² 导线长度/m 电流/A	20	30	40	50	60	70	80	90	100
100	25	25	25	25	25	25	25	28	35
150	35	35	35	35	50	50	60	70	70

续表

截面积/mm² 导线长度/m 电流/A	20	30	40	50	60	70	80	90	100
200	35	35	35	50	60	70	70	70	70
300	35	50	60	60	70	70	70	85	85
400	35	50	60	70	85	85	85	95	95
500	50	60	70	85	95	95	95	120	120
600	60	70	85	85	95	95	120	120	120

10.6.3 电阻焊机焊接回路组件的导线截面选择

电阻焊机焊接回路组件的导线截面可按表 10-47 所推荐的电流密度选择。在受压力情况下，该截面尚需满足机械强度的要求。

■ **表 10-47 焊接回路组件允许的电流密度**

组件名称	材料	冷却条件	允许电流密度/(A/mm²)
电极	铜、铜合金	强迫水冷	20～50
电极握杆	青铜	强迫水冷	10～20
	黄铜		8～12
电极臂、夹头、平板	铜	空冷	1.4～2.2
		水冷	2～3
	铜合金	空冷	1.4～1.6
	铝		1.2～2
软连接线	铜电缆、紫铜带	空冷	2.5～3
		接头处水冷	2.5～4
固定接触点	铜和其他材料	—	0.5～1
滑动接触点		水冷	0.5～1
		水中工作	≤12

10.6.4 交流弧焊机的保护设备及导线的选择

交流弧焊机的保护设备及导线选择见表 10-48。

■ **表 10-48　交流弧焊机的保护设备及导线选择**

焊接变压器型号	容量/kW	电压/V	相数	功率因数	暂载率/%	输入电流/计算电流/A	HH3/HH4型铁壳开关的规格	熔体电流/A	导线截面及钢管直径 G (30℃) BBLX-YHC/mm²	G/mm
BX-500	32	380	1	0.52	65	$\frac{82}{76}$	三相 100A	80	2×25 2×16+1×6	32
BX-500	32	220	1	0.52	65	$\frac{142}{131}$	单相 200A	150	2×70 2×35+1×16	50
BX-135	8.7	380	1	0.58	65	$\frac{23.5}{23.5}$	三相 30A	25	2×4 2×2.5+1×1.5	15
BX-135	8.7	220	1	0.58	65	$\frac{41}{41}$	单相 60A	40	2×10 2×6+1×4	20
BX-330	21	380	1	0.5	65	$\frac{56}{51}$	三相 60A	60	2×16 2×16+1×4	25
BX1-330	21	220	1	0.5	65	$\frac{96}{88}$	单相 100A	100	2×35 2×16+1×6	32
BX2-500	42	380	1	0.62	60	$\frac{110}{97}$	三相 200A 三相 15A	120 15	(2×50)+(3×2.5) (2×25+1×10)+(3×2.5)	40+15
BX2-500	42	220	1	0.62	60	$\frac{190}{169}$	单相 200A 三相 15A	200 15	(2×95)+(3×2.5) (2×50+1×16)+(3×2.5)	50+15
BX2-700	56	380	1	0.62	60	$\frac{147}{132}$	三相 200A 三相 15A	150 15	(2×70)+(3×2.5) (2×35+1×10)+(3×2.5)	50+15
BX2-700	56	220	1	0.62	60	$\frac{254}{225}$	XL-12-400R 三相 15A	250 15	(2×150)+(3×2.5) (2×25+1×10)+(3×2.5)	80+15

续表

焊接变压器型号	容量/kW	电压/V	相数	功率因数	暂载率/%	输入电流/计算电流 /A	HH3、HH4型铁壳开关的规格	熔体电流/A	导线截面及钢管直径 G (30℃) BBLX-YHC/mm²	G/mm
BX2-1000	76	380	1	0.62	60	194/171	三相 200A 三相 15A	200 15	(2×95)+(3×2.5) (2×70)+(1×25)+(3×2.5)	70+15
BX2-1000	76	220	1	0.62	60	336/297	XL-12-400R 三相 15A	350 15	2(2×70)+(3×2.5) 2(2×50)+(1×16)+(3×2.5)	2×50+15
BX2-2000	170	380	1	0.69	50	450/364	XL-12-400R 三相 15A	400 15	2(2×120)+(3×2.5) 2(2×70)+(1×25)+(3×2.5)	2×70+15
BX3-120	8.2	380	1	0.45	60	21.56/21.5	三相 30A	20	2×4 2×2.5+1×1.5	15
BX3-120	8.2	220	1	0.45	60	37.2/37.2	单相 60A	40	2×10 2×4+1×2.5	20
BX3-300	20.5	380	1	0.53	60	50/48	三相 60A	60	2×10 2×6+1×4	20
BX3-300	20.5	220	1	0.53	60	93.5/83	单相 100	100	2×35 2×16+1×6	32
BX3-500	33.2	380	1	0.52	60	87.4/77	单相 100A	80	2×25 2×16+1×6	32
BX3-500	33.2	220	1	0.52	60	151/134	单相 200A	150	2×70 2×35+1×10	50
BP-3×500	122	380	3	—	65	185/170	三相 200A	200	3×120 3×70+1×25	80

单台交流弧焊机、整流式直流弧焊机、电阻焊机和电渣焊机采用熔断器保护时，其熔体的额定电流可按下式计算：

$$I_{er} \geqslant K_{js} I_{eh} \sqrt{FZ_e}$$

式中 I_{er}——熔断器熔体的额定电流，A；

I_{eh}——电焊机一次侧额定电流，A；

FZ_e——电焊机额定负载持续率；

K_{js}——计算系数，对电阻焊机和电渣焊机，一般取 1，对交流弧焊机和整流式直流弧焊机，一般取 1.25，当负载持续率较小时宜适当放大。

直流弧焊机则应根据其三相异步电动机的功率，按三相异步电动机来选配熔断器。

第11章

小型发电

11.1 小水电站的基本计算

11.1.1 水电站出力及调节池计算

(1) 水电站的保证出力

$$P=9.81QH\eta=AQH$$

式中 P——保证出力，kW；

Q——通过水电站的流量，m^3/s；

H——作用于水电站的水头（设计水头），即有效落差，m；

A——水电站的出力系数，$A=9.81\eta$，大中型水电站取 8.0～8.5，小型水电站当单机容量大于 500kW 以上时取 8.0；小于 500kW 按表 11-1 选取；

η——电站机组效率，$\eta=\eta_f\eta_s$；

η_f——发电机效率；

η_s——水轮机效率。

■ **表 11-1 出力系数 *A* 值**

水轮机与发电机间传动方式	系 数 A
同轴连接	7.0～8.0
皮带传动	6.5～7.5
齿轮传动	6.3
两次传动	6.0

(2) 调节池容量的计算

① 发电 1kW·h 的需水量

$$V_1=\frac{3600}{9.81H\eta}.$$

② 调节池容量

$$V=3600(Q_2-Q_1)T=\frac{3600A}{9.81H\eta}=\frac{3600(P_2-P_1)}{9.81H\eta}$$

③ 由储水量算出的发电量

$$P=\frac{9.81H\eta V}{3600}$$

式中 V_1——发电 1kW·h 的需水量，m^3；

V——调节池容量，m^3；

P——发电量（出力），kW；

Q_2——高峰负荷时的流量，m^3/s；

Q_1——平均负荷时的流量，m^3/s；

T——高峰负荷持续时间，h；

A——用调节池的有效储水量发出的电量，kW·h；

P_2——高峰负荷时的输出功率，kW；

P_1——平均负荷时的输出功率，kW。

（3）反向调节水池容量的计算

$$V=3600(Q_a+Q_c-Q_b)T$$

式中 V——反向调节所需的调节水池容量，m^3；

Q_a——上游高峰负荷发电厂的最大使用流量，m^3/s；

Q_b——反向调节水池发电厂的反向调节流量，m^3/s；

Q_c——上游发电厂堤坝以下，流入反向调节水池的自然增加流量，m^3/s。

（4）引水渠道输水容量的计算

$$Q=Fv$$

式中 Q——引水渠道的输水容量，m^3/s；

F——流水断面积，m^2；

v——平均流速，m/s。

(5) 扬水发电站计算

① 扬水泵用电动机所需功率

$$P=\frac{9.81QH_{ux}}{\eta}$$

式中 P——电动机功率，kW；

Q——扬水量，m^3/s；

H_{ux}——有效扬程，$H_{ux}=H+h$，m；

H——实际落差，m；

h——损失水头，m；

η——综合效率。

其中

$$\eta=\eta_p\eta_m$$

式中 η_p——扬水泵效率；

η_m——扬水电动机效率。

② 扬水电能（电站发电量）

$$A=\frac{9.81VH_{ux}}{3600\eta}$$

式中 A——扬水电能，kW·h；

V——总扬水量有效调节水池容量，m^3；

其他符号同前。

【例 11-1】 某扬水电站，其调节水池容量为 $500\times10^3m^3$，试计算在下述条件运行时，一天的峰值发电量是多少？而抽水所需的电力又是多少？

① 设落差为 210m，发电和抽水时水头损失均为 10m。

② 假定抽水泵的运转时间为每天 8h。

③ 发电时，抽水时的总效率分别为 88%和 86%。

④ 假定调节水池的容量得到最大限度利用。

解 按题意，有效扬程为

$$H_{ux}=H+h=210+10=220m$$

① 扬水泵电动机所需功率计算：

扬水量为

$$Q=\frac{V}{3600T_q}=\frac{500\times10^3}{3600\times8}=17.4\text{m}^3/\text{s}$$

抽水所需电力（即扬水泵电动机所需功率）为

$$P=\frac{9.81QH_{ux}}{\eta_q}=\frac{9.81\times17.4\times220}{0.86}=43621\text{kW}$$

② 发电量计算

$$A=\frac{9.81VH_{ux}}{3600\eta_f}=\frac{9.81\times500\times10^3\times220}{3600\times0.88}$$

$$=239556\text{kW}\cdot\text{h}\approx240\text{MW}\cdot\text{h}$$

11.1.2 压力水管管路计算

（1）水头计算

① 位置水头

$$H_1=h$$

② 压力水头

$$H_2=\frac{P}{\gamma}$$

③ 速度水头

$$H_3=\frac{v^2}{2g}$$

式中 H_1，H_2，H_3——位置水头、压力水头和速度水头，m；

h——相对于基准面的高度，m；

P——水压，Pa；

γ——水的重度，$\gamma=9810\text{N/m}^3$；

v——该点的流速，m/s；

g——重力加速度，$g=9.81\text{m/s}^2$。

（2）水锤作用产生的水压变化计算

① 水压变化率

$$\Delta P\%=\frac{H_m-H}{H}\times100=\frac{n}{2}(n\pm\sqrt{n^2+4})\times100$$

② 水压变化与有效落差之比

$$\frac{H_m}{H}=\left[1+\frac{n}{2}(n\pm\sqrt{n^2+4})\right]\times 100$$

式中 $\Delta P\%$——水压变化率，%；

H_m——水压变化的最高（最低）水头，m；

H——有效落差，m；

H_m-H——由于水锤作用产生的水头最大变化，m；

$$n=v_0L/(gT_cH);$$

v_0——阀门关闭前压力水管内的平均流速，一般为 2.5～5m/s；

L——压力水管长度，m；

T_c——导水叶关闭时间，一般为 2～5s；

g——重力加速度，$g=9.81\text{m/s}^2$。

③ 压力水管末端水压的升高

$$P_m=\frac{1000Lv}{T}$$

式中 P_m——压力水管末端水压升高，Pa；

v——满载时的管内流速，m/s；

T——满载到空载调速器的关闭时间，s。

(3) 压力水管内径

$$d=\sqrt{\frac{4Q}{\pi v}}$$

式中 d——水管内径，m；

Q——流量，m^3/s；

v——满载到空载调速器的关闭时间，s。

(4) 压力水管管壁厚度

$$t=\frac{P_{max}dk}{2\sigma_m\eta}$$

式中 t——水管管壁厚度，m；

P_{max}——最大设计水压，Pa；

d——水管内径，m；

k——安全系数；

σ_m——管壁最大抗拉强度，Pa；

η——联轴器效率。

另外，有关静压、动压、流量、管路损失等计算，见水泵计算的有关内容。

【例 11-2】 某水电站从取水口起，水流通道的全部落差为 109.14m，水流通道长 4000m，平均坡度为 1/1000m，运行中水轮机压力表的指示值为 0.93MPa，吸出管的真空表指示为 4.7m。试求压力水管的水头损失是多少？

解 1MPa 相当于 102m 水柱，因此水轮机的有效落差为

$$H_0 = 0.93 \times 102 = 94.8\text{m}$$

吸出管真空表指示值 $h_s = 4.7\text{m}$，此数值也为水轮机内的有效落差，故全部有效落差为

$$H' = H_0 + h_s = 94.8 + 4.7 = 99.5\text{m}$$

从引水渠全长及其平均坡度可求出落差 H'' 为

$$H'' = 4000 \times \frac{1}{1000} = 4\text{m}$$

压力水管的水头损失为

$$\Delta H = H - H' - H'' = 109.14 - 99.5 - 4 = 5.64\text{m}$$

【例 11-3】 在最大落差为 300m，水头损失为 20m，钢压力水管长度为 450m，水平均流速为 4.5m/s 的情况下，设此钢压力水管的最大水压限制在 3.4MPa 内，试求在此情况下水轮机导水叶的关闭时间。

解 有效落差为

$$H = 300 - 20 = 280\text{m}$$

最大水头为

$$H_m = 3.4 \times 102 = 346.8\text{m}$$

水头损失为

$$\Delta H = H_{m} - H = 346 - 280 = 66\text{m}$$

水压变化率为

$$\Delta P\% = \frac{H_{m} - H}{H} \times 100 = \frac{66}{280} \times 100 = 23.6$$

$$\Delta P\% = \frac{n}{2}(n \pm \sqrt{n^2 + 4}) \times 100\% = 23.6$$

因为 $n \pm \sqrt{n^2 + 4} = 0.472/n$，负号无意义，舍去。

解上式得 $n = 0.214$

而 $$n = \frac{v_0 L}{g T_c H} = 0.214$$

$$T_c = \frac{v_0 L}{g H n} = \frac{4.5 \times 450}{9.81 \times 280 \times 0.214} = 3.44\text{s}$$

考虑15%的裕度，因此水轮机导水叶的关闭时间为

$$3.44 \times 1.15 = 3.96\text{s}$$

【例 11-4】 某水电站有一台发电机，钢压力水管长 860m，管径为 1.3m，管壁厚 22mm，流量为 $4\text{m}^3/\text{s}$，静水压为 420m。发电机在额定负载运行中，由于事故使进口阀门快速关闭。试求在这种情况下的水压升高率是多少？在此情况下此钢管管壁厚能否满足需要？已知落差损失在静落差时为 3% 的情况下，阀门的关闭时间是 3.5s。

解 管内水流速为

$$v_0 = \frac{4Q}{\pi d^2} = \frac{4 \times 4}{\pi \times 1.3^2} = 3.02\text{m/s}$$

$$n = \frac{v_0 L}{g T_c H} = \frac{3.02 \times 860}{9.81 \times 3.5 \times 420 \times 0.97} = 0.1859$$

$$\Delta P\% = \left[\frac{n}{2}(n + \sqrt{n^2 + 4})\right] \times 100$$

$$= \left[\frac{0.1859}{2} \times (0.1859 + \sqrt{0.1859^2 + 4})\right] \times 100$$

$$= 20.41$$

取15%裕度，则水压变化率为

$$\Delta P\% = 1.15 \times 20.41 = 23.46$$

加在钢压力水管上的水压为

$$P_{max} = 420 \times 0.97 \times (1 + 0.2346) = 503\text{m}$$

压力水管管壁厚不应小于

$$t = \frac{P_{max} d}{2\sigma\eta} = \frac{503 \times 1.3}{2 \times 98 \times 102 \times 1} = 0.033\text{m}$$

式中，设此钢管的允许张力 $\sigma = 98\text{MPa}$。可见，管壁厚为22mm的钢管不能满足要求，需要换为壁厚不小于33mm的钢管。

【例 11-5】 最大使用流量为 $50\text{m}^3/\text{s}$，静落差为60m的水电站内，使用两条软钢压力水管，在最大出力时的平均流速为3.5m/s的情况下，管下端的内径及下端管壁厚为多少才行？

已知软钢的抗拉强度为390MPa，管的接合效率为35%，管强度的安全系数取3.5，管内产生的最大压力为静水压的150%。

解 每条管的流量为

$$Q_1 = \frac{Q}{2} = \frac{50}{2} = 25\text{m}^3/\text{s}$$

管内径为

$$d = \sqrt{\frac{4Q_1}{\pi v_0}} = \sqrt{\frac{4 \times 25}{\pi \times 3.5}} = 3\text{m}$$

管内最大水压为

$$P_{max} = HK = 60 \times 1.5 = 90\text{m}$$

考虑3.5倍的安全系数后的软钢管允许的抗拉强度为 $\sigma = 390/3.5 = 111.4\text{MPa} = 111.4 \times 102 = 11362.8\text{m}$ 水柱

压力水管下端壁厚为

$$t = \frac{P_{max} d}{2\sigma\eta} = \frac{90 \times 3}{2 \times 11362.8 \times 0.85} = 0.014\text{m}$$

取裕度15%，则下端管壁厚为

$$t = 0.014 \times 1.15 = 0.016\text{m} = 16\text{mm}$$

【例 11-6】 某水电站设置一条焊接钢压力水管，流量为 $5\text{m}^3/\text{s}$，水槽水面与水轮机间的落差为160m，试计算钢管的内径及上下两端钢管壁厚度。

已知上下端内径均相同，发电机甩全负载时水压管内产生的水压升高 25%，考虑到接合效率后钢管允许张力为 98MPa，管内平均流速为 3.5m/s。

解 管内最大压力为

$$P_{\max}=160\times1.25=200\text{m}$$

管内径为

$$d=\sqrt{\frac{4Q}{\pi v_0}}=\sqrt{\frac{4\times5}{\pi\times3.5}}=1.35\text{m}$$

按题意，$\sigma\eta=98\text{MPa}=98\times102=9996\text{m}$ 水柱

压力水管下端壁厚为

$$t=\frac{P_{\max}d}{2\sigma\eta}=\frac{200\times1.35}{2\times9996}=0.0135\text{m}$$

取裕度 15%，则下端管壁厚为

$$t=0.0135\times1.15=0.0155\text{m，取16mm}$$

压力水管上端壁厚，考虑到材质腐蚀等原因，会减小材料强度，一般取 6mm 以上。

11.1.3 有关水轮机的计算

(1) 比转速（比速）和转速

$$n_s=n_e\ \frac{P^{1/2}}{H^{5/4}}$$

$$n_e=n_s\ \frac{H^{5/4}}{P^{1/2}}$$

式中 n_s——水轮机比转速，m·kW；

n_e——水轮机额定转速，r/min；

H——有效水头，m；

P——最大输出功率（kW），为每一叶轮或每一叶喷嘴的输出功率，但对于复流式则取每一叶轮输出功率的 1/2。

(2) 比转速的临界

① 轴向辐流式水轮机

$$n_s \leqslant \frac{20000}{H+20}+30$$

② 混流式水轮机

$$n_s \leqslant \frac{20000}{H+20}+40$$

③ 螺旋桨式水轮机

$$n_s \leqslant \frac{20000}{H+20}+50$$

④ 培尔顿冲击式水轮机

$$12 \leqslant n_s \leqslant 23$$

式中符号同前。

(3) 飞轮效果的速度变动率

$$\varepsilon\% = \frac{45600P(2t+T)}{Jn^2}\times 100 = \frac{182400P(2t+T)}{GD^2n^2}\times 100$$

式中 P——水轮机的总负载，kW；

t——调速器的停歇时间，s；

T——调速器的开闭时间，s；

J——飞轮的惯性矩，$J=GD^2/4$；

GD^2——飞轮矩，$t\cdot m^2$；

G——飞轮的质量，t；

D——飞轮直径，m。

(4) 转速变化率

$$\Delta n\% = \frac{n_m - n_1}{n_e}\times 100$$

式中 n_m——负载减少时的最大转速，负载增加时的最小转速，r/min；

n_1——某输出功率时的转速（r/min），无特别指出时，$n_1 = n_e$；

n_e——额定转速，r/min。

(5) 单位惯量常数

$$M=\frac{10.96Jn_0^2\times10^{-6}}{S_f}$$

式中 M——单位惯量常数，kW·s/kV·A；

J——惯性矩，t·m²；

n_0——满负荷时的转速，r/min；

S_f——发电机容量，kV·A。

（6）调速率

$$\delta\%=\frac{(n_2-n_1)/n_e}{(P_1-P_2)/P_e}\times100$$

式中 n_1——负荷 P_1（kW）时的转速，r/min；

n_2——负荷 P_2（kW）时的转速，r/min；

n_e——额定输出 P_e（kW）时的额定转速，一般取 $n_1=n_e$，$P_1=P_e$。

【例 11-7】 在有效落差为 100m、最大使用流量为 120m³/s 和频率为 50Hz 情况下，试选择螺旋叶片式水轮机的运转转速。设水轮机的效率为 0.89。

解 水轮机输出功率为

$$P=9.81QH\eta=9.81\times120\times100\times0.89=104771\text{kW}$$

比转速为

$$n_s=\frac{20000}{H+20}+30=\frac{20000}{100+20}+30=197\text{m}\cdot\text{kW}$$

水轮机转速

$$n_e=n_s\frac{H^{5/4}}{P^{1/2}}=197\times\frac{100^{5/4}}{\sqrt{104771}}\approx192\text{r/min}$$

水轮发电机的转速为 $n=\frac{60f}{p}$。（式中 p 为极对数），将 $n=192$r/min、$f=50$Hz 代入该式，得发电机的极数为

$$p/2=120\times50/192=31.3$$

由于极数是偶数，若取 30、32，则相应转速为

$$n_{30}=6000/30=200\text{r/min}$$

$$n_{32}=6000/32=188\text{r/min}$$

现按 n_{32} 试求 n_s：

$$n_s = 188\times(324/316) = 192.8\text{m·kW} < 197\text{m·kW}$$

因此满足要求，故选定水轮机的转速为 188r/min。

11.1.4 小型水电站流量、水头和发电量的计算

(1) 设计流量的计算

当缺乏水文资料的小型水电站，可采用以下各方法计算设计流量（即一年中有 7～9 个月均能保证的流量）。

① 利用已有的水碾、水磨、水轮泵站和小水电站估算流量。

② 利用石河堰溢水部分宽顶堰估算流量

$$Q = MbH_Z^{3/2}$$

式中 Q——设计流量，m^3/s；

b——溢流堰顶宽度，m；

M——流量系数；

H_Z——堰上总水头（m），$H_Z = H_s + \frac{\alpha_0 v_0^2}{2g}$（一般流速水头 $\frac{\alpha_0 v_0^2}{2g}$ 很小，可忽略不计），H_s 为堰上水头（m）。

③ 利用梯形量水堰测流量

$$Q = 1.86\delta_y BH_s^{3/2}$$

式中 δ_y——淹没系数，当下游水位低于堰底时取 1，高于堰底时取小于 1；

B——堰口底宽（m），一般 $B > 3H$。

④ 利用浮标法测流量

$$Q = kvF$$

式中 k——由表面速度换算为横断面中的平均速度时所用的系数，见水力学专著；

v——由浮标测得的表面两最大流速之平均值，m/s；

F——河道过水断面面积，m^2。

⑤ 利用流速仪测流量

$$Q=v\sum F_i$$

$$v=\frac{\sum v_i}{\sum_i}$$

式中 F_i——将河流断面分成几部分，各部分的面积，m^2；

v——平均流速，m/s；

v_i——由流速仪测得的各部分流速，m/s；

$\sum_i$——河流断面分成的数量总和。

⑥ 利用水文站资料推算流量

$$Q=\frac{MA}{1000}或Q\frac{I_0 A\alpha_0}{31600}$$

式中 M——年平均径流模数，$L/(s\cdot km^2)$；

A——集水面积，km^2；

I_0——多年平均降雨量，mm；

α_0——年径流系数，对丘陵山区可取 0.5～0.7。

(2) 设计水头的计算

对于引水式水电站

$$H=\nabla_s-\nabla_x-(h_y+h_k+h_j)$$

对于堤坝式水电站

$$H=\frac{1}{2}(H_{max}+H_{min})-(h_y+h_k+h_j)$$

$$h_y=\frac{\lambda l}{d}\times\frac{v^2}{2g},h_k=f\frac{v^2}{2g},h_j=f_{b0}\frac{v^2}{2g}$$

式中 H——设计水头，m；

∇_s——上游前池水位，m；

∇_x——下游水位，m；

H_{max}——最大毛水头，m；

H_{min}——最小毛水头，m；

h_y——压力管道的沿程水头损失，m；

h_k——压力管道进水口损失，m；

h_j——压力管道局部水头损失（弯道损失），m；

l——管道长，m；

d——管道内径，m；

λ——沿程阻力系数；

f——取 0.1～0.2；

f_{b0}——弯道阻力系数。

采用冲击式水轮机的设计水头为压力前池正常蓄水位与水轮机喷嘴中心高程之差，再减去输水管道损失。

(3) 年发电量的计算

① 方法一

$$W=\left[\frac{1}{2}(P_m+P_n)\times 270+P_m\times 95\right]\times 24$$

$$P_m=9.81Q_m H\eta,P_n=9.81Q_n H\eta$$

式中 W——年发电量，kW·h；

P_m——水电站最大出力，kW；

P_n——水电站最小出力，kW；

Q_m——最大可用流量，即丰水量，是一年中持续 95 天的流量，m^3/s；

Q_n——最小可用流量，即枯水量，是一年中持续 355 天的流量，m^3/s。

② 方法二

$$W=9.81QH\eta\times 365\times 24$$

式中 Q——平均流量，m^3/s。

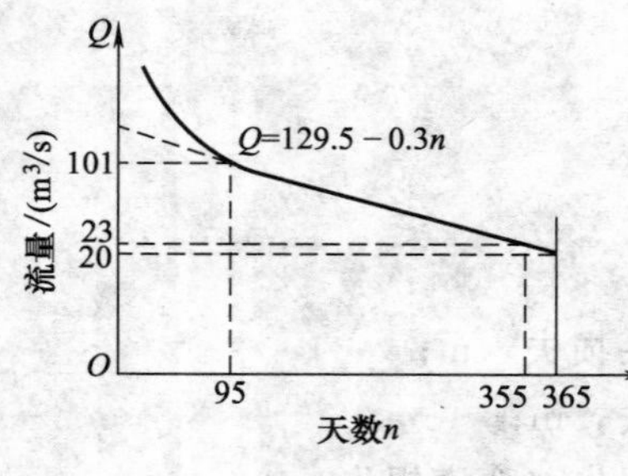

图 11-1 某水电站的流量曲线

【例 11-8】 某河上一径流式电站的流量曲线如图 11-1 所示。小于丰水量的流量 Q (m^3/s) 与天数 n 的关系可由图中的函数式表示。该电站最大耗水量等于丰水量，有效水头为 100m，水轮机、发电机组总效率为 88%，假设总效率为定值，与水轮机的过流量无关。试求该电站的①最大出力；②枯水期间的最小出力；③年发电量。

解 ①最大可用水量近似为

$$Q_m = 129.5 - 0.3n = 129.5 - 0.3 \times 95 = 101 m^3/s$$

最大出力为

$$P_m = 9.81 Q_m H\eta = 9.81 \times 101 \times 100 \times 0.88 = 87191 kW$$

② 枯水期流量为

$$Q_n = 129.5 - 0.3n = 129.5 - 0.3 \times 355 = 23 m^3/s$$

枯水期的出力为

$$P_n = 9.81 Q_n H\eta = 9.81 \times 23 \times 100 \times 0.88 = 19855 kW$$

③ 全年最小流量为

$$Q_{min} = 129.5 - 0.3n = 129.5 - 0.3 \times 365 = 20 m^3/s$$

全年最小出力为

$$P_{min} = 9.81 Q_{min} H\eta = 9.81 \times 20 \times 100 \times 0.88 = 17266 kW$$

因此在第 95 天至 365 天时间内的平均出力为

$$P_p = (P_m + P_{min})/2 = (87191 + 17266)/2 = 52229 kW$$

全年可能发电量为

$$W = (52229 \times 270 + 87191 \times 95) \times 24 = 537239400 kW \cdot h$$

(4) 水电站特征水头计算

① 水电站特征水头　包括电能加权平均水头，最大水头和最小水头。它们是选择水轮发电机组的重要依据。

a. 电能加权平均水头：若已知水库调节后的多年各月平均出力 P_i 及相应水头 H_i，则加权平均水头为

$$H_p = \frac{\sum_{i=1}^{n} P_i H_i}{\sum_{i=1}^{n} P_i}$$

b. 最大水头：一般出现在洪水期开始，为设计蓄水位与电站按保证出力进行日调节所出现的下游最低尾水位之差。

c. 最小水头：一般出现在洪水期末，为死水位与电站发预想出力时相应下游尾水位之差。

低水头电站最小水头可能出现在洪水期。此时应选某一频率洪水作为计算最小水头的标准（如1%洪水），而以水库宣泄该频率洪水时所出现的上下游最小水位差为电站最小水头。

② 水头变化对水轮机转速、流量及出力的影响

a. 水头变化与流量的关系

$$\frac{Q'}{Q}=\left(\frac{H'}{H}\right)^{\frac{1}{2}}$$

b. 水头变化与转速的关系

$$\frac{n'}{n}=\left(\frac{H'}{H}\right)^{\frac{1}{2}}$$

c. 水头变化与出力的关系

$$\frac{P'}{P}=\left(\frac{H'}{H}\right)^{\frac{3}{2}}$$

由于 $Q=Sv$，而 $v=C_1\sqrt{2gH}$

故
$$Q=SC_1\sqrt{2gH}=K_1\sqrt{H}$$

又，轮缘切线速度　$u=C_2v=\pi Dn/60$

故转速　$n=C_1C_2\sqrt{2gH}, \frac{60}{\pi D}=K_2\sqrt{H}$

出力
$$P=9.81QH\eta$$
$$=9.81K_1\sqrt{H}H\eta=K_3H^{\frac{3}{2}}$$

式中　n，H，Q，P——变化前的转速、水头、流量和出力，r/min、m、m^3/s、kW；

n'，H'，Q'，P'——变化后的转速、水头、流量和出力，单位同上；

S，v——水轮机进水口断面和流速，m^2、m/s；

D，u——转轮直径和轮缘切线速度，m、m/s；

C_1，C_2——系数；

g——重力加速度，m/s^2。

【例 11-9】 某地拟修建径流式水电站的河流，已知集水面积 S 为 $200km^2$，年降雨量 B 为 1300mm，蒸发、渗透等损失量为 35%。假设引水口水位标高为 670m，尾水位标高为 540m，水头损失是总落差的 5%，电站的总效率为 80%。试求取该电站在最大可用水量为年平均流量的 2 倍，枯水量为年平均流量的 1/4 的情况下的最大及最小出力。

解 设径流系数 C 为 0.7，则河流的年平均流量为

$$Q_p=\frac{SBC}{31536}=\frac{200\times1300\times0.7}{31536}\approx5.77m^3/s$$

按题意，最大可用流量为

$$Q_m=2Q_p=2\times5.77=11.54m^3/s$$

总落差 $H_0=670-540=130m$

有效水头 $H=H_0-h_H=130\times(1-0.05)=123.5m$

所以最大出力为

$$P_m=9.81Q_mH\eta=9.81\times11.54\times123.5\times0.8=11185kW$$

最小可用流量 $Q_n=Q_p/4=5.77/4=1.44m^3/s$，所以最小出力为

$$P_n=9.81Q_nH\eta=9.81\times1.44\times123.5\times0.8=1396kW$$

【例 11-10】 某水电站有一压力管道如图 11-2 所示。假设电站的总效率为 85%，压力管道的沿程阻力系数 λ 为 0.001，压力管道的进水口损失系数 f 为 0.15，弯道数 n 为 3，弯道阻力系数 f_{b0} 为 0.04，电站利用率 η_s 为 70%。试计算在总落差为 210m、压力水管总长为 400m、平均半径为 0.6m、流量为

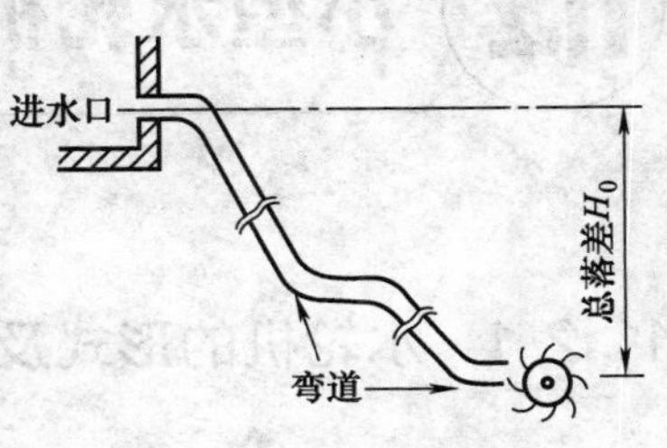

图 11-2 某水电站的压力管道

$20m^3/s$ 情况下的水头总损失、水电站最大出力及年发电量。

解 管内径 $d=2\times0.6=1.2\text{m}$

流速 $v=\dfrac{Q}{\pi(d/2)^2}=\dfrac{20}{\pi0.6^2}=17.7\text{m/s}$

压力水管的沿程损失为

$$h_1=\lambda\frac{l}{d}\times\frac{v^2}{2g}=0.001\times\frac{400}{1.2}\times\frac{17.7^2}{2\times9.81}=5.3\text{m}$$

压力水管进水口损失为

$$h_1'=f\times\frac{v^2}{2g}=0.15\times\frac{17.7^2}{2\times9.81}=2.4\text{m}$$

压力水管的弯道损失为

$$h_1''=f_{b0}\times\frac{v^2}{2g}\times3=0.4\times\frac{17.7^2}{2\times9.81}\times3=1.92\text{m}$$

水头总损失为

$$H_1=h_1+h_1'+h_1''=5.3+2.4+1.92=9.62\text{m}$$

有效水头为

$$H=H_0-H_1=210-9.62=200.4\text{m}$$

因此，水电站最大出力为

$$P_m=9.81QH\eta=9.81\times20\times200.4\times0.85=33421\text{kW}$$

年发电量

$$W=P_m\eta_s t=33421\times0.7\times24\times365=204937572\text{kW}\cdot\text{h}$$

11.2 小型水轮机的选择

11.2.1 水轮机的形式及适用范围

(1) 水轮机的型式名称、主轴布置和引水室形式水轮机的形式名称见表 11-2。

■ 表 11-2　水轮机形式名称

型式			缩写	符号
冲击式	水斗式		冲击	CJ
	斜击式		斜击	XJ
	双击式		双击	SJ
反击式	混流式		混流	HL
	轴流式	定桨式	轴定	ZD
		调桨式	轴调	ZT
		转桨式	轴转	ZZ
	贯流定桨式		贯定	GD
	斜流式		斜流	XL

水轮机主轴布置和引水室形式见表 11-3。

■ 表 11-3　水轮机主轴布置和引水室形式

主轴布置形式			引水室形式		
主轴布置形式	缩写	符号	引水室形式	缩写	符号
卧轴	卧	W	金属罐	罐	G
			金属锅壳	金	J
			混凝土蜗壳	混	H
			明槽	明	M
立轴	立	L	有压明槽	明压	MY
			竖井式	竖	S
			灯泡式	泡	P
			单导叶	单	D
			虹吸式	吸	X
			轴伸式	轴	Z

水轮机型号组成分三个部分：转轮型号、装置形式和转轮直径及其他特性。

如：HL260-WJ-25，表示混流式水轮机，转轮编号 260，卧轴、金属蜗壳，转轮直径 25cm。

对于冲击式水轮机型号中的直径，表示方法为

$$\frac{\text{喷嘴射流中心线相切的转轮直径}}{\text{喷嘴数}\times\text{射流直径}}$$

如：2CJ-W-$\frac{146}{2\times14}$，表示双轮冲击式，卧轴，转轮直径为146cm，每个转轮有两个喷嘴，射流直径为14cm。

(2) 水轮机的适用范围

不同形式的水轮机的适用范围见表11-4。

■ **表11-4 水轮机形式及适用范围**

型式		适用水头/m	比速/(r/min)	适用范围	备注
反击式水轮机	混流式	10～350	70～400	运行稳定，效率较高，多用于中等水头(10～150m)和中等流量	
	轴流式	20～40	300～1000	过水能力大，适用于大流量低水头的水电站，运行稳定性较差，低负荷时效率低	结构上分定桨式和转桨式两种
	贯流式	0.5～16	700～800	过水能力大，流道通畅，水力损失较小，效率高，土建投资小，但密封止水与绝缘要求较高。适用于低水头大流量的水电站和潮汐电站	分全贯流式和半贯流式两种
冲击式水轮机	水斗式	80～800	≤35(单喷嘴)	适用于高水头、小流量的水电站，多用于50m以上，流量$1m^3/s$以下的水电站	又称切击式
	斜击式	20～300	25～80	与水斗式相比，转轮较简单，过水能力大，制造容易、使用流量比水斗式大些，但效率较低	
	双击式	5～80	30～150	结构简单、制造方便、成本较低，但效率比斜击式低	

11.2.2 小型水轮机的选择

（1）选择水轮机所需的资料

① 电站的开发方式、调节性能在日负荷图上的工作位置。

② 电站的最大、最小、平均及加权平均水头和设计水头。

③ 电站引出流量、装机容量及保证出力。

④ 上下游水位及尾水水位流量关系。

⑤ 水质及含砂量。

（2）选择步骤

① 根据电站的计算水头 H、计算流量 Q 等，得计算出力 P。

② 根据计算水头和单机功率，查水轮机产品参数及发电机配套表，或查各类水轮机应用范围表，初选出一种或二三种适用的机组。

③ 作出初步方案，并计算各方案的总投资和年发电效益，进行技术经济比较，最后选定机组机型及其配套设备。

水轮机最大允许吸出高度按下式计算：

$$H_{sm}=h_s-\frac{\nabla}{900}$$

式中 H_{sm}——水轮机最大允许吸出高度，m；

h_s——理论吸出高度（m），由“各类水轮机应用范围表”中的辅助曲线 $h_s=f(H)$ 决定；

∇——水电站的海拔高程，m。

卧式机组，最大允许吸出高度按下式计算：

$$H_{sm}=h_s-\frac{\nabla}{900}-\frac{D_1}{2}$$

式中 D_1——水轮机的标称直径，m。

11.2.3 常用小型水轮机的技术数据及配套设备

下面介绍浙江省金华水轮机厂的部分产品。

（1）贯流式水轮机

贯流式水轮机适用水头 2～16m，转轮叶片为定桨或手动调桨，具有过流量大、水流特性好、效率高等优点，是开发低水头大流量电站的好机型。

部分贯流式水轮机的技术数据及配套的发电机、调速器，见表 11-5。

■ **表 11-5　贯流式水轮机及配套设备**

水轮机							发电机	调速器
型号	叶片转角	水头/m	流量/(m^3/s)	转速/(r/min)	功率/kW	效率/%		
GD008-WZ-120	+5°	5.5	4.72	375	229	50	SFW200-16	DST-800 或 YT-1000
		6.2	5.01		276	90.5	SFW250-16	
		7.5	5.48	428.6	362	90	SFW320-14	
	+10°	5.3	5.90	375	276	90	SFW250-16	
		6.5	6.13		353	90.5	SFW320-16	
		7.5	6.86	428.6	455	90.3	SFW400-14	
	+15°	5.6	7.32	375	358	89	SFW320-16	
		5.8	7.58		451	89.2	SFW400-16	
		7.8	8.07	428.6	550	89	SFW500-14	
	+20°	5.5	7.60	300	356	87	SFW320-20	
		6.2	8.54	375	452	87	SFW400-16	
		7.2	8.93		550	87.2	SFW500-16	
	+25°	5	8.41	300	353	85.5	SFW320-20	
		5.6	9.82	375	456	84.5	SFW400-16	
		6.6	10.00		550	85	SFW500-16	
GD008-WZ-140	+5°	5.1	6.02	300	274	91	SFW250-20	YT-600
		6	6.53		348	90.5	SFW320-20	
	+10°	5.1	7.71	300	350	90.8	SFW320-20	YT-1000
		5.9	8.24		430	90.5	SFW400-20	
		6.9	9.27	375	565	90.2	SFW500-16	
	+15°	5.3	9.24	300	430	89.5	SFW400-20	
		6.1	10.03		537	89.5	SFW500-20	
		7	11.4	375	696	89	SFW630-16	
	+20°	4.2	9.66	250	348	87.5	SFW320-24	
		4.8	10.40		428	87.3	SFW400-24	
		5.6	11.35	300	542	87.3	SFW500-20	
		6.5	12.05		672	87.5	SFW630-20	
	+25°	5.5	11.72	250	543	86	SFW500-24	
		6.3	12.80	300	675	85.3	SFW630-20	

续表

水轮机							发电机	调速器
型号	叶片转角	水头/m	流量/(m³/s)	转速/(r/min)	功率/kW	效率/%		
GD008-WZ-160	+5°	5.0	7.73	250	345	91	SFW320-24	YT-1000
		5.8	8.63	300	443	90.4	SFW400-20	
		6.7	9.01		539	91	SFW500-20	
	+10°	4.3	9.42	250	359	90.5	SFW320-24	
		4.9	9.82		429	90.8	SFW400-24	
		5.7	10.10		523	90	SFW500-24	
		6.7	11.40	300	680	90.8	SFW630-20	
	+15°	4.5	11.27	250	442	89	SFW400-24	
		5.1	11.90		532	89.5	SFW500-24	
		5.9	12.96		667	89	SFW630-24	YWT-1800
		7.0	13.90	300	854	89.5	SFW800-20	
	+20°	4.7	13.32	214.3	535	87.2	SFW500-28	
		5.4	14.43		668	87.5	SFW630-24	
		6.4	15.40	250	843	87.2	SFW800-24	
	+25°	4.7	13.77	214.3	543	85.5	SFW500-28	
		5.3	15.03	250	670	85.8	SFW630-28	
		6.4	16.40		880	85.6	SFW800-24	
GD008-WZ-180	+5°	4.3	9.21	214.3	353	91	SFW320-28	YT-1000
		4.9	9.84		429	90.8	SFW400-28	
		5.7	10.63	250	537	90.6	SFW500-24	
		6.6	11.35		665	90.5	SFW630-24	
	+10°	4.2	11.60	214.3	433	90.5	SFW400-28	
		4.9	12.32		536	90.5	SFW500-28	
		5.7	13.38	250	677	90.6	SFW630-24	YWT-1800
		6.6	14.50		849	90.5	SFW800-24	
	+15°	4.4	13.95	214.3	536	89.3	SFW500-28	
		5.1	15.00		671	89.5	SFW630-28	
		6.0	16.25	250	856		SFW800-24	
	+20°	4.7	17.21	214.3	694	87.5	SFW630-28	
		5.5	18.20		859		SFW800-28	
	+25°	5.3	19.40	214.3	867	86	SFW800-28	
GD008-WZ-200	+5°	4.4	11.24	187.5	440	90.7	SFW400-32	YWT-1800
		5.0	12.07	214.3	538	91	SFW500-28	
		5.7	13.08		667	91.2	SFW630-28	
		6.9	14.06	250	860	90.4	SFW800-24	
	+10°	4.4	14.26	187.5	557	90.5	SFW500-32	
		4.9	15.32	214.3	670	91	SFW630-28	
		5.7	16.62		845		SFW800-28	
	+15°	4.4	17.20	187.5	666	89.8	SFW630-32	
		5.2	18.60	214.3	852		SFW600-28	

续表

水轮机							发电机	调速器
型号	叶片转角	水头/m	流量/(m³/s)	转速/(r/min)	功率/kW	效率/%		
GD008-WZ-230	+5°	4.7 5.5	16.35 17.99	187.5 214.3	686 873	91 90	SFW630-32 SFW800-28	YWT-3000
	+10°	4.7	20.64	187.5	870	91.5	SFW800-32	
GD008-WZ-250	+5°	4.2 5.0	17.42 19.00	166.7	657 834	91.5 89.5	SFW630-36 SFW800-36	YWT-3000
	+10°	4.3	22.42	166.7	862	91.2	SFW800-36	

（2）混流式水轮机

混流式水轮机适用水头 20～200m。该机型均有蜗壳装置，使水流在蜗壳中运动有较好流态，效率较高，结构较简单，运行可靠，适合于中高水头，较大的水电站。

部分混流式水轮机及配套设备见表 11-6。

（3）轴流式水轮机

轴流式水轮机适用水头 2～30m。该机型均为立轴装置，有明槽，有压明槽和封闭（即为混凝土蜗壳）三种形式，转轮结构一般为定桨（或手动调桨），尾水管有直锥管和肘管两种，转轮直径 ϕ1000mm 以下为直锥管。该机型适用于水头和负荷变化比较小的电站。

部分轴流式水轮机的技术数据及配套的发电机、调速器，见表 11-7。

（4）水斗式水轮机

水斗式水轮机适用水头 100～1000m，是水从压力水管经喷嘴，形成一股射流冲击水轮机转轮旋转做功。水斗式水轮机具有结构紧凑、运行稳定、操作方便等特点。该机型适用于高水头、小流量的水电站。

部分水斗式水轮机的技术数据及配套的发电机、调整器，见表 11-8。

■ **表 11-6　混流式水轮机及配套设备**

水轮机						发电机	调速器	阀门
型号	水头/m	流量/(m³/s)	转速/(r/min)	功率/kW	效率/%			
HL820-WJ-50	20.7	1.55	750	273	87	SFW250-8	DST-300 或 YT-300	D941X-6 Dg800
	24.4	1.68		344	85.6	SFW320-8		
	28	1.85	1000	440	86.7	SFW400-6		
	32.2	2.02		560	87.4	SFW500-6		
HL820-WJ-60	19	2.15	600	352	88	SFW320-10	DST-300 或 YT-300	D941X-6 Dg1000
	22.3	2.33		440	86.5	SFW400-10		
	25.4	2.55	750	560	88	SFW500-8		
HL820-WJ-60A	30	2.68	750	690	87.6	SFW630-8	YT-600	D941X-6
	35	3.00		890	86.6	SFW800-8	TDT-1000	Dg1000
HL820-WJ-71	23.2	3.41	600	590	88.9	SFW630-10	YT-600	D94X-6 Dg100
	27.2	3.77		890	88.5	SFW800-10		
HL820-WJ-84	21.4	4.73	500	890	89.7	SFW800-12	YDT-1000	D941X-6 Dg-1400
HLA551-WJ-50	22.2	1.48	750	274	84.6	SFW250-8	DST-300 或 YT-300	D941X-6 Dg800
	27	1.63	1000	367	85.4	SFW320-6		
	30.5	1.74		446	85.4	SFW400-6		
	35.5	1.85		552	85.0	SFW500-6		
HLA551-WJ-60	20.3	2.05	600	350	85.5	SFW320-10	DST-300 或 YT-300	D941X-6 Dg1000
	23.3	2.20	750	433	86.0	SFW400-8		
	27.2	2.38		546	86.1	SFW500-8		
HLA551-WJ-60A	32.0	2.58	750	689	85.4	SFW630-8	YDT-600	D941X-6 Dg10000
	36.8	2.76		849	85.1	SFW800-8		

续表

水轮机						发电机	调速器	阀门
型号	水头/m	流量/(m^3/s)	转速/(r/min)	功率/kW	效率/%			
HLA551-WJ-71	21.6	2.98	500	542	85.9	SFW500-12	YT-600	D941X-6 Dg1200
	24.9	3.20	600	676	86.6	SFW630-10		
	29.2	3.46		851	86.0	SFW800-10		
HLA551-WJ-84	23.0	4.31	500	851	87.7	SFW800-12	YDT-1000	D941X-6 Dg1400
HL240-WJ-50	20	1.39	750	232	85.2	SFW200-8	DST-300 或 YT-300	D941X-6 Dg800
	23	1.49		287	86	SFW250-8		
	27	1.61		365	85.5	SFW320-8		
	31	1.68		441	86	SFW400-8		
	36	1.84	1000	558	85.6	SFW500-6		
HL240-WJ-60	21	2.04	600	361	86	SFW320-10	DST-300 或 YT-300	D941X-6 Dg1000
	24	2.18		441	86	SFW400-10		
	28	2.37		550	84.5	SFW500-10		
HL240-WJ-60A	32	2.53	750	685	86.3	SFW630-8	YT-600	D941-6 Dg1000
	37	2.69		840	86	SFW800-8		
	40	2.84		961	86	SFW800-8		
HL240-WJ-71	22	2.81	500	537	88.5	SFW500-12	YT-600	D941-6 Dg1200
	26	3.03		680	88	SFW630-12		
	30	3.27	600	852	88.5	SFW800-10		
HL240-WJ-84	20.5	3.87	375	696	89.5	SFW630-16	YT-600	D941X-6 Dg1400
	24	4.22	428.6	884	89	SFW800-14		

续表

型号	水轮机					发电机	调速器	阀门
	水头/m	流量/(m^3/s)	转速/(r/min)	功率/kW	效率/%			
HLA244-WJ-50	20	1.28	750	220	87.5	SFW200-8	DST-300 或 YT-300	D941X-6 Dg800
	23	1.41		275	86.5	SFW250-8		
	28	1.48		352	86.5	SFW320-8		
	31	1.65	1000	437	87	SFW400-6		
	36	1.76		538	86.5	SFW500-6		
HLA244-WJ-60	21	1.97	600	352	87	SFW320-10	DST-300 或 YT-300	D941X-6 Dg1000
	25	2.13		448	86	SFW400-10		
	28	2.31	750	560	88.5	SFW500-8		
HLA244-WJ-60A	33	2.42	750	680	87	SFW630-8	YT-600	D941X-6 Dg1000
	38	2.78		890	86	SFW800-8		
HLA244-WJ-71	22	2.83	600	538	88	SFW500-10	YT-600	D941X-6 Dg1200
	26	2.95		677	90	SFW630-10		
	30	3.32		860	88	SFW800-10		
HLA244-WJ-84	20.5	3.43	428.6	690	90.5	SFW630-14	YDT-600	D941X-6 Dg1400
	24	4.18	500	890	90.5	SFW800-12		
HLD74-WJ-50	23.5	1.37	750	276	87.5	SFW250-8	DST-300 或 YT-300	D941X-6 Dg800
	27.6	1.52		352	85.5	SFW320-8		
	31.2	1.70		440	84.5	SFW400-8		
	36.8	1.77	1000	560	87.5	SFW500-6		

续表

型号	水轮机					发电机	调速器	阀门
	水头/m	流量/(m^3/s)	转速/(r/min)	功率/kW	效率/%			
HLD74-WJ-60	21.2 24.4 28.3	1.98 2.12 2.32	600 750	352 440 560	88 87 87	SFW320-10 SFW400-10 SFW500-8	DST-300 或 YT-300	D941X-6 Dg1000
HLD74-WJ-60A	32.8 38	2.44 2.78	750	690 890	88 86	SFW630-8 SFW800-8	YT-600	D941X-6 Dg1000
HLD74-WJ-71	26 30	3.08 3.36	600	690 890	88 90	SFW630-10 SFW800-10	YT-600	D941X-6 Dg1200
HLD74-WJ-84	22 26	3.58 3.86	428.6 500	690 890	89.5 90.5	SFW630-14 SFW800-12	YT-600	D941X-6 Dg1400

■ **表 11-7　轴流式水轮机及配套设备**

型号	水轮机						发电机	调速器
	叶片转角	水头/m	流量/(m^3/s)	转速/(r/min)	功率/kW	效率/%		
ZDT03-LH-140	+10°	3.5 4.3 4.8 5.7 6.2 7.5	4.67 4.87 5.58 5.75 6.78 6.98	250 300 375	142 183 232 285 357 452	88.5 89.1 88.2 88.6 86.5 88	SF125-24 SF160-24 SF200-20 SF250-20 SF320-16 SF400-16	DST-600 或 YT-600

续表

水轮机							发电机	调速器
型号	叶片转角	水头/m	流量/(m^3/s)	转速/(r/min)	功率/kW	效率/%		
ZDT03-LH-140	+15°	3.6	5.76	250	182	89.5	SF160-24	DST-600 或 YT-600
		4.3	5.99		228	90.2	SF200-24	
		4.8	6.87	300	286	88.5	SF250-20	
		5.7	7.12		355	89.2	SF320-20	
		6.9	7.34		448	90.2	SF400-20	
	+20°	3.7	7.24	250	230	87.5	SF200-24	DST-600 或 YT-600
		4.4	7.30		279	88.5	SF250-24	
		4.9	8.54	300	355	86.5	SF320-20	
		5.8	8.84		445	88.5	SF400-20	YT-1000
		7.0	9.03		552	89	SF500-20	
	+25°	3.9	8.55	250	278	85	SF250-24	DST-600 或 YT-600
		4.6	9.15		357	86.5	SF320-24	
		5.4	10.23	300	458	84.5	SF400-20	DST-800 或 YT-1000
		6.3	10.51		562	86.5	SF500-20	
ZDT03-LH-160	+10°	4.6	7.00	250	281	89	SF250-24	YT-600
		5.6	7.26		357	89.5	SF320-24	
		6.2	8.32	300	447	88.3	SF400-20	YT-1000
		7.4	8.64		560	89.3	SF500-20	
	+15°	4.6	8.73	250	354	89.8	SF320-24	YT-600
		5.6	8.94		446	90.8	SF400-24	
		6.2	10.27	300	556	89	SF500-20	YT-1000
		7.5	10.54		702	90.5	SF630-20	

续表

水轮机							发电机	调速器
型号	叶片转角	水头/m	流量/(m^3/s)	转速/(r/min)	功率/kW	效率/%		
ZDT03-LH-160	+20°	4.3	9.50	214.3	358	89.3	SF320-28	YT-600
		4.8	10.93	250	453	88	SF400-24	YT-1000
		5.8	11.07		562	89.2	SF500-24	
		7.1	11.41		709	89.2	SF630-24	
	+25°	4.7	11.26	214.3	452	87	SF400-28	YT-1000
		5.7	11.45		557		SF500-28	
		6.3	13.11	250	705		SF630-24	
ZDT03-LH-180	+10°	4.4	9.58	250	359	86.8	SF320-24	YT-1000
		5.3	9.87		454	88.5	SF400-24	
		6.3	10.14		563	89.8	SF500-24	
		7.1	11.54	300	710	88.3	SF630-20	YWT-1800
	+15°	4.7	10.70	214.3	449	91.1	SF400-28	YT-1000
		5.3	12.10	250	562	89.5	SF500-24	
		6.4	12.40		706	90.8	SF630-24	YWT-1800
		7.3	14.36	300	905	88.0	SF800-20	
	+20°	4.8	13.41	214.3	565	89.5	SF500-28	
		5.9	13.60		707	89.8	SF630-28	
		6.6	15.72	250	909	89.3	SF800-24	
	+25°	4.7	14.03	187.5	570	88.1	SF500-32	
		5.2	16.02	214.3	715	87.5	SF630-28	
		6.4	16.15		893	88.1	SF800-28	

续表

水轮机							发电机	调速器
型号	叶片转角	水头/m	流量/(m^3/s)	转速/(r/min)	功率/kW	效率/%		
ZDT03-LH-200	+10°	4.5	11.54	214.3	456	89.5	SF400-28	YWT-1000
		5.4	11.85		565	90	SF500-28	YWT-1800
		6.1	13.31	250	709	89	SF630-24	
		7.4	13.81		903	90.1	SF800-24	
	+15°	4.0	12.63	187.5	451	91	SF400-32	
		4.8	12.95		560	91.8	SF500-32	
		5.4	14.66	214.3	707	91	SF630-28	
		6.6	15.10		898	91.9	SF800-28	
	+20°	4.1	15.60	187.5	562	89.5	SF500-32	
		4.9	16.21	214.3	703	90.2	SF630-32	
		5.6	18.26		893	89	SF800-28	
	+25°	4.7	17.25	166.7	704	88.5	SF630-36	
		5.4	19.16	187.5	893	88	SF800-32	
ZD560a-LH-80	0°	8.2	1.98	500	139	87	SF125-12	DST-300
		9	2.32	600	176	86	SF160-10	
		11	2.34		220	87	SF200-10	
		13	2.45	750	272	87	SF250-10	
		14	2.95		348	86	SF320-8	
		17	3.00		435	87	SF400-8	

续表

水轮机							发电机	调速器
型号	叶片转角	水头/m	流量/(m^3/s)	转速/(r/min)	功率/kW	效率/%		
ZD560a-LH-80	+5°	7	2.35	500	139	86	SF125-12	DST-300
		8.7	2.4		176		SF160-12	
		9.2	2.84	600	220		SF200-10	
		11.2	2.88		272		SF250-10	
		14	2.95		348		SF320-10	
		14.7	3.51	750	435		SF400-18	
	+10°	7.2	2.92	500	176	85.5	SF160-12	
		8.2	2.95		220	86.5	SF200-12	
		11	2.95		272	85.5	SF250-12	
		11.6	3.54	600	348	86.5	SF320-10	
		14.6	3.56		435	85.5	SF400-10	
	+15°	7.7	3.45	500	220	85.4	SF200-12	
		9.5	3.44		272	85	SF250-12	
		10.5	4.03		348	84	SF320-10	
		12.5	4.18	600	435	85	SF400-10	
ZD560a-LH-100	0°	7.1	2.91	375	178	87.8	SF160-16	YT-300 或 DST-300
		8.5	3.00	428.6	200		SF200-16	
		9.3	3.43	500	275		SF250-14	YT-600 或 DST-600
		10.5	3.85		348		SF320-12	
		13	3.88		435	87	SF400-12	
		15.5	4.00		538		SF500-12	

续表

水轮机							发电机	调速器
型号	叶片转角	水头/m	流量/(m³/s)	转速/(r/min)	功率/kW	效率/%		
ZD560a-LH-100	+5°	7.5	3.43	375	220	87	SF200-16	YT-300 或 DST-300
		8.2	3.93	428.6	275		SF250-14	
		10.2	4.00	500	348		SF320-14	
		11	4.63		435		SF400-12	YT-600 或 DST-600
		13.5	4.67	600	538		SF500-12	
		14.5	5.47		677		SF630-10	
	+10°			375		87.2		DST-300
		7.5	4.28	428.6	275		SF250-16	
		8.5	4.78		348	86.2	SF320-14	YT-600 或 DST-600
		10.3	4.94	500	435	87.2	SF400-14	
		11.2	5.68		538		SF500-12	
		14	5.66		677		SF630-12	
	+15°			375		84.2		UT-600 或 DST-600
		6.5	5.12	428.6	275	85.2	SF250-16	
		8.5	4.90		348		SF320-16	
		9.2	5.65	500	435	84.2	SF400-14	
		11	5.85		538		SF500-14	
		12	6.83		677		SF630-12	

■ **表 11-8　水斗式水轮机及配套设备**

水轮机						发电机	调速器	阀门
型号	水头/m	流量/(m^3/s)	转速/(r/min)	功率/kW	效率/%			
CJ22-W-45/1×4	136	0.056	1000	62	83	SFW55-6	手动调速器	2941H-25 Dg200
	173	0.063		86	80.4	SFW75-6		
	210	0.069	1500	114	80.2	SFW100-4		
CJ22-W-45/1×4.5	117	0.066	1000	63	83	SFW55-6	手动调速器	Z941H-16 Dg200
	145	0.073		86	82.8	SFW75-6		
	175	0.081		114	82	SFW100-6		
CJ22-W-55/1×4.5	110	0.069	750	64	85.4	SFW55-8	手、电动调速器或CJT-1000	Z941H-25 Dg300
	140	0.077		88	83.6	SFW75-8		
	170	0.085	1000	120	85	SFW100-6		
	190	0.090		143	85.4	SFW125-6		
	230	0.100		190	84.3	SFW160-6		
	260	0.106		225	83.1	SFW200-6		
CJ22-W-55/1×5.8A	95	0.111	750	86	83.7	SFW75-8	手、电动调速器或CJT-1000	Z941H-25 Dg300
	100	0.112		92	83.7			
	110	0.118		107	83.8	SFW100-8		
	120	0.123		120	83.6			
	130	0.128		136	82.0	SFW125-8		
	140	0.133		150	81.0			
	150	0.138		165	81.2			
	160	0.142		182	82.3			
	170	0.147	1000	204	83.4	SFW160-6		
	180	0.151		113	83.7	SFW200-6		
	190	0.155		142	83.8			

续表

水轮机						发电机	调速器	阀门
型号	水头/m	流量/(m^3/s)	转速/(r/min)	功率/kW	效率/%			
CJ22-W-62/1×4.5	110	0.071	750	64	83.5	SFW55-8	手、电动调速器或CJT-1000	Z941H-25 Dg300
	140	0.075		88	85.6	SPW75-8		
	170	0.086		120	83.6	SFW100-8		
	190	0.092	1000	143	83.4	SFW125-6		
	230	0.099		190	85.2	SFW160-6		
	260	0.103		225	85.5	SFW200-6		
CJ22-W-62/1×5.8A	110	0.120	750	107	82.5	SFW100-8	手、电动调速器或CJT-1000	Z941H-25 Dg300
	120	0.123		120	83.2			
	130	0.127		136	83.9	SFW125-8		
	140	0.129		150	84.6	SFW160-8		
	150	0.133		165	87			
	160	0.140		183	83.4			
	170	0.148		204	82.8			
	180	0.154		223	82.1	SFW200-6		
	190	0.157	1000	242	82.5			
CJ22-W-62/1×5.8B	200	0.160	1000	260	82.9	SFW250-6	手、电动调速器或CJT-1000	Z941H-40 Dg300
	210	0.163		280	83.3			
	220	0.165		298	83.7			
	230	0.168		318	84	SFW320-6		
	240	0.170		338	84.3			
	250	0.173		358	84.6			
	260	0.175		378	84.5			
	270	0.178		398	84.3			

续表

水轮机						发电机	调速器	阀门
型号	水头/m	流量/(m^3/s)	转速/(r/min)	功率/kW	效率/%			
CJ22-W-70/1×4.5	260	0.106	1000	230	84.9	SFW200-6	手、电动调速器或CJT-1000	Z941H-40 Dg300
	280	0.110		256	85.6			
	300	0.112		285	86.3	SFW250-6		
	320	0.118		320	86.2			
	340	0.124		356	86.1	SFW320-6		
	370	0.126		390	85.5			
	400	0.130		430	84.7	SFW400-6		
CJ22-W-70/1×5.5A	260	0.156	1000	340	85.5	SFW320-6	手、电动调速器或CJT-1000	Z941H-40 Dg300
	280	0.164		390	86.7	SFW400-6		
	300	0.168		430	86.8			
	320	0.176		480	86.7			
CJ22-W-70/1×5.5B	340	0.180	1000	520	86.7	SFW500-6	手、电动调速器或CJT-1000	Z941H-40 Dg300
	360	0.184		560	86			
	380	0.192		607	84.8	SFW630-6		
	400	0.196		650	84.5			
	420	0.200		696	84.3			

续表

水轮机						发电机	调速器	阀门
型号	水头/m	流量/(m^3/s)	转速/(r/min)	功率/kW	效率/%			
CJ22-W-70/1×7A	220	0.235	750	430	84.7	SFW400-8	手、电动调速器或CJT-1000	Z941H-25 Dg300
	230	0.242		460	84.2			
	240	0.249		490	83.6			
	250	0.251	1000	520	84.7	SFW500-6		
	260	0.257		560	85.2			
	270	0.264		600	85.7			
CJ22-W-70/1×7B	280	0.266	1000	630	86.2	SFW630-6	手、电动调速器或CJT-2000	Z941H-40 Dg300
	300	0.277		705	86.5			
	320	0.285		770	86.2			
	340	0.297		850	85.9			
	360	0.308		930	85.5	SFW800-6		
CJ22-W-90/1×4.5	400	0.131	1000	430	83.8	SFW400-6	手、电动调速器或CJT-1000	Z941H-64 Dg250
	420	0.135		470	84.6			
	440	0.137		505	85.4	SFW500-6		
	460	0.139		540	86			
	480	0.143		580	86.2			
	500	0.146		620	86.3			
	520	0.148		650	86.3	SFW630-6	手、电动调速器或CJT-2000	
	540	0.151		690	86.3			
	560	0.154		732	86.3			
	580	0.158		770	85.8			
	600	0.160		805	85.4	SFW800-6		

续表

水轮机						发电机	调速器	阀门
型号	水头/m	流量/(m^3/s)	转速/(r/min)	功率/kW	效率/%			
CJA237-W-90/1×5.5A	220	0.146	750	270	86	SFW250-8	手、电动调速器或CJT-1000	Z941H-40 Dg250
	240	0.153		310	86.3			
	260	0.158		350	86.7	SFW320-8		
	280	0.164		390	86.8			
	300	0.169		430	86.7	SFW400-8		
	320	0.175		475	86.5			
	340	0.181		520	86.2	SFW500-8		
	360	0.187		565	85.8			
CJA237-W-90/1×5.5B	380	0.193	1000	605	84	SFW630-6	手、电动调速器或CJT-2000	Z941H-40 Dg250
	400	0.195		645	84.6			
	420	0.200		700	85.1			
	440	0.205		760	85.9			
	460	0.210		820	86.6	SFW800-6		
	480	0.213		870	86.8			
	500	0.218		930	86.8			
CJA237-W-90/1×7A	220	0.233	750	430	85.7	SFW400-8	YT-300	Z941H-40 Dg400
	240	0.242		490	86			
	260	0.254		560	86.4	SFW500-8		
	280	0.263		625	86.5			
	300	0.275		700	86.4	SFW630-8		
	320	0.285		770	86.2			
	340	0.297		850	85.9	SFW800-8		
	360	0.306		925	85.5			

【例 11-11】 某地区计划建一水电站，已知水头 H 为 20m、流量 Q 为 1.30m³/s，试选用水轮机、发电机及其他设备。设机组效率 η 为 0.80。

解 水电站出力为

$$P=9.81QH\eta=9.81\times1.30\times20\times0.80=204\text{kW}$$

根据该电站的水头和流量，可选用混流式水轮机。查表 11-6，可选用 HLA244-WJ-50 型水轮机，配套的发电机为 SFW200-8 型，200kW、8 极。水轮机和发电机的转速均为 750r/min。调速器可选用 DST-300 或 YT-300 型，阀门选用 D941X-6，Dg800。

如果现成有功率相符而转速不同的发电机，欲与上述水轮机配套，则可以采用间接传动方式。传动比 i 可按下式计算：

$$i=n_f/n_s=D_s/D_f$$

式中 n_f，n_s——现成发电机和水轮机的转速；

D_f，D_s——发电机和水轮机带轮的直径。

如进一步知道发电机的定子电压、电流、励磁电压、励磁电流、效率、质量等参数，可查表 11-9 和表 11-10。如采用 SFW200-8/740 型发电机，则功率为 200kW、电压 400V、电流 361A、额定转速 750r/min、频率 50Hz、励磁电压 38V、励磁电流 141A、效率 91.1%。

11.3 小型水轮发电机的选择

11.3.1 水轮发电机的型号及选择

发电机应与水轮机相匹配，与其他发电机相比，水轮发电机具有转速低、转动惯量大的特点，因而有较大的飞逸转速。中小型水轮机的飞逸转速一般是额定转速的 1.8～2.4 倍。

在选择发电机时，要考虑的主要参数有容量、电压、转速、励磁形式和主轴的方向。

(1) 水轮发电机的型号

水轮发电机按结构分，有立式和卧式两种；按励磁方式分，有电抗分流励磁、晶闸管励磁和无刷励磁等。整流机励磁和三次谐波发电机已淘汰。

水轮发电机的型号含义如下：

如 SF-500-10/990，表示水轮发电机，立式，功率为 500kW，10 极，铁芯外径为 990mm。

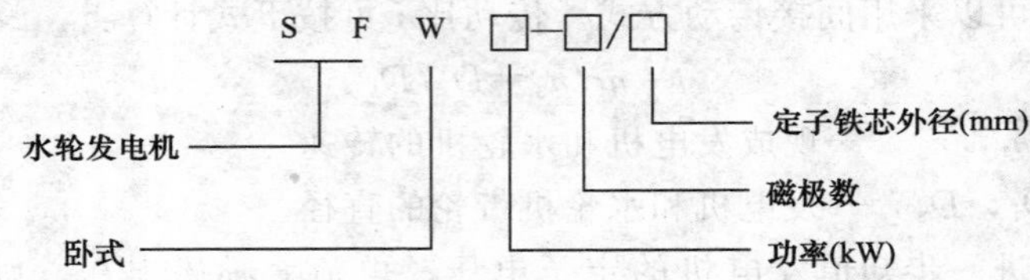

(无此符号为立式)

又如 SFW-320-6/740，表示水轮发电机，卧式，功率为 320kW，6 极，铁芯外径为 740mm。

(2) 水轮发电机的选择

① 水轮发电机的功率选择。水轮发电机的功率应考虑发电机效率和传动效率，按略低于水轮机的功率选择。

发电机的功率按下式计算：

$$P_f = P_s \eta_f \eta_t$$

式中 P_f——发电机功率，kW；

P_s——水轮机输出功率，kW；

η_f——发电机效率，500kW 以下取 0.9，500kW 以上取 0.95～0.97；

η_t——机组传动效率，直连取 1，三角带传动取 0.95，平带传动取 0.9。

② 水轮发电机的额定电压选择。当 $P_f \leqslant 800$kW 时，U 取

400V；当 $800\text{kW} < P_f \leqslant 10000\text{kW}$ 时，U 取 6.3kV，也有用 3.15kV。高压机组中也有 400kW 等容量较小的。

功率因数一般为 $\cos\varphi=0.8$。

③ 水轮发电机的转速的选择。发电机应尽量和水轮机的转速相同。水轮发电机转速越高，其重量越轻，价格越便宜，所以应优先选用较高转速（1500r/min 和 1000r/min）的发电机。

发电机转速按下式计算：

$$n=60f/p=3000/p$$

式中　n——转速，r/min；

p——发电机磁极对数；

f——频率，$f=50\text{Hz}$。

水轮发电机的其他特征还包括通风、润滑及连接方式等。630kW 以下机组可用柔性连接，而对于 630kW 以上机组则采用刚性方式（直连式）。630kW 以下机组可以采用滚珠轴承，若采用自循环轻油润滑的滑动轴承，一般为开敞式。800kW 以上机组有通风槽或封闭的自循环通风系统，这种系统可以装上加热器以防潮。

直连机组采用接近水轮机最优转速的同步转速。若发电机转速大于水轮机转速，应采用间接传动。150kW 以下的发电机，可采用皮带传动或三角带传动；150～300kW 的发电机可采用齿轮传动。

④ 水轮发电机的结构形式（立式或卧式），应根据水轮机是立式还是卧式来选用。对于小于 25kW 的微型水轮发电机，可采用半交叉皮带传动，不受水轮机立式还是卧式的限制。

⑤ 水轮发电机的励磁方式。在选择励磁方式时，应考虑电网要求的供电质量和建设成本。由于励磁设备对发电机的运行及供电质量和经济性有着重要的影响，因此选择时，应充分作技术经济比较。发电机的励磁方式有直流励磁、无刷励磁、晶闸管励磁、电抗分流式励磁等。一般宜优先选用晶闸管励磁和无刷励磁。

11.3.2 常用小型水轮发电机的技术数据

下面介绍浙江省临海电机厂的部分产品。

(1) $\frac{\mathrm{SF}}{\mathrm{SFW}}$-250、368、423、493、590 系统水轮发电机

① 结构形式：a. 端盖轴承结构；b. 自循环通风冷却；c. 防护形式为 IP21（防滴）；d. 绝缘等级为 B/B 或 B/F。

② 励磁方式：a. 不可控电抗分流励磁；b. 可控电抗分流励磁；c 无刷励磁。

③ 性能特点：a. 静态电压调整率为小于±3%、±5%；b. 电压调幅范围为 80%～110%。

发电机额定功率因数为 0.8（滞后），飞逸转速为 2.4 倍额定转速，电压等级为 400V。

该系列发电机的技术数据见表 11-9。

■ 表 11-9 $\frac{\mathrm{SF}}{\mathrm{SFW}}$-250、368、423、493、590 系列发电机技术数据

型号	功率/kW	电压/V	电流/A	额定转速/(r/min)	频率/Hz	励磁电压/V	励磁电流/A	效率/%	质量/kg
$\frac{\mathrm{SF}}{\mathrm{SFW}}$5-4/250	5	400	9.02	1500	50	35.0	9.8	84.7	/104
$\frac{\mathrm{SF}}{\mathrm{SFW}}$8-4/250	8	400	14.4	1500	50	34.5	15.0	86.0	/113
$\frac{\mathrm{SF}}{\mathrm{SFW}}$18-4/368	18	400	32.5	1500	50	28.6	23.9	83.7	/250
$\frac{\mathrm{SF}}{\mathrm{SFW}}$26-4/368	26	400	46.9	1500	50	35.7	23.9	85.5	/280
$\frac{\mathrm{SF}}{\mathrm{SFW}}$12-6/368	12	400	21.7	1000	50	20.7	30.0	83.6	/260
$\frac{\mathrm{SF}}{\mathrm{SFW}}$18-6/368	18	400	32.5	1000	50	26.5	30.0	84.9	/290
$\frac{\mathrm{SF}}{\mathrm{SFW}}$40-4/423	40	400	72.2	1500	50	21.3	47.8	89.0	/450

续表

型号	功率/kW	电压/V	电流/A	额定转速/(r/min)	频率/Hz	励磁电压/V	励磁电流/A	效率/%	质量/kg
SF SFW 55-4/423	55	400	99.2	1500	50	25.7	48.5	87.8	/520
SF SFW 26-6/423	26	400	46.9	1000	50	23.8	42.6	86.4	/460
SF SFW 30-6/423	30	400	54.1	1000	50	23.9	48.5	86.9	/460
SF SFW 40-6/423	40	400	72.2	1000	50	29.6	48.5	88.0	/530
SF SFW 75-4/493	75	400	135.3	1500	50	22.0	42.0	88.9	/710
SF SFW 100-4/493	100	400	180.4	1500	50	32.0	47.0	91.1	/830
SF SFW 55-6/493	55	400	99.2	1000	50	32.0	36.0	89.3	/750
SF SFW 75-6/493	75	400	135.3	1000	50	40.0	50.0	90.6	/850
SF SFW 40-8/493	40	400	72.2	750	50	31.7	54.6	87.8	/780
SF SFW 55-8/493	55	400	99.2	750	50	45.8	45.7	89.2	/870
SF SFW 100-6/590	100	400	180.4	1000	50	24.0	120.0	90.1	/1300
SF SFW 125-6/590	125	400	225.5	1000	50	27.0	118.0	91.8	/1435
SF SFW 160-6/590	160	400	288.7	1000	50	32.6	126.4	91.3	/1700
SF SFW 75-8/590	75	400	135.3	750	50	24.0	119.0	89.7	1320 /1320
SF SFW 100-8/590	100	400	180.4	750	50	29.0	122.0	90.9	/1420
SF SFW 125-8/590	125	400	225.5	750	50	28.5	108.0	91.0	1630 /1630

(2) SF/SFW-650、740、850、990 系列水轮发电机

① 结构形式：与 SF/SFW-250、368、423、493、590 系列相同。

② 励磁方式：a. 可控电抗分流励磁；b. 无刷励磁；c. 晶闸管静止励磁。

③ 性能特点：a. 静态电压调整率小于±3%；b. 电压调幅范围为 80%～110%。

发电机额定功率因数为 0.8（滞后），飞逸转速为 2.4 倍额定转速，额定电压为 400V。

该系列发电机的技术数据见表 11-10。

■ 表 11-10 SF/SFW-650、740、850、990 系列发电机技术数据

型号	功率/kW	电压/V	电流/A	额定转速/(r/min)	频率/Hz	励磁电压/V	励磁电流/A	效率/%	质量/kg
SF/SFW160-6/650	160	400	289	1000	50	36.0	99.6	91.9	—
SF/SFW200-6/650	200	400	361	1000	50	42.0	98.4	93.0	—
SF/SFW125-8/650	125	400	225	750	50	30.0	105.9	91.8	—
SF/SFW160-8/650	160	400	289	750	50	35.4	98.6	92.5	—
SF/SFW200-6/740	200	400	361	1000	50	30.0	167.0	92.3	2250/2140
SF/SFW250-6/740	250	400	451	1000	50	34.0	162.0	92.2	2430/2280
SF/SFW320-6/740	320	400	577	1000	50	36.6	153.4	92.9	2610/2420
SF/SFW160-8/740	160	400	289	750	50	28.0	135.0	91.6	2320/2220
SF/SFW200-8/740	200	400	361	750	50	38.0	141.0	91.1	2450/2285

续表

型号	功率/kW	电压/V	电流/A	额定转速/(r/min)	频率/Hz	励磁电压/V	励磁电流/A	效率/%	质量/kg
SF SFW 250-8/740	250	400	451	750	50	33.8	161.4	92.0	2580 /2350
SF SFW 125-10/740	125	400	225	600	50	30.0	157.0	90.9	2300 /1900
SF SFW 160-10/740	160	400	289	600	50	38.0	160.0	91.2	2450 /2000
SF SFW 200-10/740	200	400	361	600	50	34.5	165.0	91.8	2600 /2100
SF SFW 320-6/850	320	400	577	1000	50	31.0	191	92.1	/2960
SF SFW 400-6/850	400	400	722	1000	50	36.8	195	93.1	/3200
SF SFW 500-6/850	500	400	902	1000	50	40.0	192	93.5	/3950
SF SFW 250-8/850	250	400	451	750	50	34.0	189	93.2	/2890
SF SFW 320-8/850	320	400	577	750	50	38.0	188	92.7	2940 /3150
SF SFW 400-8/850	400	400	722	750	50	42.0	160	93.2	/3755
SF SFW 200-10/850	200	400	361	600	50	36.0	172	92.2	2500 /2700
SF SFW 250-10/850	250	400	451	600	50	37.0	176	92.1	2600 /3000
SF SFW 320-10/850	320	400	577	600	50	43.0	185	92.6	3200 /3300
SF SFW 160-12/850	160	400	289	500	50	25.0	139	90.4	/2810
SF SFW 200-12/850	200	400	361	500	50	34.0	162	91.0	2400 /2920
SF SFW 250-12/850	250	400	451	500	50	47.6	136	91.4	/3030

续表

型号	功率/kW	电压/V	电流/A	额定转速/(r/min)	频率/Hz	励磁电压/V	励磁电流/A	效率/%	质量/kg
SF SFW 125-14/850	125	400	226	428.6	50	20.5	170	90.7	2900 /2900
SF SFW 160-14/850	160	400	289	428.6	50	29.5	164.4	90.8	/3000
SF SFW 200-14/850	200	400	361	428.6	50	39.8	147	91.3	/3100
SF SFW 400-6/850	400	6300	45.8	1000	50	37.3	161	92.3	/3420
SF SFW 500-6/850	500	6300	57.3	1000	50	43.0	165	93.0	/3530
SF SFW 630-6/990	630	400	1137	1000	50	49.0	173	94.4	/4750
SF SFW 800-6/990	800	400	1443	1000	50	57.7	169	94.8	/4950
SF SFW 500-8/990	500	400	902	750	50	42.0	161	93.9	/4600
SF SFW 630-8/990	630	400	1137	750	50	57.7	148	94.2	/4960
SF SFW 400-10/990	400	400	722	600	50	47.4	156	91.0	/4700
SF SFW 500-10/990	500	400	902	600	50	55.3	168	91.9	/5250
SF SFW 320-12/990	320	400	577	500	50	51.0	160	90.9	/4150
SF SFW 400-12/990	400	400	722	500	50	57.8	151	92.8	/4600
SF SFW 250-14/990	250	400	451	428.6	50	37.3	152	91.6	/4100
SF SFW 320-14/990	320	400	577	428.6	50	44.9	156.6	92.0	/4600
SF SFW 160-16/990	160	400	289	375	50	30.0	160	89.1	3500 /3500
SF SFW 200-16/990	200	400	361	375	50	31.5	157.5	90.8	3900 /4200

续表

型号	功率/kW	电压/V	电流/A	额定转速/(r/min)	频率/Hz	励磁电压/V	励磁电流/A	效率/%	质量/kg
SF/SFW250-16/990	250	400	451	375	50	46.1	150	91.4	/4650
SF/SFW125-20/990	125	400	226	300	50	32.5	145	89.1	/4100
SF/SFW160-20/990	160	400	289	300	50	38.7	145	89.7	/4300
SF/SFW200-20/990	200	400	361	300	50	44.7	137	90.5	/4550
SF/SFW630-6/990	630	6300	72.2	1000	50	55.0	160	94.7	/4390
SF/SFW800-6/990	800	6300	91.6	1000	50	64.0	160	95.0	/5250
SF/SFW500-8/990	500	6300	57.3	750	50	46.0	170	93.5	/4400
SF/SFW630-8/990	630	6300	72.2	750	50	54.0	157	93.8	/4900
SF/SFW400-10/990	400	6300	45.8	600	50	40.6	160	93.6	/4600
SF/SFW500-10/990	500	6300	57.3	600	50	55.0	153	93.8	/5200

11.3.3 手控电动调速器线路

水轮机的调速器的作用是根据发电机负荷的变化调节水轮机的导水叶片，以控制进入水轮机的流量，使水轮机的出力（有功功率）与负荷相适应。对于并网的水轮发电机，调节导水叶片和励磁电流，使发电机在额定状态（水量小时不能在额定电流下），保持功率因数在 0.8（滞后）下运行。在枯水期，也可以调节导水叶片

（关小），主要发无功，以提高电网电压和功率因数。

调速器的调速方式有手动、电动和自动三类。与水轮机配套的调速器选择见表 11-5～表 11-8。

手控电动调速器一般从全开到全闭，3～10s（每按一下按钮，手轮转动约 1/4 周）较为合适。控制线路如图 11-3 所示。

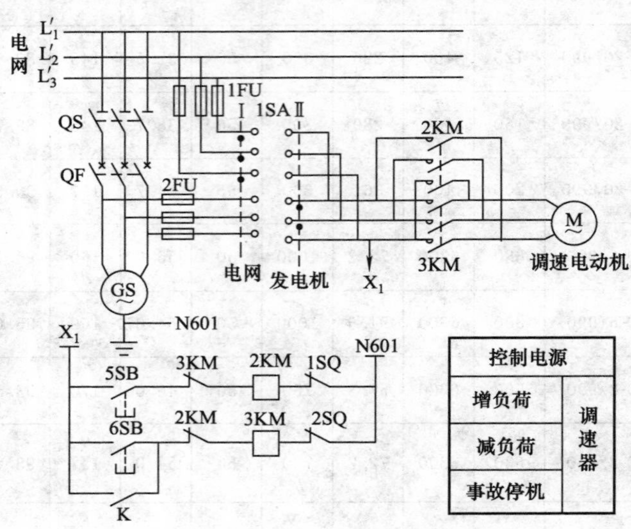

图 11-3 手控电动调速器线路

图 11-3 中，QS 为隔离开关，QF 为发电机出口断路器；M 为调速电动机，用来控制导水叶片；1SA 为转换开关，通过它电动机 M 可以用网电电源，也可以用发电机电源，以确保电动机 M 电源的可靠性；5SB 为增负荷（即开大导水叶片）按钮；6SB 为减负荷（即关小导水叶片）按钮；1SQ 和 2SQ 为增、减负荷的限位开关，以确保机械机构的安全；K 为出口继电器的触点，一旦发生故障（如发电机过电压、失磁等），出口继电器动作，其常开触点 K 闭合，接触器 3KM 得电吸合，立即关小导水叶片，防止发电机飞车。

主要材料见表 11-11。

■ 表 11-11 手控电动调速器主要材料表

代号	名称	型号规格
1FU、2FU	熔断器	RT14-20/16A
1SA	万能开关	LW5-16D1369/5
2KM、3KM	交流接触器	CJ20-16A/220V
5SB、6SB	按钮	LA18-22
M	电动机	Y112M-6 2.2kW、940r/min

11.4 水轮发电机组的常见故障及处理

11.4.1 小型水轮机的常见故障及处理

小型水轮机的常见故障及处理方法见表 11-12。

■ 表 11-12 小型水轮机的常见故障及处理方法

序号	故障现象	可能原因	处理方法
1	不转或转速很低	①转轮与轴之间的键松脱 ②转轮叶片被卡住或叶片与机壳严重摩擦 ③转轮叶片损坏	①重新装好键，使其连接紧固 ②清除杂物，重新安装 ③修复或更换叶片
2	强烈振动、噪声	①水轮机汽蚀： a. 水轮机安装高度不对； b. 尾水管有过大真空； c. 水轮机长期在低水头和小负荷下运行 ②地脚螺栓松动 ③主轴弯曲或安装不良 ④轴承损坏或安装不良 ⑤传动装置偏心或零部件损坏 ⑥转轮处进入杂物	①采取防汽蚀措施： a. 水轮机吸出高度不应超出最大允许吸出高度； b. 向尾水管中送入空气，在下游尾水处设挡水闸门以提高下游水位，减轻汽蚀的影响； c. 改善运行条件，一般不应使水轮机在 50%额定出力下运行 ②拧紧地脚螺栓 ③校直主轴或重新安装 ④更换轴承或重新安装 ⑤校正传动部件，消除偏心，更换损坏的零部件 ⑥清除杂物

续表

序号	故障现象	可能原因	处理方法
3	发出异常声响	①水轮机强烈振动 ②转轮叶片与机壳摩擦 ③水轮机零部件松动	①按第 2 条处理 ②更换损坏的零件,校正转轮中心,重新安装 ③紧固松动的零部件
4	轴承过热	①轴承缺油或油质劣化 ②轴承损坏或安装不良 ③皮带过紧 ④主轴弯曲 ⑤机组振动所引起 ⑥冷却水中断	①按要求加足润滑油或更换新油 ②更换轴承,重新安装 ③调整皮带张力 ④校直主轴 ⑤设法降低机组振动 ⑥查明原因,恢复冷却水
5	调速器不能活动	①有杂物卡住活动导叶 ②活动导叶轴锈蚀或导水叶垫损坏 ③传动机构卡住 ④冰屑封住导叶	①清除杂物 ②清除铁锈或更换损坏的导叶轴及导水叶垫 ③清除杂物,调整、检修传动机构,并在活动部分加润滑油 ④清除冰屑

11.4.2 小型水轮发电机的常见故障及处理

发电机运行故障的原因是多方面的，如安装不良，维护不当，冷却润滑系统有问题，导水管内有杂物，操作不当，励磁调节器及并网控制设备等有毛病，以及水轮机、发电机等设备本身存在缺陷等，都会造成发电机运行故障。

发电机的常见故障及处理方法见表 11-13。

■ 表 11-13 发电机的常见故障及处理方法

序号	故障现象	可能原因	处理方法
1	发电机过热	①发电机没有按规定的技术条件运行,如: a. 定子电压太高,铁损增大 b. 负荷电流过大,定子绕组铜损增大 c. 频率过低,使冷却风扇转速变慢,影响发电机散热 d. 功率因数过低,会使转子励磁电流增大,使转子发热	①检查监视仪表的指示是否正常,若不正常,应进行必要的调节和处理,务必使发电机按照规定的技术条件运行

续表

序号	故障现象	可能原因	处理方法
1	发电机过热	②发电机三相负荷电流不平衡,过载的一相绕组会过热。如果三相电流之差超过额定电流的10%,则属严重三相电流不平衡。三相电流不平衡会产生负序磁场。从而增加损耗,引起磁极绕组及套箍等部件发热 ③风道被积尘堵塞,通风不良,发电机散热困难 ④进风温度过高或进水温度过高,冷却器有堵塞现象 ⑤轴承加润滑脂过少或过多 ⑥轴承磨损。磨损不严重时,轴承局部过热;磨损严重时,有可能使定子和转子相互摩擦,造成定子和转子局部过热 ⑦定子铁芯片绝缘损坏,造成片间短路,使铁芯局部的涡流损失增加而发热,严重时会损坏定子绕组 ⑧定子绕组的并联导线断裂,这会使其他导线中的电流增大而发热	②调整三相负荷,使各相电流尽量保持平衡 ③清扫风道积尘、油垢,使风道畅通 ④降低进风或进水温度,清扫冷却器的堵塞物。在故障未排除前应限制发电机负荷,以降低发电机温度 ⑤按规定要求加润滑脂,一般为轴承和轴承室容积的1/3~1/2(转速低的取上限,转速高的取下限),并以不超过轴承室容积的70%为宜 ⑥检查轴承有无噪声,更换不良轴承。如定子和转子相互摩擦,应立即停机检修 ⑦立即停机检修,检修方法见第7条和第8条 ⑧立即停机检修
2	发电机中性线对地有异常电压	①在正常情况下,由于高次谐波作用或制造工艺等原因,造成各磁极下气隙不等、磁势不等 ②发电机绕组有短路现象或对地绝缘不良 ③空载时中性线对地无电压,而有负荷时才有电压	①电压很低(1V至数伏),没有危险,不必处理 ②会使用电设备及发电机性能变坏,容易发热,应设法消除,及时检修,以免事故扩大 ③由三相负荷不平衡引起,通过调整三相负荷便可消除
3	发电机过电流	①负荷过大 ②输电线路发生相间短路或接地故障	①减轻负荷 ②消除输电线路故障后,即可恢复正常

续表

序号	故障现象	可能原因	处理方法
4	发电机端电压过高	①与电网并列的发电机电网电压过高 ②励磁装置故障引起过励磁	①与调度联系，由调度处理 ②检修励磁装置
5	无功出力不足	励磁装置电压源复励补偿不足，不能提供电枢反应所需的励磁电流，使机端电压低于电网电压，送不出额定无功功率	①在发电机与电抗器之间接入一台三相调压器，以提高机端电压，使励磁装置的磁势向大的方向变化 ②改变励磁装置电压、磁势与机端电压的相位，使合成总磁势增大(如在电抗器每相绕组两端并联数千欧、10W的电阻) ③减小变阻器的阻值，使发电机励磁电流增大
6	定子绕组绝缘击穿，如匝间短路、对地短路、相间短路	①定子绕组受潮 ②制造缺陷或检修质量不好造成绕组绝缘击穿；检修不当造成机械性损伤 ③绕组过热。绝缘过热后会使绝缘性能降低，有时在高温下会很快造成绝缘击穿事故 ④绝缘老化。一般发电机运行15～20年以上，其绕组绝缘会老化，电气特性会发生变化，甚至使绝缘击穿 ⑤发电机内有金属异物 ⑥过电压击穿，如： a. 线路遭雷击，而防雷保护不完善 b. 误操作，如在空载时把发电机电压升得过高 c. 发电机内部过电压，包括操作过电压、弧光接地过电压及谐振过电压等	①对于长期停用或经较长时间修理的发电机，投入运行前需测量绝缘电阻，不合格者不许投入运行。受潮发电机需干燥处理 ②检修时不可损伤电机绝缘及各部分；要按规定的绝缘等级选用绝缘材料，嵌装绕组及浸漆干燥等必须严格按工艺要求进行 ③加强日常的巡视检查工作，防止发电机各部分过热而损坏绕组绝缘 ④做好发电机的大、小修工作，做好绝缘预防性试验。发现绝缘不合格者，应及时更换有缺陷的绕组绝缘或更换绕组，以延长发电机的使用寿命 ⑤检修后切勿将金属物件、零件或工具遗落在定子膛中；绑紧转子的绑扎线，紧固端部零件，以不致由于离心力的作用而松脱 相应地采取以下措施： a. 完善防雷保护设施 b. 发电机升压要按规程规定的步骤进行操作，防止误操作 c. 加强绝缘预防性试验工作，及时发现和消除定子绕组绝缘中存在的缺陷

续表

序号	故障现象	可能原因	处理方法
7	定子铁芯叠片松弛	制造装配不当，铁芯未紧固	若是整个铁芯松弛，对于大、中型发电机，一般需送制造厂修理；对于小型发电机，可用两块略小于定子绕组端部内径的铁板，穿上双头螺栓，收紧铁芯；待恢复原形后，再用铁芯原夹紧螺栓紧固 若是局部性铁芯松弛，可先在松弛片间涂刷硅钢片漆，再在松弛部分打入硬质绝缘材料进行处理
8	铁芯片之间短路，会引起发电机过热，甚至烧坏绕组	①铁芯叠片松弛，发电机运转时铁芯发生振动，逐渐损坏铣芯片的绝缘 ②铁芯片个别地方绝缘受损伤或铁芯局部过热，使绝缘老化 ③铁芯片边缘有毛刺或检修时受机械损伤 ④有焊锡或铜粒短接铁芯 ⑤绕组发生弧光短路时也可能造成铁芯短路	①、②处理方法见第7条 ③用细锉刀除去毛刺，修整损伤处，清洁表面，再涂上一层硅钢片漆 ④刮除或凿除金属熔焊粒，处理好表面 ⑤将烧损部分用凿子清除后，处理好表面
9	转子滑环烧损或磨损，电刷火花增大	参见表11-14	参见表11-14
10	发电机振动	①转子不圆或平衡未调整好 ②转轴弯曲 ③联轴器连接不直 ④结构部件共振 ⑤励磁绕组层间短路 ⑥供油量不足或油压不足 ⑦供油量太大，油压太高	①严格控制制造和安装质量，重新调整转子的平衡 ②可采用研磨法、加热法和锤击法等校正转轴 ③调整联轴器部分的平衡，重新调整联轴器配合螺栓的夹紧力。对联轴器端面重新加工 ④可通过改变结构部件的支持方法来改变它的固有频率 ⑤检修励磁绕组，重新包扎绝缘 ⑥扩大喷嘴直径，升高油压；扩大供油口，减小间隙 ⑦缩小喷嘴直径，提高油温，降低油压，提高面积压力，增加间隙

续表

序号	故障现象	可能原因	处理方法
10	发电机振动	⑧定子铁芯装配不紧 ⑨轴承密封过紧，引起转轴局部过热、弯曲，造成质量下降 ⑩发电机通风系统不对称 ⑪水轮机尾水管水压脉动	⑧重新装压铁芯 ⑨检查和调整轴承密封，使之与轴之间有适当的配合间隙 ⑩注意定子铁芯两端挡风板及转子支架挡风板的结构布置和尺寸的选择，使风路系统对称；增强盖板、挡风板的刚度并可靠固定 ⑪对水轮机尾水管采取补气措施，如装设十字架等
11	发电机失声剩磁，造成启动时不能发电	①发电机长期不用 ②外界线路短路 ③非同期合闸 ④停机检修时偶然短接了励磁绕组接线头或滑环	①在发电前用干电池先进行充磁 ②如果附近有发电机，可利用发电的励磁电压对失磁的发电机充磁
12	自动励磁装置的励磁电抗器温度过高	①电抗器线圈局部短路 ②电抗器磁路的气隙过大	①检修电抗器 ②调整磁路气隙，使之不能过大，也不能过小。如对于TZH50kW自励恒压三相同步发电机的电抗器，气隙以5.5～5.8mm为宜

■ 表11-14 发电机滑环烧损及电刷冒火的原因及处理方法

可能原因	处理方法
①长期未对滑环、整流子进行清扫，使电刷炭粉和其他积垢过多，造成电刷与滑环、整流子接触不良	①保持厂房内清洁。每次停机后，用压缩空气吹净滑环和整流子上的炭粉、积尘。必要时取出电刷用无毛头的干净白布蘸少许酒精进行擦拭。对重度积垢可用0号细砂布轻轻研磨，然后擦拭干净至光滑为止
②电刷磨损过大，使弹簧压力不能调整，造成电刷与滑环整流子接触不良	②定期检查电刷，及时更换磨损严重的电刷
③电刷弹簧压力偏小或压力不均匀	③正确调整弹簧压力，一般保持在15～25kPa。调整时，尽可能使各电刷压力均匀，压力之差不应超过平均值的10%。失去正常弹力的弹簧应更换
④电刷型号规格不符合要求	④调换电刷时，应选用型号规格相符的合格电刷。在同一滑环和整流子上不能同时使用几种不同型号规格的电刷
⑤电刷架位置偏移，使电刷与滑环、整流子之间的接触面减小，电流密度增大	⑤这主要是检修后电刷架位置调整不当或固定螺栓未拧紧所致。为此应调整好刷架的位置，并拧紧螺栓固定刷架

续表

可能原因	处理方法
⑥滑环和整流子维护不当。如用金刚砂布打磨滑环和整流子，使金刚砂嵌入电刷内，使滑环和整流子产生纹沟，不光滑，影响接触	⑥对已产生纹沟的滑环和整流子可进行磨光处理，即在自制木块弧形（弧形应恰好与滑环或整流子的弧形相吻合 1/4 左右的圆周）上用胶带贴上相同宽度的 0 号细砂布，启动发电机至额定转速，然后把砂布面压在旋转的滑环或整流子上，待滑环或整流子表面磨光滑后，彻底清除炭屑和砂粒
⑦换向器云母片突出，发电机运转时使电刷跳动、破裂，减小了电刷与整流子的接触面积，并使各电刷的电流分布不均，引起电刷冒火	⑦换向器云母片突出，可以进行砂光车平，用钢锯条把换向器片间的云母锯深 1～1.5mm，再将换向片边缘的毛刺用 0 号细砂布打磨干净
⑧发电机长时间超负荷运行，使励磁电流超过允许值和流过的电流密度超过规定限度而发热冒火	⑧减轻负荷，降低励磁电流
⑨老式发电机采用励磁机励磁，当励磁机电枢绕组开焊时，电刷会冒强烈的蓝色火花，并有环火出现	⑨可用电流-电压表法测量片电阻或观察整流子烧伤的痕迹，查出励磁机电枢绕组开焊点，然后进行补焊

11.4.3 小型发电机的干燥处理

（1）发电机干燥处理要求

发电机长时间停用或怀疑受潮，在启动前，应测量定子绕组和转子绕组的绝缘电阻。转子绕组的绝缘电阻一般不应低于 0.5MΩ。定子绕组的绝缘电阻不作硬性规定，但与以前测量结果比较不应有明显的降低，如低到以前所测量值的 1/3～1/5，或绝缘吸收比 $R_{60}/R_{15}<1.3$ 时，表明绝缘可能受潮、表面污脏或有其他缺陷，应查明原因，加以消除。的确受潮时，应作干燥处理。

发电机的干燥处理方法可参照三相异步电动机的干燥处理方法。另外，发电机的干燥处理还应注意以下事项。

① 温度应缓慢上升，温升可为每小时 5～8℃。

② 铁芯和绕组的最高允许温度应根据绝缘等级确定，当用酒精温度计测量时为 70～80℃，当用电阻温度计或温差热电偶测量时为 80～90℃。

③ 带转子干燥的发电机，当温度达到70℃后，至少每隔2h将转子转动180°。用电阻温度计测量转子绕组的温度，平均温度应不超过120℃。

④ 当吸收比及绝缘电阻符合要求，并在同一温度下经5h稳定不变时，方可认为干燥完毕。一般预热到65～70℃的时间不得少于12h，全部干燥时间不少于70h。

⑤ 发电机如就位干燥，宜与风室的干燥同时进行。

⑥ 发电机干燥后，如不及时启用，宜有防潮措施。

(2) 被洪水淹浸的小型发电机的短路电流干燥法干燥处理

严重受潮或被洪水淹浸的小型发电机，采用短路电流法进行干燥处理较方便，效果也很好。

首先清洁发电机，排水、擦干内部，烘干电刷架等部件，然后再通电干燥。

短路电流干燥法的接线如图11-4所示。在发电机励磁绕组上加以可调直流电源（见虚线框内部分），控制发电机励磁电流来达到控制发电机定子绕组中的短路电流的目的，利用定子绕组产生的

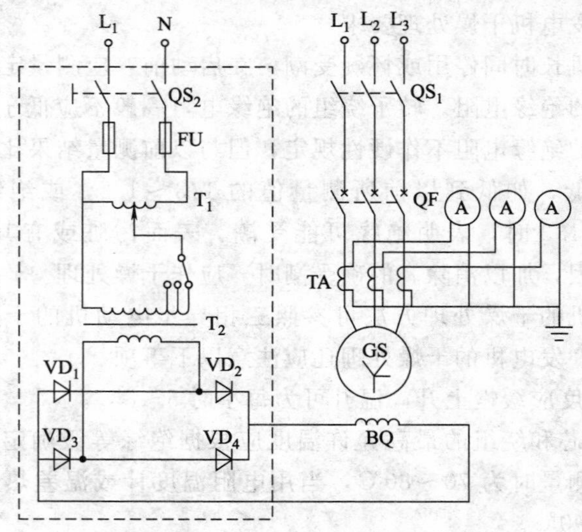

图11-4　发电机短路电流干燥法接线图

热量进行干燥。

可调直流电源主要由单相调压器 T_1、交流电焊机 T_2 和大功率整流二极管 $VD_1 \sim VD_4$ 等组成。调节单相调压器便可调节励磁电流的大小。

具体步骤如下。

① 断开发电机出口断路器 QF 和隔离开关 QS_1（有的不设），在隔离开关靠近断路器一侧用导线将三相短路。

② 启动水轮发电机组，使发电机达到额定转速。

③ 合上发电机出口的路器 QF。

④ 合上外加励磁电源开关 QS_2。

⑤ 调节调压器 T_1 来调节发电机定子绕组的短路电流。开始加上去的电流应较小，然后在温升不超过每小时 5℃的情况下适当增大电流，但不应超过发电机的额定电流。

在干燥过程中，应严格注意发电机的温升情况，干燥温度不得超过发电机规定的允许温度。

对于带励磁机的老式发电机，只要把可调直流电源的正、负极分别接到励磁机的励磁绕组上即可，这样也能同时干燥励磁机。

11.4.4 微型整装水轮发电机组的选择

微型整装水轮发电机组的特点是水轮机和发电机结合在一起，具有安装方便、造价低廉、便于维护等优点，很适用于人口比较分散的大电网不易到达的边远地区。其装机容量在几十瓦至 100kW。

微型机组有标准化系列产品。表 11-15～表 11-18 及图 11-5 给出了一些微型机组的选择实例。

■ **表 11-15 微型整装混流式水轮机**

类型	水头/m	流量/(m^3/s)	转速/(r/min)	发电机容量/kW
HL210-WG-20A	6～15	0.119～0.189	750～1500	5,8,12,18
HL210-WG-20B	10～12	0.154～0.228	1000～1500	12,18,26,30
HL310-WG-30	8～18	0.351～0.527	750～1500	18,26,40,55
HL110-LJ-15	15～30	0.312～0.0455	1500	3,5

■ **表 11-16　微型整装轴流定桨式机组**

类型	桨叶角度/(°)	水头/m	流量/(m³/s)	转速/(r/min)	发电机容量/kW
ZD760-LJ-20	+10	6～7	0.192～0.196	1500	8
ZD760-LJ-30	+5 +10	3～6 3～5	0.288～0.417 0.138～0.364	1000～1500 1000	5,8,12,18 5,8,12

■ **表 11-17　微型整装贯流式机组**

类型	桨叶角度/(°)	水头/m	流量/(m³/s)	转速/(r/min)	发电机容量/kW
GD003-L-15	+20	3～6	0.046～0.898	1500	0.04,1.1,3
GD-WZ-15	—	1.5～4	0.06～0.099	1500	0.4,1.1,3
GD-WZ-20	+20	2.5～7	0.152～0.2043	1500	3,5,8

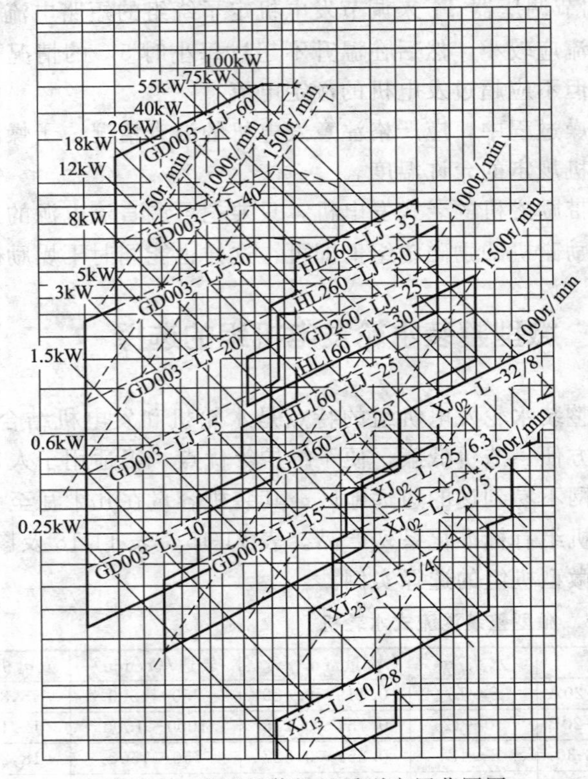

图 11-5　微型整装机组系列应用范围图

■ 表 11-18 微型整装斜击式水轮机

类型	水头/m	流量/(m^3/s)	转速/(r/min)	发电机容量/kW
XJ02-W-20/1×5	30～70	0.048～0.074	1000～1500	8,12,18,26,30
XJ02-W-25/1×5	35～70	0.072～0.101	1000～1500	18,26,30,40,55
XJ13-W-20/2.8	12～24	0.009～0.013	1500	0.5,1.1.2
XJ13-W-15/1×4	16～34	0.027～0.040	1000～1500	3,4,5,8,10

11.5 小水电站励磁装置的选用

11.5.1 晶闸管励磁装置

晶闸管励磁有单相半控桥式整流和三相半控桥式整流。一般发电机容量小于 800kW 的低压机组，多采用单相半控桥式整流；发电机容量大于 800kW 及高压机组，采用三相半控桥式整流或三相全控桥式整流。

晶闸管励磁装置的型号标志方法因各厂家不同而不同，常用的有 JZLF-11F 型、JZLF-31F 型、KL-25 型、TKL15 型、TLG1 系列、KGLF-31F 型、FKL-32 型和 CJ-12 型等。它们的工作原理大同小异。

现以作者开发的性能优良的 JZLF-11F 型为例介绍如下。

该产品适用于机端电压为 400V、容量为 1000kW 及以下的同步发电机作为自动调节励磁用。

型号符号的含义：

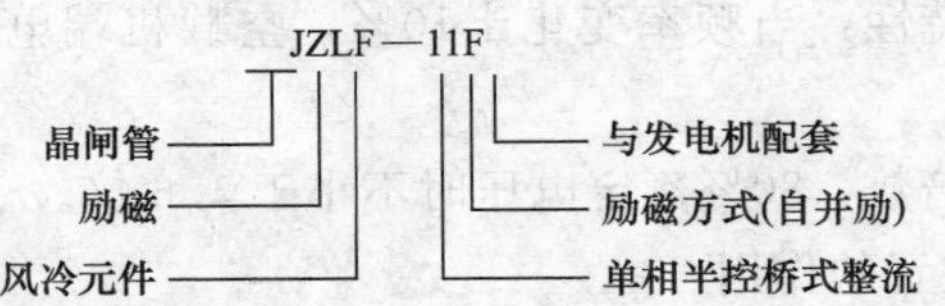

装置由主电路、移相触发器、检测比较器、调差回路、起励回路，以及保护、信号、报警等部分组成。装置的系统方框图如图11-6所示。

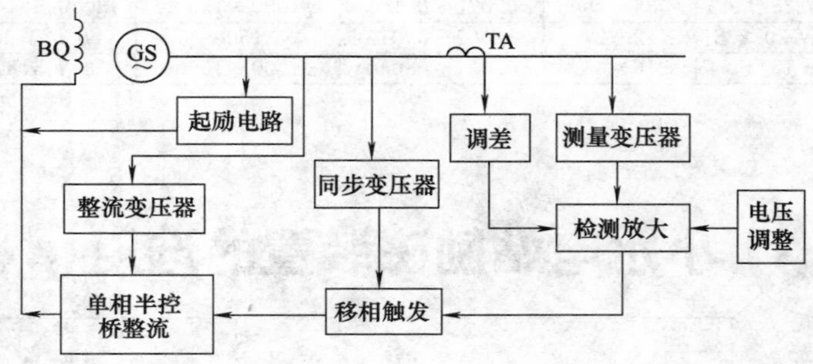

图 11-6　装置的系统方框图

(1) 正常使用条件

① 环境温度：－15～＋40℃。

② 海拔高度：不超过 2000m。

③ 相对湿度；＋40C 时不超过 50％，＋20℃时不超过 90％。

④ 设备安装在无剧烈振动、无导电及易爆炸尘埃和无腐蚀性气体的室内。

⑤ 设备安装时，倾斜度不超过 5°。

(2) 主要技术指标

① 自动电压调节范围：(80％～120％)U_{Fe}。

② 手动电压调节范围：(0～130％)U_{Fe}。

③ 调差率：在±10％范围内可调。

④ 调节精度：对于机端负荷从空载到额定值（额定功率、额定功率因数）变化，机端电压变化率不大于 2％。

⑤ 频率特性：当频率变化±10％，空载机端电压变化率不大于 2％。

⑥ 强励倍数：80％额定电压时不小于 1.6 倍。

(3) 本装置的作用

① 在发电机正常运行工况下，调节器供给同步发电机励磁电流，同时能根据发电机负荷大小相应调整其励磁电流，以维持发电机机端电压为一定水平。

② 当电力系统发生故障而使系统电压严重下降时，励磁调节器对发电机进行强行励磁，以提高电力系统的稳定性及继电保护动作的准确性。

③ 当发电机机端电压过高及失磁时，能及时跳闸，避免发电机及负荷设备受到损害。

④ 在机组并联运行时，能使无功功率得到合理分配。

⑤ 提高电力系统的静态稳定性。

(4) 本装置的主要特点

① 采用机端残压起励，不需要干电池，起励十分方便。

② 具有就地、中控，自动、手动，单机、并联等选择开关，便于用户选择、使用。

③ 能显示失磁、风机停转、快熔熔断等多种信号及报警。

④ 装置具有以下保护：直流侧过电压保护，元件换向保护，元件过电流保护，定子过电压保护，失磁保护，整流桥交流侧过电压保护等。

(5) 装置线路

装置线路如图 11-7 所示。

系统的基本工作原理：单相半控桥整整电源取自发电机机端整流变压器，改变移相触发电路的移相角，便可改变供给发电机的励磁电流的大小。整个控制是由调节器来完成的。调节器包括一次检测、调差、检测放大、电压整定和移相触发等单元。它的作用是根据机端电压的变化，自动调节晶闸管的导通角，从而实现自动调节励磁。在发电机单机运行时，维持机端电压相对稳定；在发电机并联运行时，能自动调节各发电机输出的无功电流，使并联机组合理分配无功。

主回路采用单相半控桥式整流电路。接于发电机机端的整流变压器次级电压加于由二极管 1VD、2VD 和晶闸管 1V、2V 等组成的单相半控桥式整流电路。1V、2V 的导通角由移相触发器产生的

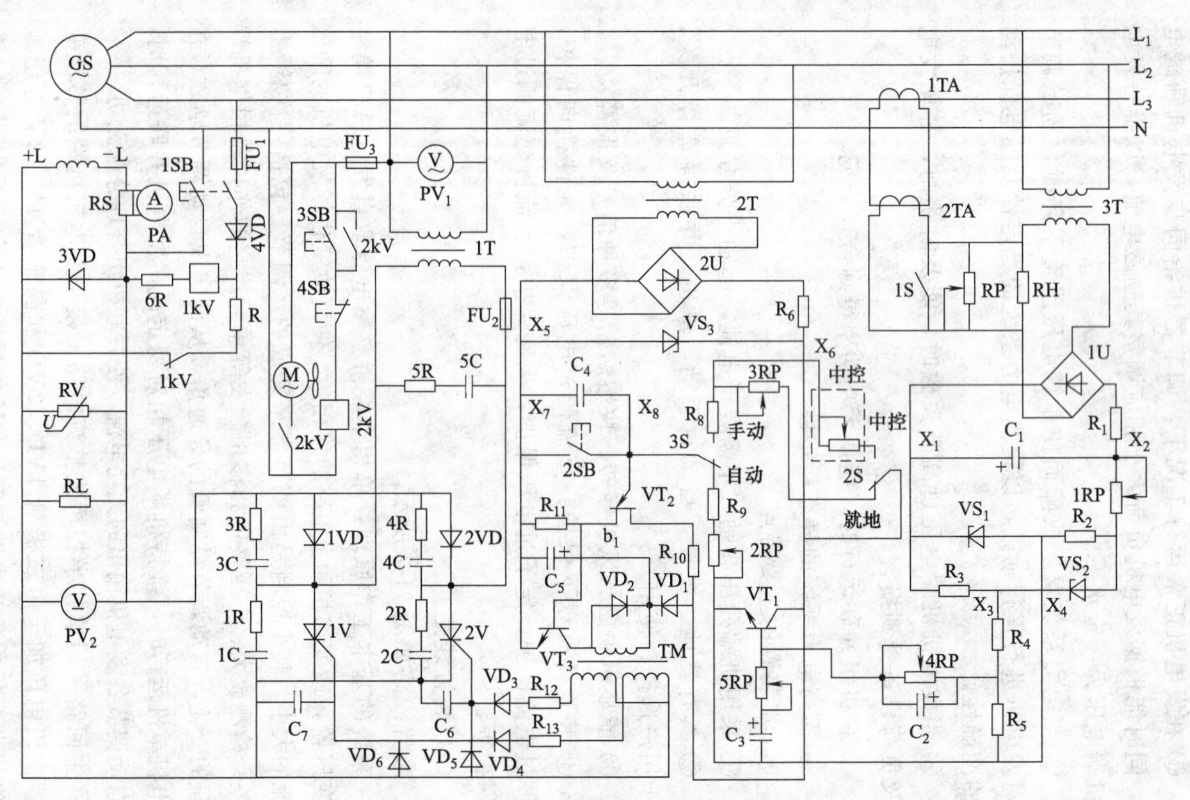

图 11-7 JZLF-11F 型晶闸管励磁装置线路

触发脉冲控制。导通角大（即移相角小），整流输出电压的平均值就大，反之就小。

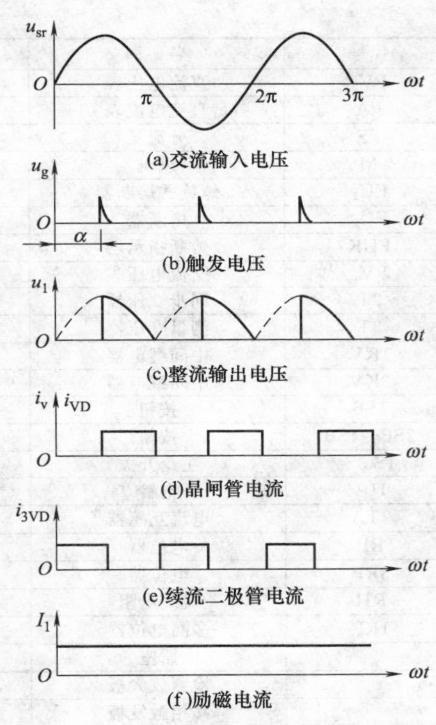

图 11-8 单相半控桥式整流波形

由于发电机励磁绕组的电感很大，为防止失控，设有续流二极管 3VD。

单相半控桥式整流波形如图 11-8 所示。

并接于硅元件阳-阴极的阻容元件 1R～4R、1C～4C，并接于交流侧的阻容元件 5R、5C 及并接于直流侧的压敏电阻 RV，为硅元件的过压保护；FU_2 为硅元件的过流保护；电容 C_6、C_7 是为防止外界干扰造成晶闸管误触发用的。中控电位器可根据用户需要设在 1RP 处。

JZLF-11F 型晶闸管励磁装置电气元件表见表 11-19。

■ **表 11-19 JZLF-11F 型晶闸管励磁装置电气元件表**

代号	名 称	型号规格
1V、2V	晶闸管	KP300A/1000V
1VD～3VD	二极管	ZP300A/1000V
AVD	二极管	ZP50A/600V
1R～4R	金属膜电阻	RJ-10Ω
RL	板形电阻	ZB_2-20
R	板形电阻	ZB_2-1. 2
1C～4C	纸介金属膜电容	CZJJ-1μF/630V
RV	压敏电阻	MY31-470V-10kA
FU_1	快速熔断器	RS3-350A/500V

续表

代号	名　称	型号规格
PV_2	直流电压表	$42C_3$-75V
PA	直流电流表	$42C_3$-200A
PS	分流器	200A/25W
M	风机	200FZY2-D
FU_3	螺旋式熔断器	RL1-60/40A
FU_2	熔断器	RT4-20/4A
FUK	熔断指示器	PX1-1000V
PV_1	交流电压表	42L6-500V
2T	同步变压器	400/70V
3T	测量变压器	400/32V
1KV	中间继电器	522 型～36V
2KV	中间继电器	CJ20-10A～220V
1SB	按钮	LA18-44
2SB～4SB	按钮	LA18-22
1S-3S	主令开关	LS2-2,380V,6A
HA	电铃	SCF-0.3～220V
2TA	电流互感器	LQR-0.55/0.5A
RP	电位器	WX3-27Ω,3W
3RP	电位器	WX3-33kΩ,3W
RH	线绕电阻	RX1-39Ω,10W
1RP	多圈电位器	WXD4-23-3W-1kΩ
	插座	CY401-22DJ
	检测放大板	备用一块
	移相触发板	备用一块
1T	整流变压器	20kV·A、400/100V

11.5.2　无刷励磁调节器

常用的无刷励磁调节器有 TWL-Ⅰ型、TWL-Ⅱ型、TWL-B 型等。适用于机端电压为 400V、容量为 1000kW 及以下的无刷励磁同步发电机作为自动调节励磁用。

调节器一般采用单相半控桥式整流或二相零式整流电路。它由主回路、移相触发器、检测比较器、调差回路、起励回路和残压测频频率表等组成。

现以作者开发的性能优良的 TWL-Ⅱ型为例介绍如下。

型号符号含义：

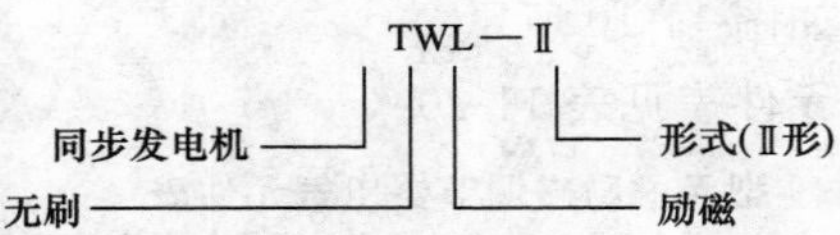

装置的系统方框图如图 11-9 所示。

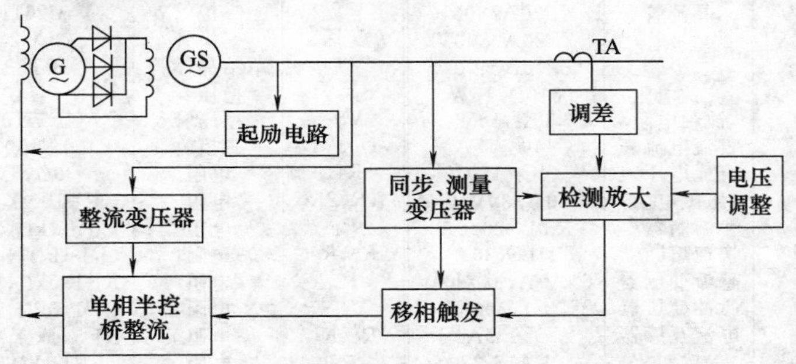

图 11-9 调节器系统方框图

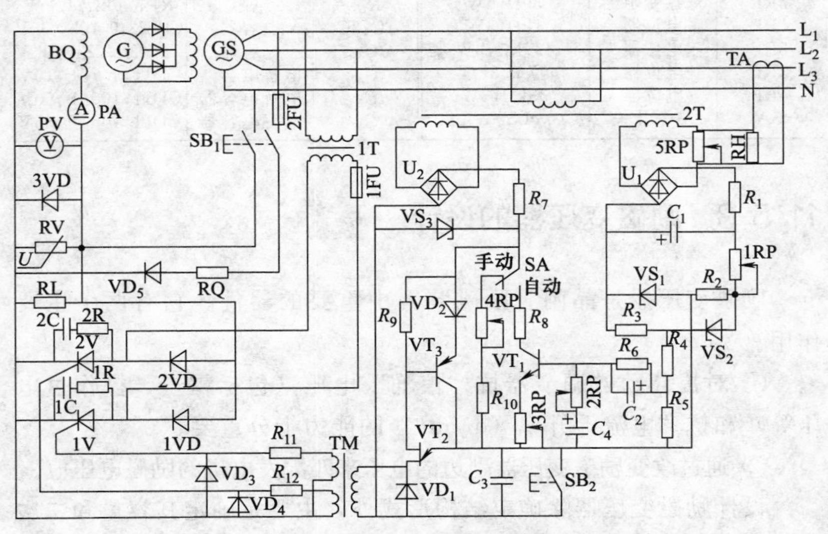

图 11-10 TWL-Ⅱ型无刷励磁调节器线路

调节器的正常使用条件和主要技术指标与 JZLF-11F 型晶闸管励磁装置基本相同。

调节器线路如图 11-10 所示。

调节器电气元件表见表 11-20。

■ **表 11-20 TWL-Ⅱ型无刷励磁调节器电气元件表**

代号	名称	型号规格	代号	名称	型号规格
1V、2V	晶闸管	KP20A/800V	VT_1	三极管	C2611
1VD～3VD	二极管	ZP20A/800V	VT_3	三极管	3CG22
VD_3	二极管	ZP10A/600V	VT_2	单结晶体管	BT33
RL	被釉电阻	510Ω,16W	VS_1、VS_2	稳压管	1N4740A
RQ	被釉电阻	30Ω,16W	VS_3	稳压管	2CW103
PA	直流电流表	$44C_2$-15A	VD_1、VD_2	二极管	1N4007
PV	直流电压表	$44C_2$-150V	RH	电阻	39Ω,5W
RV	压敏电阻	MY31-330V,3kA	1R、2R	电阻	RJ-100Ω,2W
1FU	熔断器	RT14-20/6A	R_1	电阻	RJ-1kΩ,2W
2FU	快速熔断器	HLS,30A	R_2、R_3	电阻	RJ-1kΩ,1/2W
1T	整流变压器	600V·A,400/100V	R_4	电阻	RJ-1.5kΩ,1/2W
TM	脉冲变压器	1∶1,300 匝	R_5	电阻	RJ-1.8kΩ,1/2W
TA	电流互感器	5/0.5A	R_6、R_8	电阻	RJ-5.1kΩ,1/2W
SB_1、SB_2	按钮	LA18-22	R_7	电阻	RJ-1kΩ,W
U_1、U_2	整流桥堆	QL-1A/200V	R_9	电阻	RJ-360Ω,1/2W
5RP	瓷盘变阻器	39Ω,5W	R_{10}	电阻	RJ-5.6kΩ,1/2W
1RP	电位器	1kΩ,3W	1C、2C	电容器	CBB22,0.1μF,630V
2RP	电位器	4.7kΩ,3W	C_3	电容器	CBB22,0.22μF,160V
3RP	电位器	J7-3.3kΩ	C_2	电解电容器	CD11,4.7μF,16V
4RP	电位器	33kΩ,3W	C_1	电解电容器	CD11,100μF,50V
SA	主令开关	LS2-2	C_4	电解电容器	CD11,100μF,25V

11.5.3 励磁变压器的设计

励磁变压器是晶闸管励磁装置中重要的器件。它有两个主要作用。

① 对提高励磁调节器抗“浪涌”电压（包括雷击、操作过电压等）和抗“电流上升率（di/dt）”的能力十分重要。

② 通过改变励磁变压器副边的电压来匹配发电机的励磁电压值。

设计励磁变压器除确定结构形式外，主要是确定其容量和二次电压。励磁变压器的容量和二次电压与发电机的励磁电流、励磁电压、强励倍数、晶闸管导通角及励磁装置采用单相或三相晶闸管控制有关，计算起来十分复杂。根据作者的经验和所设计的产品在电站长期使用的情况，可简单地按以下介绍的公式计算。

（1）低压单相励磁变压器的设计

当励磁装置采用单相半控桥式整流，强励倍数为 1.6 时，有：

$$S=2.1U_{le}I_{le}\times10^{-3}$$

$$U_2=2.3U_{le}$$

式中 S——励磁变压器的容量，kV·A；

U_2——励磁变压器二次电压，V；

U_{le}，I_{le}——发电机的额定励磁电压和电流，V、A。

小水电站发电机的容量不大，强励倍数也可适当取小些，这时励磁变压器二次电压可取 $U_2=2.1U_{le}$。

励磁变压器一次电压为 400V，接于发电机机端线电压。

（2）低压三相励磁变压器的设计

当励磁装置采用三相半控桥式整流，强励倍数为 1.6 时，有：

$$S=2.1U_{le}I_{le}\times10^{-3}$$

$$U_2=1.5U_{le}$$

励磁变压器采用 Yd11 连接方式。

低压励磁变压器采用干式自冷；一次线圈在外层，二次线圈在内层；二次线圈层间及一、二次线圈之间有风道；一次导线按 2A/mm^2 选，二次导线按 1.4A/mm^2 选。一、二次导线均采用 B 级绝缘导线。对于单相励磁变压器，采用“□”形铁芯，线圈安置在两边柱上。不可采用“山”形铁芯，将线圈安置在中心铁芯柱上，否则会大大影响变压器散热，增加损耗，缩短寿命。

（3）高压三相励磁变压器的设计

当励磁装置采用三相半控桥式整流，强励倍数为 1.6 时，有：

$$S=2.3U_{le}I_{le}$$

$$U_2=1.5U_{le}$$

式中符号同前。

当强励倍数取 2 时，有：

$$S=2.5U_{le}I_{le}$$

$$U_2=1.8U_{le}$$

高压励磁变压器采用 Yd11 连接方式，可采用油浸式自冷变压器，也可采用环氧树脂浇注的干式变压器。

(4) 高原用励磁变压器设计要点

在海拔 1000～4000m 地区使用的励磁变压器，除加强绝缘和加大泄漏距离外，其容量需适当放大，可取低海拔地区使用的励磁变压器容量的 1.05～1.2 倍。

(5) 常用低压单相励磁变压器的规格、尺寸

常用低压单相励磁变压器的规格、尺寸见图 11-11 和表 11-21。也可根据用户的需要定做各种不同型号、规格的励磁变压器。

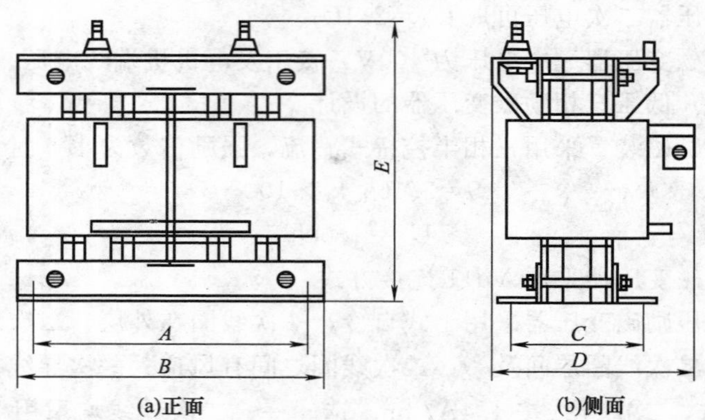

图 11-11　励磁变压器外形尺寸

■ **表 11-21　低压单相励磁变压器的规格、尺寸**

型号	一次电压/V	二次电压/V	外形尺寸/mm			安装尺寸/mm		安装孔尺寸/mm
			B	*D*	*E*	*A*	*C*	
DZ-2.5	400 420	70 80 90 100 120 150 180	300	250	310	270	127	4×ϕ9×20
DZ-5			330	280	360	300	150	
DZ-7			370	290	380	340	160	
DZ-9			380	300	400	350	150	
DZ-10			390	310	405	360	155	
DZ-12			400	310	415	370	164	
DZ-14			420	320	435	390	168	
DZ-16			430	330	435	400	173	
DZ-19			450	340	455	420	178	
DZ-20			450	350	465	420	182	

以上励磁变压器的使用条件为

① 海拔高度≤1000m；

② 环境温度≤+40℃；

③ 相对湿度≤80％。

11.6 小水电站控制柜的选用

11.6.1 控制柜的选用

小水电站低压水轮发电机控制柜的典型产品是 BKSF-□2 系列和 BKSF-□2A 系列。这两种系列产品适用于三相四线，电压为 400/230V、容量为 800kW 及以下的小型发电机组保护、测量、控制、并网和配电。

型号符号含义：

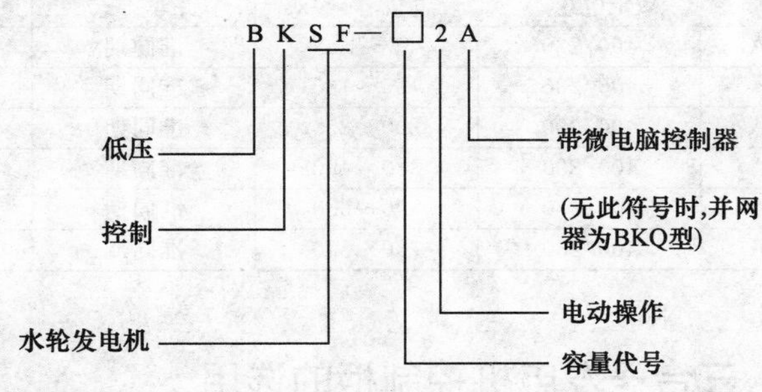

控制柜柜体为开启式结构。门上装有各种仪表、信号灯、按钮和控制开关等；柜的中部装有准同期并网器、刀开关和低压断路器。

柜内装有避雷器三只，以防雷电波的袭击。装置具有欠电压脱扣、短路保护、过电压及过电流等保护。

(1) BKSF-□2 系列控制柜

该系列控制柜的准同期并网器采用 BKQ 型。控制柜的规格见表 11-22。

■ **表 11-22 BKSF-□2 系列控制柜规格**

型号	额定电压/V	发电机容量/kW	并车方式	操作方式
BKSF-42	400/230	55～100	准同期	电动
BKSF-52	400/230	125～160	准同期	电动
BKSF-62	400/230	200～250	准同期	电动
BKSF-72	400/230	320～400	准同期	电动
BKSF-82	400/230	500～630	准同期	电动
BKSF-92	400/230	700～800	准同期	电动

(2) BKSF-□2A 系列控制柜

BKSF-□2A 系列微电脑控制柜与 BKSF-□2 系列控制柜不同之处在于由 STK-W-3 型微电脑控制器代替 BKQ 准同期并网器，其他部分完全一样。由于采用微电脑控制器，因此其保护功能（如过速保护等）及其他功能更趋完善，性能更为良好。

该控制柜规格见表 11-23。

■ **表 11-23 BKSF-□2A 系列微电脑控制柜规格**

型号	额定电压/V	发电机容量/kW	并车方式	操作方式
BKSF-42A	400/230	55～100	准同期	电动
BKSF-52A	400/230	125～160	准同期	电动
BKSF-62A	400/230	200～250	准同期	电动
BKSF-72A	400/230	320～400	准同期	电动
BKSF-82A	400/230	500～630	准同期	电动
BKSF-92A	400/230	700～800	准同期	电动

11.6.2 三合一发电机控制柜的选用

三合一发电机控制柜集励磁调节、并网、控制、测量、保护和配用电为一身，因而结构紧凑、功能完善、占地面积少等优点而受到用户的欢迎。不足之处是，由于在一块柜内电气元件数量较多，接线端子多，因而检修较麻烦。

作者开发出以下各系列三合一控制柜，性能优良，抗干扰性好，可靠性高，受到用户欢迎。

（1）BKSF-W 系列

该系列由 BKSF-□2 系列控制柜与 TWL-Ⅱ型无刷励磁调节器组成，适用于机端电压为 400V、容量为 1000kW 及以下的无刷励磁同步发电机。采用 BKQ 准同期并网器。

BKSF-W 系列三合一控制柜规格见表 11-24。

■ **表 11-24 BKSF-W 系列三合一控制柜规格**

型号	额定电压/V	发电机容量/kW	励磁调节器	并车方式	操作方式
BKSF-42W	400/230	55～100	TWL-Ⅱ	准同期	电动
BKSF-52W	400/230	125～160	TWL-Ⅱ	准同期	电动
BKSF-62W	400/230	200～250	TWL-Ⅱ	准同期	电动
BKSF-72W	400/230	320～400	TWL-Ⅱ	准同期	电动
BKSF-82W	400/230	500～630	TWL-Ⅱ	准同期	电动
BKSF-92W	400/230	700～1000	TWL-Ⅱ	准同期	电动

（2）BKSF-H 系列

该系列由 BKSF-□2 系列控制柜与 JZLF-11F 型晶闸管自动励磁装置组成，适用于机端电压为 400V、容量为 630kW 及以下的晶闸管励磁同步发电机。采用 BKQ 准同期并网器。

BKSF-H 系列三合一控制柜规格见表 11-25。

（3）BKSF-AW 系列

该系列由 BKSF-□2A 系列微电脑控制柜与 TWL-Ⅱ型无刷励磁调节器组成，适用于机端电压为 400V、容量为 1000kW 及以下的无刷励磁同步发电机。采用 STK-W-3 型微电脑控制器。

BKSF-AW 系列三合一控制柜规格见表 11-26。

■ **表 11-25 BKSF-H 系列三合一控制柜规格**

型号	额定电压/V	发电机容量/kW	励磁调节器	并车方式	操作方式
BKSF-42H	400/230	55～100	JZLF-11F	准同期	电动
BKSF-52H	400/230	125～160	JZLF-11F	准同期	电动
BKSF-62H	400/230	200～250	JZLF-11F	准同期	电动
BKSF-72H	400/230	320～400	JZLF-11F	准同期	电动
BKSF-82H	400/230	500～630	JZLF-11F	准同期	电动

■ **表 11-26 BKSF-AW 系列三合一控制柜规格**

型号	额定电压/V	发电机容量/kW	励磁调节器	并车方式	操作方式
BKSF-42AW	400/230	55～100	TWL-Ⅱ	准同期	电动
BKSF-52AW	400/230	125～160	TWL-Ⅱ	准同期	电动
BKSF-62AW	400/230	200～250	TWI-Ⅱ	准同期	电动
BKSF-72AW	400/230	320～400	TWL-Ⅱ	准同期	电动
BKSF-82AW	400/230	500～630	TWL-Ⅱ	准同期	电动
BKSF-92AW	400/230	700～1000	TWL-Ⅱ	准同期	电动

(4) BKSF-AH 系列

该系列由 BKSF-□2A 系列微电脑控制柜与 JZLF-11F 型晶闸管自动励磁装置组成，适用于机端电压为 400V、容量为 630kW 及以下的晶闸管励磁同步发电机。采用 STK-W-3 型微电脑控制器。

BKSF-AH 系列三合一控制柜规格见表 11-27。

■ **表 11-27 BKSF-AH 系列三合一控制柜规格**

型号	额定电压/V	发电机容量/kW	励磁调节器	并车方式	操作方式
BKSF-42AH	400/230	55～100	JZLF-11F	准同期	电动
BKSF-52AH	400/230	125～160	JZLF-11F	准同期	电动
BKSF-62AH	400/230	200～250	JZLF-11F	准同期	电动
BKSF-72AH	400/230	320～400	JZLF-11F	准同期	电动
BKSF-82AH	400/230	500～630	JZLF-11F	准同期	电动

11.6.3 自动化控制柜的选用

小水电自动化控制柜的种类很多，性能差异很大，较典型的有以下两种。

(1) GGK_2^1 系列小水电自动化控制柜

GGK_2^1 系列小水电自动化控制柜是由引进加拿大先进技术，结合我国小型水电站的实际情况而开发的产品。该产品适用于容量为 800kW 以下、机端电压为 400V、频率 50～60Hz 的水轮发电机组。

① 型号符号的含义：

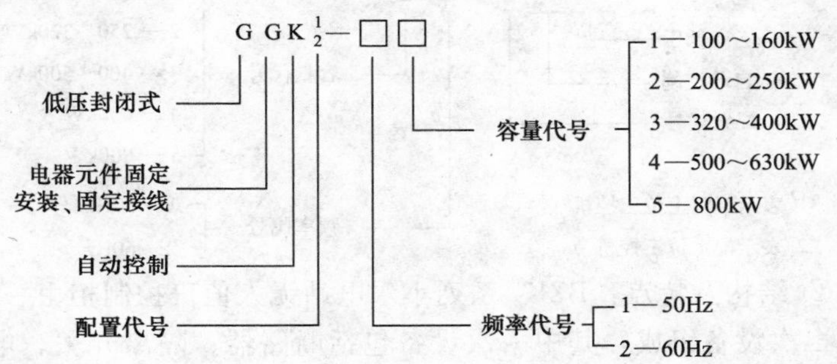

"1"表示不配上位工控机

"2"表示配上位工控机

② 结构及特点：GGK$^1_2$ 系列自动化控制柜由一次设备和二次设备组成，其中一次设备包括断路器、隔离开关、电压、电流互感器、励磁变压器等，装于柜内。二次设备则由可选的各个模块组成，用户根据需要选择模块。这些模块包括 TCM-20 控制模块、ACM3720 保护监视模块、GDI-20 显示模块、JCR-200 温度巡检装置、WLC-1 无刷励磁调节器、WRT-20 水位变送器模块等。所有模块都装在控制柜内。保护监视模块、显示模块、励磁调节器、温度巡检装置固定在控制柜面板上，并与柜内每个模块提供操作、保护和测量参数的数据显示，一旦所有模块相互连接并选择了设定参数，系统便可运行。

该产品的正常使用条件与 JZLF-11F 型晶闸管励磁装置相同。

(2) BZK$^1_2$ 系列小水电站无人值班控制柜

BZK$^1_2$ 系列小水电站无人值班控制柜适用于容量 800kW 以下、电压为 400V、频率 50～60Hz 的水轮发电机组。它具有自动控制、保护、同期和 SCADA 功能，适用于电站内一台或几台机组的联合控制。它设有远方控制接口，可通过有线、无线电话进行操作。

① 型号符号的含义：

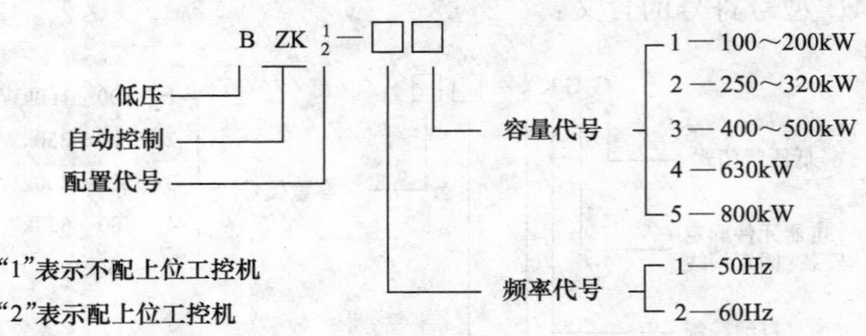

② 结构及特点：BZK_2^1 系列小水电站无人值班控制柜由一次设备和二次设备组成，其中一次设备包括断路器、隔离开关、电压、电流互感器等组成，装于柜内，二次设备则由可选的各个模块组成，用户根据需要选择模块，用较省费用便可灵活提供特殊的控制性能。这些模块包括智能数据采集模块、PLC模块、操作显示模块、非电量采集模块和通信模块，所有模块均集成在控制柜内。每个模块都有接线端子，显示模块固定在控制柜面板上，并与柜内的每个模块通信，提供操作、保护和测量参数的数据显示，一旦完成所有模块内部连接并选择了设定参数，系统便可运行。

11.7 小水电站发电机保护及计算

11.7.1 小型发电机继电保护的配置

3000kW 及以下小型发电机的继电保护配置如下。

① 容量在 200kW 以下、电压为 400V 的发电机，可用熔断器或断路器作为保护装置。

② 电压为 400V 的发电机，其中性点是接地的，如定子中任一相接地就造成短路。为此，容量为 200kW 以上，应装设接地保护

装置，如出口电压互感器的开口三角组成的零序保护。

③ 容量为200～500kW，电压为400V、3.15kV或6.3kV的发电机，应装设由GL-10型过电流继电器组成的过电流保护。

④ 容量在500kW以上的发电机，应装设纵差动保护装置，作为发电机的主保护，过电流保护作为后备保护；当普通的过电流保护不能满足灵敏性要求时，需加装带低电压启动的过电流保护装置。纵差动保护，尽量采用较为简单的电磁型继电器。

⑤ 电压为3.15kV、6.3kV的发电机，为保护其定子绕组的绝缘，应装设过电压保护装置。当电压高到额定电压的1.5～1.7倍时，保护装置动作（经约0.5s延时），使励磁开关跳闸。

⑥ 电压为6.3kV的发电机，当发电机电压网络的单相接地电容电流大于5A时，需装设定子单相接地保护装置。

⑦ 容量在800kW以下的发电机，允许用发电机出口断路器的过载脱扣器代替继电保护装置。脱扣器的整定值采用发电机额定电流的1.35～1.7倍。

⑧ 采用带延时的过电压保护作为超速引起的过电压保护。

⑨ 可采用励磁开关跳闸或监视励磁电压消失的联跳发电机出口断路器方式，以代替失磁保护。

⑩ 为防止转子两点接地，可装设简单的转子一点接地电流保护装置，并加装定期测量转子绝缘电阻的测量装置。当检测到转子一点接地时，应及时停机处理，防止转子两点接地。

11.7.2 小水电站飞车自动保护及水电阻计算

(1) 小水电站防飞车保护装置

目前，小水电站防飞车保护装置有以下几种。

① 采用STK-W-3型微电脑控制器。该控制器有自动调频功能、准同期功能、基荷功能、按水位功能和甩负荷关机功能等。其中甩负荷关机功能就能防飞车。当工况运行中遇到突然甩负荷（如出口断路器跳闸等），机组频率呈现很陡的上升势头，微电脑立即

发出关小信号，关水轮机导水叶。转速上升，微电脑连续发出关小信号，以遏制上升势头；转速回降，微电脑发出的关小信号由连续改为点动。最后，使发电机转速调整在50Hz，此时发电机还有电压，供厂房照明，也缩短再次送电的时间。

② 采用过速继电器。过速继电器有多种形式，有机械式的，它安装在发电机转轴上，当转速超过设定值时，在离心力的作用下，继电器触点闭合，从而使控制导水叶开度的电动机反转，关小导水叶，使发电机转速回降，直至将限位开关顶开，关机完毕（用网电）。还有利用光电探测头的或霍尔元件探测头的过速保护装置。前者需在发电机转轴上划一白线，光电探测头装在靠近转轴的支架上；后者需在发电机转轴上钻一小孔，将小磁粒嵌入孔内，感应元件装在靠近转轴的支架上。

③ 利用发电机出口继电器或断路器的辅助触点关小导水叶。当发电机发生过电流或过电压时，过电流或过电压继电器动作，致使出口继电器吸合，断路器跳闸。这时通过出口继电器常开触点或断路器的常闭辅助触点，使控制导水叶开度的电动机反转，关小导水叶，使发电机转速回降，避免飞车。需要指出，当发电机采用自动励磁调节装置时，如果突然失去负荷，发电机输出不会产生过电压，即过电压继电器不会动作，因此不会使出口中间继电器吸合，断路器也不会跳闸，也就不能关小导水叶。这时只能靠值班人员按紧急停止按钮等措施，才能防止飞车。

④ 采用水电阻。也就是说，将机组在突然甩负荷前的能量转移到水电阻上，从而能稳定和抑制转速。

采用水电阻防止飞车的原理接线如图11-12所示。

工作原理：当发电机突然甩负荷时，出口断路器QF跳闸，其常闭辅助触点闭合，接触器KM得电吸合，其主触点接通水电阻。同时电铃HA发出报警声。值班人员即可从容关机。

接触器可选用CJ20型，其容量根据发电机容量按以下选择：

a. 100kW及以下的发电机，配用60A；

b. 125～160kW的发电机，配用100A；

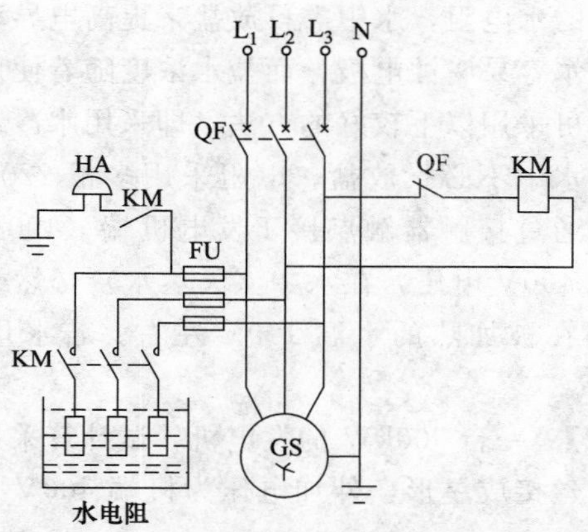

图 11-12　采用水电阻防止飞车的原理接线图

c. 200～250kW 的发电机，配用 160A；

d. 320～500kW 的发电机，配用 250A；

e. 630～800kW 的发电机，配用 400A。

(2) 水电阻的计算

三相水电阻布置成等边三角形，电极可用角铁、钢管和钢板制作。极间距离根据所需电阻大小调整。

水电阻可按以下要求选择：水电阻功率宜按投入时的负荷功率考虑，但为使接触器容量不致过大，也可按 0.6 倍投入时的负荷功率考虑（对于较大容量的发电机）。

设发电机额定功率为 P_e（W），额定相电流为 I_e（A），则每相水电阻 $R=(0.6\sim0.95)P_e/3I_e^2$（Ω）。

安装时，要测量任意两相的电阻 R_{UV}、R_{VW} 和 R_{WU}，要求大致相等，且等于或稍大于 $2R$ 即可。

水池中水量 V 按 5min 不重沸腾为宜，可按下式计算：

$$V=\frac{72P_e}{100-t}\times10^{-3}$$

式中　V——水池中水量，m^3；

t——水的起始温度，℃。

通常采用的水电阻，水中需投放盐来提高电导率，增大水电阻的功率，但盐水容易腐蚀电极，而盐水浓度随着使用时间增长也会不稳定。因此可采用以下较好的方法：即采用水冷却电炉丝作为防飞车的负载，水中不必投放盐。电阻采用多根 220V 电炉丝并联，接成三角形。通过接触器触点接于发电机端（400V）。由于 220V 的电炉丝加有 400V 电压，在水中（天然水）必然会使水加热，将水池水量控制在被加热的水温 100℃左右。若水量太少，炉丝过热，容易烧断。

【例 11-12】 一台 500kW 的发电机，试计算采用电炉丝的水电阻。三相电炉丝接成星形，外加电压为机端 400V。设按 0.6 倍负荷功率考虑。

解 每相功率为 $P_1=0.6P_e/3=0.6\times500/3=100\text{kW}$。选用 3kW、220V 的电炉丝。设电炉丝的电阻不变，其功率与所加电压的平方成正比，所以 220V、3kW 电炉丝加有 400V 电压时的功率为 $P_2=\left(\frac{400}{220}\right)^2\times3=3.3\times3\approx10\text{kW}$。

可见每相需 3kW 电炉丝的根数为 $n_1=P_1/P_2=100/10=10$ 根。每根电炉丝的电阻为 $R=U^2/P=200^2/3000=16\Omega$，每相电阻为 $16/10=1.6\Omega$。

制作时，电炉丝拉伸长度以大于原长度的 25％为宜，即必须满足水的散热速度大于或等于电炉丝的发热速度。这样装置才能稳定、可靠地运行。

11.7.3 小型水轮发电机过电流、过电压及失磁、过速保护的整定

过电流和过电压保护是小型水轮发电机都要采取的保护装置，失磁和过速保护也是发电机十分重要的保护装置。因为这些保护都关系到发电机的安全。它们都动作于出口断路器。

（1）过电流保护（带时限）

① 保护装置动作电流整定值为

$$I_{dzj}=\frac{K_k I_e}{K_h n_1}$$

式中 I_{dzj}——过电流继电器动作电流整定值，A；

I_e——发电机额定电流，A；

n_1——电流互感器的变比；

K_h——继电器返回系数，取 0.85；

K_k——继电器可靠系数，取 1.2。

② 保护装置的动作时限。动作时限较发电机母线上的直配线路或升压变压器保护装置动作时限大一个阶段，一般取 $t=0.5\sim2s$。

如果过电流保护和过电压保护共用一个时间继电器延时，则动作时限可取 0.5s。

过电流继电器通常采用 DL-11/6 型。

(2) 过电压保护

① 保护装置的整定值为

$$U_{dzj}=\frac{(1.2\sim1.5)U_e}{n_y}$$

式中 U_{dzj}——过电压继电器动作电压整定值，V；

U_e——发电机额定电压，V；

n_y——电压互感器的变比，对于 400V 低压发电机，不用电压互感器，这时 $n_y=1$。

② 保护装置的动作时限为

$$t=0.5s$$

过电压继电器通常采用 DJ-131/400 型。

【例 11-13】 一台 400kW、400V 低压水轮发电机，定子额定电流 I_e 为 722A，电流互感器采用 LMZ1-0.66 型 1000/5A，接于相电流的过电流继电器采用 DL-11/6 型继电器，额定电流为 10A（两只线圈串联）和 20A（两只线圈并联）；接于相电压的过电压继电器采用 DJ-131/400 型继电器，额定电压为 200V（两只线圈并联）和

400V（两只线圈串联），试整定过电流继电器和过电压继电器。

解 ① 过电流继电器的动作电流整定值为

$$I_{dzj}=\frac{K_k I_e}{K_h n_1}=\frac{1.2\times722}{0.85\times200}\approx5.1\text{A}$$

过电流继电器的两只线圈并联连接，则每只线圈中流过的电流为 5.1/2≈2.6A，所以整定指针应拨到面板刻度盘的约 2.6A 位置上。

② 过电压继电器的动作电压整定。过电压继电器接在相电压上，故整定电压为

$$U_{dzj}=1.25U_e/\sqrt{3}=1.25\times400/\sqrt{3}\approx288\text{V}$$

过电压继电器的两只线圈串联连接，则每只线圈上所承受的电压为 288/2=144V，所以整定指针应拨到面板刻度盘的约 144V 位置上。

(3) 失磁保护

① 保护装置的整定为

$$I_{dzj}=(0.6\sim0.8)I_{10}$$

式中 I_{dzj}——欠电流继电器动作电流整定值，A；

I_{10}——发电机空载励磁电流，A。

② 保护装置动作时限。不允许立即跳闸，应按运行规程规定时间。

失磁保护通常采用 JTl8 系列欠电流继电器。

③ 欠电流继电器的特性及选择。欠电流继电器的任务是当电流过低时立即断开，大于整定电流 I_{zd} 时吸合，低于 I_{zd} 时释放。JT18-□L 型欠电流继电器的动作电流整定范围为：吸合电流为 (30%～50%)I_e，释放电流为 (10%～20%)I_e。I_e 为额定电流。

JT18-□L 型欠电流继电器的额定电流有 1.6A、2.5A、4A、6A、10A、16A、25A、40A、63A、100A、160A、250A、400A 和 630A。具有 1 常开 1 常闭触点或 2 常开 2 常闭触点。

选择调整时，要求发电机空载起励后，欠电流继电器能可靠吸合，失磁后（一般励磁电流 $I_1=0$A），即释放。

例如，某发电机的额定励磁电流为 220A，空载励磁电流为 90A，则可选择 JT18-250L 欠电流继电器。该继电器的额定电流为 250A，能长期承受 220A 励磁电流。而若吸合电流按 30% I_e 整定，则吸合电流为 250×30%＝75A，小于空载励磁电流 90A。所以能满足要求。

④ 接线图。发电机短时间失磁不允许立即跳闸，而欠电流继电器动作是瞬时的，为此需配合时间继电器，按图 11-13 所示方法接线。通过时间继电器延时（0～60s 可调），再作用于跳闸。

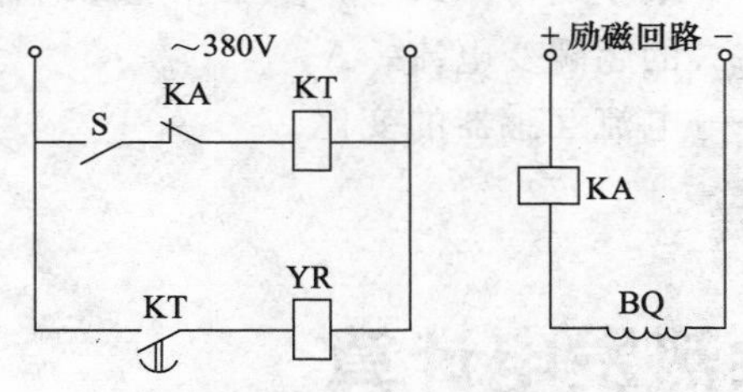

图 11-13　欠磁保护接线图

在图 11-13 中，KA 为欠电流继电器；BQ 为发电机励磁绕组；KT 为时间继电器；S 为拨动开关，并网前断开，并网后闭合，此开关可用出口断路器的常开辅助触点代替；YR 为出口断路器的跳闸线圈。

（4）过速保护

过速保护，即防飞车保护。

① 保护装置的整定值为

$$n_{dzj}=(1.35\sim1.4)n_e$$

式中　n_{dzj}——过速继电器（或电子装置）动作速度（或转化为电信号值）整定值，r/min；

n_e——发电机额定转速，r/min。

② 保护装置动作时限。瞬时动作，即 $t=0$s。

800kW 以下的低压发电机，允许用发电机出口断路器的过电流脱扣器代替继电器保护装置。脱扣器按发电机额定电流的1.35～

1.7 倍来整定。带有瞬时及延时动作的 DW5、DW15、ME 型断路器，则利用其过电流脱扣器的瞬时动作元件来实现电流速断保护，而其延时过流脱扣器则作为发电机的过电流保护。脱扣器启动电流可按计算电流速断保护所得的电流整定值 I_{dzj} 整定。断路器脱扣器瞬时动作电流通常按发电机额定电流的 5 倍来整定。

电流速断保护的电流整定值 I_{dzj} 通常可用下式计算：

$$I_{dzj}=\frac{1.5I''^{(3)}_{d\cdot min}}{n_1}$$

式中 $I''^{(3)}_{d\cdot min}$——最小运行方式下，线三相短路时流过出口断路器的超瞬变电流，A；

n_1——电流互感器的变比。

11.8 余热发电计算

11.8.1 工厂余热能量的估算

11.8.1.1 高温气余热能源的估算

高温气余热数量最大，广泛分布在冶金、化工、机械、建材、玻璃、搪瓷、电力等行业。工业窑炉的高温烟气余热大约相当于窑炉本身燃料消耗量的 30%～40%以上。

(1) 每小时高温烟气的总余热量

$$Q_{Zy}=BV_yt_yc_y$$

式中 Q_{Zy}——每小时高温烟气的余热量，kJ/h；

B——每小时燃料消耗量，kg/h（固体或液体）或 Nm^3/h（气体）；

V_y——燃烧每千克（固体或液体）或每标准立方米（气体）

燃料所产生的烟气量，数值可以实测或由表 11-28～表 11-31 查得，Nm^3/kg（固体或液体）或 Nm^3/Nm^3（气体）；

t_y——烟气温度，可实测，℃；

c_y——烟气平均比热容，可由表 11-31 查得，$kJ/(Nm^3 \cdot ℃)$。

■ **表 11-28　煤炭燃烧每千克所产生的烟气量 V_y**　　单位：Nm^3/kg

热值 Q_e^p /(kJ/kg)		4187	8374	12561	16748	18842	20935	23029	25122	27216	29309
V_0/(Nm^3/kg)		1.51	2.52	3.53	4.54	5.05	5.55	6.06	6.56	7.06	7.57
不同过剩空气系数 α 下的 V_y	1.20	2.84	3.93	5.08	6.12	6.66	7.21	7.77	8.31	8.85	9.40
	1.30	2.99	4.19	5.38	6.53	7.16	7.76	8.38	8.96	9.55	10.15
	1.40	3.14	4.44	5.75	7.02	7.66	8.32	8.97	9.61	10.25	10.90
	1.50	3.29	4.69	6.08	7.48	8.17	8.88	9.58	10.27	10.96	11.66
	1.60	3.45	4.94	6.44	7.93	8.67	9.43	10.18	10.93	11.67	12.42
	1.70	3.60	5.19	6.79	8.39	9.18	9.98	10.79	11.57	12.37	13.17
	1.80	3.75	5.44	7.14	8.84	9.69	10.54	11.39	12.23	13.08	13.93

注：1. 煤炭值 Q_e^p：工业统煤 23000kJ/kg；大同煤 27200kJ/kg；开滦三号原煤 23000kJ/kg；阳泉三号混煤 27600kJ/kg。

2. 固体燃料燃烧的过剩空气系数 α 值约为 1.30～1.70；对于机械燃烧方式 α 值应取小一些，对手工燃烧炉应取大一些。

3. Nm^3 即标准立方米。

（2）每小时可回收利用的余热量

$$Q_{yy}=Q_{Zy}\frac{t_y-t_p}{t_y}$$

式中　Q_{yy}——每小时可收回的余热量，kJ/h；

t_p——排烟温度（℃），如一般余热锅炉的排烟温度为 200～250℃，轮窑用烟气干燥砖坯的排烟温度可取 40℃。

（3）全年可回收的余热量

$$Q_{yn}=Q_{yy}T$$

式中　Q_{yn}——全年可回收的余热量，kJ/年；

T——设备全年运行小时数。

（4）余热回收利用标准

根据 GB 3486—83《评价企业合理用热技术导则》，工业锅炉排烟温度标准见表 11-32；烟气余热回收利用管理标准见表 11-33。

■ **表 11-29　液体燃料燃烧每千克所产生的烟气量 V_y**　　单位：Nm^3/kg

热值 Q_e^p/(kJ/kg)		29307	33494	37681	39776	41868
V_0/(Nm^3/kg)		7.95	8.80	9.65	10.07	10.50
不同过剩空气系数 α 下的 V_y	1.05	8.17	9.32	10.47	11.05	11.63
	1.10	8.57	9.76	10.95	11.56	12.15
	1.15	8.96	10.20	11.44	12.06	12.68
	1.20	9.36	10.64	11.91	12.56	13.20
	1.25	9.76	11.08	12.40	13.07	13.72
	1.30	10.15	11.52	12.88	13.57	14.25
	1.40	10.95	12.40	13.85	14.58	15.30

注：1. 液体燃料的热值 Q_e^p：重油 39400～41000kJ/kg；焦油 29300～37700kJ/kg；原油 41000～44000kJ/kg。

2. 液体燃料燃烧的过剩空气系数 α 值约为 1.10～1.30。

■ **表 11-30　气体燃料燃烧每立方米所产生的烟气量 V_y**　　单位：Nm^3/Nm^3

热值 Q_e^p /(kJ/Nm^3)		4187	6280	8374	12561	16748	20935	34960	35588	37681	39776	41868
V_0/(Nm^3/Nm^3)		0.875	1.31	1.75	2.63	4.11	5.20	9.25	9.41	9.97	10.52	11.07
不同过剩空气系数 α 下的 V_y	1.02	1.743	2.12	2.49	3.23	4.89	6.05	10.45	10.61	11.19	11.75	12.32
	1.05	1.769	2.16	2.54	3.31	5.01	6.21	10.72	10.90	11.49	12.07	12.65
	1.10	1.813	2.22	2.63	3.44	5.22	6.47	11.18	11.37	11.98	12.57	13.21
	1.15	1.857	2.29	2.71	3.58	5.43	6.73	11.65	11.85	12.49	13.12	13.75
	1.20	1.900	2.35	2.80	3.71	5.63	6.99	12.11	12.32	12.99	13.65	14.32
	1.30	1.987	2.48	2.98	3.97	6.04	7.51	13.03	13.26	13.97	14.70	15.42

注：1. 气体燃料发热值 Q_e^p：高炉煤气 3770～4190kJ/m³；发生炉煤气 4610～10470kJ/m³；混合煤气 5440～10470kJ/m³；煤焦煤气 16750kJ/m³；天然气 35590kJ/m³；油田伴生气 39780kJ/m³；液化石油气 41870kJ/m³。

2. 气体燃料燃烧的过剩空气系数 α 值约为 1.02～1.20。

■ **表 11-31　烟气平均比热容的近似值 c_y**

烟气温度 t_y/℃	100	200	300	400	500	600	700	800	900
c_y/[kJ/(Nm^3·℃)]	1.38	1.40	1.42	1.44	1.46	1.48	1.50	1.52	1.54
烟气温度 t_y/℃	1000	1100	1200	1300	1400	1500	1600	1700	1800
c_y/[kJ/(Nm^3·℃)]	1.56	1.57	1.59	1.60	1.62	1.63	1.64	1.65	1.67

■ **表 11-32　工业锅炉排烟温度标准**

锅炉容量/(t/h)	排烟温度/℃
<1	<320
>1	<250
4	<200
>6	<180

注：1. 表中所列排烟温度为定期检查的运行锅炉，在环境温度为 25℃ 满负荷情况下进行燃烧时，在锅炉出口处所测的数值。

2. 表中所列排烟温度不作为下列锅炉的标准：

① 每小时蒸发量小于 0.2t/h，或额定热负荷 $<5\times10^5$ kJ/h 的锅炉。

② 余热锅炉。

③ 用稻壳、甘蔗渣、木屑或其他工业废物与燃料混合燃烧的锅炉。

④ 年平均运行时间不超过 1000h 的锅炉。

■ 表 11-33　工业炉烟气余热回收率标准

烟气出炉温度/℃	使用低发热量燃料时			使用高发热量燃料时		
	余热回收标准/%	排气温度/℃	预热空气温度/℃	余热回收标准/%	排气温度/℃	预热空气温度/℃
500	20	350	170	22	340	150
600	23	400	220	27	380	200
700	24	460	260	27	440	230
800	24	530	300	26	510	250
900	26	580	350	28	560	300
1000	23	670	350	25	650	300
＞1000	26～48	710～470	450～750	30～55	670～400	400～700

注：1. 低发热量燃料指高炉煤气、发生炉煤气及发热量＜8360kJ/Nm³ 的混合煤气等。高发热量燃料指焦炉煤气、煤、重油等。

2. 表中余热回收率标准，是根据烟气出炉温度及现有换热器情况，选定空气预热的经济温度，计算出回收率（即空气所获热量与进入换热器的烟气的载热量之比），再根据热量平衡计算出烟气出口温度，又由于燃料热值不同，各项数值差异较大，故对几种常用燃料的计算值，按发热值分高、低两组，取平均值列入表中。

3. 经换热器后的烟气余热可根据具体条件安装煤气预热器、余热锅炉、热泵等装置或直接预热被加热物，进一步回收利用。

4. 表中所列余热回收率标准，不适于下述工业炉窑：

① 额定热负荷低于 5×10^6 kJ/h 者；

② 年运行时间不足 1000h 者。

5. 作为参考的烟气温度（即烟气离开换热器的温度）与预热空气温度，是按下述条件由余热回收率标准计算的：

① 炉膛排出的烟气，在由炉子出口至空气换热器之间，由于散热及吸入冷空气等热损失，其温度下降 10%；

② 空气系数为 1.2；

③ 外界温度为 20℃。

11.8.1.2　冷却介质余热能源的估算

冷却介质的余热约占余热总量的 20%。工厂中主要是冶金炉的冷却余热。冷却余热有冷却水中的余热和汽化冷却产生的蒸汽中的余热等。

（1）冷却水中余热的计算

① 每小时冷却水的总余热量

$$Q_{ZS}=G_s t_s c_s$$

式中　Q_{ZS}——每小时冷却水的余热量，kJ/h；

G_s——每小时冷却水量，可实测，kg/h；

t_s——冷却水温度，可实测，℃；

c_s——冷却水比热容［kJ/(kg·℃)］，一般取1。

② 每小时从冷却水可回收利用的余热量

$$Q_{ys}=Q_{ZS}\frac{t_s-t}{t}$$

式中　Q_{ys}——每小时从冷却水可回收的余热量，kJ/h；

t——冷水温度，指普通河水、井水、自来水的常温，一般可取20℃（年平均数）。

（2）汽化冷却产生的余热的计算

① 每小时汽化冷却总余热量

$$Q_{Zq}=D_q i_q$$

式中　Q_{Zq}——每小时汽化冷却余热量，kJ/h；

D_q——每小时汽化冷却产生气量，kg/h；

i_q——蒸汽的热焓量（kJ/kg），可根据蒸汽的汽压和汽温从蒸汽表上查得。

② 每小时从汽化冷却可回收利用的余热量

$$Q_{yq}=Q_{Zq}\frac{i_q-i_s}{i_q}$$

式中　Q_{yq}——每小时从汽化冷却水可回收的余热量，kJ/h；

i_s——冷水的焓，即每千克冷水在t℃时的热量，kJ/kg。

11.8.1.3　废汽、废水余热能源的估算

凡使用蒸汽和热水的工厂都有这种余热，约占余热总量的10%以上。

废汽余热估算方法与汽化冷却相同；废水余热估算与冷却水相同。

11.8.1.4　高温产品和炉渣余热能源的估算

像金属冶炼、熔化和加工；煤的汽化和炼焦；石油炼制；烧水泥、砖瓦、玻璃、陶瓷、搪瓷等生产过程需高温加热，最后出来的产品及其炉渣废料都具有很高的温度，含有大量余热。

每小时高温产品的总余热量：

$$Q_{Zg}=G_g t_g c_g$$

或 $$Q_{Zg}=G_g i_g$$

式中 Q_{Zg}——每小时高温产品的余热量，kJ/h；

G_g——每小时高温产品的数量，kg/h（固体或液体）或 Nm^3/h（气体）；

t_g——高温产品的温度，℃；

c_g——高温产品的平均比热容，可查有关资料，kJ/(kg·℃)（固体或液体）或 kJ/(Nm^3·℃)（气体）；

i_g——高温产品的热焓量，可查有关资料，kJ/kg。

如系高温炉渣，则每小时高温炉渣的总余热量为

$$Q_{ZZ}=G_Z t_Z c_Z+G_Z q_Z$$

或 $$Q_{ZZ}=G_Z i_Z+G_Z q_Z$$

式中 Q_{ZZ}——每小时高温炉渣的余热量，kJ/h；

q_Z——高温炉渣熔化潜热，可查有关资料，kJ/kg；

i_Z——高温炉渣的热焓量，kJ/kg；

G_Z，t_Z，c_Z——含义分别与上述高温产品相同，不过产品是炉渣而已。

可回收利用的余热能源的计算，要扣除余热量中不能回收的部分。

11.8.1.5 化学反应余热能源的估算

这种余热主要存在于化工行业，占余热总量的10%以下。

每小时化学反应总余热量

$$Q_{Zh}=G_h q_h$$

式中 Q_{Zh}——每小时化学反应余热量，kJ/h；

G_h——每小时化工产品产量，kg/h；

q_h——产品化学反应所放出的热量，可用化学反应式计算，kJ/kg。

能回收利用的化学反应余热能源 Q_{yh} 的计算，要扣除热量中不能回收的部分。如高温气体，可扣除200～250℃，计算方法同前；生产1t硫酸，可利用化学反应的余热约相当于1t蒸汽，即2.85百万千焦；生产1t硝酸，可利用化学反应的余热稍大于1t蒸汽；

生产1t合成氨，可利用化学反应的余热相当于0.8t蒸汽，即2.18百万千焦。

11.8.1.6 可燃废气余热能源的估算

这种余热约占余热总量的80%。

每小时放掉的可燃气体总余热量为

$$Q_{Zk}=V_k Q_e^p$$

式中 Q_{Zk}——每小时放掉的可燃气体余热量，kJ/h；

V_k——每小时放掉的可燃气体数量，Nm^3；

Q_e^p——放掉的可燃气体的热值，kJ/Nm^3。

11.8.2 余热发电装机容量的计算

一般可利用余热锅炉来回收余热热量并变成蒸汽，再通过汽轮机发电。汽轮机有凝气式、抽气式和背压式三种。在不需要蒸汽的工厂，可采用凝气式；需用少量蒸汽的工厂，可采用抽气式；需用大量低压蒸汽的工厂，则可采用背压式。

(1) 全余热利用作动力的汽轮机容量的计算

全部余热量用于汽轮机作动力的场合，先按前述方法计算出可回收利用的余热量，然后依照拟采用汽轮机的蒸汽气压和气温等参数，并估算出管道的气压和气温下降值，确定余热锅炉的蒸汽气压和气温等参数；再由拟选择的锅炉效率估算出锅炉的蒸发量，由汽轮机的进汽量按下式确定汽轮机的容量。

$$\text{汽轮机容量}=\frac{\text{锅炉的蒸发量}-\text{漏气损耗}}{\text{汽轮机的气耗率}}$$

(2) 部分余热利用作动力的汽轮机容量的计算

① 余热锅炉的蒸汽部分直接用于生产，部分用作动力的场合。

$$\text{汽轮机容量}=\frac{\text{锅炉蒸发量}-\text{直接用于生产的用气量}-\text{漏气损耗}}{\text{汽轮机的气耗率}}$$

② 采用抽气式汽轮机将汽轮机的抽气用于生产的场合。

首先决定生产用抽气的参数和用气量，然后从产品目录中选择合适的抽气式汽轮机，再按下式计算装机容量。

汽轮机容量×气耗率＋抽气量＝锅炉蒸发量－漏气损耗

（3）蒸汽综合利用（即余压利用）的场合汽轮机的选择

首先要统计好生产工艺过程中所用蒸汽的最大需要量及蒸汽气压和气温等参数，然后选择接近的背压式汽轮机的乏气参数，并选定型号、容量及进气参数。根据汽轮机的气耗来决定锅炉的蒸发量及蒸汽参数，再选定锅炉的型号。

（4）余热回收加热锅炉给水和蒸汽综合利用的场合汽轮机的选择

首先要调查出可回收的余热，以及可用于加热锅炉给水的余热量和温度。这些余热量能加热低压锅炉给水的最高温度，一般不得超过100℃，否则在大气压下要汽化。

温度较高的余热，可用于高压加热器加热锅炉给水泵后面的高压给水。但给水温度也不能超过锅炉省煤器进口的给水温度，否则会影响省煤器的效率。

由生产工艺过程中需用的蒸汽量来决定锅炉的蒸发量，由锅炉高压给水温度决定所选用锅炉省煤器的进水温度，从而确定锅炉的气压和气温等参数，选择合适的锅炉，以及匹配的汽轮机、发电机型号及容量。

余热计算部分有关参考数据，见表11-34。

■ **表11-34　余热计算有关参考数据**

100万千焦	10^6kJ，折标煤0.033916t
1t标准煤发热量	2931万千焦
1t饱和蒸汽热量	272万千焦
1t焦炭发热量	2784万千焦
1t重油发热量	3965万千焦
1t沥青发热量	3768万千焦
焦炉煤气1000m³发热量	1708万千焦
100万千焦	10^6kJ，折标煤0.033916t
天然气1000m³发热量	3529万千焦
镍渣热含量	1300～1400℃　1675～1800kJ/kg
高炉渣热含量	1300～1400℃　～1675kJ/kg
铜渣热含量	1250～1300℃　1591～1675kJ/kg

注：碳钢渣的平均比热容在0～1640℃为1.231kJ/(kg·℃)。

(5) 同步发电机容量的计算

同步发电机容量的选择应与汽轮机配套，其容量可按下式计算：

$$P_{fe}=\eta_{fe}\eta_{Z}P_{qe}$$

式中 P_{fe}——同步发电机的额定容量，kW；

P_{qe}——汽轮机的额定容量，kW；

η_{fe}——同步发电机的额定效率；

η_{Z}——减速齿轮箱或其他传动装置的效率。

然后从产品目录中查得接近并稍大于上述计算出的 P_{fe} 作为选定的发电机容量。

同步发电机电压的选择视工厂变电所电压和电动机的电压而定。如果工厂中没有高压电动机，而发电机容量又较小（750kW 以下）时，可选用低压 400V。如果工厂中有 6kV 高压电动机，则发电机宜采用 6.3kV；如果发电机容量较大，除了本厂使用外还有较大裕量反馈电网，则宜采用 10.5kV 发电机。

11.8.3 汽轮机基本参数及计算

汽轮机有单级和复级。单级汽轮机一般为背压式，其功率范围在 0.5～3000kW 之间，结构简单、运行可靠、热效率高，是工厂余热发电的一种主要方式。下面作重点介绍。

(1) 双列复速单级汽轮机的损失、功率和效率（见表 11-35）

(2) 汽轮机的各种效率计算

① 理想汽轮机的效率：

$$\begin{cases}\text{相对效率} & 1.0\\ \text{绝对效率} & \eta_t=\dfrac{H_0}{q_1}=\dfrac{h_0-h_{ka}}{h_0-h_k}\ \text{（热效率）}\end{cases}$$

② 内效率：

$$\begin{cases}\text{相对效率} & \eta_{0i}=H_i/H_0\\ \text{绝对效率} & \eta_i=\eta_t\eta_{0i}\end{cases}$$

③ 有效效率：

$$\begin{cases}\text{相对效率} & \eta_{0e}=\eta_{0i}\eta_m \\ \text{绝对效率} & \eta_e=\eta_t\eta_{0e}=\eta_t\eta_{0i}\eta_m\end{cases}$$

④ 电效率：

$$\begin{cases}\text{相对效率} & \eta_{0T}=\eta_{0i}\eta_m\eta_f \\ \text{绝对效率} & \eta_T=\eta_t\eta_{0T}=\eta_t\eta_{0i}\eta_m\eta_f\end{cases}$$

■ **表 11-35　双列复速单级汽轮机的损失、功率和效率**

派生的损失	损失项目	符号	计算根据和公式	单位	效率名称及功率名称
汽轮机损失……节流损失	进气节流		取 $0.05P_0$	Pa	…………（汽轮机内效率 η_i；汽轮机有效功率 N_e）
汽轮机损失……节流损失	排气节流	ξ_c、h_c	极小	Pa	
透平级损失—轮周损失—流动损失	喷嘴	ξ_A、h_A	$h_c=\xi_c h_0$	kJ/kg	轮周效率 η_u；实际轮周功率 N_u；级效率或相对内效率 η_{0i}
透平级损失—轮周损失—流动损失	动叶 Ⅰ	ξ_H、h_H	$h_A=\xi_A h_0$	kJ/kg	
透平级损失—轮周损失—流动损失	转向导叶	ξ'_A、h'_A	$h_H=\xi_H h_0$	kJ/kg	
透平级损失—轮周损失—流动损失	动叶 Ⅱ	ξ_{c2}、h_{c2}	$h'_A=\xi'_A h_0$	kJ/kg	
透平级损失—轮周损失	……余速		$h_{c2}=\xi_{c2} h_0$	kJ/kg	
透平级损失	…………结构	ξ_m、h_m	$1-0.975\eta_u$	—…………	
透平级损失	…………轮面摩擦	ξ_B、h_B	$h_m=\xi_m h_0$	kJ/kg	………（汽轮机内功率 N_i）
透平级损失—部分进气损失	鼓风	ξ_k、h_k	$h_B=\xi_B h_0$	kJ/kg	
透平级损失—部分进气损失	孤端	—	$h_k=\xi_k h_0$	kJ/kg	
汽轮机损失……	机械损失	—	试验曲线		
	轴封漏气		$(1-\eta_m)N_i$	kW………………	机械效率 η_m
				kg/s	

注：ξ_c、ξ_A、ξ_H、ξ'_A——损失系数，根据实验数据或理论分析由专门公式求得；h_c、h_A、h_H、h'_A—相应的各种损失；h_0—级绝热焓降。

式中　h_0——汽轮机进口焓，kJ/kg；

h_{ka}——汽轮机理想绝热等熵膨胀之排气焓，kJ/kg；

H_0——汽轮机的理想焓降（kJ/kg），$H_0=h_0-h_{ka}$；

h_k——锅炉给水焓，kJ/kg；

q_1——锅炉中工质吸收的热量，kJ/kg；

H_i—实际汽轮机的可用焓降，kJ/kg；

η_m——考虑汽轮机机械损失项 ΔN_m 的机械效率；

η_f——考虑发电机损失 ΔN_f 项的发电机效率。

(3) 汽轮机的各种功率计算

① 汽轮机的理想功率

$$N_0=\frac{QH_0}{3600}$$

式中　N_0——汽轮机的理想功率，kW；

Q——通过汽轮机的蒸汽流量，kg/h。

② 汽轮机的内功率

$$N_i=\frac{QH_i}{3600}=\frac{QH_0\eta_{0i}}{3600}$$

③ 汽轮机有效功率（轴功率）

$$N_e=N_i-\Delta N_m=\eta_m N_i$$

④ 汽轮发电机电功率

$$N_f=N_e-\Delta N_f=\eta_f N_e=\eta_m\eta_f N_i$$

式中　N_i，N_e——汽轮机的内功率和有效功率，kW；

N_f——汽轮发电机电功率，kW。

(4) 蒸汽消耗量、气耗率、热耗量的计算

① 蒸汽消耗量（单位：kg/h）

$$Q=\frac{3600N_f}{H_0\eta_{0i}\eta_m\eta_f}$$

② 气耗率 dT（单位：kg/kW·h）

$$dT=\frac{Q}{N_f}=\frac{3600}{H_0\eta_{0i}\eta_m\eta_f}$$

③ 热耗量 q_T　即每生产 1kW·h 电能所需要的热量。

$$q_T=q_1 dT=\frac{3600}{H_0\eta_{0i}\eta_m\eta_f}(h_0-h_k)=\frac{3600}{\eta_T}$$

式中　q_T——热耗量，kJ/kW·h。

汽轮机的功率和蒸汽消耗量也可由图 11-14～图 11-16 计算求得。

11.8.4　余热发电燃料节约量的计算

余热发电燃料节约量可按下式计算：

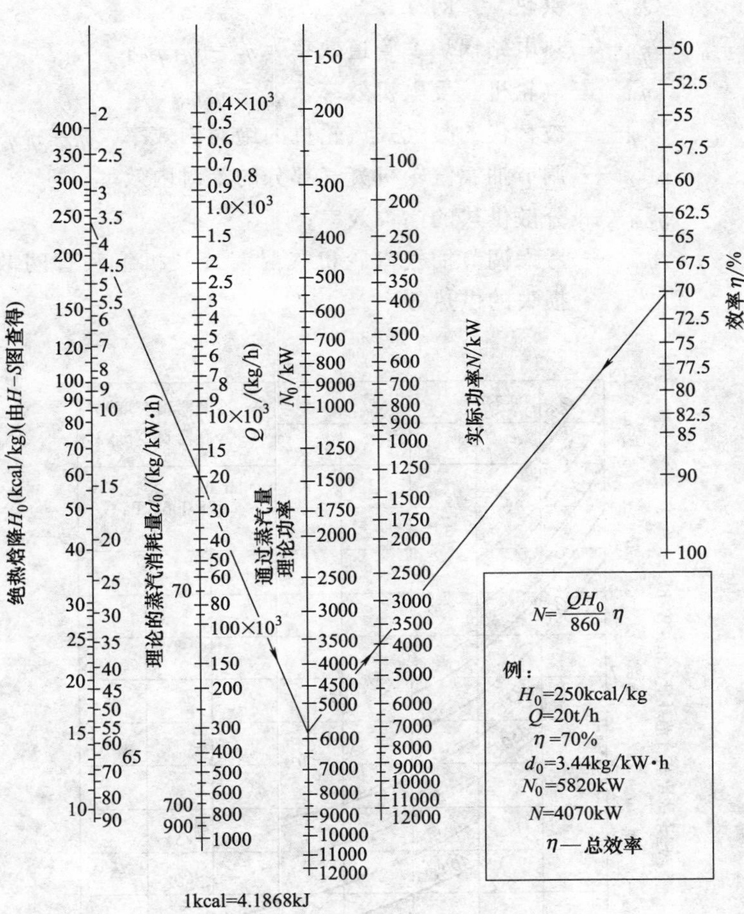

图 11-14　汽轮机的功率计算图

$$\Delta B_{\mathrm{rdc}}=\frac{0.123}{\eta_{\mathrm{gl}}'\eta_{\mathrm{qf}}}\left\{\frac{N_{\mathrm{fZ}}}{\eta_{\mathrm{i}}}-\left[N_{\mathrm{gr}}+\frac{N_{\mathrm{n}}}{\eta_{\mathrm{i(n)}}}\right]\right\}+\frac{Q_{\mathrm{gr}}}{29307.6}\left(\frac{1}{\eta_{\mathrm{glgr}}}-\frac{1}{\eta_{\mathrm{gl}}'\eta_{\mathrm{rw}}}\right)$$

式中　ΔB_{rdc}——燃料节约量，(kg 标准煤)；

N_{fZ}——热电站发电量（kW·h），$N_{\mathrm{fZ}}=N_{\mathrm{gr}}+N_{\mathrm{n}}$；

N_{gr}——供热抽气部分发电量，kW·h；

N_{n}——调节抽气汽轮机凝气部分的发电量，kW·h；

Q_{gr}——供热量，kJ/h；

η_{gl}'——热电站锅炉、管道效率，$\eta_{gl}'=\eta_{gl}\eta_{gd}$；

η_{qf}——汽轮机、发电机效率，$\eta_{qf}=\eta_q\eta_f$；

η_i——被替代的凝气式汽轮机的绝对内效率，$\eta_i=\eta_t\eta_{0i}$；

$\eta_{i(n)}$——调节抽气汽轮机凝气部分的绝对内效率；

η_{glgr}——分散供热的锅炉效率；

η_{rw}——考虑调节抽气汽轮机气封漏气及机组和管网散热损失的供热效率。

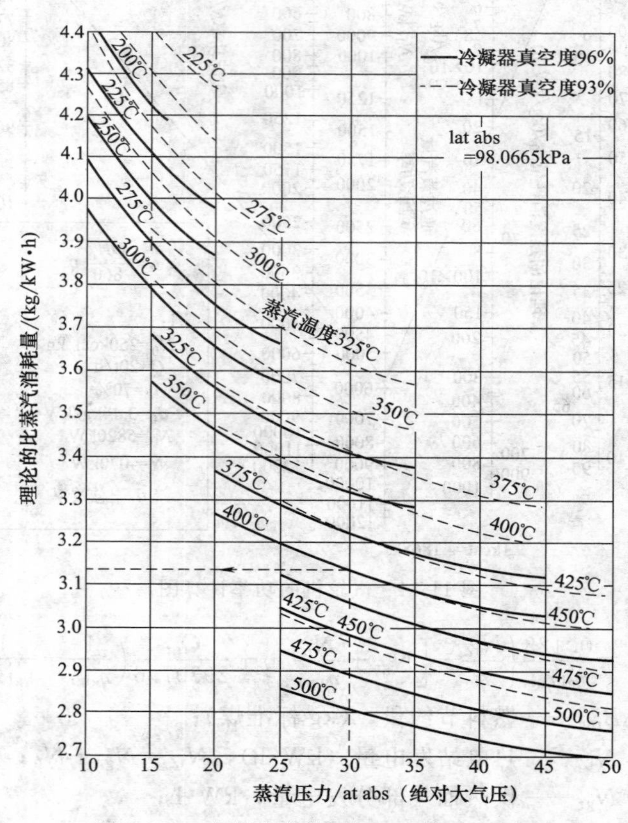

图 11-15　冷凝式汽轮机的理论蒸汽消耗量

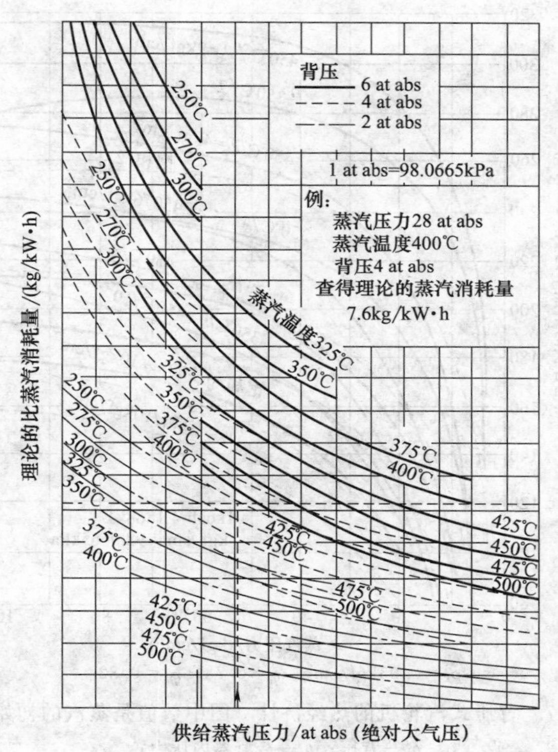

图 11-16　背压式汽轮机的理论蒸汽消耗量

背压式汽轮机由于 $N_n=0$，发电部分的燃料节约量最大。

背压式汽轮机的热节约量可由图 11-17 查得。

11.8.5　背压式汽轮发电机组的技术参数

背压式汽轮发电机组机型、进气、乏气与发电功率表，见表 11-36；非调整抽气背压式汽轮发电机组机型、进气、乏气、抽气量与发电功率表，见表 11-37；背压式汽轮机型号及参数见表 11-38 (a)～表 11-38 (d)；低压余热发电机组参数见表 11-39。

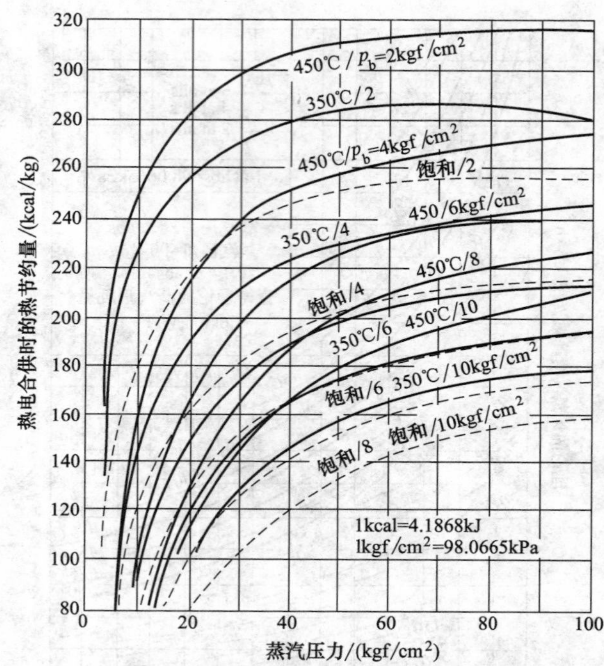

$p_c=0.05\text{kgf/cm}^2$；$\eta_i=0.78$；$\eta_{ic}=0.82$

图 11-17　背压式汽轮机的热经济性（图中数值是蒸汽的初始温度）

p_b—背压；p_c—冷凝器内压力；

η_i—背压运行的效率；η_{ic}—冷凝运行的效率

■ 表 11-36　背压式汽轮发电机组机型、进气、乏气与发电功率

机型	Y01		Y02A	Y02	Y01	Y03	
进气参数/(ata/℃)	13/340		24/390			35/435	
乏气压力/ata	3	6	3	3	6	3	6
进气量/(t/h)	发电功率/kW						
10	410	200	550		360	800	600
12.9	570	300	730		530	1100	850
13.85				980			
15	680	380		1050	600	1310	1030
20	970	570		1380	958	1820	1440
25	1260	760			1220	2330	1850
30	1550	960			1510	2850	2260
35						3000①	2410①

① 为进气参数低至 32ata/420℃时的发电功率。

注：1. Y02A 适用于进气量 13t/h 以下的机组。

2. Y02 适用于进气量 13t/h 以上的机组。

3. 1ata＝98.0665kPa。

■ 表 11-37　非调整抽气背压式汽轮发电机组机型、进气、乏气、抽气量与发电功率

机型	Y02A			Y02			Y03		
进气参数/(ata/℃)	24/390						35/435		
乏气压力/ata	3						3		
进气量/(t/h)	抽气量/(t/h)	抽气压力/ata	发电功率/kW	抽气量/(t/h)	抽气压力/ata	发电功率/kW	抽气量/(t/h)	抽气压力/ata	发电功率/kW
10	3	9.35	445						
15	4.5	13.5	720						
18	5.5	16.3	800	5.5	9.54	1045			
20				6.5	10.1	1210			
25				8	12.5	1450			
27.6				9	13.9	1580			
28.4							9.5	8.9	2360
30							10	9.4	2450
35							11.5①	10.9①	2740①

① 为进气参数低至 32ata/420℃时的发电功率。

注：1. Y02A 适用于乏气量在 13t/h 以下的机组。

2. Y02 适用于乏气量在 13t/h 以上的机组。

3. 1ata＝98.0665kPa。

■ 表 11-38（a）　背压式汽轮机型号及参数（一）

型号	额定功率/kW	进气参数		额定背压/(kgf/cm²)	转速/(r/min)	汽耗/(kg/h)	机组总重/t	外形尺寸(长×宽×高)/mm
		压力/(kgf/cm²)	温度/℃					
1C-60	400	10	230	3	3000	30	1.5	1095×1262×1000
	500	10	230	3	3000	30	1.5	
1C-50	300～500	24	390	3	8000/1400	16	5	250×970×2043
1C-62	750～1000	24	390	3	6500/1500	14	7	2764×1900×1901
	1500	24	390	3	6500/1500	13	7	
1C-45	750	35	435	10	1000	21	4.5	2478×1910×2265
	1000	35	435	10	1200	20	4.5	
	1500	35	435	10	8600/1500	14.5	5.5	
	2000	35	435	10	1000	19	4.5	
	2500	35	435	10	8000	19	6.3	2918×2159×1815
	3000	35	435	10	8800/4350	19	7.5	

注：1. 背压变化范围最好不超过 15%，如超过需加旁路补充，采取自动调节（电动、气动均可）。

2. 上列型号及参数根据杭州汽轮机厂产品规范。

3. 1kgf/cm²＝98.0665kPa。

■ **表 11-38**（b） **背压式汽轮机型号及参数（二）**

产品名称	型号	额定功率/kW	进气参数		背压	
			压力/ata	温度/℃	额定	调节范围/ata
低压 200kW 单级双支点背压式汽轮机	1A-60-1	125～200	10	220～250	3	
中压 200kW 单级悬臂背压式汽轮机	1D-40-1	200	35^{+2}_{-3}	435^{+10}_{-15}	1～2	
低压 500kW 单级双支点背压式汽轮机	1C-60-1	500	10^{+3}_{-2}	230～250	3	
低压 500kW 背压式汽轮机	B0.5-12/2.5	500	12^{+1}	270^{+20}	2.5	
次中压 500kW 背压式汽轮机	B0.5-24/3	500	24±2	390^{+10}_{-15}	3	2～4
次中压 750kW 背压式汽轮机	B0.75-24/3	500	12±2	300^{+10}_{-15}	3	2～4
次中压 1500kW 背压式汽轮机	B1.5-24/3	1500	24±2	390^{+10}_{-15}	3	2～4
次中压 500kW 背压式汽轮机	B0.5-24/5	500	24±2	390^{+10}_{-15}	5	4～6
次中压 750kW 背压式汽轮机	B0.75-24/5	750	24±2	390^{+10}_{-15}	5	4～6
次中压 500kW 背压式汽轮机	B0.5-24/8	500	24±2	390^{+10}_{-15}	8	
次中压 750kW 背压式汽轮机	B0.75-24/8	750	24±2	390^{+10}_{-15}	8	
中压 300kW 背压式汽轮机	B3-35/11	3000	35^{+2}_{-3}	435^{+10}_{-15}	11	8～13

■ **表 11-38**（c） **背压式汽轮机型号及参数（三）**

产品名称	乏气温度/℃	额定转速/(r/min)	转向	气耗/(kg/kW·h)	外形尺寸（长×宽×高）/mm	总重/t
低压 200kW 单级双支点背压式汽轮机		3000	顺时针	32.0	1217×950×1010	～0.83
中压 200kW 单级悬臂背压式汽轮机	195～280	6500/3000	逆时针	16.8	1420×1205×1785	2

续表

产品名称	乏气温度/℃	额定转速/(r/min)	转向	气耗/(kg/kW·h)	外形尺寸(长×宽×高)/mm	总重/t
低压 500kW 单级双支点背压式汽轮机		3000	顺时针	30.4	1100×1230×985	～1.5
低压 500kW 背压式汽轮机	15.9	6500/1000		21.0	2665×1880×1900	～5.5
次中压 500kW 背压式汽轮机	237	6500/1000		14.8	2665×1880×1900	～5.5
次中压 750kW 背压式汽轮机	224	6500/1500		13.98	2665×1880×1900	～5.5
次中压 1500kW 背压式汽轮机	223	6500/1500		13.52	2665×1880×1900	～5.5
次中压 500kW 背压式汽轮机	260	6500/1500		17.4	2665×1880×1900	～5.5
次中压 750kW 背压式汽轮机	260	6500/1500		16.75	2665×1880×1900	～5.5
次中压 500kW 背压式汽轮机	300	6500/1500		26.7	2665×1880×1900	～5.5
次中压 750kW 背压式汽轮机	310	6500/1500		25.65	2665×1880×1900	～5.5
中压 300kW 背压式汽轮机	319	3000		18.63	3722×3063×2440	15

注：1. 表中“转向”均指从汽轮机端看被拖动机械时输出轴的旋向方向。

2. 上列型号及号数根据广州汽轮机厂产品规范。

3. 1ata＝98.0665kPa。

■ **表 11-38**（d） **背压式汽轮机型号及参数（四）**

名　　称	单位	B3-35/10	B3-35/5
额定功率	kW	3000	3000
额定耗气量	t/h	69.6	—
汽轮机转速	r/min	3000	3000
进气压力	ata	35^{+2}_{-3}	35^{+2}_{-3}
进气温度	℃	435^{+10}_{-15}	435^{+10}_{-15}
背压	ata	10^{+2}_{-2}	5^{+2}_{-1}
排气温度	℃	303	—

续表

名　　称	单位	B3-35/10	B3-35/5
额定气耗	kg/kW·h	15.93	10.7
汽机本体总重	t	15.9	17.8
最大件重	t	6.6	7.3
外形尺寸(长×宽×高)	mm	2923×2803×2515	2923×2803×2595

注：1. 上列型号及参数根据青岛汽轮机厂产品规范。
2. 1ata＝98.0665kPa。

■ **表 11-39　低压余热发电机组参数**

汽轮机型号	B0.75-13/3		发电机型号	TQT0.75-4-400	
进气压力	ata	13	额定功率	kW	750
进气温度	℃	340	额定电压	V	400
排气压力	ata	2～4	额定电流	A	1355
转速	r/min	4800	功率因数		0.8
临界转速	r/min	5974	转速	r/min	1500
旋转方向	顺气流管	顺时针	定子接线	—	Y
进气流量	t/h	14.5	绝缘等级	—	B/B
功率	kW	750	励磁电压	V	27.6
进气口径	mm	ϕ200	励磁电流	A	227
排气口径	mm	ϕ300	副绕组电压	V	40
质量	kg	6200	质量	kg	5320

注：1ata＝98.0665kPa。

11.8.6　同步发电机的特性及基本参数计算

11.8.6.1　同步发电机的特性曲线

在转速 n 等于同步转速 n_t、功率因数 $\cos\varphi$＝常值的条件下，保持端电压 U、电枢电流 I 和励磁电流 I_1 三个量中任一个量为常数，其他两个量之间的函数关系，称为同步发电机的特性曲线。

（1）空载特性

$$I=0, E_0(\text{或}\,U_0)=f(I_1)$$

式中　E_0（或 U_0）——空载电势（或空载电压），V。

由于 $E \propto \Phi$（磁通），$I_1 \propto F_1$（励磁磁势），所以空载特性曲线实质上也就是整个电机的磁化曲线。

同步发电机的空载特性如图 11-18 所示。

图中，OF 表示空载电势为 U_e 时所需的励磁磁势；OF' 表示消耗在气隙中的磁势；$F'F$ 为克服铁芯磁阻所需的磁势。

（2）负载特性

$$I=\text{常值},U=f(I_1)$$

表示负载电流和功率因数等于常值时发电机的端电压和励磁电流或励磁磁势的关系。

同步发电机的负载特性如图 11-19 所示。

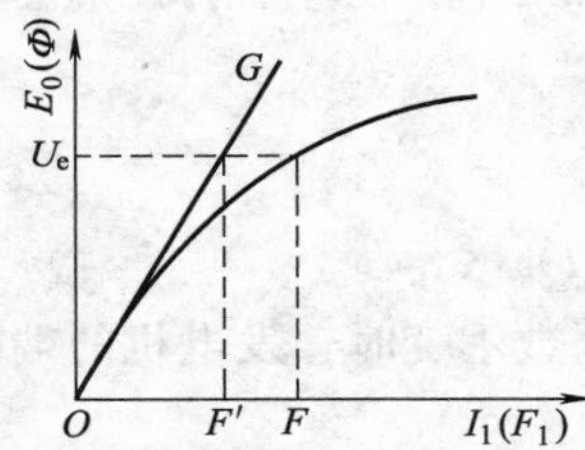

图 11-18 同步发电机空载特性

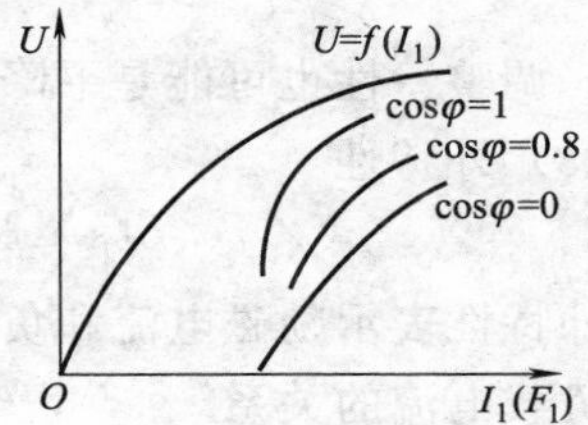

图 11-19 不同功率因数时的负载特性

由图 11-19 可见，感性负载时，功率因数越低，产生同样的端电压时所需的励磁电流就越大。

（3）短路特性

$$U=0,I_1=f(I)$$

表示电枢端点短路时，电枢电流和励磁电流或励磁磁势的关系。

同步发电机的短路特性如图 11-20 所示。

由于短路时气隙电势和相应的气隙磁通较小，整个电机的磁路处于不饱和状态，所以短路曲线通常为一直线。

（4）调整特性

$$U=\text{常值},I_1=f(I)$$

调整特性表示端电压和负载的功率因数不变时，励磁电流和负载电流的关系。

同步发电机的调整特性如图 11-21 所示。

在感性和纯电阻性负载时，调整特性都是上升的，但在容性负

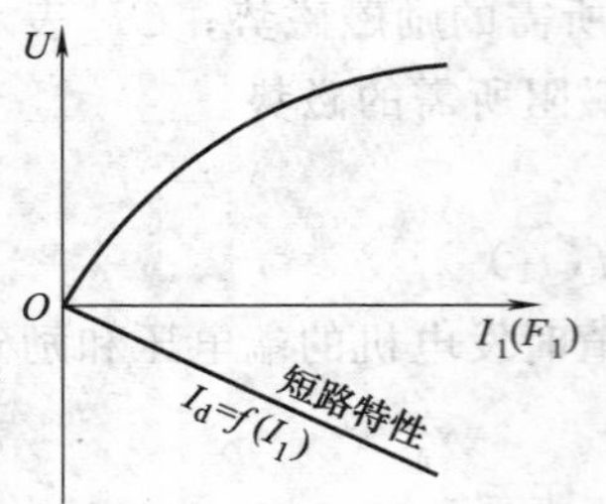

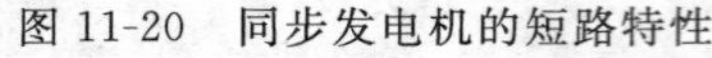

图 11-20　同步发电机的短路特性

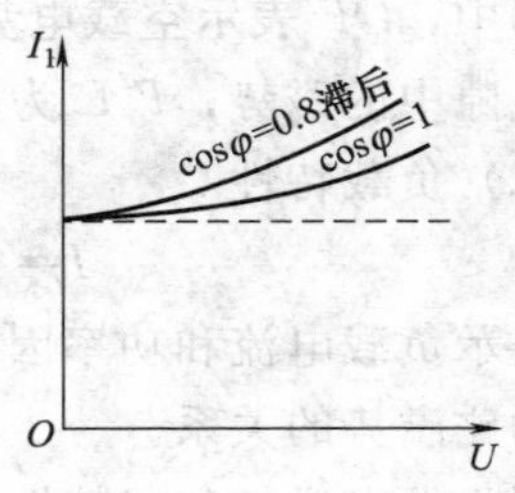

图 11-21　同步发电机的调整特性

载时，调整特性也可能是下降的。

（5）外特性

$$I_1=\text{常值},U=f(I)$$

外特性表示励磁电流和负载的功率因数不变时，发电机的端电压和负载电流的关系。

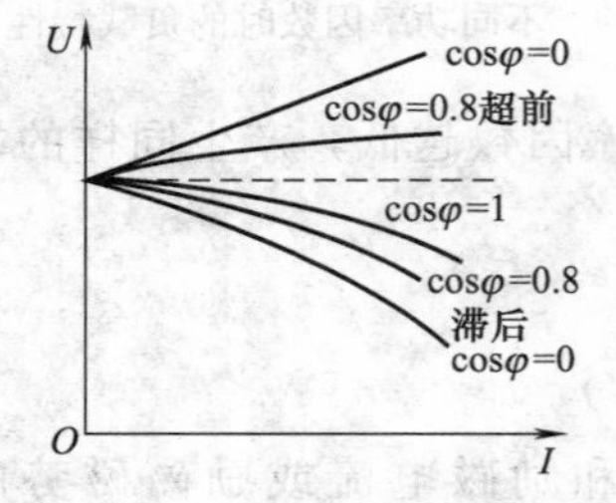

图 11-22　同步发电机的外特性

同步发电机的外特性如图 11-22 所示。

在感性和纯电阻性负载时，外特性都是下降的，但在容性负载时，外特性也可能是上升的。

11.8.6.2　同步发电机的电压调整率、矢量图及基本参数的计算

（1）同步发电机的电压调整率

所谓电压调整率，是指调节励磁使额定功率因数负载下发电机的端电压为额定电压，然后在保持励磁电流和转速不变的条件下卸去发电机的负载，此时端电压升高的标幺值。它是表征同步发电机运行特性的重要数据之一，用公式表示为

$$\Delta U\%=\frac{E_0-U_e}{U_e}\times 100$$

电压调整率的大小取决于发电机本身的参数、负载的大小和性质。负载越大，功率因数角越滞后，电压调整率越大。容性负载时，电压调整率也可能是负值。通常所说的电压调整率一般均指发

电机的额定电压调整率，即从额定负载到空载时端电压升高的标幺值。

(2) 同步发电机矢量图 （见图 11-23)。

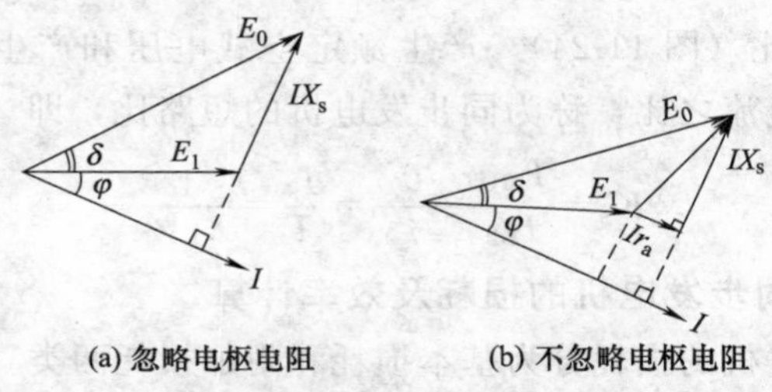

图 11-23 同步发电机矢量图

图 11-23 中 E_0——在额定功率下运行时的内部感应相电压，V；

E_1——发电机端子上的额定相电压，V；

I——额定电枢电流，A；

X_s——同步电抗，Ω；

r_a——电枢电阻，Ω；

δ——功率因数角。

(3) 同步发电机的基本参数计算

① 同步阻抗

a. 同步电抗 X_s（Ω)，为漏电抗与电枢反作用阻抗之和。

b. 同步阻抗 $Z_s = r_a + jX_s$(Ω)，r_a 为电枢电阻（$r_a < X_s$)。

c. 同步阻抗百分数

$$Z_s\% = \frac{\sqrt{3} I_e Z_s}{U_e}\%$$

式中 I_e、U_e——额定电流和额定端电压，A、V。

② 短路电流 在同步发电机端子中发生三相短路时，流过发电的电流。即

$$I_s = \frac{U}{\sqrt{3} X_s} = \frac{I_e}{X_s\%}$$

$$X_s\%=\frac{\sqrt{3}U_e X_s}{U}\%$$

式中　I_s——三相短路电流，A；

$X_s\%$——同步电抗百分数。

③ 短路比（图 11-24）　产生额定空载电压和产生额定短路电流所需励磁电流之比，称为同步发电机的短路比，即

$$K_s=\frac{I_{10(U_0=U_e)}}{I_{1d(I_d=I_e)}}=\frac{I_s}{I}=\frac{1}{X_s\%}$$

11.8.6.3　同步发电机的损耗及效率计算

同步发电机的损耗分为基本损耗和附加损耗两类。基本损耗包括定子基本铜耗 P_{Cu}、基本铁耗 P_{Fe}、磁场铜耗 P_1 和机械损耗 P_j。附加损耗 P_{fj} 又可分为许多项，但很难准确计算。对于 100kV·A 以下的同步发电机，额定负载时附加损耗可按额定有功输出的 0.5%来估算；其他负载时，附加损耗可按电枢电流的平方来修正。即

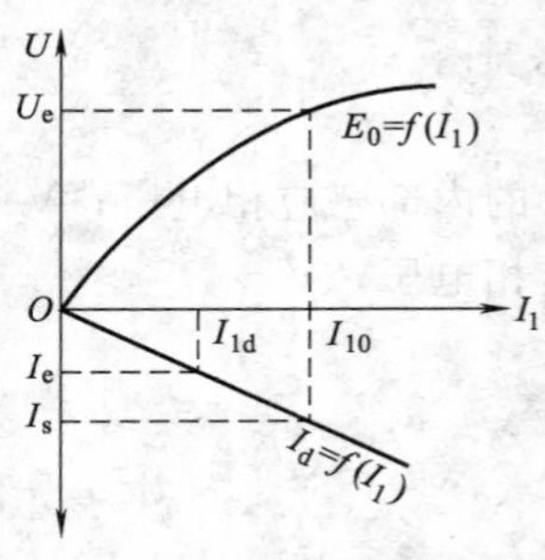

图 11-24　由空载和短路特性决定的短路比

$$P_{fj}\approx 0.5\%P_e\left(\frac{I}{I_e}\right)^2$$

对于额定容量大于 100kV·A 的同步发电机，则应通过详细计算或按规定的方法来测定。

发电机的效率可按下式计算：

$$\eta=\frac{P_2}{P_1}=\frac{P_2}{P_2+\sum\Delta P}=\frac{P_2}{P_2+I^2r_a+P_{Fe}+P_1+P_j}\times 100\%$$

$$P_2=\sqrt{3}UI\cos\varphi\times 10^{-3}$$

式中　P_1——发电机输入功率，kW；

P_2——发电机输出功率，kW；

U——发电机端子上的额定线电压，V；

I——负载电流，A；

$\cos\varphi$——功率因数。

【例 11-14】 有额定容量相同的 A、B 两台同步发电机并联运行，平均分担功率因数为滞后 0.8 的 2800kW 负荷。现增加发电机 A 的励磁，使其功率因数为 0.7，试求发电机 B 的功率因数及 A 和 B 发电机所发出的无功功率各为多少？

解 励磁改变前，A、B 发电机每台视在功率和无功功率分别为

$$S=P/\cos\varphi=2800/2\times0.8=1750\text{kV}\cdot\text{A}$$

$$Q=S\sin\varphi=1750\times0.6=1050\text{kvar}$$

设 A 发电机在功率因数 $\cos\varphi_A$ 为 0.7 时的无功功率为 Q_A，B 发电机的无功功率为 Q_B，功率因数 $\cos\varphi_B$，则

$$Q_A=P\sin\varphi_A/\cos\varphi_A=2800\times0.7/2\times0.7=1420\text{kvar}$$

无功环流为

$$\Delta Q=Q_A-Q=1420-1050=370\text{kvar}$$

由矢量图 11-25 得 B 发电机的无功功率为

$$Q_B=Q-\Delta Q=1050-370=680\text{kvar}$$

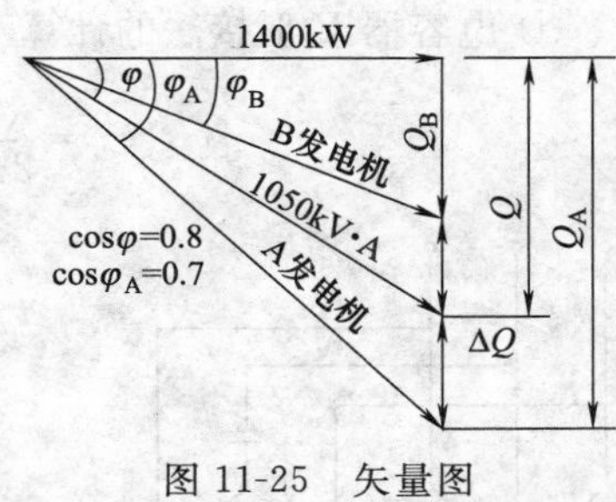

图 11-25 矢量图

因此，B 发电机的功率因数为

$$\cos\varphi_B=\frac{1400}{\sqrt{1400^2-680^2}}=0.9$$

11.9 电动机改作发电机的计算

在偏远地区或缺乏电源的情况下，可以用笼式感应电动机和绕线

式感应电动机，加装适当的电容器，由动力带动，作为发电机使用。

带动感应发电机所需的转速，在配足适当电容器的情况下，是按照定子极对数来配置的。一对极配 3000r/min，二对极配 1500r/min，三对极配 1000r/min 等。

感应发电机最好容量在 25kW 以内，如超过 28kW 时，因所并联电容器的容量太大，经济性差，故一般不宜采用。

11.9.1 异步电动机改作发电机的计算

（1）空载励磁电容的计算

励磁电容器的接法有 Y 形和△形，一般多采用△形接法，因为 Y 形接法的电容器是△形接法的 3 倍，不过电容器的耐压，△形接法等于 Y 形接法的$\sqrt{3}$倍。

① 电容器 Y 形接法的计算（图 11-26）

$$C_0=\frac{\sqrt{3}I_m}{2\pi fU_e}\times 10^6$$

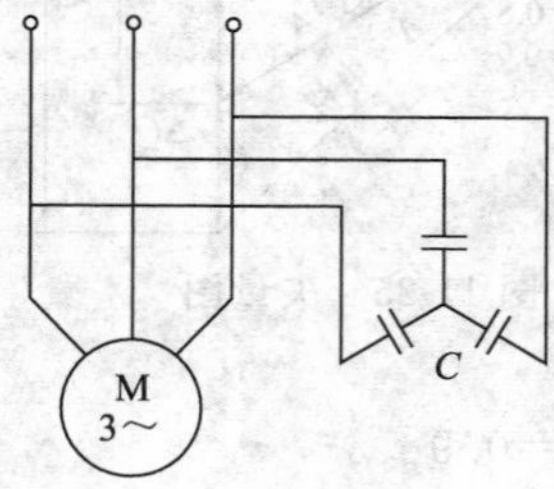

图 11-26 电容器 Y 形接法

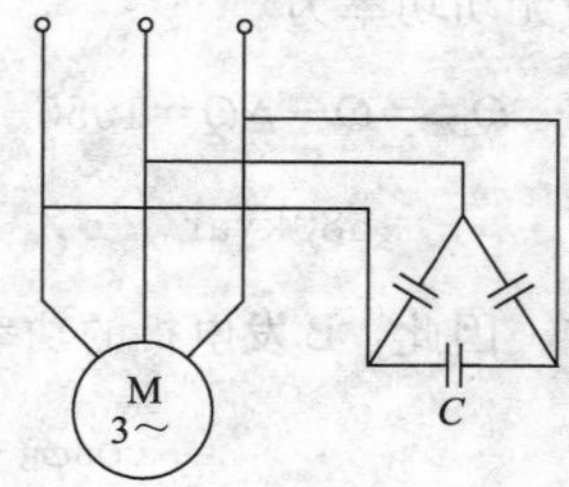

图 11-27 电容器△形接法

② 电容器△形接法的计算（图 11-27）

$$C_0=\frac{I_m}{2\pi f\sqrt{3}U_e}\times 10^6$$

式中 C_0——空载励磁电容器电容量（每相），μF；

U_e——电动机的额定线电压，V；

I_m——电动机在 U_e 下的空载励磁电流（A），$I_m=I_0\times$

$\sqrt{1-\cos^2\varphi_0}$；

I_0——电动机的空载电流，A；

$\cos\varphi_0$——空载时的功率因数；

f——频率，$f=50\text{Hz}$。

③ 电容器电容量还可根据电动机的空载无功功率值计算

$$C_0=\frac{Q_0}{3\times 2\pi f U_x^2}\times 10^9$$

式中 Q_0——电动机空载无功功率，kvar；

U_x——电动机相电压，为 220V。

(2) 负载电容的计算

负载电容器的作用是补偿加上负载时电动机端电压的下降，接在负载侧。

① 当负载功率因数 $\cos\varphi=1$，且满载时，用以补偿负载有功部分引起的无功损耗所需的负载补偿电容值，可按下式估算：

$$C_1=1.25C_0$$

若为灯负荷，该电容接在灯负荷侧。

② 当负载功率因数 $\cos\varphi<1$，且满载时，必须再增加一部分补偿电容量，以补偿负载的无功部分 Q_1：

$$Q_1=S_e\sin\varphi=S_e\sqrt{1-\cos^2\varphi}\quad(\text{kvar})$$

所增加这部分补偿电容量，可按下式计算：

$$C_2=\frac{Q_1}{2\pi f U_e^2}\times 10^9$$

式中 C_2——补偿负载无功部分所增加的补偿电容量，μF；

S_e——异步发电机的额定容量（kV·A），$S_e=P_e/\cos\varphi_e$；

P_e——电动机额定功率，kW；

$\cos\varphi_e$——电动机额定功率因数。

若为电动机负荷，该电容接在电动机负荷侧。

③ 带额定负荷时总的负载补偿电容量

$$C=C_1+C_2=1.25C_0+C_2$$

(3) 励磁电容产生的励磁电流的计算

$$I_{1Z}=\frac{\pi f' U_e' C}{500000}$$

式中　I_{1Z}——励磁电容产生的励磁电流，A；

U_e'——异步发电机的额定电压，$U_e'\approx U_e$，V；

f'——异步发电机的频率，$f'\approx f$，Hz；

C——励磁电容器的电容量，μF。

（4）励磁电容、负载补偿电容的耐压要求

电容器△形接法时，若采用交流电容器，耐压不低于 380V；若采用直流电容器（有正负极的直流电解电容器不能使用），耐压不低于 600V。

电容器采用 Y 形接法时，交流或直流电容器的耐压分别不低于 220V 和 380V。

电容器最好采用绝缘较好、使用寿命较长的纸质、金属膜介质的静电油浸电容器。

当异步发电机主要用于照明或对频率质量要求不高的场合时，可以用提高转速的方法来稳定电压。经验表明，在仅接入空载励磁电容 C_0 的情况下，当负荷由零到满载时，将转速提高 10%左右，就可以维持电压不变。

【例 11-15】 有一台 Y 形接法的三相异步电动机，额定功率 P_e 为 3kW，额定功率因数 $\cos\varphi_e$ 为 0.81，额定转速 n 为 1420r/min，额定电压 U_e 为 380V，额定电流 I_e 为 6.8A，空载励磁电流 I_m 为 3.4A。求改为异步发电机时空载电容和负载电容。

解　电容器采用 Y 形接法。

① 空载励磁电容

$$C_0=\frac{\sqrt{3}I_m}{2\pi f U_e}\times 10^6=\frac{\sqrt{3}\times 3.4}{314\times 380}\times 10^6\approx 49\mu F$$

② 负载补偿电容

$$C_1=1.25C_0=1.25\times 49=61.3\mu F$$

$$C_2=\frac{3Q}{2\pi f U_e^2}\times 10^6=\frac{3P_e\sqrt{1-\cos^2\varphi}}{2\pi f U_e^2\cos\varphi}\times 10^6$$

$$=\frac{3\times3\times10^3\sqrt{1-0.81^2}}{314\times380^2\times0.81}\times10^6=84.3\mu F$$

$$C=C_1+C_2=61.3+84.3=145.6\mu F，取146\mu F$$

（5）三相 380V 异步发电机励磁电容量的选用（见表 11-40 和表 11-41）

■ **表 11-40　三相四极 380V 异步发电机励磁电容量选用参考表**

电动机功率 P/kW	额定电流 I_e/A	△形接法		Y 形接法	
		每相电容量 /μF	总电容量 /μF	每相电容量 /μF	总电容量 /μF
0.2	0.6	2.5～4	7.5～12	7.5～12	22.5～36
0.35	0.98	4～6	12～18	12～18	36～54
0.6	1.4	5～8	15～24	15～24	45～72
1	2.4	8～12	24～36	24～36	72～108
1.7	3.7	10～15	30～45	30～45	90～135
2.8	6	18～24	54～72	54～72	162～216
4.5	9.5	22～30	66～90	66～90	198～270
7	14	32～42	96～126	96～126	288～378
10	20	40～56	120～168	120～168	360～504
14	27	54～74	162～222	162～222	486～666
20	38	66～86	198～258	198～258	594～774
28	53	90～120	270～360	270～360	810～1080
40	75	110～140	330～420	330～420	990～1260
55	102	150～180	450～540	450～540	1350～1620

■ **表 11-41　三相四极 380V 异步发电机励磁电容器（△形接法）电容量的选用参考表**

电动机功率 P/kW	所需三相总电容量/μF		
	空载时	额定负载时	
		$\cos\varphi=1$	$\cos\varphi=0.8$
0.6	15	21	30
1	21	27	45
1.7	33	42	75
2.8	48	60	114
4.5	69	93	168
7	87	120	228
10	108	156	303
14	135	195	405
20	171	252	558
28	213	318	750
40	279	420	1053
55	347	530	1404

注：此表适用于 Y（旧型号为 J、JO、JQ）系列和 YR（旧型号为 JR）系列电动机。

11.9.2 电容器的配置和电压调节

异步发电机发供用电线路如图 11-28 所示。图中，G 为异步发电机；M 为异步电动机；C_0 为供给异步发电机在空载电压下励磁电流的电容器，又称主电容器，可固定在发电机定子出线上；$1C_f$ 为照明负载用附加电容器；$2C_f$ 为动力负载用附加电容器。附加电容器又称辅助电容器。

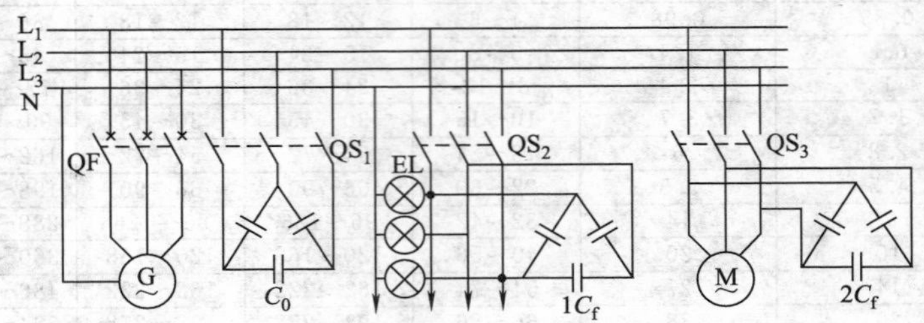

图 11-28 异步发电机发供用电线路

为了不使电压波动太大，辅助电容可分成几组，分别并联在各组负载上，每组用独立的开关投切。

为了保证顺利地发电，使用时应注意以下事项。

① 发电机在空载情况下，让原动机带动，使其转速比同步转速提高 5%左右，然后接上主电容，也可接入主电容一起启动，待几秒至十几秒，发电机电压即能从零上升到额定值。若发不出电，应停车充磁。

充磁方法有两种：一种是将发电机还原成异步电动机运行几分钟即可，这需要有交流电源；另一种是用干电池（6～12V）在电动机的任意两相中通电 2～3 次即可。

② 发电机电压未建立前不能接负载。当发电机电压升到额定值后，即可投入负载，但感性负载（如电动机等）一般不应超过额定负载的 25%。

③ 为使电压上升平稳，建议同时调节电容器容量和转速。电

容量增加，励磁增加，电压上升，转速增加，电压也上升，故可以改变电容量对电压进行粗调；改变转速（调节原动机），对电压进行细调。

④ 为了保证安全运行，发电机端电压比额定电压高 5%或 10%时，其电流可相应较额定电流降低 5%或 10%。三相电流差额不得超过 20%，每相电流均不得超过额定电流。

⑤ 为防止发电机在满载运行时突然失去负载而引起电压过高而击穿绝缘，应如前面所述，辅助电容应分组接于各组负载上，这样，当负载跳闸或熔丝熔断时，同时切除该组的电容器，避免了端电压的升高。

11.9.3 绕线式电动机改作发电机的计算

若在绕线式电动机的转子回路配上直流励磁机或加上硅整流电压，实际上就相当于同步发电机。绕线式电动机的绕组，一般接成 Y 形。

（1）直流励磁机容量的计算

① 采用图 11-29（a）的接法时

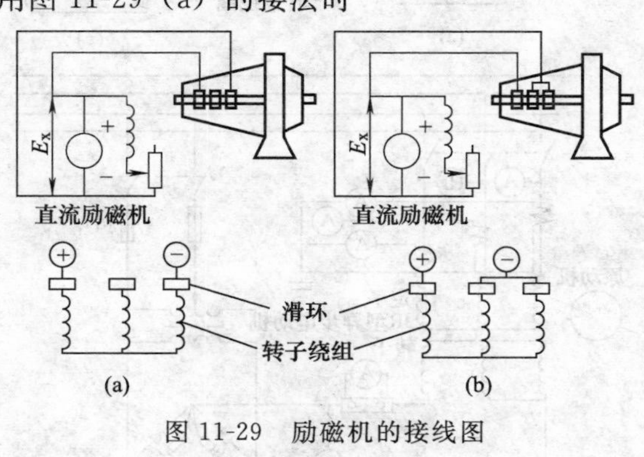

图 11-29 励磁机的接线图

$$U_x = 1.41 s_e E_{2e}$$

$$I_x = 1.23 I_{2e} \approx 1.23 \times \frac{570 P_e}{E_{2e}(1 - s_e)}$$

② 采用图 11-29（b）的接法时

$$U_x = 1.23 s_e E_{2e}$$

$$I_x = 1.41 I_{2e} \approx 1.41 \times \frac{570 P_e}{E_{2e}(1-s_e)}$$

式中　E_{2e}——作异步运行时转子滑环开路电压（见铭牌），V；

s_e——额定异步转速的转差率，$s_e = \frac{n_{1e} - n_{2e}}{n_{1e}}$；

n_{1e}——定子磁场额定转速（同步转速），r/min；

n_{2e}——转子磁场额定转速，r/min；

I_{2e}——作异步运行时的转子额定电流（见铭牌），A；

P_e——作异步运行时电动机额定出力（见铭牌），kW。

根据以上公式所得的 U_x(V) 和 I_x(A)，便可选择电枢电压和电流分别接近，且不小于 U_x 和 I_x 值的直流机作励磁机。

（2）硅整流变压器的输出电压和转子励磁电流的计算

绕线式异步电动机改为发电机的原理电路，如图 11-30 所示。

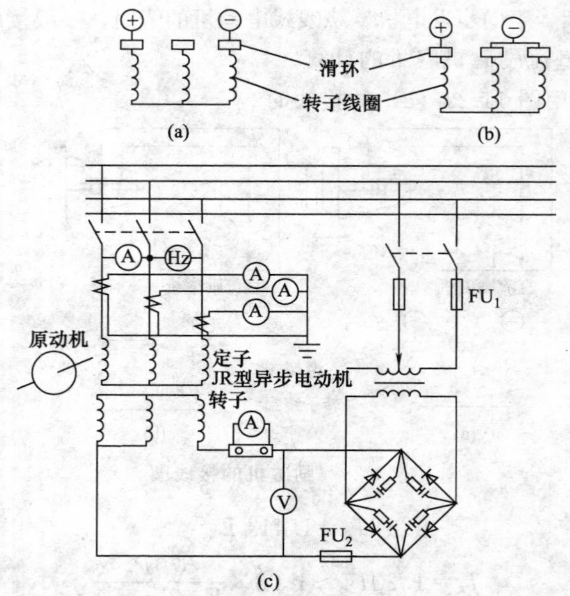

图 11-30　电动机改为发电机的原理图

采用图 11-30（a）的接法时

$$U_1 = 1.41E_{2e}s_e$$

$$I_1 = 1.23I_{2e} \approx 1.23 \times \frac{570P_e}{E_{2e}(1-s_e)}$$

采用图 11-30（b）的接法时

$$U_1 = 1.2E_{2e}s_e$$

$$I_1 = 1.41I_{2e} \approx 1.41 \times \frac{570P_e}{E_{2e}(1-s_e)}$$

式中 U_1——硅整流变压器的输出电压，V；

I_1——作同步发电机运行时转子的励磁电流，A。

（3）硅整流元件的选择

每个硅整流元件的反向工作峰值电压及额定正向整流电流，应大于元件所承受的反向电压最大值及流过元件的平均电流，可按下式计算：

$$U_{RM} > U_{afm} = \sqrt{2}U_1$$

$$I_F > I_a = \frac{I_1}{2}$$

式中 U_{RM}——反向工作峰值电压，V；

I_F——额定正向整流电流，A；

U_{afm}——反向电压最大值，V；

I_a——平均电流，A。

【例 11-16】 有一台 JR127-8 型绕线式异步电动机，已知额定参数如下：P_e 为 130kW，n_{2e} 为 729r/min，U_e 为 380/220V，I_e 为 240/415A，接法为 Y/△，转子电压 E_{2e} 为 296V，转子电流 I_{2e} 为 261A。如何改成同步发电机运行？

解 ① 绕线转子励磁接线的选择。选用图 11-30（a）和（b）所示的任一种接法均可，现以图 11-30（a）所示的接法为例说明。

② 选择整流变压器。按图（a）所示的接法，转子励磁电流 I_1 及整流变压器次级电压 U_1 可按下列公式计算：

$$I_1 = 1.41I_{2e} = 1.41 \times 261 = 368\text{A}$$

$$U_1 = 1.2E_{2e}s_e = 1.2\times296\times(750-729)/750\approx10\text{V}$$

整流变压器容量的近似值为

$$U_1 I_1 = 10\times368\times10^{-3} = 3.68\text{kV}\cdot\text{A}$$

考虑到留有适当裕量，可选择 5kV·A、220/24V 的整流变压器。整流变压器一次侧用一台单相自耦变压器来调压（5kV·A）。

③ 选择硅整流元件。由于选择单相整流变压器，所以只能采用单相桥式全波整流方式（有条件可采用三相桥式全波整流方式）。采用这种接法，每个元件所承受的反向电压（最大值）及平均电流可按下列公式计算：

$$U_{afm} = \sqrt{2}U_1 \approx 1.4\times10 = 14\text{V}$$

$$I_a = I_1/2 = 370/2 = 185\text{A}$$

考虑到硅元件的裕量，可选择 ZP200A/30V 的硅元件（电流大些、电压高的硅元件也可代用，但不能小于 185A/20V）。

④ 硅整流元件的保护。见图 11-30（c）。

⑤ 原动机的选择。由于发电机是 130kW、750r/min，所以选择功率为 200hp 左右（约 147kW）、转速为 750～800r/min 的柴油机或其他原动机，即能带动。

【例 11-17】 有一台单相并励发电机，额定功率为 20kW，额定转速为 1200r/min，额定电压为 230V，励磁电阻为 50.5Ω，电枢电阻为 0.05Ω。现要用它作为电动机使用，接到 220V 电源上，电枢电流保持原额定值。试求作为电动机时的额定转速和额定功率。设电动机的效率为 0.85，并假定在这两种运行方式下磁通基本不变。

解 发电机时电枢的额定电流为

$$\begin{aligned} I_a &= P_e/U_e + U_e/R_1 \\ &= 20\times10^3/230 + 230/50.5 = 91.5\text{A} \end{aligned}$$

感应电动势为

$$\begin{aligned} E_a &= U_e + I_a R_a = 230 + 91.5\times0.05 \\ &= 234.6\text{V} \end{aligned}$$

因 $E_a = C_e\Phi n$，故

$$C_e\Phi = E_a/n = 234.6/1200 = 0.196$$

当作为电动机使用时，电动机的反电势为

$$E_a' = U' - I_a' R_a$$

按题意 $U' = 220\text{V}$，$I_a' = I_a$

所以 $$E_a' = 220 - 91.5 \times 0.05 = 215.4\text{V}$$

又因两种运行方式下的磁通不变，即 $C_e\Phi' = C_e\Phi$，故电动机额定转速为

$$n_e' = \frac{E_a'}{C_e\Phi'} = \frac{215.4}{0.196} = 1099\text{r/min}$$

电动机的输入功率为

$$P_1' = U' I_a' = U'(I_{1Z}' + I_a')$$

$$= 220 \times (220/50.5 + 91.5) \times 10^{-3} = 21.1\text{kW}$$

电动机的额定功率为

$$P_2' = P_1' \eta = 21.1 \times 0.85 = 17.9\text{kW}$$

11.10 柴油发电机计算

柴油发电机组可作为距大电网远，缺乏电力场合的电源，也常用作电力不足场合的备用电源，以便在电网停电时及时投入运行，以保证生产和生活的用电需要。

11.10.1 柴油发电机组的选型

(1) 柴油发电机组的型号含义

型号含义（部分产品编制方法有所不同）：

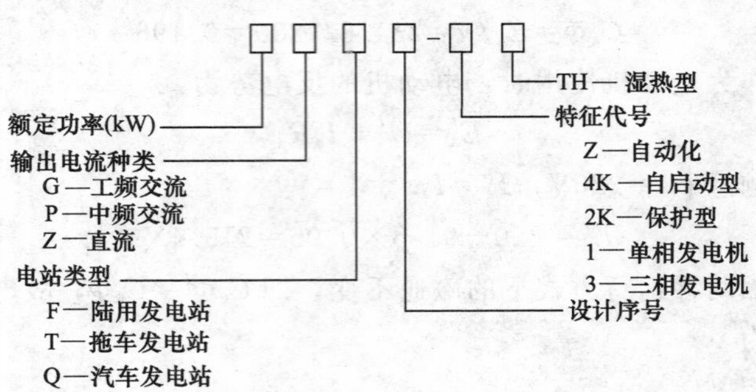

例如：

5GF1-TH 表示输出额定功率为 5kW、单相交流工频、设计序号为 1、湿热带型柴油发电机组；

200GF16 表示输出额定功率为 200kW、三相交流工频、陆用、设计序号为 16 的普通型柴油发电机组；

320GFZ 表示输出额定功率为 320kW、三相交流工频、陆用、自动化柴油发电机组。

（2） 柴油发电机组的选型

① 宜采用国产柴油发电机组。因为国产设备与引进设备在质量上和经济技术指标上相差无几，而价格却可减少 1/3。

② 电源类型的选择。对于用电量较小，且集中在一处用电，又不需要三相动力电源时，应选择单相发电机组；对于用电量较大，且用电地点分布在相邻的几个地方（如一个院内或一幢楼房）及需要三相动力电源时，则应选择三相发电机组。

③ 发电机组结构形式的选择。

a. 从励磁形式分，有无刷励磁和有刷励磁。无刷机组无线电干扰极小，发电机组维护工作量少，适用于国防、邮电、通信、计算机等对防无线电干扰要求高的部门和场所；有刷机组适用于除上述部门以外的各行业。

b. 在室外及有沙尘、风雪等场所，应选择罩式机组；在室内及无污染的场所，可选择开启式机组。开启式机组价格较罩式便宜，且散热性能较好。

④ 冷却方式的选择。柴油发电机组分内冷却和外冷却两种方式。

a. 内冷却方式。辅助设备少，操作简单，维修量小。缺点是占用机组一部分容量。对具备富余容量的机组，应选择内冷却方式。

b. 外冷却方式。缺点是要设水池或水塔，并建立一个冷却循环系统，占地面积较大，维修工作量大。对超大机组或不具备富余容量的机组，应选择外冷却方式。

⑤ 按启动方式选择。一般柴油发电机组容量在 160kW 以下的，采用电启动；大于 160kW 的采用压缩空气启动。

⑥ 湿热型和普通型机组。对于化工、轻工、医药、冶炼、海上作业等潮湿、有盐雾、易霉变的行业和场所，应选用湿热型机组；其他场所，可选用普通型机组。

此外，励磁调节器也有不同形式，尽量采用具有手动和自动励磁的调节器，调节器性能（如稳压范围、灵敏度等）要好。

柴油发电机组控制设备的保护功能要好，以确保机组运行的安全。

11.10.2 常用柴油发电机组的技术数据

(1) 2～30kW 柴油发电机组主要技术数据（见表 11-42）

■ **表 11-42 2～30kW 柴油发电机组主要技术数据**

机组型号	型式	额定功率/kW	额定转速/(r/min)	外形尺寸/mm	启动方式	额定电压/V	额定电流/A	励磁方式
2GF	移动式	2	2200	1050×525×770	手摇	单相 230	9.66	无刷
2GF-1	滑行式	2	1500/1800	1100×500×890	手摇	230/115	8.7/17.4	谐波
3GF	移动式	3	2600	1050×467×770	手摇	230	14.5	无刷
3GF-1	滑行式	3	1500/1800	1100×500×890	手摇	230/115	13/26	谐波

续表

机组型号	型式	额定功率/kW	额定转速/(r/min)	外形尺寸/mm	启动方式	额定电压/V	额定电流/A	励磁方式
5GF	移动式	5	2000	1350×800×752	手摇	230	24.2	无刷、谐波
5GF-1	滑行式	5	1500/1800	1300×600×920	手摇	230/115	21.8/43.5	谐波
7.5GF	移动式	7.5	2000	1350×800×752	手摇	230	36.2	无刷
7.5GF-1	滑行式	7.5	1500/1800	1300×600×920	手摇	230/115	32.6/65.2	谐波
7.5GF-3	滑行式	7.5	1500	1300×600×920	手摇	三相400/230	13.5	谐波
10GF	雪橇式	10	1500	1460×690×950	电启动	400/230	18.1	无刷
10GF-3	滑行式	10	1500	1500×600×100	电启动	400/230	18.1	谐波
12GF	雪橇式	12	1500	1500×690×950	电启动	400/230	21.7	无刷
12GF6 等	滑行式	12	1500	1350×610×1005	电启动	400/230	21.7	谐波等
15GF	雪橇式	15	1500	1700×690×930	电启动	400/230	27.1	无刷
20GF 等	雪橇式	20	1500	1744×800×1150	电启动	400/230	36.1	无刷、谐波
24GF 等	雪橇式	24	1500	1810×700×1090	电启动	400/230	43.3	无刷、谐波、相复励
30GF 等	滑行式	30	1500	2168×895×1835	汽油机电启动	400/230	54.5	相复励、无刷
12GF6-Z1	滑行式	12	1500	1387×610×1069	电启动、应急自启动	400/230	21.7	谐波
30GF-1W	滑行式	30	1500		电启动，全自动机组	400/230	54.5	无刷

(2) 40～75kW 柴油发电机组主要技术数据（见表 11-43）

■ 表 11-43 40～75kW 柴油发电机组主要技术数据

型号	额定功率/kW	外形尺寸/mm	启动方式	额定电流/A	励磁方式	独立安装的控制屏外形尺寸/mm
40GF	40	(2180～2550)×(800～900)×(1400～1880)	电启动、汽油机(有自启动型)	72	相复励、无刷、谐波	700×500×1700(或背在发电机上)
40X4	40	2260×780×1380	电启动	72	相复励	背在发电机上
50X4	50			90		

续表

型号	额定功率/kW	外形尺寸/mm	启动方式	额定电流/A	励磁方式	独立安装的控制屏外形尺寸/mm
50GF 50GF1 50GF2,4,7 等	50	(2200～2700)×(784～970)×(1360～1835)	电启动、汽油机（有自启动型）	90	相复励、无刷、谐波、励磁机	背在发电机上（或落地式 700×500×1700）
55GF1	55	2200×800×1350	电启动	99.1	相复励	800×500×1650
64GF	64	2180×830×1370	电启动（有自启动型）	115	无刷	900×600×2140
64GFZ1		2470×910×1360			无刷	840×610×1850
64X4		2690×900×1412			相复励	背在发电机上
75X4	75	2690×900×1412	电启动（有自启动型）	135	相复励、无刷、同轴励磁机	背在发电机上
75GFZ1		2810×910×1390				840×610×1850
75GF4		2995×900×1445				背在发电机上
75GF 1,2		2802×904×1440				背在发电机上

（3）84kW 及以上柴油发电机组的技术数据（见表 11-44）

■ 表 11-44　84kW 以上柴油发电机组主要技术数据

额定功率/kW	型号	发电机励磁方式	启动方式	外形尺寸/mm
84	1-84A,84GF	三次谐波	压缩空气	3405×1000×1531 等
90	90GF,90GF-1,90GF5,90X4,90GF2,90GFZ1,90GF1	无刷、相复励	电启动	2780×910×1650 等
100	100GF	无刷	电启动	2780×910×1650
120	8-120A,120GF,120GF4Z,120GF7,120GF-Z1,120GF-3,120X4	谐波、无刷、相复励	压缩空气、电启动	3245×1000×1615 等
150	150GF,150GF1	相复励、无刷	电启动	3270×1145×1510 等
160	160GF1	相复励	压缩空气	3325×1000×1615
200	200GF,200GF5	无刷、相复励	电启动、压缩空气	3600×1400×1900 等
250	250GF,GC250LA	无刷、相复励	电启动、压缩空气	2875×1540×1955 5107×1580×2300
300	300GF	相复励	压缩空气	5410×1170×2327
320	320GF,GC320LA	相复励	压缩空气	4182×1320×1950 5107×1580×2300
400	GC400LA,400X1,400GF	谐波、可控相复励	压缩空气	5249×1582×2479 4923×1812×2487 3885×1535×2369

续表

额定功率/kW	型号	发电机励磁方式	启动方式	外形尺寸/mm
500	500GF，500GF1，GC500LA，500GF2	无励、相复励、励磁机旋转整流	压缩空气	3905×1675×2489 等
630	630GF，630GF1-1	无刷、相复励	压缩空气、电启动	4156×1360×2489
750	750GF	无刷	压缩空气	4156×1360×2489
800	800GF	三次谐波可控	压缩空气	5360×1970×2880
1000	GC1000LA		压缩空气	8225×2250×2777
1250	1250GF1	无刷	压缩空气	8400×2270×3800

11.10.3 柴油发电机组容量的选择

（1）柴油发电机组容量（功率）的定义

① 内燃机功率的标定值，按其用途和使用特点可分为 15min 功率、1h 功率；12h 功率和持续功率四种。

② 陆用固定电站用柴油机铭牌标定的是 12h 功率和持续功率两种。

③ 12h 功率为柴油机允许连续运行 12h 的最大有效功率，其中包括超过 12h 功率 10%的情况下连续运行 1h。

④ 持续功率为柴油机允许长期连续运行的最大有效功率，通常持续功率为 12h 功率的 90%。

⑤ 柴油机的标定功率是指规定大气状况下发出的功率。

陆用柴油机：环境温度为 20℃，大气压力为 101.325kPa，相对湿度为 60%。

船用柴油机：环境温度为 30℃，大气压力为 101.325kPa，相对湿度为 60%。

⑥ 当柴油机运行在与标准大气状况不一致的场合，应修正其功率。

（2）柴油发电机组容量的计算

目前柴油发电机组容量选择尚无成熟的计算公式，设计时尚需凭经验数据进行估算。下面介绍一些选择柴油发电机组容量的常用计算公式和必须考虑的问题。

①计算公式。运行时间在12h之内时，柴油机组的额定（计算）功率（即标定功率）可按下式计算：

$$P_e=\frac{P_{Ge}+\eta P_p}{\eta K_2 K_3}$$

式中 P_e——柴油机组的额定（计算）功率，kW；

P_{Ge}——发电机的额定功率，kW；

P_p——柴油机风扇、联轴器等消耗的功率，kW；

η——发电机的效率；

K_2——柴油机功率修正系数，在12h以内工作时，取$K_2=1$，长期运行时，取$K_2=0.9$；

K_3——柴油机组环境修正系数，见表11-45和表11-46。

当超过12h的长期运行时，考虑柴油机组要过载发热，容量按下式计算：

$$P'_e=P_e/0.9$$

式中 P'_e——长期运行的发电机容量，kW。

■ **表11-45 柴油机当环境条件变化时的功率修正系数 K_3**（相对湿度50%）

海拔高度/m	大气压力/kPa	大气温度/℃									
		0	5	10	15	20	25	30	35	40	45
0	101.32	—	—	—	—	1.00	0.98	0.94	0.92	0.90	0.89
200	98.66	—	—	—	0.99	0.97	0.95	0.93	0.92	0.89	0.86
400	96.66	—	1.00	0.98	0.96	0.94	0.92	0.90	0.89	0.87	0.84
600	94.39	1.00	0.97	0.95	0.94	0.92	0.90	0.88	0.86	0.84	0.82
800	92.13	0.97	0.94	0.93	0.91	0.89	0.87	0.85	0.84	0.82	0.79
1000	89.86	0.94	0.92	0.90	0.89	0.87	0.85	0.83	0.81	0.79	0.77
1500	84.53	0.87	0.85	0.83	0.82	0.80	0.79	0.77	0.75	0.73	0.71
2000	79.46	0.81	0.79	0.77	0.76	0.74	0.73	0.71	0.70	0.68	0.65
2500	74.66	0.75	0.74	0.72	0.71	0.69	0.67	0.65	0.64	0.62	0.60
3000	70.13	0.69	0.68	0.66	0.65	0.63	0.62	0.61	0.59	0.57	0.55
3500	65.73	0.64	0.63	0.61	0.60	0.58	0.57	0.55	0.54	0.52	0.50
4000	61.59	0.59	0.58	0.56	0.55	0.53	0.52	0.50	0.49	0.47	0.46

■ **表 11-46 柴油机当环境条件变化时的功率修正系数 K_3**（相对湿度 100%）

海拔高度/m	大气压力/kPa	大气温度/℃									
		0	5	10	15	20	25	30	35	40	45
0	101.32	—	—	—	—	0.99	0.96	0.94	0.91	0.88	0.84
200	98.66	—	—	1.00	0.98	0.96	0.93	0.91	0.88	0.85	0.82
400	96.66	—	0.99	0.97	0.95	0.93	0.90	0.88	0.85	0.82	0.79
600	94.39	0.99	0.97	0.95	0.93	0.91	0.88	0.86	0.85	0.80	0.77
800	92.13	0.96	0.94	0.92	0.90	0.88	0.85	0.83	0.80	0.77	0.74
1000	89.86	0.93	0.91	0.89	0.87	0.85	0.83	0.81	0.78	0.75	0.72
1500	84.53	0.87	0.85	0.83	0.81	0.79	0.77	0.75	0.72	0.68	0.66
2000	79.46	0.80	0.79	0.77	0.75	0.73	0.71	0.69	0.66	0.63	0.60
2500	74.66	0.74	0.73	0.71	0.70	0.68	0.65	0.63	0.61	0.58	0.55
3000	70.13	0.69	0.67	0.65	0.64	0.62	0.60	0.58	0.56	0.53	0.50
3500	65.73	0.62	0.62	0.61	0.59	0.57	0.55	0.53	0.51	0.48	0.45
4000	61.59	0.58	0.57	0.56	0.54	0.52	0.50	0.48	0.46	0.44	0.41

发电机组连续运行功率指发电机在额定工作条件下，可以在此输出功率下长期运行而不过热。所谓额定工作条件，通常指海拔1000m和环境温度为40℃的工作条件。当海拔每超过额定值500m时，容量要相应降低3%～5%，当环境温度每超过额定值5℃时，容量要相应降低1%～2.5%，具体数字随制造厂有所不同。

当发电机组安装在室内时，环境温度是指发电机在额定状态运行下的发电机室内温度，它和发电机室的进风及排风设计有密切关系。如果进风口、出风口面积过小，或排气管太长、弯头多，管径不够大，都会造成发电机出力显著下降。

② 柴油发电机组总容量的计算。为了适应负载的变化，机组实际输出功率应有一定的富余容量。富余容量一般为实际运行容量的10%～15%。机组（电站）总容量包括实际运行机组的容量与备用机组容量之和。

③ 按配电变压器估算柴油发电机组容量，其机组容量约为变压器额定容量的15%。

④ 最大负载对容量的影响。柴油机组负载中，如果有异步电动机等的启动冲击负载或尖峰负载，在选择柴油发电机组容量时，如单纯考虑计算负载的大小，则有冲击负载或尖峰负载时就无法启动。

因此发电机的备用运行功率（或发电机裕量）应大于或等于冲击负载或尖峰负载功率。

⑤ 改善电动机负载的启动方式降低柴油发电机组的容量。当允许发电机端电压瞬时压降为20%时，直接启动异步电动机的能力是每1kW电动机功率，需要3～5kW柴油发电机组功率；如果电动机采用降压启动，由于电动机的启动容量与启动电流成比例，因此柴油发电机组的容量应按与电动机的电流相同的比例减少。

发电机直接启动单台满载的异步电动机时，其功率匹配可按图11-31选定。例如，200kW柴油发电机组能直接启动60kW的满载电动机。

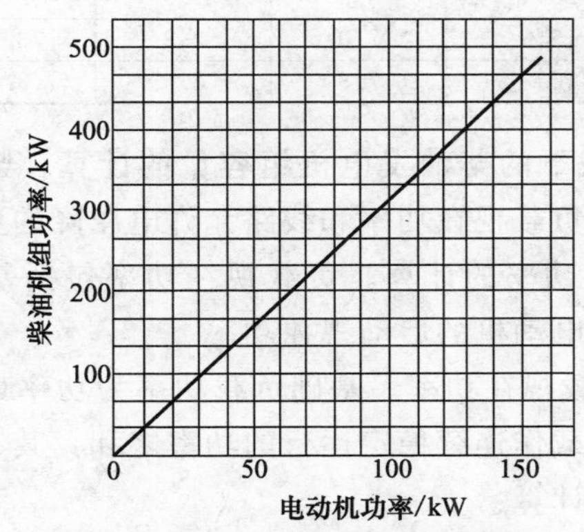

图 11-31　柴油发电机组直接启动单台异步电动机功率匹配

也可按下式计算所匹配的电动机功率：

$$P=KP_e$$

式中　P——柴油发电机组的功率，kW；

P_e——电动机额定功率，kW；

K——系数，约为3.3。

例如，100kW柴油发电机组能直接启动30kW的满载电动机。

⑥ 柴油发电机组在空载时能直接启动空载异步电动机的最大功率见表11-47。

■ **表 11-47　柴油发电机组空载能直接启动空载异步电动机的最大功率**

柴油发电机组容量/kW	异步电动机额定功率/kW
40	28
50、64、75	30
90、120	55
150、200、250	75
400 以上	125

⑦ 改善电动机的启动方式可降低柴油发电机组的容量。柴油发电机组容量与被启动电动机功率的最小倍数见表 11-48。

■ **表 11-48　柴油发电机组容量与被启动电动机功率的最小倍数**

电动机启动方式		全压启动	Y-△降压启动	自耦变压器降压启动	
				$0.65U_e$	$0.8U_e$
母线允许电压降	20%	5.5	1.9	2.4	3.6
	15%	7.0	2.3	3.0	4.5
	10%	7.8	2.6	3.3	5.0

⑧ 混合负载下的柴油发电机组容量的计算。柴油发电机的总视在功率应满足负载视在功率和线路允许电压降的要求。

a. 负载视在功率的计算。负载视在功率包括基础负载和负载中最大一台异步电动机的启动视在功率。

ⅰ. 基础负载视在功率。基础负载功率为功率最大的一台电动机之外的所有负载作连续稳定运行的功率之和，其有功分量和无功分量按以下两式计算：

$$P=\sum\frac{P_e\beta_e}{\eta_e}$$

$$Q=\sum\left(\frac{P_e\beta_e}{\eta_e\cos\varphi_e}\sqrt{1-\cos^2\varphi_e}\right)$$

式中　P——基础负载的有功功率，kW；

Q——基础负载的无功功率，kvar；

P_e——各负载的额定功率，kW；

β_e——各负载的负载率，一般取 $\beta_e=0.8\sim0.9$；

η_e——各负载效率，照明、电热负载 $\beta_e=1$，电动机负载，可查产品手册；

$\cos\varphi_e$——各负载额定功率因数，照明、电热负载 $\cos\varphi_e=1$，电动机负载，可查产品手册。

ⅱ. 最大一台异步电动机的启动视在功率。启动视在功率

$$S_q=\frac{P_d k_q}{\eta_d \cos\varphi_q}$$

启动有功功率

$$P_q=S_q\cos\varphi_q$$

启动无功功率

$$Q_q=S_q\sqrt{1-\cos^2\varphi_q}$$

式中 S_q——电动机启动视在功率，kV·A；

P_q，Q_q——电动机启动有功和无功功率，kW、kvar；

P_d——电动机功率，kW；

k_q——电动机启动功率倍数；

$\cos\varphi_q$——启动功率因数，一般取 0.3。

其中电动机启动功率倍数 $k_q=k_I(1-u_y)$，k_I 为电动机启动电流（堵转电流）倍数，可由产品手册中查得；u_y 为用电设备允许的电压降落标幺值，工厂动力机械和宾馆大楼设备，$u_y=0.15\sim0.25$，水泵设备，$u_y=0.3$。

ⅲ. 混合负载下发电机总视在功率

$$S_G=\frac{1}{1.5}\sqrt{(P+P_q)^2+(Q+Q_q)^2}$$

总有功功率 $$P_G=S_G\cos\varphi$$

式中 $\cos\varphi$——发电机额定功率因数。

b. 满足用电设备瞬时电压降落时发电机视在功率的计算。

$$S_U\ \frac{X'_d(1-u_y)}{u_y}S_q$$

式中 X'_d——发电机纵轴瞬变电抗标幺值，一般为 0.17～0.25；

S_q——最大一台电动机启动功率，kW。

发电机有功功率

$$P_U=S_U\cos\varphi$$

c. 混合负载下柴油发电机组的功率应取总有功功率 P_G 和有功功率 P_U 中的大者。

⑨ 柴油发电机组负载线路电压降的要求。在选择柴油机组容量时，如果忽略了发电机负载的线路压降，可能会出现线路末端照明灯照度过低，电热器温度达不到额定要求，异步电动机无法启动等情况。为此规定，在最大的电动机启动时，发电机的瞬时电压降不大于15%～20%。在选择发电机额定电压时，通常要求，柴油发电机组与负载间距离在 300m 左右的，选用 400V；距离在 1000m 左右的，选用 6.3～10kV。

在设计中，应尽量使柴油发电机组靠近负载中心，并适当增大线路的线径。

⑩ 按电动机启动时母线允许电压降选择柴油发电机组的容量可按下式计算：

$$S=P_{\Sigma}kCX''_{d}\left(\frac{1}{\Delta U_{yx}}-1\right)$$

式中 S——柴油发电机组容量，kV·A；

P_{Σ}——稳定重要负荷的总计算负荷，kW；

k——电动机启动倍数；

C——按电动机启动方式确定的系数，全压启动时，$C=1$，△形启动时，$C=0.67$；自耦变压器启动时，50%抽头 $C=0.25$，65%抽头 $C=0.42$，80%抽头 $C=0.64$；

X''_{d}——发电机的暂态电抗，一般取 0.25；

ΔU_{yx}——发电机母线允许的电压降，一般取 0.25～0.3，有电梯时取 0.2。

11.10.4 柴油发电机组台数的选择

机组台数应根据用电负载的大小、供电可靠性的要求等条件来决定。

(1) 单台或两台的选择

① 如果无特大异步电动机负载，应尽量选用两台容量相同的机组。可以并联运行。当一台发生故障时，不会全部停止供电，故障机组也可从电网中切除，便于检修和事故处理。

② 如果有特大异步电动机负载，则选择一台大容量机组较合适，它可以适应大启动电流的冲击。

③ 负载较小时，宜选择一台机组。

④ 重要负载，应选择两台或多台机组，以确保供电的可靠性。

⑤ 用电负载不平衡时，可以选一台大机组和一台小机组。

(2) 多台机组的选择

为了提高供用可靠性，机组应不少于两台，不多于 6 台。当发电机组采用自动电压调整器时，同时并列运行的机组台数不宜超过 4 台。

11.10.5 柴油和机油的选用及耗油量计算

(1) 柴油的选用

柴油机的燃油分轻柴油和重柴油两类。轻柴油适用于高速柴油机，重柴油适用于中、低速柴油机。与柴油发电机组配套的柴油机通常采用轻柴油。

不同牌号柴油的适用场合见表 11-49。

■ **表 11-49 不同牌号柴油的适用场合**

牌号		凝固点/℃	适用场合
轻柴油	10 号	10	全国各地夏季使用
	0 号	0	全国各地 4～9 月使用，长江以南地区冬季也可使用
	−10 号	−10	长城以南地区冬季和长江以南地区严冬使用
	−20 号	−20	长城以北地区冬季和长城以南、黄河以北地区严冬使用
	−35 号	−35	东北和西北地区严冬使用
重柴油	10 号	10	适合于 500～1000r/min 的中速柴油机
	20 号	20	适合于 300～700r/min 的中速柴油机
	30 号	30	适合于 300r/min 以下的低速柴油机

注：若机组安装在室内，应考虑冬季取暖这一特点来选择轻柴油牌号。

(2) 柴油耗油量计算

柴油机每小时耗油量可按下式计算：

$$g_u = \frac{Pq_e}{\eta_f \eta_t} \times 10^{-3}$$

式中 g_u——柴油机耗油量，kg/h；

P——发电机负载，kW；

η_f——发电机效率（%），由制造厂提供，如无资料，可参考下述数值选取，即功率为 48～200kW 时 η_f =89.5%～92%，功率为 300～1000kW 时 η_f =92%～95%；

η_t——传动效率，%；

q_e——柴油机的燃油消耗率（由制造厂提供），g/kW·h。

(3) 日用油箱容积计算

日用油箱一般可按每班上一次油来考虑。为防火安全，机房内燃油总储油量不宜超过 5t。

日用油箱容积可按下式计算：

$$V = \frac{g_u \tau}{\gamma A}$$

式中 V——油箱容积，m^3；

τ——供油时间，一般可取 9～10h；

γ——燃油密度，kg/m^3；

A——容积系数，一般可取 0.9。

(4) 机油的选用

柴油机机油（润滑油）有 8 号、11 号、14 号等牌号。机油的号数越大，油越稠。夏季可用 11 号柴油机机油，冬季可用 8 号柴油机机油或专门用于低温环境（−30℃左右）的 11 号和 14 号低凝点柴油机机油。

(5) 机油耗油量计算

柴油机机油每小时耗油量可按下式计算：

$$g_r = \frac{Pq_r}{\eta_f \eta_t} \times 10^{-3}$$

式中 g_r——机油耗油量，kg/h；

q_r——柴油机在额定功率时的机油消耗率，可参见表 11-50，g/kW·h。

■ **表 11-50　柴油机标定功率时润滑机油消耗率**

柴油机系列	135	160	250	350
机油消耗率/(g/kW·h)	≤3.35	2.68～5.36	<4	<5.36

11.10.6　冷却水、冷却泵和空压机的选择

（1）冷却水的选择

冷却水的水质直接影响柴油机的运行和使用寿命。水质不良，将引起汽缸水套沉积水垢，降低汽缸壁的导热性能，冷却效果变差，同时还会使柴油机受热不均，汽缸壁温升过高，以致破裂。

冷却水应使用软水（如清洁的雨水和雪水），不要使用硬水，因为硬水中含有矿物质及盐类，容易生成水垢。江河、湖泊、井、泉中的水都属于半硬水或硬水。若没有软水，应将硬水进行软化处理后使用。处理方法如下。

① 将硬水澄净取出，放入容器中加热煮沸，待杂质沉淀后取其上部的清洁水使用。

② 在 1kg 硬水中溶化 40g 烧碱，再加到 60kg 的硬水中，搅拌并过滤后使用。

③ 在装硬水的桶内按表 11-51 中的比例放入磷酸三钠，搅拌到完全溶解后，澄清 2～3h 再取出使用。

■ **表 11-51　软化硬水时所需磷酸三钠的数量**

水　　质	磷酸三钠/(g/L)
软水(雨水、雪水)	0.5
半硬水(江水、河水、湖水)	1
硬水(井水、泉水、海水)	1.5～2

（2）冷却水量的计算

$$g_s = \varepsilon P_e \frac{q_e Q_H}{c(t_2 - t_1)}$$

式中　g_s——冷却水量，kg/h；

P_e——柴油机额定功率，kW；

ε——冷却水带走的热量与燃料在汽缸中燃烧放热量的百分比（%），一般四冲程柴油机 ε=25%～40%；

Q_H——燃油低位发热量，可取 41868kJ/kg；

c——水的比热容，kJ/(kg·℃)；

t_1——柴油机进水温度，℃；

t_2——柴油机出水温度（℃），它受冷却水硬度的限制，可参见表 11-52。

■ **表 11-52　柴油机允许出水温度**

水的暂时硬度		允许出水温度
epm	德国度	℃
<1.4	<4	<90
1.4～2.5	4～7	<70
>2.5	>7	<60

(3) 冷却水泵的选择

① 冷却水泵流量 G

$$G=KG_s$$

式中　K——裕度系数，可取 1.2～1.3；

G_s——在额定负荷下柴油机每小时所需的全部冷却水量，m^3/h。

② 冷却水泵扬程 H

$$H=H_1+H_2+H_3+H_4+H_5+H_6$$

式中　H_1——水泵轴中心至吸水管最低水位的高度，m；

H_2——吸水管的阻力损失，m；

H_3——水泵轴中心至冷却装置出口水管中心线的高度差，m；

H_4——柴油机冷却水套内部阻力要求的最小水头，m；

H_5——压力管路阻力损失，m；

H_6——冷水塔或喷水池喷嘴所需压力，m。

一般中小型柴油机内部阻力损失及要求最小水头见表 11-53。

■ **表 11-53 柴油机内部阻力损失及要求最小水头**

柴油机系列	阻力损失/m	要求最小水头/m
135	3～4	6
160	3～5	6
250	5～7	10
350	10	13

(4) 空压机的选择

电站的空压机是供柴油发电机启动用的，一般应不少于两台。选择空压机时，应满足下列条件。

① 空压机的工作压力应满足柴油机最大启动压力的要求，一般固定式柴油机的最大启动压力为1960～2940kPa。

国产柴油机的启动压力值见表11-54。

② 空压机的容量应能在15～30min内充满最大的启动空气瓶。容量按下式计算：

$$V_G=\frac{V_p(H_1-H_3)\times10^{-3}}{\tau H_a}$$

式中 V_G——空压机的容量，m^3/h；

V_p——启动空气瓶容积，L；

H_a——大气压力，kPa；

H_1——最高启动压力，kPa；

H_3——空气瓶最小充气压力 (kPa)，一般取490kPa；

τ——充满最大一个空气瓶所需小时数，一般取0.25～0.5h。

■ **表 11-54 柴油机空气启动主要参数**

柴油机系列	启动压力/kPa		空气瓶容积/L	连续启动次数	环境温度/℃
	最高	最低			
160	2452	1373	80	6	≥8
250	2059	1471	306	6	≥8
300	2942	1177	500	6	≥8
350	2452	1961	740	6	≥5

③ 空气瓶容积计算

$$V_p=\frac{zqV_cH_a}{H_1-H_2}$$

式中 V_{p}——空气瓶容积，L；

z——启动次数，一般取 6；

q——启动时的空汽耗量与汽缸容积之比，可取 6～9；

V_{c}——柴油机汽缸的总容积，L；

H_2——最低启动压力，kPa。

空气瓶的总容积也可按（1.34～2.01）L/kW 估算。

11.10.7 柴油发电机组的安装与试验

（1）柴油发电机组的安装

① 安装地点需通风良好，发电机端的进风口和柴油机端的出风口必须有足够的空间。出风口面积应大于水箱面积的 1.5 倍。

② 安装地点的周围应保持清洁，周围不应有酸、碱等腐蚀性气体和蒸汽存在。

③ 安装在室内时，必须将排烟管道通到室外，管路弯头不宜超过 3 个，并有防雨措施。

④ 发电机中性线（工作零线）应与接地干线直接连接，螺栓防松零件齐全，且有标识。

⑤ 发电机本体和机械部分的可接近裸露导体应接地（PE）或接零（PEN）可靠，且有标识。

⑥ 安装导线的绝缘需测定合格。发电机组至低压配电柜馈电线路的相间、相对地间的绝缘电阻应大于 0.5MΩ；塑料绝缘电缆电线直流耐压试验为 2.4kV，时间 15min，泄漏电流稳定，无击穿现象。

⑦ 机组之间、机组外廓至墙的距离应满足搬运设备、安装、检修、操作等需要，机房内有关尺寸不应小于表 11-55 中数值。

■ **表 11-55 机组外廓与墙壁的净距最小尺寸** 单位：m

项目 \ 容量/kW	64 以下	75～150	200～400	500～800
机组操作面	1.60	1.70	1.80	2.20
机组背面	1.50	1.60	1.70	2.00
柴油机端[①]	1.00	1.00	1.20	1.50

续表

项目 \ 容量/kW	64 以下	75～150	200～400	500～800
机组间距	1.70	2.00	2.30	2.60
发电机端	1.60	1.80	2.00	2.40
机房净高	3.50	3.50	4.00～4.30	4.30～5.00

① 表中柴油机距排风口百叶窗间距，是根据国产封闭式自循环水冷却方式机组而定，当机组冷却方式与本表不同时，其间距应按实际情况选定，若机组设在地下层，其间距可适当加大。

⑧ 为降低排烟噪声和机房内噪声，需采用吸声材料和采取消声措施。治理后环境噪声标准不宜超过表 11-56 中数值。

■ **表 11-56　城市区域环境噪声标准**

适 用 区 域	昼间/dB(A)	夜间/dB(A)
特殊住宅区	45	35
居民、文教区	50	40
一般商业与居民混合区	55	45
工业、商业、少量交通与居民混合区、商业中心区	60	50
工业集中区	65	55
交通干线道路两侧	70	55

⑨ 发电机组随带的控制柜接线应正确，连接、紧固状态良好。开关、保护装置的型号、规格正确。

⑩ 受电侧低压配电柜的电气设备及保护装置选型、调整正确，连接、紧固状态良好。应按设计的自备电源使用分配预案进行负荷试验，机组连续运行 12h 无故障。

⑪ 若柴油发电机组作为备用电源使用，必须在电源的输入点安装发电机与市电的切换开关，并要得到当地供电部门的检查认可，方可投入使用。

(2) 发电机的交接试验

发电机的交接试验必须符合表 11-57 的规定。

11.10.8　柴油发电机的励磁装置及故障处理

(1) 带励磁机的励磁调节器及故障处理

■ **表 11-57 发电机交接试验**

<table>
<tr><th>序号</th><th colspan="2">部位</th><th>试验内容</th><th>试验结果</th></tr>
<tr><td>1</td><td rowspan="11">静态试验</td><td rowspan="3">定子电路</td><td>测量定子绕组的绝缘电阻和吸收比</td><td>绝缘电阻值大于 0.5MΩ
沥青浸胶及烘卷云母绝缘吸收比大于 1.3
环氧粉云母绝缘吸收比大于 1.6</td></tr>
<tr><td>2</td><td>在常温下，绕组表面温度与空气温度差在±3℃范围内测量各相直流电阻</td><td>各相直流电阻值相互间差值不大于最小值 2%，与出厂值在同温度下比差值不大于 2%</td></tr>
<tr><td>3</td><td>交流工频耐压试验 1min</td><td>试验电压为 $1.5U_n+750V$，无闪络击穿现象，U_n 为发电机额定电压</td></tr>
<tr><td>4</td><td rowspan="3">转子电路</td><td>用 1000V 兆欧表测量转子绝缘电阻</td><td>绝缘电阻值大于 0.5MΩ</td></tr>
<tr><td>5</td><td>在常温下，绕组表面温度与空气温度差在±3℃范围内测量绕组直流电阻</td><td>数值与出厂值在同温度下比差值不大于 2%</td></tr>
<tr><td>6</td><td>交流工频耐压试验 1min</td><td>用 2500V 兆欧表测量绝缘电阻替代</td></tr>
<tr><td>7</td><td rowspan="2">励磁电路</td><td>退出励磁电路电子器件后，测量励磁电路的线路设备的绝缘电阻</td><td>绝缘电阻值大于 0.5MΩ</td></tr>
<tr><td>8</td><td>退出励磁电路电子器件后，进行交流工频耐压试验 1min</td><td>试验电压 1000V，无击穿闪络现象</td></tr>
<tr><td>9</td><td rowspan="3">其他</td><td>有绝缘轴承的用 1000V 兆欧表测量轴承绝缘电阻</td><td>绝缘电阻值大于 0.5MΩ</td></tr>
<tr><td>10</td><td>测量检温计（埋入式）绝缘电阻，校验检温计精度</td><td>用 250V 兆欧表检测不短路，精度符合出厂规定</td></tr>
<tr><td>11</td><td>测量灭磁电阻，自同步电阻器的直流电阻</td><td>与铭牌相比较，其差值为±10%</td></tr>
<tr><td>12</td><td colspan="2" rowspan="3">运转试验</td><td>发电机空载特性试验</td><td>按设备说明书比对，符合要求</td></tr>
<tr><td>13</td><td>测量相序</td><td>相序与出线标识相符</td></tr>
<tr><td>14</td><td>测量空载和负荷后轴电压</td><td>按设备说明书比对，符合要求</td></tr>
</table>

现以 HF4-28-50 型柴油发电机为例。该发电机励磁调节器线路如图 11-32 所示。该线路采用触点式电压调节器作为自动电压调整器。调节器 TD1-TH 以电磁线圈为敏感元件。

工作原理：发电机输出电压经变压器 T_1 降压、整流桥 VC 整流后，加在调节器电磁线圈上。该电压随机端电压成正比例地变

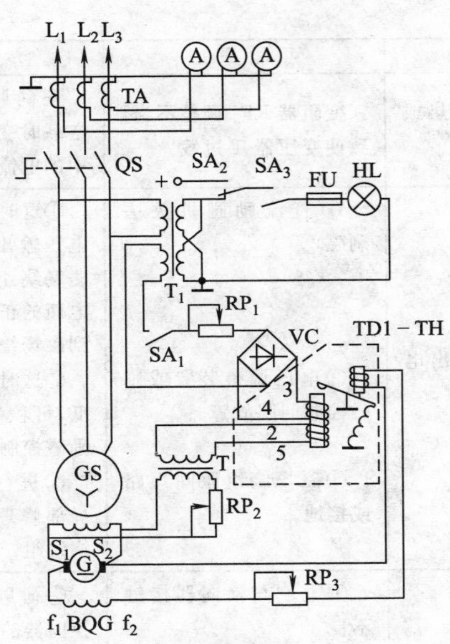

图 11-32　HF4-28-50 型柴油发电机组励磁调节器线路

化。当发电机端电压下降时，调节器电磁线圈中通过的电流也随之减小，吸力变弱，在拉力弹簧的作用下，使调节器输出电压增大，即加在励磁机 G 的励磁绕组 BQG 上的电压增大（励磁电流可通过电位器 RP_1 调节），从而使发电机输出电压升高，恢复到正常电压水平。反之，当发电机输出电压升高时，通过调节器又能使电压降低。

HF4-28-50 型柴油发电机组及励磁调节器的常见故障及处理方法见表 11-58。

■ 表 11-58　HF4-28-50 型柴油发电机组及励磁调节器的常见故障及处理方法

序号	故障现象	可能原因	处理方法
1	发电机输出电压不稳定、振荡	自动电压调整装置未调整好	调节变阻器 RP_1，如果逐渐将 RP_1 切除，发电机输出电压仍然振荡，则可能是变压器 T 接线不对。对调 T 的二次绕组的 2、5 接线头，并正确调节 RP_1，故障即可消除

续表

序号	故障现象	可能原因	处理方法
2	变压器T过热或烧毁	变阻器 RP_2 调整不当，致使变压器T过载	正确调节 RP_2，使发电机空载时变压器T的一次绕组中的电流不得超过0.6A
3	发电机发不出电或电压偏低	①直流励磁机失去剩磁 ②电压调整装置或励磁控制回路故障 ③磁场绕组匝间短路或接地	①这时直流励磁机无直流电压输出，可用直流电瓶对磁场绕组（BQG）充电，注意电瓶的正极和负极应分别接到磁场绕组的 f_1 和 f_2 端 ②这时发电机输出电压偏低，可检查电压调整装置和励磁控制回路 ③进行局部绝缘处理，若局部修理有困难，则只好重绕绕组
4	电刷火花过大	①电刷与换向器接触不良 ②电刷压簧压力不足 ③换向器表面烧损	①研磨电刷表面，使其与换向器的弧度相吻合 ②调整压簧压力 ③研磨换向器表面
5	接地的金属部分漏电	①接地不良，发电机绕组绝缘电阻过低 ②接地不良，发电机引出线搭机壳	①使接地牢靠，如发电机受潮严重，应用热风法或红外灯泡法烘烤发电机绕组 ②使接地牢靠，用绝缘胶布包缠好引出线
6	电路中各接点、触点过热	①接头松动，接触不良 ②触点烧伤	①检查并处理接头，拧紧接线螺钉 ②用细锉修磨触点，并调整触点位置，使其接触良好
7	机组震动过大	①联轴器中心不对 ②地脚螺栓松动或底盘安装不稳 ③轴承损坏 ④发电机转子偏心 ⑤柴油机曲轴不平衡	①调整联轴器中心 ②拧紧地脚螺栓，将底盘安装稳固 ③更换轴承 ④校正转子中心线 ⑤调整曲轴平衡块，使其平衡

（2）7kW 柴油发电机励磁调节器及故障处理 7kW 柴油发电机励磁调节器线路如图 11-33 所示。

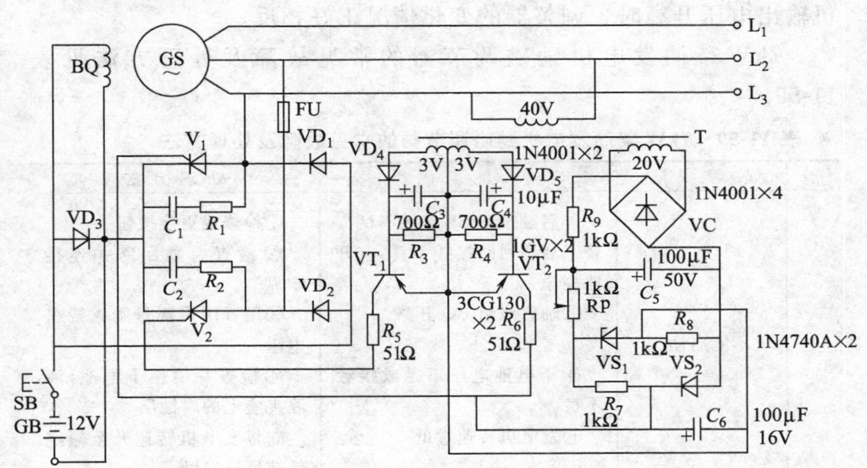

图 11-33　7kW 柴油发电机晶闸管励磁调节器线路

工作原理：发电机 GS 的励磁由单相半控桥式整流电路（由晶闸管 V_1、V_2 和硅二极管 VD_1、VD_2 组成）供电。用 12V 干电池作为起励电源。

由稳压管 VS_1、VS_2 和电阻 R_7、R_8 组成测量桥。发电机输出电压经同步、测量变压器 T 降压，整流桥 VC 整流、电容 C_5 滤波后，加在测量桥输入端，该电压正比于发电机端电压。由二极管 VD_4、VD_5、电容 C_3、C_4 和电阻 R_3、R_4 组成作为同步信号的锯齿波发生器。该锯齿波电压与直流测量信号串接在三极管 VT_1、VT_2 的基极与发射极间，在正负半周时，VT_1、VT_2 交替导通，将矩形脉冲信号交替地送入两晶闸管 V_1、V_2 控制极而使 V_1、V_2 交替导通，从而使励磁绕组 BQ 获得励磁电流。

调节电位器 RP，即可调节励磁电流的大小。

当发电机输出电压降低时，测量桥输入电压随之减小，输出电压（即电容 C_6 上的电压）随之增大，相对于加在三极管 VT_1、VT_2 基极偏压变得更负，移相脉冲信号的前沿随之前移，晶闸管

V_1、V_2 导通角增大，励磁电流增大，从而使发电机输出电压升高，使之回复到正常值（由 RP 的滑臂位置决定）。反之，当发电机输出电压升高时，调整器的变化情况正好相反。

7kW 柴油发电机励磁调节器的常见故障及处理方法见表 11-59。

■ 表 11-59　7kW 柴油发电机励磁调节器的常见故障及处理方法

序号	故障现象	可能原因	处理方法
1	不能启动	①启励按钮 SB 接触不良 ②启励回路接线不良，有开路现象 ③励磁绕组 BQ 开路 ④干电池电压不足或接触不良 ⑤发电机转速过低	①检修或更换按钮 ②检查启励回路并连接牢靠 ③用万用表测量励磁绕组电阻 ④检查并更换干电池，清除夹座上的腐蚀层 ⑤将发电机转速升至额定转速后再启励
2	启励后不能建压	①熔丝 FU 熔断 ②触发电路板故障 ③变压器 T 有故障 ④触发电路板与插座接触不良，插座引线虚焊 ⑤主回路器件（V_1、V_2、VD_1、VD_2）损坏或晶闸管控制板接线松脱 ⑥三极管 VT_1、VT_2 损坏	①更换熔芯 ②更换触发电路板试试 ③检查 T 的各接线桩头连接是否牢靠，绕组有无断线 ④使电路板与插座接触紧密，检查有无虚焊，并重新焊接 ⑤由于器件容量和耐压裕量较大，器件损坏的可能性较小。若曾受雷击，有可能损坏，重点检查接线是否牢靠 ⑥更换三极管
3	电压调整不正常	①电压调整电位器 RP 接触不良 ②触发电路板故障 ③同 2 条③、④项 ④V_1、V_2 或 VD_1、VD_2 与母线连接螺母松动	①更换 RP ②更换触发电路板试试 ③按 2 条③、④项处理 ④拧紧主回路连接螺母

续表

序号	故障现象	可能原因	处理方法
3	电压调整不正常	⑤晶闸管 V_1、V_2 中有一只损坏或特性变坏 ⑥二极管 VD_1、VD_2 中有一只损坏 ⑦电刷接触不良	⑤拔去触发电路板，用万用表测量晶闸管阴-控极电阻，正常时为 10～50Ω，测量阳-阴极电阻，应为无穷大 ⑥用万用表测量二极管的正、反向电阻，正常时正向电阻为数百欧，反向电阻为无穷大 ⑦检查电刷，使电刷与换向器接触良好
4	发电机振荡	①电容 C_6 数值不当 ②柴油机本身有故障，输出动力不稳	①适当增加或减小 C_6 的容量试试 ②检查并检修柴油机及传动系统
5	电压失控	①触发电路板上的元件有故障 ②调压电位器 RP 内部接触不良 ③续流二极管 VD_3 的正向压降太大或损坏 ④三极管 VT_1 或 VT_2 损坏或特性变坏 ⑤二极管 VD_4 或 VD_5 损坏，表现为电压输出很低	①更换触发电路板试试 ②若调压电位器有问题，空载调压时电压会突然变化，应更换电位器 ③VD_3 的正向压降不大于 0.55V，否则起不到续流作用而造成失控 ④更换三极管 ⑤更换二极管
6	整流元件 V_1、V_2 或 VD_1、VD_2 损坏	①元件质量差 ②过电压保护元件 R_1、C_1 R_2、C_2 损坏；元件参数不对 ③熔断器的额定电流选得过大，起不到过流保护作用	①更换元件 ②更换损坏的过电压保护元件。正确选择元件参数 ③选择合适的熔芯，熔芯额定电流可按 1.5 倍额定励磁电流来选择

11.11 风力发电

风能是一种洁净能源，风力发电能有效地减少 CO_2 的排放量。据估计，风电平均每提供 10 万千瓦·时的电能，便能减少 60t CO_2 的排放。由于风力发电在节约资源和保护环境等方面都有十分显著的效益，因此受到各国的普遍重视，我国也在大力发展风力发电。

11.11.1 风能和发电机输出功率及年发电量计算

(1) 风能计算

风能，即气流的动能，可按下式计算：

$$W=\frac{1}{2}mv^2$$

式中 W——风能，J；

m——一团气体的质量，kg；

v——气流速度，m/s。

当气流以速度为 v，垂直流过截面积为 F(m^2)，在时间 t(s) 风流过该截面的气流体积 V（m^3）为

$$V=vtF$$

流过的气流质量为

$$m=\rho V=\rho vtF$$

式中 ρ——空气密度（kg/m^3），标准条件下干燥空气的密度为 1.293kg/m^3。

因此，风在 t 时间内流过该截面所具有的动能为

$$W=\frac{1}{2}mv^2=\frac{1}{2}\rho tFv^3$$

单位时间内流过该截面的风能，即风功率为

$$P_{\mathrm{W}}=\frac{1}{2}\rho F v^3$$

从上式可见，风能大小与空气密度 ρ、气流通过的面积 F 和气流速度 v 的三次方成正比。其中最重要的因素是风速。

(2) 风力发电机输出功率计算

$$P=\frac{1}{8}\pi\rho D^2 v^3 C_{\mathrm{p}} \eta_{\mathrm{t}} \eta_{\mathrm{g}}$$

式中 P——风力发电机的输出功率，kW；

ρ——空气密度，kg/m³；

D——风力发电机叶片直径，m；

v——场地风速，m/s；

C_{p}——叶片的功率系数，一般在 0.2～0.5 之间，最大为 0.593；

η_{t}——风力发电机传动装置的效率，约 95%～98%；

η_{g}——发电机的效率，约 60%～80%。

风力发电机制造厂商会提供产品的输出功率与风速的关系曲线，从曲线中可看出不同风速下发电机的输出功率，使用起来十分方便。

(3) 风力发电机年发电量的估算

估算步骤如下。

① 根据当地（场地）的风速观测资料，统计出一年中各平均风速段和相应的小时数。通常的划分范围为 0(0～0.4)、1(0.5～1.4)、2(1.5～2.4)、3(2.5～3.4)、4(3.5～4.4)、…例如，时平均风速为 3.5～4.4m/s 均作时平均风速为 4m/s 等级统计，依次类推。

在这些风速段中，需除去风力发电机不能启动的风速和停机风速（风速过大时需停机）。启动风速为 3～5m/s；其中高速风力发电机为 4～5m/s；低速风力发电机为 3～3.5m/s。通常起始有效风速取值为 3.5m/s。

② 根据上面介绍的风力发电机的输出功率计算公式或厂商提供的风力发电机输出功率与风速的关系曲线，求出各有效风速段风力发电机的输出功率 P_v。

③ 根据下式估算出风力发电机的年发电量：

$$A=\sum_{v_0}^{v_1} P_v T_v$$

式中 A——风力发电机的年发电量，kW·h；

P_v——在某风速段下风力发电机的输出功率，kW；

T_v——场地某风速段的年累计小时数，应与 P_v 值一一对应；

v_0——风力发电机的启动风速，m/s；

v_1——风力发电机的停机风速，m/s。

11.11.2 风力发电机组安全运行的条件

① 风速。发电机组正常工作的风速范围为 3～25m/s，当风速变化率较大且风速超过 25m/s 时，会对发电机组各机械部件造成损害，应停止运行。

② 转速。风速变化引起转速变化，转速的控制是发电机组安全运行的关键。通常风轮转速低于 40r/min，发电机的最高转速不超过额定转速的 30%。

③ 功率。通常运行安全最大功率不允许超过设计值的 20%。

④ 温度。通常控制器环境温度应为 0～30℃，齿轮箱油温小于 120℃，发电机温度小于 150℃，传动等环节温度小于 70℃。

⑤ 电压。发电电压允许的范围为额定电压的 10%，一般应为 3%～7%，当瞬间值超过额定值的 30%时，说明系有异常。风电场应配置无功补偿装置，以实现风电场并网点电压在额定电压的 97%～107%范围内。

⑥ 频率。发电频率应限制在（50±1）Hz。

⑦ 压力。各液压站系统的压力通常低于 100MPa。

必须指出，我国制定的关于风电场对电网系统频率的适应能力要求如下。

① 电网频率低于 48Hz，应根据风电场内风力发电机组允许运行的最低频率而定。

② 电网频率 48～49.5Hz，每次频率低于 49.5Hz 时要求风电场至少能运行 10min。

③ 电网频率 49.5～50.2Hz，风电场必须连续运行。

④ 电网频率高于 50.2Hz，每次频率高于 50.2Hz 时，要求风电场至少能运行 2min，并且执行电网调度部门下达的高周切机策略，不允许停止状态的风力发电机组并网。

11.11.3 风力发电机组的保护及防雷、接地

(1) 发电机组保护要求

① 发电机、电动机等设有过热、过载保护，通常采用热继电器保护。

② 变压器低压侧采用低压断路器作短路保护；发电机设有出口断路器，作发电机过电流、过载及短路保护。

③ 计算机及电子电路设有过电压、过电流保护，通常采用压敏电阻、浪涌保护器等。另外，还采取多种抗干扰措施，如采用电源低通滤波器，屏蔽及等电位连接。

一种性能优良的电源低通滤波器电路如图 11-34 所示。它能有效地将来自电网中的噪声干扰谐波分量滤掉。

图 11-34 中，R_V 为压敏电阻，用于浪涌抑制。其击穿电压略高于电源正常工作时的最高电压，平时相当于开路。遇尖峰干扰（噪声）脉冲时被击穿，干扰电压被压敏电阻钳位。

电感 L_3、L_4 绕在同一个磁环上，如图 11-34（b）所示，它们的匝数相同，一般为 10～15 匝，线径视通过电流而定。由于电源线的往返电流所产生的磁通在磁芯中相互抵消，故 L_3、L_4 对串模噪声无电感作用，抗共模噪声则具有电感抑制作用。抗共模噪声扼流圈的制作应注意以下要求。

a. 磁芯要选用特性曲线变化较缓慢而不易饱和的，绕制时要

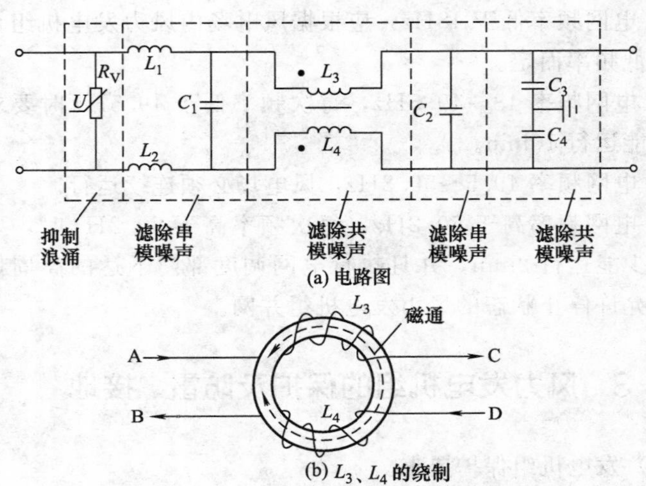

图 11-34　性能优良的电源低通滤波器

尽量减小匝间分布电容，线头与线尾不要靠近，更不能扎在一起，否则无抑制共模噪声的能力。

b. 磁芯截面面积要视通过的电流大小而定，截面面积小或通过的电流过大，均会使磁芯磁饱和，扼流圈的效果急剧下降。

电容 C_1、C_2 及 C_3、C_4 应选用高频特性好的陶瓷式聚酯电容。电容的容量越大，滤除共模噪声的效果越好，但容量越大，漏电流也越大。而漏电流是有要求的。我国规定 220V、50Hz 的漏电流小于 1mA。

滤波器元件参数选择：

L_1、L_2——几至几十毫亨；

L_3、L_4——几百微亨至几毫亨；

$C_1 \sim C_4$——0.047～1μF；

R_V——标称电压 U_{1mA} 为电源额定电压的 1.3～1.5 倍，通流容量可选 1～3kA。

一个好的交流滤波器，对在 20kHz～30MHz 频率范围内的噪声抑制应大于 60dB（优等品）或 40dB（合格品）。对于净化电源，在电源电路的输入与输出端分别设置电源滤波器。

④ 液压系统、调向系统、机械闸系统、补偿控制电容等都设有过电流、过电压保护装置。

(2) 发电机组的防雷与接地

风力发电机组安装在旷野上，极易遭受雷击，因此必须做好防雷与接地工作。

1) 直接雷击的防护

① 叶片防雷。可在叶片上设置多个接闪器或在叶片的前、后缘及两面中央等部位沿全长装设多条金属层。这些措施，制造厂商已设计进去。

接闪器和引下导体的最小材料尺寸应不小于表 11-60 给出的数值。

表 11-60　防雷装置使用的最小材料尺寸

材　料	接闪器/mm^2	引下导体/mm^2
铜	35	16
铝	70	25
钢	50	50

② 机舱尾部防雷。可在舱尾部安装避雷针，如图 11-35 所示。如果叶片上没有采用防雷措施，则需要机舱的前端和尾端同时安装避雷针。

机舱内除了需要绝缘隔离的设备外，其余所有设备均应与机舱底板作电气连接，以实现等电位。

2) 雷电电涌过电压防护

雷电电涌过电压防护常采用电涌保护器（又称浪涌保护器，详见第 15 章 15.7.7 项）。风力发电机组中各部位电涌保护器的设置主要在变压器、发电机、风向仪、塔下电控柜（包括计算机、电子设

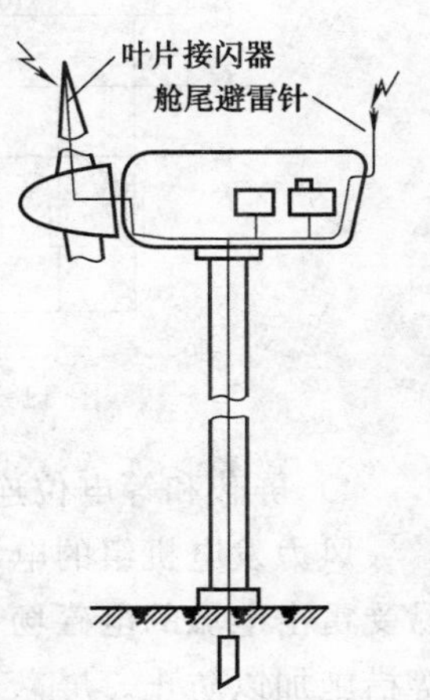

图 11-35　机舱尾部安装避雷针

备、逆变器等)。

3) 变压器和输电线路上的防雷

变压器和输电线路的防雷主要采用阀型避雷器、氧化锌压敏电阻及火花间隙等。容量在 100kV·A 以上的变压器，高压侧一般采用三个阀型避雷器作保护；50～100kV·A 的变压器，一般采用两个阀型避雷器和一个保护间隙（又称火花或角形间隙)，也有采用三个阀型避雷器作保护；50kV·A 以下的变压器，一般采用角形间隙，或两个阀型避雷器和一个角形间隙作保护。

多雷地区采用 Yyn0 或 Yy 连接的 10kV 配电变压器，为防止低压侧雷电侵入波变换到高压侧损坏变压器的绝缘，以及防止反变换波（指变压器高压侧受雷击，避雷器放电，其接地装置上的电压将通过变压器低压绕组变换到高压侧的冲击波）损坏变压器的绝缘，在低压侧宜装设一组低压阀型避雷器（如 FS-0.25 型、FS-0.5 型）或压敏电阻（如 MY-400 型、MY-440 型，通流量 10～20kA）或可击穿保险器。防雷接线如图 11-36 所示。

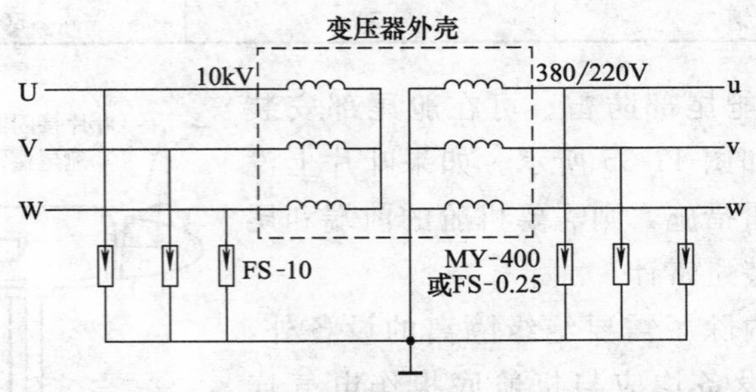

图 11-36 高、低压侧避雷器的接线

4) 屏蔽和等电位连接

风力发电机组的电气控制系统含有大量的电子元器件，它们极易受雷击电流的电磁场干扰和侵害。为此可采用屏蔽和等电位连接等措施加以防止。屏蔽板、网、金属编织带等材料为导电、导磁体。另外，风力发电机组内布设的各种电力线、电源线和控制、信号线也易受到雷电脉冲电磁场的感应作用，从而产生电涌过电压侵害与线路连接的电气、电子设备。为此可采用屏蔽电缆、导线穿金属管等措施加以防护。电缆外屏蔽层和金属管需接地。

等电位连接包括塔顶机舱内各个设备、金属外壳、金属底板、避雷针（网）、各金属构件、电缆屏蔽层、控制柜外壳，以及塔基（架）等。实行等电位连接后，当机组遭受雷击时，能有效地抑制各部分之间的电位差，避免发生反击损坏设备。

5）接地装置

接地装置的要求、制作、敷（埋）设等内容见第 15 章相关内容。

11.11.4 小型风力发电机组的常见故障及处理

小型风力发电机组的常见故障及处理方法见表 11-61。

■ 表 11-61 小型风力发电机组的常见故障及处理方法

序号	故障现象	可能原因	处理方法
1	风速超过额定风速时出现“飞车”事故	限速机构卡死,如限速机构内部弹簧等部位有砂粒、杂物;内部部件锈蚀,弹簧失去弹性	拆开清除砂粒、杂物,更换锈蚀及失去弹性的弹簧等部件,并加注润滑油,使限速机构各运动部件之间灵活无阻
2	制动后制动机构不能复原,使叶片不能正常转动	①制动机构卡死,如内部有杂物,制动部件腐蚀等	①使用工具帮助制动机构复原,清除杂物,清洁部件,并在制动机构与轴之间加少量的润滑油,使制动机构在其轴上转动灵活
		②复位弹簧锈蚀	②清除锈蚀或更换复位弹簧
		③制动带与制动盘之间的间隙太小	③拆下制动盘,用锯条片刮制动片,使间隙加大
3	输电线扭曲	对于未通过集电环而直接从发电机通过塔架引至地面的输电线,当出现旋转风时,就会使电线绕支撑轴旋转多圈,使输电线扭曲	在输电线上加装连接器(如开关、插头),当发现输电线扭曲时,断开连接器,将输电线恢复正常

续表

序号	故障现象	可能原因	处理方法
4	漏电	①接地装置不良，如接地线断裂，接地电阻太大 ②输电线绝缘损坏	①按要求安装接地装置，保证接地电阻符合要求；检查并处理好受损的接地线 ②检查并包缠好受损绝缘（先用黄蜡带包缠，再在黄蜡带上包缠聚氯乙烯绝缘胶带或涤纶绝缘胶带）。损坏严重时，更换电线
5	雷击损坏设备	①防雷接地电阻不合格 ②防雷设备失效，不起作用	①按要求设计、安装接地装置；雷雨季节前定期维护，测量接地电阻 ②按要求安装避雷装置，对变配电及线路的避雷器需每年雷雨季节前做好预防性试验，更换不合格的避雷器

关于发电机的常见故障及处理可参见表11-13。

11.11.5 小型风力发电机组的技术数据

（1）小型风力发电机组（风力机）的技术数据（见表11-62和表11-63）

■ **表11-62 小型风力发电机组技术数据**

型号	风轮直径/m	额定功率/W	额定风速/(m/s)	启动风速/(m/s)	工作风速/(m/s)	叶片数	最大抗风能力/(m/s)	塔架高度/m	质量/kg
FD2.2-0.2/7	2.2	200	7	3.5		2	40	6	88
FD2.5-0.3/8	2.5	8	3.5		3	40	6.2	120	
FD3.0-0.5/8	3	500	8	3.5		3	40	7	140
FD2-200	2	200	8	3	3～25	2	40	5.5～7	85
FD2.2-300	2.2	300	8	3	3～25	3	40	5.5～7	96
FD2.5-500	2.5	500	8	3	3～25	3	40	5.5～7	125
FD2.8-1000	2.8	1000	9	3	3～25	2	40	3.5～7	175
FD4-200	4	2000	10	3	3～25	2	40	9～12	330

■ **表 11-63　典型小风力机组技术数据**

型　号	150W	200W	300W	400W	500W	800W	1000W
额定功率/W	150	200	300	400	500	800	1000
最大输出功率/W	200	250	400	500	700	1000	1200
风轮直径/m	2	2.2	2.5	2.5	2.7	3.0	3.206
启动风速/(m/s)	3	3	3	4	4	4	4
额定风速(v_w)/(m/s)	6	6	7	8	8	8	8
风能利用系数(C_p)	0.38	0.38	0.40	0.40	0.40	0.40	0.40
叶片数	2	3	3	3	3	3	3
额定转速/(r/min)	450	450	400	400	400	400	375
速比(λ)	7.85	8.64	7.48	6.54	7.07	7.85	7.85
发电机	三相永磁同步						
充电控制	整流	整流	整流或逆变控制柜			逆变控制器	
输出电压/V	28	28	28/42	28/42	28/42	56	—
塔架形式	60 钢	60 钢	76 钢	76 钢	76 钢	—	
塔架高度/m	5.5	5.5	6	6	6	6	—
质量/kg	70	75	150	150	175	180	—

（2）TFYF 系列永磁风力发电机的技术数据（见表 11-64）

■ **表 11-64　TFYF 系列永磁风力发电机技术数据**

型号	额定功率/W	额定电压/V	额定电流/A	额定转速/(r/min)	最高转速/(r/min)	起始充电转速/(r/min)	效率/%	启动阻转矩/N·m
TFYF80S	50	14;28	3.6;1.8	600	900	390	56	0.20
TFYF90S	100	14;28	7.2;3.6	400	600	260	65	0.30
TFYF90L	200	28;42	7.2;4.8	400	600	260	66	0.35
TFYF112S	300	28;42	10.8;7.2	300	500	195	70	0.50
TFYF112L	500	56;115	9;4.4	360	540	234	75	1.2
TFYF132S	500	56;115	9;4.4	360	540	234	75	1.2
TFYF160	1000	115;230	8.7;4.4	240	360	156	77	1.5

11.11.6　蓄电池及其使用与维护

蓄电池是风力发电机组中的重要组成部分，其功能是储存风转换的电能并可随时向负荷供电。蓄电池的使用寿命又远小于风力发电机组，在风力发电机组寿命期限内，蓄电池要更换几次，费用很大，因此切实做好蓄电池的使用与维护工作，延长其使用寿命，意义十分重大。

风力和光伏发电系统中最常见的是铅酸蓄电池。

11.11.6.1 铅酸蓄电池的使用与维护

铅酸蓄电池的正常参数为：电解液的密度为 1.285g/cm^3(20℃)，单个电池电压为 2.1V。使用和维护铅酸蓄电池应注意以下事项。

① 接线应正确，连接要牢靠。为了防止扳手万一搭铁而造成蓄电池损坏，安装时应先接负极，再接两蓄电池间的连接线，最后接搭铁线。拆下蓄电池时，则按相反顺序进行。

② 每周检查一次蓄电池各参数。电解液液面要始终高于极板 10～15mm。发现电解液面下降，要及时补充蒸馏水，切勿使极板露出液面，否则将损坏极板。电解液不够时，只能加蒸馏水，严禁使用河水、井水、自来水，严禁加浓硫酸，否则会因电解液密度过大而损坏蓄电池。

③ 根据地区和气温变化，及时调整电解液密度。在气温较高的地区采用密度较小的电解液；寒冷地区则电解液密度宜大些，以防结冰。

④ 平时应经常观察蓄电池外壳是否破裂，安装是否牢靠，接线是否紧固。及时清除蓄电池表面的污垢、油渍，擦去蓄电池盖上的电解液，清除极桩和导线接头上的氧化层，保持蓄电池表面清洁干燥。蓄电池表面太脏，会造成极间缓慢放电，损坏蓄电池。蓄电池极桩处应涂凡士林油保护，防止氧化及生锈。应拧紧加液孔盖并疏通盖上的通气孔。

⑤ 当单个蓄电池电压低于 1.8V 或电解液密度低于 1.15g/cm^3 时，不要再继续使用，应及时充电。每次充电必须充足，防止欠充电。使用中应尽量增多充电机会，经常保持蓄电池在电量充足的状态下工作。完全放电的蓄电池应在 24h 内充好电。

蓄电池的充电方式有恒流充电、恒压充电、浮充电、过充电等几种。充电时一般分为两个阶段进行。第一个阶段充电电流稍大些，夏季一般用10A充电电流，其他季节用15A充电电流，充电10h左右。当蓄电池电压升到最大值（即6V蓄电池升至7.5V，12V蓄电池升至15V）时，第一阶段充电结束。第二阶段以第一阶段充电电流的一半继续充电3～5h，使蓄电池电压升高至32V。

当蓄电池充足电时，蓄电池电压上升至额定值，电解液密度不再变化，极板周围有剧烈的气泡冒出。

充电注意事项如下。

a. 严格按规范要求操作。

b. 当电解液温度超过40℃时，应降低充电电流；当温度上升至50℃时应停止充电，并采取人工冷却。

c. 充电时一定要将加液盖打开，充电后要过一段时间再盖盖，以利于气体从蓄电池中逸出。

d. 充电电路中各接头要接牢。

⑥ 正确放电。当蓄电池充足电时，即可放电。正确掌握放电深度是保证蓄电池良好工作状态、延长使用寿命的关键。因此，在放电过程中，应定时检查放电电压、电流，电解液密度、液温等数据，分析和确定放电深度，并适时充电。

蓄电池的放电容量随着放电电流的增大而急剧减少。若在10h放电率时蓄电池的容量为100％，则在3h放电率时蓄电池的容量减少为75％。因此，不同用途的蓄电池使用不同的放电率（放电电流）。当蓄电池整体电压降至21V，电解液密度降至1.18g/cm^{3}时，应停止放电，以防蓄电池深度放电造成损坏。

⑦ 当发现蓄电池出现以下情况时，应对蓄电池进行过充电，以使其恢复正常使用：

a. 放电至电压为21V以下；

b. 放电终了后停放1～2昼夜未及时充电；

c. 电解液混有杂质；

d. 极板硫化。

过充电的方法是，正常充电终了后，改用10h放电率的一半电流继续充电，在电压和电解液密度均为最大值时，每小时观察一次电压和电解液密度。若连续观察 4 次均无变化，而极板周围冒气泡剧烈，即可停止过充电。

11.11.6.2 免维护铅酸蓄电池的检查、维护

免维护蓄电池，并不是说不需要维护。若忽视免维护蓄电池的正确安装和必要的维护，蓄电池仍会出现故障，降低蓄电池的使用寿命。

(1) 日常检查

① 检查液面高度。液面应高于极板 10～15mm。

② 检查正极板。正极板位于瓶的中央，通常损坏得最早。正常的正极板颜色为深棕色或黑色。如果极板发亮，是硫酸盐覆盖或充电不足的征兆。此外，还要注意观察极板有无裂缝、破损和侧面有无析出物，若有，需考虑更换蓄电池和其他部件。

③ 检查负极板。负极板比正极板薄，位置靠近瓶的外侧。正常的负极板从顶到底有清洁的铅的颜色。如果变成粉红色，是铜被腐蚀的征兆。

④ 检查沉淀物。从沉淀物可大致判断蓄电池在上一年或更长远时期的运行情况。如果有灰色和稀疏的黑色沉淀物堆在负极板下面，可能是充电不足，应检查浮充电电压；如果正极板下面有很多黑色沉淀物而负极板下面却几乎没有沉淀物，说明充电过度或运行温度过高；如果有许多沉淀物覆盖容器底，说明蓄电池负载过重或运行于高温下。

⑤ 检查接头及架子上有无腐蚀现象。

(2) 清洁蓄电池的电极和接头

清洁前，首先观察电极和接头的颜色。若为黑色，是过氧化铅，表明正极周围有酸泄漏；若为绿色，这是被腐蚀的铜，表明接头需要清洁或不能再用；若为白色，是铅的水合物，表明负极周围有泄漏。

清洁电极和接头时需断开蓄电池电路。清洁步骤如下。

① 先用稀薄的可用于蓄电池的抗氧化剂擦去电极和接头上的油污，然后用碳酸氢钠与水的溶液擦去电极和接头上的氧化物。

② 用钢丝刷或铜丝刷清洁，直到露出清洁的铅。不能清洁过度，否则会刷掉太多的铅。

③ 先擦去螺杆、垫片和螺母的油污，再用碳酸氢钠水溶液擦去紧固件上的腐蚀物质，最后更换已腐蚀的零件。更换时应使用镀铅的或 316 号不锈钢的螺杆、垫片和螺母。

④ 安装紧固件时，将垫片的锐面背向接头，在螺母侧而不是螺杆侧安装锁紧垫片。

⑤ 按生产厂的技术要求拧紧接头，尽可能拧螺母而不是螺杆。

⑥ 用微欧表检查电极间的电阻，其电阻值应符合生产企业规定的范围。如果电阻值超过正常范围太多，应检查扭矩是否恰当；如果电阻值仍太大，则需拆卸蓄电池，清洁接触表面后再安装。

（3）免维护铅酸蓄电池渗漏现象的防止和处理

当出现渗漏现象时，在蓄电池正负极极桩上会产生白色酸性物质，并对蓄电池连接片造成腐蚀，甚至引起短路，同时蓄电池组的放电容量和总浮充电压也会明显下降。

1）发生电解液渗漏的原因　蓄电池安放不整齐，连接片不在一条直线上，在紧固连接片螺母时，蓄电池正负极桩承受过大的扭矩，从而破坏了极桩与蓄电池本体的密封结构，产生细微裂缝。随着运行时间的推移和环境温度的变化，在电解液毛细现象作用下，出现渗漏现象。

2）处理方法

① 蓄电池安装时，必须将单只蓄电池摆放整齐，使电极连接片保持在一条直线上。由于免维护铅酸蓄电池不同于普通蓄电池，其承受机械应力的能力有限，因此安装时必须防止极桩承受不必要的扭矩。在连接片连接前，先用钢丝刷清除接线端子上的氧化膜，露出金属光泽，然后套上连接片，均匀上紧螺母，使极桩承受的扭矩最小。

② 如果已出现渗漏现象，应将蓄电池组停止运行，用刮刀铲去极桩表面的白色酸性物质，并用弱碱（如碳酸氢钠溶液）将蓄电池表面及连接片擦净，待干燥后即可在正负极桩和蓄电池外壳之间

用环氧树脂进行封固。

11.11.6.3 铅酸蓄电池的常见故障及处理

铅酸蓄电池常见的故障是容量降低和电压异常，其产生原因及处理方法见表 11-65。

■ 表 11-65 蓄电池容量降低及电压异常的原因及处理方法

现象	特征	可能原因	处理方法
容量降低	①第 10 次循环达不到额定容量 ②容量逐渐减小或突然降低 ③电池效率很低 ④充电末期冒气不剧烈	①初期充电不足或长期充电不足 ②电解液密度低 ③蓄电池漏电 ④电解液使用过久,有杂质 ⑤内部或外部短路,或极板损坏 ⑥极板硫酸化,隔板电阻大 ⑦电表不准	①按要求充足电 ②调整电解液密度 ③清洁蓄电池,加强绝缘 ④更换电解液 ⑤消除短路或更换极板 ⑥消除硫酸化,调整隔板 ⑦校正电表
电压异常	①开路电压低或充电时电压低 ②充电时电压过高,放电时电压降得快 ③线路电压大降,因个别电池反极 ④端电压在 3V 以上,负隔板电压在 -0.6V左右	①内部或外部短路 ②极板硫酸化或接头接触不良 ③过放电 ④极板大量脱粉或正极已断裂 ⑤电压表未校正	①排除短路故障,具体见表 11-66 ②消除硫酸化,拧紧或焊好接头 ③补充充电并避免再发生 ④修补或更换极板 ⑤校正电压表

■ 表 11-66 蓄电池自放电严重和内部短路的原因及处理方法

现象	特征	可能原因	处理方法
自放电严重	①容量下降较快	①使用环境多尘、潮湿或含有大量油气;蓄电池表面有尘污、油垢	①保持环境清洁,干燥;用温水擦洗干净,并保持干燥

续表

现象	特征	可能原因	处理方法
自放电严重	②容量逐渐下降	②外电路有局部漏电、接地	②消除接地，加强外电路绝缘
	③如有短路，则容量很快损失	③使用蒸馏水或硫酸不纯，或用普通水	③更换电解液
		④蓄电池壳体质量差	④更换蓄电池壳体
		⑤极板的活性物质脱落，沉积过多，造成短路放电	⑤更换电解液和活性物质脱落过多的极板
		⑥极板弯曲变形，使正、负极板短路放电	⑥更换变形的极板或用木板压平
		⑦正、负极板间落入导电物	⑦清除导电物
		⑧隔板损坏	⑧更换隔板
内部短路	①开路电压低，极耳发热	①导电物落入极耳或极板之间	①消除导电物
	②容量下降很快	②脱落的沉淀物已碰到极板	②消除沉淀物，更换活性物质脱落过多的极板，更换电解液
	③充电时电压上升少甚至不变	③极板弯曲相碰，隔板损坏	③更换极板或用木板压平，更换隔板
	④电解液温度比一般高	④电解液不纯	④更换电解液
	⑤充电时密度上升少甚至不变	⑤极板上生毛使正负极板相连	⑤清除极板四周的毛状物
	⑥不冒气或晚冒气	⑥电解液密度过高或温度高使隔板腐坏	⑥调整密度，降温或更换隔板

11.12 太阳能光伏发电

太阳能也是一种洁净能源，太阳能光伏发电受到各国的普遍重视，我国也在大力发展太阳能光伏发电。

11.12.1 独立太阳能光伏发电系统的简易计算

独立太阳能光伏发电系统按照当地全年平均辐照最差的月份设计。蓄电池容量应保证负载需要维持的天数：一般负载可取 4 天，重要负载可取 10 天。计算步骤如下。

(1) 日负载计算

① 用直流供电时

$$E=\frac{Pt}{U}$$

② 用交流供电时（通过逆变器）

$$E=\frac{Pt}{U\eta}$$

式中 E——日负载，A·h；

P——负载功率，W；

t——日工作时数，h；

U——工作电压，V；

η——逆变器转换效率，通常为 0.85～0.95。

(2) 蓄电池计算

① 蓄电池容量

$$C=\frac{ET}{\delta K}$$

② 蓄电池串联数

$$n_1=U/U_r$$

③ 蓄电池并联数

$$n_2=C/C_r$$

式中 C——需要的蓄电池容量，A·h；

C_r——蓄电池额定容量（50h 放电率），A·h；

U——工作电压，V；

U_r——蓄电池标称电压，V；

T——负载用电需要维持的天数；

δ——蓄电池最大放电深度，一般为 0.5～0.8；

K——温度因子，即当气温不为 25℃时蓄电池容量受温度影响的系数，可由图 11-37 查得。

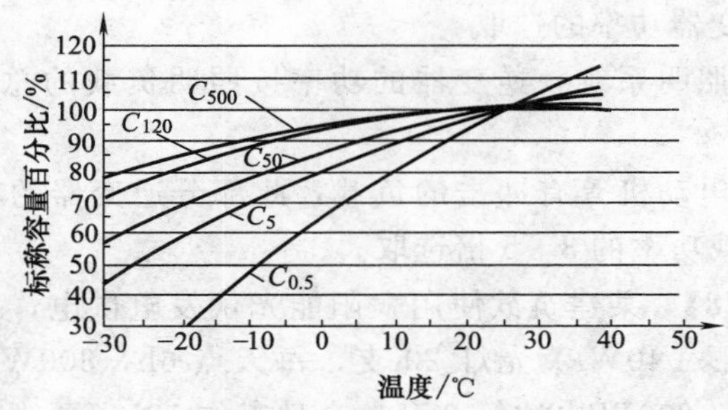

图 11-37　铅酸蓄电池不同放电率与温度的关系

温度因子 K 的确定方法：先按下式计算出蓄电池的平均放电率：

$$\rho=\frac{tT}{\delta}$$

式中　ρ——蓄电池平均放电率；

t——负载日工作时数，对于连续工作的负载为 24h，对于由单个负载组成的负载，采用加权平均法，即

$$t=\sum P_i t_i/\sum P_i$$

P_i——单个负载的功率，W；

t_i——对应 P_i 的工作时间，h。

(3) 太阳能电池组件的确定

① 太阳能电池组件日输出容量

$$P_A=\tau I_m$$

式中　P_A——太阳能电池组件日输出容量，A·h/日；

τ——全年中月太阳辐照平均值最低的辐照时数，h/日，可由当地气象资料查得；

I_m——所选太阳能电池组件最大工作点的电流，可由产品目录中查得，A。

② 并联太阳能电池组件数 n

$$n=1.23E/P_A$$

式中，1.23 为考虑太阳能电池组件损失等的修正系数。

（4） 逆变器功率的选取

① 对于照明系统，逆变器的功率按照明负载的总功率的 1.5 倍选取。

② 对于电动机等有冲击的负载，此部分逆变器的功率按照冲击部分的负载功率的 3～5 倍选取。

【例 11-18】 某建筑欲使用太阳能光伏发电供电，已知负载和用电时间如下：40W 荧光灯 20 支，每天点 6h，300W 电脑 8 台，每天使用 5h，200W 电冰箱 2 台，全日工作 12h。要求保证使用时间 4 天，当地全年中月太阳辐照平均值最低辐照时数为 3.5h/日（45°倾角时）。冬季平均气温为－10℃。试设计太阳能发电系统（采用交流供电）。

解 （1） 日负载计算

荧光灯 $20\times40\times6=4800\text{W}\cdot\text{h}$

电脑 $8\times300\times5=12000\text{W}\cdot\text{h}$

电冰箱 $2\times200\times12=4800\text{W}\cdot\text{h}$

交流日负载共计 $E_{\backsim}=\sum E_i=21600\text{W}\cdot\text{h}$

设采用输入电压为 24V 的逆变器，其效率 $\eta=0.9$，则直流日负载为

$$E=\frac{E_{\backsim}}{U\eta}=\frac{21600}{24\times0.9}=1000\text{W}\cdot\text{h}$$

（2） 蓄电池容量计算

① 平均放电率计算。

冬天使用时需考虑温度因子。负载工作时数为

$$t=\sum P_it_i/\sum P_i=E/(20\times40+8\times300+2\times200)$$
$$=1000/3600=0.28\text{h}$$

蓄电池平均放电率为

$$\rho=\frac{tT}{\delta}=\frac{0.28\times4}{0.6}=1.87\text{h}$$

② 蓄电池容量计算。

从图 11-37 的曲线中估计得，－10℃的温度因子 $K=0.55$，故所需蓄电池容量为

$$C=\frac{ET}{\delta K}=\frac{1000\times 4}{0.6\times 0.55}=12120\text{A·h}\ (50\text{h 放电率})$$

因此可选用蓄电池容量 2V、1500A·h（50h 放电率），共 8 支并联、12 支串联。

(3) 太阳能电池组件的确定

设采用 12V、75W 太阳能电池组件（其最大工作电流为 4.35A)，太阳能电池组件日输出容量为

$$P_{\text{A}}=\tau I_{\text{m}}=3.5\times 4.35=15.2\text{A·h/日}$$

并联太阳能电池组件数为

$$n_2=\frac{1.23E}{P_{\text{A}}}=\frac{1.23\times 1000}{15.2}=80.9\approx 81$$

串联太阳能电池组件数为

$$n_1=24/12=2$$

(4) 逆变器功率的选取

$$\text{逆变器功率}=1.5\sum P_i=1.5\times 3600=5400\text{W}=5.4\text{kW}$$

11.12.2 太阳电池阵列容量及年发电量计算

(1) 已知负载确定太阳能电池容量的计算

当用电负载已知时，太阳能电池阵列的容量（即输出功率）可按下式计算：

$$P_{\text{AS}}=\frac{E_{\text{L}}DR}{(H_{\text{A}}/G_{\text{S}})K}$$

式中 P_{AS}——标准状态下太阳能电池阵列的容量，kW；

E_{L}——某一时期的负载需用电量，kW·h/期间；

D——负载对太阳能光伏发电系统的储存率，$D=1-$备用电源电能的依存率；

H_A——某一时期太阳能电池阵列所得到的日射量（日照量），其值与安装场所、阵列的六位角及倾斜角等有关，各月也不尽相同，kW·h/(m²·期间)；

G_S——标准状态下的日射强度，kW/m²；

R——设计余裕系数，一般为 1.1～1.2；

K——综合设计系数，$K=K_d K_t \eta$；

K_d——直流修正系数，修正因太阳能电池表面的污垢、太阳日射强度的变化及太阳能电池性能变差等引起的损失，一般为 0.8 左右；

K_t——温度修正系数，用来修正因太阳能电池受到日照其温度上升导致转换效率发生变化，一般为 0.85 左右；

η——逆变器转换效率，通常为 0.85～0.95。

(2) 已知太阳能电池阵列面积确定日发电量的计算

当太阳能电池阵列面积已知时，太阳能光伏发电系统的日发电量可按下式计算：

$$E_P = H_B K P_{AS}$$

式中 E_P——太阳能光伏发电系统的日发电量，kW·h/天；

H_B——安装地点的日射量，kW·h/m²；

其他符号同前。

(3) 太阳能电池组件的计算

① 太阳能电池组件总枚数计算。计算出所需的太阳能电池阵列容量后，即可按下式初选出太阳能电池组件的总枚数 N：

$$N = P_{AS}/P_r$$

式中 P_r——每枚太阳能电池组件的标准最大输出功率，W；

P_{AS}——太阳能电池阵列的容量，W；

② 太阳能电池组件的串联枚数 n_1（取整数）为

$$n_1 = U_e/U_r$$

式中 U_e——所需的太阳能电池阵列电压（如直流 220V 等），V；

U_r——每枚太阳能电池组件的标准最大输出电压（如 360V

等），V。

③ 太阳能电池组件的并联组数 n_2 实际取整数为

$$n_2=N/n_1$$

④ 太阳能电池组件的实际取整数总枚数 N'

$$N'=n_1 n_2$$

（4）太阳能电池阵列年发电量的计算

太阳能电池阵列年发电量可按下式估算：

$$A=\frac{H_c K P_{AS}}{G_S}$$

式中　A——太阳能电池阵列的年发电量，kW•h；

H_c——年太阳能电池阵列表面的日射量，kW•h/(m^2•年)。

11.12.3　太阳能光伏发电系统的防雷与接地

（1）防雷措施

太阳能电池阵列安装在旷野或屋顶，阵列的面积大，因此易遭雷击，必须做好防雷措施。具体做法如下。

① 在太阳能电池阵列的主回路分散安装压敏电阻、阻容保护。

② 在功率调节器、接线盒内安装压敏电阻或电涌保护器。

③ 在配电箱内安装压敏电阻或阀型避雷器。

④ 对于并网的太阳能光伏发电系统，应在交流电源侧设置防雷变压器，使太阳能光伏发电系统与电力系统绝缘，避免雷电从电力系统侵入太阳能光伏发电系统。

有关避雷器、电涌保护器的选择请见第 15 章 15.7 节相关内容。

（2）接地

太阳能光伏发电系统中，需将台架、接线盒、配电箱、功率调节器外壳、金属配线管等与接地线相连，以保证人身安全。接地电阻不大于 4Ω。

有关接地装置的制作、敷（埋）设等内容见第 15 章相关内容。

11.12.4 太阳电池的技术数据

(1) 单晶硅太阳电池技术数据（见表 11-67）

■ **表 11-67 单晶硅太阳电池技术参数**

型号	尺寸/mm	转换效率/%	最大功率/W	最佳工作电压/mV	最佳工作电流/A	开路电压/mV	短路电流/A
STP103S-M/A1	103×103,ϕ135	15.5	1.63	503	3.228	605	3.522
STP103S-M/A2	103×103,ϕ135	15	1.57	500	3.14	600	3.443
STP103S-M/B	103×103,ϕ135	14.5	1.52	495	3.071	598	3.367
STP103S-M/C	103×103,ϕ135	14	1.47	490	3	595	3.294
STP103S-M/D	103×103,ϕ135	13.5	1.42	485	2.928	592	3.220
STP103S-M/E	103×103,ϕ135	13	1.36	480	2.833	590	3.115
STP103S-M/F	103×103,ϕ135	12.5	1.31	475	2.758	585	3.047
STP103S-M/G	103×103,ϕ135	12	1.26	470	2.681	580	2.976

(2) 多晶硅太阳电池技术参数（见表 11-68）

■ **表 11-68 多晶硅太阳电池技术参数**

参　数	STPO75-12/B	STPO80-12/B	STPO85-12/B
	典型值		
开路电压/V	21.6	21.6	21.6
最佳工作电压/V	17.2	17.2	17.6
短路电流/A	4.87	5	5
最佳工作电流/A	4.36	4.65	4.82
最大功率/W	75	80	85
组件实际效率/%	13.3	14	14.8

(3) 太阳电池组件技术参数（见表 11-69）

■ **表 11-69 太阳电池组件技术参数**

型号 STP	峰值功率/W	最大工作电压/V	最大工作电流/A	开路电压/V	短路电流/A
150-12/A	150	34.4	4.36	43.2	4.87
		17.2	8.72	21.6	9.72
085-12/B	85	17.6	4.82	21.6	5
080-12/B	80	17.2	4.65	21.6	5
075-12/B	75	17.2	4.36	21.6	4.87

续表

型号 STP	峰值功率/W	最大工作电压/V	最大工作电流/A	开路电压/V	短路电流/A
043-12/C	43	17.6	2.44	21.5	2.5
040-12/C	40	17.2	2.33	21.5	2.5
037-12/C	37	17.2	2.15	21.5	2.5
034-12/C	34	17.2	1.97	21.5	2.4
026-12/D	26	16.8	1.55	21	1.61
024-12/D	24	16.8	1.43	21	1.61
022-12/D	22	16.8	1.31	21	1.61
020-12/E	20	16.8	1.19	21	1.21
018-12/E	18	16.8	1.07	21	1.21
016-12/E	16	16.8	0.95	21	1.21
014-12/F	14	16.8	0.83	21	0.97
012-12/G	12	16.8	0.71	21	0.81
010-12/H	10	16.8	0.59	21	0.66
008-12/I	8	16.8	0.48	21	0.58
006-21/J	6	16.8	0.36	21	0.39
005-12/J	5	16.8	0.3	21	0.39
004-12/K	4	8.5	0.47	10.5	0.58
002-12/L	2	8.5	0.24	10.5	0.33
060-12/M	60	17.8	3.37	22	3.6
055-12/M	55	17.6	3.12	21.6	3.2
050-12/M	50	17.2	2.9	21.6	3.2
045-12/M	45	17.2	2.62	21.6	3.2
026-12/N	26	16.8	1.55	21	1.59
024-12/N	24	16.8	1.43	21	1.59
022-12/N	22	16.8	1.3	21	1.59
020-12/N	20	16.8	1.19	21	1.5
012-12/O	12	16.8	0.72	21	0.8
010-12/O	10	16.8	0.6	21	0.8
005-12/P	5	16.8	0.3	21	0.4

第 12 章

照明

12.1 照明术语及常用电光源

12.1.1 照明术语、单位及计算公式

12.1.1.1 照明术语及单位

照明术语及单位见表12-1。

■ 表12-1 照明术语及单位

术语	符号	定义	单位
光通量	Φ	光源在单位时间内向四周空间辐射并引起人眼光感的能量	lm(流明)
发光强度(光强)	I	光源在某一个特定方向上单位立体角内(每球面度内)的光通量,称为光源在该方向上的发光强度	cd(坎德拉)
亮度	L	被视物体在视线方向单位投影面上的发光强度,称为该物体表面的亮度	cd/m^2
照度	E	单位面积上接受的光通量	lx(勒克斯)
光效		电光源消耗1W功率时所辐射出的光通量	lm/W
色温	T	光源辐射的光谱分布(颜色)与黑体在温度 T 时所发出的光谱分布相同,则温度 T 称为光源的色温(度)	K
显色性和显色指数	Ra	光源能显现被照物体颜色的性能称为光源的显色性 通常将日光的显色指数定为100,而将光源显现的物体颜色与日光下同一物体显现的颜色相符合的程度,称为该光源的显色指数	
频闪效应		当光源的光通量变化频率与物体的转动频率成整数倍时,人眼就感觉不到物体的转动,这叫频闪效应	
眩光		由于光亮度分布不适当或变化范围太大,或在空间和时间上存在极端的亮度对比,以致引起刺眼的视觉状态	
配光曲线		照明器(光源和灯罩等组合)在空间各个方向上光强分布情况,绘制在坐标图上的图形	
照明器效率	η	照明器的光通量与光源的光通量之比值,一般为50%~90%之间	%

12.1.1.2　照明术语说明

（1）照度的一些实际概念

① 在 40W 白炽灯下 1m 远处的照度约为 30lx，加搪瓷灯伞后增加到 70lx。

② 晴天中午太阳直射时的照度可达 $(0.2\sim1)\times10^5$ lx。

③ 无云满月夜晚的地面上照度约为 0.2lx。

④ 阴天室外照度约为 $(8\sim12)\times10^3$ lx。

（2）亮度的一些实际概念

① 无云晴空的平均亮度约为 5000cd/m^2。

② 40W 荧光灯的表面亮度约为 7000cd/m^2。

③ 白炽灯的灯丝亮度约为 4000000cd/m^2。

（3）光效

光效有光源光效和综合光效之分。

$$\text{光源光效}=\frac{\text{光源的总光通量}}{\text{光源（灯）的功率}}$$

$$\text{综合光效}=\frac{\text{光源的总光通量}}{\text{光源（灯）的功率}+\text{镇流器消耗的功率}}$$

（4）配光曲线

电光源装在灯罩中使用，其发光强度在空间的分布由灯罩结构决定。用极坐标来表示，以光源为原点，以各角度上的光强 I_a 为长度的各点所连成的曲线，称为该光源的配光曲线，如图 12-1 所示。

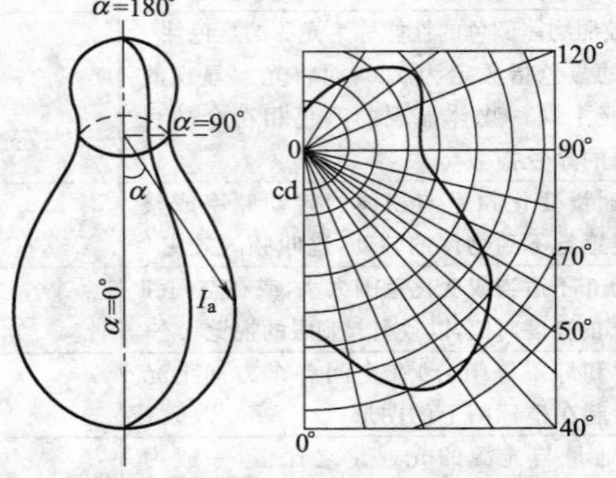

图 12-1　发光强度在空间的分布和配光曲线

为了便于比较灯具的配光特性，通常在手册中是将光源化为 1000lm 光通量的假想光源来绘制发光强度分布曲线。当被测光源不是 1000lm 时，可用下式换算：

$$I_\alpha=\frac{1000}{F}I'_\alpha$$

式中 I_{α}——换算成光源的光通量为 1000lm 时在 α 方向上的光强，cd；

I'_{α}——灯具在 α 方向上的实际光强，cd；

F——灯具实际配用的光源的光通量，lm。

灯具的配光情况还可用空间等照度曲线来间接地表示（如图 12-2、图 12-3）。按灯具的计算高度 h 和计算点离灯具的水平距离 d 就可以从曲线查出该计算点的照度 E。

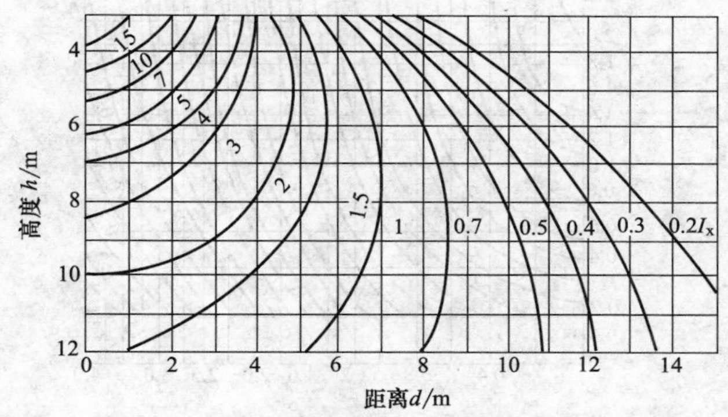

图 12-2　搪瓷深照型灯具的空间等照度曲线

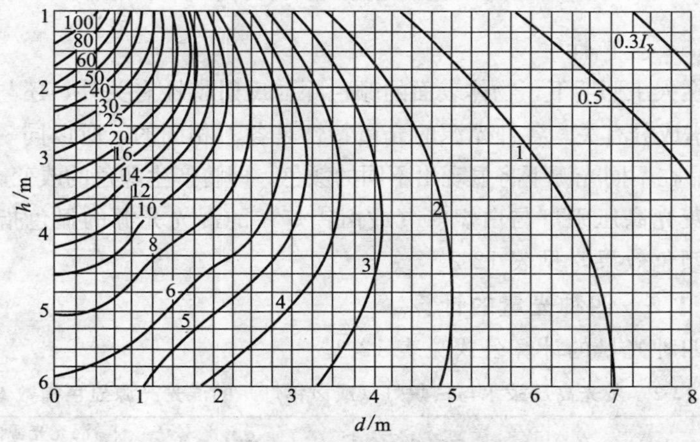

图 12-3　搪瓷广照型灯具的空间等照度曲线

线光源计算用的线光源空间等照度曲线，如图 12-4 所示。其中，$P'=L/h$，$L'=H/h$。L 为线光源总长度，h 为计算高度，H 为线光源垂直投影与被照点之间的距离。

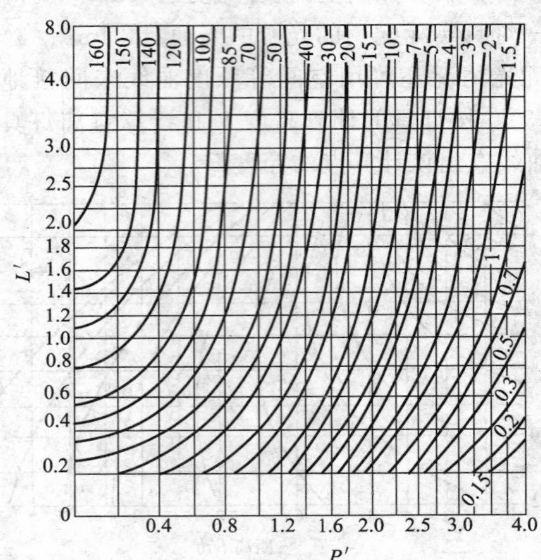

图 12-4 漫反射罩开启型直射光灯具的线光源等照度曲线

（5）显色性

在人工照明下，物体表面的颜色除与反射特性有关外，还与光源的光谱成分有关。各种光源的光谱特性是各不相同的，所以同一个颜色样品在不同光源下将显现出不同的颜色，即将产生颜色的改变。

荧光高压汞灯与白炽灯（或卤钨灯）的混光光源的显色指数及识别颜色效果，见表 12-2。

12.1.1.3 四种光量的计算

四种光量的计算公式见表 12-3。

■ **表 12-2 荧光高压汞水与白炽灯（或卤钨灯）的混光光源显色指数 *Ra***

工作场所	混光光通量比/%	识别颜色效果	混光光源的一般显色指数 Ra
识别颜色要求较高的场所	＜30	红、橙、黄、绿、青、蓝、紫、肤色——良好	＞85

续表

工作场所	混光光通量比/%	识别颜色效果	混光光源的一般显色指数 Ra
识别颜色要求一般的场所	30～50	橙色——中等 其他颜色——良好	70～85
识别颜色要求较低的场所	50～70	绿、青、蓝、紫——良好 红、橙、黄、肤色——中等	50～70

■ **表 12-3　四种光量的计算公式**

名称	符号	计算公式		单位
光通量	Φ	$\Phi=I\omega$	ω—立体角 sr	lm
发光强度	I	$I=\frac{\Phi}{\omega}$	发光圆球　$\Phi=4\pi I$ 发光圆盘　$\Phi=\pi I$ 发光圆柱体　$\Phi=\pi^2 I$ 发光半圆球 $\Phi=2\pi I$	cd
照度	E	$E=\frac{\Phi}{A}$ $E=\frac{I_\alpha\cos\alpha}{r^2}$ $E=\frac{I_\alpha\cos^3\alpha}{h^2}$	α——相对垂直于直线的辐射或入射角； r——距离，m； h——光源的安装高度，m	lx
亮度	L	$L_\alpha=\frac{I_\alpha}{A\cos\alpha}$		cd/m²

【例 12-1】 在直径为 2m 的圆形工作台中心的正上方 1.5m 处，安装一个对所有方向具有相同发光强度的光源（见图 12-5）。欲使工作台面的平均照度为 300lx，试求光源的发光强度。设光源可视为点光源。

解　设光源的发光强度为 I（cd），工作台面的平均照度为 E（lx），工作台面的面积为 A（m^2），光源照射在工作面上的光通量为 Φ（lm），光源与工作台面的立体角为 ω（sr），则照射在工作台面上的光通量为

$$\Phi=I\omega=EA$$

故光源的发光强度为

$$I=EA/\omega$$

由图 12-5 得立体角为

$$\omega=2\pi(1-\cos\alpha)$$

$$=2\pi\left(1-\frac{1.5}{\sqrt{1^2+1.5^2}}\right)$$

$$\approx 2\pi\times 0.168$$

所以光源的发光强度为

$$I=\frac{EA}{\omega}=\frac{300\pi\times 1^2}{2\pi\times 0.168}\approx 893\text{cd}$$

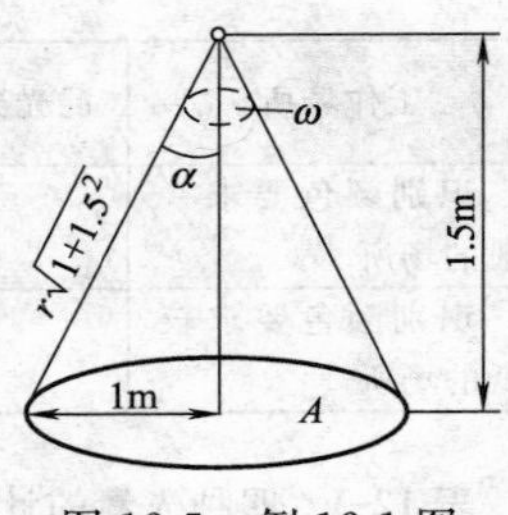

图 12-5　例 12-1 图

12.1.2　常用电光源的种类、特点及适用场所

(1) 各种电光源的适用场所

各种电光源的适用场所见表 12-4。

(2) 常用电光源特性比较

常用电光源特性比较见表 12-5。

(3) 常用混光照明种类、效果和适用范围

常用混光照明种类、效果和适用范围见表 12-6。

■ **表 12-4　各种电光源的适用场所**

光源名称	光源特点	适用场所
低压钠灯	综合光效高、显色性很差	小功率低压钠灯适用厂区道路；大功率低压钠灯适用广场、煤场、停车场
高压钠灯	综合光效在常用气体放电灯中最高，显色性差，灯泡寿命长	小功率高压钠灯适用室内停车场、仓库内照明；大功率高压钠灯宜在不要求显色指数的大型车间内、道路照明、广场照明等要求照度高的场所
荧光高压汞灯	综合光效较高、灯泡寿命较长	小功率荧光高压汞灯适用室内照明、楼道照明，或厂内小道路照明；大功率荧光高压汞灯可与大功率高压钠灯作混光光源用于大型车间的照明
金属卤化物灯	综合光效略高，灯泡寿命略长	适用于要求显色指数高的场所
荧光灯	综合光效较高	适用于车间、办公室等照明
白炽灯	显色性较好，光效低	局部照明、事故照明；需要调光的场所
高亮度白色发光二极管灯	综合光效高，显色性好	适用于街道、室内等处照明、装饰

需指出，白炽灯将退出历史舞台。2009 年，我国与联合国等机构启动逐步淘汰白炽灯合作项目，承诺加快推进节能减排，逐步淘汰白炽灯。我国已于 2012 年 10 月 1 日，起禁售 100W 及以上白炽灯，2014 年 10 月 1 日，起禁售 60W 及以上白炽灯，预计到 2016 年，白炽灯将完全退出我国市场。取而代之的是节能灯泡。

■ **表 12-5　常用电光源特性比较**

光源名称	普通照明灯泡	卤钨灯	荧光灯	荧光高压汞灯	管形氙灯	高压钠灯	低压钠灯	金属卤化物灯
额定功率范围/W	15～1000	500～2000	6～200	50～1000	1500～100000	250,400	18～180	250～3500
光效/(lm/W)	7～19	19.5～21	27～67	32～53	20～37	90,100	75～150	72～80
平均寿命/h	1000	1500	1500～5000	3500～6000	500～1000	3000	2000～5000	1000～1500
一般显色指数(Ra)	95～99	95～99	70～80	30～40	90～94	20～25	黄色	65～80
启动稳定时间	瞬　时		1～3s	4～8min	1～2s	4～8min	8～10min	4～10min
再启动时间	瞬　时			5～10min	瞬　时	10～20min	25min	10～15min
功率因数	1	1	0.32～0.7	0.44～0.67	0.4～0.9	0.44	0.6	0.5～0.61
频闪效应	不　明　显		明　显					
表面亮度	大	大	小	较大	大	较大	较大	大
电压变化对光通量的影响	大	大	较大	较大	较大	大	大	较大
温度变化对光通量的影响	小	小	大	较小	小	较小	小	较小
耐振性能	较差	差	较好	好	好	较好	较好	好
所需附件	无	无	镇流器、启辉器	镇流器	镇流器、触发器	镇流器	漏磁变压器	镇流器、触发器

■ **表 12-6　常用混光照明种类、效果和适用范围**

级别	分类	混光照明所要达到的目的	混光光源种类	光通量比/%	一般显色指数 Ra	色彩识别效果	适用场所举例
Ⅰ	对色彩识别要求很高的场所	获得高显色性和高光效	DDG+NGG DDG+NGX DDG+PZ GGY+PZ DGG+RR	50～70 50～70 50～80 <20 40～60	≥85	除个别颜色为中等外其余良好	配色间、颜色检验、彩色印刷

续表

级别	分类	混光照明所要达到的目的	混光光源种类	光通量比/%	一般显色指数 Ra	色彩识别效果	适用场所举例
Ⅱ	对色彩识别要求较高的场所	获得较高的显色性和高光效	DDG+NGX DDG+PZ DDG+NG KNG-NGG GGY+NGG ZJD+NGX	30～60 >80 40～80 40～70 <30 40～60	70≤Ra<85	除部分颜色为中等外其余均良好	色织间、控制室、展览室、体育场馆
Ⅲ	对色彩识别要求一般的场所	改善显色性和提高发光效率	GGY+PZ KNG+NG GGY+NGG DDG+NG	50～60 50～80 30～50 30～40	60≤Ra<7	除部分颜色为中等和可以外其余良好	机电、仪表仪器装配
Ⅳ	对色彩识别要求较低的场所	改善显色性和提高发光效率	GGY+NG KNG+NG DDG+NG GGY+NGX ZJD+NG	40～60 20～50 20～30 40～60 30～40	40≤Ra<60	除个别颜色可以外其余为中等	焊接、冲压、铸造、热处理

注：GGY—荧光高压汞灯；DDG—镝灯；KNG—钪钠灯；NGG—高显色高压钠灯；NG—高压钠灯；RR—日光色荧光灯；NGX—改进型高压钠灯；PZ—白炽灯；ZJD—金属卤化物灯。

（4）节能灯具

节能灯是继白炽灯、普通荧光灯之后发展起来的新一代电光源，它具有光色柔和、光通量高、显色性好、无噪声、无频闪和低压启动性能好等优点，最突出的优点表现为节电效果非常好。

① 银钛节能灯泡　该灯泡由美国杜洛试验公司研制出。该灯泡的内壁上有三层镀层，能将灯丝发出的红外线变成可见光，同时能防止光的反射，提高了灯泡的亮度。这种节能灯泡的能量利用率可达到 50%～60%，比普通白炽灯提高效率 30%，光效达到 40lm/W，比普通白炽灯提高 135%，节能率达 50%～60%。

② 特种灯丝节能灯泡　该灯泡由美国通用电气公司研制出。该灯泡的灯丝是通过一种新的蚀刻工艺来生产的。灯泡内充有氧气、氩气及氟氯烷气体，通过较强的紫外线照射，将这些气体变成

等离子体，从而使灯丝变成黑色，表面变得很粗糙，增大了发光面积。这种节能灯泡的能量利用率可达到60%～70%，比普通白炽灯提高40%，光效达到50lm/W，比普通白炽灯提高194%，节能率达60%。

③ 异形节能荧光灯　这种荧光灯的形状有双D形、双U形、U形、H形、环形和双曲形等。这类荧光灯的优点是高效、节能、寿命长、轻量及安装方便。它们与普通荧光灯的节能情况比较，见表12-7。目前，节能灯产品鱼目混珠，购买时应选择有信誉的厂家。

■ **表12-7　异形节能荧光灯与普通荧光灯的节能比较**

品　名	普通荧光灯	双D形	双U形	U形	H形	环形	双曲形
功率/W	25	16	18	16	11	18	19
光通量/lm	1002	1050	1250	802	770	900	990
光效/(lm/W)	40	66	69	50	70	59	55
光效增长率/%	—	65	72	25	75	47	37

④ 块板结构节能灯　这是一种利用敞开式的小型块板的表面作照明的灯具。它与传统的光滑铝反射器灯具相比，能提高光效10%，并改善眩光现象。另外，它还具有安装方便、灵活多样的优点。这种节能灯具可使用于车间、仓库、码头、车站、食堂、电站和体育场等多种场所。

⑤ 电子镇流荧光灯　这种灯具是利用电子镇流器产生几十千赫兹的高频交流电给荧光灯管启辉，得到了较高的光效，节省了电能。它与电感镇流荧光灯相比，节能率与亮度均提高了30%以上，灯管寿命可延长3倍左右。同时，在电源电压低到132V和气温低到0℃时均能正常启辉，是正在使用的电感镇流荧光灯的升级换代产品。

12.1.3　常用电光源的技术数据

(1) 白炽灯

普通白炽灯泡的技术数据见表 12-8。

■ **表 12-8　白炽灯泡的技术数据**

<table>
<tr><th rowspan="3">灯泡型号</th><th colspan="3">额定值</th><th colspan="5">外形主要尺寸/mm</th><th rowspan="3">灯头型号</th></tr>
<tr><th rowspan="2">电压
/V</th><th rowspan="2">功率
/W</th><th rowspan="2">光通量
/lm</th><th>D</th><th colspan="2">螺旋式灯头</th><th colspan="2">插口式灯头</th></tr>
<tr><th>(≤)</th><th>L</th><th>H</th><th>L</th><th>H</th></tr>
<tr><td>PZ220-10</td><td rowspan="12">220</td><td>10</td><td>65</td><td rowspan="5">60</td><td rowspan="5">107±3</td><td rowspan="5">—</td><td rowspan="5">105±3</td><td rowspan="5">—</td><td rowspan="7">E27/27-1
或
2C22/25-2</td></tr>
<tr><td>PZ220-15</td><td>15</td><td>110</td></tr>
<tr><td>PZ220-25</td><td>25</td><td>220</td></tr>
<tr><td>PZ220-40</td><td>40</td><td>350</td></tr>
<tr><td>PZ220-60</td><td>60</td><td>630</td></tr>
<tr><td>PZ220-75</td><td>75</td><td>850</td><td rowspan="2">71</td><td rowspan="2">125±4</td><td rowspan="2">90±4</td><td rowspan="2">116±4</td><td rowspan="2">83±4</td></tr>
<tr><td>PZ220-100</td><td>100</td><td>1250</td></tr>
<tr><td>PZ220-150</td><td>150</td><td>2090</td><td rowspan="2">81</td><td rowspan="2">170±5</td><td rowspan="2">125±5</td><td rowspan="2">160±5</td><td rowspan="2">120±5</td><td rowspan="2">E27/35-2
或 2C22/30-3</td></tr>
<tr><td>PZ220-200</td><td>200</td><td>2920</td></tr>
<tr><td>PZ220-300</td><td>300</td><td>4610</td><td rowspan="2">111.5</td><td rowspan="2">235±6</td><td rowspan="2">180±6</td><td rowspan="2">—</td><td rowspan="2">—</td><td rowspan="3">E40/45-1</td></tr>
<tr><td>PZ220-500</td><td>500</td><td>8300</td></tr>
<tr><td>PZ220-1000</td><td>1000</td><td>18600</td><td>131.5</td><td>275±6</td><td>210±6</td><td>—</td><td>—</td></tr>
</table>

(2) 荧光灯

① 直管形荧光灯的技术数据见表 12-9。

② 部分环形和 U 形荧光灯的技术数据，见表 12-10。

③ 镇流器和启辉器的技术数据，见表 12-11 和表 12-12。

(3) 卤钨灯

部分卤钨灯的技术数据见表 12-13。

(4) 高压汞灯

① 部分荧光高压汞灯的技术数据，见表 12-14。

② 荧光高压汞灯镇流器的技术数据，见表 12-15。

(5) 低压钠灯

① 低压钠灯的技术数据见表 12-16。

② 低压钠灯镇流器的技术数据，见表 12-17。

③ 低压钠灯电容器的技术数据，见表 12-18。

(6) 高压钠灯

① 高压钠灯的技术数据见表 12-19。

② 高压钠灯镇流器的技术数据，见表 12-20。

■ 表 12-9　直管形荧光灯的技术数据

灯管型号	额定功率/W	电源电压/V	工作电压/V	工作电流/mA	启动电压/V	启动电流/mA	光通量/lm	平均寿命/h	主要尺寸/mm			灯头型号
									D	L	L_1	
YZ4	4	220	35	110	190	170	10	700	15.5±0.8	150	134	2RC-14
YZ6	6		55	135		180±20	150	2000		226±1	210±1	
YZ8	8		65	145		200±20	250			301±1	285±1	
YZ15	15		52	320		440	580	3000	38	451	436	2RC-35
YZ20	20		60	350		460	970			604	589	
YZ30	30		95	350		560	1550			909	894	
YZ40	40		108	410		650	2400			1215	1200	
YZ100	100		87	1500		1800	5500	2000				
YZ15S	15		58	300		500	665	3000	25	451	436	
YZ30S	30		96	320		560	1700			909	894	

注：D—管径；L—计入管脚的灯管长度；L_1—灯管长度。

■ 表 12-10　部分环形和 U 形荧光灯的技术数据

灯管型号	额定功率/W	电源电压/V	工作电压/V	工作电流/mA	启动电流/mA	光通量/lm	平均寿命/h	主要尺寸/mm				
								D	D_1	L	L_1	d
YZ20	20	220	60	350	500	970	2000	207	143	—	—	32
YZ30	30		95	350	560	1550		308	244	—	—	
YZ40	40		108	410	650	2200		397	333	—	—	
YU30	30		80	350	560	1550		—	—	417.5	410	38
YU40	40		108	410	650	2200		—	—	620.5	619	

注：d—管径；D—环形管的外环直径；D_1—环形管的内环直径；L—U 形管的长度（带管脚）；L_1—U 形管的长度。

■ 表 12-11　镇流器的技术数据

配用灯管功率/W	电源电压/V	工作电压/V	工作电流/mA	启动电压/V	启动电流/mA	最大功率损耗/W	功率因数
6	220	203	140±5	215	180±10	4	0.34
8		200	150±10		190±10		0.38
15		202	330±30		440±10	8	0.33
20		196	350±30		350±30		0.36
30		180	360±30		560±10		0.5
40		165	410±30		650±10		0.53
100		185	1500±100		1800±10	20	0.37

■ **表 12-12　启辉器的技术数据**

配用灯管功率/W	额定电压/V	正常启动		欠压启动		启辉电压/V	使用寿命/次
		电压/V	时间/s	电压/V	时间/s		
4～8	220	220	1～4	180	<15	>135	5000
15～20							
30～40							
100				200	2～5		

■ **表 12-13　部分管形卤钨灯的技术数据**

灯管型号	额定值			色温/K	平均寿命/h	主要尺寸/mm		安装方式
	电压/V	功率/W	光通量/lm			D⩽	L	
LZG220-500	220	500	9750	2700～2900	1500	12	177	夹式
LZG220-1000		1000	21000				210±2	顶式
							232	夹式
LZG220-1500		1500	31500			13.5	293±2	顶式
							310	夹式
LZG220-2000		2000	42000				293±2	顶式
							310	夹式
LZG110-500	110	500	10250			12	123±2	顶式
LZG30-500	30		14500	3100～3200	50	18	46±2	插脚

注：D—管径；L—计入管脚的灯管长度。

（7）氙灯

部分氙灯的技术数据见表 12-21。

（8）金属卤化物灯

金属卤化物灯的品种很多。部分钠铊铟灯和镝灯的技术数据见表 12-22 和表 12-23。

■ **表 12-14　部分荧光高压汞灯的技术数据**

灯泡型号	额定功率/W	电源电压/V	工作电压/V	工作电流/A	启动电压/V	启动电流/A	光通量/lm	启动时间/min	再启动时间/min	色温/K	平均寿命/h	主要尺寸/mm D	主要尺寸/mm L	灯头型号
GGY50	50	220	95±15	0.62	180	1.0	1575	5～10	5～10	5500	3500	56	130±5	E27/27-1
GGY80	80		110±15	0.85		1.3	2940					71	165±5	
GGY125	125		115±15	1.25		1.8	4990	4～8			5000	81	184±7	E27/35-2
GGY175	175		130±15	1.50		2.3	7350					91	211±7	E40/45-1
GGY250	250			2.15		3.7	11025				6000		230±7	
GGY400	400		135±15	3.25		5.7	21000					122	300±10	E40/75-3
GGY700	700		140±15	5.45		10.0	35000					152	358±10	
GGY1000	1000		145±15	7.50		13.7	50000				5000	182	400±10	E40/78-3
GYZ160	160		220	0.75		6.0	2560		3～6	4400	3000	152	370	E40 装配式
GYZ250	250			1.20		1.7	4900					91	227	E40/45-1
GYZ450	450			2.25		3.5	11000					122	292	E40/55-2
GYF400	400		135±15	3.25		5.7	16500					182	300±10	E40/75-3

注：1. D—灯抱最大外径；L—灯泡长度（带管脚）。

2. GYZ 为自整流灯泡，不必配用镇流器。GGY 和 GYF 需配用与其功率规格相同的镇流器，见表 12-15。

■ **表 12-15　荧光高压汞灯镇流器的技术数据**

型　号	配用灯泡功率/W	电源电压/V	工作电压/V	工作电流/A	启动电流/A	额定电压时功率损耗/W	阻抗/Ω	功率因数 cosφ
GYZ50	50		177	0.62±0.05	1.00±0.08	10	285	0.44
GYZ80	80		172	0.85±0.06	1.30±0.10	16	202	0.51
GYZ125	125		168	1.25±0.10	1.80±0.125	25	134	0.55
GYZ175	175		150	1.50±0.12	2.30±0.15	26.25	100	
GYZ250	250	220		2.15±0.15	3.70±0.25	37.5	70	0.61
GYZ400	400		146	3.25±0.25	5.70±0.40	40	45	
GYZ700	700		144	5.45±0.45	10.0±0.70	70	26.5	0.64
GYZ1000	1000		139	7.50±0.60	13.70±1.0	100	18.5	0.67
GYF400	400		146	3.25±0.25	5.70±0.4	40	45	0.61

■ **表 12-16　低压钠灯的技术数据**

型号	额定功率/W	电源电压/V	工作电压/V	工作电流/A	光通量/lm	主要尺寸/mm		灯头型号
						D	*L*	
ND18	18		—	0.6	1800	54	216	
ND35	35		70	0.6	4800	54	311	
ND55	55	220	109	0.59	8000	54	425	BY22d
ND90	90		112	0.94	12500	68	528	
ND135	135		164	0.95	21500	68	775	
ND180	180		240	0.91	31500	68	1120	

注：*D*—灯泡外径；*L*—灯泡长度（带管脚）。

■ **表 12-17　低压钠灯镇流器的技术数据**

配用灯泡功率/W	电源电压/V	额定频率/Hz	标准电流/A	电压/电流 /Ω	功率因数
18			0.6	77	
35			0.6	77	
55	220	50	0.6	77	0.06
90			0.9	500	
135			0.92	655	
180			0.92	655	

■ **表 12-18　低压钠灯电容器的技术数据**

电容器型号	工作电压/V	标称容量/μF	配用灯管功率/W
无统一型号	400	12 14	35 55

注：18W、90W、135W、180W 低压钠灯管配套用电容器由制造厂提供。

■ 表 12-19　高压钠灯技术数据

灯泡型号	光电参数									主要尺寸/mm		灯头型号	平均寿命/h
	电压/V	功率/W	启动电压/V	灯电压/V	灯电流/A	启动电流/A	额定光通/lm	启动时间/s	再启动时间/min	直径(*D*)	长度(*L*)		
NG400	220	400	187		4.6	5.7	42000	1	2	51	285	E40/45	5000
NG360		360			3.25	5.7	36000						
NG250		250			3.0	3.8	23750				265		
NG215		215			2.35	3.7	19350						
NG150		150			1.8	2.2	12000			48	212		
NG110		110			1.25	1.45	8250			71	180	E27/30×35	3000
NG100		100			1.2	1.4	7500						
NG75		75			0.95	1.3	5250			71	175	E40/75×54	
NG70		70			0.9	1.2	4900						
NG1000	380	1000		185	6.5		100000			82	375		

■ 表 12-20　NZW 系列高压钠灯外启动镇流器数据

型号	功率/W	电压/V	工作电流/A	交流阻抗/Ω	线性阻抗偏差值/%	允许电源电压变动范围/V	启动器工作电流/mA	启动脉冲幅度/V
NZW-400	400	220	4.6	39±1.2	≤±5	187～242	≤250	2500～5600
NZW-250	250		3.0	60±1.8				
NZW-150	150		1.8	100±3				
NZW-100	100		1.2	150±4.5				
NZW-70	70		0.9	200±6				

■ 表 12-21　管形氙灯、水冷氙灯、汞氙灯及其配用的触发器的技术数据

灯管										触发器			功率因数 cos*φ*
型号	额定功率/W	电源电压/V	工作电压/V	工作电流/A	光通量/lm	平均寿命/h	主要尺寸/mm *D*	*L*	发光体长度 L_1	型号	输入电压/V	输出电压/kV	
XG1500	1500	～220	60	20	30000	1000	32	350	110	XC-S1.5A	～220		0.4
XG3000	3000		220	13～18	72000		15±1	700	590	XC-3A		20	0.6
XG6000	6000			24.5～30	144000		21±1	1000	800	SQ-10			
XG10000	10000			41～50	270000		26±1	1500	1050	XC-10A		30	
XG20000	20000			84～100	580000		38±1	1800	1300	XC-S20A		45	
XG20000	20000	～380	380	47.5～58	580000		28±1	2500	2000	SQ-20	～380		
XG50000	50000			118～145	1550000		45±1	3400	2700	SCH-50			
XSG4000	4000	～220	220	15～20	140000	500	25±3	450±10	250	DWC-3	～220		
XSG6000	6000			23～31	220000								
GXG1000	1000		145	7.5	34000	1000	15	410±10	220	SFH	～220		

注：氙灯的色温为5500～6000K。

■ **表 12-22　部分钠铊铟灯的技术数据**

型　号	电源电压/V	额定功率/W	工作电压/V	工作电流/A	启动电压/V	启动电流/A	稳定时间/min	再启动时间/min	光通量/lm	主要尺寸/mm		灯头型号	功率因数 cosφ
										D	L		
NTY400	220	400	135±15	3.25	180	5.7	4～8	10～15	28000	91	227±7	E40/45-1	0.61
NTY1000		1000	90±10	10～12.5		15～16	5～8		60000～70000	23	170～200	夹式	0.5

注：1. 钠铊铟灯的色温为 5000～6500K，一般显色指数 Ra=65～70。
2. D—灯泡最大外径；L—灯泡长度（带管脚）。

■ **表 12-23　部分镝灯的技术数据**

灯泡型号	电源电压/V	额定功率/W	工作电压/V	工作电流/A	启动电压/V	启动电流/A	光通量/lm	色温/K	显色指数 Ra	主要尺寸/mm		灯头型号
										D	L	
DDG400	220 380	400	216	2.7	340	5	36000	6000	85	120	300	E40/45-1
DDG1000	220	1000	130	8.3	200	13	70000	1000～6000	70	91	370	E40
DDG2000	380	2000	220	10.3	340	16	150000	1000～6000	75	111	450	
DDG3500	380	3500	220	18	340	28	280000	1000～6000	80	122	485	
DDG3500(A)	380	3500	220	18	340	28	280000	1000～5500	70	122	485	

12.2 灯具的选择和照度标准

12.2.1 灯具的分类

灯具的分类见表 12-24。

■ **表 12-24　常用灯具的分类**

类型		定　义
按配光特性分	深照型	集中向下照射。其主要光强是在 0°～40°范围内，50°～90°方向间的光强值很弱
	余弦型	光强配光近于如下的关系式：$I_a=I_0\cos\alpha$。当 $\alpha=90°$ 时光强最大
	均匀型	光在下半球中所有的方向中均近于相等
	广照型	在 50°～90°范围内光强较强，在 0°～40°范围内光强显著减弱

续表

类型		定　义
按结构特点分	开启型	光源(灯泡)与外界相通，罩子不闭合
	保护型	光源被透明罩包合起来，但内外的空气仍能流通
	密封型	光源被透明罩包合起来，内外空气不能流通
	防水型	光源被透明罩包合起来，接合处采用密封填料，可防水、气及灰尘侵入
	防爆型	光源被耐压透明罩包合起来，能保证在有爆炸危险的场所内使用安全

12.2.2 照明质量的要求

民用建筑照明质量有以下要求。

① 照度均匀度（系指工作面上的最低照度与平均照度之比值）室内一般不应小于0.7。

② 一般照明在工作面上产生的照度，不宜低于由一般照明和局部照明所产生的总照度的1/3～1/5，且不宜低于50lx。

③ 交通区的照度不宜低于工作区照度的1/5。

④ 照明房间内亮度与照度分布宜按下列比值选定。

a. 工作区亮度与工作区相邻环境的亮度比值不宜低于3∶1；工作区亮度与视野周围（如顶棚、墙、窗等）的平均亮度比值不宜低于10∶1；灯的亮度与工作区亮度之比不应大于40∶1。

b. 当照明灯具采用暗装时，顶棚的反射率宜大于60%，且顶棚的照度不宜小于工作区照度的1/10。

c. 在长时间连续工作的房间（如办公室、阅览室等），室内表面反射率和照度比宜按表12-25选取。

■ **表12-25　照度比关系表**

表面名称	反射率	照度比
顶　棚	0.7～0.8	0.25～0.9
墙面、隔板	0.5～0.7	0.4～0.8
地　面	0.2～0.4	0.7～1.0

⑤ 室内一般照明光源的颜色，根据其相关色温分为三类，其使用场所可按表12-26选取。

■ 表 12-26 光源颜色的分类

光源颜色分类	相关色温/K	颜色特征	适用场所示例
Ⅰ	<3300	暖	居室、餐厅、宴会厅、多功能厅、四季厅(室内花园)、酒吧、咖啡厅、重点陈列厅
Ⅱ	3300～5300	中间	教室、办公室、会议室、阅览室、一般营业厅、普通餐厅、一般休息厅、洗衣房
Ⅲ	>5300	冷	设计室、计算机房

⑥ 体育场所的照明要求。在体育运动场地内的主要摄像方向上，垂直照度最小值与最大值之比不宜小于0.4，平均垂直照度与平均水平照度之比不宜小于0.25；场地水平照度最小值与最大值之比不宜小于0.5；体育场所观众席的垂直照度不宜小于场地垂直照度的0.25。

⑦ 照明光源的显色分组及其适用场所可根据表12-27选取。在照明设计中应协调显色性要求与光源光效的关系。

⑧ 对直接眩光限制的质量等级要求见表12-28。

■ 表 12-27 照明光源的显色分组

显色分组	一般显色指数(Ra)	类属光源示例	适用场所示例
Ⅰ	Ra≥80	白炽灯、卤钨灯、稀土节能荧光灯、三基色荧光灯、高显色高压钠灯、镝灯	美术展厅、化妆室、客室、餐厅、宴会厅、多功能厅、酒吧、咖啡厅、高级商店营业厅、手术室
Ⅱ	60≤Ra<80	荧光灯金属卤化物灯	办公室、休息室、普通餐厅、厨房、普通报告厅、教室、阅览室、自选商店、候车室、室外比赛场地
Ⅲ	40≤Ra<60	荧光高压汞灯	行李房、库房、室外门廊
Ⅳ	Ra<40	高压钠灯	辨色要求不高的库房、室外道路照明

■ 表 12-28 眩光限制的质量等级要求

质量等级	眩光程度	作业或活动的类型
A	无眩光	很严格的视觉作业
B	刚刚感到的眩光	视觉要求高的作业；视觉要求中等但集中注意力要求高的作业

续表

质量等级	眩光程度	作业或活动的类型
C	轻微眩光	视觉要求和集中注意力要求中等的作业,并且工作人员有一定程度的流动性
D	不舒适眩光	视觉要求和集中注意力要求低的作业,工作人员在有限的区域内频繁走动
E	一定的眩光	工作人员不限于一个工作岗位而是来回走动,并且视觉要求低的房间,不是由同一批人连续使用的房间

12.2.3 灯具的选择

(1) 不同环境条件灯具的选择

选择灯具应根据环境条件、照度要求、限制眩光及与建筑物的协调等条件进行。

根据环境条件选择如下。

① 民用建筑照明中无特殊要求的场所,宜采用光效高的光源和效率高的灯具。在干燥且无爆炸性气体的场所,可采用广照型、配照型、深照型和各种乳白玻璃罩灯具(但乳白玻璃罩灯具对节电不利)。

② 在潮湿和特潮的场所,应采用防潮防水的密闭型灯具。在可能受水滴侵蚀的场所,宜选用带防水灯头的开启式灯具。

③ 在有腐蚀性气体和蒸汽的场所,宜采用耐腐蚀性材料制成的密闭型灯具。若采用开启式灯具时,各部分应有防腐蚀防水措施。

④ 在含有大量尘埃,但为非易燃性或无爆炸性气体的场所,可采用防水防尘型密闭灯具。

⑤ 在高温场所,宜采用带有散热孔的开启式灯具。

⑥ 在有爆炸和火灾危险场所使用的灯具,应符合现行国家标准和规范的有关规定。

⑦ 在装有锻锤、重级工作制桥式吊车等摆动、振动较大场所的灯具,应有防振措施和保护网,防止灯泡自动松脱、掉下;在易

受机械损伤场所的灯具，应加保护网。

⑧ 高大空间场所的照明，应选用高光强气体放电灯；在高大厂房（装灯高度 7～8m），可采用集中配光的直射光灯具（如深照型灯）或高压汞灯等。

⑨ 在不很高的厂房（装灯高度 5～6m），可采用余弦配光类的直射光灯具（如配照型灯）。

配照型灯具悬高一般为 4～6m；搪瓷深照型灯具悬高一般为 6～20m；有镜面反射器的深照型灯具悬高一般为 15～30m。

⑩ 在装灯高度不能满足限制眩光要求的工作地点，以及要求光线柔和的场所；可采用有漫射罩的灯具。

⑪ 大型仓库，应采用标有△符号的防燃灯具，其光源应选用高光强气体放电灯。

⑫ 开关频繁，要求瞬时启动和连续调光等场所，宜采用白炽灯和卤钨灯光源。

⑬ 应急照明必须选用能瞬时启动的光源，当应急照明作为正常照明的一部分，并且应急照明和正常照明不出现同时断电时，应急照明可选用其他光源。

（2）一般灯具安装配件的选择

一般灯具安装配件的选择见表 12-29。

■ **表 12-29　一般灯具安装配件的选择**

<table>
<tr><td colspan="3">安装方式</td><td>吊线灯</td><td>吊链灯</td><td>吊杆灯</td><td>吸顶灯</td><td>壁灯</td></tr>
<tr><td colspan="3">电气施工图中符号</td><td>X</td><td>L</td><td>G</td><td>D</td><td>B</td></tr>
<tr><td colspan="3">导线</td><td>JBVV2×0.5</td><td>RVS2×0.5</td><td colspan="3">与线路相同</td></tr>
<tr><td colspan="3">吊盒或灯架</td><td>一般房间用胶质,潮湿房间用瓷质</td><td colspan="2">金属吊盒</td><td colspan="2">金属灯架</td></tr>
<tr><td colspan="3">灯座</td><td colspan="5">100W 以下用胶质灯座,潮湿房间及封闭式灯具用瓷质灯座</td></tr>
<tr><td rowspan="4">木或塑料制底台</td><td colspan="2">厚度</td><td>20mm</td><td colspan="3">25mm</td><td>30mm</td></tr>
<tr><td colspan="2">油漆</td><td colspan="5">四周先刷防水漆一道,外表面再刷白漆两道</td></tr>
<tr><td rowspan="2">固定方式</td><td>一般</td><td colspan="5">采用机螺钉固定,如用木螺钉时,应用塑料胀管或预埋木砖固定</td></tr>
<tr><td>灯具总重 3kg 以上</td><td colspan="5">固定在预埋的吊钩或螺栓上</td></tr>
<tr><td rowspan="2">金具</td><td colspan="2">材料</td><td colspan="5">用 0.5mm 铁板或 1mm 厚的铝板制造,超过 100W 时,应做通风孔</td></tr>
<tr><td colspan="2">油漆</td><td colspan="5">内表面喷银粉,外表面烤漆</td></tr>
</table>

12.2.4 照度标准

选定合适的照度是照明设计的基本要素，过大的照度要求会造成电能浪费，过小的照度又会影响生产效率和人身安全。

照明设计，应保证工作面上照度不低于照度标准（最低照度），可以高于此值，但一般不应高于规定的最低照度值的20%。

（1）住宅照明照度标准（见表12-30）

■ **表12-30 居住建筑照明照度标准值**

房间或场所		参考平面及其高度	照度标准值/lx	Ra
起居室	一般活动	0.75m水平面	100	80
	书写、阅读		300①	
卧室	一般活动	0.75m水平面	75	80
	床头、阅读		150①	
餐厅		0.75m餐桌面	150	80
厨房	一般活动	0.75m水平面	100	80
	操作台	台面	150①	
卫生间		0.75m水平面	100	80

① 宜用混合照明。

（2）公共建筑照明照度标准

① 办公建筑照明照度标准见表12-31。

■ **表12-31 办公建筑照明照度标准值**

房间或场所	参考平面及其高度	照度标准值/lx	Ra
普通办公室	0.75m水平面	300	80
高档办公室	0.75m水平面	500	80
会议室	0.75m水平面	300	80
接待室、前台	0.75m水平面	300	80
营业厅	0.75m水平面	300	80
设计室	实际工作面	500	80
文件整理、复印、发行室	0.75m水平面	300	80
资料、档案室	0.75m水平面	200	80

② 图书馆建筑照明照度标准见表12-32。

■ **表 12-32　图书馆建筑照明照度标准值**

房间或场所	参考平面及其高度	照度标准值/lx	Ra
一般阅览室	0.75m 水平面	300	80
国家、省市及其他重要图书馆的阅览室	0.75m 水平面	500	80
老年阅览室	0.75m 水平面	500	80
珍善本、舆图阅览室	0.75m 水平面	500	80
陈列室、目录厅(室)、出纳厅	0.75m 水平面	300	80
书库	0.25m 垂直面	50	80
工作间	0.75m 水平面	300	80

③ 商业建筑照明照度标准见表 12-33。

■ **表 12-33　商业建筑照明照度标准值**

房间或场所	参考平面及其高度	照度标准值/lx	Ra
一般商店营业厅	0.75m 水平面	300	80
高档商店营业厅	0.75m 水平面	500	80
一般超市营业厅	0.75m 水平面	300	80
高档超市营业厅	0.75m 水平面	500	80
收款台	台面	500	80

④ 影剧院建筑照明照度标准见表 12-34。

■ **表 12-34　影剧院建筑照明照度标准值**

房间或场所		参考平面及其高度	照度标准值/lx	Ra
门厅		地面	200	80
观众厅	影院	0.75m 水平面	100	80
	剧场	0.75m 水平面	200	80
观众休息厅	影院	地面	150	80
	剧场	地面	200	80
排演厅		地面	300	80
化妆室	一般活动区	0.75m 水平面	150	80
	化妆台	1.1m 高处垂直面	500	80

⑤ 旅馆建筑照明照度标准见表 12-35。

■ **表 12-35　旅馆建筑照明照度标准值**

房间或场所		参考平面及其高度	照度标准值/lx	Ra
客房	一般活动区	0.75m 水平面	75	80
	床头	0.75m 水平面	150	80
	写字台	台面	300	80
	卫生间	0.75m 水平面	150	80
中餐厅		0.75m 水平面	200	80
西餐厅、酒吧间、咖啡厅		0.75m 水平面	100	80
多功能厅		0.75m 水平面	300	80
门厅、总服务台		地面	300	80
休息厅		地面	200	80
客房层走廊		地面	50	80
厨房		台面	200	80
洗衣房		0.75m 水平面	200	80

⑥ 医院建筑照明照度标准见表 12-36。

■ **表 12-36　医院建筑照明照度标准值**

房间或场所	参考平面及其高度	照度标准值/lx	Ra
治疗室	0.75m 水平面	300	80
化验室	0.75m 水平面	500	80
手术室	0.75m 水平面	750	80
诊室	0.75m 水平面	300	80
候诊室、挂号厅	0.75m 水平面	200	80
病房	地面	100	80
护士站	0.75m 水平面	300	80
药房	0.75m 水平面	500	80
重症监护室	0.75m 水平面	300	80

⑦ 学校建筑照明照度标准见表 12-37。

■ **表 12-37　学校建筑照明照度标准值**

房间或场所	参考平面及其高度	照度标准值/lx	Ra
教室	课桌面	300	80
实验室	实验桌面	300	80
美术教室	桌面	500	90
多媒体教室	0.75m 水平面	300	80
教室黑板	黑板面	500	80

⑧ 博物馆建筑陈列室展品照明照度标准见表 12-38。

■ **表 12-38　博物馆建筑陈列室展品照明照度标准值**

类　别	参考平面及其高度	照度标准值/lx
对光特别敏感的展品：纺织品、织绣品、绘画、纸质物品、彩绘、陶(石)器、染色皮革、动物标本等	展品面	50
对光敏感的展品：油画、蛋清画、不染色皮革、角制品、骨制品、象牙制品、竹木制品和漆器等	展品画	150
对光不敏感的展品：金属制品、石质器物、陶瓷器、宝玉石器、岩矿标本、玻璃制品、搪瓷制品、珐琅器等	展品面	300

注：1. 陈列室一般照明应按展品照度值的 20%～30%选取。
2. 辨色要求一般的场所 Ra 不应低于 80，辨色要求高的场所 Ra 不应低于 90。

⑨ 展览馆展厅照明照度标准见表 12-39。

■ **表 12-39　展览馆展厅照明照度标准值**

房间或场所	参考平面及其高度	照度标准值/lx	Ra
一般展厅	地面	200	80
高档展厅	地面	300	80

注：高于 6m 的展厅 Ra 可降低到 60。

⑩ 交通建筑照明照度标准见表 12-40。

■ **表 12-40　交通建筑照明照度标准值**

房间或场所		参考平面及其高度	照度标准值/lx	Ra
售票台		台面	500	80
问讯处		0.75m 水平面	200	80
候车(机、船)室	普通	地面	150	80
	高档	地面	200	80
中央大厅、售票大厅		地面	200	80
海关护照检查		工作面	500	80
安全检查		地面	300	80
换票、行李托运		0.75m 水平面	300	80
行李认领、到达大厅、出发大厅		地面	200	80
通道、连接区、扶梯		地面	150	80
有棚站台		地面	75	20
无棚站台		地面	50	20

⑪ 公用场所照明照度标准见表 12-41。

■ **表 12-41　公用场所照明照度标准值**

房间或场所		参考平面及其高度	照度标准值/lx	Ra
门厅	普通	地面	100	60
	高档	地面	200	80
走廊、流动区域	普通	地面	50	60
	高档	地面	100	80
楼梯、平台	普通	地面	30	60
	高档	地面	75	80
自动扶梯		地面	150	60
厕所、盥洗室、浴室	普通	地面	75	60
	高档	地面	150	80
电梯前厅	普通	地面	75	60
	高档	地面	150	80
休息室		地面	100	80
储藏室、仓库		地面	100	60
车库	停车间	地面	75	60
	检修间	地面	200	60

注：住宅、公共建筑动力站、变电站的照明标准值按表 12-42 选取。

(3) 工业建筑照明照度标准

工业建筑一般照明照度标准见表 12-42。

■ **表 12-42　工业建筑一般照明照度标准值**

房间或场所		参考平面及其高度	照度标准值/lx	Ra	备注
1. 通用房间或场所					
实验室	一般	0.75m 水平面	300	80	可另加局部照明
	精细	0.75m 水平面	500	80	可另加局部照明
检验	一般	0.75m 水平面	300	80	可另加局部照明
	精细，有颜色要求	0.75m 水平面	750	80	可另加局部照明
计量室、测量室		0.75m 水平面	500	80	可另加局部照明
变配电站	配电装置室	0.75m 水平面	200	60	
	变压器室	地面	100	20	
电源设备室、发电机室		地面	200	60	
控制室	一般控制室	0.75m 水平面	300	80	
	主控制室	0.75m 水平面	500	80	
电话站、网络中心		0.75m 水平面	500	80	
计算机站		0.75m 水平面	500	80	防光幕反射

续表

<table>
<tr><th colspan="2">房间或场所</th><th>参考平面及其高度</th><th>照度标准值/lx</th><th>Ra</th><th>备注</th></tr>
<tr><td rowspan="5">动力站</td><td>风机房、空调机房</td><td>地面</td><td>100</td><td>60</td><td></td></tr>
<tr><td>泵房</td><td>地面</td><td>100</td><td>60</td><td></td></tr>
<tr><td>冷冻站</td><td>地面</td><td>150</td><td>50</td><td></td></tr>
<tr><td>压缩空气站</td><td>地面</td><td>150</td><td>60</td><td></td></tr>
<tr><td>锅炉房、煤气站的操作层</td><td>地面</td><td>100</td><td>60</td><td>锅炉水位表照度不小于50lx</td></tr>
<tr><td rowspan="3">仓库</td><td>大件库(如钢坯、钢材、大成品、气瓶)</td><td>1.0m水平面</td><td>50</td><td>20</td><td></td></tr>
<tr><td>一般件库</td><td>1.0m水平面</td><td>100</td><td>60</td><td></td></tr>
<tr><td>精细件库(如工具、小零件)</td><td>1.0m水平面</td><td>200</td><td>60</td><td>货架垂直照度不小于50lx</td></tr>
<tr><td colspan="2">车辆加油站</td><td>地面</td><td>100</td><td>60</td><td>油表照度不小于50lx</td></tr>
<tr><td colspan="6">2. 机电工业</td></tr>
<tr><td rowspan="3">机械加工</td><td>粗加工</td><td>0.75m水平面</td><td>200</td><td>60</td><td>可另加局部照明</td></tr>
<tr><td>一般加工公差≥0.1mm</td><td>0.75m水平面</td><td>300</td><td>60</td><td>应另加局部照明</td></tr>
<tr><td>精密加工公差<0.1mm</td><td>0.75m水平面</td><td>500</td><td>60</td><td>应另加局部照明</td></tr>
<tr><td rowspan="4">机电、仪表装配</td><td>大件</td><td>0.75m水平面</td><td>200</td><td>80</td><td>可另加局部照明</td></tr>
<tr><td>一般件</td><td>0.75m水平面</td><td>300</td><td>80</td><td>可另加局部照明</td></tr>
<tr><td>精密</td><td>0.75m水平面</td><td>500</td><td>80</td><td>应另加局部照明</td></tr>
<tr><td>特精密</td><td>0.75m水平面</td><td>750</td><td>80</td><td>应另加局部照明</td></tr>
<tr><td colspan="2">电线、电缆制造</td><td>0.75m水平面</td><td>300</td><td>60</td><td></td></tr>
<tr><td rowspan="3">线圈绕制</td><td>大线圈</td><td>0.75m水平面</td><td>300</td><td>80</td><td></td></tr>
<tr><td>中等线圈</td><td>0.75m水平面</td><td>500</td><td>80</td><td>可另加局部照明</td></tr>
<tr><td>精细线圈</td><td>0.75m水平面</td><td>750</td><td>80</td><td>应另加局部照明</td></tr>
<tr><td colspan="2">线圈浇注</td><td>0.75m水平面</td><td>300</td><td>80</td><td></td></tr>
<tr><td rowspan="2">焊接</td><td>一般</td><td>0.75m水平面</td><td>200</td><td>60</td><td></td></tr>
<tr><td>精密</td><td>0.75m水平面</td><td>300</td><td>60</td><td></td></tr>
<tr><td colspan="2">钣金</td><td>0.75m水平面</td><td>300</td><td>60</td><td></td></tr>
<tr><td colspan="2">冲压、剪切</td><td>0.75m水平面</td><td>300</td><td>60</td><td></td></tr>
<tr><td colspan="2">热处理</td><td>地面至0.5m水平面</td><td>200</td><td>20</td><td></td></tr>
</table>

续表

房间或场所		参考平面及其高度	照度标准值/lx	Ra	备注
铸造	熔化、浇铸	地面至0.5m水平面	200	20	
	造型	地面至0.5m水平面	300	60	
精密铸造的制模、脱壳		地面至0.5m水平面	500	60	
锻工		地面至0.5m水平面	200	20	
电镀		0.75m水平面	300	80	
喷漆	一般	0.75m水平面	300	80	
	精细	0.75m水平面	500	80	
酸洗、腐蚀、清洗		0.75m水平面	300	80	
抛光	一般装饰性	0.75m水平面	300	80	防频闪
	精细	0.75m水平面	500	80	防频闪
复合材料加工、铺叠、装饰		0.75m水平面	500	80	
机电修理	一般	0.75m水平面	200	60	可另加局部照明
	精密	0.75m水平面	300	60	可另加局部照明
3. 电子工业					
电子元器件		0.75m水平面	500	80	应另加局部照明
电子零部件		0.75m水平面	500	80	应另加局部照明
电子材料		0.75m水平面	300	80	应另加局部照明
酸、碱、药液及粉配制		0.75m水平面	300	80	
4. 纺织、化纤工业					
纺织	选毛	0.75m水平面	300	80	可另加局部照明
	清棉、和毛、梳毛	0.75m水平面	150	80	
	梳棉、并条、粗纺	0.75m水平面	200	80	
	纺纱	0.75m水平面	300	80	
	织布	0.75m水平面	300	80	
织袜	穿综筘、缝纫、量呢、检验	0.75m水平面	300	80	可另加局部照明
	修补、剪毛、染色、印花、裁剪、熨烫	0.75m水平面	300	80	可另加局部照明

续表

房间或场所		参考平面及其高度	照度标准值/lx	Ra	备注
化纤	投料	0.75m 水平面	100	60	
	纺丝	0.75m 水平面	150	80	
	卷绕	0.75m 水平面	200	80	
	平衡间、中间储存、干燥间、废丝间、油剂高位槽间	0.75m 水平面	75	60	
	集束间、后加工间、打包间、油剂调配间	0.75m 水平面	100	60	
	组件清洗间	0.75m 水平面	150	60	
	拉伸、变形、分级包装	0.75m 水平面	150	60	操作面可另加局部照明
	化验、检验	0.75m 水平面	200	80	可另加局部照明
5. 制药工业					
制药生产：配制、清洗、灭菌、过滤、制粒、压片、混匀、烘干、灌装、轧盖等		0.75m 水平面	300	80	
制药生产流转通道		地面	200	80	
6. 橡胶工业					
炼胶车间		0.75m 水平面	300	80	
压延压出工段		0.75m 水平面	300	80	
成型裁断工段		0.75m 水平面	300	80	
硫化工段		0.75m 水平面	300	80	
7. 电力工业					
火电厂锅炉房		地面	100	40	
发电机房		地面	200	60	
主控室		0.75m 水平面	500	80	
8. 钢铁工业					
炼铁	炉顶平台、各层平台	平台面	30	40	
	出铁场、出铁机室	地面	100	40	
	卷扬机室、碾泥机室、煤气清洗配水室	地面	50	40	
炼钢及炼铸	炼钢主厂房和平台	地面	150	40	
	炼铸浇注平台、切割区、出坯区	地面	150	40	
	精整清理线	地面	200	60	

续表

房间或场所		参考平面及其高度	照度标准值/lx	Ra	备注
轧钢	钢坯台、轧机区	地面	150	40	
	加热炉周围	地面	50	20	
	重绕、横剪及纵剪机组	0.75m 水平面	150	40	
	打印、检查、精密、分类、验收	0 75m 水平面	200	80	
9. 制浆造纸工业					
备料		0.75m 水平面	150	60	
蒸煮、选洗、漂白		0.75m 水平面	200	60	
打浆、纸机底部		0.75m 水平面	200	60	
纸机网部、压榨部、烘缸压光、卷取、涂布		0.75m 水平面	300	60	
复卷、切纸		0.75m 水平面	300	60	
选纸		0.75m 水平面	500	60	
碱回收		0.75m 水平面	200	40	
10. 食品及饮料工业					
食品	糕点、糖果	0.75m 水平面	200	80	
	肉制品、乳制品	0.75m 水平面	300	80	
饮料		0.75m 水平面	300	80	
啤酒	糖化	0.75m 水平面	200	80	
	发酵	0.75m 水平面	150	80	
	包装	0.75m 水平面	150	80	
11. 玻璃工业					
备料、退火、熔制		0.75m 水平面	150	60	
窑炉		地面	100	20	
12. 水泥工业					
主要生产车间(破碎、原料粉磨、烧成、水泥粉磨、包装)		地面	100	20	
储存		地面	75	40	
输送走廊		地面	20	20	
粗坯成型		0.75m 水平面	300	60	
13. 皮革工业					
原皮、水浴		0.75m 水平面	200	60	
轻毂、整理、成品		0.75m 水平面	200	60	可另加局部照明
干燥		地面	100	20	
14. 卷烟工业					

续表

房间或场所		参考平面及其高度	照度标准值/lx	Ra	备注
制丝车间		0.75m 水平面	200	60	
卷烟、接过滤嘴、包装		0.75m 水平面	300	80	
15. 化学、石油工业					
厂区内经常操作的区域,如泵、压缩机、阀门、电操作柱等		操作位高度	100	20	
装置区现场控制和检测点,如指示仪表、液位计等		测控点高度	75	60	
人行通道、平台、设备顶部		地面或台面	30	20	
装卸站	装卸设备顶部和底部操作位	操作位高度	75	20	
	平台	平台	30	20	
16. 木业和家具制造					
一般机器加工		0.75m 水平面	200	60	防频闪
精细机器加工		0.75m 水平面	500	80	防频闪
锯木区		0.75m 水平面	300	60	防频闪
模型区	一般	0.75m 水平面	300	60	
	精细	0.75m 水平面	750	60	
胶合、组装		0.75m 水平面	300	60	
磨光、异形细木工		0.75m 水平面	750	80	

注：需增加局部照明的作业面，增加的局部照明照度值宜按该场所一般照明照度值的1.0～3.0倍选取。

(4) 计算机房照明照度等要求

① 主机房内距地面0.8m处的照明照度应为200～300lx。

② 终端机室距地面0.8m处的照明照度应为100～200lx，光线不宜直射荧光屏。

③ 室内照明应防止产生频闪效应。

④ 主机室、终端机室、配电室的应急照明应符合电气照明的有关规定。

⑤ 键盘及书稿面上的照度为300～500lx，屏幕上的垂直照度不应大于150lx，并且应该防止眩光和反射光的影响。

⑥ 为了防止眩光和反射光的影响，要求屏幕上沿处于眼位置的下方。屏幕上沿与眼的连线和屏幕上沿端水平线的夹角，大致规

定在10°以内。

为了不让室内照明灯具等映入屏幕，其照明布置应使遮光角和遮光角内的亮度在规定允许的范围内。国际照明委员会（CIE）要求遮光角应在35°～45°范围内。遮光角内的亮度，最大可取200cd/m²。若为50cd/m²以下，则屏幕上几乎没有映入照明灯具等的感觉。

（5）照度补偿系数

由于照明器使用中光效会逐渐降低，灯具会被灰尘玷污，因此工作面上的光通量会减少。所以在进行照明设计时，应将上述各表中的最低照度值乘上一个规定的照度补偿系数 k 值。照度补偿系数见表12-43。

■ **表12-43　照度补偿系数 *k* 值**

分类	环境污染特征	生产车间和工作场所举例	照度补偿系数		照明器擦洗次数/(次/月)
			白炽灯、荧光灯、荧光高压汞灯	卤钨灯	
Ⅰ	清洁	仪器仪表的装配车间、电子元件器件的装配车间、实验室、办公室、设计室等	1.3	1.2	1
Ⅱ	一般	机械加工车间、机械装配车间等	1.4	1.3	1
Ⅲ	污染严重	锻工车间、铸工车间等	1.5	1.4	2
Ⅳ	室外	—	1.4	1.3	1

12.2.5 火灾应急照明要求

火灾应急照明的要求如下。

① 火灾应急照明场所的供电时间和照度要求，应满足表12-44所列数值，但高度超过100m的建筑物及人员疏散缓慢的场所应按实际需要计算。

■ **表12-44　火灾应急照明供电时间、照度及场所举例**

名称	供电时间	照度	场所举例
火灾疏散标志照明	不少于20min	最低不应低于0.5lx	电梯轿厢内、消火栓处、自动扶梯安全出口、台阶处、疏散走廊、室内通道、公共出口

续表

名称	供电时间	照度	场所举例
暂时继续工作的备用照明	不少于1h	不少于正常照度的50%	人员密集场所（如展览厅、多功能厅、餐厅、营业厅）和危险场所、避难层等
继续工作的备用照明	连续	不少于正常照明的照度	配电室、消防控制室、消防泵房、发电机室、蓄电池室、火灾广播室、电话站、BAS中控室以及其他重要房间

② 消防用电设备在火灾发生期间的最少连续供电时间可参见表12-45。

■ **表12-45 消防用电设备在火灾发生期间的最少连续供电时间**

序号	消防用电设备名称	保证供电时间/min
1	火灾自动报警装置	≥10
2	人工报警器	≥10
3	各种确认、通报手段	≥10
4	消火栓、消防泵及自动喷水系统	>60
5	水喷雾和泡沫灭火系统	>30
6	CO_2 灭火和干粉灭火系统	>60
7	卤代烷灭火系统	≥30
8	排烟设备	>60
9	火灾广播	≥20
10	火灾时疏散标志照明	≥20
11	火灾时暂时继续工作的备用照明	≥60
12	避难层备用照明	>60
13	消防电梯	>60
14	直升机停机坪照明	>60

注：1. 表中所列连续供电时间是最低标准，有条件时应尽量延长。

2. 对于超高层建筑，序号中3、4、8、10、13等项，尚应根据实际情况延长。

12.2.6 常用材料的反射率、透射率和吸收率

被照材料表面（物面）的亮度不但与光源的强度有关，而且与物面本身的反射能力有密切的关系。反射率越大，亮度越大。

常用材料的反射率 ρ、透射率 τ，和吸收率 α 见表12-46。

各种颜色的反射率见表12-47。

■ 表 12-46　常用材料的反射率、透射率和吸收率

材料名称		ρ/%	τ/%	α/%
玻璃及塑料	普通玻璃 3～6mm(无色)	3～8	78～82	
	钢化玻璃 5～6mm(无色)		78	
	磨砂玻璃 3～6mm(无色)		55～60	
	压花玻璃 3mm(无色)花纹深密		57	
	花纹浅稀		71	
	夹丝玻璃 6mm(无色)		76	
	压花夹丝玻璃 6mm(无色)花纹浅稀		66	
	夹层安全玻璃 3mm+3mm(无色)		78	
	双层隔热玻璃 3mm+5mm+3mm(空气层 5mm)(无色)		64	
	吸热玻璃 3mm+5mm(蓝色)		52～64	
	乳白玻璃 1mm		60	
	有机玻璃 2～6mm(无色)		85	
	乳白有机玻璃 3mm		20	
	聚苯乙烯板 3mm(无色)		78	
	聚氯乙烯板 2mm(无色)		60	
	聚碳酸酯板 3mm(无色)		74	
	聚酯玻璃钢板 3～4 层布(本色)		73～77	
	3～4 层布(绿色)		62～67	
	小玻璃钢瓦(绿色)		38	
	大玻璃钢瓦(绿色)		48	
	玻璃钢罩 3～4 层布(本色)		72～74	
金属	铁窗纱(绿色)		70	
	镀锌铁丝网(孔 20mm×20mm)		89	
	普通铝(抛光)	71～76		24～29
	高纯铝(电化抛光)	84～86		14～16
	镀汞玻璃镜	83		17
	不锈钢	55～60		40～45
饰面材料	石膏	91		8～10
	大白粉刷	75		
	水泥砂浆抹面	32		
	白水泥	75		
	白色乳胶漆	84		
	调和漆　白色和米黄色	70		
	中黄色	57		
	红砖	33		
	灰砖	23		

续表

材料名称		ρ/%	τ/%	α/%
饰面材料	瓷釉面砖　白色	80		
	黄绿色	62		
	粉色	65		
	天蓝色	55		
	黑色	8		
	马赛克地砖　白色	59		
	浅蓝色	42		
	浅咖啡色	31		
	绿色	25		
	深咖啡色	20		
	无釉陶土地砖　土黄色	53		
	朱砂	19		
	大理石　白色	60		
	乳色间绿色	39		
	红色	32		
	黑色	8		
	水磨石　白色	78		
	白色间灰黑色	52		
	白色间绿色	66		
	黑灰色	10		
	塑料贴面板　浅黄色木纹	36		
	中黄色木纹	30		
	深棕色木纹	12		
	塑料墙纸　黄白色	72		
	蓝白色	61		
	浅粉白色	65		
	胶合板	58		
	广漆地板	10		
	菱苦土地面	15		
	混凝土地面	20		
	沥青地面	10		
	铸铁、钢板地面	15		

■ **表 12-47　各种颜色的反射率**

颜色	ρ/%	颜色	ρ/%
深蓝色	10～25	浅绿色	30～55
深绿色	10～25	浅红色	25～35

续表

颜色	ρ/%	颜色	ρ/%
深红色	10～20	中灰色	25～40
黄色	60～75	黑色	5
浅灰色	45～65	光亮白漆	87～88

12.3 照度计算

12.3.1 点光源照度计算

(1) 点光源照度计算公式

计算点光源照度的示意图如图 12-6 所示。

被照面各方向照度计算公式如下：

$$E_n=\frac{I_\theta}{l^2}=\frac{I_\theta}{h^2+d^2}$$

$$E_s=E_n\cos\theta=\frac{I_\theta}{l^2}\cos\theta=\frac{I_\theta}{h^2}\cos^3\theta$$

$$E_x=E_n\sin\theta=\frac{I_\theta}{l^2}\sin\theta=\frac{I_\theta}{d^2}\sin^3\theta$$

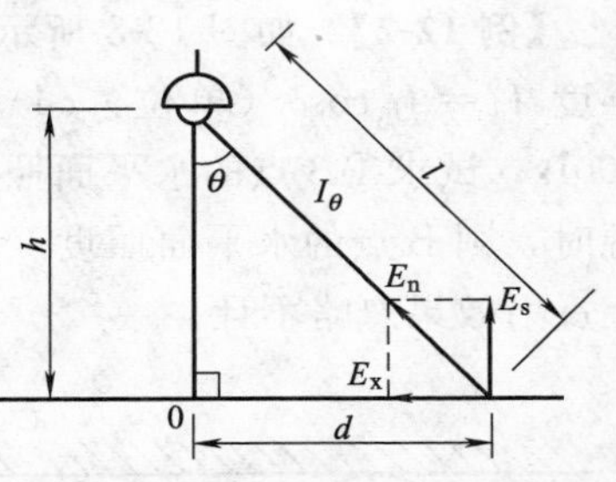

图 12-6 计算点光源照度的示意图

如果光源的光强对所有方向均相等，则 $I=I_\theta$。

式中 E_n——法线照度，lx；

E_s——水平面照度，lx；

E_x——垂直面照度，lx；

I_θ——光源指向被照点方向的光强，cd；

θ——光线的方向与被照面法线间的夹角；

h——计算高度，m；

d——水平距离，m。

当水平距离 d 一定时，给出最大水平面照度的条件是 $h=d\sqrt{2}$。

（2）给出立体角时被照面上的照度计算（图 12-7）

$$E_s=\frac{\Phi}{S}=\frac{2\pi I(1-\cos\theta)}{\pi R^2}$$

$$=\frac{2I(1-\cos\theta)}{R^2}$$

$$\omega=2\pi(1-\cos\theta)$$

式中　E_s——圆桌面上（水平面）的照度，lx；

I——发光强度，cd；

R——圆桌半径，m；

ω——从光源处看到的圆桌的立体角，sr；

Φ——光通量，lm。

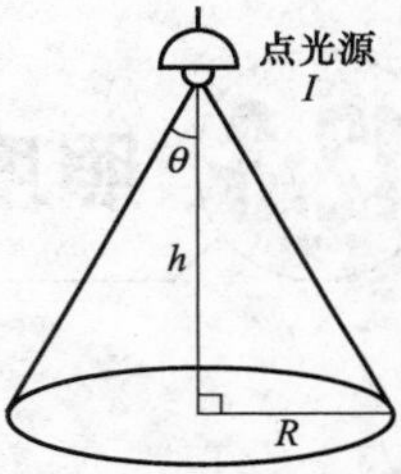

图 12-7　点光源在圆桌面上的照度

【例 12-2】 如图 12-8 所示的一点光源安装在天花板上，发光强度 $I_\theta=I_m\cos\theta$（单位：cd）。已知 A 点的直射水平面照度为 200lx，试求①B 点的水平面照度；②若在 C 点增加同样的一点光源时，则 B 点的水平面照度又为多少？设以上两种场合，室内相互反射效果忽略不计。

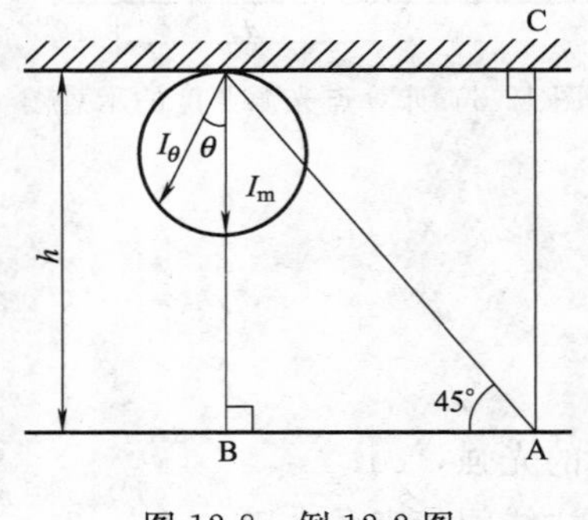

图 12-8　例 12-2 图

解　① 设 A 点与光源的距离为 R，且 A 点的水平照度为 E_s，则

$$E_s=\frac{I_m\cos\theta}{R^2}\cos\theta$$

按题意

$$200=\frac{I_m\cos45°}{R^2}\cos45°, I_m=400R^2$$

设高度为 h，则 B 点的水平照度为

$$E_B=\frac{I_m\cos\theta}{h^2}\cos\theta$$

这里 $\theta=0°$，故

$$E_B=I_m/h^2=400R^2/h^2$$

由图有 $h=R\cos45°=R/\sqrt{2}$，故

$$E_B=400R^2\left(\frac{\sqrt{2}}{R}\right)^2=800\text{lx}$$

② 在 C 点增加点光源后，B 点的照度只要在上述照度下增加 A 点的水平照度即可，即

$$800+200=1000\text{lx}$$

【例 12-3】 有一所有方向光强都均匀的 270cd 的电灯，装在直径 40cm 的完全扩散性球形灯罩内，置于离桌子高度 2m 处，试求该灯垂直下方的桌子上的照度。其中设灯罩的反射率为 50%，透射率为 40%。

解 在一定反射率 ρ、直径为 D（m）的完全扩散性球形灯罩内的中心位置，放置光强为 I（cd）的光源时，球形灯罩内的某一点的照度 E 为直射照度 E_1 和扩散照度 E_2 之和，即

$$E=E_1+E_2=\frac{4\pi I}{\pi D^2}+\left(\frac{4\pi I}{1-\rho}-4\pi I\right)/\pi D^2=\frac{1}{1-\rho}\times\frac{4I}{D^2}$$

设透射率为 τ，则灯罩的光束发射强度 E' 为

$$E'=\tau E=\frac{\tau}{1-\rho}\times\frac{4I}{D^2}$$

由于是完全扩散性，故灯罩表面的亮度 L 为

$$L=\frac{E'}{\pi}=\frac{\tau}{1-\rho}\times\frac{4I}{\pi D^2}$$

设灯罩中心与桌子的距离为 x（m），由于亮度 L 的球光源的法线照度与在其中心集中全光通量 Φ（lm）的点光源的情况相同，故

$$E_s=\frac{\Phi}{4\pi}/x^2=\frac{\pi D^2L}{4x^2}=\frac{\tau}{1-\rho}\times\frac{I}{x^2}$$

将题意中的各数值代入上式，得桌子上的照度为

$$E_s=\frac{\tau}{1-\rho}\times\frac{I}{x^2}=\frac{0.4}{1-0.5}\times\frac{270}{2^2}=54\text{lx}$$

12.3.2 室内照度计算

（1）工作面上平均照度的计算

对于非直射型灯具的室内反光性能较好的场合，可用下式计算工作面上的平均照度：

$$E_{\mathrm{pj}}=\frac{\Phi n\mu}{Ak}$$

式中 E_{pj}——工作面上的平均照度，lx；

Φ——每个光源的光通量，lm；

n——由布灯方案得出的灯具数量，个；

A——房间或工作面面积，m^2；

k——照度补偿系数，见表 12-43；

μ——利用系数，可根据房间的室形指数 K 或室空比 RCR、表面反射率和灯具形式等进行计算。

若照度标准为最低照度值时，必须将平均照度值 E_{pj} 换算成最低照度值 E。换算公式如下：

$$E=E_{\mathrm{pj}}/Z$$

式中 E——工作面上的最低照度，lx；

Z——最小照度系数，可查阅有关照明手册和图表。这里列举部分灯具的最小照度系数，见表 12-48。

■ **表 12-48 部分灯具的最小照度系数 Z 值**

灯具名称	灯具型号	光源种类及容量/W	距高比 $L:h$				$L:h/z$ 的最大允许值
			0.6	0.8	1.0	1.2	
			Z 值				
配照型灯具	GC1-$\frac{A}{B}$-1	B150	1.30	1.32	1.33		1.25/1.33
		G125		1.34	1.33	1.32	1.41/1.29
广照型灯具	GC3-$\frac{A}{B}$-2	G125	1.28	1.30			0.98/1.32
		B200 150	1.30	1.33			1.02/1.33
深照型灯具	GC5-$\frac{A}{B}$-3	B300		1.34	1.33	1.30	1.40/1.29
		G250		1.35	1.34	1.32	1.45/1.32

续表

灯具名称	灯具型号	光源种类及容量/W	距高经 $L:h$				$L:h/z$ 的最大允许值
			0.6	0.8	1.0	1.2	
			Z 值				
深照型灯具	GC-5-$\frac{A}{B}$-4	B300 500		1.33	1.34	1.32	1.40/1.31
		G400	1.29	1.34	1.35		1.23/1.32
筒式荧光灯具	YG1-1	1×40	1.34	1.34	1.31		1.22/1.29
	YG2-1			1.35	1.33	1.28	1.28/1.28
	YG2-2	2×40		1.35	1.33	1.29	1.28/1.29
吸顶荧光灯具	YG6-2	2×40	1.34	1.36	1.33		1.22/1.29
	YG6-3	3×40		1.35	1.32	1.30	1.26/1.33
嵌入式荧光灯具	YG15-2	2×40	1.34	1.34			
	YG15-3	3×40	1.37	1.33			1.05/1.30
房间较矮		灯排数≤3	1.15～1.20				
反射条件较好		灯排数>3	1.10				
其他白炽灯(B)的灯布置合理时			1.10～1.20				

式中的利用系数 μ 可按以下方法估算。

① 先按下式计算出室形指数

$$K=\frac{xy}{h(x+y)}$$

式中 x——房间宽度，m；

y——房间长度，m；

h——灯具中心线距工作面上的距离，m。

② 然后根据室形指数 K，由表 12-49 查得房间指标。从照明利用率看，A 级最有利，J 级最差。

③ 最后由房间指标查图 12-9，得利用系数 μ 值。较高值说明从天棚（顶棚）的反射率为 80％，墙壁的反射率为 50％；较低值说明漫射光对于天棚的反射率为 30％，墙壁的反射率为 10％。

【例 12-4】 已知房间的尺寸如下：$x=15\text{m}$、$y=28\text{m}$、$h=4.5\text{m}$，试求利用系数。

解 ①室空比为

$$K=\frac{xy}{h(x+y)}=\frac{15\times 28}{4.5\times(15+28)}=2.17$$

■ **表 12-49　室形指数对应的房间指标**

室形指数 K	房间指标	室形指数 K	房间指标
<0.7	J	1.75～2.25	E
0.7～0.9	I	2.25～2.75	D
0.9～1.12	H	2.75～3.50	C
1.12～1.38	G	3.50～4.50	B
1.38～1.75	F	>4.50	A

② 查表 12-49，得房间指标为 E 级。

③ 根据 E 级由图 12-9 查得利用系数 $\mu=0.34\sim0.65$。

当考虑其他因素（如照明器是漫反射型，天棚反射率为60%～70%，墙壁的反射率为 30%～50%）时，取平均值，$\mu=0.5$。

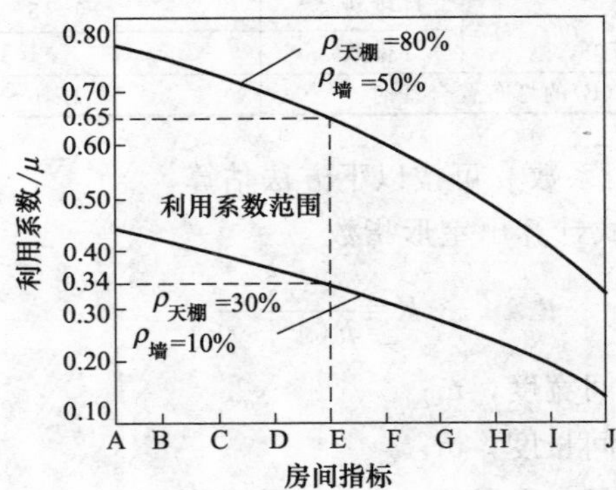

图 12-9　室形指数的利用系数 μ 值范围

（2）单位容量法计算照度

单位容量值计算公式如下：

$$\omega=P/A$$

式中　ω——在某最低照度值下的单位容量值，W/m^2；

P——房间内照明总安装容量（包括镇流器功耗在内），W；

A——房间面积，m^2。

已知房间面积 A、计算高度 h 和房间的照度标准 E（最低照度值），便可由表 12-50（如荧光灯）查得所采用灯具的单位容量值 ω，再由上式求出房间的总照明安装容量 P。

若房间的照度标准为平均照度值 E_{pj} 时，则应由表 12-48 查出最小照度系数 Z 值，再按下式求得房间的总照明安装容量 P：

$$P=\frac{\omega}{Z}A$$

于是由下式算出需要安装的灯具数：

$$n=P/\omega'$$

式中　n——在规定的照度下所需的灯具数；

ω'——每盏灯具的灯泡数×灯泡功率（包括镇流器功耗在内），W。

查表时若碰到房间长度 $L>2.5W$（W 为宽度）时，按 $2.5\mathrm{m}^2$ 的房间面积来查取单位容量值 ω。计算时仍以房间实际面积 A 进行计算。

工厂车间单位建筑面积照明用电量，可按表 12-51 估算。

【例 12-5】 已知一教室，长为 12m、宽为 6m，灯具离桌面计算高度为 2.75m，课桌的平均照度为 150lx。试用单位容量法确定布灯方案。

解 由 $A=72\mathrm{m}^2$，$h=2.75\mathrm{m}$，$E=150\mathrm{lx}$，查表 12-48，得 YG2-1 型荧光灯的 $Z=1.28$。

查表 12-50 得单位容量 $\omega=8.6\mathrm{W/m^2}$，因此房间总照明安装容量为

$$P=\frac{\omega}{Z}A=\frac{8.6}{1.28}\times72=483.75\mathrm{W}$$

40W 荧光灯的有功功耗为 $\omega'=48\mathrm{W}$（包括镇流器），故安装灯具数为

$$n=P/\omega'=483.75/48=10.1$$

12.3.3 道路照度计算

一般道路照明可用平均照度进行计算；对于道路照明要求较高时，可用逐点计算法进行计算，同时应计算平均亮度、眩光等内容。

■ **表 12-50　日光色荧光灯均匀照明近似单位容量值**

单位：W/m²

计算高度 h/m	E/lx A/m²	30W、40W 带灯罩						30W、40W 不带灯罩					
		30	50	75	100	150	200	30	50	75	100	150	200
2～3	10～15	2.5	4.2	6.2	8.3	12.5	16.7	2.8	4.7	7.1	9.5	14.3	19
	15～25	2.1	3.6	5.4	7.2	10.9	14.5	2.5	4.2	6.3	8.3	12.5	16.7
	25～50	1.8	3.1	4.8	6.4	9.5	12.7	2.1	3.5	5.4	7.2	10.9	14.7
	50～150	1.7	2.8	4.3	5.7	8.6	11.5	1.9	3.1	4.7	6.3	9.5	12.7
	150～300	1.6	2.6	3.9	5.2	7.8	10.4	1.7	2.9	4.3	5.7	8.6	11.5
	大于 300	1.5	2.4	3.2	4.9	7.3	9.7	1.6	2.8	4.2	5.6	8.4	11.2
3～4	10～15	3.7	6.2	9.3	12.3	18.5	24.7	4.3	7.1	10.6	14.2	21.2	28.2
	15～20	3	5	7.5	10	15	20	3.4	5.7	8.6	11.5	17.1	22.9
	20～30	2.5	4.2	6.2	8.3	12.5	16.7	2.8	4.7	7.1	9.5	14.3	19
	30～50	2.1	3.6	5.4	7.2	10.9	14.5	2.5	4.2	6.3	8.3	12.5	16.7
	50～120	1.8	3.1	4.8	6.4	9.5	12.7	2.1	3.5	5.4	7.2	10.9	14.5
	120～300	1.7	2.8	4.3	5.7	8.6	11.5	1.9	3.1	3.1	6.3	9.5	12.7
	大于 300	1.6	2.7	3.9	5.3	7.8	10.5	1.7	2.9	2.9	5.7	8.6	11.5
4～6	10～17	5.5	9.2	13.4	18.3	27.5	36.6	6.3	10.5	15.7	20.9	31.4	41.9
	17～25	4.0	6.7	9.9	13.3	19.9	26.5	4.6	7.6	11.4	15.2	22.9	30.4
	25～35	3.3	5.5	8.2	11	16.5	22	3.8	6.4	9.5	12.7	19	25.4
	35～50	2.6	4.4	6.6	8.8	13.3	17.7	3.1	5.1	7.6	10.1	15.2	20.2
	50～80	2.3	3.9	5.7	7.7	11.5	15.5	2.6	4.4	6.6	8.8	13.3	7.7
	80～150	2.0	3.4	5.1	6.9	10.1	13.5	2.3	3.9	5.7	7.7	11.5	15.5
	150～400	1.8	3	4.4	6	9	11.9	2.0	3.4	5.1	6.9	10.1	13.5
	大于 400	1.6	2.7	4.0	5.4	8.0	11	1.8	3.0	4.5	6	9	12

■ **表 12-51　单位建筑面积照明用电量估算**

序号	建筑物名称	单位容量/(W/m²)	序号	建筑物名称	单位容量/(W/m²)
1	金工车间	6	14	各种仓库(平均)	5
2	装配车间	9	15	生活间	8
3	工具修理车间	8	16	锅炉房	4
4	金属结构车间	10	17	机车库	8
5	焊接车间	8	18	汽车库	8
6	锻工车间	7	19	住宅	4
7	热处理车间	8	20	学校	5
8	铸钢车间	8	21	办公楼	5
9	铸铁车间	8	22	单身宿舍	4
10	木工车间	11	23	食堂	4
11	实验室	10	24	托儿所	5
12	煤气站	7	25	商店	5
13	压缩空气站	5	26	浴室	3

注：表内数字按白炽灯计算，仅供粗略估算时参考。

(1) 平均照度计算

路面平均照度可按下式计算：

$$E_{pj}=\frac{\Phi N\mu}{kBD}$$

式中　E_{pj}——路面平均照度，lx；

Φ——光源总光通量，lm；

N——灯柱的列数，单侧排列及交错排列时 $N=1$，对称排列时 $N=2$；

μ——利用系数，即从光源总光通量中投射到整个宽度路面上的光通量比例，见表 12-52；

k——照度补偿系数，通常为 1.3～2.0，对于混凝土路面取小值，沥青路面取大值；

B——路面宽度，m；

D——电杆间距，m。

■ **表 12-52　室外照明的照明利用系数 μ**

灯具配光 / B/h	反射罩 (0, 0.8)	球状灯泡 (0.3, 0.5)	柱头式灯泡 (0.4, 0.4)	悬挂式灯泡 (0.1, 0.7)	三棱形灯泡（非对称） (0, 0.7)
0.5	0.09	0.05	0.04	0.09	0.18
1.0	0.20	0.11	0.07	0.16	0.31
1.5	0.25	0.15	0.10	0.20	0.38
2.0	0.30	0.20	0.12	0.22	0.43
2.5	0.31	0.20	0.13	0.24	0.47
3.0	0.35	0.25	0.14	0.25	0.48
4.0	0.35	0.25	0.16	0.26	0.51
5.0	0.35	0.25	0.16	0.27	0.52
10.0	0.39	0.27	0.18	0.28	0.53
20.0	0.39	0.27	0.19	0.30	0.53

注：B—道路宽度，m；h—灯具安装高度，m。

【例 12-6】　某城市的一般道路照明要求路面的平均照度为 6lx。采用悬挂式灯具，倾角为 15°，灯具悬高度 h 为 7m，灯沿马路两侧交错排列，灯间距离 D 为 20m，道路宽度 B 为 10m，试求每一盏路灯的光通量多大？设照度补偿系数 k 为 1.4（混凝土路面）。

解　① 求利用系数 μ

$$\frac{B}{h}=\frac{10}{7}=1.43$$

对于悬挂式灯具，$\mu\approx0.2$。

② 每盏灯的光通量为

$$\Phi=\frac{E_{\rm pj}kBD}{N\mu}=\frac{6\times1.4\times10\times20}{2\times0.2}=4200\text{lm}$$

如果选用一盏 250W 高压汞灯，其额定光通量为 5250lm。此时路面的实际照度为

$$E=E_{pj}\frac{\Phi'}{\Phi}=6\times\frac{5250}{4200}=7.5\text{lx}$$

（2）逐点计算法

该方法主要用于直射型灯具照明，而且反射光对照度影响较小的场所，也适用于道路照度计算。

点光源水平照度计算公式如下：

$$E_s=\frac{F}{1000k}\sum_{i=1}^{n}E_i$$

式中 E_s——工作面上某计算点的水平最低的任一点上的总水平照度，lx；

F——每个灯具的光通量，lm；

k——照度补偿系数；

$\sum_{i=1}^{n}E_i$——各个灯具对该计算点所产生的照度的总和，lx。

由于空间等照度曲线是以假设光源的光通量为1000lm制作的，所以式中要除以1000。

E_i 的求法如下（参见图12-10）：

$$E_i=\frac{I_a\cos\alpha}{r^2}=\frac{I_a\cos^3\alpha}{h^2}$$

式中 E_i——受照面上某点的水平照度，lx；

I_a——灯具的垂直面光强分布曲线中与 α 角对应方向的光强值（cd），其值可查有关灯具设计计算图表；

r——光源与受照面上某点的距离，m；

h——光源与受照水平面的垂直距离，m。

【例12-7】 如图12-11所示的平面上有一边长为4m的正方形，在它的顶点A、B、C、D点的正上方高2m处各安装一个发光强度为800cd的灯泡，如果同时点燃，试求在A、B、C、D各点和正方形中心点P的水平照度各为多少？设灯泡的发光强度对所有方向均相等。

解 因A、B、C、D中任一点的照度都相等，所以只要求A

点照度即可。对 A 点而言，有如图 12-12 的情况，其中光源 A 产生的照度为

$$E_A = I/h^2 = 800/2^2 = 200\text{lx}$$

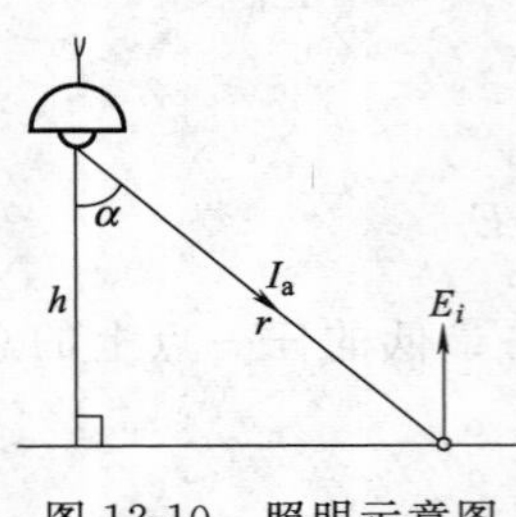

图 12-10　照明示意图

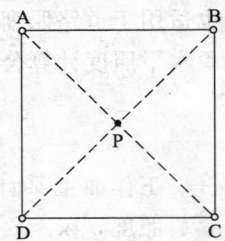

图 12-11　例 12-7 图（一）

由光源 B、D 产生的照度为

$$E_B = E_D = \frac{I\cos\alpha}{r^2} = \frac{Ih}{r^3} = \frac{800\times 2}{(\sqrt{2^2+4^2})^3} = 17.9\text{lx}$$

由光源 C 产生的照度为

$$E_C = \frac{800\times 2}{\left[\sqrt{2^2+(4\sqrt{2})^2}\right]^3} = \frac{1600}{216} = 7.4\text{lx}$$

因此，A 点的照度 E_1 为 A、B、C、D 各光源所产生的照度之总和，即

$$E_1 = E_A + E_B + E_C + E_D$$
$$= 200 + 2\times 17.9 + 7.4 = 243.2\text{lx}$$

其次，P 点的照度 E_2 是由各个光源共同照射形成，其值为光源 A 所产生照度的 4 倍（见图 12-13）。

12.3.4　投光灯照明的照度计算

大面积场所和场地的照明，一般都采用投光灯。投光灯的数量和容量的确定，可按以下方法估算。

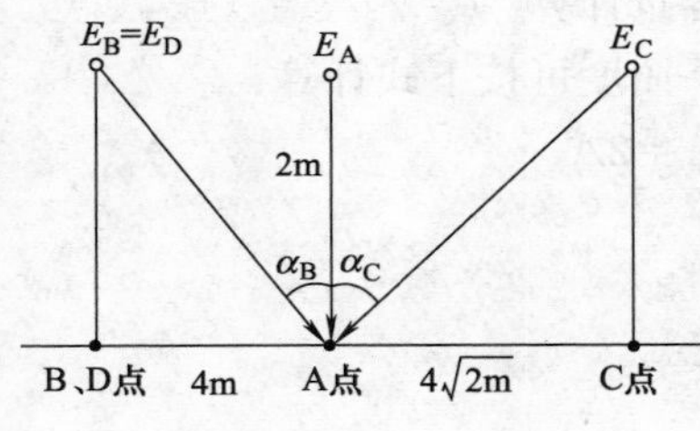

图 12-12　例 12-7 图（二）

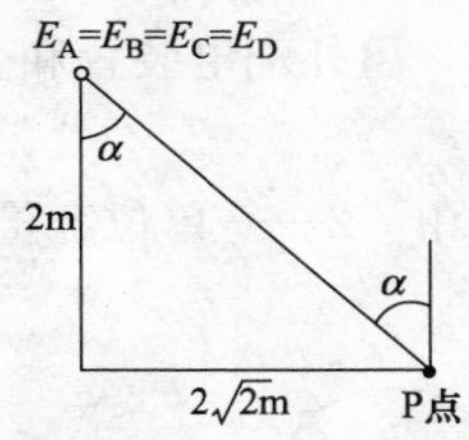

图 12-13　例 12-7 图（三）

（1）投光灯所需数量

投光灯数量，根据照度要求，可按下式计算：

$$N=\frac{EkA}{\Phi\eta\mu Z}$$

式中　N——投光灯数量；

E——规定照度，lx；

k——照度补偿系数，参见表 12-43；

A——照明场地面积，m^2；

Φ——所选择的投光灯泡的光通量，lm；

η——投光灯效率，$\eta=0.35\sim0.38$；

μ——光通利用系数，照明面积大时，$\mu\approx0.9$；

Z——照明不均匀系数，等于最小照度与平均照度之比，$Z\approx0.75$。

（2）投光灯容量计算

$$p=mE_{pj}$$

式中　p——投光灯单位容量，W/m^2；

m——投光灯系数，一般为 0.2～0.28。

一般也可按下式计算：

$$p=0.25E_{pj}$$

被照面积的总容量为

$$P=pA$$

式中　A——被照面积，m^2。

（3）屋外配电装置的投光灯容量计算

屋外配电装置和变电所的水平照度可按下式计算：

$$P=pA=2A$$

式中　2——单位容量为 $2W/m^2$。

12.4 照明设计

12.4.1 室内照明设计

室内照明设计除进行照度计算、灯具选择等外，主要要满足以下灯具布置要求。

（1）直接眩光限制的要求（见表 12-53）

（2）灯具最小遮光角的要求

灯具亮度除应满足亮度限制要求外，还应符合表 12-53 最小遮光角的规定，以防止眩光。

■ **表 12-53　灯具最小遮光角**

灯具出光口的平均亮度 /($10^3 cd/m^2$)	直接眩光限制等级		光源类型
	A、B、C	D、E	
$L\leqslant20$	20°	10°①	管状荧光灯
$20<L\leqslant500$	25°	15°	涂荧光粉或漫射光玻璃的高强气体放电灯
$L>500$	30°	20°	透明玻璃的高强气体放电灯、透明玻璃白炽灯

① 线状的灯从端向看遮光角为 0°。

（3）室内灯具的最低悬挂高度（见表 12-54）

（4）灯具较合理布置的距高比

均匀照明的灯具布置方式有三种（见图 12-14），其等效灯距 L

的计算如下：

■ **表 12-54　室内一般照明灯具的最低悬挂高度**

光源种类	灯具形式	灯具遮光角	光源功率/W	最低悬挂高度/m
白炽灯	有反射罩	10°～30°	≤100	2.5
			150～200	3.0
			300～500	3.5
	乳白玻璃漫射罩	—	≤100	2.0
			150～200	2.5
			300～500	3.0
荧光灯	无反射罩	—	≤40	2.0
			＞40	3.0
	有反射罩	—	≤40	2.0
			＞40	2.0
荧光高压汞灯	有反射罩	10°～30°	＜125	3.5
			125～250	5.0
			≥400	6.0
	有反射罩带格栅	＞30°	＜125	3.0
			125～250	4.0
			≥400	5.0
金属卤化物灯、高压钠灯、混光光源	有反射罩	10°～30°	＜150	4.5
			150～250	5.5
			250～400	6.5
			＞400	7.5
	有反射罩带格栅	＞30°	＜150	4.0
			150～250	4.5
			250～400	5.5
			＞400	6.5

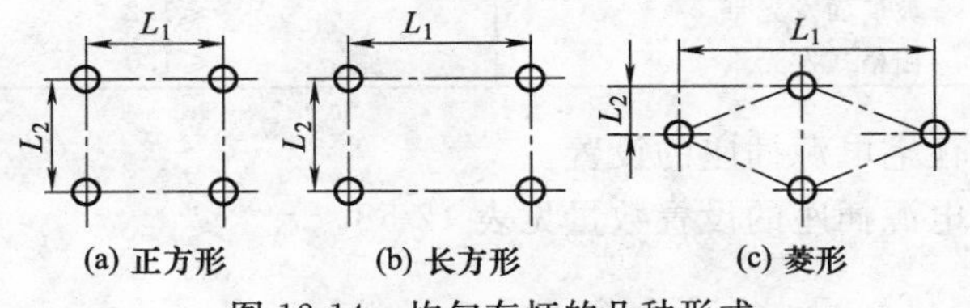

(a) 正方形　(b) 长方形　(c) 菱形

图 12-14　均匀布灯的几种形式

图 12-14（a）　　$L=L_1+L_2$

图 12-14（b）　　$L=\sqrt{L_1L_2}$

图 12-14（c）　　　　$L=\sqrt{L_1L_2}$

灯具布置是否合理，主要取决于灯具的间距 L 和计算高度 h 的比值（L/h）是否恰当。L/h 值小，照度均匀度好，但费电；L/h 值过大，又不能满足所规定的照度均匀度。

对于房间的边缘地区，灯具距墙的距离一般取(1/3～1/2)L；如果工作位置靠近墙壁时，可将边行灯具距墙的距离取为（1/4～1/3）L。

图书室、资料室、实验室、教室的灯具布置，取 L/h＝1.6～1.8 较有利。

各种灯具的距高比推荐值见表 12-55；嵌入式均匀布置发光带最适宜的距高比见表 12-56；荧光灯的最大允许距高比见表 12-57。表中给出的数值，是使工作面达到最低照度值时的合理 L/h 值。

■ **表 12-55　各种灯具的 L/h 值**

灯具类型	L/h		单行布置时房间最大宽度
	多行布置	单行布置	
配照型、广照型	1.8～2.5	1.8～2	1.2h
深照型、镜面深照型乳白玻璃罩灯	1.6～1.8	1.5～1.8	h
防爆灯、圆球灯、吸顶灯、防水防尘灯	2.3～3.2	1.9～2.5	1.3h
栅格荧光灯具	1.2～1.4	1.2～1.4	0.75h
荧光灯具(余弦配光)	1.4～1.5	—	—
块板型(高压钠灯)GC108-NG400	1.6～1.7	1.6～1.7	1.2h

注：第一个数字为最适宜值，第二个数字为允许值。

■ **表 12-56　嵌入式均匀布置发光带最适宜的 L/h 值**

发光带类型	L/h
玻璃面发光带	≤1.2
栅格式发光带	≤1.0

（5）住宅电源插座的设置

住宅电源插座的设置数量见表 12-58。

12.4.2　厂房照明设计

厂房内部照明有以下要求。

■ **表 12-57　荧光灯的最大允许距高比 L/h 值**

名称	型号	灯具效率/%	L/h		光通量 Φ /lm	示意图
			A—A	B—B		
1×40W	YG1-1	81	1.62	1.22	2200	
筒式 1×40W	YG2-1	88	1.46	1.28	2200	
荧光灯 2×40W	YG2-2	97	1.33	1.28	2×2200	
密封型 1×40W	YG4-1	84	1.52	1.27	2200	
荧光灯 2×40W	YG4-2	80	1.41	1.26	2×2200	A 90° B B 0° A
吸顶式 2×40W	YG6-2	86	1.48	1.22	2×2200	
荧光灯 3×40W	YG6-3	86	1.5	1.26	3×2200	
嵌入式栅格荧光灯 3×40W(塑料栅格)	YG15-3	45	1.07	1.05	3×2200	
嵌入式栅格荧光灯 2×40W (铝栅格)	YG15-2	63	1.25	1.20	2×2200	

■ **表 12-58　住宅电源插座的设置数量**

部位	国标规定设置数量(下限值)	建　议　值
卧室、起居室(厅)	一个单相三极和一个单相二极的组合插座两组	①设置单相二极和单相三极组合插座 3～5 组 ②每个房间应设置一个空调器专用插座，起居室应设置 15A 的空调器插座
厨房、卫生间	防溅水型一个单相三极和一个单相二极的组合插座一组	①厨房设单相二极和单相三极组合插座及单相三极带开关插座各一组，并在抽油烟机上部设一单相三极插座 ②卫生间增设一带开关的单相三极插座，有洗衣机的卫生间增设一带开关的单相三极插座。卫生间插座应采用防溅式
放置洗衣机、冰箱、排气机械和空调器等处	专用单相三极插座一个	同国标

① 满足生产和检验工作的需要。

② 满足安全的通行。

③ 使室内能看清楚设备和生产程序。

(1) 灯具的选择

厂房的照明灯具应根据各车间不同的使用环境和工作性质要求等来选择。特点要注意限制眩光的要求。

(2) 灯具的布置

灯具布置除满足规定的照度要求和尽量减少眩光和阴影外，还要注意经济合理。灯具布置一般采用均匀布置方式，灯具的悬挂高度以不产生眩光为宜。

各种灯具较合适的距高比 L/h 值，见表 12-56。灯具适宜的悬挂高度见表 12-59。

■ **表 12-59 灯具适宜的悬挂高度**

灯具类型	悬挂高度/m
配照灯、广照型工厂灯	2.5～6
深照型工厂灯	6～13
镜面深照型灯	7～15
防水防尘灯、矿山灯	2.5～5
防潮灯	2.5～5(个别场所低于 2.5m 时可带保护罩)
万能型灯	2.5～5
隔爆型、安全型灯	2.5～5
圆球吸顶灯	2.5～5
乳白玻璃吊灯	2.5～5
软线吊灯	>2
荧光灯	>2
碘钨灯	7～15(特殊场合可低于 7)
镜面磨砂灯泡	200W 以下，>2.5
	200W 以上，>4
路灯，裸露灯泡	>5.5

(3) 荧光灯布置要求

① 为了使室内得到均匀的水平照度，同列荧光灯灯具的纵横配光曲线接近于余弦配光，要求距高比 $L/h=1.4\sim1.5$。

② 涂珐琅质反光面深照配光的荧光灯灯具，要求 $L/h=1.6\sim1.8$。

③ 如图 12-15 布置的荧光灯，为了沿灯具列的方向得到均匀的水平照度，同列荧光灯灯具中心距离应取：$L'=l+a\leqslant0.7h$。互

相平行的间距可取：$L'' \leqslant 0.6h$。最靠边缘的一列荧光灯与墙壁间的距离应取 $1/3L''$。

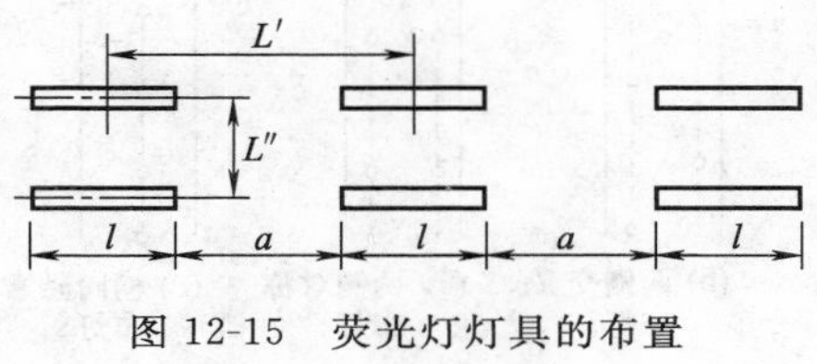

图 12-15　荧光灯灯具的布置

12.4.3　道路照明设计

道路照明的安装，应考虑路面照度及其均匀度、限制眩光要求、维修等条件。

(1) 灯具的选择

① 道路照明一般不宜采用白炽灯，而应采用高光效气体放电灯。对于主干路和次干路宜采用高压钠灯；对于快速路及市郊道路宜采用低压钠灯或高压钠灯；对于支路和居住区道路，宜采用小功率高压钠灯或高压汞灯；对于市中心、商业中心等地段的街道必要时可采用金属卤化物灯或中、高显色型高压钠灯。

② 对于快速路、主干路必须采用截光型、半截光型灯具；对于次干路应采用半截光型灯具；对于支路宜采用半截光型灯具。

③ 采用高杆照明时，宜选用光束比较集中的泛光灯。

④ 环境恶劣的场所，如多尘、有腐蚀性气体、强烈振动等场所，应采用相应的防尘防水、耐腐蚀、抗振的灯具。

(2) 路灯布置方式的选择

路面较窄的道路，采用单侧布灯；路面宽度大于 9m 或对照度要求较高时，可采用两侧对称布灯或交叉布灯；在特别狭窄的地带，也可在建筑物外墙布灯。几种常用的布灯方式如图 12-16 所示。

(3) 安装要求

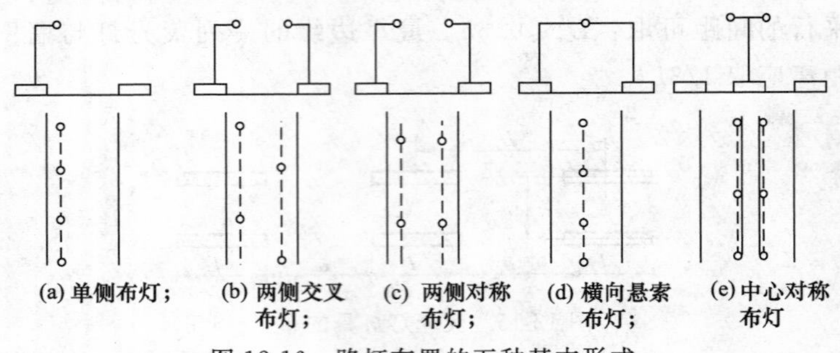

图 12-16　路灯布置的五种基本形式

一般情况下，可按以下要求布灯。

① 在主干路及交叉路口，当采用 125～250W 高压汞灯时，悬挂高度不应低于 5m；当采用 400W 高压汞灯或 250～400W 高压钠灯时，悬挂高度不应低于 6m。

② 在次要道路，当采用 50～80W 高压汞灯或采用 60～100W 白炽灯时，悬挂高度为 4～6m。

③ 灯具的悬挑长度不宜超过安装高度的 1/4，一般为 1.5～3.5m，灯具的仰角不宜超过 15°。

④ 一般厂区道路照明的灯杆间距，宜采用 30～40m，可与电力线路同杆架设。

⑤ 采用图 12-16 基本布灯方式时，灯具的配光类型、安装高度和间距应满足表 12-60 的规定。

⑥ 采用光通量较大的光源时，为了减少或防止道路照明灯的眩光对司机视觉的不利影响，需适当地提高灯具的安装高度，一般采用表 12-61 的数据较为合适。

■ 表 12-60　基本布灯方式时灯具安装高度、间距的选择

灯具配光类型	截光型		半截光型		非截光型	
布灯方式	安装高度 H/m	间距 L/m	安装高度 H/m	间距 L/m	安装高度 H/m	间距 L/m
单侧布灯	$H \geqslant W$	$L \leqslant 3H$	$H \geqslant 1.2W$	$L \leqslant 3.5H$	$H \geqslant 1.4W$	$L \leqslant 4H$
交叉布灯	$H \geqslant 0.7W$	$L \leqslant 3H$	$H \geqslant 0.8W$	$L \leqslant 3.5H$	$H \geqslant 0.9W$	$L \leqslant 4H$
对称布灯	$H \geqslant 0.5W$	$L \leqslant 3H$	$H \geqslant 0.6W$	$L \leqslant 3.5H$	$H \geqslant 0.7W$	$L \leqslant 4H$

注：W 为路面有效宽度，m。

■ **表 12-61　灯具安装高度、悬出距离和倾斜角**

每只灯的光通量/lm	安装高度/m	悬出距离 l/m	倾斜角/(°)
<15000	>8	$-1 \leqslant l \leqslant 1$；但是发光部分在 0.6m 以上的照明灯为 $-1.5 \leqslant l \leqslant 1.5$	<5
15000～30000	>10		
>30000	>12		

⑦ 在急转弯道和较陡的坡度上，为了提供较均匀的路面亮度和照度，需要保证较近的灯具间距，见表 12-62。

■ **表 12-62　转弯部分的灯具间距**

转弯半径/m 灯具悬高/m		>300	>250	>200	<200
灯具间距/m	<12	<35	<30	<25	<20
	>12	<40	<35	<30	<25

12.5 照明线路的设计

12.5.1 照明供电的设计要求

设计照明线路，一般应按以下要求进行。

① 照明网络一般采用 380/220V 中性点接地的三相四线制系统，三相照明负荷应尽量平衡，在每个分配电盘中的最大与最小相的负荷电流差不宜超过 30%。当照明负荷小于 30A 时，宜采用单相 220V 两线制供电。

② 生产车间可采用动力和照明合一的供电方式，但照明电源应接在动总开关之前。这样，一旦动力负荷发生故障总开关跳闸时，车间仍有照明电源，以保证故障处理和日常检修。

③ 在照明分支回路中应避免采用三相低压断路器对三个单相分支回路进行控制和保护。

④ 照明系统中的每一单相回路电流不宜超过16A，灯具为单独回路时数量不宜超过25个。大型建筑组合灯具每一单相回路电流不宜超过25A，光源数量不宜超过60个。建筑物轮廓灯每一单相回路不宜超过100个。

当灯具和插座混为一回路时，其中插座数量不宜超过5个（组）。

当插座为单独回路时，数量不宜超过10个（组）。

但住宅可不受上述规定限制。

⑤ 插座宜由单独回路配电，并且一个房间内的插座宜由同一回路配电。备用照明、疏散照明的回路上不应设置插座。

⑥ 备用照明应由两路电源或两回路供电。

⑦ 备用照明作为正常照明的一部分同时使用时，其配电线路及控制开关应分开装设。备用照明仅在事故情况下使用时，则当正常照明因故断电，备用照明应自动投入工作。

⑧ 特别重要的照明负荷，宜在负荷末级配电盘采用自动切换电源的方式，也可以采用由两个专用回路各带约50%的照明灯具的配电方式。

⑨ 对高强气体放电灯的照明，每一单相分支线的电流不宜超过30A，并应按启动及再启动特性，选择保护器和验算线路的电压损失。

⑩ 分支线的供电半径不应超过30m。

⑪ 重要场所和负载为气体放电灯的照明线路，其中性线截面应与相线截面相同。

⑫ 为改善气体放电光源的频闪效应，可将其同一或不同灯具的相邻灯管分接在不同相别的线路上。

⑬ 危险场所的房间，当照明灯具安装高度低于2.2m时（包括固定式或移动式局部照明），应有防触电措施（如采用带玻璃罩和金属保护网的安全灯），否则应采用36V电压。

⑭ 在危险场所的狭窄地点或在锅炉、金属容器和金属平台处，使用手提灯电压不应超过12V。由干式双绕组变压器供电，不允许用自耦变压器降压。

12.5.2 照明负荷的计算

① 照明分支线路负荷计算

$$P_{js}=\sum P_z(1+a)$$

② 照明主干线负荷计算

$$P_{js}=\sum K_x P_z(1+a)$$

③ 照明负荷不均匀分布时负荷计算

$$P_{js}=\sum K_x 3P_{zd}$$

式中 P_{js}——照明计算负荷，kW；

P_z——正常照明或事故照明装置容量，kW；

P_{zd}——最大一相照明装置容量，kW；

a——镇流器及其他附件损耗系数，白炽灯、卤钨灯，$a=0$，气体放电灯，$a=0.2$；

K_x——需要系数，表示不同性质的房间对照明负荷的需要和同时点燃的一个系数，见表12-63。

■ **表12-63 照明用电设备需要系数 K_x**

建筑物类别	K_x	建筑物类别	K_x
生产厂房（有天然采光）	0.8～0.9	生产厂房（无天然采光）	0.8～1.0
办公楼	0.7～0.8	医院	0.5
设计室	0.9～0.95	食堂	0.8～0.9
研究楼	0.8～0.9	学校	0.6～0.7
仓库	0.5～0.7	商店	0.9
锅炉房	0.9	展览馆	0.7～0.8
宿舍区	0.6～0.8	旅馆	0.6～0.7

④ 照明变压器容量计算

$$S\geqslant\sum\left(K_t P_z\frac{1+a}{\cos\varphi}\right)$$

式中　S——照明变压器的容量，kV·A；

K_t——照明负荷同时系数，见表 12-64；

$\cos\varphi$——光源功率因数，见表 12-65。

■ **表 12-64　照明负荷同时系数 K_t**

工作场所	K_t 值	
	正常照明	事故照明
汽机房	0.8	1.0
锅炉房	0.8	1.0
主控制楼	0.8	0.9
运煤系统	0.7	0.8
屋内配电装置	0.3	0.3
屋外配电装置	0.3	—
辅助生产建筑物	0.6	—
办公楼	0.7	—
道路及警卫照明	1.0	—
其他露天照明	0.8	—

■ **表 12-65　各种照明器的功率因数（参考值）**

照明器		功率因数
荧光灯	无补偿	0.57
	有补偿	0.9
白炽灯、卤钨灯		1
高压汞灯		0.45～0.65
金属卤化物灯（钠铊铟灯、镝灯）		0.4～0.61
高压钠灯		0.45
低压钠灯		0.6
管形氙灯		0.9
镝灯		0.52

12.5.3　导线截面的选择

照明导线截面应按线路计算电流进行选择，按允许电压损失、机械强度允许的最小导线截面进行校验。

12.5.3.1 按线路计算电流选择导线截面

$$I_{yx} \geqslant I_{js}$$

式中 I_{yx}——导线允许载流量，A；

I_{js}——照明线路计算电流，A。

(1) 当照明负荷为一种光源时，线路计算电流的计算

① 单相照明线路

a. 白炽灯、卤钨灯

$$I_{js}=\frac{P_{js}}{U_e}\times 10^3$$

b. 气体放电灯

$$I_{js}=\frac{P_{js}}{U_e \cos\varphi}\times 10^3$$

式中 U_e——线路额定电压，V。

② 三相四线照明线路

a. 白炽灯、卤钨灯

$$I_{js}=\frac{P_{js}}{\sqrt{3}U_e}$$

b. 气体放电灯

$$I_{js}=\frac{P_{js}}{\sqrt{3}U_e \cos\varphi}$$

(2) 当照明负荷为两种光源时，线路计算电流的计算

$$I_{js}=\sqrt{(0.6I_{js1}+I_{js2})^2+(0.8I_{js1})^2}$$

式中 I_{js}——线路计算电流，A；

I_{js1}——气体放电灯的计算电流，A；

I_{js2}——白炽灯、卤钨灯的计算电流，A。

12.5.3.2 按线路允许电压损失校验导线截面

$$\Delta U_{yx}\% \geqslant \Delta U\%$$

式中 $\Delta U_{yx}\%$——线路允许电压损失，%；

$\Delta U\%$——线路电压损失，%。

(1) 线路允许的电压损失

照明线路允许电压损失要求如下。

① 对于城市公用线路供电时，由变电所低压母线至用户的最远一盏灯的电压损失最大允许值为6%，其中3%～3.5%一般是由变电所至最远一栋住户进口线路中的电压损失；而1.5%～2.5%则为住户进口处至最远一盏灯的电压损失。但实际情况较难达到。

② 对视觉工作要求较高的室内照明为2.5%。

③ 一般工作场所的室内照明、露天工作场所的照明为5%～6%。

④ 道路照明、事故照明、警卫值班照明，以及低压照明（电压为12～36V）为10%。

⑤ 为了保护光源寿命，要求灯具的最高电压应不高于其额定值的105%。

⑥ 家用电器电压允许的波动范围：

电冰箱　±15%；

空调器　±10%；

一般家用电器　±10%；

荧光灯　±5%。

（2）电压损失的简化计算

对于380/220V低压网络，若整条线路的导线截面积、材料、敷设方式都相同，且$\cos\varphi \approx 1$时，则电压损失还可用下式计算：

$$\Delta U\% = \frac{\sum M}{CS}$$

式中　$\Delta U\%$——线路上的电压损失，%；

$\sum M$——线路的总负荷矩（kW·m），$\sum M = \sum P_{js} L$；

P_{js}——计算负荷，kW；

L——用电负荷至供电母线之间的距离，m；

S——导线截面积，mm^2；

C——电压损失计算系数，与导线材料、线芯工作温度、供电系统及电压有关，见表12-66。

■ **表 12-66　电压损失计算系数 C**

线路额定电压/V	供电系统	C 值计算式	C 值	
			铜	铝
380/220	三相四线	$10\gamma U_{el}^2$	70	41.6
380/220	两相三线	$\frac{10\gamma U_{el}^2}{2.25}$	31.1	18.5
380 220 110 36 24 12	单相交流或直流两线系统	$5\gamma U_{ex}^2$	35 11.7 2.94 0.32 0.14 0.035	20.8 6.96 1.74 0.19 0.083 0.021

注：1. 20℃时电阻率 ρ 值（$\Omega\cdot\mu m$）：铜导线为 0.0169，铝导线为 0.0265。

2. 表中数值为导线线芯工作温度为 50℃，这时的电导率 γ 值（$\Omega\cdot mm^2$）：铜导线为 48.5，铝导线为 28.8。

3. U_{el}为额定线电压，U_{ex}为额定相电压，单位为 kV。

12.5.3.3　按机械强度检验导线截面

根据机械强度允许的导线最小截面见表 12-67。

■ **表 12-67　根据机械强度允许的导线最小截面**

序号	用途	线芯最小截面积/mm^2		
		铜芯软线	铜线	铝线
1	照明用灯头线 (1)民用建筑室内 (2)工业建筑室内 (3)室外	 0.4 0.5 1.0	 0.5 0.8 1.0	 2.5 2.5
2	移动式用电设备 (1)生活用 (2)生产用	 0.2 1.0		
3	室内绝缘导线敷设于绝缘子上,其间距为: (1)2m 及以下 (2)6m 及以下 (3)12m 及以下		 1.0 2.5 2.5	 2.5 4 6
4	室外绝缘导线固定敷设 (1)敷设在遮檐下的绝缘支持件上 (2)沿墙敷设在绝缘支持件上 (3)其他情况		 1.0 2.5 4	 2.5 4 10
5	室内裸导线		2.5	4
6	1kV 以下架空线		6	10

续表

序号	用　　途	线芯最小截面积/mm²		
		铜芯软线	铜线	铝线
7	架空引入线(25m 以下)		4	10
8	控制线(包括穿管敷设)		1.5	
9	穿管敷设的绝缘导线	1.0	1.0	2.5
10	塑料护套线沿墙明敷		1.0	2.5
11	板孔穿线敷设的导线		1.5	2.5

【例 12-8】 某一 380/220V 三相四线照明供电线路，已知线路全长 100m，负荷分布如图 12-17 所示。负荷功率因数 $\cos\varphi\approx 1$，该线路采用截面积为 50mm² 的塑料铝芯线，试求在线路的 A、B、C 处的电压损失。

解 由表 12-66 查得电压损失系数 $C=41.6$。

① A 处的负荷矩为

$$M_A=P_AL_1=16\times 40=640\text{kW·m}$$

A 处的电压损失为

$\Delta U_A\%=\dfrac{M_A}{CS}=\dfrac{640}{41.6\times 50}=0.31$，即损失 0.31%。

② B 处的负荷矩为

$$\sum M_B=P_AL_1+P_BL_2=640+12\times 60=1360\text{kW·m}$$

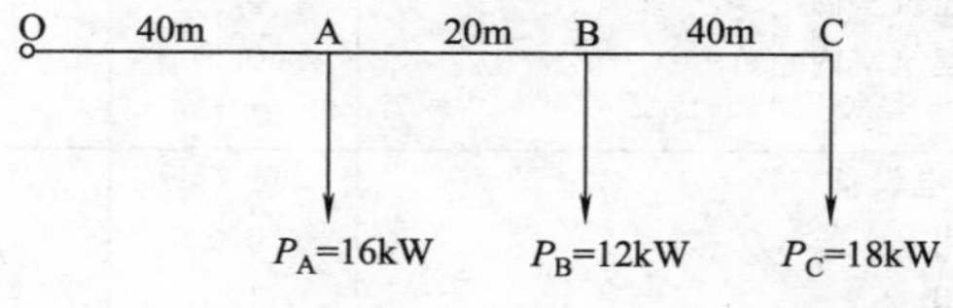

图 12-17　某照明供电线路负荷分布图

B 处的电压损失为

$\Delta U_B\%=\dfrac{\sum M_B}{CS}=\dfrac{1360}{41.6\times 50}=0.65$，即损失 0.65%。

③ C 处的负荷矩为

$$\sum M_C=P_AL_1+P_BL_2+P_CL_3=1360+18\times 100=3160\text{kW·m}$$

C 处的电压损失为

$$\Delta U_C\% = \frac{\sum M_C}{CS} = \frac{3160}{41.6\times 50} = 1.52$$，即损失 1.52%。

如果供电母线 O 处的线电压为 380V，则 A、B、C 处的实际电压分别为

$$U_A = 380\times(1-0.0031) = 378.8\text{V}$$

$$U_B = 380\times(1-0.0065) = 377.5\text{V}$$

$$U_C = 380\times(1-0.0152) = 374.2\text{V}$$

12.5.4 灯具、插座、开关和配电箱的安装要求

(1) 灯具的安装要求

① 室内灯具的安装高度不宜低于表 12-54 的规定。

② 室外灯具的安装高度不宜小于 3m；在墙上安装时，距地面高度不应小于 2.5m。

③ 当吊灯灯具质量大于 3kg 时，应采用预埋吊钩或螺栓固定；当软线吊灯灯具质量大于 1kg 时，应增设吊链。

④ 对装有白炽灯泡的吸顶灯具，灯泡不应紧贴灯罩；当灯泡与绝缘台之间的距离小于 5mm 时，灯泡与绝缘台之间应采取隔热措施。

⑤ 采用钢管作灯具的吊杆时，钢管内径不应小于 10mm；钢管壁厚度不应小于 1.5mm。

⑥ 同一室内或场所成排安装的灯具，其中心线偏差不应大于 5mm。

⑦ 金属卤化物灯灯具的安装高度宜大于 5m。

⑧ 固定花灯的吊钩，其圆钢直径不应小于灯具吊挂销钩的直径，且不得小于 6mm。对大型花灯，吊装花灯的固定及悬吊装置，应按灯具质量的 1.25 倍做过载试验。

⑨ 霓虹灯应采用专用的绝缘支架固定牢固。固定后的灯管与建筑物、构筑物表面的最小距离不宜小于 20mm。

⑩ 霓虹灯专用变压器明装时，其安装高度不宜小于 3m；当小于 3m 时，应采取防护措施。

⑪ 霓虹灯专用变压器的二次导线和灯管间的连接线，应采用额定电压不低于 15kV 的高压尼龙绝缘导线。二次导线与建筑物、构筑物表面的距离不应小于 20mm。

（2）插座的安装要求

1）插座的安装高度应符合设计的规定，当设计无规定时，应符合下列要求。

① 距地面高度不宜小于 1.3m；托儿所、幼儿园及小学校不宜小于 1.8m；同一场所安装的插座高度应一致。

② 车间及实验室的插座安装高度距地面不宜小于 0.3m；特殊场所安装的插座不应小于 0.15m；同一室内安装的插座高度差不宜大于 5mm；并列安装的相同型号的插座高度差不宜大于 1mm。

③ 落地插座应具有牢固可靠的保护盖板。

2）插座的接线应符合下列要求。

① 单相两孔插座，面对插座的右孔或上孔与相线相接，左孔或下孔与零线相接；单相三孔插座，面对插座的右孔与相线相接，左孔与零线相接。

② 单相三孔、三相四孔及三相五孔插座的接地线或接零线均应接在上孔。插座的接地端子不应与零线端子直接连接。

③ 同一场所的三相插座，其接线的相位必须一致。

（3）开关的安装要求

① 开关安装的位置应便于操作，开关边缘距门框的距离宜为 0.15～0.2m；开关距地面高度宜为 1.3m；拉线开关距地面高度宜为 2～3m。

② 并列安装的相同型号开关距地面高度应一致，高度差不应大于 1mm；同一室内安装的开关高度差不应大于 5mm；并列安装的拉线开关的相邻间距不宜小于 20mm。

（4）吊扇和壁扇的安装要求

① 吊扇扇叶距地面高度不宜小于 2.5m。

② 吊扇挂钩应预埋（或焊接在预埋的铁板上），用不小于ϕ6mm的钢筋制作。

③ 壁扇底座可采用尼龙塞或膨胀螺栓固定；尼龙塞或膨胀螺栓的数量不应少于2个，且直径不得小于8mm。

④ 壁扇的安装，其下侧边缘距地面高度不宜小于1.8m，且底座平面的垂直偏差不宜大于2mm。

(5) 照明配电箱（板）的安装要求

① 照明配电箱底边距地面高度宜为1.5m；照明配电板底边距地面高度不宜小于1.8m。

② 照明配电箱（板）应安装牢固，其垂直偏差不应大于3mm；暗装时，照明配电箱（板）四周应无空隙，其面板四周边缘应紧贴墙面，箱体与建筑物、构筑物接触部分应涂防腐漆。

③ 照明配电箱（板）内，应分别设置零线和保护地线（PE线）汇流排，零线和保护线应在汇流排上连接，不得绞接，并应有编号。

12.5.5 照明线路材料损耗率及导线预留长度

电气安装材料预算是整个电气安装工程预算的重要部分。编制电气安装材料预算的依据是电气施工图，包括设计说明。同时，计算材料用量时，必须按规定计入预留量和材料损耗率。导线预留长度也是电气安装所必须的。

(1) 架空导线的预留长度

架空导线的预留长度见表12-68。

(2) 电缆安装预留长度

电缆敷设长度应根据敷设路径的水平和垂直距离，另按表12-69规定增加附加长度。

另外，电缆保护管长度，除按设计规定长度计算外，遇有下列情况，应按以下规定加长：

① 横穿道路，按路基宽度两端各加2m；

② 垂直敷设管口距地面加2m；

■ 表 12-68 架空导线的预留长度 单位：m/根

项目名称		预留长度
高压	转角	2.5
	分支、分段	2.0
低压	分支、终端	0.5
	交叉、跳线、转角	1.5
与设备连接		0.5
进户线		2.5

■ 表 12-69 电缆安装预留长度

序号	项目名称	预留长度	说明
1	电缆敷设弛度、弯度、交叉	2.5%	按全长计算
2	电缆进入建筑物	2.0m	规程规定最小值
3	电缆进入沟内或吊架时引上余值	1.5m	规程规定最小值
4	变电所进线、出线	1.5m	规程规定最小值
5	电力电缆终端头	1.5m	检修余量
6	电缆中间接线盒	两端各留 2.0m	检修余量
7	电缆进控制及保护屏	高＋宽	按盘面尺寸
8	高压开关柜及低压动力配电箱	2.0m	盘下进出线
9	电缆至电动机	0.5m	不包括接线盒至地坪间距离
10	厂用变压器	3.0m	从地坪起算
11	车间动力箱	1.5m	从地坪起算
12	电梯电缆与电缆架固定点	每处 0.5m	规范最小值

③ 穿过建筑物外墙者，按基础外缘以外加 1m；

④ 穿过排水沟，按沟壁外缘以外加 0.5m。

(3) 照明线路安装预留管线长度及灯具引下线长度

① 照明线路预留管线长度见表 12-70。

② 各种灯具引下线长度见表 12-71。

(4) 电气材料损耗率

电缆、导线、电气设备及其他材料的损耗率，可按表 12-72 规定计算。

■ 表 12-70 照明线路预留管线长度

序号	名称	内容	管/m	线/m	说明
1	由低压配电盘来电源线	地下进出线	0.5	1.5	已包括管子在地下埋设深度

续表

序号	名　　称	内　　容	管/m	线/m	说　　明
2	照明配电箱	地下进线安装高度顶端距地 2m	1.5	1.0	已包括管子在地下埋设深度
3	照明配电箱	顶端进线（标高－2m）二立管长度	0.5	1.0	
4	干式变压器	地下进线安装高度顶端距地 2m	1.8	0.5	已包括管子在地下埋设深度
5	各种小开关	地下进线安装高度顶端距地 1.5m	1.6	0.2	已包括管子在地下埋设深度（不分明暗装）
6	插座	地下进线安装高度顶端距地 1m	1.1	0.2	已包括管子在地下埋设深度（不分明暗装），如安装高度不同，另按长度计算
7	电扇、号牌			0.5	
8	灯头线、接线头		—	0.3	
9	荧光灯镇流器、电容器集中安装		—	1.0	
10	电能表用铁箱		—	0.5	
11	铁壳熔断器		—	0.2	
12	进户线	铁管伸出建筑物外	0.2	1.0	
13	进户线	地下铁管伸出防水坡	0.5	1.0	

■ **表 12-71　各种灯具引下线长度**

名称	规格	长度/m	名称	规格	长度/m
软线吊灯	花线 2×21/0.15	2	悬挂式工厂灯	BLX-2.5	1.3
吊链灯	花线 2×21/0.15	1.5	投光灯、碘钨灯	BLX-4	2
半圆球吸顶灯	BLX-2.5	0.4	烟囱、水塔指示灯	BX-2.5	5.6
一般弯脖灯	BLX-2.5	1	直杆式密封灯具	BX-2.5	2.4
一般壁灯	BLX-2.5	1.2	弯杆式密封灯具	BX-2.5	2
吊链式荧光灯	花线 2×21/0.15	1.5	病房指示灯	BLX-2.5	0.5
吊管式荧光灯	BLX-2.5	2.4	暗脚灯	BLX-2.5	0.3
嵌入式荧光灯	BLX-2.5	2	无影灯	BLX-2.5	3
吸顶式荧光灯	BLX-2.5	0.4	面包灯（大方口罩）	BLX-2.5	0.4
直杆吊链式工厂灯	BLX-2.5	2.4	面包灯（二联方口罩）	BLX-2.5	2
吸顶式工厂灯	BLX-2.5	0.5	面包灯（四联方口罩）	BLX-2.5	4
弯杆式工厂灯	BLX-2.5	2			

■ **表 12-72　材料损耗率**

序号	材料名称	损耗率/%	序号	材料名称	损耗率/%
1	裸软导线	1.3	16	绝缘子类(不包括出库前试验)	2.0
2	绝缘导线	1.8	17	低压瓷横担	3.0
3	电力电缆	1.0	18	瓷夹等小瓷件	3.0
4	控制电缆	1.5	19	混凝土杆(包括底、拉、卡盘)	0.5
5	电缆终端头瓷套	0.5	20	混凝土叉梁及盖板	3.5
6	钢绞线、镀锌铁线	1.5	21	一般灯具及附件	1.0
7	钢绞线(拉线)	2.0	22	荧光灯、汞灯灯泡	1.5
8	金属管材、管件	3.0	23	灯泡(白炽)	3.0
9	金属板材	4.0	24	玻璃灯罩	5.0
10	型钢	5.0	25	灯头、开关、插座	2.0
11	型钢、钢筋(半成品)	0.5	26	砖	2.5
12	金具	1.0	27	水泥	5.0
13	压接线夹、螺钉类	2.0	28	黄砂	15.0
14	木螺钉	4.0	29	石子	10.0
15	塑料制品(管材、板材)	5.0			

12.5.6　室内配电线路保护设备的配置

为了在线路短路时不致受到损害，线路上必须设置保护装置。常见的保护装置有熔断器、断路器及带短路保护器的漏电开关等。线路与保护装置的配合应满足以下要求。

① 熔断器熔体的额定电流不应大于暗敷绝缘导线或电缆允许载流量的 2.5 倍，或明敷绝缘导线允许载流量的 1.5 倍。

② 在被保护线路末端发生单相接地短路（中性点直接接地网络）或两相短路时（中性点不接地网络），其短路电流对于熔断器不应小于其熔体额定电流的 4 倍；对于断路器，不应小于其瞬时或短延时过电流脱扣器整定电流的 1.5 倍。

③ 长延时过电流脱扣器和瞬时或短延时过电流脱扣器的自动开关，其长延时过电流脱扣器的整定电流应根据返回电流确定，一

般不大于绝缘导线、电缆允许载流量的1.1倍。

④ 对于装有过负荷保护的配电线路，其绝缘导线、电缆的允许载流量不应小于熔断器额定电流的1.25倍或断路器长延时过电流脱扣器整定电流的1.25倍。

⑤ 熔断器的熔体电流或断路器过电流脱扣器的整定电流，不小于被保护线路的负荷计算电流。同时应保证在出现正常的短时过负荷时（如线路中电动机的启动或自启动等），保护装置不致断开被保护线路。

⑥ 在爆炸性气体环境1区、2区或爆炸性粉尘环境10区中，导线、电缆的允许载流量不应小于熔断器熔体额定电流的1.25倍和断路器延时过电流脱扣器整定电流的1.25倍。

12.5.7 住宅主开关、电能表及进户线的选择

(1) 不同档次住宅电气设备的选择

根据我国目前的居住条件，一般把住宅分为4个档次：一档为别墅式二层住宅；二档为高级公寓；三档为80～120m^2住宅；四档为50～80m^2住宅。住宅档次在一定程度上代表了消费档次和家庭实际收入的差别，从而也决定了用电设备配置方面的差别。表12-73和表12-74分别列出了在一般条件下不同住宅档次用电设备的大致数量和计算负荷。

表12-73 各档住宅每户家用电器拥有量参考值

家用电器名称	一档住宅		二档住宅		三档住宅		四档住宅	
	台数	容量/W	台数	容量/W	台数	容量/W	台数	容量/W
电视机	3	300	2	200	2	200	1	100
组合音响	2	300	2	300	2	300	1	200
电冰箱	2	240	2	240	1	140	1	140
洗衣机	1	350	1	350	1	350	1	350
电风扇	1	60	1	60	1	60	1	60
电熨斗	1	500	1	500	1	500	1	500
灯具	16	640	10	400	8	320	5	200

续表

家用电器名称	一档住宅		二档住宅		三档住宅		四档住宅	
	台数	容量/W	台数	容量/W	台数	容量/W	台数	容量/W
电饭煲	1	700	1	700	1	700	1	700
吸尘器	1	600	1	600	1	600	1	600
录像机	1	50	1	50	1	50	1	50
电炒锅	1	900	1	900	1	900	—	—
电烤箱	1	650	1	650	1	650	—	—
微波炉	1	950	1	950	1	950	—	—
通风机	1	100	1	100	1	100	1	100
电热水瓶	2	1400	1	700	1	700	—	—
电淋浴瓶	2	2800	1	1400	1	1400	1	1400
空调器	4	6000	3	4500	2	3000	1	1500
计算机	2	700	2	700	1	350	—	—
合计(P_Σ)		16890		12950		11170		5900

■ **表 12-74 各档住宅用电的计算负荷**

住宅类别	一档住宅	二档住宅	三档住宅	四档住宅
计算负荷/kW	8.4	6.5	5.6	3.0

注：表中按同期系数 K_c=0.5 计算出。

由表 12-73 可见，对于一档住宅，用电负荷为 16890W，取平均功率因数 $\cos\varphi=0.85$、同期系数 $K_c=0.5$，则计算负荷为 8445W，计算电流约为 45A。所以可选用 DD862-4 型 20（80）A 电能表，进户线采用 BV-3×25mm^2 型导线。对于二档住宅，用电负荷为 12950W，取 $\cos\varphi=0.85$、$K_c=0.5$，则计算负荷为 6475W，计算电流约为 35A。所以可选用 DD862-4 型 15（60）A 电能表，进户线采用 BV-3×16mm^2 型导线。对于三档住宅，用电负荷为 11170W，取 $\cos\varphi=0.85$、$K_c=0.5$，则计算负荷为 5585W，计算电流约为 30A。所以可选用 DD862-4 型 15（60）A 电能表，进户线采用 BV-3×16mm^2 型导线。对于四档住宅，用电负荷为 5900W，取 $\cos\varphi=0.85$、$K_c=0.5$，则计算负荷为 2950W，计算电流约为 16A。所以可选用 DD862-4 型 10（40D）A 电能表，进户线采用 BV-3×10mm^2 型导线。

(2) 不同户型电气设备的选择

根据我国居住条件情况，对于居住面积为 60～180m^2 的两室一厅、两室两厅、三室两厅和四室两厅等住宅，也可参考表 12-75 的标准进行设计。

■ **表 12-75 不同户型用电负荷标准及电气设备选择**

住宅户型	建筑面积/m^2	用电负荷标准/kW	空调器数	主开关额定电流/A	电能表容量/A	进户线规格/mm^2
四室两厅	100～140	7	3	40	20(80)	BV-3×25
三室两厅	85～100	6	3	32	15(60)	BV-3×16
两室两厅	70～85	5	2	25	15(60)	BV-3×16
两室一厅	55～65	4	1	20	10(40)	BV-3×10

表中的主开关可采用 PX200C-50/2 型低压断路器或 HL30-100A/2P 型隔离开关。

第 13 章

仪器仪表

13.1 电工仪表的选择

13.1.1 电工仪表的准确度及误差

（1）电工仪表准确度等级及准确度（见表 13-1）

■ **表 13-1 电工仪表的准确度等级及准确度**

等级 仪表类别	准确度等级		仪表的准确度	测量单位
	检查用仪表	试验用仪表		
电流表	1.0～1.5 级	0.5 级以下	分为 0.1、0.2、0.5、1.0、1.5、2.5 及 5.0 七个等级（均为基本误差的百分数）	A
电压表	1.0～1.5 级	允许采用 1.0 级		V
三相功率表		不低于 0.5 级，允许采用 1.0 级		W
低功率因数功率表				W
电桥	允许用 1.0 级	不低于 1.0 级，允许采用 1.0 级		Ω
转速表				r/min

（2）电工仪表的误差

① 绝对误差　绝对误差为测量所得值（即仪表指示值）A 与被测量的实际值（或标准表指示值）A_0 的代数差，即

$$\Delta A = A - A_0$$

② 相对误差　相对误差为绝对误差 ΔA 与被测量的实际值 A_0 的百分比值，即

$$\gamma_A = \frac{\Delta A}{A_0} \times 100\%$$

在工程中，相对误差通常用绝对误差 ΔA 与仪表指示值 A 的百分比来表示，即

$$\gamma_A \approx \frac{\Delta A}{A} \times 100\%$$

③ 引用误差　引用误差（又称基准误差）为测量的绝对误差 ΔA 与测量仪表的量程（即仪表测量上限）A_m 的百分比值，即

$$\gamma_m=\frac{\Delta A}{A_m}\times 100\%$$

④ 仪表准确度（级）的量度　仪表的准确度（级）用仪表测量的“最大引用误差”来度量，即以仪表测量的最大绝对误差 ΔA_{max} 与仪表量程 A_m 的百分比值来度量，即

$$\gamma_{m\cdot max}=\frac{\Delta A_{max}}{A_m}\times 100\%$$

例如，某仪表的最大引用误差（基本误差）为±1.5%时，则该仪表的准确度等级为1.5。

仪表的基本误差见表13-2。

■ 表13-2　仪表的基本误差

仪表准确度等级	0.1	0.2	0.3	1.0	1.5	2.5	5.0
基本误差/%	±0.1	±0.2	±0.3	±1.0	±1.5	±2.5	±5.0

13.1.2　电工仪表的选择

（1）仪表类型的选择

仪表的类型，根据被测量的电流性质，可分为直流和交流，交流又有正弦和非正弦之分。对于直流电量的测量，广泛采用磁电系仪表和整流系仪表。

如被测量是正弦波的话，则测量仪表只要能测量出有效值即可，所以电磁系、电动系等仪表都能满足要求。用这些仪表测出有效值之后，若要求正弦波的平均值、峰值、峰-峰值，可按表13-3换算。

若被测量是非正弦波时，用电磁系或电动系仪表只能测其有效值。整流系仪表只能测其平均值，峰-峰值则可用峰-峰电子管电压表测量。

■ 表 13-3　正弦波换算表

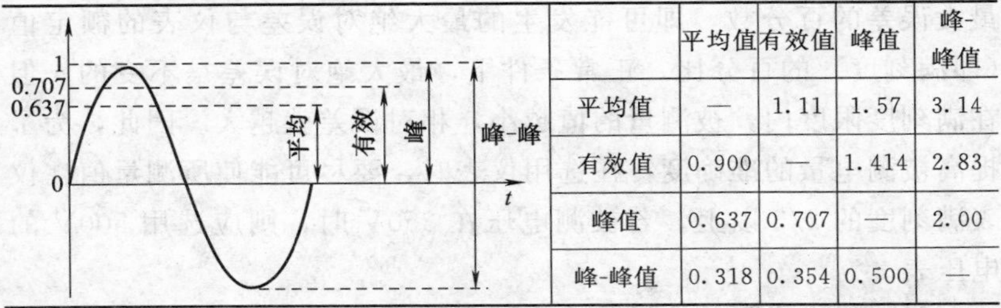

	平均值	有效值	峰值	峰-峰值
平均值	—	1.11	1.57	3.14
有效值	0.900	—	1.414	2.83
峰值	0.637	0.707	—	2.00
峰-峰值	0.318	0.354	0.500	—

对于频率的考虑，一般工频测量可以用电磁系、电动系、铁磁电动系或感应系仪表。但电动系使用范围可扩展到中频。整流系可以测到 1000Hz 左右。超过 1000Hz 可以采用热电系（热电偶加磁电系测量机构）或电子管电压表。

（2）准确度的选择

电工仪表的准确度等级及准确度见表 13-1。

通常 0.1 级、0.2 级仪表作为标准仪表和精密测量用；0.5 级和 1.0 级作为实验室测量用；1.5 级以下作为一般工程测量用。

另外，与仪表配套使用的扩大量限的装置，例如分流器、附加电阻、电流互感器和电压互感器等，它们准确度的选择，要求比测量仪表本身高 1～2 级。这样考虑的出发点是因为此时被测量的测量误差为仪表基本误差和扩程装置误差两部分之和。

通常仪表与扩程装置配套使用时准确度的关系如表 13-4 所示。

■ 表 13-4　仪表与扩程装置配套使用时准确度的关系

仪表等级	分流器或附加电阻	电压或电流互感器	仪表等级	分流器或附加电阻	电压或电流互感器
0.1	不低于 0.05		1.5	不低于 0.5	0.5(加入更正值)
0.2	不低于 0.1		2.5	不低于 0.5	1.0
0.5	不低于 0.2	0.2(加入更正值)	5.0	不低于 1.0	1.0
1.0	不低于 0.5	0.2(加入更正值)			

（3）仪表量限的选择

仪表准确度等级的数字，是表示仪表本身在正常工作条件下

（即位置正常，周围温度为 20℃，几乎没有外界磁场的影响）下的最大误差的百分数，即可能发生的最大绝对误差与仪表的额定值（即满刻度）的百分比。正常条件下，最大绝对误差是不变的。但在满刻度限度内，被测量的值越小，相对误差就越大。因此，为了提高被测电量的准确度，在选用仪表时，要尽可能使所测量值在仪表满刻度的 2/3 以上。若被测电压在 350V 时，则应选用 500V 的电压表。

（4）仪表内阻的选择

选择仪表还必须根据测量对象的阻抗大小来选择仪表的内阻，否则对测量结果将带来不可容许的误差。为此要求电压表或功率表并联线圈内阻尽量大些。并且量限越大，电压表内阻应越大；对于电流表或功率表的串联线圈的内阻，则应尽量小，并且量程越大，内阻应越小。

若仪表内阻太低，尽管仪表的准确度很高，但测量误差却很大。而准确度不高，但内阻很大的仪表，测量误差却不大。这说明在某种情况下仪表内阻参数对测量误差的影响将远远超过仪表准确度对测量误差的影响。

为使电压表接入时，不影响电路的工作状态，规定电压表内阻 R_r 与负载电阻 R 的关系为

$$R_r \geqslant 100R$$

电压表内阻大小，由表头灵敏度决定，灵敏度越高，则内阻越大。

磁电系或整流系电压表的表头，内阻都很大；而电磁系、电动系仪表灵敏度很低，表头内阻较小。

对于电流表，则要求内阻尽量小，否则将带来很大的测量误差。

为使仪表接入时，不改变电路工作状态，要求电流表内阻与负载电阻 R 的关系为

$$R_A \leqslant \frac{1}{100}R$$

式中，R_A 为电流表内阻，电流表的内阻同样与表头灵敏度有关。

(5) 仪表工作条件的选择

正确选择和使用仪表，还要考虑仪表使用环境和工作条件，例如应该考虑是在实验室使用，还是安装在开关板上，周围温度、湿度、机械振动情况以及外界磁场的强弱等。国家标准规定：仪表按使用条件分为 A、A_1，B、B_1，C 三组。它们的工作温度、湿度规定见表 13-5。标准中还规定了仪表外壳防护性能有 7 类，即普通式、防尘式、防溅式、防水式、水密式、气密式、隔爆式。一般仪表不加说明者，均为普通式和 A 组仪表。

■ 表 13-5　不同组别仪表的工作条件

<table>
<tr><th colspan="2">分组</th><th>A</th><th>A_1</th><th>B</th><th>B_1</th><th>C</th></tr>
<tr><td rowspan="2">工作条件</td><td>温度</td><td colspan="2">0～40℃</td><td colspan="2">－20～50℃</td><td>－40～60℃</td></tr>
<tr><td>相对湿度</td><td>95％(±25℃)</td><td>85％</td><td>95％(±25℃)</td><td>85％</td><td>95％(±35℃)</td></tr>
<tr><td rowspan="2">最恶劣条件</td><td>温度</td><td colspan="2">－40～＋60℃</td><td colspan="2">－40～＋60℃</td><td>－50～65℃</td></tr>
<tr><td>相对湿度</td><td>95％(±35℃)</td><td>95％
(＋30℃)</td><td>95％(±35℃)</td><td>95％
(＋30℃)</td><td>95％(±60℃)</td></tr>
</table>

13.1.3 计量用电流互感器的选择

计量用电流互感器的正确选择关系到计量的准确性。具体选择如下。

① 额定电压。电流互感器的一次额定电压应与安装母线额定电压相一致。

② 一次额定电流：

$$I_{1e} \geqslant 1.25 I_e, I_{1e} \geqslant 1.5 I_{ed}$$

式中　I_{1e}——电流互感器一次额定电流，A；

I_e——电气设备的额定电流，A；

I_{ed}——异步电动机额定电流，A。

③ 二次额定电流。电流互感器二次额定电流，一般有 1A、5A 及 0.5A 几种，应根据二次回路中所带负荷电流的大小来选择。

④ 按准确级选用。测量用电流互感器，一般应选用比所配用仪表高 1～2 个准确级的电流互感器。例如，1.5 级、2.5 级仪表可分别选用 0.5 级、1.0 级电流互感器。用于功率或电能计量的电流互感器则应不低于 0.5 级。

⑤ 容量。电流互感器的容量与准确度有关，容量似乎大一些好。但仅作为电流的测量，没有必要用过大容量的产品，常用的容量为 5V·A、25V·A 等。

⑥ 二次回路导线截面积的选择。二次回路导线截面积粗略估计如下：如果二次侧仅一只电流表，连接导线均为 $2.5mm^2$ 铜芯线。要保证规定的准确度，5A 系统的电流表安装在距电流互感器 10m 左右，而 1A 系统的电流表可安装在距电流互感器 250m 左右。

13.1.4 计费用电能表和互感器准确度的选择

计费用有功电能表的准确度应选用 0.5 级、1.0 级，无功电能表选用 2.0 级。有条件时优先采用 0.5 级的全功能带分时计费电子电能表（有功/无功/分时一块表即可），电流 1.5A，4～6 倍量程。用于测量功率因数宜选用双向计费宽量程（4～6 倍）2.0 级的无功电能表，以免在功率因数自动控制器故障和人为手动过补偿时，无功电能表出现倒转的虚假高功率因数现象。

计费应选用 0.2 级电流互感器。如果不能满足启动功率要求，应考虑采用 S 型高动稳定和热稳定、宽量程、0.2 级电流互感器（如 LAZBJ 型）。

测量用电压互感器，一般应选用比所配仪表高 1～2 个准确级的电压互感器。例如，1.5 级、2.5 级仪表可分别选用 0.5 级、1.0 级的电压互感器。用于功率或电能计量的电压互感器，则应不低于 0.5 级。

13.1.5 温度测控仪表的选择

温度测量和控制在工农业生产等领域应用十分广泛，其作用也十分重要。

（1）测温仪表的分类

根据测温仪表的作用原理可分为膨胀式温度计、压力式温度计、电阻温度计、热电偶温度计和辐射式温度计五大类。测温仪表的分类见表 13-6。

■ **表 13-6 测温仪表的分类**

温度计类型		测温范围/℃	使用场合
接触式	膨胀式温度计 ①玻璃温度计 ②双金属温度计	 －200～＋600 －185～＋620	生产过程和实验室各种介质温度的就地测量
	压力式温度计	－80～＋400	生产过程中较远距离的非腐蚀性液体或气体的温度测量
	电阻温度计 ①铂电阻 ②铜电阻 ③热敏电阻	 －258～＋900 －200～＋150 －50～＋300	用于测量液体、气体、蒸汽的中、低温度，能远距离传送
	热电偶温度计 ①铂铑 30-铂铑 6 ②铂铑 10-铂 ③镍铬-镍硅 ④镍铬-考铜 ⑤铜-康铜	 0～＋1800 0～＋1600 －50～＋1200 －150～＋800 －200～＋400	用于测量液体、气体、蒸汽的中、高温度，能远距离传送
非接触式	辐射高温计 ①光学式 ②辐射式 ③比色式	＋600～＋2000	用于测量火焰、钢水等不能直接测量的高温场合

（2）便携式热电偶表面温度计

便携式热电偶表面温度计由热电偶（探头、引线和补偿元件）、显示仪表和手柄支架三部分组成。其型号规格见表 13-7。

（3）红外测温仪的选用

红外测试技术是目前国际上较先进的在线检测技术。红外测温仪可在高电压、大负荷、远距离的条件下对电气设备的运行状态作出快速、准确的判断。用它能方便地查出设备的过热故障，且灵敏度高、形象直观、安全方便。

■ **表 13-7 便携式热电偶表面温度计的型号规格**

型号	热电偶类别	分度号	测量范围/℃	准确度等级
WREA-890M WREA-891M	镍铬-考铜	EA-2	0～200 0～300 0～600	4 级 3 级 3 级
WREU-892M	镍铬-镍硅	EU-2	0～800	
WREA-021 WREA-022	镍铬-考铜	可用于测量线速度小于 5m/s 和 10m/s、直径为 0.5～2m 旋转体温度的测量，测得的温度一般要比实际温度高 1～3℃		

目前，红外测温仪主要用于：检查导体连接点是否过热，电子器械的冷却防尘滤网是否堵塞，断路器是否过热，电动机变速箱润滑油是否老化以及监控干式变压器通风孔或其他部位的温升等，其用途十分广泛。

如 Raytek（美国）公司生产的 ST、PM、MX 等系列便携式红外测温仪，产品结构简单、可靠、易用。

选用红外测温仪需考虑以下主要因素。

① 温度范围。被测目标的温度应在测温仪的温度范围之内。

② 距离系数。距离系数是指从测温仪到被测目标之间的距离与被测目标直径的比值。此系数越大，表明仪器的光学分辨率越高。即可在更远的地方测量物体。由于测温仪显示的温度值是其视场内目标光斑的平均值，所以目标必须充满视场，而且最好有 1.5 倍的余量。例如距离系数为 100 的测温仪，在 2m 处可测量目标直径为 2m/100＝2cm，为了测试准确，目标直径应为 2cm×1.5＝3cm。

③ 发射率。由于非接触红外测温仪测量的是物体的表面温度，测量结果与被测目标的表面状况有关，所以正确地选择发射率十分重要。实验证明，大部分非金属的发射率都很高，一般在 0.85～0.95 之间，且与表面状态关系不大；金属的发射率与表面状态有密切的关系。在选用金属材料的发射率时，应对其表面状况给以足

够的关注。

（4）温度测控仪表的选用

测控仪表一般可根据下列几方面来选用。

① 根据生产、科研对仪表检测控制精度的要求选用仪表。

② 根据自动化程度的要求选用仪表。如有些行业，需按时间对加热对象分段升温或降温，有时周期长达几天，这时如果选用程序控制仪表，就会明显降低操作人员的劳动强度，提高产品质量。

③ 根据测控的范围选用仪表。例如，隧道窑加热设备中，每一级的控温范围是不一致的，选用的仪表测温、控温范围也应该是不一致的，需要根据隧道窑各段控制温度的范围分别选用仪表。

④ 根据被测工件温度随时间变化的速度选用仪表。如在生物培养箱中，应选用时间常数小的感温器件。一旦温度变化，传感器立即测得变化量，并将变化量及时输出。

⑤ 根据仪表的工作环境选用仪表。比如，仪表附近有很强的振动源，安装动圈式仪表或指针式仪表就不适宜，因振动会影响这两类仪表读数的精确性。此时宜选用数字显示式仪表。

又如，在湿度较大的环境中，不适宜采用拨码开关设定的仪表，因拨码开关长时间工作在潮湿环境中，很容易导致接触不良，使仪表失控。此时宜选用轻触开关软件设定的智能型仪表。

⑥ 根据经济合理、有利管理的原则选用仪表。精度较高的仪表相对价格较高，维护及培训等支出也较高。因此不问成本，超出工艺要求，片面追求高、精、尖的仪表是不经济的。

⑦ 为了便于设备使用单位对仪表的统一管理和维修保养，在选择仪表时，仪表的类型和生产厂家不宜太多，最好选择一两家质量优、信誉好的厂家，这样对减少仪表的备品，提高互换通用性及维护、修理都十分有益。

以余姚温度仪表厂有限责任公司生产的工宝牌自动化仪表为例，根据受控设备选用测控仪表的示例见表 13-8。

■ **表 13-8　测控仪表选型示例**

受控设备	配套传感器	仪表品种	调节精度
食品烤箱	探头热电偶	TDA-8001;TDW-2001 等	约±1%
一般注塑机	压簧式热电偶	T□□□-23□1;XMT□-27□1	约±0.5%
精密注塑机	压簧式热电偶	XT□-74□1;XMT□-76□1	±0.2%
一般恒温箱	露头探头式热电偶	T□□□-20□1;XMT□-20□1	约±1%
低超调定时恒温箱(炉)	露头探头式热电偶	XTT□-74□1;XTT□-76□1	温度±0.2%内 时间±0.3%内
高级恒温箱	快响应 Pt100 热电阻	XMT□-75□2-双五位	±0.05℃内
调温调湿箱	2×Pt100;热电偶	XMTA-A7 温湿度显示调节仪	±0.5%RH; ±0.5℃
一般工业电炉	K 标准型热电偶	XT□-74□1 配交流接触器	约 0.5%
精密工业电炉	S 标准型热电偶	XMT□-76□1 配 FJQ-3 或 FJQ-W3 三相晶闸管触发器	±0.2%
标准恒温水(油)槽	快响应 Pt100 热电阻	XMTS-7 或配 ZK-W3 三相晶闸管触发器	±0.005℃
浆料成型机	E 表面热电偶	XT□-70□1	约±2%
印染设备	E 标准型热电偶	XT□-76□1 配 FJQ-3	约±0.5%
负温度控制 高低温试验箱	探头式热电阻	配 XMT□-7612 或-7512 下限输出作基温制冷泵控制 主控作 PID 移相恒温调节	约±0.2%
空调机	探头式铜电阻	XT□-7002 CU50 0-50.0℃	约±2℃
电热水器	密封型铜电阻	XTTA-77a 避峰加热控制仪	约±3℃
电开水箱	密封型铜电阻	TDA-8002 分体式指不调节仪 CU50 0-110℃	约±2℃
意外超温保护	探头式热电偶	DR-1,DR-4 等超温断路器	约±2.5%
生产线集成控制	热电偶,电子尺,压力传感器,限位开关等	小、中型工业集中控制终端	—
制药集成控制	热电偶,风动开关等	XMTS-7WJ2	—
仓温集中检测	AD590 或 Pt100	XMD□-7□□□ 多点巡回测量报警仪	±2℃或±0.5℃
压力测控	YTZ 电阻远传表	XMT-104;XT□-7□□4	±0.5%

13.1.6　常用电工仪表的技术数据

（1）6C2、6L2、42C3 系列和 42L6 系列电工仪表

6C2、6L2、42C3系列和42L6系列电工仪表的技术数据见表13-9。

■ **表13-9 6C2、6L2、42C3系列和42L6系列电工仪表技术数据**

序号	型号与名称	量限	准确度等级	附注
1	6C2-A型和42C3-A型直流电流表	1;2;3;5;7.5;10;15;20;30;50;75;100;150;200;300;500(mA) 1;2;3;5;7.5;10;15;20;30;50;75;100;150;200;300;500;750(A) 1;1.5;2;3;4;5;6;7.5;10(kA)	1.5	从量限75A开始外附PL-2型分流器(75mV或45mV)
2	6C2-V型和42C3-V型直流电压表	1.5;3;5;7.5;10;15;20;30;50;75;100;150;200;250;300;450;500;600(V) 0.75;1;1.5(kV)	1.5	从量限0.75kV开始外附FJ-17型定值电阻器，额定电流5mA
3	6L2-A型和42L6-A型交流电流表	0.5;1;2;3;5;10;15;20;30;50;75;100;150;200;300;400;600;750(A) 1;1.5;2;3;4;5;6;7.5;10(kA)	1.5	从量限75A开始配用电流互感器，次级电流为5A
4	6L2-V型和42L6-V型交流电压表	3;5;7.5;10;15;20;30;50;60;75;100;150;200;250;300;450;500;600(V) 1;3;6;10;15;35;110;220;380(kV)	1.5	从量限1kV开始配用电压互感器，次级电压为100V
5	6L2-W型和42L6-W型单相有功功率表	电压：直接接通50;100;200;380(V) 经电压互感器接通380V～380kV 电流：直接接通0.5A;5A 经电流互感器接通7.5A～10kA	2.5	外附功率变换器

续表

序号	型号与名称	量限	准确度等级	附注
6	6L2-W型和42L6-W型三相有功功率表	电压：直接接通50；100；127；220；380(V) 经电压互感器接通380V～380kV 电流：直接接通0.5A；5A 经电流互感器接通5A～10kA	2.5	外附功率变换器
7	6L2-var型和42L6-var型三相无功功率表	电压：直接接通50；100；127；220；380(V) 经电压互感器接通380V～380kV 电流：直接接通0.5A；5A 经电流互感器接通5A～10kA	2.5	外附功率变换器
8	6L2-cosφ型和42L6-cosφ型三相功率因数表	电压：100V；380V 电流：5A cosφ滞后0.5～1～超前0.5	2.5	—
9	6L2-cosφ型和42L6-cosφ型单相功率因数表	电压：100V；220V 电流：5A cosφ滞后0.5～1～超前0.5	2.5	—
10	6L2-S型和42L6-S型单相同步表	额定电压100V；200V	±2°	—
11	6L2-S型和42L6-S型三相同步表	额定电压100V；380V	±2°	—
12	6L2-Hz型和42L6-Hz型频率表	额定电压50；100；220；380(V) 频率45～55Hz；55～65Hz；350～450Hz；450～550Hz	5	—

续表

序号	型号与名称	量　限	准确度等级	附　注
13	6L2-V 型和 42L6-V 型交流展开电压表	80～120V；180～260V；300～450V	1.5	配用电压互感器，次级电压为80～120V
14	6L2-A 型和 42L6-A 型交流过载电流表	直接接通 0.5A；5A 经电流互感器接通（次级 5A） 10；15；20；30；50；75；100；150；200；300；400；500；600；750；800(A) 1；1.5；4；6；8；10(kA)	2.5	过载 6 倍误差为测量值的 20%

（2）85C1、69C9 系列和 85L1、69L9 系列电工仪表

85C1、69C9 系列和 85L1、69L9 系列技术数据见表 13-10。

表 13-10　85C1、69C9 系列和 85L1、69L9 系列电工仪表技术数据

序号	型号与名称	量限	准确度等级	附注
1	85C1-A 型和 69C9-A 型直流电流表	50；100；150；200；300；500(μA) 1；2；3；5；10；15；20；30；50；75；100；150；200；300；500(mA) 1；2；3；5；7.5；10(A)	2.5	—
		15；20；30；50；75；100；150；200；300；500；750；1000(A)		外附 FL-2 分流器
2	85C1-V 型和 69C9-V 型自流电压表	1.5；3；5；7.5；10；15；20；30；50；75；100；150；200；250；300；450；500；600(V)	2.5	—
3	85L1-A 型和 69L9-A 型交流电流表	0.5；1；2；3；5；10；20(A)	2.5	—
		(5；10；15；20)30；50；75；100；200；300；400；500；600；750；1000(A)		配用电流互感器，次级电流为 5A 括号内为不推荐
4	85L1-V 型和 69L9-V 型交流电压表	3；5；7.5；10；15；20；30；50；60；75；100；150；200；250；300；450；500；600(V)	2.5	—

(3) 44C2、44L1、59C2系列和59L1系列电工仪表

44C2、44L1、59C2系列和59L1系列电工仪表的技术数据见表13-11。

■ **表13-11　44C2、44L1、59C2系列和59L1系列电工仪表技术数据**

序号	型号与名称	量　　限	准确度等级	附　　注
1	44C2-A型和59C2-A型直流电流表	50；100；150；200；300；500(μA) 1；2；3；5；10；15；20；30；50；75；100；200；300；500(mA) 1；2；3；7.5；10(A)	1.5	—
		15；20；30；50；75；100；150；200；300；500；750(A) 1kA；1.5kA		外附FL-2型分流器
2	44C2-V型和59C2-V型直流电压表	1.5；3；5；7.5；10；15；20；30；50；75；100；150；200；250；300；450；500；600(V)	1.5	—
3	44L1-A型和59L1-A型交流电流表	0.5；1；2；3；5；10；20(A)	1.5	—
		30；50；75；100；150；200；300；400；600；750(A) 1；1.5；2；3；4；5；6；7.5；10(kA)		配用电流互感器，次级电流为5A
4	44L1-V型和59L1-V型交流电压表	3；5；7.5；10；15；20；30；50；75；100；150；200；250；300；450；500；600(V)	1.5	—
5	44L1-W型和59L1-W型单相有功功率表	电压：直接接通50；100；220；380(V) 经电压互感器接通380V～380kV 电流：直接接通0.5A；5A 经电流互感器接通7.5A～10kA	2.5	外附功率变换器

续表

序号	型号与名称	量限	准确度等级	附注
6	44L1-W 型和 59L1-W 型三相有功功率表	电压:直接接通 50;100;127;200;380(V) 经电压互感器接通 380V～380kV 电流:直接接通 0.5A;5A 经电流互感器接通 5A～10kA	2.5	外附功率变换器
7	44L1-var 型和 59L1-var 型三相无功功率表	电压:直接接通 50;100;127;220;380(V) 经电压互感器接通 380V～380kV 电流:直接接通 0.5A;5A 经电流互感器接通 5A～10kA	2.5	外附功率变换器
8	44L1-cosφ 型和 59L1-cosφ 型单相功率因数表	电压:100V;220V 电流:5A cosφ 滞后 0.5～1～超前 0.5	2.5	—
9	44L1-cosφ 型和 59L1-cosφ 型三相功率因数表	电压:100V;380V 电流:5A cosφ 滞后 0.5～1～超前 0.5	2.5	—
10	44L1-Hz 型和 59L1-Hz 型频率表	电压:50;100;220;380(V) 频率:45～55Hz;55～65Hz;350～450Hz,450～550Hz	5	—

(4) 46C1、46L1、46D1 系列和 16C4、16L1、16D3 系列电工仪表

46C1、46L1、46D1 系列和 16C4、16L1、16D3 系列电工仪表的技术数据见表 13-12。

■ **表 13-12 46C1、46L1、46D1 系列和 16C4、16L1、16D3 系列电工仪表技术数据**

序号	型号与名称	量限	准确度等级	附注
1	46C1-A 型和 16C4-A 型直流电流表	1;3;5;10;15;20;30;50;75;100;150;200;300;500(mA) 1;2;3;5;7.5;10;15;20;30;50;75;100;150;200;300;500;750A 1;1.5;2;3;4;5;6;7.5;10(kA)	1.5	46C1-A 型从 30A 起、16C4-A 型从 75A 起外附 FL-2 分流器
2	46C1-V 型和 16C4-V 型直流电压表	3;5;7.5;10;15;30;50;75;100;150;250;300;450;600(V)	1.5	—
3	46L1-A 型和 16L1-A 型交流电流表	0.5;1;2;3;5;10;20;30;50(A)	1.5	—
		75;100;150;200;300;400;600;750(A) 1;1.5;2;3(kA)		配用电流互感器，次级电流为 5A
4	46L1-V 型和 16L1-V 型交流电压表	15;30;50;75;100;150;250;300;450;500;600(V)	1.5	—
5	46D1-W 型和 16D3-W 型三相有功功率表	电压：直接接通 50;100;127;220;380(V) 经电压互感器接通 380V～380kV 电流：直接接通 0.5A;5A 经电流互感器接通 5A～10kA	2.5	外附功率变换器
6	46D1-var 型和 16D3-var 型三相无功功率表	电压：直接接通 50;100;127;220;380(V) 经电压互感器接通 380V～380kV 电流：直接接通 0.5V;5A 经电流互感器接通 5A～10kA	2.5	外附功率变换器

续表

序号	型号与名称	量限	准确度等级	附注
7	46L1-cosφ 型和 16L1-cosφ 型单相功率因数表	电压：100V；220V 电流：5A cosφ 滞后 0.5～1～超前 0.5	2.5	—
8	46L1-cosφ 型和 16L1-cosφ 型三相功率因数表	电压：100V；380V 电流：5A cosφ 滞后 0.5～1～超前 0.5	2.5	—
9	46L1-Hz 型和 16L1-Hz 型频率表	电压：50；100；220；380(V) 频率：45～55Hz；55～65Hz；350～450Hz；450～550Hz	—	—

13.1.7 住宅电能表的选择

住宅电能表的选择应根据家庭用电量大小并充分考虑今后用电量增加的因素确定。具体选择步骤如下。

第一步，计算总用电负荷 P_{Σ}。将用户所有家用电器的额定功率相加，并考虑今后用电余裕。

第二步，按以下公式求出计算负荷：

$$P_{js}=K_C P_{\Sigma}$$

式中　P_{js}——家用电器的计算负荷，kW；

P_{Σ}——家用电器总用电负荷，kW；

K_C——同期系数，0.4～0.6，家用电器越多，取值越小。

第三步，按下式求出计算电流：

$$I_{js}=\frac{P_{js}}{220\cos\varphi}$$

式中　I_{js}——计算电流，A；

$\cos\varphi$——家用电器平均功率因数，可取 0.85。

第四步，按下式选择电能表的最大电流：

$$I_{max} \geqslant I_{js}$$

式中　I_{max}——电能表最大电流，A。

【例 13-1】　某用户总用电负荷 P_{Σ} 为 9770W，试据此选用电能表。

解　取 $\cos\varphi=0.85$，$K_C=0.5$，则

计算负荷为　$P_{js}=K_C P_{\Sigma}=0.5\times9770=4885\text{W}$

计算电流为　$I_{js}=\dfrac{P_{js}}{220\cos\varphi}=\dfrac{4885}{220\times0.85}=26.12\text{A}$

所以可选用 DD21-S 型 10（40）A 电子式电能表或 DD862-4 型 15（60）A 机械式电能表。

也可以根据不同住宅档次直接选择电能表。我国城乡各档次住宅总用电负荷标准及电能表等用电设备选择见第 12 章 12.5.7 项。

13.1.8　三相三线或三相四线有功电能表的选择

低压三相三线或三相四线有功电能表由电压线圈和电流线圈两个元件组成。电压线圈额定值均为 380V；电流线圈则有 5A、10A、15A、20A 等多个规格。对于大电流的电路，可用一只 5A 电能表配用两只电流互感器接入电器。

当负荷基本平衡时，三相三线或三相四线电路总功率 P 为

$$P=\sqrt{3}UI\cos\varphi$$

式中　U、I——线电压和线电流，V、A；

$\cos\varphi$——功率因数，对于一般低压动力线路，$\cos\varphi$ 为 0.7～0.8。

因此，按上式可求出三相三线或三相四线电路每千瓦的电流数（设 $\cos\varphi=0.75$、$U=380\text{V}$）为

$$I=\frac{P}{\sqrt{3}U\cos\varphi}=\frac{1000}{\sqrt{3}\times380\times0.75}\approx2\text{A}$$

即低压动力线路，每千瓦的电流值约为2A。若 $\cos\varphi=0.8$，则为1.9A；若 $\cos\varphi=0.85$，则为1.8A。记住此基准数据就可以估算出每只电能表所能承接的负荷或由线路负荷的大小来选配适合的电能表。

【例 13-2】 某三相三线制动力线路负荷功率为8.5kW，功率因数为0.75，试选择有功电能表。

解 按线路的每千瓦电流数为2A，则8.5×2=17A，可选用DS862-4型5（20）A的三相三线有功电能表。

13.1.9 三相三线或三相四线无功电能表的选择

根据无功功率计算公式 $Q=\sqrt{3}UI\sin\varphi$（kvar），设 $\cos\varphi=0.7\sim0.8$，则 $\sin\varphi=0.7\sim0.6$。

设 $\cos\varphi=0.75$、$U=380\text{V}$，则 $\sin\varphi=0.66$，按无功功率的计算公式可以求出每千乏的电流数

$$I=\frac{Q}{\sqrt{3}U\sin\varphi}=\frac{1000}{\sqrt{3}\times380\times0.66}=2.3\text{A}$$

即低压动力线路，每千乏的电流值约为2.3A。按此基准数据，即可由线路负荷大小选择无功电能表。

【例 13-3】 某三相三线制动力线路负荷为20kvar，功率因数为0.75，试选择无功电能表。

解 按线路每千乏的电流值为2.3A，则线路电流为

$$20\times2.3=46\text{A}$$

可选择DX861-4型15（60）A的三相三线无功电能表。

13.1.10 常用电能表的技术数据

（1）86系列和86a系列交流电能表

86 系列和 86a 系列交流电能表属于机械式电能表，它们具有寿命长、性能稳定、过载能力大的优点。

① 86 系列交流电能表的技术数据见表 13-13。

■ 表 13-13　86 系列交流电能表技术数据

名称	型号	准确度级	额定电压/V	标定电流/A
单相电能表	DD862-2	2.0	220	3(6)
	DD862-4			1.5(6),2(8),2.5(10),3(12),5(20),10(40),15(60),20(80),30(100),40(100)
三相三线有功电能表	DS864-2	1.0	100	3(6)
	DS864-4			1.5(6)
	DS862-2	2.0	100,380	3(6)
	DS862-4		100	1.5(6)
			380	1.5(6),5(20),10(40),15(60),20(80),30(100)
三相四线有功电能表	DT864-2	1.0	220/380 57.7/100	3(6)
	DT864-4		220/380 57.7/100	1.5(6)
	DT862-2	2.0	220/380	3(6)
	DT862-4		220/380	1.5(6),5(20),10(40),15(60),20(80),30(100)
三相三线无功电能表	DX863-2	2.0	100	3(6)
	DX863-4			1.5(6)
	DX865-2	3.0	100,380	3(6)
	DX865-4			1.5(6)
三相四线无功电能表	DX864-2	2.0	380	3(6)
	DX864-4			1.5(6)
	DX862-2	3.0	380	3(6)
	DX862-4			1.5(6)
单相电能表	DD861-4	2.0	220	1.5(6),2.5(10),10(40),15(60),30(100)
三相三线有功电能表	DS863-4	1.0	100	0.3(1.2),1.5(6)
			380	1.5(6)
	DS861-4	2.0	380	1.5(6),5(20),10(40),15(60)
三相四线有功电能表	DT863-4	1.0	220/380	1.5(6)
	DT861-4	2.0	220/380	1.5(6),5(20),10(40),15(60),30(100)

续表

名称	型号	准确度级	额定电压/V	标定电流/A
三相三线无功电能表	DX863-4①	2.0	100	0.3(1.2),1.5(6)
			380	1.5(6)
	DX861-4	3.0	380	1.5(6),5(20),10(40),15(60),30(100)
三相三线双向无功电能表	DXT863	2.0	100,380	3(6)
	DXT865	3.0		
	DX863-2S	2.0	100	3(6)
	DX863-4S			1.5(6)
	DX865-2S	3.0	100,380	3(6)
	DX865-4S			1.5(6)
三相四线双向无功电能表	DX864-2S	2.0	380	3(6)
	DX864-4S			1.5(6)
	DX862-2S	3.0	380	3(6)
	DX862-4S			1.5(6)

① 为兰州长新电表厂产品。

注：括号内数字为在一段时间内允许通过的最大电流。

② 86a系列交流电能表的技术数据见表13-14。

■ **表13-14　86a系列交流电能表技术数据**

型号	名称		额定电压/V	标定电流/A
DD862a	单相电能表	2	220	5(10),10(20),20(40)
				1.5(6),2.5(10),5(20),10(40),20(80)
				1.5(6),2.5(10),5(20),10(40),15(60),30(100)
				3(6),5(10),10(20),20(40),30(60)
				3(9),5(15),10(30),15(45),20(60)
				1.5(6),2.5(10),5(20),10(40),15(60)
DS864a	三相三线有功电能表	1.0	100,380	1.5(6),3(6),5(6)
DS862a		2.0		1.5(6),5(20),10(40),20(80)

续表

型号	名称		额定电压/V	标定电流/A
DT862a	三相四线有功电能表	2.0	220/380	1.5(6),5(20),10(40),20(80)
DX864a	三相无功电能表	2.0	100,380	1.5(6),3(6),5(6)
DX862a		3.0		1.5(6),5(20),10(40),20(80)

注：括号内数字表示在一段时间内允许通过的最大电流。

（2）电子式电能表

电子式电能表采用专用大规模集成电路制成，具有精度高、可靠性高、线性好、动态工作范围宽、能在额定电压±30%范围内正确计量、过载能力强、自身功耗低、结构小、质量轻、长期工作不需调校及具有很强的防窃电功能等优点。

电子式电能表原理方框图如图 13-1 所示。

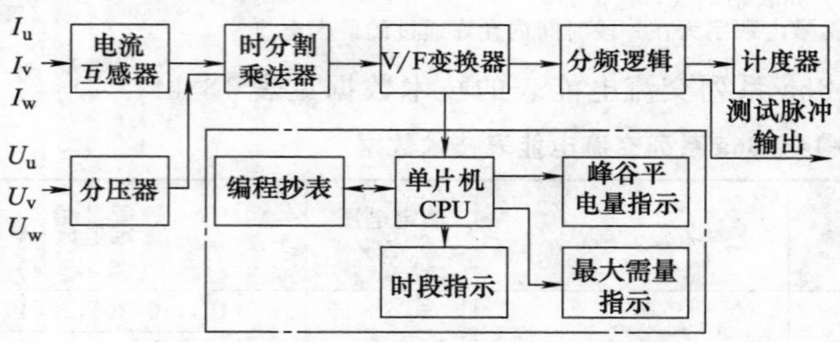

图 13-1　电子式电能表原理方框图

电子式电能表技术数据见表 13-15。

■ **表 13-15　电子式电能表技术数据**

名称	型号	准确度级	额定电压/V	标定电流/A
电子式单相电能表	DDS15	1.0	220	5(30)
	DD21-S	1.0,2.0		5(10),5(20),5(30),10(40),20(80)
	DDS22	1.0		2(10),5(25),10(50),20(100)
	DDS23	1.0,2.0		1.5(6),2(10),5(30),10(40)

续表

名称	型号	准确度级	额定电压/V	标定电流/A
电子式单相电能表	DDS28	1.0	220	1(6),2.5(15),5(30),10(60),20(100)
	DDS36	2.0		1.5(6),2.5(10),5(20)
				1.5(9),2.5(15),5(30)
	DDS40	1.0	220	1.5(6),2(10),5(30),10(40)
	DD2S	1.0		5(30)
电子式三相三线有功电能表	DSS22	1.0	100,380	0.3(1.2),1.5(6),3(6)
			380	5(25),10(50),20(100)
	DSS25	0.5	100	5(6)
		1.0		1.5(6),3(6),5(6)
电子式三相四线有功电能表	DTS22	1.0	57.7/100 220/380	0.3(1.2),1.5(6),3(6)
			220/380	5(25),10(50),20(100)
	DTS25	0.5	57.7/100 220/380	5(6)
		1.0		1.5(6),3(6),5(6)
电子式三相三线无功电能表	DSX22	2.0	100,380	0.3(1.2),1.5(6),3(6)
			380	5(25),10(50),20(100)
	DSX25	1.0	100	5(6)
电子式三相四线无功电能表	DTX22	2.0	57.7/100 200/380	0.3(1.2),1.5(6),3(6)
			220/380	5(25),10(50),20(100)
	DTX25	1.0	57.7/100	5(6)
			220/380	
电子式三相三线有功无功双显示电能表	DSSD22-4	有功1.0 无功2.0	100,380	0.3(1.2),1.5(6),3(6)
			380	5(25),10(50),20(100)

续表

名称	型号	准确度级	额定电压/V	标定电流/A
电子式三相三线有功无功一体电能表	DSSD25	有功 0.5 无功 1.0	100	5(6)
		有功 1.0 无功 2.0		1.5(6),3(6),5(6)
电子式三相四线有功无功双显示电能表	DTSD22-4	有功 1.0 无功 2.0	57.7/100 220/380	0.3(1.2),1.5(6),3(6)
			220/380	5(25),10(50),20(100)
电子式三相四线有功无功一体电能表	DTSD25	有功 0.5 无功 1.0	57.7/100 220/380	5(6)
		有功 1.0 无功 2.0		1.5(6),3(6),5(6)

注：1. 表中括号内数字表示在一段时间内允许通过的最大电流。

2. 表中标定电流（最大电流）为 0.3（1.2）A，1.5（6）A，3（6）A，5（6）A 的电能表是经电流互感器接入的。

（3）93 系列电子式多费率电能表

93 系列多费率电能表为机电一体化仪表，适用于实行分时（峰、谷、平）计量的电网，测量不同时段的电能，并能测量、记录用户最大需用量。具有使用方便、编程简单、计量准确、抗干扰能力强、电磁兼容性好等优点。

93 系列多费率电能表原理方框图如图 13-2 所示。

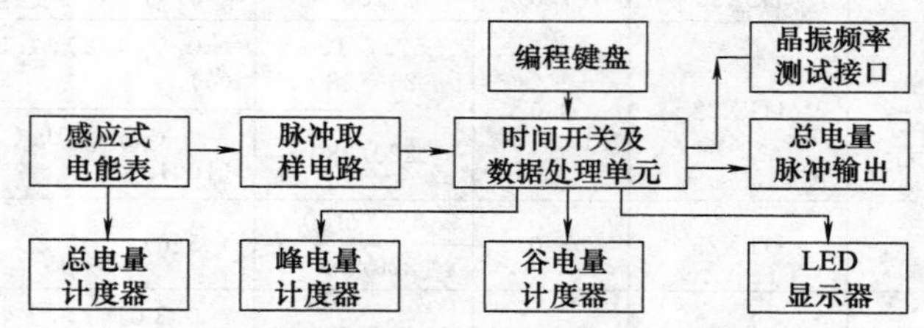

图 13-2　93 系列多费率电能表原理方框图

93 系列多费率电能表技术数据见表 13-16。

■ **表 13-16　93 系列多费率电能表技术数据**

名称	型号	准确度级	额定电压/V	标定电流/A
三相三线有功多费率电能表	DSF931 DSF933	1.0	100	1.5(6) 3(6)
	DSF930 DSF932	2.0	100,380	1.5(6) 3(6)
三相三线有功最大需量多费率电能表	DSZF931 DSZF933	1.0	100	1.5(6) 3(6)
	DSZF930 DSZF932	2.0	100,380	1.5(6) 3(6)
三相四线有功多费率电能表	DTF931 DTF933	1.0	57.7/100 220/380	1.5(6) 3(6)
	DTF930 DTF932	2.0	220,380	1.5(6) 3(6)
三相无功多费率电能表	DXF931 DXF933	2.0	100,380	1.5(6) 3(6)
	DXF930 DXF932	3.0	100,380	1.5(6) 3(6)

注：括号内数字为在一段时间内允许通过的最大电流。

13.2 电工仪表的基本计算

13.2.1 电测量仪表的基本计算

（1）张丝的计算

① 矩形截面张丝的反作用力矩的计算

$$M_\alpha=\frac{bh^3G\alpha}{3L}+\frac{b^2F\alpha}{12L}+\frac{b^3hE\alpha^2}{360L}$$

或写成

$$M_\alpha=\frac{kh^4G\alpha}{3L}+\frac{k^3h^4\sigma_F\alpha}{12L}+\frac{k^5h^6E\alpha^2}{360L}$$

式中 M_α——张丝的反作用力矩，mN·cm/90°；

G——材料的切变模量，mN/cm^2；

b，h，L——张丝宽度、厚度和长度，cm；

α——扭转角度，rad；

E——弹性模量（见表 13-17），mN/cm^2；

F——工作张力（mN），$F=\sigma_F S=\sigma_F kh^2$；

σ_F——张丝的拉应力（mN/cm^2），一般取拉伸强度 σ_B 的 20%～25%；

k——张丝的宽厚比，即 $k=b/h$，一般取 10～20。

② 张丝的尺寸

a. 张丝的厚度（cm）

$$h=\sqrt[4]{\frac{M_\alpha}{\frac{kG\alpha}{3L}+\frac{k^3\sigma_F\alpha}{12L}}}$$

b. 张丝的宽度（cm）

$$b=kh$$

③ 应力校验

a. 张丝总的正应力

$$\sigma=\frac{E\alpha^2b^2}{12L^2}+\frac{F+9.81g}{bh}$$

式中 σ——张丝总的正应力，mN/cm^2；

g——可动部分质量，mg。

b. 张丝的最大应力应满足 $\sigma_{max}\leqslant\sigma_B/4$，即

$$\sigma_{max}=\frac{1}{2}(\sigma_F+\sqrt{\sigma_F^2+4\tau^2})$$

矩形截面张丝

$$\tau=hG\frac{\alpha}{L}$$

式中 σ_B——拉伸强度（见表 13-17），mN/cm^2；

τ——张丝的扭应力，mN/cm^2。

■ **表 13-17　常用弹性材料性能**

材料名称	弹性模量 E /MPa	切变弹性模量 G /MPa	拉伸强度 σ_B /MPa	弹性极限 σ_e /MPa	电阻率 ρ/(Ω·mm^2/m)	弹性后效 β /%	电阻温度系数 α_t/(×10^{-4}/℃)	对铜热电势 /(μV/℃)
锡锌青铜	112780	44130	1128	785	0.09	0.1	9.5	2.0
玻青铜	132390	49030	1569	981	0.06	0.2	15.5	1.0
铂银合金	171620	68650	2157	1569	0.3	0.05	10.5	8.0
磷青铜	98070	—	1177	—	0.18	0.1	4	—
镍 36	215750	78450	1961	1569	1.1	0.02	—	—
钴 40	205940	78450	2942	1863	1.0	0.02	3.0	1.0

注：1MPa＝10^5mN/cm^2。

校验结果若不能满足要求，则说明张丝的应力已超出允许范围，应对张丝的尺寸重新计算。

（2）阻尼力矩的计算

仪表中装有阻尼器，目的是在可动部分运动时产生阻尼力矩。阻尼力矩仅与可动部分运动速度成线性关系，与偏转角无关。

阻尼力矩 M_p 按下式计算：

$$M_p = P\frac{d\alpha}{dt}$$

式中　P——阻尼系数。

（3）摩擦力矩的计算

① 在轴尖—宝石支承的仪表中：当可动部分运动时，在支承处产生一摩擦力矩 M_f。

$$M_f = M - M_a = M_c = M'_c\Delta\alpha$$

$$\Delta\alpha = M_f/M'_c$$

式中　M——转动力矩；

M_a——反作用力矩；

M_c——定位力矩；

M'_c——定位力矩系数，$M'_c = dM_c/d\alpha$。

② 在一般指示仪表中，有如下关系：

$$M_f = CG^{1.5}$$

式中　C——常数；

G——可动部分重力。

③ 摩擦误差 γ_f

$$\gamma_f = \frac{M_f}{M_{90}} = C\frac{G^{1.5}}{M_{90}}$$

式中　M_{90}——仪表偏转 90°时的转动力矩。

（4）动圈式磁电系仪表计算

动圈式测量机构通过固定的永久磁钢的磁场与通有直流电流的动圈磁场相互作用而产生转动力矩。

① 载流导体在磁场中所受力

$$F=BNLI$$

式中 F——导体所受力，N；

B——气隙中磁通密度，T；

N——动圈匝数；

L——动圈绕组在气隙中的有效长度，m；

I——动圈电流，A。

② 作用于动圈上的力矩

$$M=IBNS$$

式中 M——作用于动圈上的力矩，N·m；

S——动圈的有效面积，m^2。

当平衡时偏转角为

$$\alpha=M/W=(BSN/W)I$$

式中 α——偏转角，rad；

W——反作用力矩系数；

BSN/W——结构常数。

可见，偏转角与动圈电流成正比，标尺特性是均匀的。

(5) 电动系仪表计算

电动系仪表测量机构通过载流固定线圈的磁场与载流的动圈间相互作用而产生转动力矩。

① 直流时

$$M=I_1 I_2 \frac{\partial M_{12}}{\partial \alpha}$$

式中 I_1，I_2——定圈和动圈中的电流。

② 交流时：当定圈和动圈中的电流 i_1、i_2 为正弦变化，且有相位角差 ψ 时，转动力矩平均值 M_p 为

$$M_p=I_1 I_2 \cos\psi \frac{\partial M_{12}}{\partial \alpha}$$

式中 I_1，I_2——定圈和动圈中电流的有效值；

M_{12}——定圈和动圈间的互感；

α——偏转角。

③ 反作用力矩由游丝（或张丝）产生，可动部分平衡时，偏转角为

$$\alpha=\frac{1}{W}\times\frac{\partial M_{12}}{\partial\alpha}I_1I_2$$

式中　W——游丝的反作用力矩系数。

（6）铁磁电动系仪表计算

铁磁电动系仪表测量机构通过动圈的磁场与励磁线圈的磁场相互作用而产生转动力矩。

转动力矩为

$$M=K\Phi_1I_2\cos(\Phi_1,I_2)$$

式中　Φ_1——定圈中电流 I_1 产生的磁通，Φ_1 正比于 I_1；

I_2——动圈电流；

$\cos(\Phi_1, I_2)$——Φ_1 与 I_2 夹角的余弦。

当平衡时偏转角为

$$\alpha=\frac{K}{W}\Phi_1I_2\cos(\Phi_1,I_2)=\frac{K}{W}I_1I_2\cos(I_1,I_2)$$

式中　W——反作用力矩系数。

（7）电磁系仪表计算

电磁系仪表测量机构通过电流的固定线圈产生的磁场对动铁芯的吸引，或被此磁场磁化的静铁芯与动铁芯之间的作用而产生转动力矩。

转动力矩为

$$M=\frac{1}{2}I^2\frac{\mathrm{d}L}{\mathrm{d}\alpha}$$

式中　I——线圈中的电流（交流时为电流有效值）；

L——线圈的电感；

α——偏转角。

当平衡时偏转角为

$$\alpha=\frac{1}{2W}I_2\frac{\mathrm{d}L}{\mathrm{d}\alpha}$$

式中　W——反作用力矩系数。

（8）感应系仪表计算

感应系仪表测量机构通过一个或几个固定的载流回路产生的磁通与这些磁通在活动部分（铝盘）感应的电流间相互作用产生转动力矩。这种机构只能用于交流，如电能表。

以电能表为例，转动力矩为

$$M=K_1\Phi_U\Phi_I\sin\psi=KIU\sin\psi=KIU\cos\varphi=KP$$

式中 K_1，K——系数；

Φ_U——电压磁通；

Φ_I——电流磁通；

ψ——Φ_U 与 Φ_I 的相角差，$\psi=90^\circ-\varphi$；

φ——负载电流滞后于电网电压的角度；

P——负载功率。

当电能表达到平衡时，铝盘保持稳定转速旋转，且在某段时间 T 内的转数正反映这段时间内负载消耗的电能 A_f。

$$A_f=CnT$$

式中 C——比例系数；

n——铝盘转数。

电能表常数 $N=1/C=n/A_f(\mathrm{r/kW\cdot h})$

(9) 整流系仪表计算

由磁电系测量机构和整流电路组成的仪表称为整流系仪表。

转动力矩为

$$M=BNSi$$

式中 B——气隙中磁通密度；

N——动圈匝数；

S——动圈有效面积；

i——交流在同方向半个周期瞬时值。

对于半波整流电路，偏转角 α 为

$$\alpha=\frac{I_p}{2}\times\frac{BNS}{W}$$

对于全波整流电路，则

$$\alpha=I_p\frac{BNS}{W}$$

式中　I_p——电流平均值；

W——游丝反作用力矩系数。

(10) 转动线圈式测量仪表的运动方程式

$$J\frac{d^2\theta}{dt^2}+\rho\frac{d\theta}{dt}+K\theta=GJ+K\theta_0$$

偏转角

① 当$\frac{\rho^2}{4J^2}>\frac{K}{J}$时（过制动）

$$\theta=\theta_0\left\{1-\frac{e^{-\alpha t}}{2\beta}\left[(\alpha+\beta)e^{\beta t}-(\alpha-\beta)e^{-\beta t}\right]\right\}$$

② 当$\frac{\rho^2}{4J^2}=\frac{K}{J}$时（临界制动）

$$\theta=\theta_0\left[1-e^{-\alpha t}(1+\alpha t)\right]$$

③ 当$\frac{\rho^2}{4J^2}<\frac{K}{J}$时（欠制动）

$$\theta=\theta_0\left[1-\frac{\sqrt{\alpha^2+\omega^2}}{\omega}e^{-\alpha t}\sin\left(\omega t+\arctan\frac{\omega}{\alpha}\right)\right]$$

$$\alpha=\frac{\rho}{2J},\beta=\sqrt{\left(\frac{\rho}{2J}\right)^2-\frac{K}{J}},\omega=\sqrt{\frac{K}{J}-\left(\frac{\rho}{2J}\right)^2}$$

式中　J——可动部分的转动惯量，$kg\cdot m^2$

θ_0——最终偏转角，rad；

ρ——阻尼系数，N·m/rad/s；

K——转动常数，N·m/rad；

θ——偏转角（rad），$\theta=\frac{BAni}{k}$；

B——气隙中的磁通密度（T）；

A——线圈断面积，m^2；

n——线圈匝数，匝；

i——线圈中电流，A；

k——悬丝制动转矩常数，N·m/rad。

固有振荡频率

$$f_0=\frac{1}{2\pi}\sqrt{\frac{k}{J}}$$

式中　f_0——固有振荡频率，Hz。

13.2.2　常用阻抗比电桥的特点和原理

几种常用阻抗比电桥的特点和原理见表13-18。

■ **表13-18　几种常用阻抗比电桥的特点和原理**

序号	分类	应用特点	原理线路及平衡条件
1	电容电桥	适宜测量较小损耗的电容。能分别读数，若调节 R_3、R_4 则可直读 C_x 和 $\tan\delta_x$ 值	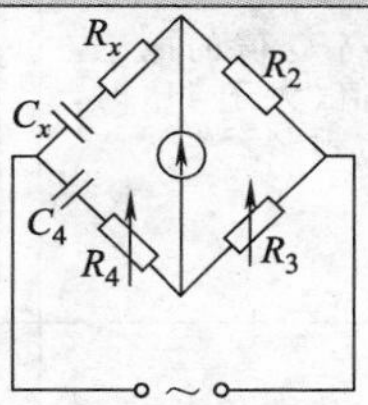 $C_x=C_4\frac{R_3}{R_2}$ $R_x=R_4\frac{R_2}{R_3}$ $\tan\delta_x=\omega C_4R_4$
2	电容电桥	适宜测量较大损耗的电容。能分别读数（C_4、R_4 为可调阻抗）	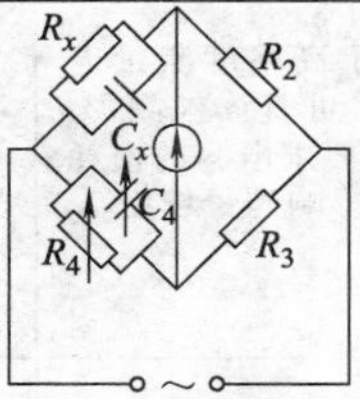 $C_x=C_4\frac{R_3}{R_2}$ $R_x=R_4\frac{R_2}{R_3}$ $\tan\delta_x=\omega C_4R_4$
3	电容电桥	研究绝缘材料或电瓷在高电压下的特性时，常用这种电桥来测量介质损耗。便于分别读数，调节 R_2 及 C_3 则能直读 C_x 和 $\tan\delta_x$ 值	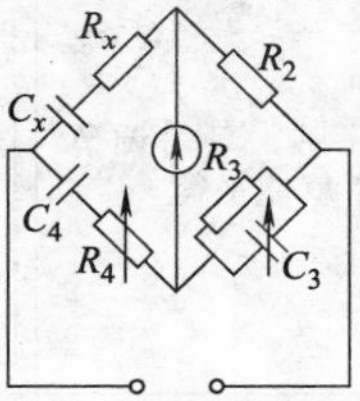 $C_x=C_4\frac{R_3}{R_2}$ $R_x=R_2\frac{C_3}{C_4}$ $\tan\delta_x=\omega C_3R_3$
4	电感电桥	适宜测量 Q 值较低的电感。电阻 R 通过开关 K 与 L_x 串联或与 L_4 串联，由两电感 Q 值而定，便于平衡 Q 值。但收敛性较差，两电感之间的影响较大	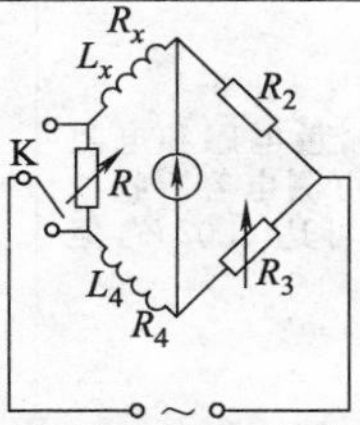 $L_x=L_4\frac{R_2}{R_3}$ $R_x=R_4\frac{R_2}{R_3}-R$ $Q_x=\frac{\omega L_4R_2}{R_2R_4-RR_3}$

续表

序号	分类	应用特点	原理线路及平衡条件
5		适宜测量 Q 值较大的电感。Q 值小于 0.5 时，收敛性很差，选择 R_3 及 R_4 为可调元件，则可直读 L_x 和 Q_x 值。用标准电容测电感，精度较高	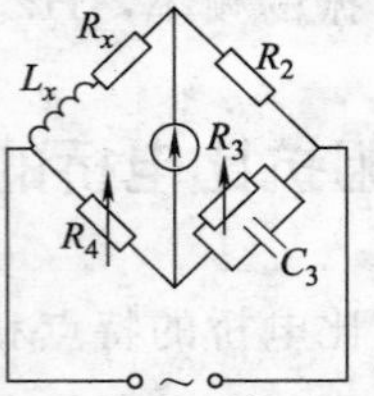 $L_x=R_2R_4C_3$ $R_x=\frac{R_2R_4}{R_3}$ $Q_x=\omega C_3R_3$
6	电感电桥	适宜测量高 Q 值的电感。只有在高 Q 值（大于 11）时，其平衡条件与频率无关	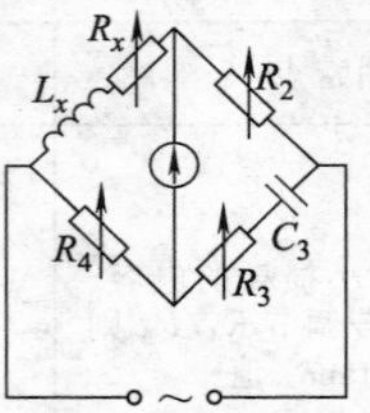 $L_x=R_4R_2\frac{C_3}{1+(\omega C_3R_3)^2}$ $R_x=R_4R_3\frac{R_2(\omega C_3)^2}{1+(\omega C_3R_3)^2}$ $Q_x=\frac{1}{\omega C_3R_3}$ 当 $Q\geqslant 11$ 时 $\frac{1}{1+(\omega C_3R_3)^2}\approx 1$
7		广泛地用于高精度测量电感。R_4 及 R_1 可直读被测 L_x 和 Q 值，一般要求电容的损耗角较小，否则影响测量精度	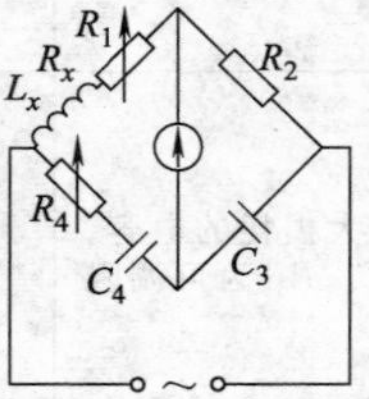 $L_x=R_2R_4C_3$ $R_x=\frac{C_3R_2}{C_4}-R_1$
8	互感电桥	适宜测量互感。只需调节电阻 R_3 或 R_4 就能平衡	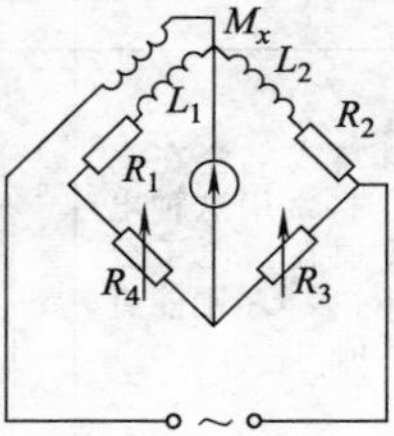 $R_1=R_4\frac{R_2}{R_3}$ $M_x=\frac{R_4L_1-R_3L_2}{R_3+R_4}$ 若 $R_3=R_4$ 则 $M_x=\frac{L_1-L_2}{2}$
9	电感和时间常数电桥	适宜精密测量电感和电阻时间常数，也可测电容。收敛性好，准确度可达 0.02%，但计算复杂	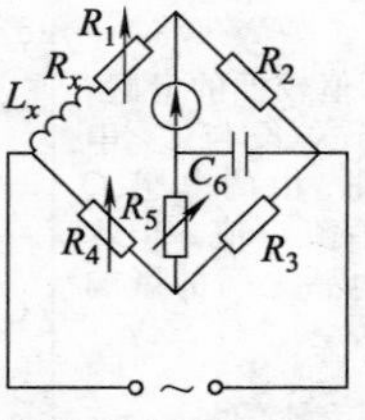 $L_x=R_2\frac{C_6}{R_3}[R_5(R_3+R_4)+R_3R_4]$ $R_x=R_2\frac{R_4}{R_3}-R_1$

续表

序号	分类	应用特点	原理线路及平衡条件
10	频率电桥	适宜测量正弦波的频率。在与调节 R_3 和 R_4 所用的转轴相连的度盘上可用频率值来分度，并用 C_3 和 C_4 改变量限	$\frac{R_1}{R_2}=\frac{C_3}{C_4}+\frac{R_4}{R_3}$ $\omega^2 C_3 R_3 R_4=1$ $f=\frac{1}{2\pi\sqrt{C_3 C_4 R_3 R_4}}$ 若 $R_1=2R_2$，$R_3=R_4$，$C_3=C_4$ 则 $f=\frac{1}{2\pi R_3 C_3}$

13.2.3 热电偶的选用及计算

（1）热电偶工作原理

把两种不同材料导体的一端连接在一起，当连接点的温度和导体另一端的温度不同时，由于电子热运动的差异，会在导体内部产生热电势现象（塞贝克效应）。热电偶就是利用这个现象做成的把温度差量转化成电势量的温度传感器（见图 13-3）。

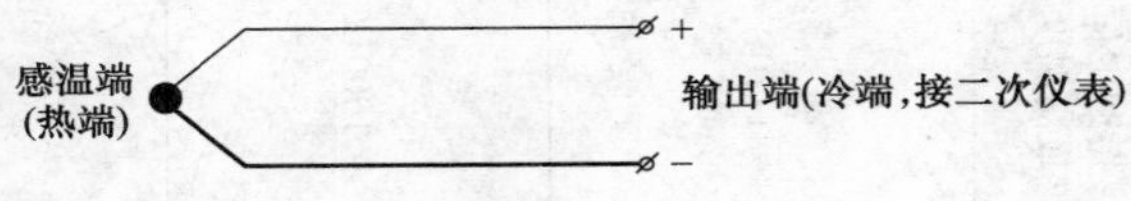

图 13-3　热电偶示意图

在输出端（冷端）温度恒定的情况下，热电偶的输出电势随着感温端的温度增高而增大，热电势的大小只与两支电极的材料及热电偶两端的温差有关，而与热电极的长度、直径、气压和空气湿度等无关。

（2）常用热电偶材料的特点和用途

常用热电偶材料的特点和用途见表 13-19。

（3）热电偶的热电势与温度的关系

■ **表 13-19 常用热电偶材料的特点和用途**

热电偶材料（主要成分）/%		分度号	工作温度/℃		容许误差	主要特点	主要用途
正极	负极		短期工作最高温度	推荐工作温度			
铂铑 20（Pt80Rh20）	铂铑 5（Pt95Rh5）	S或R	1770	1300～1600	≤600℃：±3℃ >600℃：±0.5%t	适用于真空（短期使用）、惰性及氧化性气体中。不能用于还原性气体或含有铅、锌等金属蒸气和硫、磷、砷等非金属蒸气的气体中。一般不必进行自由端温度修正	用于钢水温度、各种高温热处理炉、加热炉及其他高温测量
铂铑 10（Pt90Rh10）	铂（pt100）	S或R	1600	1000～1300	≤600℃：±2.4℃ >600℃：±0.4%t	精度较高，稳定性和重现性较好，可作一、二等标准温度传递。气体适用情况同上	各种金属熔炼、高温热处理炉、加热炉及其他高温测量
镍铬（Ni90.5Cr9.5）	镍硅（Ni97.5Si2.5）	K	1300	600～1250	≤600℃：±2.4℃ >600℃±0.4%t	在较廉价金属热电偶中具有最好的抗氧化性能。适用于真空（短期使用）惰性及氧化性气体。磷、硫及硅会影响其寿命	有色金属熔炼、各种高温热处理炉、加热炉及航空、石油、化工等高温测量

续表

热电偶材料（主要成分）/%		分度号	工作温度/℃		容许误差	主要特点	主要用途
正极	负极		短期工作最高温度	推荐工作温度			
铁（Fe100）	康铜（Cu55Ni45）	J	800	300～600	≤400℃：±3℃ >400℃：±0.75%t	热电势与热电势率较高，价格较廉，在真空中可长期使用。缺点是在潮湿空气中易生锈，在500℃以上易氧化。气体适用情况同上	石油、化工等生产中测温
镍铬（Ni90.5Cr9.5）	考铜（Cu56.5Ni43 Mn0.5）	E	800	0～600	≤400℃：±4℃ >400℃：±1%t	在常用热电偶材料中，它具有最高热电势和热电势率。耐蚀性及耐热性比铁-康铜优良。气体适用情况同上	石油、化工等生产中测温
镍铬（Ni90.5Cr9.5）	康铜（Cu55Ni45）	E	800	0～600	≤400℃：±4℃ >400℃：±1%t	耐中子辐照，其热电势和热电势率比镍铬-考铜热电偶小，其他性能基本相同。适用气体同上	石油、化工等生产中测温
铜（Cu100）	康铜（Cu55Ni45）	T	300	0～300	−40～100℃：±0.8℃ 100～300℃：±0.75%t 精密级的误差减半	均匀性和稳定性都较好。在潮湿空气中有抗蚀性。气体适用情况同上	石油、化工等生产中测温

注：康铜，又称铜镍；考铜，又称铜镍锰。

常用热电偶的热电势与温度的关系见表 13-20。

图 13-4 为常用高温热电偶的热电势与温度的关系图。

图 13-5 为常用中温热电偶的热电势与温度的关系图。

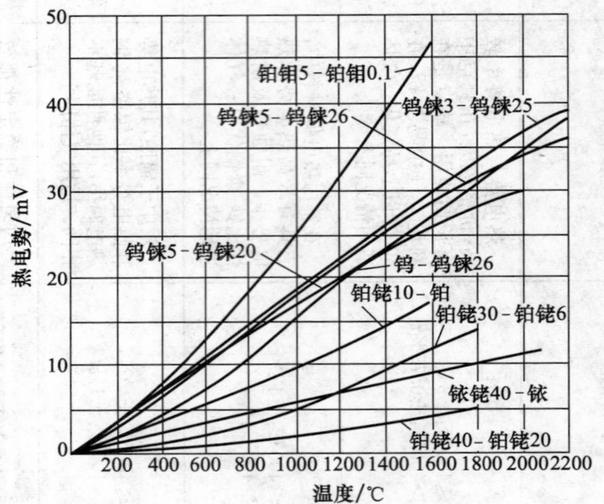

图 13-4　常用高温热电偶的热电势与温度的关系图

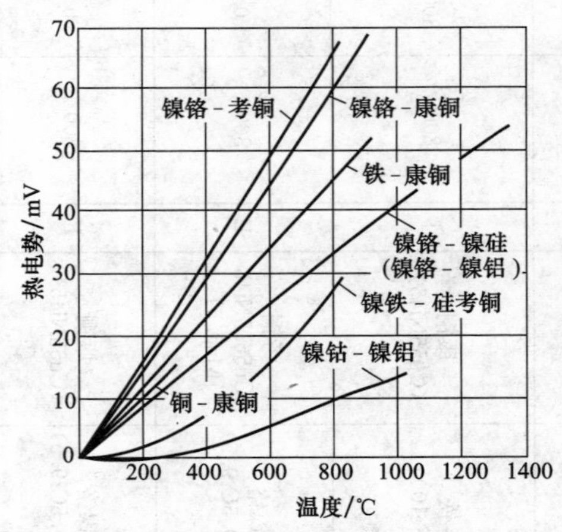

图 13-5　常用中温热电偶的热电势与温度的关系图

■ 表 13-20 常用热电偶的热电势与温度的关系

热端温度 t/℃	冷端温度为热电偶的热电势/mV					
	康铜-铜	康铜-铁	镍-镍铬合金	康铜-镍铬合金	铂铑 20-铂铑 5	铂铑 10-铂
−200	−5.46	−7.50	—	—	—	—
−100	−3.32	−4.40	—	—	—	—
0	0	0	0	0	—	—
20	0.76	—	0.82	1.25	—	0.113
100	4.1	5.15	4.07	5.62	0.074	0.643
200	8.8	10.48	8.12	11.08	0.268	1.436
300	14.1	15.77	12.22	19.09	0.569	2.315
400	19.9	20.96	16.32	26.48	0.966	3.250
500	26.3	26.12	20.62	34.18	1.447	4.220
600	—	31.47	24.87	41.95	2.005	5.222
700	—	37.15	29.12	50.02	2.633	6.256
800	—	43.25	33.12	57.94	3.327	7.322
900	—	49.26	37.27	65.75	4.084	8.421
1000	—	—	41.45	—	4.902	9.556
1100	—	—	45.62	—	5.767	10.723
1200	—	—	49.77	—	6.678	11.915
1300	—	—	—	—	7.633	13.116
1400	—	—	—	—	8.618	14.313
1500	—	—	—	—	9.619	15.504
1600	—	—	—	—	10.622	16.688
1700	—	—	—	—	11.613	—

图 13-6 为常用低温热电偶的热电势与温度的关系图，图中金铁的百分数均为原子百分数。

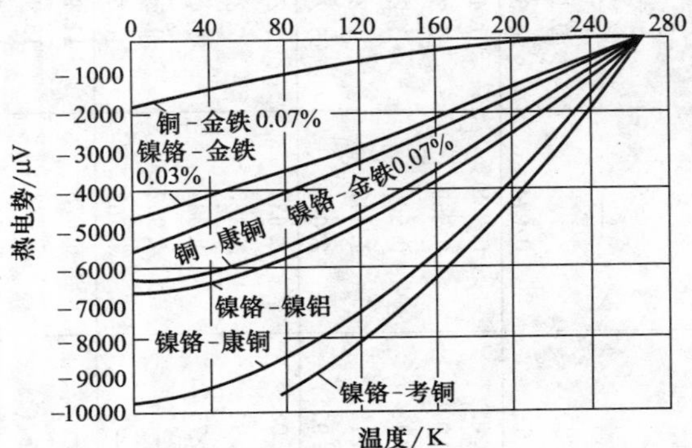

图 13-6　常用低温热电偶的热电势与温度的关系图

图 13-7 为常用低温热电偶的热电势率与温度的关系图，图中金铁的百分数均为原子百分数。

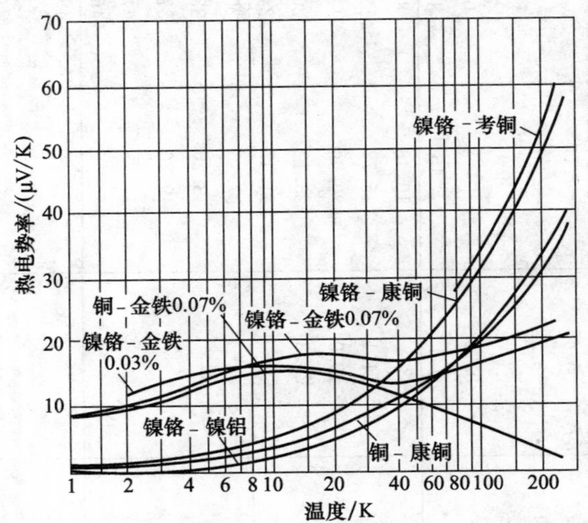

图 13-7　常用低温热电偶的热电势率与温度的关系图

图 13-8 为常用单根热电极对铂热电势与温度的关系图。

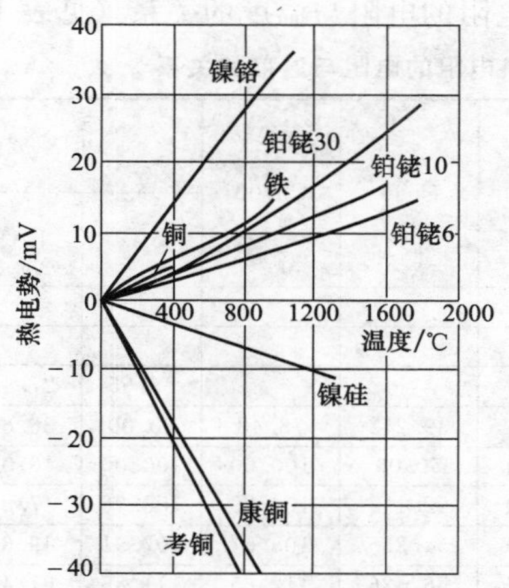

图 13-8　常用单根热电极对铂热电势与温度的关系图

13.2.4　热电阻的选用及计算

（1）热电阻的工作原理

由于电子的热运动，使金属导体的电阻率随着温度的变化而变化，从而把外界温度的变化转化成金属电阻值的变化，热电阻就是利用这一现象，将温度量转化成电阻量的温度传感器。

由于热电阻使用容易提纯且化学性能较稳定的金属材料制作，故该类传感器稳定性好，测温精度高，与热电偶比较，输出灵敏度也较高，故适宜于制造高精度的温度测量控制系统。其缺点是机械强度较差，抗振动能力不如热电偶，测量的上限温度也不够高。

（2）常用热电阻的分度号、精度及测量范围（见表 13-21）

■ **表 13-21　常用热电阻的分度号、精度及测量范围**

分度号	名称	型号	等级	允许偏差/±℃	使用范围/℃
Pt100	A 等铂热电阻	WZP	A	$0.15+0.002\|t\|$	−200～650
Pt100	B 等铂热电阻	WZP	B	$0.3+0.005\|t\|$	−200～850
Cu50	铜热电阻	WZC	—	$0.3+0.006\|t\|$	−50～150
Cu100	铜热电阻	WZC	—	$0.3+0.006\|t\|$	−50～150

（3）常用热电阻的电阻与温度的关系（见表 13-22）。

■ **表 13-22　常用热电阻的电阻与温度的关系**

分度号 电阻值/Ω 温度/℃	Pt100	Cu50	Cu100	旧标准（供维修参考）			
				BA2	BA1	G	镍热电阻
−200	18.52						
−150	39.72						
−100	60.26			59.65	27.44		
−50	80.31	39.242	78.48	80.00	36.80	41.74	
0	100.00	50.00	100.00	100.00	46.00	53.00	40.0
10	103.90	52.144	104.29	103.96	47.82	55.25	42.1
20	107.79	54.285	108.57	107.91	49.64	57.51	44.2
30	111.67	56.426	112.85	111.85	51.45	59.76	46.3
40	115.54	58.565	117.13	115.78	53.26	62.01	48.4
50	119.40	60.704	121.41	119.70	55.06	64.26	50.6
75	128.99	66.050	132.10	129.44	59.54	69.90	57.2
100	138.51	71.400	142.80	139.10	63.98	75.53	61.8
125	147.95	76.759	153.52	148.69	68.40	81.16	67.7
150	157.33	82.134	164.27	158.21	72.77	86.79	74.2
200	175.86			177.03	81.43		89.1
250	194.10			195.56	89.95		105.8
300	212.05			213.79	98.34		124.8
350	229.72			231.73	106.60		
400	247.09			249.38	114.72		
450	264.18			266.74	122.70		
500	280.98			283.80	130.55		
600	313.71			317.06	145.85		
700	345.28						
800	375.70						
850	390.48						

常用热电阻的电阻与温度的关系特性公式如下。

① 铂热电阻的特性公式

当 $-200℃ \leqslant t \leqslant 0℃$ 时

$$R_t = R_0 [1 + At + Bt^2 + Ct^3 (t - 100)]$$

当 $0℃ \leqslant t \leqslant 650℃$ 时

$$R_t = R_0(1 + At + Bt^2)$$

式中 R_0——0℃时的电阻值；

R_t——温度为 t℃时的电阻值；

A，B，C——常数，即

$$A = 3.96847 \times 10^{-3} ℃^{-1}$$

$$B = -5.847 \times 10^{-7} ℃^{-1}$$

$$C = -4.22 \times 10^{-12} ℃^{-1}$$

② 铜热电阻的特性公式

$$R_t = R_0(1 + At + Bt^2 + Ct^3)$$

式中 A，B，C——常数，即

$$A = 4.28899 \times 10^{-3} ℃^{-1}$$

$$B = -2.133 \times 10^{-7} ℃^{-1}$$

$$C = 1.233 \times 10^{-9} ℃^{-1}$$

③ 热敏电阻的特性公式

$$R_t = Ae^{B/t}$$

式中 A，B——常数。

(4) 热电阻允许通过的电流

在静止的空气介质中，通过热电阻中的测量电流不能超过5mA。在流动的液体介质中，通过热电阻中的测量电流可以稍大。测量电流过小将会降低热电阻的输出灵敏度，反之将会因流过热电阻的电流过大而造成热电阻的自热现象，测量精度也会降低。

13.2.5 温度指示、控制仪表的计算

(1) 温度指示、控制仪表测温值的校正

温度指示、控制仪表的刻度都是按照热电偶冷端处于0℃时制造时，因此冷却温度变化会影响被测温度指示的正确性。为了消除冷却温度变化所造成的影响，可采取以下几种方法校正。

① 补偿导线法：补偿导线和热电偶在一定温度范围内（一般

在 0～100℃）热电动势与温度关系是一致的，两者连接后在连接点所产生附加电动势的代数和，将不会影响热电偶回路的电动势值，从而使处于被测对象附近的热电偶引出端接点，移到温度近似恒定的仪表处。

常用的补偿导线的选用见本节 13.2.6 项。

② 计算校正法：当热电偶引出端接点处温度变化很小时，可用此方法。

a. 指示仪表温度的校正。

$$t=t_{zs}+Kt_{w}$$

式中 t——校正后的实际温度，℃

t_{zs}——仪表的指示温度，℃；

t_{w}——引出端温度（冷端温度），即通过补偿导线引至仪表处的温度，℃；

K——校正系数，见表 13-23。

b. 检定热电偶时冷端温度的校正。先按下式求出实际温度所对应的电动势 $E_{(t_{bc},t_0)}$：

$$E_{(t_{bc},t_0)}=E_{(t_{bc},t_w)}+E_{(t_w,t_0)}$$

式中 $E_{(t_{bc},t_w)}$——在检定热电偶时读取的被测温度 t_{bc} 的相应的电动势；

$E_{(t_w,t_0)}$——冷端温度为 t_w 所对应的电动势，可由表 13-20 查得。

然后查表 13-20，及图 13-1～图 13-5 得 $E_{(t_{bc},t_0)}$，所对应的温度 t 即为实际温度。

此外，还有采用桥式自动补偿器，如国产 WBC-57 型，以及冷端恒温法。

（2）动圈式温控仪外接电阻的计算

① 外接电阻的计算与制作。动圈式温控仪常用于电炉温度测量与控制。电炉温度测量、控制精度与外接热电偶及外接导线有直接关系。测量回路的总电阻应为

$$R=R_{B}+R_{J}+R_{r}$$

■ **表 13-23　校正系数 K 值**

测量温度/℃	热电偶种类				
	铜-考铜	镍铬-考铜	铁-考铜	镍铬-镍铝	铂铑-铂
0	1.00	1.00	1.00	1.00	1.00
20	1.00	1.00	1.00	1.00	1.00
100	0.86	0.9	1.00	1.00	0.82
200	0.77	0.83	0.99	1.00	0.72
300	0.7	0.81	0.99	0.98	0.69
400	0.68	0.83	0.98	0.98	0.66
500	0.65	0.79	1.02	1.00	0.63
600	0.65	0.78	1.00	0.96	0.62
700		0.8	0.91	1.00	0.60
800		0.8	0.82	1.00	0.59
900			0.84	1.00	0.56
1000				1.07	0.55
1100					0.53
1200					0.53
1300					0.52
1400					0.52
1500					0.53
1600					0.53

式中　R——测量回路的总电阻，Ω；

R_B——动圈式仪表的内阻，Ω；

R_J——补偿导线电阻，Ω；

R_r——热电偶电阻，Ω。

只有在总的电阻值保持一定的情况下，所测得的温度值才准确。在仪表刻度盘左上角标有应配接的外接电阻值（R_0），如15Ω、5Ω 等。

外接电阻按下式自行配制：

$$R_w = R_0 - (R_r + R_J + R_C)$$

式中　R_w——外接调整电阻，Ω；

R_0——仪表要求规定电阻，Ω；

R_C——铜导线电阻，Ω。

例如有一只 XCT-101 型动圈式温度仪，表面标尺左上角标有

$R_0=15\Omega$，实测常温下的 $R_r=1\Omega$，$R_J=0.4\Omega$，$R_C=0.1\Omega$，则外接调整电阻应为

$$R_w=15-(1+0.4+0.1)=13.5\Omega$$

具体制作：可用细漆包线在圆胶木骨架上乱绕，使阻值在 13.5Ω 后浸漆烘干即可。零位无指示。

② 外接导线与仪表、热电偶之间的接头必须连接可靠，尽量减少人为造成的接触电阻。

外线路检测回路的总阻值如果小于仪表规定值时，仪表指示值会偏高；反之，指示值会偏低。

(3) 动圈式温控仪及热电偶使用时的注意事项

① 仪表应水平安装。

② 仪表中的接地端子标有接地符号，应可靠接地。

③ 仪表周围应无强电场或磁场。

④ 热电偶及补偿导线必须与仪表配套。

⑤ 热电偶在插入炉中时，注意电极不能与炉体接地的外壳相碰，以免造成仪表指示不准。

⑥ 热电偶插入炉心部分的深度，至少为热电偶保护管的 8～10 倍，并注意插入炉内位置的合理性。

⑦ 热电偶与仪表之间连接的一根双并黑色连线是一根补偿导线（即 R_J），切不可用普通导线代替。补偿导线两端分别与热电偶、仪表连接时，务必注意正、负极性不能接反，否则无论炉内温度如何变化，动圈式仪表中指针将始终停在零位无指示。

13.2.6 热电偶补偿导线的选择

补偿导线是用来补偿热电偶在冷端非 0℃时测温所引起的温度误差。

(1) 补偿导线的型号

热电偶补偿导线的型号由两部分组成：第一部分为配用的热电偶分度号，常用的热电偶分度号有 S 或 R、K、N、E、J、T 几种；

第二部分表示热电偶补偿导线材质的种类，补偿导线的材质分为延长型和补偿型两种，前者用字母“X”表示，后者用字母“C”表示。热电偶补偿导线的品种见表13-24。

■ **表 13-24　热电偶补偿导线的品种**

名称	型号	配用热电偶	热电偶分度号
铜-铜镍 0.6 补偿型导线	SC 或 RC	铂铑 10-铂热电偶 铂铑 13-铂热电偶	S 或 R
铁-铜镍 22 补偿型导线 铜-铜镍 40 补偿型导线 镍铬 10-镍硅 3 延长型导线	KCA KCB KX	镍铬-镍硅热电偶	K
铁-铜镍 18 补偿型导线 镍铬 14-镍硅延长型导线	NC NX	镍铬硅-镍硅热电偶	N
镍铬 10-铜镍 45 延长型导线	EX	镍铬-铜镍热电偶	E
铁-铜镍 45 延长型导线	JX	铁-铜镍热电偶	J
铜-铜镍 45 延长型导线	TX	铜-铜镍热电偶	T

（2）补偿导线的选配

热电偶与仪表之间的连线必须使用相应的热电偶补偿导线或热电偶丝本体。如果用普通铜导线连接，会造成仪表读数和调节的误差，误差值大致为热电偶冷端处的温度与仪表接线端子处的温度之间的差值。

根据热电偶分度号和使用温度选配补偿导线见表13-25。

■ **表 13-25　补偿导线的选用**

热电偶分度号	最高使用温度/℃		补偿线温度范围/℃	补偿导线材料	
	长期使用	短期使用		正极	负极
S,R	1300	1600	0～150	铜	铜镍合金
B	1600	1800	－20～150	铜	铜
K	800(φ0.5)	900(φ0.5)	－20～150	铁	康铜
K	900(φ1)	1000(φ1)	－20～100	铜	康铜
K	1100(φ2)	1300(φ3.2)	－20～150	热电偶延伸	热电偶延伸
E	600	800	—	热电偶延伸	热电偶延伸
J	500	750	—	热电偶延伸	热电偶延伸
T	200(φ0.5)	400(φ1.6)	—	热电偶延伸	热电偶延伸
钨铼	2000	2800	—	—	—

（3）补偿导线允许误差等级的选择

热电偶补偿导线按热电特性的允许误差的大小，分为精密级（用“S”表示）和普通级（不加标记）两种。

同一种补偿导线，其允许误差等级不同，误差的大小也不同。因此，在选择热电偶补偿导线时，应根据测量要求，选择相应允差等级的补偿导线。补偿导线允差等级及允许误差范围见表13-26。

■ **表13-26 热电偶补偿导线热电特性的允许误差**

型号	使用温度范围/℃	耐热等级	允差/μV		热电偶测量端温度/℃
			精密级	普通级	
SC或RC	0～100	G	±30(±2.5℃)	±60(±5.0℃)	1000
SC或RC	0～200	H	—	±60(±5.0℃)	1000
KCA	0～100	G	±60(±1.5℃)	±100(±2.5℃)	1000
KCA	0～200	H	±60(±1.5℃)	±100(±2.5℃)	900
KCB	0～100	G	±60(±1.5℃)	±100(±2.5℃)	900
KX	－20～＋100	G	±60(±1.5℃)	±100(±2.5℃)	900
KX	－25～＋200	H	±60(±1.5℃)	±100(±2.5℃)	900
NC	0～100	G	±60(±1.5℃)	±100(±2.5℃)	900
NC	0～200	H	±60(±1.5℃)	±100(±2.5℃)	900
NX	－20～＋100	G	±60(±1.5℃)	±100(±2.5℃)	900
NX	－25～＋200	H	±60(±1.5℃)	±100(±2.5℃)	900
EX	－20～＋100	G	±120(±1.5℃)	±200(±2.5℃)	500

13.2.7 温度传感器的选择和安装使用

（1）温度传感器的选择

应根据不同的使用场合正确选用传感器的种类、测量范围、安装方式、外形尺寸、精度等级及品种规格。

镍铬-镍铝（K型）热电偶的热电势线性好，适用于氧化性和中性气氛中测温，对金属蒸气的适应性强、但热电势值较小，宜用于较高温度下测温。

镍铬-铜镍（E型）热电偶的热电势大，耐腐蚀性较好，非磁性，适用于氧化及弱还原性气氛中测温。

铜热电阻价格低廉，可用于测量室温和热水器温度。

铂热电阻测量精度较高，适用于测量精度要求较高且无剧烈振动的场合。

简易式工业热电偶适用于多种场合，特别适用于原采用玻璃铂电阻、精度要求又一般的场合，可大幅度延长使用寿命。

螺钉式普通热电偶适用于包装机械、服装机械、印刷机械等薄型加热对象的温度测量。

探头式传感器适用于各类烘箱、烤炉低温电炉，印刷机械等行业。

压簧式热电偶适用于加热对象需要经常位移的压盆机、餐具机械、注塑机等行业。

表面热电偶适用于旋转对象的表面温度测量，适用于印染、造纸、纺织等行业。

表面型圈形热电偶适用于注塑机出料口（料头）等小型薄壁腔式加热对象的测温。

热圈型或鸭嘴型表面热电偶适用于对加热对象无法钻深孔的模具表面温度等测量。

针入式食品温度传感器主要用于肉类食品加工中的烘烤和消毒工序，其最大特点是温度反应速度快、可手持、耐弯折和符合国家食品卫生标准。

对液体和具有腐蚀性气体的对象进行测量时，应该选用密封型的探头式或标准型传感器，测量对象为无腐蚀性气氛的介质时，宜采用露头、露芯传感器，以尽量提高响应速度。

对强酸、碱性介质作温度测量，应采用特制的玻封或包氟保护管传感器。

（2）温度传感器的安装使用

温度传感器装配图如图 13-9 所示。

热电偶传感器的温度感知区域在端部约 5～20mm 处，热电阻传感器的温度感知区域在端部约 5～70mm 处，在计算插入深度值时应考虑到这点区别。

传感器应尽可能要安装在置放工件的位置上，避免安装在炉门

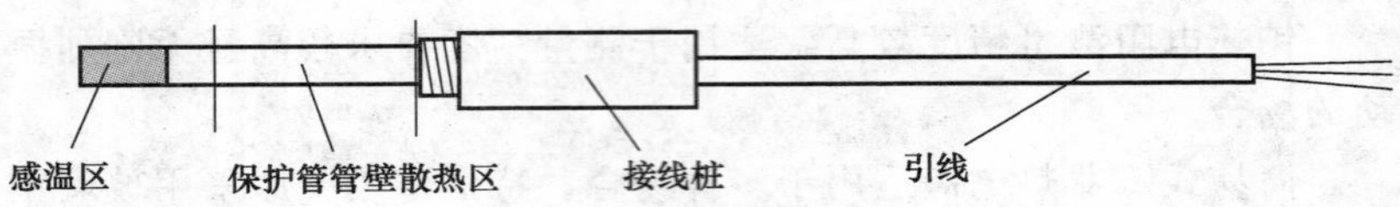

图 13-9　温度传感器装配示意图

旁边或与加热物体距离过近处。其插入深度需按实际需要决定。传感器的安装位置应尽可能保持垂直，但在有流速的情况下则必须使测量头逆向倾斜安装。如果需要固定传感器，可在容器壁上开一个比传感器的安装螺纹外径略大的固定用孔，用所附的螺帽把传感器安装固定在容器上。在测量对象为非气体或液体时（如注塑机的料筒），务必使传感器感温部分与被测物体紧密接触，以提高响应速度和降低传递误差。

如热电偶的输出线要加长，应使用与所用热电偶分度号相对应的补偿导线同极性加长，再与二次仪表连接。传感器连线或补偿导线应直接与仪表接线端连接，避免使用普通导线，否则会带来误差。连线要尽可能少弯折，以延长使用时间，必须频繁弯折传感器连线的传感器应作专门设计（特殊订货）。传感器引线应避免和动力导线、负载导线绑扎在一起走线，以免因引入干扰而降低系统的稳定性。

13.3 仪表正确接法的分析

13.3.1　两表法测量三相有功功率的分析

两表法测量三相有功功率的接线图见图 13-10。它适用于三相三线制电路对称或不对称负载。

由矢量图可知，两功率表指示值为

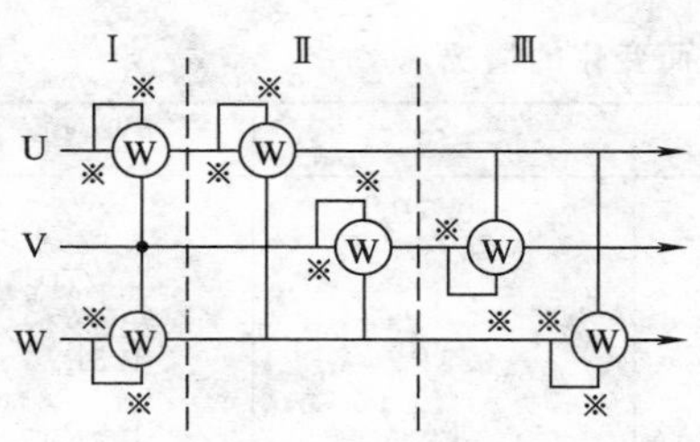

(a) 直接接入(三种接法均可)

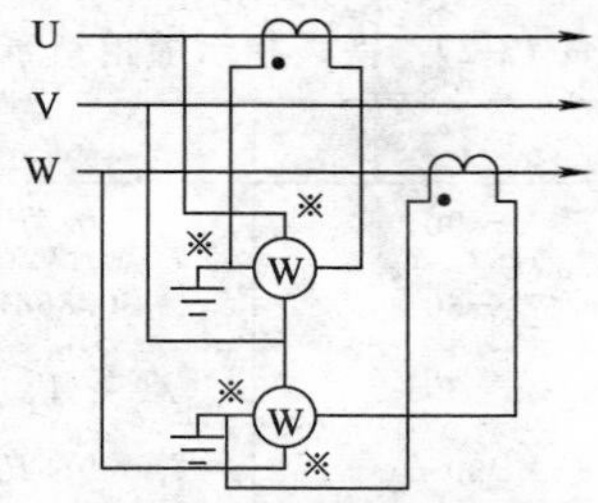

(b) 经电流互感器接入法

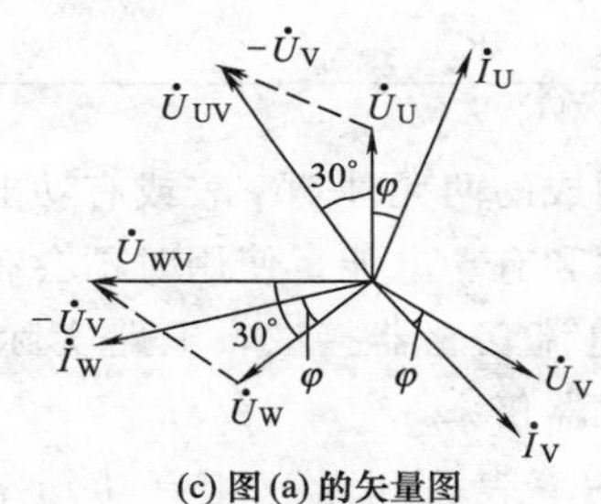

(c) 图(a)的矢量图

图 13-10　两表法测三相功率或有功电能的接线

$$P_1 = U_{UV} I_U \cos(30° + \varphi)$$

$$P_2 = U_{WV} I_W \cos(30° - \varphi)$$

式中　φ——相电压和相电流的相角差。

$$P_1 + P_2 = U_{UV} I_U \cos(30° + \varphi) + U_{WV} I_W \cos(30° - \varphi)$$

当负载对称时

$$U_{UV} = U_{WV} = U_{WU} = U$$

$$I_U = I_V = I_W = I$$

式中　U，I——线电压和线电流。

这时
$$P_1 + P_2 = UI[\cos(30° + \varphi) + \cos(30° - \varphi)]$$
$$= \sqrt{3} UI \cos\varphi$$

说明三相有功功率等于两功率表指示值之和。

当 $\varphi > 60°$ 时，一只表会反转，这时应将该表倒相，计算总功率时，反转表的读数取负值。

两表指示随 φ 改变而变化的情况见表 13-27。

■ **表 13-27 两表指示随相角 φ 改变而变化的情况**

φ/(°)	P_1	P_2	P_1+P_2
−90	$0.5P_n$	$-0.5P_n$	0
−60	$0.866P_n$	0	$\frac{1}{2}\sqrt{3P_n}$
−30	P_n	$0.5P_n$	$1.5P_n$
30	$0.5P_n$	P_n	$1.5P_n$
60	0	$0.866P_n$	$\frac{1}{2}\sqrt{3}P_n$
90	$-0.5P_n$	$0.5P_n$	0

注：P_n 是 P_1 或 P_2 的最大值。

根据两表法原理制成的两元件功率表或有功电能表，可直读三相三线电路的有功功率和有功电能，使用时不会有反转现象。

图 13-10（b）经电流互感器接法，电路实际的有功功率为功率表读数乘以电流互感器倍率。

【例 13-4】 用两功率表法测量三相有功功率，接法如图 13-10（a）所示。已知两只 0.5 级功率表的额定电压 U_e 为 150V，额定电流 I_e 为 5A，满量程分格数 α_e 为 150 分格。W_1 表指示分格数 α_1 为 60 分格，W_2 表指示分格数 α_2 为 110 分格。试求三相有功功率。

解 三相有功功率为

$$P=P_1+P_2=\frac{U_eI_e\alpha_1}{\alpha_e}+\frac{U_eI_e\alpha_2}{\alpha_e}$$

$$=\frac{U_eI_e(\alpha_1+\alpha_2)}{\alpha_e}=\frac{150\times5\times(60+110)}{150}$$

$$=850\text{W}$$

如果两表均接有变比为 $K_{TA}=200/5=40$ 的电流互感器和变比为 $K_{TV}=10000/100=100$ 的电压互感器时，则三相有功功率为

$$P=\frac{K_{TA}K_{TV}U_eI_e(\alpha_1+\alpha_2)}{\alpha_e}$$

$$=40\times100\times850\text{W}$$

$$=3400\text{kW}$$

13.3.2 三表法测量三相有功功率的分析

三表法测量三相有功功率的接线图见图 13-11。它适用于三相三线、三相四线电路，不论对称或不对称负载都可用。用于三相四线制电路时，三只功率表的公共连接点可接于零线上。

它实际上是由三只单相表分别测各相有功功率或有功电能，各表读数之和即为三相有功功率或有功电能。

也可根据三表法原理制成三元件功率表和有功电能表。

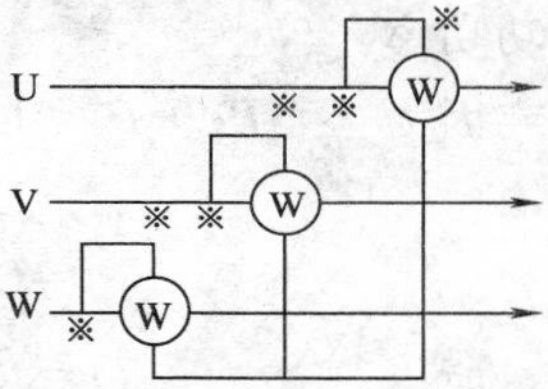

图 13-11 三表法测三相有功功率或有功电能的接线

13.3.3 一表法测量三相无功功率的分析

利用一只功率表测量三相无功功率的接线图见图 13-12。它适用于负载完全对称的电路。

由矢量图可知，功率表指示值为

$$P_r = U_{VW} I_U \cos(90° - \varphi) = U_{VW} I_U \sin\varphi$$

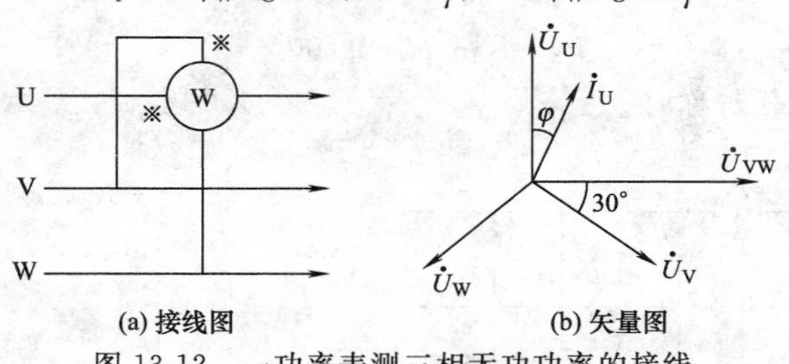

图 13-12 一功率表测三相无功功率的接线

因为三相无功功率为

$$Q = \sqrt{3} UI \sin\varphi$$

所以

$$Q = \sqrt{3} P_r$$

即三相无功功率等于功率表指示值 P_r 的$\sqrt{3}$倍。

13.3.4 两表法测量三相无功功率的分析

在完全对称负载的电路里，可采用图 13-10 的方法，测量三相无功功率。

因为 $P_2-P_1=U_{WV}I_W\cos(30°-\varphi)-U_{UV}I_U\cos(30°+\varphi)$

$=UI[\cos(30°-\varphi)-\cos(30°+\varphi)]$

$=UI\sin\varphi$

所以 $Q=\sqrt{3}UI\sin\varphi=\sqrt{3}(P_2-P_1)$

即三相无功功率等于两功率表指示值之差的$\sqrt{3}$倍。

13.3.5 三表法测量三相无功功率的分析

用三只功率表测量三相无功功率的接线见图 13-13。它适用于三相三线制、三相四线制的对称或简单不对称负载。

由矢量图可知

$$P_1=U_{VW}I_U\cos(90°-\varphi)$$

$$P_2=U_{WU}I_V\cos(90°-\varphi)$$

$$P_3=U_{UV}I_W\cos(90°-\varphi)$$

当负载对称时

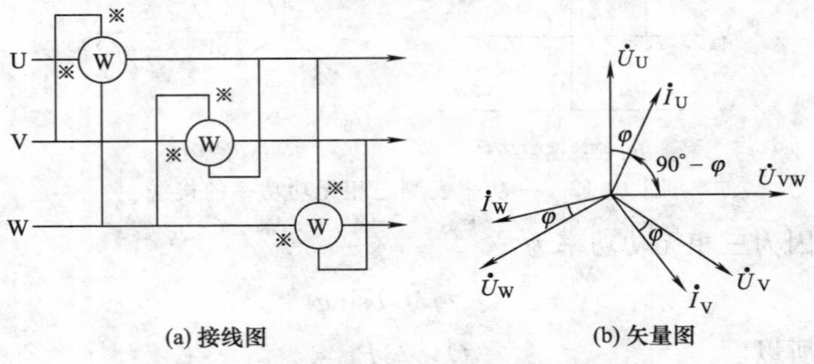

图 13-13 三功率表测三相无功功率的接线

$$P_1+P_2+P_3=3UI\cos(90°-\varphi)=3UI\sin\varphi$$

所以 $$Q=\sqrt{3}UI\sin\varphi=\frac{1}{\sqrt{3}}(P_1+P_2+P_3)$$

即三相无功功率等于三功率表指示值之和的 $1/\sqrt{3}$倍。

13.3.6 具有人工中点的两表法测量三相无功功率的分析

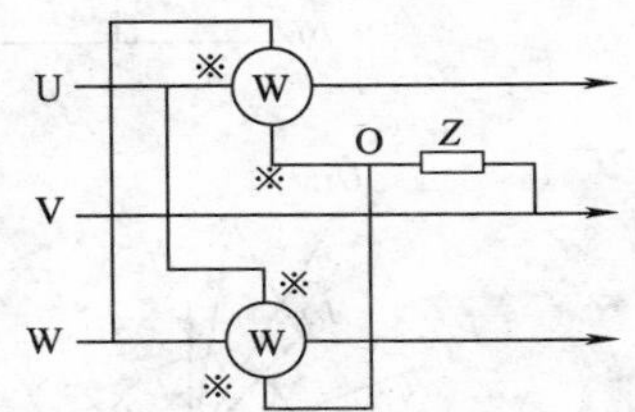

图 13-14 具有人工中点的两功率表测三相无功功率的接线

用两只功率表按图 13-14 的接法，可测量完全对称或简单不对称负载的三相无功功率。

两功率表指示值为

$$P_1=U_W I_U\cos(60°-\varphi)$$

$$P_2=U_U I_W\cos(120°-\varphi)$$

当负载对称时

$$\begin{aligned}P_1+P_2&=U_W I_U\cos(60°-\varphi)+U_U I_W\cos(120°-\varphi)\\&=U_X I(2\sin60°\sin\varphi)\\&=\frac{U}{\sqrt{3}}I(\sqrt{3}\sin\varphi)=UI\sin\varphi\end{aligned}$$

式中 U_X——相电压。

所以 $$Q=\sqrt{3}(P_1+P_2)$$

即三相无功功率等于两功率表指示值之和的$\sqrt{3}$倍。

13.3.7 具有 90° 相角差的无功电能表的接线和分析

接线见图 13-15，其特点是电压回路的工作磁通滞后于外加电压 90°。此结构多用于两元件三相无功电能表，称为内相角为 90° 的无功电能表，如 DXI 型无功电能表。它适用于三相三线制、三相四线制的完全对称或简单不对称负载电路。

(1) 当负载为感性时

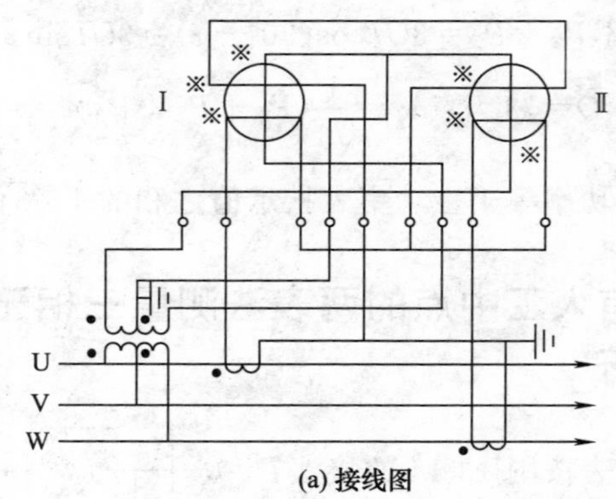

(a) 接线图

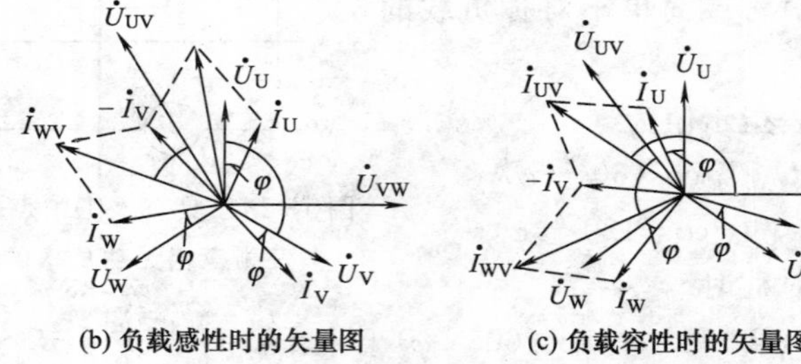

(b) 负载感性时的矢量图　　(c) 负载容性时的矢量图

图 13-15　具有 90°相角差的无功电能表的接线

由图 13-15（b）可知

$$Q_1 = K_{TA}K_{TV}R_{VW}I_{UV}\cos(120° - \varphi)$$

$$Q_2 = K_{TA}K_{TV}U_{UV}I_{WV}\cos(60° - \varphi)$$

式中　K_{TA}——电流互感器变比；

K_{TV}——电压互感器变比。

当负载对称时

$$Q = Q_1 + Q_2 = K_{TA}K_{TV}[U_{VW}I_{UV}\cos(120° - \varphi) + U_{UV}I_{WV}\cos(60° - \varphi)]$$

$$= UI(2\sin60°\sin\varphi) = \sqrt{3}UI\sin\varphi$$

说明该表能直接测量三相无功电能。

需注意：这类表在制造上已考虑齿轮传动比或每个电流线圈的匝数为额定匝数的 $1/\sqrt{3}$，所以表计所指示的数值就是实际三相无功电能。

(2) 当负载为容性时

由图 13-15（c）可知

$$Q_1 = K_{TA}K_{TV}U_{VW}I_{UV}\cos(120^\circ + \varphi)$$

$$Q_2 = K_{TA}K_{TV}U_{UV}I_{WV}\cos(60^\circ + \varphi)$$

当负载对称时

$$Q = Q_1 + Q_2 = K_{TA}K_{TV}[U_{VW}I_{UV}\cos(120^\circ + \varphi) + U_{UV}I_{WV}\cos(60^\circ + \varphi)]$$
$$= UI(-2\sin60^\circ\sin\varphi) = -\sqrt{3}UI\sin\varphi$$

说明该表在容性负载时，将反转。

(3) 电能表 Q 值与 φ 的关系（见图 13-16）。

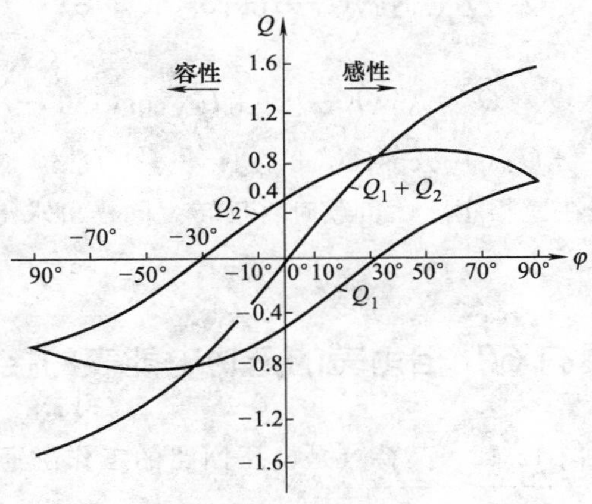

图 13-16　电能表 Q 与 φ 的关系曲线

由图 13-16 可见：

① 当 $\varphi=0^\circ$时，$Q_1=-Q_2$，所以 $Q_1+Q_2=0$，表停止转动；

② 当 $\varphi=30^\circ$时，$Q_1=0$，Q_2 为全部三相无功功率；

③ 感性负载时，$Q_1+Q_2>0$，表正转；

④ 容性负载时，$Q_1+Q_2<0$，表反转；

⑤ 当 $\varphi=\pm90^\circ$时，Q_1+Q_2 分别达到正的和负的最大值。

(4) 测量容性负载时的接线

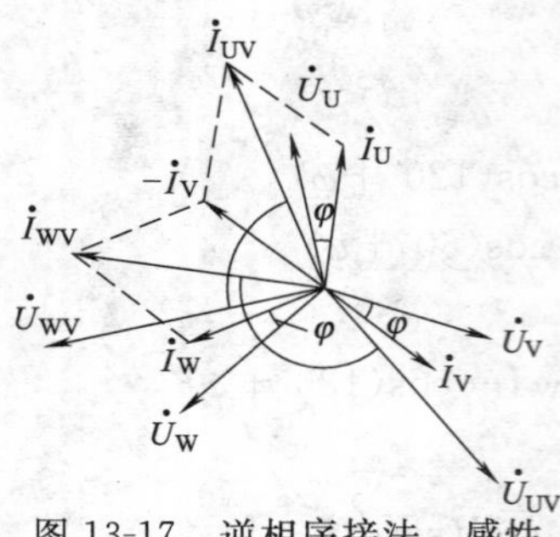

图 13-17　逆相序接法、感性负载的矢量图

测量调相机、电容器等容性负载的无功电能时，只需将图 13-15 中的电能表端各相电流进出线对调一下（即逆相序接），表即能正转而准确地测量容性的无功电能。

如果用逆相序（如 W、V、U）接法测量感性负载，则矢量图如图 13-17 所示。

由矢量图可知

$$Q_1 = K_{TA}K_{TV}U_{VU}I_{WV}\cos(120^\circ+\varphi)$$

$$Q_2 = K_{TA}K_{TV}U_{WV}I_{UV}\cos(60^\circ+\varphi)$$

当负载对称时

$$Q = Q_1 + Q_2 = K_{TA}K_{TV}[U_{VU}I_{WV}\cos(120^\circ+\varphi) + U_{WV}I_{UV}\cos(60^\circ+\varphi)] = -\sqrt{3}UI\sin\varphi$$

说明该表在逆相序感性负载时将反转。同样可求得在逆相序容性负载时表将正转。

13.3.8 具有 60° 相角差的无功电能表的接线和分析

接线图见图 13-18，其特点是电压回路的工作磁通滞后于外加

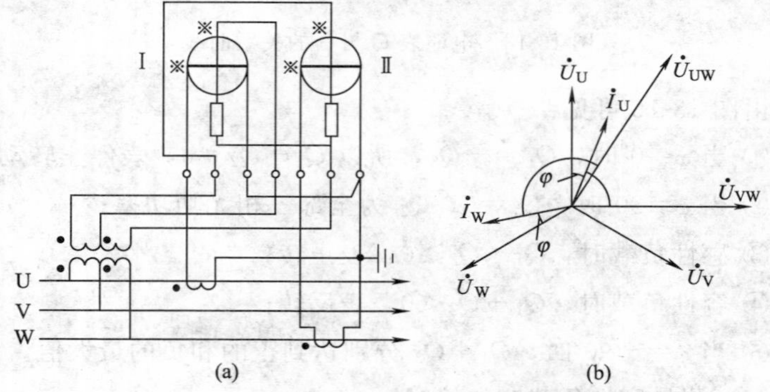

图 13-18　具有 60°相角差的无功电能表的接线

电源电压 60°，此结构多用于两元件三相无功电能表，称为内相角为 60°的无功电能表，如 DX2 型无功电能表。它适用于三相三线制的完全对称或简单不对称负载电路。

由于这种无功电能表的内相角为 60°，在进行矢量分析时应将相角减去 90°－60°＝30°，即电压线圈串入电阻后相当于将相应的电压相位前移了 30°。

① 当负载为感性时，由矢量图可知

$$Q_1 = K_{TA}K_{TV}U_{VW}I_{U}\cos(90° - 30° - \varphi)$$
$$= K_{TA}K_{TV}U_{VW}I_{U}\cos(60° - \varphi)$$
$$Q_2 = K_{TA}K_{TV}U_{UW}I_{W}\cos(150° - 30° - \varphi)$$
$$= K_{TA}K_{TV}U_{UW}I_{W}\cos(120° - \varphi)$$

当负载对称时

$$Q = Q_1 + Q_2 = K_{TA}K_{TV}[U_{VW}I_{U}\cos(60° - \varphi) + U_{UW}I_{W}\cos(120° - \varphi)]$$
$$= UI(2\sin60°\sin\varphi) = \sqrt{3}UI\sin\varphi$$

说明该表能直接测量三相无功电能。

② 当负载为容性时，同样可分析出，表将反转，要使其正转且正确计量，可按逆相序接法。在逆相序感性负载时，表将反转。

③ 电能表 Q 值与 φ 的关系。只要将 DX1 型无功电能表的 Q 值与 φ 的关系曲线中的 Q_1 和 Q_2 对调一下，就成了 DX2 型无功电能表的 Q 值与 φ 的关系曲线。

13.3.9 功率因数的测算

对于没有装设功率因数表的系统，可以用以下几种实用方法测算功率因数。

（1）用有功和无功电能表测算 $\cos\varphi$

装有有功和无功电能表的系统，可先记录同一时间间隔内电能表所指示的有功电能和无功电能的消耗量，然后按下式计算出这段时间内的平均功率因数：

$$\cos\varphi \frac{A_P}{\sqrt{A_P^2+A_Q^2}}$$

式中　A_P——有功电量，kW·h；

　　　A_Q——无功电量，kvar。

（2）用单相电能表和秒表法测算 $\cos\varphi$

对于三相负载对称的电路，可将电能表按图 13-19 的接法测算功率因数。

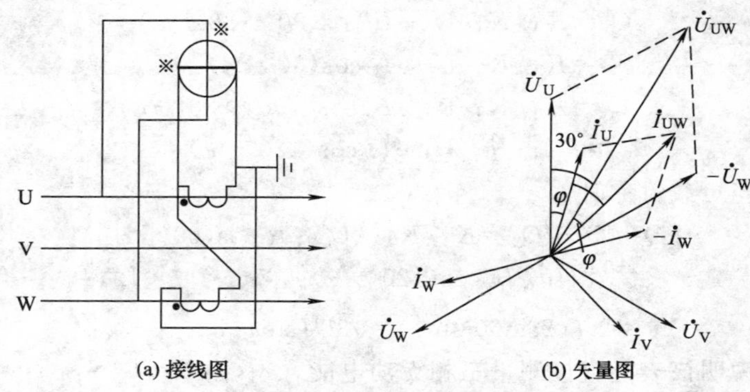

(a) 接线图　　(b) 矢量图

图 13-19　用单相电能表测算 $\cos\varphi$ 的接线

由矢量图可知，三相总有功功率 P 为

$$P=K_{TA}U_{UW}I_{UW}\cos\varphi$$

当有电压互感器时

$$P=K_{TA}K_{TV}U_{UW}I_{UW}\cos\varphi$$

负载所消耗的有功功率还可按下式计算：

$$P=\frac{3.6nK_{TA}}{Kt}\times10^6$$

当有电压互感器时

$$P=\frac{3.6nK_{TA}K_{TV}}{Kt}\times10^6$$

式中　P——有功功率，W；

　　　n——电能表铝盘在 t 时间内的转数；

　　　K——电能表常数，r/kW·h；

t——测量时间，s。

令以上两式相等，经整理得

$$\cos\varphi=\frac{3.6n}{KtU_{UW}I_{UW}}\times10^6=\frac{3.6n}{KtUI_2}$$

式中 U——电路的线电压，V；

I_2——电流互感器二次侧的线电流，A。

用秒表实测出电能表在 t 时间内铝盘的转数 n，并测出电路的线电压和电流互感器二次侧的线电流，便可按上式算出负载的功率因数。

(3) 用三相有功电能表和秒表测算 $\cos\varphi$

接线图如图 13-20 所示。

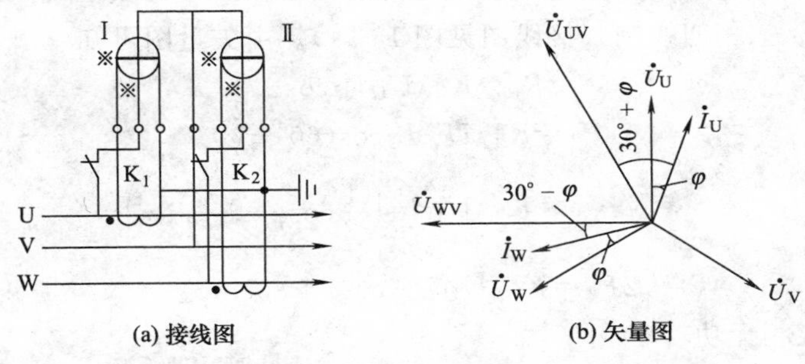

图 13-20 用三相有功电能表测算 $\cos\varphi$ 的接线

负载的功率因数

$$\cos\varphi\frac{t_1+t_2}{\sqrt{t_1^2-t_1t_2+t_2^2}}$$

式中 t_1——为 K_1 闭合，K_2 断开时，电能表铝盘转动一周所需的时间，s；

t_2——为 K_1 断开，K_2 闭合时，电能表铝盘转动一周所需的时间，s。

测试时，可记录电能表铝盘转数周到十几周所需的时间，再求出转动一周的平均时间。

需注意：应用上式时，当电能表正转时取“+”号代入，反转时取“−”号代入。

(4) 用两只单相有功电能表测算 $\cos\varphi$

① 三相三线制（接线图见图 13-10）。由前述的两表法测量三相无功功率的分析可知，三相无功功率为

$$Q=\sqrt{3}UI\sin\varphi=\sqrt{3}(P_2-P_1)$$

故

$$\cos\varphi=\frac{P}{\sqrt{P^2+Q^2}}$$

$$=\frac{P_1+P_2}{\sqrt{(P_1+P_2)^2+[\sqrt{3}(P_2-P_1)]^2}}$$

注意：当 $\varphi>60°$ 时，表 P_2 反转，上式的 P_2 为负值代入。

② 三相四线制（接线图见图 13-21）。由矢量图可知

$$P_1=K_{TA}U_U I_U\cos\varphi$$

$$P_2=K_{TA}U_W I_U\cos(60°-\varphi)$$

$$=K_{TA}U_U I_U\left(\frac{1}{2}\cos\varphi+\frac{\sqrt{3}}{2}\sin\varphi\right)$$

$$2P_2=K_{TA}U_U I_U(\cos\varphi+\sqrt{3}\sin\varphi)$$

三相无功功率

$$Q=\sqrt{3}UI\sin\varphi=2P_2-P_1$$

故

$$\frac{2P_2-P_1}{\sqrt{3}P_1}=\frac{\sqrt{3}UI\sin\varphi}{\sqrt{3}UI\cos\varphi}=\tan\varphi$$

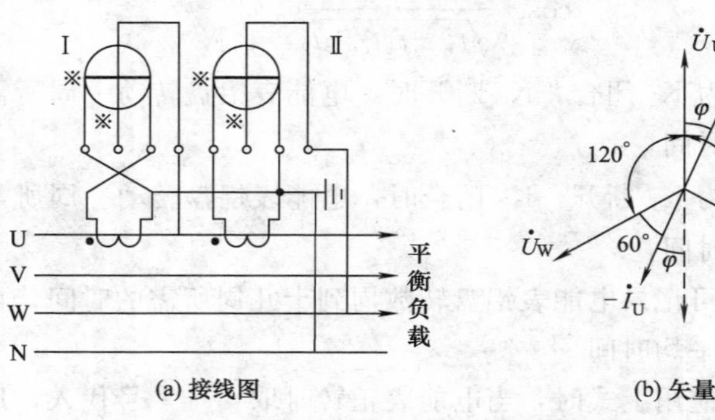

图 13-21 用两只单相有功电能表测算 $\cos\varphi$ 的接线

由上式可知，当知道 P_1、P_2 值后，便可算出 $\tan\varphi$，从而求得 $\cos\varphi$ 值。

注意：当 $\varphi>30°$ 时，表 P_2 反转，P_2 为负值，上式中 P_2 取负号。

【例 13-5】 按图 13-21 测定某负载的功率因数，测试数据如下：表 P_1 铝盘转动 12 圈，走时 18s；表 P_2 铝盘转动 8 圈，走时 18s。已知电能表常数 K 为 2500r/kW·h，电流互感器的变比 K_{TA} 为 100/5，试求负载的功率因数。

解

$$P_1=\frac{3.6nK_{TA}}{Kt}\times10^6=\frac{3.6\times12\times20}{2500\times18}\times10^6$$

$$=19200W=19.2kW$$

$$P_2=\frac{3.6\times8\times20}{2500\times18}\times10^6=12800W=12.8kW$$

所以 $$\tan\varphi=\frac{2P_2-P_1}{\sqrt{3}P_1}=\frac{2\times12.8-19.2}{\sqrt{3}\times19.2}=0.193$$

由此得 $$\cos\varphi=0.982$$

13.3.10 两相 380V 交流电焊机电能计量接线和分析

两相 380V 交流电焊机电能计量接线有以下几种。

(1) 用两只 220V 单相电能表相电压接线法测算

图 13-22 为用两只 220V 单相电能表相电压的接线，交流电焊机可接在任意两相电源（图中接在 U、V 相）。由矢量图可知：

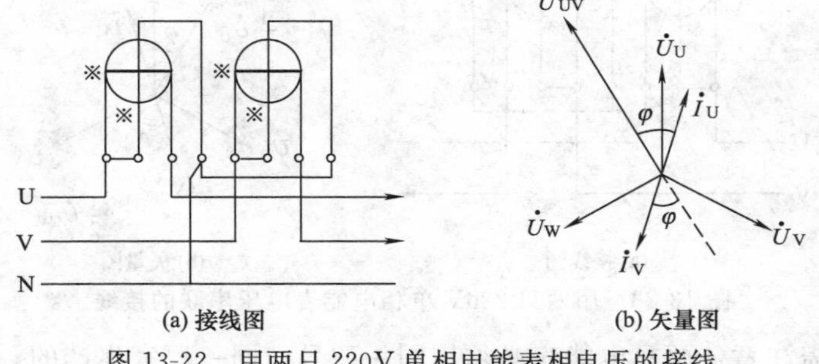

图 13-22 用两只 220V 单相电能表相电压的接线

$$P_1 = U_U I_{UV} \cos(30° - \varphi)$$

$$P_2 = U_V I_{VU} \cos(30° + \varphi)$$

$$P = P_1 + P_2 = U_U I_{UV} \cos(30° - \varphi) + U_V I_{VU} \cos(30° + \varphi) = UI\cos\varphi$$

而电焊机的负载功率正好为 $P = U_{UV} I_U \cos\varphi = UI\cos\varphi$。因此，电能计量值应是两只单相电能表读数之和。

当 $\cos\varphi > 0.5$（$\varphi < 60°$时），两表正转；当 $\cos\varphi = 0.5$（$\varphi = 60°$时），表 P_1 正转，表 P_2 停转（$P_2 = 0$）；当 $\cos\varphi < 0.5$（$\varphi > 60°$时），表 P_1 正转，表 P_2 反转，此时 $P = P_1 + (-P_2)$。

电焊机的功率因数一般为 0.6～0.65 之间，符合 $\cos\varphi > 0.5$ 时的情况。

（2）用两只 220V 单相电能表电压串联接线法测算

图 13-23 为用两只 220V 单相电能表电压串联的接线，由矢量图可知

$$P_1 = \frac{1}{2} U_{UV} I_{UV} \cos\varphi$$

$$P_2 = \frac{1}{2} U_{VU} I_{VU} \cos\varphi$$

$$P = P_1 + P_2 = \frac{1}{2} U_{UV} I_{UV} \cos\varphi + \frac{1}{2} U_{VU} I_{VU} \cos\varphi = UI\cos\varphi$$

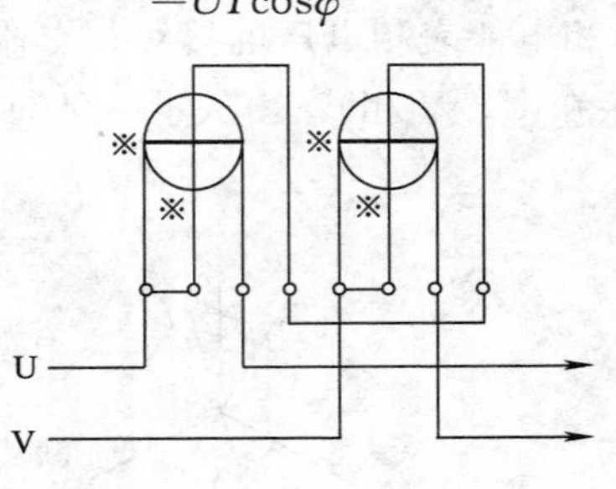

(a) 接线图　　(b) 矢量图

图 13-23　用两只 220V 单相电能表电压串联的接线

需注意：两只电能表必须用同一型号、同一厂家生产的，以保

证电压线圈阻值相等，使每个电压线圈上承受的电压为 190V，否则电压将分配不均，降低计量准确度。为此两只电能表必须在 190V 电压下校验合格。

(3) 用三相三线电能表单元件接线法测量

图 13-24 为用三相三线电能表单元件的接线，即只用三相三线电能表的一只电压元件和电流元件，电流线圈串入电源回路内，电压线圈跨接于所用线电压之间，线圈所承受为额定线电压。其功率 $P=UI\cos\varphi$。直接读出电能表指示值，就是电焊机负载的功率。

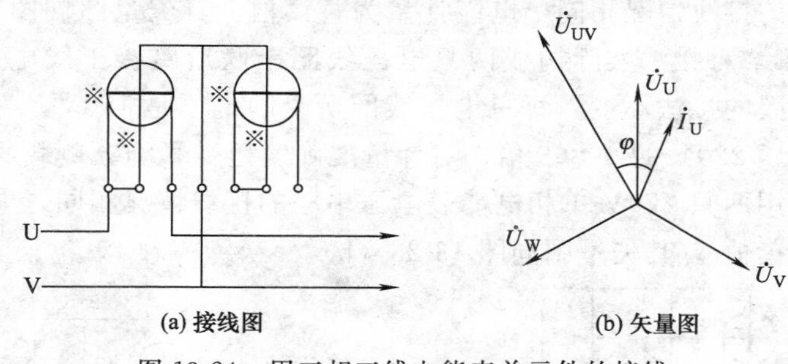

图 13-24　用三相三线电能表单元件的接线

(4) 用三相三线电能表两元件接线法测量

图 13-25 为用三相三线电能表两元件的接线，电焊机可接在任意两相电源（图中接在 U、W 相），由矢量图可知

$$P_1=U_{UV}I_{UW}\cos(60°+\varphi)$$

$$P_2=U_{WV}I_{WU}\cos(60°-\varphi)$$

$$P=P_1+P_2=U_{UV}I_{UW}\cos(60°+\varphi)$$
$$+U_{WV}I_{WU}\cos(60°-\varphi)=UI\cos\varphi$$

电焊机负载功率正好为 $P=U_{UW}I_U\cos\varphi=UI\cos\varphi$

直接读出电能表指示值，就是电焊机负载的功率。

(5) 用三相四线电能表接线法测量

用三相四线电能表测量有两种接线法，如图 13-26 和图 13-27 所示。第一种接线法中，三元件中只有两个元件构成转动力矩，另一组元件不起作用。负载的功率关系式与用两只 220V 单相电能表

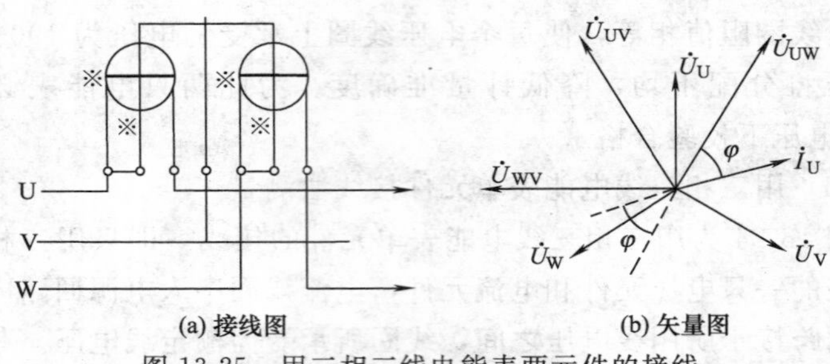

(a) 接线图 (b) 矢量图

图 13-25 用三相三线电能表两元件的接线

相电压的接线情况相同，电能计量为直读值。其矢量图同图 13-22 (b)。第二种接法实际构成两只电压线圈串联后跨接于线电压上，电流线圈的接法不变，每只电压线圈所受的电压是 190V，为线圈额定电压 220V 的 0.866 倍，对计量准确度稍受影响。负载的功率关系与用两只 220V 单相电能表电压串联的接线情况相同，电度计量为直读值 。其矢量图同图 13-23 (b)。

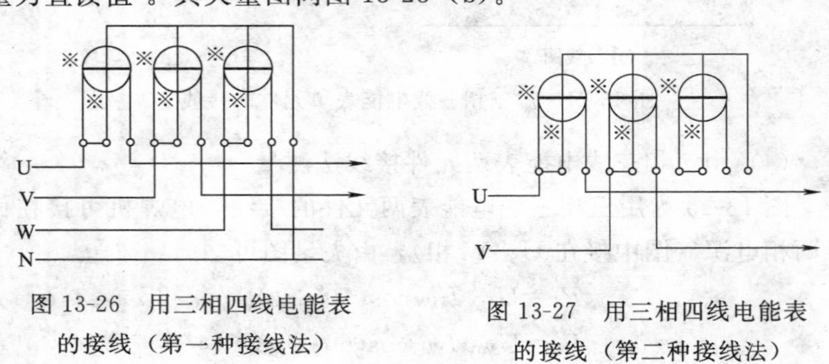

图 13-26 用三相四线电能表的接线（第一种接线法）

图 13-27 用三相四线电能表的接线（第二种接线法）

（6）采用 DDH 系列电焊机电能表

DDH 系列电焊机电能表是一种专用于计量额定电压为 380V、额定频率为 50Hz 的用电设备的有功电能表，尤其适用于电焊机的电能计量。电焊机电能表与一般的单相电能表的结构、原理、外形尺寸大致相同，不同之处在于电压线圈是 380V。电能表的负载能力在 0.5% I_b（标定电流）～I_{max}（最大测量电流）之间。超过最大测量电流时，电能表的电流线圈会发热而烧毁。

根据电焊机的容量选择电焊机电能表，见表 13-28。

■ **表 13-28 电焊机电能表的选择**

电焊机规格容量	配用 DDH 系列电能表规格
160/22	5(10)
200/24	5(10)
250/27	10(20)
315/30	10(20)
400/34	15(30)
500/39	20(40)
650/44	40(80)

上述几种测量电焊机负载的方法比较，见表 13-29。

表 13-29 中的各接法，如果电能表电流线圈经电流互感器接入，则电能值中还需乘以电流互感器的倍率。

■ **表 13-29 六种电能表接线方法的比较**

方法	优点	缺点	电能值
1	计量正确	①需两只单相表 ②需接 N 接	两表读数的代数和
2	不必接 N 线	①需两只单相表 ②电压线圈的电压只有 0.866 倍额定值	两表读数的代数和
3	①只需一只三相三线表 ②不必接 N 相,计量准确,接线简单		直读值
4	①只需一只三相三线表 ②不必接 N 线 ③电焊机可接任意两相,计量准确		直读值
5	①只需一只三相四线表 ②计量准确	需接 N 线	直读值
6	①只需一只三相四线表 ②不接 N 线	电压线圈的电压只有 0.866 倍额定值	直读值

13.3.11 用单相电能表测量两相 380V 负荷的方法

(1) 正确接线

盐浴炉等两相 380V 负荷可以用单相 220V 电能表测量，其正确的接线方法如图 13-28 所示。

图中采用一只 380/220V、容量为 25V·A 以上的变压器作为单相 220V 电能表电压线圈的电源。接线时必须注意变压器、电流互感器和电能表电压线圈及电流线圈的极性。若发现电能表反转，将电压线圈或电流线圈的任一对引线头对调即可。

负荷耗电量=电能表读数×电压比(380/220=1.73)×电流比

(2) 错误接线分析

① 负载接 U、V 相，接线如图 13-29 (a) 所示。

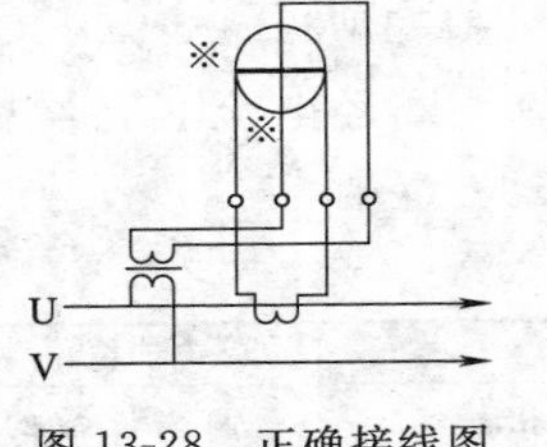

图 13-28　正确接线图

由矢量图可知，负荷实际消耗功率为

$$P=P_{UV}=U_{UV}I_{UV}\cos\varphi$$

而电能表计量的功率为

$$P'=P_{U0}=U_{U0}I_{UV}\cos(\varphi-30°)$$

又

$$U_{UV}=\sqrt{3}U_{U0}$$

由上面三式可得

$$P'=P_{U0}=\frac{\cos(\varphi-30°)}{\sqrt{3}\cos\varphi}P_{UV}$$

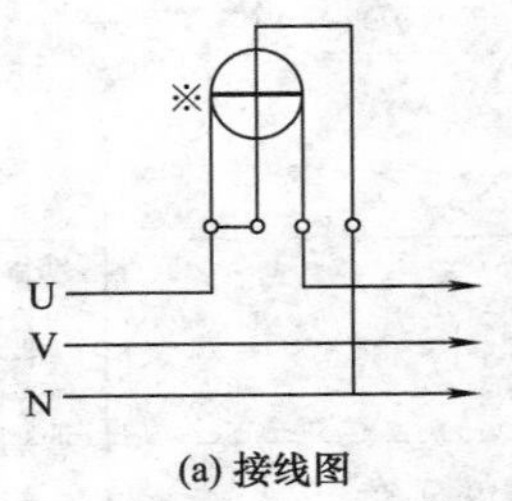

(a) 接线图

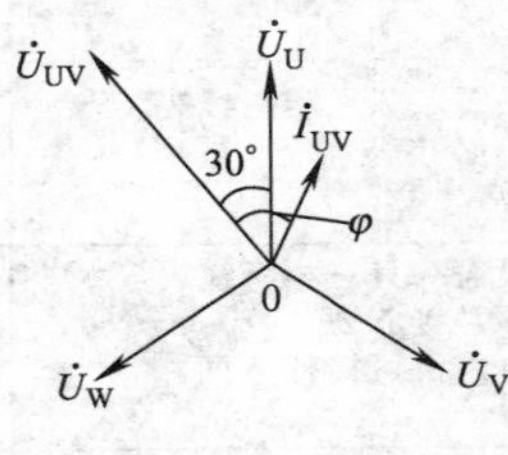

(b) 矢量图

图 13-29　错误接线之一

当 0°<φ<90°时，电能表正转，但计量可能不正确。当 $\varphi=30°$ 时，$P_{U0}=\frac{2}{3}P_{UV}$，即 $P'=\frac{2}{3}P$，说明电能表读数仅为负荷实际消耗电能的 2/3；当 $\varphi=45°$时，$P'=0.789P$；只有当 $\varphi=60°$时，$P'=P$。

② 负荷接 U、W 相，接线如图 13-30 (a) 所示。

由矢量图可知，负荷实际消耗功率为

$$P=P_{UW}=U_{UW}I_{UW}\cos\varphi$$

而电能表计量的功率为

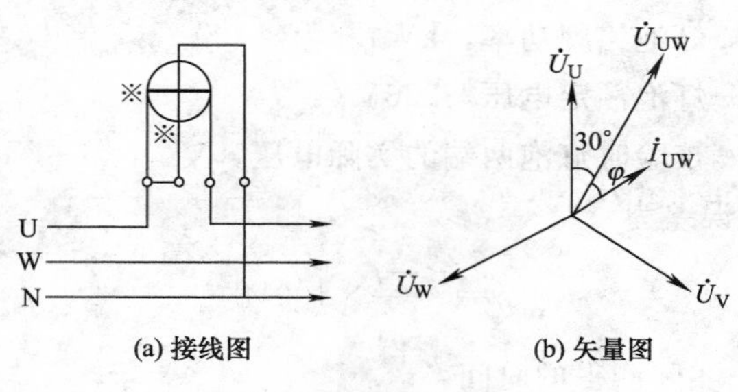

图 13-30 错误接线之二

$$P' = P_{U0} = U_{U0} I_{UW} \cos(30° + \varphi)$$

故
$$P' = P_{U0} = \frac{\cos(30° + \varphi)}{\sqrt{3}\cos\varphi} P_{UW}$$

当 $0° < \varphi < 60°$ 时，电能表正转；$\varphi > 60°$ 时，电能表反转。当 $\varphi = 30°$ 时，$P' = P/3$，说明电能表读数仅为负荷实际消耗电能的 1/3；当 $\varphi = 45°$ 时，$P' = 0.21P$。

13.3.12 校验及更换表刻度

（1）单相电能表的简易校验

单相电能表的正确校验应与标准单相电能表比较进行。当没有配置标准单相电能表时，可按以下方法简易校验。该方法需配置一块电压表、一块秒表和一只已知功率的灯泡，即可进行，接线如图 13-31 所示。

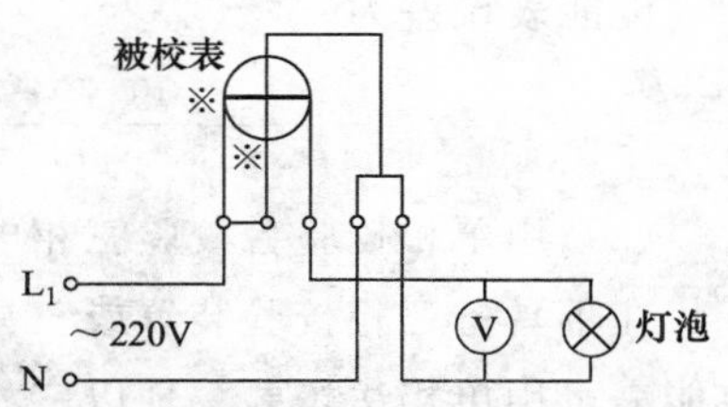

图 13-31 单相电能表校验接线

① 计算公式 电能表铝盘转 n 圈所需理论时间可按下式计算：

$$t_e = \frac{3600n}{KP_e}\left(\frac{U_e}{U}\right)^2$$

式中 t_e——铝盘转 n 圈所需理论时间，s；

K——电能表常数，r/kW·h；

P_e——灯泡铭牌功率，kW；

U_e——灯泡额定电压，220V；

U——校验时灯泡两端的实际电压，V。

电能表误差为

$$\gamma=\frac{t_e-t}{t}\times 100\%$$

式中　t——实际测得的时间，s。

② 注意事项　为了保证测量精度，要求：

a. 取 n 不少于 3 圈的整数；

b. 重复测几次，取其平均值；

c. 测量期间灯泡端电压应稳定，若通过稳压器则更好。

【例 13-6】 用一只 100W 的灯泡作负荷，校验某单相电能表。已知电能表常数为 1500r/kW·h。校验时，灯泡端电压为 230V，用秒表测得 4 次电能表转 5 圈所用平均时间为 99s。求该电能表误差。

解　由题意，$n=5$，$U=230\text{V}$，$P_e=0.1\text{kW}$，$K=1500\text{r/kW·h}$

$$t_e\ \frac{3600n}{KP_e}\left(\frac{U_e}{U}\right)^2=\frac{3600\times 5}{1500\times 0.1}\times\left(\frac{220}{230}\right)^2=109.79\text{s}$$

电能表误差为

$$\gamma=\frac{t_e-t}{t}=\frac{109.79-99}{99}=0.109=10.9\%$$

(2) 用单相校验台校验三相电能表的方法

在不具备三相校验装置或三只单相标准电能表的情况下，三相电能表可用单相法校验。现以三相三元件为例介绍其检验方法。

① 分元件平衡校验：指三组或两组电磁元件分别进行误差调整，即在额定电压、$\cos\varphi=1.0$ 时，仅对其中一组元件通入标定电流，利用第一组电磁元件的平衡调整装置调整误差。用同样方法依次对第二组和第三组进行通电误差调整，使各元件间误差尽可能相互接近。然后在额定电压、$\cos\varphi=0.5$ 时，再分别通以电流，进行相位角调整。标准表应得的转数 n_0 为

$$n_0 = n_x \frac{C_0}{C_x}$$

式中　n_x——被试表的转数；

C_0，C_x——标准表和被试表的电能表常数，r/kW·h。

② 三相组合调整：经分元件调整后，将三相元件电流线圈串联，电压线圈并联，分别校验全负载、$\cos\varphi=1.0$ 时，轻负载、$\cos\varphi=1.0$ 时，及全负载、$\cos\varphi=0.5$ 时的误差，使其符合要求。标准表应得的转数为

$$n_0 = \frac{n_x}{3} \times \frac{C_0}{C_x}$$

③ 潜动和启动电流校验与单相表相同。

(3) 二次测量仪表刻度的改变

当要利用现有的，但与实际使用的电压、电流互感器变比不配套的电压表、电流表或功率表时，可以改变仪表的刻度。具体做法如下。

① 电流表：凡与电流互感器配套使用的电流表，其额定电流均为5A，而刻度板上的量程等于5A乘以该表所配电流互感器的变比之积。据此，可以得到电流表更改刻度的计算公式为

$$A' = \frac{AK'_{TA}}{K_{TA}}$$

式中　A——电流表的原刻度值；

A'——电流表更改后的刻度值；

K_{TA}——电流表原配套的电流互感器变比；

K'_{TA}——实际使用的电流互感器变比。

【例 13-7】 有一块150/5电流互感器配套使用的电流表，现要改用在100/5的电流互感器上，试更改刻度。

解
$$A' = \frac{AK'_{TA}}{K_{TA}} = \frac{20A}{30} = \frac{2A}{3}$$

依上式分别计算改后刻度值，如表13-30所列。

表 13-30　电流表原刻度值与改后刻度值对照表

原刻度值 A	0	37.5	75	112.5	150
改后刻度值 A'	0	25	50	75	100

② 电压表：凡与电压互感器配套使用的电压表，其额定电压均为 100V，而刻度板上的量程等于 100V 乘以该表所配电压互感器的变比之积。因此，电压表更改刻度的计算公式和电流表的相同，只是将公式中的 K_{TA} 和 K'_{TA} 分别改为 K_{TV} 和 K'_{TV}。

【例 13-8】 有一只与 6000/100V 电压互感器配套使用的电压表，现要改用在 10000/100V 的电压互感器上，试更改刻度。

解 $$A'=\frac{AK'_{\mathrm{TV}}}{K_{\mathrm{TV}}}=\frac{100A}{60}=\frac{5A}{3}$$

依上式分别计算改后刻度值，如表 13-31 所列。

■ **表 13-31 电压表原刻度值与改后刻度值对照表**

原刻度值 A	0	1500	3000	4500	6000
改后刻度值 A'	0	2500	5000	7500	10000

③ 功率表：其更改刻度的计算公式为

$$A'=\frac{AK'_{\mathrm{TA}}K'_{\mathrm{TV}}}{K_{\mathrm{TA}}K_{\mathrm{TV}}}$$

式中 A——功率表原刻度值；

A'——功率表更改后的刻度值；

K_{TA}——功率表原配套的电流互感器变比；

K_{TV}——功率表原配套的电压互感器变比；

K'_{TA}——实际使用的电流互感器变比；

K'_{TV}——实际使用的电压互感器变比。

【例 13-9】 有一只与 6000/100V 电压互感器和 50/5A 电流互感器配套使用的有功功率表，现要改用在 10000/100V 电压互感器和 25/5A 电流互感器上，试更改刻度。

解 $$A'=\frac{AK'_{\mathrm{TA}}K'_{\mathrm{TV}}}{K_{\mathrm{TA}}K_{\mathrm{TV}}}=\frac{100\times5}{60\times10}\mathrm{A}=\frac{5}{6}\mathrm{A}$$

依据上式分别计算改后刻度值，如表 13-32 所列。

■ **表 13-32 功率表原刻度值与改后刻度值对照表**

原刻度值/kW	0	60	120	180	240	300
改后刻度值/kW	0	50	100	150	200	250

13.4 仪表错误接线的分析

13.4.1 电能表错误接线的分析与更正

（1）矢量分析法

电能表错误接线引起的计量错误及追加（或退回）电量的计算，可从矢量分析中得出。现举例说明。

【例 13-10】 设有一只两元件的三相有功电能表，电压回路 U、V 相接错，U 相电流互感器二次侧反接，试分析计量结果和更正电量。

解 ① 画出接线图和矢量图，见图 13-32。

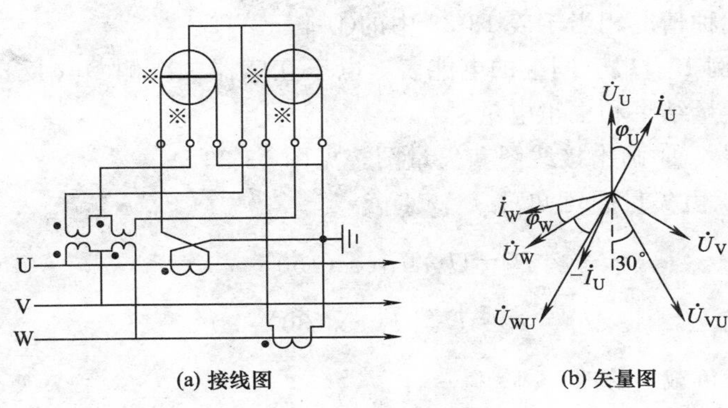

(a) 接线图　　(b) 矢量图

图 13-32　电能表的错误接线

② 由矢量图可知

$$P_1 = U_{VU} I_U \cos(30° + \varphi)$$

$$P_2=U_{WU}I_W\cos(30°+\varphi)$$

错误接线的电能表的电量为（为方便起见，用功率分析）

$$P_h=P_1+P_2=U_{VU}I_U\cos(30°+\varphi)+U_{WU}I_W\cos(30°+\varphi)$$

当三相电压对称，负荷电流平衡时

$$P_h=UI(\sqrt{3}\cos\varphi-\sin\varphi)$$

正确的电量应该为

$$P=\sqrt{3}UI\cos\varphi$$

所以应追加电量的更正率为

$$\varepsilon_p=\frac{P}{P_h}-1=\frac{\sqrt{3}UI\cos\varphi}{UI(\sqrt{3}\cos\varphi-\sin\varphi)}-1$$

$$=\frac{\sqrt{3}}{\sqrt{3}-\tan\varphi}-1$$

此种情况相当于表13-33中的④-4。

【例13-11】 同上的电能表，电压互感器二次侧U_{UV}反接，试分析计量结果和更正电量。

解 ① 画出接线图和矢量图，见图13-33。

② 由矢量图可知

$$P_1=U_{VU}I_U\cos(150°-\varphi)$$

$$P_2=U_{WV}I_W\cos(30°-\varphi)$$

当负载对称时

$$P_h=U_{VU}I_U\cos(150°-\varphi)+U_{WV}I_W\cos(30°-\varphi)$$

$$=UI(2\sin30°\sin\varphi)=UI\sin\varphi$$

说明该电能表指示值为无功电能。

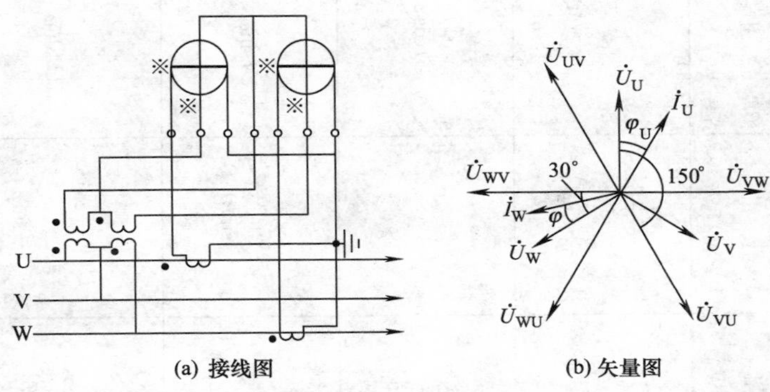

(a) 接线图　　(b) 矢量图

图 13-33　电能表 U_{UV} 反接的接线

应追加电量的更正率为

$$\varepsilon_p=\frac{\sqrt{3}UI\cos\varphi}{UI\sin\varphi}-1=\frac{\sqrt{3}}{\tan\varphi}-1$$

其他各种错误接线方式均可按上述矢量分析法加以分析。

对于电量的更正率公式

$$\varepsilon_p=\frac{P}{P_h}-1$$

也可用下式表示：

实际用电量 $P=(1+\varepsilon_p)\times$（错误接线所计量的电量 P_h）

P_h 即为抄表时本月电量与上月电量之差。

① 当 $\varepsilon_p>0$，电能表正转，即 $P>P_h$，少计量，应追加电量。

② 当 $\varepsilon_p<0$，电能表正转，即 $P<P_h$，多计量，应退回电量。

③ 当 $\varepsilon_p<-1$，说明电能表反转，应追加电量。

（2）查表法

将各种错误接线方式下的矢量分析结果列于表 13-33 和表 13-34中。这样就可以方便地从表中查出所需结果。但像例 13-10 那样因互感器接错的情况未列入表中。

■ 表 13-33　三相两元件有功电能表误接线所计功率查对表

电流相序 \ 计量功率 \ 电压相序		① I Ⅱ $\dot{U}\dot{V}\dot{W}$	② I Ⅱ $\dot{U}\dot{W}\dot{V}$	③ I Ⅱ $\dot{V}\dot{W}\dot{U}$	④ I Ⅱ $\dot{V}\dot{U}\dot{W}$	⑤ I Ⅱ $\dot{W}\dot{U}\dot{V}$	⑥ I Ⅱ $\dot{W}\dot{V}\dot{U}$
1	I Ⅱ U W	$\sqrt{3}UI\cos\varphi$	0	$UI\left(-\frac{\sqrt{3}}{2}\cos\varphi+\frac{3}{2}\sin\varphi\right)$	0	$UI\left(-\frac{3}{2}\cos\varphi-\frac{3}{2}\sin\varphi\right)$	0
2	I Ⅱ W U	0	$2UI\sin\varphi$	0	$UI\left(-\frac{3}{2}\cos\varphi-\frac{3}{2}\sin\varphi\right)$	0	$\sqrt{3}UI\cos\varphi$
3	I Ⅱ W U	$2UI\sin\varphi$	$UI\left(-\frac{\sqrt{3}}{2}\cos\varphi-\frac{1}{2}\sin\varphi\right)$	$UI(-\sqrt{3}\cos\varphi-\sin\varphi)$	$UI\left(\frac{\sqrt{3}}{2}\cos\varphi-\frac{1}{2}\sin\varphi\right)$	$UI(\sqrt{3}\cos\varphi-\sin\varphi)$	$UI\sin\varphi$
4	I Ⅱ U W	$UI\sin\varphi$	$UI(-\sqrt{3}\cos\varphi-\sin\varphi)$	$UI\left(-\frac{\sqrt{3}}{2}\cos\varphi-\frac{1}{2}\sin\varphi\right)$	$UI(\sqrt{3}\cos\varphi-\sin\varphi)$	$UI\left(\frac{\sqrt{3}}{2}\cos\varphi-\frac{1}{2}\sin\varphi\right)$	$2UI\sin\varphi$

续表

计量功率 电压相序 电流相序		① Ⅰ Ⅱ $\dot{U}\dot{V}\dot{W}$	② Ⅰ Ⅱ $\dot{U}\dot{W}\dot{V}$	③ Ⅰ Ⅱ $\dot{V}\dot{W}\dot{U}$	④ Ⅰ Ⅱ $\dot{V}\dot{U}\dot{W}$	⑤ Ⅰ Ⅱ $\dot{W}\dot{U}\dot{V}$	⑥ Ⅰ Ⅱ $\dot{W}\dot{V}\dot{U}$
5	Ⅰ Ⅱ W U	$-2UI\sin\varphi$	$UI\left(\frac{\sqrt{3}}{2}\cos\varphi+\frac{1}{2}\sin\varphi\right)$	$UI(\sqrt{3}\cos\varphi+\sin\varphi)$	$UI\left(-\frac{\sqrt{3}}{2}\cos\varphi+\frac{1}{2}\sin\varphi\right)$	$UI(-\sqrt{3}\cos\varphi+\sin\varphi)$	$-UI\sin\varphi$
6	Ⅰ Ⅱ U W	$-UI\sin\varphi$	$UI(\sqrt{3}\cos\varphi+\sin\varphi)$	$UI\left(\frac{\sqrt{3}}{2}\cos\varphi+\frac{1}{2}\sin\varphi\right)$	$UI(\sqrt{3}\cos\varphi-\sin\varphi)$	$UI\left(-\frac{\sqrt{3}}{2}\cos\varphi+\frac{1}{2}\sin\varphi\right)$	$-2UI\sin\varphi$
7	Ⅰ Ⅱ U W	$-\sqrt{3}UI\sin\varphi$	0	$UI\left(\frac{\sqrt{3}}{2}\cos\varphi-\frac{3}{2}\sin\varphi\right)$	0	$UI\left(\frac{\sqrt{3}}{2}\cos\varphi+\frac{3}{2}\sin\varphi\right)$	0
8	Ⅰ Ⅱ W U	0	$UI\left(\frac{\sqrt{3}}{2}\cos\varphi+\frac{3}{2}\sin\varphi\right)$	0	$UI\left(\frac{\sqrt{3}}{2}\cos\varphi+\frac{3}{2}\sin\varphi\right)$	0	$-\sqrt{3}UI\cos\varphi$

注：1. 表中小圆圈“。”是电压、电流接线端子，排列顺序与实际电能表一致。

2. 表中“0”表示电能表停转。

具体步骤如下：

① 按表 13-33 查找出错误接线的所属情况；

② 查表 13-34 找出在相应功率因数下的电能计量更正率 ε_p；

③ 将错误接线时电能表记录的电量乘以 ε_p，即得追补（或退还）的电量。

【例 13-12】 某厂将两元件的三相有功电能表的电压回路 V、W 相接错，元件Ⅰ电流极性接反。所测得的月电量为 68200kW·h，月平均功率因数为 0.95。试更正电量。

解 ①由表 13-33 可知，上述接线方式为：电压相序属②，电流相序属 4，所以第②列与第 4 行交叉对应栏中所注明的 $UI(-\sqrt{3}\cos\varphi-\sin\varphi)$，即为此种接线的计量功率表达式。$\varepsilon_p<-1$，所以电能表反转。

② 根据接线序号②-4，查表 13-34，便可找出更正率为 $\varepsilon_p=-\dfrac{\sqrt{3}}{\sqrt{3}+\tan\varphi}-1$，在 $\cos\varphi=0.95$ 时，用插入法得 $\varepsilon_p=\dfrac{-1.856-1.827}{2}=-1.842$，负值表示追加。

③ 追加电能数 ΔA_p 为

$$\Delta A_p=68200\times1.842=125624\text{kW·h}$$

【例 13-13】 某厂接有有功电能表和无功电能表，在更换电流互感器及电能表时，将 W 相电流互感器变比由 75/5 错接成 100/5，且 U 相电流反极性接入电能表的 W 相回路、W 相电流接入电能表的 U 相回路，如图 13-34（a）所示。三相三线有功电能表采用 DS15 型，三相三线无功电能表采用 DX8 型（60°内相角）。供电部门计费倍率为 75/5＝15。错接期间，有功电能表为 200kW·h、无功电能表为 360kvar·h（反转）。问如何纠正电量计费？

解 画出接线图和矢量图（见图 13-34）。

由于 U、W 相电流互感器的变化不同，两互感器二次电流也不同，设变比为 75/5 的电流互感器 U 相二次电流为 1，则变比为 100/5 的电流互感器 W 相二次电流为 0.75。

由矢量图可知：

的更正率及各种功率因数下的值

0.90	0.88	0.86	0.84	0.82	0.80	0.75	0.70	0.65	0.60
0.388	0.452	0.521	0.595	0.675	0.764	1.037	1.433	2.077	3.344
−0.219	−0.238	−0.255	−0.272	−0.287	−0.302	−0.337	−0.371	−0.403	−0.435
0.788	0.604	0.459	0.341	0.241	0.155	0.018	−0.151	−0.259	−0.350
1.776	1.905	2.042	2.19	2.35	2.527	3.075	3.837	5.154	7.689
0.088	0.034	−0.014	−0.056	−0.095	−0.13	−0.209	−0.277	−0.338	−0.396
11.41	26.691	71.18	15.84	8.572	5.689	2.792	1.608	0.951	0.527
0.563	0.525	0.49	0.457	0.426	0.396	0.327	0.259	0.199	0.13
2.577	2.209	1.919	1.681	1.481	1.309	0.964	0.698	0.481	0.299

接线序号	计量功率	更正率 ε_p	1.0	0.98	0.96	0.94	0.92
①-5 ⑥-6	$-2UI\sin\varphi$	$\frac{-\sqrt{3}}{2\tan\varphi}-1$	∞	−5.265	−3.969	−3.386	−3.033
③-3 ②-4	$UI(-\sqrt{3}\cos\varphi-\sin\varphi)$	$\frac{-\sqrt{3}}{\sqrt{3}+\tan\varphi}-1$	−2	−1.895	−1.856	−1.827	−1.803
⑤-5	$UI(-\sqrt{3}\cos\varphi+\sin\varphi)$	$\frac{\sqrt{3}}{\tan\varphi-\sqrt{3}}-1$	−2	−2.133	−2.203	−2.265	−2.326
①-6 ⑥-5	$-UI\sin\varphi$	$\frac{-\sqrt{3}}{\tan\varphi}-1$	∞	−9.529	−6.938	−5.772	−5.066
②-3 ③-4	$UI\left(-\frac{\sqrt{3}}{2}\cos\varphi-\frac{1}{2}\sin\varphi\right)$	$\frac{-2\sqrt{3}}{\sqrt{3}+\tan\varphi}-1$	−3	−2.79	−2.712	−2.653	−2.605
④-5 ⑤-6	$UI\left(-\frac{\sqrt{3}}{2}\cos\varphi+\frac{1}{2}\sin\varphi\right)$	$\frac{2\sqrt{3}}{\tan\varphi-\sqrt{3}}-1$	−3	−3.266	−3.405	−3.53	−3.652
③-1	$UI\left(-\frac{\sqrt{3}}{2}\cos\varphi+\frac{3}{2}\sin\varphi\right)$	$\frac{2}{\sqrt{3}\tan\varphi-1}$	−3	−4.085	−5.042	−6.385	−8.629
④-2 ⑤-1	$UI\left(-\frac{\sqrt{3}}{2}\cos\varphi-\frac{3}{2}\sin\varphi\right)$	$\frac{-2}{1+\sqrt{3}\tan\varphi}-1$	−3	−2.479	−2.329	−2.228	−2.151
①-7 ⑥-8	$-\sqrt{3}UI\cos\varphi$	−2	−2	−2	−2	−2	−2

续表

0.90	0.88	0.86	0.84	0.82	0.80	0.75	0.70	0.65	0.60
−2.788	−2.604	−2.459	−2.341	−2.241	−2.155	−1.982	−1.849	−1.741	−1.65
−1.781	−1.762	−1.745	−1.728	−1.713	−1.698	−1.663	−1.629	−1.597	−1.565
−2.388	−2.453	−2.521	−2.595	−2.675	−2.764	−3.037	−3.433	−4.077	−5.344
−4.577	−4.209	−3.919	−3.681	−3.481	−3.309	−2.964	−2.698	−2.481	−2.299
−2.563	−2.525	−2.49	−2.457	−2.426	−2.396	−2.325	−2.295	−2.199	−2.13
−3.776	−3.905	−4.042	−4.19	−4.35	−4.527	−5.075	−5.867	−7.154	−9.689
−13.41	−31.703	71.03	15.83	8.57	5.687	2.791	1.067	0.951	0.527
−2.088	−2.034	−1.986	−1.944	−1.905	−1.87	−1.792	−1.723	−1.661	−1.604
−2	−2	−2	−2	−2	−2	−2	−2	−2	−2

功率因数　$\cos\varphi=0.87$

据此，可按上述电量计算电费。

【例 13-14】 某厂接有有功电能表和无功电能表，接线正确，如图 13-35 所示。三相三线有功电能表采用 DS10 型，三相三线无功电能表采用 DX8 型（60°内相角）。如果供电线路因检修而将 U、W 互换，则会出现什么现象？如何计算追加电量的更正率？

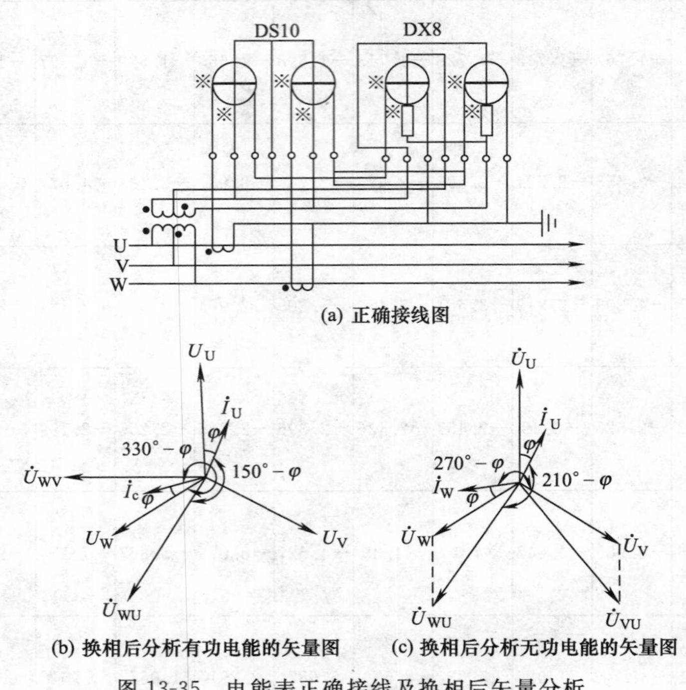

图 13-35　电能表正确接线及换相后矢量分析

解　① 画出正确接线图和 U、W 换相后的矢量图［图 13-35 (a)］。

② 换相后有功电能表的电量为［图 13-35 (b)］：

$$P_h=P_1+P_2=U_{WU}I_W\cos(330°+\varphi)+U_{WU}I_U\cos(150°-\varphi)=\sqrt{3}UI\cos\varphi$$

可见与正确接线时相同。

③ 换相后无功电能表的电量为［图 13-35（c）］：

$$Q_h=Q_1+Q_2=U_{VW}I_W\cos(270°-30°-\varphi)+U_{WU}I_U\cos(210°-30°-\varphi)=UI\left(-\frac{\sqrt{3}}{2}\cos\varphi+\frac{\sqrt{3}}{2}\sin\varphi\right)$$

可见，换相后不论负荷情况如何，无功电能表均反转。所以应追加无功电量的更正率为

$$\varepsilon_q=\frac{Q}{Q_h}-1=\frac{\sqrt{3}UI\sin\varphi}{UI\left(-\frac{3}{2}\cos\varphi-\frac{\sqrt{3}}{2}\sin\varphi\right)}-1=\frac{-2\sqrt{3}}{3\cot\varphi+\sqrt{3}}-1$$

13.4.2 三相电能表电压线圈断路时计量分析与更正

（1）三相两元件有功电能表电压线圈断路

① 电能表 V 相电压接线端断路，见图 13-36。

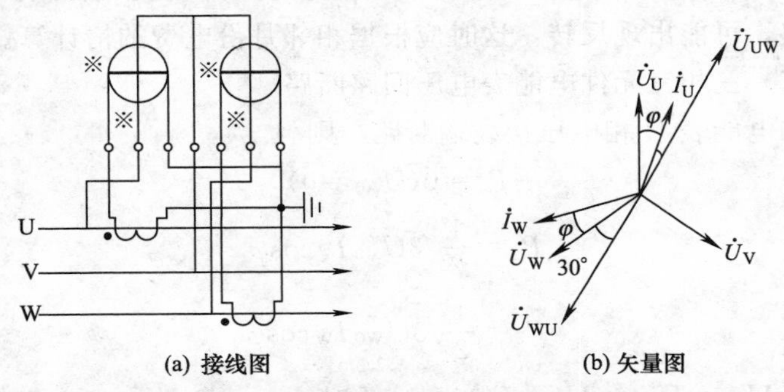

图 13-36 有功电能表 V 相电压回路断路

这时元件Ⅰ线圈上的电压为 $U_{UW}/2$，元件Ⅱ线圈上的电压为 $U_{WU}/2$，故当负载对称时所测得的功率为

$$P=P_1+P_2=\frac{1}{2}U_{UW}I_U\cos(30°-\varphi)$$

$$+\frac{1}{2}U_{WU}I_{W}\cos(30°+\varphi)$$

$$=\frac{1}{2}\sqrt{3}UI\cos\varphi$$

可见，少计一半电量。在功率因数 $\cos\varphi=0\sim1$（$\varphi=90°\sim0°$）范围内所测得功率为 $0\sim\sqrt{3}UI/2$，电能表正转。

② 电能表 U 相电压接线端断路时所测得的功率为

$$P=P_1+P_2=UI\cos(30°-\varphi)(P_1=0)$$

可见，在功率因数 $\cos\varphi=0\sim1$（$\varphi=90°\sim0°$）范围内所测得的功率为 $\sqrt{3}UI/2\sim UI/2$，电能表正转。

③ 电能表 W 相电压接线端断路时所测得的功率为

$$P=P_1+P_2=UI\cos(30°+\varphi)(P_2=0)$$

测得功率范围为 $-UI/2\sim0\sim\sqrt{3}UI/2$，即 $\cos\varphi=0.5$ 时电能表停转；$\cos\varphi<0.5$ 时反转；$\cos\varphi>0.5$ 时正转。

需指出：上述分析的是测定功率，而实际测定量是耗电量（即分析电能表），所以在按更正率考核电量时应考虑断相运行的时间。U 相断路更正率为 $2\sqrt{3}\sim2$（视 $\cos\varphi$ 值而异）；V 相断路为 2；W 相断路，可能出现反转，这时应根据相邻月份电费酌情计算。

（2）三相三元件电能表电压回路断路

如电能表 U 相电压接线端断路，则

$$P_1=0(U_{A0}=0)$$

$$P_2=\frac{1}{2}\sqrt{3}U_{V0}I_{V}\cos\varphi$$

$$P_3=\frac{1}{2}\sqrt{3}U_{W0}I_{W}\cos\varphi$$

当 $U_{V0}=U_{W0}=U_x$，$I_V=I_W=I$ 时

$$P=P_1+P_2+P_3=\sqrt{3}U_xI\cos\varphi$$

更正率 $$\varepsilon_p=\frac{\sqrt{3}UI\cos\varphi}{\sqrt{3}U_xI\cos\varphi}-1=\sqrt{3}-1$$

【例 13-15】 某用户在电能表检查时发现，所用的三相四线总

电能表没有接中性线，且 U 相电压断路。已知该表在这种情况下运行了三个月，电能表三个月实计用电量 A 为 15000kW·h。问应再追补多少电量？

解 根据上述矢量分析结果，三个月应再追补的电量 ΔA_p 为

$$\Delta A_P = A\varepsilon_p = 15000(\sqrt{3}-1)$$
$$= 10980\text{kW·h}$$

三个月的实际用电量为 $A(\varepsilon_p + 1) = \sqrt{3}A = 1.73 \times 15000 = 25980\text{kW·h}$

用同样方法可以分析出 V 相或 W 相电压回路断路时的情况。其结果如下：三相四线电能表不接中性线时，不管哪一相电压回路断路，其更正率均为 $\varepsilon_p = \sqrt{3}-1$。

13.4.3 电流互感器二次公用线断路时计量分析与更正

与电能表连接的电流互感器二次公用线断路示意图，如图 13-37所示。

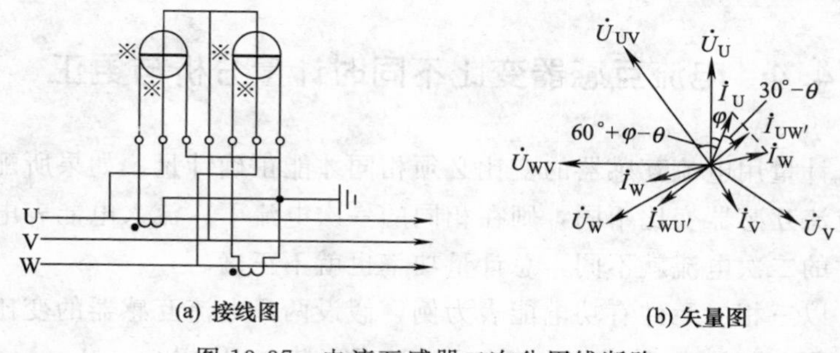

(a) 接线图 (b) 矢量图

图 13-37 电流互感器二次公用线断路

当电流互感器二次公用线断开时，I_U 和 I_W 将通过另一相的电流互感器二次绕组构成回路，这时电流互感器处于非正常运行状态。通过电能表一、二次元件的电流是 I_U 与 $-I_W$、I_W 与 $-I_U$ 矢量和之一半，即（参见矢量图）

$$\dot{I}_{UW'}=(\dot{I}_U-\dot{I}_W)/2,\dot{I}_{WU'}=(\dot{I}_W-\dot{I}_U)/2$$

有效值 $I_{UW}=I_{WU}=(\sqrt{3}/2)I$

负荷对称时，电能表实际测得的电量为

$$P_1=U_{UV}I_{UW'}\cos(60°+\varphi)=\frac{\sqrt{3}}{4}UI(\cos\varphi-\sqrt{3}\sin\varphi)$$

$$P_2=U_{WV}I_{WU'}\cos(60°-\varphi)=\frac{\sqrt{3}}{4}UI(\cos\varphi+\sqrt{3}\sin\varphi)$$

$$P=P_1+P_2=\frac{\sqrt{3}}{2}UI\cos\varphi$$

更正率 $$\varepsilon_p=\frac{\sqrt{3}UI\cos\varphi}{\frac{\sqrt{3}}{2}UI\cos\varphi}-1=2-1=1$$

即电流互感器二次公用点断路的场合，所追加的电能数应为原电能数的 1 倍（实际上应略小于 1)。这是由于电流互感器处于非正常运行状态，励磁磁能增加，$\dot{I}_{UW'}$ 滞后 $\dot{I}_U$ 的角度不是 30°，而是 $30°-\theta$；$\dot{I}_{UW'}$ 滞后 $\dot{U}_{UV}$ 的角度也不是 $60°+\varphi$，而是 $60°+\varphi-\theta$。其中 θ 值一般为 1°～3°。

13.4.4 电流互感器变比不同时计量分析与更正

计量用电流互感器的变比必须相同才能正确计量。如果所配接的电流互感器变比不同，则在相同的一次电流下，流入电能表电流元件的二次电流就不同，总计量功率也就不正确。

以三相二元件有功电能表为例，假设两只电流互感器的变比分别为 K_1 和 K_2，并设 K_1 装在 U 相，K_2 装在 W 相。

① 若以 K_1 为计算倍率。设流入电能表第一元件（U 相）的电流为 I，则流入第二元件（W 相）的电流就为（K_1/K_2）I，电能表实计功率为

$$P=UI\cos(30°+\varphi)+(K_1/K_2)UI\cos(30°-\varphi)$$

$$=\frac{\sqrt{3}(K_1+K_2)\cos\varphi+(K_1-K_2)\sin\varphi}{2K_2}UI$$

更正率为

$$\varepsilon_p=\frac{\sqrt{3}UI\cos\varphi}{\frac{\sqrt{3}(K_1+K_2)\cos\varphi+(K_1-K_2)\sin\varphi}{2K_2}UI}-1$$

$$=\frac{2\sqrt{3}K_2\cos\varphi}{\sqrt{3}(K_1+K_2)\cos\varphi+(K_1-K_2)\sin\varphi}-1$$

② 若以 K_2 为计算倍率

$$\varepsilon_p=\frac{2\sqrt{3}K_1\cos\varphi}{\sqrt{3}(K_1+K_2)\cos\varphi+(K_1-K_2)\sin\varphi}-1$$

由上述公式可见，负载性质（即 $\cos\varphi$）直接影响到 ε_p 值的大小，关系到供用电双方的经济利益。因此供电双方必须协商，采用科学的测量及计算方法求取 $\cos\varphi$ 值。

当 $\varepsilon_p>0$ 时，说明少计量，需追补；$\varepsilon_p<0$ 时，说明多计量，需退还。

【例 13-16】 某单位泵站，原配用计量的两只电流互感器变比均为 150/5A（$K_1=K_2=30$），后因 W 相互感器烧坏，换上一只 200/5A 电流互感器（$K_2=40$），发现前一个月的有功电能为 39600kW·h，无功电能为 29700kvar·h，换上 200/5A 互感器后，抄见电能为 19500kW·h，求更换后，负载实际耗电多少？

解 ① 求负载电流与端电压的相角差 φ

由有功电能和无功电能可求出负载的平均功率因数：

$$\cos\varphi=\frac{A_p^2}{\sqrt{A_p^2+A_Q^2}}=\frac{39600}{\sqrt{39600^2+29700^2}}=0.8$$

$\varphi=36.8699°$，则 $\sin\varphi=0.6$。

② 求更正率

$$\varepsilon_p=\frac{2\sqrt{3}K_2\cos\varphi}{\sqrt{3}(K_1+K_2)\cos\varphi+(K_1-K_2)\sin\varphi}-1$$

$$=\frac{2\sqrt{3}\times 40\times 0.8}{\sqrt{3}\times(30+40)\times 0.8+(30-40)\times 0.6}-1$$

$$=1.23-1=0.23$$

换上 200/5A 互感器后，负载实际耗电量为

$$A=(1+\varepsilon_p)\times 抄见电能数$$

$$=(1+0.23)\times 19500=23985\text{kW}\cdot\text{h}$$

供电部门还应追补电能为

$$\Delta A=23985-19500=4485\text{kW}\cdot\text{h}$$

或 $$\Delta A=19500\times 0.23=4485\text{kW}\cdot\text{h}$$

13.4.5 三相四线有功电能表错误接线时计量分析与更正

有一 DT8 型三相四线有功电能表，错接成电压、电流不同相，如图 13-38 所示。

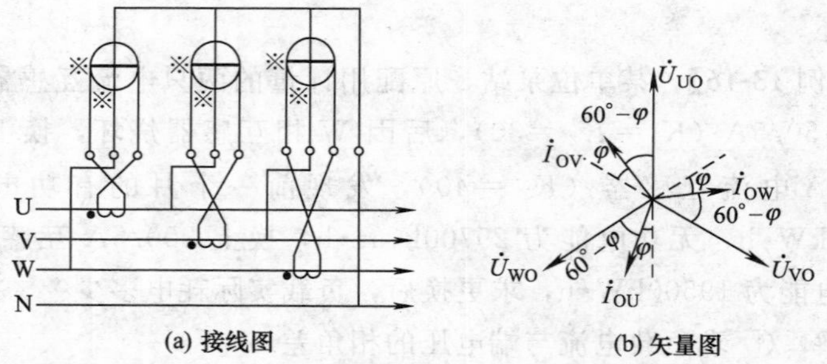

图 13-38 错接成电压、电流不同相

由矢量图可知

$$P_1=U_{WO}I_{OU}\cos(60°-\varphi)$$

$$P_2=U_{UO}I_{OV}\cos(60°-\varphi)$$

$$P_3=U_{VO}I_{OW}\cos(60°-\varphi)$$

当 $U_{UO}=U_{VO}=U_{WO}=U_X$，$I_{OU}=I_{OV}=I_{OW}=I$ 时，错误接线的电能表所计量为

$$P_h = P_1 + P_2 + P_3 = 3U_X I\cos(60° - \varphi)$$
$$= \frac{3}{2}U_X I(\cos\varphi + \sqrt{3}\sin\varphi)$$

而正确的电量应为

$$P = 3U_X I\cos\varphi$$

更正率

$$\varepsilon_p = \frac{3U_X I\cos\varphi}{\frac{3}{2}U_X I(\cos\varphi + \sqrt{3}\sin\varphi)} - 1$$
$$= \frac{2}{1 + \sqrt{3}\tan\varphi} - 1$$

分析：

① 当 $0° < \varphi < 30°$或 $60° < \varphi < 90°$时，$\varepsilon_p < 0$，电能表多计电能；

② 当 $30° < \varphi < 60°$时，$\varepsilon_p > 0$，电能表少计电能；

③ 当 $\varphi = 30°$或 $90°$时，$\varepsilon_p = 0$，电能表计量正确。

13.5 有关仪表的其他计算

13.5.1 电能表与互感器的合成倍率计算

当线路配备的电压互感器与电流互感器的比率与电能表铭牌不同时，可用下式计算合成倍率（或称实用倍率）K：

$$K = \frac{K_{TA}K_{TV}K_j}{K_{TAe}K_{TVe}}$$

式中 K_{TA}，K_{TV}——实际使用的电流互感器和电压互感器的变比；

K_{TAe}，K_{TVe}——电能表铭牌上规定的电流互感器和电压互感器的变比；

K_j——计能器倍率，即读数盘方框上的倍数。

对于经万用互感器接入和直接接入的电能表，因其铭牌上没有标注电流、电压互感器的额定变比，则 $K_{TAe}=K_{TVe}=1$。没有标注计能器倍率的电能表，其 $K_j=1$。

【例 13-17】 有一只 3×5A、3×100V 三相三线有功电能表，现经 300/5A 的电流互感器和 10000/100V 的电压互感器计量，试求合成倍率。

解 合成倍率

$$K=\frac{10000/100\times300/5\times1}{1\times1}=6000$$

13.5.2 电能表所测电量的计算

某段时期内电能表测得的电量 A 可按下式计算：

$$A=(A_2-A_1)K$$

式中 A_1，A_2——前一次和后一次抄读数，kW·h；

K——合成倍率。

若后一次抄读数小于前次抄读数（电能表反转除外），说明计度器各位字轮的示值都已超过 9 的数字，这时测得的电量为

$$A=[(10^n+A_2)-A_1]K$$

式中 n——整数位的窗口数。

【例 13-18】 一只三相有功电能表有四位黑色窗口和一位红色窗口，前一次抄的读数为 8235.4，后一次抄的读数为 0153.6，电能表始终正转，合成倍率 K 为 2400，试求电能表测得的电量。

解 从题意看，各位字轮的示值已超过 9 的数字，根据 $A_1=8235.4$，$A_2=0153.6$，$K=2400$，$n=4$，故所测得的电量为

$$\begin{aligned}A&=[(10^n+A_2)-A_1]K\\&=[(10^4+153.6)-8235.4]\times2400\\&=4603680\text{kW·h}\end{aligned}$$

【例 13-19】 用三只 DD5 型单相电能表（有四位黑色窗口），

测量三相四线有功电能，前一次各表抄读数为：$A_U=6985.6$，$A_V=5210.5$，$A_W=4205.2$；后一次抄读数为：$A'_U=156.2$，$A'_V=5967$，W 相电能表反转，$A'_W=4123$，试求所测得的电量。

解 根据以上介绍的计量公式，所测得的电量为

$$\begin{aligned}A&=[(10^n+A'_U)-A_U]+(A'_V-A_V)-(A'_W-A_W)\\&=[(10^4+156.2)-6985.6]+(5967-5210.5)\\&\quad-(4205.2-4123)=3844.9\text{kW}\cdot\text{h}\end{aligned}$$

13.5.3 直流电流表、电压表的扩程

(1) 直流电流表的扩程

为了扩大直流电流表的测量范围，可在直流表并联一分流电阻，这个电阻叫分流器，见图 13-39。

分流电阻 R_s 可按下式计算：

$$R_s=\frac{R_a}{K-1},\ K=\frac{I}{I_a}=\frac{R_a+R_s}{R_s}$$

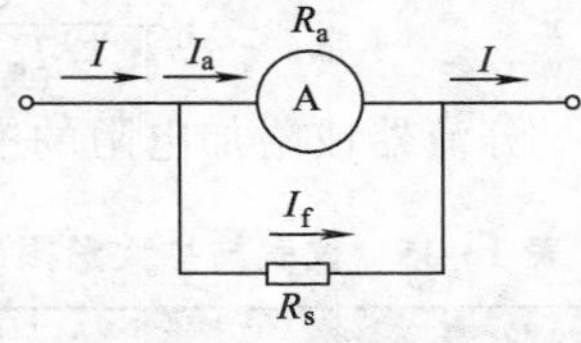

图 13-39 直流电流表分流电阻接线

式中 R_a——电流表内阻，Ω；

K——分流系数，或扩程系数；

I_a——通过动圈的电流，A；

I——欲改电流表的满刻度电流，A。

【例 13-20】 已知有一表头内阻为 1500Ω，满刻度电流为 50μA，试问要使仪表满刻度电流为 0.5A 时，分流电阻应选多大？

解 分流系数

$$K=I/I_a=0.5/50\times10^{-6}=10000$$

分流电阻为

$$R_s=\frac{R_a}{K-1}=\frac{1500}{10000}\approx0.15\Omega$$

(2) 直流电压表的扩程

为了扩大直流电压表的测量范围，可在直流电压表串联一附加

电阻，见图 13-40。

附加电阻 R_{fj} 可按下式计算：

$$R_{fj}=\frac{U_{fj}}{I_a}=\frac{U-U_a}{I_a}$$

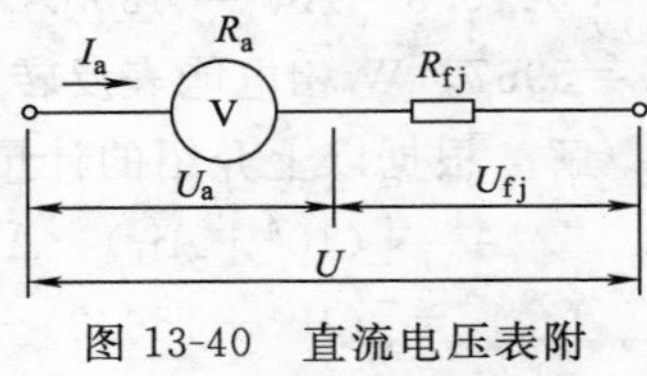

图 13-40 直流电压表附加电阻接线

式中 U_{fj}——附加电阻上的电压降，V；

U——串联电阻为 R_{fj} 时，电压表的满刻度电压值，V；

I_a——表头满刻度电流，A。

【例 13-21】 有一 25mA 表头，本身量限为 150V，试求用该表头测量的最大电压为 500V 时的附加电阻。

解 附加电阻为

$$R_{fj}=\frac{U-U_a}{I_a}=\frac{500-150}{0.025}=14000\Omega$$

分流器或附加电阻的准确度要求见表 13-35。

■ **表 13-35 仪表与扩大量限装置的配套使用准确度关系**

仪表等级	分流器或附加电阻等级	电压或电流互感器等级
0.1	不低于 0.05	—
0.2	不低于 0.1	—
0.5	不低于 0.2	0.2(加入更正值)
1.0	不低于 0.5	0.2(加入更正值)
1.5	不低于 0.5	0.5(加入更正值)
2.5	不低于 0.5	1.0
5.0	不低于 1.0	1.0

13.5.4 交流电流表、电压表的扩程

(1) 交流电流表的扩程

被测交流电流数值较大（通常大于 100A 以上）时，可用电流互感器扩程，如图 13-41 所示。

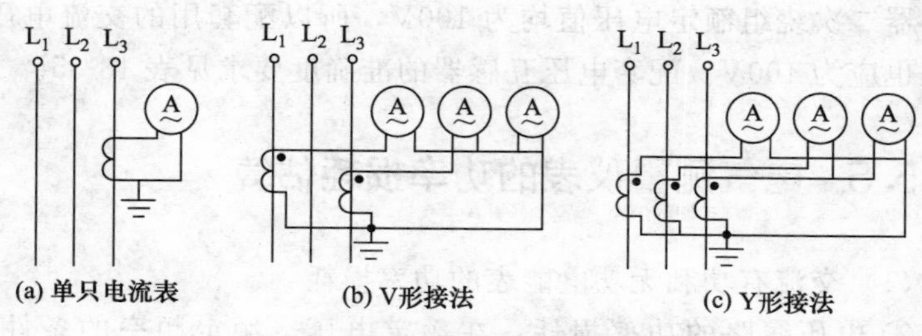

图 13-41 电流表经电流互感器接入

图 13-41（a）适用于三相负载平衡线路。

图 13-41（b）适用于负载平衡或不平衡的三相三线制线路。U 相电流由 U 相电流表指示；W 相电流由 W 相电流表指示；V 相电流表接在 U、W 相电流表连接点与两电流互感器连接点之间，由三相交流电路基本定律可知，电流 $\dot{I}_U+\dot{I}_V+\dot{I}_W=0$，$\dot{I}_U+\dot{I}_W=-\dot{I}_V$，可见此电流表指示值为 U 相和 W 相电流的矢量和，即为 V 相电流值。

图 13-41（c）适用于有单相照明负载时，负载不平衡的三相四线制线路。

所用电流互感器一次绕组额定电流值按所需的扩大量限值选择，二次绕组额定电流值则应与现有电流表量限值相同。一般电流互感器二次绕组额定电流值均为 5A，因此配套使用的交流电流表量限也应为 5A。电流互感器的准确度应与电流表配套，见表 13-35。

（2）交流电压表的扩程

被测交流电压数值较大（通常大于 600V 以上）时，可用电压互感器扩程，如图 13-42 所示。

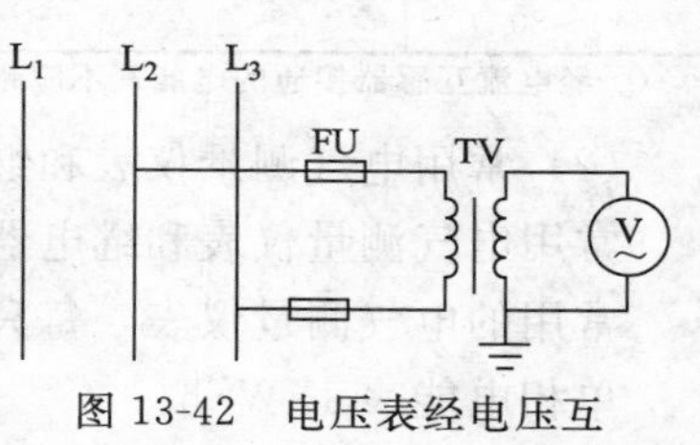

图 13-42 电压表经电压互感器接入

所用电压互感器一次绕组额定电压值按所需的扩大量限值选择，二次绕组额定电压值应与现有电压表量限值相同。一般电压互感器二次绕组额定电压值均为100V，所以配套用的交流电压表量限也应为100V。配套电压互感器的准确度要求见表13-35。

13.5.5 电气测量仪表的功率损耗估算

（1）交流有功和无功电能表的功率损耗

① 电压线路的功率损耗：在额定电压、额定频率的条件下，电能表的每一电压线路的损耗不应超过表13-36中的规定值。

表13-36 电压线路功率损耗极限

类别	有功功率损耗和视在功率损耗极限			
	0.5级	1级	2级	3级
有功电能表 $I_{max}<4I_b$	3W 12V·A	3W 12V·A	1.5W 6V·A	—
有功电能表 $I_{max}>4I_b$	—	—	2W 8V·A	—
无功电能表	—	—	3W 12V·A	1.5W 6V·A
无功电能表 （60°相角差）	—	—	3W 12V·A	3W 12V·A

注：I_{max}—最大负荷电流；I_b—负荷电流。

② 电流线路的功率损耗：在标定电流的额定频率的条件下，电能表的每一电流线路的损耗不应超过表13-37中规定值。

表13-37 电流线路功率损耗极限

负荷电流/A	视在功率损耗极限/V·A			
	0.5级	1.5级	2级	3级
<40	6	4	2.5[①]	5
40～80	—	—	5	—

① 经电流互感器接通的电能表不应超过2.0V·A。

（2）常用电气测量仪表和继电器的功率损耗

常用电气测量仪表和继电器的功率损耗见表13-38。

常用的电气测量仪表，每只每月的有功损耗粗略估计如下：

单相电能表1kW·h；

三相三线有功、无功电能表2kW·h；

三相四线有功、无功电能表 3kW·h；

功率表、电流表、电压表 3kW·h。

■ **表 13-38 常用电气测量仪表和继电器的功率损耗**

名称	型号	线圈电压/V	$\cos\varphi$	功率损耗/V·A	说明
电压表	1T1-V	100	1	4.5	
有功功率表	1D1-W	100	1	0.75	系指一个线圈的数值，而两个线圈则共耗电 1.5V·A
无功功率表	1D1-Vax	100	1	0.75	
有功电能表	DS1	100		1.5	
无功电能表	DX1	100		1.5	
功率因数表	1D1-cosφ	100			
电压继电器	DJ-131/6DC	60		2.5	
电压继电器	DJ-10D	100		1	

第 14 章

电子技术基础

14.1 电子元件

14.1.1 二极管、稳压管和三端集成稳压器

（1）二极管的种类及基本参数

① 二极管的种类　二极管的类别及用途见表14-1。

■ 表14-1　一般二极管类别及用途

分类		用途	要求
点接触二极管	检波二极管	检波：将调制高频载波中的低频信号检出	工作频率高，结电容小，损耗功率小
	开关二极管	开关：在电路中对电流起开启和关断作用	工作频率高，结电容小，开关速度快，损耗功率小
面接触二极管	整流二极管	整流：把交流市电变为直流	电流容量大，反向击穿电压高，反向电流小，散热性能好
	整流桥	把二极管组成桥组作桥式整流	体积小，使用方便

常用二极管的外形及特点见表14-2。

■ 表14-2　常用二极管的外形及特点

外形图					
特点	2AP或2CP类型的普通二极管，玻璃壳，电流在10～100mA	2CZ系列100mA挡的整流二极管，塑料封装	2CZ系列300mA挡整流二极管，金属外壳	2CZ系列1A以上的整流二极管，金属外壳，用M5或M6螺母固定	1N系列整流二极管。1N4000～1N4007为1A；1N5400～1N5408为3A

② 二极管的基本参数

a. 平均整流电流 I_0。是在有效负载的半波整流电路中，在一个周期内通过二极管的电流平均值（直流分量）。

b. 最大允许整流电流 I_{CM}。在有效负载的半波整流电路中，二极管参数的变化不超过规定允许值时，二极管所能通过的最大整流电流值。

c. 反向电流 I_R。是在给定的反向偏压下，通过二极管的直流电流值。

d. 整流电压 U_0。是在半波整流电路中，在一个周期内二极管有效负载上的电压平均值（直流分量）。

e. 额定正向平均电流 I_F（即最大正向电流 I_{FM}）。正向电流过大，将烧毁 PN 结，因此每个二极管都有一个额定电流，工作电流只能在额定值以下才行。

f. 正向电压降 U_F。是最大整流电流时，二极管两端的电压降。锗管 0.2～0.4V，硅管 0.6～0.8V。

g. 额定反向峰值电压 U_{RM}。是二极管参数的变化不超过规定允许值时所能承受的最大反向电压峰值。它等于反向最高测试电压的一半。反向最高测试电压规定为反向漏电流急速增加反向特性曲线开始弯曲时的电压。

h. 二极管电容 C。是二极管加上反向电压时，引出线间的电容。

(2) 常用二极管的主要参数（见表 14-3 和表 14-4）

■ **表 14-3 常用普通二极管主要参数**

型号	最大整流电流 I_{CM} /mA	最高反向工作电压（峰值）U_{RM}/V	最高工作频率 f_M/MHz
2AP9	5	15	100
2AP10	5	30	100
2AP11	≤25	≤10	40
2AP12	≤40	≤10	40
2AP13	≤20	≤30	40
2AP14	≤30	≤30	40
2AP15	≤30	≤30	40
2AP16	≤20	≤50	40
2AP17	≤15	≤100	40

续表

型　　号	最大整流电流 I_{CM} /mA	最高反向工作电压(峰值) U_{RM}/V	最高工作频率 f_M/MHz
2CP10	5～100	25	0.05
2CP11	5～100	50	0.05
2CP12	5～100	100	0.05
2CP13	5～100	150	0.05
2CP14	5～100	200	0.05
2CP15	5～100	250	0.05
2CP16	5～100	300	0.05
2CP17	5～100	350	0.05

■ **表 14-4　IN、2CZ 系列常用整流二极管主要参数**

<table>
<tr><th>型号</th><th>反向工作峰值电压 U_{RM}/V</th><th>额定正向整流电流 I_F/A</th><th>正向不重复浪涌峰值电流 I_{FSM}/A</th><th>正向压降 U_F/V</th><th>反向电流 I_R/μA</th><th>工作频率 f/kHz</th></tr>
<tr><td>1N4000</td><td>25</td><td rowspan="8">1</td><td rowspan="8">30</td><td rowspan="8">≤1</td><td rowspan="8"><5</td><td rowspan="8">3</td></tr>
<tr><td>1N4001</td><td>50</td></tr>
<tr><td>1N4002</td><td>100</td></tr>
<tr><td>1N4003</td><td>200</td></tr>
<tr><td>1N4004</td><td>400</td></tr>
<tr><td>1N4005</td><td>600</td></tr>
<tr><td>1N4006</td><td>800</td></tr>
<tr><td>1N4007</td><td>1000</td></tr>
<tr><td>1N5100</td><td>50</td><td rowspan="9">1.5</td><td rowspan="9">75</td><td rowspan="9">≤1</td><td rowspan="9"><5</td><td rowspan="9">3</td></tr>
<tr><td>1N5101</td><td>100</td></tr>
<tr><td>1N5102</td><td>200</td></tr>
<tr><td>1N5103</td><td>300</td></tr>
<tr><td>1N5104</td><td>400</td></tr>
<tr><td>1N5105</td><td>500</td></tr>
<tr><td>1N5106</td><td>600</td></tr>
<tr><td>1N5107</td><td>800</td></tr>
<tr><td>1N5108</td><td>1000</td></tr>
<tr><td>1N5200</td><td>50</td><td rowspan="9">2</td><td rowspan="9">100</td><td rowspan="9">≤1</td><td rowspan="9"><10</td><td rowspan="9">3</td></tr>
<tr><td>1N5201</td><td>100</td></tr>
<tr><td>1N5202</td><td>200</td></tr>
<tr><td>1N5203</td><td>300</td></tr>
<tr><td>1N5204</td><td>400</td></tr>
<tr><td>1N5205</td><td>500</td></tr>
<tr><td>1N5206</td><td>600</td></tr>
<tr><td>1N5207</td><td>800</td></tr>
<tr><td>1N5208</td><td>1000</td></tr>
</table>

续表

型号	反向工作峰值电压 U_{RM}/V	额定正向整流电流 I_F/A	正向不重复浪涌峰值电流 I_{FSM}/A	正向压降 U_F/V	反向电流 I_R/μA	工作频率 f/kHz
1N5400	50	3	150	≤0.8	<10	3
1N5401	100					
1N5402	200					
1N5403	300					
1N5404	400					
1N5405	500					
1N5406	600					
1N5407	800					
1N5408	1000					
2CZ53A	25	0.3	6	≤1.0	5	3
2CZ53B	50					
2CZ53C	100					
2CZ53D	200					
2CZ53E	300					
2CZ53F	400					
2CZ53G	500					
2CZ53H	600					
2CZ53J	700					
2CZ53K	800					
2CZ53L	900					
2CZ53M	1000					
2CZ54A	25	0.5	10	≤1.0	<10	3
2CZ54B	50					
2CZ54C	100					
2CZ54D	200					
2CZ54E	300					
2CZ54F	400					
2CZ54G	500					
2CZ54H	600					
2CZ54J	700					
2CZ54K	800					
2CZ54L	900					
2CZ54M	1000					
2CZ58C	100	10	210	≤1.3	<40	3
2CZ58D	200					
2CZ58F	400					
2CZ58G	500					
2CZ58H	600					
2CZ58K	800					
2CZ58M	1000					
2CZ58N	1200					
2CZ58P	1400					
2CZ58Q	1600					
2CZ100-1～16	100～1600	100	2200	≤0.7	<200	3
2CZ200-1～16	100～1600	200	4080	≤0.7	<200	3

（3）双向触发二极管的基本参数

双向触发二极管是两端交流器件，有两个对称的正反转折电压 U_{B0}，通常用作双向晶闸管的触发元件（见图14-1）。

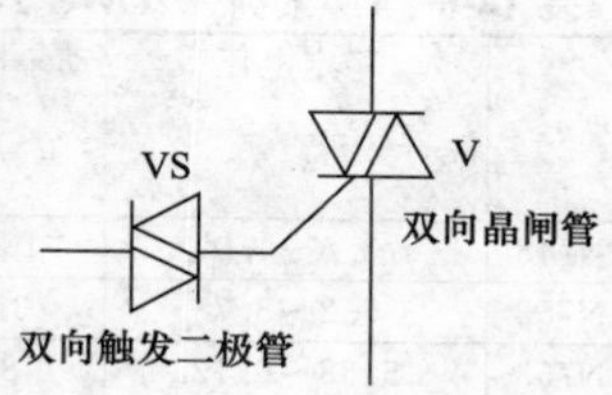

图 14-1　双向触发二极管接法

2CTS、PDA 型双向触发二极管的主要参数见表 14-5。

■ **表 14-5　2CTS、PDA 型双向触发二极管主要参数**

型号	峰值电流 I_P/A	转折电压 U_{B0}/V	转折电压偏差 ΔU_{B0}/V	弹回电压 ΔU/V	转折电流 I_{B0}/μA
2CTS2	2	26～40	3	5	50
PDA30	2	28～36	3	5	100
PDA40	2	35～45	3	5	100
PDA60	1.6	50～70	4	10	100

（4）稳压管的基本参数

稳压管在电子电路中起稳定电压的作用。稳压管的基本参数如下。

① 稳定电压 U_Z：是指稳压二极管的稳压值，即稳压二极管的反向击穿电压。

② 稳定电流 I_Z：是在稳压范围内，稳压二极管的电流。一般为其最大稳定电流 I_{ZM} 的 1/2 左右。

③ 最大稳定电流 I_{ZM}：是能保证稳压二极管稳定电压（并不致损坏）的电流。

④ 额定功耗 P_Z：是稳压二极管在正常工作时产生的耗散功率。

⑤ 动态电阻 R_Z：是稳定状态下，稳压二极管上的电压微变量与通过稳压二极管的电流微变量之比值。

（5）常用稳压管的主要参数（见表 14-6）

■ **表 14-6 1N 系列、2CW、2DW 型稳压二极管主要参数**

<table>
<tr><th>型号</th><th>稳定电压
U_Z/V</th><th>动态电阻
R_Z/Ω</th><th>温度系数
C_{TV}
$/10^{-4}℃^{-1}$</th><th>工作电流[①]
I_Z/mA</th><th>最大电流
I_{ZM}/mA</th><th>额定功耗
P_Z/W</th></tr>
<tr><td>1N748</td><td>3.8～4.0</td><td>100</td><td></td><td rowspan="7">20</td><td rowspan="13"></td><td rowspan="13">0.5</td></tr>
<tr><td>1N752</td><td>5.2～5.7</td><td>35</td><td></td></tr>
<tr><td>1N753</td><td>5.88～6.12</td><td>8</td><td></td></tr>
<tr><td>1N754</td><td>6.3～7.3</td><td>15</td><td></td></tr>
<tr><td>1N754</td><td>6.66～7.01</td><td>15</td><td></td></tr>
<tr><td>1N755</td><td>7.07～7.25</td><td>6</td><td></td></tr>
<tr><td>1N757</td><td>8.9～9.3</td><td>20</td><td></td></tr>
<tr><td>1N962</td><td>9.5～11.9</td><td>25</td><td></td><td rowspan="5">10</td></tr>
<tr><td>1N962</td><td>10.9～11.4</td><td>12</td><td></td></tr>
<tr><td>1N963</td><td>11.9～12.4</td><td>35</td><td></td></tr>
<tr><td>1N964</td><td>13.5～14.0</td><td>35</td><td></td></tr>
<tr><td>1N964</td><td>12.4～14.1</td><td>10</td><td></td></tr>
<tr><td>1N969</td><td>20.8～23.3</td><td>35</td><td></td><td>5.5</td></tr>
<tr><td>2CW50</td><td>1.0～2.8</td><td>50</td><td>≥－9</td><td rowspan="6">10</td><td>83</td><td rowspan="22">0.25</td></tr>
<tr><td>2CW51</td><td>2.5～3.5</td><td>60</td><td>≥－9</td><td>71</td></tr>
<tr><td>2CW52</td><td>3.2～4.5</td><td>70</td><td>≥－8</td><td>55</td></tr>
<tr><td>2CW53</td><td>4.0～5.8</td><td>50</td><td>－6～4</td><td>41</td></tr>
<tr><td>2CW54</td><td>5.5～6.5</td><td>30</td><td>－3～5</td><td>38</td></tr>
<tr><td>2CW55</td><td>6.2～7.5</td><td>15</td><td>≤6</td><td>33</td></tr>
<tr><td>2CW56</td><td>7.0～8.8</td><td>15</td><td>≤7</td><td rowspan="5">5</td><td>27</td></tr>
<tr><td>2CW57</td><td>8.5～9.5</td><td>20</td><td>≤8</td><td>26</td></tr>
<tr><td>2CW58</td><td>9.2～10.5</td><td>25</td><td>≤8</td><td>23</td></tr>
<tr><td>2CW59</td><td>10～11.8</td><td>30</td><td>≤9</td><td>20</td></tr>
<tr><td>2CW60</td><td>11.5～12.5</td><td>40</td><td>≤9</td><td>19</td></tr>
<tr><td>2CW61</td><td>12.4～14</td><td>50</td><td>≤9.5</td><td rowspan="11">3</td><td>16</td></tr>
<tr><td>2CW62</td><td>13.5～17</td><td>60</td><td>≤9.5</td><td>14</td></tr>
<tr><td>2CW63</td><td>16～19</td><td>70</td><td>≤9.5</td><td>13</td></tr>
<tr><td>2CW64</td><td>18～21</td><td>75</td><td>≤10</td><td>11</td></tr>
<tr><td>2CW65</td><td>20～24</td><td>80</td><td>≤10</td><td>10</td></tr>
<tr><td>2CW66</td><td>23～26</td><td>85</td><td>≤10</td><td>9</td></tr>
<tr><td>2CW67</td><td>25～28</td><td>90</td><td>≤10</td><td>9</td></tr>
<tr><td>2CW68</td><td>27～30</td><td>95</td><td>≤10</td><td>8</td></tr>
<tr><td>2CW69</td><td>29～33</td><td>95</td><td>≤10</td><td>7</td></tr>
<tr><td>2CW70</td><td>32～36</td><td>100</td><td>≤10</td><td>7</td></tr>
<tr><td>2CW71</td><td>35～40</td><td>100</td><td>≤10</td><td>6</td></tr>
</table>

续表

型号	稳定电压 U_Z/V	动态电阻 R_Z/Ω	温度系数 C_{TV} $/10^{-4}℃^{-1}$	工作电流[①] I_Z/mA	最大电流 I_{ZM}/mA	额定功耗 P_Z/W
2DW230 (2DW7A)	5.8～6.6	≤25	≤|0.05|	10	30	0.2
2DW231 (2DW7B)		≤15				
2DW232 (2DW7C)	6.0～6.5	≤10	≤|0.05|			
测试条件	$I=I_Z$	$I=I_Z$				

① 最大电流可根据公式 $I_{ZM}=\frac{P_Z}{U_Z}$计算得出。工作电流一般取最大电流的 1/5～1/2 稳压效果较好。

(6) 三端集成稳压器的基本参数

三端固定集成稳压器的输出电压是固定的，可直接用于各种电子设备作电压稳压器。其芯片内部设置有过流保护、过热保护及调整管安全工作区保护电路。三端固定集成稳压器分为 7800 正稳压和 7900 负稳压两大系列，见表 14-7 和表 14-8。

■ **表 14-7 7800、7900 系列三端固定集成稳压器的输出电压**

器件型号	输出电压/V	器件型号	输出电压/V
7805	5	7905	−5
7806	6	7906	−6
7807	7	7907	−7
7809	9	7909	−9
7810	10	7910	−10
7812	12	7912	−12
7815	15	7915	−15
7818	18	7918	−18
7820	20	7920	−20
7824	24	7924	−24

■ **表 14-8 7800、7900 系列三端固定集成稳压器的输出电流**

器件	7800 7900	78M00 79M00	78L00 79L00	78T00 78T00	78H00 79H00
输出电流/A	1.5	0.5	0.1	3	5

(7) 三端固定集成稳压器的典型电路

三端固定集成稳压器的典型电路如图 14-2 所示。

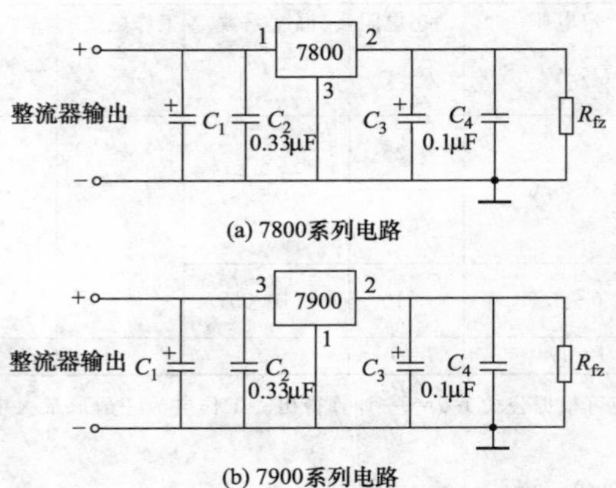

图 14-2 三端固定集成稳压器典型电路

对于图 14-2（a），整流器输出的电压经电容 C_1 滤波后得到不稳定的直流电压。该电压加到三端固定集成稳压器的输入端 1 和公共地 3 之间，则在输出端 2 和公共地 3 之间可得到固定电压的稳定输出。

在图 14-2 中，电容 C_1 滤波电容，为尽可能地减小输出纹波，C_1 值应取得大些，一般可按每 0.5A 电流 1000μF 容量选取；电容 C_2 为输入电容，用于改善纹波特性，一般可取 0.33μF；电容 C_4 为输出电容，主要作用是改善负载的瞬态响应，一般可取 0.1μF。当电路要求大电流输出时，C_2、C_4 的容量应适当加大。电容 C_3 的作用是缓冲负载突变、改善瞬态响应，可在 100～470μF 之间取；R_{fz0} 为稳压器内部负载，以使外部负载断开时稳压器能维持一定的电流。R_{fz0} 的取值范围以通过其的电流是 5～10mA 为佳。

14.1.2 常用光电元件

（1）常用光电元件及特点

光电元件是一种对光线强弱特别敏感的半导体电子元件。它广泛应用于自动控制电路。常用光电元件及特点见表 14-9。

■ **表 14-9 常用光电元件及特点**

类型	光敏二极管	光敏三极管	光电池
符号			
说明与特点	无光照时有一反向饱和电流称为暗电流。有光照时反向饱和电流增加，称为光电流。有光照时反向电阻可以降到几百欧 光敏二极管体积小，频率特性好，弱光下灵敏度低 用于光电转换及光控、测光等自动控制电路中	光照电流相当于三极管的基极电流，因此集电极电流是其 β 倍，故光敏三极管比光敏二极管有更高的灵敏度 与光敏二极管相比，其电流灵敏度大 用于光学测量、光电开关控制、光电变换放大器的器件	当 PN 结受光照时，在PN结两端出现电动势，P区为正极，N区为负极 光电池体积小，不需外加电源；频率特性差，弱光下灵敏度低 用于光控、光电转换的器件
类型	光敏电阻	发光二极管	光耦合器
符号			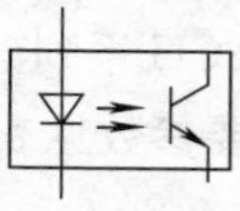
说明与特点	当光照射到光敏层时，阻值变化，光线愈强，阻值愈小 光敏电阻体积小，可工作在可见光至红外线区。弱光下工作其灵敏度比所列元件高很多，频率特性差，工作频率在 100Hz 时，衰减较大，光电特性为非线性，同时受温度影响大 用于光控等自动控制电路中	能把电能直接快速地转换成光能。在电子仪器、仪表中用作显示器件、状态信息指示、光电开光和光辐射源等	它是利用电-光-电耦合原理来传递信号的，输入、输出电路在电气上是相互隔离的，抗干扰，响应速度较快 用于强-弱电接口和微机系统的输入和输出电路中

(2) 光电元件的基本参数

① 光谱响应曲线　用单位辐射通量不同的波长的光分别照射光电元件，在光电元件上产生的饱和电流的大小不同，饱和电流相对值与光波波长的关系曲线称为光谱响应曲线。

② 光谱响应峰值 λ_m 即峰值波长，是光谱响应曲线峰值所对应的波长，即单位辐射通量的光照射元件中最大饱和电流所对应的光波波长。

③ 光谱范围 是光谱响应曲线所占据的波长范围。

④ 最大工作电压 U_M 是测试条件下，光电元件能承受的最大工作电压。

⑤ 暗电流 I_D 是光敏元件没有光照时流过的电流。

⑥ 光电流 I_{PH} 是光敏元件在光照射下流过的电流。

⑦ 响应时间 T_r 即时间常数，是光敏元件自停止光照起到电流下降到光照时的 63% 所需要的时间，此时间越短表示光敏元件惰性越小。

⑧ 光调截止频率 光敏晶体管的工作频率为调制光频，晶体管增益与调制光频的关系曲线为光敏晶体管频率特性曲线，此特性曲线下降到 0.707 处所对应的调制光频为光调制截止频率。

(3) 光敏二极管和光敏三极管的主要参数

2CU 系列硅光敏二极管主要参数见表 14-10。3DU 系列光敏三极管主要参数见表 14-11。达林顿型光敏三极管的主要参数见表 14-12。

■ **表 14-10 2CU 系列硅光敏二极管主要参数**

型号	最高反向工作电压 U_{RM}/V	暗电流 I_D/μA	光电流 I_L/μA	峰值波长 λ_p/A	响应时间 t_r/ns
2CU1A	10	≤0.2	≥80	8800	≤5
2CU1B	20				
2CU1C	30				
2CU1D	40				
2CU1E	50				
2CU2A	10	≤0.1	≥30		
2CU2B	20				
2CU2C	30				
2CU2D	40				
2CU2E	50				
测试条件	$I_R=I_D$	无光照 $U=U_{RM}$	照度 $H=1000$lx $U=U_{RM}$	—	$R_L=50\Omega$ $U=10$V $f=300$Hz

■ 表 14-11　3DU 系列光敏三极管主要参数

型　号	最大工作电流 I_{CM} /mA	最高工作电压 $U_{(RM)CE}$ /V	暗电流 I_D /μA	光电流 I_L /μA	上升时间 t_r/μs	峰值波长 λ_0/nm	最大耗散功率 P_{CM} /mW
3DU55	5	45	0.5	2	10	850	30
3DU53	5	70	0.2	0.3	10	850	30
3DU100	20	6	0.05	0.5	—	850	50
3DU21		10	0.3	1	2	920	100
3DU31	50	20	0.3	2	10	900	150
3DUB13	20	70	0.1	0.5	0.5	850	200
3DUB23	20	70	0.1	1	1	850	200

■ 表 14-12　达林顿型光敏三极管的主要参数

型号	击穿电压 $U_{(BR)CE}$ /V	暗电流 I_{CBO} /μA	光电流 I_L /mA	饱和压降 $U_{CE(sat)}$ /V	响应时间		峰值波长 λ_p /nm	光谱范围 /μm
					t_r /μs	t_f /μs		
3DU511D	≥20	≤0.5	≥10	≤1.5	≤100	≤100	880	0.4～1.1
3DU512D	≥20	≤0.5	≥15	≤1.5	≤100	≤100	880	0.4～1.1
3DU513D	≥20	≤0.5	≥20	≤1.5	≤100	≤100	880	0.4～1.1

(4) 发光二极管的主要参数

发光二极管（LED）是一种在通过正向电流时能发出光亮的特殊二极管。发光二极管的种类很多，有 BT 系列、2EF 系列、FX系列、LED 系列、HG 系列、GH 系列、GL 系列、BTV 系列、HL 系列、BTS 系列等，常用的有 BT201、2EF601、LED702 等。BT 系列和 2EF 系列等发光二极管主要参数见表 14-13和表 14-14。

■ 表 14-13　BT 系列发光二极管主要参数

型号	最大耗散功率 P_{CM} /mW	极限工作电流 I_{CM} /mA	正向工作电流 I_F /mA	正向工作电压 U_F /V	反向漏电流 I_R /μA	反向工作电压 U_R /V	峰值发光波长 λ/nm
BT101 BT102 BT103 BT106	—	50	3～10	1.8～2.1	—	≥5	565
BT201A BT201B BT201C	≤150	≤70	20 30 50	1.5～2	≤50	≥5	630～680

续表

型号	最大耗散功率 P_{CM} /mW	极限工作电流 I_{CM} /mA	正向工作电流 I_F /mA	正向工作电压 U_F /V	反向漏电流 I_R /μA	反向工作电压 U_R /V	峰值发光波长 λ/nm
BT202A BT203B	≤20	≤10	≤2 ≤5	1.5～2	≤50	≥5	630～680
BT203A BT203B BT203C	≤15	≤70	10 20 50	1.5～2	≤50	≥5	630～680
FX-1、FX-2 WZ	—	30	10	1.4～2	—	≥3	630～680

■ **表 14-14　2EF 系列发光二极管主要参数**

型号	工作电流 I_F /mA	正向电压 U_F /V	发光强度 I_o /mcd	最大工作电流 I_{FM} /mA	反向耐压 U_{BR} /V	发光颜色	外形尺寸
2EF401 2EF402	10	1.7	0.6	50	≥7	红	ϕ5.0mm
2EF411 2EF412	10	1.7	0.5 0.8	30	≥7	红	ϕ3.0mm
2EF441	10	1.7	0.2	40	≥7	红	5mm×1.9mm
2EF501 2EF502	10	1.7	0.2	40	≥7	红	ϕ5.0mm
2EF551	10	2	1.0	50	≥7	黄绿	ϕ5.0mm
2EF601 2EF602	10	2	0.2	40	≥7	黄绿	5mm×1.9mm
2EF641	10	2	1.5	50	≥7	红	ϕ0.5mm
2EF811 2EF812	10	2	0.4	40	≥7	红	5mm×1.9mm
2EF841	10	2	0.8	30	≥7	黄	ϕ3.0mm

（5）光耦合器的特性及技术参数

光耦合器是将发光元件和受光元件密封在同一管壳中，用作光电转换的一种半导体器件。为了实现波长的最佳匹配，光耦合器的发光源通常是砷化镓和镓铝砷发光二极管，受光部分由硅光敏二极管、光敏三极管或光晶闸管组成。由于它是借助于光作为媒介物进行耦合的，所以它具有较强的隔离和抗干扰能力，广泛应用于电信号耦合、电平匹配、光电开关和电位隔离等多种模拟和数字电路中。

1）光耦合器的特性　光耦合器的符号及特性曲线如图 14-3 所示。

图 14-3 中，1 为输入端的正极，2 为输入端的负极，3 为输出端的正极，4 为输出端的负极；I_F 为输入端正向电流，I_C 为输出端正向电流。

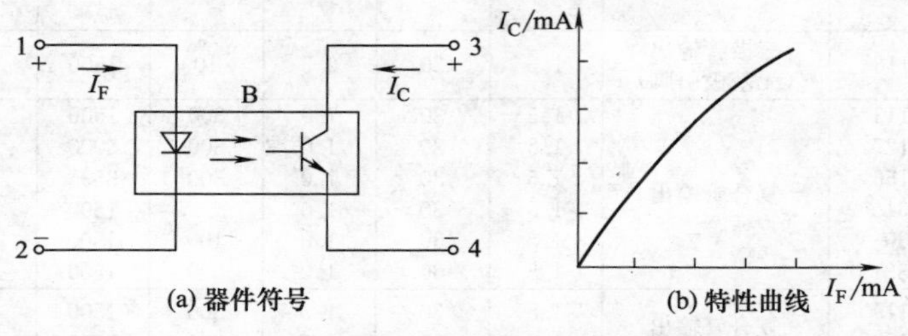

(a) 器件符号　　(b) 特性曲线

图 14-3　光耦合器的符号及特性曲线

光耦合器的特性主要有输入特性、输出特性和传输特性。现以二极管-三极管光耦合器为例说明如下。

① 输入特性　输入端是发光二极管，其输入特性可用发光二极管的伏安特性来表示。它与普通二极管的伏安特性基本相同，但有两点不同：一是正向死区电压较大，为 0.9～1.1V，外加电压大于这个数值时，二极管才发光；二是反向击穿电压很小，约为 6V，因此使用时必须注意，输入端的反向电压不能大于 6V。

② 输出特性　输出端是光电三极管，其输出特性即为光电三极管的输出特性。

2）常用光耦合器的主要技术参数（见表 14-15）

■ **表 14-15　常用通用光耦合器主要技术参数**

型号	结构	正向压降 U_F /V	反向击穿电压 $U_{(br)ceo}$ /V	饱和压降 $U_{ce(sat)}$ /V	电流传输比 CTR /%	输入输出间绝缘电压 U_{ISO} /V	上升、下降时间 t_r、t_f /μs
TIL112	三极管输出单光电耦合器	1.5	20	0.5	2.0	1500	2.0
TIL114		1.4	30	0.4	8.0	2500	5.0
TIL124		1.4	30	0.4	10	5000	2.0
TIL116		1.5	30	0.4	20	2500	5.0
TIL117		1.4	30	0.4	50	2500	5.0
4N27		1.5	30	0.5	10	1500	2.0
4N26		1.5	30	0.5	20	1500	0.8
4N35		1.5	30	0.3	100	3500	4.0

续表

型号	结构	正向压降 U_F /V	反向击穿电压 $U_{(br)ceo}$ /V	饱和压降 $U_{ce(sat)}$ /V	电流传输比 CTR /%	输入输出间绝缘电压 U_{ISO} /V	上升、下降时间 t_r、t_f /μs
TIL118	三极管输出（无基极引脚）	1.5	20	0.5	10	1500	2.0
TIL113	复合管输出	1.5	30	1.0	300	1500	300
TIL127		1.5	30	1.0	300	5000	300
TIL156		1.5	30	1.0	300	3535	300
4N31		1.5	30	1.0	50	1500	2.0
4N30		1.5	30	1.0	100	1500	2.0
4N33		1.5	30	1.0	500	1500	2.0
TIL119	复合管输出（无基极引脚）	1.5	30	1.0	300	1500	300
TIL128		1.5	30	1.0	300	5000	300
TIL157		1.5	30	1.0	300	3535	300
H11AA1	交流输入管输出单光电耦合器	1.5	30	0.4	20	2500	—
H11AA2		1.5	30	0.4	10	2500	—

14.1.3 三极管、场效应管和单结晶体管

14.1.3.1 三极管的种类及基本参数

(1) 三极管的种类

① 按导电类型为　NPN 型三极管和 PNP 型三极管。

② 按材料分　硅三极管和锗三极管。

③ 按结构分　点接触型三极管和面接触型三极管。

④ 按工作频率分　高频三极管（>3MHz）和低频三极管（<3MHz）。

⑤ 按功率分　大功率三极管（>1W）、中功率三极管（0.5～1W）和小功率三极管（<0.5W）。

常见三极管的类别及用途见表 14-16。

表 14-16　常见三极管的类别及用途

类　别	特　点	用　途
合金型三极管	增益较高，集电极饱和压降小，发射极-基极击穿电压高，截止频率低	低频放大 低频开关

续表

类　别	特　点	用　途
扩散型三极管	发射极-基极击穿电压低，饱和压降大，开关特性较差	低频放大

(2) 三极管的基本参数

① 集电极反向截止饱和电流 I_{cbo}　是发射极开路时，基极和集电极之间加以规定的截止电压时的集电极电流。

② 发射极反向饱和电流 I_{ebo}　是集电极开路时，基极和发射极之间加以规定的反向电压时的发射极电流。

③ 集电极穿透电流 I_{ceo}　是基极开路时，集电极和发射极之间加以规定的反向电压时的集电极电流。

④ 共发射极电流放大系数 $h_{FE}(\beta)$　是在共发射极电路中，集电极电流和基极电流的变化量之比。

⑤ 共基极电流放大系数 $h_{FB}(\alpha)$　是在共基极电路中，集电极电流和发射极电流的变化量之比。

⑥ 共发射极截止频率 f_{β}　是 β 下降到低频的 0.707 倍时所对应的频率。

⑦ 共基极截止频率 f_{α}　是 α 下降到低频的 0.707 倍时所对应的频率。

⑧ 特征频率 f_T　是 β 下降到 1 时所对应的频率。当 $f \geqslant f_T$ 时，三极管便失去电流放大能力。

⑨ 最高振荡频率 f_M　是给定条件下，三极管能维持振荡的最高频率。它表示三极管功率增益下降到 1 时所对应的频率。

⑩ 集电极-基极反向击穿电压 BU_{cbo}　是发射极开路时，集电结的最大允许反向电压。

⑪ 集电极-发射极反向击穿电压 BU_{ceo}　是基极开路时，集电极和发射极之间的最大允许电压。

⑫ 发射极-基极反向击穿电压 BU_{ebo}　是集电极开路时，发射结最大允许反向电压。

⑬ 基极-发射极间并联电阻时的集电极-发射极反向击穿电压 BU_{ceR}　是基极-发射极间并联电阻 R_{be} 时，集电极与发射极之间最

大允许电压。

⑭ 集电极最大允许电流 I_{CM}　是三极管参数变化不超过规定允许值时，集电极的最大电流。

⑮ 集电极最大允许耗散功率 P_{CM}　是保证三极管参数变化在规定允许范围之内的集电极最大消耗功率。

⑯ 最高允许结温 T_{jm}　是保证三极管参数变化不超过规定允许范围的 PN 结最高温度。

⑰ 基极电阻 $r_{bb'}$　是输入电路交流开路时，发射极-基极间的电压变化与集电极电流变化之比值。

⑱ 热阻 R_T　是集电极每耗散 1W（大功率管）或 1mW（小功率管）功率引起管子 PN 结结温升高的度数。

14.1.3.2　三极管上的色标表示的 *β* 值范围

在三极管管顶上标有色标，表示电流放大倍数 β 的范围。部分三极管的色标见表 14-17。

■ 表 14-17　三极管 *β* 的分挡标记

管顶颜色	棕	红	橙	黄	绿	蓝	紫	灰	白	黑	不标颜色
3AX21～24		20～35		35～50	50～65	65～85	85～115			115～200	
3AX25			10～25	25～40	40～60	60～90					
3AX26、31		20～30	30～40	40～50	50～65	65～85	85～115	115～150	150～200		
3AX42、43、45		20～30	30～40	40～50	50～65	65～85	85～115		＞150		
3AD6、30、35	12～20	20～30	30～40	40～50	50～65	65～85	85～100				
3AG1B～1E		20～30	30～40	40～50	50～65	65～85	85～110	110～150	150～200		
3AG6		20～30	30～45	45～65	65～100	100～150			＞150		
3AG30		20～40	40～70	70～100	100～150	150～250					

续表

管顶颜色	棕	红	橙	黄	绿	蓝	紫	灰	白	黑	不标颜色
3AG31、32	20～30	30～45	45～67	67～100	100～150	150～225	225～337	337～500	500～750		
3DG6、8、11 12、13、14		10～30		30～60	60～100	100～150			150～200		＞200
3DK3A～2C 3DK3A、3B 3DK4A～4C		10～30		30～60	60～100	100～150			150～200		
3DK5A～5C 3DK6A、6B		10～30		30～60	60～100	100～150			150～200		＞200

14.1.3.3　常用三极管的主要参数

常用 3DG、3CG 高频小功率三极管主要参数见表 14-18。

■ **表 14-18　常用 3DG、3CG 高频小功率三极管主要参数**

型号		极限参数			直流参数		交流参数		类型
		P_{CM} /mW	I_{CM} /mA	$U_{(BR)ceo}$ /V	I_{ceo} /μA	h_{FE}①	f_T /MHz	C_{ob} /pF	
3DG100	A	100	20	20	≤0.01	≥30	≥150	≤4	NPN
	B			30					
	C			20			≥300		
	D			30					
3DG120	A	500	100	30	≤0.01	≥30	≥150	≤6	NPN
	B			45					
	C			30			≥300		
	D			45					
3DG130	A	700	300	30	≤1	≥25	≥150	≤10	NPN
	B			45					
	C			30			≥300		
	D			45					
测试条件				I_C＝0.1mA	U_{CE}＝10V	U_{CE}＝10V I_C＝3mA I_C＝30mA I_C＝50mA			
3CG100	A	100	30	15	≤0.1	≥25	≥100	≤4.5	PNP
	B			25					
	C			40					

续表

型号	极限参数			直流参数		交流参数		类型
	P_{CM} /mW	I_{CM} /mA	$U_{(BR)ceo}$ /V	I_{ceo} /μA	h_{FE}①	f_T /MHz	C_{ob} /pF	
3CG120 A B C	500	100	15 30 45	0.2	≥25	≥200		PNP
3CG130 A B C	700	300	15 30 45	≤1	≥25	≥80		PNP

① h_{FE}分挡：橙 25～40、黄 40～55、绿 55～80、蓝 80～120、紫 120～180、灰 180～270。

通用三极管主要参数见表 14-19。

■ **表 14-19 通用三极管主要参数**

型号	极限参数			直流参数			交流参数		类型
	P_{CM} /mW	I_{CM} /mA	$U_{(BR)ceo}$ /V	I_{ceo} /mA	$U_{ce(sat)}$ /V	h_{FE}	f_T /MHz	C_{ob} /pF	
9011 E F G H I	300	100	18	0.05	0.3	28 39 54 72 97 132	150	3.5	NPN
9012 E F G H	600	500	25	0.5	0.6	64 78 96 118 144	150		PNP
9013 E F G H	400	500	25	0.5	0.6	64 78 96 118 144	150		NPN
9014 A B C D	300	100	18	0.05	0.3	60 60 100 200 400	150		NPN

续表

型号	极限参数			直流参数			交流参数		类型
	P_{CM} /mW	I_{CM} /mA	$U_{(BR)ceo}$ /V	I_{ceo} /mA	$U_{ce(sat)}$ /V	h_{FE}	f_T /MHz	C_{ob} /pF	
9015	310 600	100	18	0.05	0.5	60	50	6	PNP
A						60	100		
B						100			
C						200			
D						400			
9016	310	25	20	0.05	0.3	28～97	500	2	NPN
9017		100	12		0.5	28～72	600		
9018		100	12		0.5	28～72	700		
8050	1000	1500	25			85～300	100		NPN
8550									PNP

注：一般在塑料管 TO-92 上标有 e、b、c。

14.1.3.4 场效应管的主要用途及基本参数

（1）场效应管的主要用途

场效应管由于具有输入阻抗非常高（可达 10^9～10^{15} Ω）、噪声低、动态变化范围大和温度系数小，且为电压控制元件等优点，因此应用也较为广泛。

场效应管分结型和绝缘栅（即 MOS）型两大类。常用场效应管的特点及主要用途见表 14-20。

■ 表 14-20 常用场效应管的主要用途

类别	结型管			MOS 管		增强型 MOS 型
	3DJ2	3DJ6	3DJ7	3DO1	3DO4	3CO1
特点及用途	用于高频、线性放大和斩波电路等	具有低噪声、稳定性高的优点，适用于低频低噪声线性放大器	具有高输入阻抗、高跨导、低噪声和稳定性高等优点	具有高输入阻抗、低噪声、动态范围大的特点，适用于直流放大、阻抗变换和斩波器	工作频率较高，大于100MHz，可作电台、雷达中线性高频放大或混频放大	具有高频输入阻抗，零栅压下接近截止状态，用于开关、小信号放大、工业及通信用

（2）场效应管的基本参数

① 夹断电压 U_P　也称截止栅压 $U_{GS(OFF)}$，是在耗尽型结型场效应管或耗尽型绝缘栅型场效应管源极接地的情况下，能使其漏源

输出电流减小到零时所需的栅源电压 U_{GS}。

② 开启电压 U_T　也称阈值电压，是增强型绝缘栅型场效应管在漏源电压 U_{DS} 为一定值时，能使其漏、源极开始导通的最小栅源电压 U_{GS}。

③ 饱和漏电流 I_{DSS}　是耗尽型场效应管在零偏压（即栅源电压 U_{GS} 为零）、漏源电压 U_{DS} 大于夹断电压 U_P 时的漏极电流。

④ 击穿电压 BU_{DS} 和 BU_{GS}

a. 漏源击穿电压 BU_{DS}。也称漏源耐压值，是当场效应管的漏源电压 U_{DS} 增大到一定数值时，使漏极电流 I_D 突然增大且不受栅极电压控制时的最大漏源电压。

b. 栅源击穿电压 BU_{GS}。是场效应管的栅、源极之间能承受的最大工作电压。

⑤ 耗散功率 P_D　也称漏极耗散功率，该值约等于漏源电压 U_{DS} 与漏源电流 I_D 的乘积。

⑥ 漏泄电流 I_{GSS}　是场效应管的栅-沟道结施加反向偏压时产生的反向电流。

⑦ 直流输入电阻 R_{GS}　也称栅源绝缘电阻，是场效应管栅-沟道在反偏电压作用下的电阻值，约等于栅源电压 U_{GS} 与栅极电流的比值。

⑧ 漏源动态电阻 R_{DS}　是漏源电压 U_{DS} 的变化量与漏极电流 I_D 的变化量之比，一般为数千欧以上。

⑨ 低频跨导 g_m　也称放大特性，是栅极电压 U_G 对漏极电流 I_D 的控制能力，类似于三极管的电流放大倍数 β 值。g_m 的单位为 mA/V（mS）或 μA/V（μS）。

⑩ 极间电容　是场效应管各极之间分布电容形成的杂散电容。栅源极电容（输入电容）C_{GS} 和栅漏极电容 C_{GD} 的电容量为 1～3pF，漏源极电容 C_{DS} 的电容量为 0.1～1pF。

14.1.3.5　常用场效应管的主要参数

部分结型场效应管主要参数见表 14-21。部分 N 沟道耗尽型 MOS 场效应管主要参数见表 14-22。部分增强型 MOS 场效应管主要参数见表 14-23。

■ **表 14-21 部分国产结型场效应晶体管主要参数**

型号	沟道类型	饱和漏电流 I_{DSS}/mA	夹断电压 U_P/V	栅源击穿电压 BU_{GS}/V	低频跨导 g_m/μS	耗散功率 P_D/mW	极间电容 /pF
3DJ1A～3DJ1C	N	0.03～0.6	−1.8～−6	−40	＞2000	100	≤3
3DJ2A～3DJ2H	N	0.3～10	≤−9	＞−20	＞2000	100	≤3
3DJ3A～3DJ3G	N	20～50	≤−9	−30	＞2000	100	≤3
3DJ4D～3DJ4H	N	0.3～10	≤−9	＞−20	＞2000	100	≤3
3DJ6D～3DJ6H	N	0.3～10	≤−9	＞−20	＞1000	100	≤5
3DJ7F～3DJ7J	N	1～35	≤−9	＞−20	＞3000	100	＜8
3DJ8F～3DJ8K	N	1～70	≤−9	＞−20	＞6000	100	≤6
3DJ9G～3DJ9J	N	1～18	≤−7	＞−20	＞4000	100	≤2.8
3DJ50D～3DJ50F	N	0.03～3.3	−5	−70～−100	＞2000	300	≤15
3DJ50G、3DJ50H	N	3～15	−15	−70～−100	＞2000	300	≤15
3DJ51D～3DJ51F	N	0.03～3.3	−5	−70～−150	＞2000	300	≤15
3DJ51G、3DJ51H	N	3～15	−15	−70～−150	＞2000	300	≤15

■ **表 14-22 部分 N 沟道耗尽型 NOS 场效应晶体管主要参数**

型号	夹断电压 U_P/V	饱和漏电流 I_{DSS}/mA	低频跨导 g_m/μS	极间电容 /pF	栅源击穿电压 BU_{GS}/V	耗散功率 P_D/mW	最高振荡频率 f_m/MHz
3D01D～3D01H	−9	0.3～10	＞1000	≤5	40	100	≥90
3D02D～3D02H	−9	1～25	＞4000	≤2.5	25	100	≥1000
3D04D～3D04I	−9	0.3～15	＞2000	≤2.5	25	100	≥300

■ **表 14-23 部分增强型 MOS 场效应晶体管主要参数**

型号	沟道类型	开启电压 U_T/V	饱和漏电流 I_{DSS}/mA	栅源击穿电压 BU_{GS}/V	耗散功率 P_D/mW	低频跨导 g_m/μS
3C01A/3C01B	P	−2～−4/−4～−8	15	20	100	≤1000
3C03C/3C03E	P	−2～−4/−4～−8	10	15	150	≤1000
3D03C/3D03E	N	2～8	10	15	150	≤1000
3D06A/3D06B	N	2.5～5/＜3	＞10	20	100	＞2000

14.1.3.6 单结晶体管的用途及基本参数

(1) 单结晶体管的用途

单结晶体管又称双基极二极管，是具有一个 PN 结的三端半导体器件。它的导电特性完全不同于普通三极管，具有以下特点。

① 稳定的触发电压，并可用基极间所加电压控制。

② 有一极小的触发电流。

③ 负阻特性较均匀，其温度和寿命较三极管稳定。

这些特性使单结晶体管特别适合于作张弛振荡器、定时器、电压读出电路、晶闸管整流装置的触发电路等。

（2）单结晶体管的基本参数（见图 14-4）

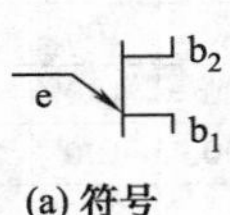

(a) 符号

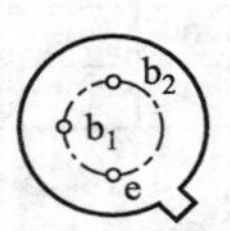

(b) BT32、33、35型

图 14-4　单结晶体管的符号及外形

① 基极电阻 R_{bb}　是发射极开路状态下基极 1 和基极 2 之间的电阻，一般为 2～10kΩ。基极电阻随温度的增加而增大。

② 分压比 η　是发射极和基极 1 之间的电压与基极 2 和基极 1 之间的电压之比，一般为 0.3～0.8。

③ 发射极与基极 1 间反向电压 U_{eb1}　是基极 2 开路时，在额定的反向电流下基极 1 与发射极之间的反向耐压。

④ 发射极与基极 2 间反向电压 U_{eb2}　是基极 1 开路时，在额定的反向电流下，基极 2 与发射极之间的反向耐压。

⑤ 反向电流 I_{eo}　是基极 1 开路时，在额定的反向电压 U_{eb2} 下的反向电流。

⑥ 峰点电流 I_P　是发射极电压最大值时的发射极电流。该电流表示了使管子工作或使振荡电路工作时所需的最小电流。I_P 与基极电压成反比，并随温度增高而减小。

⑦ 峰点电压 U_P　能使发射极-基极 1 迅速导通的发射极所加的电压。

⑧ 谷点电压 U_V　发射极-基极 1 导通后发射极上的最低电压。

⑨ 谷点电流 I_V　与谷点电压相对应的发射极电流。

14.1.3.7 单结晶体管的参数

BT31～BT37 型单结晶体管的参数见表 14-24。

■ **表 14-24 BT31～BT37 型单结晶体管的参数**

型号	分压比 η	基极间电阻 R_{bb}/kΩ	调制电流 I_{BZ}/mA	峰点电流 I_P/mA	谷点电流 I_V/mA	谷点电压 U_V/V	耗散功率 P_{B2M}/mW
BT31A	0.3～0.55	3～6	5～30	≤2	≥1.5	≤3.5	100
BT31B	0.3～0.55	5～12	≤30				
BT31C	0.45～0.75	3～6					
BT31D	0.45～0.75	5～12					
BT31E	0.65～0.9	3～6					
BT31F	0.65～0.9	5～12					
BT32A	0.3～0.55	3～6	8～35	≤2	≥1.5	≤3.5	250
BT32B		5～12	≤35				
BT32C	0.45～0.75	3～6					
BT32D		5～12					
BT32E	0.65～0.90	3～6					
BT32F		5～12					
BT33A	0.3～0.55	3～6	8～40	≤2	≥1.5	≤3.5	400
BT33B		5～12	≤40				
BT33C	0.45～0.75	3～6					
BT33D		5～12					
BT33E	0.65～0.9	3～6					
BT33F		5～12					
BT37A	0.3～0.55	3～6	3～40	≤2	≥1.5	≤3.5	700
BT37B		5～12	≤40				
BT37C	0.45～0.75	3～6					
BT37D		5～12					
BT37E	0.65～0.9	3～6					
BT37F		5～12					
测试条件	U_{bb}=20V	U_{bb}=20V I_e=0	U_{bb}=10V	U_{bb}=20V	U_{bb}=20V	U_{bb}=20V	

14.1.4 运算放大器、555时基集成电路

(1) 运算放大器的基本参数

运算放大器是将三极管、二极管、电阻、电容等整个电路的元件制作在一块硅基片上，构成完整特定功能的固体块。其外形有的像三极管，但管脚很多（如8极、12极等），也有的为块状，塑料封装，两侧排列众多的管脚。

运算放大器通过外接电阻、电容的不同接线，能对输入信号进行加、减、乘、除、微分、积分、比例及对数等运算。它是具有高放大倍数和深度负反馈的直流放大器，可用来实现信号的组合和运算。它的输出-输入关系仅简单地决定于反馈电路和输入电压的参数，与放大器本身的参数没有很大关系。运算放大器通用性很强，应用十分广泛。

运算放大器的符号及外形（管脚）如图14-5所示。

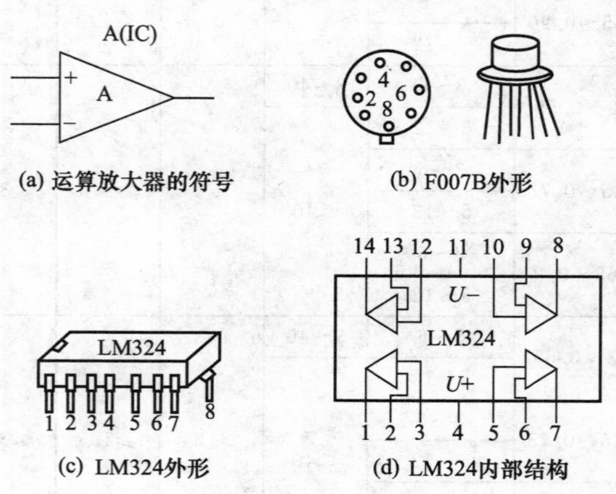

(a) 运算放大器的符号 (b) F007B外形

(c) LM324外形 (d) LM324内部结构

图14-5 运算放大器

运算放大器的基本参数如下。

① 开环放大倍数 K_0 是指元件加反馈环路、放大器工作在直流（或很低频率的交流）下的电压放大倍数，一般在 $10^3 \sim 10^7$。

运算放大器除作比较器外，通常都接成闭环使用，以保证其工作稳定。

② 输入特性　输入电阻计算如下。

当反相输入时，属于电压并联负反馈：

$$r_{sr} \approx R_1$$

当同相输入时，属于电压串联负反馈：

$$r_{sr} = (1 + K_0 F) r_{sr0} + R_3 \quad F = \frac{r_{sr0} // R_1}{(r_{sr0} // R_1) + R_2}$$

式中　r_{sr0}——放大器开环输入电阻，一般数值较大，如几十千欧至几百千欧；

K_0——开环电压放大倍数，此值很大，如积分用的运算放大器为 $10^6 \sim 10^7$；

F——电压反馈系数。

输入电流 I_{ib} 在数皮安至数微安之间。

③ 输出特性 U_{pp}-R_z　R_z 代表输出端接有负载时能输出的最大电压值。它标志一个放大器的负载能力。输出电阻计算如下：

开环输出电阻　r_{sc0} 约几百欧。

闭环输出电阻　$r_{sc} \approx \dfrac{r_{sr0}}{1 + K_0 F} \approx 0$

④ 失调电压 U_{0s}、电流 I_{0s}　集成运算放大器通常都采用差分输入级，由于输入差分管的不对称，即使输入端电压、电流为零，放大器的输出电压、电流也不为零。使放大器输出电压为零在输入端所加的信号电压称为失调电压。

⑤ 单位增益带宽 f_c　当开环差模增益下降到 $K=1$ 时的频率称为放大器的单位增益带宽，即放大器使用频率上限。

（2）运算放大器的基本电路

各种运算放大器的基本电路及比较见表 14-25。

（3）常用运算放大器的主要参数

常用通用型运算放大器的主要参数及主要特点见表 14-26。

■ **表 14-25　各种运算放大器的基本电路及比较**

名称	电路图	传递函数	输入阻抗	输出阻抗	说明
反相放大器	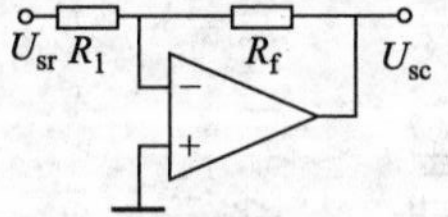	$\frac{U_{sc}}{U_{sr}}=-\frac{R_f}{R_1}$	R_1	$\frac{r_0}{1+\frac{KR_1}{R_1+R_f}}$	反相输入 电压并联负反馈 出现虚地
同相放大器	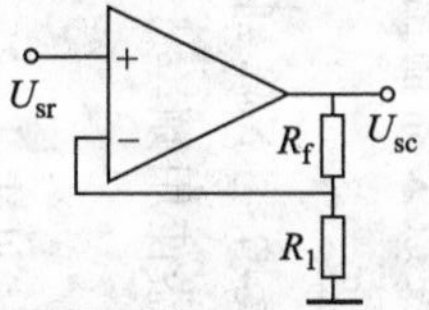	$\frac{U_{sc}}{U_{sr}}=1+\frac{R_f}{R_1}$	$\frac{Kr_1}{1+\frac{R_f}{R_1}}$	$\frac{r_0}{1+\frac{KR_1}{R_1+R_f}}$	同相输入 电压串联负反馈 出现共模电压
电压跟随器	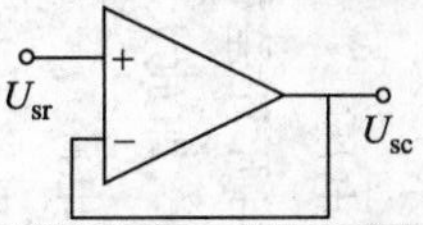	$\frac{U_{sc}}{U_{sr}}\approx 1$	很高	低	同相输入 电压串联负反馈 出现共模电压
加法器	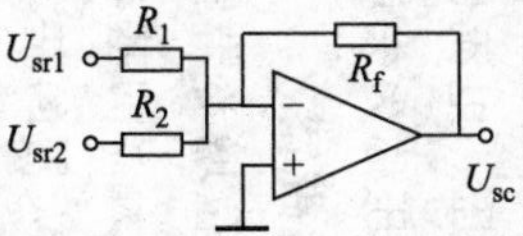	$U_{sc}=-\left(\frac{R_f}{R_1}U_{sr1}+\frac{R_f}{R_2}U_{sr2}\right)$ 当 $R_f=R_1=R_2$ 时 $U_{sc}=-(U_{sr1}+U_{sr2})$	R_1 或 R_2	低	反相多端输入 电压并联负反馈 出现虚地 能求两个以上电压之和
减法器差动式放大器	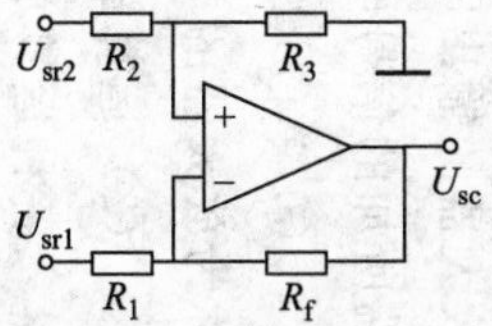	$U_{sc}=\frac{R_f}{R_1}(U_{sr2}-U_{sr1})$ （当 $R_f/R_1=R_3/R_2$ 时）		低	差动输入 出现共模电压 能求两个电压之差 输入阻抗因输入电压而变

续表

名称	电路图	传递函数	输入阻抗	输出阻抗	说明
积分器	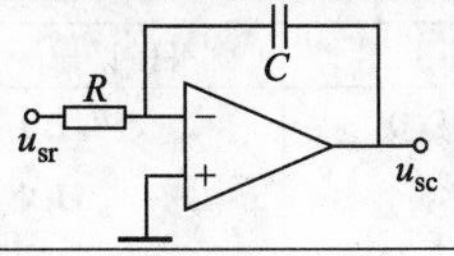	$u_{sc}=-\frac{1}{RC}\int u_{sr}dt$ 或$\frac{U_{sc}C(s)}{U_{sr}(s)}=-\frac{1}{sCR}$	R	低	反相输入 电压并联负反馈 出现虚地 能对时变电压积分
微分器	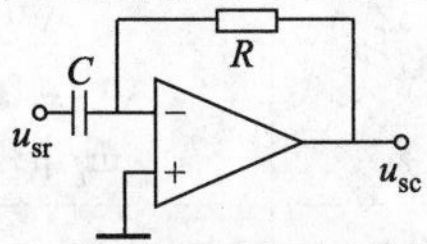	$u_{sc}=-RC\frac{du_{sr}}{dt}$ 或$\frac{U_{sc}(s)}{U_{sr}(s)}=-sCR$	$\frac{1}{j\omega C}$	低	反相输入 电压并联负反馈 出现虚地 能对时变电压微分 输入阻抗因频率而变
对数	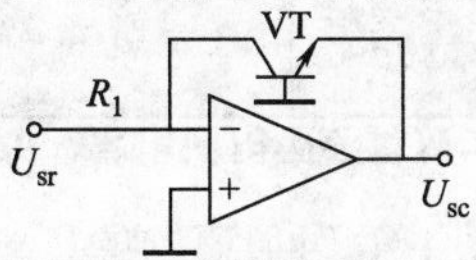	$U_{sc}=-U_T\ln\frac{U_{sr}}{I_{es}R_1}$ （室温时$U_T\approx 26mV$）	R_1	低	反相输入 电压并联负反馈 出现虚地 在较宽范围内对输入正电压作对数运算
线性整流器	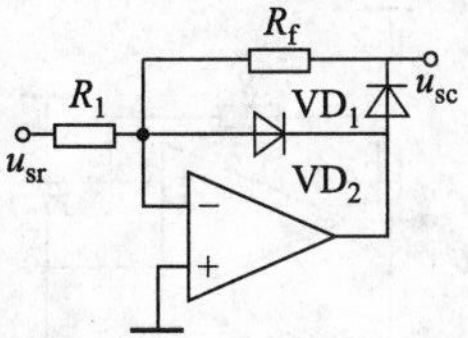	当$u_{st}<0$时 $u_{sc}=-\frac{R_f}{R_1}u_{sr}$	R_1	低	反相输入 电压并联负反馈 出现虚地 能对低于二极管门坎电压的信号电压整流
有源低通滤波器	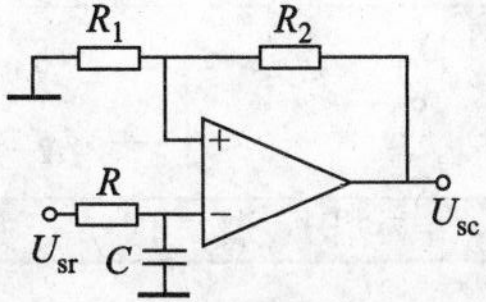	$\frac{U_{sc}(s)}{U_{sr}(s)}=\frac{R_1+R_2}{R_1}\times\frac{1}{1+sCR}$		低	同相输入 电压串联负反馈 出现共模电压 输入阻抗随信号频率而变

续表

名称	电路图	传递函数	输入阻抗	输出阻抗	说明
比较器	U_P + − U_N U_{sc}	同集成运放的开环差模放大倍数	典型值 100kΩ	典型值 100kΩ	开环比较器，用作电平检测
方波发出器	R_f − + C u_{sc} R_1 R_3 R_2				采用了带正反馈的比较器加快转换速度

注：K—运算放大器的电压放大倍数；r_1、r_0—运算放大器的输入电阻和输出电阻；s—运算子（拉氏变换）。

■ 表 14-26　常用通用型运算放大器的主要参数及主要特点

参数名称		μA741（单运放）	MC1458（双运放）	LM324（四运放）	LF351（单运放）BJT-FET	TL082（双运放）BJT-FET	TL084（四运放）BJT-FET	CA3140（单运放）BJT-MOS
输入失调电压/mV		2	2	2	13(max)	5(max)	5(max)	2
输入失调电流/nA		30	20	5	4(max)	2(max)	3(max)	0.5×10^{-3}
输入偏流/nA		200	80	45	8(max)	7(max)	7(max)	10×10^{-3}
输入电阻/MΩ		1	1	1	10^6	10^6	10^6	1.5×10^6
转换速度/(V/μs)		0.5	0.5	0.5	13	13	13	9
频率宽度	f_T/MHz	1	1	1	4	3	3	4.5
	f_P/MHz	10	10	5	上升时间 0.1μs	上升时间 0.1μs	上升时间 0.1μs	上升时间 0.08μs

续表

参数名称	μA741（单运放）	MC1458（双运放）	LM324（四运放）	LF351（单运放）BJT-FET	TL082（双运放）BJT-FET	TL084（四运放）BJT-FET	CA3140（单运放）BJT-MOS
主要特点	单片高增益，内有频率补偿，共模电压范围宽，电源电压范围宽	2组独立的高增益运放，驱动功耗低，既可双电源工作，又可单电源工作	4组运放封装在一起，静态功耗低，能单电源工作	输入阻抗高，输入偏流小，噪声电压低，频带宽，功耗低	含2组相同的运放，噪声低，输入失调电流小，输入阻抗高	含4组独立的低噪声运放，输入阻抗高，转换速率大	输入阻抗很高，输入失调电流小，输入偏流小，频带宽
代换同类品及类似品	LM741 MC1741 AD741 HA17741 CF741 （类似品） F007 FC4 5G26 μA748 LM748 MC1748 BG308 4E322 有的不设调零（内部已有）	μA1458 RC1458 LM1458 μPC1458 TA75458 HA17458 μPC1458 （类似品） LM4558 MC3548 MC1747 AN358 LM358 LM747 MB3607 AN1358	μPC324 MB3514 μA324 SF324 （类似品） MC3403 MB3515 NJM2058 LM348 μA348 μPC3403 LM2902 HA17902 NJM2902 TA75902	SF351 TL07 μA771 TL081 CF081 F073 5G28 BG313 TD05	NJM072 μPC4072 TL072 LF353 NJM535 μA772	μPC4084 HA17084 AN1084 μPC4074 LF347 μA774 TL074	CF3140 F072 FX3140 DG3140 有的有调零（1、5管脚）

(4) 555、556 时基集成电路的主要参数

① 555 时基集成电路　555 时基集成电路是一种多功能集成电路，可用作定时、延时电路，也可构成多谐振荡器、脉冲调制器等多种电路，由于它具有较大的驱动能力（200mA），还可以直接驱动继电器、信号灯等较大负载。

NE555 型时基集成电路的内部结构及管脚排列如图 14-6 所示。

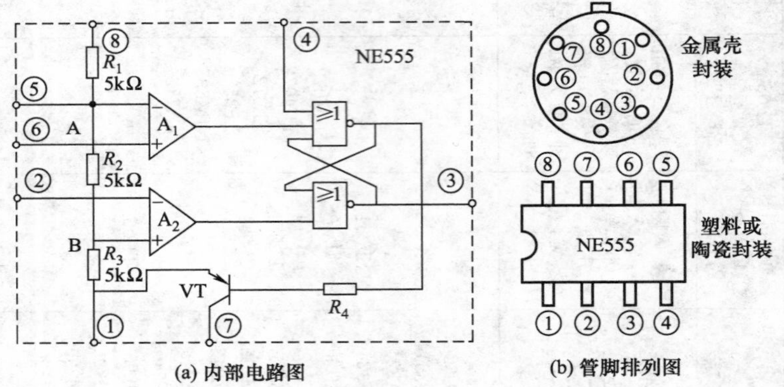

图 14-6　NE555 型时基集成电路

① 接地端；② 低触发端；③ 输出端；④ 复位端；
⑤ 电压控制端；⑥ 高触发端；⑦ 放电端；⑧ 电源端

由图可知，555 时基集成电路由两个比较器、一个 RS 触发器、一个放电晶体管（开关管 VT）以及四个电阻（R_1～R_4）组成。电源电压 E_C（8 脚）通过 555 时基集成电路内部三个 5kΩ 电阻分压，使两个电压比较器构成一个电平触发器，其上触发电平为 $2E_C/3$，下触发电平为 $E_C/3$。⑤脚控制端输入一个控制电压即可使上下触发电平发生变化。

② 556 时基集成电路　556 时基集成电路为双时基电路，即芯片内含有两个相同的时基电路。NE556 型时基集成电路的内部结构如图 14-7 所示，功能真值表见表 14-27。

图中，THR 为阈值端，CONT 为控制端，TR 为触发端，

CND 为接地端，$\overline{MR}$为复位端，V_o 为输出端，dish 为放电端。

内部电路中、A_1、A_2 为电压比较器，F/F 为 R-S 触发器，F_1、F_2 为倒相器，T 为 MOS 场效应管，电阻 R 的电阻值相等。V_{DD}接正电源，电源范围为 3～16V。

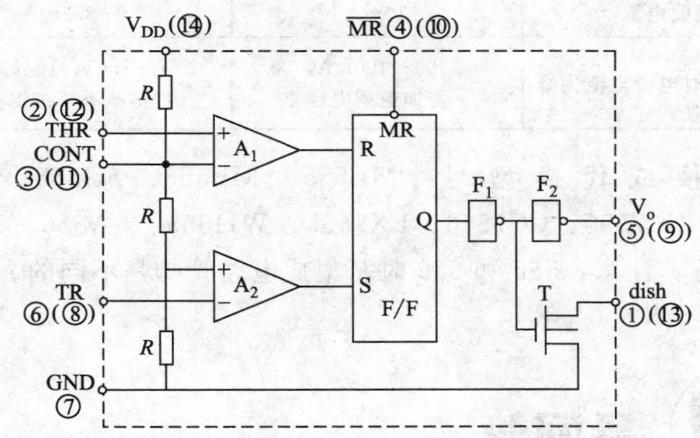

图 14-7　NE556 型时基集成电路的内部结构

■ **表 14-27　NE556 功能真值表**

输入			输出	
THR②(⑫)	TR⑥(⑧)	$\overline{MR}$④(⑩)	dish①(⑬)	V_o⑤(⑨)
ϕ	ϕ	0	0	0
1	0	1	0	0
0	1	1	1	1
1	1	1	不确定	不确定

注：ϕ—任意电平；0—0V；1—全电平值。

③ 常用的几种 555、556 时基集成电路的主要参数　见表 14-28。

■ **表 14-28　常用的几种 555、556 时基集成电路的主要参数**

参数	NE555　NE556	CC7555　CC7556	
电源电压	4.8～18V	3～18V	
静态电流	10mA	80μA	160μA。
触发电流	250nA	50pA	

续表

参数	NE555 NE556	CC7555 CC7556
上升及下降时间	100ns	40ns
输出驱动能力	200mA	1mA
吸收电流	10mA	3.2mA
输出转换时电源电流尖峰	300～400mA，需加退耦电容	2～3mA，控制端为高阻抗，故不需加退耦电容

互换或代换型号：ME555、ME556、5G555、FD555、XG555、CC7555、CC7556、FX7555、WH555、μA555、5G1555、SL555 等。注意：555 和 556 时基集成电路管脚是不同的。

14.2 晶闸管

14.2.1 晶闸管的基本参数及触发方式

(1) 晶闸管的基本参数

晶闸管又称可控硅，它包括普通晶闸管（单向晶闸管）、双向晶闸管、可关断晶闸管和逆导晶闸管等电力半导体器件，常用的是前两种晶闸管。通常人们所称的晶闸管是指普通单向晶闸管。

晶闸管外形及管脚标志如图 14-8 所示。

普通晶闸管的型号有 KP1～1000（旧型号为 3CT 系列），后面数字代表额定电流，即通态平均电流（A）；双向晶闸管的型号有 KS1～500；快速晶闸管的型号有 KK1～500 等。

单向晶闸管基本参数见表 14-29；双向晶闸管基本参数见表 14-30；快速晶闸管基本参数见表 14-31。

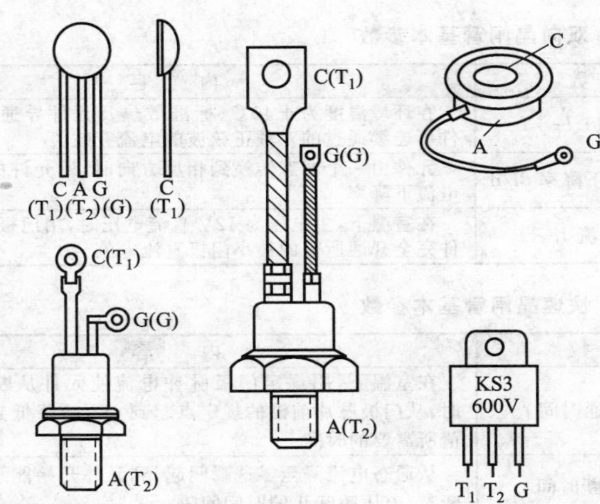

图 14-8　晶闸管外形及管脚标志（括号内为双向晶闸管管脚标志）

■ **表 14-29　单向晶闸管基本参数**

参　数	内　容
通态平均电流 I_T	在环境温度为＋40℃、标准散热及元件导通条件下，元件可连续通过的工频正弦半波（导通角＞170°）的平均电流
断态不重复峰值电压 U_{DSM}	门极断路时，在正向伏安特性曲线急剧弯曲处的断态峰值电压
断态重复峰值电压 U_{DRM}	为不重复断态峰值电压的 80％
断态不重复平均电流 I_{DS}	门极断路时，在额定结温下对应于断态不重复峰值电压下的平均漏电流
断态重复平均电流 I_{DR}	对应于断态重复峰值电压下的平均漏电流
门极（即控制板）触发电流 I_{GT}	在室温下，主电压为 6V 直流电压时，使元件完全开通所必需的最小门极直流电流
门极不触发电流 I_{GD}	在额定结温下，主电压为断态重复峰值电压时，保持元件断态所能加的最大门极直流电流
门极触发电压 U_{GT}	对应于门极触发电流时的门极直流电压
门极不触发电压 U_{GD}	对应于门极不触发电流的门极直流电压
断态电压临界上升率 du/dt	在额定结温和门极断路时，使元件从断态转入通态的最低电压上升率
通态电流临界上升率 di/dt	在规定条件下，元件在门极开通时所能承受而不导致损坏的通态电流的最大上升率
维持电流 I_H	在室温和门极断路时，元件从较大的通态电流降到刚好能保持元件处于通态所必需的最小通态电流

■ 表 14-30 双向晶闸管基本参数

参 数	内 容
通态电流 I_T	在环境温度为＋40℃、标准散热及元件导通条件下，元件可连续通过的工频正弦波的电流有效值
换向电流临界下降率 di/dt	元件由一个通态转换到相反方向时，所允许的最大通态电流下降率
门触发电流 I_{GT}	在室温下，主电压为12V直流电压时，用门极触发，使元件完全开通所需的最小门极直流电流

■ 表 14-31 快速晶闸管基本参数

参 数	内 容
门极控制开通时间 t_{gt}	在室温下，用规定门极脉冲电流使元件从断态至通态时，从门极脉冲前沿的规定点起到主电压降低到规定的低值所需要的时间
电路换向关断时间 t_g	从通态电流降至零这瞬间起，到元件开始能承受规定的断态，电压瞬间止的时间间隔

(2) 晶闸管的触发方式

普通晶闸管的触发状态见图 14-9 (a)；双向晶闸管的触发状态见图 14-9 (b)。双向晶闸管有四种触发方式，但它们的灵敏度是不同的。I_+ 和 III_- 两种灵敏度最高，I_-、III_+ 两种灵敏度最低，尤其 III_+ 的灵敏度最低。目前国产元件中多不宜采用 III_+ 触发方式。

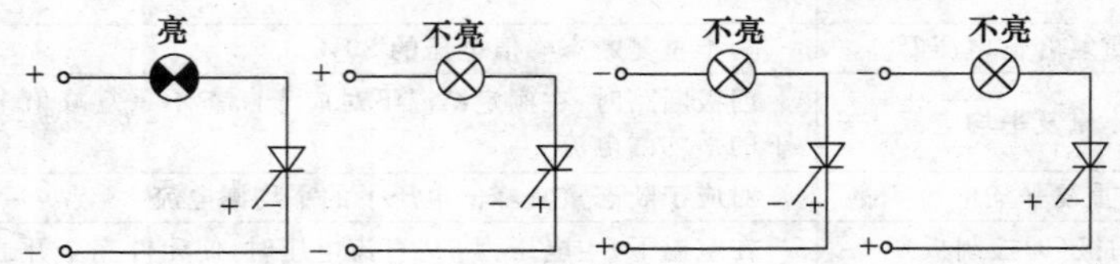

(a) 普通晶闸管

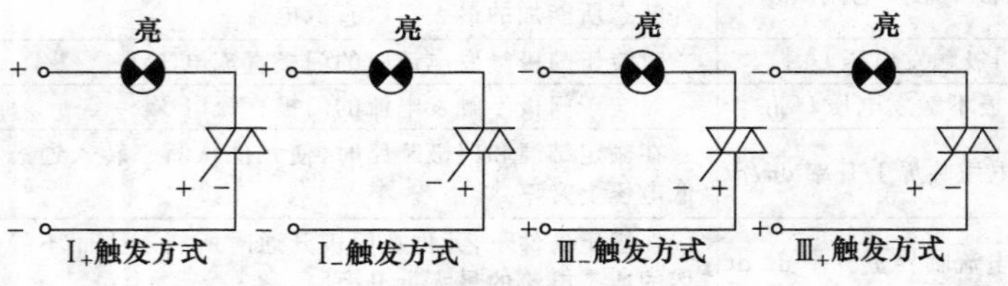

(b) 双向晶闸管

图 14-9 晶闸管的触发状态

（3）常用晶闸管的主要参数

常用 3CT（KP）、MCR、2N 系列晶闸管的主要参数见表 14-32；常用 3CTS（KS）、MAC、2N 系列双向晶闸管的主要参数见表 14-33。

■ **表 14-32　单向晶闸管主要参数**

<table>
<tr><th>型号</th><th>通态平均电流 I_T/A</th><th>浪涌电流 I_{TSM}/A</th><th>断态重复峰值电压，反向重复峰值电压 U_{DRM}，U_{RRM}/V</th><th>断态重复平均电流，反向重复平均电流 I_{DR}，I_{RR}/mA</th><th>断态电压临界上升率 du/dt /(V/μs)</th><th>通态电流临界上升率 di/dt /(A/μs)</th><th>门极触发电流 I_{GT}/mA</th><th>门极触发电压 U_{GT}/V</th></tr>
<tr><td>KP1</td><td>1</td><td>20</td><td rowspan="14">100～3000</td><td rowspan="4">＜1</td><td rowspan="6">30</td><td rowspan="5">—</td><td>3～30</td><td>≤2.5</td></tr>
<tr><td>KP5</td><td>5</td><td>90</td><td>5～70</td><td rowspan="5">≤3.5</td></tr>
<tr><td>KP10</td><td>10</td><td>190</td><td rowspan="2">5～100</td></tr>
<tr><td>KP20</td><td>20</td><td>380</td></tr>
<tr><td>KP30</td><td>30</td><td>560</td><td rowspan="2">＜2</td><td rowspan="2">8～150</td></tr>
<tr><td>KP50</td><td>50</td><td>940</td><td>30</td></tr>
<tr><td>KP100</td><td>100</td><td>1880</td><td rowspan="2">＜4</td><td rowspan="8">100</td><td>50</td><td rowspan="2">10～250</td><td rowspan="2">≤4</td></tr>
<tr><td>KP200</td><td>200</td><td>3770</td><td rowspan="4">80</td></tr>
<tr><td>KP300</td><td>300</td><td>5650</td><td rowspan="3">＜8</td><td rowspan="3">20～300</td><td rowspan="6">≤5</td></tr>
<tr><td>KP400</td><td>400</td><td>7540</td></tr>
<tr><td>KP500</td><td>500</td><td>9420</td></tr>
<tr><td>KP600</td><td>600</td><td>11160</td><td rowspan="2">＜9</td><td rowspan="3">100</td><td rowspan="2">30～350</td></tr>
<tr><td>KP800</td><td>800</td><td>14920</td></tr>
<tr><td>KP1000</td><td>1000</td><td>18600</td><td>＜10</td><td>40～400</td></tr>
</table>

注：1. 通态平均电压 U_T 的上限值由各生产厂自定。

2. 维持电流 I_H 值由实测得到。

■ **表 14-33　双向晶闸管主要参数**

<table>
<tr><th>型号</th><th>额定通态电流有效值 I_T/A</th><th>浪涌电流 I_{TSM} /A</th><th>断态重复峰值电压 U_{DRM} /V</th><th>断态重复峰值电流 I_{DRM} /mA</th><th>断态电压临界上升率 du/dt /(V/μs)</th><th>换向电流临界下降率 di/dt /(A/μs)</th><th>通态电流临界上升率 di/dt /(A/μs)</th><th>门极触发电流 I_{GT}/mA</th><th>门极触发电压 U_{GT}/V</th></tr>
<tr><td>KS1</td><td>1</td><td>8.4</td><td rowspan="5">100～2000</td><td>＜1</td><td rowspan="4">≥20</td><td rowspan="5">0.2 I_T%</td><td rowspan="3">—</td><td>3～100</td><td>≤2</td></tr>
<tr><td>KS10</td><td>10</td><td>84</td><td rowspan="2">＜10</td><td>5～100</td><td rowspan="2">≤3</td></tr>
<tr><td>KS20</td><td>20</td><td>170</td><td>5～200</td></tr>
<tr><td>KS50</td><td>50</td><td>420</td><td>＜15</td><td>10</td><td>8～200</td><td rowspan="2">≤4</td></tr>
<tr><td>KS100</td><td>100</td><td>840</td><td>＜20</td><td>≥50</td><td>10</td><td>10～300</td></tr>
</table>

续表

型号	额定通态电流有效值 I_T/A	浪涌电流 I_{TSM}/A	断态重复峰值电压 U_{DRM}/V	断态重复峰值电流 I_{DRM}/mA	断态电压临界上升率 du/dt/(V/μs)	换向电流界下降率 di/dt/(A/μs)	通态电流临界上升率 di/dt/(A/μs)	门极触发电流 I_{GT}/mA	门极触发电压 U_{GT}/V
KS200	200	1700	100～2000	<20	≥50	0.2 I_T%	15	10～400	≤4
KS400	400	3400		<25			30	20～400	
KS500	500	4200					30		

注：1. 通态电压 U_T 的上限值由各生产厂自定。

2. 维持电流 I_H 值由实测得到。

14.2.2 晶闸管的保护

(1) 晶闸管过电流保护

晶闸管过电流保护有以下措施。

① 装设快速熔断器　普通熔断器由于熔断时间长，用来保护晶闸管时，可能在熔断器的熔体还没熔断之前晶闸管就已损坏，因而起不到保护作用。快速熔断器系专门为晶闸管保护用，其熔体熔断速度非常快。快速熔断器有 RS0、RS3 及 RLS 系列。

选用快速熔断器时，应按电路的电流有效值选用，而不是按所用晶闸管的通态平均电流 I_T 选择。例如，对通态平均电流为 20A 的晶闸管，其有效值为 1.57×20＝31.4A，可选用 RLS-50 型熔断器，其熔体的额定电流可选 30A。

快速熔断器的选用可参照表 14-34。

表 14-34　快速熔断器的选用

晶闸管通态平均电流/A	5	10	20	30	50	100	200	300	500
熔体额定电流/A	8	15	30	50	80	150	300	500	800

作为应急临时措施，可用普通熔断器降低定额代替快速熔断器保护晶闸管。熔体额定电流可选用 0.8 倍晶闸管通态平均电流。如 30A 的晶闸管可选用 25A 的普通熔断器的熔体。

② 装设过电流继电器及快速开关　在晶闸管装置的直流侧装

设直流过电流继电器或在交流侧经电流互感器接入高灵敏过电流继电器，当发生过电流时动作，使输入端的快速开关跳闸。该保护的缺点是：由于继电器及快速开关动作需要一定时间，当短路电流较大时，保护欠可靠。

③ 过电流截止保护　利用过电流信号，把晶闸管的脉冲后移，使晶闸管的导通角减小或停止触发，这对于过载或短路电流不大的情况下是适宜的。

（2）晶闸管过电压保护

晶闸管过电压保护有以下措施。

1）阻容保护　如图 14-10 所示，由于电容两端的电压不能突变，将阻容元件并联在晶闸管两端，当发生过电压时，电容器先充电，而充电需要一定时间，在电容器两端电压还未充到很高时，短暂的过电压已经消失，从而抑制了过电压的峰值，使晶闸管不致击穿，同时对于限制晶闸管正向电压上升率过大也是有效的。与电容器串联的电阻，用以消除电磁振荡和限制放电电流。阻容保护元件的选择见表 14-35。

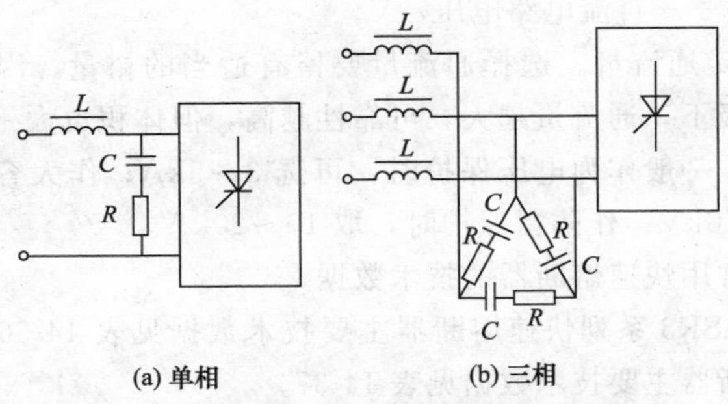

图 14-10　限制电压上升率的阻容保护电路

■ **表 14-35　与晶闸管并联的 *RC* 数值**

晶闸管通态平均电流/A	5	10	20	50	100	200	500
电容 $C/\mu F$	0.1	0.1	0.15	0.2	0.25	0.5	1
电阻 R/Ω	100	100	80	40	20	10	2

2）压敏电阻保护　如图 14-11 所示压敏电阻是一种很好的过

电压保护元件。压敏电阻有MY31系列等，其选择如下。

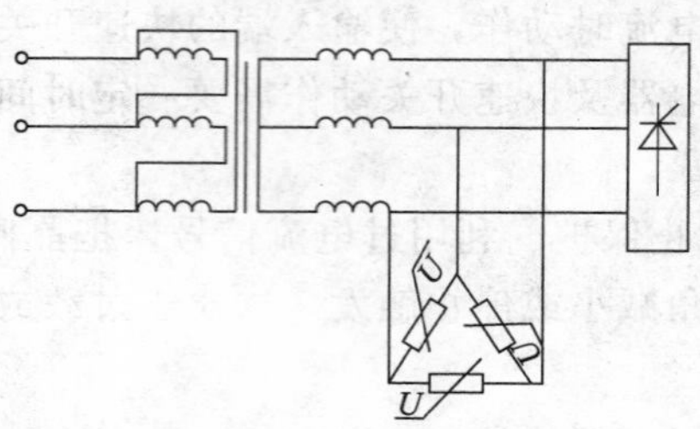

图 14-11　压敏电阻保护接法

① 选定标称电压U_{1mA}值。一般可按下面的经验公式选择。用于交流电路中：

$$U_{1mA} \geqslant (2 \sim 2.5) U_{AC}$$

式中　U_{AC}——交流电压有效值，如接在220V电路，则 $U_{AC}=220V$。

用在直流电路中

$$U_{1mA} \geqslant (1.8 \sim 2) U_{DC}$$

式中　U_{DC}——直流电路电压，V。

② 选定通流量。选择通流量要留有适当的裕量。因为在同一个电压等级下，通流量越大，可靠性越高，但体积也大一点，价格也贵一些。一般作为电压保护时，可选3～5kA；作大容量设备保护时，取10kV；作防雷保护时，取10～20kA。

(3) 常用快速熔断器的技术数据

RS0、SR3系列快速熔断器主要技术数据见表14-36；RLS系列快速熔断器主要技术数据见表14-37。

■ **表 14-36　快速熔断器主要技术数据**

系列型号	额定电压/V	熔断器额定电流/A	熔体额定电流/A	极限分断能力/kA	cosφ
RS0	500	50	30,50	50	0.3
		100	50,80,100		
		200	150,200		
		350	320		

续表

系列型号	额定电压/V	熔断器额定电流/A	熔体额定电流/A	极限分断能力/kA	cosφ
RS0	500	500	400,480	50	0.3
	750	350	320,350		
RS3	500	50	10,15,20,30,40,50	50	0.3
		100	80,100		
		250	150,200		
		320	250,300,320		
	750	200	150,200		
		300	200,300		
		350	320,350		

■ **表 14-37　RLS 系列快速熔断器技术数据**

型号	额定电压/V	熔断器额定电流/A	熔体额定电流/A	极限分断电流有效值	电路功率因数
RLS-10	500V 以下	10	3,5,10	40kA	≥0.3
RLS-50		50	15,20,25,30,40,50		
RLS-100		100	60,80,100		

保护特性

额定电流倍数	熔断时间
1.1	5h 不断
1.3	1h 不断
1.75	1h 内断
4	＜0.2s
6	＜0.02s

(4) 常用压敏电阻的技术数据

常用 MY31 系列压敏电阻技术数据见表 14-38。

■ **表 14-38　常用 MY31 系列压敏电阻技术数据**

型号规格	标称电压 U_{1mA}/V	允许偏差	通流容量(8/20μs)/kA	残压比 $\frac{U_{100A}}{U_{1mA}}$	残压比 $\frac{U_{3kA}}{U_{1mA}}$	漏电流/μA
MY31-160/1 MY31-160/2 MY31-160/3 MY31-160/5	160	+15%	1 2 3 5	≤2	≤5	≤100

续表

型号规格	标称电压 U_{1mA}/V	允许偏差	通流容量 (8/20μs) /kA	残压比		漏电流 /μA
				$\frac{U_{100A}}{U_{1mA}}$	$\frac{U_{3kA}}{U_{1mA}}$	
MY31-220/1 MY31-220/2 MY31-220/3 MY31-220/5 MY31-220/10	220	+10%	1 2 3 5 10	≤1.8	≤4	≤100
MY31-330/1 MY31-330/2 MY31-330/3 MY31-330/5 MY31-330/10	330	+10%	1 2 3 5 10	≤1.8	≤4	≤100
MY31-440/1 MY31-440/3 MY31-440/5 MY31-440/10	440	+10%	1 3 5 10	≤1.8	≤3	≤100
MY31-470/1 MY31-470/3 MY31-470/5 MY31-470/10	470	+10%	1 3 5 10	≤1.8	≤3	≤100
MY31-660/1 MY31-660/3 MY31-660/5 MY31-660/10	660	+10%	1 3 5 10	≤1.8	≤3	≤100

14.2.3 晶闸管基本电路

（1）单相晶闸管交流开关电路

单相晶闸管交流开关基本电路及特点见表 14-39。

■ **表 14-39 单相晶闸管交流开关基本电路及特点**

序号	电路	特点
1	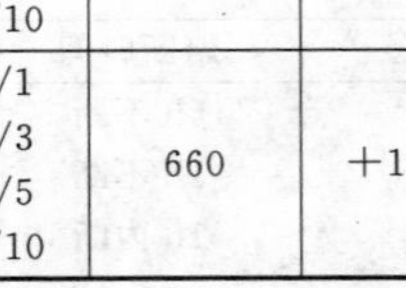 V U_2 R_Z	适用于半波控制，供给直流电阻负载的交流开关

续表

序号	电路	特点
2	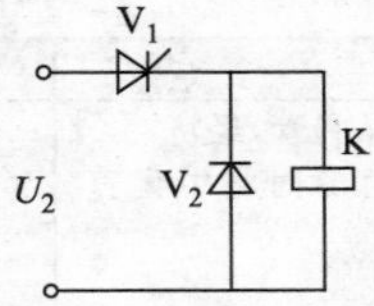 V_1 V_2 K U_2	半波控制，适用于电感性负载（电磁铁、离合器等）的交流开关，为避免失控，在负载两端应加接续流二极管 V_2
3	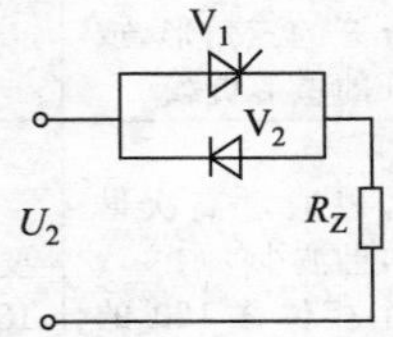 V_1 V_2 R_Z U_2	①简单经济 ②只能在全负载的 50%～100%范围内开关
4	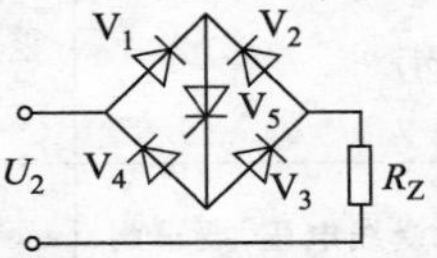 V_1 V_2 V_5 V_4 V_3 R_Z U_2	①晶闸管一只，触发简单，小容量时经济 ②因一周要加两个脉冲，在电感性负载时易失控
5	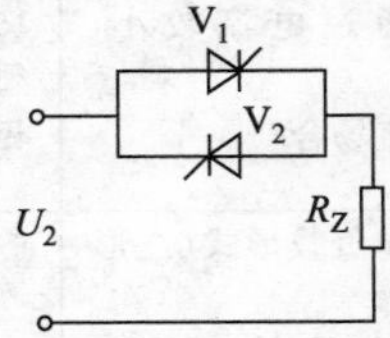 V_1 V_2 R_Z U_2	①元件耐压要求为(3～4)U_2 ②电阻、电感和电容负载都适用
6	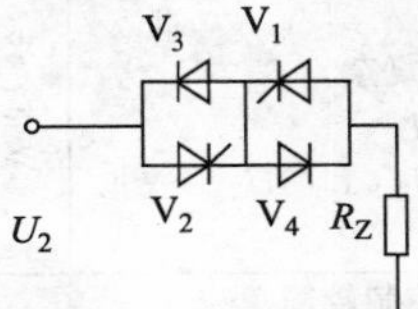 V_3 V_1 V_2 V_4 R_Z U_2	①因二极管短路作用，晶闸管得不到反向电压，元件耐压要求低，应用较多 ②各种负载都适用

(2) 三相晶闸管交流开关电路

三相晶闸管交流开关基本电路及特点见表 14-40。

(3) 双向晶闸管交流开关电路

双向晶闸管交流开关基本电路及电路参数选择见表 14-41。

(4) 常用晶闸管整流电路

常用单相和三相晶闸管整流电路及特点比较见表14-42。

■ **表14-40 三相晶闸管交流开关基本电路及特点**

名称	电路	特点	说明
三只晶闸管的三相交流开关	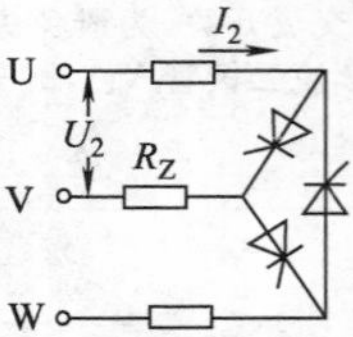 U、V、W；I_2；U_2；R_Z	①仅用三只晶闸管，经济 ②晶闸管三角形回路中无直流分量 ③$I_d=0.68I_2$ $U_p=1.41U_2$ 适用于三个分开的三角形，或可接成中点打开的星形负载	要求移相范围0°～210°
中线接地，用六只晶闸管三相交流开关	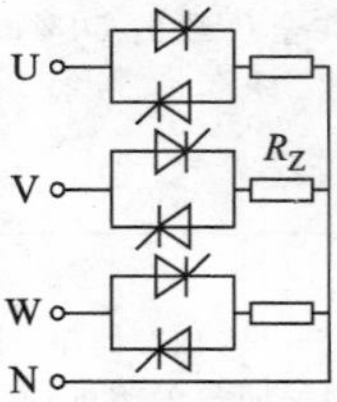 U、V、W、N；R_Z	①中线接地，以通过高次谐波，输出波形好，谐波少 ②相当于三个相位移120°的单相电路 ③$I_d=0.45I_2$ $U_p=0.82U_2$	移相范围要求0°～180°，触发应采用双脉冲或宽脉冲(脉宽>60°)
六只晶闸管组成的内三角形三相交流开关	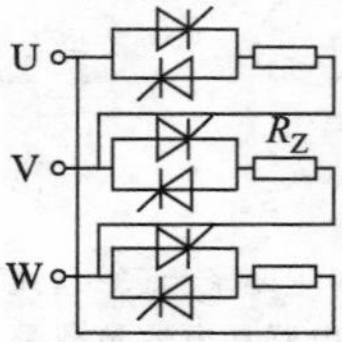 U、V、W；R_Z	①晶闸管承受线电压，要求耐压较高，$U_p=1.41U_2$ ②晶闸管通过电流较小，$I_d=0.255I_2$ 适用于大电流场合	要求移相范围0°～150°，负载必须可分为单相接线
中线不接地，六只晶闸管组成的Y形(△形)三相交流开关	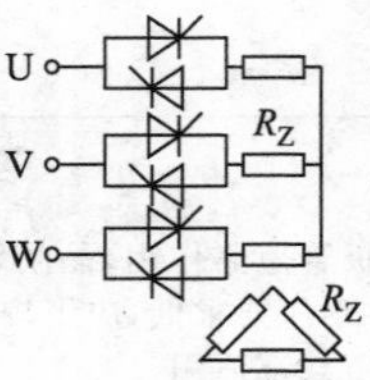 U、V、W；R_Z；R_Z	①可任意选择负载形式(△形或Y形) ②输出谐波分量小，滤波要求低 ③线路转换复杂 ④$I_d=0.45I_2$ $U_p=0.82U_2$($1.41U_2$——非对称时)	移相只需0°～150°，要求双脉冲或宽脉冲(脉宽>60°)
三只晶闸管、三只整流管的三相交流开关	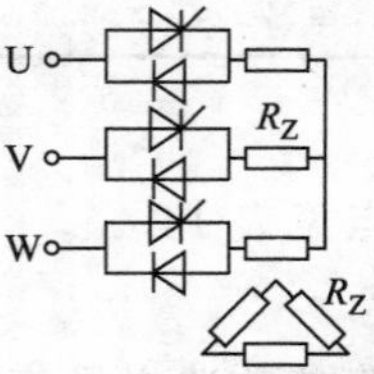 U、V、W；R_Z；R_Z	①元件少，控制较简单 ②电流波形正负不对称，但无直流分量 ③谐波分量大 ④$I_d=0.45I_2$ $U_p=1.4U_2$ 不适于作变压器网侧调压，但可用于电感性负载	要求移相范围0°～210°，适用于电感性负载(因无直流分量)

续表

名称	电路	特点	说明
四只晶闸管组成的三相交流开关	U V W R_Z R_Z	①元件少,控制简单 ②负载连接形式不受限制 ③无直流分量,无偶次谐波 ④在控制角α较大时,三相不对称 ⑤$I_d=0.45I_2$ $U_p=1.41U_2$ 不适于变压器和电感为负载的调压,仅适用于作通断用的开关	A相移相范围0°～210° B相移相范围0°～150°

注：I_d—晶闸管工作平均电流；I_2—$\alpha=0$时的线电流（有效值）；U_p—晶闸管工作电压（峰值）；U_2—电网线电压（有效值）。

■ 表 14-41　双向晶闸管交流开关基本电路及电路参数选择

名称	电路	适用对象	电路参数选择
[illegible]	R_1 SB K R_Z	恒温箱、电阻炉、灯泡等电热丝组成的电阻性负载	①限流电阻R_1：在电源电压(相电压)为220V时,触发导通双向晶闸管V,调到能使其两端压降小于1～5V即可,一般R_1阻值在75～5000Ω之间,功率[illegible]W以下 [illegible]吸收回
[illegible]	[illegible]	变压器、交流电弧焊机、电动机等	
[illegible]	[illegible]	[illegible]	

电路比较

	单相全波	二相零式	单相全控桥	三相半波	三相桥式
	I_Z U_2 U_Z U_2	U V 0 U_2 U_2 I_Z U_Z	I_Z U_2 U_Z	U_2 I_Z U_Z	U_2 I_Z U_Z
	3.14	1.68	1.57	2.09	1.05
	[illegible]	一般	一般	较大	最小
		0.83	0.5	0.33	0.33
		较大	一般	一般	一般
		—	90	82.7	95.5
			较大	一般	最大
			90	67.5	95.5
			较大	一般	最大
			0.901	0.826	0.955
			一般	一般	最大
			0.484	0.187	0.042
			较大	一般	最小
			闸管	三只晶闸管	六只整流元件
			[illegible]	一般	一般

均电流（平均值）；I_z—输出直流电流；s—全导

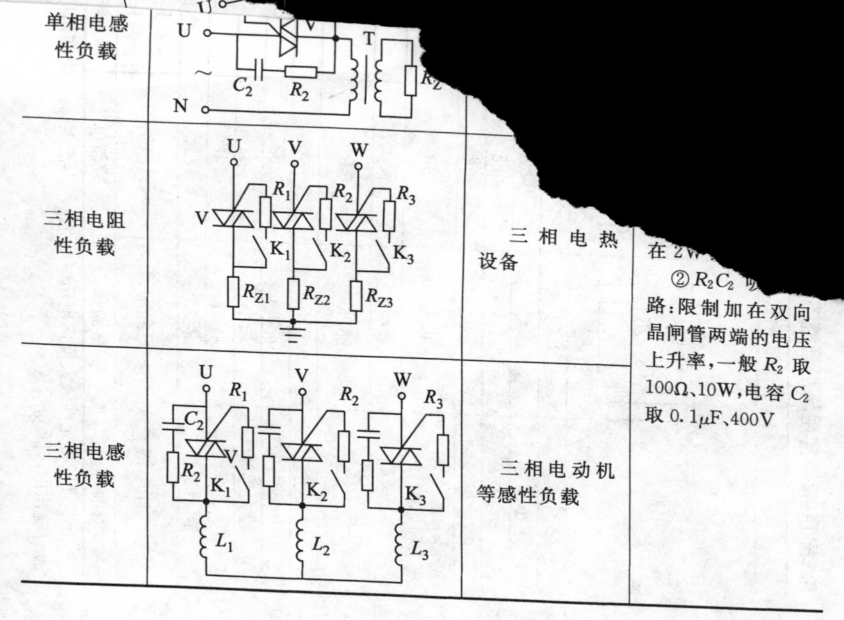

单相电感性负载			
三相电阻性负载		三相电热设备	在 2W… ② R_2C_2 吸…路：限制加在双向晶闸管两端的电压上升率，一般 R_2 取 100Ω、10W，电容 C_2 取 0.1μF、400V
三相电感性负载		三相电动机等感性负载	

■ 表 14-42　常用晶闸管整流

名称	单相半波	[torn]	
电路	I_Z U_2 U_Z		
U_m/U_{zo}	3.14		
越小越好	最大	最大	
I_a/I_z	1	0.5	
越小越好	最大	一般	
变压器初级利用率/%	28.6	90	
越大越好	最小	较大	
变压器次级利用率/%	28.6	63.7	
越大越好	最小	一般	
功率因数	0.405	0.637	
越大越好	最小	小	
s	1.21	0.484	
越小越好	最大	较大	
线路结构	一只晶闸管	两只晶闸管	四只晶
越简单越好	最简单	较简单	较简单

注：U_m—元件最大反向电压（峰值）；U_{zo}—空载 流过晶闸管的
通时输出电压脉动系数。

14.2.4 晶闸管智能控制模块

(1) 晶闸管智能控制模块的主要技术参数

晶闸管智能控制模块，高度集成了晶闸管主电路和移相控制电路，具有电力调控功能。大规格模块还具有过热、过流、缺相等保护功能。全控整流模块可实现逆变功能。晶闸管智能模块广泛应用于交流电动机软启动、直流电动机调速、工业电气自动化、固体开关、工业通信、军工等各类用途（调温、调光、励磁、电镀、充电、稳压）的电源。

1) 模块通用参数

① 电网频率 f 为 50Hz；

② 输入线电压范围 $U_{IN(RMS)}$ 为交流 300～450V；

③ 三相交流输出电压不对称度<6%；

④ 控制信号电压 U_{CON} 为交流 0～10V；

⑤ 控制信号电流 $I_{CON} \leqslant 10\mu A$；

⑥ 输出电压温度系数<600ppm/℃（1ppm=10^{-6}，下同）；

⑦ 模块绝缘电压 $U_{ISO(RMS)} \geqslant 2500V$；

2) 模块主要技术参数（见表 14-43）

■ 表 14-43 模块主要技术参数

模块型号		最高输出电压 $U_{T(AV)}$ 或 $U_{T(RMS)}$/V	每相最大输入电流 $I_{IN(RMS)}$/A	最大输出电流 $I_{T(AV)}$ 或 $I_{T(RMS)}$/A	触发电源电流 I_E/mA	结壳热阻 R_{jc}/(℃/W)	工作壳温 T_C/℃
三相整流	MJYS-QKZL-2000	1.35U_{IN}	1600	2000	1000	0.03	≤80
	MJYS-QKZL-1500		1200	1500	800	0.03	
	MJYS-QKZL-1000		800	1000	600	0.04	
	MJYS-ZL-500		410	500	400	0.04	
	MJYS-QKZL-500						
	MJYS-ZL-400		320	400	400	0.05	
	MJYS-QKZL-400						
	MJYS-ZL-320		260	320	400	0.06	
	MJYS-QKZL-320						

续表

<table>
<tr><th colspan="2" rowspan="2">模块型号</th><th>最高输出电压</th><th>每相最大输入电流</th><th>最大输出电流</th><th>触发电源电流</th><th>结壳热阻</th><th>工作壳温</th></tr>
<tr><th>$U_{T(AV)}$或$U_{T(RMS)}$/V</th><th>$I_{IN(RMS)}$/A</th><th>$I_{T(AV)}$或$I_{T(RMS)}$/A</th><th>I_E/mA</th><th>R_{jc}/(℃/W)</th><th>T_C/℃</th></tr>
<tr><td rowspan="10">三相整流</td><td>MJYS-ZL-200</td><td rowspan="10">1.35U_{IN}</td><td rowspan="2">160</td><td rowspan="2">200</td><td rowspan="2">400</td><td rowspan="2">0.15</td><td rowspan="4">≤80</td></tr>
<tr><td>MJYS-QKZL-200</td></tr>
<tr><td>MJYS-ZL-150</td><td rowspan="2">120</td><td rowspan="2">150</td><td rowspan="2">400</td><td rowspan="2">0.20</td></tr>
<tr><td>MJYS-QKZL-150</td></tr>
<tr><td>MJYS-ZL-100</td><td rowspan="2">82</td><td rowspan="2">100</td><td rowspan="2">400</td><td rowspan="2">0.30</td><td rowspan="2">≤85</td></tr>
<tr><td>MJYS-QKZL-100</td></tr>
<tr><td>MJYS-ZL-55</td><td rowspan="2">45</td><td rowspan="2">55</td><td rowspan="2">400</td><td rowspan="2">0.55</td><td rowspan="4">≤88</td></tr>
<tr><td>MJYS-QKZL-55</td></tr>
<tr><td>MJYS-ZL-30</td><td rowspan="2">25</td><td rowspan="2">30</td><td rowspan="2">300</td><td rowspan="2">0.60</td></tr>
<tr><td>MJYS-QKZL-30</td></tr>
<tr><td rowspan="19">三相交流</td><td>MJYS-QKJL-1600</td><td rowspan="19">1.0U_{IN}</td><td>1600</td><td>1600</td><td>1000</td><td>0.03</td><td rowspan="13">≤80</td></tr>
<tr><td>MJYS-QKJL-1200</td><td>1200</td><td>1200</td><td>800</td><td>0.03</td></tr>
<tr><td>MJYS-QKJL-800</td><td>800</td><td>800</td><td>600</td><td>0.04</td></tr>
<tr><td>MJYS-JL-350</td><td rowspan="2">350</td><td rowspan="2">350</td><td rowspan="2">400</td><td rowspan="2">0.04</td></tr>
<tr><td>MJYS-QKJL-350</td></tr>
<tr><td>MJYS-JL-300</td><td rowspan="2">300</td><td rowspan="2">300</td><td rowspan="2">400</td><td rowspan="2">0.05</td></tr>
<tr><td>MJYS-QKJL-300</td></tr>
<tr><td>MJYS-JL-260</td><td rowspan="2">260</td><td rowspan="2">260</td><td rowspan="2">400</td><td rowspan="2">0.06</td></tr>
<tr><td>MJYS-QKJL-260</td></tr>
<tr><td>MJYS-JL-150</td><td rowspan="2">150</td><td rowspan="2">150</td><td rowspan="2">400</td><td rowspan="2">0.15</td></tr>
<tr><td>MJYS-QKJL-150</td></tr>
<tr><td>MJYS-JL-100</td><td rowspan="2">100</td><td rowspan="2">100</td><td rowspan="2">400</td><td rowspan="2">0.20</td></tr>
<tr><td>MJYS-QKJL-100</td></tr>
<tr><td>MJYS-JL-75</td><td rowspan="2">75</td><td rowspan="2">75</td><td rowspan="2">400</td><td rowspan="2">0.30</td><td rowspan="2">≤85</td></tr>
<tr><td>MJYS-QKJL-75</td></tr>
<tr><td>MJYS-JL-40</td><td rowspan="2">40</td><td rowspan="2">40</td><td rowspan="2">400</td><td rowspan="2">0.40</td><td rowspan="4">≤88</td></tr>
<tr><td>MJYS-QKJL-40</td></tr>
<tr><td>MJYS-JL-20</td><td rowspan="2">20</td><td rowspan="2">20</td><td rowspan="2">300</td><td rowspan="2">0.50</td></tr>
<tr><td>MJYS-QKJL-20</td></tr>
<tr><td rowspan="5">单相整流</td><td>MJYD-ZL-200</td><td rowspan="5">0.9U_{IN}</td><td>222</td><td>200</td><td rowspan="3">300</td><td>0.20</td><td rowspan="2">≤80</td></tr>
<tr><td>MJYD-ZL-150</td><td>166</td><td>150</td><td>0.25</td></tr>
<tr><td>MJYD-ZL-100</td><td>111</td><td>100</td><td>0.40</td><td>≤85</td></tr>
<tr><td>MJYD-ZL-55</td><td>61</td><td>55</td><td rowspan="2">300</td><td>0.55</td><td>≤85</td></tr>
<tr><td>MJYD-ZL-30</td><td>33</td><td>30</td><td>0.60</td><td>≤88</td></tr>
</table>

续表

模块型号		最高输出电压 $U_{T(AV)}$或$U_{T(RMS)}$/V	每相最大输入电流 $I_{IN(RMS)}$/A	最大输出电流 $I_{T(AV)}$或$I_{T(RMS)}$/A	触发电源电流 I_E/mA	结壳热阻 R_{jc}/(℃/W)	工作壳温 T_C/℃
单相交流	MJYD-JL-300	$1.0U_{IN}$	300	300	200	0.20	≤80
	MJYD-JL-150		150	150		0.40	≤85
	MJYD-JL-100		100	100		0.45	
	MJYD-JL-75		75	75		0.50	
	MJYD-JL-40		40	40		0.60	≤88
	MJYD-JL-20		20	20		0.65	

（2）晶闸管智能控制模块芯片的主要技术参数

1）晶闸管芯片主要参数

① 芯片结温：$T_j=125℃$（max）；

② 断态电压临界上升率 du/dt：550V/μs；

③ 通态电流临界上升率 di/dt：100A/μs。

2）晶闸管芯片技术参数（见表 14-44）

■ 表 14-44 晶闸管芯片的技术参数

模块型号	通态平均电流 $I_{T(AV)}$/A	通态浪涌电流 I_{TSM}/A	最大漏电流 I_C I_R/mA	通态压降 U_T/V	通态直流电流 I_T/A	门槛电压 U_{TO}/V	正反向重复峰值电压 U_{DRM} U_{RRM}/V
	T_j=125℃	45℃ 10ms	125℃	$T_j=25℃$			
MJYS-QKZL-2000	250	8000	20	1.20	600	0.8	1200～2200
MJYS-QKZL-1600							
MJYS-QKZL-1500							
MJYS-QKJL-1200							
MJYS-QKZL-1000							
MJYS-QKJL-800							
MJYS-ZL-500							
MJYS-QK2J-500							
MJYS-JL-350							
MJYS-QKJL-350							

续表

<table>
<tr><th rowspan="3">模块型号</th><th>通态平均电流</th><th>通态浪涌电流</th><th>最大漏电流</th><th>通态压降</th><th>通态直流电流</th><th>门槛电压</th><th>正反向重复峰值电压</th></tr>
<tr><th>$I_{T(AV)}$ /A</th><th>I_{TSM} /A</th><th>I_C I_R /mA</th><th>U_T /V</th><th>I_T /A</th><th rowspan="2">U_{TO} /V</th><th rowspan="2">U_{DRM} U_{RRM} /V</th></tr>
<tr><th>T_j=125℃</th><th>45℃ 10ms</th><th>125℃</th><th colspan="2">T_j=25℃</th></tr>
<tr><td>MJYS-ZL-400</td><td rowspan="4">220</td><td rowspan="4">7000</td><td rowspan="4">15</td><td rowspan="4">1.24</td><td rowspan="4">600</td><td rowspan="15">0.8</td><td rowspan="15">1200～2200</td></tr>
<tr><td>MJYS-QKZL-400</td></tr>
<tr><td>MJYS-JL-300</td></tr>
<tr><td>MJYS-QKJL-300</td></tr>
<tr><td>MJYS-ZL-320</td><td rowspan="5">180</td><td rowspan="5">5000</td><td rowspan="5">15</td><td rowspan="5">1.25</td><td rowspan="5">450</td></tr>
<tr><td>MJYS-QKZL-320</td></tr>
<tr><td>MJYS-JL-260</td></tr>
<tr><td>MJYS-QKJL-260</td></tr>
<tr><td>MJYD-JL-300</td></tr>
<tr><td>MJYS-ZL-200</td><td rowspan="6">100</td><td rowspan="6">2300</td><td rowspan="6">10</td><td rowspan="6">1.36</td><td rowspan="6">300</td></tr>
<tr><td>MJYS-QKZL-200</td></tr>
<tr><td>MJYS-JL-150</td></tr>
<tr><td>MJYS-QKJL-150</td></tr>
<tr><td>MJYD-ZL-200</td></tr>
<tr><td>MJYD-JL-150</td></tr>
<tr><td>MJYS-ZL-150</td><td rowspan="6">74</td><td rowspan="6">1500</td><td rowspan="6">10</td><td rowspan="6">1.39</td><td rowspan="6">200</td><td rowspan="6">0.8</td><td rowspan="6">1200～2200</td></tr>
<tr><td>MJYS-QKZL-150</td></tr>
<tr><td>MJYD-ZL-150</td></tr>
<tr><td>MJYS-JL-100</td></tr>
<tr><td>MJYS-QKJL-100</td></tr>
<tr><td>MJYD-JL-100</td></tr>
<tr><td>MJYS-ZL-100</td><td rowspan="6">57</td><td rowspan="6">1150</td><td rowspan="6">10</td><td rowspan="6">1.55</td><td rowspan="6">200</td><td rowspan="6">0.85</td><td rowspan="10">1200～1800</td></tr>
<tr><td>MJYS-QKZL-100</td></tr>
<tr><td>MJYD-ZL-100</td></tr>
<tr><td>MJYS-JL-75</td></tr>
<tr><td>MJYS-QKJL-75</td></tr>
<tr><td>MJYD-JL-75</td></tr>
<tr><td>MJYS-ZL-55</td><td rowspan="4">35</td><td rowspan="4">600</td><td rowspan="4">3</td><td rowspan="4">1.35</td><td rowspan="4">60</td><td rowspan="4">0.85</td></tr>
<tr><td>MJYS-QKZL-55</td></tr>
<tr><td>MJYD-ZL-55</td></tr>
<tr><td>MJYS-JL-40</td></tr>
</table>

续表

模块型号	通态平均电流	通态浪涌电流	最大漏电流	通态压降	通态直流电流	门槛电压	正反向重复峰值电压
	$I_{T(AV)}$	I_{TSM}	I_C I_R /mA	U_T /V	I_T /A	U_{TO} /V	U_{DRM} U_{RRM} /V
	$T_j=$ 125℃	45℃ 10ms	125℃	$T_j=25$℃			
MJYS-QKJL-40 MJYD-JL-40	35	600	3	1.35	60	0.85	1200～1800
MJYS-ZL-30 MJYS-QKZL-30 MJYS-JL-20 MJYS-QKJL-20	24	400	2	1.42	45	0.90	1200～1600
MJYD-ZL-30 MJYD-JL-20	19	300	1	1.55	44	0.90	800～1200

（3） 晶闸管智能控制模块的过电流保护

模块过流保护可采用外接快速熔断器、快速过电流继电器和传感器的方法。最常用的是快速熔断器。

快速熔断器接在模块的交流输入端，以单相交流模块和三相整流模块为例，如图 14-12 所示。

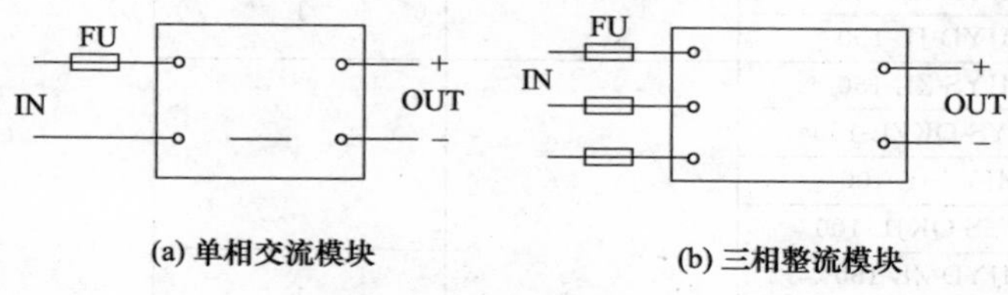

(a) 单相交流模块　　(b) 三相整流模块

图 14-12　快速熔断器的接法

快速熔断器的选择：

① 熔断器的额定电压应大于电路上正常工作电压；

② 熔断器额定电流的选取参考表 14-45。

■ **表 14-45 模块快速熔断器的选择**

模块型号	熔断器		
	额定电流/A	数量/只	额定电压/V
MJYS-QKZL-2000	1000	3	500
MJYS-QKJL-1600			
MJYS-QKZL-1500	750	3	
MJYS-QKJL-1200			
MJTS-QKZL-1000	500	3	
MJYS-QKJL-800			
MJYS-ZL-500	250	3	
MJYS-QKZL-500			
MJYS-JL-350			
MJYS-QKJL-350			
MJYS-ZL-400	160	3	
MJYS-QKZL-400			
MJYS-JL-300			
MJYS-QKJL-300			
MJYD-ZL-300		1	
MJYS-ZL-320	160	3	
MJYS-QKZL-320			
MJYS-JL-260			
MJYS-QKJL-260			
MJYS-ZL-200	80	3	
MJYS-QKZL-200			
MJYS-JL-150			
MJYS-QKJL-150			
MJYD-ZL-200		1	
MJYD-JL-150			
MJYS-ZL-150	60	3	
MJYS-QKZL-150			
MJYS-JL-100			
MJYS-QKJL-100			
MJYD-ZL-150		1	
MJYD-JL-100			
MJYS-ZL-100	40	3	
MJYS-QKZL-100			
MJYS-JL-75			
MJYS-QKJL-75			

续表

<table>
<tr><th rowspan="2">模块型号</th><th colspan="3">熔断器</th></tr>
<tr><th>额定电流/A</th><th>数量/只</th><th>额定电压/V</th></tr>
<tr><td>MJYD-ZL-100</td><td rowspan="2">40</td><td rowspan="2">1</td><td rowspan="14">500</td></tr>
<tr><td>MJYD-JL-75</td></tr>
<tr><td>MJYS-ZL-55</td><td rowspan="6">25</td><td rowspan="4">3</td></tr>
<tr><td>MJYS-QKZL-55</td></tr>
<tr><td>MJYS-JL-40</td></tr>
<tr><td>MJYS-QKJL-40</td></tr>
<tr><td>MJYD-ZL-55</td><td rowspan="2">1</td></tr>
<tr><td>MJYD-JL-40</td></tr>
<tr><td>MJYS-ZL-30</td><td rowspan="6">16</td><td rowspan="4">3</td></tr>
<tr><td>MJYS-QKJL-30</td></tr>
<tr><td>MJYS-JL-20</td></tr>
<tr><td>MJYS-QKJL-20</td></tr>
<tr><td>MJYD-ZL-30</td><td rowspan="2">1</td></tr>
<tr><td>MJYD-JL-20</td></tr>
</table>

（4）晶闸管智能控制模块的过电压保护

模块的过电压保护，推荐使用阻容吸收和压敏电阻两种方式并用。

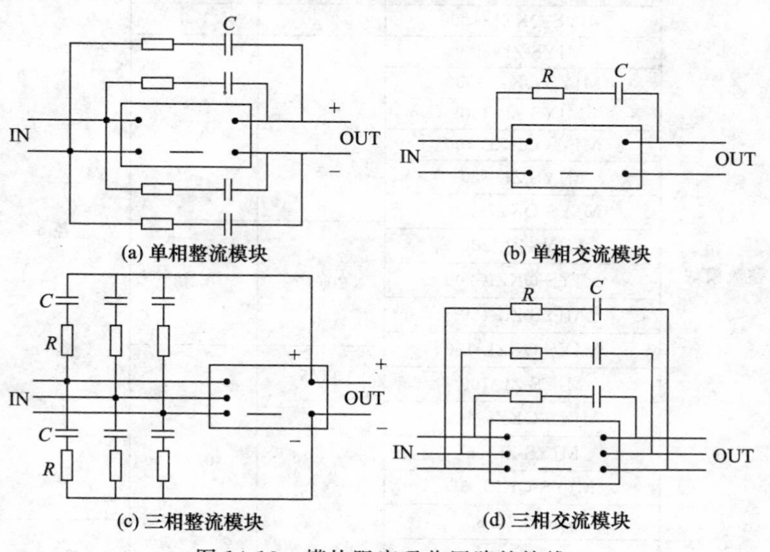

(a) 单相整流模块　(b) 单相交流模块

(c) 三相整流模块　(d) 三相交流模块

图 14-13　模块阻容吸收回路的接线

① 阻容吸收回路　电容器把过电压的电磁能量变成静电能量存储，电阻防止电容与电感产生谐振。这种吸收回路能抑制晶闸管由导通到截止时产生的过电压，有效避免晶闸管被击穿。接线方法如图 14-13 所示。R 和 C 值的选取见表 14-46。

■ **表 14-46　模块阻容元件的选取**

名称	模块型号	$R/(\Omega/W)$	$C(630V)/\mu F$	数量
	MJYD-ZL-200	20/10	0.33	
	MJYD-ZL-150			
单相整流模块	MJYD-ZL-100	33/5		各 4
	MJYD-ZL-55	62/5	0.22	
	MJYD-ZL-30			
	MJYD-JL-300			
	MJYD-JL-150	20/10	0.33	
单相交流模块	MJYD-JL-100			各 1
	MJYD-JL-75	33/5	0.22	
	MJYD-JL-40	62/5	0.22	
	MJYD-JL-20			
	MJYS-QKZL-2000	2/40	2.2	
	MJYS-QKZL-1500	3/30	1.5	
	MJYS-QKZL-1000	4/20	1.0	
	MJYS-ZL-500			
	MJYS-QKZL-500			
	MJYS-ZL-400	8.2/15	0.68	
	MJYS-QKZL-400			
	MJYS-ZL-320			
	MJYS-QKZL-320			
三相整流模块	MJYS-ZL-200			各 6
	MJYS-QKZL-200	20/10	0.33	
	MJYS-ZL-150			
	MJYS-QKZL-150			
	MJYS-ZL-100	33/5		
	MJYS-QKZL-100			
	MJYS-ZL-55		0.22	
	MJYS-QKZL-55	62/5		
	MJYS-ZL-30			
	MJYS-QKZL-30			各 3

续表

名称	模块型号	$R/(\Omega/W)$	$C(630V)/\mu F$	数量
三相交流模块	MJYS-QKJL-1600	2/40	2.2	各 3
	MJYS-QKJL-1200	3/30	1.5	
	MJYS-QKJL-800	4/20	1.0	
	MJYS-JL-350	8.2/15	0.68	
	MJYS-QKJL-350			
	MJYS-JL-300			
	MJYS-QKJL-300			
	MJYS-JL-260			
	MJYS-QKJL-260			
	MJYS-JL150	20/10	0.33	
	MJYS-QKJL-150			
	MJYS-JL-100			
	MJYS-QKJL-100			
	MJYS-JL-75	33/5	0.22	
	MJYS-QKJL-75			
三相整流模块	MJYS-JL-40	62/5	0.22	各 3
	MJYS-QKJL-40			
	MJYS-JL-20			
	MJYS-QKJL-20			

② 压敏电阻吸收过电压　压敏电阻吸收由于雷击等原因产生能量较大、持续时间较长的过电压。压敏电阻标称电压 U_{1mA} 的选取：$710V \leqslant U_{1mA} \leqslant 1000V$。

接线方法如图 14-14 所示。

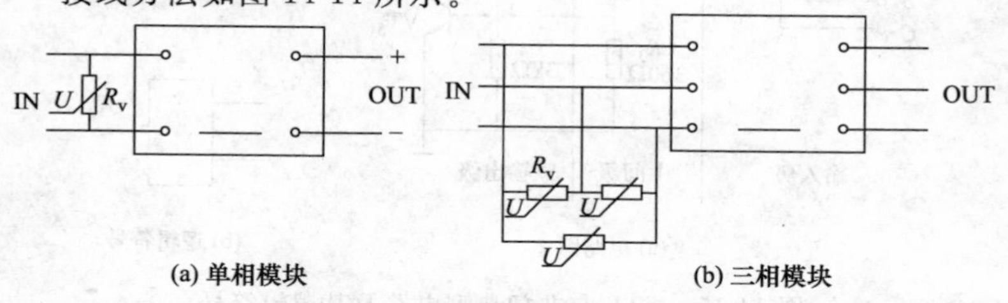

(a) 单相模块　(b) 三相模块

图 14-14　模块压敏电阻的接线

14.3 TTL 和 CMOS 集成门电路

14.3.1 TTL 和 CMOS 集成门电路简介

(1) TTL 集成门电路

TTL 集成门电路是一种单片集成电路。其逻辑电路的所有元件和连接线都制作在同一块半导体基片上。TTL 集成门电路的输入和输出电路均采用晶体管，因此通常称为晶体管-晶体管逻辑门电路。其英文名为 Transistor-Transistor Logic，简称 TTL 电路。

TTL 集成门电路具有结构简单、稳定可靠、运算速度快等特点，但功耗较 CMOS 集成门电路大。

TTL 集成门电路的基本形式是与非门，此外还有与门、或门、

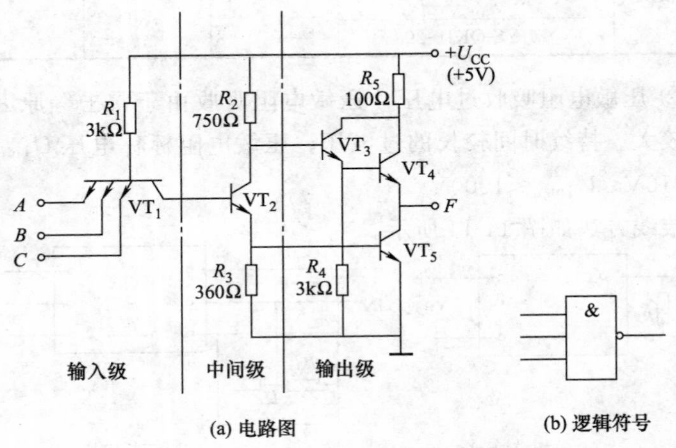

图 14-15 TTL 与非门典型电路及其逻辑符号

非门、或非门、与或非门、异或门等。不论哪一种形式，都是由与非门稍加改动可得到。

图 14-15 为 TTL 与非门的典型电路及逻辑符号。

TTL 门电路的极限参数见表 14-47。各类 TTL 门电路的推荐工作条件见表 14-48。

■ 表 14-47 TTL 门电路的极限参数

参数名称	符号	最大极限
存储温度	T_{ST}	－65～＋150℃
结温	T_J	－55～＋125℃
输入电压	U_{IN}	多射极输入电压－0.5～5.5V，T4000 的肖特基二极管输入电压－0.5～15V
输入电流	I_{IN}	－3.0～＋0.5mA
电源电压	U_{CC}	7V

■ 表 14-48 各类 TTL 门电路的推荐工作条件

参数名称	符号	Ⅰ类			Ⅱ类			Ⅲ类		
		最小值	典型值	最大值	最小值	典型值	最大值	最小值	典型值	最大值
电源电压	U_{CC}/V	4.5	5.0	5.5	4.75	5.0	5.25	4.75	5.0	5.25
环境温度	T_A/℃	－55	25	125	－40	25	80	0	25	70

（2）MOS 和 CMOS 集成门电路

MOS 集成门电路是一种由单极型晶体管（MOS 场效应管）组成的集成电路。它具有抗干扰性能强、功耗低、制造容易、易于大规模集成等优点。

CMOS 集成门电路是由 N 沟道 MOS 管构成的 NMOS 集成电路和由 P 沟道 MOS 管构成的 PMOS 集成电路组成的门电路，又称互补 MOS 电路。

CMOS 门电路的逻辑功能与 TTL 门电路的逻辑功能相同，它们的逻辑符号也相同。

图 14-16 为 CMOS 与非门电路及逻辑符号。图 14-17 为 CMOS 或非门电路及逻辑符号。

（3）使用 TTL 和 CMOS 集成门电路的注意事项

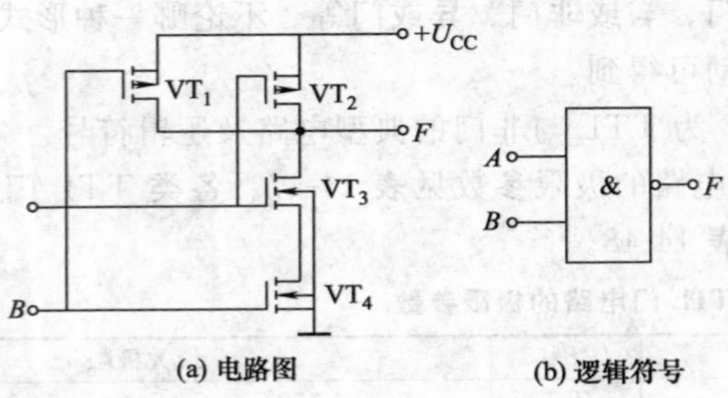

图 14-16　CMOS 与非门电路及其逻辑符号

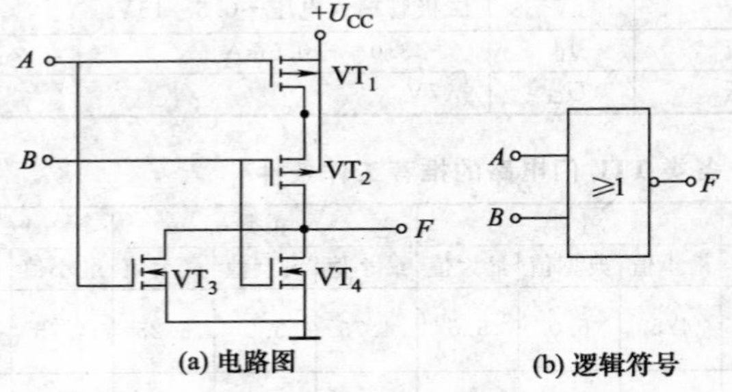

图 14-17　CMOS 或非门电路及其逻辑符号

① 多余的输入端不能悬空，以免造成干扰。一般要根据逻辑功能的不同接电源或接地。

② 电源电压大小必须符合要求，极性必须正确，否则会损坏集成电路。

③ 输出端不能直接接电源或直接接地，需经外接电阻后再接电源。

④ 带扩展端的 TTL 门电路，其扩展端不允许直接接电源，否则将损坏集成电路。

⑤ CMOS 门电路输出端接有较大的容性负载时，必须在输出端与负载电容间串接一限流电阻，以免冲击电流损坏集成电路。

⑥ 焊接门集成电路时，应先切断电源。电烙铁功率不得大于 25W，焊接时间不要超过 3s，电烙铁外壳需良好地接地（接零）。

焊接后用酒精清洁处理，以防焊剂腐蚀电路板。

⑦ 安装门集成电路时，不可使外引脚过分弯曲，以免引脚根部折断而使集成电路报废。

⑧ 门集成电路的外引线要尽量短，以免受外界干扰影响而产生误动作。必要时引线可采用屏蔽线或采用其他屏蔽措施。

14.3.2 常用数字集成电路及芯片

14.3.2.1 常用数字集成电路型号索引

常用数字集成电路有 74 系列、CC4000 系列、CD4000 系列等。4000 系列数字集成电路型号索引见表 14-49。

■ **表 14-49 4000 系列数字集成电路型号索引**

品种代号	产品名称
4000	双 3 输入或非门及反相器
4001	四 2 输入或非门
4002	双 4 输入正或非门
4006	18 位静态移位寄存器(串入,串出)
4007	双互补对加反相器
4008	4 位二进制超前进位全加器
4009	六缓冲器/变换器(反相)
4010	六缓冲器/变换器(同相)
4011	四 2 输入与非门
4012	双 4 输入与非门
4013	双上升沿 D 触发器
4014	8 位移位寄存器(串入/并入,串出)
4015	双 4 位移位寄存器(串入,并出)
4016	四双向开关
4017	十进制计数器/分频器
4018	可预置 *N* 分频计数器
4019	四 2 选 1 数据选择器
4020	14 位同步二进制计数器
4021	8 位移位寄存器(异步并入,同步串入/串出)
4022	八计数器/分频器
4023	三 3 输入与非门
4024	7 位同步二进制计数器(串行)

续表

品种代号	产品名称
4025	三 3 输入或非门
4026	十进制计数器/脉冲分配器(七段译码输出)
4027	双上升沿 JK 触发器
4028	4 线-10 线译码器(BCD 输入)
4029	4 位二进制/十进制加/减计数器(有预置)
4030	四异或门
4031	64 位静态移位寄存器
4032	三级加法器(正逻辑)
4033	十进制计数器/脉冲分配器(七段译码输出,行波消隐)
4034	8 位总线寄存器
4035	4 位移位寄存器(补码输出,并行存取,J $\overline{K}$输入)
4038	三级加法器(负逻辑)
4040	12 位同步二进制计数器(串行)
4041	四原码/反码缓冲器
4042	四 D 锁存器
4043	四 RS 锁存器(3S,或非)
4044	四 RS 锁存器(3S,与非)
4045	21 级计数器
4046	锁相环
4047	非稳态/单稳态多谐振荡器
4048	8 输入多功能门(3S,可扩展)
4049	六反相器
4050	六同相缓冲器
4051	模拟多路转换器/分配器(8 选 1 模拟开关)
4052	模拟多路转换器/分配器(双 4 选 1 模拟开关)
4053	模拟多路转换器/分配器(三 2 选 1 模拟开关)
4054	4 段液晶显示驱动器
4055	4 线-七段译码器(RCD 输入,驱动液晶显示器)
4056	BCD-七段译码器/驱动器(有选通,锁存)
4059	程控 1/*N* 计数器 BCD 输入
4060	14 位同步二进制计数器和振荡器
4063	4 位数值比较器
4066	四双向开关
4067	16 选 1 模拟开关
4068	8 输入与非/与门
4069	六反相器

续表

品种代号	产品名称
4070	四异或门
4071	四 2 输入或门
4072	双 4 输入或门
4073	三 3 输入与门
4075	三 3 输入或门
4076	四 D 寄存器(3S)
4077	四异或非门
4078	8 输入或/或非门
4081	四 2 输入与门
4082	双 4 输入与门
4085	双 2-2 输入与或非门(带禁止输入)
4086	四路 2-2-2-2 输入与或非门(可扩展)
4089	4 位二进制比例乘法器
4093	四 2 输入与非门(有施密特触发器)
4094	8 位移位和储存总线寄存器
4095	上升沿 JK 触发器
4096	上升沿 JK 触发器(有 $\overline{J}\,\overline{K}$ 输入端)
4097	双 8 选 1 模拟开关
4098	双可重触发单稳态触发器(有清除)
4316	四双向开关
4351	模拟信号多路转换器/分配器(8 路)(地址锁存)
4352	模拟信号多路转换器/分配器(双 4 路)(地址锁存)
4353	模拟信号多路转换器/分配器(3×2 路)(地址锁存)
4502	六反相器/缓冲器(3S,有选通端)
4503	六缓冲器(3S)
4508	双 4 位锁存器(3S)
4510	十进制同步加/减计数器(有预置端)
4511	BCD-七段译码器/驱动器(锁存输出)
4514	4 线-16 线译码器/多路分配(有地址锁存)
4515	4 线-16 线译码器/多路分配器(反码输出,有地址锁存)
4516	4 位二进制同步加/减计数器(有预置端)
4517	双 64 位静态移位寄存器
4518	双十进制同步计数器
4519	四 2 选 1 数据选择器
4520	双 4 位二进制同步计数器
4521	24 位分频器
4526	二-N-十六进制减计数器

续表

品种代号	产品名称
4527	BCD 比例乘法器
4529	双 4 通道模拟数据选择器
4530	双 5 输入多功能逻辑门
4531	12 输入奇偶校验器/发生器
4532	8 线-3 线优先编码器
4536	程控定时器
4538	双精密单稳多谐振荡器(可重置)
4541	程控定时器
4543	BCD-七段锁存/译码/LCD 驱动器
4551	四 2 输入模拟多路开关
4555	双 2 线-4 线译码器
4556	双 2 线-4 线译码器(反码输出)
4557	1-64 位可变时间移位寄存器
4583	双施密特触发器
4584	六施密特触发器
4585	4 位数值比较器
4724	8 位可寻址锁存器
7001	四路正与门(有施密特触发输入)
7002	四路正或非门(有施密特触发输入)
7003	四路正与非门(有施密特触发输入和开漏输出)
7006	六部分多功能电路
7022	八计数器/分频器(有清除功能)
7032	四路正或门(施密特触发输入)
7266	四路 2 输入异或非门
7340	八总线驱动器(有双向寄存器)
7793	八三态锁存器(有四读)
8003	双 2 输入与非门
9000	程控定时器
9014	九施密特触发器、缓冲器(反相)
9015	九施密特触发器、缓冲器
9034	九缓冲器(反相)
14572	六门
14585	4 位数值比较器
14599	8 位双向可寻址锁存器
40097	双 8 选 1 模拟开关
40100	32 位左右移位寄位器

续表

品种代号	产品名称
40101	9位奇偶校验器
40102	8位同步BCD减计数器
40103	8位同步二进制减计数器
40104	4位双向移位寄存器(3S)
40105	4位×16字先进先出寄存器(3S)
40106	六反相器(有施密特触发器)
40107	双2输入与非缓冲器/驱动器
40108	4×4多端口寄存器
40109	四低-高电压电平转换器(3S)
40110	十进制加/减计数/译码/锁存/驱动器
40147	10线-4线优先编码器(BCD输出)
40160	十进制同步计数器(有预置、异步清除)
40161	4位二进制同步计数器(有预置,异步清除)
40162	十进制同步计数器(同步清除)
40163	4位二进制同步计数器(同步清除)
40174	六上升沿D触发器
40208	4×4多端口寄存器阵(3S)
40257	四2线-1线数据选择器

14.3.2.2 常用集成门电路芯片引脚及内部结构

(1) MC14071

MC14071为2输入四或门电路，其内部框图及引脚如图14-18所示。逻辑表达式为

$$J=A+B$$
$$K=C+D$$
$$L=F+E$$
$$M=H+G$$

(2) MC14075

MC14075为输入三或门电路，其内部框图及引脚如图14-19所示。逻辑表达式为

$$J=A+B+C$$
$$K=D+E+F$$
$$L=I+H+G$$

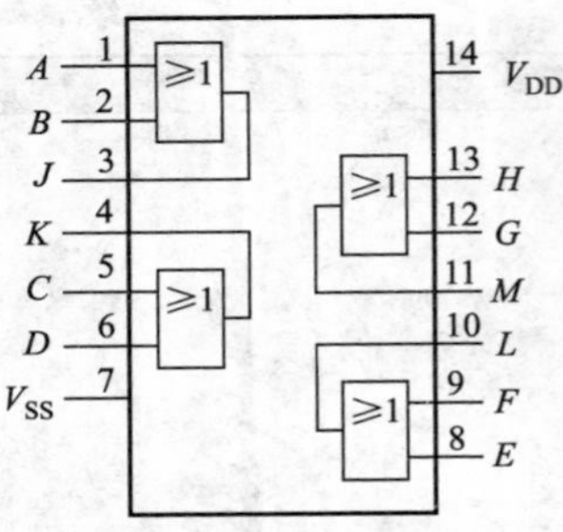

图 14-18 MC14071 电路

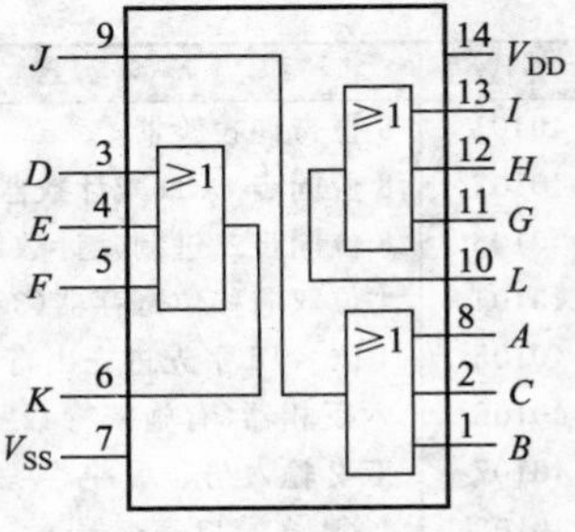

图 14-19 MC14075 电路

（3）CD4072

CD4072 为 4 输入二或门电路，其内部框图及引脚如图 14-20 所示。逻辑表达式为

$$Y_1 = A_1 + B_1 + C_1 + D_1$$
$$Y_2 = A_2 + B_2 + C_2 + D_2$$

（4）MC14081

MC14081 为 2 输入四与门电路，其内部框图及引脚如图 14-21 所示。逻辑表达式为

$$J = A \cdot B$$
$$K = C \cdot D$$
$$L = E \cdot F$$
$$M = H \cdot G$$

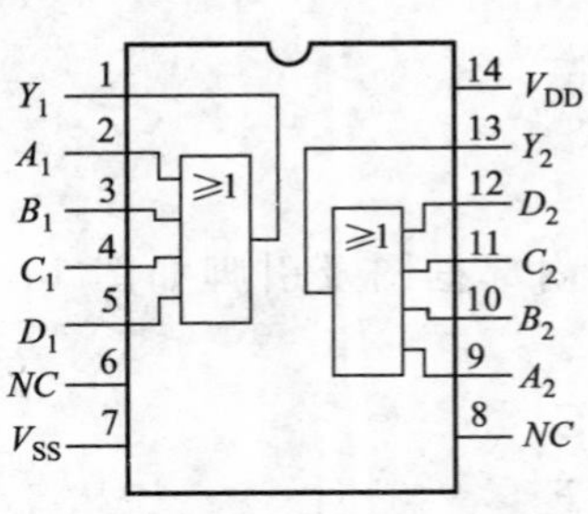

图 14-20 CD4072 电路

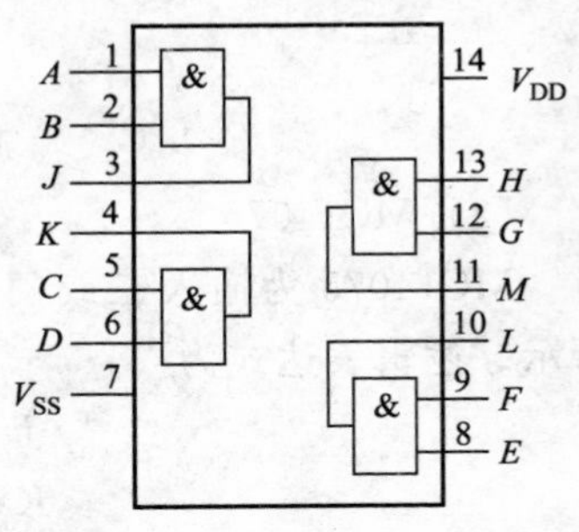

图 14-21 MC14081 电路

（5）MC1407

MC1407 为 3 输入三与门电路，其内部框图及引脚如图 14-22 所示。逻辑表达式为

$$J=A\cdot B\cdot C$$
$$K=D\cdot E\cdot F$$
$$L=I\cdot H\cdot G$$

（6）CD4001（C039）

CD4001 为 2 输入四或非门，$Y=\overline{A+B}$，其内部框图及引脚如图 14-23 所示。部标型号为 C039，国标型号为 CC4001，可代换或互换型号有 TC4001、MC14001 等。

（7）CD4011（C006、C036）

CD4011、C006、C036 均为 2 输入四与非门电路，$Y=\overline{A\cdot B}$，其内部框图及引脚如图 14-24 所示。国标型号为 CC4011，可代换或互换型号有 TC4011、MC14011 等。

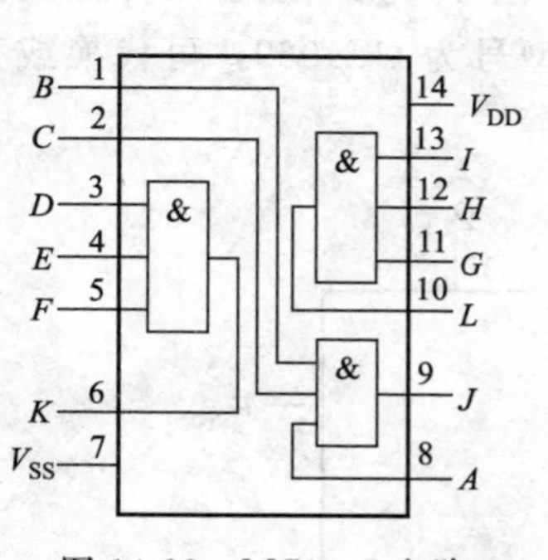

图 14-22　MC1407 电路

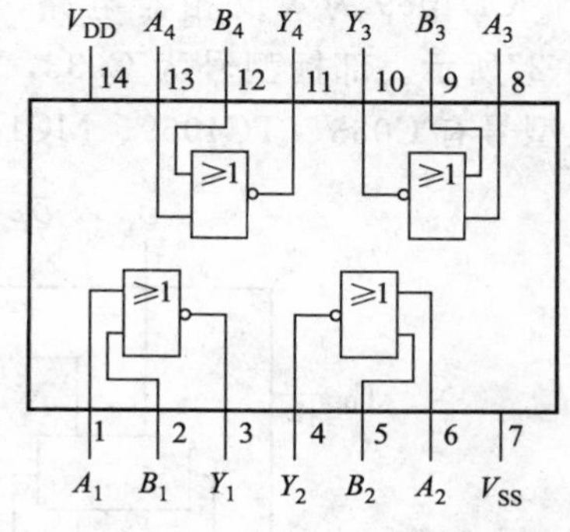

图 14-23　CD4001 电路

（8）C008

C008 为 3 输入三或非门电路，$Y=\overline{A+B+C}$，其内部框图及引脚如图 14-25 所示。部标型号为 C008、C038，国标型号为 CC4025，可代换或互换型号有 CD4025、TC4025、MC14025 等。

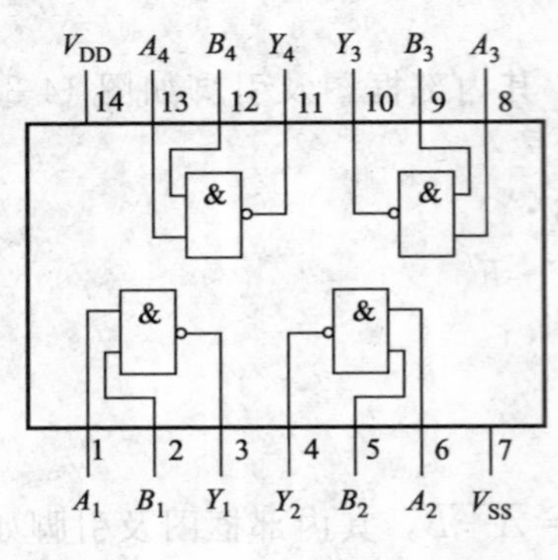

图 14-24 CD4011 电路

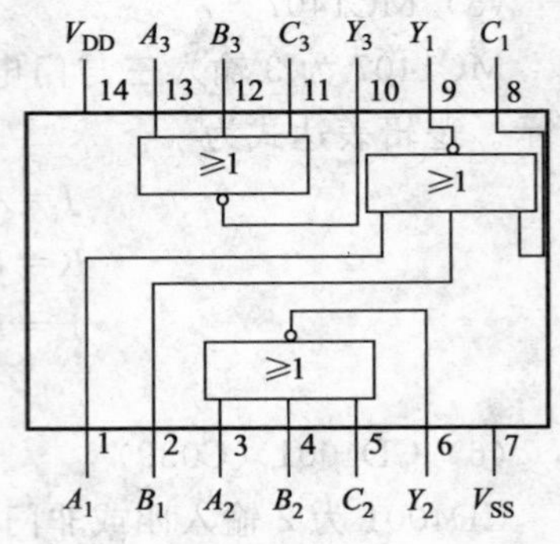

图 14-25 C008 电路

(9) CD4013

CD4013 为双上升沿 D 触发器。其内部框图及引脚如图 14-26 所示。部标型号为 C043，国标型号为 CC4013，可代换或互换型号有 TC4013、MC14013、C073、5G822 等。

(10) CD4069 (C003、C033)

CD4069 为六反相器电路，$Y=\overline{A}$，其内部框图及引脚如图 14-27所示。部标型号为 C033，国标型号为 CC4069，可代换或互换型号有 C063、TC4069、MC14069 等。

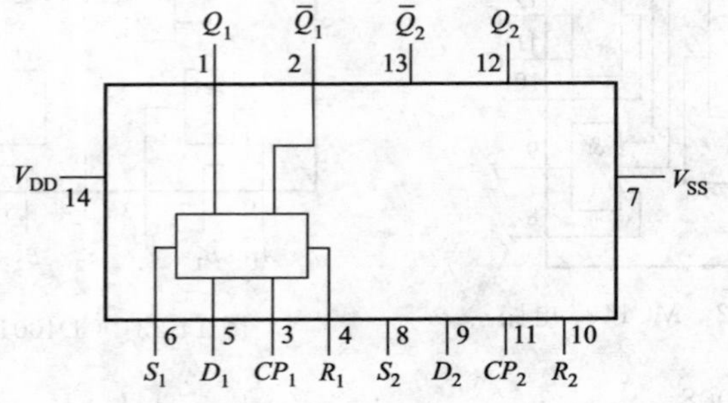

图 14-26 CD4013 电路

(11) CC4093

CC4093 为 2 输入四与非施密特触发器电路，$Q=\overline{A \cdot B}$，其内

部框图及引脚如图 14-28 所示。可代换或互换型号有 CD4093、TC4093、MC1403 等。

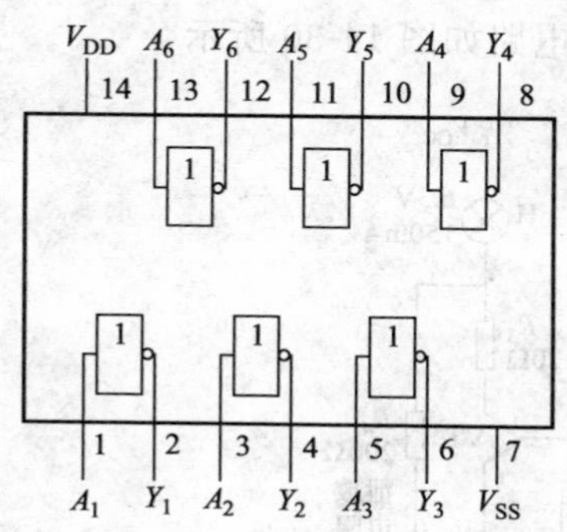

图 4-27　CD4069 电路

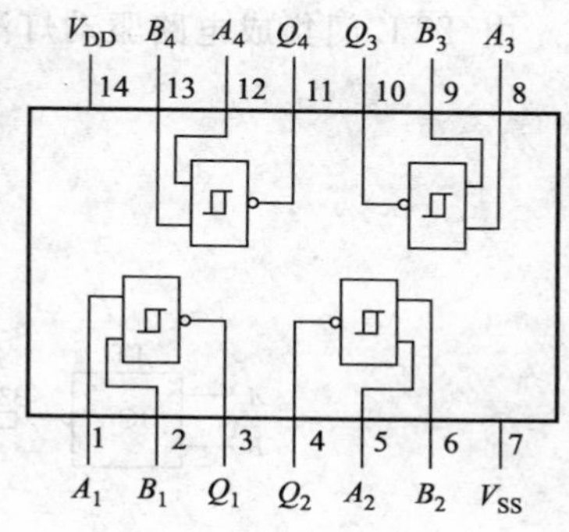

图 4-28　CD4093 电路

（12）T065

T065 为 TTL2 输入四与非门电路，$Y=\overline{A \cdot B}$，其内部框图及引脚如图 14-29 所示。国标型号为 CT1000，可代换或互换型号有 HD7400、SN54/7400、MC54/7400、DM54/7400 等。

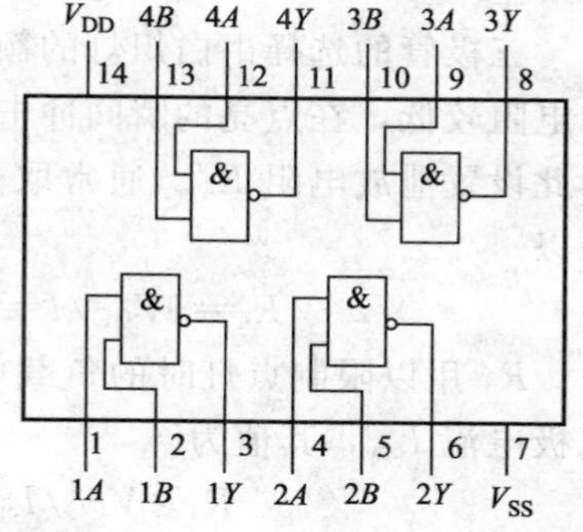

图 14-29　T065 电路

（13）74LS00

74LS00 为 TTL2 输入四与非门电路，$Y=\overline{A \cdot B}$，其内部框图及引脚可参见图 14-29。可代换或互换型号有 HD74LS00、SN74LS00、N74LS00 等。

（14）CC74HC14

CC74HC14 为 TTL，施密特触发六反相电路，$Y=\overline{A}$，其内部框图及引脚可参见图 14-27。可代换或互换型 号有 HD74LS14、74LS14、N74LS14 等。

14.3.3 由 TTL 门电路驱动大功率负载的接口电路

由 TTL 门集成电路驱动灯泡的电路如图 14-30 所示。

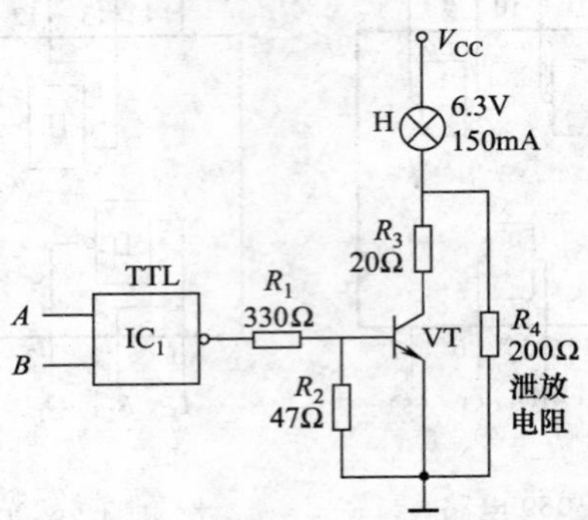

图 14-30 TTL 驱动大功率负载的接口电路

三极管的选择由白炽灯的额定电压和额定电流确定。由于灯泡冷电阻较低，在点亮的瞬间冲击电流较大，约为额定电流的 10 倍，为此设置泄放电阻 R_4。通常取流过 R_4 的电流是额定电流的 1/5，所以

$$R_4=5V_{CC}/I=5\times6/0.15=200\Omega$$

R_3 用以限制点灯时的负载电流，使之不超过三极管的最大集电极电流 I_{cm}，其值为

$$R_3\geqslant V_{CC}/I_{cm}=6/0.3=20\Omega$$

R_2 的作用是当 $U_i=0$ 时，使之产生反向基极电流 I_{cbo}，以保证 VT 可靠地截止，故其值为

$$R_2<U_{be/}I_{cbo}=0.7V/15\mu A=47k\Omega$$

其中 I_{cm}、I_{cbo} 可由器件手册查得。

R_1 用于限制 TTL 电路输出高电平时的输出短路电流，设 VT 的 β 值大于或等于 25，则

$$I_b=I/\beta=150/25=6mA$$

所以

$$R_1=\frac{U_{oh}-U_{be}}{I_b+(U_{be}/R_2)}=\frac{2.7-0.7}{6\times10^{-3}+[0.7/(47\times10^3)]}=330\Omega$$

此处取 $U_{oh}=2.7V$。

三极管 VT 可选用 3DD1C 型。

14.3.4 由 CMOS 门电路驱动继电器的接口电路

如果由 CMOS 场效应管组成的门电路的负载（执行元件）是继电器，则电路必须具有较大的带负载能力。即必须将门电路的开关信号放大后接负载。图 14-31（a）～（c）所示分别为由与非门逻辑电路和分立元件组成的开关放大器的接口电路。

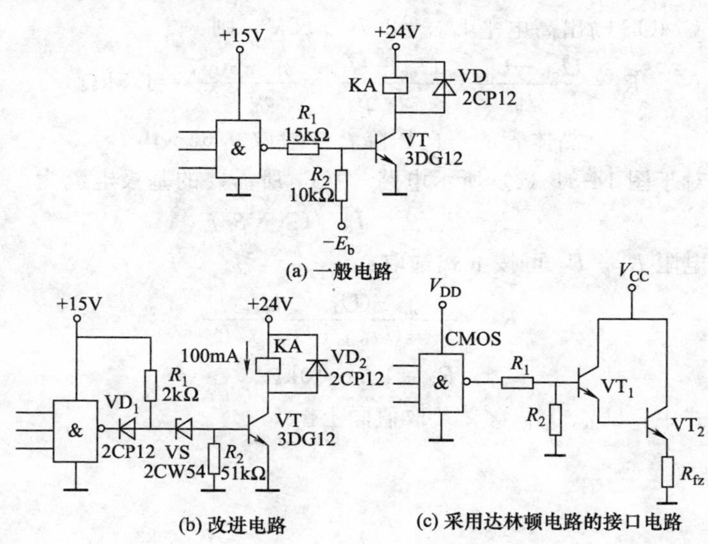

图 14-31　CMOS 与开关放大器的接口电路

对于图 14-31（a）所示电路，晶体管的集电极负载为继电器 KA 线圈，其工作电流为 100mA。若晶体管 VT 的 $\beta=25$，则需要 4mA 的基极电流。这对与非门来说是个拉电流负载。如与非门不能提供这样大的拉电流，可采用图 14-31（b）所示的电路。由电

阻器 R_1、二极管 VD_1 和稳压管 VS 组成变换电路。当与非门输出高电平时，VD_1 截止，VS 击穿，晶体管 VT 的基极电流由＋15V 电源经 R_1、VS 和 VT 的发射结来提供，VT 导通，继电器 KA 吸合。当与非门输出低电平时，电流经＋15V 电源经 R_1、VD_1 流入与非门，这个电流只有几毫安，这样可避免因拉电流过大而引起输出高电平的下降。这时 VS 截止，VT 截止，KA 释放。图 14-31（c）所示电路，由晶体管 VT_1、VT_2 组成达林顿电路。其放大倍数 $\beta=\beta_1\beta_2$（β_1、β_2 分别为 VT_1 和 VT_2 的放大倍数）。

在图 14-31（a）所示电路中，R_2 一般可取 4.7～10kΩ，简化时也可不用。R_1 的选取应使晶体管获得足够的基极电流而达到饱和。设继电器 KA 的工作电流为 $I_c=50mA$，晶体管的 $\beta=30$，而一般 CMOS 输出高电平 $U_{oh}=2.7\sim4.2V$，则

$$R_1=\frac{U_{oh}-U_{be}}{I_b}=\frac{U_{oh}-U_{be}}{I_c/\beta}=\frac{3.2-0.7}{50/30}=1.5k\Omega$$

式中　U_{be}——晶体管的正向压降，一般取 0.65～0.75V。

对于图 14-31（c）所示电路，VT_1 所需要的基极电流为

$$I_b=I_c/\beta_1=I_{R_{fz}}/(\beta_1\cdot\beta_2)$$

电阻 R_1、R_2 可按下式选取：

$$R_1=\frac{U_{oh}-(U_{be1}+U_{be2})}{I_b+(U_{be1}+U_{be2})/R_2}$$

$$R_2=4.7\sim10k\Omega$$

式中，U_{oh}、U_{be} 意义及取值同上。

第 15 章

接地与防雷

15.1 基础知识

15.1.1 接地与接零的一般要求

接地与接零的一般要求见表15-1。

表15-1 接地与接零的一般要求（据GB 50169—1992）

序号	项目	说明
1	应予接地或接零的电气装置金属部分	①电机、变压器、电器、携带式或移动式用电器具等的金属底座和外壳 ②电气设备的传动装置 ③屋内外配电装置的金属或钢筋混凝土构架以及靠近带电部分的金属遮栏和金属门 ④配电、控制、保护用的屏(柜、箱)及操作台等的金属框架和底座 ⑤交、直流电力电缆的接头盒、终端头和膨胀器的金属外壳和电缆的金属护层、可触及的电缆金属保护管和穿线的钢管 ⑥电缆桥架、支架和井架 ⑦装有避雷线的电力线路杆塔 ⑧装在配电线路杆上的电力设备 ⑨在非沥青地面的居民区内，无避雷线的小接地电流架空电力线路的金属杆塔和钢筋混凝土杆塔 ⑩电除尘器的构架 ⑪封闭母线的外壳及其他裸露的金属部分 ⑫六氟化硫封闭式组合电器和箱式变电站的金属箱体 ⑬电热设备的金属外壳 ⑭控制电缆的金属护层
2	可不接地或不接零的电气装置金属部分	①在木质、沥青等不良导电地面的干燥房间内，交流额定电压为380V及以下或直流额定电压为440V及以下的电气设备的外壳；但当有可能同时触及上述电气设备外壳和已接地的其他物体时，则仍应接地 ②在干燥场所，交流额定电压为127V及以下或直流额定电压为110V及以下的电气设备的外壳

续表

序号	项目	说明
2	可不接地或不接零的电气装置金属部分	③安装在配电屏、控制屏和配电装置上的电气测量仪表、继电器和其他低压电器等的外壳，以及当发生绝缘损坏时，在支持物上不会引起危险电压的绝缘子的金属底座等 ④安装在已接地金属构架上的设备，如穿墙套管等 ⑤额定电压为220V及以下的蓄电池室内的金属支架 ⑥由发电厂、变电所和工业企业区域内引出的铁路轨道 ⑦与已接地的机床、机座之间有可靠电气接触的电动机和电器的外壳
3	需要接地的直流系统对接地装置的要求	①能与地构成闭合回路且经常流过电流的接地线应沿绝缘垫板敷设，不得与金属管道、建筑物和设备的构件有金属的连接 ②在土壤中含有电解时能产生腐蚀性物质的地方，不宜敷设接地装置，必要时可采取外引式接地装置或改良土壤的措施 ③直流电力回路专用的中性线和直流两线制正极的接地体、接地线不得与自然接地体有金属连接；当无绝缘隔离装置时，相互间距离不应小于1m ④三线直流回路的中性线宜直接接地

15.1.2 保护接地与保护接零的范围

保护接地与保护接零的范围见表15-2。

表15-2 保护接地与保护接零的范围

序号	对地电压	房屋特征			
		无高度危险	有高度危险	特别危险包括有着火危险及室外装置	有爆炸危险
	1	2	3	4	5
Ⅰ	65V以下	不需要接地或接零（在固定式36V或12V低压装置中，常将线路的一相接地作为变压器绝缘击穿和一次电压窜入二次绕组的保护装置）			防止静电荷引起火花，1区、2区[①]房屋中，应将保存易燃体的金属容器或含有这些液体的器械、运送这些液体的管子、过滤器及液体流过时与金属包皮摩擦的部分，予以接地

续表

序号	对地电压	房屋特征			
		无高度危险	有高度危险	特别危险包括有着火危险及室外装置	有爆炸危险
	1	2	3	4	5
Ⅱ	65～150V	不需要接地或接零	手柄、飞轮及与机床有金属连接的电机外壳	在正常情况下，与带电部分绝缘的器械、电机及配电屏的金属外壳及构架、电缆接头盒、中间接线盒的金属外壳、电缆的金属包皮及金属保护管等	同序号Ⅰ-5及Ⅱ-4中的元件
Ⅲ	150～1000V	同序号Ⅱ-4中的元件	同序号Ⅱ-4中的元件	同序号Ⅱ-4中的元件	同序号Ⅰ-5及Ⅱ-4中的元件
Ⅳ	1000V以上	在正常条件下、与带电部分绝缘的金属部分、电气设备的支架和围栅结构的所有金属部分及房架、平台和可能带电且人能接触的结构部分			同序号Ⅰ-5、Ⅱ-3及Ⅱ-4的元件

① 1区—正常情况下能达到爆炸浓度的场所；2区—事故或检修时才能达到爆炸浓度的场所。

15.1.3 接触电压和跨步电压的计算

（1）接触电压的计算

① 大接地短路系统接触电压允许值对于中性点直接接地或小电阻接地的大接地短路系统，接触电压允许值按下式计算：

$$E_{\mathrm{j}}=\frac{250+0.25\rho_{\mathrm{s}}}{\sqrt{t}}$$

式中 E_{j}——接触电压允许值，V；

ρ_{s}——人足站立地面的土壤电阻率，Ω·m；

t——短路电流持续时间，s。

② 小接地短路系统接触电压允许值

对于中性点不接地或经消弧线圈接地或大电阻接地的小接地短路系统，接触电压允许值按下式计算：

$$E_j = 50 + 0.5\rho_s$$

③ 接触电压实际值

$$E_{jm} = K_m K_j \rho \frac{I}{L}$$

式中 E_{jm}——最大接触电压，V；

K_m——与接地网布置方式有关的参数，可取 $K_m = 1$；

K_j——接地电流不均匀修正系数，可取 $K_j = 1.25$；

ρ——土壤平均电阻率，Ω·m；

I——流经接地装置的最大单相短路电流，A；

L——接地网全长，m。

(2) 跨步电压的计算

① 大接地短路系统跨步电压允许值

$$E_k = \frac{250 + \rho_s}{\sqrt{t}}$$

② 小接地短路系统跨步电压允许值

$$E_k = 50 + 0.2\rho_s$$

式中 E_k——跨步电压允许值，V。

③ 跨步电压实际值

$$E_{km} = K_s K_j P \frac{I}{L}$$

式中 E_{km}——最大跨步电压，V；

K_s——与接地网布置方式有关的系数，可取 $K_s = 0.1 \sim 0.2$。

15.1.4 TT系统用电设备不接地（接零）时接地电流的计算

图 15-1 所示为 TT 系统（中性点直接接地系统）中不接地（接零）的情况。当家用电器的绝缘层损坏时，其金属外壳就长期带电，如果人体触及此家用电器的外壳，则接地电流 I 就经过人体和变压器的工作接地装置构成回路，其接地电流 I_R 的大小为

$$I_R = \frac{U_x}{r_R + r_0}$$

式中 U_x——额定相电压（V），220V；

r_R——人体电阻（Ω），800～1500Ω；

r_0——工作接地装置的电阻（Ω），当变压器容量小于100kV·A时取10Ω，当等于或大于100kV·A时取4Ω。

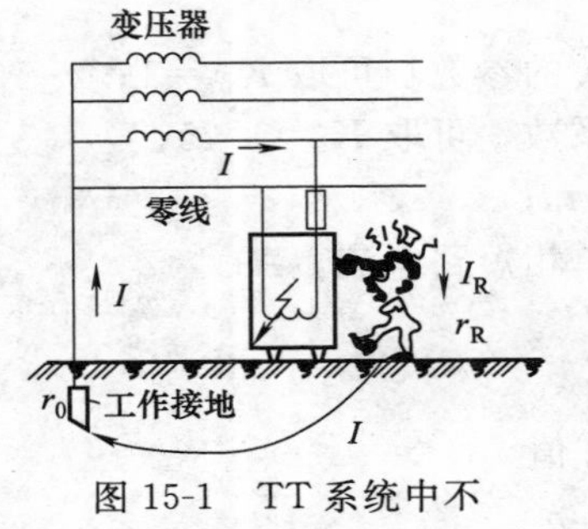

图 15-1　TT系统中不接地（接零）情况

【例 15-1】 某TT供电系统，变压器容量为125kV·A，220V的用电设备未采取保护接地（接零）措施，当用电设备外壳碰线带电时，人触及外壳，通过人体的电流有多大？

解　设人体本身的电阻 $r_R=1000\Omega$，变压器工作接地装置的电阻 $r_0=4\Omega$，则通过人体的电流为

$$I_R=\frac{U_x}{r_R+r_0}=\frac{220}{1000+4}\approx 0.22\text{A}=220\text{mA}$$

如此大的电流足以使人死亡（安全电流应不大于30mA）。

15.1.5　TT系统用电设备接地时接地电流的计算

图15-2为TT系统中设有保护接地时的情况。当家用电器的绝缘层损坏使外壳带电时，由于保护接地电阻 r_d 与人的对地电阻 r_R 并联，接地电流 I 将同时沿着接地体（通过电流 I_d）和人体（通过电流 I_R）两条通道流过。流过每一条通道的电流值与其电阻的大小成反比。即

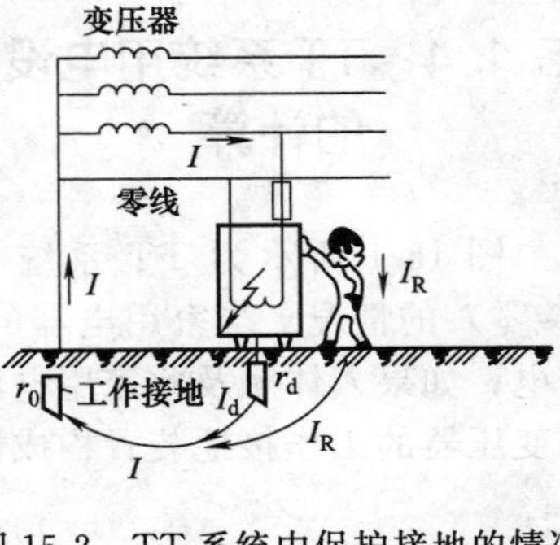

$$\frac{I_R}{I_d}=\frac{r_d}{r_R}$$

图 15-2　TT系统中保护接地的情况

式中　I_R，I_d——分别为沿人体流过的电流和沿接地体流过的电流，A；

r_R，r_d——分别为人体电阻和接地体电阻，Ω。

由上式可见，r_d 越小，则通过接地本的电流 I_d 越大，通过人体的电流 I_R 越小，保护作用就越大。通常人体的电阻比接地装置的电阻大数百倍；所以流经人体的电流只有流经接地装置电流的数百分之一。

【例 15-2】 某 TT 供电系统，变压器容量为 630kV·A，220V 的用电设备采取保护接地措施，当用电设备外壳碰线带电时，人触及外壳，通过人体的电流有多大？设接地体电阻 r_d 为 4Ω。

解　若忽略导线及用电设备电阻的影响，则故障电流为

$$I \approx \frac{U_x}{r_0 + r_d}$$

将 $r_0 = r_d = 4\Omega$、$U_x = 220\text{V}$ 代入上式，其故障电流为

$$I = \frac{220}{4+4} = 27.5\text{A}$$

人体承受的电压 U_R 一般与接地装置对地电压 U_d 相等，即

$$U_R = U_d = \frac{r_d}{r_0 + r_d} U_x = \frac{4}{4+4} \times 220 = 110\text{V}$$

而零线对地电压为

$$U = \frac{r_0}{r_0 + r_d} U_x = \frac{4}{4+4} \times 220 = 110\text{V}$$

通过人体的电流 I_R 为

$$I_R = \frac{U_R}{r_R} = \frac{110}{1000} = 0.11\text{A} = 110\text{mA}$$

显然，该电流要较图 15-1 所示情况的电流（220mA）小一半，即较图 15-1 所示的情况安全些。但 110mA 的电流对人体来说还是十分危险的（安全电流应不大于 30mA）。除非熔断器能迅速熔断（熔丝额定电流不大于 11A），否则不能保证人身安全。这就是 TT 系统保护接地作用的局限性。

15.1.6 接地电阻的要求

(1) 接地装置的接地电阻要求（见表 15-3）

(2) 电力线路及电力设备的接地电阻要求（见表 15-4）

(3) 建筑物和构筑物过电压保护接地电阻要求（见表 15-5）

(4) 防雷保护设备的接地电阻要求（见表 15-6）

(5) 分线箱内保安器接地电阻要求（见表 15-7）

(6) 35kV 及以上架空线路杆塔接地电阻要求（见表 15-8）

■ **表 15-3 接地装置的接地电阻要求**（据 DL/T 621—1997 等）

序号	类别	说明		接地电阻/Ω
1	直接接地和小电阻接地的电力装置接地①	一般情况下		$R_E \leqslant \frac{2000}{I}$
		经技术经济比较，可适当增大		$R_E \leqslant 5$
2	不接地，经消弧线圈接地和大电阻接地系统的电力装置接地②	高压电力装置与低压电力装置公用的接地装置		$R_E \leqslant \frac{120}{I}$ 用 $R_E \leqslant 4$
		仅用于高压电力装置		$R_E \leqslant \frac{250}{I}$ 且 $R_E \leqslant 10$
3	低压系统的电源中性点接地③	与总容量 100kV·A 以上的发电机或变压器相连的接地装置		$R_E \leqslant 4$
4		上述装置(序号 3)的重复接地		$R_E \leqslant 10$
5		与总容量 100kV·A 及以下的发电机或变压器相连的接地装置		$R_E \leqslant 10$
6		上述装置(序号 5)的重复接地		$R_E \leqslant 30$
7	城镇中 3～10kV 架空线路的钢筋混凝土杆和铁杆的接地	钢筋混凝土杆的钢筋可兼作接地引下线		$R_E \leqslant 30$
8	3～10kV 线路上排气式避雷器和保护间隙的接地①	用于保护 3～10kV 较长线路中的绝缘薄弱地点；土壤电阻率 $\rho(\Omega \cdot m)$	$\rho \leqslant 100$	$R_E \leqslant 10$
			$100 < \rho \leqslant 500$	$R_E \leqslant 15$
			$500 < \rho \leqslant 1000$	$R_E \leqslant 20$
			$1000 < \rho \leqslant 2000$	$R_E \leqslant 25$
			$\rho > 2000$	$R_E \leqslant 30$

续表

序号	类别	说明			接地电阻/Ω
9	3～10kV 交叉线路上排气式避雷器和保护间隙的接地[④]	线路之间(含与通信线路之间)交叉间距在 4m 以下(最小间距 2m)	土壤电阻率 $\rho(\Omega\cdot m)$	$\rho\leqslant100$	$R_E\leqslant20$
				$100<\rho\leqslant500$	$R_E\leqslant30$
				$500<\rho\leqslant1000$	$R_E\leqslant40$
				$1000<\rho\leqslant2000$	$R_E\leqslant50$
				$\rho>2000$	$R_E\leqslant60$
10	低压钢筋混凝土杆和铁杆接地	只适于中性点非直接接地的低压系统(IT 系统)			$R_E\leqslant50$
11	低压接户线的绝缘子铁脚接地	指由木杆、木横担引下的接户线；而自然接地电阻不大于 30Ω 的钢筋混凝土杆除外			$R_E\leqslant30$
12	3～10kV 柱上断路器和负荷开关的防雷接地	采用阀式避雷器或保护间隙			$R_E\leqslant10$
13	3～10kV 电杆接地[④]	有架空地线(避雷线)时			与序号 8 同
		无架空地线(避雷线)时			$R_E\leqslant30$
14	接闪器的独立接地装置	包括避雷针、避雷线、避雷带和避雷网的接地			$R_E\leqslant10$
15	第一类防雷建筑物的防雷接地	防直击雷和雷电波侵入			$R_{sh}\leqslant10$
		防雷电感应			$R_E\leqslant10$
16	第二类防雷建筑物的防雷接地	防直击雷、防雷电感应和防雷电波侵入，公用接地装置			$R_{sh}\leqslant10$
17	第三类防雷建筑物的防雷接地	防直击雷和雷电波侵入，公用接地装置			$R_{sh}\leqslant30$
		其中年雷击次数较高及部、省级办公建筑物等重要建筑			$R_{sh}\leqslant10$

① 大接地电流系统的工频接地电阻 R_E 计算公式中的 I，为流经接地装置的入地短路电流周期分量有效值，此电流应按 5～10 年发展后的最大运行方式确定，并应考虑系统中各接地中性点间的短路电流分配以及避雷线中分走的接地短路电流。

② 小接地电流系统的 R_E 计算公式中的 I（单位 A），其计算分三种情况。

a. 对中性点不接地系统，I 为单相接地电容电流，按下式计算，即

$$I=I_C=\frac{U_N(l_{oh}+35l_{cab})}{350}$$

式中，U_N 为电网额定电压，kV；l_{oh} 为电压 U_N 电网中架空线路总长度，km；l_{cab} 为电压 U_N 电网中电缆线路总长度，km。

b. 对中性点经消弧线圈接地系统，其中接有消弧线圈的变电所或电力装置的接地装置，I 等于系统中断开最大一台消弧线圈时，最大可能的残余电流值（JGJ/T 16—1992）规定“不得小于 30A”；JBJ 6—1996 规定“不得小于 10A”，而 DL/T 621—1997 则无此补充规定。

③ JBJ 6—1996 规定：低压系统与高压系统公用一个接地装置时，低压中性点接地电阻 $R_E\leqslant1\Omega$；低压系统与高压系统分设两个接地装置时，低压中性点接地电阻 $R_E\leqslant3\Omega$。

④ 此据 DL/T 620—1997《交流电气装置的过电压保护和绝缘配合》的规定。

■ **表 15-4 电力线路及电力设备接地电阻要求**

序号	名称	接地装置特点	接地电阻/Ω
1	1kV 以上大接地电流电力线路	仅用于该线路的接地装置	$R\leqslant\frac{2000}{I_{jd}}$，当 $I_{jd}>$ 4kA，可取 $R\leqslant0.5$[①]
2	1kV 以上小接地电流电力线路	仅用于该线路的接地装置	$R\leqslant\frac{250}{I_{jd}}\leqslant10$
3		与 1kV 以下线路共同的接地装置	$R\leqslant\frac{125}{I_{jd}}\leqslant10$
4	1kV 以下中性点直接接地的电力线路	与 100kV·A 以上发电机或变压器相连的接地装置	$R\leqslant4$
5		序号 4 的重复接地	$R\leqslant10$
6		与 100kV·A 及以下发电机或变压器相连的接地装置	$R\leqslant10$
7		序号 6 的重复接地	$R\leqslant30$
8	1kV 以下中性点不接地的电力线路	与 100kV·A 以上发电机或变压器相连的接地装置	$R\leqslant4$
9		序号 8 的重复接地装置	$R\leqslant10$
10	1kV 以下中性点不接地的电力线路	与 100kV·A 及以下发电机或变压器相连的接地装置	$R\leqslant10$
11		序号 10 的重复接地装置	$R\leqslant10$
12	引入线装有 25A 以下熔断器的线路	任何供电系统	$R\leqslant10$
13	电弧炉、工业电子设备、电流及电压互感器等	高低压电气设备联合接地	$R\leqslant4$
14		电流、电压互感器二次绕组	$R\leqslant10$
15		高压线路的保护网或保护线	$R\leqslant10$
16		电弧炉	$R\leqslant4$
17		工业电子设备	$R\leqslant10$
18		静电接地	$R\leqslant100$
19	ρ 大于 500Ω·m 的高土壤电阻率地区	1kV 以下小接地系统的电气设备	$R\leqslant20$
20		发电厂和变电所的接地装置	$R\leqslant10$
21		大接地电流系统发电厂和变电所装置	$R\leqslant5$
22	无避雷线的架空线路	小接地电流系统钢筋混凝土杆、金属杆	$R\leqslant30$
23		低压线路钢筋混凝土杆、金属杆	$R\leqslant30$
24		零线重复接地	$R\leqslant10$
25		低压进户线绝缘子铁脚	$R\leqslant10$

① 对单台或并联运行的总容量而言。

■ **表 15-5　建筑物和构筑物过电压保护接地电阻要求**

建筑物、构筑物分类		直击雷冲击接地电阻/Ω	感应雷工频接地电阻/Ω	利用基础钢筋工频接地电阻/Ω	电气设备与避雷器的公用工频接地电阻/Ω	架空引入线间隙及金属管道的冲击接地电阻/Ω
工业建筑	第一类	≤10	≤10		≤10	≤20
	第二类	≤10	与直击雷共同接地≤10		≤5	入户外10,第一根杆20,第二根杆20,架空管道10
	第三类	20～30		≤5		≤30
	烟囱	20～30				
	水塔	≤30				
民用建筑	第一类	5～10		1～5	≤10	第一根杆10,第二根杆30
	第二类	20～30		≤5	20～30	≤30

■ **表 15-6　防雷保护设备的接地电阻要求**

序号	防雷保护设备名称	接地电阻(不大于)/Ω
1	保护变电所的室外独立避雷针	25
2	装设在变电所架空进线上的避雷针	25
3	装设在变电所与母线连接的架空进线上的管型避雷器(电气上与旋转电动机无联系者)	10
4	同上(但电气上与旋转电动机有联系)	5
5	装设在20kV以上架空线路交叉处,跨越电杆上的管型避雷器	15
6	装设在35～110kV架空线路中,以及在绝缘较薄弱处木质电杆上的管型避雷器	15
7	装设在20kV以下架空线路电杆上的放电间隙,以及装设在与20kV及以上架空线路相交叉的通信线路电杆上的放电间隙	25

■ **表 15-7　分线箱内保安器接地电阻要求**

土壤种类	土壤电阻率 $\rho/\Omega\cdot m$	用户引入线系数 n					
		5以下	6～10	11～12	21～40	41～60	60以上
		接地电阻(不大于)/Ω					
黑土地,泥炭	＜50	12	9	7	6	5	4
黄土地,砂质黏土	50～100	14	10	8	7	6	5
夹砂土地	100～300	17	13	10	9	7	6
砂土地	300～500	24	18	14	12	10	8
夹石土地	500～1000	30	22	17	15	12	10

■ **表 15-8　3kV 及以上架空线路杆塔接地电阻要求**

土壤电阻率 $\rho/\Omega\cdot m$	接地电阻(不大于)/Ω
100 及以下	10
100～500	15
500～1000	20
1000～2000	25
2000 以上	敷设 6～8 根射线，接地电阻 30Ω，或连续伸长接地，阻值不作规定

15.1.7　土壤电阻率

(1) 土壤电阻率及修正

设计接地装置或估算接地装置的接地电阻时，需要实测接地装置埋设地点的土壤电阻率。如无实测资料时，也可参考表 15-9 中所列数值。

实测的接地电阻值或土壤电阻率，要乘以季节系数 ϕ_1 或 ϕ_2 或 ϕ_3（见表 15-10）进行修正。

(2) 土壤腐蚀性等级及防腐措施

钢接地体（线）耐受腐蚀能力差。钢材镀锌后能将耐腐蚀性能提高一倍左右，在腐蚀性较强场所的接地装置采用镀锌钢材好。运行经验表明，热镀锌防腐效果好。

■ **表 15-9　土壤和水的电阻率参考值**　　　　单位：Ω·m

类别	名称	电阻率近似值	电阻率的变化范围		
			较湿时(一般地区、多雨区)	较干时(少雨区、沙漠区)	地下水含盐碱时
土	陶黏土	10	5～20	10～100	3～10
	泥炭、泥灰岩、沼泽地	20	10～30	50～300	3～30
	捣碎的木炭	40	—	—	—
	黑土、园田土、陶土、白垩土	50	30～100	50～300	10～30
	黏土	60			
	砂质黏土	100	30～300	80～1000	10～30
	黄土	200	100～200	250	30
	含砂黏土、砂土	300	100～1000	>1000	30～100

续表

类别	名称	电阻率近似值	电阻率的变化范围		
			较湿时（一般地区、多雨区）	较干时（少雨区、沙漠区）	地下水含盐碱时
土	河滩中的砂	—	300	—	—
	煤	—	350	—	—
	多石土壤	400	—	—	—
	上层红色风化黏土、下层红色页岩	500（30%湿度）	—	—	—
	表层土夹石、下层砾石	600（15%湿度）	—	—	—
砂	砂、砂砾	1000	250～1000	1000～2500	—
	砂层深度大于10m、地下水较深的草原 地面黏土深度≤1.5m、底层多岩石	1000	—	—	—
岩石	砾石、碎石	5000	—	—	—
	多岩山地	5000	—	—	—
	花岗岩	200000	—	—	—
混凝土	在水中	40～55	—	—	—
	在湿土中	100～200	—	—	—
	在干土中	500～1300	—	—	—
	在干燥的大气中	12000～18000	—	—	—
矿	金属矿石	0.01～1	—	—	—
水	海水	1～5	—	—	—
	湖水、池水	30	—	—	—
	泥水、泥炭中的水	15～20	—	—	—
	泉水	40～50	—	—	—
	地下水	20～70	—	—	—
	溪水	50～100	—	—	—
	河水	30～280	—	—	—
	污秽的水	300	—	—	—
	蒸馏水	1000000	—	—	—

注：1Ω·m＝100Ω·cm。

■ 表 15-10 各种性质土壤的季节系数

土壤性质	深度/m	ϕ_1	ϕ_2	ϕ_3
黏土	0.5～0.8	3	2	1.5
	0.8～3	2	1.5	1.4
陶土	0～2	2.4	1.5	1.2

续表

土壤性质	深度/m	ϕ_1	ϕ_2	ϕ_3
砂砾盖于陶土	0～2	1.8	1.2	1.1
园地	0～3	—	1.3	1.2
黄沙	0～2	2.4	1.6	1.2
杂以黄沙的砂砾	0～2	1.5	1.3	1.2
泥炭	0～2	1.4	1.1	1.0
石灰石	0～2	2.5	1.5	1.2

注：ϕ_1—测量前数天下过较长时间的雨，土壤很潮湿时用之；
ϕ_2—测量时土壤较潮湿，具有中等含水量时用之；
ϕ_3—测量时土壤干燥或测量前降雨不大时用之。

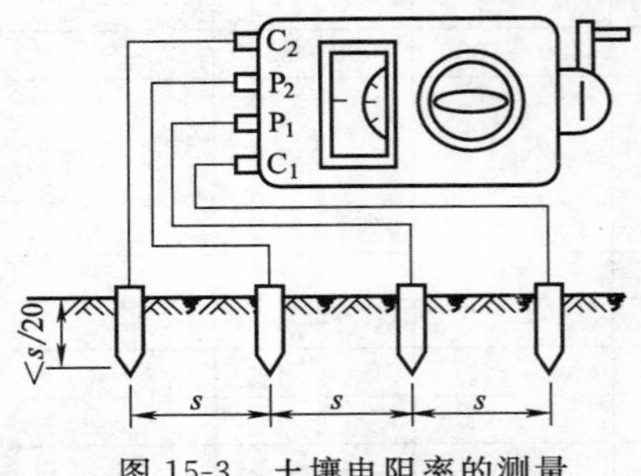

图 15-3　土壤电阻率的测量

【例 15-3】　在干燥的季节，用绝缘电阻表（兆欧表）测某黄（黏）土地段的土壤电阻率如图 15-3 所示。已知接地极之间的距离 s 为 10m，绝缘电阻表上的示数 R_x 为 12Ω，试求该地段的土壤电阻率。

解　① 实测土壤电阻率为

$$\rho_0=2\pi sR_x=2\pi\times10\times12=753.96\Omega\cdot m\approx7.5\times10^4\Omega\cdot cm$$

② 考虑季节（干湿）因素，该土壤的电阻率为

$$\rho=\phi\rho_0=1.5\times7.5\times10^4=11.25\times10^4\Omega\cdot cm$$

（ϕ=1.5 由表 15-10 中查得）

15.2 特殊环境的接地要求

15.2.1　浴室的接地要求

浴室是非常潮湿的环境，为确保人身安全，浴室应采取等

电位措施。即将浴室内导电的浴缸、沐浴器、供水管、下水管、暖气设备及通道上的金属结构件用截面积不小于 $6mm^2$ 的铜线或不小于 20mm×3mm 的热镀锌钢带连接起来。如浴室内没有保护零线（PE 线），不可自室外引入 PE 线与等电位连接线相连，以免引入危险电位；如果采用 PE 线保护，PE 线接在等电位连接线上，由配电盘引出的 PE 线截面，铜芯线最小为 $6mm^2$。

另外，在浴室内用电设备必须采用漏电保护器，以便在发生单相接地故障时能迅速切断电源，漏电保护器的动作电流一般整定为 5mA。

电动剃须刀只能用二次侧与地绝缘且不与一次侧 PE 线相连的隔离变压器供电，该变压器的接地线应与 PE 线相连。插座只能装在浴室周围 3m 外离地为 2.25m 的水平面上，要由隔离变压器供电或由安全超低压（不超过 12V）供电，或由漏电保护器保护；预制淋浴间的插座及开关，只能设在门外 0.6m 以外的范围内。

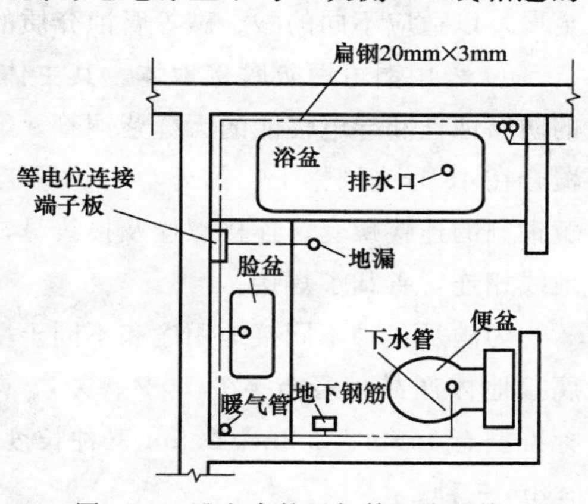

图 15-4 浴室内的局部等电位连接

浴室内的局部等电位连接如图 15-4 所示。

15.2.2 腐蚀环境的接地要求

在腐蚀性环境内，对接地装置可采取以下措施。

① 在强腐蚀环境内，宜采用铜芯塑料绝缘导线作为接地干线和接地支线（不包括接地极）。

② 如采用型钢作接地线，其厚度或直径应比一般规定加大一级。

③ 除螺栓紧固接触面外，应在镀锌层上再喷涂塑料或刷耐腐蚀涂料。

④ 钢接地体（线）耐受腐蚀能力差。钢材镀锌后能将耐腐蚀性能提高1倍左右，在腐蚀性较强场所的接地装置采用镀锌钢材较好。运行经验表明，热镀锌防腐效果好。钢接地极不能喷涂塑料或刷漆。

⑤ 有条件的，最好采用防腐蚀的接地极。这种接地极以钢或铜为基体，外面复合一层厚度不小于0.5mm的铜、铅、锌等有色金属，以适应不同的酸、碱等腐蚀介质的防腐要求。

⑥ 采用铜覆钢防腐接地体。其主体采用较热镀锌型钢有更好的防腐蚀性和导电性能的无缝紫铜管，经过冷拔缩径的工艺紧密地覆合在45号光圆钢上。另外，用热锻工艺配上高强度钢制锥头和黄铜制的连接螺套、连接螺栓及接线鼻，用螺栓就可以方便地与接地线相连，省却了焊接。

为满足各种不同接地用途和不同土壤电阻率的需要，铜覆钢防腐接地体产品外径有ϕ26、ϕ24、ϕ21、ϕ19、ϕ17、ϕ15、ϕ13七种，标准型有1.8m、2.2m、2.5m三种长度，组合型有1.2m、1.5m、1.8m三种。

⑦ 在潮湿和中等腐蚀的环境内，一般采取以钢为基体被覆铜的复合式接地极，这样既可保证刚度要求，又可减少腐蚀速度，价格也较便宜。

⑧ 对没有采取防腐措施的接地极，当腐蚀速度为0.1mm/a时，圆钢接地极直径不小于12mm，钢管接地极厚度不小于5mm，扁钢接地体厚度不小于5mm；如腐蚀速度超过0.1mm/a时，则接地极的直径和厚度相应增加。

土壤腐蚀性等级及防腐措施见表15-11。

■ **表 5-11　土壤腐蚀性等级及防腐措施**

项目	土壤腐蚀性等级				
	特高	高	较高	中等	低
土壤电阻率/Ω·m	<5	5～10	10～20	20～100	<100
含盐量/%	0.75	0.75～0.1	0.1～0.05	0.05～0.01	<0.01
含水/%	12～25	10～12	5～10	5	<5
在 ΔU=500mV 时极化电流密度/(mA/cm²)	0.3	0.3～0.08	0.08～0.025	0.025～0.001	<0.001
防腐措施	特加强	加强	加强	普通	普通

15.2.3 盐渍土地区的接地

对于 pH 值不小于 8 的盐渍土地区，如果采用外引式接地装置（避开盐渍土）或改良土壤有困难时，接地时可采取以下措施。

① 接地极要以耐腐蚀的不锈钢材料代替普通的热镀锌角钢，以提高钢材耐腐蚀的能力。

② 用接地极井代替埋设的接地极。采用接地极井既便于接地电阻值的测试，又便于在接地极腐蚀严重时予以更换。接地井的具体做法如图 15-5 所示。

③ 接地母线要用截面积大于或等于 $120mm^2$ 的专用 PE 线代替普通的热镀锌扁钢。

④ 接地极之间、接地极组之间的接地母线连接采用不锈钢螺栓紧固，PE 线与接地极、接地母排的连接采用接线端子压接。

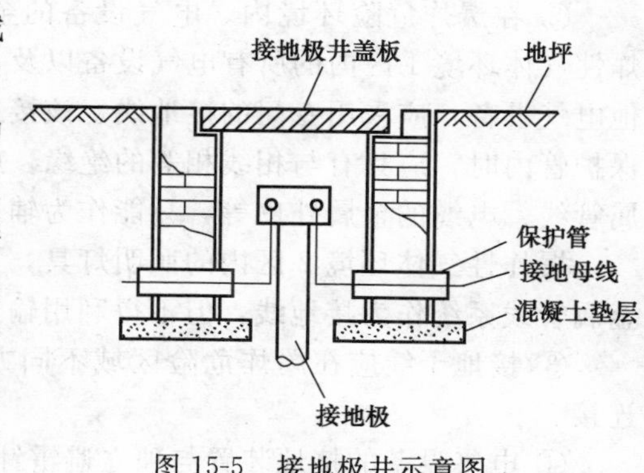

图 15-5　接地极井示意图

⑤ 在装置区接地支线密集的场所设置地面上的接地母排以实现接地支线的分配。地面上的接地母排以耐腐蚀的不锈钢板制作。

接地母线从地下引出到地面时要用保护管保护。

⑥ 从接地母排至各用电设备的接地支线可采用电缆桥架或电线保护管敷设的方法；地下敷设方式同接地母线的敷设方法。

⑦ PE线在地下敷设时要求导线绝缘良好，不得有破损和接头。若情况特殊必须有接头，应采用压接管压接。导线的绝缘恢复应用热塑管热塑成型，将导线连接面全部予以覆盖。

15.2.4 爆炸和火灾危险环境的接地要求

(1) 爆炸危险环境的接地要求

1) 爆炸性气体环境电气设备接地应符合以下要求。

① 按有关电力设备接地设计技术规程规定不需要接地的下列部分，在爆炸性气体环境内仍应进行接地：

a. 在不良导电地面处，交流额定电压为380V及以下和直流额定电压为440V及以下的电气设备正常不带电的金属外壳；

b. 在干燥环境，交流额定电压为127V及以下，直流电压为110V及以下的电气设备正常不带电的金属外壳；

c. 安装在已接地的金属结构上的电气设备。

② 在爆炸危险环境内，电气设备的金属外壳应可靠接地。爆炸性气体环境1区内的所有电气设备以及2区内除照明灯具外的其他电气设备，应采用专门的接地线。该接地线若与相线敷设在同一保护管内时，应具有与相线相等的绝缘。此时爆炸性气体环境的金属管线、电缆的金属外皮等，只能作为辅助接地线。

爆炸性气体环境2区内的照明灯具，可利用有可靠电气连接的金属管线系统作为接地线，但不得利用输送易燃物质的管道。

③ 接地干线应在爆炸危险区域不同方向不少于两处与接地体连接。

④ 电气设备的接地装置与独立避雷针的接地装置应分开设置，与装设在建筑物上的避雷针的接地装置可合并设置；与防雷电感应的接地装置也可合并设置。接地电阻值应取其中最低值。

2) 爆炸性粉尘环境电气设备接地应符合以下要求。

① 同爆炸性气体环境的①项、④项。

② 爆炸性粉尘环境内电气设备的金属外壳应可靠接地。爆炸性粉尘环境 10 区内的所有电气设备，应采用 TN-S 制式，即应有专门的接地线（PE 线），该接地线若与相线敷设在同一保护管内时，应具有与相线相等的绝缘。电缆的金属外皮及金属管线等只作为辅助接地线。爆炸性粉尘 11 区内的所有电气设备，可采用 TN-C 制式，即利用有可靠电气连接的金属管线或金属构件作为接地线（PE 线），但不得利用输送爆炸危险物质的管道。

③ 为了提高接地的可靠性，接地干线宜在爆炸危险区域不同方向且不少于两处与接地体连接。

3）IT 接地制式因单相接地短路电流小，比较不容易引起爆炸，适合于爆炸危险环境使用，但必须采取适当措施，如采用漏电保护器作为保护设备。IT 接地制式在第一次接地短路故障后，如再发生异相接地短路，即形成相间短路，其短路电流比 TN 系统的单相短路电流还大，容易引起爆炸。因此必须在第一次接地短路后立即有音响报警装置，以便及时采取措施，防止发生异相接地短路。

4）PE 线的选用。PE 线材质，当采用电缆中的一根芯线作为 PE 线时，1 区和 10 区内应用铜质。在 2 区内宜用铜质。当采用铝芯电缆中的一根铝芯线作 PE 线时，与电气设备的连接应有可靠的铜铝接头。11 区内有剧烈振动的用电设备的 PE 线也应用铜质；其他用电设备可采用铝芯电缆中的一根铝芯作 PE 线。所有接地线及控制线应全部用铜质。

PE 线的截面积：1 区及 10 区，PE 线截面积，铜芯不小于 $2.5mm^2$；2 区及 11 区，铜芯不小于 $1.5mm^2$，铝芯不小于 $2.5mm^2$；10 区及 11 区内的移动电缆的芯线截面积不小于 $2.5mm^2$；10 区内移动电缆采用重型，11 区内的电缆采用中型。

当利用电缆中的一根芯线或钢管配线中的一根导线作 PE 线时，其绝缘强度与相线相同。

（2）火灾危险环境的接地要求

火灾危险环境电气设备接地应符合以下要求。

① 在火灾危险环境内的电气设备的金属外壳应可靠接地。

② 接地干线应有不少于两处与接地体连接。

15.2.5 防静电接地要求

接地是消除静电危害最简单、最常用的办法。接地主要用来消除金属设备、金属容器等导体上的静电，而不宜用来消除高绝缘体上的静电。防静电接地的安装，应符合以下要求。

① 凡用来加工、储存、运输各种易燃液体、易燃气体和粉体的设备，如金属容器、管道、油槽、油箱、储罐、阀门、漏斗、混合器、过滤器、干燥器、升华器等都必须接地。

② 防静电接地装置的接地电阻（每一处）一般应不大于100Ω。

③ 防静电接地可与防感应雷、电气设备的接地装置连在一起。

④ 氧气、乙炔管道、空气管道等都必须连接成连续的整体，并予以接地。

⑤ 可能产生静电的管道两端和每隔200～300m均应接地；平行管道相距100mm以内时，每隔20m应用导线相互连接；管道与管道或管道与其他金属物体交叉或接近时，且其间距小于100mm时，也应互相连接起来。

⑥ 爆炸及火灾危险场所的管道之间及与设备、机组、阀门之间的连接法兰，应用金属线跨接。

⑦ 工作站台、浮动罐顶、磅秤、金属栓尺等辅助设备均应接地。

⑧ 容量大于50m^3的储罐，其接地点不应少于两处，且接地点的间距不应大于30m，并应在罐体底部周围对称的与接地体连接，接地体应连接成环形的闭合回路。

⑨ 易燃或可燃液体的浮动式储罐，其罐顶与罐体之间，应用截面积不小于25mm^2的钢软绞线或铜软线跨接，且其浮动式电气测量装置的电缆，应在引入储罐处将钢铠、金属包皮可靠地与罐体相连接。

⑩ 非金属制的储罐，沿其内壁敷设的防静电接地导体，应与

引入的金属管道连接，并引至罐外与接地体可靠连接。

⑪ 非金属的管道，其外壁上缠绕的金属丝带、网等，应紧贴其表面均匀地缠绕，并应可靠连接。

⑫ 可燃粉尘的袋式集尘设备，织入袋体的金属丝的接地端子应接地。

⑬ 平带传动的机组及其皮带的防静电接地刷、防护罩，均应接地。

⑭ 某些危险性较大的场所，为使转轴可靠接地，可采用导电性润滑油或采用滑环、碳刷接地。

⑮ 对于有静电危险的装卸料作业，作业开始前应将有关金属物体连成一体并接地，作业终止后需经过一段时间的静置（见表15-12），才可拆去接地和连接线。

■ 表 15-12 静置时间

单位：min

带电物体的体电阻率/Ω·m	带电物体的容积/m^3			
	<10	10～50	50～5000	>5000
$<10^8$	1	1	1	2
$10^8\sim10^{12}$	2	3	10	30
$10^{12}\sim10^{14}$	4	5	60	120
$>10^{14}$	10	15	120	240

15.2.6 计算机系统的接地要求

（1）静电的产生及危害

计算机室静电主要由摩擦产生。人体动作产生的静电电压见表 15-13。

■ 表 15-13 人体动作产生的静电电压

人体动作	人体带静电电压/V	
	15%相对湿度	70%相对湿度
人走过地毯	35000	1500
抖动 PVC 塑料袋	20000	1200
坐在塑质椅上转动	18000	1500
人在工作台上动作	6500	150

静电对计算机系统的主要危害是使静电敏感元件损坏和造成计算机误动作。

计算机等电子设备内的静电敏感元件有场效应管、电荷耦合器件、运算放大器、集成电路、高精度稳压管、厚膜电阻器、微波器件、晶闸管及混合电路等。

(2) 计算机系统抗静电措施

① 操作人员必须穿防静电工作服和工作鞋，戴防静电腕带。

② 计算机和外围设备都需放置在静电工作台上，防静电工作台面采用防静电胶垫；如采用导电材料做的工作台面，则台面到专用地线应串接 100kΩ～1MΩ 限流电阻。防静电工作台应配备防静电椅和地毯。

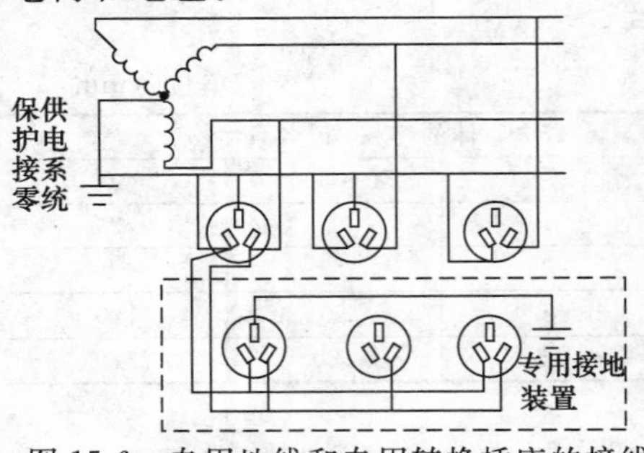

图 15-6 专用地线和专用转换插座的接线

③ 防静电最重要的措施是认真做好接地工作，设置专用接地装置，即在保护接零系统中增加专用接地装置。专用地线和专用转换插座的接线如图 15-6 所示。专用接地装置必须满足以下技术要求：

a. 接地电阻应小于 1Ω；

b. 不能与三相电的零线相接；

c. 不准与防雷地线相接；

d. 不准与自来水管或暖气管相接。

(3) 专用接地装置的埋设方法

下面介绍两种简易专用接地装置的埋设方法。

① 大块紫铜板式专用接地装置。埋设方法如图 15-7 所示。接地板采用长 600～700mm、宽 400～500mm、厚 4～5mm 的紫铜板；接地线采用 4mm×3mm 扁紫铜线，用熔焊法焊接。紫铜板埋深 1.5～2m，埋设地点应在阴潮处。

② 三角铁架式专用接地装置。埋设方法如图 15-8 所示。接地

极采用三根 50mm×50mm×5mm、长度 1.5～2.5m 的角铁，最好为三角形布置，然后将它们焊为一体，再焊上紫铜线引入机房。

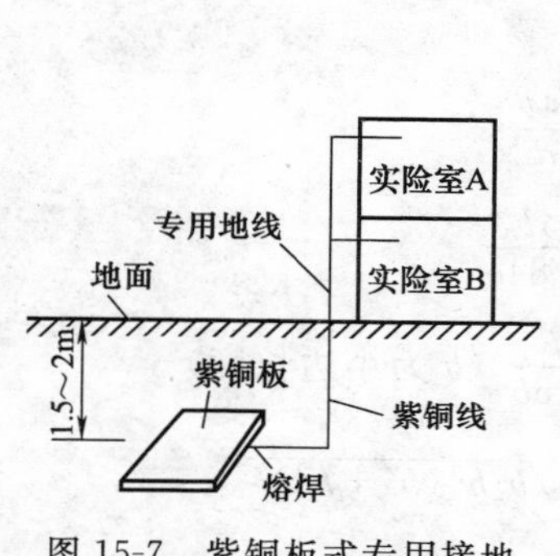

图 15-7 紫铜板式专用接地装置的埋设

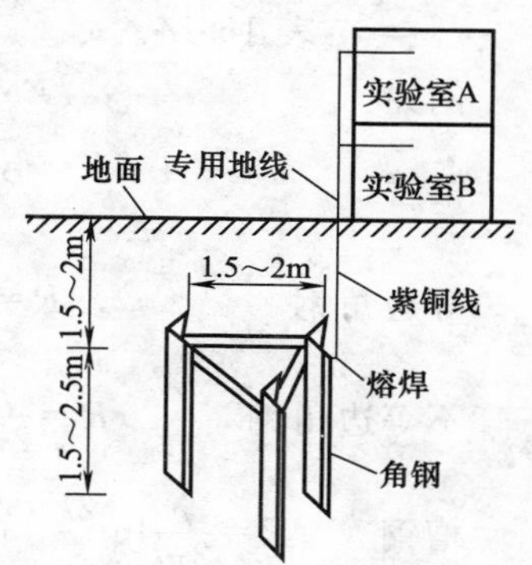

图 15-8 三角铁架式专用接地装置的埋设

专用地线应明线敷设，以便于检查。

接地装置埋设好后，应用接地电阻测试仪测量接地电阻。若达不到要求，则应增加接地体的埋设数量，也可在接地体土层撒些盐和木炭。

15.3 接地电阻计算

15.3.1 垂直接地体的接地电阻计算

垂直接地体的接地电阻，当 $l \geqslant d$ 时，可按下式计算：

$$R=\frac{\rho}{2\pi l}\ln\frac{4l}{d}\ (\Omega)$$

式中 ρ——土壤电阻率，Ω·m；

l——接地体长度，m；

d——接地体的直径或等效直径（m），型钢的等效直径见表 15-14。

例如：

钢管 $R=\frac{\rho}{2\pi l}\ln\frac{4l}{d}$

等边角钢 $R=\frac{\rho}{2\pi l}\ln\frac{4l}{0.84b}$

不等边角钢 $R=\frac{\rho}{2\pi l}\ln\frac{21l}{0.515b}$（$b$ 为小边长度）

槽钢 $R=\frac{\rho}{2\pi l}\ln\frac{2l}{r}$，$r=0.46\sqrt[9]{b^2h^3(b^2+h^2)^2}$

■ **表 15-14 型钢的等效直径 d**

种类	圆钢	钢管	扁钢	角钢
简图	d	d'	b	b_1, b_2
d	d	d'	$\frac{b}{2}$	等边 $d=0.84b$ 不等边 $d=0.71\sqrt[4]{b_1b_2(b_1^2+b_2^2)}$

当 $l=250$cm，顶端埋于地面之下 0.5～0.8m 时，接地体接地电阻 R 可用以下简化公式估算：

$$R\approx 0.003\rho$$

各种垂直接地体接地电阻值的简化公式为

$$R=K\rho$$

式中 K——简化计算系数，见表 15-15。

以上两式中 ρ 的单位为 Ω·cm。

【例 15-4】 一单根 ϕ50mm 钢管接地体，长度 l 为 200cm，埋设在沙土中，埋深为顶端距地面 0.7m，试求接地电阻。

■ **表 15-15　各种型钢接地体的 *K* 值**

极形	规格/mm	计算外径/mm	长度/cm	*K* 值
管子	ϕ38	48	250	34×10^{-4}
	ϕ38	48	200	40.7×10^{-4}
	ϕ50	60	250	32.6×10^{-4}
	ϕ50	60	200	39×10^{-4}
角钢	40×40×4	33.6	250	36.3×10^{-4}
	40×40×4	33.6	200	43.6×10^{-4}
	50×50×5	42	250	34.85×10^{-4}
	50×50×4	42	200	41.8×10^{-4}
槽钢	80×43×5	68	250	31.8×10^{-4}
	80×43×5	68	200	38×10^{-4}
	100×48×5.3	82	250	30.6×10^{-4}
	100×48×5.3	82	200	36.5×10^{-4}

注：型钢的计算外径即等效直径。

解　① 计算法。查表 15-9，得沙土的电阻率 $\rho=3\times10^4\,\Omega\cdot\text{cm}$，接地电阻值为

$$R=\frac{\rho}{2\pi l}\ln\frac{4l}{d}=\frac{3\times10^4}{2\pi\times200}\ln\frac{4\times200}{5}$$

$$=23.9\ln160=121.3\Omega$$

② 查表法（简化公式计算）。查表 15-15，$K=39\times10^{-4}$，故接地电阻为

$$R=K\rho=39\times10^{-4}\times3\times10^4=117\Omega$$

可见，以上两种方法求得的接地电阻值基本一致，都符合工程计算要求。

15.3.2　水平接地体的接地电阻计算

(1) 单根水平接地体的接地电阻计算

水平接地体的接地电阻可按下式计算：

$$R=\frac{\rho}{2\pi l}\left(\ln\frac{l^2}{hd}+A\right)\ (\Omega)$$

式中　ρ——土壤电阻率，$\Omega\cdot$m；

l——接地体长度，m；

h——水平接地体埋深，m；

d——接地体的直径或等效直径（见表 15-14），m；

A——水平接地体的形状系数，见表 15-16。

■ **表 15-16　水平接地体的形状系数 A 值**

形状	—	└	⅄	＋
A 值	0	0.378	0.867	2.14
形状	*	✳	□	○
A 值	5.27	8.81	1.69	0.48

常用的各种钢材的单根直线水平接地体的接地电阻值，见表 15-17。

■ **表 15-17　单根直线水平接地体的接地电阻值**　　单位：Ω

接地体材料及尺寸/mm		接地体长度/m											
		5	10	15	20	25	30	35	40	50	60	80	100
扁钢	40×4	23.4	13.9	10.1	8.1	6.74	5.8	5.1	4.58	3.8	3.26	2.54	2.12
	25×4	24.9	14.6	10.6	8.42	7.02	6.04	5.33	4.76	3.95	3.39	2.65	2.20
圆钢	$\phi 8$	26.3	15.3	11.1	8.78	7.3	6.28	5.52	4.94	4.10	3.47	2.74	2.27
	$\phi 10$	25.6	15.0	10.9	8.6	7.16	6.16	5.44	4.85	4.02	3.45	2.70	2.23
	$\phi 12$	25.0	14.7	10.7	8.46	7.04	6.08	5.34	4.78	3.96	3.40	2.66	2.20
	$\phi 15$	24.3	14.4	10.4	8.28	6.91	5.95	5.24	4.69	3.89	3.34	2.62	2.17

注：按土壤电阻率为 100Ω·m，埋深为 0.8m 计算。

长度 60m 左右的单根水平接地体，也可按以下简易公式计算：

$$R \approx 0.0003\rho$$

式中，ρ 的单位为 Ω·cm。

【例 15-5】 一根 40×4（mm）扁钢水平埋设接地体，长度 l 为 10m，埋设在砂质黏土中，埋深为 0.8m，试求接地电阻值。

解 ①计算法。查表 15-9，得砂质黏土的电阻率 $\rho = 1 \times 10^4$ Ω·cm；查表 15-14，得扁钢的等效直径 $d = b/2$；查表 15-16，得形状系数 $A = 0$。

接地电阻为

$$R=\frac{\rho}{2\pi l}\left(\ln\frac{l^2}{hd}+A\right)=\frac{1\times 10^4}{2\pi\times 1000}\ln\frac{1000^2}{80\times\frac{4}{2}}$$

$$=1.59\ln 6250=13.9\Omega$$

② 查表法。查表 15-17，得接地电阻值 $R=13.9\Omega$。

（2）n 根水平放射式接地体的接地电阻计算

当 $n\leqslant 12$，每根长度约 60m 时的水平放射式接地体的接地电阻可按以下简化公式计算：

$$R\approx\frac{6.2\rho}{n+1.2}\times 10^{-4}$$

【例 15-6】 由 8 根长度为 60m，扁钢组成的水平放射式接地体，埋设在多石土壤中，试求其接地电阻值。

解 查表 15-9，得多石土壤的电阻率 $\rho=4\times 10^4\Omega\cdot\text{cm}$，已知 $n=6$，则该接地装置的接地电阻值为

$$R\approx\frac{6.2\rho}{n+1.2}\times 10^{-4}=\frac{6.2\times 4\times 10^4}{8+1.2}\times 10^{-4}=2.7\Omega$$

15.3.3 几种人工接地装置的接地电阻值

几种人工接地装置在不同土壤电阻率下的接地电阻值，见表 15-18。

■ **表 15-18 几种人工接地装置的接地电阻值**

形式	简图	材料尺寸/mm 及用量/m				土壤电阻率/Ω·m		
		圆钢 $\phi 20$	钢管 $\phi 50$	角钢 50×50×5	扁钢 40×4	100	250	500
						工频接地电阻/Ω		
单根	I 0.8m 2.5m	2.5	2.5	2.5		30.2 37.2 32.4	75.4 92.9 81.1	151 186 162
2根	5m		5.0	5.0	5 5	10.0 10.5	25.1 26.2	50.2 52.5
3根	5m 5m		7.5	7.5	10	6.65 6.92	16.6 17.3	33.2 34.6
4根	5m 5m 5m		10.0	10.0	15	5.08 5.29	12.7 13.2	25.4 26.5

续表

形式	简图	材料尺寸/mm及用量/m				土壤电阻率/Ω·m		
		圆钢 ϕ20	钢管 ϕ50	角钢 50×50×5	扁钢 40×4	100	250	500
						工频接地电阻/Ω		
5根			12.5		20.0	4.18	10.5	20.9
				12.5	20.0	4.35	10.9	21.8
6根			15.0		25.0	3.58	8.95	17.9
				15.0	25.0	3.73	9.32	18.6
8根			20.0		35.0	2.81	7.03	14.1
				20.0	35.0	2.93	7.32	14.6
10根			25.0		45.0	2.35	5.87	11.7
				25.0	45.0	2.45	6.12	12.2
15根			37.5		70.0	1.75	4.36	8.73
				37.5	70.0	1.82	4.56	9.11
20根			50.0		95.0	1.45	3.62	7.24
				50.0	95.0	1.52	3.79	7.58

15.3.4 工频接地电阻与冲击接地电阻的换算

按前述方法算出接地体的接地电阻，均为工频接地电阻值 R，然后除以表 15-19 所列比值，即可求出接地体的冲击接地电阻值 R_{ch}。防雷保护接地装置的接地电阻，均为冲击接地电阻。

■ 表 15-19 接地体的工频接地电阻与冲击接地电阻的比值 R/R_{ch}

各种形式接地体中接地点至接地体最远端的长度/m	土壤电阻率 ρ/Ω·m			
	≤100	500	1000	≥2000
	比值 R/R_{ch}			
20	1	1.5	2	3
40	—	1.25	1.9	2.9
60	—	—	1.6	2.6
80	—	—	—	2.3

对伸长形接地体（包括放射形接地体），在计算接地电阻时，接地体的有效长度（从引下线与接地体的连接点计算起）不宜大于 $2\sqrt{\rho}$m。因此每根放射形接地体的最大长度，根据土壤电阻率确定

如下：

土壤电阻率 ρ（Ω·m）	≤100	≤500	≤1000	≤2000
最大长度（m）	20	40	60	80

例如，测得某接地装置的接地电阻为 10Ω，已知埋设处土壤电阻率为 800Ω·m，引下线与接地体之间的距离为 18m，则查表 15-19，估计 $R/R_{ch}\approx 1.8$。因此该接地装置的冲击接地电阻为

$$R_{ch}=10/1.8=5.6\Omega$$

15.3.5 自然接地体的接地电阻估算

（1）直埋铠装电缆

直埋铠装电缆金属外皮的接地电阻值见表 15-20。

【例 15-7】 4 条 10kV $3\times120\text{mm}^2$ 的铠装电缆，长均为 100m，埋设在同一砂质黏土壕沟中，埋深为 0.7m。试求其接地电阻值。

解 查表 15-9，得砂质黏土的电阻率 $\rho=0.8\times10^4\Omega\cdot\text{cm}$，查表 15-22，可得修正系数 $K=0.89$。已知电缆长度为 100m，查表 15-20，得每条电缆的接地电阻值为 1.15Ω。因此，$R_0=0.89\times1.15=1\Omega$。4 根电缆的总接地电阻值为

$$R_n=R_0/\sqrt{n}=1/\sqrt{4}=0.5\Omega$$

（2）直埋金属水管

直埋金属水管的接地电阻值见表 15-21。

【例 15-8】 有一条公称直径为 50mm 的自来水管，长约 100m；埋设在砂质黏土中。试求其接地电阻值。

解 查表 15-9，得砂质黏土的电阻率 $\rho=0.8\times10^4\Omega\cdot\text{cm}$；查表 15-22，得修正系数 $K=0.89$。已知自来水管长度为 100m，查表 15-21，得接地电阻值为 0.4Ω。因此该水管的接地电阻值为

$$R=0.89\times0.4=0.36\Omega$$

（3）钢筋混凝土电杆

钢筋混凝土电杆的接地电阻值见表 15-23。

■ **表 15-20　直埋铠装电缆金属外皮的接地电阻值**（当 ρ=100Ω·m 时）

电缆芯线截面积/mm²	接地电阻/Ω										
	当电缆为下列长度时/m										
	100	200	300	400	500	600	700	900	1100	1300	1500
16	1.92	1.75	1.60	1.50	1.40	1.30	1.26	1.18	1.16	1.16	1.16
25	1.70	1.55	1.40	1.30	1.20	1.15	1.10	1.05	1.00	1.00	1.00
35	1.60	1.48	1.33	1.25	1.15	1.10	1.05	1.00	0.95	0.95	0.95
50	1.52	1.39	1.28	1.12	1.10	1.06	0.95	0.92	0.87	0.86	0.86
70	1.45	1.30	1.20	1.12	1.06	1.00	0.95	0.88	0.80	0.79	0.79
95	1.24	1.13	1.07	1.00	0.93	0.90	0.80	0.84	0.73	0.71	0.71
120	1.15	1.08	1.00	0.93	0.87	0.83	0.75	0.72	0.70	0.69	0.69
150	1.08	1.00	0.90	0.87	0.80	0.75	0.70	0.68	0.65	0.64	0.64
180	1.00	0.93	0.86	0.80	0.77	0.72	0.65	0.63	0.60	0.59	0.59
240	0.95	0.87	0.80	0.75	0.70	0.68	0.61	0.60	0.57	0.56	0.56

注：1. 本表编制条件：电阻率 ρ=100Ω·m，6kV 铠装电缆，埋深为 0.7m。

2. 1kV 和 10kV 电缆按本表查得电阻后，分别乘以系数 1.28 及 0.86。

3. 土壤电阻率不是 100Ω·m 时，可乘以表 15-22 中的修正系数 K。

4. 同一缆沟中埋设多根截面相近的电缆，其总接地电阻 $R_n=\frac{R_0}{\sqrt{n}}$，其中，R_n—总接地电阻；R_0—单根电缆接地电阻；n—电缆根数。

■ **表 15-21　直埋金属水管的接地电阻值（当 ρ=100Ω·m 时）**

直径/mm	接地电阻/Ω 当水管为下列长度时/m									
	100	200	300	500	700	900	1100	1300	1500	1700
15	0.47	0.43	0.40	0.37	0.33	0.31	0.30	0.28	0.27	0.27
50	0.40	0.38	0.37	0.33	0.30	0.28	0.27	0.26	0.25	0.24
70	0.35	0.33	0.32	0.29	0.27	0.25	0.24	0.23	0.22	0.22
80	0.33	0.31	0.30	0.27	0.25	0.24	0.23	0.22	0.20	0.20
100	0.28	0.27	0.26	0.24	0.23	0.21	0.20	0.19	0.18	0.18
125	0.25	0.24	0.23	0.22	0.20	0.18	0.17	0.16	0.16	0.16
150	0.23	0.22	0.21	0.19	0.18	0.16	0.15	0.15	0.15	0.15

注：1. 本表编制条件：ρ=100Ω·m 时，埋深 0.2m。

2. 土壤电阻率不是 100Ω·m 时，根据本表查得电阻后，还应乘以修正系数 K 值，见表 15-22。

3. 多根水管接地电阻的计算方法同电缆。

■ **表 15-22　电缆金属外皮及水管不同于 ρ=100Ω·m 时的修正系数 K 值**

土壤电阻率 ρ/Ω·m	30	50	60	80
修正系数 K	0.54	0.7	0.75	0.89
土壤电阻率 ρ/Ω·m	100	120	150	200
修正系数 K	1	1.12	1.25	1.47
土壤电阻率 ρ/Ω·m	250	300	400	500
修正系数 K	1.65	1.8	2.1	2.35

■ **表 15-23　钢筋混凝土电杆接地电阻估算值**

接地装置形式	杆塔形式	接地电阻估算值/Ω
钢筋混凝土电杆的自然接地体	单杆 双杆 拉线单、双杆 一个拉线盘	0.003ρ 0.002ρ 0.001ρ 0.0028ρ
n 根水平射线（$n\leqslant 12$，每根长约 60m）	各型杆塔	$\dfrac{6.2\rho}{n+1.2}\times 10^{-4}$

注：表中 ρ 为土壤电阻率，Ω·cm。

【例 15-9】 试求埋设在多岩石地区单杆钢筋混凝土电杆的接地电阻值。

解　查表 15-9，得多岩石地区土壤电阻率 $\rho=4\times 10^5\Omega\cdot\text{cm}$。查表 15-23 得其接地电阻值为

$$R=0.003\rho=0.003\times 4\times 10^5=1200\Omega$$

15.3.6 接地电阻的测量

测量接地电阻有以下两种方法。

（1）用接地电阻测量仪测量

手摇式接地电阻测量仪一般有 E、P、C 三个接线端子，测量时分别接于被测接地体、辅助接地体 1# 和 2# 上（见图 15-9）。辅助接地体 1#、2# 与接地体之间的距离一般为 20m 和 40m，然后以每秒 2 转的速度摇动仪器的摇柄，对指示数逐渐进行调节，便可直接从刻度盘上读出被测的接地电阻值。测量前应将接地装置的接地线断开，如果接地线上没有供测量时用的可断开的连接点，可直接在接地线上测量，但所测阻值稍偏小。

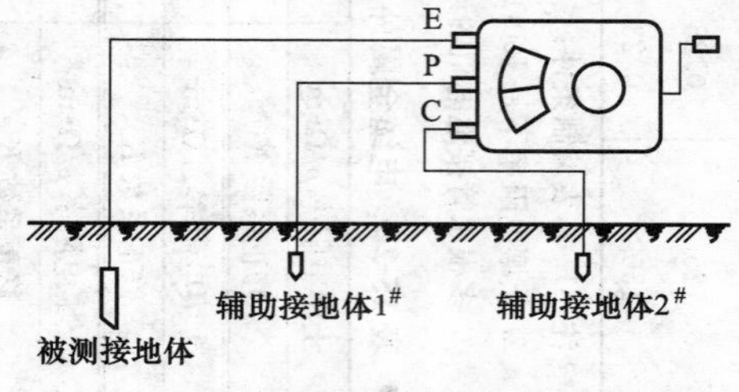

图 15-9　接地电阻测量仪端子接线

（2）用万用表粗测

测量方法（见图15-10）：在离接地体A约3m处插入两个临时接地极B和C，使$AB=AC$，且呈等腰三角形，所夹顶角在30°～60°范围内，然后用万用表的欧姆挡分别测出A与B、B与C及C与A之间的电阻值，设分别为R_{AB}、R_{BC}、R_{CA}。将这3个电阻值代入下式便可估算出接地电阻值R。

$$R=\frac{1}{2}(R_{AB}+R_{CA}-R_{BC})$$

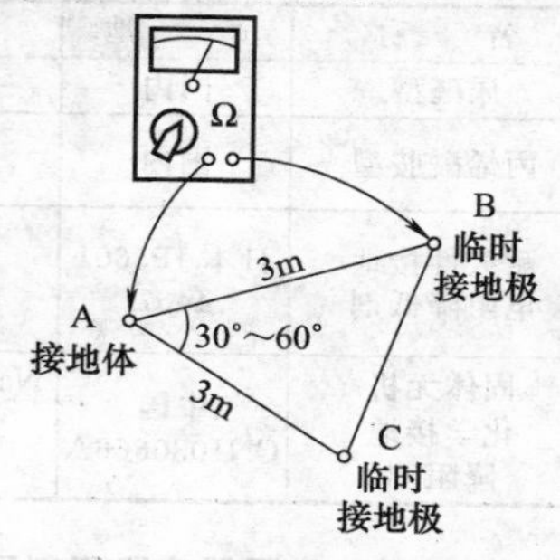

图15-10 用万用表粗测接地电阻

临时接地极可采用长度为0.5～0.6m、直径为10mm的圆钢，也可用其他金属代替，垂直插入地下的深度应不小于0.4m。测量线应与接地体及临时接地极可靠连接。

15.4 接地电阻降阻剂

15.4.1 典型的降阻剂

在高土壤电阻率地区，采用普通的接地装置埋设方法，可能达不到规定的接地电阻值要求，为此可采用接地电阻降阻剂。试验表明，对于简单的垂直或水平敷设的接地体，采用降阻剂后，可使工频接地电阻降低70%左右；对于中小型接地网可使工频接地电阻降低30%～50%、冲击电阻降低20%～70%。降阻剂不易流失，有效使用期可达5年以上，甚至数十年。

降阻剂的品种较多，有尿醛树脂型、聚丙烯酰胺型、丙烯酰胺型、石膏型、水玻璃型、石墨型等。几种典型的降阻剂见表15-24。常用国产降阻剂型号及技术指标见表15-25和表15-26。

■ **表 15-24　几种典型降阻剂**

名　　称	产　　地	电解组分	胶　凝　物
尿醛型	国内	KCl、NaCl、$MgCl_2$、$NaHSO_4$	尿醛树脂、聚乙烯醇
丙烯酰胺型	国内	NaCl、$(NH_4)_2S_2O_2$	丙烯酰胺、亚甲基双丙烯酰胺
耐久性接地电阻降低剂	日本 JP5601 4467	K、Na、Ca、Mg、NH_3 等与 Cl^-、SO_4^{2-}、NO_3^- 所组成的盐，共12种	Ca_3SiO_5、Ca_2SiO_4、$Al_2(SO_4)_3$
固体无机化学接地降阻剂	中国 CN1030666A	Na_2SO_4、NH_4Cl、$MgSO_4$、K_2SO_4、$MnSO_4\cdot4H_2O$、Zn、Al、Mn 等金属及其氧化物的粉末	铝硅酸盐水泥

■ **表 15-25　常用国产降阻剂型号（牌号）及其技术指标（一）**

降阻剂类型	有机化学降阻剂	无机化学降阻剂		
		膨润土	金属氧化物蒙脱石碳素稀土	
产地及型号（牌号）	大连:BXXA 型 LRCP	南京:金陵牌	成都:民生(MS)	贵阳:XJZ-2
电阻率/Ω·m	0.1～0.3	1.3～5.0	0.65～5.0	0.45～0.60
冲击系数	<1.0	<1.0	<1.0	<1.0
降阻率/%	30～90	20～26	20～70	20～75
与钢材的价格比	0.95～1.2	0.3～0.5	0.72～0.8	0.65～0.75
推荐用量/(kg/m)	25	25～40	15～30	8～15

■ **表 15-26　常用国产降阻剂型号（牌号）及其技术指标（二）**

产地及型号(牌号)	成都:富兰克林-民生	甘肃:JFJ-1 型	成都:精电 200 系列
电阻率/Ω·m	<5	0.23	<5
脱碱度/pH	7～10	8.82	8～10
表面凝固时间/min	20～40	—	<120
有效期/a	>40	50	—
降阻率/%	平原50，山区85	60～80	工频>55，冲击>30
腐蚀性	无，防腐	无，防腐	无，防腐
腐蚀率/(mm/a)	<0.03	0.01048	<0.03
污染性	无	无	无
毒性	无	无	无
温度适用范围/℃	−40～+40	—	—
外观	固体粉末	灰黑色粉末	深灰色粉末
密度/(t/m³)	1.3	—	1.35
水平接地体用量/(kg/m)	17.5	13	6

精电 200 系列高效长效降阻剂共有六种型号。

① 精电 200-N 型：通用型，适用于大多数接地工程。

② 精电 200-G 型：保证型，适用于特别重要的接地工程。

③ 精电 200-SB 型：特别抗盐型，适用于严重盐碱地区。

④ 精电 200-D 型：特别抗干燥型，适用于严重干旱地区。

⑤ 精电 200-M 型：特制防水型，适用于环境特别潮湿、地下水有腐蚀性的地区。

⑥ 精电 200-K 型：物理型，适用于对金属腐蚀严重的地区。

以上①～⑤种型号均为化学型。

15.4.2 降阻剂的特点及实施方法

15.4.2.1 降阻剂的特点

降阻剂本身的电阻率很低，一般都小于 5Ω•m，把降阻剂包在接地体周围，同土壤的电阻率相比，降阻剂的电阻率一般要小两个数量级，因此可忽略降阻剂的电阻，把降阻剂视为金属，这就相当于把接地体尺寸增大，达到降低接地电阻的目的。下面介绍两种性能较好的降阻剂。

(1) LX-200 型降阻剂

该降阻剂中含有大量的钾、钠、镁、铝、铁、钛的金属氧化物，遇水后能电离出大量的金属离子，这些金属离子能发挥积极的导电作用，一般可使接地体的等效截面积增大 5～10 倍左右，并改善周围土壤特性。降阻剂具有良好的吸水性和保水性。LX-200 型降阻剂的弱碱特性使氢腐蚀无法存在，对钢材有保护作用。

LX-200 型降阻剂的主要技术参数如下。

① 该降阻剂为固体粉末状物，无毒、无污染、防腐。

② pH 值：8～10。

③ 电阻率：常温下＜1Ω•m。

④ 在冲击大电流耐受试验和工频大电流耐受试验后工频电阻变化率＜10％。

⑤ 埋地时对钢接地体的腐蚀率<0.03mm/a。

⑥ 有效期>40a。

(2) GJ-F 型降阻剂

该降阻剂是固体长效降阻剂，其主要特点如下。

① 良好的导电性，电阻率ρ=0.5～2.5Ω·m。

② pH 值：7～10。

③ 对金属接地体有缓蚀保护作用，接地体不用镀锌处理。

④ 在大电流冲击下呈负阻特性，这对高山微波站、高压输电线路等防雷接地尤其重要。

⑤ 无毒、无污染、储运和施工极为简便。

应用举例：甘肃省金川公司职工电灶改造接地工程。该工程地处戈壁沙漠，土质全部为沙、卵石，平均土壤电阻率在 1800Ω·m 以上。接地点分布在建筑群内，无法按常规方法埋设接地钢材，而设计时必须充分考虑人身安全因素，要求每个点的阻值不大于 2Ω。

鉴于上述条件，该工程接地装置全部采用 GJ-F 型复合降阻剂施工，接地体按小于 30°L 形布设，每根水平线为 3～5m，线终端加 1.5～2.5m 垂直桩连接，降阻剂按水平 8～12kg/m，垂直 22kg/m 敷设，工程 98%一次性施工结束即满足要求。该公司对比核算后认为，可节约钢材 60%，减少土石方开挖费用 50%以上，且施工操作方便，缩短工时。

15.4.2.2 降阻剂的实施方法

(1) LX-200 型降阻剂的实施方法

1) 水平接地体的埋设　水平接地体埋设分为湿状水平埋设和干状水平埋设。首先挖接地沟，接地沟深度要在冻土层以下。沟底必须平整，对于岩石地带难以办到时，可以就近取低电阻率的土垫平。允许将沟底挖成宽度为 0.1m 的 V 形槽，以减少土方量和降阻剂的用量。

① 湿状法。将降阻剂加 60%的水搅拌均匀，浸泡半小时呈糊状，向沟底浇水，使沟底土壤湿润，在沟底浇 2～5cm 的降阻剂糊剂，将接地体敷于其上，再在接地体上部浇一层糊剂，停留 2～

4h，待糊剂凝固后回填原土。降阻剂的用量为13～15kg/m。

② 干状法。先在沟底均匀倒上干粉降阻剂，将接地体敷于其上，再在接地体上部倒上干粉降阻剂，使降阻剂均匀地覆盖在接地体上，刮平上部后，并回填约20cm的原土后灌水，水要浇透，最后再用原土回填。降阻剂的用量为25～30kg/m。

2）垂直接地体的埋设　挖直径为0.3m（上大下小）、深度在冻土层以下1.5m的坑，将接地体置于坑中，然后倒入降阻剂干粉，并浇水使坑内降阻剂湿透，最后覆盖原土。降阻剂的用量为100kg/m。

（2）HPRH-1型膨润土降阻剂的实施方法

1）水平接地体的埋设　先挖出深度为0.8m、底部宽度为0.4m的地沟，再向下挖出深度和宽度各为0.2m的沟道，整平夯实后填入0.1m厚度的膨润土降阻剂，在膨润土上敷设水平接地体，再在水平接地体上填入0.1m厚度的膨润土降阻剂，最后用原土回填。

2）垂直接地体的埋设　先挖出深度为0.8m、底部宽度为0.3m的地坑，整平夯实后用洛阳铲打ϕ200mm、深度为2.5m的孔洞，将垂直接地体插入孔洞中心，用降阻剂填平孔洞空隙后，再用原土回填。

通常垂直接地体可采用$\phi38\times2500$（mm）的镀锌钢管，水平接地体可采用-40×5（mm）的扁钢。

15.5 接地装置的截面要求和埋设要求

15.5.1 人工接地体和接地线的最小尺寸

（1）接地体的最小尺寸

人工接地体可采用钢管、角钢、圆钢和扁钢等，最小规格见表15-27。敷设在腐蚀性较强的场所或土壤导电率 $\rho \leqslant 10\Omega \cdot m$ 的潮湿土壤中的接地装置，应适当加大截面积或热镀锌。

■ **表 15-27 钢接地体和接地线的最小规格**

种类、规格及单位		地上		地下	
		室内	室外	交流电流回路	直流电流回路
圆钢直径/mm		6	8	10	12
扁钢	截面积/mm^2	60	100	100	100
	厚度/mm	3	4	4	6
角钢厚度/mm		2	2.5	4	6
钢管管壁厚度/mm		2.5	2.5	3.5	4.5

最常用的材料是钢管和角钢。如用钢管，应选用直径为38～50mm、壁厚不小于3.5mm的钢管。按设计的长度切割（一般为2.5m，土质硬、人工打桩时可减至2m）。钢管打入地下的一端加工成一定的形状，如为一般松软土壤时，可切成斜面形。为了避免打入时受力不均使管子歪斜，也可以加工成扁尖形；如土质很硬，可将尖端加工成锥形。

如用角钢时，一般选用50mm×50mm×5mm的角钢（土质硬宜采用63mm×63mm×6mm的角钢，以免角钢打弯），切割长度一般也是2.5m（土质硬时，可取2m）。角钢的一端加工成尖头形状。

(2) 接地线的最小尺寸

① 接地装置的接地线宜采用钢材。其截面应符合热稳定和机械强度的要求，但不应小于表15-27所列规格。在地下不得利用裸铝导体作为接地体或接地线。

② 低压电气设备地面上外露的铜和铝接地线的最小截面积应符合表15-28的规定。

③ 中性点直接接地的低压配电网中的零线和专用接地线的截面，应保证相线与零线或专用接地线发生单相接地短路时，电网任一点的最小短路电流，不应小于最近处熔断器熔体额定电流的4倍

（爆炸性气体环境1区、爆炸性气体环境2区、爆炸性粉尘环境10区为5倍），或不应小于自动开关瞬时或短延时动作电流的1.5倍。接地线和零线在短路电流作用下应符合热稳定的要求。

■ **表 15-28　低压电气设备地面上外露的铜和铝接地线最小截面积**

单位：mm^2

名　　称	铜	铝
明敷的裸导体	4	6
绝缘导线	1.5	2.5
电缆的接地芯线或与相线包在同一保护外壳内的多芯导线的接地芯线	1	1.5

④ 为使线路自动切除故障段，接地线的电导一般不小于本线路中最大的相线电导的1/2；但如能符合第③项要求，电导亦可小于相线电导的1/2。

⑤ 中性点直接接地的低压配电网的接地线、零线宜与相线一起敷设。钢、铝、铜接地线的等效截面积见表15-29。接地线的截面积一般不小于下列数值：钢800mm^2；铝70mm^2；铜50mm^2。

■ **表 15-29　钢、铝、铜接地线的等效截面积**　　单位：mm^2

钢	铝	铜	钢	铝	铜
15×2	—	1.3～2	40×4	25	12.5
15×3	6	3	60×5	35	17.5～25
20×4	8	5	80×8	50	35
30×4 或 40×3	16	8	100×8	70	47.5～50

⑥ 携带式用电设备的接地芯线，应采用多股软铜线，其截面积不应小于1.5mm^2。

15.5.2 对自然接地体的要求

自然接地体是指已敷设在地下的金属管道、建筑物钢筋混凝土基础（钢筋）、自流井插入管等。

当利用自然接地体还不能满足接地电阻要求时，再装设人工辅助接地体，这样做有利于减少钢材的消耗量。但重要场合，为安全可靠起见，即使利用自然接地体能满足接地电阻要求，也还要装设人工辅助接地体。

(1) 交流电气设备的接地装置，可以用作自然接地体的设施

① 敷设在地下的所有各种用途的金属管道、下水道管、热力管道，但液体燃料和可燃性或爆炸性气体的金属管道，以及包有黄麻、沥青层等绝缘物的金属管道除外。

② 建筑物、构筑物与地连接的金属结构。

③ 水下构造物的金属桩、自流井插入管。

④ 有金属外皮的电缆（包有黄麻、沥青层等绝缘物的除外）。

⑤ 钢筋混凝土建、构筑物的基础（钢筋）。

利用自然接地体时，应采用不少于两根的导体在不同地点与接地干线相连接，以提高可靠性。

如果利用自然接地体能满足接地电阻要求时，则可不必另设人工接地体，但发电站、变配电所以及有爆炸危险的场所的接地装置等除外。

(2) 利用自来水管或下水道作接地体的条件

当埋入地下的自来水管或下水道管为金属管道时，可以用它作自然接地体，以降低整个接地体的接地电阻值，但不宜单独用它作为接地体。因为自来水管（或下水道管）在安装过程中，为了防止漏水，在接头处用麻丝加白漆或尼龙生料等作填充物，因此电气连接性能差，接触电阻大，而水本身的电阻又较大（相对于保护接地4Ω要求而言），为几百至数千欧（与水质及测试两点之间的距离等有关），故单独用它作为接地体无法达到接地电阻值的要求。更何况水管一旦没有水，整个管道的接地电阻将更大。

有的用户将电冰箱、洗衣机、电扇等接地（接零）线直接接到自来水管或下水道管上，便算是实现保护接地了。而且有的生产厂家在家用电器使用说明书上也要求用户这样做，这是很危险的。一旦家用电器发生碰壳短路故障，由于水管接地电阻大，不能使保险丝熔断，将造成水管带电，从而使住宅楼内的整条水管都带上了电，引起事故扩大，严重威胁人身安全。因此，自来水管和下水道

管一般不宜单独作为接地体用，而只能作为辅助接地体用，主接地体应采用人工接地体。

只有符合下列条件时，自来水管或下水道管才可以单独作接地体用，以节约钢材。

① 自来水管或下水道管每一个连接处都用跨接导线焊接上，以保证整条管道的电气通路。这需要专门施工。

② 接地电阻必须不大于4Ω。

③ 必须征得供水部门的同意。

15.5.3 接地装置的埋设要求

（1）接地体埋设地点的选择

接地体的埋设地点应尽可能满足以下要求。

① 接地点附近地下有可利用的自然接地体，从而可降低造价。

② 尽量靠近有地下水或潮湿、土壤电阻率较低的地方（不同土壤的电阻率见表15-9）。应避免靠近烟道或其他热源，以免土壤干燥，使电阻率增高。

③ 不应在垃圾、灰渣等有腐蚀性的土壤中埋设。

④ 如埋设在腐蚀性较强的土壤中时，接地体、接地线等应采用镀锌等防腐措施，或适当加大其截面积。

⑤ 如埋设在高电阻率土壤中时，应采用人工处理土壤的方法来降低土壤的电阻率。

（2）埋设接地体的要点

① 接地体应埋入冻土层以下，接地体露出沟底约150～200mm（沟深0.8～1m），使接地体最高点离地面不小于600mm的距离。

② 接地体打入地下的有效深度不得小于2m。垂直接地体的间距不宜小于其长度的2倍，一般不应小于5m。为了降低接地体的散流电阻，两接地体间的距离大些较好。

③ 除接地体外，接地体引出线的垂直部分和接地装置焊接部位应作防腐处理（如刷沥青油）；在作防腐处理前，表面必须除锈并去掉焊接处残留焊药。

④ 连接接地体的扁钢，敷设前应调直，扁钢应侧放于沟内，不可平放，因侧放时散流电阻较小。扁钢与垂直接地体连接的位置距接地体最高点约 100mm。焊接时应将扁钢拉直。

15.6 防雷保护

15.6.1 基础知识

（1）雷电流和雷电压的概念

① 雷电流幅值：即主放电时雷电流的最大值，一般可达几十千安，最高可达几百千安。作防雷设计时可按 100kA 考虑。雷电流幅值概率 P 由下式表示：

$$\lg P = -\frac{I_f}{108}$$

式中　I_f——雷电流幅值，kA。

我国雷电流幅值的概率曲线如图 15-11 所示。

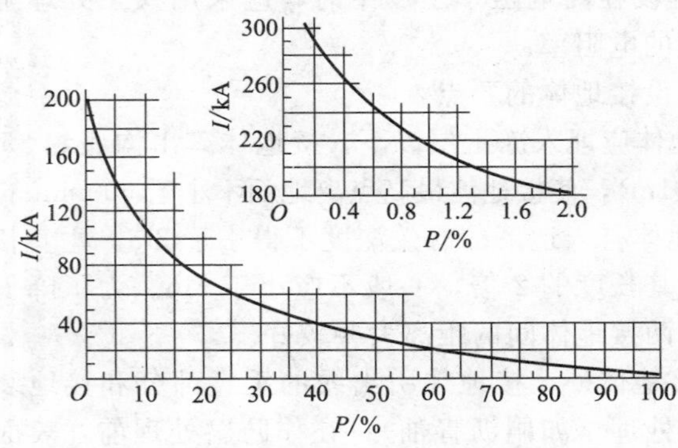

图 15-11　我国雷电流幅值概率曲线

② 雷电流波头：雷电流在 1～4μs（平均约 2μs）内增长到最大值，这段电流增长称为波头。

③ 雷电流波尾：雷电流由最大值衰减到其 1/2 值时所经历的时间。

④ 雷电流陡度：即雷电流增长速度。雷电流陡度可高达 50kA/μs，平均陡度约 30kA/μs。

⑤ 雷电放电时间：即一次雷电放电持续时间，大约为几万分之一秒到几百毫秒。作防雷设计时一般取波头为 2.6μs，波头形状为斜角形。

⑥ 冲击波的特征：一般用波幅值（kA 或 kV）、对波头与波尾（μs）的比值来表示，如图 15-12 所示的雷电流的冲击波可表示为 50kA/35μs。

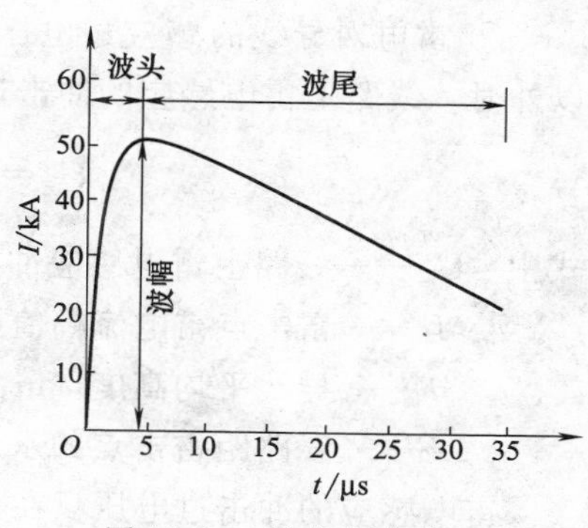

图 15-12 雷电流波形

⑦ 雷电冲击过电压：系指雷电压的最大值。在发生对地雷闪时，雷云离地高度仅几千米，此时雷电压高达 1 亿伏左右。直击雷的冲击过电压可由下式计算：

$$U_z = I_f R_{ch} + L\frac{di}{dt}$$

式中 U_z——冲击过电压，kV；

i，I_f——雷电流和雷电流幅值，kA；

R_{ch}——防雷装置的冲击接地电阻，Ω；

L——雷电流通路的电感（H），$L=1.3l\times10^{-6}$；

l——电流通路长度，m。

约 85％的雷电的极性为负的，少数为正的或振荡的。但设计中一般按正极性考虑。

我国海南岛的澄迈县年雷暴日在 133 天，辽宁约为 26～42 天，浙江为 29～67 天，广东为 35～124 天，上海为 32 天左右。

（2）导线落雷数和感应过电压的计算

① 导线落雷数：根据经验，送电线路上每年遭受直击雷的总数可按下式估算：

$$N=0.15hln\times10^{-3}$$

式中 h——避雷线或导线平均悬挂高度，m；

l——线路长度，km；

n——线路通过地区每年平均雷电日数，根据当地气象台、站资料确定。

② 雷电对导线的感应过电压的计算：雷击点距电力线路 50m 以外时，线路上雷电感应的冲击过电压可按下式近似计算：

$$U_g=\frac{25I_fh}{S}$$

式中 U_g——线路上雷电感应冲击过电压，kV；

I_f——雷击点雷电流幅值，kA；

h——导线平均高度，m；

S——线路距雷击点的水平距离，m。

雷电感应的冲击过电压只在极少的情况下达到 500～600kA。

【例 15-10】 某厂厂区 10kV 供电线路，其导线平均悬高为 10m，如受雷电感应，其雷电流幅值取 100kA，线路距雷击点的水平距离为 50m，试求线路上感应过电压的大小。

解 线路上感应过电压为

$$U_g=\frac{25I_fh}{S}=\frac{25\times100\times10}{50}=500\text{kV}$$

（3）建筑物落雷数的计算

建筑物每年遭受直击雷击次数可按下式估算：

$$N=k\times N_g\times A_e$$

式中 N——建筑物年预计雷击次数，次/a；

k——校正系数，在一般情况下取 1；位于河边、湖边、山坡下或山地中土壤电阻率较小处、地下水露头处、土山顶部、山谷风口等处的建筑物，以及特别潮湿的建筑物取 1.5，金属屋面没有接地的砖木结构建筑物取 1.7，位于山顶上或旷野的孤立建筑物取 2；

N_g——建筑物所处地区雷击大地的年平均密度，次/(km²·a)；

A_e——与建筑物截收相同雷击次数的等效面积，km²。

雷击大地的年平均密度，首先应按当地气象台、站资料确定；若无此资料，可按下式计算：

$$N_g=0.1\times T_d$$

式中 T_d——年平均雷暴日，根据当地气象台、站资料确定，d/a。

15.6.2 各种防雷设施的要求和规定

15.6.2.1 独立避雷针与被保护设备之间的距离规定（图 15-13）

① 独立避雷针与配电装置导电部分或其他金属物体之间的空中距离应符合下列经验公式要求：

$$S_k\geqslant 0.3R_{ch}+0.1h$$

式中 R_{ch}——独立避雷针的冲击接地电阻，Ω；

h——配电装置等的高度，m。S_k（m）一般不得小于 5m。为降低避雷针落雷时所产生的感应过电压，在条件许可时 S_k 宜增大至 10m。

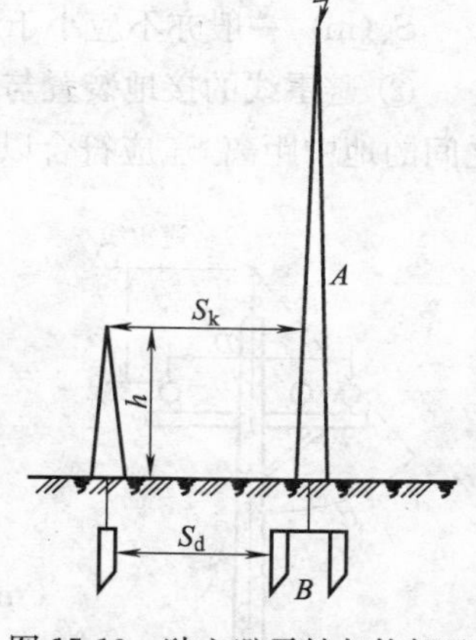

图 15-13 独立避雷针与构架及其接地回路间的允许距离

② 独立避雷针的接地装置与变电所接地网间最小的地中距离 S_d（以一般土壤的冲击放电强度为 330kV/m 计）应符合下式要求：

$$S_d\geqslant 0.5R_{ch}$$

经验表明，$S_d>0.3R_{ch}$ 就可确保安全；S_d 一般不应小于 3m。

15.6.2.2 避雷线与被保护设备之间的距离规定

① 避雷线与配电装置导电部分之间，以及与变电所电气设备和构架接地部分或其他金属物体之间的空中距离 S_k 应符合以下要求。

a. 一端绝缘而另一端接地的避雷线：

$$S_k \geqslant 0.3R_{ch} + 0.16\,(h + \Delta l)$$

式中 Δl——校验点到接地杆柱的距离，m；

h——避雷线接地端杆柱的高度，m。

b. 两端都接地的避雷线：

$$S_k \geqslant \beta[0.3R_{ch} + 0.16(h + \Delta l')]$$

$$\approx \frac{h + l_2}{2h + l_2 + \Delta l'}$$

式中 β——分流系数；

$\Delta l'$——校验点到较近一端杆柱的距离，m；

l_2——校验点与较远一端杆柱的距离，m，

h——避雷线杆柱高度，m；

S_k(m) 一般亦不应小于 5m，在条件许可时可适当增大。

② 避雷线的接地装置与距变电所最近的接地网或其他地下金属物之间的地中距离 S_d 应符合以下要求：

a. 一端绝缘而另一端接地的避雷线：

$$S_d \geqslant 0.3R_{ch}$$

b. 两端接地的避雷线：

$$S_d \geqslant 0.3\beta R_{ch}$$

S_d(m) 一般亦不应小于 3m。

③ 避雷线与电源线之间的垂直距离 h (m) 应符合下式要求（图 15-14）：

$$h \geqslant \frac{D}{2\tan\alpha}$$

式中 D——两电源边线间的水平距离，m；

α——保护角，要求不大于 30°。

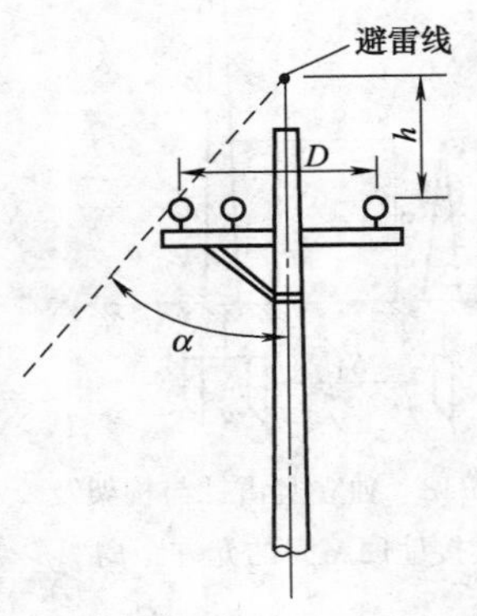

图 15-14 避雷线与电源线之间的垂直距离

15.6.2.3 避雷器与3～10kV主变压器的最大电气距离（表15-30）

■ **表15-30 避雷器与3～10kV主变压器最大电气距离**（不宜大于）

雷季经常运行的进线路数	1	2	3	4及以上
最大距离/m	15	23	27	30

15.6.2.4 工业和民用建筑物、构筑物的防雷要求

（1）建筑物和构筑物的防雷分类

建筑物和构筑物可分为工业和民用两类。

1）工业建筑物和构筑物　根据生产性质、发生雷电事故的可能性和后果，按防雷要求分为三类（主管部门另有规定者除外）。

① 第一类

a. 建筑物和构筑物中制造、使用或储存大量爆炸物质，如炸药、火药、起爆药、火工品等，因电火花引起爆炸，会造成巨大破坏和人员伤亡者。

b. 建筑物和构筑物中在正常情况下能形成爆炸性混合物，如气体、蒸汽或粉末与空气的混合物，因火花可引起爆炸者，即爆炸性气体环境1区或爆炸性粉尘环境10区。如炸药仓库、雷管仓库、乙炔发生间等。

② 第二类

a. 建筑物和构筑物中制造、使用或储存爆炸物质，但火花不易引起爆炸或不造成巨大破坏和人身伤亡者。

b. 建筑物和构筑物中在不正常情况下能形成爆炸性混合物，因火花可引起爆炸者，即爆炸性气体环境2区或爆炸性粉尘环境11区。如洗罐库（棚）、汽油库、危险品货物等。

③ 第三类

a. 除第一类、第二类建筑物和构筑物以外的爆炸、火灾危险场所，按雷击可能性及其后果对国民经济的影响确定需要防雷者。

i. 建筑物和构筑物中在不正常情况下只能在局部地形成爆炸性混合物，因电火花引起爆炸的场所。

ii. 有可燃物质的建筑物、构筑物因电火花引起火灾，即火灾危险

环境 21 区、22 区和 23 区。

ⅲ. 保存有少量金属包装的爆炸物的房屋。

b. 历史上雷害事故较多地区的重要建筑物和构筑物。

c. 高度在 15m 及以上的烟囱、水塔等孤立的高耸建筑物和构筑物；在年雷暴日数小于 30 的地区，高度为 20m 及以上。

d. 根据建筑物年可能雷击次数为 $N \geqslant 0.01$ 次及当地雷击情况，确定需要防雷的建筑物。

2）民用建筑物　从政治影响、重要性、人员多少及国民经济上、科学文化或建筑艺术上的价值可分为两类。

① 第一类　具有重大政治意义的建筑物，如人民大会堂、国家重要的机关办公楼、接见外国元首的迎宾馆、大型火车站、国际机场、大型体育馆、大型展览馆、历史上有价值的古文物建筑物等。

② 第二类

a. 重要的公共建筑物，如大型百货公司、大型影剧院等。

b. 同第三类工业建筑物中的 b、d 项的规定。

c. 高度在 15m 以上的孤立建筑物。

（2）建筑物和构筑物的防雷措施（表 15-31）

第一、二类工业建筑物和构筑物应有防直击雷、防感应雷和防雷电波侵入的措施；第三类的工业及第一、二类民用建筑物和构筑物应有防直击雷和防雷电波侵入的措施；不属于一、二、三类的工业和第一、二类民用建筑物和构筑物，可只设防雷电波沿低压架空线侵入的措施。

15.6.3　防雷装置的材料及最小尺寸

（1）防雷装置使用的材料及使用条件

防雷装置使用的材料及使用条件，宜符合表 15-32 的规定

（2）防雷装置等电位连接各连接部件的最小截面（见表 15-33）

（3）接闪器的材料、结构和最小截面（见表 15-34）

■ **表 15-31　工业和民用建筑物和构筑物的防雷措施**

类别		工业第一类		工业第二类	工业第三类	民用第一类	民用第二类
防直击雷	接闪器	装设独立避雷针	当难以装设独立避雷针时，可将避雷针或网格不大于 6m×6m 的避雷网直接装在建筑物或构筑物上	装设避雷网或避雷针。避雷网应沿易受雷击的部位敷设成不大于 6m×10m 的网格。所有避雷针应用避雷带相互连接	在易受雷击的部位装设避雷带或避雷针	装设避雷网或避雷带，应沿易受雷击的部位敷设，网格要求不大于 6m×10m。避雷带间、屋面上任何一点距离避雷带均不应大于 5m。当有三条及以上平行避雷带时，每隔不大于 24m 处，应将平行避雷带连接起来	同工业第三类
	引下线		引下线不应少于两根，其间距不应大于 18m，沿建筑物和构筑物外墙均匀布置	引下线不应少于两根，其间距不宜大于 24m	引下线不应少于两根，其间距不宜大于 40m。周长和高度均不超过 40m 的建筑物和构筑物，可只设一根引下线	引下线不应少于两根，其间距不宜大于 24m	
	接地装置	独立避雷针应有独立的接地装置，其冲击接地电阻不应大于 10Ω；建筑物上装设避雷针，其冲击接地电阻不应大于 5Ω	围绕建筑物和构筑物敷设成闭合回路，其接地电阻[①]不应大于 10Ω，并和电气设备接地装置及所有进入建筑物和构筑物的金属管道相连，并可兼作防感应雷之用	防直击雷和感应雷共用接地装置，其冲击接地电阻不应大于 10Ω，并和电气设备接地装置以及埋地金属管道相连	其冲击接地电阻不宜大于 30Ω，并与电气设备接地装置及埋地金属管道相连	宜围绕建筑物敷设，其冲击接地电阻不应大于 10Ω	主要的公共建筑物防雷接地装置的冲击接地电阻不应大于 10Ω

续表

类别		工业第一类		工业第二类	工业第三类	民用第一类	民用第二类
防直击雷	防反击	独立避雷针至被保护建筑物和构筑物之间的空中距离： S_k(m)≥0.3R_{ch}(Ω)+0.1h(m) 地下部分距离： S_d(m)≥0.3R_{ch}(Ω) 式中，R_{ch}为冲击接地电阻Ω； h为被保护物的高度，m S_k不应小于5m； S_d不应小于3m	建筑物和构筑物应装设均压环，环间垂直距离不应大于12m，所有引下线、建筑物内的金属结构和金属设备均应连在环上。可利用电气设备接地干线环路作为均压环 如树木高于建筑物且不在避雷针保护范围内时，建筑物和树木的净距不应小于5m	为防止雷电流流经引下线时产生的高电位对附近金属物的反击，金属物至引下线的距离应符合下式要求： S_k(m)≥0.05l(m) 式中，l为引下线计算点到地面的长度，m		防雷接地装置宜与电气设备接地装置及埋地金属管道相连，如不相连时，则 ①两者间的距离应符合下列要求： S_d(m)≥0.2R_{ch}(Ω) ②防雷装置的引下线与金属物之间的距离应符合下列要求： S_k(m)≥0.2R_{ch}(Ω)+0.05l(m) S_d不应小于2m	防雷接地装置宜与电气设备接地装置以及埋地金属管道相连，如不相连时，两者间距不宜小于2m
防感应雷		建筑物、构筑物内的金属物和突出屋面的金属物，均应接到防雷感应的接地装置上。金属屋面每隔24m用引下线接地一次。现场绕制的或由预制构件组成的钢筋混凝土屋面，其钢筋宜绑扎或焊接成闭合回路，并每隔24m用引下线接地一次	建筑物和构筑物内的主要金属物应与接地装置相连				

续表

类别	工业第一类	工业第二类	工业第三类	民用第一类	民用第二类
防感应雷	平行敷设的长金属物，其净距小于 100mm 时，应每隔 30m 用金属线跨接，交叉净距小于 100mm 时，其交叉处应跨接。当管道连接处不能保持良好的金属接触时，在连接处应用金属线跨接。防感应雷的接地电阻不应大于 10Ω，并和电气设备接地装置共用。屋内接地干线与防感应雷接地装置的连接，不应少于两处				
防雷电波侵入	低压线路宜全长采用电缆直埋敷设，在入户端应将电缆的金属外皮接到防感应雷的接地装置上。架空线采用不小于 50m 铠装电缆埋地引入时，换线筑处应装设阀型避雷器，避雷器、电缆金属外皮和绝缘子铁脚等应连在一起接地，其冲击接地电阻不应大于 10Ω。架空金属管道在进入建筑物和构筑物处，应与防感应雷的接地装置相连。在	低压架空线采用一段电缆埋地引入时，与工业第一类相同。 爆炸危险性较小或年平均雷电日在 30 日以下时，可采用低压架空线直接引入建	在入户处应将绝缘子铁脚接到防雷及电气设备的接地装置上。进入建筑物的架空金属管道在入户处宜和上述接地装置相连	当低压线路采用电缆直埋引入时，在入户端应将电缆金属外皮与接地装置相连。 当架空线采用一段电缆埋地引入时，与工业第一类相同。	同工业第三类

续表

类别	工业第一类	工业第二类	工业第三类	民用第一类	民用第二类
防雷电波侵入	靠近建筑物和构筑物100m的管道，应每隔约25m接地一次，其冲击接地电阻不应大于20Ω。埋地或地沟内的金属管道，在进入建筑物和构筑物处也应与防感应雷的接地装置相连	筑物和构筑物内的方式，但应符合下列要求： ① 在入户处装设阀型避雷器或2～3mm的空气间隙，并与绝缘子铁脚连在一起接到防雷接地装置上，其总冲击接地电阻不应大于5Ω。 ② 入户端的三基电杆绝缘子铁脚也应接地，靠近建筑物和构筑物的电杆，其冲击接地电阻不应大于10Ω，其余两基电杆不应大于20Ω。 架空和直接埋地的金属管道，在入户处应与接地装置相连，架空金属管道在距建筑物和构筑物约25m处还应接地一次，其冲击接地电阻不应大于10Ω		由架空线直接引入时，在入户处应加装避雷器，并将其和绝缘子铁脚连在一起接到电气设备的接地装置上。靠近建筑物的两基电杆上的绝缘子铁脚还应接地，其冲击接地电阻不大于30Ω。 进入建筑物的架空金属管道，应在入户处与接地装置相连	

① 未标明冲击接地电阻时，均指工频接地电阻。

■ 表 15-32　防雷装置使用的材料及使用条件

材料	使用于大气中	使用于地中	使用于混凝土中	耐腐蚀情况		
				在下列环境中能耐腐蚀	在下列环境中增加腐蚀	与下列材料接触形成直流电耦合可能受到严重腐蚀
铜	单根导体，绞线	单根导体，有镀层的绞线，铜管	单根导体，有镀层的绞线	在许多环境中良好	硫化物有机材料	—
热镀锌钢	单根导体，绞线	单根导体，钢管	单根导体，绞线	敷设于大气、混凝土和无腐蚀性的一般土壤中受到的腐蚀是可接受的	高氯化物含量	铜
电镀铜钢	单根导体	单根导体	单根导体	在许多环境中良好	硫化物	—
不锈钢	单根导体，绞线	单根导体，绞线	单根导体，绞线	在许多环境中良好	高氯化物含量	—
铝	单根导体，绞线	不适合	不适合	在含有低浓度硫和氯化物的大气中良好	碱性溶液	铜
铅	有镀铅层的单根导体	禁止	不适合	在含有高浓度硫酸化合物的大气中良好	—	铜 不锈钢

注：1. 敷设于黏土或潮湿土壤中的镀锌钢可能受到腐蚀。

2. 在沿海地区，敷设于混凝土中的镀锌钢不宜延伸进入土壤中。

3. 不得在地中采用铅。

■ 表 15-33 防雷装置等电位连接各连接部件的最小截面

等电位连接部件			材料	截面积/mm^2
等电位连接带(铜、外表面镀铜的钢或热镀锌钢)			Cu(铜)、Fe(铁)	50
从等电位连接带至接地装置或各等电位连接带之间的连接导体			Cu(铜)	16
			Al(铝)	25
			Fe(铁)	50
从屋内金属装置至等电位连接带的连接导体			Cu(铜)	6
			Al(铝)	10
			Fe(铁)	16
连接电涌保护器的导体	电气系统	Ⅰ级试验的电涌保护器	Cu(铜)	6
		Ⅱ级试验的电涌保护器		2.5
		Ⅲ级试验的电涌保护器		1.5
	电子系统	D1 类电涌保护器		1.2
		其他类的电涌保护器(连接导体的截面积可小于 1.2mm^2)		根据具体情况确定

■ 表 15-34 接闪线（带）、接闪杆和引下线的材料、结构与最小截面积

材料	结构	最小截面积/mm^2	备注⑩
铜、镀锡铜①	单根扁铜	50	厚度 2mm
	单根圆铜⑦	50	直径 8mm
	铜绞线	50	每股线直径 1.7mm
	单根圆铜③、④	176	直径 15mm
铝	单根扁铝	70	厚度 3mm
	单根圆铝	50	直径 8mm
	铝绞线	50	每股线直径 1.7mm
铝合金	单根扁形导体	50	厚度 2.5mm
	单根圆形导体	50	直径 8mm
	绞线	50	每股线直径 1.7mm
	单根圆形导体③	176	直径 15mm
	外表面镀铜的单根圆形导体	50	直径 8mm,径向镀铜厚度至少 70μm,铜纯度 99.9%
热浸镀锌钢②	单根扁钢	50	厚度 2.5mm
	单根圆钢⑨	50	直径 8mm
	绞线	50	每股线直径 1.7mm
	单根圆钢③、④	176	直径 15mm

续表

材料	结构	最小截面积/mm^2	备注⑩
不锈钢⑤	单根扁钢⑥	50⑧	厚度 2mm
	单根圆钢⑥	50⑧	直径 8mm
	绞线	70	每股线直径 1.7mm
	单根圆钢③、④	176	直径 15mm
外表面镀铜的钢	单根圆钢(直径 8mm)	50	镀钢厚度至少 70μm，铜纯度 99.9%
	单根扁钢(厚 2.5mm)		

① 热浸或电镀锡的锡层最小厚度为 1μm。

② 镀锌层宜光滑连贯、无焊剂斑点，镀锌层圆钢至少 22.7g/m^2，扁钢至少 32.4g/m^2。

③ 仅应用于接闪杆。当应用于机械应力没达到临界值之处，可采用直径 10mm、最长 1m 的接闪杆，并增加固定。

④ 仅应用于入地之处。

⑤ 不锈钢中，铬的含量等于或大于 16%，镍的含量等于或大于 8%，碳的含量等于或小于 0.08%。

⑥ 对埋于混凝土中以及与可燃材料直接接触的不锈钢，其最小尺寸宜增大至直径 10mm 的 78mm^2（单根圆钢）和最小厚度 3mm 的 75mm^2（单根扁钢）。

⑦ 在机械强度没有重要要求之处，50mm^2（直径 8mm）可减为 28mm^2（直径 6mm），并应减小固定支架间的间距。

⑧ 当温升和机械受力是重点考虑之处，50mm^2 加大至 75mm^2。

⑨ 避免在单位能量 10MJ/Ω 下熔化的最小截面积是铜为 16mm^2、铝为 25mm^2、钢为 50mm^2、不锈钢为 50mm^2。

⑩ 截面积允许误差为−3%。

（4）明敷接闪导体和引下线固定支架的间距（见表 15-35）

■ 表 15-35　明敷接闪导体和引下线固定支架的间距

布置方式	扁形导体和绞线固定支架的间距/mm	单根圆形导体固定支架的间距/mm
安装于水平面上的水平导体	500	1000
安装于垂直面上的水平导体	500	1000
安装于从地面至高 20m 垂直面上的垂直导体	1000	1000
安装在高于 20m 垂直面上的垂直导体	500	1000

（5）避雷针的制作与安装

① 避雷针的制作　避雷针（接闪器）宜用镀锌圆钢或钢管制成，其长度列于表 15-36。

■ **表 15-36 避雷针的长度**

针 长	避雷针	
	圆钢直径/mm	钢管直径/mm
1m 以下	不小于 12	不小于 20
1～2m	不小于 16	不小于 25

当避雷针长度为 2m 以上时，应用钢管相互连接（焊接），其顶端做成尖状。

② 避雷针在平屋顶上的安装（见图 15-15） 图中，*A*、*B*、*C* 针体各节尺寸见表 15-37。

■ **表 15-37 针体各节尺寸**

针全高/m		1	2	3	4	5
各节尺寸/mm	*A*	1000	2000	1500	1000	1500
	B	—	—	1500	1500	1500
	C	—	—	—	1500	2000

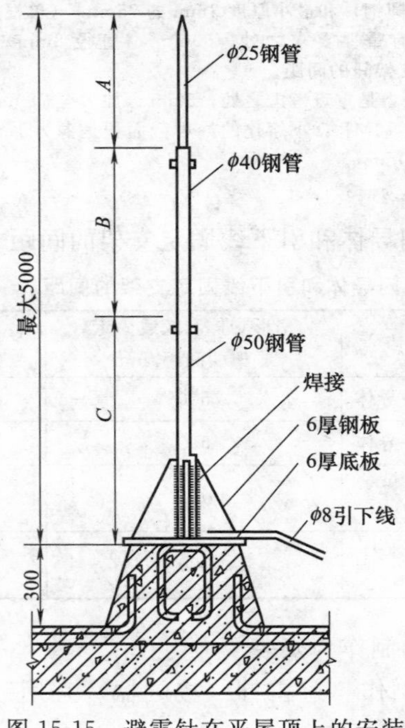

图 15-15 避雷针在平屋顶上的安装

③ 避雷针在烟囱上的安装　在砖制或混凝土制的烟囱上安装避雷针，可以利用铁爬梯扶手，将避雷针固定，如图 15-16 所示。固定方法见图 15-17 节点②做法，引下线的固定方法见图 15-17 节点③做法。

金属烟囱不需要装引下线，由烟囱本身作为导体，但必须保证每节烟囱之间均能良好连通。

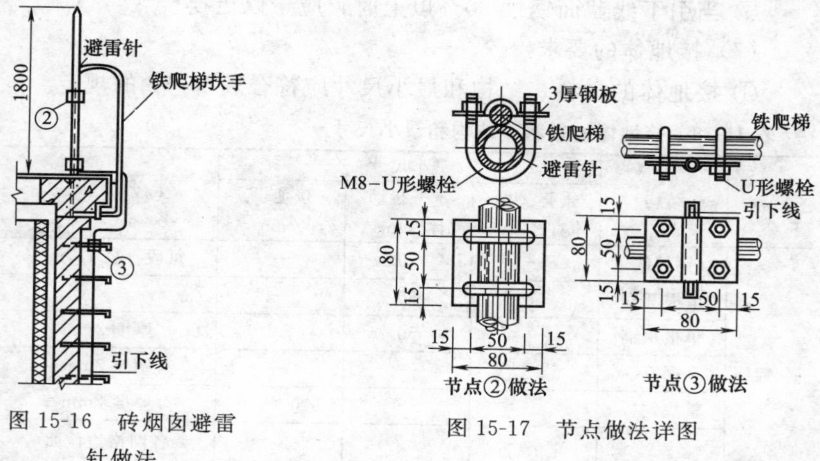

图 15-16　砖烟囱避雷针做法

图 15-17　节点做法详图

(6) 引下线的要求

① 引下线的材料、结构和最小截面积应按表 15-34 的规定取值。

② 明敷引下线固定支架的间距不宜大于表 15-35 的规定。

③ 引下线宜采用热镀锌圆钢或扁钢，宜优先采用圆钢。

当独立烟囱上的引下线采用圆钢时，其直径不应小于 12mm；采用扁钢时，其截面积不应小于 $100mm^2$，厚度不应小于 4mm。

在腐蚀性较强的场所，尚应加大截面或采取防腐措施。

④ 专设引下线应沿建筑物外墙外表面明敷，并应经最短路径接地；若为美观暗敷时，其圆钢直径不应小于 10mm，扁钢截面积

不应小于 $80mm^2$。

⑤ 采用多根专设引下线时，应在各引下线上距地面 0.3～1.8m 处装设断接卡，以便测量接地电阻。

⑥ 在易受机械损伤之处，地面上 1.7m 至地面下 0.3m 的一段接地线，应采用暗敷或采用镀锌角钢、改性塑料或橡胶管等加以保护。

⑦ 当引下线截面锈蚀 30%以上时，应予以更换。

(7) 接地体的要求

① 接地体的材料、结构和最小尺寸应符合表 15-38 的规定。

表 15-38 接地体的材料、结构和最小尺寸

材料	结构	最小尺寸			备注
		垂直接地体直径/mm	水平接地体/mm^2	接地板/mm	
铜、镀锡铜	铜绞线	—	50	—	每股直径 1.7mm
	单根圆铜	15	50	—	—
	单根扁铜	—	50	—	厚度 2mm
	铜管	20	—	—	壁厚 2mm
	整块铜板	—	—	500×500	厚度 2mm
	网格铜板	—	—	600×600	各网格边截面 25mm×2mm,网格网边总长度不少于 4.8m
热镀锌钢	圆钢	14	78	—	—
	钢管	20	—	—	壁厚 2mm
	扁钢	—	90	—	厚度 3mm
	钢板	—	—	500×500	厚度 3mm
	网格钢板	—	—	600×600	各网格边截面 30mm×3mm，网格网边总长度不少于 4.8m
	型钢	①	—	—	—
裸钢	钢绞线	—	70	—	每股直径 1.7mm
	圆钢	—	78	—	—
	扁钢	—	75	—	厚度 3mm

续表

材料	结构	最小尺寸			备　注
		垂直接地体直径/mm	水平接地体/mm^2	接地板/mm	
外表面镀铜的钢	圆钢	14	50	—	镀铜厚度至少 250μm，铜纯度 99.9%
	扁钢	—	90（厚 3mm）	—	
不锈钢	圆形导体	15	78	—	—
	扁形导体	—	100	—	厚度 2mm

① 不同截面的型钢，其截面积不小于 290mm^2，最小厚度 3mm，可采用 50mm×50mm×3mm 角钢。

注：1. 热镀锌钢的镀锌层应光滑连贯、无焊剂斑点，镀锌层圆钢至少 22.7g/m^2、扁钢至少 32.4g/m^2。

2. 热镀锌之前螺纹应先加工好。

3. 当完全埋在混凝土中时才可采用裸钢。

4. 外表面镀铜的钢，铜应与钢结合良好。

5. 不锈钢中，铬的含量等于或大于 16%，镍的含量等于或大于 5%，钼的含量等于或大于 2%，碳的含量等于或小于 0.08%。

6. 截面积允许误差为－3%。

② 人工钢质垂直接地体的长度宜为 2.5m。其间距以及人工水平接地体的间距均宜为 5m，当受地方限制时可适当减小。

③ 人工接地体在土壤中的埋设深度不应小于 0.5m，并宜敷设在当地冻土层以下，其距墙或基础不宜小于 1m。接地体宜远离由于烧窑、烟道等高温影响使土壤电阻率升高的地方。

④ 在敷设于土壤中的接地体连接到混凝土基础内起基础接地体作用的钢筋或钢材的情况下，土壤中的接地体宜采用铜质或镀铜或不锈钢导体。

⑤ 为了防止跨步电压伤人，防直击雷接地装置距建筑物和构筑物出入口和人行道的距离不应小于 3m。当达不到时，可采取下列措施之一：

a. 水平接地体局部深埋 1m 以上；

b. 水平接地体局部包以绝缘物，如包以 50～80mm 厚的沥青层；

c. 采用沥青碎石地面或在接地体上方敷设 50～80mm 厚的沥

青层，敷设宽度应超出接地装置周边 2m；

d. 采用均压带。

⑥ 接地装置埋在土壤中的部分，其连接宜采用放热焊接；当采用通常的焊接方法时，应在焊接处做防腐处理。

15.7 避雷装置及计算

15.7.1 单支避雷针保护范围的计算

滚球法计算单支避雷针保护范围示意图如图 15-18 所示。

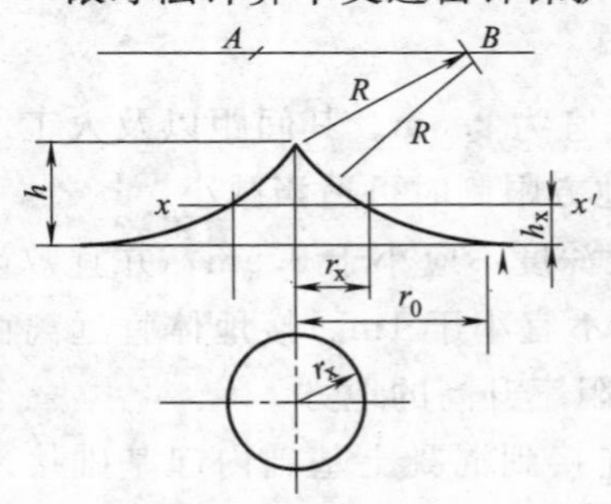

图 15-18 滚球法求单支避雷针保护范围

我国对滚球半径的规定见表 15-39。

另外，粮、棉及易燃物大量集中的露天堆场，当其年预计雷击次数大于或等于 0.05 时，应采用独立避雷针或架空避雷线防直击雷。独立避雷针或架空避雷线保护范围的滚球半径可取 100m。

■ **表 15-39 我国对滚球半径 R 的规定**

建筑物防雷类别	滚球半径/m	避雷网尺寸≤/m
第一类	30	5×5 或 6×4
第二类	45	10×10 或 12×8
第三类	60	20×20 或 24×16

具体计算方法如下。

(1) 当避雷针高度 $h \leqslant R$ 时

① 距地面 R 处作一平行于地面的平行线。

② 以避雷针针尖为圆心，R 为半径作弧线交于平行线的 A、B 两点。

③ 以 A、B 为圆心，R 为半径作弧线，弧线与避雷针针尖相交并与地面相切。弧线到地面为其保护范围。保护范围为一个对称的锥体。

④ 避雷针在 h_x 高度的 xx' 平面上和地面上的保护半径，应按下列公式计算：

$$r_x=\sqrt{h(2R-h)}-\sqrt{h_x(2R-h_x)}$$

$$r_0=\sqrt{h(2R-h)}$$

式中 r_x——避雷针在 h_x 高度的 xx' 平面上的保护半径，m；

R——滚球半径，见表 15-39，m；

h_x——被保护物的高度，m；

r_0——避雷针在地面上的保护半径，m。

(2) 当避雷针高度 $h>R$ 时

这时应在避雷针上取高度等于 R 的一点代替单支避雷针针尖作为圆心，其余的做法同前。在上面两式中的 h 用 R 代之。

【例 15-11】 一座第三类防雷建筑物高度 h_x 为 12m，高度 h_x 水平面上的保护半径 r_x 为 7m，试求单根避雷针的高度。

解 查表 15-39 得 $R=60\text{m}$，则

$$7=\sqrt{h(2\times60-h)}-\sqrt{12\times(2\times60-12)}$$

$$7=\sqrt{120h-h^2}-36$$

$$120h-h^2=1849$$

解得 $h=18.2\text{m}$

避雷针架设在该建筑物顶上，因此避雷针本身长度为 18.2－12＝6.2m。

15.7.2 两支等高避雷针保护范围的计算

两支等高避雷针的保护范围，在避雷针高度 $h\leqslant R$ 时，当两支

避雷针距离 $D \geqslant 2\sqrt{h(2R-h)}$时，应各按单支避雷针的计算方法计算；当 $D < 2\sqrt{h(2R-h)}$时，应按以下方法计算（见图 15-19）：

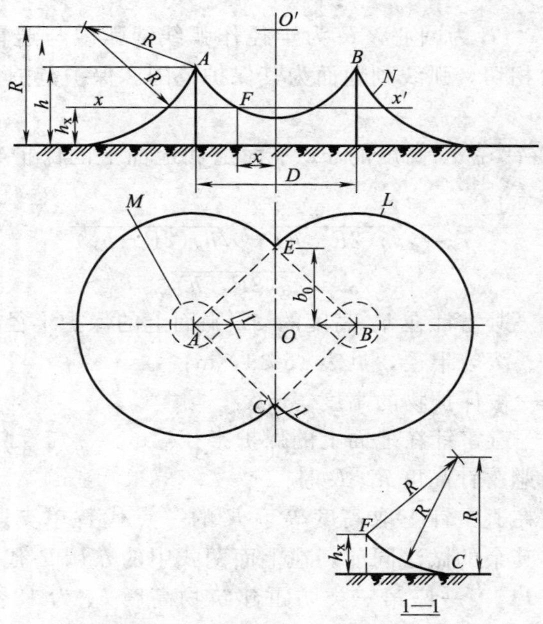

图 15-19　两支等高避雷针的保护范围

L—地面上保护范围的截面；M—xx'平面上保护范围的截面；N—AOB 轴线的保护范围

① $AEBC$ 外侧的保护范围，按单支避雷针的方法计算；

② C、E 点应位于两避雷针间的垂直平分线上。在地面每侧的最小保护宽度按下式计算：

$$b_0 = CO = EO = \sqrt{h(2R-h) - \left(\frac{D}{2}\right)^2}$$

③ 在 AOB 轴线上，距中心线任一距离 x 外，其在保护范围上边线上的保护高度按下式计算：

$$h_x = R - \sqrt{(R-h)^2 + \left(\frac{D}{2}\right)^2 - x^2}$$

该保护范围上边线是以中心线距地面 R 的一点 O' 为圆心，以 $\sqrt{(R-h)^2+\left(\frac{D}{2}\right)^2}$ 为半径所作的圆弧 AB。

④ 两避雷针间 $AEBC$ 内的保护范围，ACO 部分的保护范围按以下方法计算。

a. 在任一保护高度 h_x 和 C' 点所处的垂直平面上，以 h_x 作为假想避雷针，并按单支避雷针的方法逐点确定［图 15-19 中 1—1 剖面图］；

b. 确定 BCO、AEO、BEO 部分的保护范围的方法与 ACO 部分的相同。

⑤ 确定 xx' 平面上的保护范围截面的方法：以单支避雷针的保护半径 r_x 为半径，以 A、B 为圆心作弧线与四边形 $AEBC$ 相交；以单支避雷针的 r_0-r_x 为半径，以 E、C 为圆心作弧线与上述弧线相交（图 15-19 中的粗虚线）。

15.7.3 两支不等高避雷针保护范围的计算

两支不等高避雷针的保护范围，在 A 避雷针的高度 h_1 和 B 避雷针的高度 h_2 均小于或等于 R 时，当两支避雷针距离 $D \geqslant \sqrt{h_1(2R-h_1)}+\sqrt{h_2(2R-h_2)}$ 时，可各按单支避雷针的计算方法计算；当 $D < \sqrt{h_1(2R-h_1)}+\sqrt{h_2(2R-h_2)}$ 时，应按以下方法计算（见图 15-20）。

① $AEBC$ 外侧的保护范围可按单支避雷针的方法计算。

② CE 线或 HO' 线的位置按下式计算：

$$D_1=\frac{(R-h_2)^2-(R-h_1)^2+D^2}{2D}$$

③ 在地面每侧的最小保护宽度按下式计算：

$$b_0=CO=EO=\sqrt{h_1(2R-h_1)-D_1^2}$$

④ 在 AOB 轴线上，A、B 间保护范围上边线位置可按下式计算：

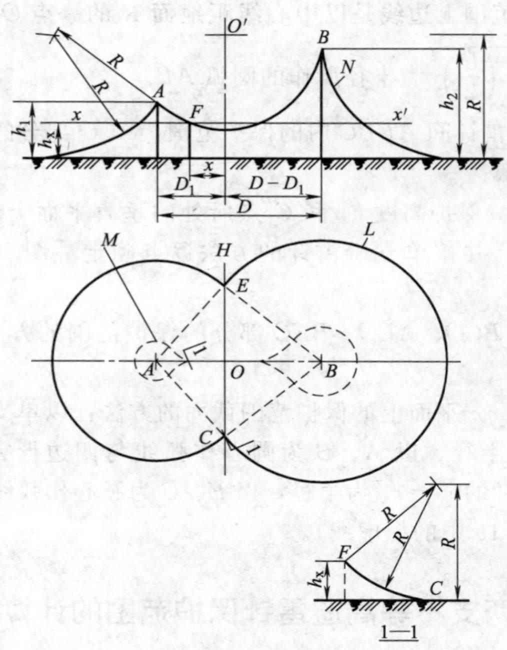

图 15-20　两支不等高避雷针的保护范围

L—地面上保护范围的截面；M—xx'平面上保护范围的截面；N—AOB 轴线的保护范围

$$h_x = R - \sqrt{(R-h_1)^2 + D_1^2 - x^2}$$

式中　x——距 CE 线或 HO'线的距离。

该保护范围上边线是以 HO'线上距地面 R 的一点 O'为圆心，以$\sqrt{(R-h_1)^2+D_1^2}$为半径所作的圆弧 AB。

⑤ 两避雷针间 $AEBC$ 内的保护范围，ACO 与 AEO 是对称的，BCO 与 BEO 是对称的，ACO 部分的保护范围可按以下方法计算。

a. 在任一保护高度 h_x 和 C 点所处的垂直平面上，以 h_x 作为假想避雷针，按单支避雷针的方法逐点计算（图 15-20 的 1—1 剖面图）。

b. 确定 AEO、BCO、BEO 部分的保护范围的方法与 ACO 部分相同。

⑥ 确定 xx'平面上的保护范围截面的方法与两支等高避雷针相同。

15.7.4 单根避雷线保护范围的计算

当避雷线的高度 h 大于或等于 $2R$ 时，应无保护范围；当避雷线的高度 h 小于 $2R$ 时，应按下列方法确定（图 15-21）。确定架空避雷线的高度时应计及弧垂的影响。在无法确定弧垂的情况下，当等高支柱间的距离小于 120m 时，架空避雷线中点的弧垂宜采用 2m，距离为 120～150m 时宜采用 3m。

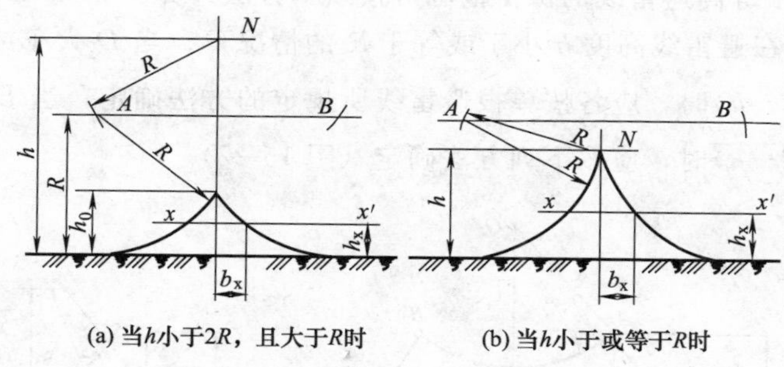

(a) 当h小于$2R$，且大于R时　　(b) 当h小于或等于R时

图 15-21　单根架空避雷线的保护范围

N—避雷线

计算步骤如下。

① 距地面 R 处作一平行于地面的平行线。

② 以避雷线为圆心、R 为半径，作弧线交于平行线的 A、B 两点。

③ 以 A、B 为圆心，R 为半径作弧线，该两弧线相交或相切，并与地面相切。弧线至地面为保护范围。

④ 当 h 小于 $2R$ 且大于 R 时，保护范围最高点的高度应按下式计算：

$$h_0 = 2R - h$$

⑤ 避雷线在 h_x 高度的 xx' 平面上的保护宽度，应按下式计算：

$$b_x = \sqrt{h(2R-h)} - \sqrt{h_x(2R-h_x)}$$

式中　b_x——避雷线在 h_x 高度的 xx' 平面上的保护宽度，m；

h——避雷线的高度，m；

R——滚球半径，按表 15-39 的规定取值，m；

h_x——被保护物的高度，m。

⑥ 避雷线两端的保护宽度应按单支避雷针的方法确定。

15.7.5 两根等高避雷线保护范围的计算

两根等高避雷线的保护范围可按以下方法计算。

① 在避雷线高度 h 小于或等于 R 的情况下，当 D 大于或等于 $2\sqrt{h(2R-h)}$ 时，应各按单根避雷线所规定的方法确定；当 D 小于 $2\sqrt{h(2R-h)}$ 时，应按下列方法确定（图 15-22）。

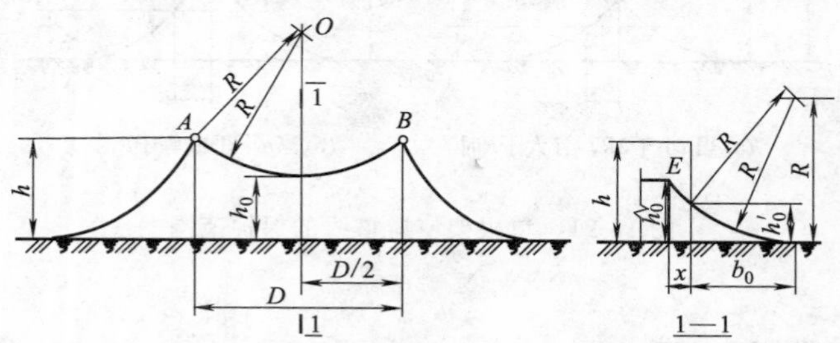

图 15-22　两根等高避雷线在高度 h 小于或等于 R 时的保护范围

a. 两根避雷线的外侧，各按单根避雷线的方法确定。

b. 两根避雷线之间的保护范围按以下方法确定：以 A、B 两避雷线为圆心，R 为半径作圆弧交于 O 点，以 O 点为圆心，R 为半径作弧线交于 A、B 点。

c. 两根避雷线之间保护范围最低点的高度按下式计算：

$$h_0=\sqrt{R^2-\left(\frac{D}{2}\right)^2}+h-R$$

d. 避雷线两端的保护范围按两支避雷针的方法确定，但在中线上 h_0 线的内移位置按以下方法确定（图 15-22 中 1—1 剖面）：

以两支避雷针所确定的保护范围中最低点的高度 $h'_0=R-\sqrt{(R-h)^2+\left(\frac{D}{2}\right)^2}$ 作为假想避雷针，将其保护范围的延长弧线与 h_0 线交于 E 点。内移位置的距离也可按下式计算：

$$x=\sqrt{h_0(2R-h_0)}-b_0$$

式中　b_0——按本节 15.7.2 项②中 b_0 的计算公式计算。

② 在避雷线高度 h 小于 $2R$ 且大于 R，避雷线之间的距离 D 小于 $2R$ 且大于 $2[R-\sqrt{h(2R-h)}]$ 的情况下，应按下列方法确定（图 15-23）。

a. 距地面 R 处作一与地面平行的线。

b. 以 A、B 两避雷线为圆心，R 为半径作弧线交于 O 点并与平行线相交或相切于 C、E 点。

c. 以 O 点为圆心、R 为半径作弧线交于 A、B 点。

d. 以 C、E 为圆心，R 为半径作弧线交于 A、B 并与地面相切。

e. 两根避雷线之间保护范围最低点的高度按下式计算：

$$h_0=\sqrt{R^2-\left(\frac{D}{2}\right)^2}+h-R$$

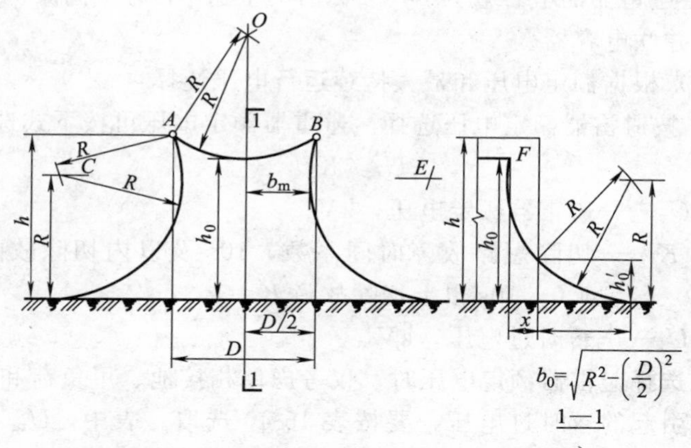

图 15-23　两根等高避雷线在高度 h 小于 $2R$ 且大于 R 时的保护范围

f. 最小保护宽度 b_m 位于 R 高处，其值按下式计算：

$$b_m=\sqrt{h(2R-h)}+\frac{D}{2}-R$$

g. 避雷线两端的保护范围按两支高度 R 的避雷针确定，但在中线上 h_0 线的内移位置按以下方法确定（图 15-23 的 1—1 剖面）：以两支高度 R 的避雷针所确定的保护范围中点最低点的高度 $h_0'=R-\frac{D}{2}$作为假想避雷针，将其保护范围的延长弧线与 h_0 线交于 F 点。内移位置的距离也可按下式计算：

$$x=\sqrt{h_0(2R-h_0)}-\sqrt{R^2-\left(\frac{D}{2}\right)^2}$$

15.7.6 氧化锌避雷器的选择

高压氧化锌避雷器（也称高压氧化锌压敏电阻）属于氧化物避雷器，具有体积小、重量轻、安装方便、过电压保护性能较好等优点。它是由氧化锌（ZnO）非线性电阻片叠装在瓷套内组成并密封以防潮气侵入。它具有半导体晶体稳压管的特性。由于其不存在火花间隙，残余电压无突变，且避雷器本身也具有一定的电容量（如 FY-6 型避雷器的电容量为 667pF），因此当用于电动机保护时，不需要再并联电容器。

(1) 根据额定电压和最大持续运行电压选择

① 按避雷器额定电压选择。避雷器额定电压可按下式选择：

$$U_r \geqslant KU_t$$

式中 U_r——避雷器额定电压，kV；

K——切除短路故障时间系数，10s 及以内切除故障 $K=1.0$，10s 以上切除故障 $K=1.3$；

U_t——暂时过电压，kV。

在选择避雷器额定电压时，仅考虑单相接地、甩负荷和长线电容效应引起的暂时过电压，要按表 15-40 选取。表中，U_m 为系统最高工作电压。

■ **表 15-40　暂时过电压值**

系统接地方式	非直接接地		直接接地		
系统标称电压/kV	3～10	35～66	110～220	330～500	
				母线	线路
暂时过电压/kV	$1.1U_m$	U_m	$1.4\frac{U_m}{\sqrt{3}}$	$1.3\frac{U_m}{\sqrt{3}}$	$1.4\frac{U_m}{\sqrt{3}}$

② 按最大持续运行电压选择。一般情况下，避雷器最大持续运行电压 $U_C \geqslant 0.8U_r$，且不得低于以下规定值。

a. 直接接地系统：

$$U_C \geqslant U_m/\sqrt{3}$$

b. 非直接接地系统：

10s 及以内切除故障时

$$U_C \geqslant U_m/\sqrt{3}$$

10s 以上切除故障时

$$U_C \geqslant U_m \quad (35\sim66\text{kV})$$

$$U_C \geqslant 1.1U_m \quad (3\sim10\text{kV})$$

③ 按与设备的绝缘水平选择。按惯用法进行绝缘配合时，设备的绝缘水平与避雷器保护水平比值为配合系数。

a. 雷电过电压配合系数：

避雷器紧靠被保护设备时＞1.25；

避雷器非紧靠被保护设备时＞1.4。

b. 操作过电压配合系数＞1.15。

(2) 根据雷电冲击保护水平和操作冲击保护水平选择

① 按雷电冲击保护水平选择。避雷器标称放电电流（8/20μs）下的残压值为避雷器的雷电冲击保护水平。陡波标称放电电流(1/50μs)下的残压值与标称放电电流下的残压值之比不得大于 1.15。

避雷器雷电冲击保护水平应满足保护电力设备绝缘配合的要求，即满足电气设备全波冲击绝缘水平与雷电冲击保护水平之比值不得小于 1.4。

② 按操作冲击保护水平选择。避雷器操作冲击电流（波前30～100μs）下的残压值为避雷器的操作冲击保护水平。其操作冲击残压试验电流值见表 15-41。

■ **表 15-41　避雷器操作冲击残压试验电流值**

避雷等级/kA	避雷器使用场合	避雷器额定电压（有效值）/kV	操作冲击电流值(峰值)/A
20	电站用	420～468	500 及 2000
10	电站用	90～216	125 及 500
		288～324	250 及 1000
		420～468	500 及 2000
5	并联补偿电容器用	5～90	125 及 500
	电站用	5～84	250
		90～108	125 及 500
	发电机用	4～25	250
	电气化铁道用	42～84	500
	配电用	5～17	100
2.5	电动机用	4～13.5	100
1.5	变压器中性点用	60～207	500
	电动机中性点用	1.52～2.4	100

操作冲击绝缘配合系数应满足：电气设备的操作冲击绝缘水平与操作冲击保护水平之比值不得小于 1.15。

不同场合使用的氧化锌避雷器型号选择，见第 5 章 5.1.3 项中的相关内容。

(3) 电动机、变压器、电容器等保护用氧化锌避雷器的选择

ZNR-LXQ1 系列用来保护电动机、变压器，限制操作过电压；FYR1 系列用来限制大气过电压和并联电容器组操作过电压。它们均有 3kV、6kV、10kV 三个电压等级。用于电动机、变压器保护时，只需根据电压等级来选择避雷器；用于电容器组保护时，除了选择电压等级外，还要根据电容器组容量的大小，从表 15-42 和表 15-43 中选择合适的避雷器。

■ **表 15-42　氧化锌避雷器的型号**

避雷器型号	额定电压/kV	对应于新型号避雷器
ZNR-LXQ1-Ⅰ FYR1-3.8	3	Y2·5W1-3.8/9.5 Y5WR1-3.8/13.5
ZNR-LXQ1-Ⅱ FYR1-7.6	6	Y2·5W1-7.6/19 Y5WR1-7.6/27
ZNR-LXQ1-Ⅲ FYR1-12.7	10	Y2·5W1-12.7/31 Y5WR1-12.7/45

■ **表 15-43　根据电容器容量选择避雷器**

避雷器型号 电容器容量/kvar 系统电压/kV	FYR1-3.8/200 FYR1-7.6/200 FYR1-12.7/200	FYR1-3.8/300 FYR1-7.6/300 FYR1-12.7/300	FYR1-3.8/400 FYR1-7.6/400 FYR1-12.7/400	FYR1-3.8/500 FYR1-7.6/500 FYR1-12.7/500
3	≤1000	≤1800	≤2000	≤2800
6	≤1800	≤3000	≤4000	≤5500
10	≤3000	≤5000	≤7000	≤9000

(4) 氧化锌避雷器的预防性试验

氧化锌避雷器投入运行前和每运行一年后应做预防性试验，其项目有以下几方面。

① 1mA 直流电压值（脉动不大于±15%）测量。

投入运行前，在避雷器两端施加直流电压，待流过避雷器的电流稳定于 1mA 后，读出电压数值，其值应在标称电压允许范围内（见表 15-44)。以后每年测量一次，若 1mA 电压值的变化超过了原值的 10%，就应更换避雷器。

■ **表 15-44　氧化锌避雷器的标称直流电压**

避雷器型号	不同系统电压/kV 下的标称直流电压/kV		
	3	6	10
ZNR-LXQ1 系列	5.5～6.5	10.5～11.5	18.5～19.5
FYR1 系列	5.8～6.8	11.5～12.5	19.5～21.0

② 直流泄漏电流试验。

投入运行前在避雷器两端施加规定的直流电压（见表 15-45)，待电压稳定后，泄漏电流值必须小于 30μA，否则为不合格产品。

此值仅在避雷器投入运行前测量，以后就不再试验。

■ **表 15-45　氧化锌避雷器试验时施加的电压**

避雷器型号	不同系统电压/kV 下的直流外加电压/kV		
	3	6	10
ZNR-LXQ1 系列	4.2	8	14
FYR1 系列	4.5	9	15

必须指出，真空断路器做预防性试验时，应将避雷器退出。

15.7.7　电涌保护器的选择

（1）低压配电系统电涌保护器的选择

用于低压配电系统的电涌保护器，又称浪涌保护器（SPD）有以下三种产品。

① Ⅰ类 SPD。其最大通流能力为 10kA/350μs 冲击电流（测试冲击电流波形，下同）。适用于闪电直接击在建筑物及其附近，以及直接击在引至本建筑物近处低压配电线路及其附近所产生的浪涌电流和电压，通常适合于安装在进线总配电盘处。

② Ⅱ类 SPD。其最大通流能力为 8kA/350μs 冲击电流。当前述总配电盘处所安装的Ⅰ类测试 SPD 保护不了其后的电气装置和设备时，可在分配电盘处、插座处或电气设备处安装这类 SPD。当建筑物仅需要防配电线路远处落雷或感应过电压以及防操作过电压时，可在进线总配电盘处安装这类 SPD。

③ Ⅲ类 SPD。其最大通流能力为 1.2kV/50μs 冲击电压和 8kA/20μs 冲击电流（混合波）。用它对设备做细保护。当前面所选的Ⅰ和Ⅱ类 SPD 保护不了要保护的设备时，在插座或设备处安装这类 SPD。

（2）电涌保护器最大持续运行电压的选择

电涌保护器的最大持续运行电压不应小于表 15-46 所规定的最小值；在电涌保护器安装处的供电电压偏差超过所规定的 10％以及谐波使电压幅值加大的情况下，应根据具体情况对限压型电涌保护器提高表 15-46 所规定的最大持续运行电压最小值。

■ **表 15-46　电涌保护器取决于系统特征所要求的最大持续运行电压最小值**

电涌保护器接于	配电网络的系统特征				
	TT 系统	TN-C 系统	TN-S 系统	引出中性线的 IT 系统	无中性线引出的 IT 系统
每一相线与中性线间	$1.15U_0$	不适用	$1.15U_0$	$1.15U_0$	不适用
每一相线与PE线间	$1.15U_0$	不适用	$1.15U_0$	$\sqrt{3}U_0$①	相间电压①
中性线与PE线间	$U_0$①	不适用	$U_0$①	$U_0$①	不适用
每一相线与PEN线间	不适用	$1.15U_0$	不适用	不适用	不适用

注：①是故障下最坏的情况，所以不需计及15%的允许误差。

1. U_0 是低压系统相线对中性线的标称电压，即相电压 220V。

2. 此表基于按现行国家标准《低压配电系统的电涌保护器（SPD）第 1 部分：性能要求和试验方法》GB 18802.1 做过相关试验的电涌保护器产品。

(3) 电涌保护器的接线形式

电涌保护器的接线形式应符合表 15-47 的规定。

■ **表 15-47　根据系统特征安装电涌保护器**

电涌保护器接于	电涌保护器安装处的系统特征							
	TT 系统		TN-C 系统	TN-S 系统		引出中性线的 IT 系统		不引出中性线的 IT 系统
	按以下形式连接			按以下形式连接		按以下形式连接		
	接线形式 1	接线形式 2		接线形式 1	接线形式 2	接线形式 1	接线形式 2	
每根相线与中性线间	+	○	不适用	+	○	+	○	不适用
每根相线与PE线间	○	不适用	不适用	○	不适用	○	不适用	○
中性线与PE线间	○	○	不适用	○	○	○	○	不适用
每根相线与PEN线间	不适用	不适用	○	不适用	不适用	不适用	不适用	不适用
各相线之间	+	+	+	+	+	+	+	+

注：○表示必须，＋表示非强制性的，可附加选用。

(4) 瞬变电压抑制器的选择

微电子器件耐雷击能力很低，其中 TTL、CMOS 门集成电路等的抗冲击能力最弱，10V、30ns 脉宽的冲击电压便可使其损坏。当雷电流产生的磁场达 0.07×10^{-4} T 时可使微电子器件误动，当无电磁屏蔽时即使雷电流通道远在 1km 处，也可能使微电子设备误动。为了使微电子器件免受雷击损害，可选用新型保护器件——TVS 管。

TVS 管即瞬变电压抑制器。当其两极受到反向瞬变高能量冲击时，它能以 10^{-12}s 量级的速度，将两极间的高阻抗变为低阻抗，吸收高达数千瓦的浪涌功率，使两极间的电压钳位于一个预定值，从而有效地保护电子电路中的微电子器件免受各种浪涌脉冲的破坏。

TVS 管的正向伏安特性与普通二极管相同，反向伏安特性与典型的 PN 结雪崩器件相同。其工作原理是：在瞬态脉冲电流的作用下，TVS 管被击穿，其两极的电压被钳位到预定的最大钳位电压以下；其后，随着脉冲电流按指数衰减，TVS 管两极电压不断下降，最后恢复到起始状态。

TVS 管的主要特点为：响应速度快（10^{-12}s 级）、瞬时吸收功率大（数千瓦）、漏电流小（10^{-9}A 级）、击穿电压偏差小（±5%击穿电压与±10%击穿电压两种）、钳位电压较易控制（钳位电压约为击穿电压的 71%～83%）、体积小等。

TVS 管对保护微电子设备免遭静电、雷电、操作过电压、断路器电弧重燃等各种电磁波干扰十分有效，可有效地抑制共模、差模干扰。

瞬变电压抑制器的技术数据见表 15-48。

■ **表 15-48 瞬变电压抑制器（TVS）技术数据**

型号	反向漏电流 I_{RM} /μA	反向变位电压 U_{RM} /V	反向击穿电压 U_{BR} /V	正常漏电流 I_R /mA	最大钳位电压 U_{CL} /V	最大峰值脉冲电流 I_{PP} /A
1.5KE6.8C	1000	5.50	6.8	10	10.8	139
1.5KE6.8CA	1000	5.80	6.8	10	10.5	143
1.5KE7.5C	500	6.05	7.5	10	11.7	128

续表

型号	反向漏电流 I_{RM} /μA	反向变位电压 U_{RM} /V	反向击穿电压 U_{BR} /V	正常漏电流 I_R /mA	最大钳位电压 U_{CL} /V	最大峰值脉冲电流 I_{PP} /A
1.5KE7.5CA	500	6.40	7.5	10	11.3	132
1.5KE8.2C	200	6.63	8.2	10	12.5	120
1.5KE8.2CA	200	7.02	8.2	10	12.1	124
1.5KE9.1C	50	7.37	9.1	1	13.8	109
1.5KE9.1CA	50	7.78	9.1	1	13.4	112
1.5KE10C	10	8.10	10	1	15.0	100
1.5KE10CA	10	8.55	10	1	14.5	103
1.5KE11C	5	8.92	11	1	16.2	93
1.5KE11CA	5	9.40	11	1	15.6	96
1.5KE12C	5	9.72	12	1	17.3	87
1.5KE15CA	5	12.8	15	1	21.2	71
1.5KE16C	5	12.9	16	1	23.5	64
1.5KE18CA	5	15.3	18	1	25.5	59.5
1.5KE20C	5	16.2	20	1	29.1	51.5
1.5KE20CA	5	17.1	20	1	27.7	54
1.5KE24C	5	19.4	24	1	34.7	43
1.5KE24CA	5	20.5	24	1	33.2	45
1.5KE27CA	5	23.1	27	1	37.5	40
1.5KE30C	5	24.3	30	1	43.5	34.5
1.5KE33CA	5	28.2	33	1	45.7	33
1.5KE36C	5	29.1	36	1	52.0	29
1.5KE43CA	5	36.8	43	1	59.3	25.3
1.5KE47C	5	38.1	47	1	67.8	22.2
1.5KE47CA	5	40.2	47	1	64.8	23.2
1.5KE51C	5	41.3	51	1	73.5	20.4
1.5KE51CA	5	43.6	51	1	70.1	21.4
1.5KE56C	5	45.4	56	1	80.5	18.6
1.5KE56CA	5	47.8	56	1	77.0	19.5
1.5KE62C	5	50.2	62	1	89.0	16.9
1.5KE62CA	5	53.0	62	1	85.0	17.7
1.5KE68C	5	55.1	68	1	98.0	15.3
1.5KE75CA	5	64.1	75	1	103	14.6
1.5KE82C	5	66.4	82	1	118	12.7
1.5KE91CA	5	77.8	91	1	125	12
1.5KE100C	5	81.0	100	1	144	10.4

续表

型号	反向漏电流 I_{RM} /μA	反向变位电压 U_{RM} /V	反向击穿电压 U_{BR} /V	正常漏电流 I_R /mA	最大钳位电压 U_{CL} /V	最大峰值脉冲电流 I_{PP} /A
1.5KE110CA	5	94.0	110	1	152	9.9
1.5KE120C	5	97.2	120	1	173	8.7
1.5KE130CA	5	111	130	1	179	8.4
1.5KE150C	5	121	150	1	215	7
1.5KE160C	5	130	160	1	230	6.5
1.5KE160CA	5	136	160	1	219	6.8
1.5KE170C	5	138	170	1	244	6.2
1.5KE170CA	5	145	170	1	234	6.4
1.5KE180C	5	146	180	1	258	5.8
1.5KE180CA	5	154	180	1	246	6.1
1.5KE200C	5	162	200	1	287	5.2
1.5KE200CA	5	171	200	1	274	5.5
1.5KE220C	5	175	220	1	344	4.3
1.5KE220CA	5	185	220	1	328	4.6
1.5KE250C	5	202	250	1	360	5
1.5KE250CA	5	214	250	1	344	5
1.5KE300C	5	243	300	1	430	5
1.5KE300CA	5	256	300	1	414	5
1.5KE320C	5	259	320	1	457	4.5
1.5KE320CA	5	273	320	1	438	4.5
1.5KE350C	5	284	350	1	504	4
1.5KE350CA	5	300	350	1	482	4
1.5KE400C	5	324	400	1	574	4
1.5KE400CA	5	342	400	1	548	4

第 16 章

电工的其他计算

16.1 逻辑电路及简化

16.1.1 逻辑代数及其基本运算

逻辑代数的任何变量只有两个值：0 和 1。例如在继电器电路中，用 0 代表继电器线圈断电（继电器触点断开），用 1 代表继电器线圈通电（触点闭合）。

在逻辑控制中 0 和 1 代表两种不同工作状态。

(1) 逻辑代数常用的运算规则

$a+0=a$　　$a\cdot 0=0$

$a+1=1$　　$a\cdot 1=a$

$a+a=a$　　$a\cdot a=a$

$a+b=b+a$　　$a\cdot b=b\cdot a$

$(a+b)+c=a+(b+c)$　　$(ab)\cdot c=a\cdot(bc)$

$ab+ac=a(b+c)$　　$(a+b)(a+c)=a+bc$

$a+\overline{a}=1$　　$\overline{\overline{a}}=a$

$a\cdot\overline{a}=0$　　$a+\overline{a}b=a+b$

$\overline{a}\cdot\overline{b}=\overline{a+b}$　　$\overline{a\cdot b}=\overline{a}+\overline{b}$

$\overline{a\cdot b\cdot c\cdot\cdots}=\overline{a}+\overline{b}+\overline{c}+\cdots$

$\overline{a}\cdot\overline{b}\cdot\overline{c}\cdots=\overline{a+b+c+\cdots}$

(2) n 个常用公式及证明

① $a+ab=a$

证明：$a+ab=a(1+b)=a\cdot 1=a$

② $ab+a\bar{b}=a$

证明：$ab+a\bar{b}=a(b+\bar{b})=a\cdot 1=a$

③ $ab+\bar{a}c+bc=ab+\bar{a}c$

证明：$ab+\bar{a}c+bc=ab+\bar{a}c+(a+\bar{a})bc$

$=ab+\bar{a}c+abc+\bar{a}bc$

$=(ab+abc)+(\bar{a}c+\bar{a}bc)$

$=ab+\bar{a}c$

④ $a\bar{b}+\bar{a}c+bcd=ab+\bar{a}c$

证明：$a\bar{b}+\bar{a}c+bcd=(ab+\bar{a}c+ca+\bar{a})bcd$

$=ab+\bar{a}c+abcd+\bar{a}bcd$

$=ab(1+cd)+\bar{a}c(1+bd)$

$=ab+\bar{a}c$

⑤ $a\bar{b}+b=a+b$

证明：$a\bar{b}+b=a\bar{b}+(ab+b)=b+(b+\bar{b})a$

$=b+1\cdot a=a+b$

⑥ $\overline{a\bar{b}+\bar{a}b}=\bar{a}\bar{b}+ab$

证明：$\overline{a\bar{b}+\bar{a}b}=(\bar{a}+b)(a+\bar{b})=\bar{a}a+\bar{a}\bar{b}+ba+b\bar{b}=\bar{a}\bar{b}+ab$

⑦ $\overline{ab+\bar{a}c}=a\bar{b}+\overline{ab}\bar{c}$

证明：$\overline{ab+\bar{a}c}=(\bar{a}+\bar{b})(a+\bar{c})$

$=\bar{a}a+\bar{a}\bar{c}+\bar{b}a+\bar{b}\bar{c}=a\bar{b}+\bar{a}\bar{c}+\bar{b}\bar{c}$

$=a\bar{b}+\bar{c}(\bar{a}+\bar{b})=a\bar{b}+\overline{ab}\bar{c}$

(3) 基本定理

定理一：n 个变量的 2^n 个最小项的逻辑加等于 1。

例： 函数 $f(a、b)=ab+a\bar{b}+\bar{a}b+\overline{ab}$

$=a(b+\bar{b})+\bar{a}(b+\bar{b})=a+\bar{a}=1$

定理二：n 个变量的 2^n 个最大项的逻辑相乘等于 0。

例： 函数 $f(a、b)=(\bar{a}+\bar{b})(\bar{a}+b)(a+\bar{b})(a+b)$

因 $(\bar{a}+\bar{b})(\bar{a}+b)$ 可简化为：$\bar{a}\bar{a}+\bar{a}b+\bar{a}\bar{b}+b\bar{b}=\bar{a}$

$(a+\bar{b})(a+b)$ 可简化为：$aa+ab+a\bar{b}+b\bar{b}=\bar{a}$

故 $\bar{a}\cdot a=0$

16.1.2 逻辑关系式的简化

逻辑关系式的简化有以下几种方法。

(1) 利用前面所述的逻辑代数的运算法则和基本定律来简化

(2)“积之和”的逻辑关系式简化

所谓“积之和”，即关系式为数项相加，每一项为一个变量或数个变量相乘。简化步骤如下。

① 比较各乘积项，凡某一乘积项包含了其他乘积项，则包含了其他乘积项的是多余的。实际上是定律 $a+ab=a$ 的应用。

② 再次比较各乘积项，如果某一项包含了其他乘积项的“非”运算，则该“非”运算是多余的。实际上是实律 $a+\overline{a}b=a+b$ 的应用。

③ 将每个乘积项依次与其他乘积项进行比较，如果某两项中有一个变量代号相同，但一个为另一个的“非”运算，则将两项中其余变量记下来，再与其他乘积项比较，如果任何一项包含了所记下的全部因子，则该项是多余的。实际上是定律 $ab+\overline{a}c+bc=ab+\overline{a}c$ 的应用。

④ 从由第三步简化出的关系式中提出公因子，使公共的触点(假设应用于继电器电路)共用。

【例 16-1】 试简化逻辑关系式 $F=a+ab+\overline{a}c+bd+ace+\overline{b}e+edf$。

解 ① 从最简单的项 a 开始进行比较，凡包含 a 的项均为多余的，即 ab 和 ace 都是多余的，故简化后为

$$F=a+\overline{a}c+bd+\overline{b}e+edf$$

② $\overline{a}c$ 中包含了 a 的“非”运算，该“非”运算是多余的，即 $\overline{a}c$ 可简化为 c，故简化后为

$$F=a+c+bd+\overline{b}e+edf$$

③ 由上式可见，bd 项中有 b，$\overline{b}e$ 项中有 $\overline{b}$，记下这两项的其余因子为 de，任何含有 de 的项均为多余的，故 edf 可去掉，即

$$F=a+c+bd+\overline{b}e$$

④ 上式已不能继续简化。

【例 16-2】 试简化逻辑关系式 $F=ad+abc+cde$。

解 ① abc 项包含有 ac 项，故 abc 是多余的

$$F=ac+cde$$

② 继续简化

$$F=c(a+de)$$

【例 16-3】 试简化逻辑关系式 $F=ad+bc\bar{d}+(\bar{a}+\bar{b})c$。

解
$$\begin{aligned}F&=ad+\bar{b}c\bar{d}+(\bar{a}+b)c\\&=ad+\bar{b}c\bar{d}+\bar{a}c+\bar{b}c\\&=ad+\bar{a}c+c(b+\overline{bd})\\&=ad+\bar{a}c+c(b+\bar{d})\quad（因\ b+\overline{bd}=b+\bar{d}）\\&=ad+\bar{a}c+cb+c\bar{d}\\&=ad+cb+c(\bar{a}+\bar{d})\\&=ad+cb+c\overline{ad}\quad（因\ \bar{a}+\bar{d}=\overline{ad}）\\&=ad+c+cb\quad（因\ ad+c\overline{ad}=ad+c）\\&=ad+c\quad（因\ c+cb=c）\end{aligned}$$

【例 16-4】 试简化逻辑关系式 $F=\bar{a}b+a\bar{b}c+bc$。

解
$$\begin{aligned}F&=\bar{a}b+a\bar{b}c+bc=\bar{a}b+c(a\bar{b}+b)\\&=\bar{a}b+c(a+b)=\bar{a}b+ac+bc=\bar{a}b+ac\end{aligned}$$

（3）利用桥接线路公式简化

桥接线路的公式特征为

$$F=a(b+ec)+d(c+eb)$$

相应的线路如图 16-1（b）所示。在设计线路时可以根据这一特征来判断应用桥接线路的可能性。

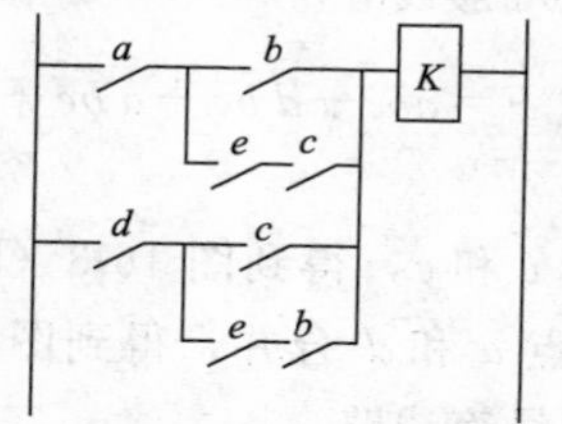

(a) 按逻辑关系式画的线路

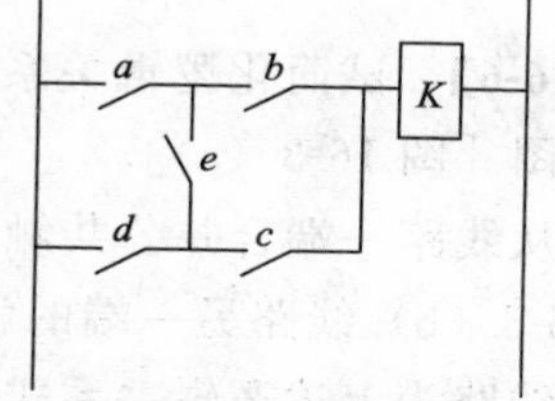

(b) 按桥接线路公式画的线路

图 16-1 对应简化关系式的线路

例如，对于逻辑关系式 $F=ab+dc+aec+deb$，按前述简化方法可写成

$$F=a(b+ec)+d(c+eb)$$

如果按逻辑关系式画图，则线路如图 16-1（a）所示，需 8 个触点。若记住桥接线路的公式，则如图 16-1（b）所示，只需 5 个触点。

（4）从线路两端合并触点

【例 16-5】 试设计三处控制一个灯的控制线路。

解 设三处的相应开关为 a、b、c。

第一步：分析开关的动作状况，写出逻辑关系式。设 a、b、c 初始状态灯不亮；当任意拨动某一开关，灯应亮；若再拨动一个开关，灯应熄；继续拨动一个开关，灯又亮。据此写出逻辑关系式如下：

$$F=ab\,\overline{c}+a\,\overline{b}c+\overline{a}bc+\overline{abc}$$

第二步：由上式便可直接画出初步接线图如图 16-2（a）所示。

第三步：经整理、简化（从两边向中间简化），得图 16-2（b）。

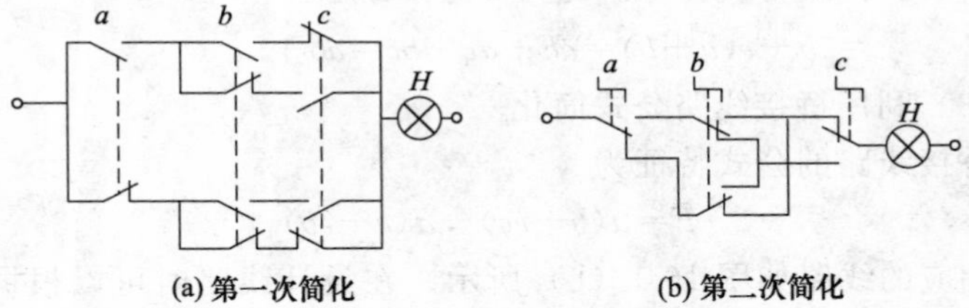

图 16-2 例 16-5 接线图

【例 16-6】 试简化逻辑关系式 $F=abc+d\,\overline{b}c+a\,\overline{b}e+dbe$ 所对应的线路图［图 16-3（a)］。

解 从线路一端合并公共触点 c 和 e，得到图 16-3（b）线路；再将图 16-3（b）线路另一端的触点 a 和 d 合并，得到图 16-3（c）线路。该线路为上述逻辑关系式的最简线路。

（5）几个逻辑关系式的简化

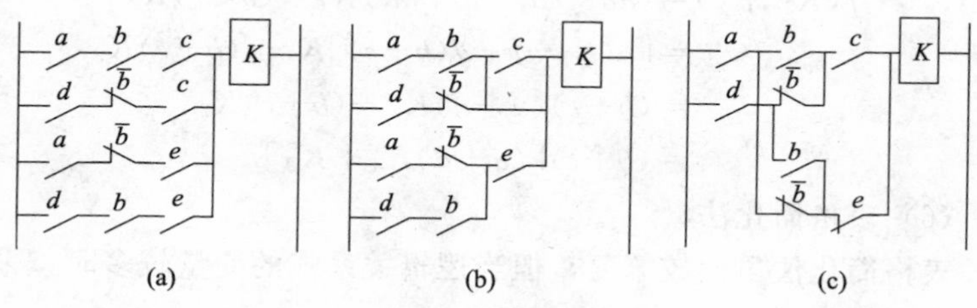

图 16-3　从线路两端合并触点

【例 16-7】　试简化如图 16-4（a）所示的控制线路。

解　① 写出各逻辑关系式如下：

$$K_1=abc,\ K_2=b(\overline{a}+d),\ K_3=be$$

② 将它们写成复合逻辑关系式：

$$\begin{aligned}f(K_1\sim K_3)&=abcK_1+b(\overline{a}+d)K_2+beK_3\\&=b[acK_1+(\overline{a}+d)K_2+eK_3]\end{aligned}$$

因此可画出简化后的线路，如图 16-4（b）所示。

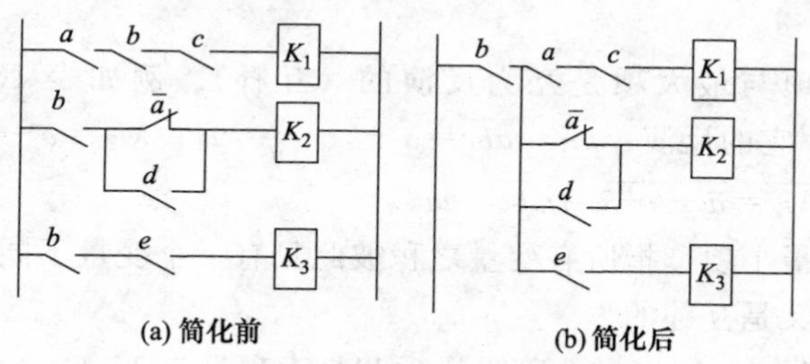

图 16-4　几个逻辑关系式的简化

注意：对于简化继电器类控制线路时，复合逻辑关系式简化后，代表继电器线圈的符号 K 只能在关系式中出现一次，也就是说，对几个逻辑关系式的简化一般只限于提出公因子。

【例 16-8】　试简化下列逻辑关系式：

$$K_1=ab+bd+ac+cd$$

$$K_2=b+c$$

解　写出复合逻辑关系式

$$f(K_1, K_2) = (ab+cd+ac+bd)K_1 + (b+c)K_2$$
$$= [a(b+c)+d(b+c)]K_1 + (b+c)K_2$$
$$= (b+c)(a+d)K_1 + (b+c)K_2$$
$$= (b+c)[(a+d)K_1 + K_2]$$

(6) 表格简化法

表格简化法虽然较繁复，但当逻辑关系式的变量较多时，采用表格法很有效。

① 最小项和最大项的概念

最小项：一个 n 变量的最小项是所有 n 个变量之积。其中每个变量必须出现一次，且仅出现一次。例如 a、b 两变量所构成的最小项是 $a\bar{b}$、$\bar{a}b$、$\overline{ab}$和 ab 共 2^2（4）个。对 n 个变量来说，最小项共 2^n 个。最小项通常用字母 m 表示。

最大项：一个 n 变量的最大项是所有 n 个变量之和。其中每个变量必须出现一次，且仅出现一次。例如 a、b 两变量所构成的最大项是 $\bar{a}+\bar{b}$、$a+\bar{b}$、$\bar{a}+b$ 和 $a+b$ 共 4 个。最大项通常用字母 M 表示。

最小项与最大项是互为反演的（互补）。例如表 16-1 所示，$m_7=abc$，它的反演：$\overline{m_7}=\overline{abc}=\bar{a}+\bar{b}+\bar{c}=M_0$；$M_2=\bar{a}+b+\bar{c}$，它的反演为$\overline{M_2}=\overline{\bar{a}+b+\bar{c}}=a\bar{b}c=m_5$。

相邻最小项：指所有变量之积彼此只有一个变量不同，而且此不同变量又是互补的。

三变量 a、b、c 的全部最小项和最大项见表 16-1。

② 表格简化法的方法和步骤：下面举例说明其简化步骤。

将逻辑关系式用最小项形式表示，如

$$F=\bar{a}\bar{b}\bar{c}\bar{d}+\bar{a}\bar{b}c\bar{d}+\bar{a}b\bar{c}d+a\bar{b}\bar{c}\bar{d}+a\bar{b}c\bar{d}+a\bar{b}cd+abcd$$

做一表格，见表 16-2。

逐项寻找“相邻最小项”，它们可以合并为一项而消去不同变量。把每次找出的相邻最小项后面划上√，同时把合并项填在第二次简化的纵列中，以便第二次简化。

第二次简化的方法同上。以后再做第三次简化，直到不再有

"相邻最小项"为止。

■ **表 16-1　三变量的最小项和最大项**

变量组合	二进制数	十进制数	最小项 m	最大项 M
$\overline{a}\overline{b}\overline{c}$	000	0	$m_0=\overline{a}\overline{b}\overline{c}$	$M_0=\overline{a}+\overline{b}+\overline{c}$
$\overline{a}\overline{b}c$	001	1	$m_1=\overline{a}\overline{b}c$	$M_1=\overline{a}+\overline{b}+c$
$\overline{a}b\overline{c}$	010	2	$m_2=\overline{a}b\overline{c}$	$M_2=\overline{a}+b+\overline{c}$
$\overline{a}bc$	011	3	$m_3=\overline{a}bc$	$M_3=\overline{a}+b+c$
$a\overline{b}\overline{c}$	100	4	$m_4=a\overline{b}\overline{c}$	$M_4=a+\overline{b}+\overline{c}$
$a\overline{b}c$	101	5	$m_5=a\overline{b}c$	$M_5=a+\overline{b}+c$
$ab\overline{c}$	110	6	$m_6=ab\overline{c}$	$M_6=a+b+\overline{c}$
abc	111	7	$m_7=abc$	$M_7=a+b+c$

■ **表 16-2　简化第一表**

第一次简化							第二次简化				
最小项	相邻最小项						合并项	相邻最小项			合并项
	(1)	(2)	(3)	(4)	(5)	(6)		(7)	(8)	(9)	
$m_0=\overline{a}\overline{b}\overline{c}\overline{d}$	√	√					(1)$\overline{a}\overline{b}\overline{d}$	√			(7)$\overline{b}\overline{d}$
$m_2=\overline{a}\overline{b}c\overline{d}$	√		√				(2)$\overline{b}\overline{c}\overline{d}$		√		(8)$\overline{b}\overline{d}$
$m_5=\overline{a}b\overline{c}d$							(3)$\overline{b}c\overline{d}$		√		
$m_8=a\overline{b}\overline{c}\overline{d}$		√		√			(4)$a\overline{b}\overline{d}$	√			
$m_{10}=a\overline{b}c\overline{d}$			√	√	√		(5)$a\overline{b}c$				
$m_{11}=a\overline{b}cd$					√	√	(6)acd				
$m_{15}=abcd$						√					

把表中凡属没打√的项，即蕴涵项相加，得到简化式

$$F_3=\overline{a}b\overline{c}d+a\overline{b}c+acd+\overline{b}\overline{d}$$

为进一步消除多余项，作第二个表如表 16-3 所示。将上式各蕴涵项排成纵列。

逐行逐列地检查，看纵列的哪些项是横行各项的因子，并在相应的行列中打上√，这表明该列的最小项已由该行有关蕴涵项所代替了。若发现某一列的最小项下有两个或两个以上的√，则表示它已由多个蕴涵项所代替，这意味着有可能消去一个或几个的蕴涵

项，但实际能否消去，还要看此蕴涵项所代替的最小项是否已全部被其他的蕴涵项所代替；如果这些最小项已全部被其他蕴涵项所代替，则此蕴涵项可以消去。

在表 16-3 中，最小项 m_{10} 和 m_{11} 下有两个√，且蕴涵项（5）所包括的最小项 m_{10}，m_{11} 可分别由蕴涵项（6）和（7）所代替，所以消去蕴涵项（5）不影响 F 的逻辑关系。因此得

$$F=\overline{a}b\,\overline{c}d+acd+\overline{b}\,\overline{d}$$

■ **表 16-3　简化第二表**

第一表简化项（蕴涵项）	原始未简化项（原始最小项）						
	m_0 $\overline{a}\overline{b}\overline{c}\overline{d}$	m_2 $\overline{a}\overline{b}c\,\overline{d}$	m_5 $\overline{a}b\,\overline{c}d$	m_8 $a\,\overline{b}\overline{c}\overline{d}$	m_{10} $a\,\overline{b}c\,\overline{d}$	m_{11} $a\,\overline{b}cd$	m_{15} $abcd$
$m_5=\overline{a}b\,\overline{c}d$			√				
$(5)=a\,\overline{b}c$					√	√	
$(6)=acd$						√	√
$(7)=\overline{b}\,\overline{d}$	√	√		√	√		

16.1.3 逻辑电路的设计

（1）简单逻辑电路（电器控制电路）的设计可利用表前面介绍的逻辑中关系式

（2）简单电器控制电路设计举例

【例 16-9】 试设计一个开关电路：共有 H_1、H_2、H_3、H_4 和 H_5 五只灯，要求：H_1、H_2 都亮，则 H_5 亮；H_4 亮，则 H_5 亮；H_2、H_4 都不亮且 H_3 亮时，则 H_5 亮。H_1～H_4 的相应开关设为 a、b、c、d。

解　第一步，对 H_5 写出逻辑关系式

$$F_{H_5}=ab+d+\overline{b}\,\overline{d}c$$

第二步：画出初步接线图如图 16-5（a）所示。

第三步：经整理、简化，得图 16-5（b）所示。

【例 16-10】 试设计一个开关电路：共有 a、b、c、d、e 五个

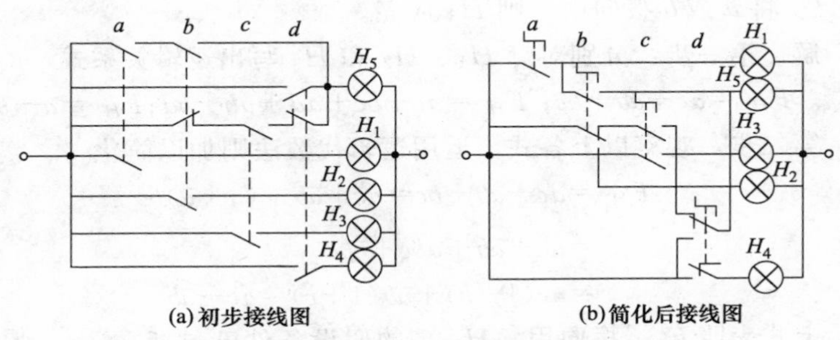

图 16-5　例 16-9 接线图

开关（均有甲乙两个位置状态），及 H_1、H_2、H_3 三只灯。要求：将 a、b、c 拨向甲，则 H_1 应亮；将 b 拨向甲、a 拨向乙，或 b、d 拨向甲，则 H_2 应亮；将 b、e 拨向甲，则 H_3 应亮。

解　分别对 H_1、H_2 和 H_3 写出逻辑关系式

$$F_{H_1}=abc;\ F_{H_2}=\overline{a}b+bd;\ F_{H_3}=be$$

将它们写成复合函数式

$$F_{(H_1\sim H_3)}=abcH_1+(\overline{a}b+bd)H_2+beH_3$$

$$=b[acH_1+(\overline{a}+d)H_2+eH_3]$$

由上式便可画出接线图如图 16-6。

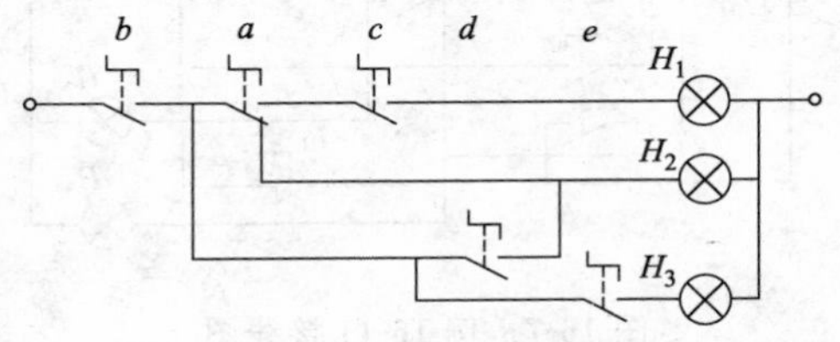

图 16-6　例 16-10 接线图

【例 16-11】　试设计一个开关电路：有 a、b、c、d 四个开关（均有甲、乙两个位置状态），及 H_1、H_2 和 H_3 三只灯。要求：

① 将 a、c 或 b、c 拨向甲，或 b 拨向甲、a 拨向乙，则 H_1 应亮；

② 将 a、c 或 b、c 或 a、d 或 b、d 拨向甲，则 H_2 应亮；

③ 将 a 或 b 拨向甲，则 H_3 应亮。

解 第一步：分别对灯 H_1、H_2 和 H_3 写出逻辑关系式

$$F_{H_1}=ac+\overline{a}b+bc;\ F_{H_2}=ac+bc+ad+ab+bd;\ F_{H_3}=a+b$$

第二步：观察以上各式，运用逻辑代数法则加以简化

$$\begin{aligned}F_{H_1}&=ac+\overline{a}b+bc=ac+\overline{a}b+(a+\overline{a})bc\\&=ac+\overline{a}b+abc+\overline{a}bc\\&=ac(1+b)+\overline{a}b(1+c)=ac+\overline{a}b\end{aligned}$$

上式表明 b、c 拨向甲，H_1 亮的假设条件已包括在 a、c 拨向甲或 a 拨向乙、b 拨向甲的条件内。

$$\begin{aligned}F_{(H_2,H_3)}&=(ac+bc+ad+bd)H_2+(a+b)H_3\\&=[c(a+b)+d(a+b)]H_2+(a+b)H_3\\&=(a+b)(c+d)H_2+(a+b)H_3\\&=(a+b)[(c+d)H_2+H_3]\end{aligned}$$

故 $F_{(H_1\sim H_3)}=(ac+\overline{a}b)H_1+(a+b)[(c+d)H_2+H_3]$

第三步：由上式便可直接画出电路图如图 16-7 所示。

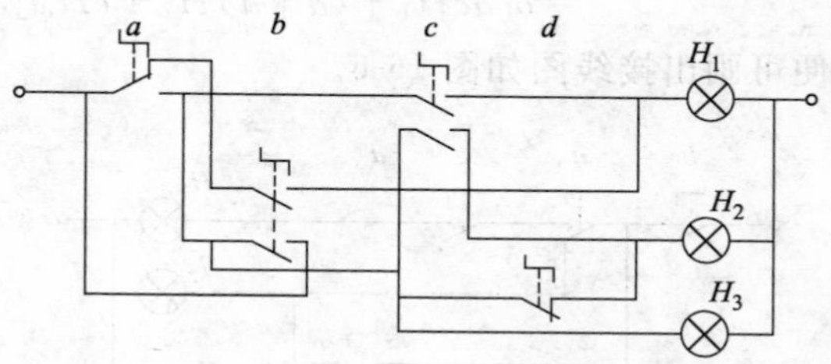

图 16-7 例 16-11 接线图

(3) 利用逻辑关系设计抢答电路

下面仅以简单的抢答电路为例介绍这种方法的设计思想。

抢答电路的要求：当最先按下任何一个抢答组的按钮时，该组的指示灯亮，铃响。在放开该按钮前，不管再按其他按钮，均不起作用（指示灯不亮）。放开按钮，电路复原。

【例 16-12】 三个抢答组电路。

第一步：列出逻辑关系，见表 16-4。列表时尽可能把同一列的“1”紧挨一起排列，以简化接线。

■ **表 16-4　逻辑关系**

	K_2	K_1		K_2	K_1
S_1	0	1	S_3	1	0
S_2	1	1			

第二步：按表 16-4 画出信号回路接线，如图 16-8（a）所示。其中表中的“1”对应于接触器的常开触点，并将它们以各按钮的行加以串联，然后接入指示灯。

第三步：按表 16-4 画出接触器及按钮连线，如图 16-8（b）所示，其中表中的“1”对应于各按钮的常开触点，并加以并联；“0”对应于各按钮的常闭触点。然后将以上常开、常闭触点串联后接入对应的接触器线圈，并在常闭触点上并联相应接触器的常开触点。

第四步：校验接触器及按钮的触点数是否满足所选型号。将所用去的触点数列于表 16-5。

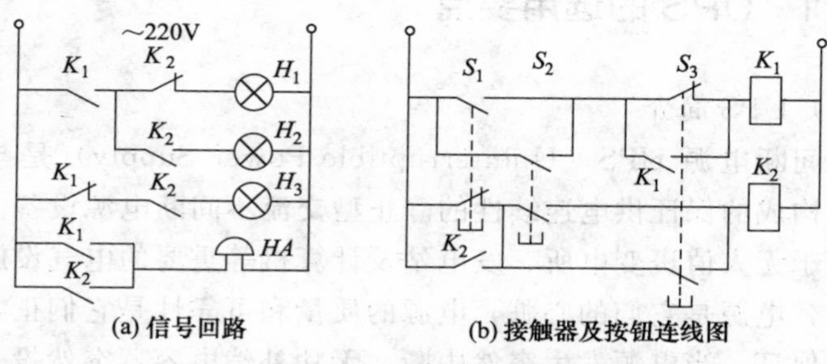

(a) 信号回路　　(b) 接触器及按钮连线图

图 16-8　例 16-12 的信号和控制线路

由表 16-5 可见，K_1、K_2 可选用普通交流接触器，如 JC-5A，220V；按钮 S_1～S_3 可选用具有两个常开、两个常闭触点的任何形式的按钮，如 LA18-22 型；或选用具有一个常开、一个常闭触点的 LA18-11 型（这时需将接入 K_2 线圈回路中的按钮 S_2 的触点用 K_1 的常开触点代替，代替后不影响动作的正确性）。

■ **表 16-5　用去的触点数**

触点	K_1	K_2	S_1	S_2	S_3
常开触点数	3	4	1	2	1
常闭触点数	1	1	0	0	1

第五步：分析动作的正确性。如按下 S_1，则 K_2 线圈回路断开，K_1 吸合，其常开触点闭合，指示灯 H_1 亮，若再按 S_2 或 S_3 均无影响；按下 S_2，K_1、K_2 吸合，常开触点闭合，H_2 亮，若再按 S_1 或 S_3 均无影响；按下 S_3，K_2 吸合，K_1 回路断开，K_2 吸合，常开触点闭合，H_3 亮，若再按 S_1 或 S_2 均无影响。

16.2 不间断电源（UPS）的选用

16.2.1 UPS 的选用要点

（1）UPS 简介

不间断电源 UPS（Uninterruptible Power Supply）是与电力变流器构成的保证供电连续性的静止型交流不间断电源设备。

对于无人值班变电所、发电站及计算机等重要的电气设施和电子设备，电源是它们的心脏，电源的质量和可靠性是它们正常工作的重要保证。当电源发生突然中断、无功补偿电容器突然投入或切除以及电网发生谐振等情况时，都会造成交流电源电压突变，严重影响电子设备和计算机系统的正常工作。例如电网中断供电 0.5s，线路中就有 25 个正弦周期停止供电，运行的计算机会出现数据丢失或者程序错误，可能导致重大事故的发生。如果电网中安装了 UPS，就可以很好的解决这些问题。

UPS 一般都具有输出电压、频率稳定，供电不间断和抗干扰三大功能，不但可以保证不间断供电，还可以提高供电质量。此外，UPS 还具有远程检测控制、系统自诊断、自保护、自动声光报警、E-mail 报警、BP 寻呼报警等高智能化功能。

(2) 选用 UPS 时应考虑的主要因素

① 输入电压范围应大于当地电网的变化范围。UPS 有输入电压范围的要求，如后备式 UPS 的电网电压范围为 176～253V；双变换在线式 UPS 的电网电压范围为 176～276V。在上述范围内，UPS 输出规定的电压值。超出上述范围，有些 UPS 就进入储能运行状态，由蓄电池供电。有些产品不进入储能运行状态，而发出报警信号。因此，UPS 的输入电压范围应稍大于当地电网的变化范围。例如，某地市电电压变化范围经常在 20%左右，那么所选择的 UPS 的输入电压范围应大于 20%，否则 UPS 将频繁启动蓄电池，会缩短蓄电池寿命。尤其是大容量的 UPS，输入电压允许范围都比较小，一般为±10%或+10%、−15%。因此，在选用大容量 UPS 时更应注意这个问题。

② 输出电压变化范围（精度）应满足负载的要求。当 UPS 带有 AVR 自动电压调整装置时，在上述输入电压范围内，UPS 的输出电压范围可达 220×(1±5%)V；对正弦波输出的 UPS，其输出电压一般为 220×[1±(2%～3%)]V，优于公用电网的变化范围。现行国标规定，动态电压瞬变范围为 220×(1±10%)V，瞬变响应恢复时间≤100ms。

③ 频率。输入频率范围，一般为 50×(1±5%)Hz。在此范围内，UPS 输出交流电压的频率与输入相同且同步。超出此范围，输出交流电压不与市电同步。这时，UPS 输出频率为自由振荡频率，精度为自由振荡频率的 0.05%～1%。

④ 输出电流能力。输入电流反映 UPS 频率和功率因数，输出电流反映 UPS 逆变器输出能力。对相同输出功率的 UPS 来说，输入电流越小，效率越高。

传统的工频在线式 UPS 输入回路采用二极管、晶闸管整流，其功率因数仅为 0.6～0.7，电流峰值高，对电网的谐波影响大，会导致中性线过载。新一代 UPS，输入回路采用绝缘栅双极晶体管（IGBT）有源整流，功率因数达 0.98 以上，对电网谐波影响也相应减小。

输出电流大，表明 UPS 输出功率大。如输出电流比输入电流大，则为节能产品。

MUI3000 型 UPS 的额定输出功率为 3000V·A，即 2000W，这时 UPS 输出电流为 3000V·A/220V=13.6A，其输出功率因数为 0.67。该 UPS 输出电流能力强，峰值因子高，适用于电脑负载。

⑤ 容量应满足负载的需要。一般可将用电设备的总容量（V·A）乘以 1.2～1.5 作为 UPS 的选择容量。取 1.2～1.5 裕量是为了适应非线性负载和负载大小波动的要求，也可避免 UPS 因瞬时过载而切向旁路。如果知道用电设备有功功率 P(W)，及估算出其功率因数 $\cos\varphi$ 值，则用电设备的容量为 $P/\cos\varphi$。例如一台计算机电源的功率约为 250W，输入功率因数约为 0.65，则其容量为 $S=250/0.65=385$V·A，再考虑打印机等用电，可选择容量为（1.2～1.5）×385=462～577V·A 的 UPS，如 500V·A 的 UPS。

⑥ 后备时间。一般 UPS 后备时间设计值为 5～10min。后备时间还与负载大小、电池使用情况（电池寿命一般为 3～5 年）及维护有关。若 UPS 的使用场合经常停电，而且停电时间可能达到几小时，则应选长延时 UPS，必要时可配自备发电机。对一般 UPS 而言，发电机容量应是 UPS 容量的 1.5～3.0 倍。对于双路市电加 UPS 的电源系统，考虑 UPS 实际负荷在 60%左右，所以每台蓄电池的后备供电时间可选为 30～60min。当停电时，两台 UPS 可确保系统工作 1～2h，这样就有足够的时间处理双路供电的故障。

⑦ 噪声。后备式 UPS 功率较小，音频噪声不突出。但在线式 UPS 就不同了，由于采用技术不同，音频噪声相差很大，大的可达 60dB 以上，小的低于 45dB。UPS 的电气噪声分 A 级和 B 级，家庭使用的 UPS 应符合 B 级标准的要求。

需要指出的是，无论何种 UPS 都要尽量避免满载或超载运行。对于家用电脑来说，选用后备式 UPS 较为合适。一台主机及显示器，配一台功率为 500V·A 的 UPS 就可以了。

（3）后备式 UPS 的主要技术参数

常用的后备式 UPS 适用于个人电脑或个人电脑加打印机。其技术参数见表 16-6。

■ **表 16-6　常用后备式 UPS 的主要技术参数**

型　　号	APC ES500	POWERSON MUE600	STONE HO-500	STK TG500
输出功率	500V·A/300W	600V·A/400W	500V·A/250W	500V·A/300W
储能供电时间/min	—	10	—	7
输入电压范围/V	180～260	176～253	154～286	165～265
输出电压范围/V	202～238	198～242	198～242	198～242
切换时间/ms	5	2	10	10
尺寸/mm	290×186×85	385×120×187	95×140×270	80×232×177
质量/kg	3.8	11	4.5	3.3
特点	切换时间短，输出电压精度高，体积小，重量轻，为无变压器的高频机	输出功率大，重量重（变压器、电池大），切换时间短，储能供电时间长	输入电压范围宽，输出功率较小	体积小、重量轻，无变压器的高频机
生产企业	美国 APC 公司	复华公司	四通公司	山特公司

16.2.2　与 UPS 配套的蓄电池的选择

在选择与 UPS 配套的蓄电池时，应考虑足够的浮充寿命裕量。根据经验，蓄电池的实际使用寿命约为标定浮充寿命的 50%～80%。因此在选择与 UPS 配套蓄电池的标称浮充寿命时，应将蓄电池的标定使用寿命除以 0.5～0.8。

用功率定型法能快速准确地选出蓄电池的型号。具体选择方法如下。

① 先计算出在规定的后备时间内，每只 2V 蓄电池至少应向 UPS 提供的恒功率。计算公式如下：

$$P=\frac{S\cos\varphi}{\eta NK}$$

式中　P——2V 单元电池提供的恒功率，W；

S——UPS标称输出容量，V·A；

$\cos\varphi$——UPS输出功率因数；

η——逆变器效率；

N——在UPS中以12V电池计算时所需的串联电池个数，由UPS正常工作电压确定；

K——系数，厂家提供的电池恒功率放电数据表一般是以2V单元电池为计算基准的，12V/节电池相当于6个2V单元串联，此时取$K=6$，如果电池厂家提供的电池恒功率放电数据表是以12V单元电池为计算基准的，则$K=1$。

② 然后按下式确定蓄电池的放电终止电压U_T：

$$U_T=\frac{U_{min}}{6N}$$

式中 U_T——放电终止电压，V；

U_{min}——UPS最低工作电压，V；

N——同前。

③ 最后根据蓄电池厂家提供的U_T电压下恒功率放电参数表中，找出不小于P的功率值。这一功率值所对应的型号即能满足UPS系统的要求。如果表中所列的功率值均小于P，则可将几组蓄电池并联来达到UPS功率的要求，一般并联蓄电池不应超过4组。

16.3 安全用电及其他

16.3.1 安全用电的基本知识

16.3.1.1 基本资料

(1) 电流对人体的作用

① 工频电流对人体的作用，见表 16-7。

■ **表 16-7 工频电流对人体的作用**

电流/mA	通电时间	人体生理反应
0～0.5	连续通电	没有感觉
0.5～5	连续通电	开始有感觉，手指手腕等处有痛感，没有痉挛，可以摆脱带电体
5～30	数分钟以内	痉挛，不能摆脱带电体，呼吸困难，血压升高，是可忍受的极限
30～50	数秒到数分	心脏跳动不规则，昏迷，血压升高，强烈痉挛，时间过长即引起心室颤动
50 至数百	低于心脏搏动周期	受强烈冲击，但未发生心室颤动
	超过心脏搏动周期	昏迷，心室颤动，接触部位留有电流通过的痕迹
超过数百	低于心脏搏动周期	在心脏搏动周期特定的相位触电时，发生心室颤动，昏迷，接触部位留有电流通过的痕迹
	超过心脏搏动周期	心脏停止跳动，昏迷，可能致命的电灼伤

② 通电时间长短对人体危害性：通电时间越长，引起心室颤动的可能性越大，致命危险越大。根据统计分析表明，当发生心室颤动的概率为 0.5%时，引起心室颤动的工频电流与通电时间的关系可由下式表达：

$$I=\frac{116\sim185}{\sqrt{t}}$$

式中 I——工频电流，mA；

t——通电时间，s。

上式的允许时间范围为 0.01～5s。该式也可用下式表达：

$t\geqslant1\text{s}$ 时，$I=50\text{mA}$

$t<1\text{s}$ 时，$I=50/t\ \text{mA}$

③ 直流电流对人体的作用，见表 16-8 和表 16-9。

④ 高频电流对人体的作用：电流的频率愈高，遭受电击的危险性愈小，频率为 40～60Hz 的交流电对人体最危险；200Hz 以上对人体危害较轻；1kHz 以上对人体伤害程度明显减轻，但高压高频电流也有电击致命的危险。

■ **表 16-8 直流电流对人体的作用（一）** 单位：mA

感觉情况	被试者百分数		
	5%	50%	95%
手表面及指尖端稍有连续刺感	6	7	8
手表面发热，有剧烈连续针刺感，手关节有轻度压迫感	10	12	15
手关节及手表面有针刺似的强烈压迫感，上肢有连续针刺感，手关节有压痛，手有刺痛、强烈的灼热感	18 25	21 27	25 30
手关节有强度压痛，直到肩部有连续针刺感	30	32	35
手关节有剧烈压痛，手上似针刺般疼痛	30	35	40

■ **表 16-9 直流电流对人体的作用（二）**

性别	最小感知电流/mA	平均摆脱电流/mA	可能引起心室颤动电流/mA
男	5.2	75	1300（通电时间 0.3s） 500（通电时间 3s）
女	3.5	51	

10kHz 高频交流电对人体的作用见表 16-10。

■ **表 16-10 10kHz 高频交流电对人体的作用**

性别	最小感知电流/mA	平均摆脱电流/mA	可能引起心室颤动电流/mA
男	12	75	1100（通电时间 0.03s） 500（通电时间 3s）
女	8	50	

（2）人体电阻

人体电阻随条件不同变化范围很大，皮肤表面 0.05～0.2mm 厚的角质层的电阻高达 $10\times10^3\sim10\times10^4\Omega$；当角质失去时，人体的电阻可降低到 1800～1000Ω；皮肤电阻受外界因素影响很大（见表 16-11），但体内电阻基本不变，约为 500Ω。

（3）人体允许电流

一般情况下，人体允许电流，男性最大为 9mA，女性最大为 6mA。在线路和设备装有触电保护器，能迅速切断电源（≤0.1s）的情况下，人体的允许电流可按 30mA 考虑。在空中、水中等可能因电击而导致摔死、淹死的场所，人体的允许电流应按 5mA

考虑。

■ 表 16-11 不同条件下的人体电阻

人体电阻/Ω 皮肤状况 接触电压/V	皮肤干燥①	皮肤潮湿②	皮肤湿润③	皮肤浸入水中④
10	7000	3500	1200	600
25	5000	2500	1000	500
50	4000	2000	875	440
100	3000	1500	770	375
250	1500	1000	650	325

① 相当干燥场所的皮肤，电流途径为单手至双足。
② 相当潮湿场所的皮肤，电流途径为单手至双足。
③ 相当有水蒸气等特别潮湿场所的皮肤，电流途径为双手至双足。
④ 相当游泳池或浴池中的情况，基本上为体内电阻。

16.3.1.2 安全电压值

① 为防止触电事故而采用的有特定电源的电压系列。这个电压系列的上限在任何情况下，两导体间或任一导体与地之间均不得超过交流（50～500Hz）有效值 50V。

a. 除采用独立电源外，安全电压供电电源的输入电路与输出电路必须实行电路上的隔离。

b. 工作在安全电压下的电路，必须与其他电气系统和任何无关的可导电部分实行电气上的隔离。

② 上述标准不宜用于水下等特殊场所，也不适用于有带电部分能伸入人体内的医疗设备。

③ 安全电压额定值的等级为 42V、36V、24V、12V、6V。

④ 当电气设备采用超过 24V 的安全电压时，必须采取防直接接触带电体的保护措施。

我国一般采用 36V 的安全电压。但在工作场所狭窄、行动困难以及周围有大面积接地体的环境（如金属容器内、隧道内、矿井内）中，手提照明灯应采用 12V 的安全电压。

16.3.1.3 人体与带电设备间的安全距离

在部分停电的设备上检修时，工作人员在工作中正常活动范围

（指人体或使用工具）与周围带电体之间的最小距离不得小于表16-12中检修栏所示的安全距离，否则必须将该设备停电。

■ **表16-12 人体与带电设备或导体间的安全距离**

工作性质	值班巡视	检　修	等电位带电作业
安全距离/m 所指间距 电压等级/kV	人体与不停电设备之间	人员正常活动范围与带电设备(线路)之间	人体与带电体之间
10及以下(13.8)	0.70	0.35①(1.0)②	0.40
20～35	1.00	0.60①(2.5)②	0.60
44	1.20	0.90①(2.5)②	
60～110	1.50	1.50①(3.0)②	0.70③(1.00)④
220	3.00	3.00①(4.0)②	1.80(1.60)⑤
330	4.00	4.00①(5.00)②	2.60
500	5.00	5.00①(6.00)②	3.60⑥

① 该数据为有遮栏时用。如无遮栏，安全距离应加大至与值班巡视栏相同，否则应停电检修。

② 括号内的数据为邻近或与其他电力线路交叉时的安全距离。

③ 该数据为63kV及66kV电压级的安全距离。

④ 括号内的数据为110kV电压级的安全距离。

⑤ 如因受条件限制达不到1.8m时，经厂（局）主管生产的领导（总工程师）批准，并采取必要的安全措施后，可采用括号内的数据。

⑥ 由于500kV带电作业的经验不多，此数据为暂定值。

16.3.2 电磁场对人体的影响

射频电磁场强度超过一定限度，会对人体的健康产生不良影响。

(1) 射频电磁场的划分（见表16-13）

产生高频波段的电磁辐射源有高频淬火、高频熔炼、高频焊接、高频切割等高频设备。这些设备的主要辐射元件是感应加热器、高频变压器、振荡器及输电线等。这些设备产生的电磁辐射，其电场强度在作业区可达数伏/米至数十伏/米，而磁场强度可达数安/米至数十安/米。然而磁场强度在空间衰减很快，多数情况在3m以外就能衰减到约1V/m、1A/m以下。

■ **表 16-13　射频电磁场的频段和波段**

频　段	频率/MHz	波长/m	波段
高频	0.1 以下	3000 以上	长波
	0.1～1.5	3000～200	中波
	1.5～6	200～50	中短波
超高频	6～30	50～10	短波
	30～300	10～1	超短波
特高频（微波）	300～3000	1～0.1	分米波
	3000～30000	0.1～0.01	厘米波
	30000 以上	0.01 以下	毫米波

（2）电磁辐射对人体的危害

研究表明，对人体机体最为有害的临界波长位于 3～15m 的波段中。

工作人员在电场强度不超过每米数十伏的工作场所或即使在 3～15m 波段内工作 2h 以上，均无任何明显不适反应；如果电场强度为 100～150V/m，在上述波长和同样的逗留时间，则会引起不显著的发烧、无力、头痛等反应，但很快会消除；如果电场强度为 200～300V/m，即使逗留时间较短（超过 1h)，即会引起类似的反应；若电场强度超过 4000V/m，逗留时间仅 10～20min 即会引起上述反应，并使体温迅速上升。

（3）电磁场安全标准参考值（见表 16-14)。

■ **表 16-14　电磁场安全标准参考值**

电磁场频率/MHz	电场强度/(V/m)	磁场强度/(A/m)	功率密度/(mW/cm²)
0.1～30	不大于 20	不大于 5	—
30～300	不大于 5	—	—
10 以上	—	—	不超过 10
300 以上	—	—	不超过 0.01～1

16.3.3　静电安全知识及计算

（1）静电的产生及衰减

工厂中常见的产生静电的过程有：固体物料大面积的摩擦，如传动带与辊轴的摩擦，橡胶和塑料的碾炼，塑料制品等的压制、上光，固体物料的粉碎、研磨，胶浆的搅拌，织物的涂胶，生产中的粉尘（如面粉、铝粉、镁粉、煤粉、硫磺粉、锯木屑等）飞灰、输送、搅拌，液体物料的高速流动、冲击、搅拌、过滤、喷射、灌注（其中汽油、苯、二硫化碳、乙醚等带的电能非常大），压缩气体或液化气体（如氢气、乙烯、乙炔、天然气、液化石油气、蒸汽等）从管口或缝隙中高速喷出或在管道内高速流动等。

就行业而言，以炼油、化工、纺织、橡胶、造纸、印刷、制药、食品等行业的静电危险性最大。

物体带上静电后，电荷不是一直停留在物体上，而是要通过放电及传导逐渐消失。图 16-9 表示由于电传导，带电电荷向大地泄漏的等效电路和带电量衰减特征。图中 τ 为衰减时间常数，它可以由带电物体的漏电阻 $R(\Omega)$ 和静电电容 $C(\mathrm{F})$ 的乘积来表示。当容器内装有被充电的粉体时，对于粉体带电按体积分布的场合，衰减时间常数可以用带电物体的体电阻率 $\rho(\Omega\cdot\mathrm{m})$ 和电介常数 ε（F/m）的乘积表示。物质的带电性可由其体电阻率来评价，同时与漏电阻有关。另外，各种物质的电阻率、电介常数及着火危险性等物性是不相同的。

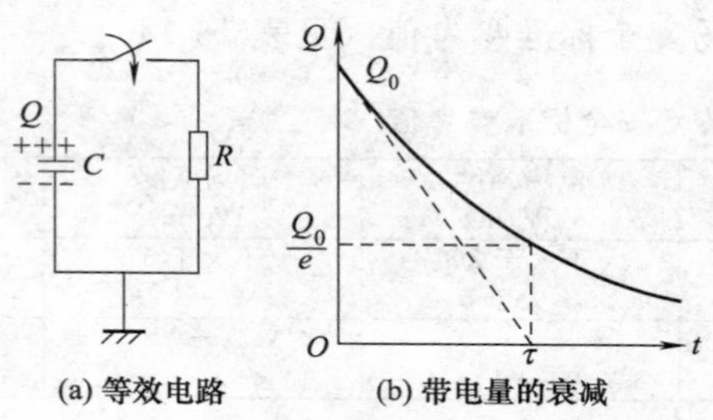

图 16-9　由于电传导使带电量衰减

（2）物质的带电性

物质的带电性可由其体电阻率来评价，同时与漏电阻有关，见表 16-15 和表 16-16。

■ **表 16-15　物体的电阻率和带电性**

不导电体	体电阻率/Ω·m	10^{8}	10^{10}		10^{12}	10^{14}
	电导率/(S/m)	10^{-8}	10^{-10}		10^{-12}	10^{-14}
	表面电阻率/Ω	10^{10}	10^{12}		10^{14}	10^{16}
导体	漏电阻/Ω	10^{6}	10^{8}		10^{10}	10^{10}
物体带电性		非常小	小	大	很大	非常大

■ **表 16-16　绝缘物质的电阻率**　　单位：Ω·m

名称	电阻率	名称	电阻率
云母	$10^{13}\sim10^{15}$	羊毛	$10^{9}\sim10^{11}$
钠玻璃	$10^{8}\sim10^{15}$	丙烯纤维	$10^{10}\sim10^{12}$
硬橡胶	2.7×10^{14}	木棉	10^{9}
酚醛树脂	1.3×10^{13}	汽油	2.5×10^{13}
天然橡胶	2×10^{15}	苯	4.2×10^{12}
聚氯乙烯	2.5×10^{12}	煤油	7.3×10^{14}
聚乙烯	4.5×10^{15}	轻油	1.3×10^{14}
尿素树脂	1.5×10^{13}	航空汽油	2.1×10^{14}
聚苯乙烯	3.3×10^{16}	二甲苯	2.4×10^{12}
木材	2.5×10^{10}	甲苯	1.1×10^{12}
尼龙布	$10^{11}\sim10^{13}$	庚烷	4.9×10^{13}
纸	$10^{5}\sim10^{10}$	石油乙醚	8.4×10^{14}

（3）最小着火能

当静电放电能大于可燃性物质的最小着火能时，便可能成为火源。最小着火能因物质不同而异，对于气体和液体蒸气约为0.01～1mJ，其中碳氢化合物等大多为 0.2mJ 左右。粉尘最小着火能约 10～1000mJ，多数为 10～100mJ。

对于可燃性物质，电晕放电的着火能力最弱，它有可能成为气体或蒸汽的着火源，而不能成为粉尘的着火源。火花放电、表面放电和雷状放电均可成为气体、蒸汽或粉尘的着火源。当然，要引起可燃物质着火，其浓度必须不低于爆炸限界浓度值，否则着火源的能量再大也不会着火。

（4）静电序列

不同材料接触-分离时产生的静电是不同的，有以下两个典型的静电序列。

① 第一个序列：（+）玻璃—头发—尼龙—羊毛—人造纤维—绸—醋酸人造丝—人造棉混纱—纸浆和滤纸—黑橡胶—维纶—沙纶—聚酯纤维—电石—聚乙烯—可耐可纶—赛璐珞—玻璃纸—聚氯乙烯—聚四氟乙烯（−）。

② 第二个序列：（+）石棉—玻璃—云母—羊毛—猫皮—铅—镉—锌—铝—铬—铁—铜—镍—银—金—铂（−）。

根据静电序列，可以选用适当的材料，以减少静电产生。选择序列中相近的材料作为相互摩擦的材料可以减少静电产生。

（5）绝缘体上静电电量与时间的关系

绝缘体上的静电通过自身消散，有如下关系：

$$Q=Q_0\mathrm{e}^{-\frac{t}{\tau}}$$

式中 Q——绝缘体上的电量，C；

Q_0——$t=0$ 时绝缘体上的电量，C；

t——静电消散时间，s；

τ——时间常数（s），$\tau=\varepsilon\rho$；

ε——绝缘体介电常数，见表 16-17，F/m；

ρ——绝缘体电阻率，Ω·m。

■ **表 16-17 电介质的相对介电常数**

名　　称	相对介电常数	名　　称	相对介电常数
空气	1.000586	硼硅玻璃	4.5
氢	1.000264	石英玻璃	3.5～4.5
二氧化碳	1.000985	块滑石	5.6～6.5
石蜡	1.9～2.5	瓷	5～6
纸	1.2～2.6	水晶	3.6
硅油	2.5	云母	5～9
变压器油	2.2～2.4	聚氯乙烯	5.8～6.4
干木材	2～3	聚乙烯	2.25～2.3
硬橡胶	3.0	水	75～81
酚醛塑料	4～6	钛酸钡	2000～3000
赛璐珞	3.0	氧化钛陶瓷	60～100
钠钙玻璃	6～8	有机玻璃	3～3.6

电阻率为 $10^6\Omega\cdot cm$ 以下的材料，接地后静电容易通过自身消散而不会积累；电阻率为 $10^6\sim10^9\Omega\cdot cm$ 的材料，静电也不易积累；电阻率为 $10^9\Omega\cdot cm$ 以上的材料，静电易积累；电阻率为 $10^{11}\sim10^{12}\Omega\cdot cm$ 时，应采取静电防护措施。

带静电的物体与接地导体接触并静置一段时间，带电量会逐渐减少以至于消失，必要的静置时间见表 16-18。

■ 表 16-18 静置时间 单位：min

带电物体的体电阻率 /Ω·cm	带电物体的容积/m³			
	＜10	10～50	50～5000	＞5000
$<10^8$	1	1	1	1
$10^8\sim10^{12}$	2	3	10	30
$10^{12}\sim10^{14}$	4	5	60	120
$>10^{14}$	10	15	120	140

（6）人体静电电容

人体对地电容约为数十至数百皮法。站立在地面上的人体对地电容参见表 16-19。人体对地电容与鞋底厚薄的关系见表 16-20。人体动作产生的静电电压见表 15-13。

■ 表 16-19 人体对地电容 单位：pF

地面	水泥	红橡胶	木板	铁板
解放鞋	450	200	60	1000
棉胶鞋	1100	220	53	3500

■ 表 16-20 人体电容与鞋底厚度的关系

鞋底厚度 /mm	0.25	0.5	1.1	12.8	46	89	155
人体电容 /pF	6800	2300	850	190	130	100	75

（7）通过接地及等电位措施消除静电

接地是消除静电危害最简单、最常用的办法。接地主要用来消除金属设备、金属容器等导体上的静电，而不宜用来消除高绝缘体上的静电。当导体的漏电阻为 1MΩ 以下时，便能防止带静电。

① 凡用来加工、储存、运输各种易燃液体、易燃气体和粉体的设备，如金属容器、管道、油槽、油箱、储罐、阀门、漏斗、混合器、过滤器、干燥器、升华器等都必须接地。

② 防静电接地装置的接地电阻（每一处）一般应不大于1000Ω。

③ 防静电接地可与防感应雷、电气设备的接地装置连在一起。

④ 氧气管道、乙炔管道、空气管道等都必须连接成连续的整体，并予以接地。

⑤ 可能产生静电的管道两端和每隔200～300m均应接地；平行管道相距100mm以内时，每隔20m应用导线相互连接；管道与管道或管道与其他金属物体交叉或接近且其间距小于100mm时，也应互相连接起来。

⑥ 爆炸及火灾危险场所的管道之间及设备、机组、阀门之间的连接法兰，应用金属线跨接。

⑦ 工作站台、浮动罐顶、磅秤、金属栓尺等辅助设备均应接地。

⑧ 容量大于50m^3的储罐，其接地点不应少于两处，且接地点的间距不应大于30m，并应在罐体底部周围对称地与接地体连接，接地体应连接成环形的闭合回路。

⑨ 易燃或可燃液体的浮动式储罐，其罐顶与罐体之间应用截面积不小于25mm^2的钢软绞线或铜软绞线跨接，且其浮动式电气测量装置的电缆应在引入储罐处将钢铠、金属包皮可靠地与罐体相连接。

⑩ 非金属制的储罐，沿其内壁敷设的防静电接地导体应与引入的金属管道连接，并引至罐外与接地体可靠连接。

⑪ 非金属管道，其外壁上缠绕的金属丝带、网带等应紧贴其表面均匀地缠绕，并应可靠接地。

⑫ 对于可燃粉尘的袋式集尘设备，织入袋体的金属丝的接地端子应接地。

⑬ 平带传动的机组及其皮带的防静电接地刷、防护罩均应接地。

⑭ 在某些危险性较大的场所，为使转轴可靠接地，可采用导电性润滑油或采用滑环、碳刷接地。

⑮ 对于有静电危险的装卸料作业，作业开始前应将有关金属物体连成一体并接地，作业终止后需经过一段时间的静置（见表16-18），才可拆去接地和连接线。

16.3.4 分频器设计

(1) 分频频率的选择

分频频率的选择，应小于高音喇叭的高频界限频率，而大于高音喇叭的共振频率，最好能小于低音喇叭的高频界限频率。

如低音喇叭选用 20cm（8in）纸盆喇叭，高音喇叭用 6.5cm（2.5in）的，则分频频率可取 2500Hz 左右，见表 16-21。

如低音喇叭选用 30cm（12in）的纸盆喇叭，中音喇叭用 13cm（5in）的，高音喇叭用 6.5cm 或 5cm（2in）的，则低、中音分频频率可取 1300Hz 左右，中、高音分频频率可取 5000Hz 左右。

纸盆喇叭高频界限频率和共振频率值见表 16-21。

表 16-21　纸盆喇叭频率特性

类别	标称口径/cm	均匀指向性的高频界限频率/Hz	扬声器共振频率的范围/Hz
高音喇叭	5 6.5 8	约为 12000 约为 9000 约为 7000	300～4000 300～3000 200～1500
中音喇叭	10 13	约为 5000 约为 4000	约为 160～220(纸边) 约为 140～180(纸边)
低音喇叭	20 25 30 38	2000～2500 1500～2000 1000～1500 900～1100	60～100(纸边) 40～80(纸边) 35～70(纸边) 25～50(纸边)

(2) 分频器的设计

① 单电容式分频器（图 16-10）　分频电容器电容量按下式计算：

$$C=\frac{1}{2\pi f_c R_0}$$

式中 C——分频电容器电容量，F；

f_c——分频频率，Hz；

R_0——高音喇叭的标称阻抗，Ω。

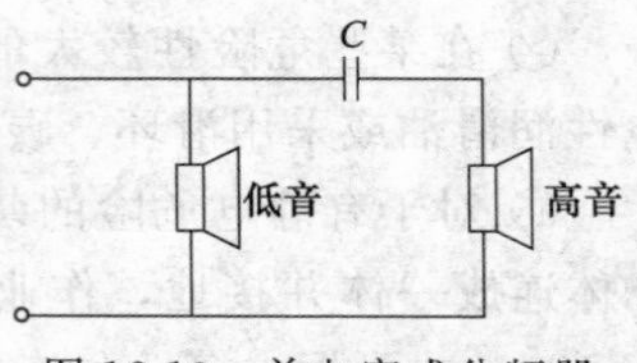

图 16-10 单电容式分频器

② 常用分频器的形式（表 16-22）

■ 表 16-22 常用分频器形式

项目	两频道		三频道
衰减量	6dB/倍频程	12dB/倍频程	6dB/倍频程
并联式	C_1 高音 低音 L_1	C_3 L_3 高音 C_3 低音 L_3	C_1 高音 C_1 L'_1 中音 L_1 低音
串联式	L_1 高音 C_1 低音	C_2 L_2 高音 C_2 低音 L_2	L_1 高音 L_1 C'_1 中音 C_1 低音

分频器串联式和并联式在使用上并无多大差别。表 16-22 中元件选择（电容单位 F；电感单位 H）：

$$C_1=\frac{1}{2\pi f_c R_0},\ C_2=\frac{\sqrt{2}}{2\pi f_c R_0}$$

$$C_3=\frac{\sqrt{2}}{4\pi f_c R_0},\ C'_1=\frac{1}{2\pi f'_c R_0}$$

$$L_1=\frac{R_0}{2\pi f_c},\ L_2=\frac{\sqrt{2}R_0}{2\pi f_c}$$

$$L_3=\frac{\sqrt{2}R_0}{2\pi f_c},\ L'_1=\frac{R_0}{2\pi f'_c}$$

式中　f_c——低音喇叭和高音喇叭的分频频率，在三频道时为低音和中音的分频频率，Hz；

f_c'——三频道时的中音和高音的分频频率，Hz；

R_0——低、中和高音三种喇叭的标称阻抗，Ω。

图中喇叭的＋（黑点）、－（无黑点）号表示接线端极性；电容器采用 CJ 型、CZJD 型或 CBB22 型。

③ 喇叭极性的确定　将万用表打在 50μA 挡，万用表两表笔接于喇叭接线端，用手迅速轻按一下纸盆，若两只喇叭纸盆按动方向一致时，表针摆动的方向一致，则表示两喇叭接于同一表笔的一端为同相。

16.3.5　用少数电阻得到多种电阻值的方法

用几只电阻串联，便可组合成很多个不同的阻值。阻值可由 2^{n+1} 决定，其中 n 为正整数，即 $n=1$、2、3、…；共计有 $2^0+2^1+2^2+2^3+\cdots+2^{n-1}$ 种不同阻值。

例如，用 10 只电阻，它们的阻值可以分别为：1kΩ、2kΩ、4kΩ、8kΩ、16kΩ、32kΩ、64kΩ、128kΩ、256kΩ 和 512kΩ。称每个电阻为权电阻。共计有 $1+2+4+8+16+32+64+128+256+512=1023$ 个电阻值，它们是：1kΩ、2kΩ、3kΩ、4kΩ、5kΩ、6kΩ、7kΩ、…、1023kΩ。

如果再增加一个电阻（阻值为 2^{11-1} kΩ＝2^{10} kΩ＝1024kΩ），则这 11 个电阻可组成 1023＋1024＝2047 个阻值。

要是计及电阻的并联组合，则可得到更多的电阻值。

16.3.6　能输出多种电压的变压器

用尽可能少的变压器次级绕组数，得到尽可能多的输出电压，可以采用类似于用少数电阻得到多种电阻值的方法。所不同的是变压器绕组有同名端和非同名端之分。

如果变压器次级绕组为 n 个，而底数取 3，则可通过连接绕组不同端子得到变压器的各种输出电压，它们为 1V、2V、3V、4V、…、($3^0+3^1+3^2+\cdots+3^{n-1}$) V，共计 $3^0+3^1+3^2+\cdots+3^{n-1}$ 种电压。变压器次级绕组的电压值应分别为 3^0V、3^1V、3^2V、3^3V、…、3^{n-1}V。其中 n 为正整数，且 n=1、2、3、…。

【例 16-13】 要想得到 1V、2V、3V、…、40V 共 40 种不同电压，试问变压器应如何绕制和连接？

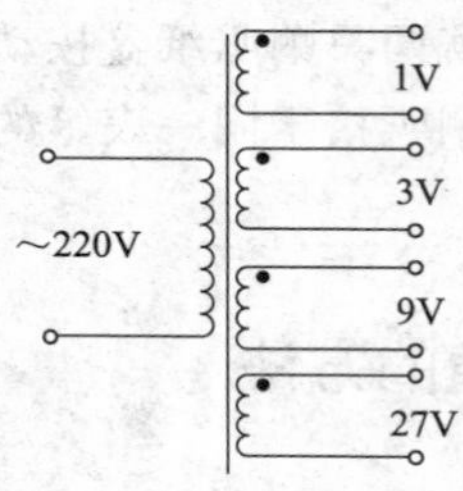

图 16-11 变压器绕组

解 由 $3^0+3^1+3^2+\cdots+3^{n-1}=40$，得 $n=4$，即需 4 个次级绕组，因此变压器次级绕组的电压值应分别为 1V、3V、9V 和 27V。

画出变压器绕组如图 16-11 所示，端头连接方法如表 16-23 所示。

若要求输出更多种电压，则次级绕组可绕成 1V、3V、9V、27V、81V、243V 等电压，则可得到 1～364V，共 364 种电压。

■ **表 16-23 次级绕组端头连接方法**

输出电压/V	1V 绕组	3V 绕组	9V 绕组	27V 绕组	输出电压/V	1V 绕组	3V 绕组	9V 绕组	27V 绕组
1	+	0	0	0	21	0	+	−	+
2	−	+	0	0	22	+	+	−	+
3	0	+	0	0	23	−	−	0	+
4	+	+	0	0	24	0	−	0	+
5	−	−	+	0	25	+	−	0	+
6	0	−	+	0	26	−	0	0	+
7	+	−	+	0	27	0	0	0	+
8	−	0	+	0	28	+	0	0	+
9	0	0	+	0	29	−	+	0	+
10	+	0	+	0	30	0	+	0	+
11	−	+	+	0	31	+	+	0	+
12	0	+	+	0	32	−	−	+	+
13	+	+	+	0	33	0	−	+	+
14	−	+	−	+	34	+	−	+	+
15	0	−	−	+	35	−	0	+	+
16	+	−	−	+	36	0	0	+	+
17	−	0	−	+	37	+	0	+	+
18	0	0	−	+	38	−	+	+	+
19	+	0	−	+	39	0	+	+	+
20	−	+	−	+	40	+	+	+	+

注："+"表示同相串联；"−"表示反相串联；"0"表示不使用的绕组。

参考文献

[1] 方大千等．简明电工速查速算手册．北京：中国水利水电出版社，2004．

[2] 方大千．现代电工技术问答．北京：金盾出版社，2006．

[3] 陆鸣，邱野龙．计算机系统防静电接地．电世界，1995（11）．

[4] 孙景明，闫超．水电站压力水管管路的各种计算．电工技术，1985（9）．

[5] 方大千，方立，方成．继电保护实用技术手册．北京：金盾出版社，2012．

[6] 方大千，方亚敏等．实用电工电子查算手册．北京：化学工业出版社，2011．

[7] 方大千等．实用电工手册．北京：机械工业出版社，2012．

[8] GB 50057—2010 建筑物防雷设计规范．

化学工业出版社电气类图书推荐

书号	书　　名	开本	装订	定价/元
19148	电气工程师手册(供配电)	16	平装	198
06669	电气图形符号文字符号便查手册	大 32	平装	45
10561	常用电机绕组检修手册	16	平装	98
10565	实用电工电子查算手册	大 32	平装	59
16475	低压电气控制电路图册(第二版)	16	平装	48
12759	电机绕组接线图册(第二版)	横 16	平装	68
13422	电机绕组图的绘制与识读	16	平装	38
15058	看图学电动机维修	大 32	平装	28
15249	实用电工技术问答(第二版)	大 32	平装	49
12806	工厂电气控制电路实例详解(第二版)	16	平装	38
08271	低压电动机控制电路与实际接线详解	16	平装	38
15342	图表细说常用电工器件及电路	16	平装	48
15827	图表细说物业电工应知应会	16	平装	49
15753	图表细说装修电工应知应会	16	平装	48
15712	图表细说企业电工应知应会	16	平装	49
16559	电力系统继电保护整定计算原理与算例(第二版)	B5	平装	38
09682	发电厂及变电站的二次回路与故障分析	B5	平装	29
08596	实用小型发电设备的使用与维修	大 32	平装	29
10785	怎样查找和处理电气故障	大 32	平装	28
11454	蓄电池的使用与维护(第二版)	大 32	平装	28
11271	住宅装修电气安装要诀	大 32	平装	29
11575	智能建筑综合布线设计及应用	16	平装	39
11934	全程图解电工操作技能	16	平装	39
12034	实用电工电子控制电路图集	16	精装	148
12759	电力电缆头制作与故障测寻(第二版)	大 32	平装	29.8
13862	电力电缆选型与敷设(第二版)	大 32	平装	29

（续）

书号	书　名	开本	装订	定价/元
09381	电焊机维修技术	16	平装	38
14184	手把手教你修电焊机	16	平装	39.8
13555	电机检修速查手册(第二版)	B5	平装	88
20023	电工安全要诀	大32	平装	23
20005	电工技能要诀	大32	平装	28
12313	电厂实用技术读本系列——汽轮机运行及事故处理	16	平装	58
13552	电厂实用技术读本系列——电气运行及事故处理	16	平装	58
13781	电厂实用技术读本系列——化学运行及事故处理	16	平装	58
14428	电厂实用技术读本系列——热工仪表与及自动控制系统	16	平装	48
17357	电厂实用技术读本系列——锅炉运行及事故处理	16	平装	59
14807	农村电工速查速算手册	大32	平装	49
13723	电气二次回路识图	B5	平装	29
14725	电气设备倒闸操作与事故处理700问	大32	平装	48
15374	柴油发电机组实用技术技能	16	平装	78
15431	中小型变压器使用与维护手册	B5	精装	88
16590	常用电气控制电路300例(第二版)	16	平装	48
15985	电力拖动自动控制系统	16	平装	39
15777	高低压电器维修技术手册	大32	精装	98
18334	实用继电保护及二次回路速查速算手册	大32	精装	98
15836	实用输配电速查速算手册	大32	精装	58
16031	实用电动机速查速算手册	大32	精装	78
16346	实用高低压电器速查速算手册	大32	精装	68
16450	实用变压器速查速算手册	大32	精装	58
17943	实用变频器、软启动器及PLC实用技术手册	大32	精装	68
16883	实用电工材料速查手册	大32	精装	78
17228	实用水泵、风机和起重机速查速算手册	大32	精装	58
18545	图表轻松学电工丛书——电工基本技能	16	平装	49

（续）

书号	书　　名	开本	装订	定价/元
18200	图表轻松学电工丛书——变压器使用与维修	16	平装	48
18052	图表轻松学电工丛书——电动机使用与维修	16	平装	48
18198	图表轻松学电工丛书——低压电器使用与维护	16	平装	48
18786	让单片机更好玩:零基础学用51单片机	16	平装	88
18943	电气安全技术及事故案例分析	大32	平装	58
18450	电动机控制电路识图一看就懂	16	平装	59
16151	实用电工技术问答详解(上册)	大32	平装	58
16802	实用电工技术问答详解(下册)	大32	平装	48
17469	学会电工技术就这么容易	大32	平装	29
17468	学会电工识图就这么容易	大32	平装	29
15314	维修电工操作技能手册	大32	平装	49
17706	维修电工技师手册	大32	平装	58
16804	低压电器与电气控制技术问答	大32	平装	39
20806	电机与变压器维修技术问答	大32	平膜	39
19801	图解家装电工技能100例	16	平装	39
19532	图解维修电工技能100例	16	平装	48
20024	电机绕组布线接线彩色图册(第二版)	大32	平装	68
20239	电气设备选择与计算实例	16	平装	48
20377	小家电维修快捷入门	16	平装	48
19710	电机修理计算与应用	大32	平装	68

以上图书由化学工业出版社 电气出版分社出版。如要以上图书的内容简介和详细目录，或者更多的专业图书信息，请登录www.cip.com.cn。

地址：北京市东城区青年湖南街13号（100011）

购书咨询：010-64518888

如要出版新著，请与编辑联系。

编辑电话：010-64519265

投稿邮箱：gmr9825@163.com